AF125793

Fünfstück / Weiß – Die Vögel Mitteleuropas im Porträt

Hans-Joachim Fünfstück

Ingo Weiß

Die Vögel Mitteleuropas im Porträt

Alles Wissenswerte zu 647 Arten

Quelle & Meyer Verlag Wiebelsheim

Hans-Joachim Fünfstück
Gsteigstr. 43
82467 Garmisch-Partenkirchen

Ingo Weiß
Häusernstr. 26
83671 Benediktbeuern

Bibliografische Information der Deutschen Nationalbibliothek
Die Deutsche Nationalbibliothek verzeichnet diese Publikation in der Deutschen Nationalbibliografie; detaillierte bibliografische Daten sind im Internet über http://dnb.d-nb.de abrufbar.

Umschlagabbildungen: Amsel, Birkenzeisig Gartenrotschwanz, Großer Brachvogel: H.-J. Fünfstück; Gebirgstelze: I. Weiß; Korallenmöwe: A. Ebert.

Druck und Verarbeitung: Himmer GmbH Druckerei & Verlag, Augsburg
Printed in Germany/Imprimé en Allemagne
ISBN 978-3-494-01674-0

Inhaltsverzeichnis

Familien

Nanduvögel – Rheidae (0) **S. 9**

Entenverwandte – Anatidae (1 – 74) **ab S. 10**

Schwäne

Gänse

Enten

Säger

Glatt- und Raufußhühner – Phasianidae (79 – 90) **ab S. 83**

Lappentaucher – Podicepididae (91 – 96) **ab S. 97**

Flamingos – Phoenicopteridae (98 – 99) **ab S. 105**

Seetaucher – Gaviidae (101 – 104) **ab S. 107**

Südsturmschwalben – Oceanitidae,
Sturmschwalben – Hydrobatidae
(105 – 109) **ab S. 112**

Albatrosse – Diomedeidae (111) **S. 117**

Sturmvögel – Procellariidae (112 – 124) **ab S. 118**

Pelikane – Pelecanidae (125 – 127) **ab S. 128**

Einführung

Draußen Vögel zu suchen, sie auf die Artzugehörigkeit, vielleicht auch Unterart, Alter und Geschlecht zu bestimmen und ihr Verhalten zu beobachten, begeistert immer mehr Menschen. Man braucht keine große und teure Ausrüstung, um in das Abenteuer „Vögel beobachten", „Feldornithologie" oder „Birden" einzusteigen. Ein Fernglas und ein Vogelbestimmungsbuch genügen für den Anfang. Ebenso genügt für den Anfang der Gang durch den Heimatort, die Radtour über die Dörfer und durch den Wald oder der Blick auf die winterliche Vogelfütterung im Garten oder auf dem Balkon, um sich mit einer gewissen Anzahl an Vogelarten vertraut zu machen. Mit zunehmender Artenkenntnis wächst häufig auch der Wunsch, die selteneren Vogelarten einmal zu beobachten und näher kennenzulernen. Naturschutzverbände und biologische Stationen können dann mit ihrem Angebot an geführten Exkursionen weiterhelfen. Aber auch wer alleine zum Erfolg kommen möchte, hatte es noch nie so leicht wie heute: In Internetforen findet man Informationen zu ergiebigen Beobachtungsgebieten und zum Auftreten seltener Arten, und auf Luftbildern kann man schon mal am Computer interessante Beobachtungsgebiete auswählen, sei es daheim für den Abendspaziergang, für den Wochenendausflug, für den Familienurlaub oder spezielle ornithologische Reisen. Mit jeder erfolgreichen Exkursion wachsen die Erfahrung im Auffinden der Vögel, die Artenkenntnis und die Zahl beobachteter Arten. Viele Fragen zur Biologie und Ökologie, die man sich zu Vogelarten stellt, lassen sich aber durch eigene Beobachtungen nur schwer oder überhaupt nicht beantworten. Hat man einen Lieblingsvogel, lohnt es sich, eine entsprechende Artmonographie zu kaufen, wenn es denn eine gibt. Vielleicht gibt es auch ein Buch zur jeweiligen Vogelfamilie. Möchte man vertiefende Informationen über alle Vogelarten Deutschlands verfügbar haben, bleiben noch die vielbändigen Handbücher. Diese lassen zwar kaum eine Frage zu Biologie und Ökologie einer Vogelart unbeantwortet, sind jedoch für einen Einsteiger recht teuer und nehmen viel Platz in Anspruch.

In kompakter Form hat sich im deutschsprachigen Raum „Das Kompendium der Vögel Mitteleuropas" etabliert, das in einer zweiten Auflage von Bauer, Bezzel und Fiedler deutlich überarbeitet wurde. Es dürfte in kaum einem Bücherregal eines engagierten Vogelbeobachters fehlen. Allerdings besteht es immer noch aus drei Bänden und ist damit nicht geeignet als Begleiter auf der Vogelexkursion. Daher haben wir „Das Kompendium der Vögel Mitteleuropas" als Grundlage genommen und wesentliche Teile seiner Informationen auf ein Feldführer-Format zusammengefasst, zunächst zum „Taschenlexikon der Vögel Deutschlands", nun in einer erweiterten Bearbeitung als „Die Vögel Mitteleuropas im Porträt". Dies ging natürlich nicht ohne den Verlust von Detailangaben, was uns an mancher Stelle geschmerzt hat. Doch in vielen Situationen ist eine stark komprimierte Informationsquelle im Rucksack deutlich mehr wert, als das ausführlichste Lexikon daheim im Regal. Auch für diejenigen, die erste vertiefende Angaben als Ergänzung zu reinen Bestimmungsbüchern suchen, soll dieses Buch eine Anlaufstelle sein. Wir hoffen, somit eine Informationsquelle für Einsteiger und Fortgeschrittene in die Feldornithologie geschaffen zu haben und vielleicht auch einen Exkursions- und Urlaubsbegleiter für manch einen erfahrenen Vogelbeobachter, der daheim im Regal ausführlichere Literatur zur Verfügung hat.

Schema der Artabhandlung

Das vorliegende Buch bereitet die wichtigsten Informationen zu den Vogelarten nach dem jeweils gleichen Muster auf. In kurzer Form finden sich die Angaben unter den immer gleichen Überschriften, was ein schnelles Auffinden der gesuchten Fachinformationen erleichtert.

Die Artenauswahl beschränkt sich ausschließlich auf die Arten, die in Mitteleuropa als Wildvögel oder als etablierte Neozoen nachgewiesen sind.

Die Artkapitel sind nach den folgenden Überschriften gegliedert:

Taxonomie: In kurzer Form wird über die systematische Stellung der Art informiert: über die Familie, die nächstverwandten Arten (bei Zugehörigkeit zu einer Superspezies) und die in Mitteleuropa vorkommenden Unterarten.

Hinter dem Namen jeder Vogelart ist eine Nummer angegeben, die auf weiterführende Informationen in den Büchern „Die Vögel Mitteleuropas sicher bestimmen" und „Die Vögel Mitteleuropas im Flug bestimmen" hinweisen. In diesen drei Büchern sind den Arten identische Nummern zugeordnet.

Größe, Gewicht: Angaben zu Körperlänge, Flügelspannweite, Flügellänge und Gewicht werden gegeben. Gibt es bei einer Vogelart zwischen Männchen und Weibchen deutliche Unterschiede bei diesen Maßen, werden die Angaben nach dem Geschlecht differenziert.

Erkennungshinweise: In dieser Beschreibung werden nicht alle Kennzeichen der jeweiligen Vogelart umfassend dargestellt, sondern es werden insbesondere wichtige Merkmale zur Unterscheidung ähnlicher oder verwandter Arten, teilweise auch der verschiedenen Kleider einer Art, aufgeführt. Auch in Kombination mit dem jeweils gezeigten Foto (je Art ein bis zwei Bilder) der Vogelart ersetzt dies jedoch in der Regel nicht den Blick in die heute in exzellenter Qualität erhältliche Bestimmungsliteratur.

Stimme: Hier wird versucht, den typischen Gesang und die wichtigsten Rufe der Vogelart in Form von Silben zu beschreiben. So vielgestalt die Lautäußerungen der Vögel sind, so wenig ist allerdings unser Sprachrepertoire geeignet, diese so wiederzugeben, dass man sich den Klang vorstellen kann. Aussagekräftiger ist die Darstellung der Vogellaute in Form von Sonagrammen, die jedoch nur für Experten lesbar sind. Für das Kennenlernen der Vogelstimmen möchten wir daher auch auf die Verwendung von Vogelstimmensammlungen verweisen. Diese sind heute in sehr guter Qualität erhältlich, auch in geländetauglichen Formaten, wie z. B. für mp3-Player oder als App für Smartphones. Die hier beschriebenen Lautäußerungen können trotzdem hilfreich sein, um ähnliche Arten auseinanderzuhalten.

Brutareal: Die weltweite Brutverbreitung der Vogelart wird in einer Kurzbeschreibung dargestellt.

Vorkommen in Mitteleuropa: Das Vorkommen als Brutvogel, Durchzügler oder Wintergast in Mitteleuropa wird beschrieben.

Die Verbreitungskarten in diesem Buch wurden dem „Kompendium der Vögel Mitteleuropas" entnommen und aktualisiert.

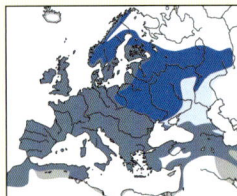

■ dunkelblau: Brutzeit

□ hellblau: Zugzeit

▨ grau: Winter

■ blaugrau: ganzjährig

schwarze Punkte: nicht durch Flächen darstellbare Brutvorkommen

Wanderungen: Hier werden die Zugstrategien der in Mitteleuropa als Brut- oder Gastvogel auftauchenden Vogelarten beschrieben. Bei Teilziehern und Zugvögeln werden die Hauptüberwinterungsquartiere aufgezählt, wobei sich die Angaben in erster Linie auf die Brutvögel Mitteleuropas und der Westpaläarktis beziehen.

Lebensraum: Beschrieben werden die bevorzugten Nahrungs- und Brutbiotope der entsprechenden Art.

Nahrung: Die wichtigsten Nahrungsbestandteile, teilweise differenziert nach den Jahreszeiten, werden aufgeführt.

Brutbiologie: Daten zur Brutbiologie werden bei allen mitteleuropäischen Brutvögeln genannt. Angaben zum Beginn der Geschlechtsreife, Nest-

standort und -aussehen, Legebeginn, Gelegegröße, Brut- und Nestlingsdauer, Anzahl der Jahresbruten und Ersatzgelegen, usw. sind angegeben.

Alter: Die höchsten erreichten Lebensalter von Vögeln sind zumeist
aus Wiederfunden von markierten Vögeln bekannt, am genauesten bei
einstmals nestjung beringten Vögeln. Wo nur sehr wenige solcher Daten
existieren, werden auch Daten von Vögeln in Gefangenschaft angegeben. Für einige wenige Arten existieren keine aussagekräftigen Informationen zu den höchsten erreichten Lebensaltern. In diesen Fällen wird
auf eine Angabe verzichtet. Neben den Höchstaltern wird die Generationslänge angegeben.

Gefährdung: Angaben zum Schutzstatus der Art in Europa, sowie der
wichtigsten Gefährdungs- und Verlustursachen.

Besonderes: Punkte, die nicht in einen der anderen Themenbereiche
passen, finden hier Raum: Besonderheiten des Verhaltens, herausragen-
de körperliche Leistungen, auffallende Beziehungen zu den Menschen,
aktuelle Entwicklungen etc. werden hier aufgeführt.

Die Grafiken zur Phänologie sollen einen schnellen Überblick über wichtige Phasen im Jahreslauf der Vogelart ermöglichen. Die Angaben beziehen sich auf Mitteleuropa, wobei für die jeweilige Art extreme Hochlagen und die Regionen südlich der Alpen nicht berücksichtigt wurden.

Anwesenheit	keine Farbe	nicht anwesend
	helles Gelb	sporadisch anwesend (unregelmäßig oder nur lokal begrenzt)
	dunkles Gelb	regelmäßig anwesend
Durchzug	keine Farbe	nicht anwesend
	helles Rot	sporadisch durchziehend (unregelmäßig oder nur lokal begrenzt)
	dunkles Rot	regelmäßig durchziehend
	x Kreuz	typischer Zeitpunkt der Durchzugsmaxima
Brutzeit	keine Farbe	keine Brutzeit
	helles Grün	erste/letzte Bruten (oft nur lokal begrenzt)
	dunkles Grün	regelmäßige und hauptsächliche Brutzeit
	x Kreuz	typischer Zeitpunkt, zu dem erste Jungvögel auftreten
postjuv. Mauser (Mauser zum Ablegen des Jugendgefieders)	keine Farbe	außerhalb der Mauserzeit
	helles Blau	früheste/späteste regelmäßige Mausertermine
	dunkles Blau	Hauptmauserzeit
Teil-/Vollmauser (verschiedene Mausertypen)	keine Farbe	außerhalb der Mauserzeit
	helles Blau	früheste/späteste regelmäßige Mausertermine
	dunkles Blau	Hauptmauserzeit
Vollmauser (Mauser einschl. Schwung- und Steuerfedern)	keine Farbe	außerhalb der Mauserzeit
	helles Blau	früheste/späteste regelmäßige Maausertermine
	dunkles Blau	Hauptmauserzeit

Anwesenheit, Durchzug und Brutzeit sind zweizeilig angelegt und – soweit nennenswerte Unterschiede bestehen und die Datenlage ausreichte – für den nördlichen (obere Zeile) und den südlichen (untere Zeile) Teile Mitteleuropas getrennt dargestellt.

Anwesenheit, Durchzug und Brutzeit sind zweizeilig angelegt und – soweit nennenswerte Unterschiede bestehen und die Datenlage ausreicht – für den nördlichen (obere Zeile) und den südlichen (untere Zeile) Teil Mitteleuropas getrennt dargestellt. Durch helle Farben sind die zeitlichen Randbereiche (wenige Individuen) dargestellt, die dunklen Farben markieren die Hauptzeiten (Mehrzahl der Individuen) des jeweiligen Ereignisses. Als Brutzeit ist die Zeit von der Ankunft am Nest bis zur Auflösung der Familienverbände oder dem Verlassen der Brutgebiete gemeint.

Danksagung

Ganz herzlich danken möchten die Autoren vor allem Dr. Einhard Bezzel, der dieses Buch initiiert und bereits ausführlichste Vorarbeiten geleistet hat. Sicherlich gebührte ihm ein Platz als Mitautor dieses Buches, den er aber bescheiden abgelehnt hat. Ebenso hat sich Andreas Ebert durch seine Mitarbeit am Taschenlexikon der Vögel Deutschlands verdient gemacht.

Weiterhin gilt unser besonderer Dank Frau Alexandra Sproll und Herrn Dr. Wolfgang Fiedler, die die Verbreitungskarten und Phänologiediagramme für uns überarbeitet und zur Verfügung gestellt hat. Dabei sind sie auch auf einige unserer Sonderwünsche ganz kurzfristig eingegangen. Für ihre tatkräftige Mitarbeit bei der Texterstellung bzw. Korrektur danken wir Dr. Hermann Stickroth und Christina Tissino. Das Werk lebt auch davon, dass für jede Vogelart ein Foto gezeigt wird. All den Fotografen, die uns mit Bildern ausgeholfen haben, danken wir vielmals.

Hans-Joachim Fünfstück und Ingo Weiß

Nandu (→0)

Rhea americana Linnaeus 1758

Taxonomie: Familie Nanduvögel – Rheidae.

Größe, Gewicht: Körperlänge 127–140 cm, 20–25 kg.

Erkennungshinweise: Geschlechter gleich. Flugunfähiger, großer Laufvogel mit lockerem, zerzaust aussehendem Gefieder das grau oder braun gefärbt ist. Die Beine sind lang und kräftig und die Füße haben drei Zehen. Die fünf Unterarten unterscheiden sich hauptsächlich durch ihre Halsfärbung.

Stimme: Vor allem die Männchen rufen während der Balz ähnlich einer Raubkatze. Warnrufe klingen heiser und zusätzlich werden zischende Laute ausgestoßen.

Brutareal: Von der argentinischen Pampa über Uruguay bis in den Nordosten Brasiliens vorkommend.

Vorkommen in Mitteleuropa: In Norddeutschland erste Brut 2001 und nur hier etabliertes Neozoen.

Wanderungen: In Amerika Zugvogel, in Europa umherstreifend, weitere Wanderungen aufgrund der Flugunfähigkeit nicht möglich.

Lebensraum: In ihrer Heimat bewohnen Nandus die Pampa, in Mitteleuropa landwirtschaftliches Acker- und Grünland.

Nahrung: Allesfresser, hauptsächlich jedoch vegetarisch. Neben Blättern werden auch andere Pflanzenteile wie Früchte, Samen und Wurzeln gefressen. Zusätzlich Insekten und kleine Wirbeltiere.

Brutbiologie: Geschlechtsreife im 2. oder 3. Lebensjahr • Nest flache Mulde im Boden • 13–30 Eier (oder mehr) von mehreren ♀ • ♂ simultan polygyn, ♀ aufeinanderfolgend polyandrisch • Brutdauer 35–40 Tage • Jungenaufzucht ausschließlich durch ♂ • Junge mit 3 Monaten etwa halbwüchsig.

Gefährdung: Nicht weltweit gefährdet.

Besonderes: Nandus können Spitzengeschwindigkeiten bis zu 60 km/h erreichen.

Schwarzkopf-Ruderente (→1)

Oxyura [jamaicensis] jamaicensis (J. F. Gmelin 1789)

Taxonomie: Familie Entenverwandte – Anatidae. Bildet Superspezies mit *O. ferruginea* in Südamerika. 2 Unterarten, in Europa *O. j. jamaicensis* eingeführt.

Größe, Gewicht: Körperlänge 35–43 cm, Flügelspannweite 53–62 cm, Flügellänge ♂ 14,3–15,3 cm, ♀ 14–14,8 cm; 340–795 g.

Erkennungshinweise: Schwänze bei den Ruderenten spitz und steil aufgerichtet. Wichtigste Unterscheidungsmerkmale zur Weißkopf-Ruderente sind der Schnabel mit konkavem First und die weißen Unterschwanz-

decken. Beim Männchen Schwarz vom Oberkopf bis weit in den Nacken reichend und Schnabel blau. Im Prachtkleid kastanienfarbene Ober- und Unterseite. Weibchen wie Jungvögel mit undeutlichem, schmalem Querstreif auf gräulicher Wange

Stimme: Selten zu hören, Geräusche durch Schlagen des Schnabels auf die Brust.

♂ PK

Brutareal: Nordamerika, Mittel- und nördliches Südamerika; in Großbritannien eingeführt und verwildert.

Vorkommen in Mitteleuropa: Vereinzelter Gast und entwichene Vögel aus Gefangenschaft, kleiner Brutbestand in Belgien und den Niederlanden.

Wanderungen: In Amerika Zugvogel, in Europa umherstreifend.

Lebensraum: Stehende Binnengewässer mit breiter Verlandungszone.

Nahrung: Kleine Wassertiere, Sämereien.

Brutbiologie: Geschlechtsreife im 1. oder 2. Lebensjahr • Nest in dichter Vegetation in Wassernähe, Plattform aus Pflanzenmaterial, kaum Dunen • 6–10 Eier • Legebeginn April bis Mai bis Juli/August • Brutdauer 23–26 Tage • ♀ brütet • ♀ führt, mitunter auch ♂

dabei • Junge mit 50–55 Tagen flügge • 1 Jahresbrut; Ersatzgelege.
Alter: Generationslänge < 3,3 Jahre.
Schutzstatus: Nicht gefährdet.
Besonderes: Die Schwarzkopf-Ruderente steht auf der Liste invasiver, gebietsfremder Arten der EU, da sie die bereits hochgradig gefährdete Weißkopf-Ruderente in Spanien durch Hybridisierung noch stärker bedroht.

Weißkopf-Ruderente (→ 2)
Oxyura leucocephala (Scopoli 1769)

Taxonomie: Familie Entenverwandte – Anatidae. Keine Unterarten.
Größe, Gewicht: Körperlänge 43–48 cm, Flügelspannweite: 58–69 cm, Flügellänge: 14,8–17,2 cm; 510–820 g.
Erkennungshinweise: Schwänze bei den Ruderenten spitz und steil aufgerichtet. Wichtigstes Unterscheidungsmerkmal zur Schwarzkopf-Ruderente ist der Schnabel der an der Basis stark geschwollenen ist und die braungrauen Unterschwanzdecken. Das Männchen hat im Prachtkleid einen weißen Kopf, der Körper ist weitgehend kupferfarben. Kopf mit schwarzem Scheitel bis weit in den Nacken reichend und Schnabel blau. Weibchen und Jungvögel mit deutlichem schmalem Querstreif auf weißer Wange und insgesamt düsterer gefärbt als Männchen.

2 ♂ PK + 1 ♀

Stimme: Selten zu hören, während der Gruppenbalz sind vom ♂ knarrende, grunzende und ratternde Laute zu hören, sonst hohe Pfeiflaute und rhythmisches, hölzernes Klappern; vom Weibchen ist nur ein kurzes, weiches „geh" bekannt.
Brutareal: Isolierte Brutvorkommen der Westpaläarktis in Spanien, Wolgaregion Russlands, Türkei, Kasachstan und Nordafrika. Ebenfalls isolierte Borkommen im Iran, Usbekistan, Kirgisien, Turkmenistan, Mongolei und NW-China.

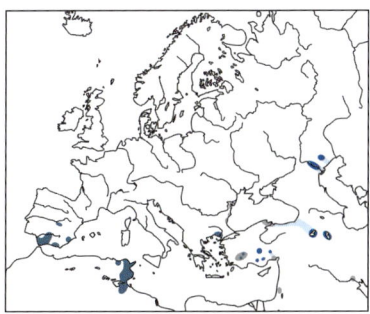

Vorkommen in Mitteleuropa: Ausnahmegast.

Wanderungen: Im Mittelmeerraum Standvogel mit Zerstreuungswanderungen, z. B. bei extremer Trockenheit. Zugvogel ab Osttürkei.

Lebensraum: Brutvorkommen auf soda- bzw. salzhaltigen, flachen Seen mit dichter Binsen- und Röhrichtvegetation. Im Winter auch an deckungslosen Lagunen.

Nahrung: Vor allem Zuckmücken (für Brutansiedlungen essentiell), Vielborster und Flohkrebse, bei adulten Vögeln hoher Anteil von verschiedenen Wasserpflanzen.

Brutbiologie: Geschlechtsreife im 1. oder 2. Lebensjahr • Nest in dichter Vegetation in Wassernähe, Plattform aus Pflanzenmaterial, kaum Dunen • 6–10 Eier • Legebeginn April bis Mai bis Juli/August • Brutdauer 23–26 Tage • ♀ brütet • ♀ führt, mitunter auch ♂ dabei • Junge mit 50–55 Tagen flügge • 1 Jahresbrut; Ersatzgelege.

Alter: Generationslänge < 3,3 Jahre.

Gefährdung: Invasive Schwarzkopf-Ruderenten bedrohen die bereits hochgradig gefährdete Weißkopf-Ruderente in Spanien durch Hybridisierung.

Höckerschwan (→ 3)

Cygnus olor (J. F. Gmelin 1789)

Taxonomie: Familie Entenverwandte – Anatidae. Keine Unterarten.

Größe, Gewicht: Körperlänge 125–160 cm, Flügelspannweite 208–240 cm, Flügellänge ♂ 580–623 mm, ♀ 533–589 mm; ♂ 8.400–15.000 g, ♀ 6.600–12.000 g.

Erkennungshinweise: Geschlechter nahezu gleich. Der einzige Unterschied ist der Schnabelhöcker, der beim Männchen etwas größer ist.

Stimme: Rufe nicht laut, hart „krr krr krr" oder lauter „quiurr". Im Flug singendes Flügelgeräusch, das manchmal mit einem Stimmlaut verwechselt wird.

Brutareal: Als Wildvogel in Skandinavien, Osteuropa, Schwarzmeergebiet und mit Lücken nach Osten bis Ussurien und Mittelchina. Brutpopulationen in West- und Mitteleuropa, USA, Australien und Neuseeland gehen auf ausgesetzte und verwilderte Vögel zurück.

Vorkommen in Mitteleuropa: Heute flächig verbreiteter, meist halbzahmer Brut- und Jahresvogel, sehr hoher Anteil an Nichtbrütern. Gastvogel aus dem Osten.

Wanderungen: In Mitteleuropa Standvogel mit Streuungswanderungen.

Lebensraum: Nährstoffreiche stehende und langsam fließende Gewässer, bei Fütterung auch auf Kleinstgewässern.

Nahrung: Wasser- und Uferpflanzen.

ad. mit pull.

Brutbiologie: Erste Brut meist mit 3–4 Jahren • Nest am Ufer, auf Inseln oder in der Ufervegetation; großer Bau aus Schilf, Zweigen, mit Blättern ausgelegt • 5–8 Eier • Legebeginn Mitte April bis Mai, oft sehr variabel • Brutdauer 35–41 Tage • ♀ brütet • ♂ und ♀ führen • Junge schwimmen nach 1 Tag, sind mit 120–150 Tagen flügge • 1 Jahresbrut; Ersatzgelege.

Alter: Ältester Ringvogel 28 Jahre, 7 Monate. Generationslänge 7 Jahre.

Gefährdung: Art auf Europa konzentriert (SPEC E). Zunahme in Mitteleuropa durch weitgehende Jagdverschonung, Verluste durch Kältewinter, Bleivergiftung und Anflug an Freileitungen.

Besonderes: Neben der Wildform mit schwarzen Füßen gibt

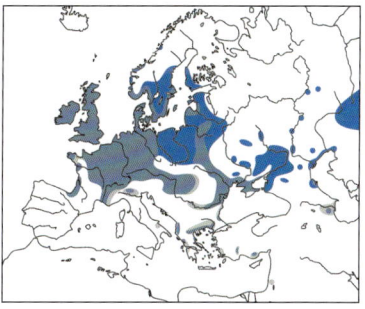

es noch die „*immutabilis*"-Variante, die rosafarbene Füße hat und die schon als Küken reinweiß statt graubraun ist.

	Jan.	Feb.	März	April	Mai	Juni	Juli	Aug.	Sep.	Okt.	Nov.	Dez.
Anwesenheit												
Durchzug												
Brutzeit				x x								
postjuv. Mauser												
Teil- / Vollmauser												
Vollmauser												

Schwarzschwan (→ 4)
Cygnus atratus (Latham 1790)

Taxonomie: Familie Entenverwandte – Anatidae.
Größe, Gewicht: Körperlänge 110–140 cm, Flügelspannweite 160–200 cm; 3700–8750 g.
Erkennungshinweise: Geschlechter gleich. Gefieder schwarz, nur Schwungfedern weiß. Schulterfedern und innere Decken auffallend gekräuselt. Schnabel rot mit heller Binde an der Spitze. Dunenkleid dunkel silbergrau.
Stimme: Typischer Ruf ein hohes, aber nicht weit getragenes Pfeifen, der im Flug als auch im Schwimmen zu hören ist. Beim Schwimmen sind manchmal leise Kontaktlaute zu hören.

Brutareal: In Australien und Tasmanien natürlich vorkommend. In Neuseeland und Mitteleuropa eingebürgert.
Vorkommen in Mitteleuropa: In Teilen Mitteleuropas kleine, aber etablierte Populationen, nomadisch; zudem entwichene Vögel aus Gefangenschaft.
Wanderungen: Außerhalb der Brutzeit umherstreifend.
Lebensraum: Stehende Binnengewässer jeglicher Größe, auch an größeren Parkgewässern brütend.
Nahrung: Hauptsächlich Wasserpflanzen die gründelnd herauf geholt werden, aber auch weidend in Ufernähe.
Brutbiologie: Geschlechtsreife nach 2-3 Jahren • großes Nest aus Pflanzenmaterial schwimmend oder an Land • 5–6 Eier • Legebeginn sehr variabel • Brutdauer 36–40 Tage • Junge mit 150–170 Tagen flügge • 1 Jahresbrut.
Gefährdung: Nicht weltweit gefährdet.
Besonderes: Der Schwarzschwan ist das Wappentier Westaustraliens.

Singschwan (→5)

Cygnus cygnus (Linnaeus 1758)

Taxonomie: Familie Entenverwandte – Anatidae. Keine Unterarten.

Größe, Gewicht: Körperlänge 140–165 cm, Flügellänge ♂ 55,3–67,4 cm, ♀ 52,1–67,4 cm; ♂ 7200–15500 g, ♀ 5600–13100 g.

Erkennungshinweise: Geschlechter gleich. Großer weißer Schwimmvogel mit typischem Kopfprofil. Gelb am Schnabel im Gegensatz zum ähnlichen, aber kleineren Zwergschwan bis an die Nasenlöcher reichend.

ad.

Stimme: Sehr stimmfreudig. Ruft laut und trompetend, oft in Serien von drei bis vier Elementen. Oft Duettgesang.

Brutareal: Brutvogel nördlicher Breiten Eurasiens von Island bis Ostsibirien.

Vorkommen in Mitteleuropa: Kleine, aber zunehmende Brutbestände im Osten Mitteleuropas. Regelmäßiger und häufiger Durchzügler und Wintergast im küstennahen Flachland. Im Süden v.a. am Bodensee und entlang der Donau, weitere Stellen unregelmäßiger und selten.

Wanderungen: Zugvogel, Isländische Vögel Teilzieher. Überwintert in Küstengebieten von Nord- und Ostsee, östlichem Mittelmeer, Schwarzmeer und Kaspischem Meer.

Lebensraum: Brut auf Seen und Tümpeln, in Mooren und Bergseen der Tundrazone. Im Osten auch große Seen mit Röhricht. Im Winter Flachwasserzonen in Süß- und Salzwasser und angrenzendem Grünland sowie Äcker zur Nahrungssuche.

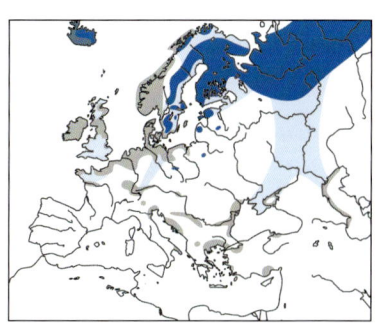

Nahrung: Pflanzen in Süß-, Brack- und Salzwasser. An Land Gräser und Kräuter, auch Getreidekörner.

Brutbiologie: Erste Brut meist mit 4–6 Jahren, monogam, meist Dauerehe • Nest als großer Bau an Ufern oder auf

Inseln • meist 4–6 Eier • Brutdauer 31–42 Tage • ♀ brütet • beide Partner führen • Jungvögel mit 78–96 Tagen flügge • 1 Jahresbrut, Nachgelege nur bei frühem Gelegeverlust.

Alter: Ältester Ringvogel mindestens 26 Jahre, 6 Monate. Generationslänge 9 Jahre.

Gefährdung: Nach der EU-Vogelschutzrichtlinie besonders geschützte Art (Anhang I), auf Europa konzentriert (SPEC E, Winter); Gefährdung durch Jagd und Zunahme von Störungen in Wintergebieten.

Besonderes: Gilt in der nordischen Mythologie als Todesbote.

	Jan.	Feb.	März	April	Mai	Juni	Juli	Aug.	Sep.	Okt.	Nov.	Dez.
Anwesenheit												
Durchzug												
Brutzeit					X							
postjuv. Mauser												
Teil- / Vollmauser												
Vollmauser												

Zwergschwan (→7)

Cygnus [columbianus] bewickii (Yarell 1830)

Taxonomie: Familie Entenverwandte – Anatidae. 2 Unterarten, *C. c. bewickii* in Eurasien, in Nordamerika der Pfeifschwan *C. c. columbianus*. Monotypisch.

Größe, Gewicht: Körperlänge 115–140 cm, Flügellänge ♂ 48–57,4 cm, ♀ 47,4–57,8 cm; ♂ 4.200–8.600 g, ♀ 4.100–8.300 g.

Erkennungshinweise: Geschlechter gleich. Kleinere Ausgabe des Singschwans. Im Alterskleid deutlich weniger Gelb am Schnabel und deutlich größerer Schwarzanteil als beim Singschwan. Pfeifschwan mit schwarzem Schnabel und nur winzigem gelbem Fleck am Schnabelgrund.

ad.

Stimme: Flugruf einsilbig „guhk“ oder „ong“. Triumphgeschrei meist dreisilbiges „huguguk“.

Brutareal: Tundrazone Eurasiens von Nordrussland bis Westural.

Vorkommen in Mitteleuropa: Traditionelle Überwinterungsgebiete (neben Großbritannien) in den Niederlanden und Norddeutschland. Sonst vereinzelt. Pfeifschwan sehr seltener Ausnahmegast.

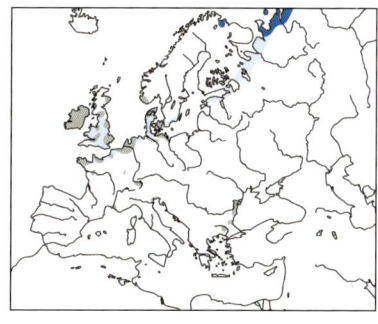

Wanderungen: Langstrecken-zieher mit Winterquartieren hauptsächlich im nordwest-lichen Mitteleuropa mit den Britischen Inseln.

Lebensraum: Brutvogel an Tundrengewässern. Im Winter an flachen, vegetationsreichen Lagunen, Strand- und Binnen-seen und Nahrungssuche auf nassen Weiden und auf Rapsäckern.

Nahrung: Pflanzlich, vor allem Unterwasserpflanzen, aber auch Gras, Klee, Raps und bei Frost auch Hackfrüchte.

Brutbiologie: Erste Paarbildung nach 2–4 Jahren, Geschlechtsreife ab 4 Jahren • Nest frei in kurzrasiger Tundra auf erhöhten Stellen • meist 3–5 Eier • Brutdauer 29–30 Tage • nur ♀ brütet • beide Eltern führen • Junge mit 60 Tagen flügge, ziehen zusammen mit den Altvögeln ins Win-terquartier • 1 Jahresbrut.

Alter: Ältester Ringvogel 24 Jahre, 10 Monate. Generationslänge <3,3 Jahre.

Besonderes: Zwergschwäne sind im Winterquartier recht störungsemp-findlich und leiden unter zunehmendem Erholungsbetrieb, Jagd auf an-dere Wasservögel, gezielte Störungen bei Gänsevertreibungen und Le-bensraumverlust durch Windkraftanlagen.

Gefährdung: Nach der EU-Vogelschutzrichtlinie besonders geschützte Art (Anhang I), in Europa mit ungünstigem Erhaltungsstatus (SPEC 3) (Winter). Gefährdung durch Verlust großräumiger, ungestörter Land-schaften und Intensivierung der Landwirtschaft im Winterquartier sowie Störungen und Jagd.

	Jan.	Feb.	März	April	Mai	Juni	Juli	Aug.	Sep.	Okt.	Nov.	Dez.
Anwesenheit												
Durchzug												
Brutzeit												
postjuv. Mauser												
Teil- / Vollmauser												
Vollmauser												

Schwanengans (→ 8)

Anser cygnoides (Linnaeus 1758)

Taxonomie: Familie Entenverwandte – Anatidae. Monotypisch, im Mitteleuropa häufig die Höckergans *A. c. f. domesticus*.

Größe, Gewicht: Körperlänge 81–94 cm, Flügellänge ♂ 45,0–46,0 cm, ♀ 37,5–44,0 cm; ♂ ca. 3500 g, ♀ ca. 3000 g.

Erkennungshinweise: Geschlechter gleich. Helle Wangen und heller Hals der stark zum dunkelbraunen Oberkopf kontrastiert. Langer, gerader, schwarzer Schnabel. Körper typisch braungrau.

Stimme: Ruf ein langgezogenes und am Ende absteigendes „aang". Als Warnruf mehrmals kurz und rau wiederholt. Im Flug vor allem trompetende und schnatternde Laute.

Brutareal: Ursprünglich vom südlichen Altai über die Mongolei bis an die nordchinesische Küste reichend. Heute zerstückelte Vorkommen in diesem breiten Gürtel.

Vorkommen in Mitteleuropa: Sehr vereinzelt kleine lokale Brutpopulationen aus Gefangenschaftsflüchtlingen, überwiegend der Höckergans. Sonst überwiegend nicht brütende Einzelvögel.

Wanderungen: Zugvogel, Winterquartiere ehemals in Japan und Korea, heute weitestgehend auf Ostchina beschränkt.

Lebensraum: Als Brutvogel verschiedene Lebensräume, wie Flussdeltas, Süß- und Salzwasserseen, aber auch reißende Flüsse nutzend. Überwinterung in allen möglichen feuchten Lebensräumen.

Nahrung: Wie viele Gänsearten von Gras, Kräuter und Sämereien fressend. Zusätzlich auch Wurzeln und Rhizome.

Brutbiologie: Geschlechtsreife mit 2–3 Jahren • flaches Nest aus Pflanzenmaterial am Boden • 5–6 Eier • Legebeginn im ursprünglichen Brutgebiet im Mai • Brutdauer ca. 28 Tage • in Mitteleuropa kaum untersucht.

Gefährdung: In Mitteleuropa nicht gefährdet, keine einheimische Vogelart.

Besonderes: Wahrscheinlich vor 3000 Jahren in China domestiziert.

Saatgans (→9)

Anser [fabalis] fabalis (Latham 1787)

Taxonomie: Familie Entenverwandte – Anatidae. Bildet mit der Kurzschnabelgans *A. brachyrhynchos* eine Superspezies. 2 Unterartengruppen „Waldsaatgans" *A. f. fabalis* und „Tundrasaatgans" mit jeweils mehreren Unterarten. In Europa nur *A. f. fabalis* und *A. f. rossicus* Buturlin 1933 aus der Gruppe Tundrasaatgans regelmäßig.

ad.

Größe, Gewicht: Körperlänge 66–84 cm, Flügelspannweite 142–176 cm, Flügellänge ♂ 45,2–52 cm, ♀ 43,4–48,8 cm; ♂ 2690–4060 g, ♀ 2220–2470 g.

Erkennungshinweise: Geschlechter gleich. Mittelgroße bis große, größtenteils dunkelbraune Gans mit relativ langen Flügeln. Beine orangefarben und Schnabel dunkel zweifarbig, mehr oder weniger orange.

Stimme: Flugrufe zweisilbig wie „kajak" oder länger „kaiaiah".

Brutareal: Im Norden Eurasiens.

Vorkommen in Mitteleuropa: Regelmäßiger, lokal häufiger Durchzügler und Wintergast, vor allem im Norden, im Süden nur lokal kleinere Konzentrationen.

Wanderungen: Zugvogel, Hauptwinterquartiere Mittel-, Nordwest- und Südosteuropa.

Lebensraum: Brutvogel in

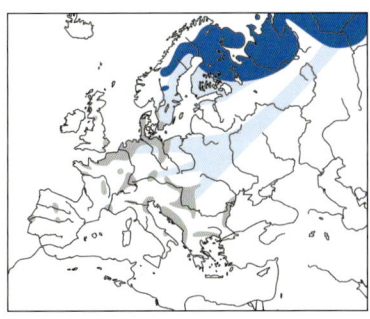

Tundra und nördlicher Taiga; auf dem Durchzug und im Winter flache Gewässer als Ruhe- und Schlafplätze, störungsfreie Wiesen-, Weiden- und Ackerlandschaften als Nahrungsplätze.

Nahrung: Gräser, Getreide, Klee u. a. grüne Pflanzen, auch Kartoffeln, Rübenreste und Getreide.

Brutbiologie: Geschlechtsreife meist mit 3 Jahren • Nest meist etwas erhöht, mit Dunen ausgekleidet • meist 4–6 Eier • Brutdauer 27–29 Tage • Nur ♀ brütet • beide Partner führen • Junge mit 40–50 Tagen flügge • 1 Jahresbrut; wohl keine Ersatzgelege.

Alter: Ältester Ringvogel 29 Jahre. Generationslänge 7 Jahre.

Gefährdung: Art auf Europa konzentriert (SPEC E, Winter). Starke Bestandsabnahmen der Unterart *fabalis*, während die Unterart *rossicus* nicht akut bedroht ist. Hohe Verluste durch Jagd für starken Bestandseinbruch im 19./20. Jh. verantwortlich, aber auch heute noch ein wesentlicher Mortalitätsfaktor. Bedrohung auch durch Lebensraumverluste im Winterquartier aufgrund der Intensivierung der Landwirtschaft, Eindeichung und Windkraftanlagen.

	Jan.	Feb.	März	April	Mai	Juni	Juli	Aug.	Sep.	Okt.	Nov.	Dez.
Anwesenheit												
Durchzug												
Brutzeit												
postjuv. Mauser												
Teil- / Vollmauser												
Vollmauser												

Kurzschnabelgans (→10)

Anser [fabalis] brachyrhynchus Baillon 1834

ad.

Taxonomie: Familie Entenverwandte – Anatidae. Bildet Superspezies mit der Saatgans *A. fabalis*, früher als Unterart der Saatgans betrachtet. Keine Unterarten.

Größe, Gewicht: Körperlänge 60–75 cm, Flügelspannweite 135–170 cm, Flügellänge ♂ 43–46 cm, ♀ 40,5–43,5 cm; ♂ 1900–3300 g, ♀ 1800–3100 g.

Erkennungshinweise: Geschlechter gleich. In der Grundfärbung ähnlich Saatgans, jedoch mit hell blaugrauem Mantel und aus der Nähe gut erkennbar rosa Füßen. Hals auffallend kurz.

Stimme: Höher als Saatgans, nicht so hoch wie Blässgans. Flugruf „ag ag", Männchen rufen höher.

Brutareal: Grönland, Island, Spitzbergen.

Vorkommen in Mitteleuropa: Regelmäßiger Wintergast an der Küste, im Binnenland selten, doch bis an den Alpenrand.

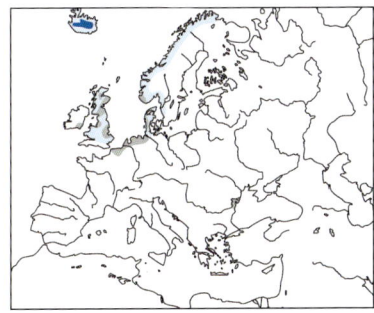

Wanderungen: Zugvogel. Brutvögel Islands und Grönlands überwintern auf den Britischen Inseln; Brutvögel Spitzbergens im südlichen und östlichen Nordseeraum.

Lebensraum: Brutplätze auf Felsbändern, Klippen und in Tundrasümpfen. Auf dem Zug oder im Winter Wiesen und Felder im Tiefland, Schlaf- und Ruheplätze im Seichtwasser.

Nahrung: Moos, Rhizome, Wurzelstöcke, Gras, Seggen, Beeren, Feldfrüchte.

Alter: Ältester Ringvogel 21 Jahre, 4 Monate. Generationslänge 7 Jahre.

Gefährdung: Art auf Europa konzentriert (SPEC E). Bedroht durch Jagd und Intensivierung der Landnutzung in Winterquartieren.

Besonderes: Kurzschnabelgänse ziehen sehr konzentriert, so überquert fast die gesamte Teilpopulation, die in den Niederlanden überwintert, die deutsche Bucht innerhalb weniger Tage mit günstigen Zugbedingungen.

	Jan.	Feb.	März	April	Mai	Juni	Juli	Aug.	Sep.	Okt.	Nov.	Dez.
Anwesenheit												
Durchzug												
Brutzeit												
postjuv. Mauser												
Teil- / Vollmauser												
Vollmauser												

Zwerggans (→ 11)

Anser [erythropus] erythropus (Linnaeus 1758)

Taxonomie: Familie Entenverwandte – Anatidae. Bildet Superspezies mit der Bläßgans *A. albifrons*. Monotypisch.

Größe, Gewicht: Körperlänge 65–86 cm, Flügelspannweite 135–165 cm, Flügellänge ♂ 37–38,8 cm, ♀ 36,1–287 cm; 1600–2500 g.

Erkennungshinweise: Geschlechter gleich. Sehr ähnlich der etwas größeren Bläßgans, jedoch in allen Kleidern mit deutlichem gelbem Lidring.

ad.

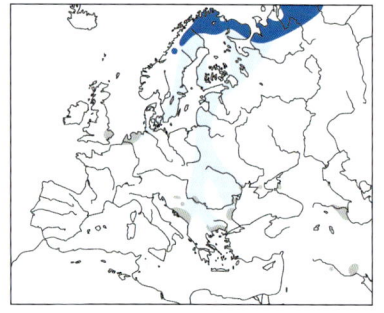

Der Schnabel ist relativ klein und die Flügelspitzen überragen deutlich den Schwanz.

Stimme: Durch höhere und dünnere Rufe von Bläßgans zu unterscheiden. Männchen ruft „klick klu" oder „kjü jü", auch länger gereiht und dreisilbig; Weibchen etwas tiefer „kjau jau".

Brutareal: Ehemaliger Brutvogel in einem schmalen Band in der Subarktis Eurasiens von Norwegen bis Pazifikküste. Heute nur noch auf wenige Restvorkommen reduziert und in Europa 1999 nur noch maximal 531 Brutpaare.

Vorkommen in Mitteleuropa: Seltener Durchzügler und Wintergast, meist einzeln unter anderen Wildgänsen. Kleine Winterpopulation in den Niederlanden.

Wanderungen: Zugvogel mit Hauptwinterquartieren in Transkaukasien und im südlichen Kaspigebiet, einige auch westlich des Schwarzen Meeres.

Lebensraum: Brutvogel in bergigem Gelände oberhalb Waldgrenze in der Waldtundra. Im Winterquartier Salzsteppen, Weideflächen und andere landwirtschaftliche Flächen; kaum am Meer.

Nahrung: Pflanzlich, im Brutgebiet bevorzugt Krautweide, im Winter Gras und andere grüne Pflanzen.

Brutbiologie: Erstbrut ab dem 2., meist im 3. Jahr • 4–6 Eier • Brutdauer 25–28 Tage • ♀ brütet allein • Jungvögel mit 35–40 Tagen flügge, fliegen zusammen mit den Altvögeln ins Winterquartier • 1 Jahresbrut.

Alter: Höchstalter unbekannt. Generationslänge 7 Jahre.

Gefährdung: Nach der EU-Vogelschutzrichtlinie besonders geschützte Art (Anhang I), weltweit bedroht (SPEC 1). Global gefährdet durch massive Jagd in den Rast- und Wintergebieten sowie Intensivierung der Landnutzung.

Besonderes: Skandinavisches Schutzprogramm mit Weißwangengänsen als Pflegeeltern.

Blässgans (→12)

Anser [erythropus] albifrons (Sopoli 1769)

Taxonomie: Familie Entenverwandte – Anatidae. Bildet mit der Zwerggans eine
Superspezies. Vier Unter-
arten, davon Nominatform
aus Nordrussland und Sibirien und *A. a. flavirostris* aus
Grönland Gast in Deutsch-
land.

ad.

Größe, Gewicht: Körperlänge 65–86 cm, Flügelspann-
weite 135–165 cm, Flügellänge ♂ 38,9–46,3 cm, ♀ 38,9–46,1 cm; 1700–
3100 g.

Erkennungshinweise: Geschlechter gleich. Mittelgroße Gans. Adulte
mit weißem Federfeld um den Schnabel und starker Querfleckung am
Bauch. *Albifrons* mit rosa, *flavirostris* mit orangem Schnabel. Unterart *flavirostris* etwas größer und dunkler als *albifrons*. Verwechslung der Jungen
durch ungefleckten Bauch und fehlende Blässe auf Entfernung mit anderen Gänsen möglich.

Stimme: Rufe meist zweisilbig, hoch und klangvoll „kajak" „ujuk" und
sehr hoch „kli-ji" o. ä., gellender und weniger nasal als Saatgans.

Brutareal: In der Arktis Russlands und Nordamerikas.

Vorkommen in Mitteleuropa: Häufiger und regelmäßiger Durchzügler
und Wintergast im Norden,
im Süden unregelmäßig und
in kleinen Trupps. Im Sommerhalbjahr und abseits der
bekannten Gänse-Rastplätze
(vielleicht auch Brut) Gefangenschaftsflüchtlinge und deren Nachkommen. *Flavirostris*
sehr seltener Wintergast.

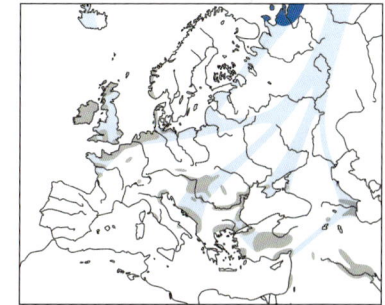

Wanderungen: Zugvogel.
Überwinterungsgebiete an der
Küste und im Flachland Mit-
tel- und Westeuropas, in der Pannonischen Tiefebene und ums Schwarze
Meer. *Flavirostris* auf den Britischen Inseln.

Lebensraum: Brutvogel in der Tundra. Auf dem Zug und im Winterquartier Kombination von Flachwasser (Ruheplatz) und Wiesen und Weiden

vor allem im Flachland und Küstenhinterland; beide können bis weit über 10 km auseinander liegen.

Nahrung: Pflanzenteile, vor allem Gras.

Brutbiologie: Erstbrut im 3. Lebensjahr • Nest kleine Vertiefung im Boden • 5–6 Eier • Legebeginn Mitte Mai • Brutdauer 27–28 Tage • ♀ brütet • ♂ und ♀ führen • Nestflüchter; Junge mit 40–43 Tagen flügge, Familien bleiben oft bis Frühjahr zusammen • 1 Jahresbrut; keine Ersatzgelege bekannt.

Alter: Älteste Ringvögel mind. 25 Jahre und fast 18 Jahre. Generationslänge 7 Jahre.

Gefährdung: Keine Gefährdung zu erkennen, frühere Abnahmen scheinen gestoppt, dennoch weiterhin massive Verluste durch Jagd. Verluste von Nahrungsgebieten durch Grünlandumbruch und Windkraftanlagen.

Besonderes: Die Brut in lockeren Kolonien erleichtert das Verjagen von Fressfeinden (z. B. Polarfuchs), und während der Flugunfähigkeit der Mauserzeit scharen sich die Familien zu großen Herden zusammen; ab Mitte August erlangen Alt- und Jungvögel gleichzeitig die Flugfähigkeit und ziehen unmittelbar danach in die Wintergebiete ab.

	Jan.	Feb.	März	April	Mai	Juni	Juli	Aug.	Sep.	Okt.	Nov.	Dez.
Anwesenheit												
Durchzug												
Brutzeit												
postjuv. Mauser												
Teil- / Vollmauser												
Vollmauser												

Graugans (→ 14)

Anser anser (Linnaeus 1758)

ad.

Taxonomie: Familie Entenverwandte – Anatidae. Zwei Unterarten, *A. a. anser* in Mitteleuropa, *A. a. rubirostris* in Südosteuropa und Asien.

Größe, Gewicht: Körperlänge 76–89 cm, Flügelspannweite 147–180 cm, Flügellänge ♂ 43,6–50 cm, ♀ 47–48 cm; ♂ 2800–4300 g, ♀ 2100–3800 g.

Erkennungshinweise: Geschlechter gleich. Große

massige Gans mit dickem Hals und großem Schnabel. Schnabel einfarbig orange bis rosa (Jungvögel), Beine rosa.

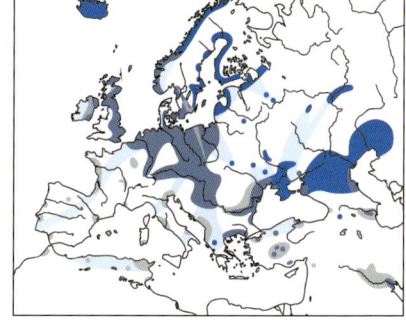

Stimme: Rufe ähnlich wie Hausgans.

Brutareal: Europa bis Zentral- und Ostasien, aber mit Verbreitungslücken, in Westeuropa mit Ausnahme der Britischen Inseln fehlend, Schwerpunkt in Nord- und Osteuropa.

Vorkommen in Mitteleuropa: Spärlicher bis häufiger Brut- und Sommervogel vor allem im Norden und Osten, in weiten Gebieten im Westen und Süden größere Populationen ausgesetzter/entwichener Vögel aus Haltung, die mehr oder minder halbzahm an verschiedensten Gewässern brüten, auch in Städten, diese sind Jahresvögel. Seltener bis häufiger Durchzügler und in milden Tieflandgebieten Wintergast.

Wanderungen: Nichtzieher mit Streuungswanderungen, Kurzstreckenzieher nach Westen und Südwesten.

Lebensraum: Brutvogel an Binnengewässern mit Ufervegetation. Auf dem Zug an Sammel- und Ruheplätzen auf Inseln und im Wasser, Nahrungssuche auf mitunter weiter entfernten Grünflächen.

Nahrung: Land- und Wasserpflanzen.

Brutbiologie: Geschlechtsreife im 3. oder 4. Lebensjahr • Nest in Gewässernähe, auch erhöht, aus lose zusammengelegtem Pflanzenmaterial, mit Nestdunen • 4–6 Eier • Legebeginn Ende April bis Ende Mai, Spätbruten Anfang bis Mitte Juli • Brutdauer 27–29 Tage • ♀ brütet • ♂ und ♀ führen • Junge sind Nestflüchter, mit 50–60 Tagen flügge • 1 Jahresbrut; Ersatzgelege.

Alter: Ältester Ringvogel 23 Jahre, 7 Monate. Generationslänge 7 Jahre.

Gefährdung: Gefährdung durch Jagd, intensive Freizeitnutzung der Bruthabitate und Lebensraumzerstörung in Überwinterungsgebieten.

Besonderes: Die Graugans wird schon seit Jahrhunderten als Haustier gehalten und ist die Stammform unserer Hausgänse.

	Jan.	Feb.	März	April	Mai	Juni	Juli	Aug.	Sep.	Okt.	Nov.	Dez.
Anwesenheit												
Durchzug												
Brutzeit			x x									
postjuv. Mauser												
Teil- / Vollmauser												
Vollmauser												

Streifengans (→15)
Anser indicus (Latham 1790)

ad.

Taxonomie: Familie Entenverwandte – Anatidae. Keine Unterarten.

Größe, Gewicht: Körperlänge 68–78 cm, Flügellänge 40,6–48,2 cm; 2000–3000 g.

Erkennungshinweise: Geschlechter gleich. Ziemlich einheitlich graue Gans, die im Flug oft sehr hell wirkt. Durch die zwei schwarzen Querstreifen im Nacken unverwechselbar. Schnabel und Beine kräftig orangegelb. Der Bereich zwischen den Querstreifen ist im Jugendkleid noch dunkel.

Stimme: Flugruf sehr ähnlich anderen Arten, jedoch recht tief und nasal klingend. Reihenfolge wesentlich langsamer.

Brutareal: Weite Gebiete Zentralasiens, vom Tien Schan ostwärts bis in die nördliche Mongolei und in die nordwestliche Mandschurei und Qinghai, über das tibetische Hochland bis nach Ladakh und Nordostafghanistan im Süden.

Vorkommen in Mitteleuropa: Kleine etablierte Brutpopulationen in den Niederlanden, Belgien und Oberbayern, die auch weiter umherstreifen. Gefangenschaftsflüchtlinge.

Wanderungen: Zugvogel, der hauptsächlich in Nordindien überwintert. Vereinzelte verbringen den Winter im südlichen China oder ziehen bis Südindien.

Lebensraum: Als Bruthabitat wird die moorige und sumpfige Umgebung von Salz- und Süßwasserseen in offener Landschaft bevorzugt. Überwintert an Still- und Fließgewässern sowie an Seemarschen.

Nahrung: Fast reiner Pflanzenfresser, der Wasserpflanzen und Gräser regelrecht abweidet. Daneben auch Wurzeln und Sprosse sowie kleine Krebstiere und Weichtiere wie Schnecken.

Brutbiologie: Nest ähnlich anderer *Anser*-Arten, brütet in Sümpfen am Boden oder in Bäumen • Legebeginn April/ Mai • 4–6 Eier • Brutdauer 27–30 Tage • Junge mit ca. 53 Tagen flügge • 1 Jahresbrut.

Gefährdung: Weltweit auf der Vorwarnliste, Bestandsrückgänge im ursprünglichen Verbreitungsgebiet durch starke Bejagung, Eiersammeln und Lebensraumzerstörung.

Besonderes: Fliegt zwischen Brut- und Überwinterungsgebieten in über 8000 m Höhe über den Himalaya.

Schneegans (→16)

Anser [caerulescens] caerulescens (Linnaeus 1758)

Taxonomie: Familie Entenverwandte – Anatidae. Bildet Superspezies mit *O. rossii.* 2 Unterarten, *caerulescens* von Ostsibirien bis zur Hudson Bay, *atlanticus* in NO-Amerika.

Größe, Gewicht: Körperlänge 66–84 cm, Flügelspannweite 132–165 cm; 2500–3300 g.

Erkennungshinweise: Geschlechter gleich. Zwei Farbmorphen. Schwungfedern bei der weißem und der dunklen Morphe immer schwarz. Dunkle Morphe mit weißen Kopf und oberen Hals, hellste Gefiederpartien Schwanz- und Flügeldecken. Sehr ähnlich Zwergschneegans aber bedeutend größer.

Stimme: Warnruf tief „angk-ak-ak-ak"; sonst leicht ansteigendes weiches Gackern.

Brutareal: Arktisches Nordamerika und Wrangel-Insel vor der Küste Nordost-Sibiriens.

Vorkommen in Mitteleuropa: Sehr seltener Gast aus Nordamerika, im 19. Jh., auch aus Sibirien. Kleine etablierte Brutpopulation in Neuss. Gefangenschaftsflücht-linge.

Wanderungen: Zug-vogel, Hauptüber-winterungsgebiete liegen in Texas und Louisiana, die westli-che Population über-wintert vor allem im mittleren Kalifornien und nördlichen Me-xiko. Die Brutvögel aus Neuss wandern weit umher.

ad. und K1

Lebensraum: Arktische Tundra wo sie in großen Kolonien brütet. Größere Wasserflächen werden als Ruhe- und Schlafplätze genutzt.

Nahrung: Reiner Pflanzenfresser.

Brutbiologie: Geschlechtsreife mit 2 Jahren, erste Bruten erst mit 3 oder 4 Jahren • Nest ähnlich anderer *Anser*-Arten • 4–5 Eier • Brutdauer 23–25 Tage • Junge mit 40–50 Tagen flügge • 1 Jahresbrut.

Gefährdung: Nicht weltweit gefährdet.

Besonderes: Pflanzen werden nicht nur abgeweidet, sondern oft mit den Wurzeln heraus gerissen.

Zwergschneegans (→17)

Anser [caerulescens] rossii Cassin 1861

Taxonomie: Familie Entenverwandte – Anatidae. Bildet Superspezies mit der Schneegans *A. caerulescens*. Keine Unterarten.
Größe, Gewicht: Körperlänge 53–66 cm, Flügellänge ♂ 36,0–38,0 cm, ♀ 34,5–36,0 cm; 1200–1650 g.
Erkennungshinweise: Geschlechter gleich. Sehr ähnlich der weißen Morphe der Schneegans, aber bedeutend kleiner. Hals kürzer und runder Kopf. Schnabel an der Basis mit blaugrünen Warzen. Individuen der dunkle Morphe sehr selten.
Stimme: Rufe höher als bei Schneegans. Flugrufe sind ein raues, kurzes Grunzen, „kork" sowie ein hohe Rufreihen „kiek-kiek" oder „ki-gak".

ad.

Brutareal: Hauptsächlich in den Nordwestterritorien Kanadas in der Region des Perry Flusses brütend. Zusätzlich noch auf den Banks- und Southampton Inseln.
Vorkommen in Mitteleuropa: Ausnahmegast in den Niederlanden, sonst meist Gefangenschaftsflüchtlinge.
Wanderungen: Zugvogel. Ehemals ausschließlich im Sacramento Tal in Kalifornien überwinternd. Jetzt mittlerweile bis nach Nordmexiko ziehend.
Lebensraum: Küstenniederung der arktischen Tundra Nordamerikas. Überwintert auf Weiden und Ackerland und auf dem Zug auch auf Stoppel- oder Reisfeldern.
Nahrung: Reiner Vegetarier.
Brutbiologie: Geschlechtsreife mit 2–3 Jahren • Brütet in Kolonien • Bodennest ein flacher Hügel aus diversem Pflanzenmaterial • 4–5 Eier • Legebeginn in der Arktis im Juni • Brutdauer 21–22 Tage • Junge mit ca. 40 Tagen flügge • 1 Jahresbrut.
Gefährdung: Nicht weltweit gefährdet.

Rothalsgans (→18)

Branta ruficollis (Pallas 1769)

Taxonomie: Familie Entenverwandte – Anatidae. Keine Unterarten.
Größe, Gewicht: Körperlänge 53–56 cm, Flügelspannweite 116–135 cm, Flügellänge ♂ 35,5–37,9 cm, ♀ 33,2–35,2 cm; 1150–1625 g.

Erkennungshinweise: Geschlechter gleich. Durch rostbraunes Muster an Hals und Kopf unverkennbar, jedoch aus der Entfernung insgesamt recht dunkel wirkend. Der breite weiße Flankenstreif auch im Flug auffallend.

Stimme: Schrille Stakkatorufe „ki-kwi" und ähnliche hohe Rufe, unähnlich anderen Gänsen.

Brutareal: Tundra Nordwestsibiriens von der Jamal- bis zur Taimyr-Halbinsel.

Vorkommen in Mitteleuropa: Seltener, heute regelmäßiger Wintergast im Norden und Osten, sonst Ausnahmegast. Mit Gefangenschaftsflüchtlingen ist zu rechnen.

Wanderungen: Langstreckenzieher, Hauptwinterquartier westliche Schwarzmeerküste, einzelne bis Westeuropa.

Lebensraum: Brutvogel in der Strauch- und Waldtundra. Im Winter auf Viehweiden, Feldern und Salzwiesen.

Nahrung: Gräser, im Winter auch Wintersaaten und Salzpflanzen.

Alter: Generationslänge 7 Jahre.

Gefährdung: Nach der EU-Vogelschutzrichtlinie besonders geschützte Art (Anhang I), auf Europa konzentriert (SPEC E, Winter). Global gefährdet wegen geringer Bestandsgröße, Beunruhigung und direkter Bejagung auf dem Zug und im Winterquartier.

Besonderes: Brutplätze auffallend oft in der Nähe von Greifvogel- (besonders Wanderfalken-) Nestern, deren Schutz die Gänse suchen.

Ringelgans (→19)
Branta bernicla (Linnaeus 1758)

ad.

Taxonomie: Familie Entenverwandte – Anatidae. 3 deutlich differenzierte Unterarten. Gäste in Mitteleuropa vor allem *B. b. bernicla* aus dem arktischen Sibirien, wenige auch *hrota* von Grönland und Spitzbergen, selten *B. b. nigricans* aus Ostsibirien.
Größe, Gewicht: Körperlänge 55–66 cm, Flügelspannweite 110–120 cm, Flügellänge ♂ 33–35,3 mm, ♀ 31,7–33,5 cm; 1300–1600 g.
Erkennungshinweise: Geschlechter gleich. Unverwechselbare dunkle Gans mit schwarzem Hals und namengebendem hellem Halsfleck. Die bei uns als Wintergast häufige Nominatform mit dunkelgrauem Bauch und geringfügig helleren Flanken. Unterart *hrota* mit hellem Bauch, *nigricans* mit schwarzem Bauch und hellen Flanken.
Stimme: Einsilbig bis kurz gereiht guttural „rock" oder „rott". Wenig ruffreudig.
Brutareal: Grönland, arktische Inselgruppen, arktisches Sibirien, Alaska und Nordkanada.

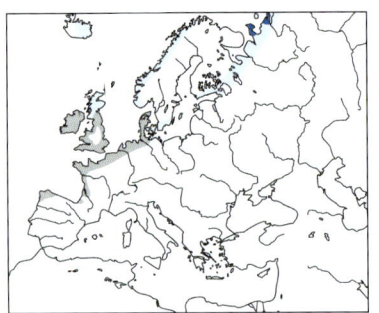

Vorkommen in Mitteleuropa: Zahlreicher Durchzügler und Wintergast im Wattenmeer; im Binnenland selten und einzelne Verflogene, vereinzelt auch Gefangenschaftsflüchtlinge, v.a. der ssp. *nigricans*. Unterart *hrota* seltener, aber regelmäßiger Wintergast an der Nordsee, *nigricans* seltener, alljährlicher Gast.
Wanderungen: Zugvogel; Hauptwinterquartier Küsten Nordwesteuropas.
Lebensraum: Brutvogel der hocharktischen Tundra in Küstennähe mit Süßwasserseen. Außerhalb der Brutzeit Flachküsten mit Wattflächen und Salzwiesen; Ruheplätze auf dem Meer oder in geschützten Buchten.
Nahrung: Marine Seichtwasserpflanzen, Gräser und auch Wintersaat. Am Brutplatz Tang, Flechten, kleine Blütenpflanzen.
Alter: Ältester Ringvogel knapp 27 Jahre. Generationslänge 7 Jahre.

Gefährdung: Art in Europa mit ungünstigem Erhaltungsstatus (SPEC 3, Winter). Gefährdung durch Verlust weiträumiger, ungestörter Nahrungs-gebiete und Intensivierung der Landwirtschaft.

Besonderes: Nahrungssuche nur in hellen Mondnächten auch nachts. Im Mittwinter Ruhezeit auch tagsüber sehr kurz.

Kanadagans (→21)

Branta [canadensis] canadensis (Linnaeus 1758)

Taxonomie: Familie Entenver-wandte – Anatidae. Bildet Super-spezies mit Weißwangengans *B. leucopsis*, Hawaiigans *B. sandvi-chensis* und Zwergkanadagans *B. hutchinsii*. Sieben Unterarten. In Europa wurde *B. c. canadensis* ein-geführt, möglicherweise einige Individuen *B. c. maxima*, in Mittel-europa auch *B. c. mofitti*.

ad.

Größe, Gewicht: Körperlänge 90–100 cm, Flügelspannweite 160–183 cm, Flügellänge 45–55 cm; ♂ 4170–5410 g, ♀ 3670–4950 g.

Erkennungshinweise: Geschlechter gleich. Große graubraune Gans mit langem schwarzem Hals und auffallendem weißem Kinnband.

Stimme: Nasal trompetend „ahong", auch grunzend „rorr-rorr" und kurze Stakkatorufe.

Brutareal: Ursprünglich östliches Nordamerika.

Vorkommen in Mitteleuropa: Ein-geführt und verwildert (Neozoon). Heute stark zunehmender Brut- und Jahresvogel, regelmäßiger Winter- und Jahresgast.

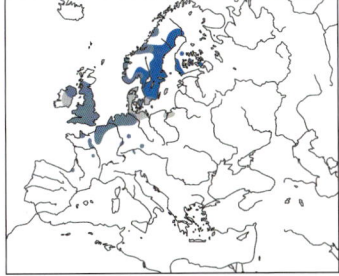

Wanderungen: Standvogel mit Streuungswanderungen im Binnenland, Kurzstreckenzieher aus Skandi-navien überwintern an der Küste.

Lebensraum: Brutvogel an Binnenseen, oft auch halbzahm in oder nahe Siedlungen. Außerhalb der Brutzeit Wildvögel auf Stoppelfeldern und an der Küste oder Grasflächen im Binnenland.

Nahrung: Hauptsächlich Landpflanzen, auch Wasserpflanzen und Algen.
Brutbiologie: Erstbrüter 3 (2 oder 4) Jahre alt • Nest auf dem Boden, meist in Wassernähe, Plattform aus Ästen und Zweigen, Mulde mit Pflanzen und Dunen ausgelegt • 5–6 Eier • Legebeginn Ende März/April • Brutdauer 28–30 Tage • ♀ brütet • ♂ und ♀ führen • nestflüchtende Junge sind mit 50–80 Tagen flügge, Familie bleibt bis in den Winter zusammen • 1 Jahresbrut; Ersatzgelege.
Alter: Ältester Ringvogel mind. 23 Jahre, 4 Monate.
Gefährdung: Nicht gefährdet.
Besonderes: In Deutschland meist sehr ortstreu und auch im Winter nur kleinräumige Ausweichbewegungen. Im ursprünglichen Brutgebiet im arktischen Nordamerika führt die ausgeprägte Brutorttreue zu einer verwirrend großen Anzahl verschiedener Formen, die bis heute noch nicht befriedigend systematisch beschrieben ist.

	Jan.	Feb.	März	April	Mai	Juni	Juli	Aug.	Sep.	Okt.	Nov.	Dez.
Anwesenheit												
Durchzug												
Brutzeit				X X								
postjuv. Mauser												
Teil- / Vollmauser												
Vollmauser												

Zwergkanadagans (→ 22)
Branta [candensis] hutchinsii (Richardson 1832)

Taxonomie: Familie Entenverwandte – Anatidae. Bildet Superspezies mit Kanadagans *B. canadensis,* mit dieser lange als eine Art zusammengefasst. 4 Unterarten *hutchinsii*, *minima*, *taverneri* und *leucopareia*, in

Europa können alle Unterarten als Gefangenschaftsflüchtlinge auftreten.
Größe, Gewicht: Körperlänge 57–70 cm, Flügelspannweite 120–140 cm, Flügellänge Ż 32 cm; 1700–4000 g.
Erkennungshinweise: Geschlechter gleich. Durch weiße Kehlbinde, die bis unter das Auge reicht, als Kanadagans gekennzeichnet, jedoch nur stockentengroß. Dunkelste der

kleinen Kanadagänse mit kurzem Hals und zierlichen Schnabel. Manche mit einem feinen, weißen Halsring.

Stimme: Selten zu hören, Geräusche durch Schlagen des Schnabels auf die Brust.

Brutareal: Brutvogel im arktischen Kanada und der Küste Westalaskas.

Vorkommen in Mitteleuropa: Ausnahmegast in den Niederlanden, sonst meist Status unklar oder Gefangenschaftsflüchtlinge.

Wanderungen: Zugvogel der von Zentralkalifornien bis Nordmexiko überwintert.

Lebensraum: Arktische Tundra. Im Winter auf Stoppelfeldern und Grünland.

Nahrung: Reiner Vegetarier, der auf Grünland weidet.

Brutbiologie: Erste Brut mit 2–3 Jahren • Flaches Nest aus Pflanzenmaterial, mit Daunen und Federn ausgepolstert • 4–7 Eier • Brutdauer und Flüggewerden je nach Unterart verschieden • 1 Jahresbrut.

Gefährdung: Nicht weltweit gefährdet.

Weißwangengans (→ 23)

Branta [canadensis] leucopsis (Bechstein 1803)

Taxonomie: Familie Entenverwandte – Anatidae. Bildet Superspezies mit Kanadagans *B. canadensis* und Zwergkanadagans *B. hutchinsii*. Keine Unterarten.

Größe, Gewicht: Körperlänge 58–71 cm, Flügelspannweite 132–145 cm, Flügellänge ♂ 38,8–42,9 cm, ♀ 37,6–41 cm; ♂ 1400–2200 g, ♀ 1290–1900 g.

Erkennungshinweise: Geschlechter gleich. Mittelgroße Gans durch weißes

ad.

Gesicht, kurzen schwarzen Hals und schwarz weiße Bänderung der Oberseite unverwechselbar.

Stimme: Flugruf bellend rau „guak" oder „gok" und schrilles Triumphgeschrei.

Brutareal: Drei überwiegend getrennte Populationen in Ostgrönland, Spitzbergen sowie Nordwestsibirien. Zudem eine kleinere, aber stark zunehmende Population im Ostseeraum.

Vorkommen in Mitteleuropa: Durchzügler und Wintergast in großer Zahl in der Küstenregion der Nord- und Ostsee und in zunehmendem Maße im norddeutschen Binnenland. In den südlichen Landesteilen seltener und unsteter Gastvogel, häufiger vermutlich Gefangenschafts-flüchtlinge. Brutansiedlungen in Norddeutschland mit raschem Anstieg der Brutpaarzahlen. Vereinzelt auch tiefer im Binnenland, hier aber vermutlich Gefangenschaftsflüchtlinge.

Wanderungen: Zugvogel. Winterquartiere auf den Britischen Inseln und im Wattenmeer. Zwischenquartiere im baltischen Raum und an der Ostseeküste.

Lebensraum: Brütet auf Felskuppen hoch über Talgründen unweit von Seen oder der Küste. Im Winterquartier küstennah auf Salzwiesen, Quel-

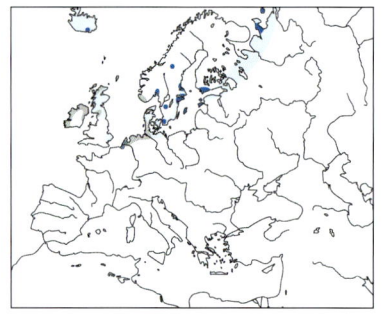

ler-Flächen, auf Weiden und Wiesen, Kleeschlägen und Äckern. Ruheplätze an Sandbänken, flachen Küstenstrichen, auf Inseln.

Nahrung: Im Brutgebiet Blätter und Sprosse arktischer Landpflanzen, im Winter Gräser und Kräuter, sowie Wintersaat, Klee, Feldfrüchte, Algen, Queller.

Brutbiologie: Geschlechtsreife meist im 3. (selten schon im 2.) Jahr • Nest in Mitteleuropa häufig am Rand von Silbermöwenkolonien unter Sträuchern, an Bodenentnahmestellen oder anderen vegetationsarmen Stellen, flache Mulde mit Pflanzen und Dunen ausgelegt; Koloniebrüter • 4–5 Eier • Legebeginn April/Mai • Brutdauer 24–25 Tage • ♀ brütet • ♂ und ♀ führen • Junge sind Nestflüchter, mit 40–45 Tagen flügge • 1 Jahresbrut; Ersatzgelege selten.

Alter: Ältester Ringvogel mindestens 27 Jahre. Generationslänge 7 Jahre.

Gefährdung: Nach der EU-Vogelschutzrichtlinie besonders geschützte Art (Anhang I), auf Europa konzentriert (SPEC E). Gefährdet durch Verlust großräumiger, störungsarmer Nahrungsgebiete im Winterquartier und intensive Landwirtschaft.

Besonderes: Junge führende Familien schließen sich zu großen „Kindergärten" zusammen.

Nilgans (→ 25)

Alopochen aegyptiacus (Linnaeus 1766)

Taxonomie: Familie Entenverwandte – Anatidae. Keine Unterarten.

Größe, Gewicht: Körperlänge 71–73 cm, Flügelspannweite 134–154 cm, Flügellänge ♂ 37,8–40,6 cm, ♀ 35,2–39 cm; ♂ 1900–2250 g, ♀ 1500–1800 g.

Erkennungshinweise: Geschlechter gleich. Auffallende, im Stehen unverwechselbare Halbgans, die im Flug durch weißen Vorderflügel Ähnlichkeit mit der Rostgans hat.

Familie

Stimme: Im Trupp Männchen zischend und keuchend, Weibchen trompetenartiges Schnattern wie „honk – hää – hää hää".

Brutareal: Brutvogel Afrikas südlich der Sahara sowie im Niltal. In Europa eingeführt, freifliegende Vögel inzwischen in weiten Teilen Westeuropas und im westlichen Mitteleuropa.

Vorkommen in Mitteleuropa: Eingeführt, Bestände stark zunehmend. Brut und Jahresvogel, der sich nach Aussetzungen in den Niederlanden nach Osten und Süden rasch ausbreitet.

Wanderungen: Eingeführte Vögel in Europa, Nichtzieher.

Lebensraum: In Europa in Park-, Bagger- und anderen Binnengewässern, vor allem wenn sich Weiden als Nahrungsflächen anschließen.

Nahrung: Gräser, Samen, Blätter und Stiele, Gemüse. Teilweise auch Kleintiere.

Brutbiologie: Geschlechtsreife mit 1–2 Jahren • Nest

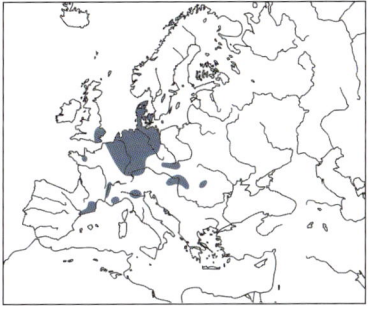

überwiegend auf Bäumen, auch am Boden, in Höhlen und auf Felsvorsprüngen in Gewässernähe; mit Dunen ausgelegt • 6–10 Eier • Legebeginn März bis September • Brutdauer 28–30 Tage • ♀ brütet • ♂ und ♀ führen • Junge mit 70–75 Tagen flügge, Familie bleibt länger zusammen • 1 Jahresbrut; keine Ersatzgelege bekannt.

Gefährdung: Eingebürgerte Populationen stark zunehmend.

Brandgans (→26)
Tadorna tadorna (Linnaeus 1758)

Taxonomie: Familie Entenverwandte – Anatidae. Keine Unterarten.

Größe, Gewicht: Körperlänge 58–67 cm, Flügelspannweite 110–133 cm, Flügellänge ♂ 31,2–35 cm, ♀ 28,4–31,6 cm; ♂ 1000–1450 g, ♀ 800–1000 g.

Erkennungshinweise: Unverwechselbar und Geschlechter im Prachtkleid nur durch den großen Schnabelhöcker bei Männchen zu unterscheiden. Auffallend roter Schnabel, grüner Kopf und das braune Brustband. Im Jugendkleid ist der Schnabel graurosa und die Oberseite braungrau.

Stimme: Weibchen ruft tief „ak ak ak", kann bis zum Roller beschleunigt sein, Männchen hohe Pfiffe wie „tju – tju tju..", auch als Triller, bei Erregung „sitju", Weibchen dagegen „korr".

Brutareal: Küstengebiete von Ostatlantik, Ost- und Nordsee mit Ausläufern ins Binnenland; davon getrennt kleinere Ansiedlungen im Mittelmeergebiet und von Südosteuropa in einem schmalen Gürtel bis China.

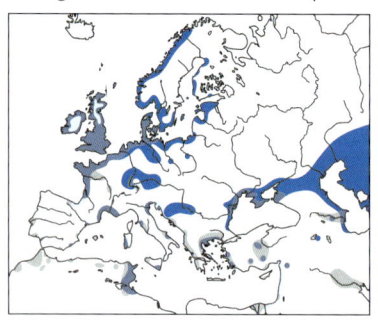

Vorkommen in Mitteleuropa: Spärlicher Brut- und Jahresvogel, vor allem entlang der Küsten und im küstennahen Binnenland. Sonst im Binnenland nur lokal, im Süden sehr selten. Gefangenschaftsflüchtlinge und deren Nachkommen. An der Nordsee auch große Konzentrationen von Mauservögeln.

Wanderungen: Zugvogel, Teilzieher und Streuungswanderungen.

Lebensraum: Meeresküsten, auch Einwanderungen an Binnengewässern (u. a. Gefangenschaftsflüchtlinge).

Nahrung: Kleine wirbellose Wassertiere, mitunter auch pflanzliche Nahrung.

Brutbiologie: Geschlechtsreife im 2. Lebensjahr • Nest in Erdhöhlen, auch unter Gebäuden und in Baumhöhlen; Nestmulde mit Dunen ausgelegt • 8–10 Eier • Legebeginn April bis Juni • Brutdauer 29–31 Tage • ♀ brütet • ♂ und ♀ führen • Junge Nestflüchter, mit 45–50 Tagen flügge, oft schon vorher von den ad. verlassen und dann Vermischung verschiedener Bruten („Kindergärten") • 1 Jahresbrut; Ersatzgelege bei sehr frühem Gelegeverlust.

Alter: Ältester Ringvogel fast 19 Jahre. Generationslänge < 6 Jahre.

Gefährdung: Wegen der Mauserkonzentrationen im deutschen Wattenmeer besitzt Deutschland eine besondere Verantwortung zur Erhaltung der Art; diese ist hier durch Verölung und Schadstoffeintrag besonders stark verwundbar. Verluste durch Verfolgung, Störungen durch Freizeitnutzung und Herzmuschelfang.

Besonderes: Brandgänse aus Südfrankreich und Nordwesteuropa konzentrieren sich zur Mauser im Wattenmeer zwischen Ems- und Wesermündung. Die Ansammlungen können bis zu 100.000 Individuen umfassen, das sind über 20 % der Weltpopulation.

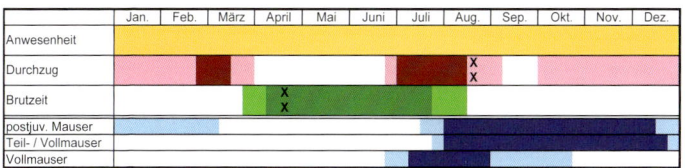

	Jan.	Feb.	März	April	Mai	Juni	Juli	Aug.	Sep.	Okt.	Nov.	Dez.
Anwesenheit												
Durchzug								x x				
Brutzeit				x x								
postjuv. Mauser												
Teil- / Vollmauser												
Vollmauser												

Rostgans (→ 27)

Tadorna [ferruginea] ferruginea (Pallas 1764)

Taxonomie: Familie Entenverwandte – Anatidae. Bildet Superspezies mit der südafrikanischen Graukopfkasarka *T. cana*. Auch in Gattung *Casarca* gestellt. Keine Unterarten.

Größe, Gewicht: Körperlänge 61–66 cm, Flügelspannweite 121–145 cm, Flügellänge ♂ 35,4–38,3 cm, ♀ 32,1–36,9 cm; ♂ 1260–1640 g, ♀ 925–1500 g.

Erkennungshinweise: Auffällige kleine Halbgans. Männchen nur durch kräftigere Färbung und

ad.

schwarzen Halsring vom Weibchen zu unterscheiden. Ähnlich ist die Graukopfkasarka, bei der das ♂ einen einfarbig grauen Kopf hat, beim ♀ ist er dunkelbraun mit großem weißem Gesichtsfleck.

Stimme: Laute, nasale Rufe, Weibchen tiefer und rauer als Männchen „eng" oder „ang", Männchen rollend „arorr".

Brutareal: Nordafrika, Südosteuropa und Türkei bis in die Steppen Zentralasiens. In Mitteleuropa Brutansiedlungen von Gefangenschaftsflüchtlingen.

Vorkommen in Mitteleuropa: Ältere Nachweise als Ausnahmegast wohl z. T. Wildvögel. Lokale Brutansiedlungen durch Einbürgerung und heute

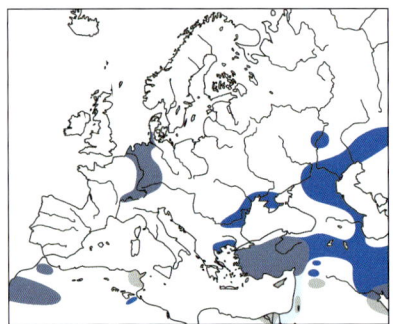 wohl die meisten wildlebenden Vögel Abkömmlinge von Gefangenschaftsflüchtlingen. Einflüge von Wildvögeln aber möglich. Graukopfkasarka gelegentlicher Gefangenschaftsflüchtling.

Wanderungen: Streuungswanderungen und Nomadismus. Etablierte Populationen in Mitteleuropa wandern z. B. zwischen den Niederlanden und Süddeutschland/ Schweiz.

Lebensraum: Brackwasserlagunen, salzige Binnenseen, Süßwasserseen bis ins Gebirge; Brutplätze in Felswänden, aber auch auf flachen Böden. Außerhalb der Brutzeit an großen Süßwasserseen. Eingebürgerte an Süßwasser- und Stauseen.

Nahrung: Überwiegend pflanzlich, Gräser, Sämereien; auch Kleintiere.

Alter: Generationslänge 6 Jahre.

Gefährdung: Nach der EU-Vogelschutzrichtlinie besonders geschützte Art (Anhang I), in Europa mit ungünstigem Erhaltungsstatus (SPEC 3). Gefährdung im Ursprungsgebiet durch Zerstörung von Feuchtgebieten und Jagd.

Besonderes: Nester in allen möglichen Höhlungen wie Erdlöchern bis zu Fels- und Baumhöhlen in 10 m Höhe. Auch in Gebäuden.

Brautente (→30)

Aix sponsa (Linnaeus 1758)

Taxonomie: Familie Entenverwandte – Anatidae. Keine Unterarten.

Größe, Gewicht: Körperlänge 41–51 cm, Flügelspannweite 68–74 cm, Flügellänge ♂ 21,5–28,5 cm, ♀ 20,3–23,1 cm; 482–879 g.

Erkennungshinweise: Sehr bunte, kleine Ente. Männchen unverwechselbar. Oberseite und Kopf mit blaugrünem metallischem Glanz. Weibchen ähnlich Mandarinente aber der Augenring deutlich breiter. Flanken schmal beige gefleckt und Flügelspiegel purpurbläulich. Unterflügeldecken hell-dunkel marmoriert und nicht einfarbig dunkel wie bei Mandarinente.

Stimme: Weibchen ruft „hijk". Männchen balzt hoch und ansteigend „dsij".

Brutareal: Zwei getrennte Populationen in Nordamerika. Westliche Population brütet von British Columbia bis Kalifornien, die östliche von Manitoba im Norden bis nach Osttexas und Kuba verbreitet.

Vorkommen in Mitteleuropa: Trotz Ansiedlungsversuchen nur unregelmäßige Bruten, Gefangenschaftsflüchtlinge.

Wanderungen: Zugvogel, die Populationen überwintern im Süden ihrer Brutgebiete.

Lebensraum: Still- und Fließgewässer in bewaldeten Landschaften. Im Winter auch auf gefluteten Reisfeldern und im offenen Gelände.

Nahrung: Reiner Vegetarier, die Nahrung wird im Wasser aber auch auf Grünland weidend gesucht.

Brutbiologie: Geschlechtsreife im 2. Lebensjahr • Nest im Baumhöhlen, mit Dauen ausgekleidet • 9–15 Eier • Brutdauer ca. 30 Tage • Junge mit ca. 60 Tagen flügge • 1 Jahresbrut, im Süden auch 2; Ersatzgelege.

Gefährdung: Nicht weltweit gefährdet.

Mandarinente (→ 31)
Aix galericulata (Linnaeus 1758)

♂ PK

♀

Taxonomie: Familie Entenverwandte – Anatidae. Keine Unterarten.

Größe, Gewicht: Körperlänge 41–51 cm, Flügellänge ♂ 22,6–24,2 cm, ♀ 21,5–23,4 cm; ♂ 571–693 g, ♀ 428–608 g.

Erkennungshinweise: Unverwechselbare, kleine und sehr bunte Ente. Männchen im Prachtkleid mit auffälligen, orangen Schmuckfedern und langem weißen Überaugenstreif. Beim Weibchen besteht Verwechslungsgefahr mit der amerikanischen Brautente. Mandarinenten jedoch mit schmalem, weißem Augenring, schmalem Hinteraugenstreif und großen rundlichen Flecken an den Flanken.

Stimme: Männchen ruft bei der Balz kurz oder gedehnt „pfruib", Weibchen laut und scharf „kett" (ähnlich Blässhuhn).

Brutareal: Südostrussland, Nordostchina, Japan. In Europa freifliegende entkommene Vögel, auch teilweise etablierter Neubürger (z. B. Großbritannien).

Vorkommen in Mitteleuropa: Neubürger mit sehr kleinem Brutbestand, aber einige Konzentrationspunkte in den Niederlanden und aus ehemaligen Zoobeständen; sonst vielfach nur freifliegende Nichtbrüter; Jahresvogel, auch Winterflüchter.

Wanderungen: Einzelne weitere Wanderungen von europäischen Neozoen sind bekannt.

Lebensraum: Stehende Binnengewässer und größere Flüsse, vor allem Parkseen und Gewässer, die mit großen Bäumen umgeben sind.

Nahrung: Vor allem pflanzlich, Wasserpflanzen und Sämereien, Eicheln. Im Sommer auch wasserlebende Wirbellose.

Brutbiologie: Geschlechtsreife im 1. Lebensjahr • Nest in Höhlen, selten auch in Bodennähe; Nestmulde mit wenig Vegetation ausgekleidet • 9–12 Eier • Legebeginn April bis Mai • Brutdauer 28–31 Tage • nur ♀ brütet • ♀ führt • Junge verlassen sofort das Nest, mit 40–45 Tagen flügge • 1 Jahresbrut; Ersatzgelege?

Gefährdung: In Ostasien durch direkte Verfolgung und Habitatzerstörungen gefährdet, die eingebürgerten Populationen in Europa nicht.

Besonderes: Da zeitweise in Großbritannien und anderen europäischen Ländern mehr Mandarinenten brüteten als im Ursprungsgebiet, lag die Verantwortung für den weltweiten Erhalt der Art in Europa. Durch die Erholung der Bestände in Ostasien hat sich das wieder geändert. Dennoch hat die europäische Population immer noch eine hohe Bedeutung für das langfristige Überleben der Art.

Marmelente (→ 32)

Marmaronetta angustirostris (Ménétries 1832)

Taxonomie: Familie Entenverwandte – Anatidae. Keine Unterarten.

Größe, Gewicht: Körperlänge 39–48 cm, Flügelspannweite 63–67 cm, Flügellänge ♂ 19,5–21,5 cm, ♀ 18,6–20,6 cm; ♂ 535–590 g, ♀ 450–535 g.

Erkennungshinweise: Geschlechter ähnlich. Unverwechselbare, kleine Ente mit sandbraunem, oberseits etwas dunklerem diffus geflecktem Gefieder und dunkler Augenpartie. Männchen oft mit deutlicherem Schopf.

Stimme: Selten zu hören, nasal „jiiep" bei der Balz, Weibchen hohes Pfeifen, kein Quaken.

Brutareal: Isolierte Verbreitungsinseln im Mittelmeerraum (Europa nur noch Süd-

ad.

spanien), in Vorderasien und im südwestlichen Zentralasien.

Vorkommen in Mitteleuropa: Ausnahmegast, neuerdings wohl auch einige Nachweise von Gefangenschaftsflüchtlingen.

Wanderungen: Zugvogel mit Neigung zu Streuungswanderungen, Wanderungen oft unregelmäßig nach Habitatverfügbarkeit.

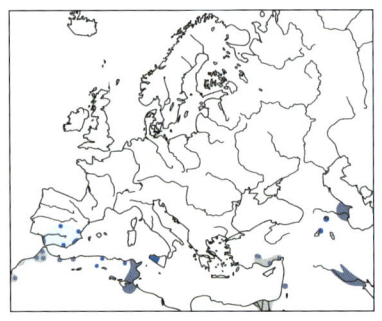

Lebensraum: Seichte Süß- und Brackwasserseen mit viel Uferdeckung.
Nahrung: Hauptsächlich pflanzlich, Samen, Knollen, Wurzeln, grüne Teile von Wasserpflanzen, wenig wasserlebende Wirbellose.
Alter: Generationslänge <3,3 Jahre.
Gefährdung: Nach der EU-Vogelschutzrichtlinie besonders geschützte Art (Anhang I), weltweit bedroht (SPEC 1). Die global gefährdete Marmelente ist v. a. durch massiven Lebensraumverlust (Entwässerung, wasserbauliche Maßnahmen und Intensivierung der Landnutzung) bedroht, weitere Verluste durch Jagd, Fang und Bleischrotvergiftungen.

Schnatterente (→33)
Anas strepera Linnaeus 1758

Taxonomie: Familie Entenverwandte – Anatidae. Keine Unterarten.
Größe, Gewicht: Körperlänge 46–58 cm, Flügelspannweite 84–95 cm, Flügellänge ♂ 26,1–28,2 cm, ♀ 24,3–26,1 cm; 550–1110 g.
Erkennungshinweise: Mittelgroße Schwimmente. Männchen größtenteils graubraun und Heck schwarz. Weibchen leicht mit etwas größerer Stockente zu verwechseln, aber mit weißem Flügelspiegel und Bauch.
Stimme: ♂ tief „ärp ärp", Grunzpfiff mit durchdringend hohem Abschluss; ♀ quaken höher als, aber ähnlich wie Stockente.
Brutareal: Von Island über Europa bis Zentralasien in den Mittelbreiten, isoliert auch am Pazifik.
Vorkommen in Mitteleuropa: Verbreiteter Brutvogel im Süden und Osten, im Westen Verbreitung lückig; regelmäßiger und häufiger Durchzügler, zunehmend auch im Winter.

Wanderungen:
Langstreckenzieher in Nordeuropa , Teilzieher und Standvogel in Mitteleuropa. Wintergebiet West-, Mittel- Südeuropa und nördliches Afrika bis Sahelzone.

♂ PK

Lebensraum: Stehende, vornehmlich seichte und eutrophe Binnengewässer.

Nahrung: Überwiegend pflanzlich, auch kleine Wassertiere (vor allem im Sommer).

Brutbiologie: Geschlechtsreife im 1. Lebensjahr • Nest auf trockenem Untergrund in dichter Vegetation nahe am Wasser, Anhäufung von Pflanzenmaterial, Dunen • 8–12 Eier • Legebeginn Mai bis Juni • Brutdauer 25–26 Tage • ♀ brütet • ♀ führt • Junge Nestflüchter, mit 45–50 Tagen flügge • 1 Jahresbrut; Ersatzgelege.

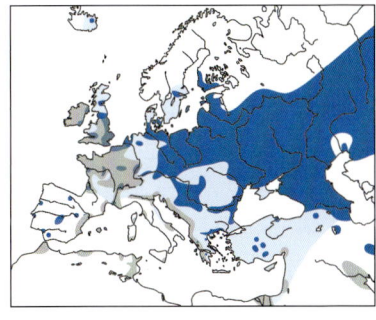

Alter: Ältester Ringvogel 22 Jahre, 4 Monate. Generationslänge ‹ 3,3 Jahre.

Gefährdung: Art in Europa mit ungünstigem Erhaltungsstatus (SPEC 3). Gefährdet durch Entwässerungen, wasserbauliche Maßnahmen, Eutrophierung und Störungen. Verluste durch Jagd (Verwechslungen mit Stockente) und Aufnahme von Bleischrot.

	Jan.	Feb.	März	April	Mai	Juni	Juli	Aug.	Sep.	Okt.	Nov.	Dez.
Anwesenheit												
Durchzug												
Brutzeit					X							
					X							
postjuv. Mauser												
Teil- / Vollmauser												
Vollmauser												

Sichelente (→ 34)

Anas falcata Georgi 1775

Taxonomie: Familie Entenverwandte – Anatidae. Keine Unterarten.

Größe, Gewicht: Körperlänge 46–54 cm, Flügelspannweite 76–82 cm, Flügellänge ♂ 25,3–26,4 cm, ♀ 23,7–24,9 cm; 422–770 g.

Erkennungshinweise: Kleine Ente, Männchen im Prachtkleid durch grauen Körper und vor allem lange, gebogene Ellbogenfedern und dunkel glänzenden Kopf mit Nackenmähne unverwechselbar. Weibchen bzw. Jungvögel oder Männchen im Schlichtkleid leicht mit anderen kleinen Enten zu verwechseln. Jedoch mit langem, dunkelgrauem Schnabel und auffallender Nackenbefiederung. Insgesamt recht düster wirkend.

♂ PK

Stimme: Selten zu hören. Weibchen heiser quakend. Dem kurzen Pfiff des Männchens folgt ein zitterndes „uit-trr".

Brutareal: Weite Teile Ostsibiriens, der nördlichen Mongolei und Chinas sowie den Kurilen.

Vorkommen in Mitteleuropa: Zunehmend einzelne Nachweise, Wildvögel und Gefangenschaftsflüchtlinge schwer zu trennen.

Wanderungen: Zugvogel, der im ostasiatischen Tiefland überwintert.

Lebensraum: Flüsse und Seen der Niederungen sowie Sümpfe und Überschwemmungswiesen.

Nahrung: Vegetarier, der gründelnd aber auch weidend nach Nahrung sucht.

Brutbiologie: Geschlechtsreife im 2. Lebensjahr • Nest in dichter Vegetation in Wassernähe • 6–9 Eier • Legebeginn Mai bis Juni • Brutdauer 24–26 Tage • ♀ brütet und führt Junge.

Gefährdung: Nicht weltweit gefährdet.

Besonderes: Aufgrund der Attraktivität sehr beliebte und oft gehaltene Entenart.

Pfeifente (→35)

Anas [penelope] penelope Linnaeus 1758

Taxonomie: Familie Enten-verwandte – Anatidae. Bildet Superspezies mit Kanada-pfeifente *A. americana* und Chilepfeifente *A. sibilatrix*. Keine Unterarten.

♂ PK

Größe, Gewicht: Körperlänge 45–51 cm, Flügelspannweite 75–86 cm, Flügellänge ♂ 25,2–28,1 cm, ♀ 24,2–26,2 cm; 415–970 g.

Erkennungshinweise: Un-verwechselbar. Durch runden Kopf und kurzen Hals an kleine Gans erinnernd. Männchen mit rostrotem Kopf und Hals und gelber Stirn. Im Flug auffallendes großes weißes Flügelfeld und grüner Flügelspiegel. Weibchen unscheinbarer rötlichbraun mit graugrünem Flügelspiegel.

Stimme: Männchen pfeift „huiu" (Betonung und Hebung in der Mitte), ferner „wip wip wii… wipü wiu" am Boden und im Flug. Weibchen schnarrend „krrr" oder „terrrr".

Brutareal: Nördliches Westeuropa über Eurasien bis Kamtschatka. Mitteleuropa liegt bereits südlich des geschlossenen Areals.

Vorkommen in Mitteleuropa: Als Brutvogel nur lokal und einzeln an der Küste, gelegentlich auch Einzelbruten im Binnenland. Durchzügler und Überwinterer sehr zahlreich an der Küste, im Binnenland regelmäßig in kleiner Zahl.

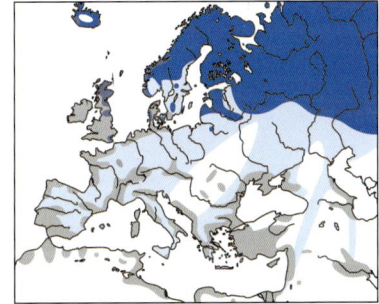

Wanderungen: Zugvogel, Überwinterung in fast allen Teilen Europas und in Nordafrika, einige noch weiter südlich.

Lebensraum: Brutvogel an vegetationsreichen Seen. Im Winter und auf dem Durchzug auf küstennahen Binnengewässern und an der Küste, zur Nahrungssuche auf Grasländern, im Binnenland auf unterschiedlichen Gewässertypen.

Nahrung: Hauptsächlich Pflanzen, vor allem Blätter von Gräsern, Wasserpflanzen, Algen usw.

Brutbiologie: Geschlechtsreife im 1. Lebensjahr, doch Erstbrut im 2. • Nest am Boden, in Vegetation versteckt in Wassernähe, Material aus nächster Umgebung • Legebeginn Mitte Mai bis Juni • Brutdauer 23–25 Tage • ♀ brütet • ♀ führt • Junge sind Nestflüchter, werden mit 40–45 Tagen flügge • 1 Jahresbrut; Ersatzgelege.

Alter: Ältester Ringvogel 19 Jahre, 9 Monate. Generationslänge < 3,3 Jahre.

Gefährdung: Art auf Europa konzentriert (SPEC E, Winter); Rote Liste D R (extrem selten). Gefährdung durch Entwässerungen in den Brutgebieten und Jagd.

Besonderes: Pfeifenten werden oft auf Wiesen und Feldern angetroffen, wo sie wie Gänse das Gras regelrecht abweiden.

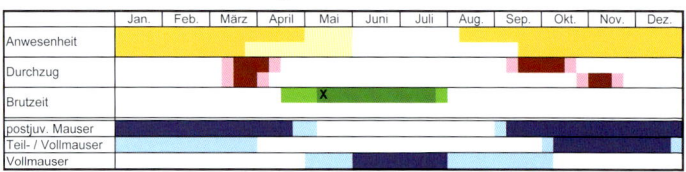

	Jan.	Feb.	März	April	Mai	Juni	Juli	Aug.	Sep.	Okt.	Nov.	Dez.
Anwesenheit												
Durchzug												
Brutzeit						X						
postjuv. Mauser												
Teil- / Vollmauser												
Vollmauser												

Kanadapfeifente (→ 36)

Anas [penelope] americana J. F. Gmelin 1789

Taxonomie: Familie Entenverwandte – Anatidae. Auch *Mareca americana*. Bildet Superspezies mit Pfeifente *A. penelope* und Chilepfeifente *A. sibilatrix*. Keine Unterarten.

Größe, Gewicht: Körperlänge 45–56 cm, Flügelspannweite 75–86 cm,

♂ PK

Flügellänge wie Pfeifente; ♂ Mittel 770 g, ♀ Mittel 680 g.

Erkennungshinweise: Mittelgroße Schwimmente. Männchen im Prachtkleid durch breiten, grünen Streifen an den Kopfseiten unverwechselbar. Weibchen und Jungvögel der Pfeifente sehr ähnlich, jedoch durch weiße Achselfedern zu unterscheiden.

Stimme: Pfiff des Männchens „hiw-hiw-hiw", stotternd und weniger durchdringend als Pfeifente, Weibchen quaken.

Brutareal: Nordamerika.

Vorkommen in Mitteleuropa: Ausnahmegast, Anteil Wildvögel unklar.

Wanderungen: Zugvogel, Überwinterung entlang der amerikanischen Atlantikküste.

Lebensraum: Süßwasser-Feuchtgebiete, im Winter oft küstennah. Braucht Weideflächen.

Nahrung: Verschiedene Wasser- und Landpflanzen.

Gefährdung: Nicht gefährdet.

Spießente (→ 37)

Anas [acuta] acuta Linnaeus 1758

Taxonomie: Familie Entenver-wandte – Anatidae. Bildet Su-perspezies mit *A. georgica* und *A. eatoni*. Keine Unterarten.

Größe, Gewicht: Körperlänge 50–66 cm, Flügelspannwei-te 80–95 cm, Flügellänge ♂ 26,7–28,2 cm, ♀ 25,4–26,7 cm; ♂ 700–1000 g, ♀ 500–900 g.

Erkennungshinweise: Etwas kleiner als Stockente. Männ-chen im Prachtkleid leicht durch die spitz verlängerten Steuerfedern zu erkennen. Weibchen durch schlanken, grauen Schnabel, nahezu einfarbig mit hellbraunem Kopf und langem, spitzem Schwanz gekennzeichnet.

Stimme: Männchen pfeift kurz und klar, jedoch tiefer als Krickente. Weibchen bei der Balz krähenartig rollend.

Brutareal: Holarktisch von der gemäßigten Zone bis zur Tundra im Nor-den, bis in die Steppengebiete im Süden.

Vorkommen in Mitteleuropa: Als Brutvogel sehr selten, nur lokal im Nordosten und wenig regelmäßig vorkommend. Auf dem Durchzug und als Überwinterer regelmäßiger und häufiger.

Wanderungen: Überwiegend Zugvogel, teils Langstreckenzieher, der in West- und Mitteleuropa, dem Mittelmeerraum, Vorderasien, Südasien und Teilen Afrikas überwintert.

Lebensraum: Offene Niederungslandschaften mit großen, stehenden Binnengewässern mit reicher Ufervegetation. Auch Stauseen und Fisch-teiche. Auf dem Zug und im Winter auch zahlreich an flachen Meeres-küsten.

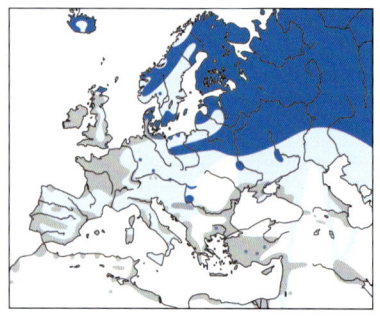

Nahrung: Pflanzlich und tierisch: Wasserpflanzen, kleine Schnecken, Krebstiere und Insektenlarven.
Brutbiologie: Erstbrüter meist 2 Jahre alt • Nest am Boden unter Vegetation versteckt, mit Dunen ausgelegt • meist 7–11 Eier, Brutbeginn mit letztem Ei • Brutdauer 20–24 Tage • ♀ brütet, ♂ zunächst noch in Nestnähe • ♀ führt, ♂ zuweilen beteiligt • Juv. mit 40–45 Tagen flügge und selbstständig • 1 Jahresbrut, Ersatzgelege.

Alter: Ältester Ringvogel 27 Jahre, 5 Monate, Generationslänge < 3,3 Jahre.

Gefährdung: Art in Europa mit ungünstigem Erhaltungsstatus (SPEC 3); Rote Liste D 3 (gefährdet). Gefährdet durch Entwässerung und wasserbauliche Maßnahmen, sowie extrem hohe Abschusszahlen.

	Jan.	Feb.	März	April	Mai	Juni	Juli	Aug.	Sep.	Okt.	Nov.	Dez.
Anwesenheit												
Durchzug												
Brutzeit				X								
postjuv. Mauser												
Teil- / Vollmauser												
Vollmauser												

Stockente (→ 38)

Anas [platyrhynchos] platyrhynchos Linnaeus 1758

Taxonomie: Familie Entenverwandte – Anatidae. Bildet weltweite Superspezies u. a. mit *A. poecilorhyncha, A. zonorhyncha, A. rubripes, A. diazi, A. fuligula*. Zwei Unterarten, die Nominatform im ganzen Verbreitungsgebiet außer Grönland (*A. p. comboschas*).

♂ PK / ♀

Größe, Gewicht: Körperlänge 50–65 cm, Flügelspannweite 81–99 cm, Flügellänge ♂ 27,2–28,9 cm, ♀ 25,2–27,7 cm; 750–1575 g.

Erkennungshinweise: Größte einheimische Gründelente. Männchen im Prachtkleid durch grün glänzenden Kopf und aufwärts gebogene mittlere Steuerfedern unverkennbar. Im Schlichtkleid ähnlich Weibchen jedoch Gefieder dunkel und Schnabel gelb. Weibchen bis auf den blauen Flügelspiegel ähnlich Schnatterente, jedoch Kopf nicht so hell und Brust dunkler.

Stimme: Männchen ruft tief und nasal „rhäb". Weibchen rauh „kwäh-kwäh-kwah-kwah-kwah...". Balzruf kurz pfeifend.

Brutareal: Holarktisch verbreitet in Eurasien. Nach Süden bis in die Subtropen. In Australien und Neuseeland eingebürgert.

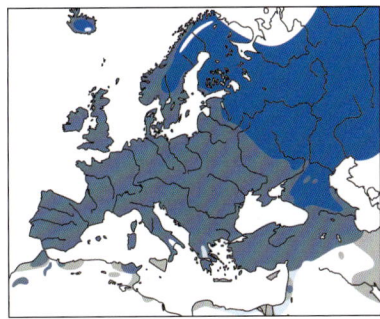

Vorkommen in Mitteleuropa: Häufiger Brut- und Jahresvogel, in den Bergen Brut bis 2230 m NN nachgewiesen. Durchzügler und Wintergäste aus Nord- und Osteuropa.

Wanderungen: Teilzieher, Brutvögel aus Nord- und Osteuropa Zugvögel. Winterquartiere im westlichen und südlichen Brutareal und daran anschließend bis Nordafrika und Südasien.

Lebensraum: Sehr vielseitig. Brütet an stehenden und langsam fließenden Gewässern aller Art. Neststandorte auch fernab vom Wasser.

Nahrung: Im Frühsommer und Jungvögel hauptsächlich tierisch: Insekten und ihre Larven und Puppen, Krebstiere, gelegentlich auch Amphibienlaich und Kaulquappen. Das ganze sonstige Jahr pflanzlich. An Winterfütterungen Brot und auf Teichen Fischfutter.

Brutbiologie: Erstbruten im 2. Kalenderjahr, Fremdbegattungen häufig • Nest an vielfältigen Standorten, mit Daunen ausgekleidet • meist 7–13, bei größeren Gelegen meist mehrere ♀ beteiligt • Brutdauer 27–28 Tage • ♀ brütet ab letztem Ei, Schlupf synchron • ♀ führt und hudert meist allein • Junge mit 50–60 Tagen flügge und selbstständig • 1 Jahresbrut, Nachgelege.

Alter: Ältester Ringvogel mindestens 25 Jahre, 7 Monate. Generationslänge < 3,3 Jahre.

Gefährdung: Nicht gefährdet, hohe Verluste durch Jagd.

Besonderes: In Städten gelegentlich in Balkonkästen mehrstöckiger Häuser brütend.

	Jan.	Feb.	März	April	Mai	Juni	Juli	Aug.	Sep.	Okt.	Nov.	Dez.
Anwesenheit												
Durchzug												
Brutzeit												
postjuv. Mauser												
Teil- / Vollmauser												
Vollmauser												

Gluckente (→ 40)

Anas formosa Georgi 1775

Taxonomie: Familie Entenverwandte – Anatidae. Keine Unterarten.
Größe, Gewicht: Körperlänge 39–43 cm; 360–520 g.
Erkennungshinweise: Geringfügig größer als Krickente. Männchen durch buntes Kopfmuster unverwechselbar. Weibchen und Jungvögel

ähneln am ehesten der Krickente, besitzen jedoch auffälligen weißen, rundlichen Zügelfleck. Insgesamt mehr rostfarben als diese, jedoch mit weißem Bauch wie Knäkente.
Stimme: Weibchen leise quakend oder abfallend gereiht „quä" rufend. Männchen oft zu hören, tief gluckend mehrsilbig „hot-hot-hot" rufend oder leiser einsilbig „hot".
Brutareal: Lückenhaft in Ostsibirien vom Baikalsee bis an die Eismeerküste verbreitet.
Vorkommen in Mitteleuropa: Ausnahmegast, Wildvögel schwer von Gefangenschaftsflüchtlingen zu unterscheiden.
Wanderungen: Zugvogel, der in Ost- und Südchina sowie im Süden Japans überwintert.
Lebensraum: Zur Brutzeit auf kleinen Stillgewässern, im Winterquartier auch auf langsam fließenden Flüssen, gefluteten Reisfeldern und küstennahem Marschland.
Nahrung: Die Nahrung wird hauptsächlich gründelnd aufgenommen. Sucht aber auch Körner auf Saat- und Stoppelfeldern.
Brutbiologie: Geschlechtsreife im 2. Lebensjahr • Nest in dichter Vegetation in Wassernähe • 6–9 Eier • Legebeginn Mai • Brutdauer 24–25 Tage • ♀ brütet • ♀ führt.
Gefährdung: Weltweit gefährdet. Starke Bestandsrückgänge durch Überjagung und Lebensraumzerstörung. Anfällig gegen Lebensraumzerstörung im Wintergebiet, da sehr konzentrierte Winterbstände.
Besonderes: Wurde früher in Japan intensiv bejagt. Im Winter 1947 fingen nur drei Männer allein im Südwesten Japans 50.000 Gluckenten.

Krickente (→ 41)

Anas [crecca] crecca (Linnaeus 1758)

Taxonomie: Familie Enten-
verwandte – Anatidae. Bildet
Superspezies mit Carolina-
krickente *A. carolinensis* in
Nordamerika und der Süd-
amerikanischen Krickente
A.flavirostris. Zwei Unterarten,
Europa *A. c. crecca*.

Größe, Gewicht: Körperlänge
34–43 cm, Flügelspannweite
75–86 cm, Flügellänge ♂ 181–
196 mm, ♀ 175–184 mm; ♂ 250–450 g , ♀ 200–400 g.

Erkennungshinweise: Kleine Schwimmente. Weibchen ähnlich Knäkente aber am Kopf nicht so kontrastreich gezeichnet. Männchen im Prachtkleid durch gelbe Unterschwanzdecken und grüne Augenmaske nur mit
Carolinakrickente zu verwechseln.

Stimme: Männchen melodisch hoch „krlik" oder auch zweisilbig „krilük";
Weibchen hoch und nasal „gä gä", deutlich höher und kürzer als Stockente.

Brutareal: Nördliches Eurasien vom Atlantik bis zum Pazifik.

Vorkommen in Mitteleuropa: Lückig verbreiteter, regional häufiger
Brutvogel, vor allem im Norden; regelmäßiger häufiger Durchzügler und
Gastvogel im Winter.

Wanderungen: Zugvogel und
Teilzieher, Hauptwinterquartier Süd- und Westeuropa,
aber auch auf großen Gewässern im Binnenland und an der
Küste in Mitteleuropa.

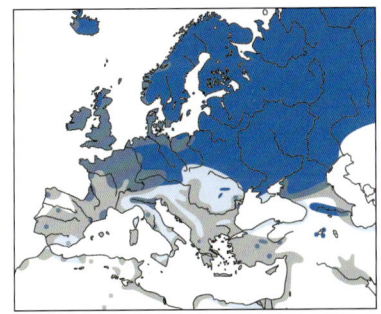

Lebensraum: Brutvogel
an seichten Binnengewäs-
sern mit ausreichend Uferdeckung, auch auf Heide-,
Moor- und Waldseen sowie
an verschilften Kleingewässern. Zur Zugzeit und im Winter vor allem
im Flachwasser größerer Gewässer, häufig an Schlick- und Schlammflächen.

Nahrung: Sämereien und kleine Wirbellose.

Brutbiologie: Geschlechtsreife im 1. Lebensjahr • Nest gut gedeckt am
Boden in Wassernähe • 8–11 Eier • Legebeginn April bis Juni • Brutdauer

21–23 Tage • ♀ brütet • ♀ führt • Junge sind Nestflüchter, nach 25–30 Tagen flügge und selbständig • 1 Jahresbrut; Ersatzgelege.
Alter: Ältester Ringvogel 27 Jahre, 1 Monat. Generationslänge < 3,3 Jahre.
Gefährdung: Lebensraumzerstörung durch Entwässerung, wasserbauliche Maßnahmen und Verlust von Kleingewässern. Gefährdet auch durch Störungen durch Freizeitnutzung, Jagd und Bleivergiftungen.

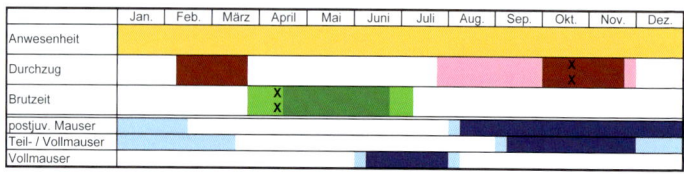

	Jan.	Feb.	März	April	Mai	Juni	Juli	Aug.	Sep.	Okt.	Nov.	Dez.
Anwesenheit												
Durchzug										x x		
Brutzeit			x x									
postjuv. Mauser												
Teil- / Vollmauser												
Vollmauser												

Carolinakrickente (→ 43)
Anas [crecca] carolinensis J. F. Gmelin 1789

♂ fast PK

Taxonomie: Familie Entenverwandte – Anatidae. Bildet Superspezies mit der Krickente (*A. crecca*) und der Südamerikanischen Krickente (*A. flavirostris*). Keine Unterarten.
Größe, Gewicht: Körperlänge 33–34 cm, Flügellänge ♂ 17,9–19,1 cm, ♀ 17,2–18,3 cm; ♂ 283–297 g, ♀ 255–340 g.

Erkennungshinweise: Männchen von der sehr ähnlichen Krickente durch senkrechte weiße Linie an der vorderen Flanke und kaum vorhandener gelber Linie der grünen Augeneinfassung zu unterscheiden. Weibchen wie Krickente gefärbt und nicht unterscheidbar.
Stimme: Sehr ähnlich Krickente.
Brutareal: Nördliche Hälfte Nordamerika bis in die mittleren Breiten.
Vorkommen in Mitteleuropa: Seltener, aber alljährlicher Gast, v. a. im Nordseebereich.
Wanderungen: Zugvogel, Winterquartier südlich der Brutgebiete in Nordamerika bis Mittelamerika.
Lebensraum: Brutvogel an seichten Binnengewässern mit Ufervegetation von der Tundra bis in die Mittelbreiten, auch an nährstoffarmen Seen in Hochmooren und Heiden. Auf dem Zug und im Winter auf flachen Gewässern mit Schlickufern, auch in Brackwasserlagunen.
Nahrung: Kleine Wirbellose und Wasserpflanzen.
Schutzstatus und Gefährdung: Nicht gefährdet.

Knäkente (→ 44)
Anas querquedula Linnaeus 1758

Taxonomie: Familie Entenverwandte – Anatidae. Keine Unterarten.
Größe, Gewicht: Körperlänge 37–41 cm, Flügelspannweite 60–63 cm, Flügellänge ♂ 19–21,1 mm, ♀ 18,4–19,6 cm; ♂ 350–450 g, ♀ 250–450 g.
Erkennungshinweise:

Kleine Ente und Männchen im Prachtkleid mit dem breiten, weißen Überaugenstreif unverwechselbar. Weibchen und Jungvögel durch die markante Kopfzeichnung am ehesten mit amerikanischer Blauflügelente zu verwechseln.

♀/2♂ PK

Stimme: Männchen hölzern knarrend „klerreb", Männchen und Weibchen sonst kurz „gäck", Weibchen beim Abflug nasal „knäk", auch wiederholt.
Brutareal: Tiefere Lagen von Westeuropa bis Ostasien.
Vorkommen in Mitteleuropa:

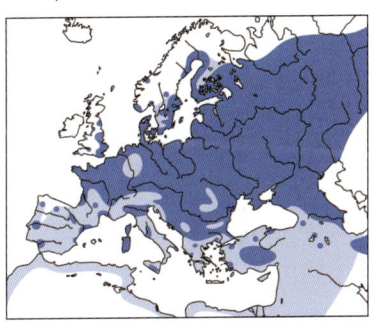

Seltener bis spärlicher, meist lokaler Brut- und Sommervogel vor allem im Norden und Osten, regelmäßiger Durchzügler in kleiner Zahl.
Wanderungen: Überwiegend Langstreckenzieher, einzeln überwinternd in Westeuropa und im Mittelmeergebiet, Hauptwinterquartier in den Tropen des nördlichen Afrikas.
Lebensraum: Brutvogel an eutrophen und deckungsreichen Binnengewässern, auch an kleinen Wasserflächen; zur Zugzeit auf Seen und Stillgewässern.
Nahrung: Wasserpflanzen und -tiere wie Sämereien, Wasserlinsen, Krebstierchen, Insektenlarven.
Brutbiologie: Geschlechtsreife im 1. Lebensjahr • Nest in Wassernähe gut versteckt am Boden als flache, mit Pflanzenmaterial ausgekleidete Mulde • 7–11 Eier • Legebeginn Ende April bis Anfang Juni • Brutdauer 21–23 Tage • ♀ brütet • ♀ führt • Junge sind Nestflüchter, mit 35–40 Tagen flügge • 1 Jahresbrut; Ersatzgelege.

Alter: Ältester Ringvogel 13 Jahre, 8 Monate. Generationslänge < 3,3 Jahre.
Gefährdung: Art in Europa mit ungünstigem Erhaltungsstatus (SPEC 3); Gefährdung durch Lebensraumverluste (Zerstörung von Kleingewässern und Feuchtgrünland sowie Dürren und Habitatzerstörung im Wintergebiet). Hohe Verluste durch Jagd in Teilen des Winterquartiers und auf dem Zug.
Besonderes: Durch die Austrocknung des Tschadsees, einem der wichtigen Überwinterungsgebiete, extrem bedroht. Leider ist sie auf dem Zug u. a. wegen des schnellen Fluges eine begehrte „Jagdbeute".

	Jan.	Feb.	März	April	Mai	Juni	Juli	Aug.	Sep.	Okt.	Nov.	Dez.
Anwesenheit												
Durchzug												
Brutzeit					x x							
postjuv. Mauser												
Teil- / Vollmauser												
Vollmauser												

Blauflügelente (→ 45)

Anas discors **Linnaeus 1766**

2 ♀ / ♂ PK

Taxonomie: Familie Entenverwandte – Anatidae. Keine Unterarten.
Größe, Gewicht: Körperlänge 35–41 cm, Flügelspannweite 60–64 cm, Flügellänge ♂ 18,6–19,5 cm, ♀ 17,6–18,8 cm; 266–430 g.
Erkennungshinweise: Kleine Ente. Männchen durch den halbmondförmigen Gesichtsfleck unverwechselbar. Verwechslungsgefahr durch hellen Fleck an der Schnabelbasis von Weibchen und Jungvögeln mit der Knäkente, jedoch ist das Gesicht der Knäkente ohne die markante Kopfstreifung.
Stimme: ♂ dünn pfeifend, ♀ leises, hohes Quaken.
Brutareal: Nordamerika.
Vorkommen in Mitteleuropa: Sehr seltener, aber fast alljährlicher Gast.
Wanderungen: Zugvogel (von Nord- nach Mittel- und Südamerika), der fast alljährlich auch in Europa, vor allem im Atlantikbereich festgestellt wird. Ringfunde belegen Herkunft aus USA und Kanada.

Lebensraum: Flache, nährstoffreiche Binnengewässer.

Nahrung: Sämereien, grüne Pflanzenteile und Wurzeln, auch kleine wirbellose Wassertiere.

Brutbiologie: Geschlechtsreife im 2. Lebensjahr • Bodennest in dichter Vegetation mit Pflanzen und Daunen augekleidet • 8–11 Eier • Legebeginn meist im Mai • Brutdauer 21–27 Tage • Junge mit 35–44 Tagen flügge • ♀ brütet und führt die Jungen.

Gefährdung: Nicht gefährdet, zweithäufigste Ente Amerikas.

Besonderes: Wie die nahe verwandte Knäkente sehr ausgeprägtes Zugverhalten (kommt als letztes und fliegt als erstes).

Löffelente (→ 47)

Anas [clypeata] clypeata Linnaeus 1758

Taxonomie: Familie Entenverwandte – Anatidae. Bildet Superspezies mit *A. rhynchotis* (Australien, Neuseeland). Keine Unterarten.

Größe, Gewicht: Körperlänge 44–52 cm, Flügelspannweite 70–85 cm, Flügellänge ♂ 23,9–24,9 cm, ♀ 22,2–23,7 cm; ♂ 500–800 g, ♀ 470–750 g.

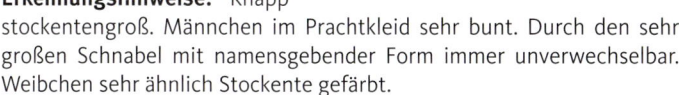

♀ / ♂ PK

Erkennungshinweise: Knapp stockentengroß. Männchen im Prachtkleid sehr bunt. Durch den sehr großen Schnabel mit namensgebender Form immer unverwechselbar. Weibchen sehr ähnlich Stockente gefärbt.

Stimme: Männchen guttural "rro roo", fast stimmlos „fft tzk fft tzk", Weibchen quaken gereiht.

Brutareal: Über ganz Eurasien, im Süden inselartig bis Mittelmeer.

Vorkommen in Mitteleuropa: Lückig verbreiteter seltener bis spärlicher Brut- und Sommervogel, vor allem im Norden und Osten, im Süden selten. Regelmäßiger Gastvogel auf dem Zug; in kleiner Zahl auch überwinternd.

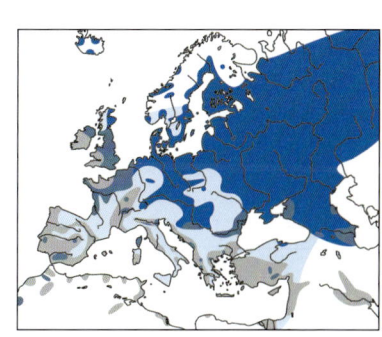

Wanderungen: Überwiegend Zugvogel, Hauptwinterquartier Westeuropa, Mittelmeergebiet, tropisches West- und Ostafrika.
Lebensraum: Eutrophe flache Binnengewässer, Sumpfgebiete, Altwässer, Stauseen, selten an Brack- oder Salzwasser. Außerhalb der Brutzeit an vielen Gewässertypen, auch am Meer und auf Salzseen.
Nahrung: Vor allem tierisches und pflanzliches Plankton.
Brutbiologie: Geschlechtsreife im 1. Lebensjahr • Nest am Boden in der Verlandungszone nahe am Wasser, Mulde mit Gras und Dunen ausgelegt • 8–12 Eier • Legebeginn Mai bis Anfang Juni • Brutdauer 20–23 Tage • ♀ brütet • ♀ führt • Junge Nestflüchter, mit 40–45 Tagen flügge • 1 Jahresbrut; Ersatzgelege.
Alter: Ältester Ringvogel 20 Jahre, 5 Monate. Generationslänge < 3,3 Jahre.
Gefährdung: Art in Europa mit ungünstigem Erhaltungsstatus (SPEC 3); Bedrohung durch Entwässerung- und Eindeichungsmaßnahmen, landwirtschaftliche Nutzungsintensivierungen, Störungen an Brutgewässern durch Freizeitnutzung, Jagd und Bleischrotvergiftungen.

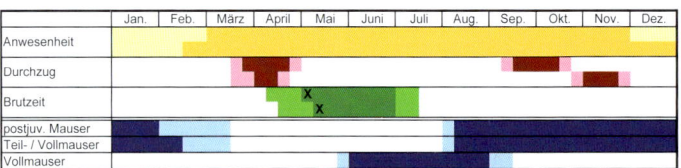

	Jan.	Feb.	März	April	Mai	Juni	Juli	Aug.	Sep.	Okt.	Nov.	Dez.
Anwesenheit												
Durchzug												
Brutzeit					x	x						
postjuv. Mauser												
Teil- / Vollmauser												
Vollmauser												

Kolbenente (→48)

Netta rufina (Pallas 1773)

Taxonomie: Familie Entenverwandte – Anatidae. Keine Unterarten.
Größe, Gewicht: Körperlänge 53–57 cm, Flügelspannweite 84–88 cm, Flügellänge 25,1–27,5 cm; 830–1400 g.

♂ PK

Erkennungshinweise: Männchen im Prachtkleid durch Gefiederfärbung unverwechselbar. Im Schlichtkleid durch den roten Schnabel leicht von den ähnlichen Weibchen zu unterscheiden.
Stimme: ♂ ruft „bät", zur Balzzeit u. a. „bäix", ♀ droht „kurr", im Fliegen von ♂ verfolgt dreisilbig „wu-wu-wu".

Brutareal: Geschlossenes Brutareal vom Schwarzen Meer bis Mongolei, inselartig verteilte Vorkommen von Mitteleuropa bis Südspanien.

Vorkommen in Mitteleuropa: Seltener bis spärlicher lokal verbreiteter Sommer-, Brut- und Jahresvogel, gebietsweise seltener Gastvogel. Nicht selten Gefangenschaftsflüchtlinge.

Wanderungen: Teil- oder Kurzstreckenzieher. Überwinterung an Voralpenseen, im Mittelmeer- und Schwarzmeergebiet, in Ägypten und Vorderasien. Mitteleuropäischer Winterbestand offenbar zu größeren Teilen Brutvögel vom Mittelmeer.

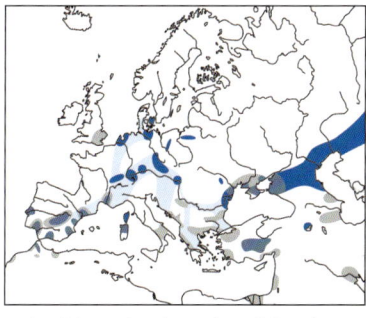

Lebensraum: Eutrophe flache Seen im Binnenland, auch auf Brackwasserlagunen.

Nahrung: Armleuchteralgen und andere Wasserpflanzen, kaum tierisch.

Brutbiologie: Geschlechtsreife Ende des 1. Lebensjahres, aber meist erst im 3. Kalenderjahr erste Brut • Nest nahe am Wasser am Boden in dichter Vegetation versteckt; Material aus Nestumgebung, Innenauskleidung Dunen • 8–10 Eier • Legebeginn Mai/Juni • Brutdauer 26–28 Tage • ♀ brütet • ♀ führt • Junge sind Nestflüchter, mit 45–58 Tagen flügge • 1 Jahresbrut; Ersatzgelege.

Alter: Ältester Ringvogel > 7 Jahre. Generationslänge < 3,3 Jahre.

Gefährdung: Gefährdung durch großflächige Lebensraumverluste in Osteuropa und zunehmende Trockenheit in Spanien. Gegenüber Lebensraumveränderungen sehr empfindlich. Verluste durch Jagd.

Besonderes: Im Frühjahr zeremonielle Fütterung des Weibchens durch das verpaarte Männchen. Die Kolbenente hat stark von der Verbesserung der Wasserqualität der Voralpenseen profitiert.

	Jan.	Feb.	März	April	Mai	Juni	Juli	Aug.	Sep.	Okt.	Nov.	Dez.
Anwesenheit												
Durchzug												
Brutzeit					X X							
postjuv. Mauser												
Teil- / Vollmauser												
Vollmauser												

Tafelente (→50)

Aythya ferina (Linnaeus 1758)

Taxonomie: Familie Entenverwandte – Anatidae. Keine Unterarten.
Größe, Gewicht: Körperlänge 42–48 cm, Flügelspannweite 72–82 cm, Flügellänge ♂ 21,2–22,3 cm, ♀ 20–21,6 cm; 900–1100 g.
Erkennungshinweise: Mittelgroße Tauchente mit relativ langem Hals. Männchen durch kastanienbraunen Kopf, schwarze Brust und grauen Körper gekennzeichnet. Weibchen unscheinbar grau-braun gefärbt.
Stimme: Männchen bei der Balz mit charakteristischen Pfeifentönen die mit abruptem nasalem Ton enden. Weibchen besonders im Flug laut schnarrend, sonst eher still.
Brutareal: Mittlere Breiten von Westeuropa bis Baikalsee und von Süd-

♂ PK

skandinavien bis in die mediterrane und Steppenzonen.
Vorkommen in Mitteleuropa: Brut- und Jahresvogel. Auffällige Mauserkonzentrationen in geeigneten Gebieten. Häufiger und regelmäßiger Durchzügler und Wintergast.

♀

Wanderungen: Überwiegend Zugvogel, in West- und Südeuropa Standvogel. Hauptwinterquartier West- und Südeuropa bis Nordafrika, Schwarzmeergebiet, Vorderasien und Südasien an Küsten und auf Binnengewässern.
Lebensraum: Brutvogel an eutrophen Binnengewässern mit ausreichend offener Wasserfläche und gut ausgebildetem Röhrichtgürtel bzw. Ufervegetation. Heute auch Stauseen und Fischteiche wichtig als Brut- und Rastgewässer.
Nahrung: Pflanzlich und tierisch, bei starker Abhängigkeit von Wandermuschel (*Dreissena*). Im Sommer Zuckmückenlarven, an Fischteichen auch

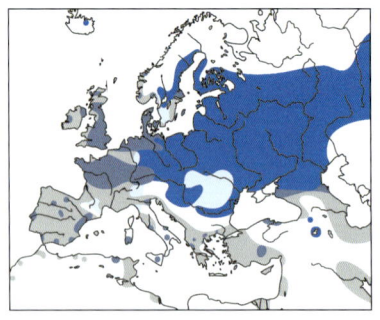

Karpfenfutter (Getreide). Pflanzliche Anteile mit starker regionaler und saisonaler Variation.

Brutbiologie: Erstbrüter wohl meist im 3. Jahr • Nest auf festem Untergrund, aber auch Schwimmnester • meist 7–11 Eier, aber auch Doppel- und Dreifachgelege mit bis zu 22 Eiern, Ablage auch in Nester anderer Entenarten • Legebeginn im Mai – Juli • Brutdauer 24–28 Tage • ♀ brütet, bei Doppelgelegen auch beide ♀ • ♀ führt • Junge sind mit 50–56 Tagen flügge, aber schon vorher selbstständig • 1 Jahresbrut; Nachgelege.

Alter: Ältester Ringvogel 22 Jahre, 3 Monate. Generationslänge < 3,3 Jahre.

Gefährdung: Art auf Europa konzentriert und mit ungünstigem Erhaltungsstatus (SPEC 2). Gefährdung durch intensiven Freizeitbetrieb, Jagd und Bleischrotvergiftung.

	Jan.	Feb.	März	April	Mai	Juni	Juli	Aug.	Sep.	Okt.	Nov.	Dez.
Anwesenheit												
Durchzug									x	x		
Brutzeit					x x							
postjuv. Mauser												
Teil- / Vollmauser												
Vollmauser												

Ringschnabelente (→ 53)

Aythya collaris (Donovan 1809)

Taxonomie: Familie Entenverwandte – Anatidae. Keine Unterarten.

Größe, Gewicht: Körperlänge 37–46 cm, Flügelspannweite 61–75 cm, Flügellänge ♂ 19,4–20,6 cm, ♀ 18,5–20,1 cm; 690–790 g.

Erkennungshinweise: Sehr ähnlich Reiherente, aber immer ohne Federschopf, dafür charakteristischer spitzer Hinterkopf. Beide Geschlechter mit weißer Binde auf dem Schnabel, die Jungvögeln jedoch fehlt.

♂ PK

Stimme: Schweigsam, Weibchen tief rollend „trrrr".

Brutareal: Nordamerika.

Vorkommen in Mitteleuropa: Ausnahmegast.

Wanderungen: Zugvogel in Nordamerika.

Lebensraum: Binnengewässer.

Nahrung: Überwiegend Wasserpflanzen, im Sommer auch wasserlebende Insekten.

Gefährdung: Nicht gefährdet.

Moorente (→ 54)
Aythya nyroca (Güldenstädt 1770)

Taxonomie: Familie Entenverwandte – Anatidae. Keine Unterarten.

Größe, Gewicht: Körperlänge 38–42 cm, Flügelspannweite 63–67 cm, Flügellänge 17,8–19,6 cm; 410–650 g.

Erkennungshinweise: Geschlechter ähnlich. Kleine Tauchente mit relativ langem Schnabel. Männchen kräftig mahagonifarben mit weißem Steiß und weißer Iris. Weibchen insgesamt matter und mit dunkler Iris.

Stimme: Meist still; bei der Balz vom Männchen stöhnend „wräijo" oder laut „witt witt", Weibchen schnarrend „gerrrr" (vor allem im Abflug).

Brutareal: Mit Lücken von Mittel- und Osteuropa bis Zentralchina; in Westeuropa nur wenige kleine Inselvorkommen.

Vorkommen in Mitteleuropa: Seltener lokaler Brutvogel im Osten, im Süden sehr selten, nur in Ungarn größere Bestände. Seltener Durchzügler und Mausergast, Überwinterer in kleiner Zahl.

Wanderungen: Zugvogel, einzelne Überwinterer in Mitteleuropa, Hauptwinterquartier Mittelmeerraum, Schwarzes und Kaspisches Meer, Vorderasien, Indien, Nordafrika.

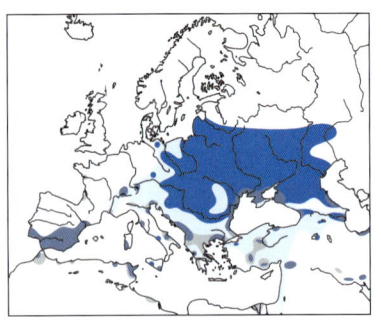

Lebensraum: Nährstoffreiche, flache Binnengewässer mit reicher Vegetation in der Verlandungszone; außerhalb der Brutzeit auch auf offenen Seen.

Nahrung: Vegetarisch, Sämereien, weniger kleine wirbellose Wassertiere.

Brutbiologie: Geschlechtsreife im 1. Lebensjahr, Erstbrüter im 2. • Nest meist gut versteckt in dichter Ufer- oder Verlandungsvegetation in unmittelbarer Wassernähe • 7–11 Eier • Legebeginn Mitte bis Ende Mai • Brutdauer 25–27 Tage • ♀ brütet • ♀ führt • Junge werden mit 55–60 Tagen flügge und sind vorher schon selbstständig • 1 Jahresbrut; Ersatzgelege.

Alter: Ältester Ringvogel 8 Jahre, 5 Monate. Generationslänge < 3,3 Jahre.
Schutzstatus und Gefährdung: Nach der EU-Vogelschutzrichtlinie besonders geschützte Art (Anhang I), weltweit bedroht (SPEC 1); Gefährdung durch Zerstörung geeigneter Gewässer (auch im Winterquartier) und hohe Verluste durch Jagd in Südeuropa sowie Störungen durch Freizeitnutzung vieler Gewässer.
Besonderes: Oft gehaltene und leicht zu züchtende Art. Manche isolierte Vorkommen sind sicher auf freigelassene Vögel zurückzuführen.

Reiherente (→ 55)

Aythya fuligula (Linnaeus 1758)

Taxonomie: Familie Entenverwandte – Anatidae. Keine Unterarten.
Größe, Gewicht: Körperlänge 40–47 cm, Flügelspannweite 67–73 cm, Flügellänge 19,3–21,5 cm; 500–1000 g.

Erkennungshinweise: Männchen im Prachtkleid durch schwarzweißes Gefieder und langen Federschopf unverwechselbar. Weibchen ähnlich, jedoch einfarbig dunkelbraun und kurzer Schopf. Im Flug weiße Flügelbinde. Hybriden mit anderen Tauchenten fast immer mit angedeutetem Schopf.
Stimme: Schweigsam; Männchen bei Balz leise „bück bück bück..." und peifend „uiii-oo", Weibchen auch im Flug rollend „krrr krrr krrrr".
Brutareal: Von West- und Mitteleuropa bis Ostsibirien.
Vorkommen in Mitteleuropa: Mit Verbreitungslücken flächig verbreiteter, häufiger Brut- und Jahresvogel; häufiger Mausergast und Durchzügler, häufiger Wintergast.
Wanderungen: Kurzstreckenzieher, Teilzieher; Winterquartiere in Europa und Nordafrika.

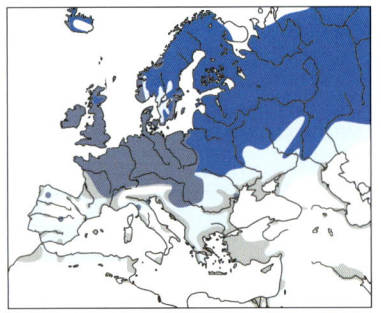

Lebensraum: Tiefere und nährstoffärmere Gewässer als Tafelente.
Nahrung: Überwiegend tierische Anteile, Pflanzennahrung hauptsächlich Samen.
Brutbiologie: Erstbrüter im 1. und 2. Lebensjahr. • Nest auf kleinen Inseln oder nahe am Wasser in der Bodenvegetation. • 6–11 Eier • Legebeginn Mai, Juni.• Brutdauer 23–28 Tage • ♀ brütet. • ♀ führt • Junge sind Nestflüchter, nach 45–50 Tagen flügge, werden bei späten Bruten oft vorher vom ♀ verlassen. • 1 Jahresbrut; Ersatzgelege.
Alter: Ältester Ringvogel 20 Jahre, 4 Monate. Generationslänge < 3,3 Jahre.
Gefährdung: Art in Europa mit ungünstigem Erhaltungsstatus (SPEC 3). Gefährdung durch Störungen wie Freizeitbetrieb und Jagd (späte Brutzeit), sowie Abschuss in Südeuropa.
Besonderes: Seit der Ausbreitung der Wandermuschel in Mitteleuropa konnte die Reiherente ihre Brut- und vor allem Winterbestände vervielfältigen.

	Jan.	Feb.	März	April	Mai	Juni	Juli	Aug.	Sep.	Okt.	Nov.	Dez.
Anwesenheit												
Durchzug												
Brutzeit												
postjuv. Mauser												
Teil- / Vollmauser												
Vollmauser												

Bergente (→ 56)

Aythya marila (Linnaeus 1761)

Taxonomie: Familie Entenverwandte – Anatidae. Zwei Unterarten, in Europa Nominatform.
Größe, Gewicht: Körperlänge 40–51 cm, Flügelspannweite 72–84 cm, Flügellänge 21,1–23,7 cm; 900–1250 g.
Erkennungshinweise: Mittelgroße Tauchente. Männchen im Prachtkleid mit grünem, rundem Kopf, Brust und Heck schwarz, Flanke weiß und Rücken grau. Das braune Weibchen mit weißem Federring an der Schnabel-

basis kann mit der Reiherente verwechselt werden, jedoch Kopf immer ohne Ansatz von Schopffedern.

Stimme: Weibchen rau „karr", Männchen bei der Balz pfeifend „wik-wik-wiu" und gurrend.

♂ PK

Brutareal: In der nördlichen Tundra von Nordwesteuropa bis Ostsibirien und in Nordamerika.

Vorkommen in Mitteleuropa: Sporadischer lokaler Brutvogel und Sommergast im Norden. Sehr häufiger Durchzügler und Wintergast im Norden, vor allem Ostsee, regelmäßig in geringer Zahl Wintergast im Binnenland.

♀

Wanderungen: Zugvogel und Streuungswanderungen; Hauptwinterquartier Nordatlantik, Nordsee und südwestliche Ostsee.

Lebensraum: Brutvogel auf Tundrenseen und in Schären der Ostsee. Überwinterung an Küsten und in Flussmündungen sowie auf großen Binnenseen.

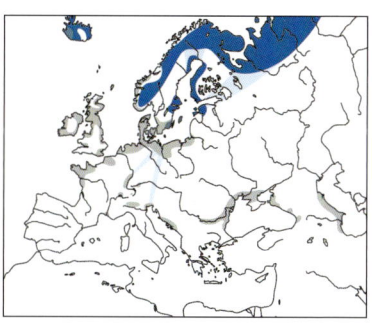

Nahrung: Mollusken, kleine Krebstiere, Insekten, Sämereien und wenig grüne Pflanzenteile.

Brutbiologie: Geschlechtsreife wohl im 2. Lebensjahr • Nest auf Boden in Gewässernähe • 6–11 Eier • Legebeginn Mai/Juni • Brutdauer 26–28 Tage • ♀ brütet • ♀ führt • Nestflüchter, Junge mit 40–45 Tagen flügge • 1 Jahresbrut; Ersatzgelege.

Alter: Ältester Ringvogel fast 14 Jahre. Generationslänge < 3,3 Jahre.

Gefährdung: Art in Europa mit ungünstigem Erhaltungsstatus (SPEC 3) (Winter); Gefährdung der Winterbestände durch extrem hohe Verluste durch Ertrinken in Fischernetzen, durch Jagd und Ölverschmutzung, da sich große Rastpopulationen auf wenige Gebiete konzentrieren.

Besonderes: Die Binnenlandvorkommen Deutschlands (z.B. Bodensee, Rheintal etc.) erfuhren durch die Einschleppung und Ausbreitung der Dreikantmuschel *Dreissena* sp. in den 1970er Jahren eine starke Zunahme; die Überwinterungstrupps ernähren sich teilweise fast ausschließlich von dieser Muschel.

Kleine Bergente (→57)
Aythya affinis (Eyton 1838)

Taxonomie: Familie Entenverwandte – Anatidae. Keine Unterarten.
Größe, Gewicht: Körperlänge 38–48 cm, Flügelspannweite 68–77 cm, Flügellänge ♂ 19–20,1 cm, ♀ 18,5–19,8 cm; 600–1000 g.

♂ PK

Erkennungshinweise: Sehr ähnlich der etwas größeren Bergente. Kopf jedoch eher kantig wie Reiherente. Flügelstreif zweifarbig. Oberseite beim Männchen im Prachtkleid grober gemustert als Bergente.
Stimme: Außerhalb der Brutgebiete schweigsam.
Brutareal: Nördliches Nordamerika.

Vorkommen in Mitteleuropa: Ausnahmegast, z. T. auch Herkunft aus Gefangenschaft möglich.
Wanderungen: Zugvogel bis Mittelamerika und Karibik.
Lebensraum: Binnenseen, Sümpfe, im Winter auch an Brackwasserlagunen.
Nahrung: Wasserpflanzen, wasserlebende Wirbellose.
Gefährdung: Nicht gefährdet.

Eiderente (→58)
Somateria [mollissima] mollissima (Linnaeus 1758)

Taxonomie: Familie Entenverwandte – Anatidae. Bildet Superspezies mit Pazifischer Eiderente *S. v-nigrum*. Sechs Unterarten, in Europa Nominatform.
Größe, Gewicht: Körperlänge 50–71 cm, Flügelspannweite 80–108 cm, Flügellänge 28,6–31,5 cm; ♂ 1500–2800 g, ♀ durchschnittlich leichter.
Erkennungshinweise: Große Meeresente mit typischem Kopfprofil (langer Schnabel, flache Stirn). Männchen im Prachtkleid schwarzweiß mit

auffallenden lindgrünen Kopfseiten. Immature Männchen
immer mit hellem Überau-
genstreif. Weibchen braun mit
dichter, dunkler Bänderung.

1 ♂ / 3 ♀

Stimme: Männchen in der
Paarbildungszeit ansteigend
und abfallend „ahuú uhu"
oder ähnlich; Weibchen tief
„goggoggogo.." oder knarrend
„korrr-r".

Brutareal: Von Nordwesteuropa über die Nordküsten Eurasiens bis Nordamerika und
Grönland, zunehmend auch
Brutvogel im Binnenland.

Vorkommen in Mitteleuropa:
Regelmäßiger Brut- und Jahresvogel mit Schwerpunkt an
der Nordseeküste, hier auch
sehr häufiger Gast (vor allem
sommerliche Mauserschwär-
me), auch Brutvogel an der
Ostsee und zunehmend Über-

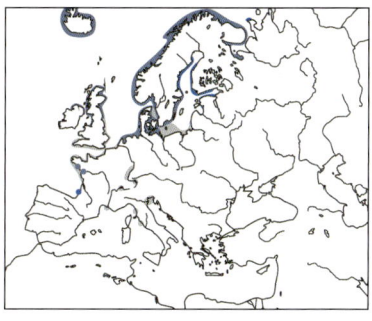

sommerungen sowie auch einzelne, meist nicht beständige Brutvorkommen bis an den Alpenrand.

Wanderungen: Teilzieher mit Streuungswanderungen, Winterausharrer
auch am Meer im Norden und einzeln Wintergast mit Neigung zu Über-
sommern im Binnenland.

Lebensraum: Brutvogel an Küsten und auf vorgelagerten Inseln.

Nahrung: Mollusken, Krebstiere; Pflanzennahrung unbedeutend.

Brutbiologie: Erstbrüter im 3. und 4. Lebensjahr • Nest am Boden, relativ
offen, mitunter in Kolonien aus Pflanzen, Muscheln und Steinchen der
Umgebung, viele Dunen • 4–6 Eier • Legebeginn Mitte April/Mitte Mai •
Brutdauer 25–28 Tage • ♀ brütet • ♀ führt • Junge Nestflüchter, mit etwa
55–60 Tagen selbstständig, mit 65–75 Tagen flügge • 1 Jahresbrut; Nachgelege.

Alter: Ältester Ringvogel 37 Jahre, 10 Monate. Generationslänge 5 Jahre.

Gefährdung: Gefährdet durch Ölverschmutzung und Schadstoffanrei-
cherungen in den Meeren, direkte Verfolgung (in Mitteleuropa bis Mitte
des 20. Jh, in Skandinavien und Russland noch immer) und Störungen
durch Freizeitbetrieb.

Besonderes: Eiderdaunen wurden früher als Kissenmaterial gesammelt, da sie als besonders flauschig gelten.

	Jan.	Feb.	März	April	Mai	Juni	Juli	Aug.	Sep.	Okt.	Nov.	Dez.
Anwesenheit												
Durchzug												
Brutzeit					**X**							
postjuv. Mauser												
Teil- / Vollmauser												
Vollmauser												

Prachteiderente (→ 59)

Somateria spectabilis (Linnaeus 1758)

♀

♀ / ♂ PK

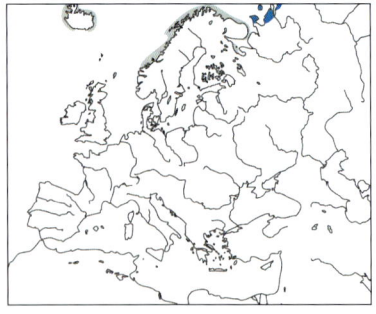

Taxonomie: Familie Entenverwandte – Anatidae. Keine Unterarten.

Größe, Gewicht: Körperlänge 47–63 cm, Flügelspannweite 85–93 cm, Flügellänge 25,6–29,3 cm; 1500–2010 g.

Erkennungshinweise: Etwas kleiner als Eiderenten und deutlich kürzerer Schnabel als diese. Männchen im Prachtkleid durch orangen Höcker des roten Schnabels, graublauen Stiernacken, und kleinen schwarzen Segelfedern auf der Schulter unverwechselbar. Weibchen ähnlich Eiderente, aber Gefieder deutlich rötlich braun mit v-förmigen dunklen Flecken.

Stimme: Tief quakender Flugruf; Weibchen gereiht „gok gok gok…", Männchen gurgelnd „gru-gru…", generell tiefer als Eiderente, wenig ruffreudig.

Brutareal: Zirkumpolar an arktischen Küsten und Inseln.

Vorkommen in Mitteleuropa: Ausnahmegast an den Küsten.

Wanderungen: Kurzstrecken- und Teilzieher.
Lebensraum: Brutvogel im Binnenland am Süßwasser, außerhalb Brutzeit häufig auf dem Meer.
Nahrung: Tierisch, vor allem Mollusken.
Alter: Generationslänge 5 Jahre.
Schutzstatus und Gefährdung: Nicht gefährdet.

Scheckente (→ 60)

Polysticta stelleri (Pallas 1769)

Taxonomie: Familie Entenverwandte – Anatidae. Keine Unterarten.
Größe, Gewicht: Körperlänge 43–48 cm, Flügelspannweite 85–93 cm, Flügellänge ♂ 20,8–22,5 cm, ♀ 20,5–21 cm; ♂ 670–900 g, ♀ 750–1000 g.
Erkennungshinweise: Kleinere Meeresente. Vor allem das Männchen im Prachtkleid durch buntes, auffallendes Ge-

♂ PK

fieder unverwechselbar. Im Schlichtkleid vom ähnlichen dunkelbraunen Weibchen durch weißen Vorderflügel zu unterscheiden.
Stimme: ♂ leises Brummen bei der Balz, ♀ bellende und pfeifende Rufe.
Brutareal: Arktische Küsten von Zentral- bis Ostsibirien, Alaska, gelegentlich Nordnorwegen.
Vorkommen in Mitteleuropa: Ausnahmegast im Winterhalbjahr an der Küste.
Wanderungen: Kurzstreckenzieher, überwintert in nördlichen Meeren.
Lebensraum: Außerhalb Brutzeit auf dem Meer in Küstennähe.
Nahrung: Mollusken, Krebstiere.

Gefährdung: Nach der EU-Vogelschutzrichtlinie besonders geschützte Art (Anhang I), in Europa mit ungünstigem Erhaltungsstatus (SPEC 3, Winter). Gefährdet durch Jagd, Ertrinken in Fischernetzen und Meeresverschmutzung.

Kragenente (→ 61)

Histrionicus histrionicus (Linnaeus 1758)

Taxonomie: Familie Entenverwandte – Anatidae. Keine Unterarten.
Größe, Gewicht: Körperlänge 38–45 cm, Flügelspannweite 63–69 cm, Flügellänge ♂ 19,7–21,4 cm, ♀ 19,4–20,1 cm; ♂ 600–750 g, ♀ 500–650 g.
Erkennungshinweise: Kleine Meeresente mit kleinem Schnabel. Männchen im Prachtkleid durch das auffällige Federkleid unverwechselbar. Weibchen dunkelbraun mit auffälligem Kopfmuster.
Stimme: Hohe quietschende Pfiffe, nur zur Balzzeit ruffreudig.

♀ / ♂ PK

Brutareal: Island bis Nordostküste Kanada, davon getrennt Baikalsee bis Ostsibirien und Nordpazifik von Alaska bis Nordkalifornien.

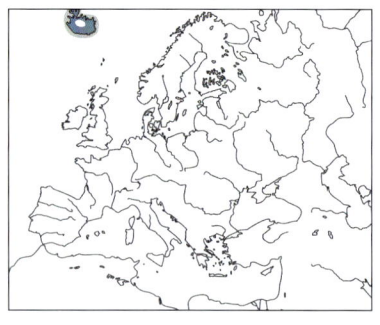

Vorkommen in Mitteleuropa: Ausnahmegast.
Wanderungen: Brutvögel im Nordatlantik ziehen meist nur kurze Strecken an die nächstgelegenen Küsten.
Lebensraum: Brutvogel an Bergbächen und Wildflüssen; außerhalb der Brutplätze auf dem Meer an Steilküsten mit bewegter Brandungszone.
Nahrung: Zur Brutzeit Insekten und deren Larven, an Küsten Krebstiere und Mollusken.
Alter: Generationslänge 4 Jahre.
Gefährdung: Art in Europa mit ungünstigem Erhaltungsstatus (SPEC 3).

Eisente (→62)

Clangula hyemalis (Linnaeus 1758)

Taxonomie: Familie Entenverwandte – Anatidae. Keine Unterarten.

Größe, Gewicht: Körperlänge 36–47 cm, Flügelspannweite 73–79 cm, Flügellänge ♂ 21,8–24,1 cm, ♀ 20,4–22 cm; ♂ 650–900 g, ♀ 550–800 g.

Erkennungshinweise: Kleine, braun, schwarz und weiß gefärbte Meeresente mit einem runden Kopf und kurzem Schnabel. Vor allem die adulten Männchen im Prachtkleid durch die spitzen, bis 15 cm langen Schwanzfedern unverwechselbar. Weibchen im Gegensatz zu anderen Entenarten relativ auffallend gefärbt.

Stimme: Männchen bei der Balz klangvoll „gaoloiik" und leiser Einleitung „gakgak". Weibchen z. B. „ark ark ark …".

Brutareal: Arktis Europas, Asiens und Amerikas, in Europa auch im südlichen Fennoskandien.

Vorkommen in Mitteleuropa: Sehr häufiger Wintergast an der Ostseeküste, spärlicher an der Nordseeküste. Einzeln und neuerdings regelmäßig im Binnenland.

Wanderungen: Kurzstrecken- und Teilzieher, Winterquartier im Nordatlantik mit Nebenmeeren.

Lebensraum: Brutvogel an Süßwasserseen, an Küsten und auf vorgelagerten Inseln. Außerhalb der Brutzeit auf dem Meer, an Brackwasser und auf großen Binnenseen.

♂ PK

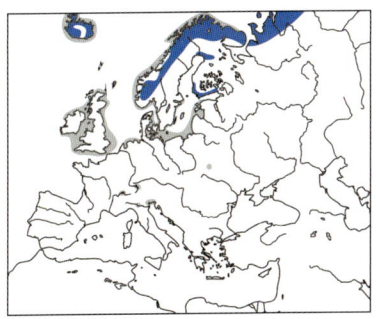

♀

Nahrung: Insektenlarven, Mollusken, Krebstiere, Fischlaich und wenig Sämereien.

Alter: Ältester Ringvogel 21 Jahre, 2 Monate. Generationslänge 4 Jahre.

Gefährdung: Bedroht durch Störungen in Rast- und Wintergebieten, Verluste durch Ertrinken in Fischernetzen.

Besonderes: Eisenten haben vier verschiedene Kleider pro Jahr, dabei werden Kopf-, Hals- und Schulterfedern dreimal pro Jahr gemausert.

Trauerente (→ 63)

Melanitta [nigra] nigra (Linnaeus 1758)

Taxonomie: Familie Entenverwandte – Anatidae. Bildet Superspezies mit Pazifiktrauerente *M. americana*. Keine Unterarten.

Größe, Gewicht: Körperlänge 44–54 cm, Flügelspannweite 79–90 cm, Flügellänge ♂ 22,4–24,7 cm, ♀ 21,6–23,9 cm; ♂ 900–1300 g, ♀ 650–1250 g.

Erkennungshinweise: Mittelgroße Ente, deren langer Schwanz beim Schwimmen oft etwas gestelzt gehalten wird. Männchen mit schwarzem Gefieder und kleinem, zur Brutzeit angeschwollenem Schnabelhöcker. Weibchen rußfarben und durch die hellen Kopfseiten etwas an Kolbenente erinnernd.

Stimme: Männchen rufen bei der Balz flötend „dü" oder „kürli". Weibchen wie viele andere Entenarten „karr" rufend.

Brutareal: Im nördlichen Eurasien von Island bis Ostsibirien.

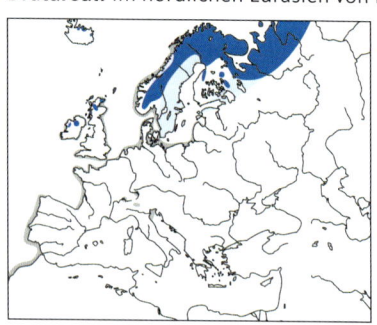

Vorkommen in Mitteleuropa: Häufiger Durchzügler und Mausergast an Küsten von Nord- und Ostsee mit nach Westen hin zunehmender Neigung zur Überwinterung. Regelmäßig, aber spärlich im Binnenland, sehr selten im Sommer.

Wanderungen: Zugvogel und Teilzieher. Hauptwinterquartier westliche Ostsee, Küsten von Nordsee, Nordatlantik bis Nordwest-afrika.

Lebensraum: Brutvogel an Süßgewässern mit ausreichend Deckung am Ufer. Außerhalb der Brutzeit Meeresvogel in Bereichen geringer Wasser-tiefe. Im Binnenland auf größeren Seen.

Nahrung: Im Meer Weichtiere, Schnecken, Ringelwürmer, Krebstiere; auf Süßwasser auch Insekten(-larven) sowie geringe Anteile pflanzlicher Nahrung.

Alter: Ältester Ringvogel 16 Jahre, 9 Monate. Generationslänge 4 Jahre.

Gefährdung: Bedroht durch Ölverschmutzung der Meere, Ertrinken in Fischernetzen und Übernutzung von Muschelbeständen.

Pazifiktrauerente (→ 64)

Melanitta [nigra] americana (Swainson & Richardson 1831)

Taxonomie: Familie Entenver-wandte – Anatidae. Bildet mit Trauerente *M. nigra* eine Su-perspezies. Keine Unterarten.

Größe, Gewicht: Körperlänge 44–54 cm, Flügelspannweite 79–90 cm, Flügellänge ♂ Mit-tel 23,4 cm, ♀ Mittel 22,6 cm; ♂ 900–1300 g, ♀ 650–1250 g.

Erkennungshinweise: Sehr ähnlich Trauerente. Männchen im Prachtkleid hat im Gegen-satz zur Trauerente eine oran-gerote Schwellung auf dem Schnabel. Weibchen von Trau-erente kaum unterscheidbar, jedoch auch oft angeschwolle-

♂ PK

ner Oberschnabel. Schwanz etwas länger als bei der Trauerente.

Brutareal: Von Ostsibirien bis Westalaska und Ostkanada bis Neufund-land.

Vorkommen in Mitteleuropa: Ausnahmegast.

Wanderungen: Zugvogel, überwintert an den Küsten südlich bis Nieder-kalifornien und bis zum mittleren Atlantik.

Lebensraum: Brutvogel an Binnengewässern der Taiga- und Tundrenzo-ne. Außerhalb der Brutzeit hauptsächlich auf dem Meer in Küstennähe.

Nahrung: Wassertiere im Meer und im Süßwasser.

Gefährdung: Nicht gefährdet.

Brillenente (→65)

Melanitta perspicillata (Linnaeus 1758)

♂ PK

Taxonomie: Familie Entenverwandte – Anatidae. Ehemaliger Gattungsname Oidemia. Keine Unterarten.
Größe, Gewicht: Körperlänge 46–55 cm, Flügelspannweite 78–92 cm, Flügellänge ♂ 23,8–25,6 cm, ♀ 22,3–23,5 cm; 900–1100 g.
Erkennungshinweise: Mittelgroße Ente, vor allem Männchen mit auffallendem Kopfprofil. Männchen im Prachtkleid schwarz mit weißem Nackenfleck und weißer Stirn. Basis vom Oberschnabel geschwollen, seitlich mit schwarzem Fleck, Vorderhälfte leuchtend orange. Weibchen schmutzig dunkelbraun, ähnlich Samtente mit zwei hellen Kopfflecken.
Stimme: Wenig zu hören, Weibchen rau krähend, Männchen bei der Balz glucksend.
Brutareal: Nördliches Nordamerika.
Vorkommen in Mitteleuropa: Ausnahmegast an der Küste.
Wanderungen: Zugvogel, überwintert in Nordamerika.
Lebensraum: Brütet auf kleinen Gewässern von Tundra und Taiga; überwintert auf dem Meer, oft fernab der Küste.
Nahrung: Mollusken, Krebstiere, auch Insekten und Pflanzenmaterial.
Gefährdung: Weltweiter Bestand nicht gefährdet, möglicherweise aber zurückgehend.

Samtente (→66)

Melanitta [fusca] fusca (Linnaeus 1758)

♀

Taxonomie: Familie Entenverwandte – Anatidae. Bildet Superspezies mit der Höckersamtente *M. deglandi*. Keine Unterarten.
Größe, Gewicht: Körperlänge 51–58 cm, Flügelspannweite 90–99 cm, Flügellänge ♂ 26,9–28,6 cm, ♀ 25,5–27,1 cm; ♂ 1500–2000 g, ♀ 1100–1700 g.
Erkennungshinweise: Mittelgroße Meeresente mit weißem Flügelspiegel. Männchen im Prachtkleid tiefschwarz mit kleinem schwarzem

Schnabelhöcker. Im Schlichtkleid wie Weibchen. Dieses rußig braun mit hellbraunen Kopfseiten. Auf große Entfernung eventuell Verwechslung mit Kolbenente möglich.

Stimme: Außerhalb Balzzeit schweigsam; ♂ „kju" oder „kjuorr kjuorr", ♀ dumpf „braaa".

Brutareal: Im Norden Eurasiens von Norwegen bis Zentralsibirien, davon isoliert kleine Vorkommen in Nordost-Anatolien und Kaukasus.

Vorkommen in Mitteleuropa: Häufiger Durchzügler und Wintergast an Nord- und Ostseeküste; im Binnenland regelmäßig in kleiner Zahl, aber häufiger als Trauerente.

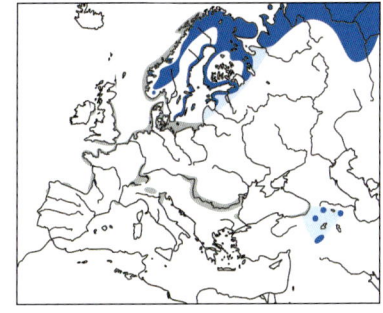

Wanderungen: Kurzstrecken-zieher, Hauptwintergebiet Ostsee und Atlantikküste von Nord- und Nordwesteuropa, regelmäßig auch im Binnen-land, vor allem im Südwesten Mitteleuropas.

Lebensraum: Brutvogel auf Tundren- und Bergseen sowie Küsteninseln; Rastplätze in küstennahen Seichtwasserzo-nen und auf größeren Binnengewässern.

Nahrung: Muscheln, Schnecken, Krebstiere, andere kleine Meerestiere; im Binnenland Insektenlarven, auch kleine Fische; pflanzlicher Anteil größer als bei Trauerente.

Alter: Ältester Ringvogel 21 Jahre, 5 Monate. Generationslänge 4 Jahre.

Gefährdung: Art in Europa mit ungünstigem Erhaltungsstatus (SPEC 3). Durch starke Konzentration im Winter anfällig für Umweltkatastrophen (Ölunfälle) und Lebensraumverschlechterungen (Übernutzung von Mu-scheln), weitere Verluste durch Ertrinken in Fischernetzen und Jagd.

Höckersamtente (→ 67)

Melanitta [fusca] deglandi (Bonaparte 1850)

Taxonomie: Familie Entenverwandte – Anatidae. Bildet Superspezies mit der Samtente *M. fusca*. 2 Unterarten, *deglandi* in Nordamerika und *steij-negeri* in Ostsibirien, beide bereits in Europa nachgewiesen.

Größe, Gewicht: Körperlänge 48,5–61 cm, Flügelspannweite im Mittel 85 cm; Durchschnitt 1670 g.

Erkennungshinweise: Sehr ähnlich Samtente. Männchen unterschei-det sich von der Samtente durch seinen größeren und höheren Schna-

belhöcker und seinen mehr orangen Schnabel. Die Flanken sind etwas brauner als die der Samtente. Weibchen und Jungvögel sind im Freiland sehr schwer von der Samtente zu unterscheiden.

Stimme: Selten zu hören, von Männchen ist ein Doppelpfiff zu hören der wie "whur-er" oder "fee-er" klingt.

Brutareal: Vom Jenissej ostwärts bis Kamtschatka und südwärts bis in die Mongolei, sowie von Alaska Nordwest-Kanada bis zur Hudson Bay.

Vorkommen in Mitteleuropa: Ausnahmegast.

Wanderungen: Zugvogel, asiatische Brutvögel überwintern entlang der Pazifikküste von der Beringsee bis Korea, Japan und Ostchina während die nordamerikanischen Populationen am Pazifik bis zum Golf von Kalifornien und am Atlantik bis Süd Carolina überwintern.

Lebensraum: Stillgewässer in der Waldtundra und Taiga. Auf dem Zug auch auf Flussmündungen. Überwintert meist in Küstennähe auf dem Meer und in kleiner Anzahl auf großen Binnenseen.

Nahrung: Krebse und Weichtiere bilden die Hauptnahrung. Daneben werden Muscheln und Schnecken aber auch Wasserpflanzen gefressen.

Brutbiologie: Ähnlich Samtente.

Gefährdung: Nicht weltweit gefährdet.

Besonderes: Taucht bis zu einer Minute und maximal zirka 10 Meter tief.

Schellente (→ 68)

Bucephala clangula (Linnaeus 1758)

Taxonomie: Familie Entenverwandte – Anatidae. Keine Unterarten.

Größe, Gewicht: Körperlänge 42–50 cm, Flügelspannweite 65–80 cm, Flügellänge ♂ 20,9–23,1 cm, ♀ 29,7–20,7 cm; ♂ 850–1200 g, ♀ 650–850 g.

Erkennungshinweise: Mittelgroße Tauchente mit rundem, großem Kopf und gelben Augen. Männchen im Prachtkleid durch schwarzen, grünlich glänzenden Kopf und weißen runden Zügelfleck unverwechselbar. Weibchen graubraun mit braunem Kopf.

Stimme: ♂ bei der Balz „knirr(ä)" und „quikiikirr", ♀ tief „grarr grarr". Flügelgeräusch „pjüb pjüb", bei ad. ♂ am stärksten.

Brutareal: Der Norden Eurasiens und Nordamerikas.

Vorkommen in Mitteleuropa: Spärlicher Brut- und Sommeroder Jahresvogel mit Schwerpunkt im Nordosten, lokal neuerdings auch im Süden und Westen. Im ganzen Gebiet häufiger Durchzügler und Wintergast.

♂ PK / ♀

Wanderungen: Kurzstreckenzieher, Winterquartier Ostsee, Nordsee und Nordwesteuropa sowie Binnenland Mitteleuropa und Südosteuropa bis nördliches Mittelmeer.

Lebensraum: Brutvogel an Seen und Flüssen mit bewaldeten oder mind. baumbestandenen Ufern. Außerhalb der Brutzeit auf größeren stehenden und fließenden Binnengewässern oder Meeresbuchten.

♂ K1

Nahrung: Insekten und deren Larven, Krebstiere, Mollusken, mitunter Pflanzen.

Brutbiologie: Geschlechtsreife im 2. (3.) Lebensjahr • Nest in Baumhöhlen oder Nistkästen, kein Nistmaterial, nach einigen Eiern Dunen • 8–11 Eier • Legebeginn März bis Mai • Brutdauer 29–30 Tage • ♀ brütet • ♀ führt • Junge sind Nestflüchter und springen aus der Nesthöhle, mit 57–66 Tage flügge • 1 Jahresbrut; Ersatzgelege selten.

Alter: Ältester Ringvogel 17 Jahre. Generationslänge 4 Jahre.

Gefährdung: Bedrohung durch mangelnde Bruthöhlen und Störungen durch Freizeitbetrieb, auch Jagd.

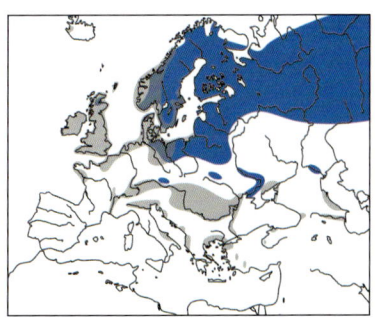

Besonderes: Jungvögel verlassen kurz nach dem Schlupf die Bruthöhle und springen aus bis zu 15 m Höhe zu Boden.

Spatelente (→69)
Clangula islandica (Gmelin 1789)

♂ PK

Taxonomie: Familie Entenverwandte – Anatidae. Keine Unterarten.

Größe, Gewicht: Körperlänge 42–53 cm, Flügelspannweite 67–84 cm, Flügellänge ♂ 22,9–24,8 cm, ♀ 21,1–22,1 cm; 700–1300 g.

Erkennungshinweise: Sehr ähnlich Schellente. Männchen durch großen sichelförmigen Fleck am Schnabel und ausgedehnter schwarzer Oberseite gekennzeichnet. Weibchen vor allem durch kräftigeres Erscheinungsbild und durch die Gestalt von Kopf und Schnabel von der Schellente zu unterscheiden.

Stimme: Außerhalb der Balz selten zu hören. Weibchen rufen tief knurrend und Männchen äußern grunzende „ka-kaa" Balzlaute.

Brutareal: Das größte Vorkommen befindet sich im küstennahen Nordwesten Nordamerikas von Alaska bis Oregon. Ein zweites Brutvorkommen existiert auf der Labrador-Halbinsel. Außerdem ist sie Brutvogel Südwest-Grönlands und Islands.

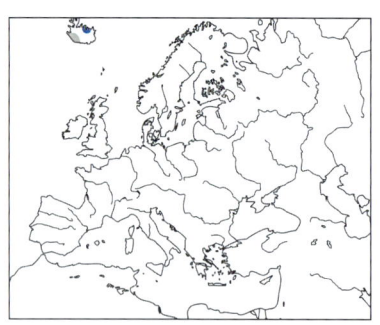

Vorkommen in Mitteleuropa: Ausnahmeerscheinung, Trennung von Wildvögeln und Gefangenschaftsflüchtlingen problematisch.

Wanderungen: Isländische Spatelenten sind standorttreu und die nordamerikanischen Spatelenten überwintern vor allem im Küstenbereich, seltener im Binnenland.

Lebensraum: Still- und Fließgewässer in offenen und bewaldeten Gebieten.

Nahrung: Krebstiere und Wasserinsekten bilden ca. ein Drittel der Nahrung. Daneben werden auch Fisch und -laich, sowie Algen, Samen und Wasserpflanzen gefressen.

Brutbiologie: Geschlechtsreife im 2. Lebensjahr • Nest in Höhlungen und Felsspalten • 8–11 Eier • Legebeginn Anfang Mai • Brutdauer 28–30 Tage • ♀ brütet • ♀ führt • 1 Jahresbrut; Ersatzgelege.

Alter: Generationslänge 4 Jahre.

Gefährdung: Nicht weltweit gefährdet.

Besonderes: In den Rocky Mountains erreichen Spatelenten zur Brutzeit Höhen von 3000 m ü. NN.

Büffelkopfente (→70)

Bucephala albeola (Linnaeus 1758)

Taxonomie: Familie Entenver- wandte – Anatidae. Keine Un- terarten.

Größe, Gewicht: Körperlänge 33–40 cm; 330–450 g.

Erkennungshinweise: Sehr kleine Tauchente. Männchen im Prachtkleid durch sehr großen, weißen Hinterkopf unverwechselbar. Weibchen, Jungvögel und Männchen im Schlichtkleid graubraun mit weißem Fleck hinter dem Auge. Verwechslungsgefahr mit Eis- und Kragenente.

♂ PK

Stimme: Sehr selten zu hören, Rufe nur während der Balz, ähnlich Schel- lente ruft das Männchen „we-week" und „dasd", Weibchen „kärr".

Brutareal: Alaska, Kanada und der Nordwesten der USA.

Vorkommen in Mitteleuropa: Sehr seltene Ausnahmeerscheinung und regelmäßiger Gefangenschaftsflüchtling.

Wanderungen: Überwintert an der Westküste Nordamerikas bis in Höhe der Neu-England-Staaten an der Atlantikküste und im Süden der USA bis nach Nordmexiko.

Lebensraum: Flache, vegetationsfreie Stillgewässer und langsam flie- ßende Flüsse in der Nähe großer Wälder sind Voraussetzung für eine Besiedlung.

Nahrung: Hauptsächlich Wirbellose, die tauchend erbeutet werden. Pflanzen, hauptsächlich Sämereien decken den kleineren Teil der Nah- rung ab.

Brutbiologie: Geschlechtsreife im 3. Lebensjahr • Brütet in Baumhöhlen • 5–12 Eier • Legebeginn April/ Mai • Brutdauer 29–31 Tage • ♀ brütet • ♀ führ • Junge mit 50-55 Tagen flügge.

Alter: Ältester Ringvogel über 13 Jahre alt.

Gefährdung: Nicht weltweit gefährdet.

Zwergsäger (→ 71)

Mergellus albellus (Linnaeus 1758)

Taxonomie: Familie Entenverwandte – Anatidae. Monotypisch.

Größe, Gewicht: Körperlänge 38–44 cm, Flügelspannweite 55–69 cm, Flügellänge ♂ 197–208 mm, ♀ 181–189 mm; 450–850 g.

Erkennungshinweise: Männchen im Prachtkleid unverwechselbar. Im Schlichtkleid fast wie Weibchen, jedoch mit schwärzlicher Oberseite und mehr weiß im Flügel. Weibchen grau mit braunem Oberkopf, Kehle und Wangen weiß.

Stimme: Männchen bei der Balz knarrend „krr ecko" oder „gig gig gigeörr". Weibchen meist einsilbig „räg" oder „ga ga ga".

Brutareal: Schmales Band von Nordskandinavien bis zum Nordpazifik mit Lücken in Ostsibirien und wohl nicht mehr regelmäßig in der Steppenzone Russlands.

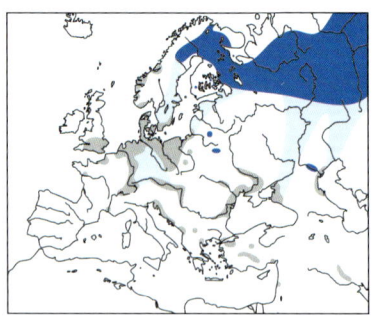

Vorkommen in Mitteleuropa: Regelmäßiger Durchzügler und Wintergast an den Küsten, im Binnenland im Norden noch häufiger, nach Süden zu abnehmend.

Wanderungen: Zugvogel mit Hauptwinterquartieren an der Nordsee (insbesondere Ijsselmeer, Niederlande), südwestlichen Ostsee, im Schwarzmeer- und Kaspigebiet und Binnenland in Mittel- und Südosteuropa.

Lebensraum: Brutvogel an nahrungsreichen Gewässern mit altem Baumbestand (Höhlenbrüter), außerhalb Brutzeit auf nicht zu tiefen Binnen- und Küstengewässern.

Nahrung: Im Sommer überwiegend Insekten und ihre Larven, die von der Wasseroberfläche oder tauchend aufgenommen werden. Im Winterhalbjahr kleine Fischchen.

Brutbiologie: Geschlechtsreife im 2. Lebensjahr • brütet in Baumhöhlen oder Nistkästen • meist 7–9 Eier • Brutdauer 26–28 Tage • ♀ brütet • ♀ führt die Jungen • Flugfähig nach 9–10 Wochen • 1 Jahresbrut.

Alter: Ältester Ringvogel 6 Jahre, 10 Monate. Generationslänge 4 Jahre.

Schutz: Nach der EU-Vogelschutzrichtlinie besonders geschützte Art (Anhang I), in Europa mit ungünstigem Erhaltungsstatus (SPEC 3). Regionaler Rückgang durch Entwaldung der Flusstäler in Südrussland.

Besonderes: Mehrfach wurde Hybridisierung mit der Schellente festgestellt.

	Jan.	Feb.	März	April	Mai	Juni	Juli	Aug.	Sep.	Okt.	Nov.	Dez.
Anwesenheit												
Durchzug										x		
Brutzeit					x x							
postjuv. Mauser												
Teil- / Vollmauser												
Vollmauser												

Mittelsäger (→72)

Mergus serrator Linnaeus 1758

Taxonomie: Familie Entenverwandte – Anatidae. Keine Unterarten.

Größe, Gewicht: Körperlänge 52–58 cm, Flügelspannweite 70–86 m, Flügellänge ♂ 23,5–25,5 cm, ♀ 21,6–23,9 cm; 780–1350 g.

Erkennungshinweise: Männchen im Prachtkleid unverwechselbar. Im Schlichtkleid sehr ähnlich Weibchen. Diese durch kurzen, zottigen Schopf und längeren, dünnen Schnabel vom etwas größeren Gänsesäger zu unterscheiden.

Stimme: Männchen bei der Balz heiser „guäng", auch tief „orrr". Weibchen beim Abflug „rokrokrok…".

Brutareal: Zirkumpolar Nordamerika, Nordasien. Nordeu-

♂ PK

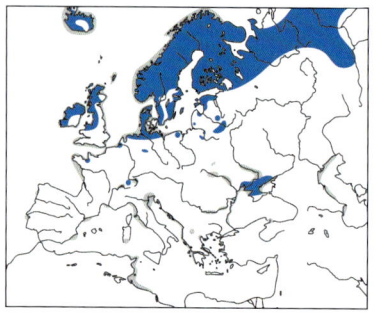

ropa; nach Süden bis in den Norden Mitteleuropas und Südural.

Vorkommen in Mitteleuropa: Seltener Brutvogel an den Küsten, v.a. in Deutschland, Jahresvogel; als Gast im Binnenland regelmäßig, aber in kleiner Zahl.

Wanderungen: Zugvogel, Teilzieher und Standvogel mit Streuungswanderungen. Überwinterung nach Süden bis ins Mittelmeergebiet.

Lebensraum: Brutvogel an Küsten und auf Inseln im Flachmeer. Als Gast in marinen Flachwasserzonen, im Binnenland auf Seen, Stauseen, Fischteichen usw.

Nahrung: Kleine Fische, wasserlebende Wirbellose.

Brutbiologie: Geschlechtsreife im 2. Lebensjahr • Nest am Boden zwischen Vegetation mit Sichtschutz nach oben, auch in Erdlöchern aus Material der nächsten Umgebung, Dunen • 8–10 Eier • Legebeginn Ende April bis Mai • Brutdauer 31–32 Tage • ♀ brütet • ♀ führt • Junge werden mit 50 Tagen selbstständig, mit 60–65 Tagen flügge • 1 Jahresbrut; Ersatzgelege.

Alter: Ältester Ringvogel 21 Jahre, 3 Monate. Generationslänge 4 Jahre.

Gefährdung: Gefährdung v.a. durch Störungen am Brutplatz durch zunehmende Freizeitnutzung (Mittelsäger sind am Nest sehr empfindlich), Gewässerverschmutzung und illegale Verfolgung.

Besonderes: Im Gegensatz zu den anderen Sägerarten ist der Mittelsäger Bodenbrüter.

	Jan.	Feb.	März	April	Mai	Juni	Juli	Aug.	Sep.	Okt.	Nov.	Dez.
Anwesenheit												
Durchzug												
Brutzeit				X								
postjuv. Mauser												
Teil- / Vollmauser												
Vollmauser												

Gänsesäger (→73)

Mergus merganser Linnaeus 1758

Taxonomie: Familie Anatidae – Entenverwandte. Drei Unterarten, in Europa *M. m. merganser*.

Größe, Gewicht: Körperlänge 58–66 cm, Flügelspannweite 82–97 cm, Flügellänge ♂ 27,5–29,5 cm, ♀ 25,5–27 cm; 898–2160 g.

Erkennungshinweise: Männchen im Prachtkleid unver-

♀/♂ PK

wechselbar. Weibchen durch dichten Schopf und kürzeren, kräftigeren Schnabel vom etwas kleineren Mittelsäger zu unterscheiden. Männchen im Schlichtkleid von Weibchen kaum zu unterscheiden.

Stimme: Männchen bei der Balz relativ leise „uig-a" mit nach oben gestrecktem Kopf und quakend „küuurp". Weibchen guttural „kro kro…" oder auch „karr karr…"-Reihen.

Brutareal: Von Island bis Ostsibirien und Nordjapan (Nominatform), nach Süden bis in die Alpen, je eine Unterart in Innerasien und Nordamerika.

Vorkommen in Mitteleuropa: Spärlicher Brut- und Jahresvogel im Norden, Osten und Süden. Häufiger Wintergast auf größeren Binnengewässern.

Wanderungen: Zugvogel, Teilzieher, Streuungswanderungen, Kurzstreckenzieher. Winterquartier Nordwest-, West- und Mitteleuropa, Nordküste Mittelmeer, Schwarzmeer- und Kaspigebiet.

Lebensraum: Brutvogel an Flüssen, Seen und Küsten mit Baumbeständen, bei geeignetem Nahrungsangebot auch an belebten See- und Flussufern. Im Winter meistens auf größeren fischreichen Seen und Flüssen sowie in Küstennähe auf dem Meer.

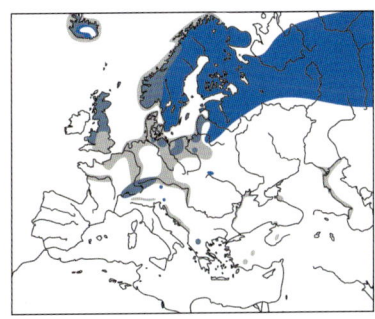

Nahrung: Hauptsächlich Fische, meist unter 10 cm, schlanke auch länger; auch Krebstiere; Jungvögel fressen auch Wasserinsekten.

Brutbiologie: Geschlechtsreife im 2. Lebensjahr • Nest in Baum- und Felshöhlen, Nischen, Kopfweiden, Mauerlöchern, Dachböden, unter Bootshäusern und Wurzeln, auch in Nistkästen; kein Material, später Dunen • 8–12 Eier • Legebeginn Ende März, April bis Juni • Brutdauer 30–32 Tage • ♀ brütet • ♀ führt • Junge sind Nestflüchter, mit 60–70 Tagen flügge, oft vorher schon selbständig • 1 Jahresbrut; Ersatzgelege.

Alter: Ältester Ringvogel 14 Jahre, 10 Monate und zweimal über 13 Jahre. Generationslänge 4 Jahre.

Gefährdung: Bedrohung durch wasserbauliche Maßnahmen, direkte Verfolgung, Freizeitnutzung der Bruthabitate und mangelnde Brutmöglichkeiten.

Besonderes: Mehrere 10.000 Männchen mausern im Sommer gemeinsam ihr Gefieder an der Tanamündung in Nordnorwegen. Weibchen adoptieren oft Jungvögel gleichen Alters und können dann mit über 25 Jungvögeln beobachtet werden.

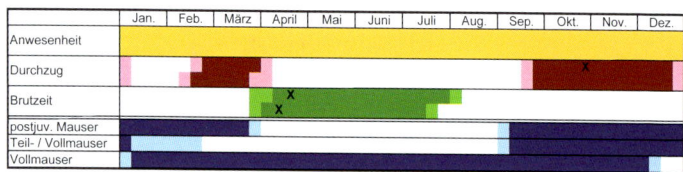

	Jan.	Feb.	März	April	Mai	Juni	Juli	Aug.	Sep.	Okt.	Nov.	Dez.
Anwesenheit												
Durchzug										x		
Brutzeit				x x								
postjuv. Mauser												
Teil- / Vollmauser												
Vollmauser												

Kappensäger (→74)

Lophodytes cucullatus (Linnaeus 1758)

Taxonomie: Familie Entenverwandte – Anatidae. Keine Unterarten.
Größe, Gewicht: Körperlänge 42–50 cm, Flügelspannweite 56–70 cm, Flügellänge 18,4–20,2 cm; 453–879 g.
Erkennungshinweise:

Männchen im Prachtkleid durch rostbraune Flanken, zwei schwarzen senkrechten Bruststreifen und große weiße Federholle unverwechselbar. Weibchen, Jungvögel und Männchen im Schlichtkleid sind unauffällig graubraun gefärbt und besitzen eine braune Kopfhaube.

♂ PK

Stimme: Sehr schweigsam. Balzruf froschartiges „kroooo", Weibchen ruft rau „gäk".
Brutareal: Nadelwaldgürtel Nordamerikas.
Vorkommen in Mitteleuropa: Sehr seltene Ausnahmeerscheinung und regelmäßiger Gefangenschaftsflüchtling.
Wanderungen: Zugvogel, der an den Flussmündungen und großen Buchten der Pazifik- und Atlantikküste überwintert.
Lebensraum: Auf Waldseen und ruhig fließenden Gewässern im Wald sind Kappensäger zum Teil ganzjährig anzutreffen. Im Winter auch auf größeren Gewässern, Flussmündungen und Lagunen.
Nahrung: Kleine Wassertiere, vor allem Fische, aber auch Insekten werden tauchend erbeutet.
Brutbiologie: Geschlechtsreife im 3. Lebensjahr • Brütet in Baumhöhlen, Nistkästen und Höhlungen im Boden • 10–12 Eier • Legebeginn März/April • Brutdauer 29–37 Tage • ♀ brütet • ♀ führt • Junge mit ca. 71 Tagen flügge.
Gefährdung: Nicht weltweit gefährdet.
Besonderes: Im Unterschied zu anderen Sägern selten auf der küstennahen See.

Haselhuhn (→79)

Tetrastes [bonasia] bonasia (Linnaeus 1758)

Taxonomie: Familie Glatt- und Raufußhühner – Phasianidae. Bildet mit dem ostasiatischen Chinahaselhuhn *T. sewerzowi* eine Superspezies. Vier sehr ähnliche Unterarten, in Mitteleuropa *T. b. rupestris*.
Größe, Gewicht: Körperlänge 35–40 cm, Flügelspannweite 48–54 cm, Flügellänge 17–18 cm, ♂ 350–490 g, ♀ 310–460 g.

Erkennungshinweise: Etwas größer als Rebhuhn mit kleinem Kopf und pummeligem Körper. Oberseite überwiegend graubraun, Unterseite weiß mit dunkel- und rotbraunen Flecken. Schwanz mit dunkler Endbinde. Männchen durch schwarze Kehle vom Weibchen zu unterscheiden.

Stimme: Viele Rufe meist hoch und leise, daher oft nur aus der Nähe zu hören, u.a. „pllorrit" („Plittern") und glucksende

Laute; Flügelburren beim Abflug und bei der Balz. Reviergesang des Männchens feine Pfeifstrophe mit 5–9 Silben („Spissen"), etwa „tsie-tsie tseritsi tsuitsi", Weibchen drei- bis viersilbige Strophe „tititi" („Bisten").
Brutareal: Von Mittel- und Nordeuropa bis ferner Osten Russlands und Japan, Schwerpunkt im nördlichen Nadelwaldgürtel.

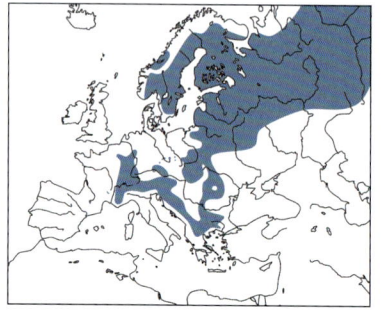

Vorkommen in Mitteleuropa: Seltener bis spärlicher lokaler und regionaler Brut- und Jahresvogel im Süden, Westen und Osten.
Wanderungen: Standvogel.
Lebensraum: Unterholz- und artenreiche Wälder, die reiche Struktur aufweisen und nicht einheitlich durchforstet sind, heute im Wesentlichen auf Mittelgebirge und untere Hanglagen der Alpen beschränkt.

Nahrung: Kleintiernahrung nur im Sommer und während des Jungenwachstums; sonst vielseitig vegetabilisch, z. B. im Winter Knospen und Kätzchen von Gehölzen, im Sommer Triebe von Bodenpflanzen, im Herbst Beeren.
Brutbiologie: Geschlechtsreife im 1. Lebensjahr • Nest am Boden gut versteckt, flache Mulde mit wenig Material • 7–11 Eier • Legebeginn Ende März/Anfang April bis Mitte April/Anfang Mai • Brutdauer 25–27 Tage • ♀ brütet • ♀ führt • Junge sind Nestflüchter, können ab 12 Tagen fliegen, werden mit 30–40 Tagen weitgehend selbstständig • 1 Jahresbrut; Ersatzgelege möglich.
Alter: Ältester Ringvogel 7 Jahre, 3 Monate. Generationslänge < 3,3 Jahre.
Gefährdung: Nach der EU-Vogelschutzrichtlinie besonders geschützte Art (Anhang I);). Gefährdung durch Verlust geeigneter Wälder durch Beseitigung von Weichhölzern, „Waldhygiene", Entwässerung, Erschließung und Zunahme dunkler, geschlossener Hallenwälder.
Besonderes: Einziges Waldhuhn, das monogam lebt und ein festes Revier verteidigt. Sucht zum Staubbaden gerne Forststraßen und sandige, flache Böschungen auf.

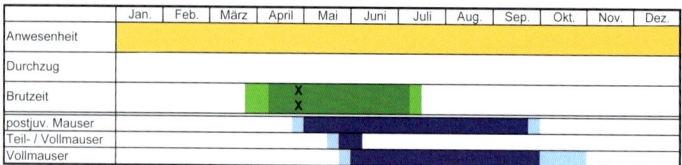

	Jan.	Feb.	März	April	Mai	Juni	Juli	Aug.	Sep.	Okt.	Nov.	Dez.
Anwesenheit												
Durchzug												
Brutzeit				X	X							
postjuv. Mauser												
Teil- / Vollmauser												
Vollmauser												

Alpenschneehuhn (→ 81)

Lagopus muta (Montin 1766)

Taxonomie: Familie Glatt- und Raufußhühner – Phasianidae. Viele Unterarten, in Europa die Nominatform.

Größe, Gewicht: Körperlänge 33–38 cm, Flügelspannweite 54–60 cm, Flügellänge ♂ 19,5–21,5 cm, ♀ 18,7–19,3 cm; ♂ 400–740 g, ♀ 400–700 g.

Erkennungshinweise: Geschlechter ähnlich, Männchen mit deutlichem Zügel. Im Winter bis auf schwarze Steuerfedern schneeweiß.

♂ fast SK

Stimme: Männchen singen tief knarrend und im Balzflug laut bellend, Weibchen rufen leise und tief. Beim Abflug oft Flügelburren.

Brutareal: Zirkumpolar in der Arktis und Subarktis der Alten und Neuen Welt, in Hochgebirgen der mittleren Breiten Europas und Asiens.

Vorkommen in Mitteleuropa: Seltener Brutvogel, nur in den Alpen von etwa 1700 bis 2300 m ü. NN.; lokale Abnahmen.

♂ SK

Wanderungen: Standvogel.

Lebensraum: Oberhalb der Baumgrenze auf kargen, lückig bewachsenen oder felsigen Flächen und Hängen mit abwechslungsreichem Relief; im Winter oft höher an schneefreien Hängen und Graten.

Nahrung: Vielseitig und saisonal unterschiedlich vegeta-

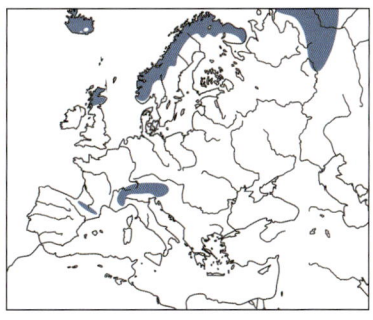

risch (z. B. auf dem Boden erreichbare Triebe, Knospen, Blätter, Beeren), Kükennahrung kleinste Wirbellose (Insekten, Spinnen).

Brutbiologie: Geschlechtsreife im 1. Lebensjahr • Nest mit wenig Pflanzenmaterial ausgelegt am Boden versteckt • 5–8 Eier • Legebeginn (Ende Mai) Mitte Juni–Juli • Brutdauer 20–23 Tage • ♀ brütet • beide führen zumindest anfänglich • Junge verlassen das Nest nach Stunden, können ab 7–10 Tagen wenige Meter, mit 10–15 Tagen größere Strecken fliegen, sind mit 30–35 Tagen ausgewachsen und mit 10–12 Wochen selbstständig • 1 Jahresbrut, Ersatzgelege möglich.

Alter: In Nordamerika ein ad. Weibchen nach 7 Jahren lebend kontrolliert. Generationslänge < 3,3 Jahre.

Gefährdung: Nach der EU-Vogelschutzrichtlinie besonders geschützte Art (Anhang I); Gefährdet durch touristische Erschließung der Alpen, Klimaerwärmung, zunehmende Nestprädation.

Besonderes: Bis auf Mittwinter wird das ganze Jahr gemausert. In den ersten Kükentagen führen beide Altvögel.

Birkhuhn (→ 82)

Tetrao [tetrix] tetrix Linnaeus 1758

Taxonomie: Familie Glatt- und Raufußhühner – Phasianidae. Auch in Gattung *Lyrurus* gestellt. Bildet mit dem Kaukasusbirkhuhn *T. mlokosiewieczi* eine Superspezies. Zwei Unterarten in Europa, die Nominatform in Kontinentaleuropa, einige weitere Unterarten in der Ostpaläarktis.

Größe, Gewicht: Körperlänge 32–39 cm, Flügelspannweite 65–80 cm, Flügellänge ♂ 24,7–26,6 cm, ♀ 21,7–23,4 cm; ♂ 1000–1500 g, ♀ 750–1100 g.

Erkennungshinweise: Mittelgroßes Raufußhuhn. Männchen fast gänzlich schwarz und durch lange sichelförmige Steuerfedern unverwechselbar. Weibchen ähnlich Auerhenne, jedoch kleiner und einfarbig braun mit schwarzen Bändern.

Stimme: Balzende Männchen kullern auf- und abschwellend und zischen dazwischen. Weibchen gackern nasal, bei Erregung laut „tschack-tschack".

Brutareal: Von Großbritannien bis Westsibirien in der borealen und subarktischen Waldzone.

Vorkommen in Mitteleuropa: Stark zurückgegangen, heute insgesamt spärlicher Brut- und Jahresvogel, außerhalb der Alpen nur noch in mehr oder minder isolierten Restbeständen.

Wanderungen: Standvogel mit gelegentlichen weiteren Streuwanderungen.

Lebensraum: Im Tiefland Moor- und Heidegebiete oder sehr lichte Waldflächen, im Gebirge Waldrandzone, weitgehend offene Flächen.

Nahrung: Vorwiegend pflanzlich (Triebe, Knospen, Kräuter, Wiesenblüten, Beeren, Früchte), im Sommer auch kleine Wirbellose, Junge vorwiegend Insekten.

♂ PK

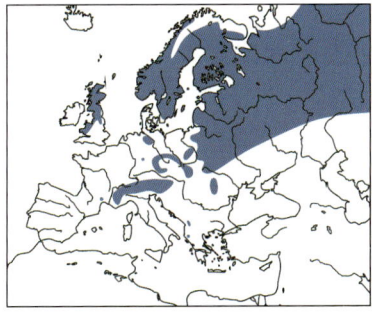

Brutbiologie: Geschlechtsreife im 1. Lebensjahr, doch einjährige ♂ kommen nicht zur Fortpflanzung • Nest Mulde am Boden, gut versteckt, wenig Auskleidung mit Pflanzenmaterial • 6–10 Eier • Legebeginn Ende April, im Hochgebirge Mai/Juni • Brutdauer 25–27 Tage • ♀ brütet • ♀ führt • Junge verlassen nach wenigen Stunden das Nest, werden mit 4 Wochen selbstständig, bleiben bis Herbst im Familienverband • 1 Jahresbrut; Ersatzgelege.

Alter: Älteste Ringvögel über 12 Jahre und 8 Jahre, 7 Monate. Generationslänge 4 Jahre.

Schutzstatus und Gefährdung: Nach der EU-Vogelschutzrichtlinie besonders geschützte Art (Anhang I), in Europa mit ungünstigem Erhaltungsstatus (SPEC 3); Starke Abnahmen v. a. in den Moorpopulationen des Tieflandes. Rückgänge im Tiefland durch Trockenlegung von Mooren, industriellen Torfabbau, Aufforstung von Mooren und Heiden, landwirtschaftliche Intensivierung und Eutrophierung. Früher intensive Bejagung. Störungen durch Massentourismus (Balzplätze, Wintereinstände) und Freizeitnutzung (Freizeit- und Drachenfliegen), auch Anflug an Freileitungen, Skiliftkabel und Wildzäune. Wiederansiedelungsversuche i. d. R. erfolglos.

Besonderes: Ausgeprägte Gruppenbalz, früher oft bis 50 Hähne, auf festen Plätzen. Ältere Hähne behaupten das Zentrum der Arena und paaren sich mit den Hennen.

	Jan.	Feb.	März	April	Mai	Juni	Juli	Aug.	Sep.	Okt.	Nov.	Dez.
Anwesenheit												
Durchzug												
Brutzeit					X							
					X							
postjuv. Mauser												
Teil- / Vollmauser												
Vollmauser												

Auerhuhn (→83)

Tetrao [urogallus] urogallus Linnaeus 1758

Taxonomie: Familie Glatt- und Raufußhühner – Phasianidae. Bildet eine Superspezies mit dem ostasiatischen Steinauerhuhn *T. urogalloides*. Vier sehr ähnliche Unterarten, in Mitteleuropa die Nominatform.

Größe, Gewicht: Körperlänge ♂ 74–95 cm, ♀ 54–65 cm, Flügelspannweite 87–125 cm, Flügellänge ♂ 38,5–40,5 cm, ♀ 28,6–31,2 cm; ♂ 3500–5000 g, ♀ 1500–2500 g.

Erkennungshinweise: Aufgrund der Größe unverwechselbar. Henne durch Größe, rotbraune Kehle und Oberbrust und insgesamt wärmere Gefiederpartien von Birkhenne unterschieden.

♂ PK

Stimme: Balzgesang des Hahnes ein- bis zweisilbige („Knappen"), dann dicht gereihte Töne („Triller"), platzender Laut („Hauptschlag") und abschließendes schleifendes Geräusch („Wetzen").

Brutareal: Europa bis westliches Ostsibirien.

Vorkommen in Mitteleuropa: Seltener bis spärlicher Brutvogel, größere Siedlungsgebiete nur im Alpenraum und wenigen Mittelgebirgen, winzige Restvorkommen im Westen und Osten. Starke Abnahme. Jahresvogel.

Wanderungen: Standvogel.

Lebensraum: Ruhige, extensiv bewirtschaftete, lockere und stufig aufgebaute Nadel- und Mischwälder, heute meist im Bergland.

Nahrung: Überwiegend pflanzlich, im Mittwinter vor allem Koniferennadeln, im Herbst Beeren und Triebe, im Frühjahr Knospen; Gräser und Kräuter. Im Sommer auch Insekten. Jungennahrung überwiegend Insekten.

Brutbiologie: Geschlechtsrei-fe im 1. Lebensjahr, ♂ kommen erst im 3. Jahr zur Begattung • Nest flache Mulde am Boden • 5–11 Eier • Legebeginn (Mitte April) Mai (Juni) • Brutdauer 24–26 Tage • ♀ brütet • ♀ be-treut Junge • Junge verlassen Nest nach 1–2 Tagen, können mit 2–3 Wochen etwas fliegen, sind nach 2–3 Monaten ausge-

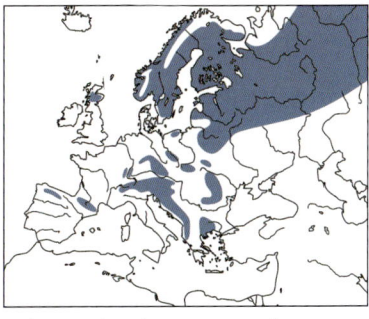

wachsen und bald darauf selbstständig • 1 Jahresbrut; Ersatzgelege.
Alter: Älteste Ringvögel über 9 Jahre; Generationslänge 4 Jahre.
Gefährdung: Nach der EU-Vogelschutzrichtlinie besonders geschützte Art (Anhang I); Obwohl in den meisten europäischen Ländern abneh-mend, durch stabile Kernpopulationen auf europäischer Ebene nicht gefährdet. Hauptgefährdungsursache Intensivierung der Forstwirtschaft (Altersklassenwald, Wegebau, Verlust der Bodenvegetation, Entwässe-rung usw.). Daneben Bejagung (früher auch in Deutschland), Störungen durch Massentourismus und Freizeitsport, Verluste an Forstkulturzäu-nen, Freileitungen, Skiliften und Straßen.
Besonderes: Trotz der Größe des Vogels ist der Gesang des Männchens nur 200–300 m hörbar.

	Jan.	Feb.	März	April	Mai	Juni	Juli	Aug.	Sep.	Okt.	Nov.	Dez.
Anwesenheit												
Durchzug												
Brutzeit					x x							
postjuv. Mauser												
Teil- / Vollmauser												
Vollmauser												

Rothuhn (→84)

Alectoris [rufa] rufa (Linnaeus 1758)

Taxonomie: Familie Glatt- und Raufußhühner – Phasianidae. Bildet Su-perspezies mit Stein- *A. graeca*, Chukar- *A. chukar*, Philbysteinhuhn *A.phil-byi und* Przewalskisteinhuhn *A. magna*. 3 schwach differenzierte Unterar-ten, in Mitteleuropa *A.r. rufa*.
Größe, Gewicht: Körperlänge 32–34 cm, Flügelspannweite 47–50 cm, Flügellänge ♂ 16,1–16,9 cm, ♀ 15,2–16,1 cm; 480–550 g.
Erkennungshinweise: Geschlechter gleich. Typische *Alectoris*-Art mit auffallendem, breitem schwarz geflecktem Halsband.

ad.

Stimme: Balzgesang wetzend beginnend, sich im Tempo steigernd, am Ende manchmal vielsilbiges Schlussmotiv. Rufe klingen ähnlich „tsche" oder „tschä" wobei kürzere Rufe manchmal mit wetzenden Elementen verbunden sind.
Brutareal: Auf Südwesteuropa beschränkt.

Vorkommen in Mitteleuropa: Ehemaliger lokaler Brutvogel. Heute Auftreten nur nach Aussetzungen.
Wanderungen: Standvogel.

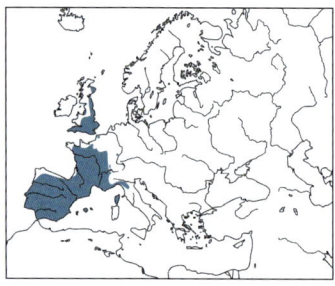

Lebensraum: Besiedelt vielseitige offene Lebensräume wie Heiden, Brachland oder Küstenstreifen. Auch im Gebirge oberhalb der Baumgrenze vorkommend.
Nahrung: Hauptsächlich vegetarisch lebend. Sämereien, Blätter und Wurzeln, als Winternahrung sind Hülsenfrüchte und Gräser wichtig. Auch Insekten, die besonders von Jungvögeln gefressen werden.

Brutbiologie: Geschlechtsreife im 1. Lebensjahr • Nest am Boden, gut versteckt z.B. unter Grasbulten • 10–16 Eier • Legebeginn Ende April/ Mai bis Juni • Brutdauer 23–25 Tage • ♀ brütet, bei 2 Gelegen wird das 2. Gelege vom ♂ bebrütet • ♀ und ♂ führen • Junge mit 50–60 Tagen flügge, sie können ab 10 Tagen wegflattern • 1 oder 2 Jahresbruten; Ersatzgelege.
Alter: Generationslänge < 3,3 Jahre.
Gefährdung: Art auf Europa konzentriert und mit ungünstigem Erhaltungsstatus. Gefährdung durch extreme Bejagung, Intensivierung der landwirtschaftlichen Nutzung und Gehölzsukzession.
Besonderes: Bis ins 19. Jahrhundert gab es Vorkommen in der Schweiz und in Südwestdeutschland.

Steinhuhn (→ 85)

Alectoris [rufa] graeca (Meisner 1804)

Taxonomie: Familie Glatt- und Raufußhühner – Phasianidae. Drei Unterarten in Europa, *saxatilis* in Alpenraum.

Größe, Gewicht: Körperlänge 32–35 cm, Flügelspannweite 46–53 cm, Flügellänge ♂ 16,7–17,4 cm, ♀ 15,7–16,7 cm; ♂ 650–750 g, ♀ 500–650 g.

Erkennungshinweise: Geschlechter gleich. Sehr ähnlich Chukarhuhn. Das Steinhuhn jedoch mit weißer statt gelblicher Kehle. Heller Überaugenstreif sehr schmal und oft die schwarze Stirn begrenzend.

ad.

Stimme: Unrhythmische Reihe abgehackter kurzer Töne, manchmal durch eine schnelle, kichernde Rufreihe unterbrochen. In der Regel ohne das Wiederholungsschema der anderen Arten.

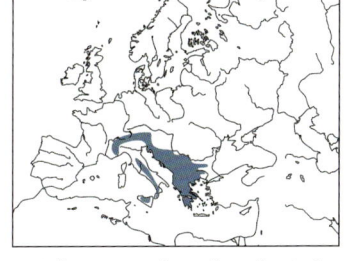

Brutareal: Westalpen bis Westbulgarien und von Nordalpen nach Süden bis nach Kalabrien und Peloponnes. Isoliertes Vorkommen in den Gebirgen Siziliens.

Vorkommen in Mitteleuropa: Seltener Brutvogel in den Alpen, v.a. in den Südalpen. In Deutschland lange keine Nachweise, aber durch gezielte Kontrollen aktuell wieder vereinzelte Brutzeitfeststellungen.

Wanderungen: Standvogel, geringe Vertikalwanderungen (im Sommer Familien oft höher steigend, im Winter in tieferen Lagen).

Lebensraum: Steinige und steile, oft südexponierte Hänge mit trockenem Boden, alpine Rasen mit Zwergsträuchern und Sträuchern, auch in sehr lichtem Wald. In den Alpen bevorzugt 1600–2200 m ü. NN, im Winter auch tiefer.

Nahrung: Hauptsächlich pflanzlich: Blätter, Triebe, Blüten, Früchte, Sämereien von Kräutern und Gräser. Jungvögel fressen Insekten und deren Larven.

Brutbiologie: Nest am Boden am Fuß eines Baumes oder Felsbrockens • meist 8–14 Eier • Legebeginn je nach Höhenlage Mai – Juli • Brutdauer 24–26 Tage • ♀ brütet, Bebrütung ab dem letzten Ei • Jungvögel verlassen nach wenigen Stunden das Nest und werden vom ♀, anfangs auch vom ♂ geführt • Junge können ab frühestens 10 Tagen etwas fliegen, mit 50–60 Tagen selbstständig • 1 Jahresbrut, aber auch zwei geschachtelte Bruten sind belegt. Ersatzgelege.

Alter: Höchstalter nicht bekannt. Generationslänge < 3,3 Jahre.

Gefährdung: Nach der EU-Vogelschutzrichtlinie besonders geschützte Art (Anhang I) (Unterarten *saxatilis* und *whitakeri*), Art auf Europa konzentriert und mit ungünstigem Erhaltungsstatus (SPEC 2); Gefährdet durch Aufgabe traditioneller Bewirtschaftungsformen, Störungen durch Alpentourismus, regional auch Jagd.
Besonderes: Durch seine heimliche Lebensweise in Gebieten mit geringer Brutdichte sehr schwer nachzuweisen.

Rebhuhn (→ 87)
Perdix [perdix] perdix (Linnaeus 1758)

Taxonomie: Familie Glatt- und Raufußhühner – Phasianidae. Bildet Superspezies mit dem Bartrebhuhn *P. dauurica*. 8–10 Unterarten, in Mitteleuropa größtenteils *P. p. perdix*.
Größe, Gewicht: Körperlänge 29–31 cm, Flügelspannweite 45–48 cm, Flügellänge ♂ 15,4–16,6 cm, ♀ 15,1–16 cm; ♂ 350–450 g, ♀ 340–420 g.

Erkennungshinweise: Geschlechter sehr ähnlich. Rundlicher, kurzschwänziger Hühnervogel mit orangebraunem Gesicht und aschgrauer, fein gewellter Brust. Männchen mit größerem Bauchfleck als Weibchen.
Stimme: Revierruf Männchen schnarrend „girrhäk", andere Rufe „griweck" oder „kirrik", beim überraschten Auffliegen durchdringend „ripriprip...".
Brutareal: Von Westeuropa bis Zentralsibirien mit Lücken sowie Nord- und Südeuropa, eingebürgert in Nordamerika und Neuseeland.
Vorkommen in Mitteleuropa: Brut- und Jahresvogel in weiten Teilen des Tieflandes, nach dramatischen Bestandsrückgängen größere Verbreitungslücken.
Wanderungen: Standvogel.
Lebensraum: Offenes Ackerland, Weiden und Heideflächen in milden Gebieten. Benötigt zum Überleben gegliederte Ackerlandschaften mit Hecken und Büschen.
Nahrung: Pflanzlich, im Sommerhalbjahr auch hoher Insektenanteil und bei Küken zunächst ausschließlich Insekten.
Brutbiologie: Geschlechtsreife im 1. Lebensjahr • Nest am Boden gut versteckt, Mulde mit Pflanzenmaterial ausgekleidet • 10–20 Eier • Legebeginn April/Mai • Brutdauer 23–25 Tage • ♀ brütet, ♂ hält Wache • ♂ und ♀ führen • Junge sind Nestflüchter, können mit 13–16 Tagen fliegen, sind

mit etwa 5 Wochen ausgewachsen
• 1 Jahresbrut; Ersatzgelege.

Alter: Ältester Ringvogel 6 Jahre, 11 Monate; Generationslänge < 3,3 Jahre.

Gefährdung: Nach der EU-Vogelschutzrichtlinie besonders geschützte Art (Anhang I) (nur *P. p. italica* und *P. p. hispaniolensis*), in Europa mit ungünstigem Erhal-

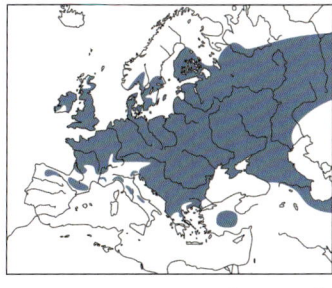

tungsstatus (SPEC 3); Gefährdet durch Intensivierung der Landwirtschaft, die zu massiven Bestandsrückgängen geführt hat; trotzdem weiterhin hoher Jagddruck auf die verbleibenden Bestände.

Besonderes: Das Rebhuhn ist europäischer Rekordhalter bei der Eizahl. Ein Vollgelege umfasst bis zu 20 Eier.

	Jan.	Feb.	März	April	Mai	Juni	Juli	Aug.	Sep.	Okt.	Nov.	Dez.
Anwesenheit												
Durchzug												
Brutzeit				x x								
postjuv. Mauser												
Teil- / Vollmauser												
Vollmauser												

Wachtel (→ 88)

Coturnix [coturnix] coturnix (Linnaeus 1758)

Taxonomie: Familie Glatt- und Raufußhühner – Phasianidae. Bildet Superspezies mit *C. japonicus*, *C. coromandelica*, *C. pectoralis* und *C. novaehollandiae*, die weit über den asiatischen und australischen Kontinent verbreitet sind. Fünf Unterarten, in Europa die Nominatform.

Größe, Gewicht: Körperlänge 16–18 cm, Flügelspannweite 32–35 cm, Flügellänge ♂ 10,7–11,7 cm, ♀ 10,9–11,8 cm; ♂ 78–128 g, ♀ 78–150 g.

Erkennungshinweise: Geschlechter ähnlich und nur durch die beim Männchen schwarze Kehle zu unterscheiden. Kleiner Hühnervogel, der sich sehr selten offen zeigt und meist in der Vegetation versteckt ist.

Stimme: Bekannt ist der Wachtelschlag, ein schnelles rhythmisches „pick per wick". Beim Auffliegen rollend „wrüü".

Brutareal: Nordafrika, Europa und Asien bis Baikalsee und Nordindien. Isolierte Vorkommen in Ost- und Südafrika sowie auf Madagaskar.
Vorkommen in Miteleuropa: Verbreiteter Brut- und Sommervogel. Extrem unstet, hoher Nichtbrüteranteil und auch Durchzügler rufen.
Wanderungen: Lang- und Kurzstreckenzieher. Hauptüberwinterungsquartiere im nördlichen Afrika, Südarabien, Iran und Indien, seltener Küsten des nördlichen Mittelmeergebietes und atlantischen Westeuropas.

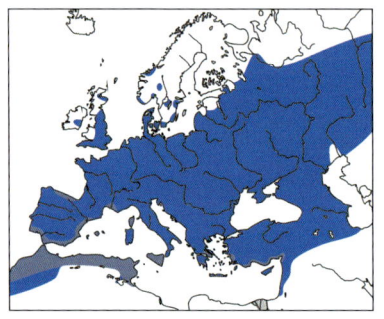

Lebensraum: Offene Feld- und Wiesenflächen mit hoher, Deckung gebender Krautschicht. Typische Brutbiotope (Winter-) Getreidefelder, Luzerne- und Kleeschläge, Brachen, Wiesen und später im Sommer überwechselnd in Hackfruchtäcker.
Nahrung: Neben Getreidekörnern und kleineren Sämereien im Frühjahr und Sommer auch viel Insektennahrung (Jungvögel ausschließlich).
Brutbiologie: Geschlechtsreife extrem früh, nach 12–15 Wochen • Nest gut versteckt am Boden in höherer Kraut- und Grasvegetation, eine flache Vertiefung mit wenig Gras ausgelegt • 7–13 (18) Eier • Legebeginn März–Ende Juli • Brutdauer 16–17 (21) Tage, nur ♀ brütet • ♀ führt, anfangs auch ♂ • Junge verlassen Nest am selben Morgen, mit 19 Tagen voll flugfähig, mit 4(–7) Wochen Auflösung der Familie • 1–2 Jahresbruten; Ersatzgelege.
Alter: Ältester Ringvogel mind. 8 Jahre. Generationslänge < 3,3 Jahre.
Gefährdung: Art in Europa mit ungünstigem Erhaltungsstatus (SPEC 3). Gefährdet durch intensive Landwirtschaft und Jagd im Mittelmeerraum.
Besonderes: Die frühe Geschlechtsreife von 12–15 Wochen ermöglicht es im zeitigen Frühjahr geborenen Jungvögeln, noch im ersten Sommer eine Brut zu zeitigen. Der charakteristische Wachtelschlag begleitete früher die Bauern bei der Feldarbeit und führte zu Umschreibungen des Rufs als „Bück den Rück" oder im Englischen „Wet my lips".

	Jan.	Feb.	März	April	Mai	Juni	Juli	Aug.	Sep.	Okt.	Nov.	Dez.
Anwesenheit												
Durchzug					x				x			
Brutzeit					x							
postjuv. Mauser												
Teil- / Vollmauser												
Vollmauser												

Jagdfasan (→89)
Phasianus [colchicus] colchicus Linnaeus 1758

Taxonomie: Familie Glatt- und Raufußhühner – Phasianidae. Bildet Superspezies mit dem Buntfasan *P. versicolor*. Etwa 30 Unterarten sind beschrieben. In Europa wohl hauptsächlich Abkömmlinge von ausgesetzten *P. c. colchicus*.

Größe, Gewicht: Körperlänge ♂ 75–89 cm (Schwanz 42–59 cm), ♀ 53–62 cm, Flügelspannweite 70–90 cm, Flügellänge ♂ 23,5–26,7 cm, ♀ 21–23,5 cm; ♂ 770–1900 g, ♀ 545–1453 g.

Erkennungshinweise: Mittelgroßes Huhn mit auffallend langem Schwanz. Männchen meist mit auffallendem weißem Halsring und nackter roter Gesichtshaut. Weibchen unscheinbar beige mit dunklen Flecken.

Stimme: ♂ Reviergesang laut „göö-gock", Flügelburren, längere Reihen „gogok".

Brutareal: Ursprünglich Türkei bis Japan in Trockengebieten und in China von Mandschurei bis Südchina. Durch Aussetzung in Mittel- und Westeuropa bis Südfennoskandien.

Vorkommen in Mitteleuropa: Brut- und Jahresvogel im Tiefland nach Aussetzung, meist nur in klimatisch günstigen Gebieten selbsttragende Populationen.

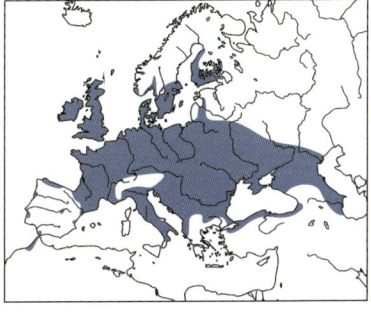

Wanderungen: Standvogel.

Lebensraum: Offene und halboffene Landschaften mit guter Deckung wie Agrarlandschaft mit Hecken, an Waldrändern und in Auwäldern.

Nahrung: Pflanzlich von kleinen Sämereien bis Eicheln, Beeren, grünen Pflanzenteilen. Im Sommerhalbjahr Regenwürmer, Schnecken u. a. Wirbellose, Jungennahrung in den ersten Wochen kleine Wirbellose.

Brutbiologie: Geschlechtsreife im 1. Lebensjahr • Nest am Boden, gut gedeckt in Gras und oft an eine höhere Struktur angelehnt, Mulde mit wenig dürrem Pflanzenmaterial und später mit Bauchfedern des ♀ ausgelegt • 8–12 Eier • Legebeginn Anfang April bis Anfang Juni • Brutdauer 23–24 Tage • ♀ brütet • ♀ führt • Junge bleiben nur wenige Stunden im Nest und sind noch 70–80 Tage vom ♀ abhängig • 1 Jahresbrut; Ersatzgelege.

Alter: Höchstalter eines wild lebenden Vogels 7 Jahre, 7 Monate. Generationslänge < 3,3 Jahre.

Gefährdung: Nicht gefährdet.

Besonderes: Jährlich werden Jagdfasane in großem Umfang gezüchtet und wenige Wochen vor der Jagdsaison freigelassen. Wahrscheinlich schon von den Römern zu Jagdzwecken in Europa eingebürgert.

	Jan.	Feb.	März	April	Mai	Juni	Juli	Aug.	Sep.	Okt.	Nov.	Dez.
Anwesenheit												
Durchzug												
Brutzeit				x x								
postjuv. Mauser												
Teil- / Vollmauser												
Vollmauser												

Königsfasan (→ 90)

Syrmaticus reevesii (J. E. Gray 1829)

Taxonomie: Familie Glatt- und Raufußhühner – Phasianidae. Keine Unterarten.

Größe, Gewicht: Körperlänge ♂ ca. 210 cm (davon Schwanz 100–160 cm), ♀ ca. 75 cm (davon Schwanz 36–45 cm); ♂ ca. 1530 g, ♀ ca. 950 g.

Erkennungshinweise: Das Männchen ist mit seiner schwarzen Gesichts-

maske, die bis in den Nacken reicht unverkennbar gezeichnet. Durch die weiß gefleckten Flügeldecken wirkt der Flügel geschuppt. Weibchen unscheinbar gefärbt. Besonders auffallend ist eine schwarzbraune Kopfplatte, die nach unten von einem hellem Streifen begrenzt wird. Die Brust ist rotbraun gefärbt und nahezu das gesamte Kleingefieder ist mit hellen Schaftstrichen versehen. Die Steuerfedern sind graubraun mit dunklen und hellen Querbinden und werden nach außen kürzer und heller.

Stimme: Ein weithin hörbares Flügelschwirren verrät den balzenden Hahn. Zusätzlich werden 6–20 Pfiffe als Rufreihe mit einem melodischen Endtriller vorgetragen.

Brutareal: Das Brutvorkommen beschränkt sich auf das mittlere und östliche China.

Vorkommen in Mitteleuropa: Kleine etablierte Population aus ausgesetzten Vögeln in Tschechien, selten entwichene und ausgesetzte Vögel aus Gefangenschaft.

Wanderungen: Standvogel.

Lebensraum: Der Königsfasan besiedelt Bergwälder in Höhen zwischen 550 und 1800 m ü. NN. Laubwälder mit dichtem Kronendach, wenig Unterwuchs und vielen Eichen sind der bevorzugte Lebensraum. Die Art ist allerdings auch im Buschland und Nadelwäldern zu finden.

Nahrung: Früchte und Sämereien. Hauptnahrung sind Eicheln, Hagebutten und Früchte der Zwergmispel.

Brutbiologie: Nest flache Mulde aus Pflanzenmaterial • 6–9 Eier • Brutzeit in China von Mitte April bis Mitte Juli • Brutdauer 24–25 Tage • ♀ brütet • ♀ führt.

Gefährdung: Weltweit bedrohte und seltene Art.

Besonderes: Auch wegen der langen, prächtigen Steuerfedern wurde der Königsfasan gejagt. Die Federn wurden für die Kostüme der Pekingoper genutzt.

Zwergtaucher (→ 91)

Tachybaptus [ruficollis] ruficollis (Pallas 1764)

Taxonomie: Familie Lappentaucher – Podicepididae. Bildet Superspezies mit *T. novaehollandiae*. Neun Unterarten, in Europa nur *ruficollis*.

Größe, Gewicht: Körperlänge 25–29 cm, Flügelspannweite 40–45 cm, Flügellänge ♂ 95–106 mm, ♀ 90–102 mm; 130–236 g.

Erkennungshinweise: Geschlechter gleich. Im Prachtkleid kastanienbrauner Hals und gelbgrüner Schnabelwinkel. Im Schlichkleid durch runden Kopf leicht von anderen kleinen Lappentauchern zu unterscheiden.

Stimme: Grundbestandteil aller Lautäußerungen ist ein kurzes „bib". Bekanntester Ruf

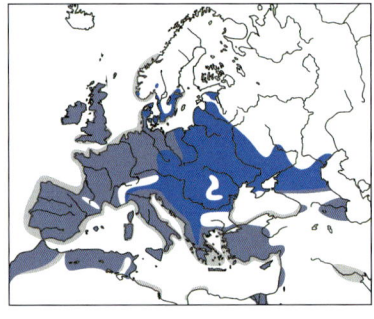

ist der Balztriller, der vom Einzelvogel oder im Duettgesang vorgetragen wird.

Brutareal: Mittleres und südliches Eurasien, im Osten bis Smolensk. Ferner Afrika und Madagaskar und einige indoaustralische Inseln.

Vorkommen in Mitteleuropa: Verbreiteter Brut- und Jahresvogel, häufiger und regelmäßiger Gastvogel. In Mittelgebirgslagen bis ca. 1000 m ü. NN.

Wanderungen: Brutvögel Mitteleuropas Standvögel und Teilzieher. Überwinterung innerhalb des Brutareals, auch an Küsten.

Lebensraum: Brutvogel zumeist an stehenden Gewässern mit vegetationsreichen Ufern, meist nährstoffreiches aber klares Wasser, oft auch Kleinstgewässer wie Klär- oder Löschteiche. Außerhalb der Brutzeit auch auf vegetationsfreien Gewässern, auf Flüssen und küstennah auf dem Meer.

Nahrung: Hauptsächlich Insekten und deren Larven, ferner kleine Weich- und Krebstiere, Kaulquappen und kleine Fischchen.

Brutbiologie: nach 1 Jahr geschlechtsreif, monogam • Beide Partner bauen am Nest, dies zumeist freischwimmend oder auf untergetauchten oder schwimmenden Ästen • meist 5–6 Eier • Brutdauer 20–21 Tage • beide brüten, füttern und führen • Junge mit 44–48 Tagen flügge • 2 (–3) Jahresbruten.

Alter: Ältester Ringvogel 17 Jahre, 5 Monate. Generationslänge 4 Jahre.

Gefährdung: Bedroht durch Verlust von Kleingewässern und deren Nutzungsintensivierung, auch Störungen durch Angler und Freizeitnutzung.

Besonderes: Kleinster eurasischer Taucher.

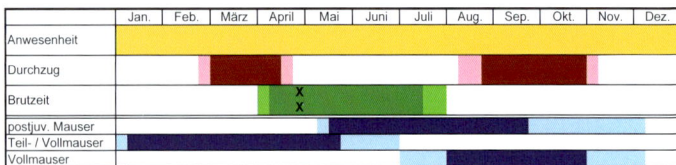

	Jan.	Feb.	März	April	Mai	Juni	Juli	Aug.	Sep.	Okt.	Nov.	Dez.
Anwesenheit												
Durchzug												
Brutzeit			x x									
postjuv. Mauser												
Teil- / Vollmauser												
Vollmauser												

Bindentaucher (→ 92)

Podilymbus [podiceps] podiceps (Linnaeus 1758)

Taxonomie: Familie Lappentaucher – Podicepididae. Bildet mit dem ausgestorbenen Atitlantaucher *P. gigas* eine Superspezies. Drei Unterarten.

Größe, Gewicht: Körperlänge 30–38 cm, Flügelspannweite 56–64 cm, Flügellänge ♂ 12,4–13,5 cm, ♀ 11,5–12,6 cm; 229–458 g.

Erkennungshinweise: Geschlechter gleich. Größe wie Schwarzhalstaucher, jedoch mit großem, klobigem Schnabel. Im Prachtkleid graubraun mit schwarzem Kinn und auffallender schwarzer Schnabelbinde. Schlichtkleid ähnlich Zwergtaucher, der Schnabel gelblich ohne Binde.

Stimme: Außerhalb des Brutgebiets schweigsam.

Brutareal: Amerika von Südkanada bis in den Süden Südamerikas.

Vorkommen in Mitteleuropa: Ausnahmegast.

Lebensraum: Seichte stehende und fließende Binnengewässer.

Nahrung: Wasserlebende Wirbellose, auch Amphibien und kleine Fische.

Gefährdung: Keine Gefährdung zu erkennen, in nordamerikanischen Brutgebieten lokal Abnahmen.

Besonderes: Verteidigt Brutrevier aggressiv gegen Artgenossen und andere Wasservögel; nach Vertreiben eines Eindringlings wird eine Art Siegestanz aufgeführt, bei dem sich das Vogelpaar im Wasser aufrichtet, ansieht, dreht und wendet. Das stärkt auch den Paarzusammenhalt.

Rothalstaucher (→ 93)

Podiceps grisegena (Boddaert 1783)

Taxonomie: Familie Lappentaucher – Podicipedidae. Zwei Unterarten, in Europa *P. g. grisegena*.

Größe, Gewicht: Körperlänge 40–50 cm, Flügelspannweite 77–85 cm, Flügellänge ♂ 16,4–19,3 cm, ♀ 15,3–18,2 cm; ♂ 806–925 g, ♀ 692–873 g.

Erkennungshinweise: Geschlechter gleich. Kleiner als Haubentaucher und im Prachtkleid durch rostroten Hals unverwechselbar. Im Schlichtkleid mit grauem Halsband und gelber Schnabelbasis. Im Jugendkleid bis in den Dezember Vorderhals rötlich.

Stimme: Im Herbst und Winter schweigsam, während der Paarbildung Keckern in längeren Reihen und durchdringendes Wiehern.

Brutareal: Ostmitteleuropa bis Westsibirien.

Vorkommen in Mitteleuropa: Lückig verbreiteter, spärlicher Brutvo-

gel, im Nordosten regelmäßiger, im Süden und Westen sehr seltener und gelegentlicher Brutvogel; regelmäßiger Durchzügler und Wintergast, im Binnenland nur in sehr geringer Zahl.

Wanderungen: Kurzstreckenzieher, Streuungswanderungen. Wichtige Winterquartiere in der südlichen Ostsee, Nordsee und der Atlantikküste des südlichen Skandinaviens.

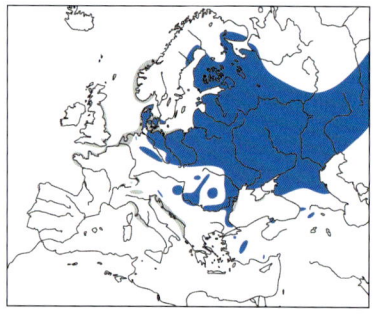

Lebensraum: Brutvogel auf kleineren und flacheren Gewässern als Haubentaucher mit großer Verlandungszone; zur Zugzeit und im Winter auch auf großen und tiefen Seen, an Fließgewässern und an Meeresküsten.

Nahrung: Fische, Wasserinsekten, Krebstiere, Frösche.

Brutbiologie: Geschlechtsreife wohl meist im 2. Lebensjahr • Nest in Vegetation versteckt oder auf offenem Wasser, meist durch Halme verankert • 3–5 Eier • Legebeginn Ende April bis Mai • Brutdauer 20–23 Tage • ♂ und ♀ brüten • ♂ und ♀ füttern • Junge Nestflüchter, werden etwa 7 Tage auf dem Rücken getragen, Familienauflösung nach 8–10 Wochen • 1 Jahresbrut; Ersatzgelege häufig.

Alter: Generationslänge 5 Jahre.

Gefährdung: Bedrohung durch intensive Fischwirtschaft.

Haubentaucher (→ 94)

Podiceps cristatus **(Linnaeus 1758)**

Taxonomie: Familie Lappentaucher – Podicipedidae. Drei Unterarten, in Europa *P. c. cristatus.*

Größe, Gewicht: Körperlänge 46–61 cm, Flügelspannweite 85–90 cm, Flügellänge ♂ 17,5–20,9 cm, ♀ 16,9–19,9 cm; ♂ 596–1490 g, ♀ 568–1380 g.

Erkennungshinweise: Geschlechter gleich. Etwa bussardgroßer Wasservogel. Im Prachtkleid durch die auffallende Federhaube unverwechselbar. Im Schlichtkleid ausgedehnt weiß an Kopf und Hals, markanter schwarzer Zügel und weißer Überaugenstreif.
Stimme: Rufe laut „gröck gröck.." oder „orr", bei der Balz auch fast trompetend „äw". Junge betteln durchdringend laut „bili bili..."

Brutareal: Von Südwesteuropa und Nordafrika bis China, auch südlich der Sahara und in Australien und Neuseeland.
Vorkommen in Mitteleuropa: Verbreiteter und häufiger Brut- und Jahresvogel, dazu häufiger Durchzügler und Wintergast.
Wanderungen: Teil- und Kurzstreckenzieher, Streuungswanderungen. Überwintert auch in Mitteleuropa, Zuzug aus Norden und Osten.
Lebensraum: Brutvogel auf stehenden größeren Gewässern mit Uferbewuchs, in neuer Zeit auch auf kleinen Gewässern und sogar Brutvorkommen auf künstlichen Seen ohne Uferbewuchs. Durchzügler auf fast allen Typen stehender Gewässer.

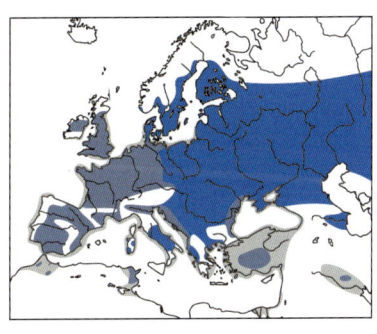

Nahrung: Hauptsächlich Fische, meist unter 20 cm Länge, daneben auch Wasserinsekten, Kaulquappen, Frösche.
Brutbiologie: Geschlechtsreife im 1. Lebensjahr, doch im 2. Kalenderjahr meist noch nicht erfolgreich brütend • Nest-Plattform aus Pflanzen am Außenrand der Verlandungszone am Boden oder an Wasserpflanzen verankert, auch schwimmend und völlig offen oder auf festem Untergrund • 2–6 Eier • Legebeginn April bis Ende Juni • Brutdauer 27–29 Tage • ♂ und ♀ brüten (?) • ♂ und ♀ füttern • Junge können ab 1. Tag schwimmen, werden bis etwa 20 Tage in Flügeltaschen oder auf dem Rücken der Altvögel geführt, 10–11 Wochen von den Eltern abhängig • 1 Jahresbrut; Ersatzgelege.

Alter: Ältester Ringvogel 14 Jahre, 6 Monate. Generationslänge 5 Jahre.
Gefährdung: Bedrohung durch Mangel an geeigneten Brutplätzen durch Erholungsbetrieb an den Gewässern und Verlust der Ufervegetation.
Besonderes: Einmaliges Balzverhalten mit verschiedenen Posen und Zeremonien. Kleine Junge werden sogar beim Tauchen im Rückengefieder mitgenommen, erscheinen jedoch nach kurzer Zeit wie Flaschenkorken an der Wasseroberfläche.

	Jan.	Feb.	März	April	Mai	Juni	Juli	Aug.	Sep.	Okt.	Nov.	Dez.
Anwesenheit												
Durchzug												
Brutzeit				x	x							
postjuv. Mauser												
Teil- / Vollmauser												
Vollmauser												

Ohrentaucher (→ 95)

Podiceps auritus (Linnaeus 1758)

PK

SK

Taxonomie: Familie Lappentaucher – Podicipedidae. Keine Unterarten.

Größe, Gewicht: Körperlänge 31–38 cm, Flügelspannweite 59–65 cm, Flügellänge ♂ 13,2–15,9 cm, ♀ 13,1–15,3 cm; 300–470 g.

Erkennungshinweise: Geschlechter gleich. Im Prachtkleid unverwechselbar. Im Schlichtkleid dem Schwarzhalstaucher sehr ähnlich. Der gerade Schnabel mit heller Spitze und die weißen Kopfseiten sind eindeutige Merkmale des Ohrentauchers.

Stimme: Außerhalb der Brutzeit schweigsam. Am Brutplatz laute nasale Rufe wir „jaorrr...", Duetttrillern ähnlich Zwergtaucher.

Brutareal: Von Nordeuropa bis Kamtschatka und Alaska bis Neufundland.

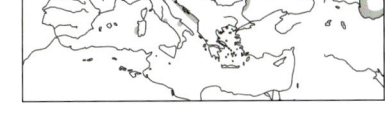

Vorkommen in Mitteleuropa: Unregelmäßiger lokaler Brutvogel im Norden, jährlicher Durchzügler und Wintergast an der Küste, einzeln auch im Binnenland.

Wanderungen: Kurzstreckenzieher, Winterquartier Atlantikküste bis Nordmittelmeer und Schwarzes Meer.

Lebensraum: Nährstoffreiche Seen und Teiche, brütet manchmal in kleinen Kolonien und ist an Lachmöwe gebunden. Zur Zugzeit an Küsten und auf großen Binnenseen.

Nahrung: Insekten und deren Larven, Krebstiere und kleine Fische.

Brutbiologie: Geschlechtsreife im 2. Lebensjahr • Nest auf fester Unterlage, aber auch frei schwimmend aus faulenden Pflanzen oder grünen Blättern. • 3–6 Eier • Legebeginn Mai/Juni • Brutdauer 22–25 Tage • ♂ und ♀ brüten. • ♂ und ♀ führen. • Junge sind Nestflüchter, oft schon mit 45 Tagen unabhängig, mit 55–60 Tagen flügge. • 1 Jahresbrut; Ersatzgelege.

Alter: Generationslänge 5 Jahre.

Schutzstatus und Gefährdung: Nach der EU-Vogelschutzrichtlinie besonders geschützte Art (Anhang I), in Europa mit ungünstigem Erhaltungsstatus (SPEC 3); Gefährdet durch intensive Fischwirtschaft, Versauerung von Gewässern in Nordeuropa und Störungen am Nest.

Schwarzhalstaucher (→96)

Podiceps [nigricollis] nigricollis C. L. Brehm 1831

Taxonomie: Familie Lappentaucher – Podicipedidae. Bildet Superspezies mit *P. andinus*, Südamerika. 3 Unterarten, *P. n. nigricollis* in Europa.

Größe, Gewicht: Körperlänge 28–34 cm, Flügelspannweite 55–60 cm, Flügellänge ♂ 12,7–14,4 cm, ♀ 12,3–14,1 cm; ♂ 265–450 g, ♀ 213–298 g.

Erkennungshinweise: Geschlechter gleich. Im Prachtkleid durch schwarzen Hals und gelbe Ohrbüschel unverkennbar. Im Schlichtkleid sehr ähnlich dem wesentlich selteneren Ohrentaucher, Kopfmuster weniger kontrastreich und Schnabel aufgeworfen und nie mit heller Spitze.

Stimme: Ansteigend „huit".

Brutareal: Lückenhaft von Westeuropa bis Mittelasien, Ostasien, Ost- und Südafrika, Nordamerika.

Vorkommen in Mitteleuropa: Lückig verbreiteter, spärlicher Brutvogel vor allem im Osten und Süden, Durchzügler, im Winter nicht häufig.

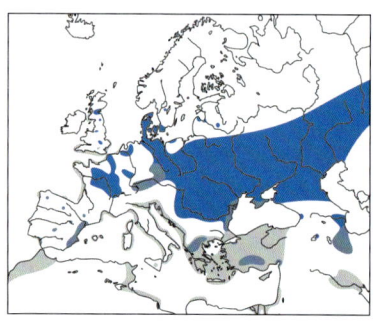

Wanderungen: Kurzstreckenzieher, Teilzieher. Winterquartiere sind Küsten Westeuropas, das Mittelmeergebiet, Nordafrika und Vorderasien.

Lebensraum: Eutrophe Seen und Teiche mit viel Randvegetation. Brutplätze haben starke Bindung an Lachmöwenkolonien; im Winter auch auf größeren offenen Wasserflächen.

Nahrung: Insekten und deren Larven, Mollusken, wenig kleine Fische.

Brutbiologie: Geschlechtsreife im 1. Lebensjahr • Nest aus Pflanzenmaterial schwimmend oder auf Bülten im oder am Ufer hart am Wasser • 3–4 Eier • Legebeginn Anfang Mai bis Juni • Brutdauer 20–22 Tage • ♂ und ♀ brüten • ♂ und ♀ führen • Junge nach etwa 30 Tagen selbstständig • 1 (–2) Jahresbruten; Ersatzgelege.

Alter: Ältester Ringvogel 12 Jahre. Generationslänge 5 Jahre.

Besonderes: Großräumige Veränderungen in der Verbreitung und Brutplatzwechsel führen zu lokal starken Fluktuationen. Am Brutplatz stark vom Schutz durch Lachmöwenkolonien abhängig.

Schutzstatus und Gefährdung: Gefährdet durch Störungen am Brutplatz durch Freizeitnutzung sowie Umgestaltung von Flachwasser- und Uferbereichen.

	Jan.	Feb.	März	April	Mai	Juni	Juli	Aug.	Sep.	Okt.	Nov.	Dez.
Anwesenheit												
Durchzug								x				
Brutzeit				x								
postjuv. Mauser												
Teil- / Vollmauser												
Vollmauser												

Rosaflamingo (→98)

Phoenicopterus [ruber] roseus Pallas 1811

Taxonomie: Familie Flamingos
– Phoenicopteridae. Bildet mit
Kubaflamingo *P. ruber* und Chileflamingo *P. chilensis* eine Superspezies. Keine Unterarten.

Größe, Gewicht: Körperlänge
120–145 cm, Flügelspannweite 140–165 cm, Flügellänge ♂
40,4–46,4 cm, ♀ 36–39,6 cm;
2100–4100 g.

Erkennungshinweise: Geschlechter gleich. Durch Größe, Farbe und Figur mit auffallendem Schnabel nahezu
unverwechselbar. Im Jugendkleid schmutzig graubraun. Der

ad.

ähnliche Chileflamingo dagegen mit grauen Beinen und roten Gelenken.

Stimme: Gänseähnliche, zweisilbige Flugrufe und schnatternde Rufe bei
der Nahrungssuche.

Brutareal: Kolonien in Südwesteuropa, Nordafrika, Afrika südlich der
Sahara, Vorder- und Innnerasien, Pakistan.

Vorkommen in Mitteleuropa: Ausnahmegast, die meisten Feststellungen Gefangenschaftsflüchtlinge, auf die auch der einzigen Brutplatz von
Flamingos in Deutschland (einzelne Rosa-, Chile- und Kubaflamingos) in

Nordrhein-Westfalen zurück-
gehen dürfte. Seltene Einflüge
aus dem Mittelmeergebiet ins
südliche Mitteleuropa.

Wanderungen: Zieher, Teil-
zieher, Zerstreuungswande-
rungen. Überwinterung im
Mittelmeergebiet. Deutsche
Brutvögel überwintern in den
Niederlanden.

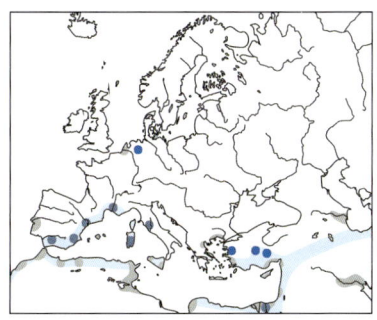

Lebensraum: Flachwasser an
Küsten, Brackwasserlagunen,
salzige Binnenseen.

Nahrung: Kleine Krebstiere, Insektenlarven, Würmer, Algen.

Alter: Ältester Ringvogel über 26 Jahre, 6 Monate. Generationslänge 16
Jahre.

Gefährdung: Nach der EU-Vogelschutzrichtlinie besonders geschützte Art (Anhang I), in Europa mit ungünstigem Erhaltungsstatus (SPEC 3). Bedrohung durch Konzentration des Brutbestands auf wenige Kolonien.
Besonderes: Bei der Nahrungssuche oft Trippeln auf einer Stelle, um Kleintiere aufzuscheuchen.

Chileflamingo (→ 99)
Phoenicopterus [ruber] chilensis Molina 1782

Taxonomie: Familie Flamingos – Phoenicopteridae. Bildet Superspezies mit Rosa- *P. roseus* und Kubaflamingo *P. ruber*. Keine Unterarten.
Größe, Gewicht: Körperlänge ca. 105 cm; ca. 2300 g.
Erkennungshinweise: In der Gefiederfarbe ähnlich Rosaflamingo, jedoch deutlich kleiner. Die kräftig rot gefärbten Intertarsalgelenke und der mindestens zur Hälfte schwarze Schnabel sind eindeutige Bestimmungsmerkmale. Der Kubaflamingo ist stärker und einheitlicher rosa wie der Rosaflamingo, aber mit zur Hälfte schwarzem Schnabel wie der Chileflamingo.

Stimme: Ein gänseartiges Tröten ist manchmal zu hören.
Brutareal: Chileflamingos kommen in weiten Teilen Südamerikas vor. Die Brutgebiete in den Hochanden reichen von Peru über Uruguay bis nach Feuerland. Der Kubaflamingo stammt aus Mittelamerika und der Karibik.
Vorkommen in Mitteleuropa: Gelegentliche Gefangenschaftsflüchtlinge, einziger Brutplatz in Mitteleuropa seit 1983 im Zwillbrocker Venn, Einzelbruten von Mischpaaren auch in Bayern.
Wanderungen: Im Herkunftsgebiet Teilzieher und umherstreifend.
Lebensraum: Ästuare, Salzseen und Küstenwattgebiete bis 4500 m ü. NN. In Mitteleuropa auch flache Binnengewässer.

Nahrung: Wie bei allen Flamingoarten bilden Kleinkrebse, Insekten, Mollus-ken und Algen die Nahrung, die aus dem Wasser herausgefiltert wird.
Brutbiologie: Brütet in Kolonien bis zu 6000 Vögeln • Nest ein getrock-neter Schlammkegel mit flacher Mulde • 1 Ei • Brutdauer 27–31 Tage • Junges mit ca. 70 Tagen flügge.
Gefährdung: Nicht weltweit gefährdet.
Besonderes: In Gefangenschaft wird häufig Paprikapulver unter das Futter gemischt um die arttypische Färbung zu erhalten. In Mittel-europa kommt es häufig zu Mischbruten mit Rosa- und Kubaflamingo, die ebenfalls aus Gefangenschaft stammen. Auch Zwergflamingos werden vereinzelt nachgewiesen.

Sterntaucher (→ 101)

Gavia stellata (Pontoppidan 1763)

Taxonomie: Familie Seetau-cher – Gaviidae. Keine Unter-arten.
Größe, Gewicht: Körperlänge 53–69 cm, Flügelspannwei-te 106–116 cm, Flügellänge ♂ 26,5–31 cm, ♀ 25,7–30,8 cm; ♂ 1170–1900 g, ♀ 988–1613 g.
Erkennungshinweise: Ge-schlechter gleich. Kleinster Seetaucher und am ehesten mit dem Prachttaucher zu verwechseln, besonders im

Schlichtkleid. Der Schnabel wirkt aufgeworfen und wird meist schräg aufwärts gerichtet. Im Prachtkleid durch ziegelroten Vorderhals und ein-farbige Oberseite unverkennbar.
Stimme: Gänseähnlicher, laut monotoner Flugruf. Weit tragender Du-ett-Gesang. Manche Rufe an Fuchsbellen erinnernd.
Brutareal: Zirkumpolar von Island bis ins arktische Nordamerika.
Vorkommen in Mitteleuropa: Regelmäßiger Durchzügler und Winter-gast an den Küsten. Seltener in allen Teilen des Binnenlands, an nur we-nigen Stellen regelmäßig.
Wanderungen: Standvogel und Teilzieher. Kurzstreckenzieher, der auf europäischen Küstengewässern überwintert. Seltener im Binnenland.
Lebensraum: Brutvogel an stehenden Gewässern von der Küste bis ins Gebirge auf zumeist kleinen und oft fischfreien Gewässern. Fliegt zum

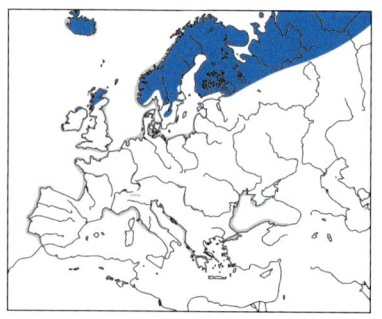

Fischen auf Gewässer bis in 8 km Entfernung. Außerhalb der Brutzeit hauptsächlich küstennah auf dem Meer. Im Binnenland auf größeren Fließ- und Stillgewässern.

Nahrung: Fische aus Salz- und Süßwasser (bis max. 25 cm), seltener Fischlaich, Frösche, Krebs- und Weichtiere, Wasserinsekten und Ringelwürmer.

Alter: Ältester Ringvogel 23 Jahre, 7 Monate. Generationslänge 7 Jahre.

Gefährdung: Nach der EU-Vogelschutzrichtlinie besonders geschützte Art (Anhang I), in Europa mit ungünstigem Erhaltungsstatus (SPEC 3). Gefährdung durch Gewässerversauerung oder -eutrophierung, Störungen am Brutplatz und Meeresverschmutzung.

Besonderes: Sterntaucher werfen während der Vollmauser wie alle Seetaucher alle Schwungfedern gleichzeitig ab und sind dann 2–3 Wochen flugunfähig.

	Jan.	Feb.	März	April	Mai	Juni	Juli	Aug.	Sep.	Okt.	Nov.	Dez.
Anwesenheit												
Durchzug												
Brutzeit						X						
postjuv. Mauser												
Teil- / Vollmauser												
Vollmauser												

Prachttaucher (→102)

Gavia [arctica] arctica (Linnaeus 1758)

ad. SK

Taxonomie: Familie Seetaucher – Gaviidae. Bildet Superspezies mit dem Pazifiktaucher *G. pacifica*. 2 Unterarten, in Europa *G. a. arctica*.

Größe, Gewicht: Körperlänge 58–73 cm, Flügelspannweite 110–130 cm, Flügellänge ♂ 29,4–34,3 cm, ♀ 28,2–33,7 cm; ♂ 1316–3400 g, ♀ 1688–2471 g.

Erkennungshinweise: Geschlechter gleich. Im Prachtkleid durch schwarzweißes Gefieder unverwechselbar. Im Schlichtkleid ähnlich Eistaucher, jedoch immer mit weißem Fleck auf den hinteren Flanken, deutlich schwächerem Schnabel und rundem Kopfprofil.

Stimme: Zur Brutzeit bellende Rufe; tiefer als Sterntaucher, wie „waua" und ansteigendes Jammern, Flugruf gänseartig „gagaga" oder „gewok". Wenig ruffreudig außerhalb der Brutzeit.

Brutareal: Von Nordwesteuropa bis Nordostsibirien und Nordwestalaska. In Europa südlich bis Schottland, Südnorwegen und Baltikum.

Vorkommen in Mitteleuropa:
Regelmäßiger Durchzügler und Wintergast, im Binnenland meist in kleiner Zahl. Übersommerer auf der Ostsee, aber mitunter auch im Binnenland.

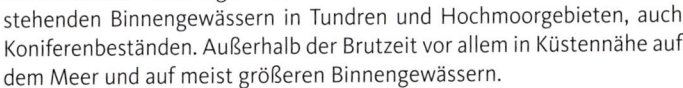

Wanderungen: Zugvogel und Teilzieher, wichtigste Winterquartiere sind Küsten von Ostsee bis Biskaya und Nordmittelmeer.

Lebensraum: Brutvogel an stehenden Binnengewässern in Tundren und Hochmoorgebieten, auch Koniferenbeständen. Außerhalb der Brutzeit vor allem in Küstennähe auf dem Meer und auf meist größeren Binnengewässern.

Nahrung: Fische, Krebstiere, Mollusken.

Alter: Älteste Ringvögel mind. 28 Jahre. Generationslänge 7 Jahre.

Gefährdung: Nach der EU-Vogelschutzrichtlinie besonders geschützte Art (Anhang I), in Europa mit ungünstigem Erhaltungsstatus (SPEC 3). Gefährdung durch direkte Verfolgung und Ertrinken in Fischernetzen sowie geringen Bruterfolg aufgrund von Habitatverschlechterungen (Gewässerversauerung und wasserbauliche Maßnahmen).

Pazifiktaucher (→102A)

Gavia [arctica] pacifica (Lawrence 1858)

Taxonomie: Familie Seetaucher – Gaviidae. Bildet Superspezies mit Prachttaucher *G. arctica*. Keine Unterarten.

Größe, Gewicht: Körperlänge 63–66 cm, Flügelspannweite 91–112 cm; ca. 1700 g.

Erkennungshinweise: Geschlechter gleich. Sehr ähnlich Prachttaucher, jedoch etwas kleiner und mit rundem Kopf. Im Prachtkleid schwarze Kehle, weiße Halsstreifen weniger deutlich, grauer Nacken geringfügig heller und Rückenflecken kleiner als bei diesem. Im Schlichtkleid hat der Pazifiktaucher einen dunkleren Rücken. Jungvögel mit scharfen Kont-

rast und gerader Grenzlinie im Nacken. Kein weißer Flankenfleck.

Stimme: Gewöhnlich nur am Brutplatz zu hören. Trauriges, hohes, stringentes gejodeltes „ooaLEE-kow, ooaLEE kow, oo-aLEE-kow".

Brutareal: Alaska ostwärts bis zur Baffininsel und südlich bis nach Britisch Kolumbien, Manitoba und Ontario. In Nordostasien von der Jana nach Osten bis zum Nordteil der Tschuktschen-Halbinsel, dem Anadyrgebiet bis zu den Chaturka-Niederungen und bis in den Norden des Korjakengebirges.

Vorkommen in Mitteleuropa: Extrem seltener Ausnahmegast, ein rezenter Nachweis in der Schweiz.

Wanderungen: Zugvogel, der an der Pazifikküste oder an großen eisfreien Seen überwintert.

Lebensraum: Tiefe Seen in der Tundra.

Nahrung: Reiner Fischjäger.

Brutbiologie: Ähnlich Prachttaucher.

Gefährdung: Nicht weltweit gefährdet.

Besonderes: Anders als andere Seetaucher zieht der Pazifiktaucher in großen Trupps.

Eistaucher (→103)

Gavia [immer] immer (Brünnich 1764)

Taxonomie: Familie Seetaucher – Gaviidae. Bildet Superspezies mit Gelbschnabeltaucher *G. adamsii*. Keine Unterarten.

Größe, Gewicht: Körperlänge 69–91 cm, Flügelspannweite 127–147 cm, Flügellänge 33,1–40 cm; 2780–4480 g.

Erkennungshinweise: Geschlechter gleich. Sehr großer

Taucher, der im Prachtkleid nicht zu verwechseln ist. Im Schlichtkleid vor allem durch den schwärzlichen Halbring am Unterhals, den waagrecht gehaltenen Schnabel und den flachen Kopf zu bestimmen. Nie mit weißem Fleck an der hinteren Flanke wie Prachttaucher.

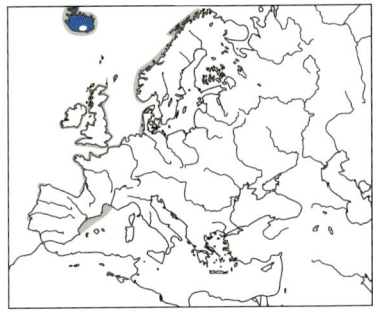

Stimme: Im Winter meist schweigsam, Flugrufe „gek" oder „quak quak...". Am Brutplatz lachende oder klagende Rufe.

Brutareal: Nördliches Nordamerika, Grönland, Island.

Vorkommen in Mitteleuropa: Seltener bis spärlicher Durchzügler und Wintergast an der Küste, im Binnenland einzeln und meist unregelmäßig.

Wanderungen: Teilzieher, Winterquartier im Nordatlantik, selten im Binnenland.

Lebensraum: Brutvogel an großen und tiefen Süßwasserseen, Durchzügler und Wintergäste meist in Küstennähe auf dem Meer.

Nahrung: Fische, Amphibien, Mollusken, Krebstiere.

Alter: Ältester Ringvogel 7 Jahre, 10 Monate. Generationslänge 7 Jahre.

Gefährdung: Nach der EU-Vogelschutzrichtlinie besonders zu schützende Art (Anhang I). Nicht global gefährdet.

Besonderes: Eistaucher sind im Winter oft sehr standorttreu.

Gelbschnabeltaucher (→ 104)

Gavia [immer] adamsii (G. R. Gray 1859)

Taxonomie: Familie Seetaucher – Gaviidae. Bildet mit dem Eistaucher *G. immer* eine Superspezies. Keine Unterarten.

Größe, Gewicht: Körperlänge 76–91 cm, Flügelspannweite 137–152 cm, Flügellänge 37,6–40,2 cm; 5000–5800 g.

Erkennungshinweise: Geschlechter gleich. Vor allem Prachtkleid dem Eistaucher sehr ähnlich, jedoch durch den gelblichen Schnabel gut zu unterscheiden. Im Schlichtkleid zusätzlich durch die braunere Oberseite und den helleren Hals gut von diesem zu unterscheiden.

Stimme: Flugruf gänseartig, am Brutplatz siehe Eistaucher.

Brutareal: Arktische Küstengebiete Russlands und Nordamerikas; in Europa kein sicherer Brutplatz bekannt.

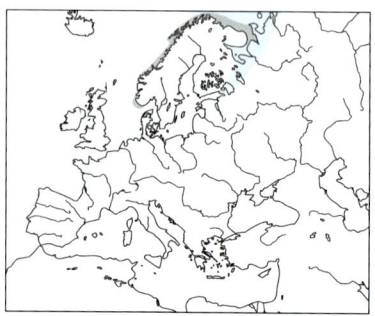

Vorkommen in Mitteleuropa: Sehr seltener, unregelmäßiger Durchzügler und Wintergast an den Küsten und im Binnenland.

Wanderungen: Zugvogel, Hauptwinterquartier Küstengewässer Nordamerikas und Pazifikküste Asiens, auch Atlantikküste vor Norwegen.

Lebensraum: Brutvogel an Binnengewässern der Tundra

Nahrung: Fische, Amphibien, Mollusken, Krebstiere.

Alter: Generationslänge 7 Jahre.

Gefährdung: Gefährdung weitgehend unbekannt.

Besonderes: Die hocharktischen Gelbschnabeltaucher werden immer häufiger im Binnenland angetroffen, wo sie wie der Eistaucher dann wochenlang auf den Gewässern ausharren.

Buntfuß-Sturmschwalbe (→105)

Oceanites oceanicus (Kuhl 1820)

Taxonomie: Familie Südsturmschwalben – Oceanitidae. Zwei Unterarten.

Größe, Gewicht: Körperlänge 15–19 cm, Flügelspannweite 38–42 cm, Flügellänge 13,3–15 cm; 34–45 g.

Erkennungshinweise: Geschlechter gleich. Ähnlich Sturmschwalbe, aber kein weiß auf den Unterflügeln, dafür mit hellem Band auf den Armdecken. Beine überragen etwas den Schwanz.

Stimme: Auf See meist stumm, am Brutplatz zwitschernde und schrille Rufe.
Brutareal: Antarktis auf Inseln und an der Küste in großen Beständen.
Vorkommen in Mitteleuropa: Ausnahmegast.
Wanderungen: Zugvogel, am Brutplatz von Nov. bis Apr., außerhalb der Brutzeit nördlicher im Atlantik.
Lebensraum: Planktonreiche, kalte Meere.
Nahrung: Krill und andere kleine Krebstiere, auch Abfälle und kleine Fische.
Gefährdung: Keine Gefährdung zu erkennen, eine der weltweit häufigsten Seevogelarten mit mehreren Millionen Brutpaaren.
Besonderes: Eine der wenigen Arten, die regelmäßig von der Antarktis in den Nordatlantik zieht.

Weißgesicht-Sturmschwalbe (→ 106)
Pelagodroma marina (Latham 1790)

Taxonomie: Familie Sturmschwalben – Hydrobatidae. 6 Unterarten.
Größe, Gewicht: Körperlänge 20–21 cm, Flügelspannweite 41–43 cm, Flügellänge 15,3–17,1 cm; 42–60 g.
Erkennungshinweise: Geschlechter gleich. Aufgrund der Gefiederzeichnung leicht von anderen Sturmschwalbenarten zu unterscheiden. Körperunterseite weiß, ebenso die Unterflügeldecken. Kopfseiten ebenfalls weiß mit graubrau-

ner Augenmaske. Graue Halsbänder reichen bis auf die Brust herab. Lange Flügel, die in der Mitte am breitesten sind. Auffallend lange Beine und schwarz Füße mit gelben Schwimmhäuten.
Stimme: in den Bruthöhlen dumpf und gereiht „ko-koo-koo" mit eingefügtem, kreischend klingendem „kiih".
Brutareal: Hauptvorkommen auf Inseln vor Neuseeland und Australien, Südatlantik und Indischer Ozean. Ebenfalls Brutvogel auf den Selvagen und Kapverden und sehr seltener Brutvogel auf den Kanaren.
Vorkommen in Mitteleuropa: Extrem seltene Ausnahmeerscheinung. Nur ein anerkannter Nachweis in den Niederlanden.

Wanderungen: Verhalten der nordatlantischen Populationen weitgehend unbekannt. Außerhalb der Brutzeit wahrscheinlich umherstreifend.
Lebensraum: In der Westpaläarktis in tiefen und warmen Meeresbereichen, Brutplätze auf Inseln mit ausreichender, grabbarer Erdschicht.
Nahrung: Krebstierchen im Meeresplankton.
Brutbiologie: Geschlechtsreife nach mindestens 3 Jahren • Nest in Bodenhöhlen in Kolonien • 1 Ei • Brutdauer 50–56 Tage • Junge mit 52–67 Tagen flügge • 1 Jahresbrut.
Alter: Generationslänge 16 Jahre.
Gefährdung: Nicht weltweit gefährdet.
Besonderes: Die Fregattenseeschwalbe, wie sie veraltet auch genannt wird, ist kein Schiffsfolger.

Sturmschwalbe (→ 107)

Hydrobates pelagicus (Linnaeus 1758)

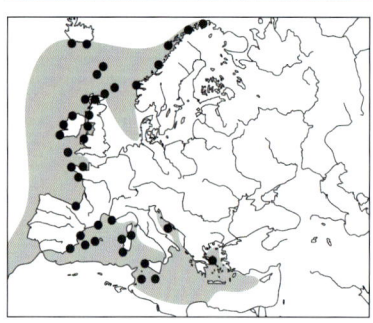

Taxonomie: Familie Sturmschwalben – Hydrobatidae. Zwei Unterarten, *H. p. pelagicus* im Atlantik, *H. p. melitensis* im Mittelmeer.
Größe, Gewicht: Körperlänge 14–18 cm, Flügelspannweite 36–39 cm, Flügellänge 11,6–12,7 cm; 23–30 g.
Erkennungshinweise: Geschlechter gleich. Erinnert durch die Färbung der Oberseite an eine kleine Mehlschwalbe. Im Jugendkleid eine breite weiße Binde auf dem Unterflügel.
Stimme: Nur am Brutplatz zu hören. Ein schnurrender Ton mit regelmäßigen, grunzenden Tönen ist nachts aus den Bruthöhlen zu hören.
Brutareal: Küsten und Inseln des Mittelmeeres von der Adria nach Westen bis in den Nordatlantik. Eventuell auch an der Küste Nordafrikas.

Vorkommen in Mitteleuropa: Fast regelmäßig an der Nordseeküste, seltener Ostsee. Im Binnenland seltener Ausnahmegast mit Nachweisen in vielen Landesteilen.

Wanderungen: Zugvogel, Streuungswanderungen. Winterquartier auf offener See von Island und Nordnorwegen und Westküste Europas und Afrikas bis Südafrika.

Lebensraum: Außerhalb der Brutzeit auf dem offenen Meer, Brutplätze auf entlegenen Inseln.

Nahrung: Kopffüßer, Krebstiere, Quallen, kleine Fische, auf dem Wasser treibende Rückstände und Abfälle.

Alter: Ältester Ringvogel mindestens 33 Jahre, 9 Monate. Generationslänge 14 Jahre.

Gefährdung: Nach der EU-Vogelschutzrichtlinie besonders geschützte Art (Anhang I), auf Europa konzentriert (SPEC E). Gefährdet durch Meeresverschmutzung und zunehmende Prädation durch Möwen.

Besonderes: Sturmschwalben treten nur nach Stürmen an den deutschen Küsten auf und können durch Orkane sogar bis in die Alpen verblasen werden.

Madeirawellenläufer (→108)

Oceanodroma castro (Harcourt 1851)

Taxonomie: Familie Sturmschwalben – Hydrobatidae. Taxonomie der Unterarten unklar, eine neue Art, der Azorenwellenläufer *O. monteiroi* wurde jüngst aus dem Komplex abgetrennt.

Größe, Gewicht: Körperlänge 19–21 cm, Flügelspannweite 44–46 cm, Flügellänge ♂ 14,2–15,4 cm, ♀ 14,9–16,1 cm; 29–56 g.

Erkennungshinweise: Geschlechter gleich. Sehr ähnlich anderen Arten und besonders vom Wellenläufer zu unterscheiden. Flügelband oberseits undeutlich, Schwanz meist nur leicht gegabelt oder gerade. Weißer Bürzelfleck breiter als lang und weit auf die Seiten herab reichend.

Stimme: Nachts aus den Bruthöhlen quietschend „tjiwih" oder gurrende´ „krrrrr".

Brutareal: Inseln im östlichen Nordatlantik von den Azoren bis St. Helena und Ascension, sowie im Pazifik östl. Japan, Hawai und Galapagos.
Vorkommen in Mitteleuropa: Extreme Ausnahmeerscheinung, ein gesicherter Nachweis eines orkanverdrifteten Vogels aus der Schweiz.
Wanderungen: Kaum bekannt, wohl teilweise im Brutgebiet bleibend, aber auch weite Wanderungen, z. B. an die Ostküste Nordamerikas.
Lebensraum: Ganzjährig in warmen Freiwasserzonen der Ozeane.
Nahrung: Fisch, ölige Abfälle und vor allem kleine Krebstiere, die von der Oberfläche abgesammelt werden.
Brutbiologie: Brüten in Kolonien • Nest in Felsspalten oder Bodenhöhlen • 1 Ei • Brutdauer ca. 42 Tage • beide Partner brüten mit jeweiliger Brutdauer von 4–7 Tagen • Junge mit 64–73 Tagen flügge • 1 Jahresbrut.
Alter: Generationslänge 16 Jahre.
Gefährdung: Weltweit nicht gefährdet.
Besonderes: Der Madeirawellenläufer ist kein regelmäßiger Schiffsfolger. Auf den Kanaren und Kapverden wechseln sich winter- und sommerbrütende Populationen in den Brutkolonien ab, die sich auch stimmlich unterscheiden. Ihr taxonomischer Status ist noch unklar.

Wellenläufer (→109)

Oceanodroma leucorhoa (Vieillot 1818)

Taxonomie: Familie Sturmschwalben – Hydrobatidae. Vier Unterarten, in Europa die Nominatform.
Größe, Gewicht: Körperlänge 19–22 cm, Flügelspannweite 45–48 cm, Flügellänge 14,8–16,6 cm; 40–50 g.
Erkennungshinweise: Geschlechter gleich. Wird öfters mit der Sturmschwalbe verwechselt, ist jedoch etwas größer und hat einen gegabelten Schwanz. Kennzeichnend sind oberseits ein helles Flügelband und die dunklen Unterflügel.
Stimme: Nachts am Brutplatz zwei verschiedene Ruftypen: ein in der Tonhöhe ansteigendes „r-r-r-unnui-tschurr" und eine Reihe von Stakkato-Elementen, die in einem Triller enden.

Brutareal: Inseln des Nordpa-
ziks und der Küste Alaskas so-
wie Küsten Nordost-Amerikas.
Vorkommen in Mitteleuropa:
Seltener Gastvogel an der Nord-
seeküste, Ausnahmegast in der
Ostsee und im Binnenland.
Wanderungen: Zugvogel.
Winterquartier von Island bis
Nord-Norwegen, entlang der
Westküste Europas und Afri-
kas bis Südafrika einschließlich der vorgelagerten Meeresteile.

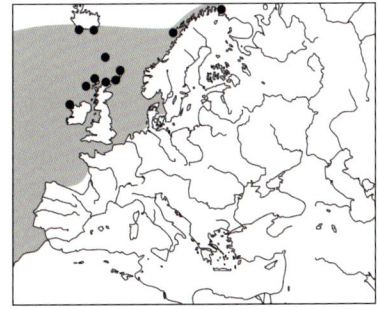

Lebensraum: Brütet auf abgelegenen, felsigen Inseln. Außerhalb der
Brutzeit auf dem offenen Meer.
Nahrung: Meerestiere wie Quallen, kleine Fische und Krebstiere, die im
Flug von der Wasseroberfläche und aus den oberen Wasserschichten ab-
geklaubt werden.
Alter: Ältester Ringvogel mindestens 22 Jahre, 10 Monate. Generations-
länge < 3,3 Jahre.
Gefährdung: Nach der EU-Vogelschutzrichtlinie besonders geschützte
Art (Anhang I), in Europa mit ungünstigem Erhaltungsstatus (SPEC 3).
Besonderes: Nur nachts an den Bruthöhlen zu hören.

Schwarzbrauenalbatros (→ 111)

Thalassarche melanophris (Temminck 1828)

Taxonomie: Familie Albatrosse – Diomedeidae. Auch in
Gattung *Diomedea* gestellt.
2 Unterarten.
Größe, Gewicht: Körperlänge
80–95 cm, Flügelspannweite
213–246 cm, Flügellänge 46,2–
54,3 cm; 3000–5000 g.
Erkennungshinweise: Riesige
Spannweite, weißer Unterflügel schwarz umrandet, Schnabel gelb mit oranger Spitze, bei
immaturem Schnabel grau und
Halsband, Unterflügel schmutzig.

Stimme: Schweigsam.
Brutareal: Zirkumpolar in den Südmeeren.
Vorkommen in Mitteleuropa: Ausnahmegast.
Wanderungen: Nordwanderungen von den Brutplätzen.
Lebensraum: Offenes Meer, Brutvogel auf hohen Meeresinseln.
Nahrung: Fische und andere Meerestiere.
Gefährdung: Gefährdet durch Hochseefischerei (hohe Verluste an Langleinen für Thunfischfang).

Eissturmvogel (→ 112)
Fulmarus [glacialis] glacialis (Linnaeus 1761)

Taxonomie: Familie Sturmvögel – Procellariidae. Bildet Superspezies mit dem Antarktik-Eissturmvogel *F. glacialoides*. Zwei Unterarten, in Europa die Nominatform.

Größe, Gewicht: Körperlänge 45–50 cm, Flügelspannweite 102–112 cm, Flügellänge ♂ 32,4–35,6 cm, ♀ 30,9–33,7 cm; ♂ 760–1000 g, ♀ 610–855 g.

Erkennungshinweise: Geschlechter gleich. Erinnert im Aussehen entfernt an kleinere Silbermöwe. Im Flug durch lange Gleitphasen, und Fehlen von schwarzen Handschwingen unverwechselbar. Dicker Hals und Kopf mit kurzem, kräftigem Schnabel. Oberseite meist mittelgrau, Unterseite weiß.

Stimme: In den Kolonien schnatternde und gackernde Rufe, abseits manchmal tiefe Laute.

Brutareal: Große Kolonien im Nordatlantik und Nordpazifik, seit über 200 Jahren Bestandszunahme in Atlantik.

Vorkommen in Mitteleuropa: Brutvogel auf Helgoland, Gastvogel in allen Monaten an der Nordseeküste, seltener in der Ostsee; im Binnenland Ausnahmegast (meist durch Stürme verschlagen).
Wanderungen: Streuungswanderungen auf der Nordhalbkugel.
Lebensraum: Hochseevogel, brütet an felsigen Inseln und Felsküsten.
Nahrung: Tintenfische, Fische, Krebstiere, Fischabfälle.
Brutbiologie: Erste Brut mit 6–12 Jahren • Ei liegt auf Felsbändern, in seichten Mulden, auch in der Vegetation • 1 Ei • Legebeginn Anfang/Mitte Mai bis Juni • Brutdauer 49–53 Tage • beide brüten • ♂ und ♀ füttern • Junge bleiben 46–51 Tage im Nest • 1 Jahresbrut.
Alter: Ältester Ringvogel mind. 43 Jahre, 10 Monate. Generationslänge 31 Jahre.
Gefährdung: Bedroht durch Überfischung (Sandaale) und Meeresverschmutzung.
Besonderes: Durch den röhrenförmigen Schnabelaufsatz wird das bei der Nahrungssuche aufgenommene Salz ausgeschieden. Eissturmvögel haben ein übelriechendes Magenöl, mit dem sie Eindringlinge am Neststandort anspucken.

	Jan.	Feb.	März	April	Mai	Juni	Juli	Aug.	Sep.	Okt.	Nov.	Dez.
Anwesenheit												
Durchzug												
Brutzeit							X					
postjuv. Mauser												
Teil- / Vollmauser												
Vollmauser												

Feasturmvogel (→ 114)

Pterodroma [feae] feae (Salvadori 1899)

Taxonomie: Familie Sturmvögel – Procellariidae. Bildet Superspezies mit Madeirasturmvogel *P. madeira*. 2 Unterarten, möglicherweise auch eigene Arten *desertae* auf den Desertas und Kapverdensturmvogel *feae* auf den Kapverden.
Größe, Gewicht: Körperlänge 33–36 cm, Flügelspannweite 84–91 cm, Flügellänge 25,5–27,2 cm; 295–355 g.

Erkennungshinweise: Geschlechter gleich. Kaum vom Kapverdensturmvogel zu unterscheiden, jedoch Stirn etwas heller und Schnabel etwas kleiner. Madeirasturmvogel zierlicher und mit durchschnittlich helleren Unterflügeln.

Stimme: Nachts heulende, klagende Rufe in der Nähe der Bruthöhle.

Brutareal: Brutvogel auf Bugio, der südlichsten Insel der Desertas, sowie den Kapverdischen Inseln. Madeirasturmvogel nur auf der Hauptinsel Madeiras.

Vorkommen in Mitteleuropa: Extrem seltene Ausnahmeerscheinung, Nachweis nur der Superspezies zuzuordnen.

Wanderungen: Zerstreuungswanderungen in tropischen und subtropischen Gewässern im Atlantik.

Lebensraum: Pelagische Lebensweise.

Nahrung: Krebstiere, kleine Tintenfische und Fisch.

Brutbiologie: Brütet in Kolonien • Nest in Felsspalten oder Bodenhöhlen • 1 Ei • 1 Jahresbrut.

Gefährdung: Sehr selten und weltweit gefährdet. Der Madeirasturmvogel zählt zu den seltensten Arten der Welt, nur intensive Schutzbemühungen konnten ihn vorerst vor dem Aussterben retten.

Bulwersturmvogel (→116)

Bulweria bulwerii (Jardine & Selby 1828)

Taxonomie: Familie Sturmvögel – Procellariidae. Keine Unterarten.

Größe, Gewicht: Körperlänge 26–26 cm, Flügelspannweite 68–73 cm, Flügellänge 19,1–20,9 cm; 78–130 g.

Erkennungshinweise: Geschlechter gleich. Kleinere Sturmvogelart mit dunklem graubraunem Gefieder, das oberseits nur durch helles Armflügelband aufgehellt wird. Flügel und Schwanz lang und schmal.

Stimme: Nur aus den Bruthöhlen ist ein heiser dumpf klingendes „hroo hroo hroo" zu hören, das entfernt an eine Dampflok erinnert.

Brutareal: Brutvogel auf Inseln in den tropischen und subtropischen Ozeanen. In der Westpaläarktis auf den Azoren, Madeira, Kanaren und Kapverden.

Vorkommen in Mitteleuropa: Mögliche Ausnahmeerscheinung, bisherige Feststellungen nicht anerkannt.

Wanderungen: Außerhalb der Brutzeit umherziehend.

Lebensraum: Wärmere Regionen des Atlantiks.

Nahrung: Frisst nahezu ausschließlich nachts Zooplankton wie Fischrogen, Kammquallen und Vielborster.

Brutbiologie: Brütet in Kolonien • Nest in Felsspalten oder Bodenhöhlen • 1 Ei • Brutdauer ca. 44 Tage • beide Partner brüten mit jeweiliger Brutdauer von ca. 8–14 Tagen • Junge mit ca. 62 Tagen flügge • 1 Jahresbrut.

Alter: Generationslänge 24 Jahre.

Gefährdung: Nicht weltweit gefährdet.

Besonderes: Brutplätze wegen der Konkurrenz mit dem Sepiasturmtaucher meist mit sehr engem Eingang.

Großer Sturmtaucher (→ 117)

Puffinus gravis (O'Reilly 1818)

Taxonomie: Familie Sturmvögel – Procellariidae. Keine Unterarten.

Größe, Gewicht: Körperlänge 43–51 cm, Flügelspannweite 100–118 cm, Flügellänge ♂ 31,8–34,8 cm, ♀ 30,1–33,4 cm; 715–950 g.

Erkennungshinweise: Geschlechter gleich. Durch dunkle Kappe, weißes Halsband, dunklen Halsseitenfleck und weiße, scharf begrenzte Oberschwanzdecken auch auf große Entfernungen gut zu erkennen.

Stimme: Auf See meist schweigsam.

Brutareal: Brutvogel der Tristan da Cunha-Gruppe und der Gough-Insel im Südatlantik.
Vorkommen in Mitteleuropa: Ausnahmegast an der Nordseeküste.
Wanderungen: Zugvogel, im Sommerhalbjahr großenteils im Atlantik nördlich des Äquators.
Lebensraum: Offenes Meer, weniger häufig in Küstennähe als Dunkler Sturmtaucher.
Nahrung: Tintenfische, Fische, Fischabfälle.
Alter: Ältester Ringvogel 5 Jahre, 8 Monate.
Gefährdung: Nicht gefährdet.
Besonderes: Zieht von den Brutinseln im Südatlantik im Uhrzeigersinn einmal um den Nordatlantik.

Dunkler Sturmtaucher (→ 118)

Puffinus griseus (J. F. Gmelin 1789)

Taxonomie: Familie Sturmvögel – Procellariidae. Keine Unterarten.
Größe, Gewicht: Körperlänge 40–51 cm, Flügelspannweite 94–109 cm, Flügellänge 28,3–32,3 cm; ♂ 650–978 g.

Erkennungshinweise: Mittelgroße Art mit spitzen und langen Flügeln und braunem Gefieder, nur bei gutem Licht ist auf der Flügelunterseite ein helles Längsband zu erkennen. Verwechslung mit dunklen Raubmöwen am ehesten möglich.
Stimme: Außerhalb der Brutplätze schweigsam.
Brutareal: Brutvogel der Südhalbkugel im Südatlantik und Südpazifik.
Vorkommen in Mitteleuropa: Regelmäßiger seltener Gastvogel an der Nordseeküste, vor allem im Herbst, in der Ostsee und im Binnenland Ausnahmegast.
Wanderungen: Zugvogel, der über den Äquator in den Nordatlantik wandert. Von Oktober bis April an den Brutplätzen der Südhalbkugel.
Lebensraum: Kalte Meere.
Nahrung: Tintenfische, Krebstiere, Fische, Abfälle.
Alter: Älteste Ringvögel 10 und über 8 Jahre.

Gefährdung: Globale Brutvorkommen auf der Vorwarnliste zur Roten Liste. Hohe Verluste durch Einsammeln von Nestlingen, früher auch in Treibnetzen.

Besonderes: Brutkolonien des Meeresvogels bis 1500 m hoch gelegen. Die fetten Jungvögel waren auf den Scilly-Inseln eine Delikatesse.

Atlantiksturmtaucher (→ 119)

Puffinus [puffinus] puffinus (Brünnich 1764)

Taxonomie: Familie Sturmvögel – Procellariidae. Bildet Superspezies mit Balearensturmtaucher *P. mauretanicus* und Mittelmeer-Sturmtaucher *P. yelkouan*. Keine Unterarten.

Größe, Gewicht: Körperlänge 30–38 cm, Flügelspannweite 76–93 cm, Flügellänge 22,6–24,2 cm; ♂ 359–459 g, ♀ 375–447 g.

Erkennungshinweise: Mittelgroße Art. Am besten durch die reinweiße Unterseite, schwarze Oberseite und im Flug durch nicht überstehende Zehen vom Mittelmeer-Sturmtaucher zu unterscheiden.

Stimme: Außerhalb der Brutplätze stumm.

Brutareal: Ostseite des Nordatlantik von Island bis Kanaren.

Vorkommen in Mitteleuropa: An der Nordseeküste unregelmäßiger, seltener Gast, vor allem im Herbst, in der Ostsee und im Binnenland Ausnahmeerscheinung.

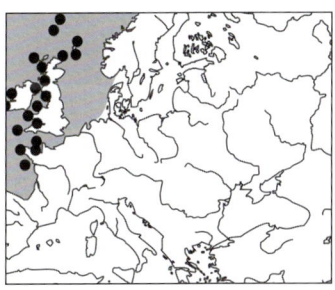

Wanderungen: Zugvogel, im Nordatlantik von November bis Januar nur selten.

Lebensraum: Hochseevogel, brütet in begrasten Felsklippen.

Nahrung: Kleine Fische, Tintenfische, Mollusken und Abfälle an der Meeresoberfläche.

Alter: Ältester Ringvogel und damit einer der ältesten Altersnachweise eines Vogels in Freiheit überhaupt über 52 Jahre; Generationslänge 18 Jahre.

Gefährdung: Art auf Europa konzentriert und mit ungünstigem Erhaltungsstatus (SPEC 2). Bedroht durch Verluste in Fischereinetzen und Nahrungsmangel durch Überfischung von Sandaalen; direkte Verfolgung

(Entnahme der Nestlinge) früher im gesamten Verbreitungsgebiet, heute regional; gefährdet auch durch eingeschleppte Ratten.

Besonderes: Brutplätze werden nur nachts aufgesucht, dort „unheimliche" Rufe, in den Höhlen auch Paare im Duett.

Balearensturmtaucher (→120)

Puffinus [puffinus] mauretanicus (P. R. Lowe 1921)

Taxonomie: Familie Sturmvögel – Procellariidae. Bildet Superspezies mit Atlantiksturmtaucher *P. puffinus* und Mittelmeer-Sturmtaucher *P. yelkouan*. Keine Unterarten.

Größe, Gewicht: Körperlänge 30–40 cm, Flügelspannweite 76–93 cm, Flügellänge 23,4–25,6 cm; 472–565 g.

Erkennungshinweise: Geschlechter gleich. Mittelgroße Art mit brauner Ober- und schmutzigbrauner Unterseite. Im Flug fallen ein Hängebauch, ähnlich Krähenscharbe, und eine dunkle Steiß- und Achselregion auf.

Stimme: Außerhalb der Brutplätze stumm.

Brutareal: Brutvogel auf den Balearen und Pityusen, wohl auch auf den Mittelmeerinseln vor Marokko.

Vorkommen in Mitteleuropa: Seltener Gast in der Nordsee, Sommerhalbjahr. Sonst Ausnahmeerscheinung.

Wanderungen: Zugvogel vom Mittelmeer in den Nordost-Atlantik.

Lebensraum: Meeresvogel, meist in Küstennähe, folgt auch Schiffen. Brütet auf felsigen Inseln.

Nahrung: Kleine Schwarmfische und Tintenfische.

Alter: Generationslänge 18 Jahre.

Gefährdung: Nach der EU-Vogelschutzrichtlinie besonders geschützte Art (Anhang I), weltweit bedroht (SPEC 1). Global gefährdet durch Rückgang der Kleinfischbestände im Mittelmeer (u. a. Überfischung), Ölunfälle und Verluste an den Brutplätzen (illegale Verfolgung, Prädation durch Basstölpel und eingeführte Säugetiere, z. B. Ratten).

Besonderes: Balearensturmtaucher werden zunehmend häufiger vor der englischen Südküste und sogar bis in die Nordsee festgestellt.

Mittelmeer-Sturmtaucher (→121)

Puffinus [puffinus] yelkouan (Acerbi 1827)

Taxonomie: Familie Sturmvögel – Procellariidae. Bildet Superspezies mit Balearensturmtaucher *P. mauretanicus* und Atlantiksturmtaucher *P. puffinus*. Keine Unterarten.

Größe, Gewicht: Körperlänge 30–40 cm, Flügelspannweite 76–93 cm, Flügellänge 22,0–24,5 cm; 330–485 g.

Erkennungshinweise: Geschlechter gleich. Sehr ähnlich Atlantiksturmtaucher, jedoch Zehen über den Schwanz reichend und Gefiederfärbung weniger stark kontrastierend.

Stimme: Nur in der Nähe der Brutplätze zu hören. Ruft schleppender als Atlantiksturmtaucher mit langgezogenem „auä-ah-eech".

Brutareal: Brutvogel auf Inseln und auf dem Festland von Südfrankreich bis ins östliche Mittelmeer und Marmarameer.

Vorkommen in Mitteleuropa: Extrem seltene Ausnahmeerscheinung, nur ein Nachweis 19 Jahrhundert in Österreich.

Wanderungen: Außerhalb der Brutzeit im Mittelmeer und Schwarzen Meer umherstreifend.

Lebensraum: Fliegt meist in Küstennähe und brütet auf felsigen Inseln oder abgelegenen Gebieten auf dem Festland.

Nahrung: Kleinfische und Meeresplankton. Bei Kleinfischschwärmen kann es zu großen Ansammlungen kommen.

Brutbiologie: Brütet kolonial in Felsspalten oder Höhlen • 1 Ei • Legebeginn ab Februar • Brutdauer ca. 52 Tage • ♀ & ♂ brüten • Junge mit ca. 72 Tagen flügge • 1 Jahresbrut.

Alter: Generationslänge 18 Jahre.

Gefährdung: Nicht weltweit gefährdet.

Besonderes: Regelmäßiger Pendler im Bosporus.

Sepiasturmtaucher (→122)
Puffinus [diomedea] diomedea (Scopoli 1769)

Taxonomie: Familie Sturmvögel – Procellariidae. Bildet Superspezies mit dem Kapverden-Sturmtaucher *P. edwardsii*, der bisher nur als Unterart geführt wurde. Auch in Gattung *Calonectris* gestellt. 2 Unterarten, *P. d.* im Mittelmeer und *P. d. borealis* im Atlantik.

Größe, Gewicht: Körperlänge 45–46 cm, Flügelspannweite 100–125 cm, Flügellänge 34–36 cm; 710–1040 g.

Erkennungshinweise: Geschlechter gleich. Großer Sturmtaucher ohne dunkle Achselzeichnung mit weißem Bauch, Oberseite bräunlich und heller Schnabel. Auch auf große Entfernung gut erkennbar. Unterscheidung der Unterarten im Feld schwierig, *diomedea* ist etwas kleiner und hat ausgedehnteres Weiß auf der Unterseite der Handschwingen.

Stimme: Nur an den Brutplätzen nachts „kaa" oder „ka-ka-ka".

Brutareal: Küsten und Inseln des Mittelmeers *(diomedea)*, sowie Makaronesien *(borealis)*.

Vorkommen in Mitteleuropa: Ausnahmegast, auch an der Nordseeküste

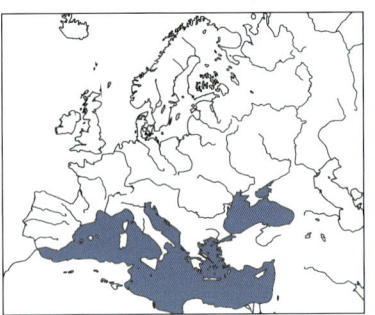

sehr selten.

Wanderungen: Zugvogel, Winterquartier im mittleren und südlichen Atlantik.

Lebensraum: Warme Meere, Küstennähe und offene See.

Nahrung: Tintenfische, kleine Fische.

Alter: Ältester Ringvogel 26 Jahre, lebend. Generationslänge 18 Jahre.

Gefährdung: Nach der EU-Vogelschutzrichtlinie besonders geschützte Art (Anhang I), auf Europa konzentriert und mit ungünstigem Erhaltungsstatus (SPEC 2). Gefährdet durch Übernutzung und Verschmutzung der Meere, früher auch durch direkte Verfolgung.

Besonderes: Nachts um ihre Kolonien fliegende und dabei „unheimlich" rufende Sepiasturmtaucher wurden früher häufig mit den Seelen Verstorbener in Verbindung gebracht. Auf Teneriffa gibt es sogar einen „Barranco del Infierno", eine Höllenschlucht, die nach dem nächtlichen Spektakel der dortigen Sturmtaucherkolonie so benannt ist.

Kleiner Sturmtaucher (→124)

Puffinus [lherminieri] baroli (Bonaparte 1857)

Taxonomie: Familie Sturmvögel – Procellariidae. Bildet Superspezies mit Audubonsturmtaucher *P. lherminieri*. Bisher mit *P. assimilis* (Südhemisphäre) zu einer Art vereint. Zwei Unterarten.

Größe, Gewicht: Körperlänge 25–30 cm, Flügelspannweite 58–67 cm, Flügellänge 17–19,3 cm; 170–275 g.

Erkennungshinweise: Geschlechter gleich. Dem Schwarzschnabel-Sturmtaucher ähnlich, Schnabel jedoch kleiner und dunkles Auge im hellen Gesicht sehr auffallend. Flügel relativ stumpf, oberseits oft ein helles Band auf den Großen Armdecken und undeutliches helles Armflügelfeld.

Stimme: In Kolonien nachts ruffreudig, rhythmisch kreischende Rufreihen, sonst stumm.

Brutareal: Azoren, Kanaren, Kapverden.

Vorkommen in Mitteleuropa: Ausnahmegast, wenige Nachweise.

Wanderungen: Außerhalb Brutzeit in der weiteren Umgebung der Brutinseln.

Lebensraum: Tropische und subtropische Meere, Brutkolonien auch tiefer im Land.

Nahrung: Fische, Tintenfische.

Alter: Generationslänge 18 Jahre.

Schutzstatus und Gefährdung: Nach der EU-Vogelschutzrichtlinie besonders geschützte Art (Anhang I), in Europa mit ungünstigem Erhaltungsstatus (SPEC 3).

Besonderes: Fliegt sehr tief in den Wellentälern und ist deshalb nur sehr schwer zu beobachten.

Rosapelikan (→ 125)

Pelecanus onocrotalus Linnaeus 1758

immat.

Taxonomie: Familie Pelikane – Pelecanidae. Keine Unterarten.

Größe, Gewicht: Körperlänge 140–175 cm, Flügelspannweite 270–360 cm, Flügellänge ♂ 64–77,2 cm, ♀ 58,6–69 cm; ♂ 9000–15000 g, ♀ 5400–9000 g.

Erkennungshinweise: Geschlechter gleich. Im Prachtkleid durch rosa überhauchtes Gefieder, gelben Kehlsack, rosa Augenpartie und rötlichen Füßen unverwechselbar. Der schwarze Flügelhinterrand erinnert im Flug an den Weißstorch und ist ein sicheres Unterscheidungsmerkmal vom Krauskopfpelikan.

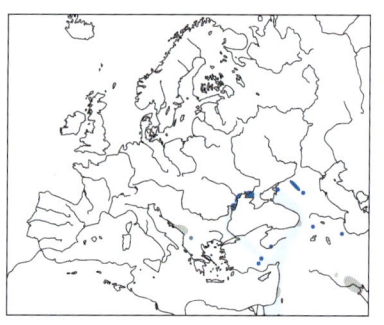

Stimme: Knurrende und grunzende Laute, abseits der Brutplätze schweigsam.

Brutareal: Südosteuropa, Schwarzmeergebiet, Kleinasien, Kaspigebiet, Steppenseen bis Nordwestindien, kleine Vorkommen im tropischen und südlichen Afrika.

Vorkommen in Mitteleuropa: Ausnahmegast, häufig auch Gefangenschaftsflüchtlinge.

Wanderungen: Zugvögel, die vor allem in Nordafrika und südlich der Brutgebiete überwintern.

Lebensraum: Brutvogel an vegetationsreichen Binnengewässern oder flachen Steppenseen.

Nahrung: Fische.

Alter: Generationslänge 11 Jahre.

Gefährdung: Nach der EU-Vogelschutzrichtlinie besonders geschützte Art (Anhang I), in Europa mit ungünstigem Erhaltungsstatus (SPEC 3). Gefährdung durch Lebensraumzerstörung und Überfischung, Störungen in den Brutkolonien und direkte Verfolgung.

Besonderes: Bei der Gruppenjagd werden die Fische in seichtes Wasser abgedrängt oder eingekreist.

Krauskopfpelikan (→ 127)

Pelecanus crispus Bruch 1832

Taxonomie: Familie Pelikane – Pelecanidae. Keine Unterarten.

Größe, Gewicht: Körperlänge 160–180 cm, Flügelspannweite 310–345 cm, Flügellänge ♂ 69–80 cm, ♀ 66–78 cm; 7300–13 000 g.

Erkennungshinweise: Geschlechter gleich. Im Pracht-

ad. PK

kleid mit krausem Kopfputz und Gefieder. Kehlsack zur Brutzeit orangerot. Füße ebenfalls grau und Unterflügel kontrastarm hell.

Stimme: Höheres Grunzen und Gemurmel als Rosapelikan. Begrüßungslaut hoch „hch-hch. Alarmruf „wo-wo-wo".

Brutareal: Zerstreut an Seen und Küstenlagunen von Südosteuropa bis Zentralasien brütend.

Vorkommen in Mitteleuropa: Ausnahmegast, Wildvögel schwer von Gefangenschaftsflüchtlingen zu unterscheiden.

Wanderungen: Teilzieher und Kurzstreckenzieher der im östlichen Mittelmeerraum und im Irak überwintert.

Lebensraum: Vegetationsreiche Stillgewässer werden ebenso wie vegetationsarme Steppenseen besiedelt. In Afrika in Flussdelten.

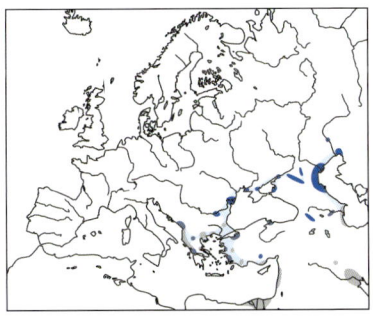

Nahrung: Reiner Fischfresser.

Brutbiologie: Geschlechtsreife nach 2–4 Jahren • brütet in Kolonien • Nest aus Pflanzenmaterial, große mit Kot verbundene Haufen direkt am Wasser • 1–2 Eier • Legebeginn wenig synchronisiert im Frühjahr • Brutdauer 30–32 Tage • ♂ & ♀ brüten und füttern • Junge mit 80–85 Tagen flügge, verlassen das Nest aber bereits früher und sammeln sich in Kindergärten, nach 100–105 Tagen selbständig • 1 Jahresbrut; Ersatzgelege.

Alter: Generationslänge 11 Jahre.

Gefährdung: Nicht weltweit gefährdet.

Besonderes: Der Schnabel kann bis 45 cm lang werden.

Basstölpel (→129)

Sula [bassana] bassana (Linnaeus 1758)

ad.

Taxonomie: Familie Tölpel – Sulidae. Bildet mit Kaptölpel *S. capensis* und Australtölpel *S. serrator* eine Superspezies. Keine Unterarten.

Größe, Gewicht: Körperlänge 87–100 cm, Flügelspannweite 165–180 cm, Flügellänge 46–52 cm; 2300–3600 g.

Erkennungshinweise: Geschlechter gleich. Durch Größe und Figur ein unverwechselbarer Meeresvogel. Adulte Vögel weiß mit gelbbraunem Kopf und schwarzen Handschwingen und Handdecken. Jungvögel graubraun. Adultkleid wird erst im fünften Kalenderjahr erreicht. Dazwischen große individuelle Farbvariationen.

Stimme: In der Kolonie lärmend „arrrah" und auch weichere Rufe; beim gemeinsamen Stoßtauchen oder bei Streitigkeiten um Nahrung erregte „urrah"-Rufe.

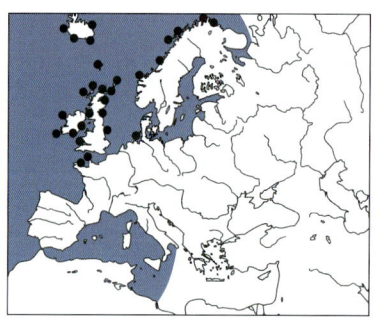

Brutareal: Brutvogel an den Küsten des Nordatlantik von den Breiten des Mittelmeers bis Nordnorwegen; Ausbreitungstendenz.

Vorkommen in Mitteleuropa: Seit 1991 Brutvogel auf Helgoland; regelmäßiger Gast in der Nordsee, in der Ostsee selten; Ausnahmegast bis sehr seltener Gast im Binnenland.

Wanderungen: Teilzieher mit weiten Streuungswanderungen, außerhalb der Brutzeit auch kleine Trupps in Ostsee und Mittelmeer und bis an die Küsten des tropischen Westafrika.

Lebensraum: Brutvogel auf Felsinseln in Küstennähe, Nahrungsflüge vor allem in küstennahen Meeren (Schelfgebiete).

Nahrung: Fische bis 45 cm Länge.

Brutbiologie: Geschlechtsreife 5.–6. Lebensjahr • Nester dicht gedrängt in Kolonien auf Felsen, Eintrag von Pflanzenmaterial • 2 Eier • Legebeginn Ende März / Anfang April bis Juni • Brutdauer 42–45 Tage • ♂ und ♀ brüten • ♂ und ♀ füttern • Junge bleiben 84–97 Tage im Nest • 1 Jahresbrut; Ersatzgelege.

Alter: Ältester Ringvogel 32 Jahre, 4 Monate. Generationslänge 21 Jahre.

Gefährdung: Art auf Europa konzentriert (SPEC E); Rote Liste D R (extrem selten), nur 1 Brutvorkommen. Trotz Bestandszunahmen Verluste durch Ölverschmutzung, Müll und Überfischung.

Besonderes: Stürzt sich beim Jagen aus bis 40 m Höhe ins Wasser, erreicht dabei etwa 100 km/h kurz vor dem Eintauchen und etwa 3,5 m Tiefe; durch zusätzliches Schwimmen mit Flügeln und Füßen können mehr als 20 m Tiefe erreicht werden.

	Jan.	Feb.	März	April	Mai	Juni	Juli	Aug.	Sep.	Okt.	Nov.	Dez.
Anwesenheit												
Durchzug												
Brutzeit					x							
postjuv. Mauser												
Teil- / Vollmauser												
Vollmauser												

Zwergscharbe (→ 130)

Phalacrocorax [pygmaeus] pygmaeus (Pallas 1773)

Taxonomie: Familie Kormorane – Phalacrocoracidae. Bildet Superspezies mit Mohrenscharbe *P. niger*. Monotypisch.

Größe, Gewicht: Körperlänge 45–55 cm, Flügelspannweite 80–90 cm, Flügellänge ♂ 195–217 mm, ♀ 193–208 mm; ♂ 650–870 g, ♀ 565–640 g.

Erkennungshinweise: Geschlechter gleich. Durch Größe und den kurzen Schnabel mit keiner anderen Kormoranart Europas zu verwechseln.

Stimme: Nur in der Kolonie zu hören. Hier strophenartig abwechselnd tiefe, kurze Grunz- und längere, höhere Krächzlaute.

ad.

Brutareal: Östliches Mittelmeer über Kleinasien bis Usbekistan. In neuerer Zeit Gründung von großen Brutkolonien im Podelta Italiens und kleineren Kolonien in Ungarn und am Neusiedler See in Österreich.

Vorkommen in Mitteleuropa: Seltener Brutvogel mit zunehmendem Bestand in Ungarn. Sonst seltener Gastvogel, am Bodensee eine Übersommerung mit Nestbau eines Vogels.

Wanderungen: Teilzieher, Strich- und zumeist Standvogel.

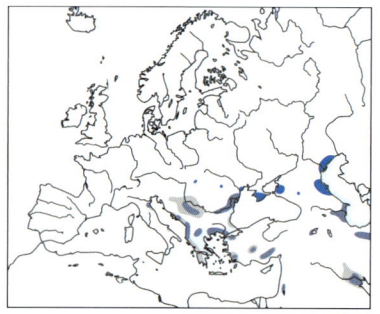

Lebensraum: Binnengewässer mit dichtem Uferbewuchs wie Schilf oder Auwald. Außerhalb der Brutzeit auch an Brackwasser und küstennah auf dem Meer.

Nahrung: Hauptsächlich Fische, nimmt aber auch junge Schermäuse oder Krebstiere.

Brutbiologie: Nest auf Sträuchern und kleinen Bäumen meist 1–1,5 m über dem Wasser • meist 4–6 Eier • Brutdauer 27–30 Tage • beide Partner brüten und füttern • Nestlings- und Führungszeit etwa 70 Tage • 1 Jahresbrut.

Alter: Höchstalter unbekannt. Generationslänge 5 Jahre.

Schutz: Nach der EU-Vogelschutzrichtlinie besonders geschützte Art (Anhang I), weltweit bedroht (SPEC 1). Nach starken Bestandsverlusten Anfang des 20. Jh. derzeit wieder leichte Erholung. Verluste v. a. durch direkte Verfolgung (auch bei der Kormoranjagd).

Besonderes: Brütet gerne in gemischten Kolonien mit Reihern; im Winter gemeinsame Schlafplätze im Schilf.

Kormoran (→ 132)

Phalacrocorax [carbo] carbo (Linnaeus 1758)

Taxonomie: Familie Kormorane – Phalacrocoracidae. Bildet Superspezies mit *P. capillatus* (Ostasien). Sechs Unterarten, darunter *P. c. sinensis* im Binnenland Europas, *P. c. carbo* im Nordatlantik.

Größe, Gewicht: Körperlänge 80–100 cm, Flügelspannweite 130–160 cm, Flügellänge ♂ 33–36,4 cm, ♀ 31,1–35,1 cm; ♂ 2000–3000 g, ♀ 1700–2500 g.

ad. SK

Erkennungshinweise: Geschlechter gleich. Im Prachtkleid glänzend schwarz mit weißem Schenkelfleck. Nacken und Scheitel kräftig weiß gesprengelt. Im Schlichtkleid ohne weiße Gefiederanteile und mattes Gefieder. Beim Schwimmen durch hoch gehaltenen Schnabel Verwechslungsmöglichkeit mit großem Seetaucher.

Stimme: Abseits Brutplätzen still. In Brutkolonien z. B. „chroho-chroho-chro..." oder "kock-kock...".

Brutareal: Europa, Asien, Australien, Afrika, östliches Nordamerika und Grönland.

Vorkommen in Mitteleuropa: Heute in allen Teilen zumin-

dest einzelne Brutkolonien, an der Küste häufiger Brutvogel, häufiger Durchzügler und Wintergast zumindest an größeren Gewässern.

Wanderungen: Teilzieher, Zugvogel, Überwinterung von *sinensis* vor allem in Westeuropa, vom Mittelmeer bis Nordafrika, aber auch in Mitteleuropa.

Lebensraum: *carbo* vorwiegend Küstenvogel, brütet auf Klippen; *sinensis* Brutvogel an Binnenseen, Nahrungssuche in Binnengewässern und an Meeresküsten.

Nahrung: Fische, auch tote.

Brutbiologie: Geschlechtsreife Ende 3. oder im 4. Lebensjahr • Nester in Kolonien, bei *sinensis* auf Bäumen, Büschen und gelegentlich auf dem Boden, bestehend aus Ästen, Mulde mit feinerem Material gepolstert • 3–4 Eier • Legebeginn April bis Juni • Brutdauer 28–31 Tage • ♂ und ♀ brüten • ♂ und ♀ füttern • Junge bleiben ca. 50 Tage im Nest, nach 2 Monaten voll flugfähig, noch weitere 12–13 Wochen von den Altvögeln abhängig • 1 Jahresbrut; Ersatzgelege.

Alter: Ältester Ringvogel 21 Jahre, 6 Monate. Generationslänge 11 Jahre.

Gefährdung: Gefährdet durch menschliche Verfolgung, die bis Anfang des 20. Jh. zu massiven Bestandseinbrüchen und zur Ausrottung der Art in vielen Regionen geführt hat. Auch heute wieder starke direkte Verfolgung, v. a. im Binnenland und häufig illegal, durch Abschuss, Vernichtung von Brutkolonien und Störungen an Nahrungs- und Schlafplätzen, sogar innerhalb von Europäischen Vogelschutz- und Naturschutzgebieten.

Besonderes: Bei Kormoranen ist eine Tauchtiefe von über 30 m nachgewiesen.

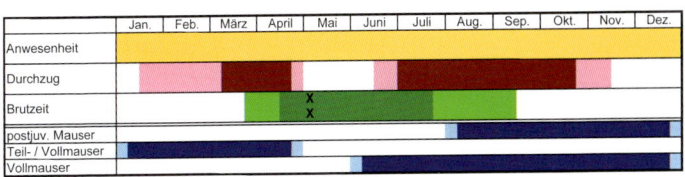

Krähenscharbe (→ 133)

Phalacrocorax aristotelis (Linnaeus 1761)

Taxonomie: Familie Kormorane – Phalacrocoracidae. Drei Unterarten, *P. a. aristotelis* West- und Nordeuropa, *P. a. desmarestii* Mittelmeer, Schwarzes Meer.

Größe, Gewicht: Körperlänge 65–80 cm, Flügelspannweite 90–115 cm, Flügellänge ♂ 26,1–27,8 cm, ♀ 25,1–26,9 cm; 1360–2300 g.

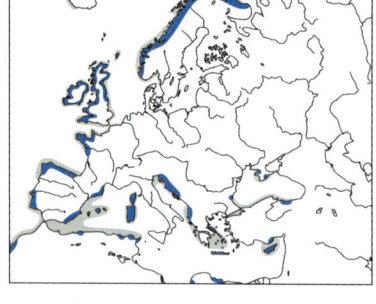

Erkennungshinweise: Geschlechter gleich. Im Schlichtkleid leicht mit dem Kormoran zu verwechseln, jedoch Schnabel zierlicher und im Flug auffälliger Hängebauch. Im Prachtkleid ganz schwarz mit metallischem Glanz und auffallender Federholle auf der Stirn.

Stimme: Außerhalb der Kolonien schweigsam.

Brutareal: Küstengebiete Europas von Island, Norwegen, Nordrussland bis Marokko; an Mittelmeer- und Schwarzmeerküste nur lokal.

Vorkommen in Mitteleuropa: Regelmäßiger, aber seltener Gast an der Nordseeküste, sonst Ausnahmegast.

Wanderungen: Standvogel, Teilzieher, Streuungswanderungen.

Lebensraum: Brutvogel an Klippen und Steilküsten, fischt auf dem Meer.

Nahrung: Meeresfische.

Alter: Ältester Ringvogel 20 Jahre, 7 Monate. Generationslänge 10 Jahre.

Gefährdung: Nach der EU-Vogelschutzrichtlinie besonders geschützte Art (Anhang I) (nur Unterart *desmarestii*), Art auf Europa konzentriert (SPEC E). Gefährdet durch direkte Verfolgung, Ertrinken in Fischernetzen und Umweltgifte.

Sichler (→ 135)

Plegadis [falcinellus] falcinellus (Linnaeus 1766)

ad. PK

Taxonomie: Familie Ibisse – Threskiornithidae. Bildet Superspezies mit dem neuweltlichen Brillensichler *P. chihi*. 2 Unterarten, in Europa *P. f. falcinellus*.

Größe, Gewicht: Körperlänge 48,5–66 cm, Flügelspannweite 80–95 cm, Flügellänge ♂ 28–30,6 cm, ♀ 26,7–28,1 cm; 485–580 g.

Erkennungshinweise: Geschlechter gleich. Mittelgroßer Ibis. Im Prachtkleid mahagonifarben mit grünlichem Glanz auf den Flügeln und schmal weiß eingefasster Zügelhaut. Schlichtkleid: Kopf und Hals mattbraun und weiß gesprenkelt. Jugendkleid ohne Glanz der Altvögel.

Stimme: Wenig zu hören; im Flug heiser „raaa". Am Brutplatz grunzende und blökende Laute.

Brutareal: Lückig in Südeuropa bis Vorder- und Zentralasien und Indien, ferner Süd- und Ostafrika, Madagaskar, Teile der USA und Karibikinseln, Australien.

Vorkommen in Mitteleuropa: Sehr seltener Gast.

Wanderungen: Kurz- und Langstreckenzieher, Streuungswanderungen. Überwintert hauptsächlich in Afrika südlich der Sahara, wenige im Winter im Mittelmeerraum.

Lebensraum: Flachwasser im Binnenland und an der Küste, überschwemmte Wiesen, Reisfelder.

Nahrung: Insekten, Mollusken, Würmer und kleine Amphibien.

Alter: Ältester Ringvogel 19 Jahre, 10 Monate. Generationslänge 5 Jahre.

Gefährdung: Nach der EU-Vogelschutzrichtlinie besonders geschützte Art (Anhang I), in Europa mit ungünstigem Erhaltungsstatus (SPEC 3). Gefährdet durch Entwässerungen, Intensivierung der Landwirtschaft und direkte Verfolgung an privaten Fischteichen.

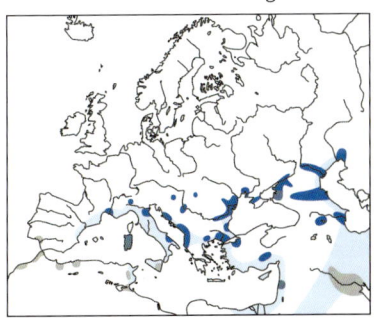

Besonderes: Brütet oft zusammen mit Zwergscharben, mehreren Reiherarten und Löfflern in gemischten Kolonien.

Waldrapp (→ 136)
Geronticus eremita (Linnaeus 1758)

ad.

Taxonomie: Familie Ibisse – Threskiornithidae. Keine Unterarten.

Größe, Gewicht: Körperlänge 70–80 cm, Flügelspannweite 125–135 cm, Flügellänge ♂ 40,3–42 cm, ♀ 39–40,8 cm; 1080–1230 g.

Erkennungshinweise: Geschlechter gleich. Im Alterskleid durch kahlen Kopf, verlängerte Nackenfedern und langen roten Schnabel unverwechselbar. Im Jugendkleid noch kein metallischer Gefiederglanz und mit befiedertem Kopf.

Stimme: Rufen nur in der Brutkolonie kurz und guttural „hrump" und heiser „hioch".

Brutareal: Als Wildvogel nur noch in Marokko und Syrien. Das Brutvorkommen in der Türkei besteht nur noch aus freifliegenden Volierenvögeln.

Vorkommen in Mitteleuropa: Ehemaliger Brutvogel. Ausnahmsweise Nachweise von Gefangenschaftsflüchtlingen und wiedereingebürgerten Vögeln.

Wanderungen: In Marokko Standvogel. Die türkischen Brutvögel zogen früher nach Nordostafrika, die wenigen verbleibenden syrischen Vögel ziehen offenbar nach Äthiopien.

Lebensraum: Brütet in Felswänden und Klippen. Nahrungssuche in Halbwüstengebieten.

Nahrung: Hauptsächlich Wirbellose wie Insekten (Heuschrecken, Grillen), Schnecken, Regenwürmer. Kleine Wirbeltiere wie Amphibien, Reptilien, Fische, Kleinsäuger und Jungvögel. Auch pflanzliche Kost wie Rhizome von aquatischen Pflanzen.

Alter: Generationslänge 8 Jahre.

Gefährdung: Weltweit bedrohte Art (SPEC 1); Rote Liste D 0 (ausgestorben). Gefährdung durch direkte Verfolgung, intensive Landwirtschaft mit hohem Biozideinsatz und Störungen am Brutplatz.

Besonderes: Einer der seltensten Vogelarten der Erde, der im 16. Jahrhundert noch Brutvogel Deutschlands und Österreichs war. In Deutschland wird ein Wiedereinbürgerungsprojekt durchgeführt.

Heiliger Ibis (→ 137)

Threskiornis aethiopicus (Latham 1790)

Taxonomie: Familie Ibisse – Threskiornithidae. 3 Unterarten, *aethiopicus* in Europa eingeführt.

Größe, Gewicht: Körperlänge 65–89 cm, Flügelspannweite 112–124 cm; ca. 1500 g.

Erkennungshinweise: Geschlechter gleich. Durch weißes Gefieder mit schwarzem Kopf und Hals sowie schwarzen, abwärtsgebogenen Schnabel unverkennbar. Auffällige schwarze Schirmfedern.

ad.

Stimme: Lautes Krächzen in den Brutkolonien.

Brutareal: Afrika südlich der Sahara und Südost Irak. In Frankreich eingeführt und bestände dort anwachsend.

Vorkommen in Mitteleuropa: Gefangenschaftsflüchtlinge, bereits mit einzelnen Bruten.

Wanderungen: Standvogel und Kurzstreckenzieher.

Lebensraum: Feuchtgebiete, Marschland und Seen.

Nahrung: Nahrungsopportunist, der Insekten, Muscheln, Würmer, Krebstiere; Eier frisst, aber auch Abfälle nicht verschmäht.

Brutbiologie: Brütet in Kolonien • Nest auf Bäumen oder Büschen, auf Inseln auch am Boden, eine große Plattform aus Ästen und Zweigen, mit Gras und Blättern ausgepolstert • 2–3 Eier • Brutdauer 28–29 Tage • Junge mit 35–40 Tagen flügge.

Alter: Ältester Ringvogel über 21 Jahre alt.

Schutzstatus und Gefährdung: Nicht gefährdet, steht auf der Liste invasiver, gebietsfremder Arten der EU, da die Art Nester und Eier in Kolonien v.a. von Seevögeln stark dezimiert.

Besonderes: Im alten Ägypten, wo die Bestände erloschen sind, wurde der Heilige Ibis als Fleischwerdung des Gottes Thot verehrt.

Löffler (→138)

Platalea leucorodia Linnaeus 1758

immat.

Taxonomie: Familie Ibisse – Threskiornithidae. Drei Unterarten.
Größe, Gewicht: Körperlänge 70–95 cm, Flügelspannweite 115–135 cm, Flügellänge ♂ 38,6–41,2 cm, ♀ 36–37,7 cm; 1130–1960 g.
Erkennungshinweise: Geschlechter gleich. Unverwechselbar. Im Prachtkleid auffallender Nackenschopf, orangegelber Brustfleck und gelbe Schnabelspitze.
Stimme: Wenig zu hören, am Brutplatz grunzende und jaulende Laute.
Brutareal: Lückig Süd-, West- und Mitteleuropa, Vorderasien, Nordostafrika, Kaspigebiet, über Indien bis Ostasien.
Vorkommen in Mitteleuropa: Lokaler, meist seltener Brut- und Sommervogel an der Nordseeküste und im pannonischen Tiefland. Sonst seltener Durchzügler.

Wanderungen: Zugvogel, Winterquartier Mittelmeerraum bis Sahelzone.
Lebensraum: Brutvogel in Sümpfen und Verlandungszonen mit Schilf; Nahrungssuche im Seichtwasser am Meer und an Binnenseen.
Nahrung: Wasserinsekten, kleine Fische, Mollusken, Krebstiere.

Brutbiologie: Geschlechtsreife mit 3–4 Jahren • Nest im Schilf, auf Boden oder auch in Bäumen oder auf Felsbändern • 3–5 Eier • Brutdauer 21–25 Tage • ♂ und ♀ brüten • ♂ und ♀ füttern • Junge mit 45–50 Tagen flügge, verlassen das Nest aber schon vorher • 1 Jahresbrut; Ersatzgelege.
Alter: Ältester Ringvogel 19 Jahre, 10 Monate. Generationslänge 9 Jahre.
Gefährdung: Nach der EU-Vogelschutzrichtlinie besonders geschützte Art (Anhang I), auf Europa konzentriert und mit ungünstigem Erhaltungsstatus (SPEC 2); Rote Liste D R (extrem selten). Gefährdung in Osteuropa durch direkte Lebensraumverluste, Wasserverschmutzung und Störungen der Brutkolonien.

Besonderes: Löffler haben seit den 1990er Jahren ihr Areal im Norden stark ausgeweitet und brüten nun auf einigen Nordseeinseln von den Niederlanden bis nach Dänemark.

Rohrdommel (→ 140)

Botaurus [stellaris] stellaris (Linnaeus 1758)

Taxonomie: Familie Reiher – Ardeidae. Bildet Superspezies mit der australischen *B. poicilopterus*. Zwei Unterarten, in Europa *B. s. stellaris*.
Größe, Gewicht: Körperlänge 64–80 cm, Flügelspannweite 125–135 cm, Flügellänge ♂ 33,5–35,7 cm, ♀ 29,6–32,7 cm; ♂ 966–1940 g, ♀ 867–1150 g.
Erkennungshinweise: Geschlechter gleich. Durch warmbraunes Gefieder, das schwarz und braun gemustert ist, schwarzen Scheitel und untersetzte, kompakte Statur unverwechselbar.

Stimme: Reviergesang des Männchens tief „ü-humb" (erste Silbe aus Entfernung kaum zu hören). Flugruf nasal „kau".
Brutareal: Lückig von Europa über mittlere Breiten Asiens bis Nordjapan; isoliert in Nord- und Südafrika.
Vorkommen in Mitteleuropa: Seltener lokaler Brut- und Sommervogel, nur im Nordosten verbreitet. Auch Jahresvogel, seltener Gast, gebietsweise auch im Winter.
Wanderungen: Teilzieher, Winterquartier von Mittel- bis West- und Südeuropa.
Lebensraum: Große, im Wasser stehende Schilf- und Rohrkolbenbestände.
Nahrung: Fische, Wasserinsekten, Krebstiere, Amphibien.
Brutbiologie: Geschlechtsreife wohl im 2. Lebensjahr • Nest im dichten Röhricht über Wasser, Nestplattform aus Pflanzenmaterial der Umgebung •

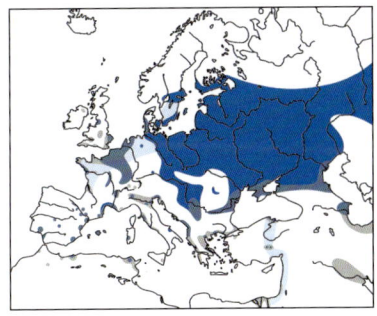

5–6 Eier • Legebeginn April bis Juni • Brutdauer 25–26 Tage • ♀ brütet • ♀ füttert • Junge bleiben 15–20 Tage im Nest, werden mit 50–55 Tagen flügge • 1 Jahresbrut; Ersatzgelege.

Alter: Ältester Ringvogel mind. 11 Jahre, 3 Monate. Generationslänge < 3,3 Jahre.

Gefährdung: Nach der EU-Vogelschutzrichtlinie besonders geschützte Art (Anhang I), in Europa mit ungünstigem Erhaltungsstatus (SPEC 3); Rote Liste D 2 (stark gefährdet). Gefährdung durch Lebensraumzerstörung (Entwässerung, Verbauung, Schilfsterben).

Besonderes: Bei Gefahr verharrt die Rohrdommel mit gestrecktem Hals oft regungslos (Pfahlstellung) und ist dann im Schilfwald nahezu unsichtbar.

	Jan.	Feb.	März	April	Mai	Juni	Juli	Aug.	Sep.	Okt.	Nov.	Dez.
Anwesenheit												
Durchzug												
Brutzeit			x x									
postjuv. Mauser												
Teil- / Vollmauser					?							
Vollmauser												

Zwergdommel (→ 141)

Ixobrychus [minutus] minutus (Linnaeus 1776)

Taxonomie: Familie Reiher – Ardeidae. Bildet kosmopolitische Superspezies mit *I. exilis* (Amerika), *I. sinensis* (Asien), *I. dubius* (Australien). Drei Unterarten, in Europa *minutus*.

Größe, Gewicht: Körperlänge 33–38 cm, Flügelspannweite 52–58 cm, Flügellänge ♂ 149–157 mm, ♀ 142–153 mm; 100–150 g.

Erkennungshinweise: Geschlechter ähnlich. Weibchen matter gefärbt und schwarze Partien des Männchens mehr dunkelbraun. Durch Größe und Farbe unverwechselbar.

Stimme: Zur Brutzeit ruft das Männchen abends oder nachts gedämpft im Abstand von ca. zwei Sekunden „rru" oder „wru". Flugruf „kr" ode „kö".

Brutareal: Heute lückig verbreitet in Europa (kein regelmäßiger Brutvogel in Großbritannien, Irland und Skandinavien) nach Osten bis Westsibirien. Ferner in Nordafrika und Südiran. Südlich der Sahara bis Südafrika, zudem auf Madagaskar und in Australien.

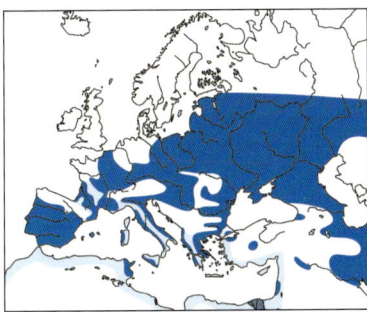

Vorkommen in Mitteleuropa: Nach starken Bestandsrückgängen seit den 1950er Jahren in den meisten Gebieten nur noch lückig verbreiteter, seltener Brut- und Sommervogel in Niederungsgebieten, im Osten noch verbreitet. Auf dem Durchzug selten und sehr unauffällig.

Wanderungen: Langstreckenzieher mit Hauptwinterquartieren in Afrika südlich der Sahara.

Lebensraum: Verlandungszonen größerer und kleinerer Gewässer mit Schilf und/oder Weidengebüsch und offenen Wasserflächen wie Seen, Altwässer, Dorf- und Fischteiche, Sümpfe.

Nahrung: Fische, Insekten und Larven, Frösche, Kaulquappen, Würmer, Weichtiere, auch Jungvögel.

Brutbiologie: Geschlechtsreife wohl erst im 3. Jahr • Ankunft am Brutplatz ab Anfang Mai • Nest gut versteckt in Schilf oder Weidengebüsch • meist 5–6 Eier • Legebeginn ab Mai bis Juli • Brutdauer 17–19 Tage • beide Partner brüten • Junge können mit 8–10 Tagen klettern und verlassen mit 17–18 Tagen das Nest • 1 Jahresbrut, selten 2, dann vermutlich Schachtelbrut; Nachgelege.

Alter: Ältester Ringvogel mindestens 6 Jahre. Generationslänge < 3,3 Jahre.

Schutz: Nach der EU-Vogelschutzrichtlinie besonders geschützte Art (Anhang I), in Europa mit ungünstigem Erhaltungsstatus (SPEC 3); Gefährdet durch hohe Verluste auf dem Zug und im Winterquartier, insbesondere durch Dürren im Sahel, im Brutgebiet Entwässerungen, Zerstörung von Ufervegetation und wasserbauliche Maßnahmen sowie Störungen durch Freizeitbetrieb.

Besonderes: Kleinster Reiher. Nimmt bei Gefahr eine Pfahlstellung ein, die im Altschilf eine gute Tarnung darstellt.

	Jan.	Feb.	März	April	Mai	Juni	Juli	Aug.	Sep.	Okt.	Nov.	Dez.
Anwesenheit												
Durchzug								x x				
Brutzeit					x x							
postjuv. Mauser												
Teil- / Vollmauser												
Vollmauser												

Nachtreiher (→143)

Nycticorax [nycticorax] nycticorax (Linnaeus 1758)

K1

ad.

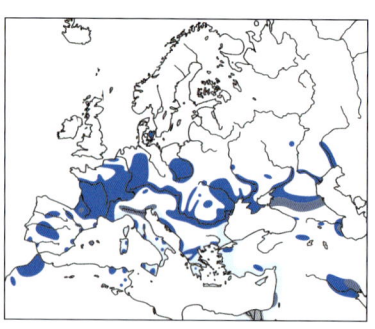

Taxonomie: Familie Reiher – Ardeidae. Bildet Superspezies mit *N. caledonicus* (Australien). Zwei Unterarten, fast weltweit *N. nycticorax*.

Größe, Gewicht: Körperlänge 55–65 cm, Flügelspannweite 105–112 cm, Flügellänge 27,8–30,8 cm, ♀ 500–800 g.

Erkennungshinweise: Geschlechter gleich. Kompakter, mittelgroßer unverwechselbarer Reiher. Jungvögel bei oberflächlicher Betrachtung mit Rohrdommel zu verwechseln, jedoch oberseits kräftig weiß gefleckt.

Stimme: Ruft rau „quak" oder „wak", vor allem bei Dämmerung.

Brutareal: Vom südlichen Europa und Nordafrika bis Japan, ferner einzelne Gebiete in Afrika südlich der Sahara und in Süd- und Nordamerika.

Vorkommen in Mitteleuropa: Im Südosten verbreiteter, im Süden seltener lokaler Brut- und Sommervogel. Regelmäßiger Durchzügler und Gast, im Süden häufiger als im Norden.

Wanderungen: Meist Langstreckenzieher, Winterquartier Nordafrika und Afrika südlich der Sahara bis zum Äquator, einzeln auch in Westeuropa überwinternd.

Lebensraum: Brutplätze in dichter Vegetation am Wasser

in Büschen und Bäumen, z. B. Auwälder. Auf dem Zug auch an Kleingewässern und auf Bäumen.

Nahrung: Amphibien, Fische, Insekten, Würmer, mitunter auch Mäuse.

Brutbiologie: Geschlechtsreife im 2. oder 3. Lebensjahr • Nest in Kolonien auf Büschen oder Bäumen aus Zweigen, relativ klein • 3–5 Eier •
Legebeginn Mitte April bis Juni • Brutdauer 21–23 Tage • ♂ und ♀ brüten
• ♂ und ♀ füttern • Junge verlassen mit 20–39 Tagen das Nest, sind mit
40–50 Tagen flügge • 1 Jahresbrut; Ersatzgelege.

Alter: Ältester Ringvogel 16 Jahre, 4 Monate. Generationslänge 5 Jahre.

Gefährdung: Nach der EU-Vogelschutzrichtlinie besonders geschützte
Art (Anhang I), in Europa mit ungünstigem Erhaltungsstatus (SPEC 3);
Gefährdung überwiegend durch Habitatzerstörung, regional auch durch
Jagd, Dürre im Sahel und Störungen an den Brutplätzen. Besonderes:
Ruht tagsüber und fliegt in der Dämmerung in die Jagdgebiete.

	Jan.	Feb.	März	April	Mai	Juni	Juli	Aug.	Sep.	Okt.	Nov.	Dez.
Anwesenheit												
Durchzug												
Brutzeit				x								
				x								
postjuv. Mauser												
Teil- / Vollmauser												
Vollmauser												

Rallenreiher (→144)

Ardeola ralloides (Scopoli 1769)

Taxonomie: Familie Reiher –
Ardeidae. Keine Unterarten,
aber sechs Arten weltweit sehr
nah verwandt.

Größe, Gewicht: Körperlänge
42–47 cm,   Flügelspannweite 80–92 cm, Flügellänge ♂
20,8–23,4 cm, ♀ 20,9–22,8 cm;
230–370 g.

Erkennungshinweise: Geschlechter gleich. Kleiner unscheinbar gefärbter Reiher. Im
Schlichtkleid Kopf und Hals
deutlich gestreift und insge-

samt matter gefärbt. Im Flug schneeweiße Flügel aufblitzend.

Stimme: Schweigsam, zur Brutzeit rau „charrr", aggressiv „kek-kek…".

Brutareal: Südeuropa, Vorderasien sowie lokal in Nordafrika und südlich
der Sahara.

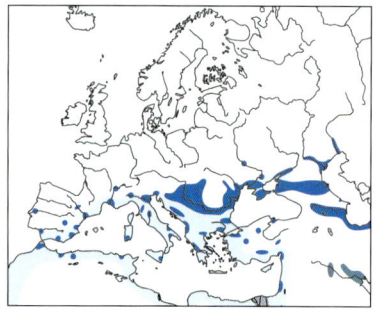

Vorkommen in Mitteleuropa: Regelmäßiger Brutvogel nur in Ungarn, sonst im Süden unregelmäßiger Gast, vor allem im späten Frühjahr und Frühsommer.

Wanderungen: Kurz- und Langstreckenzieher, einzelne überwintern im Mittelmeerraum, nach Süden bis ins tropische Afrika.

Lebensraum: Feuchtgebiete mit viel Vegetation in warmen Klimaten, Nahrungssuche im Seichtwasser.

Nahrung: Insekten und deren Larven, Amphibien, kleine Fische.

Alter: Ältester Ringvogel › 8 Jahre. Generationslänge 5 Jahre.

Gefährdung: Nach der EU-Vogelschutzrichtlinie besonders geschützte Art (Anhang I), in Europa mit ungünstigem Erhaltungsstatus (SPEC 3). Gefährdet durch Vernichtung und Verschlechterung von Feuchtgebieten mit Schilf- und Schwimmpflanzengesellschaften. Möglicherweise hohe Verluste auf dem Zug und im Winterquartier.

Kuhreiher (→145)

Bubulcus ibis (Linnaeus 1758)

Taxonomie: Familie Reiher – Ardeidae. Zwei Unterarten, *B. i. ibis* in Europa.

Größe, Gewicht: Körperlänge 46–56 cm, Flügelspannweite 88–96 cm, Flügellänge ♂ 24,1–26,6 cm, ♀ 24–25,8 cm; 300–400 g.

Erkennungshinweise: Geschlechter gleich. Kleiner, weißer Reiher mit kurzem Hals und Schnabel. Im Prachtkleid Beine und Schnabel rötlich und Brust, Mantel und Scheitel orange.

Stimme: Außerhalb der Kolonien schweigsam, am Brutplatz raue Laute und hühnerartiges Gackern.

Brutareal: Südeuropa, Afrika, Inseln im Indischen Ozean, südliches Asien bis Japan, Korea, Ausbreitung nach Süd- und Nordamerika, Australien und Neuseeland.

Vorkommen in Mitteleuropa:
Einzelne Bruten in Belgien und
den Niederlanden. Sonst zunehmend einzelner Gast, doch
teilweise sicher Gefangenschaftsflüchtlinge, da es auch
freifliegende Brutkolonien in
Zoos gibt.

Wanderungen: Kurzstrecken-
und Teilzieher, Streuungswanderungen.

Lebensraum: Nahrungssuche
auf nassem bis trockenem
Grünland und Feldern, schließt
sich pflanzenfressenden Großsäugern an. Brütet auf Bäumen
in gemischten Reiherkolonien,
aber auch mitten in Dörfern
und Städten.

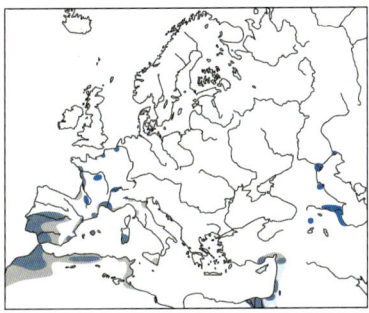

Nahrung: Neben Würmern,
Schnecken, Reptilien, Amphibien und Kleinsäugern werden
hauptsächlich Insekten erbeutet.

Alter: Ältester Ringvogel
18 Jahre, 5 Monate. Generationslänge 5 Jahre.

Gefährdung: Beträchtliche Arealausweitung, brütet inzwischen nördlich
bis in die Niederlande, 2008 erste Brut in England. Nicht gefährdet.

Besonderes: Sitzt oft auf weidenden Großsäugern und befreit diese
auch von Insekten. Kuhreiher haben auf natürlichem Wege von Afrika
aus Südamerika besiedelt, Atlantiküberquerungen ganzer Trupps sind
nachgewiesen.

Graureiher (→146)

Ardea [cinerea] cinerea Linnaeus 1758

Taxonomie: Familie Reiher – Ardeidae. Bildet mit *A. herodias* in Nord-
und Mittelamerika und *A. cocoi* in Südamerika eine Superspezies. Vier
Unterarten, *A. c. cinerea* in Europa und Afrika.

Größe, Gewicht: Körperlänge 90–98 cm, Flügelspannweite 175–195 cm,
Flügellänge ♂ 44–48,5 cm, ♀ 42,8–46,3 cm; 1020–2073 g.

ad.

1. W

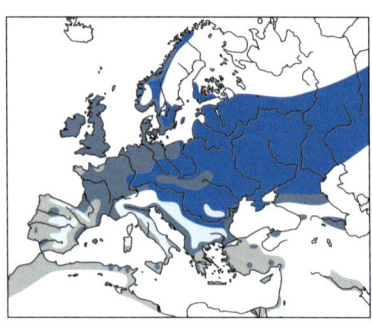

Erkennungshinweise: Geschlechter gleich. Großer unverwechselbarer Reiher mit kräftigem, gelblichem bis grünlichem Schnabel. Junge Graureiher wesentlich kontrastärmer gefärbt als adulte.

Stimme: Ruf im Flug rau „kräik". Am Nest raue Reihen wie „arre-arre-arre-ar..." und laut „goo"; Nestjunge keckern laut.

Brutareal: Von Westeuropa mit Lücken bis Japan und Indonesien; im Mittelmeerraum mit großen Verbreitungslücken.

Vorkommen in Mitteleuropa: Häufiger Brutvogel im gesamten Gebiet.

Wanderungen: Kurzstreckenzieher, Teilzieher mit Streuungswanderungen (vor allem Jungvögel nach der Brutzeit), Ausweichbewegungen im Winter. Einzelne ziehen bis Afrika südlich der Sahara.

Lebensraum: Brutkolonien meist auf hohen Bäumen in Waldrandnähe, in Hanglagen oder auf Inseln, an manchen Stellen Schilfbruten. Nahrungssuche im Seichtwasser verschiedener Gewässertypen, im Herbst auch auf Grünland.

Nahrung: Hauptsächlich Fische (meist 10–20, max. 20–30 cm) und Kleinsäuger (Wühlmäuse), ferner Amphibien und Reptilien.

Brutbiologie: Geschlechtsreife wohl meist im 2. Lebensjahr
• Nest meist auf Bäumen, seltener im Schilf, Unterbau aus

kräftigen Ästen und Zweigen, innen feiner ausgekleidet; alte Nester werden wieder verwendet • 3–5 Eier • Legebeginn Anfang März bis Anfang Juni • Brutdauer 25–26 Tage • ♂ und ♀ brüten • ♂ und ♀ füttern • Junge mit etwa 50 Tagen flugfähig, klettern aber dann noch oft ins Nest zurück • 1 Jahresbrut; Ersatzgelege.

Alter: Ältester Ringvogel 35 Jahre, 1 Monat. Generationslänge 5 Jahre.

Gefährdung: Gefährdung überwiegend durch direkte Verfolgung und Verlust von Nahrungsgewässern.

Besonderes: Für die Nahrungssuche fliegen Graureiher zur Brutzeit bis zu 20 km weit.

	Jan.	Feb.	März	April	Mai	Juni	Juli	Aug.	Sep.	Okt.	Nov.	Dez.
Anwesenheit												
Durchzug												
Brutzeit			x x									
postjuv. Mauser												
Teil- / Vollmauser												
Vollmauser												

Purpurreiher (→148)

Ardea purpurea Linnaeus 1766

Taxonomie: Familie Reiher – Ardeidae. 4 Unterarten, in Europa *A. p. purpurea*.

Größe, Gewicht: Körperlänge 78–90 cm, Flügelspannweite 120–150 cm, Flügellänge ♂ 35,7–38,3 cm, ♀ 33,7–37,2 cm; ♂ 617–1218 g, ♀ 525–1135 g.

Erkennungshinweise: Geschlechter gleich. Langer schlanker Schnabel und vor allem im Flug auffallende sehr lange Zehen. Im Jugendkleid größtenteils hell erdbraun.

ad.

Stimme: Weniger ruffreudig als Graureiher, im Flug höher wie „krreck" oder „rrhe", am Brutplatz verschiedene Rufe ähnlich Graureiher.

Brutareal: Südliches Europa nach Norden bis Niederlande und mittleres Polen, nach Osten bis Ukraine und Kaspigebiet, nach Süden bis Nordafrika und Israel. Weitere Unterarten in Afrika südlich der Sahara und Südasien.

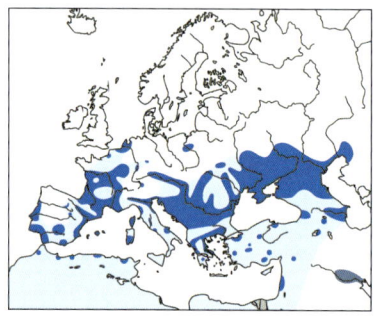

Vorkommen in Mitteleuropa: Lokaler Brutvogel im Südosten und den Niederlanden, sonst sehr seltener, lokaler Brut- und Sommervogel im Süden, sonst seltener und nur gelegentlicher Durchzügler und Sommergast.

Wanderungen: Hauptsächlich Langstreckenzieher, Wintergebiete in Afrika südlich der Sahara, einzelne auch weiter nördlich.

Lebensraum: Brütet in Schilf- und Rohrdickichten, dort auch außerhalb der Brutzeit.

Nahrung: Fische, Insekten und deren Larven, auch Amphibien u. a. kleine Wirbeltiere.

Brutbiologie: Geschlechtsreife meist im 1. Lebensjahr • Nest auf umgebrochenen Pflanzen niedrig über Grund oder Wasser, in Kolonien • 4–5 Eier • Legebeginn Mai • Brutdauer 25–30 Tage • ♂ und ♀ brüten • ♂ und ♀ füttern • Junge bleiben 15–20 Tage im Nest, werden mit 40–50 Tagen flügge und 10 Tage später selbstständig • 1 Jahresbrut; Ersatzgelege.

Alter: Ältester Ringvogel 25 Jahre, 5 Monate. Generationslänge 5 Jahre.

Gefährdung: Nach der EU-Vogelschutzrichtlinie besonders geschützte Art (Anhang I), in Europa mit ungünstigem Erhaltungsstatus (SPEC 3); Gefährdet durch Störungen am Brutplatz, Entwässerungen und Eutrophierungen. Hohe Verluste durch Dürren im Sahel.

Besonderes: Bei Gefahr oft Pfahlstellung wie Rohrdommel. Aufgrund der langen Zehen sehr guter Kletterer im Schilfwald.

	Jan.	Feb.	März	April	Mai	Juni	Juli	Aug.	Sep.	Okt.	Nov.	Dez.
Anwesenheit												
Durchzug												
Brutzeit					x x							
postjuv. Mauser												
Teil- / Vollmauser												
Vollmauser												

Silberreiher (→ 149)

Casmeroidus albus (Linnaeus 1758)

Taxonomie: Familie Reiher – Ardeidae. Auch in Gattung *Egretta* oder *Ardea* gestellt. 4 Unterarten, *C. a. albus* in Europa.

Größe, Gewicht: Körperlänge 80–104 cm, Flügelspannweite 140–170 cm,

Flügellänge ♂ 41–48,5 cm, ♀ 40–45 cm; 700–1500 g.

SK

Erkennungshinweise: Geschlechter gleich. Großer schneeweißer Reiher mit langen schwarzen Füßen. Im Winter mit gelbem Schnabel, dieser zur Brutzeit meist schwarz.

Stimme: Schweigsam; am Brutplatz tiefe und heisere Laute.

Brutareal: Süd- und Osteuropa, Asien, Afrika und Amerika.

Vorkommen in Mitteleuropa: Brutvogel in der pannonischen Tiefebene, sonst zunehmende, aber noch sehr kleine und vereinzelte Brutvorkommen. Regelmäßig ganzjähriger Gast in allen Regionen mit größeren Feuchtgebieten. Seit wenigen Jahren Brutvogel in wenigen

ad. fast PK

Paaren an der deutschen Ostseeküste.

Wanderungen: Streuungswanderungen; Überwinterung in West- und Südeuropa, zunehmend auch in Mitteleuropa.

Lebensraum: Brut in großen Schilfgebieten; Nahrungssuche im Flachwasser und auf überschwemmten Wiesen, auch am Meer.

Nahrung: Fische, Amphibien, Insekten sowie Kleinsäuger und Reptilien.

Brutbiologie: Geschlechtsreife wohl im 2. Lebensjahr • Nest in Europa meist im Röhricht in Kolonien, aus alten Schilfhalmen und Zweigen • 3–5 Eier • Legebeginn Mitte April bis Juni • Brutdauer 25–26 Tage • ♂ und ♀ brüten • ♂ und ♀ füttern • Junge bleiben mind. 20 Tage im Nest, werden mit 40–50 Tagen flügge; Familie bleibt oft noch länger zusammen • 1 Jahresbrut; Ersatzgelege.

Alter: Ältester Ringvogel 22 Jahre, 9 Monate. Generationslänge 5 Jahre.

Gefährdung: Nach der EU-Vogelschutzrichtlinie besonders

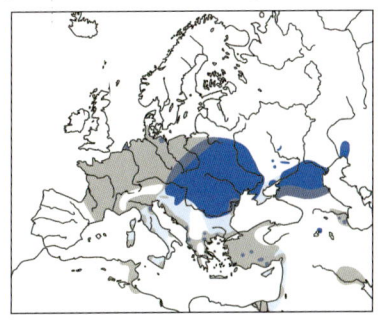

geschützte Art (Anhang I). Gefährdung durch Verlust von Altschilfbeständen in den Brutgebieten, Vertreibung von Fischteichen und direkte Verfolgung.

Besonderes: Überwintert zunehmend in Mitteleuropa und ist in manchen süddeutschen Niederungsgebieten im Winter teilweise sogar häufiger als der Graureiher.

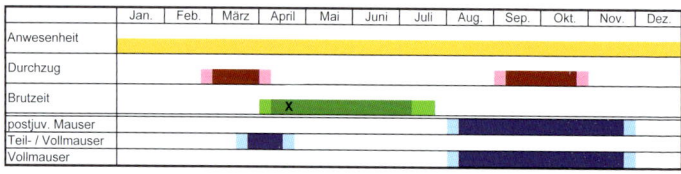

	Jan.	Feb.	März	April	Mai	Juni	Juli	Aug.	Sep.	Okt.	Nov.	Dez.
Anwesenheit												
Durchzug												
Brutzeit				**x**								
postjuv. Mauser												
Teil- / Vollmauser												
Vollmauser												

Schmuckreiher (→ 150)

Egretta thula (Molina 1782)

Taxonomie: Familie Reiher – Ardeidae. Wird oft mit Seidenreiher *E. garzetta* und anderen Formen in eine Superspezies gestellt. 2 Unterarten.

Größe, Gewicht: Körperlänge 48–68 cm, Flügelspannweite 95–100 cm, ca. 370 g.

Erkennungshinweise: Geschlechter gleich. Dem Seidenreiher extrem ähnlich. Schmuckreiher immer mit gelblicher unterer Tarsushinterseite. Im Prachtkleid Schmuckfedern kürzer, aber buschiger, und im Schlichtkleid leuchtend gelbe Zügel.

Stimme: Außerhalb des Brutplatzes schweigsam.

Brutareal: Südliches Nordamerika, Südamerika.

Vorkommen in Mitteleuropa: Ausnahmegast, nur ein Präparat aus dem frühen 20. Jh.

Wanderungen: Brutvögel Nordamerikas ziehen zur Golfküste, nach Mittelamerika und ins nördliche Südamerika.

Lebensraum: Seen, Sümpfe und Küsten, manchmal auch in Trockengebieten.

Nahrung: Kleine Fische und andere kleine Wasser- und Landtiere.

Gefährdung: Nicht gefährdet.

Seidenreiher (→ 151)

Egretta [garzetta] garzetta (Linnaeus 1758)

Taxonomie: Familie Reiher – Ardeidae. Bildet mit einigen ähnlichen Formen eine Superspezies, Abgrenzungen noch nicht geklärt. Wahrscheinlich 4 Unterarten, *E. g. garzetta* in Europa.

Größe, Gewicht: Körperlänge 55–65 cm, Flügelspannweite 86–95 cm, Flügellänge 24,5–30,3 cm; ♂ 496–614 g, ♀ 490–530 g.

Erkennungshinweise: Geschlechter gleich. Dem amerikanischen Schmuckreiher sehr ähnlich. Nur Zehen, jedoch nicht Tarsus gelb. Zur Paarungszeit Zügel rötlich, ansonsten blaugrau.

Stimme: In Kolonien gutturale Rufe.

Brutareal: Südeuropa, Afrika, südliches Asien bis Japan, Südostasien.

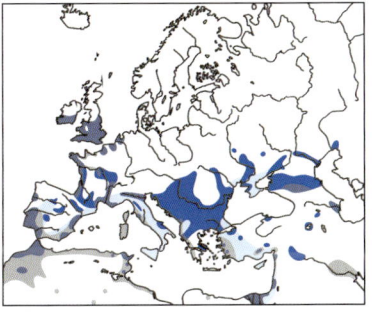

Vorkommen in Mitteleuropa: Brutvogel in Ungarn, sonst zunehmende, aber kleine und lokale Ansiedlungen. Regelmäßiger Gast und Durchzügler von März bis November.

Wanderungen: Zugvogel, Streuungswanderungen. Überwinterung im Mittelmeerraum, doch meist Zug in die Nordtropen Afrikas.

Lebensraum: Nahrungssuche im Seichtwasser, in Verlandungszonen, an Flachufern stehender Binnengewässer, auch in Reisfeldern.

Nahrung: Kleine Fische, Amphibien und Reptilien; Weich- und Krebstiere sowie Insekten.

Brutbiologie: Geschlechtsreife im 1. Lebensjahr • Nest meist in gemischten Reiherkolonien in hohen Bäumen, in Büschen und hohem Schilf, ziemlich dürftig aus Reisern • 3–5 Eier • Legebeginn Mai/Juni • Brutdauer 21–22 Tage • ♂ und ♀ brüten • ♂ und ♀ füttern • Junge weichen nach 30 Tagen auf nahe Äste aus, sind mit 40–45 Tagen flügge • 1 Jahresbrut; Ersatzgelege.

Alter: Ältester Ringvogel 22 Jahre, 4 Monate. Generationslänge 5 Jahre.
Gefährdung: Nach der EU-Vogelschutzrichtlinie besonders geschützte Art (Anhang I). Gefährdung durch illegale Verfolgung in Winterquartieren.
Besonderes: In viktorianischer Zeit waren die Schmuckfedern des Seidenreihers begehrter Modeschmuck, die z. B. an Hüten getragen wurden. Entsprechend exzessiv wurde die Art verfolgt.

Schwarzstorch (→ 153)

Ciconia nigra (Linnaeus 1758)

Taxonomie: Familie Störche – Ciconiidae. Keine Unterarten.
Größe, Gewicht: Körperlänge 95–100 cm, Flügelspannweite 144–155 cm, Flügellänge 52–60 cm; ca. 3000 g.

K2

Erkennungshinweise: Geschlechter gleich. Kopf, Hals, Brust und gesamte Oberseite schwarz mit metallischem Glanz, Unterseite und Teil der Unterflügeldecken weiß, Beine, Schnabel und Augenring kräftig rot.
Stimme: Flugruf beim Kreisen melodisch „fuo", am Nest pfeifende und fauchende Rufe.
Brutareal: Lückig von West- und Südeuropa bis ins nördliche Ostasien, isoliert in Südafrika.
Vorkommen in Mitteleuropa: Lückig verbreiteter, seltener Brut- und Sommervogel, nach Osten zunehmend; regelmäßiger Durchzügler. Positiver Bestandstrend.
Wanderungen: Langstreckenzieher; Hauptwinterquartiere in den Tropen Ost- und Westafrikas.
Lebensraum: Brutvogel in Laub- und Mischwäldern mit Feuchtwiesen und Waldtei-

ad.

chen, in Süd- und Osteuropa auch Felsbrüter. Nahrungssuche häufig am Wasser.

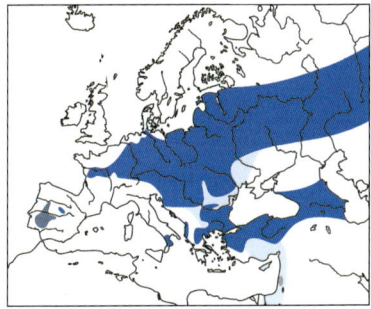

Nahrung: Wasserinsekten, Fische, Amphibien; Landtiere weniger.

Brutbiologie: Geschlechtsreife im 3.–4. Lebensjahr • Nest meist auf hohen Bäumen, großer Bau aus Ästen mit feinem Polstermaterial, auch in Greifvogel- und Kunstnestern • 3–5 Eier • Legebeginn Anfang Mai • Brutdauer 35–36 Tage • ♂ und ♀ brüten • ♂ und ♀ füttern • Junge bleiben 63–71 Tage im Nest, kehren dann noch 14 Tage ins Nest zurück • 1 Jahresbrut.

Alter: Ältester Ringvogel 18 Jahre, 7 Monate. Generationslänge 8 Jahre.

Gefährdung: Nach der EU-Vogelschutzrichtlinie besonders geschützte Art (Anhang I), auf Europa konzentriert und mit ungünstigem Erhaltungsstatus (SPEC 2). Gefährdung durch Störungen am Brutplatz, Verluste durch Strommasten und Freileitungen und Pestizidvergiftungen sowie Jagd auf dem Zug.

Besonderes: Eine der wenigen Großvogelarten, die sowohl auf Bäumen als auch in Felsen brüten.

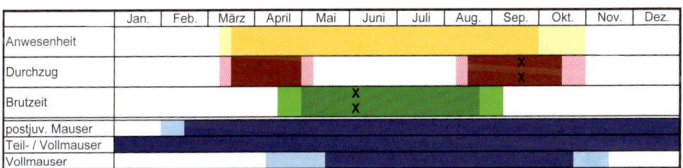

	Jan.	Feb.	März	April	Mai	Juni	Juli	Aug.	Sep.	Okt.	Nov.	Dez.
Anwesenheit												
Durchzug									x	x		
Brutzeit					x	x						
postjuv. Mauser												
Teil- / Vollmauser												
Vollmauser												

Weißstorch (→154)

Ciconia [ciconia] ciconia (Linnaeus 1758)

Taxonomie: Familie Störche – Ciconiidae. Bildet Superspezies mit dem ostasiatischen Schwarzschnabelstorch *C. boyciana*. Zwei Unterarten, in Europa *C. c. ciconia*.

Größe, Gewicht: Körperlänge 100–102 cm, Flügelspannweite 155–165 cm, Flügellänge 53–63 cm; ♂ 2610–4400 g, ♀ 2275–3900 g.

Erkennungshinweise: Geschlechter gleich. Durch schwarzweißes Federkleid und roten Schnabel und Beine unverwechselbar.

Stimme: Sehr selten zischende Laute der Altvögel. Sonst stumm. Bekanntester Laut ist das Schnabelklappern.

ad.

Brutareal: Nordafrika, Europa und Vorderasien bis Westiran und Kaspiregion. Isoliert in Südafrika.

Vorkommen in Mitteleuropa: Verbreiteter Brut- und Sommervogel mit Schwerpunktvorkommen in den Niederungslandschaften und den bedeutendsten Beständen in Polen, in den Mittelgebirgen bis etwa 900 m ü. NN.

Wanderungen: Zugvogel, zumeist Langstreckenzieher. Zugwege im Westen über Gibraltar nach Westafrika sowie im Osten (Mehrzahl der deutschen Brutvögel) über den Bosporus, das Jordantal, Sinai und Niltal ins östliche und südliche Afrika. Zunehmend Überwinterungen in Mitteleuropa bedingt durch Aussetzung von Zuchtstörchen mit nordafrikanischer Herkunft und Zufütterung.

Lebensraum: Offenes Land mit nicht zu hoher Vegetation und Feuchtgebieten als Nahrungsgrund (Feuchtwiesen, Weiden, extensiv genutzte

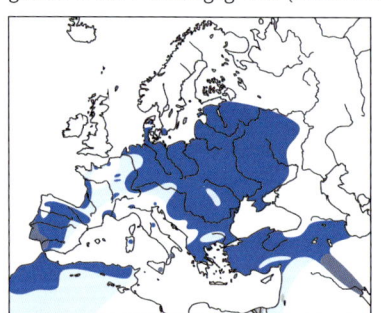

Mähwiesen, Luzerneschläge, Weiher, Flachwasserbereiche, im Süden Steppengebiete) nahe den Brutplätzen wichtig. Horstplätze in Städten, ländlichen Siedlungen und Einzelgebäuden auf Dächern sowie auf Ruinen, in Mitteleuropa seltener in Bäumen brütend. Gerne auf modifizierten Strom- und Telegraphenmasten brütend.

Nahrung: Mäuse, Insekten (besonders Heuschrecken) und deren Larven, Regenwürmer, Amphibien (Frösche sind jedoch nicht vorherrschende Nahrung), Reptilien, Fische sowie auch Aas.

Brutbiologie: Geschlechtsreife mit 3–4 Jahren • Nest möglichst frei auf hohen Bauwerken oder seltener auf Bäumen; große Nester z. T. durch Wiederverwendung bis > 2 m Höhe, aus kräftigen Ästen und Zweigen, innen mit Gras und feinem Reisig ausgekleidet • 3–5 Eier • Legebeginn Mitte März bis Mai • Brutdauer 32 Tage • ♂ und ♀ brüten • ♂ und ♀ füttern • Junge mit etwa 55–60 Tagen flügge, nach ca. 3 Monaten selbstständig • 1 Jahresbrut; selten Ersatzgelege.

Alter: Ältester Ringvogel 39 Jahre. Generationslänge 8 Jahre.
Schutzstatus und Gefährdung: Nach der EU-Vogelschutzrichtlinie besonders geschützte Art (Anhang I), Art auf Europa konzentriert und mit ungünstigem Erhaltungsstatus (SPEC 2); Gefährdet durch intensive Landwirtschaft, Entwässerungen, Grünlandumbruch. Direkte Verluste an Freileitungen und durch Jagd in Westafrika.
Besonderes: Durch Durchmischung mit nicht ziehenden, eingebürgerten Zuchtstörchen überwintern zunehmend Weißstörche in Deutschland.

	Jan.	Feb.	März	April	Mai	Juni	Juli	Aug.	Sep.	Okt.	Nov.	Dez.
Anwesenheit												
Durchzug												
Brutzeit				x	x							
postjuv. Mauser												
Teil- / Vollmauser												
Vollmauser												

Fischadler (→155)

Pandion haliaetus (Linnaeus 1758)

Taxonomie: Familie Fischadler – Pandionidae. Drei Unterartengruppen sind aber wahrscheinlich als Allospezies einer Superspezies zu betrachten.
Größe, Gewicht: Körperlänge 55–58 cm, Flügelspannweite 145–170 cm, Flügellänge ♂ 44,8–49,4 cm, ♀ 47,6–51,8 cm; ♂ 1120–1740 g, ♀ 1500–2100 g.
Erkennungshinweise: Geschlechter ähnlich. Unverwechselbarer mittelgroßer Greifvogel mit langen Flügeln. Scheitel und Unterseite schneeweiß, Oberseite graubraun. Weibchen mit deutlichem Brustband, das dem Männchen oft fehlt.
Stimme: Rufe am Nestplatz hoch „tjipp-tjipp-tjipp...", einzelne scharfe Pfiffe wie „pjüpp"; hohe Rufe bei Balzflügen des Männchens.
Brutareal: Alle Unterartengruppen zusammen fast kosmopolitisch.

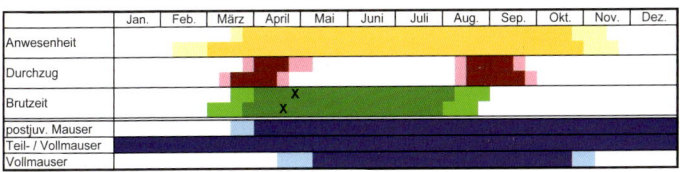
ad.

Vorkommen in Mitteleuropa: Seltener Brut- und Sommervogel, hauptsächlich auf den Osten beschränkt, aber Zunahme und Arealausweitung in den Westen und Süden.
Wanderungen: Zugvogel, Hauptwinterquartier Afrika südlich der Sahara, einzeln im Winter im Mittelmeerraum, ausnahmsweise Winterbeob-

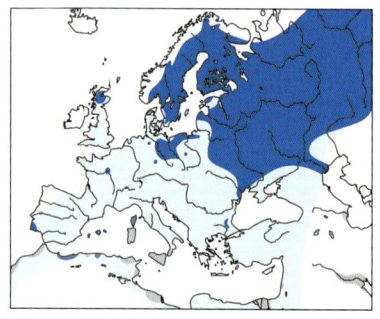

achtungen auch in Mitteleuropa.

Lebensraum: Fischreiche Gewässer, hohe Bäume zum Nestbau, z. B. waldreiche Seen, Flussauen. Im Mittelmeerraum und nahen Osten auch am Meer brütend. Zur Zugzeit fischreiche Gewässer, auch Fischteiche.

Nahrung: Fische, Vorzugsgewicht 150–350 g, doch auch bis 500 g und mehr. Bei Engpässen auch Kleinsäuger, Vögel, Reptilien.

Brutbiologie: Erstbrutalter mit 3–4 Jahren • Nest auf einzeln stehenden oder den Bestand überragenden Bäumen mit abgeflachter Krone, zunehmend auch auf Bauten wie Gittermasten, aus dürren Knüppeln und weichem Pflanzenmaterial; alte Nester oft lange benutzt, Kunstnester werden angenommen • 3 Eier • Legebeginn ab Mitte April und später • Brutdauer 34–41 Tage • ♀ brütet überwiegend • ♂ trägt Futter ein, ♀ füttert • Junge bleiben 50–54 Tage im Nest, Familienzusammenhalt noch 1–2 Monate • 1 Jahresbrut.

Alter: Älteste Ringvögel 32 und 26 Jahre. Generationslänge 9 Jahre.

Gefährdung: Art nach der EU-Vogelschutzrichtlinie besonders zu schützende Art (Anhang I), in Europa mit ungünstigem Erhaltungszustand (SPEC 3); Gefährdungsursachen sind direkte Verfolgung, Verluste an Stromleitungen und in Fischzuchtanlagen, Störungen am Brutplatz und unzureichendes Nistplatzangebot.

Besonderes: Einziger Greifvogel, der die Außenzehe nach hinten wenden kann. Dadurch ist es ihm möglich, erbeutete Fische besser festzuhalten. Mittlerweile in nahezu ganz Mitteleuropa auf künstliche Nisthilfen angewiesen, da im Wirtschaftswald kaum geeignete Nistbäume zur Verfügung stehen.

	Jan.	Feb.	März	April	Mai	Juni	Juli	Aug.	Sep.	Okt.	Nov.	Dez.
Anwesenheit												
Durchzug												
Brutzeit				X								
postjuv. Mauser												
Teil- / Vollmauser												
Vollmauser												

Gleitaar (→156)

Elanus [caeruleus] caeruleus (Desfontaines 1789)

Taxonomie: Familie Habicht-verwandte – Accipitridae. Bildet mit *E. axillaris* in Australien und *E. leucurus* in Süd- und Nordamerika eine Superspezies. Fünf Unterarten, in Europa *E. c. caeruleus*.

ad.

Größe, Gewicht: Körperlänge 31–35 cm, Flügelspannweite 75–87 cm, Flügellänge ♂ 24,9–29,2 cm, ♀ 26,2–29,7 cm; ♂ 197–343 g.

Erkennungshinweise: Geschlechter gleich. Unverwechselbarer kleiner schwarzweißer Greifvogel mit kurzem Schwanz. Jugendkleid mit weißen Federrändern und rostfarbenem Scheitel und Brust. Fliegt oft mit sehr weit erhobenen Flügeln.

Stimme: Wenig zu hören. Am Nest verschiedene miauende oder heisere Rufe.

Brutareal: Afrika südlich der Sahara über Südasien bis Neuguinea, nördlich der Sahara meist begrenzte Areale in Ägypten, Nordwestafrika, Portugal, Westspanien und neuerdings zunehmend in Südfrankreich.

Vorkommen in Mitteleuropa: Ausnahmegast.

Wanderungen: Standvogel mit Streuungswanderungen.

Lebensraum: Kulturland mit sehr lockerem Baumbestand, ferner Savannen, Steppen und Halbwüsten.

Nahrung: Kleinsäuger, Kleinvögel, kleine Reptilien, mitunter auch Großinsekten.

Alter: Generationslänge 5 Jahre.

Schutzstatus und Gefährdung:
Nach der EU-Vogelschutzrichtlinie besonders geschützte Art (Anhang I), in Europa mit ungünstigem Erhaltungsstatus (SPEC 3).

Besonderes: Rüttelt sehr oft mit hängenden Beinen.

Bartgeier (→158)
Gypaetus barbatus (Linnaeus 1758)

ad.

ad.

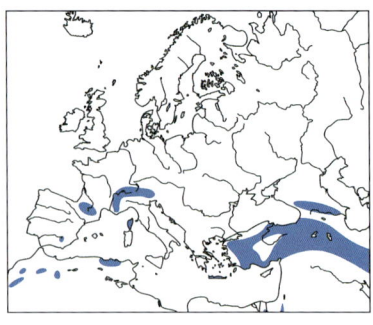

Taxonomie: Familie Habicht-verwandte – Accipitridae. Drei Unterarten, in Europa brütet *G. b. aureus.*

Größe, Gewicht: Körperlänge 110–115 cm, Flügelspannwei-te 250–282 cm, Flügellänge ♂ 72–86 cm, ♀ 72–88 cm; 4500–7100 g.

Erkennungshinweise: Ge-schlechter gleich. Großer lang-flügeliger und langschwänziger Geier. Der Schwanz keilförmig und länger als die Flügelbreite. Auffallend sind die bartartigen, namensgebenden Federn an der Schnabelbasis.

Stimme: Wenig zu hören; hohe Rufe, bei Erregung auch Triller.

Brutareal: Gebirge Nordafri-kas, Südeuropas und Vorder-asiens bis nach Zentralasien (Himalaja), ferner in Ost- und Südafrika.

Vorkommen in Mitteleuropa: Seit spätestens Mitte 19. Jh. kein Brutvogel mehr. Ab 1986 erfolgreiches Wiedereinbürge-rungsprojekt in den Alpen mit zunehmenden Brutvorkom-men, daher jetzt auch wieder gelegentliche Beobachtungen von Einzelvögeln in den deut-schen Alpen.

Wanderungen: Standvogel, Streuungswanderungen.

Lebensraum: Felsgebiete mit Schluchten vor allem im Hoch-gebirge.

Nahrung: Fleisch und Knochen frisch toter Säugetiere, Schildkröten, Vögel, auch alte Knochen, Abfälle.

Brutbiologie: Geschlechtsreife ab 5–7 Jahren • Nest in hohen Felswänden in Nischen oder Halbhöhlen, umfangreiche Nestbauten aus Knüppeln und Ästen, feinere Polsterung • 1–2 Eier • Legebeginn Südeuropa Mitte Dezember bis Mitte Februar • Brutdauer 52–60 Tage • ♀ brütet mehr als ♂ • ♂ füttert, später auch ♀ • Junge bleiben 103–133 Tage im Nest, danach noch mehrere Wochen Nahrungssuche der ad. für juv. • 1 Jahresbrut; Ersatzgelege?

Alter: Höchstalter in Gefangenschaft 43 Jahre. Generationslänge 15 Jahre.

Schutzstatus und Gefährdung: Nach der EU-Vogelschutzrichtlinie besonders geschützte Art (Anhang I), in Europa mit ungünstigem Erhaltungsstatus (SPEC 3); ehemaliger Brutstatus in Deutschland umstritten. Aufgrund menschlicher Verfolgung (Abschuss, Gelegezerstörung, Vergiftung mit Ködern etc.) sowie Verlust der Nahrungsgrundlagen (u. a. Beseitigung von Kadavern) bis Anfang 20. Jh. aus vielen Regionen Europas verschwunden.

Besonderes: Der Bartgeier färbt seine reinweiße Unterseite durch Baden in Eisenoxid haltigem Schlamm rostrot ein.

Schmutzgeier (→ 159)

Neophron percnopterus (Linnaeus 1758)

Taxonomie: Familie Habichtverwandte – Accipitridae. 2 Unterarten, in Europa *N. p. percnopterus*.

Größe, Gewicht: Körperlänge 58–70 cm, Flügelspannweite 155–180 cm, Flügellänge ♂ 48,6–51,6 cm, ♀ 48–51,4 cm; 1600–2400 g.

Erkennungshinweise: Geschlechter gleich. Durch charakteristisches Flugbild mit keilförmigem Schwanz und langem dünnem Schnabel un-

ad.

verwechselbar. Im Alterskleid gesamtes Kleingefieder und Schwanz weiß, Schwungfedern jedoch schwarz. Jugendkleid dunkelbraun, immature Individuen je nach Alter matter braun und mehr oder weniger gescheckt.

Stimme: Ruft wenig; wenn erregt, hohes Trillern, auch miauende, zischende und grunzende Rufe.

Brutareal: Nordafrika, Sahelzone und Ostafrika, Südeuropa, Vorderasien bis Indien und Zentralasien, Arabien.

Vorkommen in Mitteleuropa: Ausnahmegast.

Wanderungen: In Europa und Nordafrika Zugvogel, Winterquartier Afrika südlich der Sahara; einzelne Überwinterungsversuche in Südeuropa.

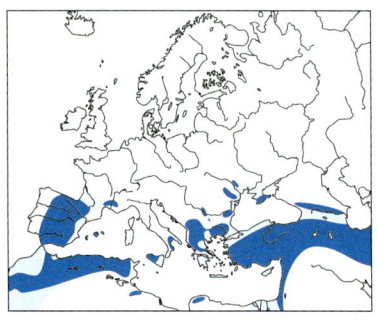

Lebensraum: Brutvogel in Felswänden, offene Landschaften, auch Wüsten und Halbwüsten.

Nahrung: Abfälle, Kleintiere, Reste von Kadavern.

Alter: Höchstalter in Gefangenschaft 37 Jahre, Generationenslänge 14 Jahre.

Gefährdung: Nach der EU-Vogelschutzrichtlinie besonders geschützte Art (Anhang I), in Europa mit ungünstigem Erhaltungsstatus (SPEC 3). In Europa stark gefährdet durch direkte Verfolgung, dadurch nur noch kleine Restbestände vorhanden. Hohe Verluste auf dem Zug und im Winterquartier.

Besonderes: Mit Hilfe von Steinen, die er im Schnabel festhält, ist der Schmutzgeier in der Lage, sogar Straußeneier zu öffnen.

Wespenbussard (→160)

Pernis apivorus (Linnaeus 1758)

Taxonomie: Familie Habichtverwandte – Accipitridae. Keine Unterarten.

Größe, Gewicht: Körperlänge 52–60 cm, Flügelspannweite 130–150 cm, Flügellänge ♂ 38,6–43,4 cm, ♀ 39,8–43,9 cm; ♂ 632–836 g, ♀ 620–962 g.

Erkennungshinweise: Geschlechter sehr ähnlich und kaum zu unterscheiden.

Färbung sehr variabel und leicht mit dem Mäusebussard zu verwechseln, jedoch Flügel und auch Schwanz länger. Unterflügel meist stark gebändert und Schwanz mit drei Binden. Auffallend kleiner, schlanker Kopf.

Stimme: Vor allem Jungvögel und Altvögel ohne Brut ab Juli sehr ruffreudig. Flugruf ein helles „düdliü" oder kurz „wühe", mit den Rufen flügger Sperber und Habichten zu verwechseln.

Brutareal: Mittlere bis höhere Breiten von Südwest-Europa bis West-Sibirien in den sommerwarmen und niederschlagsarmen Bereichen.

Vorkommen in Mitteleuropa: Lückig verbreiteter Brut- und Sommervogel vom Tiefland bis in die Vorbergzone.

Wanderungen: Langstreckenzieher mit Winterquartieren in Äquatorial- und Süd-Afrika.

Lebensraum: Reich strukturierte Landschaften mit Horstmöglichkeiten zumeist im Randbereich von Laub-, Misch- und Nadelwäldern, Feldgehölzen und Auwäldern. Nahrungssuche in überwiegend offenem

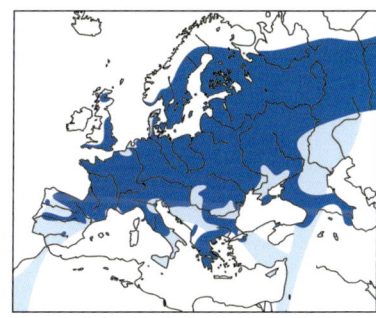

Gelände wie extensiv bewirtschafteten Wiesen sowie Waldrändern und Lichtungen. Im afrikanischen Winterquartier Tieflandregenwälder.

Nahrung: Larven, Puppen und Imagines von sozialen Wespen, seltener Hummeln; daneben andere Insekten, Amphibien, Reptilien, Jungvögel, Würmer, selten Kleinsäuger; im Spätsommer Steinfrüchte und Beeren.

Brutbiologie: Geschlechtsreife im 1.–2. Jahr, Erstbruten im 2. Lebensjahr aber selten • Nest auf Bäumen, umfangreicher Bau aus groben Ästen und Zweigen, Mulde mit grünen Blättern ausgepolstert; laufend mit frischen belaubten Zweigen ausgebessert • 2 Eier • Legebeginn Ende Mai bis Mitte Juni • Brutdauer 30–35 Tage • ♀ brütet, ♂ selten • ♀ und ♂ füttern, erst ab 6. Tag auch Fleisch • Junge bleiben 35–48 Tage im Nest, juv nach 75–199 Tagen selbstständig • 1 Jahresbrut; Ersatzgelege.

Alter: Ältester Ringvogel 29 Jahre. Generationslänge 9 Jahre.

Gefährdung: Nach der EU-Vogelschutzrichtlinie besonders geschützte Art (Anhang I), auf Europa konzentriert (SPEC E); Gefährdung durch intensive Landnutzung, Biozideinsatz, Abschuss im Mittelmeerraum und illegal als Verwechslungsart des Mäusebussards in Mitteleuropa.
Besonderes: Einziger Greifvogel, der auch vegetarische Nahrung zu sich nimmt.

	Jan.	Feb.	März	April	Mai	Juni	Juli	Aug.	Sep.	Okt.	Nov.	Dez.
Anwesenheit												
Durchzug									x	x		
Brutzeit					x	x						
postjuv. Mauser												
Teil- / Vollmauser												
Vollmauser												

Schlangenadler (→161)

Circaetus [gallicus] gallicus (J. F. Gmelin 1788)

Taxonomie: Familie Habichtverwandte – Accipitridae. Superspezies mit 2 afrikanischen Arten *C. beaudouini* und *C. pectoralis*. Keine Unterarten.
Größe, Gewicht: Körperlänge 62–67 cm, Flügelspannweite 170–185 cm, Flügellänge ♂ 50,5–55,1 cm, ♀ 51,2–55,7 cm; ♂ 1200–2000 g, ♀ 1300–2300 g.

Erkennungshinweise: Geschlechter gleich. Der helle Schlangenadler wird sehr leicht mit hellen Mäusebussarden verwechselt, hat jedoch nie dunkel Flecken am Flügelbug und ist ca. ein Drittel größer als dieser. Schwanz durch drei bis vier Binden gekennzeichnet. Großer, oft dunkler Kopf mit gelben Augen und Beine blaugrau.
Stimme: Ruf des ♂ hoch „iii" oder „hii" und dann tiefer „jo" oder „jiuh", auch in Reihen.
Brutareal: Nordwestafrika, Südeuropa, Osteuropa bis Nordmongolei und über Iran bis Indien.
Vorkommen in Mitteleuropa: In Ungarn, Polen und der Slowakei sehr seltener Brutvogel, sonst lokal einzelne Übersommerer, nach Nordwesten hin zunehmend seltener und außergewöhnlicher Gastvogel.

Wanderungen: Langstrecken-zieher, überwintert südlich der Sahara.

Lebensraum: Wälder als Brutplatz oder einzelne höhere Bäume in Steppe oder Macchiae, offene reptilienreiche Flächen als Jagdgebiet.

Nahrung: Hauptsächlich Reptilien, vor allem Schlangen, aber auch Vögel und Kleinsäuger.

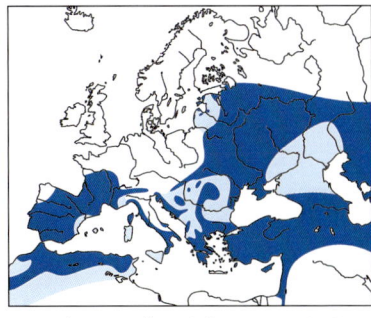

Brutbiologie: Geschlechtsreife im 3. oder 4. Lebensjahr • Nest in Bäumen aus Zweigen, Mulde mit belaubten Zweigen ausgelegt • 1 Ei • Legebeginn Mitte April bis Mai • Brutdauer 45–47 Tage • ♀ brütet hauptsächlich • ♂ und ♀ füttern • Junges bleibt 70–75 Tage im Nest, ab 60 Tagen erste Ausflüge, Führungszeit mehrere Wochen • 1 Jahresbrut; mitunter Ersatzgelege.

Alter: Ältester Ringvogel > 17 Jahre. Generationslänge 13 Jahre.

Gefährdung: Nach der EU-Vogelschutzrichtlinie besonders geschützte Art (Anhang I), in Europa mit ungünstigem Erhaltungsstatus (SPEC 3); Gefährdung durch Aufgabe traditioneller Beweidung und intensive Landnutzung. Weitere Verluste durch direkte Verfolgung sowie Freileitungen und Strommasten.

Besonderes: Schlangenadler fressen regelmäßig Giftschlangen, obwohl sie nicht immun gegen Schlangengifte sind. Sie verlassen sich dabei auf ihre Fangtechnik, mit der sie die Schlange direkt hinter dem Kopf greifen.

Mönchsgeier (→162)

Aegypius monachus (Linnaeus 1766)

Taxonomie: Familie Habichtverwandte – Accipitridae. Keine Unterarten.

Größe, Gewicht: Körperlänge 98–107 cm, Flügelspannweite 250–295 cm, Flügellänge ♂ 73,5–82 cm, ♀ 75–84,5 cm; ♂ 7000–11500 g, ♀ 7500–12500 g.

Erkennungshinweise: Geschlechter gleich. Etwas größer als Gänsegeier und durch

K1

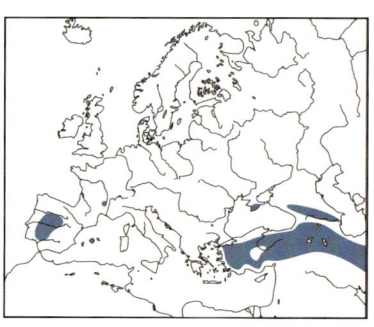

sein braunschwarzes Gefieder unverwechselbar. Jungvögel mit schwarzem, Altvögel mit hellbraunem Kragen.

Stimme: Wenig zu hören, am Kadaver grunzende Laute.

Brutareal: Mit einzelnen Verbreitungsinseln von Spanien bis Kleinasien, Krim, Kaukasus bis Zentral- und Ostasien.

Vorkommen in Mitteleuropa: Ausnahmegast, z.T. aus Wiedereinbürgerungsprojekten.

Wanderungen: Standvogel, Streuungswanderungen.

Lebensraum: Niedrige bis mittelhohe Gebirgslandschaften mit Wald; Horstbäume vor allem auf Hanglagen.

Nahrung: Tote Tiere.

Alter: Generationslänge 16 Jahre.

Gefährdung: Nach der EU-Vogelschutzrichtlinie besonders geschützte Art (Anhang I), weltweit bedroht (SPEC 1). Gefährdung durch Nahrungsmangel wegen zunehmender Kadaverbeseitigung und direkter Verfolgung (Abschuss, Vergiftung). Horstbäume werden nicht ausreichend geschützt. Intensive Schutzmaßnahmen wie in Spanien können Wirkung zeigen.

Besonderes: In Europa fast ausschließlich Baumbrüter. In Asien jedoch sehr häufig Felsbrüter.

Gänsegeier (→163)

Gyps fulvus (Hablizl 1783)

Taxonomie: Familie Habichtverwandte – Accipitridae. Zwei Unterarten, in Europa *G. f. fulvus*.

Größe, Gewicht: Körperlänge 95–115 cm, Flügelspannweite 240–280 cm, Flügellänge ♂ 68,5–75 cm, ♀ 72,5–77,5 cm; 6000–11 000 g.

Erkennungshinweis:
Geschlechter gleich.
Nur mit asiatischen oder
afrikanischen Arten zu
verwechseln. Im Jugend-
kleid hellbrauner statt
weißer Halskragen.

Stimme: Schweigsam;
am Kadaver fauchende
und röhrende Laute, bei
Streitigkeiten am Schlaf-
platz gänseartiges Ga-
ckern und Keckern.
Brutareal: Trocken-
gebiete in Südeuropa,
Nordafrika, Vorder- bis
Zentralasien, Nordindien, Bangladesh.
Vorkommen in Mitteleuropa: Seltener Gastvogel, in den Ostalpen übersommernd. Neuerdings Beobachtungen zunehmend durch Einflüge aus
Südwesten und vom Balkan sowie als Folge von Wiederansiedlungspro-
jekten (Frankreich) und Freiflughaltungen.
Wanderungen: Standvogel und Teilzieher, Streuungswanderungen.
Überwintert nicht am Nordrand des Areals, erst ab südlich der Pyrenäen
und Balkangebiet.

Lebensraum: Felsbrüter in
Landschaften mit lebhaftem
Relief (Thermik), Steppen- und
extensive Weidegebiete.
Nahrung: Ausschließlich Aas,
vor allem von mittelgroßen
und großen Säugetieren.
Alter: Ältester Ringvogel 9
Jahre 11 Monate, Gefangen-
schaftsvögel mehrfach 34–37
Jahre. Generationslänge 16
Jahre.

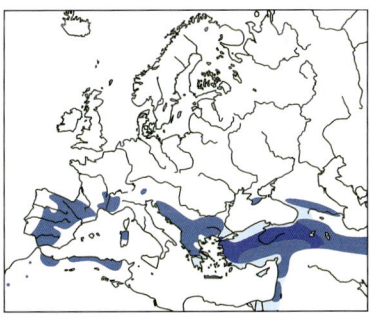

Gefährdung: Nach der EU-Vogelschutzrichtlinie besonders geschützte
Art (Anhang I); Gefährdung durch direkte Verfolgung, Abkehr von traditioneller Weidewirtschaft und zunehmender Hygiene (Kadaverbeseitigung).
Besonderes: Gänsegeier könnten bei ausreichender Nahrungsverfüg-
barkeit eventuell auch wieder in Deutschland brüten.

Habichtsadler (→ 164)

Aquila [fasciata] fasciata Vieillot 1822

ad.

ad.

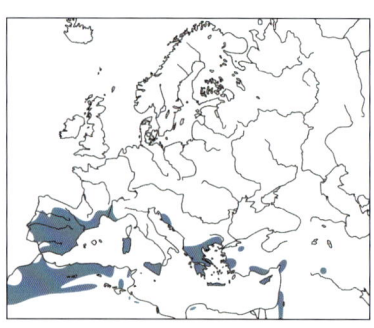

Taxonomie: Familie Habichtverwandte – Accipitridae. Synonym *Hieraaetus fasciatus*. Bildet mit dem Afrikanischen Habichtsadler *A. spilogaster* eine Superspezies. Zwei Unterarten, in Europa *A. f. fasciata*.

Größe, Gewicht: Körperlänge 65–74 cm, Flügelspannweite 150–180 cm, Flügellänge ♂ 46,5–50,7 cm, ♀ 47,8–52,3 cm; 1600–2500 g.

Erkennungshinweise: Geschlechter gleich. Mittelgroßer Greifvogel mit langem Schwanz und langen Flügeln. Das Alterskleid wird erst im 4. Kalenderjahr erreicht. Altvogel oberseits mittelbraun mit weißem Mantelfleck, Unterseite weiß mit dunklen Tropfenflecken. Jugendkleid oberseits mittelbraun, Unterseite einfarbig hell-rotbraun mit wenigen feinen Stricheln am Hals und Oberbrust. Schwanz immer mit vielen schmalen Binden.

Stimme: Wenig zu hören. Am Brutplatz jauchzend „jjiiöh", hohe „jibjibjib".

Brutareal: Nordafrika, Mittelmeerraum und Vorderasien; Indien, Myanmar, Südchina.

Vorkommen in Mitteleuropa: Ausnahmegast.

Wanderungen: Standvogel mit Streuungswanderungen, wohl nur selten Zugvogel

Lebensraum: Jagdgebiete in mediterranen Kultur- und Strauchflächen, Steppengebieten bis Halbwüsten. Nest oft hoch in Felsen und in schluchtartigen Tälern.

Nahrung: Säugetiere, besonders Kaninchen, auch Vögel und Reptilien.

Alter: Generationslänge 11 Jahre.

Gefährdung: Nach der EU-Vogelschutzrichtlinie besonders geschützte Art (Anhang I), in Europa mit ungünstigem Erhaltungsstatus (SPEC 3). Gefährdung überwiegend durch direkte Verfolgung sowie hohe Verluste an Freileitungen und Strommasten.

Zwergadler (→165)

Aquila pennata (J. F. Gmelin 1788)

Taxonomie: Familie Habichtverwandte – Accipitridae. Früher zur Gattung *Hieraaetus* gezählt. Zwei Unterarten, *pennata* in der Paläarktis, *dubia* in Südafrika.

Größe, Gewicht: Körperlänge 45–53 cm, Flügelspannweite 100–121 cm, Flügellänge ♂ 34,2–37,8 cm, ♀ 37,4–42,5 cm; ♂ 510–770 g, ♀ 840–1250 g.

Erkennungshinweise: Geschlechter gleich. Nur bussardgroß und dadurch große Verwechslungsgefahr mit diesem und anderen Geifvogelarten. Eine helle, fast weiße und eine dunkle Farbmorphe mit farblich dazwischen liegenden Über-

K1

gängen. Bei dunkler Morphe Verwechslungsgefahr mit Schwarzmilan. Im Flug durch stark gefingerten Handflügel, hellere innere Handschwingen und eckigen Schwanz von anderen Arten zu unterscheiden. Bei der dunklen Morphe auffällige helle Fügelabzeichen auf der Basis der Vorderflügel.

Stimme: Sehr ruffreudig und großes Stimmrepertoire. Auf- und abschwellende Rufreihen „wi wi wu u u u", aus der Ferne an Rotschenkel erinnernd. Bei der Beuteübergabe ruft das Weibchen „kiak kiak kiak", das Männchen „kli kli kli".

Brutareal: Lückenhaft von Nordafrika und Südeuropa in einem schmalen Band nach Osten bis Zentralsibirien und Nordmongolei mit Südgrenze

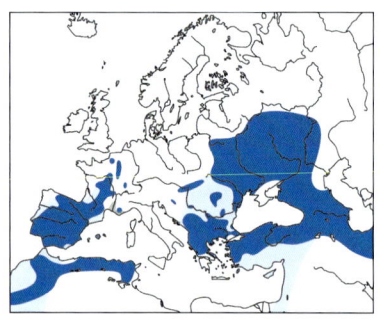

vom Nordiran bis Nordindien. Ferner kleine Population in Südafrika.

Vorkommen in Mitteleuropa: Extrem seltener Brutvogel, v. a. im Osten, aber ab 1995 eine nicht dauerhafte Brutansiedlung im Hakel (Sachsen-Anhalt). Sonst seltener Gastvogel im Sommerhalbjahr.

Wanderungen: Langstreckenzieher mit Hauptwinterquartieren in Afrika südlich der Sahara, seltener im Mittelmeergebiet.

Lebensraum: Abwechslungsreiche, lückige Waldgebiete in Niederungs- und Gebirgsregionen.

Nahrung: Säugetiere bis Kaninchengröße, Vögel bis Hühnergröße, Reptilien, gelegentlich Großinsekten; mitunter Nesträuber.

Brutbiologie: Brütet in Baumnestern, wo passende Bäume fehlen in Felsen • meist 2 Eier • Brutdauer 35–39 Tage • ♀ brütet • ♀ füttert bis 6 Wochen allein • Nestlingszeit 50–55 Tage • 1 Jahresbrut • Mitunter werden beide Jungvögel flügge, häufig tötet aber das ältere das jüngere Geschwister (Kainismus).

Alter: Höchstalter in Gefangenschaft > 12 Jahre. Generationslänge 11 Jahre.

Gefährdung: Nach der EU-Vogelschutzrichtlinie besonders geschützte Art (Anhang I), in Europa mit ungünstigem Erhaltungsstatus (SPEC 3). Gefährdet durch Erschließung von Wäldern und Intensivierung der Forstwirtschaft, Verluste an Strommasten und Freileitungen und direkte Verfolgung.

Besonderes: Nur bussardgroß, aber ein echter Adler.

Steinadler (→166)

Aquila chrysaetos (Linnaeus 1758)

Taxonomie: Familie Habichtverwandte – Accipitridae. Fünf Unterarten, davon 2 in Europa. In Deutschland *chrysaetos*, im Mittelmeerraum *homeyeri*.

Größe, Gewicht: Körperlänge 77–90 cm, Flügelspannweite 190–230 cm, Flügellänge ♂ 56,5–63 cm, ♀ 63,7–68,5 cm; ♂ 2840–4450 g, ♀ 3630–6665 g.

Erkennungshinweise: Geschlechter gleich. Sehr großer langflügeliger Adler, der im Flug durch seinen s-förmigen Flügelhinterrand von anderen Arten zu unterscheiden ist. Im Alterskleid goldgelber Scheitel und Nacken, Schwung- und Steuerfedern graubraun mit wenigen Bändern.

Junge und Immature mit wei-
ßem Schwanz und dunkler
Endbinde und unterschiedlich
großem weißem Flügelfeld.
Stimme: Relativ still. Ruft
gereiht „kjack-kjack-kjack..."
oder bettelnd zweisilbig „pii-
tschulp"
Brutareal: Hochlagen und
abgelegene Gebiete Europas,
Asiens und Nordamerikas, au-
ßerdem in Nordafrika bis zur
Sahara und Äthiopien.
Vorkommen in Mitteleuropa:
Brutvogel in den Alpen und
Karpaten. Sonst seltener Gast.
Wanderungen: Standvogel,
Streuungswanderungen, nord-
europäische Juvenile bis in die
Norddeutsche Tiefebene.
Lebensraum: Hochgebirge
mit Felswänden zur Brut und
offenen Bereichen zur Jagd.
Jagt zumeist oberhalb der
Waldgrenze, im Winter auch
tiefer. In Nordeuropa auch im
bewaldeten Flach- und Hügel-
land.
Nahrung: In den Alpen
Murmeltiere, Raufußhühner,
Hasen, junge Paarhufer wie
Gämsen, Rehe und Hirsche.
Besonders im Winter auch Aas.
Brutbiologie: Geschlechts-
reife mit 4–5 Jahren • Horst
in Felsen oder Bäumen, meist
mehrere Wechselhorste pro
Paar • 2 (1–3) Eier • Legebeginn
meist Ende März • Brutdauer
43–45 Tage pro Ei • ♀ brütet
überwiegend • ♀ hudert und
füttert bis 14 Tage, ♂ trägt
Beute ein, später beide. Ab 5.

K2

immat.

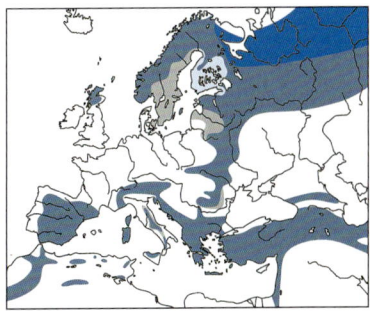

Woche wird Beute ungerupft eingetragen • Nestlingsdauer 65–80 Tage, Jungvögel werden ab Spätherbst aus dem Revier vertrieben • 1 Jahresbrut, Nachgelege selten, dann in einem anderen Horst.

Alter: Ältester Ringvogel 32 Jahre, in Gefangenschaft › 40 Jahre. Generationslänge 11 Jahre.

Gefährdung: Nach der EU-Vogelschutzrichtlinie besonders geschützte Art (Anhang I), in Europa mit ungünstigem Erhaltungsstatus (SPEC 3); Gefährdet durch direkte Verfolgung (regional heute noch), Störungen am Horst, intensive Forstwirtschaft und Bleivergiftungen.

Besonderes: In Kasachstan und der Mongolei werden Steinadler für die Beizjagd auf Wölfe abgerichtet.

Schelladler (→167)

Aquila [clanga] clanga Pallas 1811

Taxonomie: Familie Habichtverwandte – Accipitridae. Bildet Superspezies mit Schreiadler *A. pomarina* (Hybridisierung in einer breiten Kontaktzone). Keine Unterarten.

Größe, Gewicht: Körperlänge 62–65 cm, Flügelspannweite 155–162 cm, Flügellänge ♂ 47,7–51,7 cm, ♀ 50,7–54,2 cm; ♂ 1500–2000 g, ♀ 1800–3000 g.

Erkennungshinweise: Geschlechter gleich. Mittelgroßer bis großer relativ dunkler Adler der am ehesten mit dem kleineren Schreiadler oder dem

gleichgroßen Steppenadler verwechselt werden kann. Alterskleid fast einheitlich dunkel schokoladenbraun mit diffusen, helleren inneren Handschwingen und hellen Oberschwanzecken. Unterseits ein kleiner heller Fleck an den Basen der Unterflügeldecken. Jugendkleid durch braunschwarzes Gefieder und starke Fleckung auf den Flügeln gekennzeichnet.

Stimme: Kläffende Rufserien „jib jib...chäb chäb".

K1

Brutareal: Finnland, Ostpolen bis an den Pazifik in geringer Dichte.

Vorkommen in Mitteleuropa: Sehr seltener Brutvogel in Ostpolen, sonst sehr seltener Sommergast und Durchzügler, sehr vereinzelt Wintergast, im Allgemeinen Ausnahmeerscheinung.

Wanderungen: Kurzstreckenzieher, Hauptwintergebiet östliches Nordafrika, Vorderasien, Indien; einzeln auch südlich der Sahara.

Lebensraum: Wald, aber an Wasser gebunden, auch auf dem Zug und im Winterquartier. Benötigt großflächig ungestörte Landschaften.

Nahrung: Kleinsäuger, Vögel, Amphibien, Reptilien.

Brutbiologie: Geschlechtsreife wohl im 4. Lebensjahr • Nest auf großen Laub- oder Nadelbäumen, Mulde immer mit grünen Zweigen ausgelegt • 2 Eier • Legebeginn Mai • Brutdauer 42–44 Tage • ♀ brütet • ♂ trägt Futter ein, ♀ füttert • Junge bleiben 60–65 Tage im Nest, dann noch 25–30 Tage abhängig • 1 Jahresbrut; Ersatzgelege.

K1

Alter: Höchstalter nicht bekannt. Generationslänge 11 Jahre.

Gefährdung: Nach der EU-Vogelschutzrichtlinie besonders geschützte Art (Anhang I), weltweit bedroht (SPEC 1); Der global gefährdete Schelladler wird durch Intensivierung der Landnutzung, Entwässerungen und Vernichtung von Althölzern bedroht. Weitere Verluste durch direkte Verfolgung und Störungen am Brutplatz.

Besonderes: Mischbruten von Schrei- und Schelladler kommen immer wieder vor.

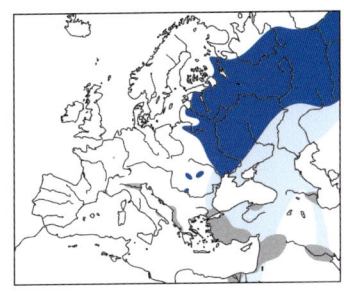

Schreiadler (→168)

Aquila [clanga] pomarina
C. L. Brehm 1831

Taxonomie: Familie Habichtverwandte – Accipitridae. Bildet Superspezies mit Schelladler *A. clanga* (Hybridisierung in einer breiten Kontaktzone). Keine Unterarten.

Größe, Gewicht: Körperlänge 57–66 cm, Flügelspannweite

ad.

134–170 cm, Flügellänge ♂ 44,6–47,8 cm, ♀ 46,9–50,5 cm; ♂ 1100–1500 g, ♀ 1300–2100 g.

Erkennungshinweise: Geschlechter gleich. Mittelgroßer bis großer, relativ dunkler Adler, der am ehesten mit dem größeren Schelladler zu verwechseln ist. Alterskleid fast einheitlich mittelbraun, im Flug von oben deutlicher heller Fleck auf den inneren Handschwingen. Auf der Flügelunterseite zwei kleine helle, kommaförmige Flecken an den Basen der Handschwingen. Im Jugendkleid auffallender rostfarbener Fleck im Nacken

Stimme: Im Brutgebiet hoch „tjück", einzeln oder gereiht, auch langgezogene Pfiffe.

Brutareal: Klein, vom östlichen Mitteleuropa bis Westrußland, von Ostsee bis Griechenland.

Vorkommen in Mitteleuropa: Seltener Brut- und Sommervogel im Nordosten und Osten. Sonst seltener Durchzügler.

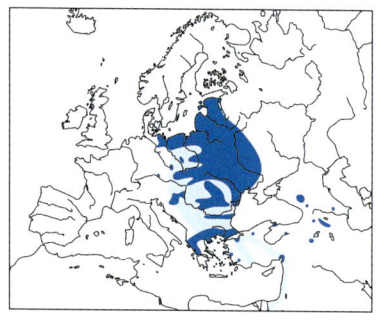

Wanderungen: Langstreckenzieher, Winterquartier Ostafrika vom Äquator bis Südafrika.

Lebensraum: Waldbrüter, Waldränder und Waldlichtungen, auch offenes Kulturland.

Nahrung: Kleinsäuger, auch Amphibien, Vögel und Reptilien.

Brutbiologie: Geschlechtsreife wohl im 3./4. Lebensjahr • Nest in großen Laub- oder Nadelbäumen. Großer Bau aus Ästen und Zweigen, mit grünen Zweigen ausgelegt • 1–2 Eier • Legebeginn Anfang Mai • Brutdauer 38–41 Tage • ♀ brütet, wird vom ♂ gefüttert • ♂ trägt Futter ein, ♀ füttert • Junge bleiben ca. 58 Tage im Nest, sind dann noch 3–4 Wochen abhängig • 1 Jahresbrut; Ersatzgelege sehr selten.

Alter: Ältester Ringvogel 26 Jahre. Generationslänge 11 Jahre.

Gefährdung: Nach der EU-Vogelschutzrichtlinie besonders geschützte Art (Anhang I), auf Europa konzentriert und mit ungünstigem Erhaltungsstatus (SPEC 2); Gefährdung durch Intensivierung der Landwirtschaft, Störungen an den Brutplätzen und insbesondere durch Jagd in den Durchzugsgebieten.

Besonderes: Beim Schreiadler ist der Kainismus (ältere Junge töten ihre kleineren Geschwister) so stark ausgeprägt, dass Bruten mit zwei flüggen Jungvögeln nicht möglich sind.

Steppenadler (→ 170)

Aquila nipalensis Hodgson 1833

Taxonomie: Familie Habicht-verwandte – Accipitridae. Keine Unterarten.

Größe, Gewicht: Körperlänge 66–86 cm, Flügelspannweite 165–200 cm, Flügellänge ♂ 51–56,8 cm, ♀ 52,5–60,5 cm; ♂ 1950–3110 g, ♀ 2270–4850 g.

Erkennungshinweise: Geschlechter gleich. Großer bis sehr großer Adler mit langen, breiten Flügeln. Manchmal dem Schelladler sehr ähnlich. Bestes Merkmal ist der lange, bis unter den Augenhinterrand reichende gelbe Schnabelwinkel. Auf der Flügelunterseite im Jugendkleid breites, weißes Band. Im Alterskleid dunkler Bauch und breiter, schwarzer Flügelhinterrand.

Stimme: Meist stumm, wie viele Adlerarten. Ruf ähnlich, aber tiefer als bei Schrei- und Schelladler.

Brutareal: Steppengebiete vom europäischen Russland bis nach Osten in die Westmandschurei und Westtibet.

Vorkommen in Mitteleuropa: Sehr seltener Ausnahmegast, dabei wohl oft auch entflogene Vögel aus Gefangenschaft.

Wanderungen: Zugvogel. Überwintert im Iran, Irak und weiter bis ins östliche und südliche Afrika. Östliche Brutvögel im Winter in Südasien, Indien, Pakistan.

immat.

K1

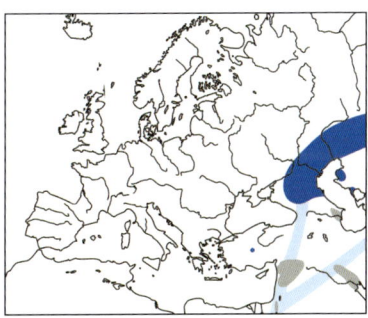

Lebensraum: Steppen und Halbwüsten bis in Höhen von 2300 m ü. NN. Brütet am Boden, zunehmend auch auf Büschen, Bäumen und künstlichen Strukturen.

Nahrung: Kleinsäuger wie Ziesel, Steppenmurmeltier, Pfeifhasen sowie Vögel, Reptilien und Insekten. Im Winter und auf dem Zug viel Aas.

Alter: Höchstalter in Gefangenschaft 41 Jahre. Generationslänge 11 Jahre.

Gefährdung: Art in Europa mit ungünstigem Erhaltungsstatus (SPEC 3). In Europa stark gefährdet durch Intensivierung der Landnutzung und direkte Verfolgung.

Besonderes: In Zentralasien werden liegen gebliebene LKW-Reifen für die Anlage des Bodennestes genutzt.

Kaiseradler (→171)

Aquila [heliaca] heliaca Savigny 1809

K1

K1

Taxonomie: Familie Habichtverwandte – Accipitridae. Bildet Superspezies mit dem Spanischen Kaiseradler *A. adalberti*.

Größe, Gewicht: Körperlänge 72–84 cm, Flügelspannweite 185–220 cm, Flügellänge ♂ 53,4–62,2 cm, ♀ 56,5–66,5 cm; ♂ 2450–3950 g, ♀ 2800–4530 g.

Erkennungshinweise: Geschlechter gleich. Großer Adler, dem Steinadler ähnlich, aber mit deutlich kürzerem Schwanz. Im Alterskleid deutliche weiße Schulterflecken und hellgelber Nacken und Kopf. Schwanz dicht gebändert und mit deutlicher schwarzer Endbinde. Jugendkleid sandfarben mit deutlicher Strichelung, Oberflügeldecken mit hellen Tropfenflecken und Armschwingen hell gesäumt. Innere drei Handschwingen deutlich aufgehellt.

Stimme: Bellende Rufreihen bei der Balz. Schrille auf- und absteigende Triller.

Brutareal: Ostmitteleuropa und Südosteuropa bis Zentralasien.

Vorkommen in Mitteleuropa: Sehr seltener Brutvogel in Ungarn und der Slowakei. Sonst meist Ausnahmegast.

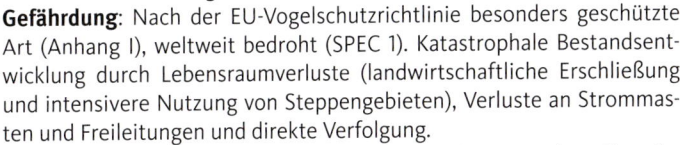

inkl. Verbreitungsgebiet des Spanischen Kaiseradlers

Wanderungen: Zugvogel, Streuungswanderungen. Winterquartiere vom Brutgebiet bis nach Ägypten und Sudan.

Lebensraum: Waldsteppen, auch offenes Kulturland. Im Winter auch am Wasser.

Nahrung: Säugetiere der Steppe, Wühlmäuse, Ziesel, Junghasen; wenig Vögel und andere Wirbeltiere.

Alter: Generationslänge 11 Jahre.

Gefährdung: Nach der EU-Vogelschutzrichtlinie besonders geschützte Art (Anhang I), weltweit bedroht (SPEC 1). Katastrophale Bestandsentwicklung durch Lebensraumverluste (landwirtschaftliche Erschließung und intensivere Nutzung von Steppengebieten), Verluste an Strommasten und Freileitungen und direkte Verfolgung.

Besonderes: Im Gegensatz zu vielen anderen Adlerarten sehr ruffreudig.

Spanischer Kaiseradler (→172)

Aquila [heliaca] adalberti (C. L. Brehm 1861)

Taxonomie: Familie Habichtverwandte – Accipitridae. Bildet Superspezies mit Kaiseradler *O. heliaca*. Keine Unterarten.

Größe, Gewicht: Körperlänge 74–85 cm, Flügelspannweite 177–220 cm; 2500–3500 g.

Erkennungshinweise: Geschlechter gleich. Leicht mit östlichem Kaiseradler zu verwechseln. Aber im Alterskleid mit weißem Flügelvorderrand und großen Schulterflecken. Im Jugendkleid satt braun gefärbt und meist ohne Strichelung der Brust.

ad.

Stimme: Ruft gereiht bellend „auk-auk-auk".

Brutareal: Endemit auf der südlichen und südwestlichen Iberischen Halbinsel.

Vorkommen in Mitteleuropa: Extreme Ausnahmeerscheinung, 1 Nachweis in den Niederlanden.

Wanderungen: Standvogel, immature Vögel umherstreichend.

Lebensraum: Lockere Eichen- und Kiefernwälder.

Nahrung: Säugetiere bis zur Größe von Hasen und Vögel bis Entengröße. Sehr oft werden Kaninchen erbeutet.

Brutbiologie: Horst auf Bäumen, aus Ästen gebaut und mit grünen Zweigen ausgelegt • 1–4 (meist 2–3) Eier • Legebeginn Februar bis März • Brutdauer ca. 44 Tage • Junge mit ca. 75 Tagen flügge, verlassen elterliches Revier mit 116–162 Tagen • 1 Jahresbrut.

Gefährdung: Gefährdet, einer der seltensten Greifvögel weltweit.

Besonderes: Benannt wurde der Spanische Kaiseradler nach Adalbert Wilhelm von Bayern.

Rohrweihe (→173)

Circus [aeruginosus] aeruginosus (Linnaeus 1758)

Taxonomie: Familie Habichtverwandte – Accipitridae. Bildet mit fünf weiteren Allospezies in Afrika, Südasien und Australasien eine Superspezies. Zwei Unterarten, in Europa *C. a. aeruginosus*.

Größe, Gewicht: Körperlänge 48–56 cm, Flügelspannweite 110–130 cm, Flügellänge ♂ 37,2–41,8 cm, ♀ 40,4–42,6 cm; ♂ 405–667 g, ♀ 540–800 g.

Erkennungshinweise: Knapp bussardgroßer, schlanker, überwiegend brauner Greifvogel. Männchen mit grauem Schwanz und blaugrauen

Handflügeldecken. Beim Weibchen Flügelvorderrand, Scheitel und Kehle rahmweiß. Jugendkleid überwiegend schwarzbraun mit gelbem Scheitel und gelber Kehle.

Stimme: Männchen bei Balzflug nasal „quiä"; Warnrufe beider „kekeke".

Brutareal: Von Westeuropa und Nordwestafrika nach Osten bis Mongolai und Baikalsee.

Vorkommen in Mitteleuropa: Spärlicher Brut- und Sommervogel, im Süden und Westen lokal und lückenhaft, im Norden und Osten flächig verbreitet. Nicht brütende Sommergäste und Durchzügler.

Wanderungen: Kurz- und Langstreckenzieher, Winterquartier Südwesteuropa und Mittelmeer und in weiten Teilen Afrikas südlich der Sahara.

Lebensraum: Offene Landschaften, häufig Brutvogel in Schilfkomplexen über Wasser, neuerdings aber auch in Getreide- und Rapsfeldern. Jagdgebiete am Wasser, aber auch in anschließendem offenem Kulturland.

Nahrung: Kleinsäuger und Vögel, auch Eier.

Brutbiologie: Erstbrutalter im 2. oder 3. Lebensjahr • Nest in dichtem Röhricht über Wasser,

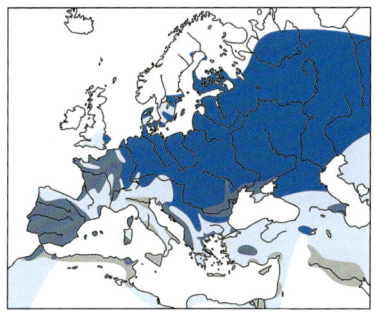

auch über festem Grund im Kulturland, Unterbau aus Reisig oder Altschilf, Mulde mit feinerem Material • 4–5 Eier • Legebeginn Ende April bis Mitte Mai • Brutdauer 31–36 Tage • ♀ brütet • ♂ und später ♀ bringen Futter • Junge bleiben 26–30 Tage im Nest, ab 38–40 Tage erste Flüge, Bettelflugphase bis zu 3 Wochen • 1 Jahresbrut; Ersatzgelege.

Alter: Ältester Ringvogel 16 Jahre, 8 Monate. Generationslänge 6 Jahre.

Gefährdung: Nach der EU-Vogelschutzrichtlinie besonders geschützte Art (Anhang I). Gefährdung durch Lebensraumverluste und Jagd. Besonderes: Auffallende Flugspiele zur Balzzeit. Verfolgungsflüge mit Abkippen und Überschlagen, Abrollen über die Längsachse und Beuteübergabe in der Luft.

	Jan.	Feb.	März	April	Mai	Juni	Juli	Aug.	Sep.	Okt.	Nov.	Dez.
Anwesenheit												
Durchzug												
Brutzeit												
postjuv. Mauser												
Teil- / Vollmauser												
Vollmauser												

Kornweihe (→174)

Circus [cyaneus] cyaneus (Linnaeus 1766)

Taxonomie: Familie Habichtverwandte – Accipitridae. Bildet mit *C. hudsonius* (Nordamerika) eine Superspezies. Keine Unterarten.

Größe, Gewicht: Körperlänge 43–52 cm, Flügelspannweite 99–121 cm, Flügellänge ♂ 32,3–35,1 cm, ♀ 35,8–39,2 cm; 200–600 g.

Erkennungshinweise: Männchen durch breite schwarze Flügelspitze von allen anderen Weihenarten zu unterscheiden. Weibchen sehr ähnlich Wiesenweihe, aber im Gegensatz zu dieser vier statt drei lange Handschwingen.

Stimme: Beim Schauflug keckernde Reihen „kekekek…", ♀ höher, auch pfeifend „piju".

Brutareal: Von Ost- und Nordeuropa bis zum Pazifik; lückig verbreitet in Tieflagen West- und Mitteleuropas.

Vorkommen in Mitteleuropa: Sehr seltener Brutvogel im Norden, im Süden nur ausnahmsweise. Sommer- und Jahresvogel sowie Durchzügler; als Wintergast lokal häufiger.

Wanderungen: Kurzstreckenzieher in Nord- und Nordosteuropa, sonst weitgehend Standvogel. Wintergebiet Mittel-, West- und Südeuropa einschließlich Nordafrika.

Lebensraum: Brutvogel in Heidegebieten, Mooren und Dünen, auch

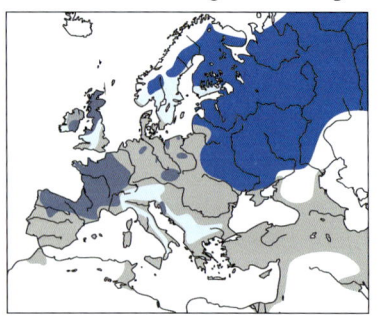

in jungen Aufforstungen und Waldlichtungen. Jagdgebiete auf Grünland, Äckern und Mooren, Schlafplätze auch in Schilfbeständen.

Nahrung: Vögel und Kleinsäuger.

Brutbiologie: Erstbrut im 1. bis 3. Lebensjahr • Nest auf dem Boden aus trockenem Pflanzenmaterial • 4–6 Eier • Legebeginn

Ende April bis Juni • Brutdauer 29–31 Tage • ♀ brütet, wird vom ♂ versorgt • ♀ füttert, ♂ trägt Futter ein • Junge bleiben 31–42 Tage im Nest, ♀ versorgt sie dann noch 2–3 Wochen • 1 Jahresbrut; Ersatzgelege.

Alter: Ältester Ringvogel 17 Jahre, 1 Monat. Generationslänge 6 Jahre.

Gefährdung: Nach der EU-Vogelschutzrichtlinie besonders geschützte Art (Anhang I), in Europa mit ungünstigem Erhaltungsstatus (SPEC 3); Gefährdung durch großräumige Zerstörung von Moor- und Heidelandschaften, intensive Landnutzung, hohe Brutverluste und illegale Verfolgung (v. a. in Großbritannien und Polen).

Besonderes: Überwinternde Kornweihen bilden Schlafgemeinschaften, die über sechzig Individuen umfassen können.

	Jan.	Feb.	März	April	Mai	Juni	Juli	Aug.	Sep.	Okt.	Nov.	Dez.
Anwesenheit												
Durchzug										x x		
Brutzeit					x x							
postjuv. Mauser												
Teil- / Vollmauser												
Vollmauser												

Steppenweihe (→ 175)

Circus macrourus (S. G. Gmelin 1770)

Taxonomie: Familie Habichtverwandte – Accipitridae. Keine Unterarten.

Größe, Gewicht: Körperlänge 40–48 cm, Flügelspannweite 95–120 cm, Flügellänge ♂ 32,7–35,5 cm, ♀ 35–39,5 cm; 250–550 g.

Erkennungshinweise: Ähnlich Wiesen- und Kornweihe, Männchen jedoch durch den schwarzen Keil im Handflügel unverwechselbar. Jungvögel

von Wiesenweihe am besten durch den hellen Kragen mit dem darunter liegenden dunklen Halsfleck zu unterscheiden. Weibchen im Flug von der Wiesenweihe am besten durch dunkle Unterarmdecken und dunklen Armflügel zu unterscheiden.

Stimme: Am Brutplatz ähnlich wie die anderen Arten. Weibchen bettelt dünn pfeifend und wimmernd. Männchen bei der Balz hoch trillernd.

Brutareal: Von Nord und Osteuropa bis zum Pazifik. Tiefe Lagen in Mittel- und Westeuropa lückig besiedelt.

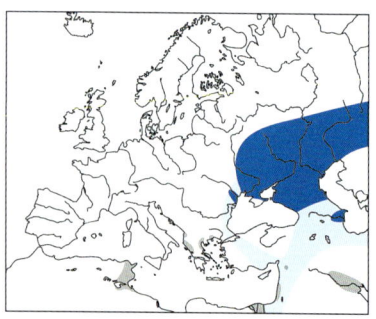

Vorkommen in Mitteleuropa: Seltener Durchzügler, fast jährlich Nachweise. Zunehmende Nachweise auch durch bessere Bestimmungskenntnisse. Als Brutvogel sehr seltene Ausnahmeerscheinung in bisher wenigen Jahren.
Wanderungen: Zugvogel. Überwinterungsgebiete in Südasien und Afrika südlich der Sahara, selten Südeuropa

Lebensraum: Trockene offene Landschaften wie Steppen und Halbwüsten. Im Winterquartier Steppen- und Savannenlandschaften.
Nahrung: Kleinsäuger und bodenbewohnende Vögel. Im Brutgebiet vor allem Wühlmäuse, Lemminge, Ziesel, Hamster, seltener Lerchen und Pieper. In Afrika mehr Kleinvögel sowie Reptilien und Insekten.
Brutbiologie: Brütet am Boden in hoher Vegetation • meist 4–5 Eier • Legebeginn ab Anfang Mai bis Juni • Brutdauer 29–30 Tage pro Ei • ♀ brütet ab 1. Ei, Schlupf asynchron • ♀ hudert und füttert erst alleine, ♂ übergibt Beute, später bringen beide Beute • Nestlingsdauer 35–45 Tage • 1 Jahresbrut, Ersatzgelege.
Alter: Ältester Ringvogel 13 Jahre, 5 Monate. Generationslänge 6 Jahre.
Gefährdung: Nach der EU-Vogelschutzrichtlinie besonders geschützte Art (Anhang I), weltweit bedroht (SPEC 1). Gefährdet durch Kultivierung von Steppengebieten, Intensivierung der Landwirtschaft und direkte Verfolgung.

Wiesenweihe (→ 176)

Circus pygargus (Linnaeus 1758)

Taxonomie: Familie Habichtverwandte – Accipitridae. Keine Unterarten.
Größe, Gewicht: Körperlänge 43–47 cm, Flügelspannweite 105–120 cm, Flügellänge ♂ 34,6–39,3 cm, ♀ 35,5–39,1 cm; ♂ 230–305 g, ♀ 319–445 g.
Erkennungshinweise: Männchen durch schwarzen Streif auf Flügel von allen anderen Weihenarten zu unterscheiden. Weibchen sehr ähnlich Kornweihe, aber im Gegensatz zu dieser mit drei statt vier langen Handschwingen.
Stimme: Beim Balzflug vom Männchen „käkäkä". Ähnliche Rufe bei Erregung. Alarmrufe rasch „jikjikjik".

Brutareal: Lückenhaft in Eurasien südlich der Waldzone bis Zentralsibirien.

Vorkommen in Mitteleuropa: Seltener, lückenhaft verbreiteter Brut- und Sommervogel, regelmäßiger Durchzügler. Brutvogel schwerpunktmäßig in Polen, Ungarn und lokal in Deutschland.

Wanderungen: Langstreckenzieher mit Hauptwinterquartieren in Afrika südlich der Sahara und in Südasien.

Lebensraum: Brutplätze sowohl in feuchten Biotopen wie Mooren und Verlandungszonen als auch in trockenem Wiesen- und (zunehmend) Ackerland. Jagdgebiete in offenen Landschaften.

K1

Nahrung: Kleinvögel bis Drosselgröße und Kleinsäuger wie Schermäuse, Hamster, junge Kaninchen sowie Insekten wie Heuschrecken und größere Käfer, in Trockengebieten auch Reptilien von größerer Bedeutung.

♂

Brutbiologie: Geschlechtsreife mit 2 bis 3 Jahren • Nest auf dem Boden aus trockenem Pflanzenmaterial in dichter Vegetation, oft in Getreidefeldern • 3–5 Eier • Legebeginn Mitte Mai bis Juni • Brutdauer 27–30 Tage • ♀ brütet, wird vom ♂ versorgt • ♀ füttert, ♂ trägt Futter ein • Junge bleiben 35–40 Tage im Nest bzw. in der Umgebung, ♀ versorgt sie dann noch knapp 2 Wochen • 1 Jahresbrut; Ersatzgelege.

Alter: Ältester Ringvogel 16 Jahre, 1 Monat. Generationslänge 6 Jahre.

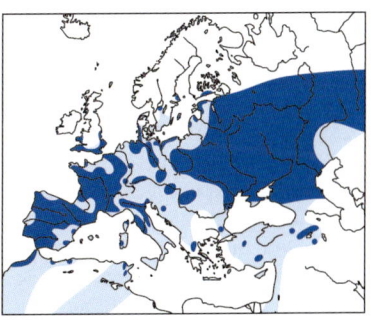

Gefährdung: Nach der EU-Vogelschutzrichtlinie besonders geschützte Art (Anhang I), auf Europa konzentriert (SPEC E); bedroht durch intensive Landwirtschaft, Entwässerungen und hohe Brutverluste.

Besonderes: In Bayern brütet die Wiesenweihe nahezu ausschließlich in Getreidefeldern. Diese Bruten können nur durch finanzielle Ausgleichszahlungen an die Landwirte und ein hohes ehrenamtliches Engagement von Greifvogelschützern erhalten werden.

	Jan.	Feb.	März	April	Mai	Juni	Juli	Aug.	Sep.	Okt.	Nov.	Dez.
Anwesenheit												
Durchzug									x x			
Brutzeit				x x								
postjuv. Mauser												
Teil- / Vollmauser												
Vollmauser												

Habicht (→ 177)

Accipiter [gentilis] gentilis (Linnaeus 1758)

ad.

Taxonomie: Familie Habichtverwandte – Accipitridae. Bildet Superspezies mit Habichten in Nordamerika, Afrika, Madagaskar und Neuguinea, Verwandtschaftsgrade aber nicht alle genau bekannt. Bis zu 10 Unterarten werden unterschieden. In Mitteleuropa *A. g. gentilis*.

Größe, Gewicht: Körperlänge 48–62 cm, Flügelspannweite 135–165 cm, Flügellänge ♂ 30–34,2 cm, ♀ 33,6–38,5 cm; ♂ 580–1100 g, ♀ 880–1320 g.

Erkennungshinweise: Geschlechter gleich. Mittelgroßer Greifvogel mit langem Schwanz und kurzen runden Flügeln. Männchen ein Drittel kleiner als Weibchen. Alterskleid oberseits bleigrau und weiße Unterseite mit dunkler Bänderung. Jugendkleid Oberseite braun und unterseits rotbraun mit dunklen Tropfenflecken. Schwanz immer mit mehreren breiten Binden.

Stimme: Außer am Nest wenig ruffreudig, bei Störungen lange Reihen „gikgikgik…" („Kirren"), Kontaktruf mäusebussardähnlich „hiäh" oder „gija" auf der 1. Silbe betont.

Brutareal: In der nördlichen Nadelwaldzone von Westeuropa bis zum Pazifik, nach Süden bis ins Mittelmeergebiet, Vorderasien und in die Steppengebiete Mittelasiens.

Vorkommen in Mitteleuropa: Lückig bis flächig verbreiteter, mäßig häufiger Brut- und Jahresvogel; Durchzug unauffällig.

Wanderungen: Standvogel mit Streuungswanderungen, nur ausnahmsweise weitere Wanderungen, deutsche Brutvögel wohl selten > 100 km.

Lebensraum: Brutvogel in Hochwäldern mit alten Baumbeständen, auch in Stadtnähe oder sogar in locker bebauten Stadtteilen. Jagdgebiete möglichst abwechslungsreiche Landschaften mit Deckungsmöglichkeiten neben offenen Flächen, vor allem im Winter auch am Wasser.

Nahrung: Vielseitige Vogelnahrung, Säugetiere weniger, doch deutlich höherer Anteil als bei Sperber. ♂ Maus bis Kaninchen, Kleinvögel bis knapp Hühnergröße, ♀ bis Hasen und große Hühner. Jahreszeitliche und regionale Unterschiede.

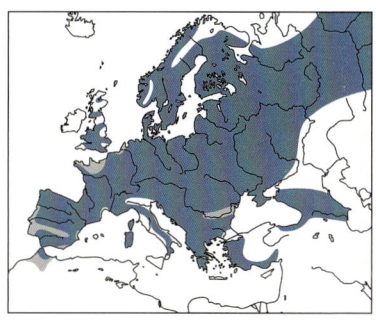

Brutbiologie: Geschlechtsreife im 1., doch Erstbruten vielfach erst im 3. Lebensjahr • Nest hoch in Bäumen auf starken Ästen, mehrere pro Revier, ältere sind oft größere Bauten, in die grüne Zweige eingetragen werden • 2–5 Eier • Legebeginn Ende März bis Ende April/Mitte Mai • Brutdauer 35–40 Tage • ♀ brütet, wird meist vom ♂ versorgt • ♀ füttert zunächst, ♂ bringt Futter • Junge bleiben 35–42 Tage im Nest, dann Ästlinge in der Nestumgebung, mit 40–43 Tagen gut flugfähig • 1 Jahresbrut; Ersatzgelege.

Alter: Ältester Ringvogel 19 Jahre, 9 Monate. Generationslänge 6 Jahre.

Gefährdung: Bedrohung überwiegend durch direkte Verfolgung (mit Genehmigung, aber auch in hohem Ausmaß illegal) sowie Störungen am Horst und intensive Forstwirtschaft (meidet einheitlich geschlossene Bestände und braucht Althölzer zur Horstanlage).

	Jan.	Feb.	März	April	Mai	Juni	Juli	Aug.	Sep.	Okt.	Nov.	Dez.
Anwesenheit												
Durchzug												
Brutzeit				X X								
postjuv. Mauser												
Teil- / Vollmauser												
Vollmauser												

Kurzfangsperber (→178)

Accipiter brevipes (Severtzov 1850)

Taxonomie: Familie Habichtverwandte – Accipitridae. Keine Unterarten.

Größe, Gewicht: Körperlänge 32–38 cm, Flügelspannweite 65–75 cm, Flügellänge ♂ 21,0–22,8 cm, ♀ 22,6–24,4 cm; ♂ 150–223 g, ♀ 232–275 g.

Erkennungshinweise: Im Flug oft falkenähnliche Silhouette und deutliche schwarze Handschwingenspitzen, die stark zur hellen Flügelunterseite kontrastrieren. Kopfseiten beim Männchen gänzlich blaugrau. Steuerfedern eng gebändert. Adulte Weibchen mit brauner Strichelung der Unterseite und Jungvogel auf der Unterseite dunkel getropft, ähnlich einem jungen Habicht.

Stimme: Oft mehrmals wiederholtes schrilles „kiii-wih".

Brutareal: Brütet in Südosteuropa und in einem Streifen nördlich des Schwarzen Meeres bis zum Kaspischen Meer.

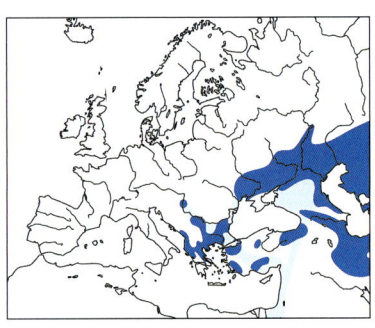

Vorkommen in Mitteleuropa: Ausnahmegast im östlichen Mitteleuropa.

Wanderungen: Zugvogel der hauptsächlich auf der arabischen Halbinsel und im Sudan und Äthiopien überwintert.

Lebensraum: Laubwälder in hügeligen Landschaften und Niederungen.

Nahrung: Ernährt sich meist von kleinen Säugetieren und Reptilien, ebenso Insekten. Seltener werden Vögel erbeutet. Fledermäuse werden in der Dämmerung gezielt gejagt.

Brutbiologie: Geschlechtsreife im 2. Lebensjahr • Horst auf Laubbäumen, mit grünen Zweigen und Blättern ausgelegt • 3–5 Eier • Legebeginn Mitte Mai bis Mitte Juni • Brutdauer 29–31 Tage • ♀ brütet • ♂ füttert • Junge mit 40–45 Tagen flügge • 1 Jahresbrut; Ersatzgelege.

Alter: Generationslänge 4 Jahre.

Gefährdung: Auf Europa begrenzt und in ungünstigem Erhaltungszustand.

Besonderes: Wahrscheinlich noch unbekannte Brutgebiete in Europa und in angrenzenden östlichen Regionen.

Sperber (→179)

Accipiter [nisus] nisus (Linnaeus 1758)

Taxonomie: Familie Habichtverwandte – Accipitridae. Bildet Superspezies mit afrika-
nischem *A. rufiventris*. Sechs
Unterarten, davon drei in Europa, auf dem europäischen
Festland *A. nisus*.

Größe, Gewicht: Körperlänge
28–38 cm, Flügelspannwei-
te 55–70 cm, Flügellänge ♂
19,6–21,2 cm, ♀ 23,1–25,6 cm;
♂ 110–196 g, ♀ 185–342 g.

Erkennungshinweise: Ge-
schlechter auffallend verschieden gefärbt. Männchen im Alterskleid
oberseits schiefergrau, oft bläulich überhaucht. Unterseite rostrot gebändert. Das etwa ein Drittel größere Weibchen oberseits grau mit
Braunstich. Die Unterseite braungrau gebändert. Flugbild durch langen
Schwanz und kurzen, runden Flügel gekennzeichnet.

Stimme: Ruft fast nur zur Brutzeit, schnell gickernd „kjukjulkjukjukju...,
Gleiche Rufreihe aber langsamer im Paarkontakt.

Brutareal: Von Westeuropa und Nordafrika bis Kamtschatka und Nordjapan.

Vorkommen in Mitteleuropa: Verbreiteter Brutvogel, Durchzügler und
Wintergast.

Wanderungen: Mitteleuropäische Brutvögel sind Standvögel, aber Jungvögel ziehen nach Südost.

Lebensraum: Abwechslungsreiche Landschaften mit reichem Kleinvoge-
langebot. Brutplatz in dichten Baumbeständen mit guter Anflugmöglich-
keit, oft Nadelstangenhölzer.

Nahrung: Vögel bis maximal
Ringeltaubengröße, ♂ jagt
bis maximal Buntspechtgröße.
Kleinsäuger und Insekten in
geringen Anteilen.

Brutbiologie: Erstbrut mit 1
bis 4 Jahren, hohe Partnertreue • Nest auf Bäumen,
meist nahe am Stamm, beide
bauen; Brutplatztreue, aber

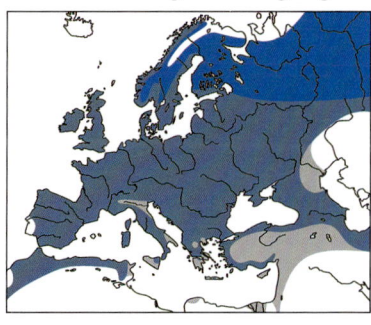

meist neues Nest • meist 4–6 Eier • Brutdauer 37–40 Tage, Schlupf asynchron • ♀ brütet • ♀ füttert und hudert, ♂ trägt Beute ein • Junge fliegen nach 24–31 Tagen aus und werden noch 20–30 Tage versorgt • 1 Jahresbrut, Ersatzgelege kleiner als Erstgelege.

Alter: Ältester Ringvogel 20 Jahre, 3 Monate; Generationslänge 4 Jahre.

Gefährdung: Gefährdung durch regional massive direkte Verfolgung. Auch hohe Verluste durch Unfälle mit menschlichen Einrichtungen und im Straßenverkehr.

Besonderes: Ungestüme Jäger, die oft durch Unfälle sterben. So sind Sperber in Reisig- oder Schneehaufen stecken geblieben und verendet.

	Jan.	Feb.	März	April	Mai	Juni	Juli	Aug.	Sep.	Okt.	Nov.	Dez.
Anwesenheit												
Durchzug									x	x		
Brutzeit					x							
postjuv. Mauser												
Teil- / Vollmauser												
Vollmauser												

Rotmilan (→180)

Milvus milvus (Linnaeus 1758)

ad.

Taxonomie: Familie Habichtverwandte – Accipitridae. Keine Unterarten.

Größe, Gewicht: Körperlänge 60–66 cm, Flügelspannweite 175–195 cm, Flügellänge ♂ 44,8–53,2 cm, ♀ 47,8–53,5 cm; 750–1300 g.

Erkennungshinweise: Geschlechter gleich. Mittelgroßer Greifvogel.

Durch rostfarbenes Gefieder, langen, tief gegabelten Schwanz und hellen Fleck im Handflügel unverkennbar. Kopf hell.

Stimme: Gedehnt pfeifen „wiiuu" oder „piö", im Frühjahr wie bei Schwarzmilan Trillerstrophen.

Brutareal: Europa vom Atlantik bis Südrussland und Schwarzmeergebiet, kleine Population in Marokko.

Vorkommen in Mitteleuropa: In Deutschland fast flächig verbreiteter spärlicher bis häufiger Brut- und meist Sommervogel, fehlt im Südosten und teilweise Nordwesten, sonst nur regional verbreitet. Lokal Überwinterer, lokal auch nicht seltener Durchzügler.

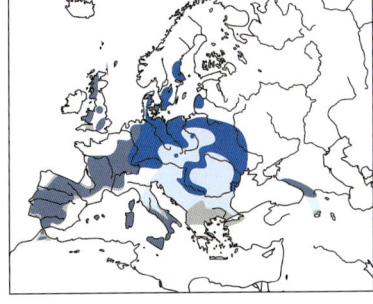

Wanderungen: Kurzstreckenzieher, Hauptwinterquartier im Mittelmeergebiet, auch in milden Gebieten Mitteleuropas überwinternd.

Lebensraum: Brutvogel in lichten Altholzbeständen, auch in größeren Gehölzen, Jagdgebiet freie Flächen, Schlafplätze in Gehölzen.

Nahrung: Kleine Säugetiere (Hamster), Vögel bis Hühnergröße, Aas, Schlachtabfälle, Regenwürmer.

Brutbiologie: Erste Brut meist mit 2 Jahren • Nest auf hohen Bäumen, meist am Waldrand; Nester oft wiederholt benutzt, Müll und Papier nach Eiablage eingelegt • 2–3 Eier • Legebeginn April bis Mai • Brutdauer 31–32 Tage • ♀ brütet • ♂ bringt zunächst Nahrung, später auch ♀ • Junge bleiben 48–50 Tage im Nest, noch weitere 15–20 Tage Familienzusammenhalt • 1 Jahresbrut; Ersatzgelege.

Alter: Ältester Ringvogel 29 Jahre, 10 Monate. Generationslänge 6 Jahre.

Gefährdung: Nach der EU-Vogelschutzrichtlinie besonders geschützte Art (Anhang I), auf Europa konzentriert und mit ungünstigem Erhaltungsstatus (SPEC 2). Gefährdung durch Intensivierung der Landnutzung (Rückgang des Nahrungsangebots), insbesondere auch Ausräumung der Landschaft. Verluste durch illegale Verfolgung, an Freileitungen und Windkraftanlagen.

Besonderes: Auf 10 % der Fläche Europas lebt nahezu der gesamte Brutbestand Europas. Deutschland ist für den Rotmilan das wichtigste Brutgebiet. Wie der Schwarzmilan trägt auch der Rotmilan Papier, Plastik und anderen Müll in das Nest ein.

	Jan.	Feb.	März	April	Mai	Juni	Juli	Aug.	Sep.	Okt.	Nov.	Dez.
Anwesenheit												
Durchzug												
Brutzeit												
postjuv. Mauser												
Teil- / Vollmauser												
Vollmauser												

187

Schwarzmilan (→181)

Milvus [migrans] migrans (Boddaert 1783)

ad.

Taxonomie: Familie Habichtverwandte – Accipitridae. Bildet Superspezies mit *M. aegyptius* in Afrika. 5 Unterarten, in Europa *M. m. migrans*

Größe, Gewicht: Körperlänge 55–60 cm, Flügelspannweite 160–180 cm, Flügellänge ♂ 42,6–46,3 cm, ♀ 44,8–48,2 cm; ♂ 630–928 g, ♀ 750–941 g.

Erkennungshinweise: Geschlechter gleich. Mittelgroßer Greifvogel mit relativ einheitlich dunkelbraunem Gefieder. Schwanz schwach gegabelt, jedoch Gabel nicht immer sichtbar und bei Jungvögeln oft noch nicht vorhanden.

Stimme: Gedehnte Pfiffe, die mit einem Triller enden, auch einzeln „hüiih" o. ä.

Brutareal: Gemäßigtes Eurasien, Afrika, Teile Südostasiens, Neuguinea und Australien.

Vorkommen in Mitteleuropa: In Deutschland und der Schweiz regional häufiger Brut- und Sommervogel, sonst teilweise sehr lückenhaft; Durchzügler, im Winter nur ausnahmsweise.

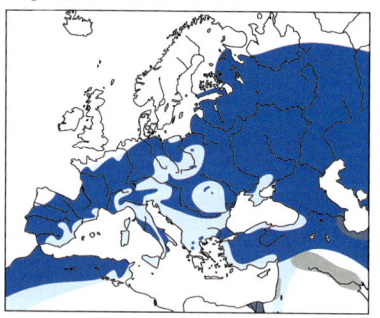

Wanderungen: Langstreckenzieher, Winterquartier Afrika südlich der Sahara.

Lebensraum: Brutvogel in Wäldern und Gehölzen; fliegt oft in der Nähe von Wasser, auch an Waldrändern und über offenem Land.

Nahrung: Tote oder kranke Fische, selbst erjagte oder tote Säugetiere und Vögel sowie andere Tiere, Straßenopfer, auch Abfälle und Aas.

Brutbiologie: Geschlechtsreife im 3. oder 4. Lebensjahr • Nest auf Bäumen mit freiem Anflug, aus dürren Zweigen; Nestmulde oft mit Papier, Plastikfetzen, Gras oder Laub belegt • 2–3 Eier • Legebeginn Mitte April bis Mitte Mai • Brutdauer 26–38 Tage • Meist brütet ♀ • ♂ bringt Futter, ♀ füttert • Junge bleiben 42–45 Tage im Nest, werden dann noch über 40 Tage versorgt • 1 Jahresbrut; Ersatzgelege selten.

Alter: Höchstalter über 23 Jahre. Generationslänge 6 Jahre.
Gefährdung: Nach der EU-Vogelschutzrichtlinie besonders geschützte Art (Anhang I), in Europa mit ungünstigem Erhaltungsstatus (SPEC 3). Gefährdung durch intensive Land- und Forstwirtschaft und direkte Verfolgung auf dem Zug und im Winterquartier.
Besonderes: An Schlafplätzen können vor allem auf dem Zug oder im Winterquartier Hunderte, manchmal auch Tausende gleichzeitig angetroffen werden.

	Jan.	Feb.	März	April	Mai	Juni	Juli	Aug.	Sep.	Okt.	Nov.	Dez.
Anwesenheit												
Durchzug								x	x			
Brutzeit			x	x								
postjuv. Mauser												
Teil- / Vollmauser												
Vollmauser												

Bindenseeadler (→182)

Haliaeetus leucoryphus (Pallas 1771)

Taxonomie: Familie Habichtverwandte – Accipitridae. Keine Unterarten.
Größe, Gewicht: Körperlänge 74–84 cm, Flügelspannweite 180–205 cm, Flügellänge ♂ 54,5–57,9 cm, ♀ 58,0–62,4 cm; 2040–3700 g.
Erkennungshinweise: Geschlechter gleich. Altvögel braun mit hellerem Hals und Kopf und deutlicher heller Schwanzbinde. Jungvögel mit einheitlich braunem Schwanz und weißen Flügelfeldern.
Stimme: Ruft heiser bellend „kwog-kwog-kwog".

ad.

Brutareal: Brutvogel in Zentral- und Südasien von Kasachstan bis Nordindien und Burma.
Vorkommen in Mitteleuropa: Extrem seltene Ausnahmeerscheinung, ein Nachweis in Polen. Einzelne Gefangenschaftsflüchtlinge.
Wanderungen: Nördlich Populationen von Zugvögeln, die in Afghanistan, im Iran und Indien überwintern.
Lebensraum: Binnengewässer und Flüsse, nicht selten in trockenen Gebieten oder Steppenlandschaften.

Nahrung: Hauptsächlich Fische, die an der Wasseroberfläche erbeutet werden. Zusätzlich werden kleinere Wasservögel, kleine Nagetiere, Amphibien und Reptilien gejagt. Aas wird nicht verschmäht.
Brutbiologie: Riesiger Horst, meist auf Einzelbaum am Wasser, mit frischen Blättern ausgekleidet • 2–3 Eier • Brutdauer ca. 40 Tage • Junge mit 50–55 Tagen flügge • 1 Jahresbrut; Ersatzgelege.
Gefährdung: Selten und stark zurückgehende Bestände.
Besonderes: Besiedelt in Tibet Höhen von über 5000 m ü. NN.

Seeadler (→ 183)

Haliaeetus albicilla (Linnaeus 1758)

Taxonomie: Familie Habichtverwandte – Accipitridae. Keine Unterarten.
Größe, Gewicht: Körperlänge 66–92 cm, Flügelspannweite 200–245 cm,

immat.

Flügellänge ♂ 55,2–64 cm, ♀ 61,1–71,5 cm; ♂ 3075–5430 g, ♀ 4080–6920 g.

Erkennungshinweise: Geschlechter gleich. Im Alterskleid mehr oder weniger hellbrauner Adler mit gelbem Schnabel und weißem, keilförmigem, kurzem Schwanz. Junge und Immature insgesamt dunkler.

Stimme: Zur Balzzeit ♂ hoch „krick-rick-rick-rick..." und ♀ deutlich tiefer „rarack –rackrack...".

Brutareal: Lückig von Südgrönland und Nordwesteuropa bis Kamtschatka und Japan.

Vorkommen in Mitteleuropa: Lückig verbreiteter Brut- und Jahresvogel im Osten, im Westen nur lokale Brutvorkommen; regelmäßiger Wintergast auch außerhalb der Brutgebiete. Positiver Bestandstrend mit langsamer Arealausweitung.

ad.

Wanderungen: Standvogel, Streuungswanderungen.
Lebensraum: In Mitteleuropa Nester am Waldrand, im Wald oder in Gehölzen in Wassernähe; Nahrungsräume vor allem eutrophe Binnengewässer.
Nahrung: Fische, Vögel bis Gänsegröße, Säugetiere, auch Aas.
Brutbiologie: Geschlechtsrei-

fe im 3.–5. Lebensjahr • Nest meist auf alten hohen Bäumen, Unterbau aus kräftigen Ästen, Mulde mit feinerem Material ausgepolstert • 2 Eier • Legebeginn Mitte Februar bis Mitte März • Brutdauer 28–42 Tage • ♂ und ♀ brüten • ♀ füttert anfänglich, später beide • Junge bleiben 80–90 Tage im Nest, weitere 3–4 Wochen mit den Altvögeln zusammen • 1 Jahresbrut; Ersatzgelege selten.
Alter: Ältester Ringvogel 22 Jahre, nach Mauserstudien bis 30 Jahre. Generationslänge 16 Jahre.
Gefährdung: Nach der EU-Vogelschutzrichtlinie besonders geschützte Art (Anhang I), weltweit bedroht (SPEC 1). Gefährdung durch Verluste an Strommasten, Freileitungen und Windkraftanlagen. Weiterhin (illegale) Verfolgung.
Besonderes: Der größte europäische Adler.

	Jan.	Feb.	März	April	Mai	Juni	Juli	Aug.	Sep.	Okt.	Nov.	Dez.
Anwesenheit												
Durchzug												
Brutzeit				X								
postjuv. Mauser												
Teil- / Vollmauser												
Vollmauser												

Mäusebussard (→184)

Buteo [buteo] buteo (Linnaeus 1758)

Taxonomie: Familie Habichtverwandte – Accipitridae. Bildet mit Adlerbussard (*Buteo rufinus*), Mongolenbussard (*B. hemilasius*, Zentralasien), Bergbussard (*B. oreophilus*, Afrika S Sahara) und möglicherweise Madagaskarbussard (*B. playtpterus*, Madagaskar) eine Superspezies. Mind. 10 Unterarten (vielleicht auch weitere Allospezies darunter), in Mitteleuropa *B. b. buteo* Brutvogel, *B. b. vulpinus* nur Durchzügler und Gast.
Größe, Gewicht: Körperlänge 50–57 cm, Flügelspannweite 113–128 cm, Flügellänge ♂ 36,8–40,4 cm, ♀ 37,4–41,9 cm; ♂ 525–1183 g, ♀ 625–1364 g.

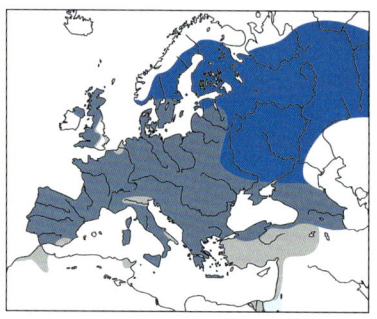

Erkennungshinweise: Geschlechter gleich. Mittelgroßer Greifvogel mit breiten Flügeln und mittellangem Schwanz. Gefiederfarbe von fast weiß bis dunkelbraun variabel. Leicht mit dem Raufußbussard zu verwechseln, jedoch immer mit eng gebändertem Schwanz. Besonders im Sitzen sind die unbefiederten Beine, die deshalb stets gelb wirken, ein sicheres Bestimmungsmerkmal. Verwechslungsgefahr auch mit dem Wespenbussard, dieser jedoch insgesamt schlanker und mit drei Schwanzbinden.

Stimme: Ruf hoch „hiää" (von Eichelhäher täuschend imitiert).

Brutareal: Von der Küste Westeuropas bis Sachalin und Japan.

Vorkommen in Mitteleuropa: Flächig verbreiteter Brut- und Jahresvogel, Durchzügler und Winterflüchter.

Wanderungen: Standvogel, Kurzstreckenzieher, Streuungswanderungen.

Lebensraum: Brütet im Wald, zunehmend auch in Baumgruppen und Einzelbäumen, jagt im offenen Land mit niedriger Vegetation. Im Winter auf offenen Flächen, auch nahe viel befahrener Verkehrswege.

Nahrung: Bodenbewohnende Kleintiere, vor allem Wühlmäuse und andere Kleinsäuger, Junghasen und –kaninchen. Erwachsene Hasen und Kaninchen nur verletzt oder als Aas. Vögel spielen keine Rolle, mitunter aber auch Regenwürmer und andere Wirbellose.

Brutbiologie: Geschlechtsreife frühestens im 2., meist im 3. Lebensjahr • Nest auf Bäumen, Gittermasten, ausnahmsweise in Felswänden, umfangreicher Bau aus groben Ästen und Zweigen, Mulde mit feinerem Material • 2–3 Eier • Legebeginn Mitte März bis Mitte Mai • Brutdauer 32–36 Tage • ♀ brütet, ♂ selten • ♀ füttert • Junge bleiben 42–50 Tage im Nest, Familie bleibt dann noch bis 50 Tage zusammen • 1 Jahresbrut; Ersatzgelege.

Alter: Ältester Ringvogel 28 Jahre, 9 Monate. Generationslänge 8 Jahre.

Gefährdung: Erhebliche Verluste durch direkte Verfolgung, auf dem Zug und in Winterquartieren. Auch in Mitteleuropa durch leichtfertig ausgestellte Abschussgenehmigungen und illegale Verfolgung. Weitere Verluste an Strommasten, Freileitungen und im Straßenverkehr.

Besonderes: Der Mäusebussard ist der häufigste Greifvogel Mitteleuropas.

	Jan.	Feb.	März	April	Mai	Juni	Juli	Aug.	Sep.	Okt.	Nov.	Dez.
Anwesenheit												
Durchzug										x x		
Brutzeit			x x									
postjuv. Mauser												
Teil- / Vollmauser												
Vollmauser												

Adlerbussard (→185)

Buteo [buteo] rufinus (Cretzschmar 1827)

Taxonomie: Familie Habichtverwandte – Accipitridae. Bildet mit Mäusebussard (*Buteo buteo*), Mongolenbussard (*B. hemilasius*, Zentralasien), Bergbussard (*B. oreophilus*, Afrika südlich Sahara) und möglicherweise Madagaskarbussard (*B. playtpterus*, Madagaskar) eine Superspezies. Zwei Unterarten, in Europa *B. r. rufinus*.

ad.

Größe, Gewicht: Körperlänge 50–65 cm, Flügelspannweite 126–148 cm, Flügellänge 43–47 cm; ♂ 590–1281 g, ♀ 945–1760 g.

Erkennungshinweise: Geschlechter gleich. Immer markanter Bugfleck auf der Flügeloberseite, ad. ungebänderter, hell rostroter Schwanz, im Unterschied zum Mäusebussard längere Flügel und ruhigere Flügelschläge. Am ähnlichsten ist der „Falkenbussard", der jedoch zierlicher wirkt. Verwechslung durch Gestalt und Verhalten auch mit dem Raufußbussard, jedoch große saisonale Abweichung in der Möglichkeit der Beobachtung.

Stimme: Ähnlich Mäusebussard, aber weicher; ruft wenig.

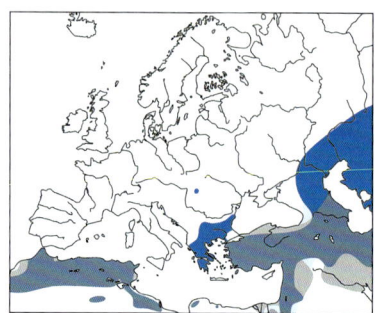

Brutareal: Trockengebiete von Nordafrika, Südosteuropa und Kleinasien bis Zentralasien. Von Deutschland aus nächste Brutvorkommen in Ungarn.
Vorkommen in Mitteleuropa: Sehr seltener Brutvogel in Ungarn, zunehmende Nachweise auch in Österreich. Sonst Ausnahmeerscheinung.
Wanderungen: Nominatform Kurz- bis Langstreckenzieher; Hauptwinterquartiere Nordwest-Indien, Arabien, Ostafrika Sahelzone bis in die Tropen. In Südosteuropa/Türkei Mitte März bis Mitte September im Brutgebiet.
Lebensraum: Trockene, offene Landschaften wie Steppen, Halbwüsten, Felsgebiete und mittlere Höhen in Gebirgen.
Nahrung: Kleine bis mittelgroße Säuger, auch Aas. Vögel, Reptilien und Großinsekten unbedeutend oder nur saisonal/regional.
Alter: Ältester Ringvogel über 8 Jahre. Generationslänge 8 Jahre.
Gefährdung: Nach der EU-Vogelschutzrichtlinie besonders geschützte Art (Anhang I), in Europa mit ungünstigem Erhaltungsstatus (SPEC 3). Gefährdet durch Intensivierung der Landwirtschaft, Störungen, jagdliche Verfolgung und Verluste an Freileitungen und Strommasten.
Besonderes: Am Südwestrand des Brutareals Zunahme und Expansion.

Raufußbussard (→186)
Buteo lagopus Pontoppidan 1763

Taxonomie: Familie Habichtverwandte – Accipitridae. Vier Unterarten, Nordeuropa *B. l. lagopus*.
Größe, Gewicht: Körperlänge 50–61 cm, Flügelspannweite 120–150 cm, Flügellänge ♂ 40,3–43 cm, ♀ 43–45,4 cm; ♂ 600–1377 g, ♀ 783–1660 g.
Erkennungshinweise: Geschlechter sehr ähnlich. Leicht mit dem Mäusebussard zu verwechseln. In allen Kleidern jedoch nie mit eng gebändertem

Schwanz. Besonders im Sitzen sind die befiederten Beine, die deshalb nie gelb wirken, ein sicheres Bestimmungsmerkmal. Im Jugendkleid nur undeutliche Endbinde und oberseits helles Feld in den Handschwingen.

Stimme: Im Winter selten zu hören, am Brutplatz vibierend „piiiiiä", länger und etwas tiefer als Mäusebussard.

Brutareal: In Tundren und Waldtundren von Skandinavien über Sibirien und Alaska bis Labrador/Neufundland.

Vorkommen in Mitteleuropa: Im Norden und Osten regelmäßiger Durchzügler und Wintergast, im Süden selten und unregelmäßig.

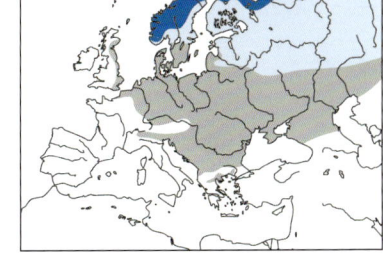

Wanderungen: Kurz- und Mittelstreckenzieher, Winterquartier von Südskandinavien und England bis in den nördlichen Balkan und ans Schwarze Meer.

Lebensraum: Stärker an offenes Land gebunden als Mäusebussard, im Winter offenes Kulturland.

Nahrung: Kleinsäuger, vor allem Wühlmäuse.

Alter: Ältester Ringvogel 17 Jahre, 7 Monate. Generationslänge 8 Jahre.

Schutzstatus und Gefährdung: Nicht gefährdet.

Besonderes: Beringte Raufußbussarde wurden bis zu 2500 km vom Brutplatz entfernt gefunden.

Wanderfalke (→187)

Falco [peregrinus] peregrinus Tunstall 1771

Taxonomie: Familie Falken – Falconidae. Bildet Superspezies mit dem Wüstenfalken *F. pelegrinoides*. Ca. 16 Unterarten, in Mitteleuropa *F. p. peregrinus*, in Nordeuropa und Nordsibirien *F. p. calidus* und im Mittelmeerraum *F. p. brookei*.

Größe, Gewicht: Körperlänge 36–48 cm, Flügelspannweite 80–120 cm, Flügellänge ♂ 29,1–32 cm, ♀ 34,8–36,7 cm; ♂ 550–750 g, ♀ 860–1300 g.

ad.

ad.

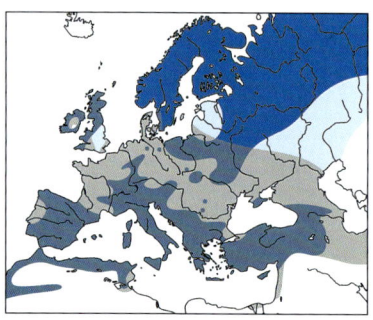

Erkennungshinweise: Geschlechter gleich und nur durch Größe unterscheidbar. Oberseite schiefergrau. Im Alterskleid Unterseite quergebändert, im Jugendkleid unterseits kräftig gestreift.

Stimme: Häufigster Ruf ein lange wiederholtes „grrää grrää grrää...". Weibchen ruft tiefer und rauer.

Brutareal: Ursprünglich nahezu kosmopolitisch verbreitet. Fehlt in großen Wüstenlandschaften von Westsahara bis China, in Urwaldgebieten Südasiens und Afrikas, in Neuseeland und Australien.

Vorkommen in Mitteleuropa: Seltener, aber regelmäßiger Brut- und Jahresvogel. Durch strengen Schutz großflächige Bestandserholung. Arktische Wanderfalken seltene Durchzügler in Mitteleuropa.

Wanderungen: Adulte in Mitteleuropa zumeist Standvögel, die Jungvögel ziehen und einjährige Nichtbrüter streifen außerhalb der Brutgebiete umher. Zugneigung nimmt nach Nord- und Nordosteuropa zu. Überwinterungsgebiete von Südskandinavien bis Mittelmeerraum.

Lebensraum: Unterschiedlichste Landschaften, wenn als Brutmöglichkeit Felswände vorhanden sind. Durch die Besiedelung von Gebäuden auch in Städten. Geschlossene Wälder werden eher gemieden, es bestehen jedoch Baumbrüterpopulationen im nordöstlichen Mitteleuropa.

Nahrung: Fast ausschließlich Vögel, in Europa über 210 Arten nachgewiesen, wobei aber meist wenige Arten die Hauptnahrung darstellen. Beutegewichte 10 bis ca. 1800 g.

Brutbiologie: Geschlechtsreife im 2. oder 3. (♀) Lebensjahr, jedoch Erstbrutalter mit 1 Jahr bekannt • Nest in Deutschland überwiegend Felsbänder und -nischen, zunehmend in Nistkästen auf hohen Bauwerken, auf Masten, ferner Baum- und regional auch Bodenbrüter, kein Eintrag von Nistmaterial • 3–4 Eier • Legebeginn Mitte März/Anfang April • Brutdauer 29–32 Tage • ♂

und ♀ brüten, ♀ mehr• ♀ füttert bis zum Alter von 3 Wochen, danach beide, ♂ bringt Futter • Junge bleiben 35–42 Tage im Nest, noch 3–4 Wochen Bettelflugperiode • 1 Jahresbrut; Ersatzgelege sehr selten.

Alter: Ältester Ringvogel 17 Jahre, 4 Monate. Generationslänge 5 Jahre.

Gefährdung: Nach der EU-Vogelschutzrichtlinie besonders geschützte Art (Anhang I). Gefährdet durch Akkumulation von Umweltgiften, illegale Verfolgung und Störungen am Brutplatz.

Besonderes: 186 Kilometer/Stunde wurden mit dem Radar bei einem Wanderfalken im Sturzflug gemessen. Dies ist die größte gemessene Geschwindigkeit bei einer Tierart.

	Jan.	Feb.	März	April	Mai	Juni	Juli	Aug.	Sep.	Okt.	Nov.	Dez.
Anwesenheit												
Durchzug												
Brutzeit				x								
postjuv. Mauser												
Teil- / Vollmauser												
Vollmauser												

Gerfalke (→ 188)

Falco [rusticolus] rusticolus Linnaeus 1758

Taxonomie: Familie Falken – Falconidae. Bildet Superspezies mit Lannerfalke *F. biarmicus*, Würgfalke *F. cherrug* und Laggerfalke *F. jugger*. Keine Unterarten.

Größe, Gewicht: Körperlänge 48–60 cm, Flügelspannweite 130–160 cm, Flügellänge ♂ 35,2–38 cm, ♀ 38,2–41,5 cm; ♂ 1000–1400 g, ♀ 1250–2100 g.

K1

Erkennungshinweise: Geschlechter gleich. Größter Falke mit der Spannweite eines Habichtweibchens. Flügel relativ rund und Schwanz länger als bei Wanderfalke. Kopf dunkler als Wanderfalke, dem er am meisten ähnelt.

Stimme: Am Brutplatz durchdringend „kjak kjak…", tiefer als Wanderfalke, auch nasal „gehä gehä…" und keckern.

Brutareal: Zirkumpolar in der Tundrenzone und im Norden der borealen Waldzone von Island über Nordfennoskandien bis Kamtschatka, Nordkanada und Alaska.

K1

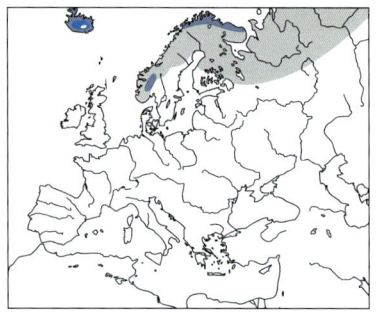

Vorkommen in Mitteleuropa: Im Norden in Küstennähe sehr seltener Gast im Winterhalbjahr, im Binnenland in der Regel Ausnahmegast. Häufige Flüchtlinge und entflogene Hybriden aus Gefangenschaftszucht.

Wanderungen: Standvogel, Streuungswanderungen, Kurzstrecken- und Teilzieher.

Lebensraum: Brutvogel in Tundrengebieten oder an der Küste, jagt über offenem Land oder am Wasser.

Nahrung: Vögel von Sperlingsgröße bis Enten, Großmöwen, Säugetiere von Maus- bis Hasengröße, gelegentlich Aas.

Alter: In Gefangenschaft mind. 19 und 15 Jahre. Generationslänge 5 Jahre.

Gefährdung: Nach der EU-Vogelschutzrichtlinie besonders geschützte Art (Anhang I), in Europa mit ungünstigem Erhaltungsstatus (SPEC 3). Gefährdung durch direkte Verfolgung, Handel und Störungen am Brutplatz.

Besonderes: Die Gefiedervariationen sind meist geografisch bedingt und reichen von fast weiß (Grönland, Sibirien) bis zu schiefergrau (Fennoskandien, Russland).

Würgfalke (→189)

Falco cherrug J.E. Gray 1834

Taxonomie: Familie Falken – Falconidae. Drei Unterarten, in Europa *F. c. cherrug*.

Größe, Gewicht: Körperlänge 45–55 cm, Flügelspannweite 102–129 cm, Flügellänge ♂ 34,7–37 cm, ♀ 38,6–41,2 cm; ♂ 730–950 g, ♀ 970–1300 g.

Erkennungshinweise: Geschlechter gleich. Großer Falke mit brauner Färbung. Kopf bei Altvögeln hell mit meist schmalem Bartstreif. Jungvögel vor allem am Bauch wesentlich dunkler. Viele Würgfalken schwer oder gar nicht von Hybridfalken zu unterscheiden.

Stimme: Rauere Rufreihen als Wanderfalke. Männchen bei der Balz anschwellend „bäck-bäck".

Brutareal: Waldsteppen und Steppenzone von Südost-Mitteleuropa bis Nordwestchina. Im Süden bis zum Himalaya und Iran.

Vorkommen in Mitteleuropa: Sehr seltener Brutvogel in der pannonischen Tiefebene, sonst nur ausnahmsweise. Seltener Gastvogel und entkommene Gefangenschaftsflüchtlinge.

Wanderungen: Teilzieher, östliche Populationen Zugvogel mit Winterquartier von Vorderasien bis Ostafrika. Westliche Brutvögel auch im Winter zumeist nahe der Brutplätze.

Lebensraum: Im Osten Steppen und Halbwüsten. Im Westen stark aufgelockerte Wald- und extensiv genutzte Agrarlandschaften. Fels- und Baumbrüter.

ad.

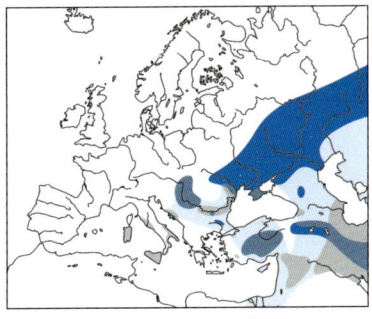

Nahrung: Kleinere Säugetiere und mittelgroße Vögel. Im Verbreitungsgebiet des Ziesels bildet dieses oft die Hauptbeute, sonst auch Hamster, Wühlmäuse, Rebhühner, Tauben und andere Vögel bis Reihergröße, seltener auch Reptilien und Insekten.

Brutbiologie: Geschlechtsreife im 2. Lebensjahr, Nest in Deutschland in Felsnische, kein Eintrag von Nistmaterial • 3–5 Eier • Legebeginn Mitte März/Anfang April • Brutdauer 28–30 Tage • ♂ und ♀ brüten, ♀ mehr • ♀ füttert anfangs, in 2. Hälfte Brutperiode beide, ♂ bringt Futter • Junge bleiben 30–45 Tage im Nest, noch 4–6 Wochen Bettelflugperiode • 1 Jahresbrut; Ersatzgelege.

Alter: In Gefangenschaft bis 23 Jahre. Generationslänge 5 Jahre.

Gefährdung: Nach der EU-Vogelschutzrichtlinie besonders geschützte Art (Anhang I), weltweit bedroht (SPEC 1). Global stark gefährdet durch direkte Verfolgung (insbesondere Aushorstung für Falknerei), Intensivierung der Landwirtschaft mit Verlust der wichtigsten Beutearten und Störungen am Brutplatz.

Besonderes: Durch entkommene Hybridfalken ist die pannonische Population zu 25 % durch Hybriden genetisch beeinträchtigt.

Lannerfalke (→190)

Falco [rusticolus] biarmicus Temminck 1825

ad.

Taxonomie: Familie Falken – Falconidae. Bildet Superspezies mit Ger- F. *rusticolus*, Würg- F. *cherrug* und Laggarfalke F. *jugger*. 4 Unterarten, in Europa *feldeggii*.

Größe, Gewicht: Körperlänge 35–50 cm, Flügelspannweite 90–115 cm, Flügellänge ♂ 31,0–33,0 cm, ♀ 32,5–35,5 cm; ♂ 450–650 g, ♀ 550–825 g.

Erkennungshinweise: Geschlechter gleich. Größe ähnlich Wanderfalke mit einem an den Turmfalken erinnernden Flugbild. Flügelspitzen erreichen Schwanzspitze. Altvögel oberseits blaugrau mit gelbbraunen Oberkopf bei der nordafrikanischen Unterart *erlangeri*. Bei der südeuropäischen Unterart *feldeggii* Oberseite dunkelbraun gebändert und meist hellem Scheitel und Nacken. Im Jugendkleid ähnlich Würgfalke, aber Hosen hell und oft gestreift.

Stimme: Ruft leise rau oder hart gackernd deutlich zweisilig „wrä(eh)-wrä(eh)-wrä(eh)".

Brutareal: Brütet in Afrika, der Arabischen Halbinsel, in Kleinasien. In Europa Brutvogel in Italien und auf dem Balkan.

Vorkommen in Mitteleuropa: Ausnahmegast in Tschechien und der Slowakei. Sonst einzelne Gefangenschaftsflüchtlinge.

Wanderungen: Standvogel.

Lebensraum: Kommt vor allem in offenem Gelände wie Halbwüsten vor, die sich an Berge mit steilen Felswänden anschließen. Selten auch an der Felsküste.

Nahrung: Hauptsächlich Vögel bis Taubengröße, die in der Luft gegriffen werden. Daneben auch kleine Säugetiere, Eidechsen, in Wüsten auch Insekten.

Brutbiologie: Geschlechtsreife mit 2–3 Jahren • Nest in Felsnischen oder alten Baumnestern anderer Arten • 3–4 Eier • Legebeginn Mitte Februar bis April • Brutdauer 32–35 Tage • beide Eltern brüten und füttern • Junge mit 42–45 Tagen flügge, nach weiteren 4–6 Wochen selbständig • 1 Jahresbrut.

Alter: Generationslänge 5 Jahre.

Gefährdung: Ungünstiger Erhaltungszustand.

Merlin (→191)

Falco columbarius Linnaeus 1758

Taxonomie: Familie Falken – Falconidae. Acht Unterarten, in Nordeuropa *F. c. aesalon*, auf Island brütet *F. c. subaesalon*.

Größe, Gewicht: Körperlänge 25–30 cm, Flügelspannweite 50–67 cm, Flügellänge ♂ 191–206 mm, ♀ 209–222 mm; ♂ 125–234 g, ♀ 164–300 g.

Erkennungshinweise: Falke in der Größe eines Sperbermännchens, der im Flugbild dem wesentlich größeren Wanderfalken ähnelt. Männchen erinnert in der Färbung an adultes Sperber-Männchen, braunes Weibchen mit kräftig gebändertem Schwanz.

♂ ad.

Stimme: Vor allem am Nest zu hören, ähnlich Turmfalke, Weibchen auch tiefer „kek-kek-kek…".

Brutareal: Taiga und Waldtundra Eurasiens und Nordamerikas.

Vorkommen in Mitteleuropa: Regelmäßiger; aber spärlicher, im Süden mitunter seltener Durchzügler und Wintergast.

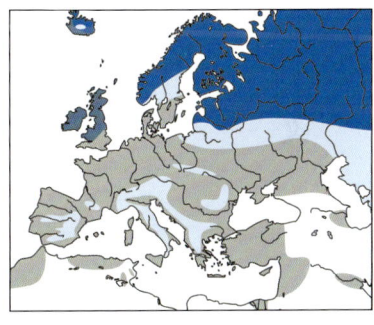

Wanderungen: Zugvogel, Winterquartier reicht bis Südeuropa.

Lebensraum: Baumarmes, offenes Gelände; Brutvogel in Heiden, Hochmooren, Zwergstrauchflächen. In Mitteleuropa Jagdgebiet in offenen Landschaften, an Gewässern; abhängig von Kleinvogelschwärmen.

Nahrung: Kleinvögel, zur Brutzeit auch Kleinsäuger.

Alter: Ältester Ringvogel 12 Jahre, 8 Monate. Generationslänge < 3,3 Jahre.

Gefährdung: Nach der EU-Vogelschutzrichtlinie besonders geschützte Art (Anhang I).

Besonderes: Kleinster Falke Europas. Findet sich auf dem Zug und im Winterquartier gern zu kleineren Schlafplatzgesellschaften zusammen.

Eleonorenfalke (→ 192)

Falco eleonorae Gené 1839

K1

Taxonomie: Familie Falken – Falconidae. Keine Unterarten.

Größe, Gewicht: Körperlänge 36–42 cm, Flügelspannweite 110–130 cm, Flügellänge ♂ 30–32,3 cm, ♀ 31,2–34,7 cm; 340–450 g.

Erkennungshinweise: Geschlechter gleich. Mittelgroßer, schlanker Falke, mit langem Schwanz und langen schmalen Flügeln, der leicht mit einem Baumfalken verwechselt werden kann. Helle Morphe mit rostfarbener Unterseite, dunkle Morphe einfarbig schwarzbraun.

Stimme: In Kolonien ruffreudig, u. a. gereiht „gäk-gäk-gäk…".

Brutareal: Inseln und Felsküsten von den Kanaren bis ins östliche Mittelmeer.

Vorkommen in Mitteleuropa: Ausnahmegast.

Wanderungen: Zugvogel, Winterquartier Madagaskar und vielleicht Afrika südlich Sahara.

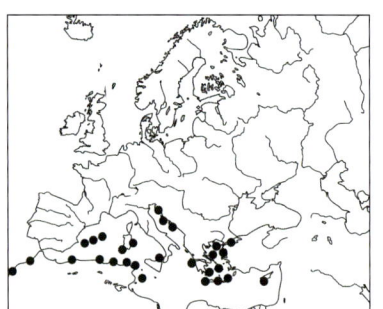

Lebensraum: Brutvogel auf Mittelmeerinseln oder Landzungen.

Nahrung: Großinsekten und Vögel; Brutzeit dem Wegzug europäischer Zugvögel angepasst.

Alter: Ältester Ringvogel 11 Jahre, 2 Monate. Generationslänge 5 Jahre.

Gefährdung: Nach der EU-Vogelschutzrichtlinie besonders zu schützende Art (Anhang I), auf Europa konzentriert und mit ungünstigem Erhaltungsstatus (SPEC 2). Gefährdet durch direkte Verfolgung, Störungen durch Freizeitbetrieb und Verbauung der Brutplätze.

Besonderes: Eleonorenfalken brüten im Spätsommer und Herbst, da sie ihre Jungvögel mit Durchzüglern auf dem Herbstzug ernähren. Bevorzugt werden ziehende Kleinvögel, die über dem Meer erbeutet werden. Dazu bilden oft mehrere Falken eine Kette mehrere Kilometer vor der Küste, um systematisch ankommende Singvögel abzufangen.

Baumfalke (→193)

Falco subbuteo Linnaeus 1758

Taxonomie: Familie Falken – Falconidae. Bildet wohl mit je einem afrikanischen, südostasiatischen und australischen Taxon eine Superspezies. Zwei Unterarten, in Europa die Nominatform.

Größe, Gewicht: Körperlänge 28–36 cm, Flügelspannweite 74–84 cm, Flügellänge ♂ 24–28 mm, ♀ 25–28 mm; 131–232 g.

Erkennungshinweise: Geschlechter gleich. Mittelgroßer Falke mit langen, spitzen Flügeln. Oberseite dunkelgrau, Unterseite weiß gestrichelt. Adulte mit rostfarbener Unterschwanzdecke und Beinregion.

Stimme: Zur Balzzeit Rufreihen wie „gie gie gie...", ähnlich auch bei Erregung. Außerhalb der Brutzeit schweigsam.

Brutareal: Von Nordwestafrika und Südwesteuropa über Europa und Asien bis an den Pazifik; fehlt im Norden.

Vorkommen in Mitteleuropa: Spärlicher Brutvogel, meist lückig verbreitet. Sommervogel und Durchzugsgast.

Wanderungen: Langstreckenzieher, überwintert in Afrika südlich des Äquators bzw. in Südasien.

Lebensraum: Jagt vor allem über Verlandungszonen von Gewässern, Feuchtwiesen, Mooren und Ödflächen. Nester in lichten Wäldern, Gehöl-

ad.

ad.

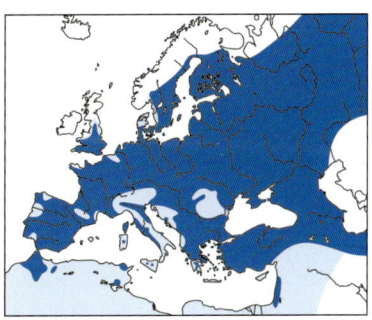

zen, auf einzelstehenden Bäumen und Gittermasten; fehlt in geschlossenen Bergwäldern.

Nahrung: Jagt im Flug Vögel und größere Insekten, nimmt auch Turmfalken Beute ab.

Brutbiologie: Geschlechtsreife im 1. Lebensjahr, Brut meist nicht vor 2. Jahr • Nest meist von Krähenvögeln erbaut in Nadel- und weniger häufig in Laubbäumen, auch auf Gittermasten; Kunstnester werden angenommen • 2–4 Eier • Legebeginn Ende Mai / Juni • Brutdauer 28–32 Tage • ♀ brütet überwiegend allein • ♀ füttert, ♂ bringt Nahrung (zumindest anfänglich) • Junge bleiben 28–34 Tage im Nest, dann noch etwa 30–42 Tage Bettelflugperiode • 1 Jahresbrut; Ersatzgelege nur bei frühen Verlusten.

Alter: Höchstalter Ringvögel 15, 13 und fast 12 Jahre. Generationslänge 5 Jahre.

Gefährdung: Gefährdet durch Ausräumung der Landschaft (Verlust von Brutplätzen), Entwässerungen und Intensivierung der Landnutzung (Nahrungsgebiete), Verfolgung von Krähenvögeln (Ausschießen von Krähennestern), Umweltchemikalien und Störungen zur Brutzeit im Nestbereich.

Besonderes: Jagt im Sommer, auch in der Dämmerung oft gemeinsam Libellen oder schwärmende Käfer, die dann im Flug gefressen werden.

	Jan.	Feb.	März	April	Mai	Juni	Juli	Aug.	Sep.	Okt.	Nov.	Dez.
Anwesenheit												
Durchzug									x			
Brutzeit				x / x								
postjuv. Mauser												
Teil- / Vollmauser												
Vollmauser												

Rotfußfalke (→ 194)

Falco [vespertinus] vespertinus Linnaeus 1766

Taxonomie: Familie Falken – Falconidae. Bildet mit dem Amurfalken *F. amurensis* eine Superspezies. Keine Unterarten.

Größe, Gewicht: Körperlänge 28–31 cm, Flügelspannweite 65–78 cm, Flügellänge ♂ 23,7–25,2 cm, ♀ 24–26,4 cm; ♂ 130–164 g, ♀ 130–197 g.

Erkennungshinweise: Kleiner Falke mit roten Füßen. Adulte Männchen im Prachtkleid durch schiefergraues Gefieder und rostrote Steißregion unverwechselbar. Weibchen unterseits gelblich braun, oberseits schiefergrau mit dunkler Bänderung. Im Jugendkleid helle Unterseite braun gestreift und Oberseite braungrau. Füße gelb, dadurch Verwechslung mit Baumfalken im Jugendkleid möglich.

Stimme: Einzeln still, an Kolonien Männchen durchdringend „kikiki…", Weibchen langsamer, ansteigend „gij-giji…"; gezogenes Lahnen wie „tschuh-tririh-trri…".

Brutareal: Von Osteuropa bis Zentralsibirien mit Ausläufern bis an den Südostrand von Mitteleuropa.

Vorkommen in Mitteleuropa: Brutvogel in der pannonischen Tiefebene. Sonst regelmäßiger, seltener Gast vor allem in Frühjahr und Herbst, gelegentlich einzelner Brutvogel.

Wanderungen: Langstreckenzieher, Winterquartier in Süd- und Ostafrika.

Lebensraum: Offene Landschaften mit einzelnen Bäumen, Alleen oder Baumgruppen. Jagdgebiete in Deutschland vor allem Moore, Seeufer und Brachflächen.

Nahrung: Großinsekten, daneben auch kleine Wirbeltiere.

Brutbiologie: Geschlechtsreife im 1. Lebensjahr • Meist Nester von Rabenvögeln, auch in Kolonien (z. B. Saatkrähe Nestlieferant) • 3–4 Eier • Legebeginn ab Mitte Mai • Brutdauer 22–23 Tage • ♂ und ♀ brüten • Anfangs füttert ♀, ♂ bringt Futter, später füttern beide • Junge bleiben 26–28 Tage im Nest, werden nach weiteren 7–10 Tagen selbstständig • 1 Jahresbrut; Ersatzgelege.

Alter: Ältester Ringvogel 13 Jahre, 3 Monate. Generationslänge < 3,3 Jahre.

♀

♂ ad.

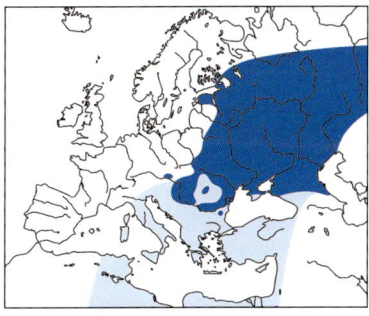

Gefährdung: Nach der EU-Vogelschutzrichtlinie besonders geschützte Art (Anhang I), in Europa mit ungünstigem Erhaltungsstatus (SPEC 3). Gefährdung durch Intensivierung der Landwirtschaft (Grünlandumbruch, Entwässerungen), sowie direkte Verfolgung auf dem Zug.

Besonderes: Ausgeprägter Schleifenzug. Wegzug ostwärts über die Türkei und Heimzug über Westafrika.

Amurfalke (→194A)

Falco [vespertinus] amurensis (Radde 1863)

♂ ad.

Taxonomie: Familie Falken – Falconidae. Bildet Superspezies mit Rotfußfalke F. vespertinus. Keine Unterarten.

Größe, Gewicht: Körperlänge 28–30 cm, Flügelspannweite 63–71 cm; 97–188 g.

Erkennungshinweise: Ausgefärbte Männchen sehr ähnlich Rotfußfalke, jedoch etwas matter gefärbt. Durch weiße Unterflügeldecken unverwechselbar. Adulte Weibchen dunkel schiefergrau gefärbt. Der schwarze Bartstreif spitz zulaufend. Wachshaut, Beine und Zehen rot. Jungvögel mit hellgrauem Gefieder und gelben Beinen, Wachshaut ebenso gefärbt.

K1

Stimme: Gereiht schnell „kikikiki" rufend.

Brutareal: Östlich an das Brutgebiet des Rotfußfalken anschließend; beginnt östlich des Baikalsees und erstreckt sich im Ussurigebiet bis an die Pazifikküste.

Vorkommen in Deutschland: Extrem seltene Ausnahmeerscheinung, ein Nachweis in Ungarn.

Wanderungen: Langstreckenzieher der im südlichen Afrika überwintert.

Lebensraum: Brütet hauptsächlich in Baumsteppengebieten südlich der geschlossenen Taiga, so in lockeren Waldungen entlang von Flüssen. In der Taiga ist er auf großen Freiflächen, wie Brandplätzen oder Rodungsinseln zu finden. Selten finden sich Brutplätze über 1000 m ü. NN.

Nahrung: Altvögel ernähren sich hauptsächlich von Großinsekten, daneben werden kleine Säugetiere und Eidechsen erbeutet. Jungvögel werden ausschließlich mit Wirbeltieren gefüttert.
Brutbiologie: Nest in alten Krähennestern oder Baumhöhlungen • 3–4 Eier • Legebeginn Mai bis Juni • Brutdauer 28–30 Tage • Junge mit ca. 30 Tagen flügge • 1 Jahresbrut.
Gefährdung: Nicht weltweit gefährdet.
Besonderes: Fliegt nonstop von Indien über den Indischen Ozean ins Winterquartier auf dem afrikanischen Festland.

Rötelfalke (→195)

Falco naumanni Fleischer 1818

Taxonomie: Familie Falken – Falconidae. Keine Unterarten.
Größe, Gewicht: Körperlänge 29–32 cm, Flügelspannweite 58–72 cm, Flügellänge ♂ 22,9–24,6 cm, ♀ 22,5–25,1 cm; ♂ 90–172 g, ♀ 138–208 g.
Erkennungshinweise: Vor allem auf größere Distanz und im Weibchenkleid große Verwechslungsmöglichkeiten mit Turmfalke. Adulte Männchen mit ungefleckter Oberseite und blaugrauem Flügelfeld, vorjährige Männchen am si-

♂ ad.

chersten durch fehlenden Bartstreif zu bestimmen, da blaugraues Flügelfeld fehlt und Oberflügeldecken noch gepunktet sind. Weibchen und Jungvögel am sichersten durch die hellen Krallen vom Turmfalken zu unterscheiden.

Stimme: Rufe geräuschhafter als bei Turmfalke wie „xexexe" oder" tsche-tsche...". Lahnen des Weibchens zitternd „dridridri...".

Brutareal: Von Nordafrika und Iberien lückig über Kleinasien bis Mittelsibirien und Zentralasien, isoliert in Nordostchina.

♂ ad.

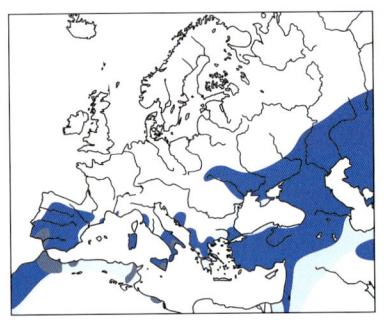

Vorkommen in Mitteleuropa: Ehemaliger seltener Brutvogel im Süden, heute nur noch Ausnahmegast.
Wanderungen: Langstreckenzieher, Winterquartier hauptsächlich Afrika südlich Sahara.
Lebensraum: Offene Landschaften warmer und trockener Gebiete und extensiv genutztes Kulturland.

Nahrung: Hauptsächlich Insekten, kleine Reptilien, auch Kleinsäuger.
Alter: Ältester Ringvogel 6 Jahre. Generationslänge < 3,3 Jahre.
Schutzstatus und Gefährdung: Nach der EU-Vogelschutzrichtlinie besonders geschützte Art (Anhang I), weltweit bedroht (SPEC 1). Globale Gefährdung durch Intensivierung der Landwirtschaft (Rückgang von Großinsekten) und Verlust von Brutplätzen.
Besonderes: Im Winterquartier Schlafplätze mit bis zu 70.000 Ind. bekannt.

Turmfalke (→196)

Falco [tinnunculus] tinnunculus Linnaeus 1758

Taxonomie: Familie Falken – Falconidae. Bildet Superspezies mit *F. cenchroides, F. moluccensis, F. rupicolus, F. newtoni, F. araea* und *F. punctatus*. Zehn Unterarten, in Europa *F. t. tinnunculus*, auf den Makaronesischen Inseln stark differenziert.

♂ ad.

Größe, Gewicht: Körperlänge 32–39 cm, Flügelspannweite 65–82 cm, Flügellänge ♂ 23,3–25,8 cm, ♀ 22,9–27,2 cm; ♂ 136–252 g, ♀ 154–314 g.
Erkennungshinweise: Mittelgroßer Falke mit langen Flügeln und Schwanz. Männchen mit blaugrauem Schwanz und Bürzel und grauem Kopf. Weibchen und Jungvögel mit braunem, schmal gebändertem Schwanz.
Stimme: Rufreihen hoher „kikiki…“Rufe sind häufig zu

hören. Am Brutplatz trillernd „zrirr".

Brutareal: Europa einschließlich Island, ostwärts bis Ostasien, Nordafrika, und Afrika südlich der Sahara.

Vorkommen in Mitteleuropa: Weitverbreiteter Brut- und Jahresvogel in allen Landesteilen bis ins Hochgebirge. Teilzieher, regional Durchzügler.

Wanderungen: Teilzieher und Standvogel. In Nordeuropa Langstreckenzieher. Winterquartiere bis nach Afrika südlich der Sahara.

Lebensraum: Brutvogel offener Landschaften mit niedriger Vegetation, als Jagdgebiete zumeist Kulturland, aber auch Steppen und Dünengebiete. Brutplätze an Felsen, Gebäuden und auf Bäumen oder Büschen.

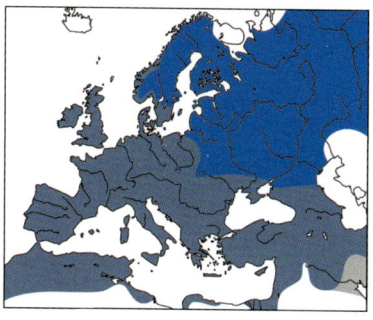

Nahrung: Hauptsächlich Wühlmäuse, daneben Langschwanzmäuse, Spitzmäuse, Maulwürfe, Reptilien, größere Insekten und seltener auch Vögel.

Brutbiologie: Hoher Nichtbrüteranteil • Nistplatz in Felsen, Gebäudenischen oder in Baumnestern anderer Arten wie Rabenvögeln, nimmt auch Nistkästen an • meist 4–6 Eier • Legebeginn Mitte März bis Ende April • Brutdauer 27–32 Tage, Jungvögel schlüpfen innerhalb 3–5 Tagen • ♀ brütet allein • ♀ hudert 1 Woche und füttert, ♂ übergibt zunächst die Beute, später füttert er • Junge bleiben 27–32 Tage im Nest und sind 4 Wochen nach dem Ausfliegen selbstständig • 1 Jahresbrut; Zweitgelege oder Schachtelbruten selten.

Alter: Ältester Ringvogel 23 Jahre, 10 Monate. Generationslänge < 3,3 Jahre.

Gefährdung: Art in Europa mit ungünstigem Erhaltungsstatus (SPEC 3). Bestandsrückgang durch Intensivierung der Landwirtschaft.

Besonderes: Horstplätze wurden in Mitteleuropa bei 2850 m ü. NN gefunden. Er ist neben dem Mäusebussard der häufigste Greifvogel Deutschlands.

	Jan.	Feb.	März	April	Mai	Juni	Juli	Aug.	Sep.	Okt.	Nov.	Dez.
Anwesenheit												
Durchzug									x x			
Brutzeit				x x								
postjuv. Mauser												
Teil- / Vollmauser												
Vollmauser												

Zwergtrappe (→197)

Tetrax tetrax (Linnaeus 1758)

♂

♂

Taxonomie: Familie Trappen – Otididae. Monotypisch.

Größe, Gewicht: Körperlänge 40–45 cm, Flügelspannweite 105–115 cm, Flügellänge ♂ 23,8–25,9 cm, ♀ 24–25 cm; ♂ 794–975 g, ♀ 680–945 g.

Erkennungshinweise: Kleine Trappe und Männchen im Prachtkleid mit charakteristischem schwarzen Hals und zwei weißen Halsringen unverwechselbar. Weibchen tarnfarben hellbraun gemustert und Männchen im Schlichtkleid ohne die schwarzweiße Kopf- und Halszeichnung.

Stimme: Balzruf des Hahns hart „trrrt" und im Abstand von 15 Sekunden wiederholt. Flugruf ein kurzes „kiak" oder „dag".

Brutareal: Teile Nordafrikas und Südeuropas, davon isoliert Steppengebiete vom Norden des Schwarzmeeres bis Ostkasachstan.

Vorkommen in Mitteleuropa: Ehemaliger, seltener Brutvogel bis ca. 1950, heute extrem seltener Gastvogel.

Wanderungen: Brutvögel Frankreichs z. T. Zugvögel mit

Winterquartier in Südfrank-reich und Iberischer Halbinsel, russische Brutvögel ziehen bis Nordafrika und Indien.

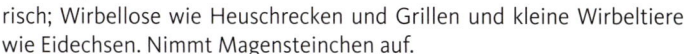

Lebensraum: Großflächig offene, steppenartige Land-schaften mit Grasbewuchs wie extensive Weideflächen, auch Kultursteppe mit Getreide- und Luzerneschlägen.

Nahrung: Pflanzlich und tie-risch; Wirbellose wie Heuschrecken und Grillen und kleine Wirbeltiere wie Eidechsen. Nimmt Magensteinchen auf.

Brutbiologie: Nest am Boden in niedriger Vegetation • meist 3–4 Eier • Brutdauer 20–22 Tage • ♀ brütet und führt • Junge mit 25–30 Tagen flüg-ge, bleiben aber bis in den Herbst bei den ♀ • 1 Jahresbrut; Ersatzgelege möglich.

Alter: Generationslänge 5 Jahre.

Schutz: Nach der EU-Vogelschutzrichtlinie besonders geschützte Art (Anhang I), weltweit bedroht (SPEC 1). In Europa gefährdet durch Inten-sivierung der Landwirtschaft (z. B. Umbruch von Grassteppen) und inten-sive Bejagung.

Besonderes: Hat noch bis Mitte der 1980er Jahre nahe der deutschen Grenze im Elsass/Frankreich gebrütet.

Großtrappe (→198)

Otis tarda Linnaeus 1758

Taxonomie: Familie Trappen – Otididae. Zwei Unterarten, in Europa *O. t. tarda*.

Größe, Gewicht: Körperlänge ♂ 105 cm, ♀ 75 cm, Flügelspannweite 190–260 cm, Flügellänge ♂ 59,8–63,3 cm, ♀ 47,5–49,7 cm; 5,8–8,5 kg.

Erkennungshinweise: Unverwechselbarer, kräftig gebauter Bodenvogel von der Größe eines Rehs, etwas an Truthuhn erinnernd.

Stimme: Ruf bei Alarm kurzes Bellen „ock". Bei der Balz nur durch Entlee-ren des luftgefüllten Kehlsackes dumpfes, leises Geräusch „umb".

Brutareal: Nur noch regional in Südwest-, Mittel- und Osteuropa, über Vorderasien bis Ostkasachstan, davon getrennt in Ostasien vom Altai durch die Mongolei bis Mandschurei und Amur.

Vorkommen in Mitteleuropa: Sehr seltener Brut- und Jahresvogel, nur noch kleine Restpopulationen in der pannonischen Tiefebene und in Brandenburg.

♂ immat.

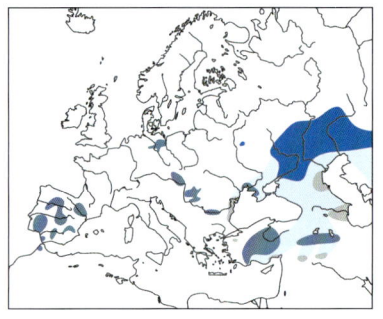

Wanderungen: Standvogel, früher im Winter Ausweichbewegungen.

Lebensraum: Ursprünglich Steppen und Schwarzerdboden, Brachflächen, heute weiträumige und störungsarme Acker- und Grünflächen mit möglichst vielseitigen Nutzungsformen in Gebieten mit geringer Dauer und Höhe der Schneedecke.

Nahrung: Vielseitig, grüne Pflanzenteile, Rhizome, Wurzeln, Beeren, auch Insekten (vor allem Junge in den ersten Wochen), Feldmäuse, Regenwürmer, Mollusken, Eidechsen.

Brutbiologie: Geschlechtsreife ♀ im 2., ♂ im 5./6. Lebensjahr • Nest flache Vertiefung im Boden mit wenig Material • 2–3 Eier • Legebeginn Ende April bis Mai, Ersatzgelege bis Juli • Brutdauer 21–26 Tage • ♀ brütet • ♀ führt • Junge sind Nestflüchter, mit etwa 5 Wochen flugfähig • 1 Jahresbrut; Ersatzgelege.

Alter: In Gefangenschaft bis 50 Jahre. Generationslänge 14 Jahre.

Gefährdung: Nach der EU-Vogelschutzrichtlinie besonders geschützte Art (Anhang I), weltweit bedroht (SPEC 1); durch intensive Landwirtschaft, Fragmentierung der letzten Brutgebiete, zunehmende Nestprädation und Störungen.

Besonderes: Die Männchen sind mit bis zu 16 Kilogramm die schwersten flugfähigen Vögel.

	Jan.	Feb.	März	April	Mai	Juni	Juli	Aug.	Sep.	Okt.	Nov.	Dez.
Anwesenheit												
Durchzug												
Brutzeit					X							
postjuv. Mauser												
Teil- / Vollmauser												
Vollmauser												

Saharakragentrappe (→199)

Chlamydotis [undulata] undulata (Jacquin 1784)

Taxonomie: Familie Trappen – Otididae. Bildet Superspezies mit Steppenktagentrappe *C. macqueenii*. 2 Unterarten: *undulata* (Nordafrika) und *fuerteventurae* (östliche Kanaren).

Größe, Gewicht: Körperlänge 55–70 cm, Flügelspannweite 130–160 cm, Flügellänge ♂ 36,5–41,5 cm, ♀ 31,5–36,0 cm; 1200–2400 g.

Erkennungshinweise: Geschlechter ähnlich. Im Gegensatz zur Steppenkragentrappe

kein Schwarz am Kopf. Im Jugendkleid ohne den charakteristischen Streif an den Halsseiten, bei Weibchen dieser undeutlich abgesetzt.

Stimme: Lautäußerungen nur aus der Gefangenschaft bekannt. Jungvögel mit muhenden Lauten. Alarmruf ein tiefes Krächzen.

Brutareal: Über Hochplateau Nord-Mauretaniens bis Tunesien und Nordsahara bis Niltal. Unterart *fuerteventurae* nur noch auf Lanzarote und Fuerteventura.

Vorkommen in Mitteleuropa: Extrem seltener Ausnahmegast, 2 Nachweise aus dem 19. Jh. in der Schweiz.

Wanderungen: Standvogel, offenbar nur einzelne Zieher.

Lebensraum: Halbwüsten und Steppen, auf dem Zug auch in Kulturlandschaft.

Nahrung: Pflanzen wie Samen, Früchte oder Blätter aber auch Käfer, Heuschrecken und andere Wirbellose sowie Reptilien.

Brutbiologie: • Nest in Bodenmulde • 2–3 Eier • Brutdauer ca. 24 Tage • Junge mit ca. 35 Tagen flügge.

Gefährdung: Stark gefährdet durch Überjagung und Überweidung ihrer Lebensräume.

Steppenkragentrappe (→ 200)

Chlamydotis [undulata] macqueenii (J. E. Gray 1832)

♀

Taxonomie: Familie Trappen – Otididae. Bildet Superspezies mit Saharakragentrappe *C. undulata*. Keine Unterarten.

Größe, Gewicht: Körperlänge 55–75 cm, Flügelspannweite 135–170 cm, Flügellänge ♂ 39,3–43,1 cm, ♀ 35,7–37,7 cm; ♂ 1800–2400 g, ♀ 1100–1700 g.

Erkennungshinweise: Geschlechter ähnlich. Im Gegensatz zur Saharakragentrappe schwarze Federn am Hinterkopf. Durch langen schlanken Körper und die kräftige Bänderung auf der Oberseite perfekt im Lebensraum getarnt. Im Jugendkleid ohne den charakteristischen Streif an den Halsseiten.

Stimme: Jungvögel mit muhenden Lauten. Alarmruf ein tiefes Krächzen.

Brutareal: Sinai und Naher Osten bis Westpakistan und Kaspigebiet über Südkirgisien bis in die Mongolei.

Vorkommen in Mitteleuropa: Ausnahmeerscheinung.

Wanderungen: Standvogel im Süden des asiatischen Areals, Mittel- und Zentralasiatische Vögel ziehen südwestlich nach Indien.

Lebensraum: Trockensteppe und Halbwüsten, zur Zugzeit auch in Kulturen.

Nahrung: Vielfältig: pflanzliches Material wie Früchte Samen, Sprösslinge, Blätter und Blüten. Sonst hauptsächlich Heuschrecken, Grillen, Käfer und weitere Gliederfüßer sowie Reptilien.

Alter: Höchstalter nicht bekannt; Generationslänge 6 Jahre.

Gefährdung: Nach der EU-Vogelschutzrichtlinie besonders geschützte Art (Anhang I), weltweit bedroht (SPEC 1). Global gefährdet durch exzessive Bejagung und Intensivierung der Landnutzung.

Besonderes: Lautbeschreibungen existieren nur von Vögeln in Gefangenschaft.

Jungfernkranich (→ 201)

Grus virgo (Linnaeus 1758)

ad.

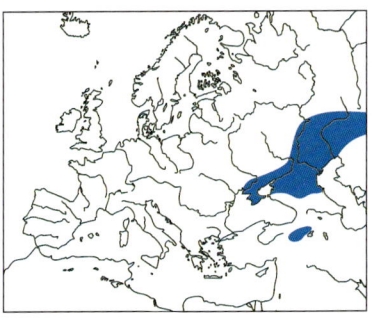

Taxonomie: Familie Kraniche – Gruidae. Bisher in Gattung *Anthropoides* gestellt. Keine Unterarten.

Größe, Gewicht: Körperlänge 90–100 cm, Flügelspannweite 165–185 cm, Flügellänge ♂ 46,6–51,6 cm, ♀ 44–49 cm; 2000–3000 g.

Erkennungshinweise: Geschlechter gleich. Wesentlich kleiner als Graukranich. Altvögel mit auffallend langen schwarzen Brustfedern und langen weißen Ohrbüscheln. Jungvögel insgesamt viel blasser und weniger kontrastreich gefärbt.

Stimme: Trompetenrufe kürzer, höher und rauer als Kranich.

Brutareal: Von Nordküste Schwarzes Meer und Osttürkei durch Zentralasien bis Nordwestmongolei und Nordostchina.

Vorkommen in Mitteleuropa: Ausnahmegast, meist wohl Gefangenschaftsflüchtlinge.

Wanderungen: Zugvogel, Winterquartier von Afrika südlich der Sahara bis Indien/Bangladesh.

Lebensraum: Brutvogel in sumpfigem bis trockenem Offenland, mitunter auch in breiten Flussbetten.

Nahrung: Überwiegend pflanzlich, im Frühjahr auch Insekten (Junge fast ausschließlich).

Alter: Generationslänge 6 Jahre.

Gefährdung: Die Brutpopulationen in Rumänien und Moldawien sind erloschen, im Westen des aktuellen Brutgebiets sind weiterhin starke Bestandsrückgänge durch landwirtschaftliche Erschließung der Brutgebiete zu verzeichnen.

Besonderes: Auf dem Zug ins indische Winterquartier überfliegen Jungfernkraniche unter Umständen die höchsten Gipfel des Himalaya.

Kanadakranich (→ 202)
Grus candensis (Linnaeus 1758)

ad.

Taxonomie: Familie Kraniche – Gruidae. 5 Unterarten, in Europa wohl nur Unterart canadensis zu erwarten.

Größe, Gewicht: Körperlänge bis 120 cm, Flügelspannweite 160–210 cm, Flügellänge ♂ 44,2–49,8 cm, ♀ 42,5–47,5 cm; im Durchschnitt ♂ 3350 g, ♀ 3750 g.

Erkennungshinweise: Geschlechter gleich. Graues Gefieder mit etwas diffusen Flecken. Im Prachtkleid Oberseite bräunlich. Altvögel mit weißer Kehle und Kopfseiten ebenfalls weiß gefärbt. Vorderscheitel und Stirn rot. Jungvögel ähnlich Kranich, jedoch mehr zimtbraun.

Stimme: Rufe klingen melodischer als beim Kranich. Flugruf „kärr-ruhh".

Brutareal: Es umfasst das zentrale und nördliche Alaska und Kanada, einige Teile des Mittleren Westens und den Südosten der USA. Ebenso brütet der Kanadakranich im Nordosten Asiens.

Vorkommen in Mitteleuropa: Ausnahmegast.

Wanderungen: Weitstreckenzieher. Amerikanische und sibirische Kanadakraniche überwintern im Südwesten der USA und im nördlichen Mexiko.

Lebensraum: Moore und flache, hügelige Grasniederungen, Gebirgstäler sowie Mündungsgebiete großer Flüsse und Ausläufer niedriger Kuppen.

Nahrung: Überwiegend vegetarisch. Im Winterquartier hauptsächlich Getreide auf abgeernteten Feldern. Daneben werden zu allen Jahreszeiten Wirbellose, kleine Nager, Amphibien und Fische aber auch Wasserpflanzen gefressen.

Brutbiologie: Geschlechtsreife mit 2 oder 3 Jahren • Nest meist ein Haufen trockenen und grünen Pflanzenmaterials • Meist 2 Eier • Brutdauer 29–32 Tage • Junge mit 50–90 Tagen flügge • 1 Jahresbrut.

Gefährdung: Nicht weltweit gefährdet.

Besonderes: Innerhalb der Familie der Kranichvögel ist der Kanadakranich die Art mit der längsten Zugstrecke. Mehrere Nachweise in Europa dürften sich auf denselben Vogel beziehen, der zwischen Schweden und Spanien mit Kranichen mitzog.

Kranich (→ 203)

Grus grus (Linnaeus 1758)

Taxonomie: Familie Kraniche – Gruidae. Zwei Unterarten, in Europa *G. g. grus*.

Größe, Gewicht: Körperlänge 110–120 cm, Flügelspannweite 200–220 cm, Flügellänge ♂ 56,1–62,9 cm, ♀ 52,2–58,2 cm; ♂ 5100–7000 g, ♀ 4500–5900 g.

2 ad.+ 2 K1

Erkennungshinweise: Geschlechter gleich. Sehr großer Vogel mit auffallend langen gekrümmten Schirmfedern, die den Schwanz verdecken. Jungvögel unscheinbar graubraun.

Stimme: Revierruf oder nach der Balz weittragendes, trompetenartiges Schmettern wie „gruu-grii". Verschiedene Laute wie „krürr" oder „kurr".

Brutareal: Waldtundra und Waldsteppenzone von Nord- und Mitteleuropa bis Ostsibirien. In Vorderasien isolierte Populationen weiter südlich bis fast ins Mittelmeergebiet.

Vorkommen in Mitteleuropa: Im Nordosten regelmäßiger Brut- und Sommervogel mit Ausbreitungstendenz nach Westen und Süden; regelmäßiger und häufiger Durchzügler in weiten Teilen, doch außerhalb der Zugkorridore nur selten. Zunehmende Tendenz, im Winter auszuharren.

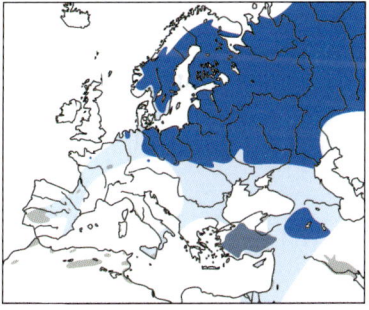

Wanderungen: Zugvogel, Schmalfrontzieher, Winterquartier Südwestspanien und Portugal bis Nordwestafrika, zunehmend Südwestfrankreich, im Osten Kleinasien bis Irak, Äthiopien und weiter östlich Vorderindien und Südchina.

Lebensraum: Brutvogel in nassen bis feuchten Flächen wie Verlandungszonen, Nieder- und Hochmoorflächen, Waldsümpfen. Nahrungserwerb auf Feldern und Wiesen, Rastplätze weite offene Flächen.

Nahrung: Pflanzennahrung überwiegt, im Sommer hoher tierischer Anteil, z. B. Beeren, Getreide, Feldfrüchte, liegen gebliebene Kartoffeln, größere Insekten, Regenwürmer, Mollusken, kleine Wirbeltiere.

Brutbiologie: Geschlechtsreife frühestens im 2., meist erst 4.–6.Lebensjahr • Nest oft umfangreicher Haufen aus Pflanzenmaterial am Boden • 2 Eier • Legebeginn April–Mai • Brutdauer 30 Tage • ♂ und ♀ brüten. • ♂ und ♀ führen • Junge bleiben 24 Stunden im Nest, mit 65–70 Tagen knapp flugfähig • 1 Jahresbrut; Ersatzgelege.

Alter: Ältester Ringvogel 17 Jahre, 3 Monate. Generationslänge 14 Jahre.

Gefährdung: Nach der EU-Vogelschutzrichtlinie besonders geschützte Art (Anhang I), auf Europa konzentriert und mit ungünstigem Erhaltungsstatus (SPEC 2). Bedrohungen durch Lebensraumzerstörungen in Osteuropa, Störungen am Nistplatz und Verluste an Freileitungen und Windkraftanlagen sowie bei Ostziehern direkte Verfolgung.

Besonderes: Trotz seiner stattlichen Größe und seines Gewichts ist der Kranich ein ausgezeichneter Flieger, der auch lange Strecken im Ruderflug zurücklegt.

	Jan.	Feb.	März	April	Mai	Juni	Juli	Aug.	Sep.	Okt.	Nov.	Dez.
Anwesenheit												
Durchzug										x / x		
Brutzeit				x								
postjuv. Mauser												
Teil- / Vollmauser												
Vollmauser												

Wasserralle (→204)

Rallus aquaticus Linnaeus 1758

ad.

Taxonomie: Familie Rallen – Rallidae. Vier Unterarten, in Europa die Nominatform.

Größe, Gewicht: Körperlänge 23–28 cm, Flügelspannweite 38–45 cm, Flügellänge ♂ 11,9–13,2 cm, ♀ 11–12,1 cm; ♂ 88–190 g, ♀ 74–138 g.

Erkennungshinweise: Geschlechter gleich. Durch langen roten Schnabel, beige Unterschwanzdecken und blaugraue Unterseite mit keiner anderen einheimischen Ralle zu verwechseln.

Stimme: Insgesamt vielseitiges Repertoire. Gesang des Männchens nachts hartnäckig hämmernd „köpp köpp köpp köpp…". Der häufigste und bekannteste Ruf, das sogenannte „Ferkelquicken", wird von beiden Partnern gerufen.

Brutareal: In subtropischer und gemäßigter Zone Eurasiens von Südwesteuropa und Island bis Japan mit größeren Lücken in Innerasien.
Vorkommen in Mitteleuropa: Verbreiteter Brut- und Sommer- bzw. Jahresvogel in Feuchtgebieten vom Tiefland bis in Mittelgebirgslagen.

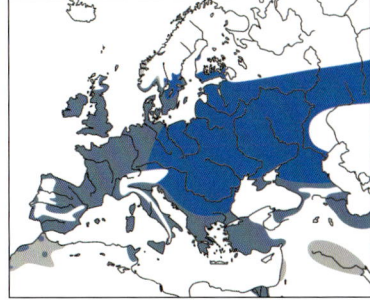

Wanderungen: In West- und Südeuropa zumeist Standvogel, sonst Kurzstreckenzieher mit Winterquartieren im westlichen atlantischen Europa, Mittelmeerraum, Nordafrika und Kleinasien. In Mitteleuropa Überwinterungen in geringer Zahl, solange zumindest kleine Flachwasserbereiche eisfrei bleiben.
Lebensraum: Brütet in sumpfigem Gelände mit guter Deckung, aber nicht zu hohem Laufwiderstand. Ufervegetationen, Seggenmoore, Weidendickichte, Erlenbruchwälder etc. Oft an Kleinstgewässern bei geeigneter Ufervegetation. Im Winter sich öfter auch relativ frei bewegend.
Nahrung: Kleintiere, besonders Insekten und deren Larven, kleine Schnecken, Würmer, Krebstiere und auch kleine Wirbeltiere wie Amphibien, Fische, Kleinvögel, Kleinsäuger und auch Aas.
Brutbiologie: Geschlechtsreife nach 1 Jahr • Nest sorgfältig geflochten aus vorjährigem Pflanzenmaterial oft mit haubenartiger Überdachung, gut versteckt in Seggenbüscheln oder Röhricht • 6–11 Eier • Legebeginn Mitte April bis Ende Juni • Brutdauer 19–22 Tage • beide Partner brüten und führen • Junge verlassen Nest erst nach Tagen und werden manchmal schon nach 20–30 Tagen vom ♀ verlassen, Junge mit 7–8 Wochen flugfähig und selbstständig • 1 oft 2 Jahresbruten, Schachtelbruten und Nachgelege möglich.
Alter: Ältester Ringvogel 7 Jahre, 4 Monate. Generationslänge < 3,3 Jahre.
Gefährdung: Gefährdet durch Entwässerung, Schilfrückgang und Störungen in Brutgebieten.
Besonderes: Jungvögel der ersten Brut begleiten die Eltern oft noch, wenn diese bereits die Küken der zweiten Brut führen.

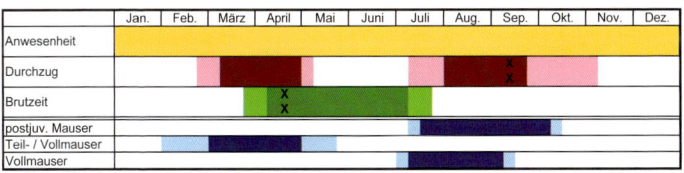

	Jan.	Feb.	März	April	Mai	Juni	Juli	Aug.	Sep.	Okt.	Nov.	Dez.
Anwesenheit												
Durchzug									x			
Brutzeit			x									
postjuv. Mauser												
Teil- / Vollmauser												
Vollmauser												

Wachtelkönig (→ 205)

Crex crex (Linnaeus 1758)

Taxonomie: Familie Rallen – Rallidae. Keine Unterarten.
Größe, Gewicht: Körperlänge 27–30 cm, Flügelspannweite 42–53 cm, Flügellänge ♂ 13,9–15 cm, ♀ 13–14,5 cm; ♂ 129–210 g, ♀ 138–158 g.
Erkennungshinweise: Geschlechter gleich. Durch gefleckte, braune Oberseite und blaugrauen Überaugenstreif und Brustseiten mit keiner anderen Art zu verwechseln. Meist in dichter Vegetation verborgen. Fliegt oft mit hängenden Beinen.

Stimme: Gesang des Männchens zweisilbig, ein weit hörbares schnarrendes „räpp räpp", dass oft in langen Rufreihen gebracht wird.

Brutareal: Westeuropa und Asien bis nordwestlich Baikalsee mit einer Südgrenze in Höhe des Schwarzen Meeres.

Vorkommen in Mitteleuropa: Nach Bestandsrückgängen gebietsweise unsteter, früher häufigerer Brut- und Sommervogel. In Polen stellenwei-

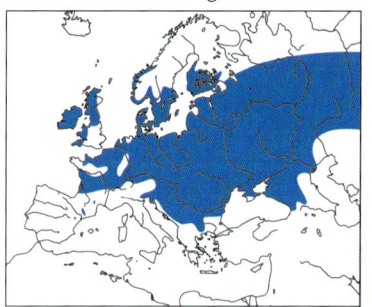

se noch häufig. Meist seltener Durchzügler und Gastvogel.

Wanderungen: Langstreckenzieher mit Winterquartieren im tropischen und südlichen Ostafrika sowie Madagaskar.

Lebensraum: Offenes bis halboffenes Gelände, zumeist extensiv genutzte, feuchte bis staunasse oder auch trockene Wiesen mit guter Deckung, aber geringem Laufwiderstand. Natürliche Flussauen und Moorwiesen. Auch in Kulturlandbiotopen wie Getreide-, Rüben- und Kartoffeläckern und Kleeschlägen.

Nahrung: Kleine Wirbellose sowie Sämereien und grüne Pflanzenteile.

Brutbiologie: Geschlechtsreife im 1. Lebensjahr • Nest gut versteckt am Boden in verschiedenen Offenlandbereichen, isoliert an Bulten oder meist in einheitlicher Vegetation. Flache Mulde mit Pflanzenmaterial ausgelegt • 7–12, bis 19 Eier offenbar von 2 ♀ • Legebeginn Mitte Mai–Ende Juni • Brutdauer 16–19 Tage, nur ♀ brütet • Junge werden vom ♀

3–4 Tage gefüttert und dann geführt • Nestflüchter, mit 34–38 Tagen flügge und schon vorher selbstständig • 1–2 Jahresbruten, Zweitbruten oft erfolgreicher als Erstbruten; Ersatzgelege.

Alter: Ältester Ringvogel mind. 5 Jahre. Generationslänge < 3,3 Jahre.

Gefährdung: Nach der EU-Vogelschutzrichtlinie besonders geschützte Art (Anhang I), weltweit bedroht (SPEC 1); Gefährdet durch intensive Landwirtschaft und direkte Verfolgung im Mittelmeerraum.

Besonderes: Bei Brutverlust wandern Wachtelkönige für eine Ersatzbrut oft über hunderte von Kilometern.

	Jan.	Feb.	März	April	Mai	Juni	Juli	Aug.	Sep.	Okt.	Nov.	Dez.
Anwesenheit												
Durchzug									x			
									x			
Brutzeit					x							
					x							
postjuv. Mauser												
Teil- / Vollmauser												
Vollmauser												

Kleines Sumpfhuhn (→ 206)

Porzana parva (Scopoli 1769)

Taxonomie: Familie Rallen – Rallidae. Keine Unterarten.

Größe, Gewicht: Körperlänge 18–20 cm, Flügelspannweite 34–39 cm, Flügellänge ♂ 99–111 mm, ♀ 99–109 mm; ♂ 30–72 g, ♀ 36–65 g.

Erkennungshinweise: Männchen sehr ähnlich Zwergsumpfhuhn, Oberseite jedoch nur wenig weiß gesprenkelt und Bauch ungebändert. Weibchen an der beigen Unterseite nur undeutlich gebändert. Adulte an der Schnabelbasis immer rot. Brust im Jugendkleid weißlich.

Stimme: Unverpaarte Männchen kurz „gack" oder „quäck" in sich beschleunigenden Reihen, die ohne Triller enden. Weibchen rufen „perrrr". Warnruf hart „kick".

Brutareal: Niederungsgebiete vom östlichen Mitteleuropa bis Westsibirien, Schwerpunkte Steppengebiete Osteuropas.

Vorkommen in Mitteleuropa: Verbreiteter Brut- und Sommervogel vor allem im Osten Mitteleuropas, sonst lokal und selten. Außerhalb der Brutgebiete meist seltener und unregelmäßiger Durchzügler und Gast.

Wanderungen: Zugvogel, Winterquartier Südwesteuropa, Mittelmeerraum, Nord- und Westafrika bis Uganda und Kenia.

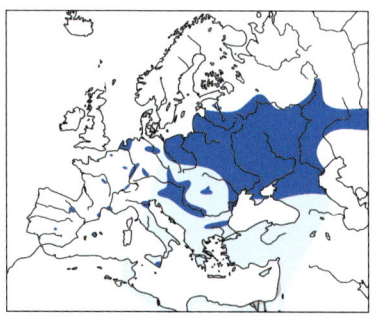

Lebensraum: Brutvogel im Röhricht und in dichter Ufer- und Verlandungsvegetation, nahe am Wasser.
Nahrung: Insekten und deren Larven.
Brutbiologie: Geschlechtsreife im 1. Lebensjahr • Nest gut versteckt in dichten Pflanzen, napfförmig • 4–8 Eier • Legebeginn Anfang Mai bis Ende Juli • Brutdauer 21–23 Tage • ♂ und ♀ brüten • ♂ und ♀ füttern • Junge bleiben bis 8 Tage im Nest, sind mit 45–50 Tagen voll flugfähig • 1–2 Jahresbruten; Ersatzgelege.
Alter: Ältester Ringvogel mind. 6 Jahre. Generationslänge < 3,3 Jahre.
Gefährdung: Nach der EU-Vogelschutzrichtlinie besonders geschützte Art (Anhang I), Art auf Europa konzentriert (SPEC E); Gefährdet durch Entwässerung und Schilfzerstörung sowie Freizeitnutzung der Bruthabitate.

Zwergsumpfhuhn (→ 207)

Porzana pusilla (Pallas 1776)

Taxonomie: Familie Rallen – Rallidae. Sechs oder sieben Unterarten, in Europa *intermedia*.
Größe, Gewicht: Körperlänge 17–19 cm, Flügelspannweite 33–37 cm, Flügellänge ♂ 8,9–9,7 cm, ♀ 8,7–9,6 cm; ♂ 23–45 g, ♀ 17–55 g.

K1

Erkennungshinweise: Geschlechter gleich. Sehr ähnlich adulten Männchen des Kleinen Sumpfhuhnes, jedoch kein Rot an der Schnabelbasis. Handschwingen relativ kurz und im Jugendkleid stark gebänderte Unterseite.
Stimme: Männchen rufen unverpaart ähnlich Knäkente oder Teichfrosch schnurrend „rrr-rrr-rrr...". Ruf des unverpaarten Weibchens kurz

„schrrr", ähnlich dem Warnruf des Drosselrohrsängers.
Warnt mit grasmückenartigen
„tscheck".

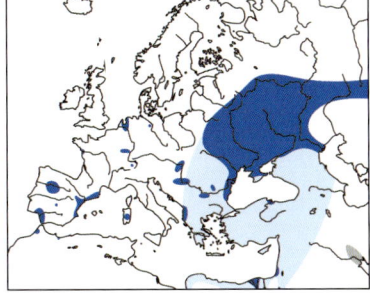

Brutareal: Von Südosteuropa
bis Japan, ferner Neuseeland,
Australien, Madagaskar und
Afrika. In Europa große Verbreitungslücken.

Vorkommen in Mitteleuropa:
Sehr selten lokaler Brutvogel
in Ungarn, Holland, Deutschland und der Schweiz. Sehr seltener Gastvogel.

Wanderungen: Zugvogel; zur Zugzeit im Mittelmeerraum zu finden, vermutlich Transsaharazieher, aber große Kenntnislücken.

Lebensraum: Brutvogel in Überflutungs- bzw. Verlandungs- und Seggenwiesen, Braunmoos- und Seggenmooren, seicht überfluteten Süßgras-
wiesen, bevorzugt einen stabilen Wasserstand von 10–50 cm.

Nahrung: Vor allem Insekten und Insektenlarven.

Brutbiologie: Geschlechtsreife nach 1 Jahr • Nest aus grünem Pflanzenmaterial immer über Wasser • meist 6–9 Eier • Legebeginn Mai bis Juni
• Brutdauer 17–20 Tage • beide Partner brüten und führen • Junge mit
35–45 Tagen flugfähig, aber schon vorher selbstständig • 1 (–2) Jahresbruten, Nachgelege möglich.

Alter: Höchstalter unbekannt. Generationslänge < 3,3 Jahre.

Gefährdung und Schutz: Nach der EU-Vogelschutzrichtlinie besonders
geschützte Art (Anhang I), in Europa mit ungünstigem Erhaltungsstatus
(SPEC 3); Gefährdung durch Entwässerungen von Sümpfen und Überschwemmungsgebieten.

Besonderes: Die Lautäußerungen des Zwergsumpfhuhns waren aufgrund seiner versteckten Lebensweise lange Zeit kaum bekannt und
wurden falsch zugeordnet.

Tüpfelsumpfhuhn (→ 208)

Porzana porzana (Linnaeus 1766)

Taxonomie: Familie Rallen – Rallidae. Keine Unterarten.

Größe, Gewicht: Körperlänge 22–24 cm, Flügelspannweite 37–42 cm,
Flügellänge ♂ 11,7–12,8 cm, ♀ 11,1–12,3 cm; 70–110 g.

Erkennungshinweise: Geschlechter gleich. Etwas kleiner als Wasserralle
mit kurzem, geradem Schnabel. Gefieder namensgebend getüpfelt und
Unterschwanzdecken rahmgelb.

ad.

Stimme: Beide Geschlechter balzen nachts mit peitschenden Rufen, die im Sekundentakt geäußert werden.

Brutareal: West und Südwesteuropa bis ins südliche Zentralsibirien.

Vorkommen in Mitteleuropa: Brut- und Sommervogel in geeigneten Lebensräumen, am häufigsten in Polen; Durchzügler, Rastvogel und extrem selten auch Wintergast.

Wanderungen: Zugvogel mit Hauptüberwinterungsquartieren im Mittelmeergebiet, Vorderasien, Süd-Iran bis südliches Afrika und Südasien.

Lebensraum: Brutvogel auf Nassflächen mit konstant niedrigem Wasserstand und dichter Vegetation wie Seggenmooren, landseitigen Teilen von Verlandungszonen, verlandeten Tümpeln und Nasswiesen. Auf

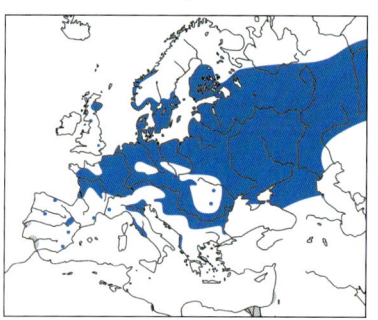

dem Durchzug an Gewässern mit Verlandungszonen und Schlickflächen.

Nahrung: Kleintiere im Seichtwasser und Schlamm. Insekten, Spinnen, Würmer, Schnecken, aber auch zarte Pflanzenteile.

Brutbiologie: Erstbruten mit 1 Jahr • Nest gut versteckt, auch nach oben Deckung durch haubenförmig zusammengezogene Halme • 4–8 Eier • Legebeginn Anfang Mai bis Ende Juli • Brutdauer 21–23 Tage, Schlupf asynchron • beide brüten • Junge werden 8 Tage im Nest gefüttert, dann geführt und sind mit 45–50 Tagen voll flugfähig, aber schon vorher selbstständig • 1–2 (3) Jahresbruten.

Alter: Ältester Ringvogel 7 Jahre, 2 Monate. Generationslänge < 3,3 Jahre.

Gefährdung: Nach der EU-Vogelschutzrichtlinie besonders geschützte Art (Anhang I), auf Europa konzentriert (SPEC E); Gefährdet durch Entwässerungen, intensive landwirtschaftliche Nutzung und Wasserbau.

Besonderes: In stillen Nächten sind die Balzrufe ein bis zwei Kilometer weit zu hören.

	Jan.	Feb.	März	April	Mai	Juni	Juli	Aug.	Sep.	Okt.	Nov.	Dez.
Anwesenheit												
Durchzug									x x			
Brutzeit				x x								
postjuv. Mauser												
Teil- / Vollmauser												
Vollmauser												

Purpurhuhn (→ 209)

Porphyrio [porphyrio] porphyrio (Linnaeus 1758)

Taxonomie: Familie Rallen – Rallidae. Bildet mit mehreren Arten, darunter auch der Takahe *Porphyrio mantelli*, eine Superspezies. 20 Unterarten, davon 5–6 heute z. T. als Allospezies einer Superspezies angesehen. In Europa *P. p. porphyrio* Brutvogel, nachgewiesen auch andere Sub- oder Allospezies. Systematik der Gattung noch in Diskussion.

Größe, Gewicht: Körperlänge 45–50 cm, Flügelspannweite 90–100 cm, Flügellänge ♂ 25–27,5 cm, ♀ 24,5–26,4 cm; ♂ 720–1000 g, ♀ 520–870 g.

Erkennungshinweise: Geschlechter gleich. Haushuhngroße, unverwechselbare Ralle. Adulte mit blau schillerndem Gefieder und auffälligem roten Schnabel und Stirnfleck.

Stimme: Laut, Männchen nasal, klagend „quiu quiq... krrrkrrk", trompetend „krrükr-

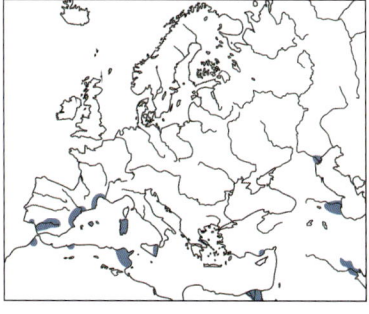

ad.

rüi...", Weibchen weniger harsch, Ruffolgen auch mit „krick"-Lauten endend.

Brutareal: Mittelmeerraum (Nordwestafrika), lokal Vorderasien, Kaspigebiet, verbreitet in Vorder- und Hinterindien, Indonesien, Philippinen bis Neuguinea, Pazifische Inseln. Australien, Neuseeland, ferner Afrika südlich der Sahara.

Vorkommen in Mitteleuropa: Ausnahmegast, auch grünrückige und grauköpfige Form, wohl meistens Gefangenschaftsflüchtlinge.

Wanderungen: Überwiegend Standvogel.

Lebensraum: Dichte Verlandungsgürtel von Seen, Lagunen und langsam fließenden Gewässern.

Nahrung: Sprossen, Blätter, Knollen von Pflanzen, Wirbellose, auch Eier und Nestlinge.

Gefährdung: Nach der EU-Vogelschutzrichtlinie besonders geschützte Art (Anhang I), in Europa mit ungünstigem Erhaltungsstatus (SPEC 3). Gefährdet durch Entwässerungen und Intensivierungen der Landnutzung.

Besonderes: Mit Hilfe der Krallen legt das Purpurhuhn das Mark von Pflanzenstängeln frei. Männchen balzt mit Wasserpflanzen im Schnabel.

Bronzesultanshuhn (→ 210)

Porphyrio alleni (Thomson 1842)

ad.

Taxonomie: Familie Rallen – Rallidae. Keine Unterarten.

Größe, Gewicht: Körperlänge 22–26 cm, Flügelspannweite 48–52 cm, Flügellänge ♂ 14,8–16,2 cm, ♀ 14,1–16,4 cm; ♂ 132–172 g, ♀ 112–145 g.

Erkennungshinweise: Geschlechter gleich. Mittelgroße Ralle ähnlich Teichhuhn, jedoch Schnabel ganz rot und graue Blässe. Gefieder grün und dunkelblau.

Stimme: Ruf nasal „quek" oder reiherartig „kerk"; schrille Flugrufe.

Brutareal: Afrika südlich der Sahara.

Vorkommen in Mitteleuropa: Ausnahmegast.

Wanderungen: Standvogel, Wanderungen bei Schwankungen im Angebot an Gewässern.

Lebensraum: Binnengewässer und Feuchtgebiete.

Nahrung: Hauptsächlich Pflanzenmaterial.

Gefährdung: Nicht akut gefährdet.

Zwergsultanshuhn (→ 211)

Porphyrio martinicus (Linnaeus 1766)

Taxonomie: Familie Rallen – Rallidae. Keine Unterarten.

Größe, Gewicht: Körperlänge 27–36 cm, Flügelspannweite 50–55 cm, Flügellänge ♂ 17,9–19,1 cm, ♀ 17,2–18,4 cm; 203–291 g.

Erkennungshinweise: Geschlechter gleich. Durch ultramarinblaues Gefieder mit grünem Rücken und Flügeln, weißen Unterschwanzdecken wesentlich auffallender gefärbt als das bekannte Teichhuhn. Mit blauem Stirnschild, rotem Schnabel mit gelber Spitze und langen gelben Beinen sehr auffällig. Jungvögel haben eine braune Färbung.

ad.

Stimme: Ein hohes, scharfes „kijick" und beim Auffliegen ein gackerndes „gäk-gäk-gäk".

Brutareal: Es umfasst den Südosten der USA, Mittel- und Südamerika bis Argentinien.

Vorkommen in Mitteleuropa: Ein Nachweis in der Schweiz, Status unsicher.

Wanderungen: Die nördlichen und südlichen Brutvögel verlassen nach der Brutzeit ihre Brutgebiete. Dazwischen ist das Zwergsultanshuhn Standvogel.

Lebensraum: Besiedelt werden Feuchtgebiete wie Seen, Sümpfe und Marschland mit dichter Vegetation.

Nahrung: Meist werden verschiedene Wasserpflanzen oder Samen gefressen. Auf dem Speisezettel stehen aber auch Amphibien und Wirbellose, selten werden Gelege oder kleine Jungvögel gefressen.

Brutbiologie: Nest auf flutenden Pflanzenmatten oder in Wasservegetation, aus verfügbarem Pflanzenmaterial • 4–12 Eier • Brutdauer 18–20 Tage • Junge mit 5–7 Wochen flügge.

Gefährdung: Nicht weltweit gefährdet.

Besonderes: Die braunen Jungvögel tragen wie Hoatzinküken Krallen an den Flügeln, die es ihnen ermöglich im Gebüsch umher zu klettern.

Teichhuhn (→ 212)

Gallinula [chloropus] chloropus (Linnaeus 1758)

ad.

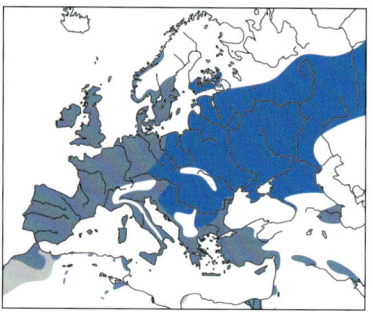

Taxonomie: Familie Rallen – Rallidae. Bildet Superspezies mit *G. galeata* (Amerika) und *G. tenebrosa* (Australien). Fünf Unterarten, in Europa nur die Nominatform.

Größe, Gewicht: Körperlänge 32–35 cm, Flügelspannweite 50–55 cm, Flügellänge ♂ 17,8–19,4 cm, ♀ 16,9–18,4 cm; ♂ 249–493 g, ♀ 192–343 g.

Erkennungshinweise: Geschlechter gleich. Durch rotes Stirnschild, lange grüne Beine und weiße Flankenlinien und Unterschwanzdecken unverwechselbar. Im Jugendlied graubraun und ohne das rote Stirnschild.

Stimme: Typisch ist ein kurzer, heftiger, blubbernder oder gutturaler Laut, der das versteckt lebende Teichhuhn verrät.

Brutareal: Eurasien, Afrika, Nord- und Südamerika und Teile Süd- und Südostasiens.

Vorkommen in Mitteleuropa: Weit verbreiteter und häufiger Brut- und Jahresvogel. Häufiger im Tiefland, vereinzelt aber bis in subalpine Stufe.

Wanderungen: Zumeist Standvogel, in Nordosteuropa stärkere Wanderneigung.

Lebensraum: Brutvogel der Uferzonen und Verlandungsgürtel stehender und langsam fließender nährstoffreicher Gewässer des Tieflandes. Weniger in Schilf und Rohrkolben, gerne Sumpfpflanzenbestände mit Weidengebüsch. Gerne auch in Kleinstgewässern ohne offener Wasserfläche.

Nahrung: Pflanzlich und tierisch. Nahrungssuche an Land, im Uferbereich und freies Wasser. Blätter, Triebe, Samen und Früchte von Sumpf- und Wasserpflanzen und Gräsern; Insekten und Weichtiere sowie Aas und Abfälle.

Brutbiologie: ♂ baut ein Spielnest zur Balz, Brutnest meist gut versteckt in Ufervegetation, aber auch gut sichtbare Nester im Wasser, an Bäumen oder Gebäuden • 5–11 Eier, bei größeren Gelegen vermutlich zwei ♀ beteiligt • Brutdauer 19–22 Tage • beide brüten und führen, füttern etwa 25 Tage • Junge mit 46–50 Tagen flügge • 2–3 Jahresbruten, 4 Bruten nachgewiesen, regelmäßig Schachtelbruten und Ersatzgelege.

Alter: Ältester Ringvogel 18 Jahre, 7 Monate. Generationslänge < 3,3 Jahre.

Gefährdung: Gefährdet durch Freizeitbetrieb an Gewässern sowie Ausbau und Säubern von (Klein-)Gewässern.

Besonderes: Jungvögel der ersten Brut fungieren oft als Helfer bei der Aufzucht der Jungen der zweiten Brut.

	Jan.	Feb.	März	April	Mai	Juni	Juli	Aug.	Sep.	Okt.	Nov.	Dez.
Anwesenheit												
Durchzug									x			
Brutzeit				x								
postjuv. Mauser												
Teil- / Vollmauser												
Vollmauser												

Blässhuhn (→ 213)

Fulica atra (Linnaeus 1758)

Taxonomie: Familie Rallen – Rallidae. Vier Unterarten, Nominatform von Nordafrika und Europa bis Japan.

Größe, Gewicht: Körperlänge 36–39 cm, Flügelspannweite 70–80 cm, Flügellänge ♂ 21,1–22,9 cm, ♀ 19,7–21,3 cm; ♂ 610–1200 g, ♀ 610–1150 g.

Erkennungshinweise: Geschlechter gleich. Schwarzer

pull./ad.

Vogel mit kurzem Schwanz, der beim Schwimmen durch die nickende Kopfbewegung auffällt. Adulte mit auffallend weißem Schnabel und weißer Stirn. Im Jugendkleid ohne Bläse, Brust und Hals bis zum Nacken weiß, das übrige Gefieder schwarzbraun.

Stimme: Rufe Männchen knallend-platzend „tsk", „tsi" oder „tp", Weibchen dagegen laut „köw", vielfach Abwandlungen.

Brutareal: Eurasien von Westeuropa bis Japan, ferner Nordwestafrika, Indien, Australien, Neuseeland.

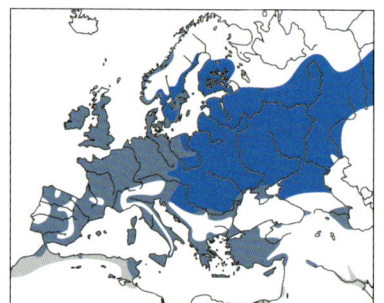

Vorkommen in Mitteleuropa: Sehr häufiger, flächig verbreiteter Brutvogel; Jahresvogel, sehr häufiger Durchzügler und Wintergast. **Wanderungen:** Standvogel, Kurzstreckenzieher, Winterquartier von Mittelskandinavien und Polen bis Südeuropa und Nordafrika. **Lebensraum:** Brutvogel an stehenden und langsam fließenden, vorwiegend nährstoffreichen Gewässern mit Flachufern oder Inseln und Ufervegetation. Als Gast auch in großer Zahl auf flachen, deckungslosen Binnengewässern. Kommt an Fütterungen.

Nahrung: Allesfresser; frische und faulende Pflanzenteile vom Land und aus dem Wasser, Abfälle, kleine Mollusken, Insekten und deren Larven.

Brutbiologie: Geschlechtsreife im 1. Lebensjahr, Erstbrut oft später • Nest im Seichtwasser, bevorzugt in dichter Ufervegetation, auf fester Unterlage oder an Halmen und Ästen verankert; umfangreicher Bau aus Pflanzen, oft mit einer „Rampe" • 5–10 Eier • Legebeginn März, meist April/Mai, mitunter später • Brutdauer 22–24 Tage • beide brüten • ♂ und ♀ führen meist je einen Teil der Brut • Junge bleiben bis 3 Tage im Nest, sind mit 55–60 Tagen voll flügge und selbstständig • 1 (–2) Jahresbruten; Ersatzgelege.

Alter: Ältester Ringvogel 20 Jahre, 7 Monate. Generationslänge < 3,3 Jahre.

Gefährdung: Nicht gefährdet, Verluste durch Störungen am Brutplatz wegen Freizeitnutzung, wasserbauliche Maßnahmen, unbeabsichtigte Tötungen (durch Netze, Fallen, Angelhaken etc.) und direkte Verfolgung in Südeuropa.

Besonderes: Als einzige Ralle ist das Blässhuhn zum Schwimmvogel geworden. Dies ist leicht am rundlichen Körperbau und vor allem an den mit Schwimmlappen versehenen Füßen zu erkennen.

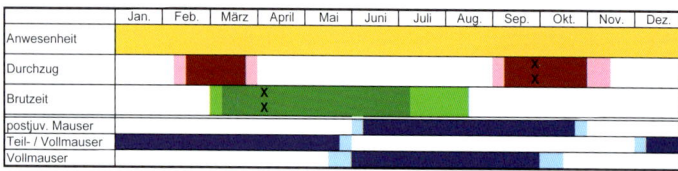

	Jan.	Feb.	März	April	Mai	Juni	Juli	Aug.	Sep.	Okt.	Nov.	Dez.
Anwesenheit												
Durchzug									x x			
Brutzeit			x x									
postjuv. Mauser												
Teil- / Vollmauser												
Vollmauser												

Triel (→ 214)

Burhinus [oedicnemus] oedicnemus (Linnaeus 1758)

Taxonomie: Familie Triele – Burhinidae. Bildet Superspezies mit *B. indicus*. Fünf Unterarten, alle zumindest teilweise in Europa.

Größe, Gewicht: Körperlänge 40–44 cm, Flügelspannweite 77–85 cm, Flügellänge 23,4–25,3 cm; 338–535 g.

Erkennungshinweise: Geschlechter gleich. Durch seine Figur, die auffallende schwarz eingefasste weiße Flügelbinde und die großen gelben Augen unverwechselbar.

Stimme: Vor allem in der Dämmerung und nachts zu hören. Gesang ähnlich „kiki wiik kikiwick". Am Brutplatz trillernde Pfiffe, die in Tonhöhe und Lautstärke ansteigen.

Brutareal: Trockengebiete West- und Südeuropas über Kleinasien bis Ostkasachstan und Hinterindien.

Vorkommen in Mitteleuropa: Brutvogel nur noch in Ungarn und sehr selten in Österreich. In Deutschland galt der Triel bis zur aktuellen Wiederentdeckung einzelner Paare in Baden-Württemberg als ausgestorben.

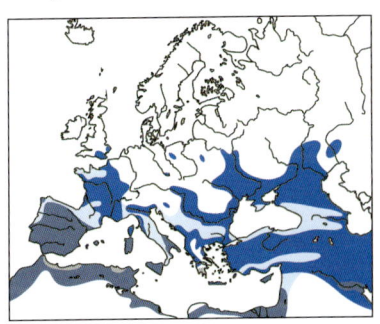

Wanderungen: Überwiegend Mittel- und Langstreckenzieher mit Hauptwinterquartieren im Mittelmeerraum, NW-Afrika und seltener im tropischen Afrika.

Lebensraum: Ödlandbrüter weitgehend offener Landschaften auf trockenen steinigen, sandigen oder lehmigem Böden wie Steppen, Schotterbänke, Küstendünen, in trockenwarmen Klimaten auch spärlich bewachsene Kulturflächen.

Nahrung: Hauptsächlich tierische Nahrung; kleine landbewohnende Wirbellose wie Regenwürmer, Schnecken, Spinnen, Asseln, Insekten (-larven), sowie kleine Amphibien und Reptilien und auch Kleinsäuger.

Brutbiologie: Erstbruten meist im 3. Lebensjahr • Nest auf trockenem Boden, Mulde mit sehr wenig Nistmaterial • 1–3, meist 2 Eier • Brutdauer 24–26 Tage • beide brüten, Partner wacht • Jungvögel laufen wenige Stunden nach Schlupf, sind mit 36–42 Tagen flügge • 1 Jahresbrut, Zweitbruten als Schachtelbrut nachgewiesen; Ersatzgelege.

Alter: Ältester Ringvogel 17 Jahre, 10 Monate. Generationslänge 9 Jahre.

Gefährdung: Nach der EU-Vogelschutzrichtlinie besonders geschützte Art (Anhang I), in Europa mit ungünstigem Erhaltungsstatus (SPEC 3); Gefährdet durch intensive Landwirtschaft, Wasserbau sowie Störungen in Brut- und Wintergebieten.

Austernfischer (→ 215)

Haematopus [ostralegus] ostralegus (Linnaeus 1758)

Taxonomie: Familie Austernfischer – Haematopodidae. Abgrenzung der Superspezies unter sehr ähnlichen Formen bisher noch unklar. Vier Unterarten, die Nominatform in Europa, nur im Osten *H. o. longipes*.

Größe, Gewicht: Körperlänge 40–48 cm, Flügelspannweite 80–86 cm, Flügellänge ♂ 24–27,5 cm, ♀ 24,4–27,6 cm; ♂ 425–805 g, ♀ 445–820 g.

Erkennungshinweise: Erinnert durch die Farbverteilung an einen kleinen, kurzbeinigen Schwarzstorch und ist unverwechselbar.

Stimme: Lauter Ruf „kiewiep" oder „kliip", Trillerzeremonie mit sich steigerndem Ruftempo.

Brutareal: Küsten Europas, von Russland, Ukraine bis Kasachstan und Westsibirien; ferner Nordostchina, Kamtschatka.

Vorkommen in Mitteleuropa: Häufiger Brutvogel im Norden und Nordwesten, regional im Osten und Westen. An der Nordseeküste sehr häufiger Gast, dort Jahresvogel. Seltener Gast im Süden.

Wanderungen: Teilzieher, Hauptwinterquartier in Wattengebieten der Nordsee- und Atlantikküsten Europas.

ad.

Lebensraum: An der Küste auf offenem Strand, im Binnenland auf kurzrasigen Grünflächen.

Nahrung: An der Küste vor allem Muscheln, Schnecken, Krebse, Ringelwürmer, im Binnenland Regenwürmer, Insektenlarven usw.

Brutbiologie: Geschlechtsreife im 3.–5. Lebensjahr • Nest flache Mulde, nicht oder kaum ausgekleidet auf meist offenem Boden, auch auf flachen Hausdächern • 3 (4) Eier • Legebeginn April bis Mai • Brutdauer 24–27 Tage • ♂ und ♀ brütet • Junge verlassen das Nest nach 5–6 Tagen, werden dann geführt und anfangs gefüttert; flugfähig mit 32–35 Tagen, Familie löst sich dann oder etwas später auf • 1 Jahresbrut; Ersatzgelege häufig.

Alter: Ältester Freilandvogel 43,5 Jahre; Generationslänge 11 Jahre.

Gefährdung: Art auf Europa konzentriert (SPEC E), mehr als 10 % des europäischen Bestands in Deutschland. Früheres Bestandstief fast ausschließlich durch starke Verfolgung und Störungen am Brutplatz im 19. Jh., seither stetige, z. T. starke Zunahme.

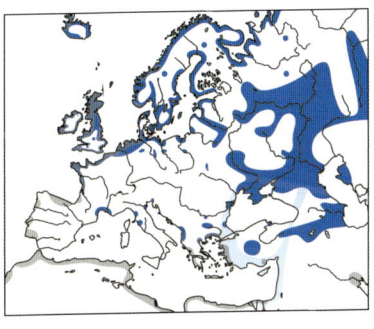

Besonderes: Um die im lebenden Zustand kräftig schließenden Muscheln zu öffnen, muss der Austernfischer deren Adduktormuskel ausschalten. Hierzu wird häufig die Schale am Muskelansatz zertrümmert. Danach lässt sich die Muschel durch eine seitliche Drehung des Schnabels öffnen.

	Jan.	Feb.	März	April	Mai	Juni	Juli	Aug.	Sep.	Okt.	Nov.	Dez.
Anwesenheit												
Durchzug									x			
Brutzeit				x								
postjuv. Mauser												
Teil- / Vollmauser												
Vollmauser												

Stelzenläufer (→ 216)

Himantopus [himantopus] himantopus (Linnaeus 1758)

Taxonomie: Familie Säbelschnäblerverwandte – Recurvirostridae. Bildet Superspezies mit fünf schwach differenzierten Allospezies fast weltweit. Keine Unterarten.

Größe, Gewicht: Körperlänge 35–40 cm, Flügelspannweite 67–83 cm, Flügellänge ♂ 24–25,5 cm, ♀ 22,2–24,2 cm; 150–210 g.

Erkennungshinweise: Geschlechter ähnlich, Männchen mit tiefschwarzem Mantel, Weibchen mit braunschwarzem. Durch extrem lange rote Beine, nadelspitzen Schnabel und schwarz-weißes Gefieder unverwechselbar.

Stimme: Außerhalb der Brutzeit wenig ruffreudig. Ruft häufig schnell aufgereiht schrill „kjück kjück kjück...". Alarmruf laut und sehr rau ähnlich Spornkiebitz, manchmal auch rollend „kree".

Brutareal: Weite Teile Afrikas, lückenhaft in Europa. Von Vorderasien bis Zentral- und Südasien.

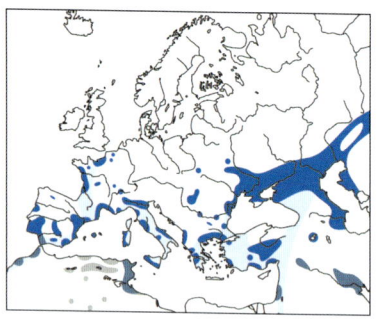

Vorkommen in Mitteleuropa: Regelmäßiger Brutvogel in Ungarn, sonst sehr seltener und unregelmäßiger Brutvogel, der in schon fast allen Bundesländern gebrütet hat. Sonst spärlicher Durchzügler.

Wanderungen: Brutvögel Europas, großteils Zugvögel. Überwinterung im Mittelmeerraum, hauptsächlich aber Afrika, südlich der Sahara.

Lebensraum: Brutvogel in Seichtwasserbereichen mit relativ konstantem Wasserpegel von Süß- oder Brackwasser. In Lagunen, Salinen, Reisfeldern und überschwemmten Wiesen und Äckern. Nest auf trockenem festen Grund, oft in Queller, auf Schlamm- und Sandbänken mit Vegetation.

Nahrung: Wasserinsekten und kleine Krebstiere, auch Froschlaich, Kaulquappen und sehr kleine Fische.

Brutbiologie: Brütet einzeln oder in lockeren Kolonien • meist 4 Eier • Brutdauer 20–24 Tage • beide brüten • beide führen • Junge sind mit 28–32 Tagen flügge • 1 Jahresbrut, Ersatzgelege.

Alter: Ältester Ringvogel 12 Jahre, 2 Monate. Generationslänge 5 Jahre.

Schutzstatus und Gefährdung: Nach der EU-Vogelschutzrichtlinie besonders geschützte Art (Anhang I). Gefährdet durch Entwässerungen und wasserbauliche Maßnahmen.

Besonderes: Die extrem langen Beine ermöglichen es dem Stelzenläufer, in „tieferes" Wasser zu waten und auch dort Insekten von der Wasseroberfläche zu picken. Den Kopf taucht er dabei nur selten ein.

Säbelschnäbler (→ 217)

Recurvirostra avosetta **(Linnaeus 1758)**

Taxonomie: Familie Säbelschnäbler – Recurvirostridae. Keine Unterarten.

Größe, Gewicht: Körperlänge 42–45 cm, Flügelspannweite 77–80 cm, Flügellänge 21,9–23,1 cm; 260–290 g.

Erkennungshinweise: Geschlechter gleich. Große Limikole, die durch das schwarzweiße Gefieder, die graublauen, langen Beine und den dünnen, aufwärts gebogenen Schnabel unverwechselbar ist.

Stimme: Klangvoll „küt" oder „plüit", bei Erregung auch wiederholt.

Brutareal: Viele inselartige Vorkommen über ganz Europa, in Steppen und Halbwüsten Zentralasiens sowie in Ost- und Südafrika.

ad.

Vorkommen in Mitteleuropa: Spärlicher Brut- und Sommervogel an den Küsten und der pannonischen Tiefebene. Im Binnenland sonst in sehr kleiner Zahl Gastvogel. Nur ausnahmsweise und unregelmäßig im Winter.

Wanderungen: Kurzstreckenzieher, Standvogel, überwintert vor allem an der Atlantikküste Westeuropas und Westafrikas sowie im Mittelmeer.

Lebensraum: Seichtwasserzone an Küsten am Meer; Lagunen, Salinen. Zumeist an Salz- und Brackwasser, seltener auch an Süßwasserseen.

Nahrung: Kleine Wirbellose im Seichtwasser.

Brutbiologie: Geschlechtsreife kaum vor 2. Lebensjahr • Nest offen liegende, meist nur wenig ausgekleidete Bodenmulde • 4 Eier • Legebeginn

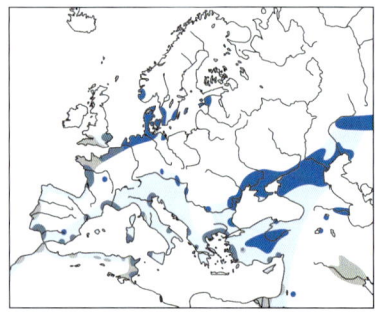

Mitte April bis Mai • Brutdauer 23–25 Tage • ♂ und ♀ brüten • ♂ und ♀ führen • Junge Nestflüchter, nach 35–42 Tagen flügge • 1 Jahresbrut; Ersatzgelege.

Alter: Ältester Ringvogel 24 Jahre, 5 Monate. Generationslänge 5 Jahre.

Gefährdung: Nach der EU-Vogelschutzrichtlinie besonders geschützte Art (Anhang I). Bedroht durch fehlende Küstendynamik, Eindeichungen und Entwässerungen, im Binnenland auch durch Verschilfung sowie Störungen durch Freizeitnutzung an den Brutplätzen.

Besonderes: Der Säbelschnäbler besitzt Schwimmhäute und kann deshalb wie Enten gründelnd der Nahrungssuche nachgehen.

	Jan.	Feb.	März	April	Mai	Juni	Juli	Aug.	Sep.	Okt.	Nov.	Dez.
Anwesenheit												
Durchzug												
Brutzeit					X							
postjuv. Mauser												
Teil- / Vollmauser												
Vollmauser												

Goldregenpfeifer (→ 218)

Pluvialis apricaria (Linnaeus 1758)

Taxonomie: Familie Regenpfeiferverwandte – Charadriidae. Keine Unterarten.

Größe, Gewicht: Körperlänge 26–29 cm, Flügelspannweite 67–76 cm, Flügellänge 18,1–20,2 cm; 157–312 g.

Erkennungshinweise: Geschlechter ähnlich. Großer, pummelig wirkender Regenpfeifer, dem Tundraregenpfeifer sehr ähnlich. Im Prachtkleid Oberseite und Handschwingen feiner gezeichnet als bei diesem und etwas kurzbeiniger als die beiden anderen Goldregenpfeiferarten.

Stimme: Ruft weich „düh" im Flug, ähnliche Rufe auch am Boden. Ausdrucksflug im Brutrevier mit flatternden Flügeln und Rufreihen „flahüüi..." und langsamen Trillern bei der Landung.

Brutareal: Von Island und Großbritannien/Irland bis Mittelsibirien, südlich bis Nordwest-Mitteleuropa und ins Baltikum.

Vorkommen in Mitteleuropa: Sehr seltener Brut- und Sommervogel in Niedersachsen, sonst ausgestorben; häufiger Durchzügler und Wintergast im Norden; im Binnenland regelmäßig, aber meist nicht sehr häufig.

Wanderungen: Kurzstreckenzieher, Teilzieher, Winterquar-

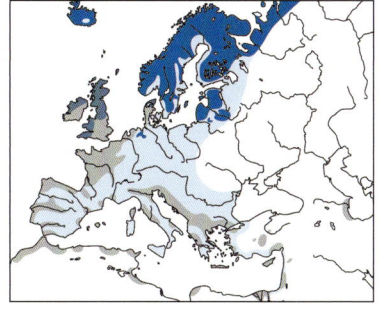

tier Nordwesteuropa und Tiefländer an der Küste Mitteleuropas sowie gesamter Mittelmeerraum.

Lebensraum: Brutvogel in nassen Heiden und anmoorigen Grasflächen in Niederungen und auf hochgelegenen Flächen, in Mitteleuropa auf Hochmooren, insgesamt auf Flächen mit kurzer und sehr schütterer Vegetation. Auf dem Durchzug auf Viehweiden und kurzrasigen Mähwiesen, abgeernteten Ackerflächen, an der Küste im Spätsommer auch im Watt.

Nahrung: Insekten, Würmer, kleine Schnecken, im Watt Ringelwürmer; auch Beeren.

Brutbiologie: Geschlechtsreife im 1. Lebensjahr • Nest flache Mulde, frei und offen • 4 Eier • Legebeginn April bis Anfang Juli • Brutdauer 27–30 Tage • ♂ und ♀ brüten • ♂ und ♀ führen • Junge sind Nestflüchter, mit 30–35 Tagen flügge • 1 Jahresbrut; Ersatzgelege.

Alter: Ältester Ringvogel 12 Jahre, 9 Monate. Generationslänge 4 Jahre.

Gefährdung: Nach der EU-Vogelschutzrichtlinie besonders geschützte Art (Anhang I), auf Europa konzentriert (SPEC E); Gefährdung durch Intensivierung der Landwirtschaft, Torfabbau, Aufforstung von Mooren und direkte Verfolgung.

Besonderes: Eine der wenigen Limikolenarten, die selten in Gewässernähe zu finden sind.

	Jan.	Feb.	März	April	Mai	Juni	Juli	Aug.	Sep.	Okt.	Nov.	Dez.
Anwesenheit												
Durchzug				x	x						x	
Brutzeit				x	x							
postjuv. Mauser												
Teil- / Vollmauser												
Vollmauser												

Prärie-Goldregenpfeifer (→ 219)

Pluvialis [dominica] dominica (P. L. S. Müller 1776)

Taxonomie: Familie Regenpfeiferverwandte – Charadriidae. Bildet mit dem Tundra-Goldregenpfeifer *P. fulva* eine Superspezies. Keine Unterarten.

Größe, Gewicht: Körperlänge 24–28 cm, Flügelspannweite 65–72 cm, Flügellänge 17,6–19,9 cm; 122–194 g.

Erkennungshinweise: Männchen im Prachtkleid mit komplett schwarzer Unterseite und weißer, breiter werdender Streif von der Stirn bis an die Halsseiten. Weibchen im Prachtkleid und erstes Sommerkleid vom Tundra-Goldregenpfeifer nur durch Proportion und Struktur zu unterscheiden. Im Schlichtkleid wesentlich grauer als Tundra-Goldregenpfeifer und Goldregenpfeifer.

Stimme: Rufe etwas schärfer und höher als Goldregenpfeifer „pfü", Alarmruf zweisilbig.

Brutareal: Arktisches Nordamerika.

Vorkommen in Mitteleuropa: Ausnahmegast.

Wanderungen: Langstreckenzieher, Winterquartiere in Südamerika bis Feuerland.

Lebensraum: Brutvogel trockener Tundra; an der Küste kurzrasige Flächen aller Art.

Nahrung: Insekten, Würmer, kleine Schnecken.

Gefährdung: Nicht akut gefährdet.

Besonderes: Prärie-Goldregenpfeifer stellen in allen Kleidern selbst für geübte Vogelbeobachter eine Herausforderung bei der Bestimmung dar.

Tundra-Goldregenpfeifer (→220)

Pluvialis [dominica] fulva (J. F. Gmelin 1789)

Taxonomie: Familie Regenpfeiferartige – Charadriidae. Bildet Superspezies mit Prärie-Goldregenpfeifer *P. dominica*. Keine Unterarten.

Größe, Gewicht: Körperlänge 23–26 cm, Flügelspannweite 60–72 cm, Flügellänge 15,8–18,4 cm; 100–192 g.

Erkennungshinweise: Geschlechter gleich. Sehr ähnlich dem Goldregenpfeifer, ist aber kleiner und schlanker, und Beine und Hals sind etwas länger.

Im Prachtkleid mehr weiß auf Stirn, Hals- und oberen Brustseiten. Die Unterschwanzdecken sind schwarz oder schwarz gemustert und die Oberseite ist gröber gemustert als beim Goldregenpfeifer. Eine Unterscheidung im Schlichtkleid ist sehr schwer.

Stimme: Der kennzeichnende Flugruf, ein flötendes „tschu-itt", ähnelt sehr dem des Dunklen Wasserläufers.

Brutareal: Westalaska, und von Kamtschatka bis ins arktische Sibirien zur Jamal-Halbinsel.

Vorkommen in Mitteleuropa: Ausnahmegast.

Wanderungen: Langstreckenzieher. Wintergebiete Nordostafrika, Indien, Südostasien, Pazifische Inseln, Neuseeland, seltener Südkalifornien.

Lebensraum: Brutvogel der Tundra. Auf dem Durchzug auf Weiden, Prärie, an See- und Flussufern.

Gefährdung: Nicht gefährdet.

Kiebitzregenpfeifer (→221)

Pluvialis squatarola (Linnaeus 1758)

Taxonomie: Familie Regenpfeiferverwandte – Charadriidae. Manchmal drei Unterarten unterschieden, *P. s. squatarola* in der Paläarktis.

Größe, Gewicht: Körperlänge 27–31 cm, Flügelspannweite 71–83 cm, Flügellänge 19,8–21,2 cm; 174–280 g.

Erkennungshinweise: Geschlechter gleich. Großer Regenpfeifer mit großem, rundem Kopf und kräftigem Schnabel. Im Prachtkleid Unterseite zum Großteil schwarz und Oberseite schwarzweiß. Jungvögel durch die eher gelbe Oberseite an Goldregenpfeifer erinnernd. Im Flug kennzeichnende schwarze Achselfedern. Im Schlichtkleid schwer von Prärie- und Tundra-Goldregenpfeifer zu unterscheiden.

Stimme: Ruf dreisilbig „tli-o-ii". Triller während der Balz.

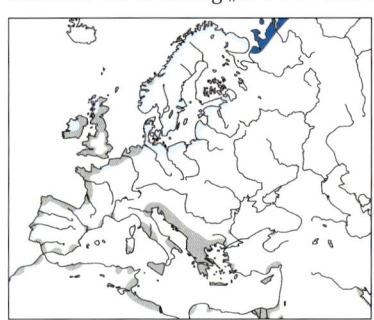

Brutareal: Tundra von Ostküste des Weißen Meeres bis Nordostsibirien und im arktischen Nordamerika.

Vorkommen in Mitteleuropa: Regelmäßiger Durchzügler in großer Zahl an der Küste, in kleiner Zahl und einzeln im Binnenland. An der Nordsee spärlicher Sommergast, Überwinterer im Wattenmeer.

Wanderungen: Langstreckenzieher, Hauptwinterquartier Meeresküsten von Nordwesteuropa bis Südafrika, Mittelmeer, Küsten Asiens.

Lebensraum: Brutvogel der arktischen Tundra, auf dem Zug meist außerdeichs an der Küste und im Binnenland auf größeren offenen Flächen (Schlickufer, überschwemmte Wiesen).

Nahrung: Im Brutgebiet hauptsächlich Insekten, im Watt Borstenwürmer, kleine Mollusken.

Alter: Ältester Ringvogel 23 Jahre, 6 Monate. Generationslänge 5 Jahre.

Gefährdung: Gefährdung nicht bekannt, Verluste durch Jagd im Winterquartier.

Kiebitz (→ 222)

Vanellus vanellus (Linnaeus 1758)

Taxonomie: Familie Regenpfeiferverwandte – Charadriidae. Keine Unterarten.
Größe, Gewicht: Körperlänge 28–31 cm, Flügelspann-
weite 82–87 cm, Flügellänge
♂ 22–24 cm, ♀ 21,4–23,1 cm;
128–330 g.
Erkennungshinweise: Geschlechter nahezu gleich. Mit
seiner dünnen Federholle ist
der taubengroße, schwarz und
weiß gefärbte Kiebitz unver-

wechselbar. Flug mit wuchtigen Flügelschlägen.
Stimme: Klagende Rufe wie „kiärrhi" oder „kievit". Gesang im Schauflug
„chä-chuit" (beim Aufsteigen), „wit-wit-wit" (Flugbahn in der Höhe),
„chiu-witt" (im Sturzflug), auch wuchtelndes Fluggeräusch.
Brutareal: In der gemäßigten und mediterranen Zone von Westeuropa
bis Ussuriland.
Vorkommen in Mitteleuropa: Verbreiteter, häufiger Sommer- und
Brutvogel, im Süden mit Verbreitungslücken; Brutbestand nimmt stark
ab. Häufiger Durchzügler und Gastvogel, in manchen Gebieten in kleiner
Zahl überwinternd.
Wanderungen: Kurzstreckenzieher, Hauptwinterquartier Westeuropa
bis Mittelmeergebiet und Nordafrika.
Lebensraum: Brutvogel auf offenen Flächen mit kurzer Vegetation, heute auf Feuchtflächen, Weiden, Wiesen, Schotter- und Ruderalflächen,
Ackerland. Außerhalb der Brutzeit auf kurzrasigen oder kahlen Flächen,
oft auch am Wasser.
Nahrung: Kleine Bodentiere
(meist Insekten und deren Larven), aber vor allem im Winter
auch Vegetabilien.
Brutbiologie: Geschlechtsreife im 1. Lebensjahr, viele
brüten erst im 2. • Nest Bodenmulde, mit wenig trockenem
Material aus der Umgebung
ausgelegt • 4 Eier • Legebeginn

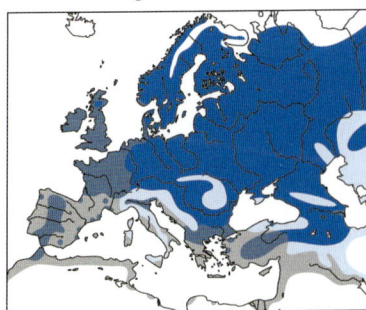

März bis Mai • Brutdauer 26–29 Tage • ♂ und ♀ brüten • ♂ und ♀ führen • Junge sind Nestflüchter, müssen heute meist in günstigere Aufwachsgebiete abwandern, mit 35–40 Tagen flügge • 1 Jahresbrut; Ersatzgelege.

Alter: Ältester Ringvogel mind. 25 Jahre. Generationslänge 5 Jahre.

Gefährdung: Art auf Europa konzentriert und mit ungünstigem Erhaltungsstatus (SPEC 2). Gefährdung durch zu intensive landwirtschaftliche Nutzung, u. a. Verlust von Feuchtgrünland, Vorverlegung der Mahd im Grünland, häufigere Bearbeitungsgänge auf Ackerland, aber auch zunehmende Nestprädation sowie Jagd in Überwinterungsgebieten.

Besonderes: Der Begriff „kiebitzen" beim Kartenspiel ist vermutlich auf das immer wieder kehrende Kopfrecken zurückzuführen. Vogel des Jahres 1996.

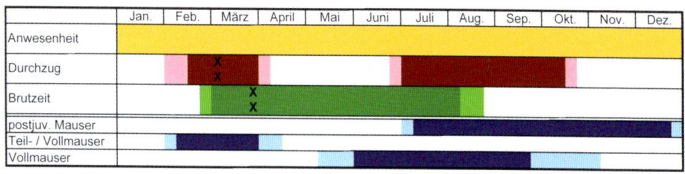

	Jan.	Feb.	März	April	Mai	Juni	Juli	Aug.	Sep.	Okt.	Nov.	Dez.
Anwesenheit												
Durchzug			x x									
Brutzeit			x x									
postjuv. Mauser												
Teil- / Vollmauser												
Vollmauser												

Spornkiebitz (→ 223)

Vanellus spinosus (Linnaeus 1758)

Taxonomie: Familie Regenpfeiferverwandte – Charadriidae. Keine Unterarten.

Größe, Gewicht: Körperlänge 25–28 cm, Flügelspannweite 69–81 cm, Flügellänge ♂ 20,1–22,0 cm, ♀ 19,3–20,6 cm; 127–177 g.

Erkennungshinweise: Geschlechter gleich. Überwiegend schwarzwei-

ßer Kiebitz mit langen schwarzen Beinen. An den Kopfseite ausgedehnt weiß und im Flug durch die schwarzen Handschwingen und den nahezu schwarzen Schwanz vom Steppenkiebitz zu unterscheiden.

Stimme: Ruft häufig und laut gereiht oder auch einzeln „kri-kri-kri". Reviergesang etwas krächzend „charadlio" oder „did-ye-do-it".

Brutareal: Weitverbreitet in der Savannen- und Steppenzo-

ad.

ne Afrikas und über das Niltal bis nach Vorderasien verbreitet. Zudem Brutvogel in Griechenland, wo die einzigen Brutpaare Europas leben.

Vorkommen in Mitteleuropa: Ausnahmegast, meist wohl Gefangenschaftsflüchtlinge.

Wanderungen: Die afrikanische Population ist Standvogel, während die europäischen und vorderasiatischen Populationen ziehen, und den Winter wahrscheinlich im Nildelta oder am oberen Nil verbringen.

Lebensraum: Uferzone von Sumpfgebieten, Flussinseln, Salzwiesen und ähnliche vegetationsarme bieten dem Spornkiebitz geeignete Brutplätze Er brütet aber auch in bewässerten Agrargebieten oder in der Nähe von Fischteichen.

Nahrung: Hauptsächlich Insekten, jedoch im geringen Anteil auch verschiedene Sämereien.

Brutbiologie: Nest meist ganz frei auf dem offenen Boden • 4 Eier • Brutdauer 22–24 Tage • Junge mit 7–8 Wochen flügge • Nicht selten 2 Jahresbruten; Ersatzgelege.

Alter: Ältester Ringvogel 17 Jahre, Generationslänge 5 Jahre.

Gefährdung: Nicht weltweit gefährdet.

Besonderes: Der griechische Brutbestand wurde erst 1959 entdeckt. Spornkiebitze besitzen am Flügelbug einen ausgeprägten Sporn.

Steppenkiebitz (→224)

Vanellus gregarius (Pallas 1771)

Taxonomie: Familie Regenpfeiferverwandte – Charadriidae. Keine Unterarten.

Größe, Gewicht: Körperlänge 27–30 cm, Flügelspannweite 70–76 cm, Flügellänge ♂ 20–22 cm, ♀ 17,9–21 cm; ♂ 206–260 g, ♀ 150–252 g.

Erkennungshinweise: Geschlechter fast gleich. Männchen etwas kräftiger gefärbt. Im Flug durch dreifarbiges Flügelmuster (ähnlich Schwalbenmöwe) gekennzeichnet. Etwas kleiner als Kiebitz, jedoch hochbeiniger. Weißer Überaugenstreif reicht weit in den Nacken, deshalb unter Umständen Verwechslungsgefahr mit dem Mornellregenpfeifer.

Stimme: Beim Auffliegen rau „kwett-kett" oder zweisilbig

klagend „pi-wick". Flugrufe heiser „kretsch-etsch-etsch".
Brutareal: Inselartige Verbreitung in den Steppen und Halbwüsten vom Wolgadelta und östliches Kaspigebiet bis Balchaschsee. Ferner Brutvogel von Nordiran und Irak bis Westpakistan.
Vorkommen in Mitteleuropa: Sehr seltener, aber fast alljährlicher Gastvogel.
Wanderungen: Zugvogel. Winterquartiere Nordwestindien, Arabien, Nordostafrika.
Lebensraum: Brütet in trockenen Steppenflächen. Auf dem Durchzug auf ähnlichen Flächen, aber auch auf feuchten Wiesen, an trockenen Ufern von Binnengewässern. Im Winter auf trockenen Flächen, auch Ackerflächen.
Nahrung: Fast ausschließlich Insekten, insbesondere Käfer und Heuschrecken. Ganz kleiner Anteil pflanzliche Nahrung.
Alter: Generationslänge 5 Jahre.
Gefährdung: Weltweit bedrohte Art (SPEC 1). Bedroht von landwirtschaftlicher Nutzung von Steppengebieten, zunehmender Trockenheit und Jagd im Winterquartier.
Besonderes: Brütet derzeit bevorzugt in der Nähe menschlicher Siedlungen, da dort die Vegetation durch Beweidung genau seinen Anforderungen entspricht. Dieses Habitat wurde früher durch die Saigaantilope erhalten.

Weißschwanzkiebitz (→ 225)

Vanellus leucurus (Lichtenstein 1823)

Taxonomie: Familie Regenpfeiferverwandte – Charadriidae. Auch in Gattung *Chettusia* gestellt. Keine Unterarten.
Größe, Gewicht: Körperlänge 26–29 cm, Flügelspannweite 67–70 cm, Flügellänge ♂ 17,2–18,6 cm, ♀ 17–18,4 cm; 99–198 g.
Erkennungshinweise: Geschlechter gleich. Durch sehr lange, gelbe Beine in allen Kleidern unverwechselbar. Im Flug schwarz, weiß, braunes Flügelmuster.
Stimme: Ruft kiebitzartig „kiwie-witt" und zweisilbig klagend „pi-wick". Beim Auffliegen rau „kwett-kett".

Brutareal: Inselartig verbreitet in Halbwüsten vom Wolgadelta bis Kaspigebiet und Balchaschsee. Ferner vom Nordiran und Irak bis Westpakistan.

Vorkommen in Mitteleuropa: Ausnahmegast mit seit den 1970er Jahren leicht zunehmender Zahl an Nachweisen.

Wanderungen: Teilzieher und Zugvogel mit Winterquartieren im südlichen Zentralasien bis Nordwestindien, Irak, Vorderasien und Niltal.

ad.

Lebensraum: Brutvogel an schlammigen Sumpfwiesen und Flachwasserbereichen von Süß- bis Salzseen und langsam fließenden Gewässern, auch Reisfeldern. Ebenso auf dem Zug.

Nahrung: Vor allem Käfer und andere Insekten sowie schlammbewohnende Wirbellose.

Alter: Generationslänge 5 Jahre.

Gefährdung: Gefährdet durch Entwässerungen und Intensivierung der Landnutzung.

Sandregenpfeifer (→ 226)

Charadrius [hiaticula] hiaticula Linnaeus 1758

Taxonomie: Familie Regenpfeifer – Charadriidae. Bildet Superspezies mit Amerikanischem Sandregenpfeifer *Ch. semipalmatus*. 2 Unterarten *C. h. hiaticula* Brutvogel und *C. h. tundrae* Gastvogel im Mitteleuropa.

Größe, Gewicht: Körperlänge 18–20 cm, Flügelspannweite 48–57 cm, Flügellänge 12,4–14,4 cm; 42–78 g.

Erkennungshinweise: Geschlechter nahezu gleich und

K1

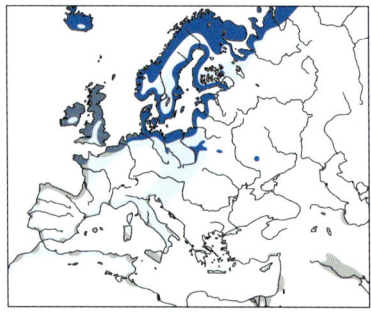

sehr ähnlich Amerikanischem Sandregenpfeifer. Im Prachtkleid Schnabel orange mit schwarzer Spitze. Durch die oft mit braunen Federn durchsetzten Bänder an Kopf und Brust vom Männchen zu unterscheiden.

Stimme: Weiche "tü-ip", 2. Silbe betont und nach oben gezogen. Gesang kehlig klingender Reihe wie „duije duije…", im Singflug vorgetragen.

Brutareal: Von Grönland und Island über Eurasien bis an die Westküste des arktischen Nordamerika.

Vorkommen in Mitteleuropa: Spärlicher Brut- und Sommervogel an Nord- und Ostseeküste, an der Küste häufiger Durchzügler und Rastvogel, im Binnenland regelmäßiger Durchzügler in kleiner Zahl. Gelegentlich überwinternd.

Wanderungen: Kurz- bis Langstreckenzieher, Winterquartiere Nordwesteuropa, Nordwest- und Südafrika, Ostafrika, Schwarzes Meer, östliches Mittelmeer, Arabien.

Lebensraum: Brutvogel auf vegetationslosen Flächen vor allem an Küsten und Salzwasser, auch an kahlen Flächen an Binnengewässern. Nahrungssuche auf Schlamm und Watt, aber auch auf festen Böden und kurzrasigen Wiesen.

Nahrung: Kleine Wirbellose, Insekten, Krebstiere, Mollusken, Ringelwürmer.

Brutbiologie: Geschlechtsreife im 1. Lebensjahr • Nest sehr flache Mulde im Boden • 4 Eier • Legebeginn Anfang April bis Mai • Brutdauer 21–28 Tage • ♂ und ♀ brüten. • ♂ und ♀ führen • Junge sind Nestflüchter, mit etwa 24 Tagen flügge • 1–2 Jahresbruten; Ersatzgelege.

Alter: Ältester Ringvogel 16 Jahre, 11 Monate. Generationslänge < 3,3 Jahre.

Gefährdung: Art auf Europa konzentriert (SPEC E); Gefährdung durch fehlende Küstendynamik, starke Küstenerschließung, schnelle Sukzession an neu entstandenen Brutplätzen und Störungen durch Freizeitbetrieb.

Besonderes: Die nördliche Unterart *tundrae* zieht in Mitteleuropa deutlich später durch (im Frühjahr) als die Nominatform.

	Jan.	Feb.	März	April	Mai	Juni	Juli	Aug.	Sep.	Okt.	Nov.	Dez.
Anwesenheit												
Durchzug							x					
Brutzeit				x								
postjuv. Mauser												
Teil- / Vollmauser												
Vollmauser												

Flussregenpfeifer (→ 228)

Charadrius dubius **Scopoli 1786**

Taxonomie: Familie Regenpfeiferverwandte – Charadriidae. Drei Unterarten, in Europa und der Paläarktis *C. d. curonicus*.

Größe, Gewicht: Körperlänge 14–17 cm, Flügelspannweite 42–48 cm, Flügellänge 11,2–12,1 cm; 26–53 g.

Erkennungshinweise: Geschlechter ähnlich. Größe wie Haussperling. Durch gelben Lidring, einfarbig dunklen,

ad.

schlanken Schnabel und graubraune Beine leicht von anderen Regenpfeifern zu unterscheiden. Weibchen etwas schwächer gefärbt. Im Flug keine bzw. nur schmale weiße Flügelbinde.

Stimme: Ruf „piu", einzeln oder in Abständen gereiht, Betonung auf der ersten Silbe. Im fledermausähnlichen Singflug „griä-griä-griä...".

Brutareal: Von den Kanarischen Inseln und Nordwestafrika bis Japan, ferner Indien und Indochina, Philippinen und Neuguinea.

Vorkommen in Mitteleuropa: Lückig verbreiteter, spärlicher Sommer- und Brutvogel, häufiger Duchzügler und Rastvogel.

Wanderungen: Langstreckenzieher, Winterquartier Afrika südlich der Sahara bis fast Äquator. Einzelne überwintern im Mittelmeerraum.

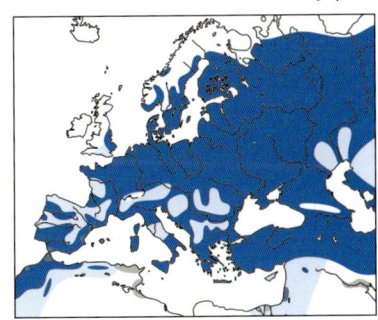

Lebensraum: Vorwiegend am Süßwasser, an Flussmündungen auch am Meer. Brutvogel auf vegetationsarmen Flächen mit grober Oberflächenstruktur, nicht zu weit von Wasser entfernt wie Schotterbänken, Kies- und Sandufer an Flüssen oder Aufschüttungen und Abbauflächen mit teilweise nur kleinen Wasserstellen.

Nahrung: Insekten und Spinnen, auch kleine Mollusken, Würmer und Sämereien.

Brutbiologie: Geschlechtsreife im 1., Erstbrut oft im 2. Lebensjahr • Nest ist flache, meist nicht ausgelegte Mulde auf kiesigem oder grobkörnigem Untergrund • 4 Eier • Legebeginn Ende April/Mai, ausnahmsweise später • Brutdauer 22–28 Tage • ♀ und ♂ brüten • ♂ und ♀ führen, ♂ oft länger • Junge sind Nestflüchter, mit 24–29 Tagen flügge • 1 (–2) Jahresbruten; Ersatzgelege.

Alter: Ältester Ringvogel 12 Jahre, 11 Monate. Generationslänge < 3,3 Jahre.

Gefährdung: Gefährdungsursachen durch Freizeitnutzung der Bruthabitate, wasserbauliche Maßnahmen und Sukzession.

Besonderes: Flussregenpfeifer brüten derzeit in Deutschland fast ausschließlich in Kies- und Sandgruben, da die natürlichen Brutplätze durch Flussverbauung zerstört wurden.

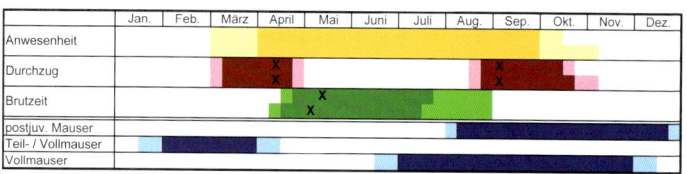

Keilschwanz-Regenpfeifer (→ 229)

Charadrius vociferus (Linnaeus 1758)

Taxonomie: Familie Regenpfeiferverwandte – Charadriidae. 3 Unterarten.

Größe, Gewicht: Körperlänge 23–26 cm, Flügelspannweite 59–63 cm, Flügellänge 16,2,3–17,8 cm; 72–93 g.

Erkennungshinweise: Geschlechter gleich. Langhalsiger und vor allem langgestreckter Regenpfeifer mit doppeltem Brustband und langem Schnabel. Im Flug sind die sehr große rotbraune Bürzelregion und der breite weiße Flügelstreifen auffallend.

Stimme: Hoch, dünn und laut ansteigend „klüii" rufend, das ab und zu in ein schelles „klüi'i'i'i'i" abgeändert wird.

Brutareal: Brütet von Nord- über Mittelamerika bis ins nördliche Südamerika.

Vorkommen in Mitteleuropa: Ausnahmegast in der Schweiz, Ungarn und den Niederlanden.
Wanderungen: Nur die nördlichen Populationen ziehen zum Überwintern an die Pazifik- und Atlantikküste.
Lebensraum: Kurzrasige Wiesen und Weiden, sowie Flussmündungen, Kiesinseln und Marschgebiete bieten geeignete Brutplätze.
Nahrung: Insekten, Spinnen aber auch Regenwürmer bilden die Hauptnahrung. Sämereien sind Zusatznahrung.

ad.

Brutbiologie: Nest ist eine flache Mulde • 3–5 Eier • Brutdauer 24–28 Tage • Junge mit ca. 31 Tagen flügge.
Gefährdung: Nicht weltweit gefährdet.
Besonderes: Sein lauter ansteigender Ruf „kill-diir" gab ihm seinen amerikanischen Namen *Killdeer*.

Seeregenpfeifer (→230)
Charadrius [alexandrinus] alexandrinus Linnaeus 1758

Taxonomie: Familie Regenpfeiferverwandte – Charadriidae. Bildet mit Allospezies in Amerika, Afrika und Australien eine Superspezies. 3 Unterarten, in Europa *Ch. a. alexandrinus*.
Größe, Gewicht: Körperlänge 15–17,5 cm, Flügelspannweite 42–45 cm, Flügellänge 10,8–11,7 cm; 32–56 g.
Erkennungshinweise: Kleiner heller Regenpfeifer mit dunklen, langen Füßen und dünnem schwarzem Schna-

♂

K1

bel. Männchen mit schwarzen Abzeichen auf Brustseiten und Kopf, Scheitel und Nacken rostfarben.

Stimme: Kurz „tit"; Singflug mit schnurrenden Rufreihen.

Brutareal: Küsten- und Steppengebiete von Kapverden bis Japan einschließlich Nordafrika.

Vorkommen in Mitteleuropa: Seltener Brut- und Sommervogel an der Nordseeküste, sehr selten in Steppengebieten im Südosten. Sonst sehr seltener Durchzügler und Gast, im Binnenland oft nur Ausnahmeerscheinung.

Wanderungen: Zugvogel, Winterquartier vom Mittelmeer bis zum Golf von Guinea und Somalia.

Lebensraum: Vegetationsarme Flächen an Salzwasser an Küsten und abflusslosen Binnengewässern. Nahrungssuche am Wasser.

Nahrung: Kleine Wirbellose.

Brutbiologie: Geschlechtsreife im 1. Lebensjahr • Nest offene flache Mulde mit wenig Material • 3 Eier • Legebeginn Mitte April bis Mai und später • Brutdauer 23–29 Tage • ♂ und ♀ brüten • ♂ und ♀ führen • Junge Nest-

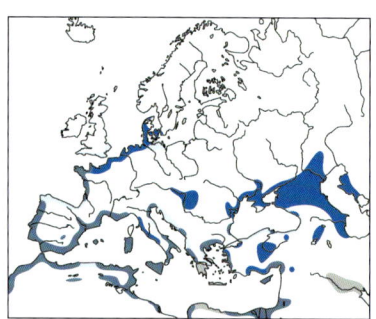

flüchter, mit 27–31 Tagen flügge • 1 Jahresbrut; Ersatzgelege.

Alter: Ältester Ringvogel 17 Jahre, 10 Monate. Generationslänge < 3,3 Jahre.

Gefährdung: Nach der EU-Vogelschutzrichtlinie besonders geschützte Art (Anhang I), in Europa mit ungünstigem Erhaltungsstatus (SPEC 3); Gefährdung durch exzessive Freizeitnutzung der Bruthabitate, fehlende Küstendynamik, Eutrophierung und Sukzession. Besonderes: Brütet nicht nur an den Sandstränden der Nordsee, sondern auch an Salzlacken am österreichischen Neusiedler See.

	Jan.	Feb.	März	April	Mai	Juni	Juli	Aug.	Sep.	Okt.	Nov.	Dez.
Anwesenheit												
Durchzug										X X		
Brutzeit				X X								
postjuv. Mauser												
Teil- / Vollmauser												
Vollmauser												

Tibetregenpfeifer (→232)

Charadrius [mongolus] atrifrons Wagler 1829

Taxonomie: Familie Regenpfeiferverwandte – Charadriidae. Bildet Superspezies mit Kolymaregenpfeifer C. *mongolus*. 3 Unterarten, *atrifrons* und *schaeferi* im Himalayagebiet und *pamirensis* im Pamir- und Tienschangebirge.

SK

Größe, Gewicht: Körperlänge 18–21 cm, Flügelspannweite 45–58 cm; 39–110 g.

Erkennungshinweise: Geschlechter sehr ähnlich. Männchen meist nur durch intensivere Färbung vom Weibchen zu unterscheiden. Sehr ähnlich Kolymaregenpfeifer, durch längeren Schnabel und längere Beine zu unterscheiden. Flügel durchschnittlich etwas kürzer als bei diesem. Im Prachtkleid Stirn gänzlich schwarz und manchmal mit winzigen weißen Flecken durchsetzt.

Stimme: Ähnlich Kolymaregenpfeifer. Typisch ist ein hartes, steinwälzerartiges „tschitik", ein kurzer ruhiger Triller oder ein scharfes „kip-ip".

Brutareal: Brutvogel in hochalpinen Talböden, Hochebenen in Zentralasien, Himalayagebiet, Pamir- und Tienschangebirge. Kolymaregenpfeifer Brutvogel in Ostsibirien.

Vorkommen in Mitteleuropa: Sehr seltene Ausnahmeerscheinung, Kolymaregenpfeifer bisher nicht in Mitteleuropa, aber in Großbritannien nachgewiesen.

Wanderungen: Zugvogel, Überwinterungsgebiete in Süd-und Ostafrika, Arabien und Südasien.

Lebensraum: Karg bewachsene Becken und Tallandschaften und hochalpine Tundra im Hochland. Im Winterquartier Sand- und Schlickbänke an der Küste.

Nahrung: Insekten, Ringelwürmer, Krustentiere, Mollusken und andere Wirbellose.

Brutbiologie: Nest eine flache Mulde auf Sand, Kies oder anderen vegetationsarmen Flächen • 2–3 Eier • Legebeginn Mitte Mai bis Juni • Brutdauer 22–24 Tage • Junge mit 30–35 Tagen flügge • 1 Jahresbrut; Ersatzgelege.

Alter: Ältester Ringvogel 20,5 Jahre.

Gefährdung: Nicht weltweit gefährdet.

Besonderes: Bis vor kurzem mit dem Kolymaregenpfeifer unter einer Art Mongolenregenpfeifer zusammengefasst.

Wüstenregenpfeifer (→ 233)
Charadrius leschenaultii Lesson 1826

Taxonomie: Familie Regenpfeiferverwandte – Charadriidae. Drei Unterarten, in Mitteleuropa Nachweise von *C. l. columbinus* (Naher Osten) und *C. l. crassirostris* (Kaspigebiet, Kasachstan).

Größe, Gewicht: Körperlänge 22–25 cm, Flügelspannweite 53–60 cm, Flügellänge 13,5–15 cm; 55–121 g.

Erkennungshinweise: Ähnelt sehr stark dem Mongolenregenpfeifer, ist aber etwas größer als dieser. Die langen Beine stehen im Flug deutlich über den Schwanz. Im Prachtkleid rostoranges Brustband, Hals und Scheitelseiten. Schwarze Maske und Stirn; das Weiß der Stirn schwarz eingefasst. Schlichtkleid ohne Schwarz- und Rosttöne.

Stimme: Der Balzruf „piprüirr-piprüirr-piprüirr" erinnert an den Goldregenpfeifer und wird im Flug geäußert. Das rollende „trrrr" wird oft aneinander gereiht und erinnert manchmal an Steinwälzer.

Brutareal: Zentral- und Osttürkei und Jordanien sowie vom östlichen Kaspigebiet in einem schmalen Band bis Südostkasachstan und weiter in die Mongolei, ferner Afghanistan.

Vorkommen in Mitteleuropa: Ausnahmeerscheinung.

Wanderungen: Zugvogel. Winterquartiere vom Nildelta an den Küsten Ost-Afrikas bis Südwest-Afrika, Küstengebiete Süd-Asiens, der Sundain-

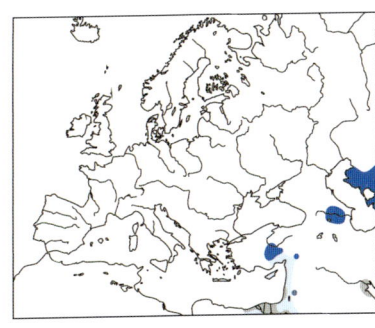

seln, Australiens und der süd-
pazifischen Inseln.

Lebensraum: Brutvogel in Trockensteppen, Halbwüsten und
Wüsten, gerne auf kurzrasigen
Weiden und Schlammflächen
mit Salzpflanzen. Durchzug
auf kurzrasigen Flächen auch
fernab von Wasserflächen.

Nahrung: Hauptsächlich Insekten und andere Gliederfüßer.

Alter: Generationslänge 5 Jahre.

Gefährdung: Art in Europa mit ungünstigem Erhaltungsstatus (SPEC 3).
Gefährdet durch Kultivierung von Steppengebieten, Entwässerungen
und Intensivierung der Landnutzung.

Wermutregenpfeifer (→ 234)

Charadrius [asiaticus] asiaticus Pallas 1773

Taxonomie: Familie Regenpfeiferartige – Charadriidae.
Bildet Superspezies mit Orien-
tregenpfeifer *C. veredus*. Keine
Unterarten.

Größe, Gewicht: Körperlänge
18–20 cm, Flügelspannweite
55–61 cm, Flügellänge 14,5–
15,4 cm; 60–91 g.

Erkennungshinweise: Wirkt
durch die lange Gestalt größer. Männchen im Prachtkleid
durch breites, rotbraunes
Brustband und sehr helles Ge-
sicht leicht zu erkennen. Weibchen ähnlich Jungvögeln, jedoch ohne die
deutliche Schuppung der Oberseite.

Stimme: Männchen singt im Flug mit aneinandergereihten, dreisilbigen
Tönen. Am Boden kurz „tschüpp".

Brutareal: Trockensteppen und Halbwüsten Mittelasiens, vor allem in
Kasachstan.

Vorkommen in Mitteleuropa: Extrem seltener Ausnahmegast.

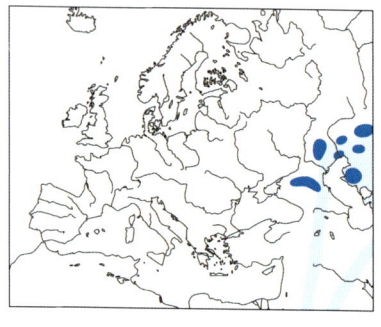

Wanderungen: Zugvogel mit Winterquartier im Binnenland Ost- und Süd-Afrikas.
Lebensraum: Brutvogel auf Salzböden in Wüsten und Halbwüsten, meist unweit von Gewässern. Auf dem Zug an Feuchtstellen. In Afrika Savannen- und Dornbuschflächen, fast stets im Binnenland.
Nahrung: Bevorzugt Insekten und ihre Larven.
Gefährdung: Art in Europa mit ungünstigem Erhaltungsstatus (SPEC 3). Europäischer Bestand gefährdet durch Kultivierung von Steppengebieten.

Mornellregenpfeifer (→235)
Charadrius morinellus Linnaeus 1758

K1

Taxonomie: Familie Regenpfeiferverwandte – Charadriidae. Mitunter auch in eigener Gattung *Eudromias* abgegrenzt. Keine Unterarten.
Größe, Gewicht: Körperlänge 20–22 cm, Flügelspannweite 57–64 cm, Flügellänge ♂ 14,4–15,8 cm, ♀ 14,7–16,1 cm; ♂ 88–116 g, ♀ 99–142 g.
Erkennungshinweise: Geschlechter ähnlich und durch weißes Brustband und breiten Überaugenstreif unverwechselbar. Weibchen wesentlich intensiver gefärbt als Männchen.
Stimme: Wenig zu hören wie „drü" oder „püe...", beim Auffliegen trillernd „wjürrrr". Singflüge am Brutplatz, Weibchen lässt längere „pit"-Reihen hören, Bodenbalz mit zwitschernden Lauten.
Brutareal: Tundren Skandinaviens bis nach Ostsibirien, kleine isolierte Vorkommen im zentralasiatischen Bergland und in einigen Gebieten Europas, auch in den Alpen; letztere aber oft nur vorübergehend besetzt.
Vorkommen in Mitteleuropa: Extrem seltener und unregelmäßiger Brutvogel in den Hochlagen der Zentralalpen, neue Brutnachweise 2015

in der Schweiz und Österreich. Sonst seltener, aber regelmäßiger Durchzügler.

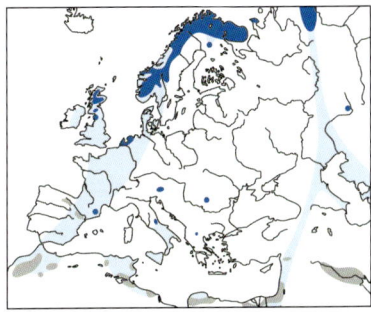

Wanderungen: Langstreckenzieher, Winterquartier im Trockengürtel Nordafrikas und Vorderasiens.

Lebensraum: Brutvogel der Tundra, über der Baumgrenze auf Fjälls und in der Alpinstufe. Auf dem Durchzug in steppenähnlichen, trockenen Flächen z. B. auf windexponierten, steinigen Hochflächen oder kargen und abgeernteten Äckern, im Winter auch in Wüsten.

Nahrung: Insekten, Spinnen und andere Wirbellose, gelegentlich Pflanzenmaterial.

Alter: Ältester Ringvogel 8 Jahre, 10 Monate. Generationslänge 5 Jahre.

Gefährdung: Nach der EU-Vogelschutzrichtlinie besonders geschützte Art (Anhang I); Gefährdung durch direkte Verfolgung und Intensivierung der landwirtschaftlichen Nutzung im afrikanischen Winterquartier, sowie Störungen in den wenigen europäischen Brutgebieten.

Besonderes: Auffallend geringe Scheu. Bengt Berg konnte durch Fütterung ein brütendes Männchen soweit „zähmen", dass es auf seiner Hand weiterbrütete.

Prärieläufer (→ 236)

Bartramia longicauda (Bechstein 1812)

Taxonomie: Familie Schnepfenverwandte – Scolopacidae. Keine Unterarten.

Größe, Gewicht: Körperlänge 26–32 cm, Flügelspannweite 64–68 cm, Flügellänge ♂ 15,6–17,2 cm, ♀ 16,8–17,3 cm; 98–226 g.

Erkennungshinweise: Geschlechter gleich. Mittelgroße Limikole, durch kurzen Schnabel, sehr langen Schwanz, weiß umrandetes Auge und weißen Scheitelstreif unverwechselbar. Im Flug dicht gebänderte Unterflügel und

ad.

oberseits ohne Weiß.

Stimme: Melodischer Pfiff „quä-a-iii" oder „whii-di-li"; Alarmruf rasch trillernd, erinnert an Zwergtaucher. Gesang im Singflug vorgetragen.

Brutareal: Nördliches Nordamerika.

Vorkommen in Mitteleuropa: Extremer Ausnahmegast.

Wanderungen: Zugvogel, Winterquartier im Süden Südamerikas.

Lebensraum: Brutvogel in kurzrasigem Grasland, ebenso auf dem Durchzug.

Nahrung: Insekten von der Bodenoberfläche.

Gefährdung: Gefährdet durch Lebensraumverluste.

Besonderes: Prärieläufer rennen wie Regenpfeifer auf der Suche nach Nahrung über kurzrasige Flächen.

Regenbrachvogel (→ 237)

Numenius phaeopus (Linnaeus 1758)

Taxonomie: Familie Schnepfenverwandte – Scolopacidae. Vier Unterarten, in Mitteleuropa die Nominatform.

Größe, Gewicht: Körperlänge 40–46 cm, Flügelspannweite 76–89 cm, Flügellänge ♂ 22,9–26,1 cm, ♀ 23,7–27,3 cm; ♂ 268–550 g, ♀ 315–600 g.

ad.

Erkennungshinweise: Geschlechter gleich. Etwas kleiner und kurzschnäbeliger als Großer Brachvogel. Beste Merkmale sind der dünne Scheitelstreif und der auffällige Überaugenstreif.

Stimme: Schnell trillernd „ti-titi..." im Flug, Gesang mit oft lang wiederholtem, flötendem „uit uit..." eingeleitet, dann Reihen kurzer bibbernder Flötentöne und anschließend Triller, im Singflug vorgetragen.

Brutareal: In Tundra und borealer Taiga Eurasiens von Island bis Sibirien mit großen Verbreitungslücken in Mittel- und Ostsibirien, Alaska und Nordkanada.

Vorkommen in Mitteleuropa: Regelmäßiger Durchzügler zu beiden Zugzeiten, häufig an den Küsten, in kleiner Zahl auch im Binnenland.

Wanderungen: Überwiegend Langstreckenzieher, Hauptwinterquartier Küsten Afrikas, Persischer Golf, Indischer Ozean, Südostasien, Australien.

Lebensraum: Brutvogel offener Heideflächen, Tundren und Hochmoore. Durchzügler an schlammigen und vor allem felsigen Küsten, auch oft auf Wiesen.

Nahrung: Kleintiere, auch Beeren.

Alter: Ältester Ringvogel 13 Jahre. Generationslänge 5 Jahre.

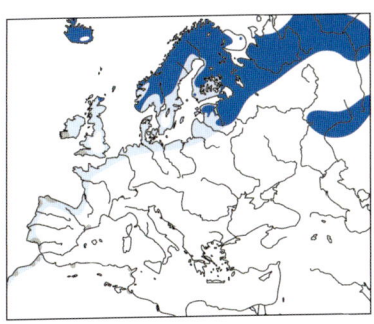

Gefährdung: Art auf Europa konzentriert (SPEC E). Nicht gefährdet.

Großer Brachvogel (→239)

Numenius arquata (Linnaeus 1758)

Taxonomie: Familie Schnepfenverwandte – Scolopacidae. Zwei Unterarten, in Mitteleuropa *N. a. arquata*.

Größe, Gewicht: Körperlänge 50–60 cm, Flügelspannweite 80–100 cm, Flügellänge ♂ 27,6–30,2 cm, ♀ 28,6–32,6 cm; ♂ 541–1010 g, ♀ 700–1360 g.

Erkennungshinweise: Geschlechter nahezu gleich und nur durch Schnabellänge und -krümmung zu unterscheiden. Oberflächlich nur mit dem Regenbrachvogel zu verwechseln, dieser ist jedoch etwas kleiner und mit deutlichem Überaugen- und Scheitelstreif.

Stimme: Flugruf „tlüi", manchmal auch heiser beginnend, auch wiederholt „tüi tüi tüi", im Brutgebiet Kükenwarnruf rasch „gügügügüg". Gesang im wellenförmigen Reviermarkierungs-

ad.

flug „guug-guug-guug", kann vor der Landung in einen Triller übergehen, der absinkt und leiser wird wie „trüt-trüt-türrürrürrü…".

Brutareal: Von Westeuropa bis Ostsibirien. In Europa nach Süden zunehmende Verbreitungslücken, fehlt im gesamten Mittelmeerraum.

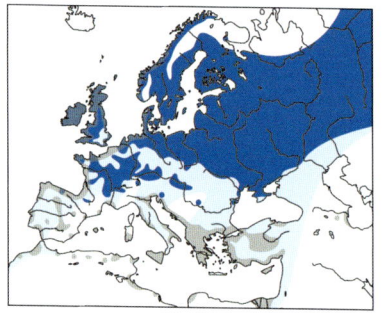

Vorkommen in Mitteleuropa: Lückig verbreiteter, spärlicher Brut- und Sommervogel, am häufigsten im Norden, häufiger Durchzügler und Rastvogel, in geeigneten Gebieten regelmäßig.

Wanderungen: Kurzstreckenzieher, östliche auch Langstreckenzieher; Winterquartier von den Küsten Westeuropas über Mittelmeerraum bis ins tropische Afrika und sogar Südafrika. Überwinterer in Mitteleuropa an günstigen Stellen.

Lebensraum: Brutvogel auf offenen, sehr feuchten bis offenen Stellen, ursprünglich vor allem in Mooren. Heute auf Streuwiesen, Umstellung auf Mähwiesen nur sehr bedingt möglich; Ackerbruten können sich kaum auf Dauer halten. Außerhalb der Brutzeit an Flachküsten, im Watt, im Seichtwasser von Binnengewässern, auf Überschwemmungswiesen.

Nahrung: Wirbellose auf und im Boden, kleine Wirbeltiere, bei geeignetem Angebot auch Beeren.

Brutbiologie: Geschlechtsreife im 1. oder 2. Lebensjahr, Erstbrut auch im 3. • Nest flache Mulde auf dem Boden, etwas in niedriger Vegetation versteckt • 4 Eier • Legebeginn Anfang April bis Ende Mai • Brutdauer 27–33 Tage • ♂ und ♀ brüten • ♂ und ♀ führen • Junge sind Nestflüchter, werden mit 32–38 Tagen flügge • 1 Jahresbrut; Ersatzgelege.

Alter: Ältester Ringvogel 31 Jahre, 6 Monate. Generationslänge 5 Jahre.

Gefährdung: Auf Europa konzentriert und mit ungünstigem Erhaltungsstatus (SPEC 2); Gefährdung durch intensive Landwirtschaft, Freizeitnutzung und Erschließung der Lebensräume, Sukzession, zunehmende Nestprädation. In vielen Gebieten anhaltend schlechter Bruterfolg, der zur Bestandserhaltung nicht ausreicht.

Besonderes: Größte europäische Limikolenart.

Uferschnepfe (→ 240)

Limosa limosa (Linnaeus 1758)

Taxonomie: Familie Schnepfenverwandte – Scolopacidae. Drei Unterarten, davon *L. l. limosa* in Europa, lokal im Nordwesten *L. l. islandica*.

Größe, Gewicht: Körperlänge 36–44 cm, Flügelspannweite 70–82 cm, Flügellänge ♂ 19,4–22,8 cm, ♀ 20,1–23,1 cm; ♂ 250–300 g, ♀ 290–390 g.

SK

Erkennungshinweise: Geschlechter fast gleich. Große Limikole mit sehr hohen Beinen und langem, geradem Schnabel. Männchen hat mehr rostbraune Federn als Weibchen. Im Flug weißer Bürzel und schwarze Schwanzendbinde auffallend. Am leichtesten mit Pfuhlschnepfe zu verwechseln, diese jedoch mit aufwärts gebogenem Schnabel.

PK

Stimme: Beim Balzflug wird laut und durchdringend „dju-u-duit-dju-u-duit" gerufen. Bei territorialen Streitigkeiten „witte witte witte…".

Brutareal: Von Island und Großbritannien ostwärts bis Westsibirien. Von Zentralsibirien bis China isolierte Populationen.

Vorkommen in Mitteleuropa: Brut- und Sommervogel im Flachland, sehr lokal und selten im Süden und Südwesten. Regelmäßiger, gebietsweise häufiger Durchzügler und Rastvogel, selten Überwinterer.

Wanderungen: Mittel- und Langstreckenzieher mit Hauptwinterquartieren an der Atlantikküste von Frankreich bis Marokko, östliches Mittelmeer, Sahelzone, Ostafrika, Indien, Südostasien und Australien.

Lebensraum: Ursprünglich Heide- und Moorgebiete sowie Steppenseen. In Mitteleuropa

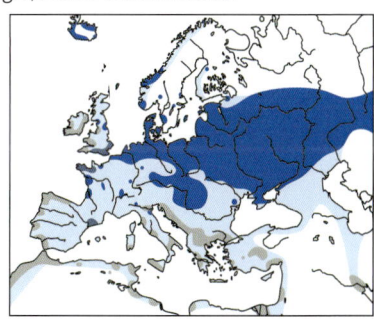

heute Brutvogel feuchter Extensivwiesen und Weiden. Nahrungssuche auch auf frisch gemähten Wiesen und in seichtem Süß- und Salzwasser. Auf dem Frühjahrszug auf überschwemmten Wiesen.

Nahrung: Hauptsächlich Regenwürmer, die stochernd aus dem Boden geholt werden, auch Käfer, Schnecken und Sämereien. Jungvögel picken Wirbellose vom Gras. Im Winterquartier viel Sämereien.

Brutbiologie: Monogame Saisonehe, Partnertreue nachgewiesen • Nest als ausgescharrte Mulde mit trockenen Halmen aus der Umgebung • meist 4 Eier • Brutdauer 22–24 Tage • beide brüten • Nest wird am Tag des Schlüpfens verlassen und Familie wandert relativ weit umher • Junge mit 25–30 Tagen flügge, Familienauflösung kurz danach • 1 Jahresbrut; Ersatzgelege.

Alter: Ältester Ringvogel 18 Jahre, 9 Monate. Generationslänge 5 Jahre.

Gefährdung: Art auf Europa konzentriert und mit ungünstigem Erhaltungsstatus (SPEC 2); Gefährdet durch Entwässerungen, Intensivierung der Landwirtschaft, Jagd, zunehmende Nestprädation und Störungen am Nest.

Besonderes: Eine besenderte niederländische Uferschnepfe flog bereits Ende Juni nonstop ins Winterquartier nach Westafrika.

	Jan.	Feb.	März	April	Mai	Juni	Juli	Aug.	Sep.	Okt.	Nov.	Dez.
Anwesenheit												
Durchzug												
Brutzeit					x x							
postjuv. Mauser												
Teil- / Vollmauser												
Vollmauser												

Pfuhlschnepfe (→ 241)

Limosa lapponica (Linnaeus 1758)

fast SK

Taxonomie: Familie Schnepfenverwandte – Scolopacidae. Zwei Unterarten, Nordeuropa bis Ostsibirien *L. l. lapponica*.

Größe, Gewicht: Körperlänge 37–41 cm, Flügelspannweite 70–80 cm, Flügellänge ♂ 20,3–22,4 cm, ♀ 20,4–23 cm; ♂ 230–460 g, ♀ 280–450 g.

Erkennungshinweise: Große Limikole mit langem, etwas aufwärts gebogenem Schnabel. Männchen im Prachtkleid unterseits kräftig ziegelrot, Weibchen unterseits schmutzig-weiß z. T. mit Orangeton, Brust meist gestrichelt. Flugbild wie Grünschenkel mit großem weißem Keil auf dem Rücken. Im Schlichtkleid durch gestrichelte Oberseite von Uferschnepfe mit einfarbig grauer Oberseite zu unterscheiden.

Stimme: Flugruf nasal „gäg-gäg-gäg"; Gesang ähnlich Uferschnepfe mit schneller Einleitung.

Brutareal: Arktis und Subarktis von Lappland bis Westalaska.

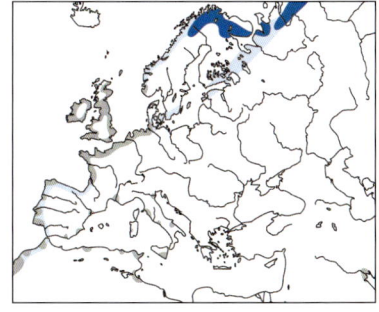

Vorkommen in Mitteleuropa: Regelmäßiger und häufiger Durchzügler und Wintergast an der Küste, vor allem im Wattenmeer, im Binnenland selten, aber in manchen Gebieten regelmäßig.

Wanderungen: Langstreckenzieher, Winterquartier der Vögel des westlichen Brutareals Wattenmeer Nordsee, Westeuropa, weiter östlich brütender Atlantikküste Afrikas, Mittelmeer, Persischer Golf, Arabien.

Lebensraum: Brutvogel der feuchten Tundra, sonst vor allem in Watten- und Flachküsten und Schlammufern von Binnengewässern.

Nahrung: Wirbellose, am Brutplatz vor allem Insekten, an der Küste kleine Mollusken, Krebstiere und Würmer.

Alter: Ältester Ringvogel 21 Jahre, 8 Monate. Generationslänge 5 Jahre.

Gefährdung: Gefährdung durch Verlust von Rasthabitaten.

Besonderes: Brutvögel Alaskas überfliegen in einem Nonstopflug den gesamten Pazifik, um in ihre Winterquartiere auf Neuseeland zu gelangen.

Kleiner Schlammläufer (→ 242)

Limnodromus griseus (J. F. Gmelin 1789)

Taxonomie: Familie Schnepfenverwandte – Scolopacidae. Drei Unterarten.

Größe, Gewicht: Körperlänge 25–29 cm, Flügelspannweite 45–51 cm, Flügellänge ♂ 13,5–15,1 cm, ♀ 13,7–15,5 cm; 65–154 g.

Erkennungshinweise: Geschlechter gleich. Auffallende Gestalt mit verhältnismäßig kurzen Beinen und langem, an der Spitze etwas gebogenem Schnabel. Vom sehr ähnlichen Großen Schlammläufer nur schwer zu unterscheiden. Die Schirmfedern sind immer ungezeichnet, während sie

beim Kleinen Schlammläufer gezeichnet sind. Bestes Merkmal ist die kennzeichnende Stimme.

Stimme: Schnell und kurz „tü-tü-tü".

Brutareal: Subarktisches Nordamerika.

Vorkommen in Mitteleuropa: Extreme Ausnahmeerscheinung.

Wanderungen: Zugvogel, Winterquartier vom Süden der USA bis mittleres Südamerika.

Lebensraum: Brutvogel in Waldmooren, Durchzügler an Seichtwasser und Schlammflächen, vor allem an Salz- und Brackwasser.

Nahrung: Gliederfüßer, Ringelwürmer, Mollusken, Krebstiere.

Gefährdung: Nicht akut gefährdet, aber Bestandsrückgänge.

Großer Schlammläufer (→ 243)

Limnodromus scolopaceus (Say 1823)

Taxonomie: Familie Schnepfenverwandte – Scolopacidae. Keine Unterarten.

Größe, Gewicht: Körperlänge 24–30 cm, Flügelspannweite 13,5–15,6 cm, Flügellänge ♂ 13,5–15,6 cm, ♀ 13,8–15,8 cm; ♂ 90–135 g.

Erkennungshinweise: Geschlechter gleich. Auffallende Gestalt mit verhältnismäßig kurzen Beinen und sehr langem, an der Spitze etwas gebogenem Schnabel. Vom sehr ähnlichen Kleinen Schlammläufer nur schwer zu unterscheiden. Die Schirmfedern sind immer gezeichnet, während sie beim Großen Schlammläufer ungezeichnet sind. Bestes Merkmal ist die kennzeichnende Stimme.

Stimme: Ruf dünn „kik", höher und schriller als bei Kleinem Schlammläufer, Wiederholung meist in größeren Abständen.

Brutareal: Nordostsibirien, Küsten Nordwestalaskas und Nordwest-
kanadas.
Vorkommen in Mitteleuropa: Ausnahmegast.
Wanderungen: Zugvogel, Winterquartier vom Süden der USA bis Mittel-
amerika.
Lebensraum: Brutvogel in gras- und seggenbestandener Tundra. Durch-
zügler vor allem an Süßwasser.
Nahrung: Wirbellose von Land und Seichtwasser, auch Samen und Pflan-
zenmaterial.
Gefährdung: Nicht gefährdet.

Waldschnepfe (→ 244)

Scolopax rusticola **Linnaeus 1758**

Taxonomie: Familie Schnepfenverwandte – Scolopacidae.
Keine Unterarten.
Größe, Gewicht: Körperlänge
33–35 cm, Flügelspannweite
50–60 cm, Flügellänge 18,2–
21,8 cm; 144–420 g.
Erkennungshinweise: Geschlechter gleich. Durch
plumpe Gestalt, sehr langen
Schnabel und braun getöntes
Gefieder mit keiner anderen
Limikole zu verwechseln.

Stimme: Das Männchen äußert im Balzflug drei bis vier tiefe, quorrende
Töne, die von einem kurzen, hohen „puits" gefolgt werden.
Brutareal: Boreale und gemäßigte Zone von West- und Südwesteuropa
bis Japan und Osteuropa.
Vorkommen in Mitteleuropa:
Brut- und Sommervogel in
allen bewaldeten Gegenden,
vom Tiefland bis an die obere
Waldgrenze.
Wanderungen: Mitteleuro-
päische Brutvögel ziehen bis
Nordwestafrika.
Lebensraum: Wälder mit gut
stocherfähiger, meist feuchter
Humusschicht.

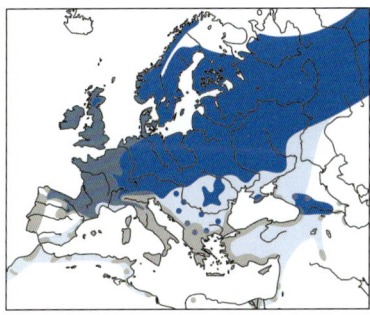

Nahrung: Hauptnahrung Regenwürmer, daneben Käfer, Ohrwürmer, Asseln, Tausendfüßler und andere Gliedertiere.

Brutbiologie: Geschlechtsreife beim ♀ regelmäßig im 2. Kalenderjahr, beim ♂ im 3. • Nest am Boden, meist am Rand eines geschlossenen Baumbestandes, eine flache Mulde mit Material aus nächster Umgebung ausgelegt • 4 Eier • Legebeginn Ende März und im Hochgebirge bis Anfang August • Brutdauer 21–24 Tage • ♀ brütet, bleibt in Nestnähe • ♂ und ♀ führen • Junge werden nach Schlupf aus Nestumgebung weggeführt und werden offenbar zunächst noch gefüttert, voll flügge mit 1 Monat • 1, selten 2 Jahresbrut(en); Ersatzgelege.

Alter: Ältester Ringvogel 12 Jahre, 6 Monate, Generationslänge < 3,3 Jahre.

Gefährdung: Art in Europa mit ungünstigem Erhaltungsstatus (SPEC 3); Gefährdet durch exzessive Jagd, Entwässerungen und intensive Forstwirtschaft.

Besonderes: Der Darminhalt, der sogenannte Schnepfendreck, gilt bei Jägern als besondere Delikatesse. Lufttransport von Jungen wiederholt beobachtet. Küken werden mit den Läufen am Bauch eingeklemmt und mit gesenktem Schwanz gestützt.

	Jan.	Feb.	März	April	Mai	Juni	Juli	Aug.	Sep.	Okt.	Nov.	Dez.
Anwesenheit												
Durchzug										x x		
Brutzeit			x x									
postjuv. Mauser												
Teil- / Vollmauser												
Vollmauser												

Zwergschnepfe (→ 245)

Lymnocryptes minimus (Brünnich 1764)

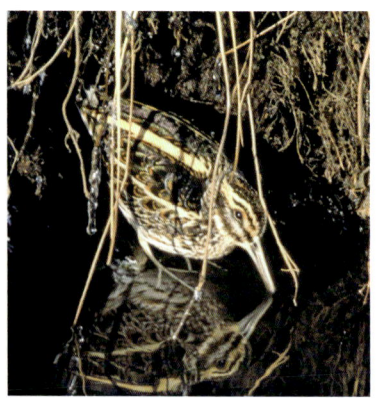

Taxonomie: Familie Schnepfenverwandte – Scolopacidae. Monotypisch.

Größe, Gewicht: Körperlänge 17–19 cm, Flügelspannweite 38–42 cm, Flügellänge ♂ 10,5–11,9 cm, ♀ 10,5–11,5 cm; 35–73 g.

Erkennungshinweise: Geschlechter gleich. Sehr kleine Schnepfe mit relativ kurzem Schnabel und dunklem Scheitel. Oberseits markante gelbliche Längsstreifen.

Stimme: Während des Balzfluges rhythmische Rufe, „logeditokk-logeditokk", die einem entfernt galoppierenden Pferd ähneln. Beim Auffliegen manchmal gedämpft „ätsch" ähnlich Bekassine.

Brutareal: Boreale und subboreale Regionen von Nordost-Europa bis Ostsibirien. Möglicherweise noch wenige Brutpaare in den Biebrza-Sümpfen Polens.

Vorkommen in Mitteleuropa:
Unregelmäßiger Brutvogel in Polen. Regelmäßiger Durchzügler und Überwinterer im Tiefland, oft einzeln oder in geringer Zahl. Im Süden seltener Durchzügler und Überwinterer.

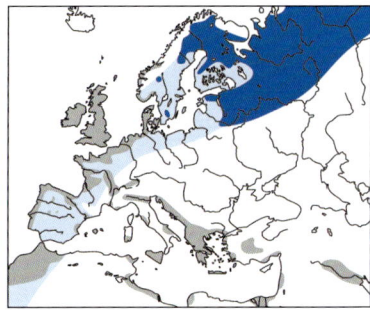

Wanderungen: Kurz- und Langstreckenzieher. Winterquartiere in West- und Nordwest-Europa, Mittelmeergebiet, Vorderasien, nördliches Afrika.

Lebensraum: Brutvogel in großen Mooren oder nassen Wiesen, Rastplätze auf Deckung bietenden bewachsenen Feuchtflächen. Im Winter oft auf sehr kleine Flächen konzentriert, z. B. Quellsümpfe, Wiesengräben, vernässte Stellen auf Viehweiden.

Nahrung: Kleintiere und Sämereien von der Bodenoberfläche oder aus den oberen Bodenschichten.

Brutbiologie: Legt meist 4 Eier in gut verstecktem Bodennest auf feuchten bis nassen Boden • Brutdauer mindestens 24 Tage • 1 Jahresbrut, 2 werden gelegentlich vermutet.

Alter: Ältester Ringvogel 10 Jahre. Generationslänge < 3,3 Jahre.

Schutz: Art in Europa mit ungünstigem Erhaltungsstatus (SPEC 3). Gefährdung durch Entwässerungen und Intensivierung der Landnutzung sowie durch massive Jagd.

Besonderes: Hält sich auch bei Annäherung erstaunlich lange in die Vegetation gedrückt, fliegt meist erst wenige Dezimeter vor dem Störer auf.

Doppelschnepfe (→ 246)

Gallinago media Latham 1787

Taxonomie: Familie Schnepfenverwandte – Scolopacidae. Keine Unterarten.

Größe, Gewicht: Körperlänge 27–29 cm, Flügelspannweite 47–50 cm, Flügellänge 13,9–15,1 cm; 150–225 g.

Erkennungshinweise: Geschlechter gleich. Sehr ähnlich Bekassine, jedoch kurzschnäbliger und untersetzter. Deutliche weiße Flügelbinden und komplett gebänderter Bauch. Im Flug schmaler weißer Flügelhinterrand und Flügelunterseite ohne helle Bänder.

Stimme: Beim Abflug meist stumm, gelegentlich gedämpfte Rufe. Chorgesang an Balzplätzen mit hoch zwitschernden Lauten, gefolgt von lauteren „klick" oder „knek"-Elementen, die sich beschleunigen („Knebbern"), absinken und wieder ansteigen; anschließend gedämpftes Trommeln und langgezogenes „wiiie".

Brutareal: Im nördlichen Skandinavien und vom Baltikum und Ost-Fennoskandien bis Mittelsibirien. Nächste Brutplätze von Deutschland in Zentral- und Ostpolen.

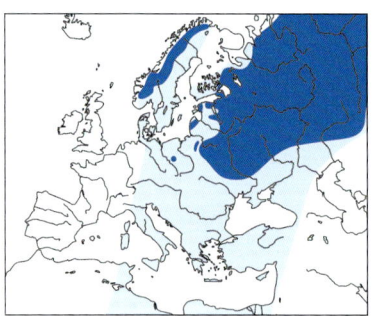

Vorkommen in Mitteleuropa: Seltener Brutvogel in Ostpolen, ehemaliger Brutvogel Deutschlands. Sehr seltener, aber wohl regelmäßiger Durchzügler im Osten, sonst sehr unregelmäßig oder Ausnahmegast.

Wanderungen: Langstreckenzieher, Winterquartier südlich der Sahara bis Südafrika.

Lebensraum: Brutvogel in feuchten bis nassen nordischen Mooren und Feuchtwiesen, auch über der Baumgrenze in der Fjällregion. Durchzügler einzeln in Sümpfen und Feuchtwiesen wie Bekassinen.

Nahrung: Regenwürmer und andere im Boden lebende Wirbellose, auch Samen von Röhrichtpflanzen.

Alter: Generationslänge < 3,3 Jahre.

Gefährdung: Nach der EU-Vogelschutzrichtlinie besonders zu schützende Art (Anhang I), auf Europa konzentriert und mit ungünstigem Erhaltungsstatus (SPEC 2); Ursachen sind Lebensraumverlust durch Trockenlegung und Zerstörung von Feuchtlebensräumen, Flussbegradigungen und Intensivierung der Landwirtschaft, auch Bejagung in Osteuropa und auf dem Zug.

Besonderes: Abendliche Gruppenbalz auf kleinen Arenen, auf denen einzelne Männchen sehr kleine Territorien verteidigen.

Bekassine (→ 247)

Gallinago [gallinago] gallinago (Linnaeus 1758)

Taxonomie: Familie Schnepfenverwandte – Scolopacidae. Bildet mit Taxa in Nord- und Südamerika, Afrika und Madagaskar eine Superspezies. Zwei Unterarten, *G. g. faeroensis* nur auf nordatlantischen Inseln, sonst Nominatform.

Größe, Gewicht: Körperlänge 25–27 cm, Flügelspannweite 44–47 cm, Flügellänge 12,8–14,5 cm; 80–140 g.

Erkennungshinweise: Geschlechter gleich. Sehr ähnlich Doppelschnepfe, jedoch langschnäbeliger und schlanker. Schmale weiße Flügelbinden und komplett weißer Bauch. Im Flug breiter weißer Flügelhinterrand und Flügelunterseite mit hellen Bändern.

Stimme: Gedämpft und nasal „ätch" beim Abflug. Zur Brutzeit Gesang im Stakkato „tük-ke", oft gereiht, und im Flug „Meckern" in wellenförmiger Flugbahn.

Brutareal: Eurasien von Island bis Kamtschatka.

Vorkommen in Mitteleuropa: Reglmäßiger Brutvogel vor allem im Norden, im Süden und Westen sehr lückig verbreitet. Sommervogel, Durchzügler, vereinzelt auch im Winter in milden Gebieten.

Wanderungen: Überwiegend Kurzstreckenzieher, aber auch Funde im tropischen Afrika.

Lebensraum: Brutvogel auf nassen bis feuchten Flächen wie Hoch- und Flachmoore, Feuchtwiesen, Verlandungszonen, kleine sumpfige Stellen im Kulturland. Auf dem Durchzug vor allem auf Schlammbänken und im Seichtwasser, an Wasserlöchern oder Wiesengräben.

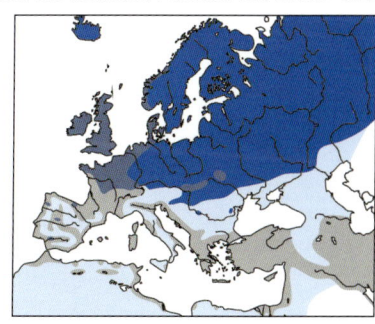

Nahrung: Kleintiere der oberen Bodenschichten und von der Bodenoberfläche wie Schnecken, Regenwürmer, schlammbewohnende Insektenlarven usw.; auch Samen und Trockenfrüchte von Seggen, Binsen, Kräutern.

Brutbiologie: Geschlechtsreife wohl meist im 1. Lebensjahr • Nest auf feuchtem Untergrund in der Vegetation gut versteckt, mit altem Pflanzenmaterial ausgekleidet • 4 Eier • Legebeginn Ende März/Anfang April bis Mai • Brutdauer 18–20 Tage • ♀ brütet, bleibt in Nestnähe • ♂ und ♀ führen • Junge verlassen am 1. Tag das Nest, werden zunächst noch gefüttert, voll flügge mit 4–5 Wochen • 1 Jahresbrut; Ersatzgelege.

Alter: Ältester Ringvogel über 18 Jahre. Generationslänge < 3,3 Jahre.

Gefährdung: Art in Europa mit ungünstigem Erhaltungsstatus (SPEC 3); Gefährdet durch Entwässerungen, Zerstörung von Feuchtgebieten aller Art, Intensivierung der Landwirtschaft und massive direkte Verfolgung (jährlich werden allein in Europa ca. 1,5 Mio. Ind. auf dem Durchzug geschossen).

Besonderes: Beim steilen Abkippen im Balzflug erzeugen Bekassinen durch Vibration der abgespreizten äußeren Steuerfedern einen meckernden Instrumentallaut.

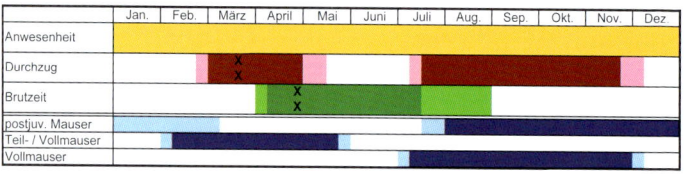

	Jan.	Feb.	März	April	Mai	Juni	Juli	Aug.	Sep.	Okt.	Nov.	Dez
Anwesenheit												
Durchzug			x x									
Brutzeit				x x								
postjuv. Mauser												
Teil- / Vollmauser												
Vollmauser												

Wilsonwassertreter (→ 248)

Phalaropus tricolor (Vieillot 1819)

Taxonomie: Familie Schnepfenverwandte – Scolopacidae. Auch *Steganopus tricolor*. Keine Unterarten.

Größe, Gewicht: Körperlänge 22–24 cm, Flügelspannweite 39–43 cm,

Flügellänge ♂ 12–12,9 cm, ♀ 12,8–14,3 cm; ♂ 30–110 g, ♀ 52–128 g.

Erkennungshinweise: Im Prachtkleid Weibchen durch das auffallende Hals- und Kopfmuster unverwechselbar. Männchen wesentlich schlichter gefärbt als Weibchen. Schnabel fein wie bei Odinshühnchen, aber länger sowie hochbeinigere Gestalt.

♂ / ♀

Stimme: Bei der Werbung ruft das Weibchen froschähnlich „gwuk wuk wuk". Flugruf kurz und nasal „witt".
Brutareal: Mittlere Breiten Nordamerikas.
Vorkommen in Mitteleuropa: Sehr seltener Gastvogel.
Wanderungen: Langstreckenzieher mit Hauptwinterquartier in Südamerika.
Lebensraum: Brutvogel der Prärie und Taiga an flachen Seen und Sümpfen; als Durchzügler bevorzugt in Küstennähe auf Gezeitentümpeln, Brackwasserlagunen und Binnengewässern (Seen, Sümpfe).
Nahrung: Kleintiere des Flachwasserbereichs, besonders Insekten und deren Larven, auch Samen von Ufer- und Wasserpflanzen.
Gefährdung: Nicht gefährdet.
Besonderes: Wie bei den Wassertretern üblich, ist auch hier das Weibchen bei der Balz der aktivere Teil. Das Brutgeschäft wird vom Männchen übernommen.

Odinshühnchen (→249)

Phalaropus lobatus **(Linnaeus 1758)**

Taxonomie: Familie Schnepfenverwandte – Scolopacidae. Keine Unterarten.
Größe, Gewicht: Körperlänge 18–19 cm, Flügelspannweite 31–41 cm, Flügellänge ♂ 10,4–11,4 cm, ♀ 10,9–11,7 cm; ♂ 20–40 g, ♀ 28–48 g.
Erkennungshinweise: Geschlechter ähnlich. Im Prachtkleid unverwechselbar. Schlicht- und Jugendkleid sehr ähnlich Thorshühnchen, jedoch durch den langen feinen

♂ fast PK

Schnabel gut zu bestimmen. Im Schlichtkleid Oberseite weiß gestreift, beim Thorshühnchen einfarbig grau.
Stimme: Weich „bitt", bei Erregung „tschrrri". Gesang „türri-türri..." oder ähnlich.
Brutareal: Zirkumpolar in der Arktis und Subarktis Eurasiens und Nordamerikas, südlichste Brutplätze in Europa Irland und Schottland.
Vorkommen in Mitteleuropa: Regelmäßiger Durchzügler in kleiner Zahl, im Binnenland meist unregelmäßig und selten, nach Osten hinzuneh-

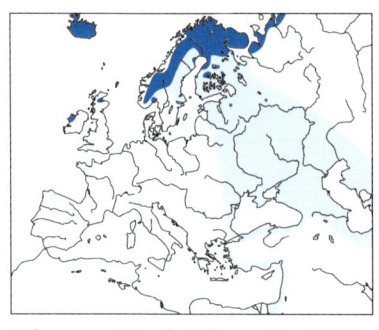

mend und im Herbst häufiger als im Frühjahr.

Wanderungen: Langstreckenzieher, Winterquartier tropische Meere wie Pazifik und Indischer Ozean, nur z. T. bekannt.

Lebensraum: Brutvogel an kleinen Tümpeln und größeren Seen mit Moorufern. Nahrungsgründe Süß-, Brack- und Salzwasser, Durchzügler an Flachküsten oder auf flachen Binnenseen, im Winter auf offenem Meer mit viel Plankton an der Oberfläche.

Nahrung: Kleintiere im Wasser wie Insektenlarven und kleine Krebstiere.

Alter: Ältester Ringvogel mind. 5 Jahre. Generationslänge < 3,3 Jahre.

Gefährdung: Nach der EU-Vogelschutzrichtlinie besonders geschützte Art (Anhang I). In Randpopulationen Nordeuropas abnehmend, vielleicht klimatisch bedingt.

Besonderes: Vertauschte Geschlechterrollen. Die kräftig gefärbten Weibchen werben im Trupp um die Männchen, die sich nach der Eiablage alleine um die Brut und Jungenaufzucht kümmern müssen.

Thorshühnchen (→ 250)

Phalaropus fulicarius **(Linnaeus 1758)**

Taxonomie: Familie Schnepfenverwandte – Scolopacidae. Keine Unterarten.

Größe, Gewicht: Körperlänge 20–22 cm, Flügelspannweite 37–44 cm, Flügellänge ♂ 12,4–13,5 cm, ♀ 13–14,3 cm; ♂ 37–60 g, ♀ 50–77 g.

Erkennungshinweise: Sehr ähnlich Odinshühnchen und im Prachtkleid unverwechselbar. Schlicht- und Jugendkleid sehr ähnlich Odinshühnchen, jedoch durch den kürzeren, dickeren Schnabel gut zu bestimmen. Im Schlichtkleid Oberseite grau und ungestreift.

K1

Stimme: Heller, harter und metallischer Flugruf, der an Blässhuhn erinnern kann. Weibchen singt im kreisenden Balzflug ähnlich Sumpfläufer hell surrend „brrrip".

Brutareal: Zirkumpolar in der Arktis Eurasiens und Nordamerikas.

Vorkommen in Mitteleuropa:
Regelmäßiger Durchzügler an den Küsten, zumeist Einzelvögel. Im Binnenland sehr unregelmäßig und selten.

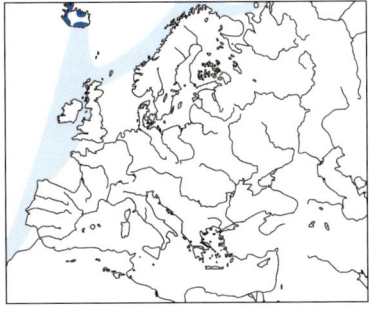

Wanderungen: Langstreckenzieher. Wichtigste Winterquartiere auf Meeren der Südhalbkugel.

Lebensraum: Brutvogel der arktischen Tundra in Küstennähe oder nahe größerer Wasserflächen. Als Wintergast auf offener See, seltener als Odinshühnchen auf Binnengewässern.

Nahrung: Am Brutplatz Kleintiere des Seichtwassers und Landformen wie kleine Insekten, kleine Krebs- und Weichtiere, Ringelwürmer. Auf dem Meer auch kleine Fischchen und Nesseltiere. Bei Nahrungsmangel auch pflanzliches.

Alter: Generationslänge < 3,3 Jahre.

Gefährdung: Keine Gefährdung bekannt.

Besonderes: Geschlechterrollen vertauscht. In Gruppen werben die bunter gefärbten Weibchen um Männchen, die sich später allein um Brut und Aufzucht kümmern müssen.

Dunkler Wasserläufer (→ 251)

Tringa erythropus (Pallas 1764)

Taxonomie: Familie Schnepfenverwandte – Scolopacidae. Keine Unterarten.

Größe, Gewicht: Körperlänge 29–32 cm, Flügelspannweite 61–67 cm, Flügellänge ♂ 16,2–17,2 cm, ♀ 16,6–17,4 cm; ♂ 120–210 g.

Erkennungshinweise: Mittelgroße, schlanke, langbeinige und langschnäbelige Limikole. Männchen im Prachtkleid fast schwarz, Weibchen auf Unterseite weiß gefleckt. Weißer, ovaler Rückenfleck. Beine im Schlicht- und Jugendkleid rötlich (engl. Name).

Stimme: Ruf scharf „tuitt". Gesang melodisch rollende Elemente wie „trrr-rü-ie...".

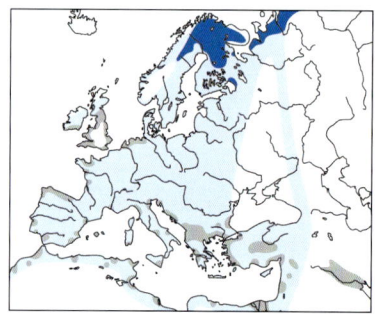

ÜK / SK

Brutareal: Arktis und nördliche Nadelwaldzone von Nordnorwegen bis Ostsibirien.

Vorkommen in Mitteleuropa: Regelmäßiger, meist spärlicher Durchzügler zu beiden Zugzeiten an der Küste und im Binnenland, im Herbst meist häufiger. Gelegentlich Überwinterungsversuche.

Wanderungen: Langstreckenzieher, Hauptwinterquartier Afrika von Sahelzone bis Ostafrika, auch Südküste Mittelmeer und Vorderasien.

Lebensraum: Brutvogel auf trockenem bis moorigem Boden in offenen oder mit weit auseinander stehenden einzelnen Bäumen bestandenen Flächen in Tundra und Taiga. Durchzügler und Wintergäste auf Schlamm- und Schlickflächen landnah im Wattenmeer, in Meeresbuchten; im Flachwasser oder auf überschwemmten Wiesen im Binnenland.

Nahrung: Wasserlebende Insekten und deren Larven, im Wattenmeer Ringelwürmer, kleine Krebsstiere, Mollusken.

Alter: Ältester Ringvogel 6 Jahre, 2 Monate. Generationslänge < 3,3 Jahre.

Gefährdung: Art in Europa mit ungünstigem Erhaltungsstatus (SPEC 3). In Mitteleuropa Verlust geeigneter Rasthabitate.

Rotschenkel (→ 252)

Tringa totanus (Linnaeus 1758)

Taxonomie: Familie Schnepfenverwandte – Scolopacidae. Sechs Unterarten, *T. t. totanus* von Westeuropa bis zum Ural, *T. t. robusta* auf Island und Färöer.

Größe, Gewicht: Körperlänge 27–29 cm, Flügelspannweite 59–66 cm, Flügellänge ♂ 14,9–16,8 cm, ♀ 15,1–17,2 cm; ♂ 85–130 g, ♀ 100–155 g.

Erkennungshinweise: Geschlechter gleich. Mittelgroße Limikole mit auffallenden roten Beinen. Im Flug durch weißen Keil auf dem Rücken und breiten, weißen Flügelhinterrand unverwechselbar.

Stimme: Vor allem beim Auf-liegen langgezogen „djüh", im Flug auch kürzer, weicher und etwas höher als Grün-schenkel. Warnruf kurz und hart „chip". Gesang „dahid-ldahidl…" (Jodeln).

Brutareal: Lückig in West- und Mitteleuropa, dann nach Osten mehr oder minder ge-schlossen bis Baikalsee und davon getrennt in Nordchi-na sowie in Nordindien und Tibet.

Vorkommen in Mitteleuropa: Häufiger Brutvogel im Nord-westen und an der Küste so-wie in ihrem Hinterland, sonst im Binnenland nur lokaler und seltener Brutvogel in kleinen Restvorkom-men. Überwintert im Nordseeraum, sonst Sommervogel. Regelmäßiger Durchzügler und Gast in kleiner Zahl im Binnenland, häufig im Watt.

Wanderungen: Langstrecken- bis Teilzieher, Winterquartiere vom atlan-tischen Europa bis Mittelmeergebiet und Afrika bis südlich der Sahara, Vorder- und Südasien.

Lebensraum: Brutvogel auf offenen Flächen mit dichter, aber nicht zu hoher Vegetation, an der Küste in Salzmarschen, auf Weiden, im Binnen-land auf Feuchtwiesen, in Mooren, in Verlandungszonen oder auf Fluss-kiesbänken. Nahrungssuche im Watt, an Schlammufern und im Seichtwasser.

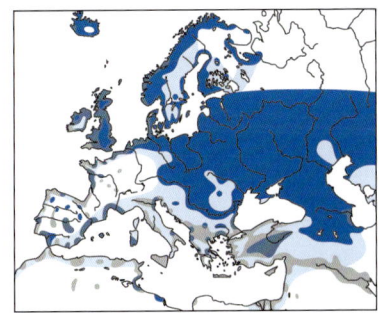

Nahrung: Kleintiere.

Brutbiologie: Geschlechtsrei-fe im 1. Lebensjahr, erste Brut oft erst im 2. • Nest Mulde am Boden, in Vegetation gut ver-steckt, oft mit „Haube" • 4 Eier • Legebeginn Mitte April bis Mai • Brutdauer 22–29 Tage • ♂ und ♀ brüten • ♂ und ♀ füh-ren • Junge Nestflüchter, erste Flugversuche mit 23–35 Tagen, voll flügge mit 35 Tagen • 1 Jahresbrut; Ersatzgelege.

Alter: Ältester Ringvogel 19 Jahre 6 Monate. Generationslänge < 3,3 Jahre.

Gefährdung: Art auf Europa konzentriert und mit ungünstigem Erhaltungsstatus (SPEC 2); Gefährdung durch intensive Landnutzung und Entwässerung von Feuchtgrünland und zunehmender Nestprädation.
Besonderes: Scheinnisten der Männchen mit bis zu 20 Muldenanfängen beobachtet.

	Jan.	Feb.	März	April	Mai	Juni	Juli	Aug.	Sep.	Okt.	Nov.	Dez.
Anwesenheit												
Durchzug			x x			x x						
Brutzeit				x x								
postjuv. Mauser												
Teil- / Vollmauser												
Vollmauser												

Teichwasserläufer (→ 253)
Tringa stagnatilis (Bechstein 1803)

ÜK

Taxonomie: Familie Schnepfenverwandte – Scolopacidae. Keine Unterarten.
Größe, Gewicht: Körperlänge 22–26 cm, Flügelspannweite 55–59 cm, Flügellänge ♂ 13,6–14,3 cm, ♀ 13,8–14,8 cm; 43–80 g (–120 g zur Zugzeit).
Erkennungshinweise: Geschlechter gleich. Wirkt wie ein kleiner Grünschenkel. Schlanke Limikole, durch langen, nadelfeinen Schnabel, sehr langen Beinen und schlanker Gestalt gut zu bestimmen.

Stimme: Rufe weicher und höher als Grünschenkel. Balzgesang ähnlich Rotschenkel melodisch und rhythmisch, aber scheppernder.
Brutareal: Brutvogel in Osteuropa bis Zentralsibirien sowie lokal bis Ostasien.
Vorkommen in Mitteleuropa: Sehr seltener Brutvogel in Nordostpolen. Seltener Durchzügler und Gastvogel, nach Osten hin zunehmend; regional fast alljährlich.
Wanderungen: Überwiegend Langstreckenzieher. Winterquartiere Südliches Mittelmeer, vor allem aber Afrika südlich der Sahara bis Kapland, Südwest-Arabien. Süd- und Südostasien, Australien.
Lebensraum: Brutvogel offener Steppengebiete mit flachen Wasserstellen. Auf dem Zug an seichten Binnengewässern. An Küsten seltener, dort an Seichtwasserstellen.

Nahrung: Kleine Krebs- und Weichtiere, Wasserinsekten, gelegentlich Landinsekten
Alter: Ältester Ringvogel 7 Jahre, 1 Monat. Generationslänge < 3,3 Jahre.
Gefährdung: Nicht gefährdet, ehemalige Vorkommen in Ostmitteleuropa durch Verfolgung erloschen.
Besonderes: Nahrungssuche

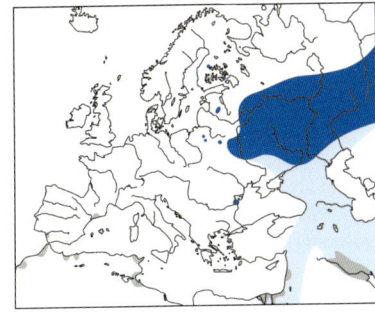

im Gegensatz zu anderen Wasserläufern (außer Dunklem Wasserläufer) bevorzugt im seichten Wasser.

Grünschenkel (→254)

Tringa nebularia (Gunnerus 1767)

Taxonomie: Familie Schnepfenverwandte – Scolopacidae. Keine Unterarten.
Größe, Gewicht: Körperlänge 30–35 cm, Flügelspannweite 68–70 cm, Flügellänge 18,5–20 cm; 130–270 g.
Erkennungshinweise: Geschlechter gleich. Erinnert etwas an Teichwasserläufer, ist jedoch größer und massiver gebaut. Der lange Schnabel ist kräftig und leicht nach oben gebogen.
Stimme: Ruf ähnlich, aber lauter und härter angeschlagen als Rotschenkel, im Fliegen meist 3- bis 5-silbig „kjück kjück kjück", bei überraschtem Abflug auch mit rauen Vorlauten wie „krii krii tjü tjü…", Warnruf im Brutgebiet „Tjip", Gesang sanft flötende Reihen „tjui tjui…".
Brutareal: In der nördlichen Waldzone von Schottland und Skandinavien bis Ostsibirien.
Vorkommen in Mitteleuropa: An der Küste und im Binnen-

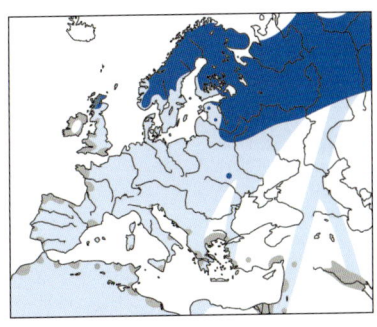

land regelmäßiger, im Binnenland spärlicher Durchzügler. Bisher nur zwei sichere Bruten: 1997 ein Gelegefund in Bayern und 1916 in Polen.

Wanderungen: Langstreckenzieher, Hauptwinterquartier Westeuropa, Mittelmeergebiet, ferner Ostafrika und Südasien.

Lebensraum: Brutvogel in feuchten bis trockenen Gras-, Heide-, Moor- und Tundrengebieten, z. T. mit lichten Baumbeständen oder Einzelbäumen. Durchzügler auf Wattenflächen an der Küste und an Ufern von Binnengewässern, auch an Kiesbänken und auf Schlammflächen.

Nahrung: Krebstiere, Ringelwürmer, Insektenlarven in Schlamm und Flachwasser, auch kleine Fischchen und Kaulquappen.

Brutbiologie: Erste Brut meist im 2. Lebensjahr • Nest flache Bodenmulde, mit Material aus der Umgebung ausgelegt • 4 Eier • Legebeginn Anfang Mai bis Anfang Juni • Brutdauer 23–26 Tage • ♂ und ♀ brüten • ♂ und ♀ führen, später oft Teilung der Familie • Junge sind Nestflüchter, mit 25–31 Tagen flügge • 1 Jahresbrut; Ersatzgelege.

Alter: Ältester Ringvogel 24 Jahre, 5 Monate. Generationslänge 5 Jahre.

Gefährdung: Nicht gefährdet.

Großer Gelbschenkel (→ 255)

Tringa melanoleuca (J. F. Gmelin 1789)

Taxonomie: Familie Schnepfenverwandte – Scolopacidae. Keine Unterarten.

Größe, Gewicht: Körperlänge 29–33 cm, Flügelspannweite 70–74 cm, Flügellänge 18,8–21,0 cm; 111–235 g.

Erkennungshinweise: Geschlechter gleich. Sehr ähnlich Kleinem Gelbschenkel, jedoch Schnabel länger, aufgeworfen und wesentlich kräftiger. Im Prachtkleid durch die Querbänderung an den Flanken vom ähnlichen Grünschenkel zu unterscheiden. Im Flug ein weißes Rechteck auf dem Oberschwanz.

Stimme: Der flötende dreisilbige Flugruf „kju-kkj-kju" ist dem des Grünschenkels sehr ähnlich, fällt jedoch am Ende ab.

Brutareal: Die Taigazone von Südalaska und British Columbia bis nach Labrador, Neufundland und Neuschottland bildet das Brutareal.

K1

Vorkommen in Mitteleuropa: Ausnahmegast, noch nicht in Deutschland nachgewiesen.
Wanderungen: Zugvogel, der hauptsächlich in Mittel- und Südamerika überwintert.
Lebensraum: Er brütet in Wäldern und Gehölzen, in der Nähe kleiner Seen und Teiche und in Sümpfen der Taiga.
Nahrung: Kleine Fische und Krebstiere, Würmer, Insekten und deren Entwicklungsstadien.
Brutbiologie: Wenig bekannt • Nest am Boden in Wassernähe • 4 Eier • Brutdauer ca. 23 Tage.
Gefährdung: Nicht weltweit gefährdet.

Kleiner Gelbschenkel (→ 256)
Tringa flavipes (J. F. Gmelin 1789)

Taxonomie: Familie Schnepfenverwandte – Scolopacidae. Keine Unterarten.
Größe, Gewicht: Körperlänge 23–25 cm, Flügelspannweite 59–64 cm, Flügellänge ♂ 15,5–16,2 cm, ♀ 16–17 cm; 48–114 g.
Erkennungshinweise: Geschlechter gleich und vom sehr ähnlichen Großen Gelbschenkel schwer zu unterscheiden. Gestalt ähnlich Rotschenkel jedoch Schnabel zierlicher und ähnlich Teichwasserläufer. Im Prachtkleid deutliche Querbänderung an den Flanken und im Jugendkleid undeutlich gestrichelte Brust.
Stimme: Rufe ähnlich Grünschenkel, aber kürzer, schwächer und härter, etwa „kju-kju", selten mehr als zweimal hintereinander.
Brutareal: Taiga und Waldtundra Nordamerikas.
Vorkommen in Mitteleuropa: Ausnahmegast.
Wanderungen: Zugvogel, Hauptwinterquartier Mittelamerika, Südamerika.
Lebensraum: Brutvogel in Waldsümpfen; außerhalb der Brutzeit Seeufer, Staubecken, Schlick in Feuchtgebieten, überschwemmte Wiesen.
Nahrung: Gliederfüßer und deren Larven, Mollusken, kleine Fischchen.
Gefährdung: Nicht akut gefährdet, aber Bestandsrückgänge.

Waldwasserläufer (→257)

Tringa ochropus Linnaeus 1758

Taxonomie: Familie Schnepfenverwandte – Scolopacidae. Keine Unterarten.

Größe, Gewicht: Körperlänge 21–24 cm, Flügelspannweite 57–61 cm, Flügellänge ♂ 14–14,9 cm, ♀ 14,2–15,1 cm; 60–90 g, auf dem Zug bis 119 g.

Erkennungshinweise: Geschlechter gleich. Typischer Wasserläufer mit langen Beinen, weißer Unterseite und dunkler Oberseite. Im Prachtkleid oberseits kleine weiße Sprenkel.

Stimme: Flugruf ein klares, pfeifendes „plüit-witt-witt. Gesang im Singflug wie „gagjörluid gägjörluid…".

Brutareal: Boreale Nadelwaldzone Eurasiens von Westskandinavien bis Ostsibirien.

Vorkommen in Mitteleuropa: Regelmäßiger Brut- und Sommervogel im Nordosten. Durchzügler und Rastvogel im Binnenland, seltener an der Küste. Lokal regelmäßige Überwinterungen weniger Vögel.

Wanderungen: Kurz- bis Langstreckenzieher mit Winterquartieren im atlantischen Westeuropa, Mittelmeergebiet, Vorderasien, tropischen Afrika, Arabien, Südasien, seltener in Mitteleuropa.

Lebensraum: Brutvogel in baumbestandenen Mooren, feuchten Bruch- und Auwäldern und baumbestandenen Ufern. Außerhalb der Brutzeit an unterschiedlichsten Gewässern.

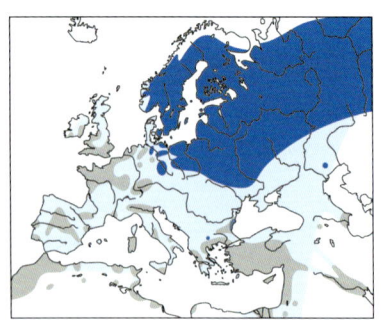

Nahrung: Insekten und im Wasser vor allem kleine Krebstiere, auch kleine Fischchen.

Brutbiologie: Geschlechtsreife meist erst ab 2. Kalenderjahr • Nest in vorjährigen Drosselnestern, aber auch in Nestern von Eichelhäher, Ringeltauben, Krähen und Eichhörnchen, kein Eintrag von Nistmaterial • 4 Eier • Legebeginn Mitte/

Ende April • Brutdauer 22–24 Tage • ♂ und ♀ brüten, • ♂ und ♀ führen, manchmal verlassen ♀ Gelege auch vor Schlupf oder vor Flüggewerden und ♂ übernimmt Brutpflege alleine • Junge können Nest bereits nach 1 Tag verlassen i. d. R. jedoch am Folgetag, Führungszeit etwa 26–28 Tage • 1 Jahresbrut.

Alter: Ältester Ringvogel 11 Jahre, 6 Monate. Generationslänge < 3,3 Jahre.

Gefährdung: Gefährdet durch Entwässerungen und Intensivierung der Waldwirtschaft.

Besonderes: Nistplatz ist nicht, wie bei Limikolen üblich am Boden, sondern in alten Nestern (meist Drosselnester) in Bäumen.

	Jan.	Feb.	März	April	Mai	Juni	Juli	Aug.	Sep.	Okt.	Nov.	Dez.
Anwesenheit												
Durchzug					x							
Brutzeit					x							
postjuv. Mauser												
Teil- / Vollmauser												
Vollmauser												

Bruchwasserläufer (→ 258)

Tringa glareola Linnaeus 1758

Taxonomie: Familie Schnepfenverwandte – Scolopacidae. Keine Unterarten.

Größe, Gewicht: Körperlänge 19–23 cm, Flügelspannweite 56–57 cm, Flügellänge ♂ 121–130 mm, ♀ 125–137 mm; 50–80 g.

Erkennungshinweise: Geschlechter gleich. Typischer Wasserläufer mit auffallend langem hellem Überaugenstreif. Beine grünlich und im Prachtkleid oberseits unregelmäßige, grobe, helle Flecke. Schlichtkleid grauer und einfarbiger. Jugendkleid jedoch oberseits klar und dicht gefleckt.

Stimme: Rufe beim Auffliegen mehrsilbig bis gereiht „djip djip djip…" Gesang im Singflug melodisch „dile dile…" oder dreisilbig „tühile tühile…".

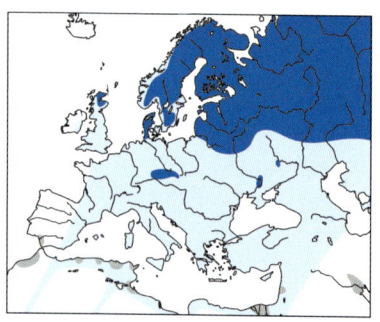

Brutareal: In der gemäßigten bis in die Tundrenzone von Nordwesteuropa bis Ostsibirien.
Vorkommen in Mitteleuropa: Heute wohl nur noch gelegentlicher Brut- und Sommervogel im Norden; regelmäßiger und häufiger Durchzügler zu beiden Zugzeiten an geeigneten Stellen des Binnenlandes.

Wanderungen: Langstreckenzieher, überwintert in Afrika südlich der Sahara, in kleiner Zahl auch schon Südküste Mittelmeer. Breitfrontzug über Mitteleuropa.

Lebensraum: Brutvogel in Hochmooren mit geringem Baumbestand und offenem Wasser. Auf dem Durchzug vor allem an Süßwasser, auf überschwemmten Wiesen und auf Schlammflächen.

Nahrung: Land- und Süßwasserinsekten u. a. wirbellose Kleintiere.

Brutbiologie: Nest gut versteckt am Boden, in Russland mitunter auch Baumnester von Singvögeln (z. B. Drosseln) • 4 Eier • Legebeginn ab Anfang Mai, Juni • Brutdauer 22–23 Tage • ♀ brütet mehr als ♂ • ♂ und ♀ führen, ♂ meist länger • Junge sind Nestflüchter, mit 28–30 Tagen flügge • 1 Jahresbrut.

Alter: Ältester Ringvogel 11 Jahre, 7 Monate. Generationslänge < 3,3 Jahre.

Gefährdung: Nach der EU-Vogelschutzrichtlinie besonders geschützte Art (Anhang I), in Europa mit ungünstigem Erhaltungsstatus (SPEC 3); Gefährdet durch Moorzerstörung (industrieller Torfabbau, Entwässerungen), mittlerweile wohl auch klimatische Gründe für in Mitteleuropa bis heute anhaltende Rückgänge. Zudem Eutrophierung, Störungen durch Freizeitnutzung und Verlust von Rastplätzen auf dem Zug.

Besonderes: Kann dank relativ langer Zehen auch auf flottierenden Algenrasen, Schwimmblättern und schwimmendem Moos laufen.

	Jan.	Feb.	März	April	Mai	Juni	Juli	Aug.	Sep.	Okt.	Nov.	Dez.
Anwesenheit												
Durchzug					X							
Brutzeit					X							
postjuv. Mauser												
Teil- / Vollmauser												
Vollmauser												

Einsiedelwasserläufer (→258A)

Tringa solitaria (Wilson 1813)

Taxonomie: Familie Schnepfenverwandte – Scolopacidae. 2 Unterarten, in Europa *solitaria* zu erwarten.

Größe, Gewicht: Körperlänge 18–21 cm, Flügelspannweite 55–59 cm; 38–69 g.

Erkennungshinweise: Geschlechter gleich. In allen Kleidern ähnlich Waldwasserläufer, aber geringfügig kleiner und mit deutlich größerem Flügelüberstand. Im Flug durch dunklen Bürzel, Oberschwanzdecken und mittlere Steuerfedern leicht vom Waldwasserläufer zu unterscheiden.

Stimme: Auch die Stimme dem Waldwasserläufer ähnlich. Ruft beim Auffliegen aufgeregt „plit" oder gereiht „plit wit wit", jedoch höher als dieser. Alarmruf scharfes „plik".

Brutareal: Alaska und Kanada.

Vorkommen in Mitteleuropa: Einmaliger Ausnahmegast in den Niederlanden.

Wanderungen: Zugvogel, der in Mittel- und Südamerika und in der Karibik überwintert.

Lebensraum: Borealer Wälder, brütet in der Nähe von buschreichen Sümpfen und Stillgewässern.

Nahrung: Kleine Wassertiere und junge Amphibien sowie deren Entwicklungsstadien.

Brutbiologie: Benutzt oft alte Singvogelnester, oft in Nadelbäumen • 4 Eier • Brutdauer unbekannt.

Gefährdung: Nicht weltweit gefährdet.

Grauschwanz-Wasserläufer (→258B)

Heteroscelus [incanus] brevipes (Vieillot 1816)

Taxonomie: Familie Schnepfenverwandte – Scolopacidae. Bildet Superspezies mit Wanderwasserläufer *H. incanus*. Keine Unterarten.

Größe, Gewicht: Körperlänge 23–27 cm, Flügelspannweite ca. 51 cm; 80–162 g.

Erkennungshinweise: Geschlechter gleich. Aufgrund der kurzen gelblichen Beine und der ungemusterten, hellgrauen Oberseite eigentlich

unverwechselbar. Im Prachtkleid schmale Bänderung an Flanken und Brust und dunkelgraue Halsstrichel. Jungvögel mit hellen Federsäumen, adulte im Schlichtkleid mit grauen Flanken und Brustband, sowie auffallendem, weißlichem Überaugenstreif.

Stimme: Scharfer Doppelpfiff „too-weet" oder sanfter Triller. Ein im Flug vorgetragenes klagendes, ansteigendes „piüiie – piüiie" erinnert etwas an Regenpfeifer.

Brutareal: Lückiges Verbreitungsgebiet in Sibirien, besiedelt wird der nördliche Jenissej, das Gebiet zwischen Lena und dem Westen der Tschuktschen-Halbinsel sowie Kamtschatka.

Vorkommen in Mitteleuropa: Ausnahmegast, ein Nachweis in den Niederlanden.

Wanderungen: Zugvogel, Überwinterung in Australien, Neuseeland und Malaysia.

Lebensraum: Steinige Ufer von Fließgewässern werden als Brutplätze genutzt. Auf dem Zug und im Überwinterungsgebiet auf sandigen und kiesigen Stränden sowie Korallenbänken, selten im Watt.

Nahrung: Wirbellose, die vor allem von der Wasseroberfläche aufgepickt werden.

Brutbiologie: Nest eine flache Mulde, oft an steinigem Flussufer, manchmal in verlassenen Nestern im Bäumen • 4 Eier • beide Eltern führen die Jungvögel.

Gefährdung: Nicht weltweit gefährdet.

Besonderes: Mischt sich im Überwinterungsgebiet nicht unter andere Limikolen und ist eher ein Einzelgänger.

Terekwasserläufer (→ 259)

Xenus cinereus (Güldenstädt 1774)

Taxonomie: Familie Schnepfenverwandte – Scolopacidae. Keine Unterarten.

Größe, Gewicht: Körperlänge 22–25 cm, Flügelspannweite 57–59 cm, Flügellänge ♂ 12,8–13,5 cm, ♀ 13,3–14 cm; ♂ 50–80 g, ♀ 60–100 g.

Erkennungshinweise: Geschlechter gleich. In der Gestalt etwas an Flussuferläufer erinnernd, jedoch mit langem, aufwärts gebogenem Schnabel und sehr kurzen Beinen. Diese im Prachtkleid orangegelb. Schwarze Längsstreifen im Prachtkleid auffälliger als im Jugendkleid.

ad.

Stimme: Flugruf eine Reihe von 2–5 kurzen hohen Flötentönen entfernt an Regenbrachvogel erinnernd. Balzgesang eine meist dreisilbige Phrase mit rollendem Ton recht ähnlich dem Gesang des Triels.

Brutareal: Boreale Zone vom Ostbaltikum bis Ostsibirien.

Vorkommen in Mitteleuropa: Seltener Gastvogel. Jetzt alljährlich nachgewiesen, besonders an den Küsten, unregelmäßig im Binnenland.

Wanderungen: Langstreckenzieher. Winterquartiere Küsten des tropischen Afrika, südliche Küsten Asiens und Australien.

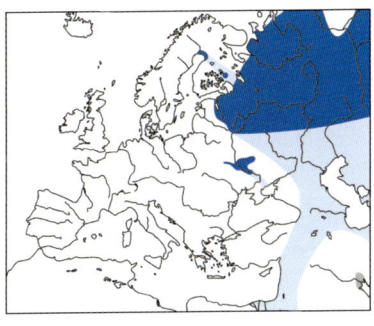

Lebensraum: Brutvogel der borealen Zone in feuchtem Grasland mit dichtem Weidengebüsch, Flussauen und Schwemmlandböden von Stauseen. Im Winter an Flachküsten oder Lagunen auf Schlick oder Mangrovenküsten.

Nahrung: Insekten wie Zuckmücken, aber auch Sämereien. Im Winterquartier neben Insekten vor allem kleine Krebstiere.

Alter: Ältester Ringvogel 13 Jahre, 11 Monate. Generationslänge < 3,3 Jahre.

Gefährdung: Nach der EU-Vogelschutzrichtlinie besonders geschützte Art (Anhang I). Nicht akut gefährdet.

Flussuferläufer (→ 260)

Actitis hypoleucos (Linnaeus 1758)

ad.

Taxonomie: Familie Schnepfenverwandte – Scolopacidae. Oft auch in Gattung *Tringa* gestellt. Keine Unterarten.

Größe, Gewicht: Körperlänge 19–21 cm, Flügelspannweite 38–41 cm, Flügellänge 10,7–11,6 cm, 40–84 g.

Erkennungshinweise: Geschlechter gleich. Im Brutkleid vom amerikanischen Drosseluferläufer durch die ungefleckt weiße Unterseite leicht zu unterscheiden. Im Schlichtkleid vor allem im Flug durch kräftigen, bis zum Körper reichenden weißen Flügelstreifen vom Drosseluferläufer zu unterscheiden. Wippt ständig mit dem Hinterende.

Stimme: Rufe im Abflug und im Sitzen hohe „hididiii" (1. Silbe betont), mitunter auch in längeren Reihen. Gesang im Flug oder im Sitzen „titihi-hihihititi-hihihihi", oft deutlich rhythmisch gegliedert.

Brutareal: Von Süd- und Westeuropa über ganz Eurasien bis Japan.

Vorkommen in Mitteleuropa: Sehr lückig verbreiteter, spärlicher bis seltener Brut- und Sommervogel, regelmäßiger Durchzügler meist in kleiner Zahl, selten auch im Winter.

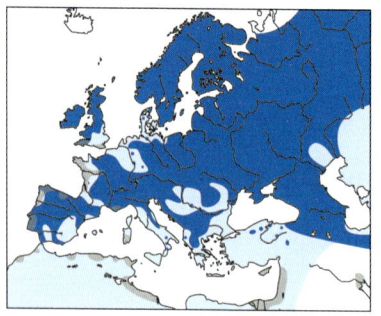

Wanderungen: Mittel- und Langstreckenzieher; Winterquartier von milden Mittelbreiten (z. B. Westeuropa) bis in die Subtropen der Südhalbkugel. Hauptwinterquartier Afrika südlich der Sahara.

Lebensraum: Brutvogel auf locker bewachsenen Flusskiesbänken und in ufernahen Zonen an Flüssen in Treibholzanschwemmungen und auf sandigem oder kiesigem Untergrund, selten in Kies- und Sandgruben an offenem Wasser. Durchzügler an Binnengewässern aller Art, auch vorübergehend an kleinen Tümpeln und Pfützen oder an Kanälen und Staubecken mit Betondämmen, am Meer an Fels- und Kiesküsten oder in Hafenanlagen.

Nahrung: Land- (weniger wasser-) bewohnende Wirbellose am Ufer, vor allem Insekten und deren Larven.

Brutbiologie: Geschlechtsreife wohl im 2. Lebensjahr • Nest im trockenen Untergrund gescharrten Mulden mit Material aus der nächsten Umgebung ausgekleidet, gut versteckt • 4 Eier • Legebeginn Ende April, Mai • Brutdauer 21–22 Tage • ♂ und ♀ brüten • ♂ und ♀ führen • Junge sind Nestflüchter, ab 21 Tage voll flugfähig, bis 28 Tage noch geführt • 1 Jahresbrut; Ersatzgelege.

Alter: Ältester Ringvogel 14 Jahre, 6 Monate. Generationslänge 5 Jahre.

Gefährdung: Art in Europa mit ungünstigem Erhaltungszustand (SPEC 3); Gefährdung durch wasserbauliche Maßnahmen, energiewirtschaftliche Nutzung der Flüsse und Freizeitnutzung der Bruthabitate.

Besonderes: Flussuferläufer brüten fast nie in Kies- und Sandabbaustellen, die für den Flussregenpfeifer Ersatzlebensräume darstellen.

	Jan.	Feb.	März	April	Mai	Juni	Juli	Aug.	Sep.	Okt.	Nov.	Dez.
Anwesenheit												
Durchzug				x x			x x					
Brutzeit				x								
postjuv. Mauser												
Teil- / Vollmauser												
Vollmauser												

Drosseluferläufer (→ 261)

Actitis macularia (Linnaeus 1766)

Taxonomie: Familie Schnepfenverwandte – Scolopacidae. Keine Unterarten.

Größe, Gewicht: Körperlänge 18–20 cm, Flügelspannweite 37–40 cm, Flügellänge ♂ 11–11,2 cm, ♀ 10,6–11,3 cm; 30–64 g.

Erkennungshinweise: Geschlechter gleich. Im Brutkleid vom Flussuferläufer durch Fleckung der Unterseite leicht zu unterscheiden. Beine gelblich. Im Schlichtkleid vor allem im

Flug durch bis zum Körper reichenden weißen Flügelstreifen vom Flussuferläufer zu unterscheiden.

Stimme: Rufe härter als Flussuferläufer, meist harter Endkonsonant wie „pit" oder „pi-wit", Tonhöhe ansteigend.
Brutareal: Nordamerika von Alaska bis Kalifornien.
Vorkommen in Mitteleuropa: Ausnahmegast.
Wanderungen: Zugvogel, Winterquartier von südlichen USA bis Chile.
Lebensraum: Flussufer und Kiesflächen, ähnlich Flussuferläufer.
Nahrung: Landlebende Wirbellose im Uferbereich, weniger im Wasser.
Gefährdung: Nicht gefährdet.
Besonderes: Weibchen legt Eier für bis zu 4 Männchen gleichzeitig; da es das Sperma bis zu einem Monat speichern kann. Dadurch ist es möglich, dass ein Männchen in seiner Brut die Jungen eines anderen Männchens aus einer fremden Paarung führt.

Kampfläufer (→262)

Philomachus pugnax (Linnaeus 1758)

Taxonomie: Familie Schnepfenverwandte – Scolopacidae. Keine Unterarten.
Größe, Gewicht: ♂ Körperlänge 26–32 cm, Flügelspannweite 54–58 cm, Flügellänge 10,8–22 cm; 130–230 g. ♀ Körperlänge 20–25 cm, Flügelspannweite 48–52 cm, Flügellänge 15,4–16,4 cm; 70–150 g.
Erkennungshinweise: Weibchen deutlich kleiner als Männchen. Dieses im Prachtkleid mit auffallender Haube und markantem Halskragen in unterschiedlichsten Farben. Im Schlichtkleid recht einfarbig graubraun. Im Flug deutlich überstehende Beine und auf dem Bürzel zwei nierenförmige weiße Flecken.
Stimme: Wenig zu hören, Rufe kurz „gä".
Brutareal: Von Nordeuropa bis Ostsibirien in der Taiga und Tundra.
Vorkommen in Mitteleuropa: Seltener, stark abnehmender Brut- und Sommervogel im Norden, regelmäßiger und häufiger Durchzügler.
Wanderungen: Langstreckenzieher, Hauptwinterquartier Afrika südlich der Sahara bis Südafrika sowie Südasien.

Lebensraum: Brutvogel in feuchten Niederungswiesen, Mooren, feuchter Tundra, bei uns küstennah und meist außendeichs. Durchzügler auf Schlammflächen, im Frühjahr auch auf nassen Wiesen.
Nahrung: Wasserinsekten, kleine Mollusken u. a. Wirbellose. Im Winterquartier und auf dem Heimzug auch Sämereien, vor allem Reis, Mais, Getreide.

♂ SK

Brutbiologie: Geschlechtsreife ♀ im 1. Lebensjahr, wohl erste Brut im 2., einjährige ♂ mit sehr geringen Kopulationschancen • Nest gut gedeckte Bodenmulde • 4 Eier • Legebeginn Mai/Juni • Brutdauer 20–23 Tage • ♀ brütet • ♀ führt • Nestflüchtende Junge mit 25–28 Tagen flügge, können vorher schon vom ♀ verlassen werden • 1 Jahresbrut; Ersatzgelege.

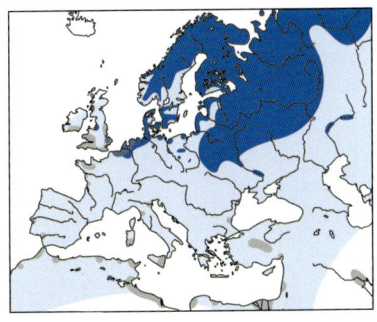

Alter: Ältester Ringvogel 13 Jahre, 11 Monate. Generationslänge < 3,3 Jahre.

Gefährdung: Nach der EU-Vogelschutzrichtlinie besonders geschützte Art (Anhang I), auf Europa konzentriert und mit ungünstigem Erhaltungsstatus (SPEC 2); In Deutschland nur noch Einzelpaare. Gefährdung durch intensivierte Landwirtschaft und Aufgabe extensiver Beweidung (Kampfläufer sind sehr empfindlich bei Lebensraumveränderungen), Freizeitnutzung der Bruthabitate und Jagd (in Teilgebieten).

Besonderes: Eine der wenigen Arten Europas, bei der die Männchen auf kleinen Turnierplätzen gemeinsam balzen. Auf dem Zug Geschlechter oft weitgehend getrennt.

	Jan.	Feb.	März	April	Mai	Juni	Juli	Aug.	Sep.	Okt.	Nov.	Dez.
Anwesenheit												
Durchzug							x	x				
Brutzeit					x							
postjuv. Mauser												
Teil- / Vollmauser												
Vollmauser												

Steinwälzer (→ 263)
Arenaria interpres (Linnaeus 1758)

SK

fastPK

Taxonomie: Familie Schnepfenverwandte – Scolopacidae. Zwei Unterarten, in Europa *A. i. interpres*.

Größe, Gewicht: Körperlänge 21–26 cm, Flügelspannweite 50–57 cm, Flügellänge ♂ 14,9–16,1 cm, ♀ 15,1–16,5 cm; 84–190 g.

Erkennungshinweise: Geschlechter fast gleich. Sehr kurzbeinige, gedrungene Limikole mit markantem schwarz-weißem Flügelmuster und kurzem, kräftigem Schnabel. Im Prachtkleid bei adulten Männchen auf Schultern und Flügeln ausgedehnt orangebraun.

Stimme: Gesang oft im Singflug vorgetragen „ti vit ti vitti ti …" Flugruf scharf und metallisch klingelnd.

Brutareal: Zirkumpolar an Küsten, von Eurasien über Nordamerika bis Grönland.

Vorkommen in Mitteleuropa: Lokal sehr seltener Brutvogel in Schleswig-Holstein, aber hunderte Übersommerer. Häufiger Durchzügler, Rastvogel und Überwinterer im Wattenmeer, seltener an der Ostsee und unregelmäßig im Binnenland.

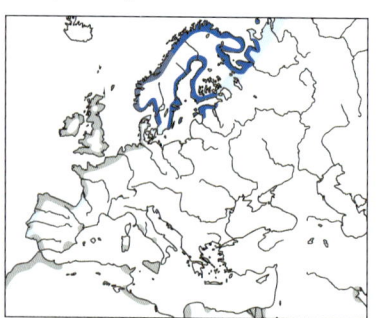

Wanderungen: Langstreckenzieher. Überwintert an den Küsten von Nordsee und Atlantik, Mittelmeer, Schwarzmeer und Kaspisches Meer sowie Indischem Ozean.

Lebensraum: An Küsten und auf Inseln, seltener im Landesinneren der vegetationsarmen Tundra. Brutplätze meist kahl auf Fels, Lehm, Kies. Außerhalb

der Brutzeit fast nur an Küsten, sowohl Sand- und Schlickwatt wie auch Felsküsten. Im Binnenland seltener, dann an Soda- und Süßwasserseen.
Nahrung: An der Küste Krebs- und Weichtiere, Ringelwürmer. An Brutplätzen Sämereien und Insekten, aber auch Abfälle und Aas.
Brutbiologie: Bruten meist mit 3–6 Jahren • Nest am Boden in Vegetation oder zwischen Steinen • 4 Eier • Brutdauer 22–24 Tage • beide brüten • zunächst führen beide, später nur noch ♂ • Junge mit 19–21 Tagen flügge, dann Familienauflösung • 1 Jahresbrut, Ersatzgelege selten.
Alter: Ältester Ringvogel 19 Jahre, 8 Monate. Generationslänge 5 Jahre.
Gefährdung: nicht gefährdet.
Besonderes: Bei der Nahrungssuche werden kleine Steine, Tang und Treibgut umgedreht, um an Nahrung zu gelangen.

Sumpfläufer (→ 264)

Limicola falcinellus (Pontoppidan 1763)

Taxonomie: Familie Schnepfenverwandte – Scolopacidae. Zwei Unterarten, in Europa die Nominatform.
Größe, Gewicht: Körperlänge 16–18 cm, Flügelspannweite 34–39 cm, Flügellänge ♂ 10,3–10,9 cm, ♀ 10,7–11,4 cm; 28–68 g.
Erkennungshinweise: Geschlechter gleich. Ähnelt jungem Alpenstrandläufer, ist aber etwas kleiner und kurzbeiniger. Schnabel recht lang, an der Basis hoch mit geradem First, der erst an der Spitze deutlich abknickt. In allen Kleidern charakteristisches Kopfmuster mit hellem, deutlichen Überaugenstreif, der vor dem Auge in einen hellen Scheitelstreifen läuft.

1. W

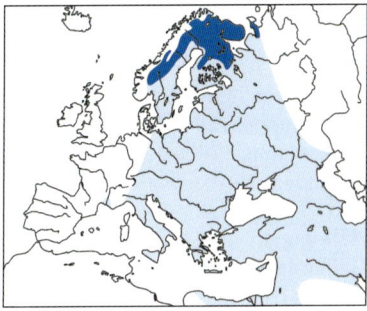

Stimme: Singflug mit zwei Strophentypen, die mit der Fluggeschwindigkeit synchron zwischen langsam und schnell wechseln. Im Klang ähnlich Uferschwalbe. Im Abflug trillernder Ruf ähnlich Temminckstrandläufer.

Brutareal: Nördliches und mittleres Schweden, Norwegen und Finnland mit angrenzendem Russland, isoliert in Ostsibirien.

Vorkommen in Mitteleuropa: Lokal regelmäßiger, aber sehr spärlicher Durchzügler insbesondere östlich einer Linie Ostsee – Bodensee.

Wanderungen: Langstreckenzieher. Winterquartiere an den Küsten von Rotem Meer, Persischen Golf, Ostafrika, Asien und Australien.

Lebensraum: Brütet in Mooren. Auf dem Durchzug in Brackwasserbiotopen, an Lagunen, Binnenseen und Flussmündungen mit schlammigem Untergrund etc.

Nahrung: Kleine Krebs- und Weichtiere, auch Insekten und Sämereien.

Alter: Ältester Ringvogel 6 Jahre, 10 Monate. Generationslänge 5 Jahre.

Gefährdung: Art in Europa mit ungünstigem Erhaltungsstatus (SPEC 3). Gefährdet durch Entwässerungen in Brut-, Rast- und Wintergebieten.

Grasläufer (→ 265)
Tryngites subruficollis (Vieillot 1819)

Taxonomie: Familie Schnepfenverwandte – Scolopacidae. Keine Unterarten.

Größe, Gewicht: Körperlänge 18–20 cm, Flügelspannweite 43–47 cm, Flügellänge ♂ 13,2–14,2 cm, ♀ 12,5–13,2 cm; ♂ 53–117 g, ♀ 46–81 g.

Erkennungshinweise: Geschlechter gleich. Erinnert manchmal an Kampfläufer im Jugendkleid, ist jedoch wesentlich kleiner und der schwarze Schnabel ist kürzer und gerade. Besonders auffällig ist der helle Augenring.

Stimme: Wenig zu hören, Rufe „dschu", bei Beunruhigung „prrit".

Brutareal: Arktische Küsten von Alaska und lokal in Ostsibirien.

Vorkommen in Mitteleuropa: Sehr seltener, aber fast alljährlicher Gast.

Wanderungen: Langstreckenzieher, Hauptwinterquartier Südamerika.

Lebensraum: Brutvogel trockener, grasiger Tundra, nicht an Gewässer gebunden; Durchzügler auf kurzrasigen Grünflächen, seltener an Strand und Küste.

Nahrung: Kleine Landwirbellose, wenig Sämereien.

Gefährdung: Gefährdung durch Jagd und Zerstörung der Winterquartiere.

Bindenstrandläufer (→ 266)
Micropalama himantopus (Bonaparte 1826)

Taxonomie: Familie Schnepfenverwandte – Scolopacidae. Auch in Gattung *Calidris* gestellt. Keine Unterarten.

Größe, Gewicht: Körperlänge 18–23 cm, Flügelspannweite 43–47 cm, Flügellänge 12,8–14,8 cm; 40–68 g.

Erkennungshinweise: Geschlechter gleich. Erinnert durch den deutlichen Überaugenstreif und den gebogenen, langen Schnabel etwas an Sichelstrandläufer, jedoch sind die grünlichen Beine auffallend lang und überragen im Flug weit den Schwanz. Im Prachtkleid auffallend gebänderte Unterseite. Schlichtkleid oberseits graubraun und unterseits grau. Ausgedehnte Brust- und Flankenstrichelung reicht bis auf die Unterschwanzdecken.

Stimme: Außerhalb der Brutgebiete schweigsam, Rufe tremolierend.

Brutareal: Arktische Tundren Nordamerikas von Nordalaska bis Nordkanada und Südhudson-Bay.

Vorkommen in Mitteleuropa: Ausnahmegast, nur einzelne Nachweise.

Wanderungen: Langstreckenzieher, überwintert in Südamerika.

Lebensraum: Brütet in der Tundra; Durchzügler an Schlammufern von Binnengewässern, nicht im offenen Watt.

Nahrung: Wirbellose Kleintiere.

Gefährdung: Keine Gefährdung zu erkennen.

Großer Knutt (→ 267)
Calidris tenuirostris (Horsfield 1821)

Taxonomie: Familie Schnepfenverwandte – Scolopacidae. Keine Unterarten.

Größe, Gewicht: Körperlänge 23–25 cm, Flügelspannweite 45–54 cm, Flügellänge ♂ 16,1–17,3 cm, ♀ 16,5–18,1 cm; 110–200 g.

Erkennungshinweise: Geschlechter gleich. Etwas größer als Knutt, Schnabel länger und leicht abwärts gebogen. Durch lange Flügel gestreckt wirkender Körper. Im Prachtkleid durch große, schwarze Brustfle-

cken vom Knutt zu unterscheiden. Im Schlichtkleid diesem sehr ähnlich, aber Brust und Flanken kräftiger gefleckt und Oberseite deutlicher gestreift. **Stimme:** Ruf im Flug „njü-ut njü-ut", erste Silbe länger und ansteigend, zweite tiefer. **Brutareal:** Nordostsibirien. **Vorkommen in Mitteleuropa:** Extrem seltener Ausnahmegast, drei Nachweise.

Wanderungen: Langstreckenzieher, überwintert nach Westen bis in den Persischen Golf und Pakistan, nach Südwest bis Südchina und Ostaustralien.

Lebensraum: Brutvogel auf kahlen oder niedrig bewachsenen Bergrücken, auch zwischen flechtenbewachsenen Felstrümmern. Auf dem Zug oder im Winter auf Schlammflächen an der Küste.

Nahrung: Landinsekten und Wirbellose am Meer.

Schutzstatus und Gefährdung: Nicht gefährdet.

Besonderes: Große Knutts brüten in so abgelegenen Gebieten in den Gebirgen Nordostsibiriens, dass bisher erst einzelne Nester dieser Art gefunden wurden.

Knutt (→ 268)

Calidris canutus (Linnaeus 1758)

Taxonomie: Familie Schnepfenverwandte – Scolopacidae. Fünf Unterarten.

Größe, Gewicht: Körperlänge 23–25 cm, Flügelspannweite 45–54 cm, Flügellänge ♂ 16,1–17,3 cm, ♀ 16,5–18,1 cm; 110–220 g.

Erkennungshinweise: Geschlechter gleich. Plump wirkende, kurzbeinige Limikole. Im Prachtkleid durch rostrote Unterseite nicht zu verwechseln. Schlicht- und Jugendkleid oberseits hellgrau.

Stimme: Flugruf „qui qih" oder „qui-qit-wit", im nahen Kontakt auch tief und weich „knutt" oder „wutt", beim Abflug rau „grott". Gesang melancholisches Flöten.

Brutareal: Tundrenzone Nordamerika, Grönland, Spitzbergen bis Nordostsibirien.

Vorkommen in Mitteleuropa:
Im Wattenmeer ganzjähriger Gastvogel in großen Schwärmen; an der Ostsee kleine Zahlen, im Binnenland regelmäßig zu beiden Zugzeiten, aber nur einzeln oder in geringer Zahl.
Wanderungen: Zugvogel mit unterschiedlichen Zugwegen und Winterquartieren der Populationen, Winterquartiere in Südamerika, Westeuropa, Atlantikküste, Westafrika, Australien und Neuseeland.

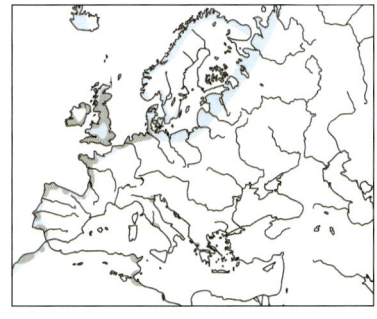

Lebensraum: Brutvogel in arktischer Tundra, außerhalb Brutzeit in der Gezeitenzone am Meer, im Binnenland an Schlammflächen.

Nahrung: Insekten und Vegetabilien im Brutgebiet, am Meer Mollusken, Krebstiere.

Alter: Ältester Ringvogel 25 Jahre, 1 Monat. Generationslänge 5 Jahre.

Gefährdung: Art in Europa mit ungünstigem Erhaltungsstatus (SPEC 3). Gefährdung durch Übernutzung der Küstengebiete (z. B. Herzmuscheln) im Winterquartier, Bestandsrückgang.

Besonderes: Cnut (995–1035), König von England, Dänemark und Norwegen, betrachtete angeblich den Knutt als Delikatesse.

Sanderling (→269)

Calidris alba (Pallas 1764)

Taxonomie: Familie Schnepfenverwandte – Scolopacidae. Früher auch in eigener Gattung *Crocethia*. Keine Unterarten.

Größe, Gewicht: Körperlänge 20–21 cm, Flügelspannweite 40–45 cm, Flügellänge ♂ 12–12,8 cm, ♀ 12,5–13,4 cm; ♂ 44–70 g, ♀ 33–70 g.

Erkennungshinweise: Geschlechter gleich. Kleine Limikole mit schwarzen kurzen Beinen. Im Schlichtkleid oberseits hellgrau und insgesamt hellem Gefieder. Im Frühjahr Kopf und Brustband grau und rotbraun gefleckt. Im Sommer Kopf, Brust und Oberseite kräftig rostfarben.

Stimme: Kurz „pitt" oder „tiwick". Singflug mit trillernden Strophen.

PK

SK

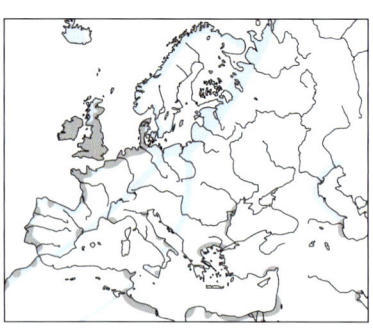

Brutareal: Lückenhaft zirkumpolar von Mittelsibirien über arktisches Nordamerika bis Grönland.

Vorkommen in Mitteleuropa: An der Nordseeküste regelmäßiger Gast, zumindest in kleiner Zahl auch ganzjährig. Im Binnenland regelmäßiger Durchzügler, aber in kleiner Zahl und einzeln, in viele Gegenden nur sporadisch.

Wanderungen: Langstreckenzieher, überwintert zwischen den Polarzonen fast auf der ganzen Welt.

Lebensraum: Brutvogel der Flechtentundra, außerhalb der Brutzeit an sandigen Küsten meist im Bereich der Brandungszone. Im Binnenland auf Schlammflächen.

Nahrung: Kleine Insekten, Krebstiere und Ringelwürmer, Mollusken, auch Aas und pflanzliches Material.

Alter: Ältester Ringvogel 18 Jahre, 6 Monate. Generationenlänge 5 Jahre.

Gefährdung: Empfindlich gegenüber Störungen in Rast- und Nahrungsgebieten durch Freizeitbetrieb.

Besonderes: Sanderlinge folgen bei der Nahrungssuche an Sandstränden gerne den auf- und ablaufenden Wellen und rennen dabei sehr schnell hin und her.

Sandstrandläufer (→ 270)

Calidris pusilla (Linnaeus 1766)

Taxonomie: Familie Schnepfenverwandte – Scolopacidae. Keine Unterarten.

Größe, Gewicht: Körperlänge 13–15 cm, Flügelspannweite 34–37 cm, Flügellänge ♂ 94–98 mm, ♀ 98–102 mm; 20–41 g.

Erkennungshinweise: Geschlechter gleich. Kleine amerikanische Limikole, dem europäischem Zwergstrandläufer sehr ähnlich und am besten durch die Stimme und die Spannhäute zwischen den Zehen erkennbar. Vom amerikanischen Bergstrandläufer vor allem durch die diffusere Bruststrichelung und etwas längere Flügel zu unterscheiden.

Stimme: Ruf „tscher", im Abflug kurz leicht schnarrend „tscherk".

Brutareal: Nördliches Nordamerika.

Vorkommen in Mitteleuropa: Ausnahmegast.

Wanderungen: Zugvogel, Winterquartier südliche USA bis mittleres Südamerika.

Lebensraum: Brutvogel der Tundra, sonst auf Watt-, Sand- und Schlammflächen.

Nahrung: Kleine Wirbellose.

Gefährdung: Nicht gefährdet.

Zwergstrandläufer (→ 271)

Calidris minuta (Leisler 1812)

Taxonomie: Familie Schnepfenverwandte – Scolopacidae. Monotypisch.

Größe, Gewicht: Körperlänge 12–14 cm, Flügelspannweite 34–37 cm, Flügellänge ♂ 9,3–10 cm, ♀ 9,6–10,4 cm; ♂ 17–30 (44) g.

Erkennungshinweise: Geschlechter gleich. Sehr kleine Limikole mit dunklen Beinen. Im Prachtkleid ist das Männchen stärker rostbraun gefärbt als das Weibchen. Im Jugendkleid am Mantel- und Schulter-V von ähnlichen kleinen Limikolen zu unterscheiden.

Stimme: Gesang ein auf- und absteigender Triller. Ruft sanft „dirrdirr-dirrit...".

K1

Brutareal: Norden Eurasiens von Norwegen und Nordschweden ostwärts bis Tschuktschen- Halbinsel.
Vorkommen in Mitteleuropa: Regelmäßiger Durchzügler zu beiden Zugzeiten, besonders an der Nordseeküste in Trupps bis mehrere 100, im Binnenland regelmäßig, aber in deutlich geringerer Zahl. Offenbar selten Überwinterungen an den Küsten.
Wanderungen: Langstreckenzieher mit Winterquartieren am Mittelmeer, Vorderasien, Afrika und Südasien.

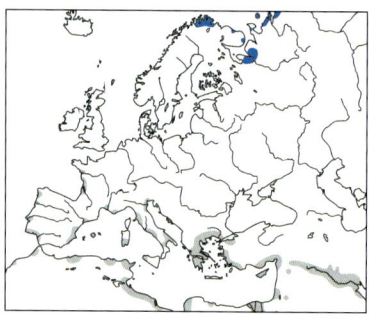

Lebensraum: Brutvogel an feuchten Stellen oder an der Küste der Arktis und Subarktis. Abseits der Brutzeit auf vegetationslosen Schlick-, Schlamm- und Sandflächen der Küste oder von Binnengewässern.

Nahrung: Insekten, besonders Fliegen und Mücken; auch kleine Ringelwürmer und Krebstiere; kleiner Anteil Sämereien und Pflanzenteile.
Brutbiologie: wenig bekannt • sukzessive Bigamie • Gelegegröße 4 Eier • Brutdauer 20–21 Tage.
Alter: Ältester Ringvogel 12 Jahre. Generationslänge < 3,3 Jahre.
Schutz: Nicht gefährdet.
Besonderes: Ein ♀ legt zwei Gelege (mit jeweils anderem ♂), das erste wird vom ersten ♂ bebrütet, das zweite vom ♀ selbst (= sukzessive Bigamie).

Rotkehl-Strandläufer (→272)

Calidris ruficollis (Pallas 1776)

Taxonomie: Familie Schnepfenverwandte – Scolopacidae. Keine Unterarten.
Größe, Gewicht: Körperlänge 13–16 cm, Flügelspannweite 29–33 cm, Flügellänge ♂ 9,8–10,7 cm, ♀ 10,2–11,2 cm; 18–51 g.

Erkennungshinweise: Geschlechter gleich. Kleiner Strandläufer. Im Prachtkleid durch überwiegend rotbraunen Kopf unverwechselbar. Im Schlichtkleid schwer vom Zwergstrandläufer zu unterscheiden. Sicherstes Bestimmungsmerkmal ist die Stimme.
Stimme: Flugruf „kriiep", auch schnurrend „prrrp".
Brutareal: Tundra Zentral- bis Ostsibirien.
Vorkommen in Mitteleuropa: Sehr seltener Ausnahmegast.
Wanderungen: Langstreckenzieher, Winterquartier S-China bis Australien, Neuseeland.
Lebensraum: Brutvogel an nordsibirischen Küsten, im Winter im Watt und auf Sandstränden.
Nahrung: Kleintiere.
Gefährdung: Gefährdung weitgehend unbekannt.

Temminckstrandläufer (→ 273)

Calidris temminckii (Leisler 1812)

Taxonomie: Familie Schnepfenverwandte – Scolopacidae. Keine Unterarten.
Größe, Gewicht: Körperlänge 13–15 cm, Flügelspannweite 34–37 cm, Flügellänge ♂ 95–103 mm, ♀ 97–105 mm; 15–30 g (Zugvögel bis 36 g).
Erkennungshinweise: Geschlechter gleich. Im Schlichtkleid ähnlich wie Zwergstrandläufer und am besten durch helle Beine von diesem zu unterscheiden. Durch längere Flügel länger wirkend als Zwergstrandläufer und ohne Mantel und Schulter-V.
Stimme: Flugruf typischer lauter Triller, der meist wiederholt wird. Während der Flugbalz ruft das Männchen im Rüttelflug heuschreckenähnlich „titititi...".

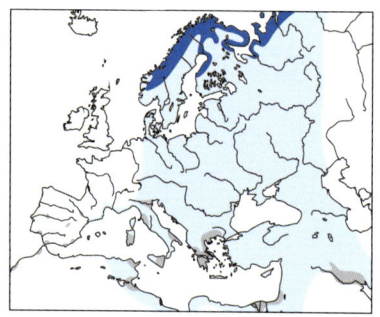

Brutareal: Tundra am Nordrand Eurasiens von Schottland, Norwegen bis Nordostsibirien. **Vorkommen in Mitteleuropa:** Regelmäßiger Durchzügler zu beiden Zugzeiten, einzeln bis kleine Trupps. Küsten und Binnenland. Nach Westen abnehmende Nachweisdichte. Sehr spärlich im Winter. **Wanderungen:** Langstreckenzieher mit Winterquartieren am Mittelmeer, tropisches Afrika, Mittlerer Osten, Südasien bis Japan. Breitfrontzieher.

Lebensraum: Brutvogel der Tundra auf relativ trockenen Flächen mit Gebüsch. Küste und Binnenland. Auf dem Durchzug mehr auf deckungsreichen Flächen als andere Strandläufer.

Nahrung: Insekten wie Mücken und andere offen sitzende Arten, aber auch pflanzliche Nahrung regelmäßig nachgewiesen.

Alter: Ältester Ringvogel mindestens 11 Jahre. Generationslänge < 3,3 Jahre.

Gefährdung: Nicht gefährdet, aber Bestandsrückgänge in Finnland durch Habitatzerstörung.

Besonderes: Beide Geschlechter haben oft mehrere Partner, ♀ legen das erste Gelege für ein ♂ und betreuen das zweite selber.

Wiesenstrandläufer (→ 274)

Calidris minutilla (Vieillot 1819)

Taxonomie: Familie Schnepfenverwandte – Scolopacidae. Keine Unterarten.

Größe, Gewicht: Körperlänge 13–15 cm, Flügelspannweite 33–35 cm, Flügellänge ♂ 86–93 mm, ♀ 88–96 mm; 17–33 g.

Erkennungshinweise: Geschlechter gleich. Sehr ähnlich Langzehenstrandläufer und von diesem sehr schwer zu unterscheiden, jedoch Beine und Hals kürzer. **Stimme:** Am häufigsten „kriik" ähnlich Alpenstrandläufer, aber feiner und höher. Außerdem ein tiefes „prrrrr".

Brutareal: Tundra Nord-Amerikas.
Vorkommen in Mitteleuropa: Extrem seltener Ausnahmegast, bisher lediglich zwei anerkannte Nachweise.
Wanderungen: Zugvogel mit Hauptwinterquartieren an den Küsten und im Binnenland der USA, Mittelamerikas und des nördlichen Südamerika.
Lebensraum: Subarktische Tundra entlang der Küstenlinie. Außerhalb der Brutzeit an Küsten, Wattflächen, auch sandigen Seeufern und Süßwassersümpfen.
Gefährdung: Nicht gefährdet.

Weißbürzel-Strandläufer (→ 275)

Calidris fuscicollis (Vieillot 1819)

Taxonomie: Familie Schnepfenverwandte – Scolopacidae. Keine Unterarten.

Größe, Gewicht: Körperlänge 15–18 cm, Flügelspannweite 40–45 cm, Flügellänge ♂ 11,8–12,6 cm, ♀ 12,3–12,9 cm; 30–60 g.
Erkennungshinweise: Geschlechter gleich. Sehr ähnlich Bairdstrandläufer der ebenfalls eine lang gestreckte Silhouette hat. Besonders auffällig im Schlicht- und Jugendkleid ist ein auffälliger weißer Überaugenstreif. Im Prachtkleid auf dem Mantel eine V-Zeichnung und an den Flanken schwarze, spitze Flecken.
Stimme: Ruft hoch und dünn „tzi tzi" und erinnert etwas an Berg- und Strandpieper.
Brutareal: Arktisches Nordamerika.
Vorkommen in Mitteleuropa: Seltener Gastvogel an den Küsten, noch seltener im Binnenland.
Wanderungen: Langstreckenzieher, der im südlichen Südamerika überwintert.
Lebensraum: Brutvogel der feuchten arktischen Tundra. Auf dem Durchzug und im Winterquartier an Küsten und Ufern von Binnengewässern, auch an bewachsenen Ufern.
Nahrung: Kleine Wirbellose aller Art, vor allem Insekten, Weich- und Krebstiere. Seltener auch Sämereien.
Gefährdung: Nicht gefährdet.
Besonderes: Bereits im September schon vollständiges Schlichtkleid.

Bairdstrandläufer (→ 276)

Calidris bairdii (Coues 1861)

Taxonomie: Familie Schnepfenverwandte – Scolopacidae. Keine Unterarten.

Größe, Gewicht: Körperlänge 14–17 cm, Flügelspannweite 40–46 cm, Flügellänge ♂ 12–13 cm, ♀ 12–14 cm; 32–63 g.

Erkennungshinweise: Geschlechter gleich. Verwechslungsgefahr besteht mit dem gleichfalls nordamerikanischen Weißbürzelstrandläufer

PK → SK

sowie einigen einheimischen Arten. Die Flügel ragen weit über den Schwanz hinaus, zusammen mit den kurzen Beinen ein langgestrecktes Aussehen. Schnabel gerade, Augenstreif kaum vorhanden und vor allem im Flug fällt eine schwarze Längsteilung der weißen Oberschwanzdecken auf.

Stimme: Ruf schrill „krit", beim Auffliegen gezogen und zwitschernd „tscherip", weicher als Sichelstrandläufer.

Brutareal: Hocharktis Nordamerikas und Nordostsibiriens.

Vorkommen in Mitteleuropa: Ausnahmegast.

Wanderungen: Langstreckenzieher, Wintergebiete im Süden Südamerikas. Europäische Ausnahmegäste stammen z. T. vielleicht aus Nordostsibirien.

Lebensraum: Brutvogel der arktischen Tundra in steinigem Gelände. Durchzügler an der Küste und häufiger im Binnenland an Seeufern, auf Flussbänken und auch auf kurzrasigen Flächen.

Nahrung: Kleine Wirbellose.

Gefährdung: Keine Gefährdung zu erkennen.

Besonderes: Extremer Langstreckenzieher zwischen dem nördlichsten Nordamerika oder gar Nordostsibirien und dem südlichsten Südamerika (hin und zurück 30 000 km); Irrgäste in Deutschland haben wenigstens 3500 km zurückgelegt.

Graubrust-Strandläufer (→277)

Calidris melanotos (Vieillot 1819)

Taxonomie: Familie Schnepfenverwandte – Scolopacidae. Keine Unterarten.

Größe, Gewicht: Körperlänge 19–23 cm, Flügelspannweite 42–49 cm, Flügellänge ♂ 13,9–14,8 cm, ♀ 12,6–13,6 cm; ♂ 45–126 g, ♀ 31–97 g.

Erkennungshinweise: Geschlechter gleich. Erinnert durch Gestalt und Färbung etwas an kleinen Kampfläufer im Jugendkleid. Der weiße Bauch ist jedoch immer scharf von der dicht gestrichelten Brust getrennt. Im Jugendkleid auf der Oberseite ein deutliches V-Muster. Im Flug ist eine undeutliche Flügelbinde zu sehen.

Stimme: Ruf beim Abflug rau „prrk“, im Flug „tirrp“. Im Singflug relativ dumpf gequetscht „hu-u-u-u…“.

Brutareal: Küstentundra Sibiriens von Taimyr- bis Tschuktschenhalbinsel, Alaska und arktisches Kanada.

Vorkommen in Mitteleuropa: Seltener, aber neuerdings regelmäßiger Durchzügler.

Wanderungen: Langstreckenzieher mit Winterquartier in Südamerika, auch sibirische Brutvögel ziehen offenbar großenteils dorthin.

Lebensraum: Brutvogel in feuchter Tundra und auf nassen Küstenwiesen. Durchzügler vor allem auf grasigen Schlickflächen, überschwemmten Wiesen.

Nahrung: Insekten, auch Samen und grüne Pflanzenteile.

Gefährdung: Nicht gefährdet.

Besonderes: Irrgäste kommen sowohl aus Nordamerika als auch aus Nordsibirien.

Spitzschwanz-Strandläufer (→ 278)

Calidris acuminata (Horsfield 1821)

Taxonomie: Familie Schnepfenverwandte – Scolopacidae. Keine Unterarten.

Größe, Gewicht: Körperlänge 17–22 cm, Flügelspannweite 42–48 cm, Flügellänge ♂ 13,7–14,2 cm, ♀ 12,7–13,5 cm; ♂ 53–114 g, ♀ 39–105 g.

Erkennungshinweise: Geschlechter gleich. Dem Graubrust-Strandläufer ähnlich mit im Prachtkleid ockergelber, gestrichelter Oberbrust. Flanken

und Unterschwanzdecken mit großen, pfeilförmigen Flecken. Im Jugendkleid sind nur die Seiten der beigeorangen Brust gestrichelt.

Stimme: Ein schnurrendes „djürri" oder „dirrit", das heller als beim Alpenstrandläufer klingt ist der häufigste Ruf. Der Gesang mit „tschik" Elementen, die auch verdoppelt werden, wird oft im Singflug, aber auch am Boden vorgetragen.

Brutareal: Arktische Tundra Nordsibiriens von Yamal bis zur Tschuktschen-Halbinsel.

Vorkommen in Mitteleuropa: Ausnahmegast, inzwischen auch in Deutschland nachgewiesen.

Wanderungen: Langstreckenzieher, der sowohl in Afrika südlich der Sahara, im Süden der Arabischen Halbinsel, aber auch von Indien über Neuguinea bis Australien überwintert.

Lebensraum: Brütet auf Dauerfrostboden der Küstentundra, an der Küste und auf Flussbänken.

Nahrung: Kleine Schnecken und Muscheln, Krebstiere Insekten und deren Larven. Zuckmücken und Schnaken bilden am Brutplatz die Hauptnahrung.

Brutbiologie: Polygyn oder Promisk • Nest eine flache Mulde aus Gras und Blättern • 3–4 Eier • ♀ brütet • ♀ führt • 1 Jahresbrut.

Gefährdung: Nicht weltweit gefährdet.

Besonderes: Der Spitzschwanz-Strandläufer hat drei regelrechte Zugrouten; während die meisten Limikolen eher Breitfrontzieher sind.

Meerstrandläufer (→ 279)
Calidris maritima (Brünnich 1764)

Taxonomie: Familie Schnepfenverwandte – Scolopacidae. Keine Unterarten.

Größe, Gewicht: Körperlänge 20–22 cm, Flügelspannweite 42–46 cm, Flügellänge ♂ 12,4–13 cm, ♀ 12,9–13,6 cm; ♂ 52–96 g, ♀ 60–105 g.

Erkennungshinweise: Geschlechter gleich. Durch kurze Beine und dicken Körper pummelig wirkend. Oberseite, Kopf und Brust im Winter einfarbig graubraun. Beine und Schnabelbasis im Schlicht- und Jugendkleid braungelb.

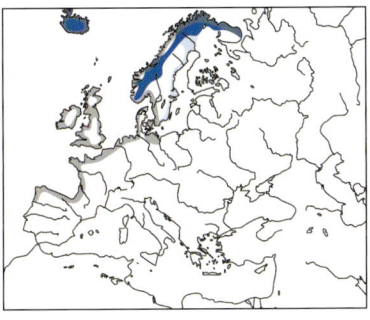

1. W

Stimme: Ruf „wiet " oder „twiwiet", Gesang Flötenstrophe, die sich beschleunigt und im Stakkato endet.

Brutareal: Nordost-Amerika, arktische Inseln, Island, Skandinavien mit Lücken bis Mittelsibirien.

Vorkommen in Mitteleuropa:
Regelmäßiger Durchzügler und Wintergast an den Küsten in kleiner Zahl; im Binnenland Ausnahmegast.

Wanderungen: Kurzstreckenzieher und Teilzieher, Überwinterung in Nordwest-Europa.

Lebensraum: Brutvogel auf steinigen Böden an Küste oder in Bergtundra. Außerhalb der Brutzeit an steinigen, felsigen oder mit Steinbauwerken versehenen Küsten.

Nahrung: Im Winterhalbjahr tierisch, vor allem Mollusken, Krebstiere, im Sommer Insekten und pflanzliche Anteile.

Alter: Ältester Ringvogel 20 Jahre, 8 Monate. Generationslänge 5 Jahre.

Gefährdung: Art auf Europa konzentriert, nicht gefährdet.

Besonderes: Als reiner Küstenvogel erscheint der Meerstrandläufer nur äußerst selten im Binnenland.

Alpenstrandläufer (→ 280)
Calidris alpina (Linnaeus 1758)

Taxonomie: Familie Schnepfenverwandte – Scolopacidae. Sechs oder mehr Unterarten, *C. a. schinzii* im Ostseeraum, Island und Grönland, die Nominatform in Nordskandinavien.

Größe, Gewicht: Körperlänge 20–22 cm, Flügelspannweite 42–46 cm, Flügellänge 12–13,6 cm (Nominatform); ♂ 52–94 g, ♀ 60–105 g (Nominatform).

Erkennungshinweise: Geschlechter gleich, starengroße Limikole, mit sehr variabel langem, gebogenem Schnabel. Extreme sind mit anderen kleinen Strandläufern oder mit Sichelstrandläufern zu verwechseln.

Stimme: Ruf gepresst „trrü". Singflug mit z. T. schnurrenden Trillern.

Brutareal: Zirkumpolar in der Arktis, nach Süden bis Mittel- und Westeuropa und in Ostasien bis Sachalin und Kurilen.

Vorkommen in Mitteleuropa: Ssp. *schinzii* (C. L. Brehm 1822) sehr seltener und fast verschwundener Brutvogel im Norden. Vor allem Nominatform häufiger Sommergast, sehr häufiger Mausergast und Durchzügler an der Küste, regelmäßiger häufiger Durchzügler (Ende März–Anfang Mai, Sep/Okt) im Binnenland. An der Küste und einzeln im Binnenland auch im Winter.

Wanderungen: Zugvogel, überwintert vom Wattenmeer bis Küsten Westeuropas; Mittelmeergebiet, Vorderasien und Afrika.

Lebensraum: Brutplätze feuchte Flächen mit niedriger Vegetation; außerhalb Brutzeit auf Schlickflächen an der Küste, an Binnengewässern und auch auf überschwemmten Wiesen.

Nahrung: Kleine Insekten und deren Larven (an Binnengewässern vor allem Zuckmückenlarven), Ringelwürmer, kleine Mollusken und Krebstiere.

Brutbiologie: Geschlechtsreife 1./2. Lebensjahr • Nest am Boden, oft gut versteckt • 4 Eier • Legebeginn Mitte April – Anfang Mai • Brutdauer 21–24 Tage • ♂ und ♀ brüten • zunächst führen beide, später ♂ alleine • Junge verlassen das Nest nach Trockenwerden, sind mit 19–20 Tagen flugfähig • 1 Jahresbrut, Ersatzgelege.

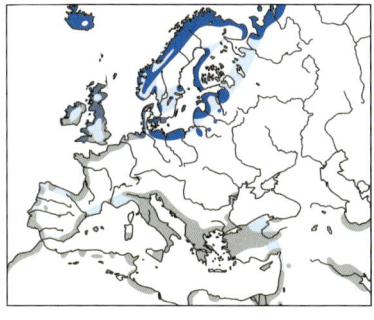

Alter: Ältester Ringvogel über 28 Jahre; Generationslänge 5 Jahre.

Gefährdung: Nach der EU-Vogelschutzrichtlinie besonders geschützte Art (Anhang I) (Unterart *schinzii*), in Europa mit ungünstigem Erhaltungsstatus (SPEC 3); Gefährdet durch Entwässerungen, Eindeichungen, industriellen Torfabbau, Aufforstung von Mooren und Nährstoffeintrag (Eutrophierung); dazu kommen Störungen am Brutplatz durch Freizeitnutzung.

Besonderes: Bei Partnerwechsel des Weibchens ist eine zweite Brut möglich.

Sichelstrandläufer (→ 281)

Calidris ferruginea (Pontoppidan 1763)

Taxonomie: Familie Schnepfenverwandte – Scolopacidae. Keine Unterarten.

Größe, Gewicht: Körper-länge 18–23 cm, Flügelspannweite 42–46 cm, Flügellänge ♂ 12,9–13,5 cm, ♀ 12,9–13,9 cm; 55–117 g.

Erkennungshinweise: Geschlechter nahezu gleich. Etwas größer als Alpenstrandläufer mit längerem abwärts gebogenem Schnabel und langen Beinen. Im Schlichtkleid grau mit heller Unterseite, Männchen im Prachtkleid ziegelrot und weniger weiß gebändert als Weibchen.

K1

Stimme: schnurrend „djürri" oder „djirrit", weicher als Alpenstrandläufer. Gesang im Flug vorgetragen.

Brutareal: Tundra Nordsibiriens von Yamal- bis Tschuktschenhalbinsel.

Vorkommen in Mitteleuropa: Regelmäßiger Durchzügler, im Wattenmeer im Herbst in großer Zahl, im Binnenland im Herbst regelmäßig wenige; im Frühjahr allgemein seltener, ausnahmsweise Sommerbeobachtungen.

Wanderungen: Langstreckenzieher, Winterquartier Küsten und Binnenland in Afrika südlich der Sahara, auch Küsten Mauretaniens.

Lebensraum: Brutvogel in der Tundra, auf dem Durchzug vor allem im Schlick am Meer, auf Schlammbänken im Binnenland.

Nahrung: Kleine Wirbellose wie Borstenwürmer, Mollusken, Insekten.

Alter: Ältester Ringvogel 17 Jahre. Generationslänge 5 Jahre.

Gefährdung: Nicht gefährdet.

Besonderes: Sichelstrandläufer ziehen zwischen ihren Brutgebieten in Nordsibirien und dem Winterquartier in Westafrika zweimal jährlich 10000–15000 km.

Rennvogel (→ 284)

Cursorius [cursor] cursor (Latham 1787)

Taxonomie: Familie Brachschwalbenverwandte – Glareolidae. Bildet Superspezies mit zwei afrikanischen Arten. Drei Unterarten, C. c. cursor auf den Kanaren, in Nordafrika und Arabien.

Größe, Gewicht: Körperlänge 22–24 cm, Flügelspannweite 51–57 cm, Flügellänge ♂ 15,4–17 cm, ♀ 14,8–16,7 cm; 102–109 g.

Erkennungshinweise: Geschlechter gleich. Durch sandfarbenes Gefieder, blaugrauen Scheitel und lange helle Beine unverwechselbar. Im Jugendkleid oberseits diffus gefleckt.

Stimme: Im Flug kurz pfeifend „kwi kwit" und angehängt tief knarrend „hark".
Brutareal: Halbwüsten und Wüsten von Kapverden über Nordafrika, Arabien bis Turkmenien, Afghanistan und Iran.
Vorkommen in Mitteleuropa: Ausnahmegast.
Wanderungen: Teilweise offenbar weite saisonale Wanderungen.
Lebensraum: Wüstensteppe und Halbwüste, Sanddünen; zur Zugzeit auch Weide-, Brach- und Kulturland.
Nahrung: Gliederfüßer.
Alter: Generationslänge 4 Jahre.

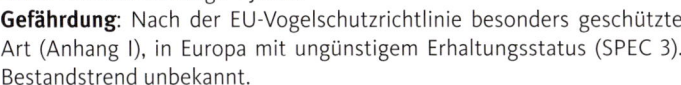

ad.

Gefährdung: Nach der EU-Vogelschutzrichtlinie besonders geschützte Art (Anhang I), in Europa mit ungünstigem Erhaltungsstatus (SPEC 3). Bestandstrend unbekannt.

Schwarzflügel-Brachschwalbe (→ 285)

Glareola nordmanni J. G. Fischer 1842

Taxonomie: Familie Brachschwalbenverwandte – Glareolidae. Keine Unterarten.
Größe, Gewicht: Körperlänge 23–26 cm, Flügelspannweite 60–68 cm, Flügellänge ♂ 19,8–21,3 cm, ♀ 18,3–20,3 cm; ♂ 91–105g, ♀ 84–99 g.
Erkennungshinweise: Geschlechter gleich. Vor allem im Stehen leicht mit Rotflügel-Brachschwalbe zu verwechseln. Im Gegensatz zu dieser bei Schwarzflügel-Brachschwalbe im Prachtkleid weniger Rot am Schnabel, und Schwanzspieße überragen die Flügel nicht. Im Flug kein weißer Flügelhinterrand und schwarze Unterflügeldecken (Name).

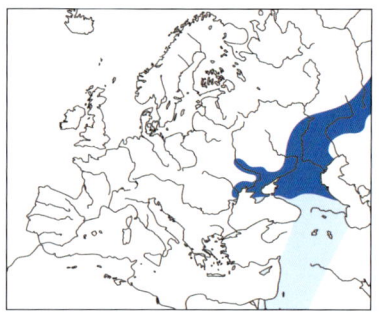

Stimme: Härter als Rotflügel-Brachschwalbe „kirlik", am Brutplatz „pwik-kik-ki..." u. ä.

Brutareal: Zentralasiatische Steppen, nach Westen bis Rumänien und Ukraine, nach Osten bis Ostkasachstan.

Vorkommen in Mitteleuropa: Sehr seltener Gastvogel oder Ausnahmegast, ein Brutversuch.

Wanderungen: Langstreckenzieher, Winterquartier Nigeria, Tschad und Südafrika.

Lebensraum: Spärlich bewachsene Steppenflächen, Salzseen, Weiden, Äcker.

Nahrung: Insekten.

Alter: Generationslänge < 3,3 Jahre.

Gefährdung: Weltweit bedrohte Art (SPEC 1). Global gefährdet durch Ausweitung der Landwirtschaft auf Steppenböden.

Besonderes: Während Rotflügel-Brachschwalben in Deutschland vorwiegend im Frühjahr auftreten, erscheinen Schwarzflügel-Brachschwalben fast nur im Spätsommer und Herbst.

Rotflügel-Brachschwalbe (→ 286)

Glareola [pratincola] pratincola (Linnaeus 1766)

Taxonomie: Familie Brachschwalbenverwandte – Glareolidae. Bildet mit der ostasiatischen Orientbrachschwalbe *G. maldivarum* eine Superspezies. Drei Unterarten, in Europa *G. p. pratincola*.

Größe, Gewicht: Körperlänge 22–25 cm, Flügelspannweite 60–65 cm, Flügellänge ♂ 19–21,1 cm, ♀ 18,4–20,1 cm; ♂ 60–95 g.

Erkennungshinweise: Geschlechter gleich. Vor allem im Stehen leicht mit Schwarzflügel-Brachschwalbe zu verwechseln. Im Gegensatz zu dieser hat die Rotflügel-Brachschwalbe im Prachtkleid mehr Rot am Schnabel und die Schwanzspieße überragen die Flügel. Im Flug durch weißen Flügelhinterrand und rotbraune Unterflügeldecken (Name) zu bestimmen.

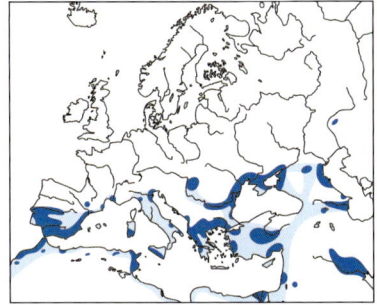

Stimme: Im Flug wie „tritirrit tirra-tirrä", höher als Schwarzflügel-Brachschwalbe.

Brutareal: Sehr lückenhaft Steppen- und Savannengebiete in Afrika südlich der Sahara, dem Mittelmeerraum, im Schwarzmeergebiet und nach Osten bis Kasachstan und Pakistan.

Vorkommen in Mitteleuropa: Seltener Brutvogel in Ungarn. Sonst nicht alljährlicher, sehr seltener Gastvogel im Sommerhalbjahr.

Wanderungen: Zugvogel, Winterquartier Afrika südlich der Sahara, hauptsächlich in der Sahelzone.

Lebensraum: Warme trockene Ebenen mit kurzer oder lückiger Vegetation, Schotter- und Steppenflächen, Brachländer, auch an Salzseen.

Nahrung: Insekten.

Alter: Generationslänge < 3,3 Jahre.

Gefährdung: Nach der EU-Vogelschutzrichtlinie besonders geschützte Art (Anhang I), in Europa mit ungünstigem Erhaltungsstatus (SPEC 3). Gefährdung durch Intensivierung der Landwirtschaft, Entwässerungen und Störungen am Brutplatz.

Orientbrachschwalbe (→ 286A)

Glareola [pratincola] maldivarum (J. R. Forster 1795)

Taxonomie: Familie Brachschwalbenverwandte – Glareolidae. Bildet Superspezies mit Rotflügel- *G. pratincola* und Schwarzflügel- Brachschwalbe G. *nordmanni*. Keine Unterarten.

Größe, Gewicht: Körperlänge 23–24 cm, Flügelspannweite 59–64 cm; ca. 87 g.

Erkennungshinweise: Geschlechter gleich. Sehr ähnlich Rotflügel-Brachschwalbe und wie diese mit braunen Unterflügeldecken. Oberseite dunkler. Adulte ohne weißen Flügelhinterrand, juvenile jedoch mit schmalen Flügelhinterrand, der aber schmäler ist als bei Rotflügel-Brachschwalbe. Schwanz kürzer und weniger gegabelt als bei anderen Brachschwalben-Arten. Bei Altvögeln überragen die Flügelspitzen die Schwanzspitzen deutlich.

Stimme: Vor allen in der Brutkolonien zu hören. Typisch ist ein raues, durchdringendes „tschik-tschik" oder „küik" oder das seeschwalbenartige „ter-eck".

Brutareal: Ostmongolei, Nordostchina und extremes Südsibirien. Im Süden bis Nordindien, Südostasien von Sri Lanka bis Taiwan.

Vorkommen in Mitteleuropa: Extrem seltener Ausnahmegast in den Niederlanden.

Wanderungen: Zugvogel; die Überwinterungsgebiete reichen von Indien und Südostasien über Indonesien und Neu-Guinea bis Australien.

Lebensraum: Feuchtes offenes Brachland, Sümpfe; Steppenseen oder Reisstoppelfelder.

Nahrung: Fluginsekten und andere Wirbellose.

Brutbiologie: Koloniebrüter • Nest ein flache Mulde auf offenen Ebenen, gerne nach Grasfeuern oder auf Flussinseln • 2–3 Eier • Brutzeit April bis Juni • Brut- und Nestlingsdauer wohl ähnlich wie bei Rotflügel-Brachschwalbe.

Gefährdung: Nicht weltweit gefährdet.

Falkenraubmöwe (→ 287)
Stercorarius longicaudus Viellot 1819

Taxonomie: Familie Raubmöwen – Stercorariidae. Zwei Unterarten, in Europa *S. l. longicaudus*.

Größe, Gewicht: Körperlänge 48–53 cm, Flügelspannweite 105–117 cm, Flügellänge 29,1–32,7 cm; 230–350 g.

Erkennungshinweise: Geschlechter gleich. Am leichtesten mit Schmarotzerraubmöwe zu verwechseln, jedoch etwas kleiner und schlanker. Im Prachtkleid nie eine dunkle

Morphe, und leicht an den sehr langen Schwanzspießen zu erkennen. Im Jugendkleid im Flug durch wenig Weiß an der Basis der Handschwingen und die abgerundeten mittleren Steuerfedern von der Schmarotzerraubmöwe zu unterscheiden.

Stimme: Rufe am Brutplatz hoch „iii-oh" oder „kuiuu" (Jauchzen), höher als Schmarotzerraubmöwe.

Brutareal: Zirkumpolar von der Waldtundra bis Hocharktis, in Europa in der Fjällregion bis Südnorwegen.

Vorkommen in Mitteleuropa: Seltener Herbstgast, ausnahmsweise im Winter, meist an der Küste, unregelmäßiger, seltener Gast auch im Binnenland. Seltenste der drei kleineren Raubmöwen.

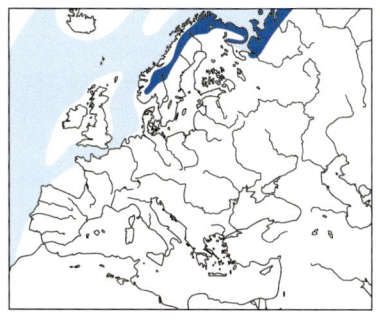

Wanderungen: Zugvogel, außerhalb der Brutzeit auf offener See, im Atlantik wohl nur wenige nördlich des Äquators überwinternd, Hauptwinterquartier vor den Küsten Südamerikas und der Westküste des südlichen Afrika.

Lebensraum: Meeresvogel; brütet in der Tundra und in den Fjällregion.

Nahrung: Fische, Krebstiere, Tintenfische, zur Brutzeit Lemminge, Mäuse, Kleinvögel, Vogeleier; Zusatznahrung Beeren; auf See auch Fischereiabfall.

Alter: Generationslänge 11 Jahre.

Gefährdung: Keine Gefährdung erkennbar.

Besonderes: Außerhalb der Brutzeit die am stärksten pelagisch lebende Raubmöwenart.

Schmarotzerraubmöwe (→ 288)

Stercorarius parasiticus (Linnaeus 1758)

Taxonomie: Familie Raubmöwen – Stercorariidae. Keine Unterarten.

Größe, Gewicht: Körperlänge 41–46 cm, Flügelspannweite 110–125 cm, Flügellänge ♂ 30,7–33 cm, ♀ 31–33,9 cm; 330–570 g.

Erkennungshinweise: Geschlechter gleich. Im Prachtkleid durch mittellange, spitze Schwanzspieße und bräunlicher statt tiefschwarzer Kappe von Falkenraubmöwe zu unterscheiden. Das Brustband verwaschen dunkel und nicht wie bei Spatelraubmöwe grob gefleckt. Jugendkleid sehr ähnlich den anderen zwei Arten und Unterschwanz meist ohne oder mit schwacher Bänderung.

Stimme: Miauend „ii-jä" oder „i-jau", auch gereiht.

Brutareal: Zirkumpolar in Tundren und Küstensümpfen Eurasiens und Nordamerikas.

Vorkommen in Mitteleuropa: Regelmäßiger Durchzügler an den Küsten (dort häufigste Raubmöwe), im Binnenland sehr unregelmäßig, nur an wenigen Stellen auch regelmäßiger. Ausnahmsweise auch im Winter

Wanderungen: Zugvogel, Winterquartier von Großbritannien bis Südafrika, aber überwiegend südlich des Äquators.

Lebensraum: Brutvogel offener Flächen in Küstennähe und auf Inseln, auf nasser Tundra. Im Winter am Meer, doch mehr in Küstennähe als andere Raubmöwen.

Nahrung: Fische, hauptsächlich anderen Seevögeln abgejagt. Am Brutplatz Kleinvögel, Kleinsäuger, Insekten. Ganzjährig Aas, Abfälle.

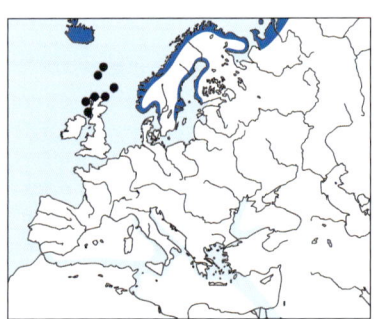

Alter: Ältester Ringvogel 25 Jahre, 10 Monate. Generationslänge 11 Jahre.

Gefährdung: Nicht gefährdet.

Besonderes: Raubmöwen sind die Piraten unter den Seevögeln und ernähren sich außerhalb der Brutzeit vorwiegend von Beute, die sie Möwen und Seeschwalben durch höchst aggressive Angriffe und ihre Luftüberlegenheit abjagen.

Spatelraubmöwe (→289)

Stercorarius pomarinus (Temminck 1815)

Taxonomie: Familie Raubmöwen – Stercorariidae. Keine Unterarten.
Größe, Gewicht: Körperlänge 46–51 cm, Flügelspannweite 125–138 cm,
Flügellänge ♂ 35,4–37,4 cm, ♀ 36,3–38,2 cm; ♂ 550–800 g, ♀ 680–900 g.

Erkennungshinweise: Geschlechter gleich. Altvögel durch ihre spatelförmig verlängerten mittleren Steuerfedern von den anderen, etwas kleineren Raubmöwen zu unterscheiden. Zwei Farbmorphen, die helle mit dunkler Kappe und dunkles fleckiges Brustband. Im Flug in allen Kleidern großer heller Fleck auf den Basen der Handschwingen.
Stimme: Balzt mit langer Rufreihe „wäh-wäh-wäh...". Warnruf ein tiefes „gäck".
Brutareal: Zirkumpolar in der arktischen Tundra von Westrussland bis Nordostsibiriens und am Nordrand Kanadas bis nach Westgrönland.

K2

Vorkommen in Mitteleuropa: Regelmäßiger Durchzügler an der Nordseeküste im Herbst, seltener im Frühjahr. Ostseeküste seltener und im Binnenland Ausnahmeerscheinung mit seltenen wetterbedingten Einflügen.

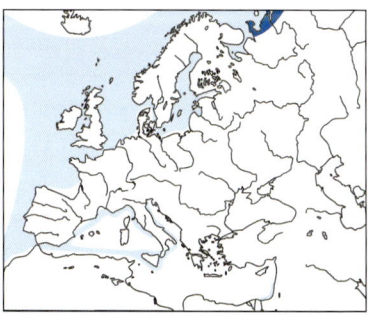

Wanderungen: Außerhalb der Brutzeit auf dem offenen Meer. Winterquartiere in tropischen und subtropischen Meeren.
Lebensraum: Brütet in sumpfiger Tundra, sonst ganzjährig auf dem Meer.
Nahrung: Am Brutplatz vor allem Lemminge und andere Kleinsäuger, Eier und Insekten. Auf dem Meer Fische, die auch anderen Seevögeln abgejagt werden.
Alter: Generationslänge 11 Jahre.
Gefährdung: Nicht gefährdet.
Besonderes: Luftangriffe auf Eindringlinge ins Nistgebiet, auch auf Menschen. Während der Brutzeit kein Luftpirat, sondern spezialisierter Lemmingjäger, die teilweise durch mehrere Zentimeter dicke Bodenschichten erbeutet werden.

Skua (→290)

Stercorarius [skua] skua (Brünnich 1764)

ad.

Taxonomie: Familie Raubmöwen – Stercorariidae. Früher in Gattung *Catharacta* gestellt. Bildet Superspezies mit *S. antarctica, S. chilensis* und *S. maccormicki* der Südhemisphäre. Keine Unterarten.

Größe, Gewicht: Körperlänge 51–56 cm, Flügelspannweite 145–155 cm, Flügellänge ♂ 38,2–41,4 cm, ♀ 39,5–42,8 cm; ♂ 1170–1500 g, ♀ 1300–1650 g.

ad.

Erkennungshinweise: Geschlechter gleich. Fast bussardgroß. Im Flug ober- und unterseits ein großer weißer Fleck auf den Handschwingenbasen. Jungvögel deutlich einfarbiger und vor allem auf der Unterseite rotbraun gefärbt. Altvögel grob gestrichelt.

Stimme: Bei der Balz gepresst rollend „tschirr". Auch einzeln oder gereiht nasal „gok" rufend.

Brutareal: Brutvogel der arktischen und subarktischen Region der Westpaläarktis.

Vorkommen in Mitteleuropa: Regelmäßig, aber selten an den Küsten. Nur ausnahmsweise im Binnenland. Bisher keine Nachweise der Südhe

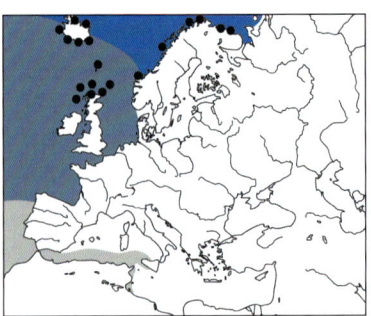

misphärischen Skuas in Mitteleuropa.

Wanderungen: Zugvogel, bis zur Brutreife ausschließlich auf der offenen See.

Lebensraum: Außerhalb der Brut ganzjährig auf dem Meer. Brut in Nachbarschaft zu großen Seevogelkolonien.

Nahrung: Fische, die häufig anderen Seevögeln abgejagt

werden sowie zur Brutzeit auch Vögel, Eier, Säugetiere. Auch Aas, Fischerei- und Küchenabfälle.

Alter: Ältester Ringvogel 28 Jahre, 10 Monate. Generationslänge 15 Jahre.

Gefährdung: Art auf Europa konzentriert (SPEC E). Gefährdung durch Überfischung (Sandaale) und direkte Verfolgung.

Besonderes: Attakiert andere Seevögel nicht nur, um an deren Mageninhalt zu kommen, sondern erbeutet diese auch regelmäßig selbst.

Papageitaucher (→ 293)

Fratercula [arctica] arctica (Linnaeus 1758)

Taxonomie: Familie Alke – Alcidae. Bildet Superspezies mit dem nordpazifischen Hornlund *F. corniculata*. Keine Unterarten.

Größe, Gewicht: Körperlänge 26–29 cm, Flügelspannweite 47–63 cm, Flügellänge 14–17,8 cm; 320–480 g.

Erkennungshinweise: Geschlechter gleich. Unverwechselbarer dohlengroßer Meeresvogel, der durch seinen hohen, flachen und bunten Schnabel auffällt. Im Jugendkleid Schnabel deutlich niedriger.

Stimme: Am Brutplatz tief knurrend, sonst schweigsam.

Brutareal: Nordatlantik an den Küsten Nordamerikas, der arktischen Inseln und Europas bis Nowaja Semlja.

Vorkommen in Mitteleuropa: Früher Brutvogel, heute unregelmäßig einzeln übersommernd auf Helgoland, in der Nordsee seltener Durchzügler, sonst Ausnahmegast

Wanderungen: Teilzieher, Winterquartiere im Nordatlantik, im Mittelmeer und vor Nordwestafrika.

Lebensraum: Auf dem offenen Meer. Brutvogel in Bodenhöhlen auf der Oberkante grasbewachsener Klippen.

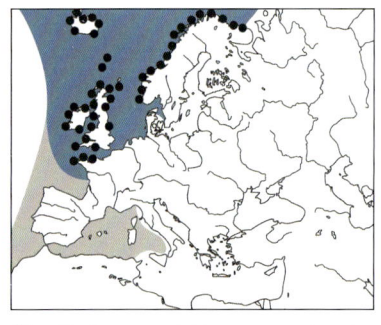

Nahrung: Kleine Schwarmfische, auch andere Meerestiere.

Alter: Ältester Ringvogel über 20 Jahre. Generationslänge 22 Jahre.

Gefährdung: Art auf Europa konzentriert und mit ungünstigem Erhaltungsstatus (SPEC 2); Rote Liste D 0 (ausgestorben). Gefährdung durch Überfischung und Meeresverschmutzung in den Nahrungsgebieten, zunehmende Prädation an den Brutplätzen.

Besonderes: Papageitaucher wurden mit Keschern beim Anflug an ihre Brutkolonien gefangen und z. T. für den späteren Verzehr eingepökelt.

Krabbentaucher (→ 294)

Alle alle (Linnaeus 1758)

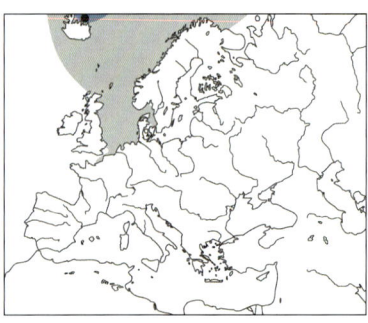

Taxonomie: Familie Alke – Alcidae. Keine Unterarten.

Größe, Gewicht: Körperlänge 17–19 cm, Flügelspannweite 40–48 cm, Flügellänge 11,6–12,7 cm; 140–192 g.

Erkennungshinweise: Geschlechter gleich. Starengroßer, schwarzweißer Meeresvogel mit sehr kurzem Schnabel. Im Schlichtkleid Kopfseiten und Vorderhals weiß.

Stimme: Am Brutplatz Trillergesang, außerhalb Brutzeit schweigsam.

Brutareal: Hocharktis von Grönland bis Franz-Joseph-Land.

Vorkommen in Mitteleuropa: Seltener Durchzügler in der Nordsee, vereinzelt stärkere Einflüge, Ausnahmegast im Binnenland.

Wanderungen: Überwinterung in den südlichen Randmeeren des Nordpolarmeeres und südlicher.

Lebensraum: Meeresvogel, Kolonien in Felsen am Strand oder in Bergen.

Nahrung: Planktonkrebse, wenig kleine Schwarmfische.

Alter: Ältester Ringvogel mind. 9 Jahre. Generationslänge 16 Jahre.

Gefährdung: Bedrohung durch Klimaerwärmung und Veränderungen der Meereisbedeckung.

Besonderes: Die größten Brutkolonien des Krabbentauchers umfassen mehrere Millionen Vögel.

Trottellumme (→295)

Uria aalge (Pontoppidan 1763)

Taxonomie: Familie Alke – Alcidae. Fünf Unterarten, davon 3 im Atlantik.

Größe, Gewicht: Körperlänge 38–43 cm, Flügelspannweite 64–71 cm, Flügellänge ♂ 21–22,6 cm, ♀ 20,4–22,4 cm; ♂ 490–844 g, ♀ 561–863 g.

Erkennungshinweise: Geschlechter gleich. Sehr ähnlich der Dickschnabellumme. Im Gegensatz zu dieser jedoch Gefieder eher braun, Schnabel lang und spitz und weiße Kerbe am Vorderhals gerundet.

Stimme: Vielseitige Rufe in der Kolonie. Ein hartes „arrah" oder „o'orr" sowie eine harte gereihte Stakkatoreihe „ha ha ha ha..." sind oft hörbar. Die Jungvögel rufen hoch „plii-ü".

Brutareal: Küsten von Nordatlantik und Nordpazifik sowie Barentssee; Nord- und Ostsee.

Vorkommen in Mitteleuropa: Regelmäßiger Brutvogel auf Helgoland. Als Gastvogel ganzjährig an den Küsten, extrem seltener Ausnahmegast im Binnenland.

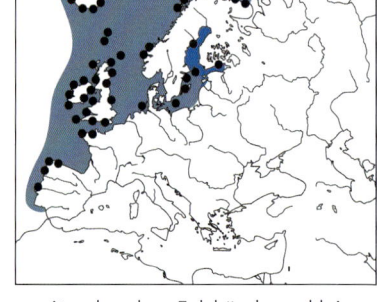

Wanderungen: Kurzstreckenzieher in die Schelfmeere rund um die Brutgewässer.

Lebensraum: Außer zur Brut ganzjährig in Schelfmeeren. Brutplätze an steilen Felsklippen mit schmalen Felsbändern, kleinen Vorsprüngen, Plattformen auf hohen Klippen oder Blockhalden sowie geschützte Schären.

Nahrung: Schwarmfische der offenen See wie Sprotte, Hering, Sandaal, Dorsch mit einer Länge von bevorzugt 90–125 mm. Selten marine Wirbellose.

Brutbiologie: Geschlechtsreife wohl frühestens 4-jährig • Nistplatz auf Gesimsen oft dicht gedrängt • Gelege mit 1 Ei • Brutdauer 30–35 Tage • Beide brüten, nehmen dabei das Ei auf die Füße • Nestlingszeit 18–24 Tage, dabei ein Altvogel stets anwesend • Sprung meist in der Abenddämmerung, werden von den Altvögeln aufs Meer hinausgeführt, flugfähig erst ca. 10 Wochen nach dem Sprung • 1 Jahresbrut; bei frühem Verlust bis zu 2 Nachgelege.

Alter: Ältester Ringvogel > 32 Jahre. Generationslänge 16 Jahre.

Gefährdung: Nach der EU-Vogelschutzrichtlinie besonders geschützte Art (Anhang I) (Unterart *ibericus*); Gefährdung durch Ölverschmutzung der Meere, Ertrinken in Fischernetzen, Übernutzung der Fischbestände und regional Jagd. Besonderes: Zwischen Anfang Juni bis Anfang Juli findet auf Helgoland, dem einzigen deutschen Brutplatz, der Lummensprung statt, bei dem sich die noch flugunfähigen Jungvögel von den Klippen ins Meer stürzen.

	Jan.	Feb.	März	April	Mai	Juni	Juli	Aug.	Sep.	Okt.	Nov.	Dez.
Anwesenheit												
Durchzug												
Brutzeit						X						
postjuv. Mauser												
Teil- / Vollmauser												
Vollmauser												

Dickschnabellumme (→296)

Uria lomvia Linnaeus 1758

Taxonomie: Familie Alke – Alcidae. Zwei Unterarten, Nominatform im Nordatlantik und in den Nordmeeren der Alten Welt.

Größe, Gewicht: Körperlänge 39–43 cm, Flügelspannweite 65–73 cm, Flügellänge 20,8–22,3 cm; ♂ 750–1100 g.

PK

Erkennungshinweise: Geschlechter gleich, etwas größer als Trottellumme, jedoch mit kürzerem, kräftigem Schnabel, fast immer deutlich weiße Linie entlang des Schnabelwinkels. Flanken immer reinweiß. Im Flug an Tordalk erinnernd (kurzer Hals) und viel weiß an Rücken und Bürzel.

PK

Stimme: In der Kolonie schnarrende und bellende Laute.

Brutareal: Arktische und subarktische Küsten des Pazifik und Atlantik, einige Inseln im Nordmeer. Im Nordatlantik vor allem Spitzbergen, Grönland, Island, also teilweise nördlicher als Trottellumme.

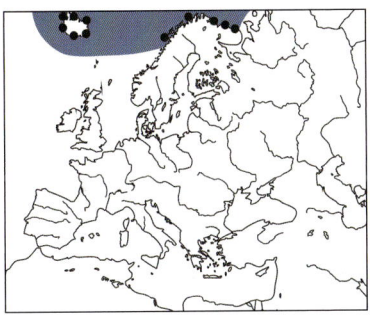

Vorkommen in Mitteleuropa: Ausnahmegast an der Küste.

Wanderungen: Zugvogel, doch Winterquartier je nach Eisverhältnissen nicht viel südlicher als Brutgebiet.

Lebensraum: Meeresvogel, Brutkolonien meist an steilen Felsen direkt am Meer.

Nahrung: Kleine Schwarmfische, Ringelwürmer und Krebstiere.

Alter: Älteste Ringvögel mind. 22 Jahre, 8 Monate, über 17 und 16 Jahre. Generationslänge 16 Jahre.

Gefährdung: Art in Europa mit ungünstigem Erhaltungsstatus (SPEC 3). Abnahmen in Island und Grönland, wohl durch Abnahme der Fischnahrung durch Überfischung sowie Ölverschmutzung.

Besonderes: Bildet an nordischen Vogelfelsen gemischte Kolonien mit Trottellumme und Tordalk.

Tordalk (→ 297)
Alca torda Linnaeus 1758

Taxonomie: Familie Alke – Alcidae. Zwei Unterarten in Europa.
Größe, Gewicht: Körperlänge 37–39 cm, Flügelspannweite 63–68 cm, Flügellänge 18,7–21,6 cm; 524–890 g.
Erkennungshinweise: Geschlechter gleich. Schwarzweißer lachmöwengroßer Meeresvogel. Durch kurzen hohen Schnabel unverwechselbar.
Stimme: Zur Brutzeit ein sehr tiefes, knarrendes „orrr".
Brutareal: Nordatlantikküste von Ostkanada bis Nordwestfrankreich,

ferner nach Nordost bis Weißmeer und nach Nord bis Bäreninsel.

Vorkommen in Mitteleuropa: Sehr seltener Brutvogel ausschließlich auf Helgoland. Wintergast an Ost- und seltener Nordseeküste. Im Binnenland seltener Ausnahmegast.

Wanderungen: Im Winter in den eisfreien Bereichen der Brutgewässer, ansonsten entlang der gesamten europäische Atlantikküste bis Marokko und ins westliche Mittelmeer.

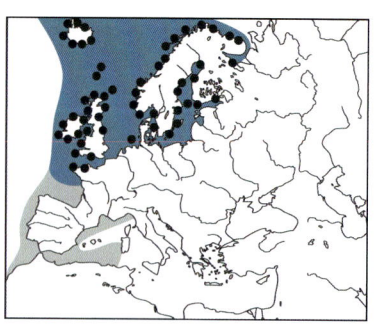

Lebensraum: Meeresvogel, ganzjährig in Küstengewässern. Brutplätze oft am Rand, abseits oder tiefer in den großen Seevogelkolonien, Nester oft in Höhlen und Halbhöhlen. Im Winter auf hoher See.

Nahrung: Kleine Fische der hohen See wie Sandaal, Gobiiden, Stichling und Hering, in der Ostsee Sprotte. Auch Krebstiere.

Brutbiologie: Erstbrüter 4–6 Jahre; Monogame Saisonehe mit hoher Brutplatz- und Partnertreue • Nest in Höhlungen • Gelege mit einem Ei • Brutdauer 28–43 Tage, je nach Brutintensität zu Beginn • beide Partner brüten, hudern und füttern • Absprung der Jungen nach 14–22

Tagen, Junge werden von den Altvögeln aufs Meer geführt • 1 Jahresbrut; 1–2 Nachgelege.

Alter: Ältester Ringvogel 30 Jahre, 1 Monat. Generationslänge 16 Jahre.

Gefährdung: Art auf Europa konzentriert (SPEC E); Gefährdet durch Öl-verschmutzung der Meere, Ertrinken in Fischernetzen und hohe Schadstoffbelastung.

Besonderes: Siedelt gerne mit Trottellummen und mit Dickschnabel-lummen (im hohen Norden) in gemischten Kolonien, bevorzugt aber geschütztere Neststandorte als diese und brütet nur selten frei auf Simsen.

	Jan.	Feb.	März	April	Mai	Juni	Juli	Aug.	Sep.	Okt.	Nov.	Dez.
Anwesenheit												
Durchzug			▬	X					▬			
Brutzeit				▬	X							
postjuv. Mauser									▬			
Teil- / Vollmauser	▬											
Vollmauser								▬				

Gryllteiste (→ 298)

Cepphus [grylle] grylle (Linnaeus 1758)

Taxonomie: Familie Alke – Alcidae. Bildet Superspezies mit der Taubenteiste *C. columba* (pazifische Küsten) und Brillenteiste *C. carbo* (Ochotskisches Meer, Japan). Fünf sehr ähnliche Unterarten, davon in Mitteleuropa nachgewiesen *C. g. grylle* mit Brutgebiet Ostsee, *C. g. arcticus* mit Brutgebiet Subarktis,

C. g. mandtii mit Brutgebiet nördliche Arktis.

Größe, Gewicht: Körperlänge 30–32 cm, Flügelspannweite 52–58 cm, Flügellänge 16,9–18,2 cm; 450–500 g.

Erkennungshinweise: Geschlechter gleich. In allen Kleidern großes, weißes Flügelfeld, das bei Jungvögeln dunkel gefleckt ist. Schlichtkleid ähnlich hell wie bei Vögeln im ersten Winter, jedoch ohne Fleckung des Flügelfeldes.

Stimme: Hoch durchdringend pfeifend „siiiie", am Ende leicht abfallend, singvogelähnlich zwitschernd wie „zi-zi-zi-zi".

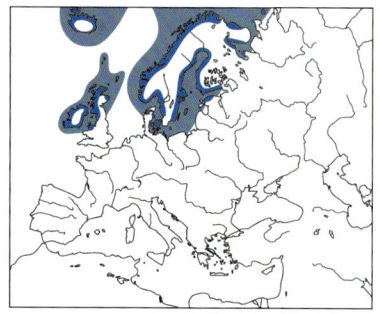

Brutareal: Zirkumpolar an den Küsten der Arktis, in Europa nach Süden bis Südirland und Südschweden.
Vorkommen in Mitteleuropa: Regelmäßiger Gastvogel an der Ostseeküste (*grylle, arcticus*), unregelmäßig an der Nordseeküste (*arcticus*), vor allem im Spätsommer, aber auch zu allen anderen Jahreszeiten, im Binnenland Ausnahmegast.

Wanderungen: Überwinterung in Meeresgebieten südlich der Brutplätze.
Lebensraum: Brutvogel meist unmittelbar an der Küste auf Fels-, Kies- oder Sandinseln oder zwischen Felsen steiler Böschungen. Nahrungserwerb im küstennahen Meer oder weiter draußen am Eisrand.
Nahrung: Fische, Krebstiere, Mollusken.
Brutbiologie: Geschlechtsreife frühestens mit 2 Jahren • Nest in Höhlen oder Halbhöhlen, Felsspalten oder zwischen Steinen; Eier liegen in gescharrter Mulde • 2 Eier • Legebeginn Anfang Mai bis Juni • Brutdauer 25–36 Tage • ♂ und ♀ brüten • ♂ und ♀ füttern • Junge bleiben 25 bis > 40 Tage im Nest, Nestlinge verlassen das Nest mit noch nicht ganz ausgewachsenen Schwungfedern, sind dann selbstständig • 1 Jahresbrut; Ersatzgelege.
Alter: Ältester Ringvogel 22 Jahre, 11 Monate. Generationslänge 9 Jahre.
Gefährdung: Art auf Europa konzentriert und mit ungünstigem Erhaltungsstatus (SPEC 2). Gefährdung durch Meeresverschmutzung und -überfischung, direkte Verfolgung und Ertrinken in Fischernetzen.
Besonderes: Im Gegensatz zu anderen Alken legen Gryllteisten zwei Eier.

Langschnabelalk (→ 299)

Brachyramphus [perdix] perdix (Pallas 1811)

Taxonomie: Familie Alke – Alcidae. Bildet Superspezies mit Kurzschnabelalk B. brevirostris in Nordamerika, früher teilweise als Unterart des Marmelalks *B. marmoratus* angesehen. Keine Unterarten.
Größe, Gewicht: Körperlänge 24–26 cm, Flügelspannweite 43 cm; im Durchschnitt 290 g.
Erkennungshinweise: Geschlechter gleich. Sehr ähnlich dem nahe verwandten Marmelalk, jedoch mit längerem Schnabel, der nach oben gehalten wird. Der Schwanz ist meist sehr deutlich zu sehen, da er aufgerichtet

gehalten wird. Im Prachtkleid dicht schwarzbraun gefleckt. Schlichtkleid ohne das dunkle Nackenband des Marmelalks.

Stimme: Dünnes Pfeifen „fii-fii".

Brutareal: Pazifikküste von Kamtschatka bis nach Hokkaido und von Alaska bis Zentralkalifornien.

Vorkommen in Mitteleuropa: Einmaliger Ausnahmegast in der Schweiz, einer der erstaunlichsten Nachweise in Europa.

Wanderungen: Zieht nach Süden, um dem zufrierenden Meer auszuweichen und überwintert im Süden des Ochotskischen Meeres.

Lebensraum: Als Baumbrüter auf alte, starke Bäume angewiesen. Außerhalb der Brutzeit offenes Meer.

Nahrung: Zur Brutzeit hauptsächlich Fische und Leuchtkrebse, außerhalb verschiedene Krebstiere und Fische.

Brutbiologie: Wenig bekannt • einzelnes Nest auf einer Plattform aus Moos oder Flechten auf dicken Ästen von Nadelbäumen, selten auf dem Boden • 1 Ei • Brutdauer 27–30 Tage • ♂ & ♀ brüten und füttern • Junge mit 27–40 Tagen flügge, Junges fliegt dann allein zum Meer • 1 Jahresbrut.

Gefährdung: Nicht weltweit gefährdet.

Besonderes: Wie der Marmelalk überwiegend Baumbrüter, deshalb Brutplätze oft weit vom Meer entfernt im Inland (bis zu 60 km).

Elfenbeinmöwe (→301)

Pagophila eburnea (Phipps 1774)

Taxonomie: Familie Möwen – Laridae. Keine Unterarten.

Größe, Gewicht: Körperlänge 40–44 cm, Flügelspannweite 106–120 cm, Flügellänge ♂ 33,2–36 cm, ♀ 32–36,2 cm; ♂ 500–700 g, ♀ 448–573 g.

Erkennungshinweise: Geschlechter gleich. Mittelgroße Möwe, die im Stehen an eine weiße Taube erinnert. Im Al-

terskleid reinweißes Gefieder. Im Jugendkleid unterschiedlich stark gepunktet und mit schmutzig wirkendem Gesicht.

Stimme: Ruf zweisilbig „prri-är", ferner mehrfach langgezogen, abfallend „kiiier" (Jauchzen).

Brutareal: Brutvogel auf arktischen Inseln von Kanada über Spitzbergen bis Sewernaja Semlja.

Vorkommen in Mitteleuropa: Ausnahmegast an der Nordseeküste.

Wanderungen: Nur einzeln über die Packeisgrenze nach Süden.

Lebensraum: Am Eis, Brutvogel an steilen Felsküsten.

Nahrung: Fische, Krebstiere, Mollusken am Eisrand.

Alter: Ältester Ringvogel 13 Jahre. Generationslänge 12 Jahre.

Gefährdung: Art in Europa mit ungünstigem Erhaltungsstatus (SPEC 3). Gefährdet durch Rückgang des Eisbären, Klimaerwärmung (Veränderung und Rückgang der Meereisverteilung) und Kontamination mit Schwermetallen.

Besonderes: Eisbären sind bedeutende Nahrungslieferanten, die Möwen fressen an Beutetieren mit und ernähren sich auch direkt vom Kot der Bären.

Dreizehenmöwe (→302)

Rissa tridactyla (Linnaeus 1758)

Taxonomie: Familie Möwen – Laridae. Zwei Unterarten, im Nordatlantik und in Europa Nominatform.

Größe, Gewicht: Körperlänge 38–40 cm, Flügelspannweite 91–120 cm, Flügellänge ♂ 29–32,6 cm, ♀ 27,9–31,8 cm; ♂ 350–500 g, ♀ 310–470 g.

Erkennungshinweise: Geschlechter gleich. Mittelgroße Möwe mit dunklen, kurzen Beinen. Adulte mit gelbem Schnabel und ganz schwarzer Flügelspitze. Immature mit dunklem Schnabel, schwarzer Schwanzendbinde und dreifarbigem Flügel.

Stimme: Häufigster Ruf an Kolonien etwa „kiti uääh", im Flug nasal „kja". Abseits vom Brutplatz schweigsam.

Brutareal: Zirkumpolar an Küsten der Mittelbreiten bis in die Hocharktis.

Vorkommen in Mitteleuropa: Brutvogel auf Helgoland; regelmäßiger, nicht seltener Wintergast an der Nord- und Ostseeküste, im Binnenland nach Süden abnehmend und nicht regelmäßiger einzelner Gast im Winterhalbjahr; manchmal größere Einflüge.

Wanderungen: Streuungswanderungen, kein saisonaler Zug.

Lebensraum: Meeresvogel, nur zur Brutzeit in Landnähe. Brutkolonien an steilen Küstenfelsen und Felsinseln, außerhalb der Brutzeit auf der Hochsee. Im Binnenland selten und meist nur kurzfristig.

Nahrung: Kleine Meeresfische, Mollusken und Krebstiere, auch Küchenabfälle und Aas; folgt Schiffen.

Brutbiologie: Erstbruten mit 3–8, meist mit 4–5 Jahren • Nest aus Erde und Schlamm als Fundament an steilen Felsen auf Bändern oder Vorsprüngen, in Nordeuropa auch an Gebäuden • 1–3 Eier • Legebeginn ab Anfang Mai, im Norden später • Brutdauer 25–32 Tage • beide brüten • ♂ und ♀ füttern • Junge bleiben 41–43 Tage im Nest, sind aber schon vorher einigermaßen flugfähig • 1 Jahresbrut; Ersatzgelege.

Alter: Ältester Ringvogel 28 Jahre, 5 Monate. Generationslänge 10 Jahre.

Gefährdung: Durch starke Verfolgung (Jagd und Fang für Modeartikel, Absammeln von Eiern und Nestlingen) im 19.

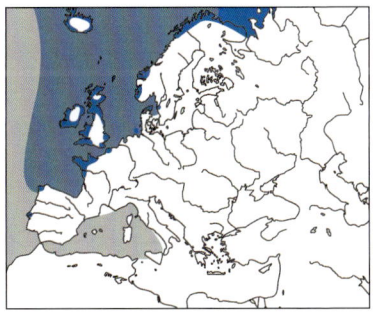

Jh. auf Helgoland erloschen, Neuansiedlung erst 1938, seitdem starke Zunahme, „gefördert" durch Eutrophierung und derzeitige Praxis der Hochseefischerei, umgekehrt durch Überfischung (Sandaale) und Umweltverschmutzung (insbesondere Öl) auch (potenziell) gefährdet.

Besonderes: Wegen der positiven Bestandsentwicklung seit der 2. Hälfte des 20. Jh. sind im Nordseebereich die meisten potenziellen Brutplätze belegt; inzwischen kommt es auch zu Ansiedlungen an suboptimalen Plätzen wie Wellenbrechern und Ölplattformen.

	Jan.	Feb.	März	April	Mai	Juni	Juli	Aug.	Sep.	Okt.	Nov.	Dez.
Anwesenheit												
Durchzug												
Brutzeit					x							
postjuv. Mauser												
Teil- / Vollmauser												
Vollmauser												

Schwalbenmöwe (→ 303)

Xema sabini (Sabine 1819)

PK

K1 mit Staren

Taxonomie: Familie Möwen – Laridae. Keine Unterarten.

Größe, Gewicht: Körperlänge 27–33 cm, Flügelspannweite 90–100 cm, Flügellänge ♂ 26,2–28,8 cm, ♀ 24,8–28,8 cm; ♂ 175–230 g, ♀ 135–211 g.

Erkennungshinweise: Geschlechter gleich. Im Flug durch charakteristisches Flügelmuster und gegabelten Schwanz unverkennbar. Im Prachtkleid schwarze Kapuze und im Schlichtkleid Nacken und Hinterkopf mehr oder weniger schwärzlich. Im Jugendkleid Oberseite braungrau und hell geschuppt, Kopf und Brustseiten grau.

Stimme: kratzend „krrrr", laut „kjär", leise „wihihi" und „kickickick".

Brutareal: Hocharktische Tundra Nordamerikas und östliches Sibirien, auch Grönland (und Spitzbergen ?).

Vorkommen in Mitteleuropa: Seltener Gast im Herbst an der Nordseeküste, ausnahmsweise Ostsee und Binnenland.

Wanderungen: Langstreckenzieher, Winterquartier im Atlantik und Pazifik vor Südafrika und der Westküste Südamerikas.

Lebensraum: Brutvogel in der Tundra in Mooren und an Gewässern. Durchzug und Winterquartier auf offener See, meist fern von Küsten.

Nahrung: Brutzeit Insekten und Krebstiere, sonst Meerestiere, auch Fische und Fischreste.

Alter: Generationslänge < 6 Jahre.

Gefährdung: Bedroht durch Klimaerwärmung.

Besonderes: Der hocharktische Brutvogel wird meist nur nach Stürmen an der deutschen Küste festgestellt, im Binnenland sehr selten, aber zunehmend.

Rosenmöwe (→304)

Hydrocoloeus roseus W. MacGillivray 1842

Taxonomie: Familie Möwen – Laridae. Keine Unterarten.

Größe, Gewicht: Körperlänge 29–32 cm, Flügelspannweite 90–100 cm, Flügellänge ♂ 26,4–27,7 cm, ♀ 25–27,7 cm; 120–150 g.

Erkennungshinweise: Geschlechter gleich. Im Prachtkleid ist diese kleine Möwe durch das rosa Gefieder, den schwarzen Halsring und den keilförmigen Schwanz unverkennbar. Schlichtkleid ähnlich

K1

Zwergmöwe, jedoch breiter weißer Flügelhinterrand. Im Jugendkleid und ersten Winter auf dem Oberflügel mit weniger Schwarz auf den Handschwingen, keine dunklen Armschwingen, deshalb Flügel viel heller.

Stimme: Am Brutplatz Stakkatoreihen, sonst leise, hoch „ku" oder „kiau".

Brutareal: Brutvogel der Hocharktis Amerikas mit einzelnen Vorkommen im Norden Sibiriens.

Vorkommen in Mitteleuropa: Sehr seltener Gast an der Nordsee, sonst Ausnahmegast.

Wanderungen: Langstreckenzieher, Winterquartier im Atlantik und Pazifik bis auf die Südhalbkugel.

Lebensraum: Brutvogel in lockeren und kleinen Kolonien an Gewässern der Tundra, auch tiefer im Binnenland.

Nahrung: Insekten, Krebstiere, außerhalb der Brutzeit marine Organismen und Fischabfälle von Schiffen.

Alter: Generationslänge < 6 Jahre.

Gefährdung: Geringer Gesamtbestand, Gefährdung durch Klimaänderung.

Besonderes: In den letzten Jahren Zunahme der Beobachtungen auch im Binnenland.

Zwergmöwe (→305)

Hydrocoloeus minutus (Pallas 1776)

Taxonomie: Familie Möwen – Laridae. Früher in Gattung *Larus* gestellt. Monotypisch.
Größe, Gewicht: Körperlänge 25–30 cm, Flügelspannweite 70–80 cm, Flügellänge 20,4–23,7 cm; 85–162 g.
Erkennungshinweise: Geschlechter gleich. Im Prachtkleid schwarze Kapuze, schwarz wirkender Schnabel und rote Beine. Flügelunterseite bei adulten Vögel schwärzlich. Immature je nach Alter mit Zickzackband auf den Flügeln, dunkler Schwanzendbinde und im ersten Sommerkleid mit zumindest partieller Kapuze.
Stimme: Oft in langen Rufreihen „keikei kei kei…" oder „kikä kikä…", ferner gedämpft „käh".
Brutareal: Lückig verbreitet von Norwegen und Schweden bis zur Lena in Ostsibirien. In Mitteleuropa ursprünglich auf Polen beschränkt, jetzt aber Brutansiedlungen in Holland und Deutschland. Ferner seit 1962 Brutansiedlungen in Nordamerika.
Vorkommen in Mitteleuropa: Häufiger Durchzügler und Gastvogel an den Küsten und Offshore, auch im Binnenland nicht selten. Sehr seltener Brutvogel in Polen und den Niederlanden, sonst im Norden gelegentliche Brutversuche von meist einzelnen Paaren.
Wanderungen: Kurz- und Mittelstreckenzieher mit Winterquartieren küstennah auf der Nordsee, Nordatlantik, Mittelmeer, Schwarzmeer, Ka-

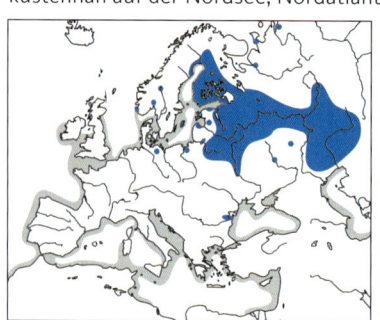

spischem Meer, Rotem Meer und Persischem Golf.
Lebensraum: Brutvogel an flachen, meist eutrophen Binnengewässern. Im Winter auf dem Schelf von Nordatlantik und Mittelmeer, auf dem Durchzug an größeren Binnengewässern und auch über Land jagend.
Nahrung: Zur Brutzeit Insekten, die in der Luft und weni-

ger von der Wasseroberfläche gefangen werden, daneben auch kleine Krebstiere; kleine Fischchen besonders im Winter.

Brutbiologie: Nest schwimmend oder auf dem Trockenen, Koloniebrüter • meist 2–3 Eier • Brutdauer 21–23 Tage • ♂ und ♀ brüten und füttern noch etwa 1 Woche auf dem Nest • Junge mit 21–24 Tagen flügge, kurz danach selbständig • 1 Jahresbrut; Ersatzgelege nur bei frühem Gelegeverlust.

Alter: Ältester Ringvogel 20 Jahre, 10 Monate. Generationslänge 6 Jahre.

Schutz: Nach der EU-Vogelschutzrichtlinie besonders geschützte Art (Anhang I), in Europa mit ungünstigem Erhaltungsstatus (SPEC 3); Nicht akut gefährdet.

Besonderes: Fliegt sehr leicht und jagt seeschwalbenähnlich kleine Fluginsekten über und auf der Wasseroberfläche.

Bonapartemöwe (→306)

Larus philadelphia (Ord 1815)

Taxonomie: Familie Möwen – Laridae. Keine Unterarten.

Größe, Gewicht: Körperlänge 28–30 cm, Flügelspannweite 90–100 cm, Flügellänge 25,2–25,4 cm; 170–230 g.

Erkennungshinweise: Geschlechter gleich. Knapp lachmöwengroß und an diese erinnernd. Beine kurz. Im Prachtkleid mit schwarzer (Lachmöwe mit dunkelbrauner) Kapuze, hellroten oder orangen (Lachmöwe mit dunkelroten) Beinen, Schnabel immer schwarz.

Stimme: Rufe nasal „tscherr" und seeschwalbenartig.

Brutareal: Nördliches Nordamerika.

Vorkommen in Mitteleuropa: Ausnahmegast.

Wanderungen: Zugvogel, Winterquartier Südkanada bis Mittelamerika.

Lebensraum: Brutvogel in der nassen Taiga in kleinen Kolonien; Überwinterung an seichten Küstengewässern und auch an Binnenseen.

Nahrung: Insekten zur Brutzeit, ferner kleine Krebstiere und kleine Fische.

Gefährdung: Keine Gefährdung zu erkennen.

Besonderes: Brütet sehr häufig auf kleinen Bäumen.

Lachmöwe (→307)

Larus ridibundus Linnaeus 1766

K1

PK

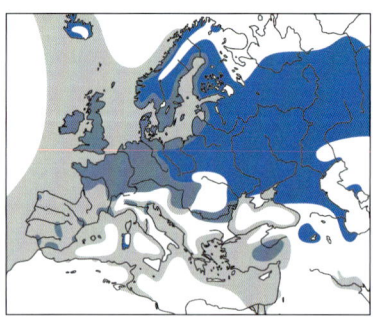

Taxonomie: Familie Möwen – Laridae. Keine Unterarten.

Größe, Gewicht: Körperlänge 34–43 cm, Flügelspannweite 94–110 cm, Flügellänge ♂ 28,2–32,3 cm, ♀ 22,9–27,2 cm; ♂ 250–400 g, ♀ 195–300 g.

Erkennungshinweise: Geschlechter gleich. Kleinere Möwe, im Prachtkleid durch die schokoladenbraune Kapuze gekennzeichnet. Im Schlichtkleid breiter dunkler Ohrfleck, Füße schmutzigrot und roter Schnabel mit dunkler Spitze. Schwanz im Jugendkleid mit dunkler Endbinde und Flügel braun gemustert.

Stimme: Zur Brutzeit Reihe von Krächzlauten „rä grä grä-krää krrääh krrääh kräh-grä". Beim Abfliegen "kreeä", kurz „keck" bei Beunruhigung. Im Winter Rufe meist heller, z.B. Stakkato „ke-ke-ke" und hohe „piiee" von Einjährigen.

Brutareal: In mittleren und nördlichen Breiten von Nordwest- und Südeuropa bis Ostsibirien und Kamtschatka.

Vorkommen in Mitteleuropa: Lückig verbreiteter, aber häufiger Brut- und Jahresvogel, häufiger Durchzügler und Rastvogel sowie Überwinterer.

Wanderungen: Standvogel, Teil- und Kurzstreckenzieher. Hauptwintergebiet Mittel-, West- und Südeuropa.

Lebensraum: Brutkolonien in Verlandungszonen, auf festem Boden am Wasser oder auf Inseln mit Vegetation, vor allem im Binnenland. Nahrungssuche auf Grün- und Ackerland, Müllkippen usw. Besonders außerhalb der Brutzeit vielfach in Städten, Industrie- und Hafenanlagen, auch abseits vom Wasser.

Nahrung: Vielseitig, z. B. Regenwürmer, Insekten am Boden oder auf der Wasseroberfläche, auch Jagd auf fliegende Insekten, kleine Fische, Abfälle, Aas von kleinen Tieren.

Brutbiologie: Erstes Brüten meist im 3. Lebensjahr • Nest in Kolonien auf trockener oder schwimmender Unterlage in Vegetation oder auf kahlem Boden aus Stängeln, Halmen und Blättern der nächsten Umgebung • 2–4 Eier • Legebeginn Mitte/Ende April bis Anfang Mai • Brutdauer 22–24 Tage • ♂ und ♀ brüten • ♂ und ♀ füttern • Junge ab 26–28 Tage flugfähig, ab 35 Tage selbständig; vorher als Platzhocker meist in der Nestumgebung • 1 Jahresbrut; Ersatzgelege.

Alter: Älteste Ringvögel >32 und >30 Jahre. Generationslänge 6 Jahre.

Gefährdung: Art auf Europa konzentriert (SPEC E). Bedrohung durch intensivierte Landnutzung, direkte Verfolgung und Nahrungsrückgang (Grünlandumbruch, Intensivlandwirtschaft, Deponieschließungen).

Besonderes: Bis in die Mitte des 20ten Jahrhunderts wurden Möweneier für den menschlichen Verzehr gesammelt.

	Jan.	Feb.	März	April	Mai	Juni	Juli	Aug.	Sep.	Okt.	Nov.	Dez.
Anwesenheit												
Durchzug			x x									
Brutzeit				x x								
postjuv. Mauser												
Teil- / Vollmauser												
Vollmauser												

Dünnschnabelmöwe (→308)

Larus genei Brème 1839

Taxonomie: Familie Möwen – Laridae. Keine Unterarten.

Größe, Gewicht: Körperlänge 42–44 cm, Flügelspannweite 100–110 cm, Flügellänge ♂ 29,4–32,1 cm, ♀ 27,9–31,6 cm; 223–350 g.

Erkennungshinweise: Geschlechter gleich. Mittelgroße Möwe, durch Flügelmuster stark an Lachmöwe erinnernd, Kopfprofil durch langen Schnabel mit sehr flacher Stirn kenn-

1. W

zeichnend. Im Prachtkleid reinweißer Kopf mit dunkelrotem, schwarz wirkendem Schnabel. Unterseite meist rosa getönt.

Stimme: Tiefer und nasaler als Lachmöwe rau „ga(k)", ein oder zweisilbig. Gackernd „ga ga grragragra...a-a".

Brutareal: Lückenhaft vom westlichen Mittelmeer und Nordafrika über Vorderasien bis Afghanistan, Pakistan und Kasachstan.

Vorkommen in Mitteleuropa: Sehr seltener Gast v. a. im Süden, seit 1990 etwas regelmäßiger und häufiger, doch nicht alle Meldungen anerkannt.

Wanderungen: Kurzstreckenzieher, Winterquartier Mittelmeerraum, Rotes Meer, Persischer Golf und Nordrand des Indischen Ozeans.

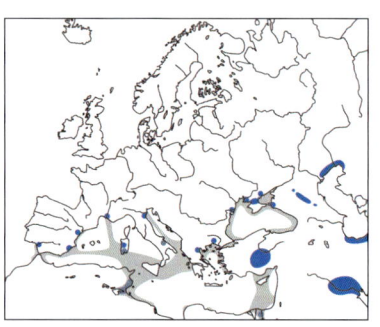

Lebensraum: Kolonien auf niedrigen Inseln an Mittelmeerküsten oder Steppenseen im Osten; Nahrungssuche an Flachgewässern, auch auf Grasland.

Nahrung: Kleinfische, Insekten und andere Wirbellose.

Alter: Generationslänge 6 Jahre.

Gefährdung: Nach der EU-Vogelschutzrichtlinie besonders zu schützende Art (Anhang I), in Europa mit ungünstigem Erhaltungsstatus (SPEC 3). Bedroht durch starke Konzentration der Brutkolonien ($\geq 90\,\%$ der Population brüten an ≤ 10 Lokalitäten).

Besonderes: Zusammenschluss der Jungen mehrerer Nester zu Kindergärten, bevorzugt in Gewässernähe.

Aztekenmöwe (→309)

Larus atricilla Linnaeus 1758

Taxonomie: Familie Möwen – Laridae. Zwei Unterarten in Amerika.
Größe, Gewicht: Körperlänge 36–41 cm, Flügelspannweite 100–125 cm, Flügellänge 31,8–35 cm; 200–400 g.
Erkennungshinweise: Lachmöwengroß und im dritten Jahr ausgefärbt. Adulte mit dunkelgrauem Mantel; dunkelroter Schnabel und ausgeprägtem Gonyseck. Im Prachtkleid schwarze Kapuze ähnlich Schwarzkopfmöwe.

Stimme: Lauter als Lachmöwe „khau khau"; Jauchzen mit ähnlichen Rufen, die dann in ein lachendes „hä-hä-hä..." übergehen (englischer Artname!).
Brutareal: Küsten und Meeresinseln Nord-, Mittel- und des nördlichen Südamerikas.
Vorkommen in Mitteleuropa: Ausnahmeerscheinung, mehrere Meldungen beziehen sich auf ein beringtes, durch Europa wanderndes Exemplar.
Wanderungen: Zugvogel entlang der amerikanischen Küsten.
Lebensraum: Küstenvogel, an Binnengewässern selten.
Nahrung: Wirbellose an der Gezeitenzone und kleine Schwarmfische.
Gefährdung: Nicht gefährdet.

Präriemöwe (→310)

Larus pipixcan Wagler 1831

Taxonomie: Familie Möwen – Laridae. Keine Unterarten.
Größe, Gewicht: Körperlänge 32–38 cm, Flügelspannweite 85–95 cm, Flügellänge ♂ 28–29,5 cm, ♀ 27,3–29,8 cm; 220–335 g.
Erkennungshinweise: Geschlechter gleich. Größe wie Lachmöwe. Im Prachtkleid ähnlich Aztekenmöwe, jedoch große weiße Spitzenflecke in den Handschwingen. Im Schlichtkleid statt schwarzer Kapuze große dunkle Kappe, Beine matt rot und Schnabel schwärzlich.
Stimme: Ruf weich „krruk", auch schriller "kuk kuk kuk." und qiekende Rufe.

Brutareal: Binnenland Nordamerikas.
Vorkommen in Mitteleuropa: Ausnahmegast.
Wanderungen: Langstreckenzieher, überwintert südlich des Äquators in Mittel- und Südamerika, vor allem auf der Pazifikseite.
Lebensraum: Binnengewässer, im Winter küstennah auf dem Meer.
Nahrung: Insekten, Regenwürmer, Fisch.

1. W

Gefährdung: Nicht akut gefährdet.

Schwarzkopfmöwe (→311)

Larus melanocephalus Temminck 1820

PK

K1

Taxonomie: Familie Möwen – Laridae. Keine Unterarten.
Größe, Gewicht: Körperlänge 36–38 cm, Flügelspannweite 92–105 cm, Flügellänge ♂ 30–32 cm, ♀ 29,5–31,6 cm; 215–350 g.
Erkennungshinweise: Geschlechter gleich. Im Prachtkleid reinweiße Schwungfedern und tiefschwarze Kapuze. Schnabel und Beine dunkelrot. Im Schlichtkleid schwarze Gesichtsmaske. Mantel außer im Jugendkleid hell silbrig weiß.
Stimme: Auffallend tief, nasale Rufe wie „ä-ön-ä" oder „kjää".
Brutareal: Europa, ursprünglich Schwarzmeerküste und Südosteuropa, jetzt auch Mitteleuropa.
Vorkommen in Mitteleuropa: Größere Brutbestände in Ungarn, Belgien und den Nie-

derlanden, sonst lokal seltener Brut- und Sommervogel, Durchzügler und Gastvogel.

Wanderungen: Kurzstreckenzieher, Überwinterung an Küsten Westeuropas und Mittelmeerraum bis Nordwestafrika.

Lebensraum: Brutvogel auf Inseln und an der Küste, auch in Lachmöwenkolonien im Binnenland. Nahrungssuche über

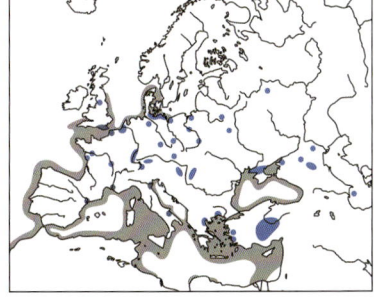

Land, im Winter auch auf offener See.

Nahrung: Brutzeit Insekten und andere Kleintiere, außerhalb Brutzeit kleine Fische, auch Abfälle.

Brutbiologie: Geschlechtsreife im 2.–3. Lebensjahr • Nest oft am Rand anderer Möwenkolonien, mit viel Material • 2–3 Eier • Legebeginn Mitte Mai und später • Brutdauer 23–25 Tage • ♂ und ♀ brüten • ♂ und ♀ füttern • Junge bleiben wenige Tage im Nest, mit 25–40 Tagen flügge • 1 Jahresbrut; Ersatzgelege.

Alter: Ältester Ringvogel 15 Jahre. Generationslänge 6 Jahre.

Gefährdung: Nach der EU-Vogelschutzrichtlinie besonders geschützte Art (Anhang I), auf Europa konzentriert (SPEC E). Gefährdung durch Störungen am Brutplatz und zunehmende Nestprädation.

Besonderes: Viele mittel- und osteuropäische Schwarzkopfmöwen ziehen zur Überwinterung nach Westen und Nordwesten an die Kanalküste.

	Jan.	Feb.	März	April	Mai	Juni	Juli	Aug.	Sep.	Okt.	Nov.	Dez.
Anwesenheit												
Durchzug									x x			
Brutzeit					x x							
postjuv. Mauser												
Teil- / Vollmauser												
Vollmauser												

Fischmöwe (→312)

Larus ichthyaetus Pallas 1773

Taxonomie: Familie Möwen – Laridae. Keine Unterarten.

Größe, Gewicht: Körperlänge 57–61 cm, Flügelspannweite 149–170 cm, Flügellänge ♂ 49–51,7 cm, ♀ 46,2–49,1 cm; ♂ 1600–1900 g, ♀ 1100–1500 g.

Erkennungshinweise: Geschlechter gleich. Im Prachtkleid durch die Größe und die schwarze Kapuze unverwechselbar. Bis ins erste Som-

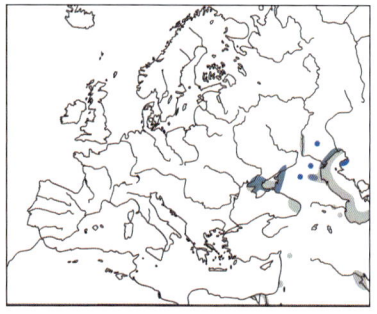

merkleid oberseits hellgrau mit dunklem Hinterhals. Handschwingen noch im 2ten Sommer ohne weiße Spitzen.
Stimme: Rufe kolkrabenähnlich „kräh-äh"; jaulend „kjauu-kjauu..." (Jauchzen).
Brutareal: Mittelasien von Nordwestchina und Westmongolei bis ins Kaspigebiet und an einige Stellen am Nordrand des Schwarzen Meeres.
Vorkommen in Mitteleuropa: Sehr seltener Gast, inzwischen aber fast alljährlich.
Wanderungen: Kurz- und Langstreckenzieher, Winterquartier an den Küsten des Indischen Ozeans, im Nahen Osten und in Ostafrika.
Lebensraum: Brutvogel an Brackwasserlagunen und Steppenseen. Auf dem Zug an Binnenseen und Meeresküsten.
Nahrung: Fische, auch Nagetiere, Eier, Vögel, Reptilien und größere Insekten. Aas offenbar selten.
Alter: Generationslänge 13 Jahre.
Gefährdung: Nicht gefährdet.

Korallenmöwe (→ 313)

Larus audouinii Payraudeau 1826

Taxonomie: Familie Möwen – Laridae. Keine Unterarten.
Größe, Gewicht: Körperlänge 48–52 cm, Flügelspannweite 115–148 cm, Flügellänge ♂ 39,7–44,7 cm, ♀ 38,6–41 cm; ♂ 513–820 g, ♀ 451–595 g.
Erkennungshinweise: Geschlechter gleich. Langflügelige Großmöwe mit relativ stumpfem und kurzem Schnabel und kleinen weißen Spitzenflecken im Handflügel. Stirn relativ flach und Schnabel im Prachtkleid dunkelrot.
Stimme: Krächzend tief „ärrrr", gedehnt „go-ähk" (Jauchzen).
Brutareal: Mittelmeerraum von Nordwestafrika bis Zypern und Türkei.

Vorkommen in Mitteleuropa:
Ausnahmegast mit leicht zunehmender Tendenz.
Wanderungen: Standvogel, Kurzstreckenzieher mit Winterquartier Westküste Afrikas bis Senegal.
Lebensraum: Küstengewässer, Inseln.
Nahrung: Kleine Fische, Tintenfische, Muscheln, Krebstiere aus dem Meer.
Alter: Ältester Ringvogel 19 Jahre, 9 Monate. Generationslänge 6 Jahre.
Gefährdung: Nach der EU-Vogelschutzrichtlinie besonders geschützte Art (Anhang I), weltweit bedroht (SPEC 1). Gefährdung durch Störungen in den wenigen Brutkolonien der Art. Früher auch direkte Verfolgung.

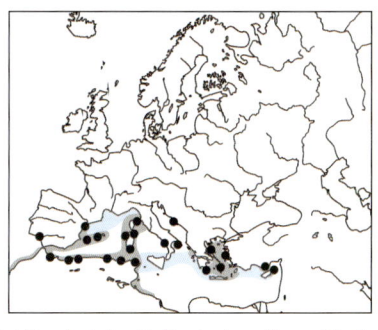

Besonderes: Die Korallenmöwe ist Symbol des italienischen Parco Nazionale Arcipelago Toscano.

Sturmmöwe (→ 314)

Larus [canus] canus Linnaeus 1758

Taxonomie: Familie Möwen – Laridae. Bildet Superspezies mit nordamerikanischer *L. brachyrhynchos*. Drei Unterarten, in Mitteleuropa *canus*, im Winter selten *heinei*.
Größe, Gewicht: Körperlänge 40–46 cm, Flügelspannweite 110–130 cm, Flügellänge ♂ 34,2–38 cm, ♀ 32,1–35,7 cm; ♂ 325–552 g, ♀ 290–480 g.
Erkennungshinweise: Geschlechter gleich. Von den

1. W

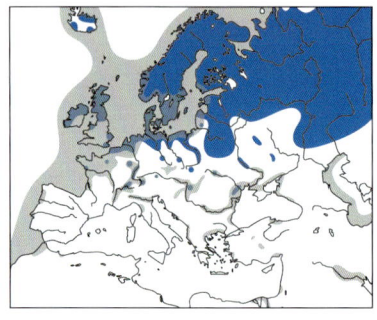

häufigen Möwenarten ist sie nur mit der wesentlich größeren Silbermöwe zu verwechseln. Die Sturmmöwe hat jedoch eine zierlichere Gestalt, einen kleineren, rundlichen Kopf und einen zierlicheren Schnabel. Im Prachtkleid sind die Beine grüngelb.

Stimme: Rufe durchweg höher als Silbermöwe. Jauchzen beginnt mit „Kiä" und wird immer schriller, zum Ende wieder tiefer.

Brutareal: Über gesamtes Nordeurasien verbreitet.

Vorkommen in Mitteleuropa: Regional verbreiteter, häufiger Brut- und Jahresvogel in Norddeutschland, Polen und den Niederlanden an den Küsten und im Binnenland. Im Süden spärlich und nur lokal. Häufiger Wintergast.

Wanderungen: Standvogel und Kurzstreckenzieher. Winterquartiere westlicher Nordatlantik auf offener See und an Küsten, seltener im Binnenland bis an den Alpenrand. Wenige im Mittelmeerraum.

Lebensraum: Brütet an Küsten hauptsächlich in Weißdünen. Im Binnenland ufernah auf Inseln in Seen. Im Winter auch auf offener See und an Deponien.

Nahrung: Sehr vielseitig: hauptsächlich Regenwürmer, Ringelwürmer (im Watt), Insekten, Fische, Kleinnager, Fischabfälle.

Brutbiologie: Erstbrüter 2–4 Jahre alt Gattentreue durch Brutplatztreue bis 12 Jahre belegt • Nest zumeist am Boden, seltener erhöht auf z. B. Kopfweiden, beide bauen, allein oder in Kolonien • meist 3 Eier • Brutdauer 23–28 Tage • beide brüten • Jungvögel laufen ab 4. Tag umher, werden aber am Nest gefüttert, beide Eltern füttern mit hochgewürgtem Nahrungsbrei • Junge fliegen mit 28–33 Tagen • 1 Jahresbrut, bis 2 Nachgelege bei frühen Gelegeverlusten.

Alter: Ältester Ringvogel über 31 Jahre. Generationslänge 8 Jahre.

Gefährdung: Art auf Europa konzentriert und mit ungünstigem Erhaltungsstatus (SPEC 2). Gefährdet durch direkte Verfolgung, Intensivierung der Landwirtschaft und zunehmende Nestprädation.

Besonderes: An der mecklenburg-vorpommerschen Ostseeküste wurden Sturmmöwen in den 1970er bis Mitte der 1980er Jahre massiv verfolgt, woraufhin die Bestände stark zurückgingen.

	Jan.	Feb.	März	April	Mai	Juni	Juli	Aug.	Sep.	Okt.	Nov.	Dez.
Anwesenheit												
Durchzug												
Brutzeit				x								
postjuv. Mauser												
Teil- / Vollmauser												
Vollmauser												

Ringschnabelmöwe (→ 315)

Larus delawarensis Ord 1815

Taxonomie: Familie Möwen – Laridae. Keine Unterarten.
Größe, Gewicht: Körperlänge 43–54 cm, Flügelspannweite 120–155 cm, Flügellänge ♂ 36,9–40,1 cm, ♀ 36–37,7 cm; 580–770 g.
Erkennungshinweise: Geschlechter gleich. Sehr ähnlich Sturmmöwe. Schnabel jedoch höher und im Alterskleid mit namengebender dunkler Binde. Altvögel im Flug mit kleinem weißem Fleck an den Flügelspitze. Im ersten Winter im Flug oberseits auffallendes hellgraues Feld in den Armschwingen und hellgrauer Rücken.

Stimme: Kurz und ziemlich tief „kau".
Brutareal: Nordamerika.
Vorkommen in Mitteleuropa: Ausnahmegast.
Wanderungen: Zugvogel, zieht bis nördliches Südamerika.
Lebensraum: Brutvogel an Binnengewässern und in Meeresbuchten, außerhalb Brutzeit an Binnengewässern und an der Küste.
Nahrung: Vielseitig, Abfälle, Getreide, Fische, Kleinsäuger, Regenwürmer usw.
Gefährdung: Nicht gefährdet.

Mantelmöwe (→ 316)

Larus marinus Linnaeus 1758

Taxonomie: Familie Möwen – Laridae. Keine Unterarten.

Größe, Gewicht: Körperlänge 64–79 cm, Flügelspannweite 150–167 cm, Flügellänge ♂ 48,1–52,1 cm, ♀ 45,3–49,1 cm; ♂ 1290–2772 g, ♀ 1033–2085 g.

Erkennungshinweise: Geschlechter gleich. Schwarzweiße Möwe mit dickem Hals und sehr großem Schnabel. Im Flug ein breiter weißer Flügelhinterrand, der bei der ähnlichen, jedoch kleineren Heringsmöwe nicht am ganzen Flügel zu sehen ist.

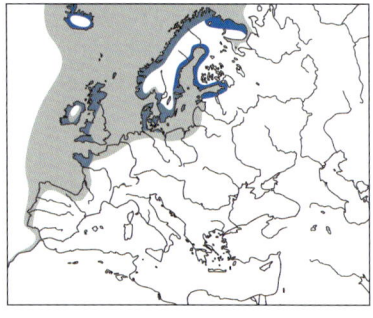

Stimme: Tiefer als andere Möwen, tief „kau" oder „krao", auch tief „gagaga"; Jauchzen ist tiefer als bei Silbermöwe.

Brutareal: Island, Nordseeküste, Großbritannien, Fennoskandien bis Baltikum, Spitzbergen, arktische Inseln und Nordostküste Nordamerikas.

Vorkommen in Mitteleuropa: Sehr seltener Brutvogel an der deutschen und niederländischen Nordseeküste und dort regelmäßiger Sommergast in größerer Zahl; Jahresvogel. Im küstenfernen Binnenland nur einzelner, seltener Gast; bis vor kurzem Zunahmetendenzen.

Wanderungen: Kurzstreckenzieher. Überwinterung von der Packeisgrenze bis zur Biskaya und Nordafrika.

Lebensraum: Ausgesprochener Küstenvogel; Nahrungssuche auf Hochsee und Mülldeponien.

Nahrung: Fische, viel Abfall, Wirbellose, auch Eier und vor allem junge Vögel.

Brutbiologie: Geschlechtsreife frühestens mit 4–5 Jahren • Nest auf kleinen Erhebungen oder nicht bewachsenen Stellen, mit Pflanzen, Zweigen oder Federn ausgekleidet • 2–3 Eier • Legebeginn Mitte April/Anfang Mai

• Brutdauer 26–28 Tage • ♂ und ♀ brüten • ♂ und ♀ füttern • Junge bis 7 Wochen gefüttert, mit 45–50 Tagen flügge • 1 Jahresbrut; Ersatzgelege.
Alter: Ältester Ringvogel 25 Jahre, 9 Monate, mehrfach über 18 Jahre. Generationslänge 13 Jahre.
Gefährdung: Art auf Europa konzentriert. Verluste durch direkte Verfolgung, Störungen in den Kolonien, Verölung und Ertrinken in Fischernetzen.
Besonderes: Größte Möwenart.

	Jan.	Feb.	März	April	Mai	Juni	Juli	Aug.	Sep.	Okt.	Nov.	Dez.
Anwesenheit												
Durchzug												
Brutzeit				x								
postjuv. Mauser												
Teil- / Vollmauser												
Vollmauser												

Eismöwe (→ 317)

Larus hyperboreus Gunnerus 1767

Taxonomie: Familie Möwen – Laridae. Vier Unterarten, Gäste in Mitteleuropa Nominatform.

Größe, Gewicht: Körperlänge 62–68 cm, Flügelspannweite 150–165 cm, Flügellänge ♂ 45,5–49,6 cm, ♀ 42,2–49,2 cm; ♂ 1600–2215 g, ♀ 964–1760 g.

Erkennungshinweise: Geschlechter gleich. Eine der größten Möwenarten Europas. Immer ohne Schwarz im Großgefieder. Adulte im Prachtkleid oberseits heller als Silbermöwe, im Schlichtkleid meist ausgeprägte Strichelung im Kopf- und Halsbereich. Die ersten Immaturen sehr düster wirkend und immer mit dunkler Schnabelspitze. Erst im vierten Lebensjahr im Adultkleid.

Stimme: Das Jauchzen beginnt hoch und „hijoh..." und endet

ad.

1. W

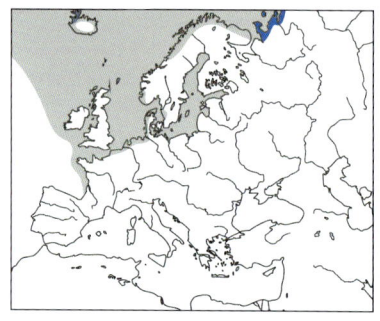

tief „grao...". Hauptruf schrill „kijau".

Brutareal: Zirkumpolar an den Küsten des Nordmeers, im Nordatlantik südlich bis Island.

Vorkommen in Mitteleuropa: Seltener, fast regelmäßiger Wintergast an der Nordseeküste, aber mit abnehmender Tendenz; im Binnenland Ausnahmegast.

Wanderungen: Stand- und Zugvogel, Überwinterung im Nordatlantik meist südlich der Brutvorkommen.

Lebensraum: Brutvogel an der Küste und auf Felsinseln, außerhalb der Brutzeit in Küstennähe, selten im Binnenland.

Nahrung: Krebstiere, Fische, Vögel, Eier, Aas, Beeren.

Alter: Ältester Ringvogel über 21 Jahre. Generationslänge über 13 Jahre.

Gefährdung: Keine Gefährdung bekannt.

Besonderes: Viele der deutschen Nachweise im Binnenland wurden an großen Mülldeponien Norddeutschlands erbracht.

Kanadamöwe (→317A)

Larus [argentatus] smithsonianus (Coues 1862)

1. W

Taxonomie: Familie Möwen – Laridae. Bildet Superspezies mit Silbermöwe *L. argentatus* und Vegamöwe L. vegae. Keine Unterarten.

Größe, Gewicht: Körperlänge 53–65 cm, Flügelspannweite 120–150 cm, Flügellänge ♂ 42,0–47,0 cm, ♀ 38,5–45,0 cm; 600–1650 g.

Erkennungshinweise: Geschlechter gleich. In allen Kleidern sehr ähnlich Silbermöwe. Auf der äußeren und meist auch auf der Innenfahne der zweiten Handschwinge ein weißes Subterminalfeld. Im Winterkleid Kopf und oft auch Hals sehr dicht dunkel gestrichelt, und oft eine Kapuze bildend. Am besten in den verschiedenen jugendlichen Kleidern zu unterscheiden, wirkt nicht streifig wie bei der Silbermöwe und hat eine gleichmäßige bräunliche Gesamtfärbung. Die Flügelunterseite wirkt durch braune Unterflügeldecken und helle Schwingen deutlich zweifarbig.

Stimme: Ähnelt der der Silbermöwe, klingt aber insgesamt schneller und tiefer. Häufigster Ruf ist ein „si-auww", dem oft ein tiefes, gackernden „gack-ack-ack-ack" folgt. Flugruf tiefer als bei Ringschnabelmöwe und etwas trompetend.

Brutareal: Vom Nordosten der USA über Kanada bis Mittelalaska.

Vorkommen in Mitteleuropa: Extrem seltener Ausnahmegast.

Wanderungen: Zugvogel, der hauptsächlich an der Pazifikküste von Südalaska bis Panama, an der Atlantikküste der USA und Mittelamerikas überwintert. Einige Überwinterungsgebiete liegen im Binnenland von Mittelamerika und dem Süden der Vereinigten Staaten.

Lebensraum: Brütet auf Inseln in Salzmarschen, küstennahen Wiesen sowie auf küstennahen Felsterrassen. Nahrungssuche auf dem Meer und an Land.

Nahrung: Wie bei allen Möwen sehr vielseitig. Alle Meerestiere, Gelege und Jungvögel, aber auch kleine Säugetiere, Obst und Abfälle.

Brutbiologie: Koloniebrüter • Erste Bruten mit 3–7, meist mit 5 Jahren • Großes Nest aus Gras und Wasserpflanzen • 2–3 Eier • Legebeginn Anfang Mai bis Anfang Juni • Brutdauer 28–30 Tage • ♂ & ♀ brüten und füttern • Junge mit 40–45 Tagen flügge • 1 Jahresbrut; Ersatzgelege.

Gefährdung: Nicht weltweit gefährdet.

Besonderes: Hybridisiert in der Arktis häufig mit der Eismöwe.

Thayermöwe (→ 317B)

Larus thayeri W. S. Brooks 1915

Taxonomie: Familie Möwen – Laridae. Kontroverses Taxon. Keine Unterarten.

Größe, Gewicht: Körperlänge 56–63 cm, Flügelspannweite 130–140 cm; 845–1150 g.

Erkennungshinweise: Geschlechter gleich. Vor allem im Brutkleid sehr ähnlich Silbermöwe. Beine, Füße kräftig fleischfarben, Augenring leuchtend rot. Das Schnabelinnere ist kräftig rosafarben.

K2

Iris meist dunkel gelbbraun, bei zehn Prozent jedoch gelb. Im Schlicht-kleid Kopf und Nacken stark gestrichelt. Jungvögel und Immature mit unterseits bleichen Handschwingen. Für die Bestimmung ist Speziallite-ratur nötig.

Stimme: Rufe tiefer und flacher als Silbermöwe und fast ausschließlich zur Brutzeit zu hören.

Brutareal: Nearktische Art, brütet an der Westküste der Hudson Bay und auf den arktischen Inseln Kanadas.

Vorkommen in Mitteleuropa: Extrem seltene Ausnahmeerscheinung, ein Nachweis in den Niederlanden.

Wanderungen: Zugvogel, der an der Westküste Nordamerikas von Bri-tish Kolumbien bis nach Kalifornien überwintert.

Lebensraum: Brütet an Küsten und in Ufernähe von Seen.

Nahrung: Hauptsächlich Fisch, jedoch auch Muscheln und Krustentiere. Außerdem Gelege und Jungvögel sowie Aas.

Brutbiologie: Brütet in kleinen Kolonien • Nest meist auf Klippen, gerne mit Eismöwen • Legebeginn Anfang Juni • 2–3 Eier • Brutbiologie kaum bekannt.

Gefährdung: Nicht weltweit gefährdet.

Besonderes: Die Taxonomie der Thayermöwe ist kompliziert und um-stritten. Sie ist sehr variabel gefärbt, hybridisiert mit Polarmöwen und Silbermöwen und wurde in der Vergangenheit beiden Arten zugeordnet.

Silbermöwe (→ 318)

Larus argentatus Pontoppidan 1763

Taxonomie: Familie Möwen – Laridae. 2 Unterarten, *L. a. argentatus* Bal-tikum und Skandinavien, *L. a. argenteus* C. L. Brehm 1822 Westeuropa und Nordseeküste.

Größe, Gewicht: Kör-perlänge 55–67 cm, Flügelspannweite 138–150 cm, Flügel-länge ♂ 43,6–46,6 cm, ♀ 41,1–43,8 cm; ♂ 920–1440 g, ♀ 795–1100 g.

Erkennungshinwei-se: Große Möwe, die im vierten Jahr ihr erstes Prachtkleid be-kommt. Sehr ähnlich

Mittelmeer und Steppenmöwe, im Alterskleid jedoch mit fleischfarbenen statt gelben Füßen. Im Winter durch den stark gestrichelten Kopf von den beiden gelbfüßigen Möwen zu unterscheiden.

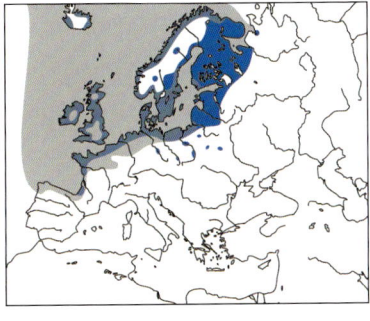

Stimme: Lautes Jauchzen wie „aau aau au kjiiau kjau kjau", gegen Ende langsamer. Kurz „ku" oder bellend „hau", Warnruf am Brutplatz „ga ga gag".

Brutareal: Europa von Island bis Altantikküste Frankreichs und Nordküste Finnlands.

Vorkommen in Mitteleuropa: Häufiger Brut- und Jahresvogel an der Küste, im Norden auch im Binnenland lokaler Brutvogel und regelmäßiger Gast, im Süden nur Gastvogel in kleiner Zahl.

Wanderungen: Teilzieher, Streuungswanderungen; Hauptwinterquartier von der Ostsee bis in die Biskaya.

Lebensraum: Vor allem Küstenvogel. Überwinterung auch an Binnengewässern, Brutvogel in Dünen, offenen Stränden, auch Felsinseln und Grasflächen.

Nahrung: Vielseitig, vor allem meeresbewohnende Wirbellose, Ausweichnahrung Abfall, Vegetabilien, auch Vogeljunge und Eier.

Brutbiologie: Geschlechtsreife mit 4–7 Jahren • Nest auf Boden, auch auf Gebäuden, mitunter wenig Nistmaterial • 2–3 Eier • Legebeginn Ende April bis Mai • Brutdauer 26–32 Tage • ♂ und ♀ brüten • ♂ und ♀ füttern • Junge werden mit 35–49 Tagen flügge, sind dann aber noch bis über 20 Tage im Nestterritorium und werden auch gefüttert • 1 Jahresbrut; Ersatzgelege.

Alter: Ältester Ringvogel 33 Jahre noch fortpflanzungsfähig; Generationslänge 13 Jahre.

Gefährdung: Art auf Europa konzentriert (SPEC E). Nicht gefährdet, Verluste direkte Verfolgung und Schließung von Mülldeponien.

Besonderes: Lernfähig und frech. So haben es auf den Nordseeinseln Silbermöwen gelernt, Chipstüten aus den Regalen zu stehlen sowie Eiskugeln von Passanten zu erbeuten.

	Jan.	Feb.	März	April	Mai	Juni	Juli	Aug.	Sep.	Okt.	Nov.	Dez.
Anwesenheit												
Durchzug												
Brutzeit					X							
postjuv. Mauser												
Teil- / Vollmauser												
Vollmauser												

Mittelmeermöwe (→320)

Larus [michahellis] michahellis J. F. Naumann 1840

K1

PK

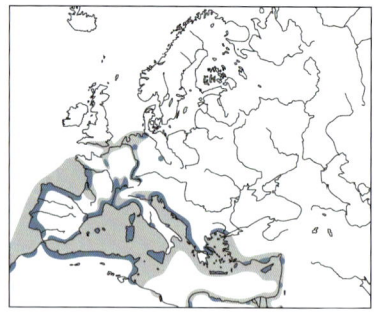

Taxonomie: Familie Möwen – Laridae. Bildet Superspezies mit Armenienmöwe *L. armenicus*. Zwei Unterarten mit räumlich nicht ganz klarer Abgrenzung, im Mittelmeergebiet *L. m. michahellis*, um Azoren und Kanaren *L. m. atlantis*.

Größe, Gewicht: Körperlänge 58–68 cm, Flügelspannweite 140–158 cm, Flügellänge ♂ 42,8–48,5 cm, ♀ 39,5–46,2 cm; ♂ 1040–1500 g, ♀ 800–1400 g.

Erkennungshinweise: Geschlechter gleich. Sehr ähnlich Silber- und Steppenmöwe und von diesen oft nur schwer zu unterscheiden. Adulte im Prachtkleid von der Silbermöwe an den gelben Beinen und den kleineren Handflügelflecken und dem etwas dunkleren Mantel zu unterscheiden. Die Steppenmöwe hat einen schwächeren Schnabel und eine dunkle Iris. Adulte im Schlichtkleid mit schneeweißem Kopf.

Stimme: Langsamer und tiefer als Steppenmöwe.

Brutareal: Mittelmeergebiet und Atlantikküste Nordwestafrika und Südwesteuropa, nach Norden bis Mitteleuropa.

Vorkommen in Mitteleuropa: Regelmäßiger, aber lokaler Brutvogel meist in kleinen Zahlen, verbreiteter Jahresgast vor allem im Süden.

Wanderungen: Standvogel mit größeren nachbrutzeitlichen Streuungswanderungen.

Lebensraum: Brutvogel an Küsten und im Binnenland an Gewässern auf Inseln und an Ufern; Nahrungssuche auch im Kulturland und auf Mülldeponien, als Gast mit anderen Möwen an Gewässern aller Art.
Nahrung: Vielseitig: Fische, Wirbellose, Abfall, kleinere Vögel und Säugetiere, Aas.
Brutbiologie: Geschlechtsreife ? • Nest einfache Mulde oder Materialansammlungen aus der nächsten Umgebung auf dem Boden • 1–3 Eier • Legebeginn April/Mai • Brutdauer 27–31 Tage • ♂ und ♀ brüten • ♂ und ♀ füttern • Junge bleiben zunächst im Nestterritorium, werden 6–8 Wochen versorgt und können mit 35–40 Tagen fliegen • 1 Jahresbrut; Ersatzgelege.
Alter: Generationslänge 13 Jahre.
Gefährdung: Art auf Europa konzentriert. Gefährdung durch Störungen an (potentiellen) Brutplätzen und direkte Verfolgung.
Besonderes: Erster Brutnachweis in Deutschland im Jahre 1987.

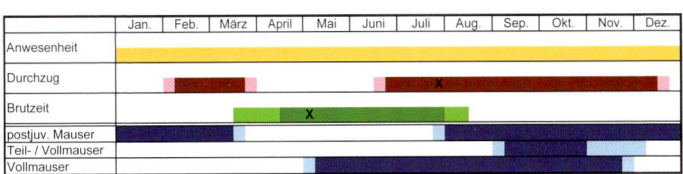

Steppenmöwe (→321)

Larus cachinnans Pallas 1811

Taxonomie: Familie Möwen – Laridae. Keine Unterarten.
Größe, Gewicht: Körperlänge 58–67 cm, Flügelspannweite 140–158 cm, Flügellänge ♂ 43,5–48,2 cm, ♀ 39,5–46 cm; ♂ 750–1330 g, ♀ 680–1147 g.
Erkennungshinweise: Geschlechter gleich. Sehr leicht mit der im Alterskleid ebenfalls gelbfüßigen Mittelmeermöwe zu verwechseln. Im Gegensatz zu dieser ist der Schnabel etwas schwächer und das Auge

klein und dunkel. Jungvögel und Immature nur mit Erfahrung von der Mittelmeermöwe und der Silbermöwe zu unterscheiden.

ad.

Stimme: Sehr ähnlich der Mittelmeermöwe, jedoch tiefer und rauer. Oft ein wieherndes Stakkato „ääähhähähähähä" mit hochgereckten Flügeln.

Brutareal: Von der Schwarzmeerküste bis zum Kaspiraum und Ostkasachstan. In jüngster Zeit entstanden kleine Brutvorkommen im östlichen Mitteleuropa.

Vorkommen in Mitteleuropa: Regelmäßiger Brutvogel im Süden Polens, sonst sehr seltener Brutvogel (auch in Deutschland) und regelmäßiger Gastvogel. Immature teils ganzjährig, sonst höchste Zahlen im Spätsommer und Herbst.

Wanderungen: Standvogel und Teilzieher mit Streuungswanderungen. Fliegt westwärts bis Ungarn, Deutschland, Ostseeraum und gebietsweise bis an die Nordseeküste.

Lebensraum: In mediterranen und temperaten Lebensräumen und Steppen. An Brackwassersümpfen und Salzpfannen, Flüssen, Süßwasserseen

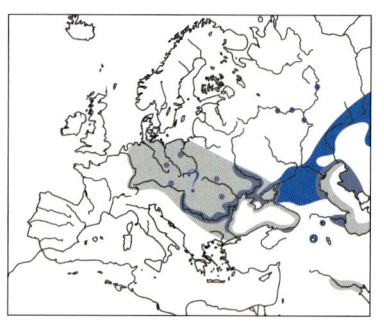

und -sümpfen auf felsigen, kiesigen oder sandigen Küsteninseln oder Landzungen brütend. Außerhalb Brutzeit Küstenvogel oder auf landwirtschaftlichen Nutzflächen, an Mülldeponien, Häfen und Flüssen.

Nahrung: Kleinsäuger und Insekten, Fische, Vogeleier und Jungvögel, Reptilien, Abfall auf Deponien und Aas. Teils weite Nahrungsflüge in Steppengebiete.

Brutbiologie: Bisher kaum konkrete Informationen.

Alter: Generationslänge 13 Jahre.

Schutzstatus und Gefährdung: Art auf Europa konzentriert (SPEC E); Nicht gefährdet.

Besonderes: Die Steppenmöwe wurde erst Mitte der 1990er Jahre als eigene Art erkannt und von der Mittelmeermöwe abgetrennt.

Heringsmöwe (→ 323)

Larus [fuscus] fuscus Linnaeus 1758

Taxonomie: Familie Möwen – Laridae. Bildet mit der östlichen Tundra-möwe *L. a. heuglini* eine Superspezies. Zwei (drei) Unterarten *L. f. fuscus* (Nordeuropa, Weißes Meer), *L. f. graellsii* (Kontinentaleuropa, Britische Inseln, Island); *L. f. intermedius* umstritten.

ad.

Größe, Gewicht: Körperlänge 51–64 cm, Flügelspannweite 135–150 cm, *graellsii:* Flügel-länge ♂ 40–44,2 cm, ♀ 38,3–43,5 cm; ♂ 770–1000 g, ♀ 620–908 g.

Erkennungshinweise: Geschlechter gleich. Große, schlanke Möwe mit langen Flügeln, die ihr Alterskleid im vierten Kalenderjahr erreicht. Durch schwarzen Mantel Verwechslungs-gefahr mit der Mantelmöwe, diese ist jedoch wesentlich größer.

Stimme: Tiefer und weniger laut als Silbermöwe „äo" oder „eä"; Jauchzen in sehr rascher Folge.

Brutareal: Westeuropa bis Westsibirien.

Vorkommen in Mitteleuropa: Brut- und Jahresvogel v.a. an der Nordsee; einzelner regelmäßiger Gast auch im Binnenland.

Wanderungen: Teil- und Kurz-streckenzieher, auch Langstre-ckenzieher. Überwinterung von der Nordsee bis Afrika südlich der Sahara.

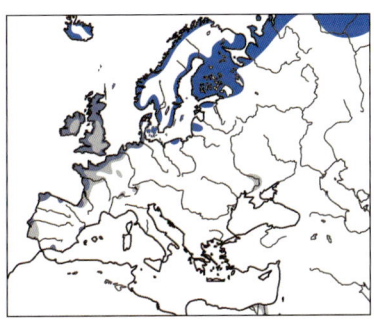

Lebensraum: Brutvogel in Dünen und an Flachküsten. Außerhalb der Brutzeit von Küsten bis offene See, im In-land an Binnengewässern un-terschiedlicher Art.

Nahrung: Fische von der Was-seroberfläche, Krabben, Fischereiabfälle, auch Regenwürmer und Insek-ten, wenig Aas und Abfälle.

Brutbiologie: Geschlechtsreife frühestens im 3. Lebensjahr • Nest am Boden, auch auf Gebäuden, mit Material aus der Umgebung ausgelegt

• 2–3 Eier • Legebeginn Ende April, überwiegend Mai • Brutdauer 26–31 Tage • ♂ und ♀ brüten • ♂ und ♀ füttern • Junge verlassen Nest oft schon nach wenigen Tagen, sind mit 35–40 Tagen flugfähig • 1 Jahresbrut; Ersatzgelege.

Alter: Ältester Ringvogel 31 Jahre, 9 Monate. Generationslänge 11 Jahre.

Gefährdung: Art auf Europa konzentriert (SPEC E). Gefährdung überwiegend durch direkte Verfolgung und Umweltgifte.

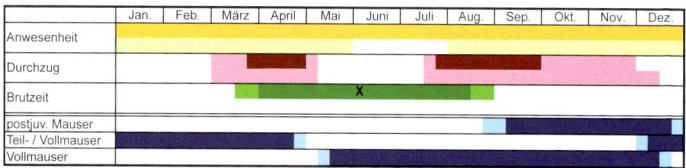

	Jan.	Feb.	März	April	Mai	Juni	Juli	Aug.	Sep.	Okt.	Nov.	Dez.
Anwesenheit												
Durchzug												
Brutzeit						x						
postjuv. Mauser												
Teil- / Vollmauser												
Vollmauser												

Tundramöwe (→323A)

Larus [fuscus] heuglini **Bree 1876**

Taxonomie: Familie Möwen – Laridae. Bildet Superspezies mit Heringsmöwe *L. fuscus*, teilweise auch zur Steppenmöwe *L. cachinnans* gestellt. Drei Unterarten.

Größe, Gewicht: Flügellänge ♂ 44,2–47,6 cm; ♀ 41,6–44,8 cm; ♂ 900–1040 g, ♀ 770–900 g.

Erkennungshinweise: Geschlechter gleich. In allen Kleidern extrem schwer von der Heringsmöwe zu unterscheiden. Ist etwas größer und hat schlankeren Schnabel als diese. Beste Hinweise liefern unterschiedliche Mauserstrategien der beiden Arten im zweiten Kalenderjahr und bei Altvögeln im Spätherbst und Winter.

ad.

Stimme: Ähnlich Herings- und Silbermöwe, aber nasaler.

Brutareal: Nordsibirien.

Vorkommen in Mitteleuropa: Sehr seltener Gast, genauer Status wegen Bestimmungsschwierigkeiten unklar.

Wanderungen: Langstreckenzieher. Zug über Schwarzmeer und Kaspigebiet in den östlichen Mittelmeerraum, Arabische Halbinsel bis Indien, Rotes Meer, Süd- und Ostafrika.

Lebensraum: Brutvogel der arktischen Tundra mit Tümpeln und

Küsteninseln. Im Winter auf warmen Meeren.

Alter: Generationslänge 11 Jahre.

Gefährdung: Nicht gefährdet.

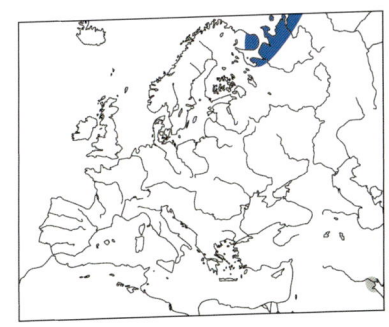

Polarmöwe (→324)

Larus glaucoides (B. Meyer 1822)

Taxonomie: Familie Möwen – Laridae. Drei Unterarten, in Mitteleuropa fast ausschließlich *L. g. glaucoides* aus Grönland, aber auch *L. g. kumlieni* (Baffininsel) nachgewiesen.

Größe, Gewicht: Körperlänge 52–64 cm, Flügelspannweite 140–150 cm, Flügellänge ♂ 39,5–44,3 cm, ♀ 38,5–42,8 cm; 460–1039 g.

Erkennungshinweise: Geschlechter gleich und der Eismöwe in allen Kleidern sehr ähnlich, jedoch deutlich kleiner. Durch den rundlichen Kopf freundlich wirkend. Flügel deutlich länger und Schnabel deutlich kürzer als bei der Eismöwe.

Stimme: Schriller und höher als Silbermöwe.

Brutareal: Grönland und arktisches Kanada.

Vorkommen in Mitteleuropa: Seltener Gast an der Küste, im Binnenland Ausnahmegast.

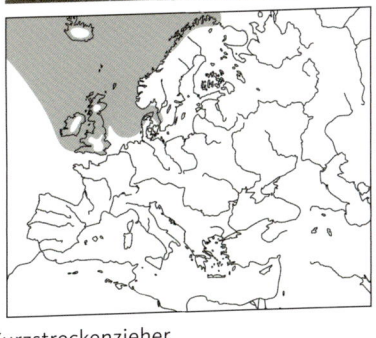

Wanderungen: Standvogel und Kurzstreckenzieher.

Lebensraum: Brutvogel an Steilküsten und kleinen Inseln, sonst küstennah auf dem Meer.

Nahrung: Fische, Krebstiere, Mollusken.
Alter: Generationslänge 11 Jahre.
Gefährdung: Nicht gefährdet.
Besonderes: Polarmöwen erscheinen wesentlich seltener in Deutschland als Eismöwen.

Noddiseeschwalbe (→325)

Anous stolidus **(Linnaeus 1758)**

Taxonomie: Familie Seeschwalben – Sternidae. Vier Unterarten.
Größe, Gewicht: Körperlänge 38–40 cm, Flügelspannweite 77–85 cm, Flügellänge ♂ 26,2–28,5 cm, ♀ 25,9–27,6 cm; 150–272 g.

Erkennungshinweise: Geschlechter gleich. Durch braunes Gefieder und weiße Augenklammern mit keiner anderen Seeschwalbenart zu verwechseln.
Stimme: Außerhalb der Brutplätze selten zu hören.
Brutareal: Tropische Meeresinseln bis nördliche und südliche Subtropen im Atlantik, Indischen Ozean und Pazifik.

ad.

Vorkommen in Mitteleuropa: Ausnahmegast, bisher nur einmal in Deutschland erlegt.
Wanderungen: Außerhalb der Brutzeit pelagisch auf tropischen Meeren.
Lebensraum: Küstennahe Meere.
Nahrung: Fische, Tintenfische.
Gefährdung: Nicht akut gefährdet.

Lachseeschwalbe (→326)

Gelochelidon nilotica **J. F. Gmelin 1789**

Taxonomie: Familie Seeschwalben – Sternidae. Auch in Gattung *Sterna* gestellt. Sechs Unterarten, in Europa *G. n. nilotica*.
Größe, Gewicht: Körperlänge 33–38 cm, Flügelspannweite 100–115 cm, Flügellänge ♂ 30,9–34,1 cm, ♀ 30,7–33,3 cm; ♂ 200–245 g, ♀ 190–260 g.
Erkennungshinweise: Geschlechter gleich. Im Prachtkleid auffallender Schopf. Recht kräftiger, schwarzer Schnabel. Stirn im Schlicht- und Jugendkleid weiß.
Stimme: Zweisilbiger ruf „käwä"; auch kurz wiederholt „äg-äg-äg".

Brutareal: Fast auf der ganzen Welt mit Einzelvorkommen. Süd- und Nordamerika, Küste Nordwestafrikas, Südostasien, Australien. Hauptverbreitung in Halbwüsten und Steppengebieten Zentral- und Mittelasiens nach Westen bis Türkei und Verbreitungsinseln bis Mittel- und Südwesteuropa.

ad.

Vorkommen in Mitteleuropa: Sehr seltener lokaler Brut- und Sommervogel an der deutschen Nordseeküste, sonst seltener und unregelmäßiger Gastvogel.

Wanderungen: Langstreckenzieher, Hauptwinterquartier der europäischen Brutvögel Subtropen und Tropen Afrikas.

Lebensraum: Brutvogel an Flachküsten, Lagunen, vegetationsarmen Flächen an Seen und ehemals auch auf Flussschotterbänken; Nahrungssuche in offenem Gelände und über Teichen, Reisfeldern usw.

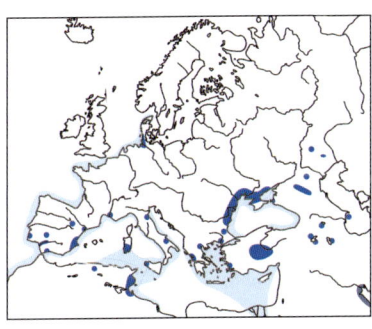

Nahrung: Hauptsächlich Landtiere wie Insekten, Amphibien, kleine Eidechsen, Kleinsäuger, Regenwürmer. Fängt fliegende Insekten.

Brutbiologie: Erstbrut mit 4–5 Jahren • Nest meist auf vegetationsfreiem Boden • 2–3 Eier • Legebeginn Anfang Mai bis Anfang Juli • Brutdauer 22–23 Tage • ♂ und ♀ brüten • ♂ und ♀ füttern • Junge werden nach wenigen Tagen zu einem Aufzuchtplatz geführt, mit ca. 30 Tagen voll flügge,

	Jan.	Feb.	März	April	Mai	Juni	Juli	Aug.	Sep.	Okt.	Nov.	Dez.
Anwesenheit												
Durchzug												
Brutzeit					X							
postjuv. Mauser												
Teil- / Vollmauser												
Vollmauser												

bleiben aber dann noch im Familienverband • 1 Jahresbrut; Ersatzgelege.
Alter: Ältester Ringvogel 15 Jahre, 9 Monate. Generationslänge 9 Jahre.
Gefährdung: Nach der EU-Vogelschutzrichtlinie besonders geschützte Art (Anhang I), in Europa mit ungünstigem Erhaltungsstatus (SPEC 3); Gefährdet durch intensivierte Landwirtschaft und wasserbauliche Maßnahmen, auch in den Winterquartieren.

Raubseeschwalbe (→327)
Hydroprogne caspia Pallas 1870

ad.

Taxonomie: Familie Seeschwalben – Sternidae. Auch zur Gattung *Sterna* gestellt. Keine Unterarten.
Größe, Gewicht: Körperlänge 47–56 cm, Flügelspannweite 127–145 cm, Flügellänge ♂ 40,4–44,1 cm, ♀ 38,7–42,9 cm; ♂ 600–750 g, ♀ 500–640 g.

Erkennungshinweise: Geschlechter gleich. Sehr große Seeschwalbe mit leuchtend rotem, klobigem Schnabel und schwarzer Kopfplatte.
Stimme: Ruf erinnert an einen Reiher „chrää(i)", auch mehrsilbig oder gereiht. Am Brutplatz „tschägräää", Alarmruf „kerrä" oder „errek".
Brutareal: Kleinere Vorkommen fast auf der ganzen Welt, in Europa vor allem auf Ostsee- und Schwarzmeerraum beschränkt.
Vorkommen in Mitteleuropa: Regelmäßiger Gast in sehr kleiner Zahl, im Binnenland meist nur einzeln. Die meisten Daten im Spätsommer und Herbst. Nur sporadischer Brutvogel.

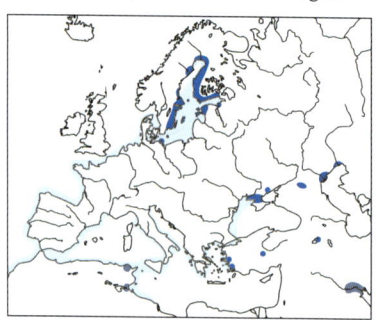

Wanderungen: Zugvogel, die Brutvögel Europas überwintern vom Nordrand des Mittelmeers bis zum Äquator.
Lebensraum: Brutvogel auf flachen Sandstränden an Küsten, Meeresbuchten oder Salinen, in Binnengewässern auf größeren Inseln. Fischfang vor allem im Seichtwasser.
Nahrung: Fische im Meer und im Süßwasser.

Brutbiologie: Geschlechtsreife im 3.–4. Lebensjahr • Nest flache Boden-mulde • 2–3 Eier • Legebeginn Mai • Brutdauer 24–25 Tage • ♂ und ♀ brü-ten • ♂ und ♀ füttern • Junge bleiben 25–28 Tage in der Nestumgebung, werden mit 37 Tagen flügge und begleiten die Alten noch längere Zeit bei der Nahrungssuche • 1 Jahresbrut; Ersatzgelege.

Alter: Ältester Ringvogel 30 Jahre. Generationslänge 11 Jahre.

Gefährdung: Nach der EU-Vogelschutzrichtlinie besonders geschützte Art (Anhang I), in Europa mit ungünstigem Erhaltungsstatus (SPEC 3); Gefährdet durch direkte Verfolgung und hohe Verluste durch Nestprä-dation.

Besonderes: Beim Stoßtauchen aus bis zu 40 m Höhe werden Tauchtie-fen von bis 1,5 m erreicht.

Schmuckseeschwalbe (→328)

Sterna elegans Gambel 1849

Taxonomie: Familie Seeschwalben – Sternidae. Keine Unterarten.

Größe, Gewicht: Körperlänge 38–43 cm, Flügelspannweite 102–110 cm, Flügellänge 30–33 cm; 38–43 g.

Erkennungshinweise: Geschlechter gleich. Der Rüppellseeschwal-be sehr ähnlich, jedoch leuchtend oranger Schnabel etwas länger und stärker gebo-gen und Schopf struppiger. Im Schlichtkleid Kappe von Auge bis Nacken schwarz.

Stimme: Nasal tief „karrek".

Brutareal: Pa-zifikküste im Südlichen Nord-amerika.

Vorkommen in Mitteleuropa: Ausnahmegast, erst einmal.

Wanderungen: Streuungswanderungen.

Lebensraum: Brutvogel an Sandstränden.

Nahrung: Kleinfische.

Gefährdung: Global auf der Vorwarnliste zur Roten Liste.

Rüppellseeschwalbe (→329)

Sterna bengalensis Lesson 1831

Taxonomie: Familie Seeschwalben – Sternidae. Auch in Gattung *Thalasseus* gestellt. Drei Unterarten, *S. b. bengalensis* am Roten Meer und im Indischen Ozean, *S. b. emigrata* in Nordafrika.

Größe, Gewicht: Körperlänge 35–43 cm, Flügelspannweite 88–105 cm, Flügellänge 29,1–32,5 cm; 185–235 g.

Erkennungshinweise: Geschlechter gleich. Große Art mit relativ schlankem, orangefarbenem Schnabel. Durch geringere Größe, Schnabel und tiefer gegabelten Schwanz von der Königsseeschwalbe zu unterscheiden.

Stimme: Rau, kurz „krniik", etwas tiefer als Brandseeschwalbe.

Brutareal: Südlicher Mittelmeerraum, Rotes Meer, Indischer Ozean und Nebenmeere, Neuguinea, Australien.

Vorkommen in Mitteleuropa: Ausnahmegast, wenige neuere Nachweise.

Wanderungen: Zugvogel und Teilzieher; Winterquartiere Afrika, Indien.

Lebensraum: Küstenvogel, im Binnenland nur ausnahmsweise.

Nahrung: Fische, Garnelen.

Gefährdung: Population im südlichen Mittelmeer aufgrund geringer Bestandsgröße bedroht. Besonderes: Hybridisation mit der Brandseeschwalbe nachgewiesen.

Brandseeschwalbe (→330

Sterna [sandvicensis] sandvicensis Latham 1787

Taxonomie: Familie Seeschwalben – Sternidae. Auch in Gattung *Thallasseus* gestellt. Bildet Superspezies mit *S. eurygnatha* in Südamerika. Zwei Unterarten, in Europa Nominatform, in Nordamerika *acuflavida*.

Größe, Gewicht: Körperlänge 36–41 cm, Flügelspannweite 95–105 cm, Flügellänge ♂ 30,2–31,7 cm, ♀ 29,4–32 cm; 130–285 g.

Erkennungshinweise: Geschlechter gleich. Kurze, schwarze Beine, ein auffälliger Schopf und eine gelbe Schnabelspitze sind die wesentlichen Kennzeichen im Adultkleid. Im Schlichtkleid wie

SK

im ersten Winterkleid mit weißer Stirn. Unterart acuflavida sehr ähnlich: Adulte mit mehr schmalen und geraden Flecken auf den Handschwingen wie diese. Junge Vögel mit dunkleren Zentren der Mantel-, Schulter- und Schirmfedern.

Stimme: Ruf kratzend „kirreck" (2. Silbe betont). An Brutkolonien längere Rufreihen.

Brutareal: Küsten von Nord-, Mittel- und Südamerika, Nordwesteuropa, Westmittelmeer, Schwarzmeer- und Kaspigebiet. Acuflavida an der Ostküste der USA von Virginia bis South Carolina, Küste Louisianas. Sowie stellenweise von der Campeche Bank bis nach Belize und über die Antillen bis in die Karibik.

Vorkommen in Mitteleuropa: Spärlicher, auf wenige große Brutkolonien beschränkter Brutvogel an Nord- und Ostseeküste, Sommervogel. Im Binnenland nur seltener, aber lokal auch regelmäßiger Gast. Nordamerikanische Unterart acuflavida extrem seltener Ausnahmegast mit einem Nachweis in den Niederlanden.

Wanderungen: Zugvogel, Winterquartier entlang der Küste des Ostatlantik von Spanien/Portugal bis Südostafrika, auch im Mittelmeer und am Schwarzen und Kas-

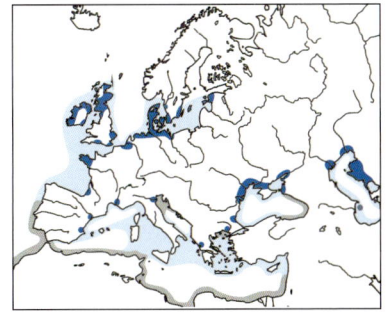

pischen Meer. *Acuflavida* überwintert in der südlichen Karibik sowie bis nach Peru und Uruguay.

Lebensraum: Meeresküsten, Kolonien auf Sand- und Kiesbänken oder Dünen mit höchstens lückiger Vegetation. An Binnengewässern nur kurzfristig.

Nahrung: Schlanke Schwarmfische.

Brutbiologie: Erstbrut im 3., teilweise 4. Lebensjahr • Nest flache Mulde auf nicht bewachsenem Untergrund • 1–2 Eier • Legebeginn ab Anfang Mai • Brutdauer 22–26 Tage • ♀ und ♂ brüten • ♂ und ♀ füttern • Junge bleiben mind. 8 Tage im Nest oder in dessen nächster Umgebung, flügge mit 25–35 Tagen • 1 Jahresbrut; Ersatzgelege möglich.

Alter: Ältester Ringvogel 29 Jahre, 9 Monate. Generationslänge 9 Jahr.

Gefährdung: Nach der EU-Vogelschutzrichtlinie besonders geschützte Art (Anhang I), auf Europa konzentriert und mit ungünstigem Erhaltungsstatus (SPEC 2); Gefährdet durch Konzentration in wenigen großen Kolonien, fehlende Küstendynamik und Küstenschutzmaßnahmen, Störungen durch Tourismus und Überfischung.

Besonderes: In Deutschland leben mehr als 5 % des Weltbestandes, dadurch besondere Verantwortung zur Erhaltung der Art.

	Jan.	Feb.	März	April	Mai	Juni	Juli	Aug.	Sep.	Okt.	Nov.	Dez.
Anwesenheit												
Durchzug												
Brutzeit												
postjuv. Mauser												
Teil- / Vollmauser												
Vollmauser												

Rosenseeschwalbe (→331)

Sterna dougallii Montagu 1813

ad.

Taxonomie: Familie Seeschwalben – Sternidae. 5 Unterarten, im Atlantik *S. d. dougallii.*

Größe, Gewicht: Körperlänge 33–38 cm, Flügelspannweite 72–80 cm, Flügellänge ♂ 23–24,2 cm, ♀ 22,8–24,2 cm; 92–133 g.

Erkennungshinweise: Geschlechter gleich. Der

Fluss- und Küstenseeschwalbe zum Verwechseln ähnlich. Im Prachtkleid Unterseite rosa überhaucht und Schnabel ganz schwarz oder zur Basis rot. Äußere Handschwingen bilden einen dunklen Keil, im Stehen dadurch deutlicher, farblicher Unterschied in den Spitzen der Handschwingen sichtbar. Im Jugendkleid erinnert die Rosenseeschwalbe durch die ähnliche Färbung an eine sehr kleine Brandseeschwalbe.

Stimme: Ruf rau „trschik" oder „kräik", Alarmruf „krerr".

Brutareal: Mit großen Lücken Ostküste Nordamerikas bis ins nördliche Südamerika, Britische Inseln, Ostküste Afrikas, Küste und Inseln Südostasiens, Neuguinea, Australien.

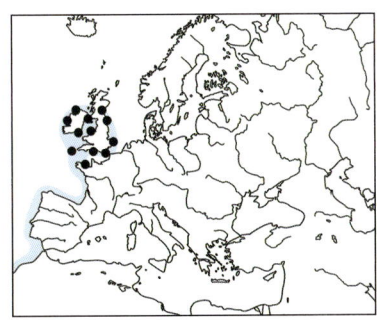

Vorkommen in Mitteleuropa: Sehr seltener Gast in den Niederlanden, sonst Ausnahmeerscheinung.

Wanderungen: Zugvogel, Brutvögel des Ostatlantik überwintern an der Westküste Afrikas.

Lebensraum: Brutvogel nur an der Küste oder an küstennahen Seen, Kolonien meist auf Inseln. Außerhalb der Brutzeit am Meer.

Nahrung: Fische.

Alter: Ältester Ringvogel 15 Jahre, 11 Monate. Generationslänge 9 Jahre.

Schutzstatus und Gefährdung: Nach der EU-Vogelschutzrichtlinie besonders geschützte Art (Anhang I), in Europa mit ungünstigem Erhaltungsstatus (SPEC 3); Gefährdung durch Nestprädation, Eiersammeln und Störungen in den Brutkolonien, sowie Fang im Winterquartier.

Besonderes: Erreicht im senkrechten Sturzflug die größte Tauchtiefe aller mittelgroßen Seeschwalben.

Flussseeschwalbe (→ 332)

Sterna hirundo Linnaeus 1758

Taxonomie: Familie Seeschwalben – Sternidae. Vier Unterarten, in Europa *S. h. hirundo*.

Größe, Gewicht: Körperlänge 31–39 cm, Flügelspannweite 72–98 cm, Flügellänge ♂ 25,7–28,7 cm, ♀ 25,9–29 cm; 97–150 g.

Erkennungshinweise: Geschlechter gleich. Sehr ähnlich Küstenseeschwalbe, jedoch Beine etwas länger und schlanker Schnabel im Pracht-

ad.

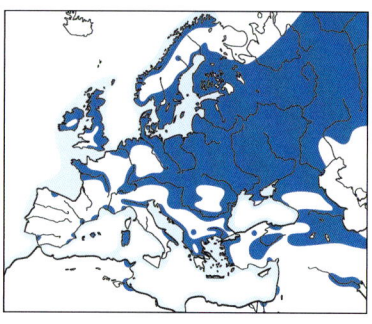

kleid orangerot und meist mit schwarzer Spitze. Unterseite heller als Oberseite, Flügel überragen die relativ kurzen Schwanzspieße. Im Jugendkleid oberseits sandbraun.

Stimme: Rufe „kjik" oder „kick", im Brutgebiet „kierrr", auch gereiht, und bei Erregung „kierr kierr...krri kerri", Warnruf schrill „kriiiää", erste Silbe lang gezogen und betont, etwas tiefer als Küstenseeschwalbe.

Brutareal: Von Nordwesteuropa bis Ostsibirien und in Amerika lückig von Kanada bis in die Karibik, isoliert in Nordafrika.

Vorkommen in Mitteleuropa: Spärlicher bis häufiger Brut- und Sommervogel vor allem im Norden und an der Küste; im Binnenland großenteils fehlend und nur lokal, vor allem im Süden. Regelmäßiger Durchzügler.

Wanderungen: Langstreckenzieher; Winterquartier in den Tropen und den mittleren Breiten der Südhalbkugel; Brutvögel Mitteleuropas vor allem an der Westküste Afrikas.

Lebensraum: Brutvogel an Flachküsten, im Binnenland auf Flusskiesbänken, in Baggerseen auf Inseln, heute meist auf künstlichen Schotterinseln und Nistflößen. Zur Nahrungssuche an Binnengewässern und an Küsten.

Nahrung: Kleine Oberflächenfische, ferner Krebstiere und Insektenlarven, mitunter auch fliegende Insekten.

Brutbiologie: Erstbrüter meist 3–4 jährig • Nest flache Mulde im Boden, z. B. auf Kies, Sand, in Schwemmgut, mit Material der nächsten Umgebung umgeben und ausgekleidet • 2–3 Eier • Legebeginn (Ende April) Mai bis Anfang Juli • Brutdauer 20–26 Tage • ♀ und ♂ brüten • ♂ und ♀ füttern • Junge suchen ab 2 Tagen oft Verstecke in Nestnähe auf, sind mit 23–27 Tagen flugfähig, werden aber noch rund 6 Wochen gefüttert • 1 (–2) Jahresbruten; Ersatzgelege.

Alter: Ältester Ringvogel 30 Jahre, 9 Monate. Generationslänge 21 Jahre.

Gefährdung: Nach der EU-Vogelschutzrichtlinie besonders geschützte Art (Anhang I); Gefährdung durch wasserbauliche Maßnahmen, Freizeitnutzung der Bruthabitate, zunehmende Nestprädation und Belastung der Gewässer mit Bioziden.

Besonderes: Anders als der Flussregenpfeifer brütet die Flussseeschwalbe nur sehr selten in Sand- und Kiesgruben und ist im Binnenland auf künstliche Brutflöße angewiesen.

	Jan.	Feb.	März	April	Mai	Juni	Juli	Aug.	Sep.	Okt.	Nov.	Dez.
Anwesenheit												
Durchzug								x	x			
Brutzeit					x x							
postjuv. Mauser												
Teil- / Vollmauser												
Vollmauser												

Küstenseeschwalbe (→ 333)

Sterna paradisaea Pontoppidan 1763

Taxonomie: Familie See-schwalben – Sternidae. Keine Unterarten.

Größe, Gewicht: Körperlänge 33–36 cm, Flügelspannweite 75–85 cm, Flügellänge ♂ 27–29 cm, ♀ 26,1–26,8 cm; 86–127 g.

Erkennungshinweise: Geschlechter gleich. Sehr ähnlich Flussseeschwalbe, jedoch Beine sehr kurz und kürzerer Schnabel, im Prachtkleid kräftig dunkelrot und meist ohne schwarze Spitze. Unterseite

ad.

dunkler als Kehle und Wangen. Sehr lange Schwanzspieße, die die Flügelspitzen überragen. Jugendkleid oberseits nur wenig zartbraun.

Stimme: Rufe „bit bit" oder „gib gib", weicher und tiefer als Flussseeschwalbe. Bei Erregung „ki ki kikkärrik" o. ä., Warnruf am Ende betont „kirr-ä".

Brutareal: Zirkumpolar von der borealen Zone bis in die Hocharktis. Südgrenze in Europa Nordwestfrankreich.

Vorkommen in Mitteleuropa: Spärlicher Brut- und Sommervogel an der Küste, zahlreicher Durchzügler an der Nordsee, im Binnenland selten, aber in einzelnen Gebieten regelmäßig.

ad.

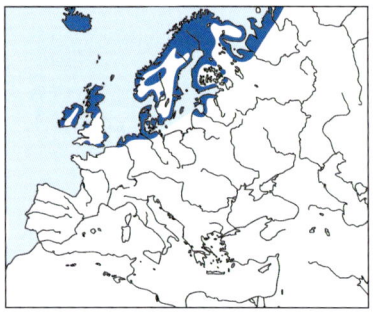

Wanderungen: Extremer Langstreckenzieher, Winterquartier von den Küsten Chiles und Südafrikas bis an den Rand der antarktischen Packeiszone.
Lebensraum: Küstenvogel, Brutplatz kurzrasige Salzwiesen, Dünen und flache Strandabschnitte.
Nahrung: Fische, Insekten, Krebstiere, Ringelwürmer. Fischanteil oft kleiner als bei Flussseeschwalbe.
Brutbiologie: Geschlechtsreife mit 3–5 Jahren • Nest einfache Mulde im Boden ohne Auskleidung • Koloniebrüter • 1–3 Eier • Legebeginn Mai/Juni • Brutdauer 20–22 Tage • ♂ und ♀ brüten • ♂ und ♀ füttern • Junge können mit 2 Tagen schwimmen, sind mit 21–24 Tagen flügge, werden dann noch längere Zeit gefüttert • 1 Jahresbrut, mitunter Ersatzgelege.

Alter: Ältester Ringvogel 34 Jahre. Generationslänge 14 Jahre.
Gefährdung: Nach der EU-Vogelschutzrichtlinie besonders geschützte Art (Anhang I); Gefährdung durch Störungen in Brutkolonien (Freizeitnutzung, Hunde), Küstenschutzmaßnahmen, zunehmende Nestprädation und Jagd in Überwinterungsgebieten.
Besonderes: Auf der Jagd können durch Stoßtauchen Wassertiefen bis zu sechs Meter erreicht werden. Da sie in der Nordpolarregion brütet und in der Südpolarregion überwintert, gilt sie als der Zugvogel mit der längsten Zugstrecke.

	Jan.	Feb.	März	April	Mai	Juni	Juli	Aug.	Sep.	Okt.	Nov.	Dez.
Anwesenheit												
Durchzug									X			
Brutzeit					X							
postjuv. Mauser												
Teil- / Vollmauser												
Vollmauser												

Forsterseeschwalbe (→ 334)

Sterna forsteri Nuttall 1834

Taxonomie: Familie Seeschwalben – Sternidae. Keine Unterarten.
Größe, Gewicht: Körperlänge 33–36 cm, Flügelspannweite 73–83 cm, Flügellänge 25,8–27,2 cm; 127–193 g.
Erkennungshinweise: Geschlechter gleich. Sehr ähnlich Flussseeschwalbe, jedoch größer und kurzflügeliger als diese. Schnabel kräftiger und Beine länger als Flussseeschwalbe. Schwanzspieße überragen beim sitzenden Vogel die Schwingen, im Flug oberseits ohne schwärzlichen Handschwingenkeil.

Im Schlichtkleid Schnabel ganz schwarz, Kopf weiß mit charakteristischer, großer schwarze Maske.
Stimme: Neben schnellen keckernden Rufen ist im Flug ein der Flussseeschwalbe ähnliches, aber raueres „kärr" zu hören.
Brutareal: Sie ist in einigen großen und vielen kleinen, zerstreut liegenden Vorkommen in Nordamerika verbreitet.
Vorkommen in Mitteleuropa: Ausnahmegast, Nachweise in Belgien und den Niederlanden.
Wanderungen: Kurz- und Langstreckenzieher, der die im Norden und im Binnenland gelegenen Brutgebiete gänzlich verlässt und an der Küste des subtropischen Nordamerikas und in Mittelamerikas überwintert.
Lebensraum: Offene Feuchtgebiete mit freien Wasserflächen und guter Schwimmblattvegetation dienen als Brutplatz. An der Küste brütet sie an versumpften Strandabschnitten oder an Flussmündungen.
Nahrung: Fische bis zu 10 cm und verschiedene, im Wasser lebende Wirbellose.
Brutbiologie: Nest eine Mulde in flutender Vegetation • Gelegegröße durchschnittlich 2,8 Eier • Brutdauer 23–26 Tage.
Gefährdung: Nicht weltweit gefährdet.
Besonderes: Georg Forster, ein deutscher Naturforscher ist Namenspatron dieser Seeschwalbenart.

Zwergseeschwalbe (→335)
Sternula [albifrons] albifrons (Pallas 1764)

ad.

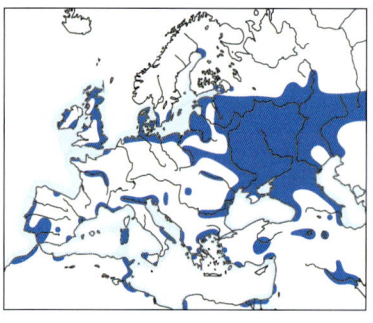

Taxonomie: Familie Seeschwalben – Sternidae. Früher in Gattung *Sterna* gestellt. Bildet Superspezies mit *S. antillarum, S. saundersi, S. superciliaris, S. lorata* und *S. nereis.* Drei Unterarten, *albifrons* in der Paläarktis.

Größe, Gewicht: Körperlänge 22–28 cm, Flügelspannweite 47–55 cm, Flügellänge ♂ 17,6–18,7 cm, ♀ 16,7–18 cm; 47–63 g.

Erkennungshinweise: Geschlechter gleich. Durch die Größe mit keiner anderen Seeschwalbe Europas zu verwechseln. Im Prachtkleid ist der Schnabel gelb, im Jugend- und Schlichtkleid schwarz.

Stimme: Ruft heiser und hoch „pit" „tschich" oder länger „pürrit". Bei Verfolgung von Flugfeinden anhaltend „tittit-tit".

Brutareal: Nordwesteuropa und Nordafrika nach Osten bis Mongolei und Nordwestindien. Ferner Westafrika bis Australien und Neuseeland, Neuguinea und Südostasien.

Vorkommen in Mitteleuropa: Nicht häufiger Brut- und Sommervogel an den Küsten von Nord- und Ostsee, nur selten im östlichen Binnenland. Seltener Durchzügler in allen Landesteilen.

Wanderungen: Langstreckenzieher mit Hauptwinterquartieren im tropischen Afrika. In Europa in geringer Zahl über das Binnenland ziehend.

Lebensraum: Nistplätze an vegetationsarmen Stellen der Küste (z. B. Primärdünen, Strände und Muschelschillflächen) und des Binnenlandes (z. B. Kiesbänke von Flüssen); Nahrungssuche im Flachwasser von Küsten und in Binnengewässern.

Nahrung: Hauptsächlich Kleinfische, auch Krebstiere, Kaulquappen und Insekten, die von der Wasseroberfläche abgelesen oder in der Luft gefangen werden.

Brutbiologie: Brüten selten schon nach 1, sonst nach 2 Jahren • Nest mit 2–3 Eiern als Mulde auf kahlem Untergrund • Legebeginn in Mitteleuropa Anfang bis Ende Mai • Brutdauer 20–22 Tage • beide Partner brüten und füttern • Junge können mit 15–17 Tagen flatternd fliegen • 1 Jahresbrut, 1–2 Ersatzgelege.

Alter: Ältester Ringvogel 23 Jahre, 11 Monate. Generationslänge 8 Jahre.

Gefährdun: Nach der EU-Vogelschutzrichtlinie besonders geschützte Art (Anhang I), in Europa mit ungünstigem Erhaltungsstatus (SPEC 3); Gefährdet durch massive Freizeitnutzung an den Brutplätzen, fehlende Küstendynamik, wasserbauliche Maßnahmen sowie zunehmende Nestprädation.

Besonderes: Kleinste Seeschwalbe der Westpaläarktis.

	Jan.	Feb.	März	April	Mai	Juni	Juli	Aug.	Sep.	Okt.	Nov.	Dez.
Anwesenheit												
Durchzug							x					
Brutzeit					x							
postjuv. Mauser												
Teil- / Vollmauser												
Vollmauser												

Zügelseeschwalbe (→ 336)

Onychoprion anaethetus (Scopoli 1786)

Taxonomie: Familie Seeschwalben – Sternidae. Vier Unterarten, *melanoptera* im Atlantik.

Größe, Gewicht: Körperlänge 33–36 cm, Flügelspannweite 82–94 cm, Flügellänge ♂ 28–30,4 cm, ♀ 27,6–29,7 cm; 147–240 g.

Erkennungshinweise: Geschlechter gleich. Im Prachtkleid sehr ähnlich Russseeschwalbe und im Gegensatz zu dieser mit dunkelgrauer statt

PK

schwarzer Oberseite. Der namensgebende, weiße Stirnfleck ist als Zügel bis hinter das Auge ausgezogen.

Stimme: Warnruf ein hundeartig kläffendes „wep wep" und eine Vielzahl rauer, kurzer Rufe wie „karr" oder „kerr".

Brutareal: Tropische und subtropische Meere vom Roten Meer über den Arabischen Golf und westlichen Indischen Ozean bis Madagaskar. Ferner von Indonesien und dem Südwestpazifik bis Australien, schließlich Karibik und Westafrika.

Vorkommen in Mitteleuropa: Extrem seltener Ausnahmegast.

Wanderungen: Im Winterhalbjahr auf dem offenen Meer abseits der Brutgebiete.

Lebensraum: In tropischen und subtropischen Meeren an Korallenküsten und felsigen oder sandigen Anhöhen. Zur Nahrungssuche im Binnenland oder oft küstennah, nur bis 15 km auf dem offenen Meer.

Nahrung: Vorwiegend Schwarmfische, kleine Anteile Tintenfisch.

Gefährdung und Schutz: Global nicht gefährdet.

Besonderes: Eine der wenigen tropischen Arten, die ausnahmsweise in Deutschland erscheinen können.

Rußseeschwalbe (→ 337)

Onychoprion fuscata Linnaeus 1766

ad.

PK

Taxonomie: Familie Seeschwalben – Sternidae. Auch in Gattung *Sterna* gestellt. Sieben Unterarten.

Größe, Gewicht: Körperlänge 33–36 cm, Flügelspannweite 82–94 cm, Flügellänge ♂ 28–30,4 cm, ♀ 27,6–29,7 cm; 147–240 g.

Erkennungshinweise: Geschlechter gleich. Im Prachtkleid mit der ähnlichen Zügelseeschwalbe zu verwechseln. Oberseite jedoch schwärzlich, weißer Stirnfleck breit und schwarzer Zügelstreif dreieckig. Im Jugendkleid insgesamt dunkler als Zügelseeschwalbe.

Stimme: Alarmruf krächzend.

Brutareal: Tropische und subtropische Meere.

Vorkommen in Mitteleuropa: Extrem seltener Ausnahmegast.

Wanderungen: Überwintert in südlichen Meeren, kann nach Norden verschlagen werden.

Lebensraum: Tropische und subtropische Küsten, auch weit draußen auf dem Meer.

Nahrung: Fische, Tintenfische.

Gefährdung: Nicht gefährdet.

Besonderes: Häufigster tropischer Seevogel mit mehreren Kolonien von über einer Million Brutpaaren.

Weißbart-Seeschwalbe (→338)

Chlidonias hybrida (Pallas 1811)

Taxonomie: Familie Seeschwalben – Sternidae. Drei Unterarten, in Europa die Nominatform.

Größe, Gewicht: Körperlänge 23–29 cm, Flügelspannweite 74–78 cm, Flügellänge ♂ 23,1–25 cm, ♀ 22,8–25 cm; ♂ 83–101 g, ♀ 79–92 g.

PK

Erkennungshinweise: Geschlechter gleich. Im Prachtkleid durch größtenteils sattgraues Gefieder, weiße Wangen, schwarze Kopfplatte und Nacken leicht zu bestimmen. Im Schlichtkleid ist der kräftige Schnabel ein wichtiges Unterscheidungsmerkmal zu anderen *Chlidonias*-Arten.

K1→1.W

Stimme: Im Gegensatz zu anderen kleineren Seeschwalben Ruf sehr laut und etwas gepresst „krä" oder „krek".

Brutareal: Stark aufgesplittertes Areal in Süd- und Ostafrika, Vorder- und Nordostasien sowie außertropisches Australien. Auch in Steppengebieten Russlands, Südwest- und Südosteuropas.

Vorkommen in Mitteleuropa: Lokaler Brutvogel in Ostpolen und Ungarn, und Slowakei, in den letzten Jahren zunehmend Bruten in Ostdeutschland. Sehr unstet, wegen Schleifenzug etwas häufiger als Sommergast und Durchzügler im Frühjahr.

Wanderungen: Kurz- und Langstreckenzieher. Winterquartiere in Afrika südlich der Sahara.

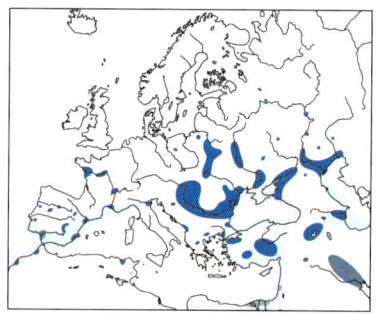

Lebensraum: Brutvogel an seichten, eutrophen Gewässern mit ausgedehnter Schwimmblattvegetation. Im Winterquartier auch an Küsten.

Nahrung: Kleintiere des Seichtwassers und der Wasseroberfläche wie kleine Fische, Insekten und ihre Larven, Kaulquappen, kleine Krebstiere, Egel, Wasserkäfer sowie fliegende Insekten.

Brutbiologie: Geschlechtsreife wohl mit 2. Jahr • Nest aus verschiedenen Wasserpflanzen auf Schwimmpflanzen oder schwimmfähigem Pflanzenmaterial • 2–3 Eier • Legebeginn Anfang Juni bis Mitte Juli • Brutdauer 18–20 Tage • ♀ und ♂ brüten • ♂ und ♀ füttern • Junge können nach wenigen Stunden Nest verlassen und sich in der Nähe schwimmend verstecken; kehren zur Fütterung zum Nest zurück; verlassen Nest nach 4–10 Tagen und wandern in der Kolonie umher; mit 21–26 Tagen flügge und folgen den Eltern, werden aber noch 1 (–3) Wochen gefüttert • 1 Jahresbrut; Ersatzgelege.

Alter: Ältester Ringvogel 12 Jahre, 6 Monate. Generationslänge 9 Jahre.

Gefährdung: Nach der EU-Vogelschutzrichtlinie besonders geschützte Art (Anhang I), in Europa mit ungünstigem Erhaltungsstatus (SPEC 3); Gefährdet durch Entwässerung, intensive Landnutzung, Wasserbau und intensive Teichwirtschaft.

Weißflügel-Seeschwalbe (→ 339)

Chlidonias leucopterus (Temminck 1815)

Taxonomie: Familie Seeschwalben – Sternidae. Keine Unterarten.

Größe, Gewicht: Körperlänge 20–23 cm, Flügelspannweite 63–67 cm, Flügellänge ♂ 20,8–22,1 cm, ♀ 20,3–22,1 cm; ♂ 60–79 g, ♀ 42–65 g.

Erkennungshinweise: Geschlechter gleich. Im Prachtkleid ähnlich Trauerseeschwalbe, aber Schwanz und Bürzel leuchtend weiß und Armdecken weißlich. Im Jugendkleid kein dunkler Brustseitenfleck wie Trauerseeschwalbe. Schlichtkleid im Gegensatz zur Trauerseeschwalbe sehr kontrastarm.

Stimme: Kennzeichnender raspelnder Ruf „tschree", im Klang etwas an Rebhuhn und Zwergseeschwalbe erinnernd. Flugruf heiser „kreck" und kurz „kick". Ruft erregt gereiht „kreck kreck".

Brutareal: Waldsteppen und Steppenzone von Ostmittel-europa bis Ussurien.

Vorkommen in Mitteleuropa: Lokaler Brutvogel in Ungarn und Ostpoeln, neuerdings Brutansiedlungen kleiner Kolonien in Ostdeutschland. Ansonsten seltener Durchzügler und Gastvogel.

Wanderungen: Langstreckenzieher mit Winterquartieren in Afrika südlich der Sahara.

Lebensraum: Brutvogel in Verlandungszonen und zeitweilig überschwemmten Wiesen. Auch im Winter bevorzugt an Flachgewässern, auch an der Küste.

Nahrung: Im Brutgebiet Kleintiere der Verlandungs- und Uferzonen wie Insekten und ihre Larven, Egel, Weichtiere und besonders auch im Winterquartier fliegende Landinsekten, in geringem Umfang auch Fische.

Brutbiologie: Geschlechtsreife mit 2. Jahr • Nest aus grünen

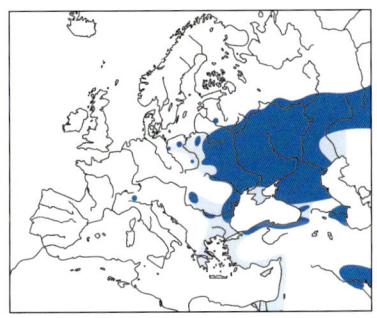

Halmen und Blättern oder faulenden Pflanzenteilen, schwimmend zwischen nicht zu dicht stehenden Halmen verankert, auch auf Schwimmblättern möglich • 2–3 Eier • Legebeginn Mitte Juni/Anfang Juli • Brutdauer 18–22 Tage • ♀ und ♂ brüten • ♂ und ♀ füttern • Junge verlassen meist nach wenigen Stunden das Nest und verstecken sich in der nahen Vegetation; mit 20–25 Tagen flugfähig, werden aber noch mindestens 1 Woche gefüttert • 1 Jahresbrut; bis 2 Ersatzgelege.

Alter: Generationslänge 9 Jahre.

Gefährdung: Gefährdet durch Entwässerungen, Wasserbau und Intensivlandwirtschaft.

Besonderes: Vollmauser setzt bereits Ende Mai/Anfang Juni ein, so dass adulte Vögel oft scheckig wirken.

Trauerseeschwalbe (→340)
Chlidonias niger (Linnaeus 1758)

fastPK

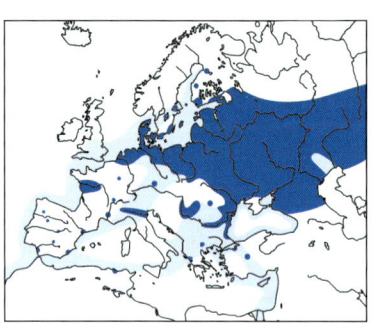

Taxonomie: Familie Seeschwalben – Sternidae. Zwei Unterarten, in Europa *C. n. niger*.

Größe, Gewicht: Körperlänge 22–28 cm, Flügelspannweite 64–68 cm, Flügellänge ♂ 210–226 mm, ♀ 204–224 mm; 60–86 g.

Erkennungshinweise: Geschlechter gleich. Im Prachtkleid Oberseite dunkelgrau, Kopf und Körper schwarz und Steiß weiß. Schlichtkleid und Jugendkleid sehr ähnlich, Jugendkleid oberseits geschuppt. Im Unterschied zu anderen Seeschwalben dunkler Brustseitenfleck.

Stimme: Häufige Flugrufe wie „kick" oder rau „krreik" und bei der Balz gereiht „krie-erick, krie-erick". Angriffsflüge mit kurzen „hi hi hi hi"-Rufen.

Brutareal: Nordamerika sowie Eurasien von Südwesteuropa bis in die Ostmongolei.

Vorkommen in Mitteleuropa: Nicht häufiger, regelmäßiger Brut- und Sommervogel im Norden. Regelmäßiger Durchzügler und Rastvogel in weiten Landesteilen sowie gebietsweise Mausergast.

Wanderungen: Langstreckenzieher. Winterquartiere an Küsten des tropischen Westafrika.

Lebensraum: Brutvogel in Niederungslandschaften an eutrophen Gewässern mit starker Schwimmblattzone. Nester auf Bülten oder Schwimmpflanzen (vor allem Krebsschere); Koloniebrüter. Winterquartier an Meeresküsten und auf hoher See.

Nahrung: Zur Brutzeit vor allem Wasserinsekten (-larven) und andere wasserbewohnende Kleintiere. Auf dem Zug an der Küste und besonders im Winterquartier vor allem Fische.

Alter: Ältester Ringvogel 21 Jahre. Generationslänge 9 Jahre.

Brutbiologie: Brütet mit 2–4 Jahren • Nest auf umgeknicktem oder schwimmendem Pflanzenmaterial oder auf Nisthilfe; meist in Kolonien • meist 2–3 Eier • Brutdauer 20–22 Tage • beide Partner brüten, werden jeweils vom Partner versorgt • beide füttern • Junge verlassen ab 2–3 Wochen längere Zeit das Nest, sind ab 25–28 Tagen flügge • 1 Jahresbrut; Ersatzgelege bei frühem Gelegeverlust.

Gefährdung: Nach der EU-Vogelschutzrichtlinie besonders geschützte Art (Anhang I), Art in Europa mit ungünstigem Erhaltungsstatus (SPEC 3); Gefährdet durch Entwässerungen, Wasserbau, intensive Teichwirtschaft und Eutrophierung.

Besonderes: Von April bis September ist die Trauerseeschwalbe in Deutschland anzutreffen, wobei man Ende Juni/Anfang Juli nicht weiß, ob es sich um Heim- oder Wegzügler handelt.

	Jan.	Feb.	März	April	Mai	Juni	Juli	Aug.	Sep.	Okt.	Nov.	Dez.
Anwesenheit												
Durchzug				x								
Brutzeit					x							
postjuv. Mauser												
Teil- / Vollmauser												
Vollmauser												

Steppenflughuhn (→ 341)

Syrrhaptes paradoxus (Pallas 1773)

Taxonomie: Familie Flughühner – Pteroclidae. Keine Unterarten.

Größe, Gewicht: Körperlänge 30–41 cm, Flügelspannweite 60–78 cm, Flügellänge ♂ 24,3–25,9 cm, ♀ 21,4–23,5 cm; ♂ 250–300 g, ♀ 200–260 g.

Erkennungshinweise:
Schwanzspieße bei beiden Geschlechtern lang. Männchen mit schwarzem Bauchfleck,

Weibchen mit dunklem Halsband. Ober- und Unterseite der Flügel hell. Weibchen insgesamt matter gefärbt und oberseits eher gefleckt als gebändert.

Stimme: Tiefe zwei- bis dreisilbige Rufe „puk-kou-ru" oder „gölück". Warnruf scharf „tschep".

Brutareal: Steppen und Halbwüsten Zentralasiens und südwestliche Mandschurei bis ins nördliche Kaspigebiet.

Vorkommen in Mitteleuropa: In Deutschlang zuletzt 1937 nachgewiesen, in Polen 1990, sonst siehe Wanderungen.

Wanderungen: Teilzieher, Zugvogel mit Überwinterungsgebieten im Süden des Brutareals und weiter bis China. Neben normalem Zugverhalten Einflüge bis Mitteleuropa und Großbritannien im Zusammenhang mit dem Heimzug ab Frühjahr. Großinvasionen nach Europa 1863/64, 1888/89 und 1908 mit bis 100.000 Vögeln. Seither deutlich seltener und nur noch kleinere Einflüge. Jüngere Nachweise fehlen in Mitteleuropa weitgehend.

Lebensraum: Steppen und Halbwüsten mit spärlicher und niedriger Vegetation, auch aufgegebene Felder.

Nahrung: Sämereien und z. T. auch Sprossen von verschiedensten Pflanzen, auch Getreide. Kommt morgens zur Tränke.

Alter: Höchstalter nicht bekannt; Generationslänge < 3,3 Jahre.

Gefährdung: Nicht global gefährdet.

Besonderes: Durch die nadelförmige längste Handschwinge entsteht ein sausendes Fluggeräusch. ♂ transportiert im Bauchgefieder Wasser zu den Jungvögeln.

Braunbauch-Flughuhn (→ 343)

Pterocles exustus Temminck 1825

Taxonomie: Familie Flughühner – Pteroclidae. 6 gering differenzierte Unterarten.

Größe, Gewicht: Körperlänge 31–36 cm, Flügelspannweite 48–51 cm, Flügellänge ♂ 17,5–19,0 cm, ♀ 16,0–18,4 cm; 140–290 g.

Erkennungshinweise: Braunes Flughuhn mit dunkelbrauner Bauchbinde, die im Flug nahtlos in die gänzlich schwarze Flügelunterseite übergeht. Innere Handschwingen weiß gesäumt, Schwanzspieße schmal. Weibchen mit gefleckter Brust.

Stimme: Der weithin hörbare Flugruf ein glucksendes „kat-err kar-err" oder „wit kat-err wit wit-ii-err kat-err" ist typisch.

Brutareal: Nord- und Nordostafrika, die arabische Halbinsel, sowie das westliche und südwestliche Asien.

Vorkommen in Mitteleuropa: Extrem seltener Ausnahmegast, ein Nachweis in Ungarn 1863.
Wanderungen: Teilzieher und Standvogel, der ab und an Wanderungen außerhalb des Brutareals unternimmt.
Lebensraum: Halbwüste und Steppen mit einzelnen Bäumen. In Indien auch am Rand der Agrarflächen und auf Brachland.
Nahrung: Hauptsächlich kleine, oft sehr harte Sämereien, aber auch Körner und Hülsenfrüchte. Selten auch Insekten oder Pflanzensprosse.
Brutbiologie: Bruten abhängig von lokalen Regenfällen • Nest einfache Bodenmulde • 3 Eier • Brutdauer 22–23 Tage • ♂ & ♀ brüten.
Alter: Generationslänge < 3,3 Jahre.
Gefährdung: Nicht weltweit gefährdet.
Besonderes: Winterschwärme können bis 50.000 Individuen umfassen.

Sandflughuhn (→344)

Pterocles orientalis (Linnaeus 1758)

Taxonomie: Familie Flughühner – Pteroclidae. 2 Unterarten.
Größe, Gewicht: Körperlänge 33–35 cm, Flügelspannweite 70–73 cm, Flügellänge ♂ 22,7–24,4 cm, ♀ 22,1–24,2 cm; ♂ 400–550 g, ♀ 300–465 g.
Erkennungshinweise: Großes, kräftig gebautes Flughuhn. Beide Geschlechter mit schwarzem Bauch und im Flug auffallender Kontrast zwischen schwarzen Schwungfedern und weißen Unterflügel-

decken. Beim Männchen Kopf und Brust grau mit rostfarbener Kehle und rostbraun gefleckter Oberseite. Beim Weibchen Oberseite fein meliert und Vorderhals stark gestrichelt.
Stimme: Vibrierender Flugruf.
Brutareal: Kanaren, Iberien, Nordwestafrika, Ostmittelmeer und Anatolien, Kasachstan bis Nordwestchina, im Süden bis Iran, Afghanistan und Südwestpakistan.
Vorkommen in Mitteleuropa: Ausnahmegast, je einmal im 19. und 20. Jahrhundert.
Wanderungen: Langstreckenzieher, Kurzstreckenzieher.

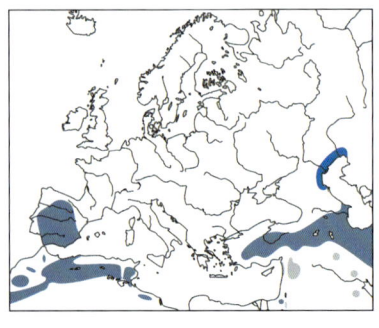

Lebensraum: Standvogel im Westen, überwiegend Zugvogel im Osten des Areals.
Nahrung: Sämereien.
Gefährdung: Nach der EU-Vogelschutzrichtlinie besonders geschützte Art (Anhang I), in Europa mit ungünstigem Erhaltungsstatus (SPEC 3). Gefährdet durch Intensivierung der Landwirtschaft in Steppengebieten.

Besonderes: ♂ transportiert im Bauchgefieder Wasser für die Jungvögel, z. T. aus beträchtlichen Entfernungen.

Straßentaube (→ 345)

Columbia livia f. domestica J. F. Gmelin 1789

Taxonomie: Familie Tauben – Columbidae. Urform Felsentaube *C. livia* mit neun Unterarten, in Europa *C. l. livia*.
Größe, Gewicht: Körperlänge 31–34 cm, Flügelspannweite 63–70 cm, Flügellänge ♂ 21,9–23,5 cm, ♀ 21,3–22,7 cm; 180–370 g.
Erkennungshinweise: Geschlechter gleich. In der Färbung sehr variabel und manche Individuen an Felsentaube erinnernd. Auf Grund der verschiedenen Färbungen können Straßentauben im Flug mit Möwen, kleinen Greifvögeln oder Limikolen verwechselt werden.
Stimme: Beide Geschlechter gurren variabel und der Tauber balzt tief kollernd.
Brutareal: Weltweite Verbreitung mit Schwerpunkt Westpaläarktis und Nordamerika.
Vorkommen in Mitteleuropa: Häufiger Brutvogel in allen größeren Städten.
Wanderungen: Sehr ortstreuer Standvogel.

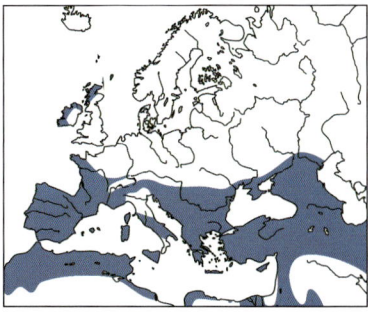

Lebensraum: In Großstädten und Siedlungen, an Industrieanlagen und Umschlagplätzen wie Bahnhöfen, Lagerhallen und Häfen. Brütet an Gebäuden, Brücken, Ruinen und wie auch die Wildform an Felsen.
Nahrung: Sämereien von Gräsern und Kräutern. Auch Eicheln und Koniferensamen sowie Knospen, Triebe und Blüten von Blumen wie Korbblütlern, Blätter und Beeren. In der Stadt verfüttertes Brot und Getreide sowie Zivilisationsabfälle.
Brutbiologie: ♀ können sich ab 5. Lebensmonat verpaaren und brüten, meist lebenslange Monogamie • Nest auf Simsen oder in Höhlungen von Felsen oder Gebäuden, spärlicher Bau aus Zweigen etc., alte Brutplätze mit dicker Kotschicht • meist 2 Eier • extrem lange Brutsaison, teilweise ganzjährig • Brutdauer 17–18 Tage • beide brüten und füttern • Junge fliegen nach 23–25 Tagen aus • zumeist 2–4 Jahresbruten, aber bis 6 möglich.
Alter: Generationslänge < 3,3 Jahre.
Schutzstatus und Gefährdung: Nicht gefährdet.
Besonderes: Da der Kot der Straßentauben als Mitbewohner in vielen Städten nicht besonders geschätzt werden und ihr Kot an historischen Gebäuden viel Schaden anrichtet, wird neuerdings in einigen Städten versucht, ihren Bestand durch das Einrichten von Taubenhäusern zu kontrollieren. Dort können dann ihre Eier regelmäßig abgesammelt werden und so der Bruterfolg stark gesenkt werden.

Hohltaube (→346)

Columba oenas Linnaeus 1758

Taxonomie: Familie Tauben – Columbidae. Zwei Unterarten, in Europa *C. o. oenas*.
Größe, Gewicht: Körperlänge 32–34 cm, Flügelspannweite 63–69 cm, Flügellänge ♂ 21,6–22,8 cm, ♀ 20,1–22,3 cm; ♂ 290–365 g, ♀ 250–320 g.
Erkennungshinweise: Geschlechter gleich. Die Hohltaube erinnert durch Größe und Gestalt an die Straßentaube. Im Gegensatz zu dieser jedoch nur ein kleines Flügelband und im Flug nie weiß auf Rücken und Unterflügel. Von immaturen Ringeltaube durch längeren Schwanz zu unterscheiden.
Stimme: Gesang mehrfach wiederholtes tiefes Gurren „grru-rúck", erste Silbe lang, zweite kurz und höher. Schwer zu lokalisieren.

ad.

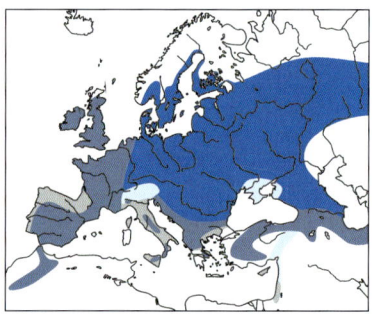

Brutareal: Von den Britischen Inseln bis Westsibirien, im Süden bis nach Nordwestafrika, nach Norden bis mittleres Fennoskandien; isoliertes Vorkommen von Turkestan bis Tien Schan.

Vorkommen in Mitteleuropa: Teilweise lückig verbreiteter, häufiger Brut- und Sommervogel, zahlreicher Durchzügler und Gastvogel, regional auch Jahresvogel.

Wanderungen: Kurz- und Teilstreckenzieher, zunehmende Tendenz zu überwintern, Hauptwinterquartier von Westeuropa bis Mittelmeerländer.

Lebensraum: Brutvogel in größeren Baumbeständen, meist gegen den Waldrand, auch in Parkanlagen mit alten Bäumen, Alleen, Feldgehölzen. Oft in alten Buchenbeständen, wo sie Bäume mit Schwarzspechthöhlen findet. Nach der Brutzeit auf Ackerflächen.

Nahrung: Früchte und Samen von krautigen Pflanzen, grüne Blätter, Beeren, Eicheln, Bucheckern, Koniferensamen; selten wirbellose Kleintiere.

Brutbiologie: Geschlechtsreife im 1. Lebensjahr • Nest in Baumhöhlen oder Nistkästen, auch in Mauerlöchern oder Bodenhöhlen; Nistmaterial locker aufgehäuft • 2 Eier • Legebeginn Mitte März bis September • Brutdauer 16–18 Tage • ♂ und ♀ brüten • ♂ und ♀ füttern • Junge bleiben 20–26 Tage im Nest, werden dann rasch selbstständig • 2–3 Jahresbruten.

Alter: Ältester Ringvogel 12 Jahre, 7 Monate. Generationslänge < 3,3 Jahre.

Gefährdung: Art auf Europa konzentriert (SPEC E). Gefährdung durch intensive Forst- und Landwirtschaft, sowie direkte Verfolgung (v. a. in den Überwinterungsgebieten).

Besonderes: Einzige Taube Europas, die in Höhlen, auch in Kaninchenbauen, brütet. Bei ausreichendem Höhlenangebot in lockeren Kolonien brütend.

	Jan.	Feb.	März	April	Mai	Juni	Juli	Aug.	Sep.	Okt.	Nov.	Dez.
Anwesenheit												
Durchzug			x x									
Brutzeit			x x									
postjuv. Mauser												
Teil- / Vollmauser												
Vollmauser												

Ringeltaube (→ 347)

Columba palumbus Linnaeus 1758

Taxonomie: Familie Tauben – Columbidae. Fünf Unterarten, im kontinentalen Europa nur C. p. palumbus.

Größe, Gewicht: Körperlänge 41–45 cm, Flügelspannweite 75–80 cm, Flügellänge ♂ 24,3–26,3 cm, ♀ 24–26 cm; ♂ 325–690 g, ♀ 284–587 g.

Erkennungshinweise: Geschlechter gleich. Größte europäische Taube durch weißen Halsfleck im Alterskleid unverwechselbar. Jungvögel am leichtesten durch weißen Flügelrand von ähnlicher Hohltaube zu unterscheiden.

ad.

Stimme: Gesang meist viersilbige Strophen „ruh-gu-gugu", oft wiederholt und etwas abgewandelt.

Brutareal: Von Nordwestafrika und Westeuropa bis Südwestsibirien, nach Süden bis Kleinasien, Irak und Kaschmir.

Vorkommen in Mitteleuropa: Sehr häufiger, flächig verbreiteter Brutvogel, im Tiefland auch häufig Jahresvogel, im Süden und Osten aber Zugvogel mit neuerdings zunehmendem Standvogelanteil. Zahlreicher Durchzügler, vor allem auf dem Wegzug.

Wanderungen: Teilzieher, Winterquartier im atlantischen und mediterranen Europa.

Lebensraum: Brutvogel in Gehölzen und Wäldern, Nahrungssuche auf offenen Flächen mit niedriger und lückiger Vegetation. In vielen Gebieten Stadtvogel in Gärten, Parks und sogar eng bebauten Flächen.

ad.

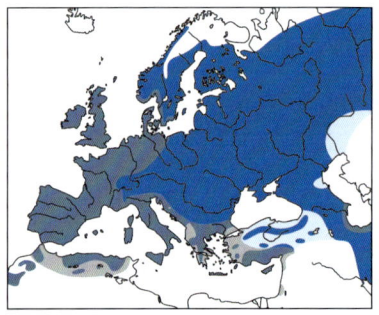

Nahrung: Vegetabilisch, Samen und Trockenfrüchte, grüne Blätter, Stadtpopulationen auch Brot.
Brutbiologie: Geschlechtsreife im 1. Lebensjahr • Nest meist auf Bäumen und Sträuchern, in Städten auch auf Gebäudevorsprüngen, dünne Plattform aus trockenen Zweigen • 2 Eier • Legebeginn April bis September • Brutdauer 16–17 Tage • ♂ und ♀ brüten • ♂ und ♀ füttern • Junge bleiben 28–29 Tage im Nest, werden mit etwa 35 Tagen flügge • 2 (–3) Jahresbruten; Ersatzgelege.

Alter: Ältester Ringvogel 16 Jahre, 4 Monate. Generationslänge < 3,3 Jahre.

Gefährdung: Art auf Europa konzentriert (SPEC E). Extrem hohe Verluste durch Jagd (Abschuss von ca. 9,5 Mio Individuen in Europa).

Besonderes: Auffallender Balzflug des Männchens der oft von einem weit hörbarem Flügelklatschen begleitet wird.

	Jan.	Feb.	März	April	Mai	Juni	Juli	Aug.	Sep.	Okt.	Nov.	Dez.
Anwesenheit												
Durchzug				x x						x x		
Brutzeit				x x								
postjuv. Mauser												
Teil- / Vollmauser												
Vollmauser												

Turteltaube (→ 348)

Streptopelia turtur (Linnaeus 1758)

Taxonomie: Familie Tauben – Columbidae. Vier Unterarten, *S. t. turtur* in Europa.
Größe, Gewicht: Körperlänge 26–28 cm, Flügelspannweite 47–53 cm, Flügellänge ♂ 17,4–18,5 cm, ♀ 16,7–17,7 cm; 99–180 g.
Erkennungshinweise: Geschlechter gleich. Kleine, schlanke Taube, die durch ihr buntes Gefieder unverwechselbar ist.
Stimme: Schnurrende „turr"-Laute bilden den Gesang. Der Erregungslaut ist explosiv und erinnert an einen Sektkorken.
Brutareal: Fast ganz Europa, Nordafrika, Sudan, Vorderer Orient ostwärts bis Nordwestchina.
Vorkommen in Mitteleuropa: Verbreiteter Brut und Sommervogel in sommerwarmen und trockenen Regionen, daher oberhalb 500 m ü. NN fehlend.

Wanderungen: Langstrecken-zieher, Winterquartiere im Savannengürtel Afrikas südlich der Sahara.

Lebensraum: Als Brutvogel der Steppen und Waldsteppen in Mitteleuropa halboffene Kulturlandschaften warmer, trockener Gebiete. Brut in Feldgehölzen und Gebüsch, auch in Wäldern mit größeren Lichtungen. Auch in Gärten, Parks, Obstwiesen und Ufergehölz. Im Winterquartier landwirtschaftliche Kulturflächen und offene Savanne.

Nahrung: Pflanzlich, hauptsächlich Samen und Früchte von Knöterich-, Mohn- und Gänsefußgewächsen, Kreuz-, Schmetterlings- und Korbblütlern, Gräsern und Getreide.

ad.

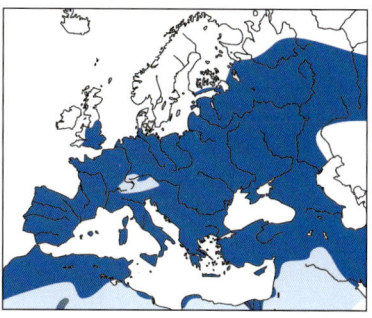

Samen von Fichte und Kiefer. Nimmt Magensteinchen auf. Kommt täglich an Tränke.

Brutbiologie: Teilweise schon verpaart Ankunft am Brutplatz • Nest aus trockenem Reisig auf Bäumen oder Sträuchern • 2 Eier • Legebeginn ab Ende Mai • Brutdauer 13–16 Tage • beide brüten und füttern • Nestlingszeit 18–23 Tage • 1–2 Jahresbruten; Ersatzgelege.

Alter: Ältester Ringvogel 13 Jahre, 2 Monate. Generationslänge < 3,3 Jahre.

Gefährdung: Art in Europa mit ungünstigem Erhaltungsstatus (SPEC 3). Gefährdet durch exzessive Jagd im Mittelmeerraum und Westafrika, illegal auch im Frühjahr. Negativ auch Ausräumung der Landschaft und intensive Landwirtschaft.

Besonderes: Nimmt manchmal Erdklümpchen auf, um ihren Mineralbedarf zu decken.

	Jan.	Feb.	März	April	Mai	Juni	Juli	Aug.	Sep.	Okt.	Nov.	Dez.
Anwesenheit												
Durchzug												
Brutzeit												
postjuv. Mauser												
Teil- / Vollmauser												
Vollmauser												

Orientturteltaube (→ 349)

Streptopelia [orientalis] orientalis **(Latham 1790)**

ad.

Taxonomie: Familie Tauben – Columbidae. Möglicherweise Superspezies mit Meenataube *S. meena*, die meist noch als Unterart geführt wird. Sechs Unterarten, davon *S. o. meena* und *S. o. orientalis* in Europa nachgewiesen.
Größe, Gewicht: Körperlänge 33–35 cm, Flügelspannweite 53–60 cm, Flügellänge (*orientalis*) ♂ 19,2–20,1 cm, ♀ 18,8–19,6 cm; 165–274 g.

Erkennungshinweise: Geschlechter gleich. Erinnert an die zierlichere und kleinere Turteltaube, ist jedoch matter gefärbt. Helle Spitzen der Mittleren und Großen Armdecken bilden zwei schmale Flügelbinden.
Stimme: Tiefes, klagendes Gurren mit rauen Anfangssilben, erinnert mehr an Ringel- als an Turteltaube.
Brutareal: Von Westsibirien bis zur Pazifikküste und nach Süden bis Thailand.
Vorkommen in Mitteleuropa: Ausnahmegast.
Wanderungen: Im Norden des Brutgebiets Zugvogel, im Süden Standvogel. Überwintert in Südostasien und Indien.
Lebensraum: Wälder und Kulturland mit Bäumen.
Nahrung: Sämereien und Kräuter.
Gefährdung: Nicht akut gefährdet.

Türkentaube (→ 351)

Streptopelia [decaocto] decaocto **(Frivaldszky 1838)**

Taxonomie: Familie Tauben – Columbidae. Bildet Superspezies mit Lachtaube *S. roseogrisea*. Drei Unterarten, in Europa *S. d. decaocto*.
Größe, Gewicht: Körperlänge 30–32 cm, Flügelspannweite 47–55 cm, Flügellänge ♂ 15,8–17,4 cm, ♀ 15,3–16,2 cm; ♂ 150–196 g, ♀ 125–196 g.
Erkennungshinweise: Geschlechter gleich. Mittelgroße, schlanke Taube heller graubrauner Färbung und schwarzem Halsring. Sehr ähnlich ist die

Lachtaube, etwas kleiner, mit weißerem Bauch und dunkleren Schwung- und Steuerfedern.

Stimme: Ein einfaches meist 2- bis 3-silbiges „gu gùu gu" ist der typische Gesang, der zur Brutzeit häufig zu hören ist. Lachtaube ganz anders, mit hoher erster Silbe und rollendem Klang „koo, kurroo-ooh".

Brutareal: Ursprünglich von Vorderasien bis Westchina und

ad.

Burma, ferner Ostchina, bis Korea und Japan sowie Sri Lanka und Arabien verbreitet. Jetzt bis auf den arktischen Norden ganz Europa und Teile Nordafrikas.

Vorkommen in Mitteleuropa: Seit den 1950er Jahren Besiedelung fast aller Länder von Südosten her, heute verbreiteter Brut- und Jahresvogel. Lachtaube seltener Gefangenschaftsflüchtling.

Wanderungen: Während die Altvögel meist Standvögel sind, siedeln sich die Jungvögel oft weit vom Geburtsort an, was die anhaltende Arealausdehnung begünstigt.

Lebensraum: Gehöfte, Dörfer und Städte bevorzugt bei Tierhaltungen, Bahnhofs- und Hafengeländen, aber auch reine Wohngebiete. Futterangebot und günstiges Winterklima sowie Brutplatzangebot (Bäume, Sträucher, selten Gebäude) entscheidend.

Nahrung: Überwiegend pflanzlich: Getreide und Sämereien von Gräsern, Keimlinge, grüne Blätter, Samen und Früchte von Bäumen und Sträuchern wie Holunderbeeren, Blumen und niedrige krautige Pflanzen. Tierfutter auf Bauernhöfen, Geflügelfarmen und Tierparks, Nahrungsabfälle und Fütterungen von großer Bedeutung. Nimmt Magensteinchen auf.

Brutbiologie: Erstbrut mitunter schon 3–4 Monate nach dem Schlüpfen • Nest auf Bäumen oder Sträuchern, mitunter auch an Gebäuden • 1–3, meist 2 Eier • Legebeginn meist ab März, teils aber auch Winterbruten • Brutdauer 13–15 Tage • beide brüten, hudern und füttern • Nestlingsdauer 15–19 Tage, Familienauflösung

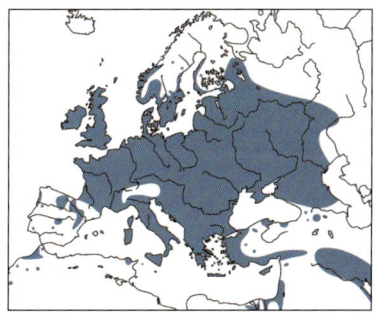

nach 34–44 Tagen • meist 2–4 Jahresbruten sowie häufig Ersatzgelege, maximal 6 erfolgreiche Bruten belegt.
Alter: Ältester Ringvogel 17 Jahre 9 Monate. Generationslänge 9 Jahre.
Gefährdung: Bestandsrückgänge durch technisierte Nahrungsgüterverarbeitung und direkte Verfolgung.
Besonderes: Seit 1930er Jahren Ausbreitung vom Balkan aus bis nach West- und Teilen Nordeuropas mit enormer Geschwindigkeit. Inzwischen wieder Bestandsrückgänge.

	Jan.	Feb.	März	April	Mai	Juni	Juli	Aug.	Sep.	Okt.	Nov.	Dez.
Anwesenheit												
Durchzug												
Brutzeit												
postjuv. Mauser												
Teil- / Vollmauser												
Vollmauser												

Alexandersittich (→354)
Psittacula eupatria (Linnaeus 1766)

Taxonomie: Familie Papageien – Psittacidae. 5 Unterarten, in Europa *eupatria* und wohl auch *nipalensis* eingeführt.
Größe, Gewicht: Körperlänge 50–62 cm; 198–258 g.
Erkennungshinweise: Deutlich größer als der sehr ähnliche Halsbandsittich. Geschlechter nahezu gleich. Weibchen im Gegensatz zum Männchen ohne Halsband. Schnabel groß und gänzlich rot, auf dem Flügel kastanienbraunes Feld.

Stimme: Tiefer als Halsbandsittich. Laut und gutteral „kiieah" oder „kiieak" rufend.
Brutareal: Mehrere Unterarten besiedeln Asien vom Osten Afghanistans über Sri Lanka und Indien bis Nordthailand und Indochina.
Vorkommen in Mitteleuropa: Lokaler Brutvogel aus Einbürgerungen, in Deutschland (z. B. Rheingebiet) und Belgien etabliert, sonst Gefangenschaftsflüchtlinge.
Wanderungen: In den Heimatländern Standvogel, der teilweise nomadisch umherzieht.

Lebensraum: Trockene bis feuchte baumbestandene Regionen. In Mitteleuropa in Städten mit reichen Futterstellen und ausreichend Bruthöhlen.
Nahrung: Die vegetarische Kost reicht von Früchten, Samen, Nüssen, Blättern bis zu Zweigen und Knospen, die vor allem im Winter verzehrt werden.
Brutbiologie: Geschlechtsreife im 2. Lebensjahr • wohl Dauerehe • Nest in Baumhöhlen in Weichhölzern, bevorzugt Platanen • 3–4 Eier • in Mitteleuropa Legebeginn März bis Mai • Brutdauer 19–21 Tage • ♀ brütet • ♂ füttert zunächst allein, später beide • Junge mit 52–55 Tagen flügge, werden noch weitere 2–4 Wochen gefüttert • 1 Jahresbrut.
Gefährdung: Nicht weltweit gefährdet.
Besonderes: In Deutschland seit 2012 etabliertes Neozoen.

Halsbandsittich (→355)
Psittacula krameri (Scopoli 1789)

Taxonomie: Familie Papageien – Psittacidae. Vier Unterarten, in Deutschland wohl überwiegend *P. k. borealis* und *P. k. manillensis.*
Größe, Gewicht: Körperlänge 37–43 cm, Flügelspannweite 41–48 cm, Flügellänge ♂ 17,2–18,7 cm, ♀ 16,8–17,8 cm; ♂ 116–143 g, ♀ 95–120 g.
Erkennungshinweise: Schlanke, hellgrüne Vogelart mit langem Schwanz und auffallend rotem Schnabel. Männchen durch schwarzen Kinnlatz und

schwarz-orangerosanes Halsband vom Weibchen zu unterscheiden.
Stimme: Ruf kreischend „kie-ak" oder „kie-ek", im Schwarm oft sehr laut.
Brutareal: Savannen am Südrand der Sahara, Asien von Pakistan bis Südostchina, viele Einbürgerungen und Ansiedlung entflogener Vögel außerhalb.
Vorkommen in Mitteleuropa: Als Gefangenschaftsflüchtling lokal Brut- und Jahresvogel im Westen, an einzelnen Stellen nicht selten.
Wanderungen: In Deutschland keine bekannt.
Lebensraum: In Parks, Gärten und halboffenen Landschaften mit alten Bäumen (Bruthöhlen!, gerne Platanen), auch mitten in belebten Städten.

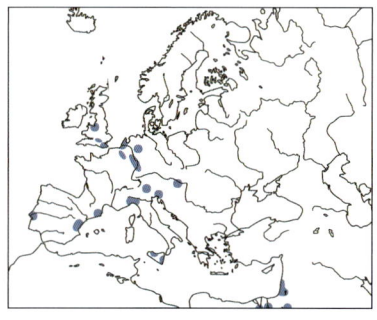

Nahrung: Reife und unreife Früchte, Knospen, Blüten und grüne Pflanzenteile; an Futterstellen Körnerfutter.

Brutbiologie: Geschlechtsreife Ende des 2. Lebensjahres • Nest in Baumhöhlen, mitunter in Mauerlöchern und Nistkästen, Eier auf Spänen und Holzmulm • 3–4 Eier • Legebeginn Anfang März bis April (Mai) • Brutdauer 22–24 Tage • ♀ brütet • ♂ und ♀ füttern • Junge bleiben 48–50 Tage im Nest, werden dann noch 2–6 Wochen geführt, anfangs noch gefüttert • 1 Jahresbrut; Ersatzgelege.

Alter: In Gefangenschaft Höchstalter fast 50 Jahre.

Gefährdung: Eingebürgerte Populationen mit zunehmendem Bestand.

Besonderes: Badet kaum am Boden, sondern im Flatterflug bei Regen oder zwischen nassen Blättern.

Mönchssittich (→ 356)

Myiopsitta monachus (Boddaert 1783)

Taxonomie: Familie Papageien – Psittacidae. 3 Unterarten.

Größe, Gewicht: Körperlänge 28–30 cm, Flügelspannweite 31–34 cm, Flügellänge 13,1–16,3 cm; 90–140 g.

Erkennungshinweise: Geschlechter gleich. Typische Sittichgestalt mit überwiegend grün gefärbtem Gefieder. Blaugraue Stirn und hellbräunlicher Schnabel. Die Handschwingen blau und schwarz, die Schwanzfedern oben blau und grün gezeichnet, die Unterseite ist hellgrün bis hellblau gesäumt.

Stimme: Am Nest und auch im Flug ein lautes Zetern und staccatoähnliches Kreischen.

Brutareal: Südamerika von Bolivien und Paraguay bis Südbrasilien und Argentinien.

Vorkommen in Mitteleuropa: In einzelnen Regionen frei brütend, z.B. Belgien, Niederlande, Slowakei.

Wanderungen: Standvogel, nur die Populationen im extremen Süden und Norden sind Zugvögel.

Lebensraum: Stehende Binnengewässer mit breiter Verlandungszone.

Nahrung: Knospen, Beeren und Früchte, Baum- und Grassamen aber auch Insekten.

Brutbiologie: Im Kronenbereich große Gemeinschaftsnester mit separaten Nistkammern • 5–7 Eier • Im Mitteleuropa Legebeginn März bis Mai • Brutdauer 22–24 Tage • ♀ brütet • Junge mit 42–50 Tagen flügge • 1 Jahresbrut.

Gefährdung: Nicht weltweit gefährdet.

Besonderes: Der Mönchsittich ist in Deutschland als Neozoen noch nicht etabliert.

Große Gelbkopfamazone (→ 357)

Amazona [ochrocephala] oratrix Ridgway 1887

Taxonomie: Familie Papageien – Psittacidae. Bildet Superspezies mit *A. ochroleuca und A. auropalliata.* Mindestens 4 Unterarten.

Größe, Gewicht: Körperlänge 35–38 cm; 340–535 g.

Erkennungshinweise: Geschlechter gleich. Ähnlich Doppel-Gelbkopfamazone aber oft

mit ausgedehnten rotem Flügelbug der mit gelben Federn durchsetzt ist. Ausgedehnte Gelbfärbung im Nacken und auf der Brust.

Stimme: Durchdringende Rufe und Schreie, die mit Einsetzen der Geschlechtsreife häufiger und auch wesentlich lauter werden.

Brutareal: Mehrere isolierte Vorkommen in verschiedenen Staaten Mittelamerikas sowie auf Tobago. Als Neozoon in mehreren US-Bundesstaaten brütend.

Vorkommen in Mitteleuropa: Lokale kleine, aber inzwischen etablierte Population in Stuttgart.

Wanderungen: Wahrscheinlich Standvogel, bei Nahrungsknappheit werden, meist in größeren Schwärmen, weite Suchflüge unternehmen.

Lebensraum: Tropische Laubwälder und Galerie- und Auwälder, sowie Palmplantagen. In Mitteleuropa städtische Parks und Gartenanlagen.
Nahrung: Reiner Vegetarier. Von verschiedenen Baumarten werden Blätter, Knospen, Früchte und Samen gefressen. Auch Körner von Getreide und Mais werden z. T. am Boden aufgenommen.
Brutbiologie: Nest in Baumhöhle, meist 4–15 m hoch • 2–3 Eier • Brutdauer 25–26 Tage.
Gefährdung: Nicht weltweit gefährdet.
Besonderes: In Deutschland seit 2010 als etabliertes Neozoon eingestuft. In Österreich ist nur noch eine Gruppen- oder zumindest paarweise Haltung in geräumigen Volieren erlaubt, in denen die Vögel fliegen können.

Schwarzschnabelkuckuck (→359)

Coccyzus erythrophthalmus (A. Wilson 1811)

Taxonomie: Familie Kuckucke – Cuculidae. Keine Unterarten.
Größe, Gewicht: Körperlänge 27–31 cm, Flügelspannweite 38–42 cm, Flügellänge ♂ 13,4–14,4 cm, ♀ 13,9–14,7 cm; durchschnittlich 47–54 g.
Erkennungshinweise: Geschlechter gleich. Sehr ähnlich Gelbschnabelkuckuck und von diesem aus der Nähe durch den dunklen, nicht gelben Unterschnabel zu unterscheiden. Der undeutliche Rostton auf den Handschwingen und die schmalen Spitzenflecke der Steuerfedern sind ebenfalls gute Unterscheidungsmerkmale zum Gelbschnabelkuckuck.
Stimme: Gesang rasche Folge rhythmische „ku ku ku kukuk…".
Brutareal: Nordamerika.
Vorkommen in Mitteleuropa: Sehr seltener Ausnahmegast, bisher ein Nachweis in Deutschland.
Wanderungen: Zugvogel, überwintert im Nordwesten Südamerikas.
Lebensraum: Offener Laub- und Mischwald.
Nahrung: Gliederfüßer, im Herbst auch Beeren.
Gefährdung: Nicht gefährdet.

Gelbschnabelkuckuck (→360)
Coccyzus [americanus] americanus (Linnaeus 1758)

Taxonomie: Familie Kuckucke – Cuculidae. Bildet Superspezies mit Perlbrustkuckuck *C. julieni* in Südamerika. 2 Unterarten, in Europa *americanus* zu erwarten.

Größe, Gewicht: Körperlänge 28–32 cm, Flügelspannweite 40–48 cm, Flügellänge ♂ 13,7–14,8 cm, ♀ 14,3–15,2 cm; ♂ im Durschschnitt 57 g, ♀ 68 g.

Erkennungshinweise: Geschlechter gleich. Sehr ähnlich Schwarzschnabelkuckuck, jedoch weißer statt gelben Unterschwanzdecken und auffälligen großen, weißen Spitzen der Schwanzfedern. Namensgebende gelbe statt schwarze Schnabelbasis.

Stimme: Eine anfangs schneller werdende, dann sich verlangsamende schnarrende Rufreihe „ka ka ka ka kau kau kaup kaup kaup". Zwischen den einzelnen Rufreihen werden zehnminütige Pausen gemacht.

Brutareal: Von Südost Kanada bis nach Mexiko verbreitet.

Vorkommen in Mitteleuropa: Extrem seltene Ausnahmeerscheinung, einmal in Belgien im 19 Jh.

Wanderungen: Zugvogel, der bis Südamerika ins Winterquartier fliegt. Dabei werden im Herbst zunächst 2000–3000 km Direktflug in die Karibik, oder sogar 4000 km direkt auf das südamerikanische Festland zurückgelegt.

Lebensraum: Parks und Gartenlandschaften sowie offene Laub- und Mischwälder, häufig in Gewässernähe zu beobachten.

Nahrung: Hauptsächlich werden Raupen, auch behaarte, gefressen. Ansonsten Insekten und Spinnen. Im Herbst auch Beeren.

Brutbiologie: Nest eine Plattform aus Zweigen • 3–5 Eier • manchmal werden Eier in die Nester des Schwarzschnabelkuckucks oder anderer Vogelarten gelegt • Brutdauer 11 Tage • Junge mit 8–9 Tagen flügge • 2–3 Jahresbruten; Ersatzgelege.

Alter: Generationslänge < 3,3 Jahre.

Gefährdung: Nicht weltweit gefährdet.

Besonderes: Im Normalfall brütet der Gelbschnabelkuckuck zweimal, bei sehr guten Nahrungsangebot wird ein drittes Mal gebrütet.

Häherkuckuck (→361)

Clamator glandarius (Linnaeus 1758)

Taxonomie: Familie Kuckucke – Cuculidae. Zwei Unterarten, in Europa *C. g. glandarius*.

Größe, Gewicht: Körperlänge 35–40 cm, Flügelspannweite 58–61 cm, Flügellänge ♂ 20,2–22,8 cm, ♀ 19,4–20,8 cm; 120–200 g.

Erkennungshinweise: Geschlechter gleich. Taubengroß mit auffallend langem Schwanz. Altvögel mit grauer Oberseite mit vielen weißen Flecken. Unterseite hell mit gelblicher Kehle. Flügel im Jugendkleid mit auffallend rostrotem Fleck in den Handschwingen.

ad.

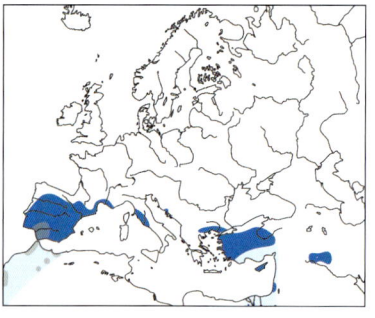

Stimme: Gesang Männchen abfallende Reihe langgezogener „ki-ü", Ausdrucksflug mit schnarrendem Schackern „tscherr-tscherr-tsche-tsche-tsche...". Weibchen gackernd „gi-gi-gi-gi-gi-gi.kü-kü-kü..." und weitere Rufreihen.

Brutareal: Lückig von Nordafrika über Iberische Halbinsel, Südfrankreich, Italien, Griechenland nach Osten über Anatolien bis Westiran, ferner weit verbreitet in Afrika südlich der Sahara.

Vorkommen in Mitteleuropa: Ausnahmegast von April bis Oktober.

Wanderungen: Zugvogel, Winterquartier der Brutvögel Europas am Südrand der Sahara.

Lebensraum: Baumbestandenes, abwechslungsreiches Kulturland, oft nahe menschlicher Siedlungen.

Nahrung: Raupen und größere Insekten, kleine Reptilien.

Brutbiologie: Brutparasit, der seine Eier vor allem in Nester von Krähenverwandten legt, manchmal auch zwei in ein Nest. Junge der Wirtsvögel werden nicht aus dem Nest geworfen, haben aber in der Regel keine Überlebenschancen.

Alter: Generationslänge < 3,3 Jahre.

Gefährdung: Nicht gefährdet.

Kuckuck (→362)

Cuculus canorus Linnaeus 1758

Taxonomie: Familie Kuckucke
– Cuculidae. Vier Unterarten,
in Europa *C. c. canorus*.

Größe, Gewicht: Körperlänge
32–34 cm, Flügelspannwei-
te 55–60 cm, Flügellänge ♂
21,3–23,6 cm, ♀ 20,4–23 cm; ♂
110–140 g, ♀ 95–115 g.

Erkennungshinweise: Mittelgroße, schlanke Art, in der
Figur einem kleinen Falken
ähnlich. Männchen mit gebändertem Bauch wie Sperber, das

übrige Gefieder blaugrau. Weibchen wie Männchen oder ober- und unterseits rostbraun, dann oft das gesamte Gefieder gebändert. Jungvögel
am ehesten durch kleinen wei-
ßen Nackenfleck zu erkennen.

Stimme: Reviergesang des
Männchens normalerweise
zweisilbig „gu kuh", meist in
kleiner Terz abwärts. Bei Verfolgung eines Weibchens häufig heiseres „hach hachach".
Weibchen kichern hoch, sich
beschleunigend, Männchen kichern selten und tiefer.

Brutareal: Von Westeuropa
und Nordafrika bis Kamtschatka und Japan in der gemäßigten und borealen Zone sowie
im Norden der asiatischen
Tropen.

Vorkommen in Mitteleuropa:
Flächig verbreiteter häufi-
ger Brut- und Sommervogel,
Durchzügler.

Wanderungen: Langstreckenzieher, Winterquartier Afrika,
meist südlich des Äquators.

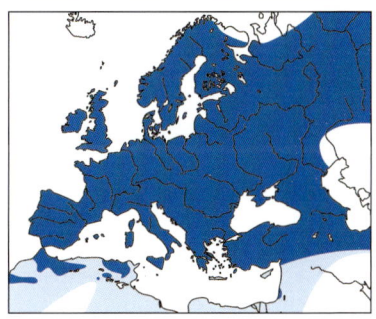

Lebensraum: Vielseitig von Wald bis offene Flächen, auch in Parks und zumindest in Vorstädten, fehlt in der ausgeräumten Agrarlandschaft.

Nahrung: Insekten, meist Schmetterlingsraupen. ♀ auch Singvogeleier.

Brutbiologie: Geschlechtsreife im 2. Lebensjahr • Legt Eier in verschiedene Singvogelnester, mehr als 10 Eier pro ♀ nachgewiesen • Legebeginn Mai bis Juli • Brutdauer 11–12 Tage in Wirtsnestern • Rund 45 Arten mit erfolgreicher Aufzucht bekannt • Junge bleiben etwa 19 Tage im Nest, werden dann je nach Wirtsvogelart noch bis zu mehreren Wochen außerhalb des Nestes gefüttert.

Alter: Ältester Ringvogel 13 Jahre. Generationslänge < 3,3 Jahre.

Gefährdung: In D auf der Vorwarnliste zur Roten Liste. Gefährdung durch Rückgang der wichtigsten Wirtsvogelarten und der Hauptnahrung (Schmetterlingsraupen).

Besonderes: Die Weibchen sind auf eine Wirtsvogelart geprägt und selbst in Zwangssituationen wird diese Art nicht gewechselt. Eine der wenigen Vogelarten, die selbst stark behaarte Raupen, z. B. von Bärenspinnern, nicht verschmäht.

	Jan.	Feb.	März	April	Mai	Juni	Juli	Aug.	Sep.	Okt.	Nov.	Dez.
Anwesenheit												
Durchzug												
Brutzeit				x / x								
postjuv. Mauser												
Teil- / Vollmauser												
Vollmauser												

Schleiereule (→ 363)

Tyto alba (Scopoli 1769)

Taxonomie: Familie Schleiereulen – Tytonidae. Etwa 35 Unterarten, in West- und Nordeuropa *T. a. alba* und in Mittel-, E- und Südeuropa *T. a. guttata*.

Größe, Gewicht: Körperlänge 33–35 cm, Flügelspannweite 85–93 cm, Flügellänge ♂ 26–30,9 cm, ♀ 26,3–30,7 cm; ♂ 187–340 g, ♀ 310–370 g.

Erkennungshinweise: Geschlechter gleich. Mittelgroße, schlanke Eule mit langen Flügeln und Beinen. Durch den auffallenden Gesichtsschleier unverwechselbar. Unterseite weiß bis gelborange und Oberseite nahezu einfarbig grau mit auffallender Fleckung.

Stimme: Kreischen „chrüüü", Schnurrende Laute, Fauchen, Schnabelknappen und bei ♀ und Jungen Bettelschnarchen.

Brutareal: Eines der größten Verbreitungsgebiete einer Landvogelart überhaupt, von der nördlichen Nadelwaldzone bis in die Tropen der Nordhalbkugel.

Vorkommen in Mitteleuropa:
Fast flächig verbreiteter, regional recht häufiger Jahresvogel, der aber in höheren und zusammenhängend bewaldeten Gebieten fehlt oder nur lokal vorkommt.

Wanderungen: Standvogel bis Teilzieher über kurze Strecken.

Lebensraum: Offene Niederungsgebiete, Brutplätze in Siedlungen und einzelstehenden Gebäuden, Jagdgebiete offene Flächen, Tageseinstände auch in Gehölzen.

Nahrung: Hauptsächlich Kleinsäuger, vor allem Feldmäuse, aber auch andere Mäuse und Spitzmäuse; in der Regel wenig Vögel

Brutbiologie: Geschlechtsreife im 1. Lebensjahr • Nest in großer Brutnische mit freiem Anflug, oft in Kirchtürmen, Scheunen, Ruinen, mitunter auch in Felswänden und Steinbrüchen, künstliche Nisthilfen geeigneter Größe sehr erfolgreich; kaum Nistmaterial, Unterlage für Eier sind zerbissene Gewölle • 4–7 (maximal bis 12) Eier • Legebeginn März bis Mai, vereinzelt noch später • Brutdauer 30–34 Tage • ♀ brütet • ♂ bringt anfangs allein

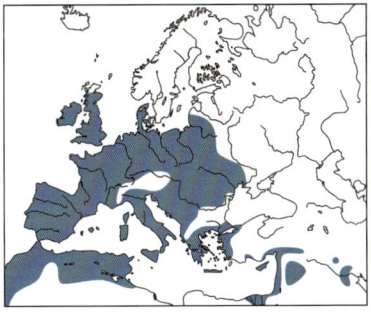

Futter, ♀ füttert • Junge bleiben 50–60 Tage im Nest, 3–5 Wochen später selbständig • 1–2 Jahresbruten; Ersatzgelege.

Alter: Generationslänge < 3,3 Jahre.

Gefährdung: Art in Europa mit ungünstigem Erhaltungsstatus (SPEC 3). Gefährdung durch Verlust von Brutmöglichkeiten durch Modernisierung von Gebäuden und intensive Landwirtschaft, Verlust von Kleinstrukturen in der Landschaft und hohe Opferzahlen im Straßenverkehr.

Besonderes: Durch die Möglichkeit, zwei Bruten mit bis zu je ca. 10 Jungvögeln aufzuziehen, können starke Verluste (durch strenge Winter) schnell ausgeglichen werden.

	Jan.	Feb.	März	April	Mai	Juni	Juli	Aug.	Sep.	Okt.	Nov.	Dez.
Anwesenheit												
Durchzug												
Brutzeit			X X									
postjuv. Mauser												
Teil- / Vollmauser												
Vollmauser												

Zwergohreule (→ 364)

Otus scops (Linnaeus 1758)

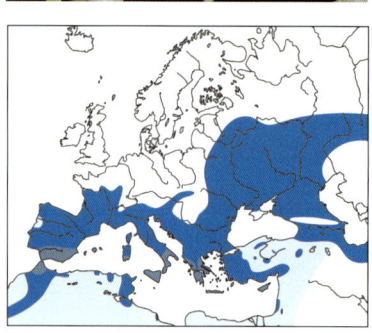

Taxonomie: Familie Eulen – Strigidae. Sechs Unterarten, davon vier in Europa.

Größe, Gewicht: Körperlänge 18–20 cm, Flügelspannweite 49–54 cm, Flügellänge ♂ 15,8–16,2 cm, ♀ 15,8–16,5 cm; ♂ 77–105 g, ♀ 90–119 g.

Erkennungshinweise: Geschlechter gleich. Durch schlanke Gestalt, rindenartig gemustertes Gefieder und kurze Federohren mit keiner anderen Eulenart Europas zu verwechseln. Eine braune und graue Farbmorphe, wobei die graue häufiger ist.

Stimme: Gesang des Männchens monotone Rufreihe aus einzelnen „djü"-Rufen, die weit zu hören sind. Weibchen etwas tiefer rufend. Kann leicht mit Geburtshelferkröte verwechselt werden. Alarmrufe greller und schärfer z.B. „guio" oder „kjuu".

Brutareal: Südeurasien bis Indonesien, ferner Südwestarabien und Afrika ohne die Regenwaldgebiete und die meisten Wüsten.

Vorkommen in Mitteleuropa: Brütet regelmäßig in Ungarn, selten in Österreich, der Schweiz und der Slowakei. Vereinzelter unregelmäßiger Brut- und Sommervogel in Süddeutschland, sonst sehr seltener Gastvogel.

Wanderungen: Größtenteils Zugvogel mit Winterquartier in den Savannen Afrikas, in kleiner Zahl auch im Mittelmeergebiet.

Lebensraum: Extensiv genutzte oder aride Landschaften mit reichem Großinsektenangebot wie Obstbaugebiete, Gärten, Parks, Alleen, Randbereiche lichter Baumbestände. Im Norden der Verbreitung besonders an Südhängen.

Nahrung: Hauptsächlich größere Insekten wie Heuschrecken, Käfer, Schmetterlinge, Zikaden und andere Wirbellose wie Spinnen, Regenwürmer und Tausendfüßler, daneben Kleinvögel, Kleinsäuger, Amphibien.

Brutbiologie: Geschlechtsreife im 1. Lebensjahr • Nest in Höhlen und Halbhöhlen in Laubbäumen sowie in Gemäuer und Felsnischen; nimmt Nisthilfen an • meist 3–5 Eier • Brutdauer 24–25 Tage • ♀ brütet allein, Junge schlüpfen asynchron innerhalb 3 Tagen • ♀ hudert die ersten 18 Tage ständig, ♂ versorgt die Brut zunächst allein • Junge mit 17–19 Tagen auf Ästen, flugfähig ab dem 33. Tag • 1 Jahresbrut; gelegentlich Ersatzgelege.

Alter: Ältester Ringvogel 6 Jahre, 9 Monate. Generationslänge < 3,3 Jahre.

Gefährdun: Art auf Europa konzentriert und mit ungünstigem Erhaltungsstatus (SPEC 2). Gefährdet durch intensive Landwirtschaft, Ausräumung der Landschaft und hohe Verluste im Straßenverkehr.

Besonderes: Offensichtlich Arealerweiterung nach Norden und dadurch ein möglicher Gewinner der Klimaänderung. Im Mittelmeerraum häufig als Todesbote angesehen, in Sizilien hieß es, wenn eine Zwergohreule ganz dicht am Haus eines kranken Mannes ruft, so wird er die nächsten drei Tage nicht überleben.

Waldohreule (→365)

Asio otus (Linnaeus 1758)

Taxonomie: Familie Eulen – Strigidae. Drei Unterarten, in Europa *A. o. otus*.

Größe, Gewicht: Körperlänge 35–40 cm, Flügelspannweite 90–100 cm, Flügellänge ♂ 28,2–31 cm, ♀ 28,7–30,9 cm; ♂ 220–330 g, ♀ 240–370 g.

Erkennungshinweise: Geschlechter gleich. Ähnlich Sumpfohreule, aber kontrastreicher gezeichnet. Die langen Federohren sind in der Regel sehr gut zu sehen. Iris nicht gelb wie bei Sumpfohreule, sondern orangerot. Im Flug vier bis fünf schmale Binden an der Flügelspitze.

ad.

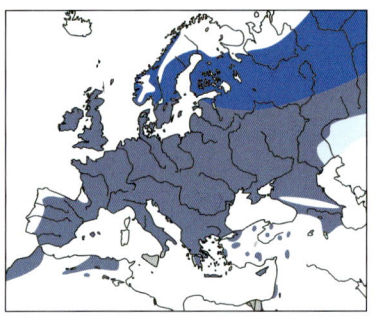

Stimme: Gesang ein sehr einfaches und in kurzen Abständen sich wiederholendes tiefes „ohh", das über einen Kilometer zu hören ist. Die hohen, lang gezogenen Bettelrufe der Jungvögel erinnern an Rehfiepen.

Brutareal: Nordamerika und nahezu gesamtes Eurasien von Azoren und Kanaren bis Sachalin.

Vorkommen in Mitteleuropa: Verbreiteter Brutvogel und Wintergast vom Tiefland bis an die obere Waldgrenze.

Wanderungen: Mitteleuropäische Altvögel höchstens Teilzieher, die Streuungswanderungen der Jungvögel und Wanderungen nord- und osteuropäischer Vögel über größere Entfernungen, jahrweise unterschiedlich. Mitteleuropäische Wintergäste kommen bis aus Zentralrussland.

Lebensraum: Jagt vorwiegend in offenem Gelände. Brut in Feldgehölzen, Baumgruppen, Einzelbäumen, Waldrandbereichen, seltener im Waldesinneren. Im Winter gesellig auch in Parks, Friedhöfen und Bäumen in Ortschaften.

Nahrung: Weit überwiegend Feldmäuse. Auch andere Kleinsäuger, seltener Vögel, Reptilien, Amphibien, Insekten, Regenwürmer, Fische.

Brutbiologie: Geschlechtsreife im 1. Lebensjahr • Nest vor allem in leeren Krähen- und Greifvogelnestern, aber auch Reiher-, Ringeltauben und Eichhörnchennester, bevorzugt in Bäumen mit hohem Deckungsgrad, selten in Höhlen oder am Boden, kein Nistmaterial nur Muldenscharren • 3–5, in Mäusegradationsjahren 6–8 Eier • Legebeginn Mitte März bis Mitte April • Brutdauer 25–30 Tage • ♀ brütet, wird vom ♂ versorgt • ♀ füttert, ♂ bringt Futter • Junge bleiben 20 Tage im Nest, mit 5 Wochen gut flugfähig, nach 2 Monaten selbständig • 1 Jahresbrut, ausnahmsweise 2; bis zu 2 Ersatzgelegen bei frühem Gelegeverlust.

Alter: Ältester Ringvogel 27 Jahre, 9 Monate. Generationslänge < 3,3 Jahre.
Gefährdung: Bedroht durch Ausräumung der Landschaft und intensive Landwirtschaft.
Besonderes: Bildet im Winter oft Schlafgesellschaften, die manchmal mitten im Ortsbereich zu finden sind.

	Jan.	Feb.	März	April	Mai	Juni	Juli	Aug.	Sep.	Okt.	Nov.	Dez.
Anwesenheit												
Durchzug									x			
Brutzeit				x								
postjuv. Mauser												
Teil- / Vollmauser												
Vollmauser												

Sumpfohreule (→366)

Asio flammeus (Pontoppidan 1763)

Taxonomie: Familie Eulen – Strigidae. Acht Unterarten, in Europa *A. f. flammeus*.

Größe, Gewicht: Körperlänge 34–42 cm, Flügelspannweite 95–110 cm, Flügellänge ♂ 30,4–32,6 cm, ♀ 30,9–33,1 cm; ♂ 300–430 g, ♀ 350–500 g.

Erkennungshinweise: Geschlechter gleich. Mittelgroße, schlanke Eule mit langen, schmalen Flügeln und sehr kurzen Federohren. Gesicht mit kennzeichnender schwarzer Augenumrandung. Im Flug am besten durch schwarze Flügelspitze von Waldohreule zu unterscheiden.

Stimme: Gesang des Männchens schnelles ansteigendes „bu bu bu bu…", 6–20 mal gereiht und ca. 1 km weit zu hören.

Brutareal: Weite Teile Eurasiens, Nord-, Mittel- und Süd-

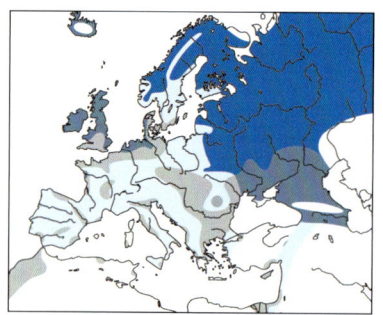

amerikas, sowie Hawaii, Falk-
landinseln und Galapagos.
**Vorkommen in Mitteleuro-
pa:** Seltener Brutvogel im
Norden und Osten. Im Süden
als Brutvogel heute nur noch
Ausnahmeerscheinung. Nach
Süden zunehmend seltener
Wintergast; invasionsartige
Einflüge.
Wanderungen: Im Norden
Zieher, sonst Teilzieher. Nomadisiert und folgt dabei Wühlmausgradati-
onen. Überwintert in gemäßigter und Steppenzone, Mittelmeerraum bis
Sahelzone, im Osten bis Indien, Burma, Taiwan.
Lebensraum: Offene Landschaften mit sehr niedriger Kraut- und Stau-
denvegetation wie Tundren; Moore, Niedermoore und nasse Wiesen, Dü-
nen, Salzwiesen, Brachland und auch niedere Aufforstungen. Im Winter
auch in Ackerlandschaften.
Nahrung: Hauptnahrung Wühlmäuse. Bei Mangel Ausweichen auf Vögel
und Kleinnager.
Brutbiologie: Reviergründung durch ♂ schon im Februar (–März) • Ge-
scharrte Nestmulde in Dünen- oder Moorvegetation mit Pflanzenmaterial ausgekleidet • meist 7–10 Eier, je nach Nahrungsangebot 4–16 •
Brutdauer 26–27 Tage je Ei • ♀ brütet und wird vom ♂ versorgt • ♀ füttert,
♂ versorgt mit Nahrung, Nahrungsdepots in Brutplatznähe • Junge mit
31–36 Tagen voll flugfähig, Führungszeit mehrere Wochen• 1 Jahresbrut,
in Mäusejahren Zweitbrut nachgewiesen. Ersatzgelege.
Alter: Ältester Ringvogel 20 Jahre, 9 Monate. Generationslänge > 3,3 Jahre.
Schutzstatus und Gefährdung: Nach der EU-Vogelschutzrichtlinie besonders geschützte Art (Anhang I), Art in Europa mit ungünstigem Erhaltungsstatus (SPEC 3); Gefährdet durch Entwässerungen, intensive
Landwirtschaft und Aufforsten von Mooren.
Besonderes: Von allen heimischen Eulenarten am häufigsten tagaktiv.

Uhu (→367)

Bubo [bubo] bubo (Linnaeus 1758)

Taxonomie: Familie Eulen – Strigidae. Bildet Superspezies mit dem Wüs-
tenuhu *B. ascalaphus*. Ca. 18 Unterarten, davon 4 in Europa, *B. b. bubo* in
Mitteleuropa.

Größe, Gewicht: Körperlänge 60–75 cm, Flügelspannweite 160–188 cm, Flügellänge ♂ 43–45,3 cm, ♀ 46,3–51,3 cm; ♂ 600–2800 g, ♀ 220–3200 g.

Erkennungshinweise: Geschlechter gleich. Größte Eulenart der Welt, durch Größe, Färbung und große Federohren unverwechselbar.

Stimme: Männchen singt tief monoton „buho", das Weibchen sehr ähnlich, aber höher. Gesang nicht sehr laut, doch meist weit zu hören. Bettelruf der Jungvögel „chüjöö" ebenfalls sehr weit hörbar.

Brutareal: Nordafrika und Eurasien bis Ostsibirien. Im Süden bis Arabien, Südindien und Südchina.

Vorkommen in Mitteleuropa: Brutvogel in geringer Dichte in Gebieten mit geeigneten Brutplätzen.

Wanderungen: Standvogel. Auch Streuungswanderungen der Juv. kaum > 100 km.

Lebensraum: Reich gegliederte Landschaften, die ganzjährig gute Nahrungsversorgung bieten. Nistplätze zumeist an Felsen, oft auch in Steinbrüchen, aber auch am Stammfuß von Bäumen oder selten auch in alten Greifvogelhorsten. Ausnahmsweise sogar in Städten.

Nahrung: Säugetiere von Spitzmäusen bis zur Größe von Feldhase und Rehkitz, Vögel von kleinen Singvögeln bis Auerhuhn und Graureiher, Amphibien, seltene Fische, Insekten, Regenwürmer. Je nach Verfügbarkeit hauptsächlich Igel, Ratten, Wühlmäu-

ad./pull.

se, Hasen, Hühner- und Wasservögel.

Brutbiologie: Geschlechtsreife bei ♂ schon im 1. Lebensjahr, erfolgreiche Bruten aber meist erst mit 2–3 Jahren; monogame Dauerehe • Neststandort in Felswänden mit freiem Anflug, auch am Boden am Fuß von Felsen und Bäumen sowie Baumhorste von anderen Arten wie Habicht • meist 2–4 Eier • Legebeginn schon ab Ende Januar • Brutdauer 34–36 Tage • ♀ brütet und wird vom ♂ versorgt • Jungvögel schlüpfen asynchron mit 2–3 Tagen Abstand, ♀ hudert 2 Wochen ständig und wird weiter vom ♂ versorgt, danach füttern beide • Junge können ab 52. Tag flatternd fliegen, werden aber insgesamt 20–24 Wochen von den Eltern versorgt und wandern ab September/Oktober ab • 1 Jahresbrut; Ersatzgelege bei frühem Gelegeverlust.

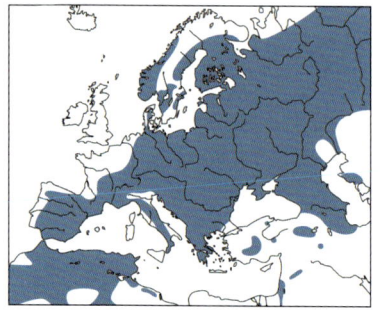

Alter: Ältester Ringvogel 22 Jahre, 4 Monate. In Gefangenschaft bis 63 Jahre nachgewiesen. Generationslänge 9 Jahre.
Gefährdung: Nach der EU-Vogelschutzrichtlinie besonders geschützte Art (Anhang I), in Europa mit ungünstigem Erhaltungsstatus (SPEC 3). Weiterhin bedroht durch hohe Verluste an Freileitungen und im Straßenverkehr, Störungen am Brutplatz, Rekultivierung von Steinbrüchen und zunehmende illegale Verfolgung.

Besonderes: Nach erheblichen Bestandseinbrüchen durch direkte Verfolgung in ganz Mitteleuropa vor allem ab 1970 langsame Erholung der Bestände durch gesetzlichen Schutz, Wiederansiedlung, Horstbewachung und stellenweise bessere Nahrungssituation.

	Jan.	Feb.	März	April	Mai	Juni	Juli	Aug.	Sep.	Okt.	Nov.	Dez.
Anwesenheit												
Durchzug												
Brutzeit		X										
		X										
postjuv. Mauser												
Teil- / Vollmauser												
Vollmauser												

Schneeeule (→369)

Bubo scandiacus (Linnaeus 1758)

Taxonomie: Familie Eulen – Strigidae. Synonym *Nyctea scandiaca*. Keine Unterarten.
Größe, Gewicht: Körperlänge 53–66 cm, Flügelspannweite 142–166 cm, Flügellänge ♂ 40–42,1 cm, ♀ 43,4–46 cm; 1200–2500 g.
Erkennungshinweise: Sehr große, unverwechselbare Eule. Männchen schnee-

weiß und Weibchen weiß mit deutlicher Bänderung. Iris leuchtend gelb.

Stimme: Gesang ♂ monoton gereiht „chruh" o. ä., im Sitzen oder im Flug; ♀ höher und heiser „chsü". Gackernde und kreischende Laute.

Brutareal: Arktische Tundra Alaska, Kanada, Grönland und Eurasien.

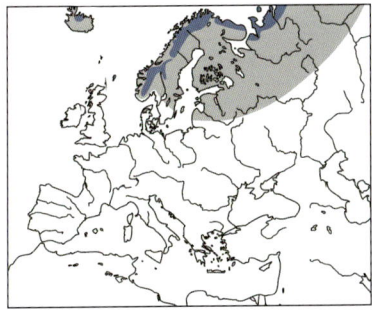

Vorkommen in Mitteleuropa: Sehr seltener und unregelmäßiger Wintergast im Norden, sonst Ausnahmegast.

Wanderungen: Teilzieher und Nomadenvogel. Überwintert südlich der Polarnachtzone nach Süden bis Ostseeraum, mitunter Invasionen.

Lebensraum: Tundra und Fjällgebiete, offenes Gelände.

Nahrung: Lemminge, Vögel, auch Aas und Wirbellose.

Alter: In Gefangenschaft bis über 28 Jahre. Generationslänge 7 Jahre.

Gefährdung: Nach der EU-Vogelschutzrichtlinie besonders geschützte Art (Anhang I), in Europa mit ungünstigem Erhaltungsstatus (SPEC 3). In Skandinavien stark gefährdet, möglicherweise durch klimatische Erwärmung und Störungen am Brutplatz.

Besonderes: Durch ihre starke Abhängigkeit von Lemming-Vorkommen lebt die Schneeeule nomadisch.

Waldkauz (→370)

Strix aluco Linnaeus 1758

Taxonomie: Familie Eulen – Strigidae. Elf Unterarten, in Mitteleuropa *S. a. aluco.*

Größe, Gewicht: Körperlänge 37–42 cm, Flügelspannweite 90–104 cm, Flügellänge ♂ 24,6–27,5 cm, ♀ 26,3–29,4 cm; ♂ 330–500 g, ♀ 400–630 g.

Erkennungshinweise: Geschlechter gleich. Mittelgroße, kräftige Eule mit großem, rundem Kopf und großen dunklen Augen. Eine graue und eine braune Farbmorphe.

Stimme: Balzgesang ein am Anfang und Ende lang gezogenes Heulen mit schnellem Mittelteil. Weibchen rufen schrill „kju witt", Rufe unter günstigen Umständen bis zu drei Kilometer zu hören.

Brutareal: Westareal von Nordafrika, Südwest- und Westeuropa und bis Westsibirien und Iran. Areal der östlichen Formen von Südrussland über Afghanistan bis Korea und China.

Vorkommen in Mitteleuropa: Verbreiteter Brut- und Standvogel vom Tiefland bis in die obere montane Stufe, fehlt lediglich in baumarmen Küstenbereichen.

Wanderungen: Standvogel, sehr reviertreu und auch die Jungvögel wandern selten mehr als 50 km ab.

Lebensraum: Reich strukturierte Landschaften mit leicht erreichbarem Nahrungsangebot (Sitzwarten wichtig) und Brutmöglichkeiten: Wälder mit Altholzbeständen, Parks, Friedhöfe, Gärten und Gehölzgruppen mit alten Bäumen, auch in Städten.

Nahrung: Vielseitig, neben Kleinsäugern auch Vögel, Amphibien, Regenwürmer und selten Fische und besonders bei Massenauftreten auch Insekten.

Brutbiologie: Geschlechtsreife im 1. Lebensjahr • Nest in Baumhöhlen und Nistkästen, ferner Höhlen in Gebäuden (Dachböden, Scheunen, Kirchtürmen etc.), Felshöhlen und -spalten. Ausnahmsweise Felsbänder, Erdhöhlen und leere Großvogelnester, kein Nistmaterial • 3–5 Eier • Legebeginn Mitte März bis extrem 1. Junihälfte • Brutdauer 28–29 Tage • ♀ brütet, wird vom ♂ versorgt • ♀ füttert, ♂ bringt Futter • Junge bleiben 29–35 Tage im Nest, mit 7 Wochen gut flugfähig, nach 2,5–3 Monaten selbstständig • 1 Jahresbrut; Ersatzgelege sehr selten.

Alter: Ältester Ringvogel 21 Jahre, 6 Monate. Generationslänge 4 Jahre.
Gefährdung: Art auf Europa konzentriert (SPEC E). Hohe Verluste an Freileitungen und im Straßenverkehr.
Besonderes: Der Gesang des Waldkauzes ist aus Kriminalfilmen, am ehesten aus englischen, gut bekannt. Der Ruf

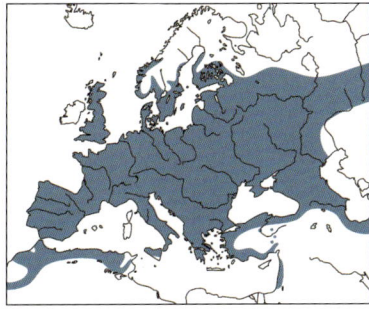

des Weibchens wurde früher als „Komm mit" gedeutet, weshalb der Waldkauz wie der Steinkauz als Totenvogel galt.

	Jan.	Feb.	März	April	Mai	Juni	Juli	Aug.	Sep.	Okt.	Nov.	Dez.
Anwesenheit												
Durchzug												
Brutzeit	X X											
postjuv. Mauser												
Teil- / Vollmauser												
Vollmauser												

Habichtskauz (→371)

Strix uralensis Pallas 1771

Taxonomie: Familie Eulen – Strigidae. Sieben sehr ähnliche Unterarten, in Mittel- und Südosteuropa *S. u. macroura*.
Größe, Gewicht: Körperlänge 54–62 cm, Flügelspannweite 110–134 cm, Flügellänge ♂ 34–37 cm, ♀ 34,9–37,6 cm; ♂ 450–825 g, ♀ 720–1200 g.
Erkennungshinweise: Geschlechter gleich. Mittelgroße Eule mit auffallend langem Schwanz. Gefieder hell-graubraun und deutlich dunkelbraun gestreift. Dunkle Augen und strohgelber Schnabel. Schwanz gleichmäßig gebändert.

Stimme: Reviergesang Männchen rhythmische Reihe dumpfer „huh", im Frühjahr auch anschwellende rasche Reihe „bubububu...". Revierruf

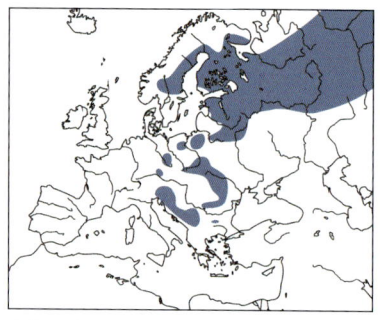

Weibchen rau krächzend (erinnert an Graureiher). Im Herbst laut „koräh" oder „kroahh", auch im Duett.
Brutareal: Von Nordosteuropa bis Japan und Korea, Südgrenze am Rand der Taiga.
Vorkommen in Mitteleuropa: Regelmäßiger Brutvogel der Karpaten, sowie in Nordostpolen. Seit 1975 wieder angesiedelte Kleinpopulation im Nationalpark Bayerischer Wald; sonst Ausnahmegast vor allem im Osten.
Wanderungen: Standvogel, Streuungswanderungen.
Lebensraum: Brutvogel in reich strukturierten Laub- und Mischwäldern mit Lichtungen und Freiflächen für die Jagd.
Nahrung: Vielseitig, hauptsächlich Kleinsäuger, weniger Vögel. Auch Amphibien und Insekten.
Brutbiologie: Geschlechtsreife im 1. Lebensjahr, Erstbruten bei ♀ aber oft erst mit 3–4 Jahren • Brütet vor allem in alten Nestern anderer Großvögel in Bäumen, ausnahmsweise in Höhlen, auch Nistkästen; kein eingetragenes Material • 2–4 Eier • Legebeginn März bis Mitte April • Brutdauer 27–29 Tage • ♀ brütet, wird vom ♂ versorgt • Anfangs bringt nur ♂ Beute, später auch ♀ • Junge bleiben 34–37 Tage im Nest, sind aber erst mit rund 6 Wochen flügge • 1 Jahresbrut; Ersatzgelege.
Alter: Ältester Ringvogel 23 Jahre, 10 Monate. Generationslänge 9 Jahre.
Gefährdung: Nach der EU-Vogelschutzrichtlinie besonders geschützte Art (Anhang I); Gefährdet durch Forstwirtschaft mit Bevorzugung von Altersklassenwäldern. Verlust von Altbäumen mit Höhlen.
Besonderes: Im Bereich des Nestes, vor allem zur Ausflugszeit der Jungvögel sehr aggressiv, attackiert dann auch Menschen.

Bartkauz (→372)

Strix nebulosa J. R. Forster 1772

Taxonomie: Familie Eulen – Strigidae. 2 Unterarten, in Eurasien *lapponica*, in Nordamerika *nebulosa*.
Größe, Gewicht: Körperlänge 62–70 cm, Flügelspannweite 134–158 cm, Flügellänge ♂ 43,2–47,7 cm, ♀ 44,3–48,3 cm; ♂ 500–1175 g, ♀ 700–1500 g.
Erkennungshinweise: Geschlechter gleich. Auffallende, graubraune Großeule mit langen Schwanz, der eine deutliche, dunkle Endbinde hat.

Kopf groß mit auffälligen, namensgebenden, schwarzen Bartfleck. Gelber Schnabel und gelbe Augen.

Stimme: Gesang aus Reihe von dumpfen „bwo bwo bwo bwo" die anfangs schneller werden und am Ende zu abklingend. Jungvögel rufen ähnlich dem Weibchen „psiep-psiep".

Brutareal: Holarktische und boreale Zone, sowie einige südlicher Bergregionen Nordamerikas und Eurasiens.

Vorkommen in Mitteleuropa: Unregelmäßiger, sehr seltener Brutvogel im äußersten Nordosten Polens, Ausnahmegast weiter westlich bis Westpolen.

Wanderungen: Standvogel mit Steuerungswanderungen der Jungvögel. Bei Nahrungsmangel Ausweichwanderung der Altvögel.

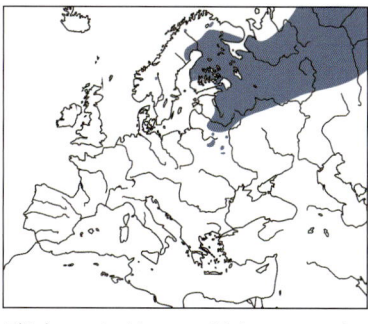

Lebensraum: Wälder mit offenen Flächen wie Mooren, Lichtungen oder Kahlschlägen als Jagdflächen.

Nahrung: Hauptsächlich Wühlmäuse, vor allem während der Brutzeit. Im Winterhalbjahr werden auch Vögel (ausnahmsweise bis Haselhuhngröße) und Säugetiere bis zur Größe eines Schneehasen erbeutet.

Brutbiologie: Geschlechtsreife im 1. Lebensjahr, Erstbruten aber oft erst mit 2 Jahren • Baumhorste von Greifvögeln oder auf abgebrochenen Baumstümpfen • 3–6 Eier, abhängig vom Nahrungsangebot • Legebeginn April bis Mitte Mai • Brutdauer 28–30 Tage • ♀ brütet allein, ♂ füttert • ♀ hudert die ersten 14 Tage allein, ♂ füttert • Junge verlassen Horst flugunfähig mit 28-30 Tagen, mit 60–70 Tagen flügge • 1 Jahresbrut, aber nicht jedes Jahr; Ersatzgelege.

Alter: Generationslänge < 3,3 Jahre.

Gefährdung: Nicht weltweit gefährdet.

Besonderes: Bartkäuze sind in der Lage Mäuse noch unter einer 30 cm hohen Schneedecke akustisch zu orten und erfolgreich zu erbeuten.

Sperbereule (→373)
Surnia ulula (Linnaeus 1758)

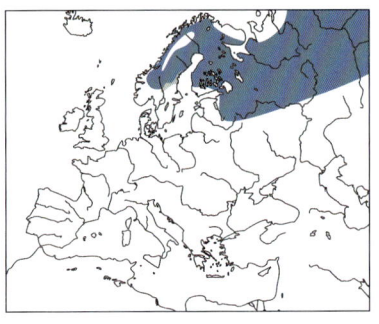

Taxonomie: Familie Eulen – Strigidae. Drei schwach differenzierte Unterarten, in Europa *S. u. ulula*.

Größe, Gewicht: Körperlänge 36–41 cm, Flügelspannweite 74–81 cm, Flügellänge ♂ 22,4–23,9 cm, ♀ 23–24,9 cm; ♂ 215–375 g, ♀ 270–380 g.

Erkennungshinweise: Geschlechter gleich. Mittelgroße Eule, die durch den langen Schwanz im Sitzen und im Flug eher an einen Greifvogel erinnert.

Stimme: Zur Balz ein sehr lang gezogenes und schnelles Blubbern oder Trillern, das ca. einem Kilometer weit zu hören ist. Außerdem ein kurzes, gurgelndes Gurren.

Brutareal: Boreale Nadelwälder in Eurasien und Nordamerika.

Vorkommen in Mitteleuropa: Selten und nur unregelmäßig.

Wanderungen: Im Brutareal sehr beweglich in Abhängigkeit von Beutedichte. In Wanderjahren umherstreifend bis Mitteleuropa.

Lebensraum: Boreale Nadelwälder oder nordische Gebirgswälder, insbesondere in Randbereichen zu Mooren und Kahlflächen.

Nahrung: Fast ausschließlich Wühlmäuse und Lemminge, selten Spitzmäuse, echte Mäuse, Vögel, Amphibien und Fische.

Alter: Ältester Ringvogel 8 Jahre, 3 Monate. Generationslänge < 3,3 Jahre.

Gefährdung: Nach der EU-Vogelschutzrichtlinie besonders geschützte Art (Anhang I). Starke Bestandsschwankungen machen Trends schwer absehbar.

Besonderes: Manchmal, besonders wenn die Jungen außerhalb der Bruthöhle sitzen, sehr angriffslustig.

Sperlingskauz (→ 374)

Glaucidium passerinum (Linnaeus 1758)

Taxonomie: Familie Eulen – Strigidae. Zwei Unterarten, in Europa die Nominatform.

Größe, Gewicht: Körperlänge 16–17 cm, Flügelspannweite 34–38 cm, Flügellänge ♂ 9,9–10,9 cm, ♀ 10,1–10,9 cm; ♂ 47–65 g, ♀ 55–80 g.

Erkennungshinweise: Geschlechter gleich. Starengroße Eule oberseits braune Eule mit relativ langem Schwanz. Sitzt oft auf Baumspitzen und stelzt den Schwanz oft wie ein Flie-

genschnäpper. Helle Nackenfedern erzeugen ein Scheingesicht.

Stimme: Häufigster Ruf ist die vor allem im Herbst zu hörende Tonleiter, eine Serie von maximal zehn ansteigenden Pfeiftönen. Der Reviergesang ist ein gimpelähnliches Pfeifen, das in zehn Sekunden sechs bis siebenmal wiederholt wird. Singt in der Dämmerung und verstummt mit der Dunkelheit.

Brutareal: Teile der gemäßigten und borealen Zone von Mittel- und Nordeuropa bis Ostasien, besonders in Mittelgebirgs- und Berglagen bis zur Baumgrenze.

Vorkommen in Mitteleuropa: In den Alpen und den Mittelgebirgen verbreitet. In Flachland nur regional vorkommend.

Wanderungen: In Mitteleuropa Standvogel.

Lebensraum: Großflächige und reich strukturierte Nadel- und Mischwälder, bei hoher Strukturdichte auch in reinen Laubwäldern. Benötigt ein Mosaik von deckungsreichen Flächen (gerne Fichte), baumhöhlenreichen Altbeständen und kleinen Freiflächen zur Jagd.

Nahrung: Wirbeltiere bis zur eigenen Körpergröße, insbesondere Nagetiere und Kleinvögel.

Brutbiologie: Erste Brut mit 1 Jahr • Reviergründung im Herbst • ♂ zeigt potenzielle Bruthöhlen, ♀ wählt aus, meist Höhlen von Dreizehen-, Buntund Grauspecht • meist 4–7 Eier • Brutdauer 28–29 Tage • ♀ brütet, anschließend hudert es noch 10 Tage, wird vom ♂ versorgt, Beuteübergabe außerhalb der Höhle • Junge fliegen mit 30–34 Tagen aus • weitere Führung 5–7 Wochen durch zunächst beide, später mausert ♀ • 1 Jahresbrut, Ersatzgelege.

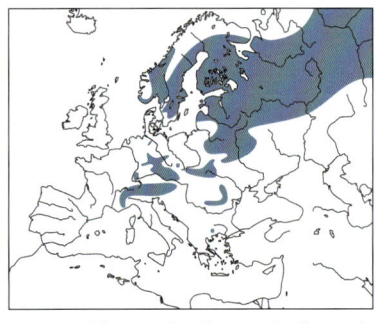

Alter: Ältester Ringvogel 6 Jahre, in Gefangenschaft 7 Jahre. Generationslänge < 3,3 Jahre.
Gefährdung: Nach der EU-Vogelschutzrichtlinie besonders geschützte Art (Anhang I). Gefährdung durch monotone Waldstrukturen.
Besonderes: Gegenüber Menschen recht furchtlos. Legt Beutevorräte an und kann Beute schlagen, die ihn an Größe und Gewicht übertrifft.

	Jan.	Feb.	März	April	Mai	Juni	Juli	Aug.	Sep.	Okt.	Nov.	Dez.
Anwesenheit												
Durchzug												
Brutzeit				x		x						
postjuv. Mauser												
Teil- / Vollmauser												
Vollmauser												

Steinkauz (→ 375)

Athene noctua (Scopoli 1769)

Taxonomie: Familie Eulen – Strigidae. Ca. 11 Unterarten, davon zwei in Europa, *vidalii* in Westeuropa, *noctua* in Mittel- und Osteuropa.
Größe, Gewicht: Körperlänge 21–23 cm,   Flügelspannweite 54–58 cm, Flügellänge ♂ 15,4–16,9 cm, ♀ 15,7–17,3 cm; ♂ 140–240 g, ♀ 150–250 g.
Erkennungshinweise: Geschlechter gleich. Kleine Eule, die durch den breiten, runden und großen Kopf, die langen Beine und den kurzen Schwanz unverwechselbar ist. Gefieder auf der Oberseite weiß gesprenkelt.
Stimme: Ruft scharf und abfallend fistelnd „kii-jo". Warnruf explosiv und hoch. Weicher Gesang, lang gezogen und recht tief und am Ende ansteigend.
Brutareal: Gemäßigte und mediterrane Zone sowie Wüsten und Steppen Europas, Asiens und Nordafrikas.

Vorkommen in Mitteleuropa:
Ursprüngliche weite Verbreitung im mitteleuropäischen
Tiefland stark geschrumpft,
inzwischen oft selten und nur
noch lokal verbreitet.

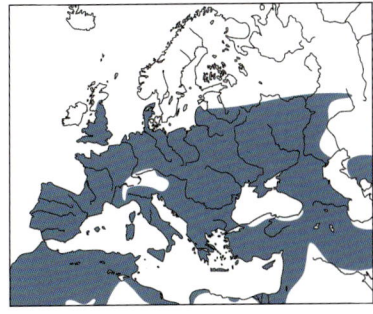

Wanderungen: Standvogel.
Jungvögel wandern selten
mehr als 20 km ab.
Lebensraum: Offene grün-
landreiche Landschaften mit
ausreichendem Angebot an Bruthöhlen, Tageseinständen, Ansitzmög-
lichkeiten und Jagdgebieten mit ganzjährig niedriger Vegetation. Kopf-
baumreiche Wiesen und Weiden, Streuobstwiesen, seltener in Parks,
Ortschaften, Steinbrüchen. Nimmt spezielle Niströhren an.
Nahrung: Vielseitig, hauptsächlich Kleinsäuger wie Feldmäuse sowie
andere Wühl- und Langschwanzmäuse, daneben Vögel, Reptilien und
Amphibien. Insekten und andere Wirbellose (Regenwürmer) regelmäßig,
insbesondere auch zur Jungenaufzucht.
Brutbiologie: Häufig Dauerehe, da hohe Brutplatztreue • Brutplatz in
Höhlen, meist in Obst- oder Kopfbäumen, auch in speziellen Nisthilfen
oder in Mauerwerk • meist 3–5 Eier • Brutdauer 27–28 Tage, Junge schlüp-
fen asynchron • ♀ brütet, wird vom ♂ versorgt • ♀ hudert und füttert •
Junge verlassen mit 30–35 Tagen die Höhle und können etwa 10 Tage
später fliegen, wandern im Alter von 2–3 Monaten aus dem elterlichen
Revier ab • 1 (ausnahmsweise 2) Jahresbrut, Ersatzgelege bei frühem Ge-
legeverlust, dann meist mit Wechsel der Höhle.
Alter: Ältester Ringvogel 15 Jahre, 7 Monate. Generationslänge < 3,3 Jahre.
Gefährdung: Art in Europa mit ungünstigem Erhaltungsstatus (SPEC 3);
Gefährdung durch Ausräumung der Landschaft, insbesondere von
Streuobstwiesen, intensive Landwirtschaft, Flächenverlust durch Aus-
dehnung von Siedlungen und zunehmend Verkehrsopfer.
Besonderes: Im antiken Griechenland Symbol der Weisheit und mit der
Göttin Athene in Verbindung gebracht.

	Jan.	Feb.	März	April	Mai	Juni	Juli	Aug.	Sep.	Okt.	Nov.	Dez.
Anwesenheit												
Durchzug												
Brutzeit			x									
			x									
postjuv. Mauser												
Teil- / Vollmauser												
Vollmauser												

Raufußkauz (→376)
Aegolius funereus (Linnaeus 1758)

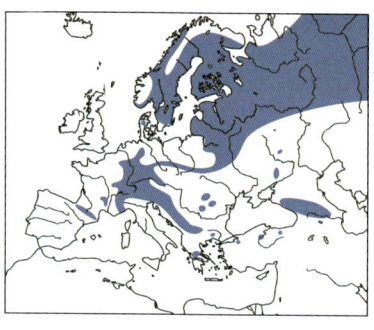

Taxonomie: Familie Eulen – Strigidae. Sieben Unterarten, in Europa *A. f. funereus*.

Größe, Gewicht: Körperlänge 24–26 cm, Flügelspannweite 53–62 cm, Flügellänge ♂ 16,7–17,8 cm, ♀ 17–18,2 cm; ♂ 90–113 g, ♀ 126–194 g.

Erkennungshinweise: Geschlechter gleich. Mittelgroße Eule mit im Alterskleid gefleckter Ober- und Unterseite. Jungvögel einfarbig schockoladenbraun.

Stimme: Gesang des Männchens schnelle Reihe wie „huhu-hu-hu…", leise beginnenden Strophe schwillt gegen Ende an. Weibchen „käck" und „guik guik guik…", Warnruf peitschend „zjuk".

Brutareal: Zirkumpolar in der borealen und gemäßigten Waldzone Nordamerikas und Eurasiens, am Südrand isolierte Gebirgspopulationen.

Vorkommen in Mitteleuropa: Lückig verbreiteter Brut- und Jahresvogel v.a. im Bergland mit starken Bestandsfluktuationen.

Wanderungen: Standvogel und Teilzieher, Jungvögel mit Streuungswanderungen.

Lebensraum: Nadelwälder mit gutem Höhlenangebot und unterholzfreier Jagdfläche.

Nahrung: Mäuse und Vögel. Zur Brutzeit hauptsächlich Wühlmäuse und Langschwanzmäuse. Wichtigste Ersatznahrung sind Spitzmäuse, an zweiter Stelle Vögel.

Brutbiologie: Geschlechtsreife im 1. Lebensjahr, Erstbrut im 2. Lebensjahr • Nest in Baumhöhlen und Nistkästen, ohne Nistmaterial • 3–6 Eier • Legebeginn Mitte März bis Juni • Brutdauer 26–27 Tage • ♀ brütet, wird vom

♂ versorgt • ♀ füttert, ♂ bringt Futter • Junge bleiben 30–32 Tage im Nest, werden dann noch 5–6 Wochen geführt • 1–2 Jahresbruten; Ersatzgelege.

Alter: Ältester Ringvogel mit 8 Jahren, 2 Monaten lebend kontrolliert. Generationslänge < 3,3 Jahre.

Gefährdung: Nach der EU-Vogelschutzrichtlinie besonders geschützte Art (Anhang I). Bedrohung durch intensive Forstwirtschaft.

Besonderes: Weibchen wenig ortsgebunden und oft über hunderte von Kilometern umherstreifend. Auch Ortswechsel und Bruten mit zwei verschiedenen Männchen in einer Saison. Eine der wenige Vogelarten, die einen Beutevorrat anlegen.

Ziegenmelker (→378)

Caprimulgus europaeus (Linnaeus 1758)

Taxonomie: Familie Nachtschwalben – Caprimulgidae. 6 Unterarten, in Deutschland die Nominatform.

Größe, Gewicht: Körperlänge 24,5–28 cm, Flügelspannweite 57–64 cm, Flügellänge 18,4–20,8 cm; ♂ 51–101 g, ♀ 67–95 g.

Erkennungshinweise:
Geschlechter nahezu gleich. Adulte Männchen durch weiße Flecken auf den äußeren drei Handschwingen und den Schwanzecken von Weibchen und jungen Männchen zu unterscheiden. Von dem in D letztmals vor 1949 nachgewiesenen Pharaonenziegenmelker durch längeren

Schwanz und mausgraue Grundfarbe zu unterscheiden.

Stimme: Gesang ein lautes Schnurren, das über einen Kilometer zu hören ist und oft ohne Pause bis zu zehn Minuten lang vorgetragen wird. Bei der Flucht amselähnlich „tack". Flügelklatschen über oder unter dem Körper bei der Balz oder der Verfolgung von Rivalen.

Brutareal: Boreale, gemäßigte und subtropische Zone Eurasiens und Nordwestafrikas. Nach Osten bis Indien, Mongolei und Baikalsee.

Vorkommen in Mitteleuropa: Wenig häufiger Sommer- und Brutvogel in milden Tieflagen, nach starken Bestandsrückgängen mit großen Verbreitungslücken, nur im Osten noch etwas häufiger. Seltener Gastvogel und Durchzügler.

Wanderungen: Langstreckenzieher mit Winterquartieren in Afrika südlich der Sahara.

Lebensraum: Lichte Heide- und Waldbiotope mit leicht erwärmbaren, wasserdurchlässigen Böden. In Mitteleuropa vor allem Sandheiden, lichte Kiefernwälder auf Sandböden und Moore (hier Nistplatz auf tro-

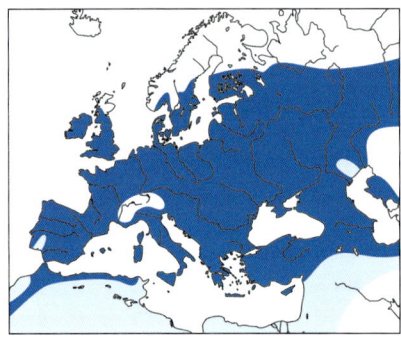

ckenen Erhebungen). Auch Sekundärlebensräume wie Truppenübungsplätze und Tagebaufolgelandschaften. Jagd entlang Schneisen und auf Blößen, entlang Waldrändern.

Nahrung: Im nächtlichen Flug erbeutete Insekten von Stechmücken bis zu großen Schmetterlingen und Käfern.

Brutbiologie: Geschlechtsreife im 1. Jahr, monogame Saisonehe • 2 Eier ohne Nestbau auf vegetationsarmen Boden abgelegt • Legebeginn ab Anfang Juni• Brutdauer 17–18 Tage • ♀ brütet die meiste Zeit und hudert bis 13 Tage • Junge fliegen ab dem 15. Tag • 1 (–2) Jahresbruten, Zweitbruten als Schachtelbrut möglich; Ersatzgelege häufig.

Alter: Ältester Ringvogel 11 Jahre, 11 Monate. Generationslänge 4 Jahre.

Gefährdung und Schutz: Nach der EU-Vogelschutzrichtlinie besonders geschützte Art (Anhang I), auf Europa konzentriert und mit ungünstigem Erhaltungsstatus (SPEC 2); Gefährdung durch Eutrophierung von Heiden und Magerrasen, Ausräumung der Landschaft, intensive Forstwirtschaft, Störungen und hohe Verluste im Straßenverkehr.

Besonderes: Ziegenmelker sitzen im Gegensatz zu anderen Vogelarten meist der Länge nach auf einem Ast, was ihre Tarnung nahezu perfektioniert.

	Jan.	Feb.	März	April	Mai	Juni	Juli	Aug.	Sep.	Okt.	Nov.	Dez.
Anwesenheit												
Durchzug					X X							
Brutzeit						X X						
postjuv. Mauser												
Teil- / Vollmauser												
Vollmauser												

Pharaonenziegenmelker (→ 379)

Caprimulgus aegyptius M. H. K. Lichtenstern 1823

Taxonomie: Familie Nacht-schwalben – Caprimulgidae. Zwei Unterarten, in Deutsch-land *C. a. aegyptius* nachgewie-sen.

Größe, Gewicht: Körperlänge 24–26 cm, Flügelspannweite 58–68 cm, Flügellänge 18,5–21,6 cm; 68–93 g.

Erkennungshinweise: Ge-schlechter sehr ähnlich und nur im Flug, durch den kleinen wei-ßen Handschwingenfleck des Männchens, zu unterscheiden. Insgesamt wesentlich heller und unscheinbarer als Ziegenmelker.

Stimme: Balzgesang vom Männchen lange Strophen „tok-tok-tok-tok…".

Brutareal: Wüstenzone von Westmarokko bis Iran, Afghanistan und Mit-telasien.

Vorkommen in Mitteleuropa: Ausnahmegast, ein Nachweis auf Helgo-land im 19. Jh.

Wanderungen: Zugvogel, Überwinterung in der Sahelzone.

Lebensraum: Brutvogel Sanddünen, dürre Brach- und Weideflächen.

Nahrung: Nachtaktive Insekten.

Schutzstatus und Gefährdung: Nicht akut gefährdet.

Stachelschwanzsegler (→ 380)

Hirundapus [caudacutus] caudacutus (Latham 1801)

Taxonomie: Familie Segler – Apodidae. Bildet Superspezies mit *H. cochinchinensis* in Süd-ostasien. 2 Unterarten, in Eu-ropa wohl nur caudacutus.

Größe, Gewicht: Körperlänge 19–20 cm, Flügelspannweite 50–53 cm, Flügellänge 19,6–21,7 cm; 101–140 g.

Erkennungshinweise: Ge-schlechter gleich. Dunkelbrauner, kräftig gebauter Segler mit heller Kehle. Flügel an der Basis relativ breit, der kurze Schwanz ist gerade abgeschnitten mit namensgebenden, über die Federspitzen hinausragenden Kiele. Am Steiß heller, hufeisenförmiger Fleck, der durch die Unterschwanzdecken und den Flankenstreif gebildet wird.

Stimme: Unterschiedlich schnelles Schwätzen „trp-trp-trp-trp-trp-trp…" in verschiedener Dauer.

Brutareal: Von Zentralsibirien bis nach Ostchina und Japan. Isolierte Vorkommen im Himalaya von Nordpakistan bis Assam.

Vorkommen in Mitteleuropa: Extrem seltener Ausnahmegast, ein Nachweis in den Niederlanden.

Wanderungen: Langstreckenzieher, der in Südostasien und Australien überwintert.

Lebensraum: Luftraum von wärmeren und trockenen Klimabereichen.

Nahrung: Ausschließlich Luftplankton.

Brutbiologie: Nest in Baumhöhlen, nur mit Spänen ausgekleidet • 2–7 Eier • Brutdauer ca. 40 Tage • Junge mit 40–42 Tagen flügge.

Gefährdung: Nicht weltweit gefährdet.

Besonderes: Mit bis zu 170 Stundenkilometern Geschwindigkeit im horizontalen Schlagflug die schnellste Seglerart.

Alpensegler (→ 381)

Apus melba (Linnaeus 1758)

Taxonomie: Familie Segler – Apodidae. Mit einer afrikanischen Art auch in eine eigene Gattung *Tachymarptis* gestellt. Etwa 10 Unterarten, davon *A. m. melba* in Europa.

Größe, Gewicht: Körperlänge 20–22 cm, Flügelspannweite 54–60 cm, Flügellänge 21–24 cm; 76–125 g.

Erkennungshinweise: Geschlechter gleich. Brauner Segler, an beachtlicher Größe mit weißem Bauch und Kehle und ruhigen Flügelschlägen leicht zu erkennen.

Stimme: Hohe, lange Flugtriller in Gruppen oder von Einzelvögeln, Einzelsilben sind zu unterscheiden.

Brutareal: Nordwestfrika, Südeuropa bis südliches Mitteleuropa, Vorderasien bis Westpakistan (und wohl Westhimalaya), Westarabien; ferner

Ost- und Südafrika, Vorderindien bis Sri Lanka.

Vorkommen in Mitteleuropa: Seltener Brutvogel, v.a. in der Schweiz und im äußersten Südwesten Deutschland, lokal in Österreich; kleiner Bestand nimmt zu. Als Gast ausnahmsweise oder sehr selten überall nachgewiesen.

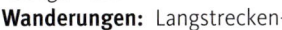

Wanderungen: Langstreckenzieher, Winterquartier in Afrika südlich der Sahara. In Mitteleuropa Mitte März bis September (Mitte Oktober).

Lebensraum: Brütet an höheren Gebäuden, außerhalb Deutschlands meist an Felsen.

Nahrung: In der Luft fliegende und schwebende Kleintiere.

Brutbiologie: Geschlechtsreife meist 2./3. Lebensjahr • Nest runde, mit Speichel verklebte Schale aus Material, das im Flug gesammelt wird. An hohen Gebäuden mit freiem Anflug, auch in großen Nisthilfen • 1–3 Eier • Legebeginn Anfang Mai–Anfang Juni • Brutdauer 17–23 Tage • ♂ und ♀ brüten • ♂ und ♀ füttern • Junge fliegen nach 53–66 Tagen aus • 1 Jahresbrut, Ersatzgelege nur bei frühem Gelegeverlust.

Alter: Älteste Ringvögel 26 und mehrfach über 20 Jahre; Generationslänge 7 Jahre.

Gefährdung: RL D R (extrem selten). Gefährdung von Gebäudebrütern durch bauliche Maßnahmen und mutwillige Vertreibung, von Felsbrütern durch Kletterer.

Besonderes: Charakteristische Rufe auch nachts an den Schlafplätzen im Ortsbereich zu hören; Folge der Lichtverschmutzung?

Mauersegler (→ 382)

Apus apus (Linnaeus 1758)

Taxonomie: Familie Segler – Apodidae. Zwei Unterarten, in Europa *A. a. apus.*

Größe, Gewicht: Körperlänge 16–17 cm, Flügelspannweite 42–48 cm, Flügellänge 16,4–18 cm; 31–56 g.

Erkennungshinweise: Geschlechter gleich. Sehr ähnlich Fahlsegler, jedoch insgesamt dunkler, Körper schlanker und sichelförmige Flügel spitzer. Helle Kehle unauffällig. Jungvögel mit deutlich hell gesäumten Flügelfedern.

Stimme: Rufe hoch und schrill „srih" oder „sirrr", auch „birss"; daneben leisere, wispernde Rufe.

Brutareal: Von Nordwesteuropa und Nordafrika bis China.
Vorkommen in Mitteleuropa: Sehr häufiger, flächig verbreiteter Brut- und Sommervogel. Regelmäßiger Durchzügler.
Wanderungen: Langstreckenzieher, überwintert in Äquatorial- und Südafrika.
Lebensraum: Brutvögel in Städten, Industrie- und Hafenanlagen, meist in höheren Gebäuden, ausnahmsweise Baumbrüter. Nahrungssuche weitab von Brutplätzen, bei schlechtem Wetter vor allem über Gewässern.
Nahrung: Insekten und Spinnen.
Brutbiologie: Geschlechtsreife frühestens am Ende des 2. Lebensjahrs, Erstbrut wahrscheinlich im 4. Jahr • Nest in dunklen Hohlräumen mit direktem Anflug in Gebäuden, unter Dachziegeln, in Mauerlöchern, große Spezialnistkästen werden angenommen, gebaut aus Halmen, Blättern, Fasern und anderem leichten, schwebenden Material und mit rasch erhärtendem Speichel überzogen • 2–3 Eier • Legebeginn Mai/Juni • Brutdauer 18–20 Tage • ♂ und ♀ brüten • ♂ und ♀ füttern • Junge bleiben 38–56 Tage im Nest, sind sofort selbständig und kehren nicht mehr zum Nest zurück • 1 Jahresbrut; Ersatzgelege.

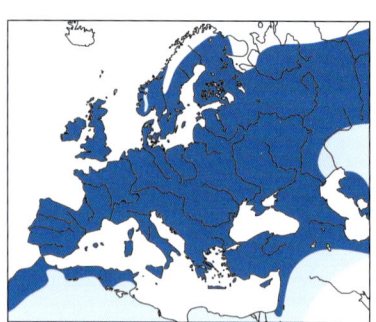

Alter: Älteste Ringvögel mind. 21, 20 und 19 Jahre. Generationslänge 7 Jahre.
Gefährdung: Bedrohung insbesondere durch Altbausanierungen, energetischen Sanierungen und Neubauten ohne geeignete Nistmöglichkeiten, zudem Verluste von Höhlenbäumen.

Besonderes: Wenn Mauersegler nicht mit Brüten oder der Jungenaufzucht beschäftigt sind, dann schlafen sie auch in der Luft. Auch die Paarung findet in der Luft statt.

	Jan.	Feb.	März	April	Mai	Juni	Juli	Aug.	Sep.	Okt.	Nov.	Dez.
Anwesenheit												
Durchzug												
Brutzeit				x	x							
postjuv. Mauser												
Teil- / Vollmauser												
Vollmauser												

Fahlsegler (→ 383)

Apus pallidus (Shelley 1870)

Taxonomie: Familie Segler – Apodidae. Drei Unterarten, *A. a. pallidus* und *A. p. brehmorum* in Europa.

Größe, Gewicht: Körperlänge 16–17 cm, Flügelspannweite 42–46 cm, Flügellänge 16,7–17,8 cm; 40–42 g.

Erkennungshinweise: Geschlechter gleich. Sehr ähnlich Mauersegler, jedoch mit gedrungenerem Körper und stumpferen Flügeln. Dunkler Augenfleck markant und Kehle und Stirn heller als bei Mauersegler. Unterseite aus der Nähe deutlich geschuppt.

Stimme: Rufe ähnlich Mauersegler, aber etwas tiefer und nasaler, deutlich weniger schrill.

Brutareal: Von Kanaren und Madeira über Nordwestafrika und Südeuropa bis Bulgarien, von Ägypten und Libanon bis Westpakistan.

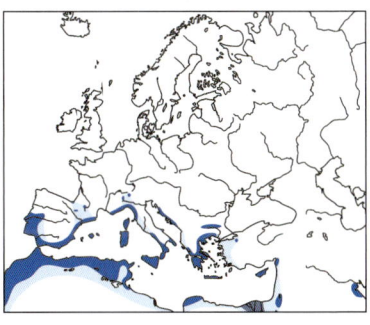

Vorkommen in Mitteleuropa:
Sehr seltener und lokaler Brutvogel in der Südschweiz, sonst Ausnahmegast.

Wanderungen: Zugvogel, Winterquartier tropisches und südliches Afrika.
Lebensraum: Brutvogel an Gebäuden, selten an Felswänden.
Nahrung: Insekten und Spinnen in der Luft.
Alter: Generationslänge 7 Jahre.
Gefährdung: Keine akute Bedrohung bekannt.
Besonderes: Seit Anfang des 21. Jahrhunderts deutliche Zunahme der Beobachtungen in Deutschland.

Haussegler (→ 384)
Apus affinis (J. E. Gray 1830)

Taxonomie: Familie Segler – Apodidae. Etwa sechs Unterarten.
Größe, Gewicht: Körperlänge 12 cm, Flügelspannweite 34–35 cm, Flügellänge 13,3–14,1 cm.
Erkennungshinweise: Geschlechter gleich. Durch auffallend breiten weißen Bürzel und relativ stumpfen Flügel erinnert der kleine Segler an eine Mehlschwalbe.
Stimme: Schnelles, hohes metallisches Zwitschern, nur aus der Nähe zu hören.
Brutareal: Südlich und östlich Mittelmeer, Afrika südlich der Sahara, von Iran bis Indonesien und Südwestarabien.

Vorkommen in Mitteleuropa: Ausnahmegast.
Wanderungen: Standvogel in den Tropen, europäische Brutvögel (Südwestspanien) meist Zugvögel.
Lebensraum: In Ortschaften an Gebäuden, sonst an Felsen in Schluchten und Bergregionen.
Nahrung: Insekten und Spinnentiere aus der Luft.
Alter: Generationslänge 7 Jahre.
Gefährdung: Art in Europa mit ungünstigem Erhaltungsstatus (SPEC 3).
Besonderes: Das Nest, eine mit Speichel verklebte Kugel aus Halmen, Federn u. Ä. wird an Häusern oder Felswänden gebaut.

Wiedehopf (→ 385)

Upopa [epops] epops Linnaeus 1758

Taxonomie: Familie Wiede-
hopfe – Upopidae. Bildet Superspezies mit *U. marginata*
aus Madagaskar. Acht Unterarten, in Europa *U. e. epops*.

Größe, Gewicht: Körperlänge 26–28 cm, Flügelspann-
weite 42–46 cm, Flügellänge
♂ 14,7–15,3 cm, ♀ 14,2–15,3 cm;
♂ 47–89 g, ♀ 55–80 g.

Erkennungshinweise: Geschlechter gleich. Durch auf-
fälliges Gefieder und langen,
etwas abwärts gebogenen
Schnabel unverwechselbar.

Stimme: Balzruf ein meist
dreisilbiges „hup hup hup", das
weit zu hören ist. Bei Erregung
ein an Eichelhäher erinnern-
des Krächzen.

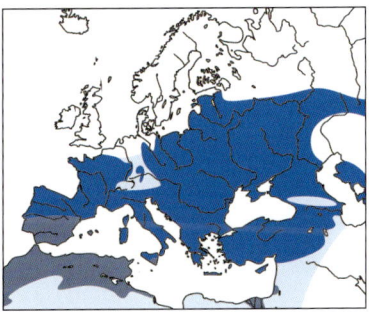

Brutareal: Nordwestafrika
und mittleres und südliches
Eurasien bis Sumatra.

Vorkommen in Mitteleuropa:
Verbreiteter Brutvogel in Ungarn und Polen. Sonst nach
starken Rückgängen nur noch lokal verbreiteter Brut- und Sommervogel,
der heute in weiten Landesteilen als Brutvogel fehlt. Regional derzeit Bestandserholung.

Wanderungen: Zugvogel mit Winterquartieren im tropischen Afrika und
Indien. Überwinterungen in Nordafrika und im Mittelmeerraum seltener.

Lebensraum: Offene Landschaften warmtrockener Klimate mit kurzer,
schütterer Pflanzendecke und Strukturen für Bruthöhlen. Lockere Kiefernwälder, Streuobstwiesen, Weingärten, reich gegliederte Agrarlandschaften, Weidelandschaften und unbewirtschaftete Sekundärlebensräume wie Truppenübungsplätze.

Nahrung: Größere Wirbellose wie Grillen, Laufkäfer, Maikäfer und En-
gerlinge, Schmetterlingsraupen, Spinnen, Asseln, Hundert- und Tausendfüßler, Regenwürmer, Schnecken sowie kleine Wirbeltiere wie Eidechsen.

Brutbiologie: Geschlechtsreife im 1., vielleicht auch 2. Lebensjahr • Nest in Hohlräumen aller Art z. B. Mauerspalten, Astlöcher, unter Dächern, Steinhaufen, Brennholzstößen etc., große Spezialnistkästen werden angenommen, wenig oder kein Nistmaterial • 5–8 Eier • Legebeginn April/Mai • Brutdauer 16–18 Tage • ♀ brütet und wird vom ♂ gefüttert • ♂ und ♀ füttern • Junge bleiben 24–28 Tage im Nest, werden noch ca. 1 Woche gefüttert und bleiben noch 4–5 Wochen im Familienverband • 1–2 Jahresbruten; Schachtelbruten belegt; Ersatzgelege selten.

Alter: Ältester Ringvogel 11 Jahre, 1 Monat. Generationslänge < 3,3 Jahre.

Gefährdung: Art in Europa mit ungünstigem Erhaltungsstatus (SPEC 3); Gefährdet durch intensive Landnutzung, Ausräumung der Landschaft und Rückgang von Bruthöhlen.

Besonderes: Zur Abwehr von Feinden entleeren die Nestlinge ihren Darminhalt, dem ein stinkendes Sekret beigemischt ist.

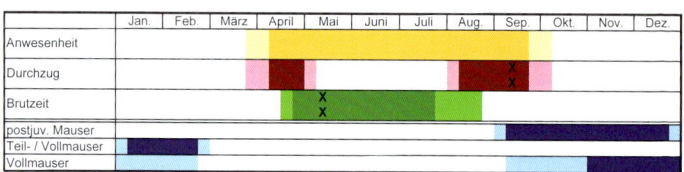

	Jan.	Feb.	März	April	Mai	Juni	Juli	Aug.	Sep.	Okt.	Nov.	Dez.
Anwesenheit												
Durchzug									X			
Brutzeit					X							
postjuv. Mauser												
Teil- / Vollmauser												
Vollmauser												

Blauracke (→ 386)

Coracias [garrulus] garrulus (Linnaeus 1758)

Taxonomie: Familie Racken – Coraciidae. Bildet mit der afrikanischen Senegalracke *C. abyssinica* eine Superspezies. Zwei Unterarten, Nominatform Europa, Naher Osten und Nordafrika.

Größe, Gewicht: Körperlänge 29–34 cm, Flügelspannweite 66–73 cm, Flügellänge ♂ 18,5–21 cm, ♀ 18–20,5 cm; ♂ 120–160 g, ♀ 130–154 g.

Erkennungshinweise: Geschlechter gleich. Nur mit außereuropäischen Racken zu verwechseln. Dohlengroß mit rotbraunem Mantel. Restliches Gefieder überwiegend türkisblau.

Stimme: Rufe krähenähnlich „kraa" oder hölzern „grack". Im Ausdrucksflug rhythmisch „kera-grarah-grarah" und in der Sturzflugphase „rak-rak-rärrärrärr".

Brutareal: Von Nordwestafrika und Südeuropa nach Norden bis ins Baltikum und über Russland und Kleinasien bis Himalaya und Altai.

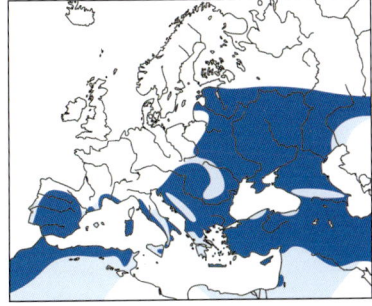

Vorkommen in Mitteleuropa: Regelmäßiger Brutvogel nur noch in Ungarn, sonst sehr selten oder ausgestorben, vielleicht noch gelegentliche Einzelbruten möglich. Inzwischen nur noch sehr seltener Sommergast.

Wanderungen: Zugvogel, Winterquartier Afrika südlich der Sahara.

Lebensraum: Höhlenreiche, lichte Baumbestände und halboffene Gebiete in warmen Ebenen oder Tälern, im Süden auch an Steilhängen und alten Bauwerken.

Nahrung: Mittelgroße und große Insekten und andere Wirbellose, auch kleine Wirbeltiere. Im Herbst auch Beeren.

Brutbiologie: Geschlechtsreife wohl erst im 2. Lebensjahr • Nest in Mitteleuropa in Baumhöhlen, auch Nistkästen werden angenommen; Eier auf bloßem Untergrund • 3–5 Eier • Legebeginn Mitte/Ende Mai bis Mitte Juni • Brutdauer 18–19 Tage • ♀ und ♂ brüten • ♂ und ♀ füttern • Junge bleiben 26–28 Tage im Nest, werden aber noch bis 3 Wochen außerhalb des Nestes gefüttert • 1 Jahresbrut.

Alter: Ältester Ringvogel mind. 9 Jahre. Generationslänge 5 Jahre.

Gefährdung: Nach der EU-Vogelschutzrichtlinie besonders geschützte Art (Anhang I), auf Europa konzentriert und mit ungünstigem Erhaltungsstatus (SPEC 2); Letzte Brut in D 1991. Dramatische Einbrüche durch forstliche Veränderungen, Ausräumung der Landschaft, Umbruch von Wiesen und Weiden, Zerstörung der Flusslandschaften, landwirtschaftliche Intensivierung (auch in den Überwinterungsgebieten) und direkte Verfolgung.

Bienenfresser (→ 387)

Merops apiaster Linnaeus 1758

Taxonomie: Familie Spinte – Meropidae. Keine Unterarten.

Größe, Gewicht: Körperlänge 27–29 cm, Flügelspannweite 44–49 cm, Flügellänge ♂ 14,8–15,9 cm, ♀ 14–15,1 cm; ♂ 48–78 g, ♀ 44–72 g.

Erkennungshinweise: Geschlechter gleich und durch gelbe Kehle, blaue Unterseite und braune Oberseite unverwechselbar. Im Flug Unterflügel gelbbraun, die mittleren Steuerfedern auffallend, jedoch deutlich kürzer als beim Blauwangenspint.

Stimme: Rufe häufig zu hören, etwas gedämpft und guttural auf „ü", wie „büt", „bürr" oder „brück"; oft gereiht, mitunter auch zweisilbig. Sehr charakteristische Klangfarbe.

Brutareal: Von Südwesteuropa und Nordwestafrika über Vorderasien bis Nordindien und Sinkiang, nach Norden bis ins südliche Mitteleuropa und in die Kirgisensteppe; isoliert Brutvogel in Südafrika.

Vorkommen in Mitteleuropa: Derzeit seltener, aber regelmäßiger Brut- und Sommervogel, aber nur lokal an warmen Stellen. In Ungarn verbreitet. Tendenz zur Arealausweitung nach Norden in den letzten Jahrzehnten.

Wanderungen: Langstreckenzieher; überwintert in Afrika südlich der Sahara bis Südafrika.

Lebensraum: Überwiegend offene und halboffene, reich strukturierte Landschaften mit höheren Ansitz- und Ruhewarten. Zur Anlage von Nesthöhlen trockene, sandige Böden mit Abbrüchen (z. B. Sandgruben). In Mitteleuropa nur in sehr warmen Tieflagen.

Nahrung: Größere fliegende Insekten, vor allem Hautflügler (Bienen, Wespen), Käfer, Libellen, Schmetterlinge, Zweiflügler.

Brutbiologie: Geschlechtsreife im 1. Lebensjahr • Nest in einer Nestkammer am Ende einer Röhre (bis zu 2 m), die in eine steile Böschung aus Sand oder weichen Sandstein gegraben wird. Eier liegen auf bloßem Untergrund oder Chitinresten. Brutröhren in kleineren oder größeren Kolonien • 5–7 Eier • Legebeginn Ende Mai bis Ende Juni • Brutdauer 20–22 Tage • beide Eltern brüten • ♂ und ♀ füttern, manchmal Helfer • Jungen bleiben 30–33 Tage in der Neströhre, werden dann noch bis 3 Wochen gefüttert • 1 Jahresbrut; Ersatzgelege selten.

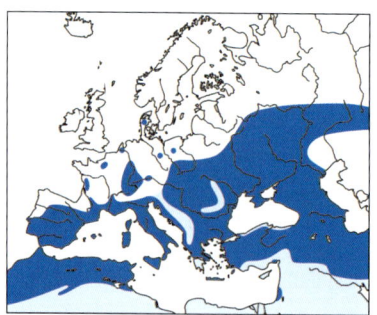

Alter: Generationslänge < 3,3 Jahre.

Gefährdung: Art in Europa mit ungünstigem Erhaltungsstatus (SPEC 3). Hauptgefährdungsursachen sind die direkte Verfolgung des attraktiven und auffälligen Vogels (heute vor allem noch im Mittelmeerraum), Pestizideinsatz und Intensivierung der Landwirtschaft, Verlust natürlicher Brutplätze und Störungen an den Brutplätzen.

Besonderes: Wehrhaften Insekten wie Bienen und Wespen wird das Gift durch Reiben des Hinterleibes der Beute auf einem Ast und gleichzeitiges Drücken mit dem Schnabel entfernt. Der Schnabel wird anschließend abgeputzt, was bei anderen Insekten nicht getan wird. Der Bienenfresser ist also in der Lage giftige und ungiftige Insekten zu unterscheiden.

	Jan.	Feb.	März	April	Mai	Juni	Juli	Aug.	Sep.	Okt.	Nov.	Dez.
Anwesenheit												
Durchzug												
Brutzeit					X	X						
postjuv. Mauser												
Teil- / Vollmauser												
Vollmauser												

Blauwangenspint (→ 388)

Merops [superciliosus] persicus Pallas 1773

Taxonomie: Familie Spinte – Meropidae. Bildet Superspezies mit Madagaskarspint *M. superciliosus* (Ost- und Südafrika, Madagaskar) und Blauschwanzspint *M. philippinus* (Indien bis Neuguinea). Zwei Unterarten, Nominatform Naher Osten bis Indien, *M. p. chrysocercus* West- und Nordwestafrika.

Größe, Gewicht: Körperlänge 27–31 cm, Flügelspannweite 46–49 cm, Flügellänge ♂ 151–161 mm, ♀ 146–158 mm; ♂ 45–56 g, ♀ 45–51 g.

Erkennungshinweise: Geschlechter gleich. In Gestalt dem Bienenfresser ähnlich, jedoch von diesem durch den nahezu gesamten grünen Körper leicht zu unterscheiden. Nur am Kopf mit roter Kehle, gelbem Kinn und blauem Über- und Unteraugenstreif exotisch bunt. Unterflügel im Flug rotbraun und die Schwanzspieße deutlich länger als beim Bienenfresser.

Stimme: Ruf mehrfach wiederholt „ dri-ip" oder „de-ripp", also zweisilbig.

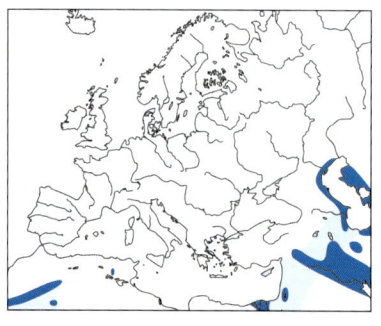

Brutareal: Von Ost-Kleinasien bis Nordwestindien, nach Norden bis Kaspigebiet und im Süden Nordwestafrikas und in Ägypten.
Vorkommen in Mitteleuropa: Ausnahmegast.
Wanderungen: Langstreckenzieher, überwintert in Ost- und Südafrika.
Lebensraum: Trockene Gebiete, Gewässernähe wichtig.

Nahrung: Geflügelte Insekten.
Gefährdung: Global nicht gefährdet, regional Bestandsrückgänge.
Besonderes: Wie auch andere Bienenfresserarten helfen beim Blauwangenspint Altvögel, die keine eigene Brut haben, beim Füttern fremder Jungvögel mit.

Eisvogel (→389)

Alcedo atthis (Linnaeus 1758)

Taxonomie: Familie Eisvögel – Alcedinidae. Sechs Unterarten, in Europa Nominatform.

Größe, Gewicht: Körperlänge 16–17 cm, Flügelspannweite 24–26 cm, Flügellänge ♂ 76–80 mm, ♀77–80 mm; ♂ 37–42 g, ♀ 34–44 g.
Erkennungshinweise: Kleiner, unverwechselbarer Vogel mit blauer Oberseite und orangeroter Unterseite. Männchen durch den ganz schwarzen Schnabel vom Weibchen mit roter Basis des Unterschnabels zu unterscheiden.
Stimme: Ruf kurz „tji", bei Erregung schärfer

und gedehnter, auch „krit-rit-rit".

Brutareal: Von Westeuropa bis Japan, nach Süden bis Indien und auf pazifische Inseln; innerasiatische Trockengebiete nicht besiedelt.

Vorkommen in Mitteleuropa: Spärlicher Brut- und Jahresvogel, regional auch selten.

Wanderungen: Standvogel,

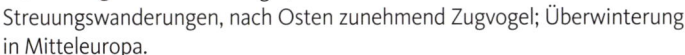

Streuungswanderungen, nach Osten zunehmend Zugvogel; Überwinterung in Mitteleuropa.

Lebensraum: Brutplatz langsam fließendes oder stehendes Gewässer mit Abbruchkanten zur Anlage der Nisthöhle. Nahrungs- und Brutplatz mitunter weiter auseinander, so dass Höhlen nicht immer am Wasser liegen müssen. Außerhalb Brutzeit an Gewässern, auch an Seen und Fischteichen, auch in menschlichen Ballungsräumen.

Nahrung: Kleine Süßwasserfische (meist 4–5 cm), Insekten, kleine Amphibien.

Brutbiologie: Geschlechtsreife im 1. Lebensjahr • Nest am Ende in einer Erweiterung einer leicht ansteigenden Höhle von 50–90 cm Länge in Erdabbrüchen, Prallhängen, Wurzelteller, Eier auf bloßem Boden oder Speiballenresten • 6–7 Eier • Legebeginn Anfang März bis August • Brutdauer 28–23 Tage • beide brüten, manchmal nur ♀ • ♂ und ♀ füttern • Junge bleiben 23–27 Tage im Nest • 2 (–4) Jahresbruten.

Alter: Ältester Ringvogel 21 Jahre. Generationslänge < 3,3 Jahre.

Gefährdung: Nach der EU-Vogelschutzrichtlinie besonders zu schützende Art (Anhang I), in Europa mit ungünstigem Erhaltungsstatus (SPEC 3). Bedroht durch wasserbauliche Maßnahmen, Eutrophierung und Intensivierung der Teichwirtschaft, auch direkte Verfolgung.

Besonderes: Höchster Nachweis Deutschlands an der Zugspitze, wo Mitte September 1953 nachts im Schneetreiben ein Ind. in ein hell erleuchtetes Zimmer flog.

	Jan.	Feb.	März	April	Mai	Juni	Juli	Aug.	Sep.	Okt.	Nov.	Dez.
Anwesenheit												
Durchzug												
Brutzeit			x x									
postjuv. Mauser												
Teil- / Vollmauser												
Vollmauser												

Graufischer (→390)

Ceryle rudis (Linnaeus 1758)

Taxonomie: Familie Eisvögel – Alcedinidae. 4 Unterarten, im Mittleren Osten und Afrika *rudis*.

Größe, Gewicht: Körperlänge 24–26 cm, Flügelspannweite 45–47 cm, Flügellänge 13,3–14,9 cm; 68–110 g.

Erkennungshinweise: Großer, schwarzweiß gefärbter Eisvogel, der oft rüttelnd zu beobachten ist. Männchen mit zwei, Weibchen nur mit einem Brustband.

Stimme: Durchdringende laute, pfeifende Rufe, die oft in sehr schnellen Folgen vorgetragen werden.

Brutareal: Afrika südlich der Sahara, entlang des Nils, sowie von Vorderasien bis Indochina und Südchina.

♂ / ♀

Vorkommen in Mitteleuropa: Extrem seltene Ausnahmeerscheinung, ein Nachweis 19. Jh. in Polen.

Wanderungen: Standvogel bis schwach ausgeprägter Zugvogel.

Lebensraum: Stehende Gewässer, langsam fließende Flüsse sowie Flussmündungen und Lagunen in bevorzugt offenem Gelände.

Nahrung: Hauptsächlich Fische. Daneben Wasserinsekten und Krustentiere. Fliegende Termiten können zumindest vorübergehend bedeutend sein.

Brutbiologie: Nest in selbst gegrabenen Röhren von 120–180 cm Länge in Steilufern, Klippen und ähnlichen Strukturen • 4–6 Eier • Legebeginn April bis Mai • Brutdauer 15–19 Tage • ♂ & ♀ brüten und füttern • Junge mit 24–26 Tagen flügge • 1–2 Jahresbruten; Ersatzgelege • Bruterfolg wird durch Helfer wesentlich erhöht.

Alter: Generationslänge ‹ 3,3 Jahre.

Gefährdung: Nicht weltweit gefährdet.

Besonderes: Graufischer können ihre Beute während des Fluges verschlingen, deshalb können sie auch über dem Meer jagen.

Gürtelfischer (→391)

Megaceryle [alcyon] alcyon (Linnaeus 1758)

Taxonomie: Familie Eisvögel – Alcedinidae. Keine Unterarten.
Größe, Gewicht: Körperlänge 28–33 cm, Flügelspannweite 47–52 cm, Flügellänge 15,1–17,0 cm; 113–178 g.
Erkennungshinweise: Große, auffällige Eisvogelart. Tiefblaues bis blaugraues Gefieder, Unterseite zum Teil weiß. Auffallend verlängerte Kopf- und Nackenfedern, die eine Haube bilden und breiter, weißer Halsring.
Stimme: Am häufigsten ist ein sehr lauter durchdringender Triller „nicketti-krik-krikkrik" zu hören.
Brutareal: Nordamerika von Alaska nach Süden bis Florida, Texas und Kalifornien.
Vorkommen in Mitteleuropa: Extrem seltener Ausnahmegast, nur 1 Nachweis im 19. Jh. in den Niederlanden.

Wanderungen: Teilweise Zugvogel, der in Mittelamerika und der Karibik überwintert.
Lebensraum: Vegetationsfreie Fließ- und Stillgewässer, aber auch an Brackwasserlagunen.
Nahrung: Hauptsächlich Fisch, daneben auch Krustentiere, Amphibien und kleine Säugetiere.
Brutbiologie: Nest in Röhre in vegetationsfreier Steilwand • 5–8 Eier • Brutdauer 22–24 Tage • Junge mit 27–35 Tagen flügge, werden aber noch 3 Wochen gefüttert • 1 Jahresbrut; Ersatzgelege.
Gefährdung: Nicht weltweit gefährdet.
Besonderes: Eine der wenigen Vogelarten Nordamerikas, bei denen die Weibchen auffälliger gefärbt sind als die Männchen.

Wendehals (→392)

Jynx [torquilla] torquilla Linnaeus 1758

Taxonomie: Familie Spechte – Picidae. Bildet Superspezies mit *J. ruficollis* (Afrika). Sieben Unterarten, davon zwei in Europa, in Mitteleuropa die Nominatform.

Größe, Gewicht: Körperlänge 16–17 cm, Flügelspannweite 25–27 cm, Flügellänge ♂ 86–97 mm, ♀ 86–93 mm; 30–47 g, Zugvögel bis 54 g.

Erkennungshinweise: Geschlechter gleich. Schlanke, spatzengroße Vogelart mit graubraunem, rindenartigem Tarngefieder. Oberseits dunkle Längsbänder.

Stimme: Gesang eine ansteigende Rufreihe von 8–18 „gjä gjä gjä gjä…" Elementen. Bei Gefahr wird mit harten „teck"-Rufen gewarnt. In der Bruthöhle bei Störung ein Zischen, das an eine Schlange erinnert.

Brutareal: Nordafrika und Eurasien von Westeuropa bis Sachalin und Nordostkorea.

Vorkommen in Mitteleuropa: Lückig verbreiteter Brut- und Sommervogel mit einem deutlich negativen Bestandstrend. Bevorzugt in den tieferen, sommerwarmen Lagen, aber in klimatisch begünstigten Gebieten der Mittelgebirge bis etwa 1000 m ü. NN und in den Alpen selten noch höher brütend.

Wanderungen: Langstreckenzieher mit Hauptwintergebieten in West- und Zentralafrika.

Lebensraum: Lichte Wälder bis locker mit Bäumen bestandene Landschaften wie Streuobstwiesen, Parks, Alleen, Lichte Kiefernwälder und Pappelplantagen. Neben Höhlenbäumen als Brutplatz sind Rohböden

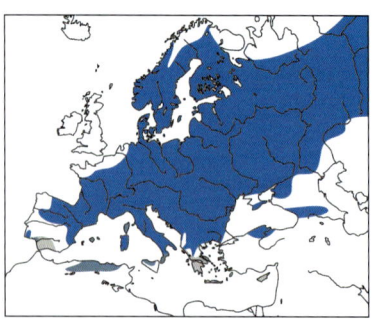

und schütter bewachsene Böden mit hohem Ameisen- und Insektenangebot wichtig.

Nahrung: Zur Brutzeit in Mitteleuropa dominieren Ameisen, insbesondere ihre Larven und Puppen. Daneben auch Insekten und Spinnen.

Brutbiologie: Geschlechtsreife im 1. Lebensjahr • Nest in Spechtlöchern oder anderen

Baumhöhlen und Nistkästen • 7–10 Eier • Legebeginn Ende April/Anfang Mai, Zweitgelege mitunter vor Mitte Juni • Brutdauer 11–14 Tage • ♀ und ♂ brütet • ♂ und ♀ füttern • Junge nach 19–22 Tage flügge, Familie bleibt noch 1–3 Wochen zusammen • 1–2 Jahresbruten; Ersatzgelege häufig.

Alter: Ältester Ringvogel mindestens 10 Jahre. Generationslänge < 3,3 Jahre.

Gefährdung: Art in Europa mit ungünstigem Erhaltungsstatus (SPEC 3); Gefährdet durch Rückgang von Ameisen und Lebensraum durch intensive Landwirtschaft und Ausräumung der Landschaft (insbesondere Streuobstwiesen).

Besonderes: Bei Gefahr plustert ein Wendehals oft das Gefieder auf, reckt den Hals und zieht ihn schnell wieder ein und verdreht den Kopf. Durch das unterstützende Zischen können Fressfeinde abgewehrt werden.

	Jan.	Feb.	März	April	Mai	Juni	Juli	Aug.	Sep.	Okt.	Nov.	Dez.
Anwesenheit												
Durchzug								x				
Brutzeit					x							
postjuv. Mauser												
Teil- / Vollmauser												
Vollmauser												

Schwarzspecht (→ 393)

Dryoscopus martius (Linnaeus 1758)

Taxonomie: Familie Spechte – Picidae. 2 Unterarten, in Europa *D. m. martius*.

Größe, Gewicht: Körperlänge 45–57 cm, Flügelspannweite 64–68 cm, Flügellänge 22,7–25,4 cm; ♂ 250–370 g.

Erkennungshinweise: Geschlechter nahezu gleich. Krähengroßer schwarzer Vogel, Männchen mit ganz rotem Scheitel, beim Weibchen nur roter Fleck am Hinterscheitel.

Stimme: Rufreihen in der Brutzeit mit langsamer Einleitung und dann in schneller Folge „kwoih-kwih-kwih-khwihkwik-wikwik"; Flugruf „krük krük krük...", in Revier auch „kliööh".

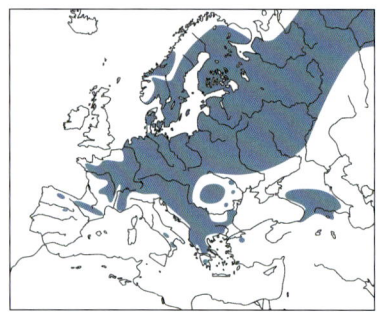

Brutareal: Von Frankreich und Norwegen nach Osten bis Sachalin und Japan.
Vorkommen in Mitteleuropa: Häufiger, flächig verbreiteter Brut- und Jahresvogel in bewaldeten Gebieten in meist geringer Dichte.
Wanderungen: Standvogel.
Lebensraum: Geschlossener Laub-, Misch- und Nadelwald mit Altholzbeständen.

Nahrung: Larven und Puppen von Ameisen und Holz bewohnenden Käfern sowie andere Insekten.

Brutbiologie: Geschlechtsreife im 1. Lebensjahr • Nest in selbst gezimmerten Baumhöhlen, vor allem in alten Buchen, Kiefern; Eier auf Schicht von Spänen • 3–5 Eier • Legebeginn Anfang April bis Mitte Mai • Brutdauer 12–14 Tage • ♂ und ♀ brüten • ♂ und ♀ füttern • Junge bleiben 27–28 Tage in der Höhle, Familie noch 35–40 Tage zusammen • 1 Jahresbrut; Ersatzgelege.

Alter: Ältester Ringvogel 13 Jahre, 7 Monate. Generationslänge < 3,3 Jahre.

Gefährdung: Nach der EU-Vogelschutzrichtlinie besonders geschützte Art (Anhang I). Gefährdung durch intensive Forstwirtschaft.

Besonderes: Der Schwarzspecht ist der größte Specht Europas.

	Jan.	Feb.	März	April	Mai	Juni	Juli	Aug.	Sep.	Okt.	Nov.	Dez.
Anwesenheit												
Durchzug												
Brutzeit				x x								
postjuv. Mauser												
Teil- / Vollmauser												
Vollmauser												

Grauspecht (→394)

Picus canus J. F. Gmelin 1788

Taxonomie: Familie Spechte – Picidae. 13 Unterarten und zwei Gruppen, in Europa *P. c. canus*.

Größe, Gewicht: Körperlänge 25–27 cm, Flügelspannweite 38–40 cm, Flügellänge 13,7–15,5 cm; ♂ 120–165 g.

Erkennungshinweise: Geschlechter ähnlich. Etwas kleiner als Grünspecht und am ehesten mit diesem zu verwechseln. Männchen vom Weibchen durch kleinen roten Stirnfleck zu unterscheiden.

Stimme: Zu Beginn der Brutperiode chromatische abfallende „kü…"-Pfeiftonreihe, weicher als Grünspecht. Kurze Rufe wie „kük" oder „kick kek-ke-kek", Trommelwirbel länger als bei Buntspecht.

Brutareal: Schmaler Streifen von Westfrankreich und Mitteleuropa (einschließlich Südkandinavien) nach Osten bis zum Pazifik, ferner Südostasien.

Vorkommen in Mitteleuropa: Spärlicher bis häufiger Brut- und Jahresvogel im Süden, im Norden weitgehend fehlend.

Wanderungen: Standvogel mit Streuungswanderungen.

Lebensraum: Laub- und Mischwälder, nicht zu stark geschlossene, offene und halboffene Landschaften mit Gehölzen, in Auwäldern, Ufergehölzen, Parks, Gärten, Streuobstanlagen.

Nahrung: Ameisen und ihre Puppen, kleine Menge anderer Insekten, mitunter Beeren, Obst, an Futterstellen Fett und Sämereien.

Brutbiologie: Geschlechtsreife im 1. Lebensjahr • Nest in meist selbst gezimmerten Baumhöhlen, Eier auf Schicht von Spänen • 7–9 Eier • Legebeginn Ende April/Anfang Mai bis Juni • Brutdauer 15–17 Tage • ♂ und ♀ brüten • ♂ und ♀ füttern • Junge bleiben 24–25 Tage im Nest, Familie bleibt noch wenige Tage bis drei Wochen zusammen • 1 Jahresbrut.

Alter: Generationslänge < 3,3 Jahre.

Gefährdung: Nach der EU-Vogelschutzrichtlinie besonders geschützte Art (Anhang I), in

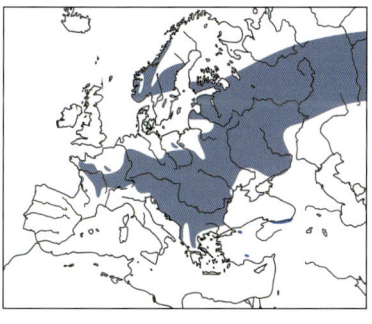

Europa mit ungünstigem Erhaltungsstatus (SPEC 3); Gefährdung durch intensive Forstwirtschaft und Verlust von alten Obstbeständen und intensive Landwirtschaft (Verschlechterung des Nahrungsangebots).

	Jan.	Feb.	März	April	Mai	Juni	Juli	Aug.	Sep.	Okt.	Nov.	Dez.
Anwesenheit												
Durchzug												
Brutzeit					X							
postjuv. Mauser												
Teil- / Vollmauser												
Vollmauser												

Grünspecht (→395)

Picus [viridis] viridis Linnaeus 1758

Taxonomie: Familie Spechte – Picidae. Bildet mit dem Atlasgrünspecht *P. vaillantii* und dem Iberiengrünspecht *P. sharpei* eine Superspezies. Drei Unterarten, in Mitteleuropa *P. v. viridis*.

Größe, Gewicht: Körperlänge 31–33 cm, Flügelspannweite 40–42 cm, Flügellänge 15,8–17 cm; 31–33 g.

Erkennungshinweise: Etwas größer als Grauspecht und am ehesten mit diesem zu verwechseln. Geschlechter sehr ähnlich. Männchen von Weibchen durch rotschwarzen statt einfarbig schwarzen Wangenstreif zu unterscheiden. Jungvögel kräftig gefleckt.

Stimme: Rufe scharf „kjäk" oder „kjuk", aggressiv „kjaik". Rufreihe in der Fortpflanzungszeit „lachende" Reihe von „klü", mitunter auf der ersten Silbe betont, im Unterschied zu Grauspecht meist härter angeschlagen, nicht abfallend oder gegen Ende langsamer. Trommelt sehr selten.

Brutareal: Europa von Südskandinavien bis zum Nordrand des Mittelmeerraumes (einschließlich Süditalien, nicht mehr Inseln und Peloponnes), von England/Westfrankreich bis an den Ural, ferner Kaukasus bis Nordiran und Turkmenien. In Spanien und Portugal *P. [viridis] sharpei*.

Vorkommen in Mitteleuropa: Weitgehend flächig verbreiteter, häufiger Brut- und Jahresvogel, fehlt nur in manchen küstennahen Gebieten.

Wanderungen: Standvogel mit Streuungswanderungen.

Lebensraum: Brut- und Gastvogel in Randzonen von Laub- und Mischwäldern, in Au- und Bruchwäldern, in Landschaften mit Baumgruppen und Gehölzen, auch in aufgelockerten Villenvierteln und Parkanlagen. Zur Nahrungssuche viel auf dem Boden.

Nahrung: Hauptsächlich Ameisen, auch andere Insekten, Regenwürmer und sogar Beeren und Obst.

Brutbiologie: Geschlechtsreife im 1. Lebensjahr • Nest in Höhlen von Laub- und Nadelbäumen, vor allem in alten Höhlen, Neuanlagen werden oft zunächst nicht fertig ausgebaut; Eier auf Schicht von Spänen •

5–8 Eier • Legebeginn April/
Anfang Mai bis Juni • Brutdauer 14–17 Tage • ♂ und ♀ brüten
• ♂ und ♀ füttern • Junge bleiben 23–27 Tage im Nest, werden dann noch oft getrennt
für mehrere Wochen geführt •
1 Jahresbrut; Ersatzgelege.

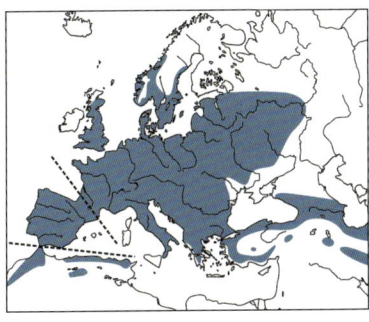

Alter: Ältester Ringvogel 15
Jahre. Generationslänge < 3,3
Jahre.

Gefährdung: Art auf Europa konzentriert und mit ungünstigem Erhaltungsstatus (SPEC 2). Gefährdung durch intensive Landwirtschaft (Rückgang der Ameisennahrung) und Ausräumung der Landschaft.

Besonderes: Kann seine Zunge bis über 10 cm über die Schnabelspitze
hervorschnellen lassen, um Ameisen zu erbeuten. Gräbt im Winter bis
1 m tiefe Löcher in Ameisennester.

	Jan.	Feb.	März	April	Mai	Juni	Juli	Aug.	Sep.	Okt.	Nov.	Dez.
Anwesenheit												
Durchzug												
Brutzeit				X X								
postjuv. Mauser												
Teil- / Vollmauser												
Vollmauser												

Dreizehenspecht (→ 396)

Picoides [tridacylus] tridactylus (Linnaeus 1758)

Taxonomie: Familie Spechte – Picidae. Bildet Superspezies mit dem
nordamerikanischen *P. dorsalis* und
vielleicht noch einigen anderen
Formen. Etwa acht Unterarten, in
den Alpen *P. t. alpinus*, in Nordeuropa Nominatform.

Größe, Gewicht: Körperlänge
20–24 cm, Flügelspannweite 32–
35 cm, Flügellänge 11,4–13,2 cm;
46–76 g.

Erkennungshinweise: Etwas
kleiner als Buntspecht. Wegen
dunklem Flügel und dicht quer

431

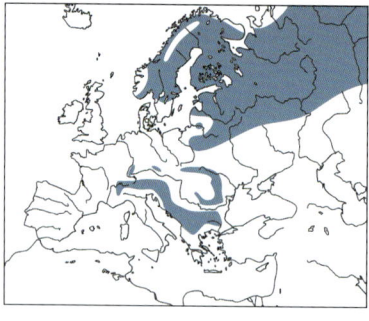

gebändertem Rücken und Unterseite düster wirkend. Männchen mit gelbem, Weibchen mit grauem Scheitel.

Stimme: Rufe weicher und gedämpfter als Buntspecht „güp" oder „gjüp", Trommelwirbel länger und langsamer als Buntspecht.

Brutareal: Nadelwaldgürtel von Nord- und Mitteleuropa bis Japan, Nordamerika. Unterart alpinus waldreiche Mittelgebirge und Hochgebirge bis zur Waldgrenze in Mittel- und Südosteuropa.

Vorkommen in Mitteleuropa: Seltener Brutvogel, beschränkt auf die Alpen und höhere Mittelgebirge im Süden (ssp. *alpinus*), in Nordosten Polens selten ssp. *tridactylus*. Sonst höchstens Ausnahmegast im Osten und Süden.

Wanderungen: Standvogel.

Lebensraum: Naturnahe, standortgemäße Fichtenwälder, fehlt daher meist in angelegten Fichtenforsten; morsches Holz erforderlich.

Nahrung: Holzkäfer und ihre Entwicklungsstadien sowie andere Gliederfüßer; Baumsaft.

Brutbiologie: Geschlechtsreife im 1. Lebensjahr • Nest in Baumhöhle an Nadelbäumen • 3–4 Eier • Legebeginn ab Mai • Brutdauer 11–12 Tage • ♂ und ♀ brüten • ♂ und ♀ füttern • Junge bleiben 20–26 Tage im Nest und noch 1–2 Monate mit den ad. zusammen • 1 Jahresbrut; Ersatzgelege.

Alter: Ältester Ringvogel 12 Jahre, 7 Monate. Generationslänge < 3,3 Jahre.

Gefährdung: Nach der EU-Vogelschutzrichtlinie besonders zu schützende Art (Anhang I), in Europa mit ungünstigem Erhaltungsstatus (SPEC 3); Gefährdung durch intensive Forstwirtschaft mit kurzen Umtriebszeiten und wenig Totholz sowie Fragmentierung der Brutgebiete.

Besonderes: Wenig scheu und deshalb oft aus nur wenigen Metern zu beobachten. Ringelt oft Nadelbäume, um Baumsaft aufzunehmen.

	Jan.	Feb.	März	April	Mai	Juni	Juli	Aug.	Sep.	Okt.	Nov.	Dez.
Anwesenheit												
Durchzug												
Brutzeit					X							
postjuv. Mauser												
Teil- / Vollmauser												
Vollmauser												

Mittelspecht (→397)

Dendrocopos medius (Linnaeus 1758)

Taxonomie: Familie Spechte – Picidae. 4 Unterarten, Europa *D. m. medius.*

Größe, Gewicht: Körperlänge 20–22 cm, Flügelspannweite 33–34 cm, Flügellänge ♂ 12,4–13,8 cm, ♀ 12,1–13,7 cm; ♂ 53–85 g, ♀ 50–80 g.

Erkennungshinweise: Geschlechter gleich und nur durch etwas intensivere Färbung des Männchens zu unterscheiden. Erinnert an Weißrückenspecht-Männchen, ist jedoch kleiner, mit kürzerem Schnabel und deutlichem, weißem Flügelfleck.

Stimme: Einzelruf „güg", Rufreihen „geg-gegegeg..."; im Frühjahr Quäken, oft gereiht. Trommelt kaum.

Brutareal: Laubwaldzone von Nordspanien bis Baltikum und Westrussland, am Nordrand Mittelmeer nach Osten bis Nordiran.

Vorkommen in Mitteleuropa: Weit verbreiteter häufiger Brut- und Jahresvogel im Tief-

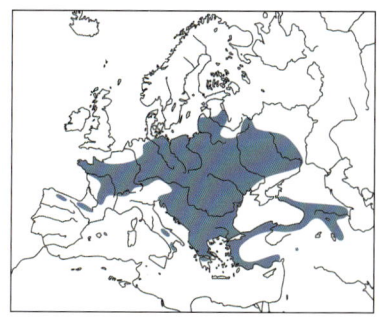

land, fehlt teilweise im Nordwesten sowie in höheren Mittelgebirgen und den Alpen und ihrem Vorland.

Wanderungen: Standvogel, manchmal nomadisierend.

Lebensraum: Laubwälder mit alten Bäumen, an Eichen auch in Parks und Villenvierteln.

Nahrung: Stamm- und rindenbewohnende Gliederfüßer, im Spätsommer und Herbst auch Früchte und Samen; kommt auch an Futterstellen (Fettfutter).

Brutbiologie: Geschlechtsreife im 1. Lebensjahr • Nest in Höhlen meist in geschädigtem Holz, alte Höhlen auch jahrelang verwendet • 5–6 Eier • Legebeginn Mitte April bis Mai Brutdauer 10–14 Tage • ♂ und ♀ brüten • ♂ und ♀ füttern • Junge bleiben 22–25 Tage im Nest, werden dann noch 8–14 Tage geführt • 1 Jahresbruten; Ersatzgelege.

Alter: Ältester Ringvogel mind. 8 Jahre. Generationslänge < 3,3 Jahre.

Gefährdung: Nach der EU-Vogelschutzrichtlinie besonders geschützte Art (Anhang I), auf Europa konzentriert (SPEC E). Gefährdung durch intensive Forstwirtschaft mit geringem Umtriebsalter und Bevorzugung von Nadelhölzern.

Besonderes: Baumsaft ist ein wesentlicher Bestandteil seiner Nahrung.

	Jan.	Feb.	März	April	Mai	Juni	Juli	Aug.	Sep.	Okt.	Nov.	Dez.
Anwesenheit												
Durchzug												
Brutzeit					x x							
postjuv. Mauser												
Teil- / Vollmauser												
Vollmauser												

Weißrückenspecht (→398)

Dendrocopos leucotos (Bechstein 1803)

Taxonomie: Familie Spechte – Picidae. Auch in Gattung Picoides gestellt. Zehn Unterarten, in Europa *D. l. leucotos*, nur im Südosten *D. l. lilfordi*.

Größe, Gewicht: Körperlänge 24–26 cm, Flügelspannweite 38–40 cm, Flügellänge ♂ 14,1–15,9 cm, ♀ 13,9–15,4 cm; 99–112 g.

Erkennungshinweise: Geschlechter ähnlich und Männchen durch rote Kopfplatte vom Weibchen zu unterscheiden. Ähnlich Mittelspecht, jedoch Schnabel länger, weißer Rücken und kein weißer Schulterfleck.

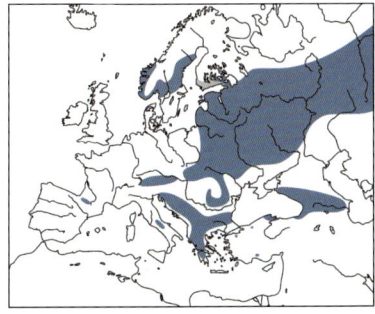

Stimme: „Güg"-Rufe gedämpfter und tiefer als bei Buntspecht und manchmal Amselrufen sehr ähnlich. Trommeln mit sehr langen Wirbeln.

Brutareal: Eurasien von Osteuropa bis Japan und Kamtschatka. Isolierte Vorkommen in den Pyrenäen, Alpen, Südosteuropa und Skandinavien.

Vorkommen in Mitteleuropa: Verbreiteter, aber spärlicher Brutvogel in den Alpen und lückig im Osten Mitteleuropas. Außerhalb der Brutgebiete nur wenige Nachweise. Ehemaliger Brutvogel in Brandenburg und im Schwarzwald.

Wanderungen: Standvogel. Auch Streuungswanderungen führen nicht weit aus den Brutgebieten.

Lebensraum: Laub- und Mischwälder mit hohen Totholzvorräten. Daher oft auf wirtschaftlich kaum nutzbare Extremlagen im Bergwald beschränkt.

Nahrung: Vor allem Larven holzbewohnender Insekten. Im Sommer auch Abklauben von Insekten an Zweigen und Blättern sowie pflanzliche Nahrung. Kommt gelegentlich an Futterstellen.

Brutbiologie: Geschlechtsreife im 1. Lebensjahr • Nest in selbst gezimmerten Baumhöhlen von fast ausnahmslos abgestorbenen oder stark vermorschten (Laub)bäumen, oft wieder verwendet • 3–5 Eier • Legebeginn Mitte April bis Anfang Mai • Brutdauer 14–16 Tage • ♀ und ♂ brütet • ♂ und ♀ füttern • Junge nach 27–28 Tage flügge, werden dann noch einige Tage außerhalb der Höhle gefüttert • 1 Jahresbrut.

Alter: Ältester Ringvogel > 9 Jahre. Generationslänge < 3,3 Jahre.

Gefährdung: Nach der EU-Vogelschutzrichtlinie besonders geschützte Art (Anhang I); Gefährdet durch intensive Forstwirtschaft mit geringem Umtriebsalter und wenig Totholz.

Besonderes: Auch in den Brutgebieten zumeist schwer zu beobachten.

	Jan.	Feb.	März	April	Mai	Juni	Juli	Aug.	Sep.	Okt.	Nov.	Dez.
Anwesenheit												
Durchzug												
Brutzeit						X						
postjuv. Mauser												
Teil- / Vollmauser												
Vollmauser												

Buntspecht (→399)

Dendrocopos [major] major (Linnaeus 1758)

Taxonomie: Familie Spechte – Picidae. Auch in Gattung *Picoides* gestellt. Bildet eine Superspezies u. a. mit Blutspecht *D. syriacus*, Weißrückenspecht *D. leucopterus* und Tamariskenspecht *D. assimilis*. Etwa 14 Unterarten, davon Nominatform in Nordeuropa, *pinetorum* in West- und Mitteleuropa sowie mehrere europäische Inselformen.

Größe, Gewicht: Körperlänge 20–24 cm, Flügelspannweite 34–39 cm, Flügellänge ♂ 13,3–14,6 cm, ♀ 12,9–14,9 cm; ♂ 87,5–97 g, ♀ 71,54–93,4 g.

Erkennungshinweise: Schwarz-weißer Specht mit dunkelroten Unterschwanzdecken. Ähnlich Blutspecht, jedoch immer mit geschlossenem Nackenband. Männchen durch roten Nacken vom Weibchen zu unterscheiden. Bei Jungvögeln durch den roten Scheitel und die hellroten Unterschwanzdecken Verwechslungen mit dem Mittelspecht möglich.

Stimme: Häufigster Ruf „kix", auch in Folge. Bei Erregung „kreck", auch in Reihen. Aggressiv gegenüber Artgenossen schnarrend; lange Trommelserien.

Brutareal: Von Nordwestafrika und Westeuropa bis Japan und Südostasien.

Vorkommen in Mitteleuropa: Sehr häufiger, flächendeckend verbreiteter Brut- und Jahresvogel.

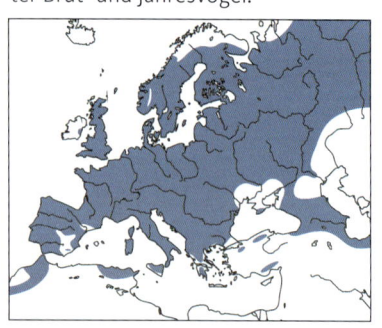

Wanderungen: Standvogel; nordische major Teilzieher und Evasionen.

Lebensraum: Brütet in Laub- und Nadelwäldern, Parks, Feldgehölzen und Gärten. Kommt auch an Futterstellen.

Nahrung: Holzbewohnende Insekten und deren Larven, auch Eier und Jungvögel, Fettstoffe an Futterplätzen, Beeren und weiche Früchte, vor allem Fichten- und Kiefernsamen, Blutungssaft der Bäume.

Brutbiologie: Geschlechtsreife im 1. Lebensjahr • Nest in selbst gezimmerten und alten Baumhöhlen, Eier auf Schicht von Spänen • 4–7 Eier • Legebeginn Anfang/Mitte April bis Juni • Brutdauer 10–13 Tage • ♀ und ♂ brütet • ♂ und ♀ füttern • Junge bleiben 20–23 Tage in der Höhle • 1 Jahresbrut; Ersatzgelege kommen vor.

Alter: Älteste Ringvögel 13 Jahre. Generationslänge < 3,3 Jahre.

Gefährdung: Nicht gefährdet. Kurze Umtriebszeiten von Wäldern wirken sich negativ aus.

Besonderes: Klemmt Nüsse oder Zapfen in Holzrisse oder -spalten, um diese dann in der „Spechtschmiede" aufzumeißeln. Unter Spechtschmieden wurden in einem Winter schon über 3000 Kiefernzapfen und 1400 Fichtenzapfen gesammelt.

	Jan.	Feb.	März	April	Mai	Juni	Juli	Aug.	Sep.	Okt.	Nov.	Dez.
Anwesenheit												
Durchzug												
Brutzeit				x								
postjuv. Mauser												
Teil- / Vollmauser												
Vollmauser												

Blutspecht (→ 400)

Dendrocopos [major] syriacus (Hemprich & Ehrenberg 1833)

Taxonomie: Familie Spechte – Picidae. Bildet Superspezies mit Buntspecht *D. major*. 3 Unterarten, in Europa *syriacus*.

Größe, Gewicht: Körperlänge 22–23 cm, Flügelspannweite 34–39 cm, Flügellänge 12,9–13,7 cm; 70–83 g.

Erkennungshinweise: Geschlechter sehr ähnlich und leicht mit Buntspecht zu verwechseln. Besonders markant ist das fehlende Querband am Kopf und die leichte Strichelung über den blassroten Unterschwanzdecken, die etwas an den Mittelspecht erinnern, aber nicht so ausgeprägt sind. Männchen mit größerem, kräftigen roten Nackenfleck als Buntspecht. Jungvögel auf der Brust oft rot getönt.

Stimme: Das typische „KICK kück-kück-kück-kück klingt weniger schnarrend als beim Buntspecht, auch ist der Einzelruf weicher und mit Übung gut von dem des Buntspechts zu unterscheiden. Trommelt weniger häufig als Buntspecht.

Brutareal: Von Südostmitteleuropa (Ostösterreich) über Südosteuropa bis zum Südostiran und von der Türkei bis nach Israel als Brutvogel vorkommend.

Vorkommen in Mitteleuropa: Brutvogel in Ostmitteleuropa, von Ungarn und Ostösterreich bis nach Südostpolen. Westlich davon sehr selten. In Deutschland der erste Nachweis eines reinen Blutspechts 2016.

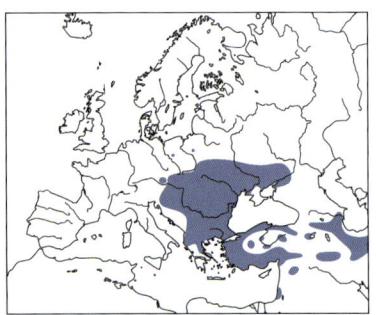

Wanderungen: Standvogel, jedoch weist die Fähigkeit zur Ausbreitung des Brutareals darauf hin, dass Streuungswanderungen durchgeführt werden.

Lebensraum: Ähnlich Buntspecht, jedoch werden Nadelwälder nicht besiedelt. Sehr gerne werden Kulturlandschaften mit Obstgärten, Alleen und ähnlichen besiedelt.

Nahrung: Wie Buntspecht, aber sehr gerne werden Früchte und Beeren verzehrt. Wichtig sind Steinkerne, die im Hochsommer von Wal- und Haselnüssen oder Mandeln ersetzt werden.

Brutbiologie: Nest in selbst gezimmerten Baumhöhlen • Legebeginn Mitte April bis Mai • 4-7 Eier • Brutdauer 9–11 Tage • ♂ & ♀ brüten und füttern • Junge mit 20–24 Tagen flügge, werden noch ca. 2 Wochen geführt • 1 Jahresbrut; Ersatzgelege.

Alter: Generationslänge < 3,3 Jahre.

Gefährdung: Nicht weltweit gefährdet.

Besonderes: Besucht sehr gerne Futterstellen, wo auch der erste deutsche Nachweis dokumentiert wurde.

Kleinspecht (→ 401)

Dryobates minor (Linnaeus 1758)

Taxonomie: Familie Spechte – Picidae. Auch in Gattung *Picoides* oder *Dendrocopos* gestellt. Elf Unterarten, davon in Europa *D. m. minor, D. m. hortorum* in Mitteleuropa, *D. m. buturlini*.

Größe, Gewicht: Körperlänge 14–16 cm, Flügelspannweite 25–27 cm, Flügellänge 85–94 mm; 16–25 g.

Erkennungshinweise: Durch geringe Größe unverwechselbar. Männchen mit roter Kappe wie junger Buntspecht.

Stimme: Gereiht hoch und fein „kikikiki…". Trommelt in hell klingenden Sequenzen mit kurzen Zwischenpausen.

Brutareal: Waldgürtel von Westeuropa bis Kamtschatka, Nordkorea und Japan, nach Süden bis Nordafrika, Iran und Mandschurei.

Vorkommen in Mitteleuropa: Mit Ausnahme von Berglagen fast flächig verbreiteter Brut- und Jahresvogel, lokal aber meist nicht häufig.

Wanderungen: Standvogel, mitunter nomadisch.

Lebensraum: Lichte Laub- und Mischwälder, Weichholzauen, Obstgärten mit Hochstämmen, Parks, Hausgärten. Kommt auch an Futterplätze.

Nahrung: Spinnen, Insekten und deren Larven, an Futterplätzen auch Sonnenblumenkerne.

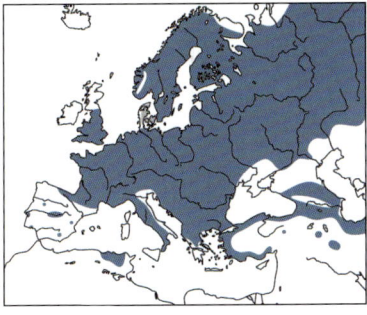

Brutbiologie: Geschlechtsreife im 1. Lebensjahr • Höhle in totem oder morschem Holz, oft in einem Seitenast mit Öffnung nach unten • 5–7 Eier • Legebeginn Mitte April bis Mitte Mai • Brutdauer 9–12 Tage • ♂ und ♀ brüten • ♂ und ♀ füttern • Junge bleiben 21–23 Tage im Nest, werden dann noch 8–14 Tage geführt • 1 Jahresbrut; mitunter Ersatzgelege.

Alter: Ältester Ringvogel mind. 10 Jahre. Generationslänge < 3,3 Jahre.

Gefährdung: Gefährdet durch intensive forstwirtschaftliche Nutzung und Verlust von Streuobstwiesen.

Besonderes: Sehr große Streifgebiete und deshalb bei Beeinträchtigungen des Lebensraumes sehr empfindlich. Auffälliger Balzflug, der etwas an eine Fledermaus erinnert.

	Jan.	Feb.	März	April	Mai	Juni	Juli	Aug.	Sep.	Okt.	Nov.	Dez.
Anwesenheit												
Durchzug												
Brutzeit			x / x									
postjuv. Mauser												
Teil- / Vollmauser												
Vollmauser												

Gelbkehlvireo (→ 402)

Vireo flavifrons Vieillot 1808

Taxonomie: Familie Vireos – Vireonidae. Keine Unterarten.
Größe, Gewicht: Körperlänge 13–15 cm, Flügelspannweite 23 cm; 15–21 g.
Erkennungshinweise: Geschlechter gleich. Durch gelbe Kehle und Brust und zwei deutlichen Flügelbinden unverwechselbar.
Stimme: Ruf abfallende raue Tonreihe, Gesang kurze, etwas rollende Phrasen wie „rriju rriju..." und ähnlich.

Brutareal: Südkanada, östliche und zentrale USA.

Vorkommen in Mitteleuropa: Ausnahmegast, bisher einmal auf Helgoland.

Wanderungen: Zugvogel, Hauptwinterquartier Mittelamerika und nördliches Südamerika.

Lebensraum: Lichte Laubwälder.

Nahrung: Insekten, im Herbst auch Beeren.

Gefährdung: Nicht gefährdet.

Rotaugenvireo (→ 403)

Vireo [olivaceus] olivaceus (Linnaeus 1766)

Taxonomie: Familie Vireos – Vireonidae. Bildet Superspezies mit *V. flavoviridis* (Mittelamerika). Zwei Unterarten.

Größe, Gewicht: Körperlänge 12,5 cm, Flügelspannweite 23–25 cm, Flügellänge ♂ 80–84 mm, ♀ 77–81 mm; ♂ 15,5–21,8 g, ♀ 15,7–21,9 g.

Erkennungshinweise: Geschlechter gleich. Laubsängergergroßer Singvogel mit olivgrüner Oberseite. Kräftiger

Schnabel, markanter weißlicher Überaugenstreif durch dunklen Scheitel-
seiten- und Augenstreif eingefasst, Scheitel blaugrau.
Stimme: Ruf zwei- bis dreisilbig,"tschi-wit". Gesang zwitschernde, kurze
Strophen.
Brutareal: Nordamerika bis zentrales Südamerika.
Vorkommen in Mitteleuropa: Ausnahmegast.
Wanderungen: Zugvogel, nördliche Brutvögel überwintern in der Nord-
hälfte Südamerikas.
Lebensraum: Häufiger Waldvogel.
Nahrung: Insekten, Beeren.
Gefährdung: Nicht gefährdet.

Pirol (→404)

Oriolus [oriolus] oriolus (Linnaeus 1758)

Taxonomie: Familie
Pirole – Oriolidae. Bildet
mit dem afrikanischen
Schwarzohrpirol *O. au-
ratus* eine Superspezies.
Zwei Unterarten, in Eu-
ropa *O. oriolus*.
Größe, Gewicht: Kör-
perlänge 24 cm, Flügel-
spannweite 44–47 cm,
Flügellänge ♂ 14,7–
15,6 cm, ♀ 14,7–15,2 cm;
♂ 50–86,5 g, ♀ 50,5–
85 g.
Erkennungshinweise: Amselgroßer Singvogel. Vor allem adulte Männchen durch gelbschwarzes Gefieder unverwechselbar. Weibchen, Jungvögel und junge Männchen sehr ähnlich, jedoch immer mit grünlicher
Oberseite und feiner Strichelung der Unterseite.
Stimme: Gesangsstrophe „didlüo", daneben schwätzender Plaudergesang. Erregungsruf heiser „wiächt", aggressiv hoch „gickgickgick".
Brutareal: Von Nordwestafrika, Portugal und Spanien nach Osten bis
Bangladesh und Südsibirien. Fehlt auf den Britischen Inseln und in Skan-
dinavien.
Vorkommen in Mitteleuropa: Im Süden und Westen lückenhaft, im
Nordosten so gut wie flächenhaft verbreiteter Brut- und Sommervogel,
nirgends in größerer Dichte. Regelmäßiger einzelner bis wenig häufiger
Durchzügler und Gastvogel.

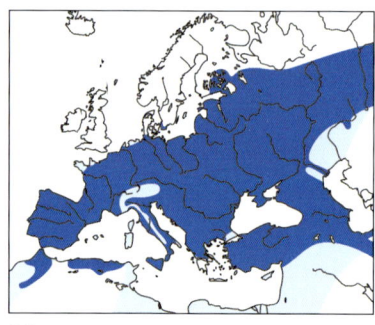

Wanderungen: Langstrecken-zieher, zwei Hauptwinter-quartiere nördlich des Regen-waldes in Zentralafrika und in Südafrika.
Lebensraum: Brutvogel in lichten Laubwäldern, Auwäl-dern, feuchten Wäldern in Wassernähe, auch in Feldge-hölzen, Alleen oder Parkan-lagen und Gärten mit hohen Bäumen.

Nahrung: Insekten und deren Larven. Fleischige Früchte und Beeren, auf dem Wegzug in Südeuropa hauptsächlich Früchte (Feigen, Oliven, Wein-trauben, Maulbeeren).

Brutbiologie: Geschlechtsreife oft im 2. Lebensjahr, Bruten erst ab 3. • Nest meist hoch in Laubbäumen, aus Grasblättern und -halmen geflochten, meist außen am Baum in einer Astgabel eingehängt • 2–5 Eier • Le-gebeginn Mitte Mai bis Juni • Brutdauer 15–18 Tage • ♂ und ♀ brüten • ♂ und ♀ füttern • Junge bleiben 14–17 Tage im Nest, Familie dann noch max. 2–3 Wochen in Brutplatznähe • 1 Jahresbrut; Ersatzgelege.

Alter: Ältester Ringvogel 14 Jahre, 10 Monate. Generationslänge < 3,3 Jahre.

Gefährdung: Gefährdung durch Habitatbeeinträchtigungen wie Entwäs-serungen und Verinselungen der verbleibenden Lebensräume, Biozidein-satz und direkte Verfolgung auf dem Zug und im Winterquartier.

Besonderes: Der Pirol ist der Wappenvogel der Familie Vicco von Bü-lows, eines deutschen Karikaturisten und Schauspielers. Sein Künstler-name Loriot ist die französische Bezeichnung für Pirol.

Rotkopfwürger (→ 405)

Lanius senator Linnaeus 1758

Taxonomie: Familie Würger – Laniidae. 3 Unterarten, in Kontinentaleu-ropa *L. s. senator*.

Größe, Gewicht: Körperlänge 18 cm, Flügelspannweite 26–28 cm, Flü-gellänge ♂ 97–105 mm, ♀ 97–103 mm; ♂ 28–45 g, ♀ 33–52 g.

Erkennungshinweise: Geschlechter ähnlich. Unverwechselbar. Männ-chen durch kräftig rotbraunen Scheitel und Nacken und ungewellten Flanken von Weibchen mit hellerem Kopf zu unterscheiden. Jugendkleid grau mit wechselnden Braunanteilen und hellem Bürzel.

Stimme: Bei Erregung „gegegege...", auch hoch „drirrd". Gesang mittel-lautes Schwätzen mit zahlreichen Imitationen anderer Vogelstimmen, auch Duettgesang.

Brutareal: Von Nordafrika über Südeuropa bis Anatolien, Südirak und Südiran.

Vorkommen in Mitteleuropa: Nur noch sehr seltener lokaler Brut- und Sommervogel, sehr seltener und heute meist sehr unregelmäßiger Gastvogel.

Wanderungen: Langstreckenzieher, Hauptüberwinterungsgebiet Afrika südlich der Sahara.

Lebensraum: Halboffene, sonnige und trockene Gebiete mit vereinzelten Bäumen, in Mitteleuropa auf nur extensiv bewirtschafteten Flächen, z.B. wenig gepflegte Obstwiesen.

Nahrung: Insekten, nur ausnahmsweise kleine Wirbeltiere.

Brutbiologie: Geschlechtsreife im 1. Lebensjahr • Nest auf Laubbäumen oder in Büschen, kompakter Bau aus Zweigen und Halmen mit feinerer In-

♀

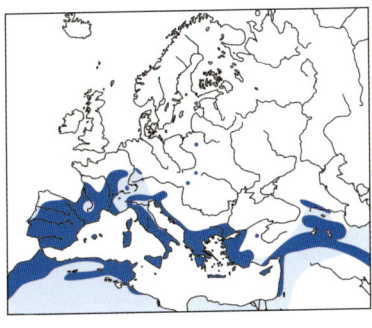

nenauskleidung • 5–6 Eier • Legebeginn Mai bis Anfang Juli • Brutdauer 13–16 Tage • ♀ brütet • ♂ und ♀ füttern • Junge bleiben 15–18 Tage im Nest, folgen den Eltern noch 10–14 Tage • 1 Jahresbrut; Ersatzgelege.

Alter: Ältester Ringvogel 6 Jahre, 1 Monat. Generationslänge < 3,3 Jahre.

Gefährdung: Art auf Europa konzentriert und mit ungünstigem Erhaltungsstatus (SPEC 2); Gefährdung durch Verlust von Streuobstwiesen mit Magerrasen und Eutrophierung und Ausräumung der Landschaft. Hohe Verluste im Winterquartier. 2006 ist der Rotkopfwürger in der Schweiz ausgestorben; in Deutschland steht er kurz vor dem Aussterben.

Besonderes: Bei der Balz rufen beide im Duett.

	Jan.	Feb.	März	April	Mai	Juni	Juli	Aug.	Sep.	Okt.	Nov.	Dez.
Anwesenheit												
Durchzug												
Brutzeit					X							
postjuv. Mauser												
Teil- / Vollmauser												
Vollmauser												

Maskenwürger (→ 406)

Lanius nubicus (M. H. C. Lichtenstein 1823)

Taxonomie: Familie Würger – Laniidae. Keine Unterarten.
Größe, Gewicht: Körperlänge 17–18,5 cm; 14,5–30 g.
Erkennungshinweise: Unverwechselbar. Langer, schwarzweißer Schwanz. Weibchen im Gegensatz zum Männchen mit grauschwarzem statt sattschwarzen Mantel. Flanken bei Männchen kräftiger orange als bei Weibchen.

Stimme: Der Gesang ähnelt dem von Oliven- und Blasspötter, monotone, raue Strophen mit regelmäßigen Wiederholungen. Warnruf trocken ratternd „tschäähr".

Brutareal: Im östlichen Mittelmeerraum bis in die West- und Südtürkei verbreitet. Weitere Vorkommen existieren in der Südosttürkei bis in den Nordwestiran und Irak, sowie in Syrien und Israel.

Vorkommen in Mitteleuropa: Extrem seltener Ausnahmegast. Je einmal in den Niederlanden und auf Helgoland.
Wanderungen: Zugvogel, der in der östlichen Sahelzone südlich der Sahara überwintert.
Lebensraum: Bewohnt offene Landschaften mit Büschen und Einzelbäumen oft in Hanglage. Besiedelt auch sehr offene, lückig bestandene Wälder mit Gebüsch und Lichtungen.
Nahrung: Großinsekten wie Heuschrecken, Zikaden, Grillen und Käfer, daneben werden auch kleine Reptilien und Säugetiere erbeutet. Plündert manchmal auch Nester anderer Arten.
Brutbiologie: Nest relativ klein, sorgfältig konstruiert aus feinem Pflanzenmaterial, mit Wolle oder Haaren ausgekleidet und mit Flechten getarnt • 3–7 Eier • Legebeginn April bis Mitte Juni • Brutdauer 14–16 Tage • ♀ brütet • ♂ & ♀ füttern • Junge mit 18–20 Tagen flügge • Meist 2 Jahresbruten; Ersatzgelege.
Gefährdung: Nicht weltweit gefährdet.

Braunwürger (→ 407)

Lanius [cristatus] cristatus **Linnaeus 1758**

Taxonomie: Familie Würger – Laniidae. Bildet Superspezies mit Neuntöter *L. collurio* und Isabellwürger *L. isabellinus*. Drei Unterarten, davon zwei fernöstlich.

Größe, Gewicht: Körperlänge 18 cm, Flügelspannweite 26–28 cm, Flügellänge ♂ 86–90 mm, ♀ 84–89 mm; ♂ 31–38 g, ♀ 30–36 g.

Erkennungshinweise: Geschlechter gleich. Ähnelt einem dunklen, kontrastreich gefärbten Isabellwürger, jedoch kein oder nur sehr kleines weißes Handschwingenfeld. Schwarze Maske mit weißem Überaugenstreif deutlich.

Stimme: Rufe harsch und rau, ähnlich Neuntöter.

Brutareal: Zentralsibirien bis Kamtschatka, Nordjapan; nach Süden bis Mongolei, Mandschurei, Korea.

Vorkommen in Mitteleuropa: Extrem seltener Ausnahmegast.

Wanderungen: Überwiegend Zugvogel, überwintert in Südasien.

Lebensraum: Halboffene Landschaften der Ebenen sowie höhere Bergregionen.

Nahrung: Gliederfüßer, hauptsächlich Insekten.

Gefährdung: Weltweiter Bestand nicht gefährdet, anscheinend aber zurückgehend.

Neuntöter (→ 408)

Lanius [collurio] collurio **Linnaeus 1758**

Taxonomie: Familie Würger – Laniidae. Bildet Superspezies mit Isabellwürger *L. isabellinus* und Braunwürger *L. cristatus*. 2 Unterarten, in Europa *L. c. collurio*.

Größe, Gewicht: Körperlänge 17 cm, Flügelspannweite 24–27 cm, Flügellänge ♂ 88–101 mm, ♀ 82–100 mm; ♂ 22,5–35 g, ♀ 23–41 g.

Erkennungshinweise: Männchen durch schwarze Maske, blaugrauen Kopf und rotbraunen Rücken unverwechselbar. Weibchen ähnlich Jungvögeln, aber kräftiger gefärbt und oberseits ungebändert.

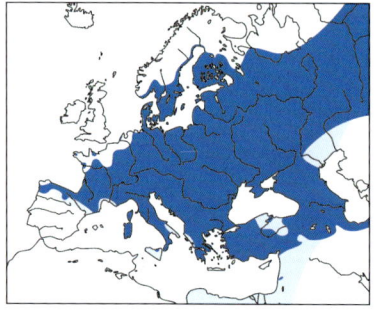

Stimme: Rufe „dschä" und einzeln und in Reihen scharf „teck teck...". Flügge Jungvögel betteln durchdringend quäkend „quäää". Gesang leise schwätzend, vielseitig, auch mit Imitationen.

Brutareal: Nordspanien bis Kasachstan, Südgrenze Nordspanien, Unteritalien, Griechenland, Südanatolien, Nordgrenze Nordfrankreich, Großbritannien (wenige), Südnorwegen, Mittelfinnland.

Vorkommen in Mitteleuropa: Flächig verbreiteter sehr häufiger Brut- und Sommervogel mit teilweise größeren Verbreitungslücken. Regelmäßiger Durchzügler und Gastvogel.

Wanderungen: Langstreckenzieher, Hauptwinterquartier Ost- und Südafrika.

Lebensraum: Brutvogel offener und halboffener Landschaften mit Einzelbäumen und abwechslungsreichem Buschbestand, z. B. extensiv genutzter Kulturlandschaft (Streuobstwiesen, Weideland), vor allem in warmen Gebieten.

Nahrung: Größere Insekten, auch junge Kleinsäuger und gelegentlich Jungvögel.

Brutbiologie: Geschlechtsreife im 1. Lebensjahr • Nest in Büschen, vorzugsweise Dornbüschen, bestehend aus lockerer Außenschicht aus Zweigen, Mittelschicht aus Moos und mit feinem Material ausgelegter Mulde • 4–7 Eier • Legebeginn Mitte bis Ende Mai • Brutdauer 13–16 Tage • Nur ♀ brütet • ♂ und ♀ füttern • Junge verlassen mit 13–16 Tagen das Nest, werden erst ab etwa 37 Tagen selbständig • 1 Jahresbrut; Ersatzgelege.

Alter: Ältester Ringvogel 7 Jahre, 9 Monate. Generationslänge < 3,3 Jahre.

Gefährdung: Nach der EU-Vogelschutzrichtlinie besonders geschützte Art (Anhang I), in Europa mit ungünstigem Erhaltungsstatus (SPEC 3). Gefährdung durch Ausräumung der Landschaft, intensive Landwirtschaft und Grünlandumbruch. Hohe Verluste auf dem Zug und im Winterquartier.

Besonderes: Spießt Beute an Dornen und Ästen auf, um Weibchen in sein Revier zu locken und Vorratshaltung zu betreiben.

	Jan.	Feb.	März	April	Mai	Juni	Juli	Aug.	Sep.	Okt.	Nov.	Dez.
Anwesenheit												
Durchzug							x x					
Brutzeit				x x								
postjuv. Mauser												
Teil- / Vollmauser												
Vollmauser												

Isabellwürger (→ 409)

Lanius [cristatus] isabellinus **Hemprich & Ehrenberg 1833**

Taxonomie: Familie Würger – Laniidae. Drei Unterarten, die vielleicht auch Allospezies einer Superspezies sein können. Gäste in Mitteleuropa wohl *L. i. poenicuroides* und *L. i. isabellinus*.
Größe, Gewicht: Körperlänge 17,5 cm, Flügelspannweite 25–28 cm, Flügellänge ♂ 82–85 mm, ♀ 84–93 mm; ♂ 29,5–38 g, ♀ 27–29,7 g.
Erkennungshinweise: Geschlechter nahezu gleich. Männchen mit schwärzerer

1. W

Augenmaske, Weibchen meist mit schwacher Wellenzeichnung an Brust und Flanken. In Figur und Größe wie Neuntöter, jedoch Schwanz immer rostrot.
Stimme: Ähnlich Neuntöter.
Brutareal: Iran bis China.
Vorkommen in Mitteleuropa: Ausnahmegast
Wanderungen: Kurz- bis Mittelstreckenzieher; Hauptwinterquartiere Ostafrika, Arabien bis Nordwestindien.
Lebensraum: Brutvogel in Steppen, Wüsten und Hochländern mit Gebüsch- oder kleinen Baumgruppen, am Wasser und in Oasen. Auf dem Zug und im Winterquartier in Savannen.
Nahrung: Große Insekten, auch kleine Wirbeltiere.
Gefährdung: Nicht gefährdet.

Schachwürger (→ 410)

Lanius schach Linnaeus 1758

Taxonomie: Familie Würger – Laniidae. 9 Unterarten.
Größe, Gewicht: Körperlänge 20–25 cm; 33–53 g.
Erkennungshinweise: Unverwechselbar. Geschlechter nahezu gleich. Sehr langer Schwanz und typischer Würgerkopf mit schwarzer Gesichtsmaske. Graue Oberseite, Flanke und Steißregion kräftig rostbraun.

Stimme: Selten zu hören, Geräusche durch Schlagen des Schnabels auf die Brust.
Brutareal: Das sehr große Verbreitungsgebiet der neun Unterarten erstreckt sich von Mittelasien, über Indien bis nach Süd- und Zentralchina, fast ganz Indochina, die Philippinen bis weit auf die indonesischen Inseln und nach Südost-Neuguinea.
Vorkommen in Mitteleuropa: Extrem seltener Ausnahmegast, einmal in den Niederlanden.
Wanderungen: Nahezu Standvogel, nur die nördlich verbreiteten Populationen ziehen regelmäßig aus ihren Brutgebieten ab und wandern in südliche und südöstliche Gebiete.
Lebensraum: Es werden unterschiedlichste Lebensräume besiedelt. Offenes Gelände mit Büschen und Bäumen sowie kurzrasiger Vegetation werden bevorzugt. In hochwüchsiger Vegetation passt der Schachwürger seine Jagdmethoden entsprechend an.
Nahrung: Großinsekten, Regenwürmer, daneben werden kleine Wirbeltiere erbeutet. Gelegentlich werden auch Vogelnester geplündert.
Brutbiologie: Nest ziemlich sperriger Napf aus Dornzweigen, Grass und Blättern, feiner ausgekleidet • Legebeginn von März bis Juli • 2–6 Eier • Brutdauer 13–16 Tage • ♀ brütet • ♂ & ♀ füttern • Junge mit 14–17 Tagen flügge • 2 Jahresbruten; Ersatzgelege.
Gefährdung: Nicht weltweit gefährdet.

Schwarzstirnwürger (→ 411)

Lanius minor (J.F. Gmelin 1788)

Taxonomie: Familie Würger – Laniidae. Keine Unterarten.

Größe, Gewicht: Körperlänge 20 cm, Flügelspannweite 32–34,5 cm, Flügellänge ♂ 11,2–12,3 cm, ♀ 10,9–12,1 cm; ♂ 39,5–63,6 g, ♀ 45,5–65,8 g.

Erkennungshinweise: Geschlechter nahezu gleich. Mittelgroßer, schwarzweißer Würger mit schwarzer Stirn und großem, weißem Feld auf den Handschwingen. Bauch und Brust zur Brutzeit vor allem beim Männchen lachsrot.

Stimme: Ruf „wär", bei Erregung lang gereiht „ksek ksek ksek...", leiser Balzgesang mit Imitationen.

Brutareal: Südfrankreich, Italien bis Mittelasien, nördlich der Alpen von Polen nach Osten.

Vorkommen in Mitteleuropa: Als Brutvogel heute nur noch in Ungarn und der Slowakei regelmäßig, sonst unregelmäßig und in den meisten Gebieten ausgestorben, heute meist nur noch Ausnahmeerscheinung.

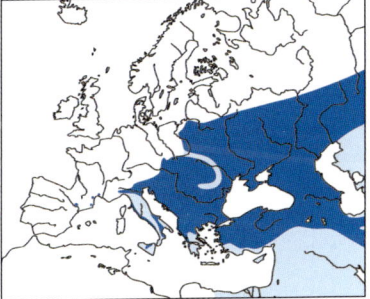

Wanderungen: Langstreckenzieher, Winterquartier Südafrika, nach Norden bis Zentral- und südliches Ostafrika.

Lebensraum: Warme, trockene und offene Lagen mit niedriger Bodenvegetation, in Europa vor allem extensiv genutzte Agrarlebensräume.

Nahrung: Bodenbewohnende Insekten, nur selten Kleinsäuger.

Alter: Generationslänge < 3,3 Jahre.

Gefährdung: Nach der EU-Vogelschutzrichtlinie besonders geschützte Art (Anhang I), auf Europa konzentriert und mit ungünstigem Erhaltungsstatus (SPEC 2); Gefährdet durch Ausräumung der Landschaft, Intensivierung der Landwirtschaft (incl. starker Biozideinsatz), auch in Durchzugs- und Wintergebieten.

Besonderes: In Alleen manchmal Neigung zur Bildung von lockeren Kolonien.

Raubwürger (→ 412)

Lanius [excubitor] excubitor Linnaeus 1758

Taxonomie: Familie Würger – Laniidae. Bildet mit Mittelmeer-Raubwürger *L. meridionalis*, Keilschwanzwürger *L. sphenocercus* und Lousianawürger *L. ludiviocianus* eine Superspezies. Sieben Unterarten, in Mitteleuropa *L. e. excubitor*.

Größe, Gewicht: Körperlänge 24–25 cm, Flügelspannweite 30–34 cm, Flügellänge ♂ 10,5–11,8 cm, ♀ 10,7–11,7 cm; ♂ 58,5–75 g, ♀ 59,7–75 g.

Erkennungshinweise: Geschlechter gleich. Größte Würgerart. Verwechslungsgefahr besteht nur mit jungem Schwarzstirnwürger. Bei diesem jedoch Schwanz kürzer und Flügel länger.

Stimme: Rufe „kwiet" und „wäd wäd...", trillernd oder kreischend. Gesang aus etwas metallisch klingenden Kurzstrophen, wie „tlü-dirüh", meist von Warten aus.

Brutareal: Von Mittelfrankreich, Dänemark, Norwegen bis Nordostsibirien, China und Mongolei, in Europa nur nördlich der Alpen.

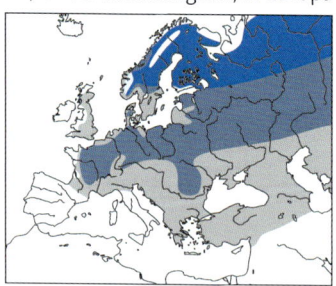

Vorkommen in Mitteleuropa: Nur noch spärlicher, meist nur lokaler Brut- und Jahresvogel, z. T. auch Sommervogel. Nur in Polen noch häufiger. Seltener, regelmäßiger Überwinterer und Durchzügler.

Wanderungen: Teilzieher, Überwinterungen in allen Teilen des Areals Mittel- und Westeuropas.

Lebensraum: Halb offene Landschaften mit Gebüsch und Hecken sowie einzelnen Bäumen, häufig Rückzugsvorkommen in Hochmooren oder Heiden.

Nahrung: Insekten, häufiger als die anderen Würger kleine Wirbeltiere, vor allem bei Schneelage Kleinsäuger und Kleinvögel.

Brutbiologie: Geschlechtsreife wohl im 1. Lebensjahr • Nest in hohen Bäumen und dichten Büschen, umfangreicher Bau aus Zweigen, Ästen, Wurzeln, Mulde mit feinem Material ausgepolstert • 4–7 Eier • Legebeginn Anfang April bis Mitte Juni • Brutdauer 15–18 Tage • ♀ brütet und

wird vom ♂ gefüttert • ♂ und ♀ füttern • Junge bleiben 19–21 Tage im Nest, werden dann noch bis 30 Tage betreut • 1 Jahresbrut; Ersatzgelege.
Alter: Ältester Ringvogel 6 Jahre, 6 Monate. Generationslänge < 3,3 Jahre.
Gefährdung: Art in Europa mit ungünstigem Erhaltungsstatus (SPEC 3); Gefährdung durch Ausräumung der Agrarlandschaft, Intensivierung der Landwirtschaft, Verinselung der Habitate und Sukzession nach Nutzungsaufgabe.
Besonderes: Rüttelt bei der Jagd oft wie ein Turmfalke. Große Beute wird in Astgabeln eingeklemmt und dann zerrissen.

	Jan.	Feb.	März	April	Mai	Juni	Juli	Aug.	Sep.	Okt.	Nov.	Dez.
Anwesenheit												
Durchzug												
Brutzeit				x x								
postjuv. Mauser												
Teil- / Vollmauser												
Vollmauser												

Mittelmeer-Raubwürger (→ 413)

Lanius [excubitor] meridionalis Temminck 1820

Taxonomie: Familie Würger – Laniidae. Bildet Superspezies mit Raubwürger *L. excubitor,* Lousianawürger *L. ludovicianus* und Keilschwanzwürger *L. sphenocercus.* 11 Unterarten, in Mitteleuropa der Steppenraubwürger *pallidirostris* und die Nominatform *meridionalis* nachgewiesen.
Größe, Gewicht: Körperlänge 24–25 cm, Flügelspannweite 28–32 cm, Flügellänge ♂ 10,1–11,7 cm, ♀ 9,6–10,8 cm; 48–93 g.
Erkennungshinweise: Geschlechter gleich, Sehr ähnlich Raubwürger, jedoch langbeiniger, kurzschnäbeliger und schlanker als dieser. Weißes Flügelfeld nur auf den Handschwingen. Variiert in seiner Größe individuell und je nach Unterart. Bei Nominatform Unterseite rosagrau und auf der Oberseite dunkler als Raubwürger.   Steppenraubwürger

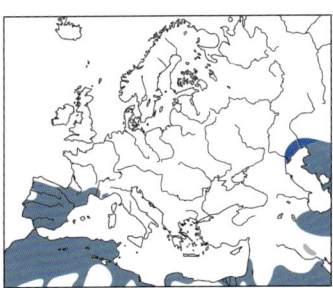

sehr hell mit großem weißem Flügelfeld und schmaler Maske (immatur mit hellem Zügel).

Stimme: Sehr ähnlich Raubwürger. Raue, krächzend-kreischende Rufe oder feine, langanhaltende Pfiffe werden in trillernden Strophen schwätzend vorgetragen. Gesangsimitationen anderer Singvögel werden gelegentlich eingestreut. Warnlaute bestehen aus lauten, sich wiederholendem Kreischen.

Brutareal: Die Nominatform ist auf der Iberischen Halbinsel und Südfrankreich beheimatet, *pallidirostris* in den Steppen Zentralasiens. Die anderen Unterarten brüten in einem Gürtel rings um die Sahara und um die Wüsten der Arabischen Halbinsel und erreichen Ostindien.

Vorkommen in Mitteleuropa: Ausnahmegast, *pallidirostris* einmal in den Niederlanden, *meridionalis* in Polen.

Wanderungen: Nur die nördlichen Populationen sind Zugvögel, die Vögel des südlichen Verbreitungsgebietes sind Standvögel.

Lebensraum: Trockene Landschaften, die locker mit Büschen und Bäumen bestanden sind, sowie extensiv genutztes Kulturland.

Nahrung: Großinsekten und deren Entwicklungsstadien bilden die Hauptnahrung, daneben werden kleine Wirbeltiere erbeutet und gelegentlich Vogelnester geplündert.

Brutbiologie: Geschlechtsreife im 1. oder 2. Lebensjahr • Nest in dichter Vegetation in Wassernähe, Plattform aus Pflanzenmaterial, kaum Dunen • 6–10 Eier • Legebeginn April bis Mai bis Juli/August • Brutdauer 23–26 Tage • ♀ brütet • ♀ führt, mitunter auch ♂ dabei • Junge mit 50–55 Tagen flügge • 1 Jahresbrut; Ersatzgelege.

Gefährdung: Populationen in der EU in schlechtem Erhaltungszustand.

Besonderes: Wie der Raubwürger klemmt auch er größere Beute in Astgabeln um diese zu zerteilen.

Eichelhäher (→ 414)

Garrulus glandarius (Linnaeus 1758)

Taxonomie: Familie Krähenverwandte – Corvidae. Über 30 Unterarten und vielleicht auch Taxa einer Superspezies. In Mitteleuropa Nominatform.

Größe, Gewicht: Körperlänge 32–35 cm, Flügelspannweite 52–58 cm, Flügellänge ♂ 17,1–19,6 cm, ♀ 16,5–19,5 cm; ♂ 170–210 g, ♀ 140–188 g.

Erkennungshinweise: Geschlechter gleich. Unverwechselbar. Gefieder überwiegend rötlichbraun. Kopf mit auffallendem Bartstreif. Das hellblaue Flügelfeld auch beim Flug auffallend.

Stimme: Häufigster Ruf lautes Rätschen, wie „chrräit" oder „rätch", meist zweimal kurz hintereinander, viele weitere meist geräuschhafte Rufe;

häufig hohes „hijä" wie Mäusebussard. Schwätzender Gesang mit gutturalen, trillernden und miauenden Lauten, auch Nachahmungen.

Brutareal: Von Nordwestafrika und Westeuropa bis Japan, Taiwan und den Norden Indochinas.

Vorkommen in Mitteleuropa: Flächig verbreiteter sehr häufiger Brut- und Jahresvogel, auch sehr häufiger Durchzügler und Gastvogel, mitunter winterliche Invasionen aus Nord- und Osteuropa.

Wanderungen: Standvogel mit Streuungswanderungen, Teilzieher und von Norden und Osten her Invasionsvogel; Winterquartier großräumig innerhalb des brutzeitlichen Artareals.

Lebensraum: Laub-, Misch- und Nadelwälder, größere Gehölze, aber auch in Ortschaften (Parks, größere Gärten), außerhalb der Brutzeit auch in

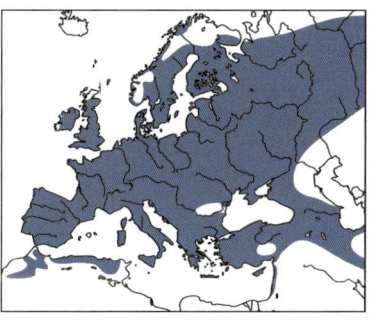

Gärten oder in mehr oder minder offenen Landschaften.

Nahrung: Überwiegend pflanzlich, ferner Insekten und andere Wirbellose, Eier und Jungvögel. Vor allem Eicheln, Haselnüsse und Bucheckern als Vorratsnahrung für den Winter; fleischige Früchte, Sämereien usw.

Brutbiologie: Geschlechtsreife im 1. Lebensjahr, doch viele im 2. Kalenderjahr noch nicht brütend • Nest in der unteren Hälfte hoher oder im Wipfel kleinerer Bäume, auch in hohen Büschen, gut gedeckt, aus Zweigen (selbst abgebrochen), Aststückchen und mit feinerem Innenausbau • 4–6 Eier • Legebeginn Ende März/Anfang April bis Mitte Mai • Brutdauer 16–19 Tage • ♀ brütet und wird vom ♂ gefüttert • ♂ und ♀ füttern • Junge bleiben 20–23 Tage im Nest, werden dann noch 3–4 Wochen geführt, erst mit 6–8 Wochen selbstständig • 1 Jahresbrut; Ersatzgelege.

Alter: Älteste Ringvögel 17 Jahre, 11 Monate und über 16 Jahre. Generationslänge 4 Jahre.

Gefährdung: Nicht gefährdet.

Besonderes: Infolge der Klimaerwärmung deutliche Arealausweitung im Norden des Verbreitungsgebietes.

	Jan.	Feb.	März	April	Mai	Juni	Juli	Aug.	Sep.	Okt.	Nov.	Dez.
Anwesenheit												
Durchzug									x x			
Brutzeit			x x									
postjuv. Mauser												
Teil- / Vollmauser												
Vollmauser												

Unglückshäher (→ 415)

Perisoreus infaustus **(Linnaeus 1758)**

Taxonomie: Familie Krähenverwandte – Corvidae. 8 Unterarten, in Nordeuropa *infaustus* und ost-jakoram.
Größe, Gewicht: Körperlänge 30–31 cm, Flügelspannweite 40–46 cm, Flügellänge 13,7–14,8 cm; 73–97 g.
Erkennungshinweise: Geschlechter gleich. Drosselgroßer, einfarbig brauner, relativ langschwänziger Singvogel. Durch auffallend rostroten Bürzel und ebensolche Schwanzkanten unverwechselbar.

Stimme: Selten zu hören. Der leise Gesang besteht aus trillernden, zwitschernden und klagenden Lauten. Mitunter anhaltend jammernd „gee-äh“ oder „kräh“ rufend.
Brutareal: Boreales Verbreitungsgebiet von Norwegen bis Ostsibirien, das sich weitgehend mit der Taiga deckt.
Vorkommen in Mitteleuropa: Ausnahmegast in Polen und der Slowakei.

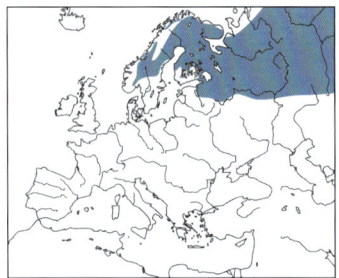

Wanderungen: Standvogel, nach der Brutzeit in kleinen Verbänden umherstreifend.
Lebensraum: Brütet hauptsächlich in Nadelwäldern, aber auch in Mischwäldern der Taiga.
Nahrung: Samen von Nadelbäumen, Nüsse und Beeren, Kleintiere, Gelege und Insekten. Daneben auch Aas und Abfälle in Siedlungsnähe.

Brutbiologie: Nest recht locker aus Zweigen gebaut, mit Flechten, Federn und Rentierhaaren ausgekleidet • 3–4 Eier • Legebeginn März bis Mai • Brutdauer 19 Tage • ♀ brütet • ♂ füttert, die größeren Jungen aus das ♀ Junge mit 21–24 Tagen flügge.
Alter: Ältester Ringvogel 17 Jahre, 11 Monate; Generationslänge 4 Jahre.
Gefährdung: In der EU in ungünstigem Erhaltungszustand.
Besonderes: Legt wie der Tannenhäher Vorräte an, die er auch im Schnee wiederfindet.

Elster (→ 417)

Pica [pica] pica (Linaeus 1758)

Taxonomie: Familie Krähenverwandte – Corvidae. Abgrenzung von Allospezies noch nicht befriedigend geklärt. 21 Unterarten sind beschrieben, in Mitteleuropa Nominatform.
Größe, Gewicht: Körperlänge 44–46 cm, Flügelspannweite 52–60 cm, Flügellänge ♂ 19–20,6 cm, ♀ 17,6–19,4 cm; ♂ 185–247 g, ♀ 161–240 g.
Erkennungshinweise: Geschlechter gleich. Durch sehr langen Schwanz und schwarzweißes Gefieder unverwechselbar. Geschlechter gleich. Je nach Lichteinstrahlung wirken die dunklen Farben von Schwanz und Flügel grün bis azurblau.
Stimme: Lautes Schäckern, etwa „schräi-äk-äk-äk…", viele geräuschhafte und auch pfeiferne Rufe, z. B. „tschi-uk" oder „pi-ak". Gesang leise gurgelndes Schwätzen, auch mit Fremdimitationen.
Brutareal: Vom westlichen Nordafrika bis Nordkap, mit zurückweichender Nordgrenze bis an den Pazifik, Südgrenze Südost-Anatolien, Nord-Irak, Süd-Iran, Pakistan, in Ostasien bis Vietnam und Taiwan.
Vorkommen in Mitteleuropa: Flächig verbreiteter, sehr häufiger Brut- und Jahresvogel; fehlt in den Hochlagen der Alpen und auch in großräumig intensiv genutzter Feldflur.
Wanderungen: Standvogel, Streuungswanderungen von Jungvögeln.
Lebensraum: Brutvogel in lichten Wäldern, halboffenen und offenen Landschaften mit Gehölzen, Alleen oder Einzelbäumen. Einwanderung in Gärten und Parks auch von städtischen Siedlungen, die durch Angebot an Bäumen einen Ausgleich zur ausgeräumten Feldflur bieten.
Nahrung: Im Sommer bodenbewohnende Wirbellose. Im Winter mehr vegetarisch (Beeren, Früchte, Körner, Abfälle), auch an Futterstellen; ferner kleine Mäuse, Jungvögel und Eier.

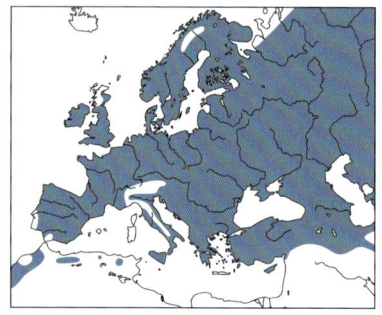

Brutbiologie: Geschlechtsreife ab 1., Erstbrut größenteils erst im 2. und auch im 3. Lebensjahr • Voluminöses kugeliges Nest auf Bäumen und hohen Büschen, auch auf Gittermasten aus Zweigen und kleinen Ästen mit einer Lehmmulde und meistens einem Dach (Eingang seitlich) • 5–7 Eier • Legebeginn Ende März, meist April bis Mai • Brutdauer 17–19 Tage • ♀ brütet und wir vom ♂ am Nest gefüttert • ♂ und ♀ füttern • Junge bleiben mind. 22–30 Tage im Nest, werden dann noch etwa 4 Wochen gefüttert • 1 Jahresbrut; Ersatzgelege.

Alter: Ältester Ringvögel über 15 und 14 Jahre. Generationslänge 4 Jahre.

Gefährdung: Regional abnehmende Bestände, überwiegend durch massive direkte Verfolgung, aber auch Intensivierung der Landwirtschaft und Ausräumung der Landschaft.

Besonderes: „Diebische Elster" bezieht sich auf eine gewisse Vorliebe der Art für glänzende Gegenstände, die auch weggetragen werden.

	Jan.	Feb.	März	April	Mai	Juni	Juli	Aug.	Sep.	Okt.	Nov.	Dez.
Anwesenheit												
Durchzug												
Brutzeit				X								
				X								
postjuv. Mauser												
Teil- / Vollmauser												
Vollmauser												

Tannenhäher (→ 418)

Nucifraga caryocatactes (Linnaeus 1758)

Taxonomie: Familie Krähenverwandte – Corvidae. Mindestens acht Unterarten, *N. c. caryocatactes* in Europa, hier selten Invasionen von *N. c. macrorhynchos* (östlich des Urals).

Größe, Gewicht: Körperlänge 32–33 cm, Flügelspannweite 52–58 cm, Flügellänge ♂ 17,8–19,4 cm, ♀ 17,6–18,8 cm; ♂ 130–190 g, ♀ 140–180 g.

Erkennungshinweise: Geschlechter gleich. Durch dunkelbraunes weißgetupftes Gefieder erinnert der Tannenhäher an einen Star im frischen Ruhekleid. Schwanz schwarz mit breiter weißer Endbinde.

Stimme: Sein kennzeichnender Ruf, ein rollendes „krrrrääh" ist vor allem im Sommerhalbjahr zu hören.

Brutareal: Gebirgsregionen und boreale Zonen der gesamten Paläarktis

Vorkommen in Mitteleuropa: Regional verbreiteter, mäßig häufiger Brut- und Jahresvogel. Brutvogel der Alpen und Mittelgebirge, sowie im nordostpolnischen Flachland.

Wanderungen: Weitgehend Standvögel. Dismigration und Jugendwanderung, Schneeflucht in den Alpen.

Lebensraum: Brutvogel in Nadelwäldern und nadelholzreichen Mischwäldern. Fliegt zum Sammeln in Parks und Gärten auch größerer Städte.

Nahrung: Überwiegend Pflanzennahrung wie Koniferensamen, Früchte und Samen von Laubbäumen. Nahrungsdepots mit Zirbennüssen (in den Alpen) und insbesondere Haselnüssen werden angelegt; sonst Eicheln, Bucheckern und Walnüsse. Im Sommer Wirbel-

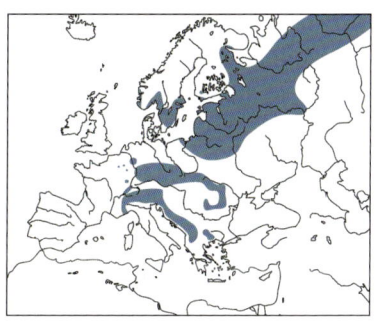

lose wie Insekten und ihre Larven, kleine Wirbeltiere, auch Aas, Abfälle und Nestraub.

Brutbiologie: Geschlechtsreife noch im 1. Lebensjahr; monogame Dauerehe • Nest in immergrünen Koniferen in Stammnähe auf der Astbasis • meist 3–4 Eier • Legebeginn ab Anfang März, kaum von Schneelage beeinflusst • Brutdauer 17–19 Tage • beide Partner brüten, hudern und füttern • Junge verlassen kaum flugfähig mit 22–28 Tagen das Nest, Familienauflösung erst nach 15–17 Wochen • 1 Jahresbrut; Ersatzgelege nicht belegt.

Alter: Ältester Ringvogel 16 Jahre, 3 Monate. Generationslänge 5 Jahre.

Gefährdung: Bedrohung durch illegale direkte Verfolgung, Immissionsschäden und Störungen durch Freizeitbetrieb.

Besonderes: Ein einzelner Tannenhäher kann bis zu 100.000 Zirbennüsse als Wintervorrat verstecken und diese auch bei hoher Schneelage wiederfinden in dem er bis 1,30 Meter tiefe Löcher durch den Schnee gräbt.

	Jan.	Feb.	März	April	Mai	Juni	Juli	Aug.	Sep.	Okt.	Nov.	Dez.
Anwesenheit												
Durchzug												
Brutzeit				x x								
postjuv. Mauser												
Teil- / Vollmauser												
Vollmauser												

Alpenkrähe (→ 419)

Pyrrhocorax pyrrhocorax (Linnaeus 1758)

Taxonomie: Familie Krähenverwandte – Corvidae. Acht Unterarten, davon drei in Europa, in den Alpen *P. p. erythrorhamphus*.

Größe, Gewicht: Körperlänge 39–40 cm, Flügelspannweite 73–90 cm, Flügellänge (europäische Vögel) 28,4–30,9 cm; ♂ 335–380 g, ♀ 285–325 g.

Erkennungshinweise: Geschlechter gleich, Flugbild gegenüber Alpendohle mit breiterem Handflügel und längeren Fingern. Hinterrand nicht geschwungen.

Stimme: Häufigster Ruf „kjiar" oder „kijer", deutlich gedämpfter als Alpendohle, sehr charakteristisch. Plaudergesang.

Brutareal: Stark aufgesplittertes Areal in Nordwestafrika, Äthiopien und Asien bis Mittelchina.

Vorkommen in Mitteleuropa: Sehr seltener Brutvogel im Wallis, in Österreich ausgestorben, dort jetzt sehr seltener Gast. Sonst Ausnahmeerscheinung, z. B. auf Helgoland im 19. Jh. (wohl von Großbritannien).

Wanderungen: Standvogel, nur ausnahmsweise Wanderung über 100 km nachgewiesen.

Lebensraum: Küstenfelsen, warme, trockene Lagen in Gebirgen, weniger deutlich Hochgebirgsvogel als Alpendohle.

Nahrung: Hauptsächlich Insekten und andere Gliederfüßer; weniger Aas, Abfälle und pflanzliche Nahrung als Alpendohle.

Alter: Höchstwerte 17 und mind. 27 Jahre; Generationenlänge 7 Jahre.

Gefährdung: Nach der EU-Vo-

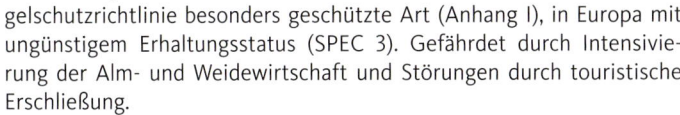

gelschutzrichtlinie besonders geschützte Art (Anhang I), in Europa mit ungünstigem Erhaltungsstatus (SPEC 3). Gefährdet durch Intensivierung der Alm- und Weidewirtschaft und Störungen durch touristische Erschließung.

Besonderes: Charakterart der europäischen Eiszeittierwelt.

Alpendohle (→ 420)

Pyrrhocorax graculus (Linnaeus 1766)

Taxonomie: Familie Krähenverwandte – Corvidae. Drei Unterarten, die Nominatform in Europa.

Größe, Gewicht: Körperlänge 37–39 cm, Flügelspannweite 75–85 cm, Flügellänge ♂ 26,1–28,9 cm, ♀ 24,4–27,1 cm; ♂ 230–285 g, ♀ 205–265 g.

Erkennungshinweise: Geschlechter gleich, Diesjährige bis in den Spätherbst durch mattschwarzes Gefieder, dunklen Schnabel und Füße von Adulten mit glänzend

schwarzem Gefieder, gelbem Schnabel und roten Füßen zu unterscheiden. Verwechslung im Flug mit Alpenkrähe, die jedoch einen stark gefingerten Handflügel hat.

Stimme: Ruf durchdringend „trii" oder „zjii", auch gedämpfter; Plaudergesang bei der Gruppenbalz im Winter.

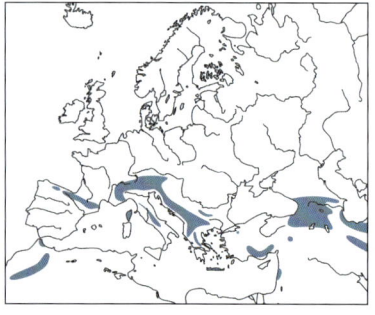

Brutareal: Hochgebirge Nordwestafrikas, Europas und Asiens bis Westchina.

Vorkommen in Mitteleuropa: Seltener bis spärlicher Brutvogel, nur in den Alpen; Bestandstrends nicht erkennbar. Außerhalb der Alpen im Süden Ausnahmeerscheinung.

Wanderungen: Standvogel.

Lebensraum: Brutvogel in Felswänden, auch einzeln an Gebäuden oberhalb der Baumgrenze. Futterzahm an vielen Gipfelstationen, Berggasthöfen und Hütten. Im Winter in Schwärmen in Tälern auf Wiesen oder in Dörfern, oft traditionelle Aufenthaltsplätze.

Nahrung: Kleine Wirbellose am Boden, mitunter auch kleine Wirbeltiere und Aas. Im Winter hauptsächlich vegetabilisch (Beeren, Obst, Flechten, Küchenabfälle), an Bergstationen Brotzeitreste. Im Winter auch an Futterstellen.

Brutbiologie: Geschlechtsreife wohl meist ab 3. Kalenderjahr • Nest einzeln in Felsspalten, -höhlen und -nischen, in Mauerlöchern, Tunnels, auf Gebäudesimsen, Seilbahnmasten und -stationen • 2–5 Eier • Legebeginn (Ende April) Mitte Mai–Mitte Juni • Brutdauer 18–21 Tage, nur ♀ brütet • ♂ und ♀ füttern • Junge verlassen Nest nach 29–36 Tagen, werden dann noch gefüttert, bleiben bis in den Winter im Familienverband • 1 Jahresbrut, Ersatzgelege bis Juni/Juli bekannt.

Alter: Älteste Ringvögel über 24 und 21 Jahre; Generationslänge 7 Jahre.

Gefährdung: Keine Gefährdung erkennbar.

Besonderes: Offenbar monogame Dauerehe.

Dohle (→ 421)

Coloeus [monedula] monedula Linnaeus 1758

Taxonomie: Familie Krähenverwandte – Corvidae. Bildet Superspezies mit der Elsterdohle *C. dauuricus*. Oft auch in Gattung *Corvus* gestellt. Vier Unterarten, in West- und Mitteleuropa *C. m. spermologus*, in Skandinavien Nominatform, in Osteuropa bis Mongolei *C. c. soemmeringii*.

Größe, Gewicht: Körperlänge 33–34 cm, Flügelspannweite 67–74 cm, Flügellänge ♂ 20,8–25,1 cm, ♀ 20,5–24,7 cm; ♂ 174–275 g, ♀ 175–277 g.

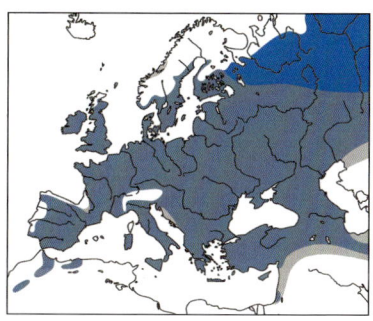

Erkennungshinweise: Geschlechter gleich, kleiner kurzschnäbeliger Rabenvogel mit hellgrauer Iris und grauem Nacken. Unterarten im Feld meist nicht sicher zu unterscheiden.

Stimme: Ruf hell „kjak" oder „kja", auch gedehnt und schnarrend, bei Gefahr schnarrend „karrrr". Gesang leises variables Schwätzen.

Brutareal: Von Westeuropa und Nordwestafrika bis Kasachstan und Westchina. Südgrenze Mittelmeerinseln, türkische Küste, Nordiran, Nordpakistan; Nordgrenze Schottland, Skandinavien, Westrussland, weiter im Osten sehr viel südlicher.

Vorkommen in Mitteleuropa: Teilweise etwas lückig verbreiteter, häufiger Brutvogel und Jahresvogel im Tiefland, in den Alpen und in höheren Mittelgebirgen fehlend. Sehr häufiger Durchzügler und Wintergast.

Wanderungen: Standvogel mit Streuungswanderungen, Kurz- bis Mittelstreckenzieher vor allem im Norden und Osten Europas (etwa ab Polen), Überwinterung dann im Süden und Westen des Brutareals.

Lebensraum: Brutvogel in lichten und parkartigen Altholzbeständen, Alleen, Waldrändern, Felswänden, Abbrüchen und in meist alten, großen Gebäuden mit vielen Nischen auch mitten in der Stadt. In der Nähe der Kolonien vor allem extensiv bewirtschaftetes offenes Acker-, Grün- und

Ödland als Nahrungsraum. Im Winter auch in Großstädten auf offenen Flächen, Ruderal- und Abfallstellen.

Nahrung: Vielseitig, überwiegend Wirbellose, auch Beeren, fleischige Früchte, Haushaltsabfälle, grüne Pflanzenteile, Körner; selten kleine Wirbeltiere.

Brutbiologie: Geschlechtsreife im 1. Lebensjahr, Brut meist erst im 2. • Nest in Nischen und Höhlen verschiedenster Art (auch Nistkästen) aus Reisern, Zweigen, mit Erdklumpen, meist in Kolonien, mitunter auch einzeln • 2–7 Eier • Legebeginn ab Ende März/Anfang April, Hauptlegezeit Mitte April bis Mitte Mai • Brutdauer 16–19 Tage • nur ♀ brütet, wird vom ♂ gefüttert • ♂ und ♀ füttern • Junge bleiben 30–35 Tage im Nest, werden dann noch bis 4 Wochen gefüttert • 1 Jahresbrut; Ersatzgelege nur bei frühem Verlust.

Alter: Älteste Ringvögel 19 Jahre, 11 und 8 Monate. Generationslänge über 5 Jahre.

Gefährdung: Art auf Europa konzentriert (SPEC E). Bestandsabnahme vor allem an natürlichen Nistplätzen und gefährdet durch Intensivierung der Land- und Forstwirtschaft und Verlust von Brutplätzen.

Besonderes: Einziger europäischer Rabenvogel, der in Höhlen (Baum-, Fels- und Gebäudehöhlen) nistet.

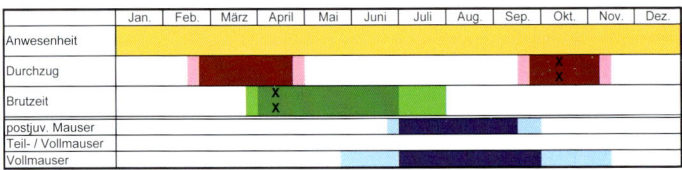

Elsterdohle (→ 422)

Coleus [monedula] dauuricus Pallas 1776

Taxonomie: Familie Krähenverwandte – Corvidae. Bildet Superspezies mit der Dohle *C. monedula*. Keine Unterarten.

Größe, Gewicht: Körperlänge 33–34 cm, Flügelspannweite 67–74 cm, Flügellänge 21,1–24,4 cm; 175–230 g.

Erkennungshinweise: Geschlechter gleich und in der Gestalt der Dohle sehr ähnlich, jedoch im Alterskleid schwarzweiß und nicht zu verwechseln. Jugendkleid der Dohle sehr ähnlich, jedoch schwärzlicher und immer mit gräulich gestrichelten Ohrdecken.

Stimme: Ähnelt der Dohle, ist meist etwas tiefer und krächzender. Ein abgehacktes „tschak" ist der häufigste Ruf, daneben wird häufig „kjä" oder „kja" gerufen.

Brutareal: Von der Südgrenze der sibirischen Taiga ostwärts bis an den Amur und nach Ussurien und im Süden durch die Mongolei bis Nord- und Westchina.

Vorkommen in Mitteleuropa: Ausnahmegast.

Wanderungen: Teilzieher, der je nach Winter die nördlichen Brutareale weitgehend räumt. Im Süden meist Standvogel.

Lebensraum: Steppengebiete und lückige Wälder, meist erst ab 2000 m ü. NN.

Nahrung: Insekten und andere wirbellose Tiere, kleine Säugetiere, Beeren, Sämereien, zuweilen auch Essensreste.

Brutbiologie: Geschlechtsreife im 3. Lebensjahr • Nest ähnlich Dohle in Baum- oder Felshöhlen, aber auch frei auf Bäumen, auch Gebäudebrüter • 4–6 Eier.

Gefährdung: Nicht weltweit gefährdet.

Glanzkrähe (→ 423)

Corvus splendens Vieillot 1817

Taxonomie: Familie Krähenverwandte – Corvidae. 5 Unterarten, in Europa wohl zugmayeri.

Größe, Gewicht: Körperlänge 41–43 cm, Flügelspannweite 76–85 cm, Flügellänge ♂ 26,6–28,3 cm, ♀ 24,2–26,1 cm; 245–371 g.

Erkennungshinweise: Geschlechter gleich. Schlanker Rabenvogel mit dunklem Gesicht und steiler Stirn. Nacken, Hals und obere Brust etwas heller als das größtenteils grauschwarze Gefieder.

Stimme: Ruf „kraar" erinnert teilweise an Nebelkrähe und trocken „kääh kähh" oder „krao krao".

Brutareal: Von der Nordküste des Golfs von Oman über ganz Indien bis ins westliche Indochina verbreitet.

Vorkommen in Mitteleuropa: Lokal etablierter Brut- und Jahresvogel in den Niederlanden. Sonst nur Einzelmeldungen.

Wanderungen: Standvogel.

Lebensraum: Besiedelt tropische und subtropische Gebiete, meist in menschlicher Nähe. Auch in höheren Lagen. Einzelne Bäume als Brut- oder Schlafplatz notwendig.

Nahrung: Allesfresser. Kleinen Wirbeltiere, Insekten, Eier, Nestlinge, Früchte, Getreide und Aas.

Brutbiologie: Geschlechtsreife im 1. oder 2. Lebensjahr • Nest immer in der Nähe menschlicher Siedlungen, ein unordentlicher Haufen aus Zweigen und Abfällen, etwas ausgekleidet • 3–5 Eier • Legebeginn April bis Mai • Brutdauer 16–17 Tage • ♀ brütet • ♂ & ♀ füttern • Junge mit 21–28 Tagen flügge.

Gefährdung: Nicht gefährdet.

Besonderes: Wurde 2016 in die „Liste invasiver gebietsfremder Arten von unionsweiter Bedeutung" der EU aufgenommen.

Saatkrähe (→ 424)

Corvus frugilegus Linnaeus 1758

Taxonomie: Familie Corvidae – Krähenverwandte. 2 Unterarten, in Europa *C. f. frugilegus*.

Größe, Gewicht: Körperlänge 44–46 cm, Flügelspannweite 81–99 cm, Flügellänge ♂ 29,5–33,8 cm, ♀ 28–32,6 cm; ♂ 445–560 g, ♀ 325–475 g.

Erkennungshinweise: Geschlechter gleich. Gefieder einheitlich schwarz mit violettem Glanz. Kopfprofil im Gegensatz zu dem der Rabenkrähe

eckig, Altvögel mit unbefiederter Schnabelwurzel. Jungvögel bis Mittwinter mit befiederter Schnabelwurzel.

Stimme: Tiefer und heiserer als Rabenkrähe „krra" oder „korr", auch hell „kirr". In Kolonien großer Lärm von Jung- und Altvögeln.

Brutareal: Von Nordwesteuropa (bis mittleres Frankreich); Mittel- und Südosteuropa (einschließlich Teile Anatoliens) bis China.

ad.

Vorkommen in Mitteleuropa: Häufiger, aber ausgesprochen lückig und gebietsweise nur lokal verbreiteter Brut- und Jahresvogel, flächig nur im Nordosten. Mit Ausnahme von Gebirgen sehr häufiger Durchzügler und Wintergast.

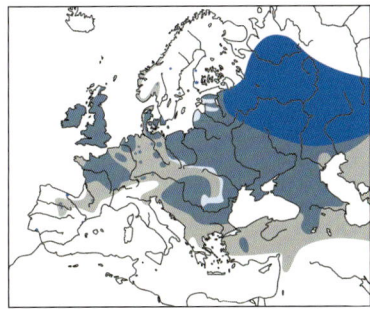

Wanderungen: Standvogel, Teilzieher, Kurz- und Mittelstreckenzieher. Hauptwinterquartier Mittel- und Westeuropa sowie Südosteuropa und Anatolien; Areale ab östlichem Mitteleuropa werden weitgehend geräumt.

Lebensraum: Brutvogel offener Landschaften mit Baumgruppen als Nistmöglichkeiten, Brutkolonien auch in Siedlungen. Nahrungsflächen ursprünglich Steppen, in Mitteleuropa Agrarland. So gut wie nur im Tiefland, in Gebirgstälern auch als Gast fehlend. Wintergast hauptsächlich in Städten.

Nahrung: Hauptnahrung Wirbellose und Sämereien, wie Regenwürmer, bodenbewohnende Insektenlarven, Getreidekörner, auch fleischige Früchte.

Brutbiologie: Geschlechtsreife gegen Ende des 2. Lebensjahr. • Nest in mitunter großen Kolonien in hohen Laubbäumen, Unterbau aus Zweigen und Reisern, mit Moos und Erdklumpen verbunden, Mulde mit feinerem Pflanzenmaterial ausgelegt • 3–6 Eier • Legebeginn Mitte März bis Ende April • Brutdauer 16–19 Tage • ♀ brütet allein und wird vom ♂ am Nest gefüttert • ♂ und ♀ füttern • Junge bleiben 32–34 Tage im Nest und danach noch mind. 4–6 Wochen bei den Eltern • 1 Jahresbrut; Ersatzgelege bei frühem Verlust.

Alter: Ältester Ringvogel 20 Jahre, 6 Monate. Generationslänge 5 Jahre.

Gefährdung: Bedroht durch Lebensraumverluste (Intensivierung der Landnutzung, Ausräumung der Landschaft) und direkte Verfolgung, insbesondere in den Brutkolonien.

Besonderes: Aufgrund Verfolgung durch den Menschen auf dem Land haben sich in bestimmten Gebieten Saatkrähenkolonien überwiegend in die Ortschaften und Städte verlagert. Durch illegale Eingriffe deutliche Bestandszunahme durch Splitterkolonien.

	Jan.	Feb.	März	April	Mai	Juni	Juli	Aug.	Sep.	Okt.	Nov.	Dez.
Anwesenheit												
Durchzug		X X								X X		
Brutzeit			X X									
postjuv. Mauser												
Teil- / Vollmauser												
Vollmauser												

Rabenkrähe (→ 425)

Corvus [corone] corone Linnaeus 1758

Taxonomie: Familie Krähenverwandte – Corvidae. Bildet Superspezies „Aaskrähe" mit Nebelkrähe *C. cornix*. Keine Unterarten.

Größe, Gewicht: Körperlänge 45–49 cm, Flügelspannweite 93–104 cm, Flügellänge ♂ 29,8–36,1 cm, ♀ 28,3–35,7 cm; ♂ 525–650 g, ♀ 430–608 g.

Erkennungshinweise: Ganz schwarz. Geschlechter gleich. Ähnliche Kolkraben sind deutlich größer, mit Keilschwanz und kräftigerem Schnabel

wie die Rabenkrähe. Im Gegensatz zur Saatkrähe rundes Kopfprofil, von junger Saatkrähe durch stumpferen Schnabel zu unterscheiden.

Stimme: Viele Rufe, am häufigsten „krah" oder „arrr", nicht so heiser wie Saatkrähe; beim Hassen knarrend „krrrr krrrr", Junge rufen heiser, saatkrähenähnlich „chra"; leiser Plaudergesang.

Brutareal: Mittel-, West- und Südwesteuropa.

Vorkommen in Mitteleuropa: Sehr häufiger, flächig verbreiteter Brutvogel südwestlich und westlich der Nebelkrähenvorkommen. Jahresvogel, Durchzügler und Gastvogel.

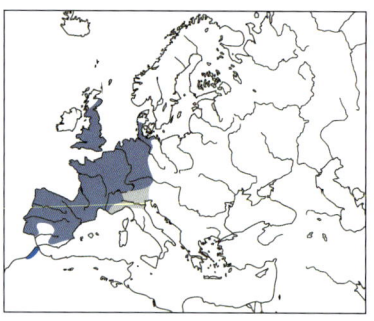

Wanderungen: Standvogel mit Zerstreuungswanderungen und Teilzieher.

Lebensraum: Vielseitig, vor allem halboffene und offene Landschaften mit Bäumen, Waldrändern und lichten Wäldern, meidet das Innere dichter Wälder, wandert aber zunehmend in Siedlungsgebiete ein, bis in die Zentren von Großstädten.

Nahrung: Allesfresser, tierische Nahrung überwiegt, vor allem Wirbellose, aber auch Jungvögel, Kleinsäuger, Vogeleier, Aas, Sämereien und Früchte, Abfälle.

Brutbiologie: Geschlechtsreife meist im 3. Lebensjahr • Nest meist hoch auf Bäumen, auch auf Gittermasten aus Ästen und Zweigen, innen ausgekleidet, auch mit Erde und Grassoden verfestigt • 3–6 Eier • Legebeginn Ende März bis Ende April • Brutdauer 18–20 Tage • ♀ brütet allein • ♂ und ♀ füttern • Junge verlassen mit 30–35 Tagen das Nest, werden dann noch 5 Wochen gefüttert • 1 Jahresbrut; Ersatzgelege.

Alter: Älteste Ringvögel 2 mal 19 Jahre. Generationslänge 5 Jahre.
Gefährdung: Nicht gefährdet, hohe Verluste durch direkte Verfolgung.
Besonderes: Sehr anpassungs- und lernfähig. Lassen Nüsse oder Muscheln auf Straßen fallen, bis die Schalen platzen oder warten auf Autos, die darüber fahren.

	Jan.	Feb.	März	April	Mai	Juni	Juli	Aug.	Sep.	Okt.	Nov.	Dez.
Anwesenheit												
Durchzug												
Brutzeit				x x								
postjuv. Mauser												
Teil- / Vollmauser												
Vollmauser												

Nebelkrähe (→ 426)

Corvus [corone] cornix Linnaeus 1758

Taxonomie: Familie Krähenverwandte – Corvidae. Bildet Superspezies „Aaskrähe" mit *C. corone*. Drei Unterarten, in Nord- und Osteuropa *C. c. cornix*.

Größe, Gewicht: Körperlänge 45–47 cm, Flügelspannweite 93–104 cm, Flügellänge ♂ 30,9–34,7 cm, ♀ 30,5–33,3 cm; ♂ 457–590 g, ♀ 410–540 g.

Erkennungshinweise: Geschlechter gleich. Einziger einheimischer Rabenvogel mit grauweißen Gefiederanteilen und deshalb unverwechselbar. Häufig Hybriden mit der Rabenkrähe, dabei Grauanteil variabel.

Stimme: „krah"-Rufe wie Rabenkrähe.

Brutareal: Östliches Mittelmeergebiet ab Sardinien und Korsika bis Afghanistan und Aralsee; östliches Deutschland und Österreich bis Ost-, Nord- und Nordwesteuropa.

Vorkommen in Mitteleuropa: Häufiger Brut- und Jahresvogel im Nordosten; im Westen und Süden früher regelmäßiger und häufiger, heute nur noch einzelner Wintergast.

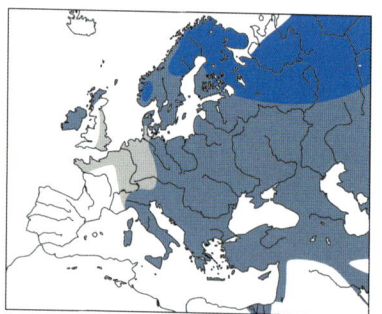

Wanderungen: Teilzieher und Standvogel mit Zerstreuungswanderungen.

Lebensraum: Vielseitig, vor allem offene und halboffene Landschaften mit zumindest einzelnen Bäumen; Nahrungssuche auf Agrarland, neuerdings zunehmend in Städten und Parks.

Nahrung: Allesfresser, tierische Nahrung überwiegt, vor allem Wirbellose, aber auch Jungvögel, Kleinsäuger, Vogeleier, Aas; Sämereien und Früchte, Abfälle.

Brutbiologie: Geschlechtsreife meist im 3. Lebensjahr • Nest meist hoch auf Bäumen, auch auf Gittermasten aus Ästen und Zweigen, innen ausgekleidet, auch mit Erde und Grassoden verfestigt • 3–6 Eier • Legebeginn Ende März bis Ende April • Brutdauer 18–20 Tage • ♀ brütet allein • ♂ und ♀ füttern • Junge verlassen mit 30–35 Tagen das Nest, werden dann noch 5 Wochen gefüttert • 1 Jahresbrut; Ersatzgelege.

Alter: Wie Rabenkrähe bis über 20 Jahre.

Gefährdung: Nicht gefährdet, aber hohe Verluste durch direkte Verfolgung.

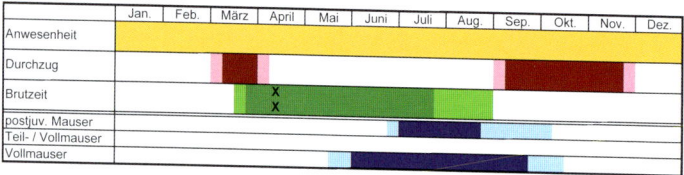

	Jan.	Feb.	März	April	Mai	Juni	Juli	Aug.	Sep.	Okt.	Nov.	Dez.
Anwesenheit												
Durchzug												
Brutzeit				X								
				X								
postjuv. Mauser												
Teil- / Vollmauser												
Vollmauser												

Kolkrabe (→ 427)

Corvus [corax] corax Linnaeus 1758

Taxonomie: Familie Krähenverwandte – Corvidae. Bildet Superspezies mit Weißhalsrabe *C. cryptoleucus* (Nordamerika), Geierrabe *C. albicollis* (Afrika) und wahrscheinlich Erzrabe *C. crassirostris* (Äthiopien). Etwa elf Unterarten, in Europa *C. c. corax*.

Größe, Gewicht: Körperlänge 64 cm, Flügelspannweite 120–150 cm, Flügellänge ♂ 38,8–44,2 cm, ♀ 39,5–43,3 cm; ♂ 1069–1456 g, ♀ 1070–1220 g.

Erkennungshinweise: Geschlechter gleich. Größer als Mäusebussard mit kräftigem Schnabel. Im Flug auffallend keilförmiger Schwanz.

Stimme: Tief guttural „grrog" oder „kark" oder „kok", deutlich tiefer als Rabenkrähe, im Sitzen höher gedämpft „wrruu...", auch reihen „kra-kra..."; Gesang leise schwätzend mit knarrenden und gurgelnden Lauten.

Brutareal: Nordhalbkugel Amerika und Eurasien, südlich bis Kanaren und Nordrand der Sahara, Iran, Nordindien, Nordostchina.

Vorkommen in Mitteleuropa: Im Süden und Nordosten teilweise fast flächig verbreiteter spärlicher Brut- und Jahresvogel.

Wanderungen: Standvogel, Streuungswanderungen und große Streifgebiete nichtbrütender Vögel.

Lebensraum: Vielseitig, in Deutschland Brutvogel in Wäldern, heute auch wieder in offenem Kulturland auf Nahrungssuche; in den Alpen Felsbrüter.

Nahrung: Allesfresser, Aas, Fallwild, Nachgeburt von größeren Säugetieren, verletztes Schalenwild, Kleinsäuger, auch Wirbellose, Samen und Früchte; Hausabfall usw..

Brutbiologie: Geschlechtsreife im 3. oder 4. Lebensjahr • Nest in Felsspalte, auf Bäumen oder auch Gittermasten, Außenbau aus Zweigen und Ästen mit Grassoden, Erdklumpen verstärkt, Innenausbau mit feinerem Material, auch Tierhaare • Brutdauer 19–21 Tage • ♀ brütet, wird vom ♂ am Nest gefüttert • ♂ und ♀ füttern

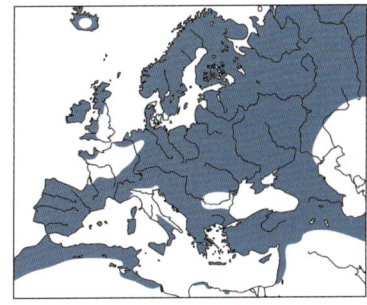

• Junge bleiben 40–42 Tage im Nest, danach noch bis 5–6 Monate mit den Altvögeln zusammen • 1 Jahresbrut; Ersatzgelege.

Alter: Ältester Ringvogel 20 Jahre, 5 Monate. Generationslänge 7 Jahre.

Gefährdung: Bedrohung überwiegend durch direkte Verfolgung, die zwischen Ende des 19. und Anfang des 20. Jahrhunderts zum Verlust vieler Teilpopulationen geführt hat. Auch durch Störungen am Brutplatz gefährdet.

Besonderes: Der kräftige Flügelschlag ist beim größten Singvogel der Welt sehr gut zu hören.

	Jan.	Feb.	März	April	Mai	Juni	Juli	Aug.	Sep.	Okt.	Nov.	Dez.
Anwesenheit												
Durchzug												
Brutzeit			x x									
postjuv. Mauser												
Teil- / Vollmauser												
Vollmauser												

Wintergoldhähnchen (→428)

Regulus regulus (Linnaeus 1758)

Taxonomie: Familie Goldhähnchen – Regulidae. 13 Unterarten, davon fünf Gruppen deutlich differenziert und möglicherweise mit Allospeziesrang, auf dem europäischen Festland *R. r. regulus*.

Größe, Gewicht: Körperlänge 9 cm, Flügelspannweite 13,5–15,5 cm, Flügellänge ♂ 51,5–59 mm, ♀ 49–56 mm; ♂ 4,8–6,6 g, ♀ 4,6–8,4 g.

Erkennungshinweise: Geschlechter sehr ähnlich und Männchen mit orangen und Weibchen mit gelben Scheitelstreifen. Insgesamt winzige Gestalt und vom Sommergoldhähnchen durch den fehlenden weißen Überaugenstreif zu unterscheiden.

Stimme: Gesang mit mehreren hohen Tönen eingeleitet, anschließend sich wiederholende Lautgruppen, die in einem Schnörkel enden. Rufe sehr ähnlich Sommergoldhähnchen, aber etwas höher.

Brutareal: West- und Ostpaläarktis, jedoch in Ostsibirien große Verbreitungslücken.

Vorkommen in Mitteleuropa:
Verbreiteter, sehr häufiger Brut- und Jahresvogel, sehr häufiger und regelmäßiger Durchzügler und Wintergast. Fehlt als Brutvogel nur in fichtenfreien Tieflagen. Am häufigsten in den Mittelgebirgswäldern, doch in den Alpen verbreitet bis zur oberen Waldgrenze.

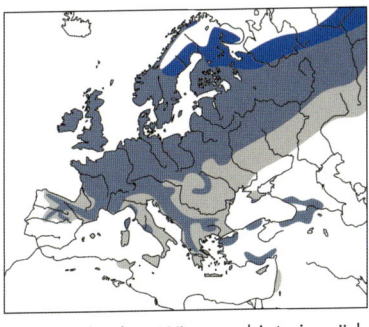

Wanderungen: Kurzstreckenzieher und Teilzieher, Wintergebiete im südlichen Teil des Brutgebietes und südlich anschließend.

Lebensraum: Nadelwaldbewohner mit starker Bindung an Fichte. Auch in Laubwäldern, Parks, Friedhöfen und alten Gärten, wenn Fichtengruppen eingesprengt sind.

Nahrung: Sehr kleine, weichhäutige Beutetiere wie Blattläuse und Springschwänze. Weibchen fressen zur Eireifung kleine Gehäuseschnecken. Im Frühjahr auch Nektar und Pollen.

Brutbiologie: Geschlechtsreife im 1. Lebensjahr • Nest eine nach oben offene Kugel aus Moos, Spinnweben und Flechten, mit Federn ausgepolstert, meist in hängenden Nebenästen von Fichten • 7–11 Eier • Legebeginn Anfang April • Brutdauer 12–13 Tage • ♀ brütet allein • ♂ und ♀ füttern • Junge bleiben 17–22 Tage im Nest, werden danach noch mind. 12 Tage gefüttert, mit 34 Tagen selbstständig • 2 Jahresbruten meist als Schachtelbruten; Ersatzgelege.

Alter: Ältester Ringvogel 5 Jahre, 1 Monat. Generationslänge < 3,3 Jahre.

Gefährdung: Art auf Europa konzentriert (SPEC E). Bedroht durch Immissionsschäden besonders an Fichte.

Besonderes: Endschnörkel im Gesang sehr unterschiedlich, da sie als Erkennungsmerkmal der Nachbarn dienen.

	Jan.	Feb.	März	April	Mai	Juni	Juli	Aug.	Sep.	Okt.	Nov.	Dez.
Anwesenheit												
Durchzug									x	x		
Brutzeit			x									
postjuv. Mauser												
Teil- / Vollmauser												
Vollmauser												

Sommergoldhähnchen (→429)

Regulus [ignicapilla] ignicapilla (Temminck 1820)

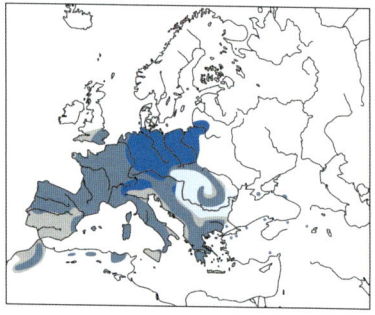

Taxonomie: Familie Gold-hähnchen – Regulidae. Bildet Superspezies mit Madeira-goldhähnchen *R. madeirensis*. Vier Unterarten, alle in Europa. **Größe, Gewicht:** Körperlän-ge 9 cm, Flügelspannweite 13–16 cm, Flügellänge ♂ 54–57 mm, ♀ 52–55 mm; ♂ 4,9–6,5 g, ♀ 5,1–7,8 g.

Erkennungshinweise: Ge-schlechter ähnlich und nur durch den beim Männchen orangen statt wie beim Weib-chen gelben Scheitel zu unter-scheiden. Insgesamt winzige Gestalt und vom Wintergold-hähnchen durch den breiten weißen Überaugenstreif zu unterscheiden.

Stimme: Ruft ähnlich dem Wintergoldhähnchen, jedoch etwas tiefer, meist mit beton-ter und längerer Einleitungs-silbe. Gesang ist eine Folge feiner, hoher, leicht ansteigender Töne mit kurzem Schlusstriller.

Brutareal: Hauptsächlich auf Mitteleuropa beschränkt. Jedoch auch Brutvogel in West- und Südeuropa sowie in Nordwestafrika.

Vorkommen in Mitteleuropa: Häufiger und flächig verbreiteter Brutvo-gel in Wäldern.

Wanderungen: Kurzstreckenzieher. Überwintert hauptsächlich im west-lichen Europa und im westlichen Mittelmeerraum.

Lebensraum: Weniger exklusiv an Fichte gebunden als Wintergoldhähn-chen. Wälder mit geringem Fichtenanteil, teilweise auch Kiefernwälder und reine Laubwälder. Auch Parks, Friedhöfe und im Siedlungsbereich.

Nahrung: Kleine Gliederfüßer wie Springschwänze, Spinnen und Blattläuse.

Brutbiologie: Geschlechtsreife im 1. Lebensjahr; monogame Saisonehe • Nestbau nur durch ♀, meist in hohen Fichten, aber auch z. B. in Efeu • meist 7–10 Eier • Brutdauer 14–16 Tage • ♀ brütet, danach hudert es

8 Tage • beide füttern • Nestlingsdauer 20–22 Tage, Jungvögel werden dann noch weitere 11 Tage gefüttert • 1–2 Jahresbruten.
Alter: Ältester Volierenvogel mindestens 9 Jahre, 11 Monate. Generationslänge < 3,3 Jahre.
Gefährdung: Art auf Europa konzentriert (SPEC E). Nicht gefährdet, Bedrohung durch Immissionsschäden.
Besonderes: Zusammen mit dem Wintergoldhähnchen die kleinste Vogelart Europas.

	Jan.	Feb.	März	April	Mai	Juni	Juli	Aug.	Sep.	Okt.	Nov.	Dez.
Anwesenheit												
Durchzug												
Brutzeit				x	x							
postjuv. Mauser												
Teil- / Vollmauser												
Vollmauser												

Seidenschwanz (→ 430)

Bombycilla garrulus (Linnaeus 1758)

Taxonomie: Familie Seidenschwänze – Bombycillidae. 2 Unterarten, in Europa *B. g. garrulus*.
Größe, Gewicht: Körperlänge 18 cm, Flügelspannweite 32–35,5 cm, Flügellänge ♂ 11,2–12,3 cm, ♀ 11–12,2 cm; ♂ 45–65 g, ♀ 50–70 g
Erkennungshinweise: Geschlechter nahezu gleich. Unverwechselbarer starengroßer Wintergast. Männchen mit breiter statt schmaler gelber Schwanzendbinde und mit mehr und größeren roten Plättchen auf den Flügeln.
Stimme: Ruf hoch „srii" oder „sirr", leicht schwirrend. Gesang sirrender Triller mit gedämpftem Rätschen, in langen Strophen.
Brutareal: In der Taiga von Nordskandinavien über Eurasien und Nordamerika bis an die Hudsonbucht.
Vorkommen in Mitteleuropa: Regelmäßiger Durchzügler und Wintergast mit abnehmender Häufigkeit und Regelmäßigkeit nach Südwesten.

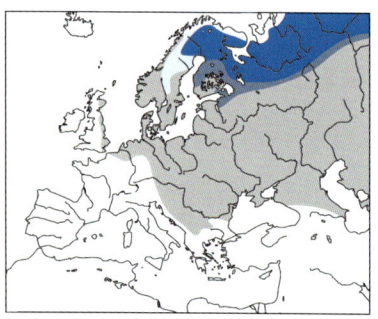

In manchen Wintern Invasionen; Sommernachweise außergewöhnlich.
Wanderungen: Teilzieher mit Evasionen nach Mitteleuropa.
Lebensraum: Brutvogel in hochstämmigem Fichtenwald, auch in Mooren und am Wasser in Mischbeständen. Im Winter in offenen Wald-, Hecken- und Parklandschaften, auch in Gärten, vor allem an Beeren und altem Obst.
Nahrung: Zur Brutzeit überwiegend Insekten; im Winter Früchte, vor allem Eberesche, Schneeball, Weißdorn, Mistel, auch hängen gebliebenes oder am Boden liegendes Obst.
Alter: Ältester Ringvogel 13 Jahre, 5 Monate. Generationslänge < 3,3 Jahre.
Gefährdung: Gefährdung durch intensive Forstwirtschaft mit baumartenarmen Altersklassenwäldern und Verlust von Primärwäldern.
Besonderes: Das unregelmäßige Auftreten von großen Seidenschwanzschwärmen in unserer Region führte zu allerhand Aberglauben, die mit ihnen in Verbindung gebracht wurden. In den Niederlanden gab ein solcher Aberglaube der Art sogar den Namen: *Pestvogel*.

	Jan.	Feb.	März	April	Mai	Juni	Juli	Aug.	Sep.	Okt.	Nov.	Dez.
Anwesenheit												
Durchzug												
Brutzeit												
postjuv. Mauser												
Teil- / Vollmauser												
Vollmauser												

Beutelmeise (→ 431)

Remiz pendulinus (Linnaeus 1758)

Taxonomie: Familie Beutelmeisen – Remizidae. Mindestens neun Unterarten in vier Gruppen, in Europa die Nominatform.
Größe, Gewicht: Körperlänge 11 cm, Flügelspannweite 16–17,5 cm, Flügellänge 51–60 mm; 8–12 g.
Erkennungshinweise: Kleiner zierlicher Singvogel. Männchen mit breiterer Augenmaske und rostfarbener, statt fahlbrauner Brust und insgesamt lebhafter gefärbt als Weibchen. Jungvögel ohne Augenmaske.
Stimme: Sehr hoch, herabgezogen „ziiih", feiner als Rohrammer. Ähnliche Laute auch gereiht „dsü dsü dsü..." (z.B. Abfliegen eines Trupps). Gesang

mit gedehnten Rufelementen, in der Mitte rhythmisch, mit feiner Stimme.

Brutareal: Im kontinentalen Westeuropa sehr zersplittert, von Mittel- und Südeuropa bis China; fehlt weitgehend in Nordeuropa und ganz im nördlichen Asien. Hat sich etwa seit 1930 in Europa nach Westen ausgebreitet.

Vorkommen in Mitteleuropa: Lückig verbreiteter, spärlicher Brutvogel vor allem im Osten, im Westen oft sehr unstet; Sommervogel. Als Durchzügler und Gastvogel regelmäßig und überall zu erwarten, im Winter selten.

Wanderungen: Kurz- und Mittelstreckenzieher, überwintert in Süd- und Westeuropa.

Lebensraum: Brutvogel in lichten Baumbeständen von Verlandungszonen und Flussauen, so gut wie immer in Wassernähe. Nahrungssuche in Laubbäumen und Büschen, außerhalb der Brutzeit in Schilf und Rohrkolben.

Nahrung: Kleine Insekten und Spinnen, Nektar und Pollen, im Herbst auch kleine Sämereien.

Brutbiologie: Geschlechtsreife im 1. Lebensjahr • Nest ist geschlossener dickwandiger Beutel aus Pflanzenwolle und Tierhaaren mit seitlich oben angebrachter kurzer Eingangsröhre an äußersten, biegsamen Baumzweigen hängend; oft findet man unvollständige Nester (Henkelkorbstadium) • 6–8 Eier • Legebeginn Ende April bis Mitte Mai, Bruten auch Juni/Juli • Brutdauer 13–15 Tage • Nur ein ad. brütet, meist das ♀ • Meist füttert nur ein Partner, häufig das ♀ • Junge bleiben 20–22 Tage im Nest, werden dann noch über eine Woche von einem ad. geführt • 1 (–3 oder –4) Bruten eines Individuums, ♂ und ♀ sind sukzessiv polygam.

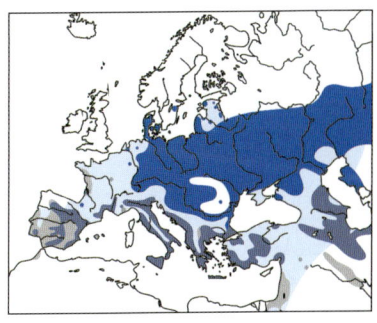

Alter: Ältester Ringvogel 6 Jahre, 8 Monate. Generationslänge ‹ 3,3 Jahre.

Gefährdung: Nach lang anhaltender Arealausweitung seit Anfang der 1990er Jahre Arealschwund durch möglicherweise geringere Einwanderung, abnehmende Eutrophierung (mehr Blattlausnahrung in eutrophierten Röhrichten) und Ansiedlungen in Nähe der Überwinterungsgebiete.
Besonderes: Männchen brüten unter Umständen erneut mit einem anderen Weibchen in mehreren hundert Kilometern Entfernung.

	Jan.	Feb.	März	April	Mai	Juni	Juli	Aug.	Sep.	Okt.	Nov.	Dez.
Anwesenheit												
Durchzug			x x						x x			
Brutzeit				x x								
postjuv. Mauser												
Teil- / Vollmauser												
Vollmauser												

Kohlmeise (→ 432)

Parus [major] major **Linnaeus 1758**

Taxonomie: Familie Meisen – Paridae. Bildet mit den drei asiatischen Arten *P. bokharensis, P. minor* und *P. cinereus* eine Superspezies. Etwa zwölf Unterarten, in Mitteleuropa *P. m. major*.
Größe, Gewicht: Körperlänge 14 cm, Flügelspannweite 22,5–25,5 cm, Flügellänge ♂ 75–81 mm, ♀ 72–81 mm; ♂ 17–21,5 g, ♀ 15,8–19,8 g.
Erkennungshinweise: Größte europäische Meise mit schwarzem Kopf und weißen Wangen. Gelbe Unterseite, Männchen mit breitem und

langem schwarzen Bauchstreif, dieser bei Weibchen schmal und kürzer.
Stimme: Vielseitiges Rufrepertoire, „pink" (wie Buchfink), kurz „zi", zeternd „dschäd-schädschä..." oder gedämpft „dädädä...", klangrein „si tuit", auch täuschend ähnlich wie Sumpfmeise. Gesang aus mehreren Silben wie „zi zi bä" oder „züi-ti züi-ti" (kräftiger als Tannenmeise).
Brutareal: Von Nordwestafrika und der Atlantikküste Westeuropas bis an den Pazifik einschließlich Japans, vom Nordrand des borealen Waldgürtels bis in die Randtropen.

Vorkommen in Mitteleuropa:
Flächig verbreiteter, sehr häufiger Brut- und Jahresvogel.
Wanderungen: Standvogel mit Streuungswanderungen.
Lebensraum: Baumbestandene Lebensräume vom geschlossenen Wald bis in den Hausgarten und fast an die Baumgrenze im Gebirge. Kommt an Futterstellen.

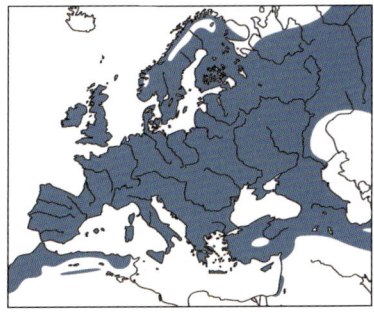

Nahrung: Im Sommerhalbjahr vor allem Insekten und deren Larven, Spinnen und andere Wirbellose; außerhalb der Brutzeit viele Sämereien. Früchte und im Frühjahr Knospen.

Brutbiologie: Geschlechtsreife im 1. Lebensjahr • Nest in Baumhöhlen, Nistkästen, Mauerlöchern, Felsritzen usw. aus Moos mit dicker Schicht aus Tierhaaren • 6–12 Eier • Legebeginn Ende März/April • Brutdauer 13–15 Tage • ♀ brütet • ♂ und ♀ füttern • Junge bleiben 17–20 Tage im Nest, Familie dann noch etwa 3 Wochen zusammen • 1–2 Jahresbruten; Ersatzgelege.

Alter: Ältester Ringvogel 15 Jahre, 5 Monate. Generationslänge < 3,3 Jahre.

Gefährdung: Nicht gefährdet.

Besonderes: Die Kohlmeise ist eine der häufigsten Vogelarten und kann durch Füttern sehr zutraulich werden, sodass sie manchmal Futter aus der Hand nimmt. Ende der 1930iger Jahre lernten sie es, die Stanioldeckel der Milchflaschen zu zerhacken, um an den leckeren Rahm zu kommen.

	Jan.	Feb.	März	April	Mai	Juni	Juli	Aug.	Sep.	Okt.	Nov.	Dez.
Anwesenheit												
Durchzug									x x			
Brutzeit			x x									
postjuv. Mauser												
Teil- / Vollmauser												
Vollmauser												

Blaumeise (→ 433)

Parus [caeruleus] caeruleus Linnaeus 1758

Taxonomie: Familie Meisen – Paridae. Bildet mit der Teneriffameise *P. teneriffae* und den beiden bisher als Lasurmeise zusammengefassten *P. cyanus* und *P. flavipectus* eine Superspezies. Etwa neun Unterarten, Nominatform in Kontinentaleuropa, weitere auf den Britischen Inseln, in SW-Europa und im Mittelmeerraum.

Größe, Gewicht: Körperlänge 11,5 cm, Flügelspannweite 17,5–20 cm, Flügellänge ♂ 65–71 mm, ♀ 62–67 mm; ♂ 9,4–13,2 g, ♀ 9,5–13 g.
Erkennungshinweise: Geschlechter gleich. Durch blauen Kopf und Kragen und starken Kontrast von gelber Unterseite zu blauen Flügeln unverwechselbar.
Stimme: Rufe bei Erregung zeternd „zerrretetetet", Kontaktrufe „tii ti ti" oder hoch „si si..". Gesang mit hoher Einleitung und tieferem Roller wie „tii ti ti türrrrr" oder langsamer „zi zi tütütü", auch Wiederholung einfacher Elemente.
Brutareal: Von der Atlantikküste Europas nach Osten bis Südural und Nordiran in der borealen, gemäßigten und mediterranen Zone; fehlt im Norden Fennoskandiens.
Vorkommen in Deutschland: Sehr häufiger, flächig verbreiteter Brut- und Jahresvogel, fehlt nur in höheren Berglagen.
Wanderungen: Standvogel, offenbar oft weitere Wanderungen der Jungvögel, mitunter Invasionen.
Lebensraum: Brutvogel in Laub- und Mischwäldern, Feldgehölzen, Baum- und Gebüschstreifen, Parks und Gärten. Regelmäßig an Futterstellen.
Nahrung: Kleine Insekten, Spinnen; im Spätsommer und Herbst Obst, Beeren und Sämereien, im Frühjahr Knospen und Blüten, Nektar von Weidenblüten.
Brutbiologie: Geschlechtsreife im 1. Lebensjahr • Nest in Baumhöhlen,

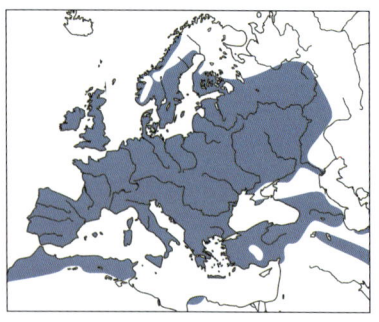

heute meist in Nistkästen, selten in Mauerlöchern; Unterbau etwas Moos, sonst Halme und Zweige • 6–14 Eier • Legebeginn Ende März/Anfang April, meist erst nach Mitte April/Anfang Mai • Brutdauer 13–17 Tage • nur ♀ brütet, wird vom ♂ gefüttert • ♂ und ♀ füttern • Junge bleiben 19–21 Tage im Nest • 1 (–2) Jahresbruten; Ersatzgelege.

Alter: Ältester Ringvogel mind. 14 Jahre, mehrfach über 10 Jahre. Generationslänge < 3,3 Jahre.
Gefährdung: Nicht gefährdet.
Besonderes: Ca. 15 % des Weltbestandes leben in Deutschland.

	Jan.	Feb.	März	April	Mai	Juni	Juli	Aug.	Sep.	Okt.	Nov.	Dez.
Anwesenheit												
Durchzug			x x						x x			
Brutzeit				x x								
postjuv. Mauser												
Teil- / Vollmauser												
Vollmauser												

Lasurmeise (→ 434)

Parus [caeruleus] cyanus Pallas 1770

Taxonomie: Familie Meisen – Paridae. Auch mitunter mit Blaumeise in eine Gattung *Cyanistes* gestellt. Bildet mit Blaumeise, Teneriffameise *P. teneriffae* und *P. flavipectus* eine Superspezies. Fünf Unterarten.

Größe, Gewicht: Körperlänge 13 cm, Flügelspannweite 19–21 cm, Flügellänge ♂ 64,5–70,2 mm, ♀ 63,5–67,5 mm; 10,5–16 g.

Erkennungshinweise: Geschlechter gleich. Kleine unverwechselbare Meise mit weißem Scheitel, auffallend weißer Flügelbinde und weißen Spitzen der Schwungfedern. Schwanz lang mit viel Weiß, aber nicht so lang wie bei Schwanzmeise.

Stimme: Rufe „tscherpink", im Flug trillernd „tirr". Gesang „tii-tsi-dji-dä-dä-dä-da", blaumeisenähnlich.

Brutareal: Vorposten westlich Moskau, dann vom Westural

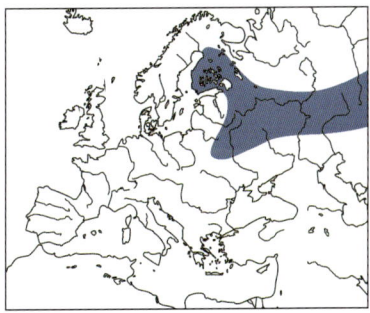

nach Osten in schmale Gürtel bis Amurland; Südgrenze etwa zentralasiatische Gebirgsumrahmung.

Vorkommen in Mitteleuropa: Ausnahmegast im Winterhalbjahr, viele Feststellungen fragwürdig, Hybriden mit Blaumeise kommen vor.

Wanderungen: Standvogel, Streuungswanderungen, manchmal wohl auch Evasionen.

Lebensraum: Gebüsch- und unterholzreiche lichte Baumbestände.

Nahrung: Gliederfüßer, vor allem Insekten. Im Herbst und Winter Samen und Früchte.

Alter: Generationslänge < 3,3 Jahre.

Gefährdung: Nicht gefährdet.

Besonderes: Manchmal Hybriden mit der Blaumeise, die dann „Pleskemeise" genannt werden.

Tannenmeise (→ 435)

Parus [ater] ater Linnaeus 1758

Taxonomie: Familie Meisen – Paridae. Bildet Superspezies mit *P. melanophus* aus dem Himalaya. Ca. 22 Unterarten, davon acht in Europa.

Größe, Gewicht: Körperlänge 10,5 cm, Flügelspannweite 17–21 cm, Flügellänge ♂ 61,5–67 mm, ♀ 59–65,5 mm; ♂ 8,8–10,4 g, ♀ 8–11,1 g.

Erkennungshinweise: Geschlechter gleich. Grauschwarze kleine Meise mit kleinem weißen Nackenfleck.

Stimme: Der Gesang erinnert oft an eine zu schnelle Kohlmeise, klingt aber heller. Ruf sehr fein.

Brutareal: Gemäßigte, boreale mitunter auch mediterrane Zone sowie alpine Regionen der Paläarktis.

Vorkommen in Mitteleuropa: Verbreiteter und sehr häufiger Brut- und Jahresvogel; Wintergast aus Nordost-Europa und häufiger Invasionsvogel.

Wanderungen: Standvogel, gelegentlich aber nahrungsbedingte Evasionen (Fichtensamen).

Lebensraum: Brutvogel in Nadel- und Mischwäldern mit größeren Fichtenanteilen, auch Parks, Friedhöfe und Gärten, wenn Bruthöhlen vorhanden.

Nahrung: Im Sommerhalbjahr Insekten und Spinnen; im Herbst und Winter Sämereien wie Koniferensamen und Bucheckern. Oft an Winterfütterungen.

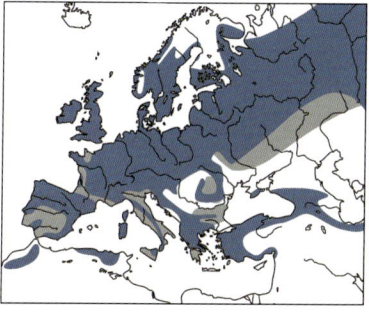

Brutbiologie: Geschlechtsreife im 1. Lebensjahr; Monogame Saison- oder Dauerehe • Nest in Baumhöhlen oder Nistkästen • 5–12 Eier • Brutdauer 14–15 Tage • ♀ brütet allein und wird gelegentlich vom ♂ gefüttert. • beide füttern, nur ♀ hudert • Nestlingsdauer 18–21 Tage, danach noch eine Woche in einem Unterschlupf • 1–2 Jahresbruten, zum Teil Drittbruten als Schachtelbrut; Ersatzgelege in neuen Höhlen.

Alter: Ältester Ringvogel 9 Jahre, 4 Monate. Generationslänge < 3,3 Jahre.

Schutzstatus und Gefährdung: Nicht gefährdet.

Besonderes: Tannenmeisen brüten nicht nur in Baumhöhlen (oder Nistkästen), sondern auch in Felsspalten oder Erdhöhlen.

	Jan.	Feb.	März	April	Mai	Juni	Juli	Aug.	Sep.	Okt.	Nov.	Dez.
Anwesenheit												
Durchzug												
Brutzeit												
postjuv. Mauser												
Teil- / Vollmauser												
Vollmauser												

Haubenmeise (→ 436)

Parus cristatus Linnaeus 1758

Taxonomie: Familie Meisen – Paridae. Sechs sehr ähnliche Unterarten, Mitteleuropa *P. c. cristatus*.

Größe, Gewicht: Körperlänge 11,5 cm, Flügelspannweite 17–20 cm, Flügellänge ♂ 60–67 mm, ♀ 60–65 mm; ♂ 10–12,5 g, ♀ 10–11 g.

Erkennungshinweise: Geschlechter gleich. Kleinere Meise mit brauner Oberseite und grauweißer Unterseite. Kehle schwarz und Kopf schwarzweiß gezeichnet. Auffallende schwarzweiße Haube, die auch im zusammengelegten Zustand zu sehen ist.

Stimme: Ruf fein „zizi" und angeschlossen etwas leiser „gürrr", letzteres bei Erregung auch mehrfach wiederholt. Gesang unterschiedliche Anei-

nanderreihung dieser beiden Elemente.

Brutareal: Von Portugal bis Ural, im Süden meist in Gebirgen, fehlt aber weitgehend in Italien. Im Norden Großbritanniens nur kleine Verbreitungsinsel.

Vorkommen in Mitteleuropa: So gut wie flächig verbreiteter, sehr häufiger Brut- und Jahresvogel. Fehlt nur im Südosten.

Wanderungen: Standvogel.

Lebensraum: Nadelwälder.

Nahrung: Im Sommer Insekten und deren Larven sowie Spinnen, im Winter Sämereien, vor allem von Nadelbäumen.

Brutbiologie: Geschlechtsreife im 1. Lebensjahr • Nest aus Moos in meist selbst gehackter Höhle in morschem oder totem Holz, auch in Spechthöhlen und Nistkästen, ausnahmsweise auch in Bodenlöchern • 4–8 Eier • Legebeginn Mitte März bis Ende April, in höheren Lagen bis Ende Mai,

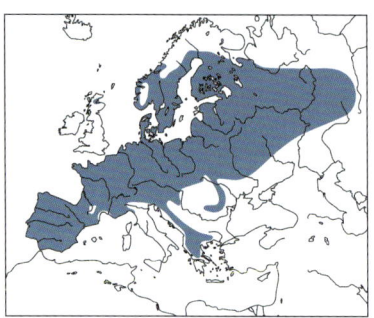

Spätbruten Anfang bis Mitte Juli • Brutdauer 13–16 Tage • ♀ brütet, wird vom ♂ gefüttert • ♂ und ♀ füttern • Junge bleiben 18–23 Tage im Nest, werden dann noch bis 3 Wochen gefüttert • 1 Jahresbrut; Ersatzgelege.

Alter: Ältester Ringvogel 11 Jahre, 7 Monate. Generationslänge < 3,3 Jahre.

Gefährdung: Art auf Europa konzentriert und mit ungünstigem Erhaltungsstatus (SPEC 2). Bedroht durch Kahlschläge von Altholzbeständen, intensive Durchforstung und Immisionsschäden.

Besonderes: Zimmert sich die Bruthöhle in morsches Holz selbst.

	Jan.	Feb.	März	April	Mai	Juni	Juli	Aug.	Sep.	Okt.	Nov.	Dez.
Anwesenheit												
Durchzug												
Brutzeit			x x									
postjuv. Mauser												
Teil- / Vollmauser												
Vollmauser												

Sumpfmeise (→ 437)

Parus palustris Linnaeus 1758

Taxonomie: Familie Meisen – Paridae. Drei Unterartengruppen, in Mitteleuropa *palustris*.

Größe, Gewicht: Körperlänge 11,5cm, Flügelspannweite 18–19,5cm, Flügellänge ♂ 65,5–68,5mm, ♀ 61–65mm; ♂ 10,5–12,7g, ♀ 9,9–12,2g.

Erkennungshinweise: Geschlechter gleich. Leicht mit der Weidenmeise zu verwechseln und von dieser am besten durch die Stimme zu unterscheiden. Kopfplatte vor allem bei Altvögeln glänzend und kein deutliches helles Flügelfeld. Schwarzer Kehlfleck nicht weiß durchsetzt und kleiner als bei der Zwillingsart.

Stimme: Monoton wiederholte Töne mit Wechsel zwischen mehreren Strophentypen und klappernden Elementen bilden den Gesang. Ruf fast explosiv „pitschä" mit angehängter Zeterreihe.

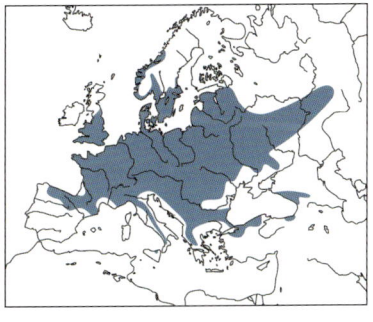

Brutareal: Gemäßigte und boreale Zone sowie Gebirgsregionen der Paläarktis mit großer Verbreitungslücke in Sibirien.

Vorkommen in Mitteleuropa: Verbreiteter und häufiger Brut- und Jahresvogel.

Wanderungen: Standvogel. Dismigrationen. Überwinterung im Brutareal.

Lebensraum: Vielfältig strukturierte Laub- und Mischwälder mit hohen Anteilen an Totholz und Altbäumen. In reinen Nadelwäldern in Nistkästen, sonst Brut in Specht- und Faulhöhlen. Auch Parks und Friedhöfe und Feldgehölze mit Altbäumen.

Nahrung: Im Frühjahr und Sommer vorzugsweise Insekten und Spinnen. Ab Spätsommer auch Sämereien von z.B. Hohlzahn, Ziest, Disteln, auch Sonnenblumen. Im Winter und Frühjahr Koniferensamen, aber auch dann noch wesentliche Anteile Insektennahrung.

Alter: Ältester Ringvogel 11 Jahre. Generationslänge < 3,3 Jahre.

Brutbiologie: Geschlechtsreife im 1. Lebensjahr, monogame Dauerehe mit ganzjährigem Paarzusammenhalt • Nest in natürlichen Baumhöhlen, gegebenenfalls erweitert, seltener in Nistkästen • meist 7–9 Eier • Brutdauer 12–13 Tage ab fast vollständigem Gelege • ♀ brütet • beide füttern, nur ♀ hudert • Junge fliegen nach 16–21 Tagen aus und werden noch 1–2 Wochen betreut, verlassen dann gleich das elterliche Revier • in der Regel 1 Jahresbrut, Ersatzgelege nur bei Verlust der Eier.

Gefährdung: Art in Europa mit ungünstigem Erhaltungsstatus (SPEC 3). Gefährdet durch intensive Durchforstung und Verlust von Strukturen in den Wäldern.

Besonderes: Beide Geschlechter singen mehrere Strophentypen.

	Jan.	Feb.	März	April	Mai	Juni	Juli	Aug.	Sep.	Okt.	Nov.	Dez.
Anwesenheit												
Durchzug												
Brutzeit				x								
				x								
postjuv. Mauser												
Teil- / Vollmauser												
Vollmauser												

Weidenmeise (→ 438)

Parus [atricapillus] montanus Conrad von Baldenstein 1827

Taxonomie: Familie Meisen – Paridae. Bildet Superspezies mit den nordamerikanischen *P. atricapillus* und *P. carolinensis.* Elf Unterarten in vier Gruppen, davon die *salicarius*-Gruppe im europäischen Flachland, in den

Alpen *P. m. montanus.*

Größe, Gewicht: Körperlänge 11,5 cm, Flügelspannweite 17–20,5 cm, Flügellänge ♂ 57–70 mm, ♀ 56–66 mm; ♂ 10,1–12,1 g, ♀ 9,6–12,1 g.

Erkennungshinweise: Geschlechter gleich. Bestes Unterscheidungsmerkmal ist die Stimme. Optisch durch die matte Kopfplatte, den großen schwarzen und mit Weiß durchsetzten Kehlfleck und das helle Armschwingenfeld von der Sumpfmeise zu unterscheiden.

Stimme: In Deutschland zwei Gesangsformen. Tieflandform gedehnt „ziü ziü ziü", alpine Form mit größerer Zahl kürzerer Elemente, die nicht absinken. Rufe „zi-däh", auch locker einsilbig „däh däh", viel gedehnter als bei der Sumpfmeise.

Brutareal: Gemäßigte Zone sowie Gebirgsregionen der Paläarktis von Ostfrankreich und Großbritannien bis zum Pazifik einschließlich Japan.

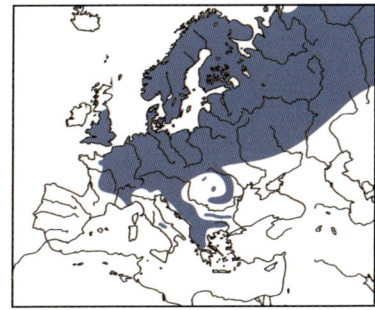

Vorkommen in Mitteleuropa: Weit verbreiteter und z. T. häufiger Brut- und Jahresvogel in Waldgebieten vom Tiefland bis an die obere Waldgrenze.

Wanderungen: Standvogel. Gelegentlich Invasionen von Vögeln aus Nord- und Osteuropa.

Lebensraum: In unterschiedlichen Wäldern von Moor- und Auwäldern in den Niederungen bis in die Krummholzzone der Gebirge. Bevorzugt feuchte Wälder mit hohen Vorräten an morschem Totholz und meidet trockene Standorte weitgehend.

Nahrung: Insekten und deren Larven, Spinnen. Ab Hochsommer in zunehmendem Maße Samennahrung, z. B. Koniferensamen.

Brutbiologie: Geschlechtsreife im 1. Lebensjahr • Nest aus Moos in meist selbst gehackter Höhle in morschen und sehr weichen Hölzern, auch Anfänge von Spechthöhlen werden weitergeführt, auch in unpräparierten Nistkästen, ausnahmsweise in Nestern von Eichhörnchen, Wacholderdrossel und Zaunkönig • 5–10 Eier • Legebeginn Ende April/Anfang Mai, in höheren Lagen bis Anfang Juni • Brutdauer 13–15 Tage • ♀ brütet, wird zuweilen vom ♂ gefüttert • ♂ und ♀ füttern • Junge bleiben 17–20 Tage im Nest, werden dann noch ca. 2 Wochen betreut • 1 Jahresbrut; nicht immer Ersatzgelege.

Alter: Ältester Ringvogel 12 Jahre, 11 Monate. Generationslänge < 3,3 Jahre.

Gefährdung: Bedroht durch Entwässerung von Auwäldern und Mooren und intensive Waldwirtschaft.

Besonderes: Die Weidenmeise zimmert wie Sumpf- und Haubenmeise ihre Bruthöhle selbst in morsches Holz.

Uferschwalbe (→ 439)

Riparia riparia (Linnaeus 1758)

Taxonomie: Familie Schwalben – Hirundinidae. Neun Unterarten, *R. r. riparia* in Europa.
Größe, Gewicht: Körperlänge 12 cm, Flügelspannweite 26,5–29 cm, Flügellänge ♂ 99–115 mm, ♀ 101–116 mm; ♂ 11,4–16,5 g, ♀ 11,2–15,6 g.
Erkennungshinweise: Geschlechter gleich. Gefieder oberseits mattbraun und Unterseite weiß mit deutlichem graubraunem Brustband.

Stimme: Gesang ein unauffälliges Schwätzen aus Silben, die den Rufen entsprechen. Häufigster Ruf rau „tschrd".

Brutareal: Eurasien und Nordamerika.

Vorkommen in Mitteleuropa: Verbreiteter, lokal häufiger Brut- und Sommervogel. Lokal sehr häufiger Durchzügler und Rastvogel an Gewässern.

Wanderungen: Langstreckenzieher. Hauptwinterquartiere in der Sahelzone, Ostafrika bis Südafrika.

Lebensraum: Brutplätze ursprünglich an Abbruchkanten wie Prallhängen von Fließgewässern und Steilküsten. Heute in Mitteleuropa hauptsächlich in Sand- und Kiesgruben. Gräbt hier Brutröhren in feinem Substrat. Zur Nahrungssuche über Kulturland, Ödland und Gewässern.

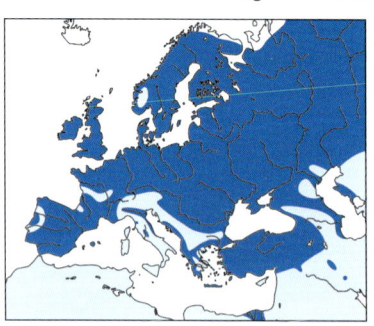

Nahrung: Kleine Fluginsekten, vergleichbar Mehlschwalbe.

Brutbiologie: Geschlechtsreife nach 9 Monaten • Nesthöhle wird in sandigen Steilwänden gegraben • 4–6 Eier • beide brüten, hudern und füttern mit Nahrungsballen • Nestlingsdauer 20–24 Tage, erscheinen ab ca. 16. Tag am Niströhreneingang • 1–2 Jahresbruten je nach Witterung; Ersatzgelege.

Alter: Ältester Ringvogel mindestens 10 Jahre, 3 Monate. Generationslänge < 3,3 Jahre.

Gefährdung: Art in Europa mit ungünstigem Erhaltungsstatus (SPEC 3). Gefährdet durch wasserbauliche Maßnahmen, Auffüllung von Kies- und Sandgruben und hohe Verluste durch Dürren im Sahel.
Besonderes: Kleinste europäische Schwalbenart.

	Jan.	Feb.	März	April	Mai	Juni	Juli	Aug.	Sep.	Okt.	Nov.	Dez.
Anwesenheit												
Durchzug												
Brutzeit			x x									
postjuv. Mauser												
Teil- / Vollmauser												
Vollmauser												

Mehlschwalbe (→ 440)

Delichon urbicum (Linnaeus 1758)

Taxonomie: Familie Schwalben – Hirundinidae. Bildet Superspezies mit Kaschmirschwalbe *D. cassypus*. 2 Unterarten, in Europa *D. u. urbicum*.
Größe, Gewicht: Körperlänge 12,5 cm, Flügelspannweite 26–29 cm, Flügellänge ♂ 10,4–11,7 cm, ♀ 10,5–11,6 cm; ♂ 13–23 g, ♀ 14–23 g.
Erkennungshinweise: Geschlechter gleich. Durch blauschwarze Oberseite, auffallenden weißen Bürzel und weiße Unterseite unverwechselbar.
Stimme: Ruf kurz „schrripp" oder „britt", etwas stimmhafter als Uferschwalbe. Gesang leises Schwätzen mit schnarrenden und trillernden Elementen.
Brutareal: Von Westeuropa und Nordwestafrika bis Ostsibirien, Mongolei und China. Im Süden bis Nordrand Sahara, nördliches Vorderasien und Himalaya.
Vorkommen in Mitteleuropa: Sehr häufiger, flächig verbreiteter Brut- und Sommervogel, Durchzügler.
Wanderungen: Langstreckenzieher mit Winterquartier in Afrika bis Südafrika.
Lebensraum: Brutvogel in menschlichen Siedlungen vom Einzelhaus bis Großstadtzentrum, selten an Felsen. Jagdgebiet über allen Landschaften,

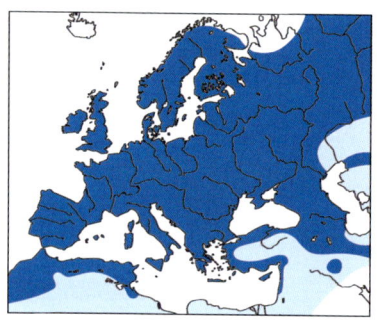

bei Schlechtwetter vor allem auch an Gewässern.

Nahrung: Insekten in der Luft.
Brutbiologie: Geschlechtsreife im 1. Lebensjahr • Nest an mehr oder minder senkrechten Wänden, vor allem an Außenwänden von Gebäuden unter Vorsprüngen, meist in Kolonien; Nest aus Lehm oder Schlamm als Halb- oder Viertelkugel mit offenem Flugloch, Nestmulde mit Halmen, Federn usw. ausgepolstert. Kunstnester werden angenommen • 3–5 Eier • Legebeginn Anfang/Mitte Mai • Brutdauer 14–16 Tage • ♀ brütet mehr • ♂ und ♀ füttern • Junge bleiben 20–32 Tage im Nest, bleiben dann noch Wochen in Nestnähe • 1–2 Jahresbruten; Ersatzgelege.
Alter: Ältester Ringvogel 14 Jahre, 6 Monate. Generationslänge < 3,3 Jahre.
Gefährdung: Art in Europa mit ungünstigem Erhaltungsstatus (SPEC 3), Rückgang überwiegend durch Verlust von Nistmöglichkeiten, Baumaterialmangel und Rückgang der Insektennahrung durch Intensivierung der Landnutzung. Zudem hohe Verluste auf dem Zug und im Winterquartier.
Besonderes: Rein rechnerisch vertilgen vier Jungschwalben während ihrer Nestlingszeit ca. 150.000 Insekten.

	Jan.	Feb.	März	April	Mai	Juni	Juli	Aug.	Sep.	Okt.	Nov.	Dez.
Anwesenheit												
Durchzug												
Brutzeit												
postjuv. Mauser												
Teil- / Vollmauser												
Vollmauser												

Rötelschwalbe (→ 441)

Cecropis [daurica] daurica (Laxmann 1769)

Taxonomie: Familie Schwalben – Hirundinidae. Auch der Gattung *Hirundo* zugeordnet. Bildet mit der südostasiatischen *C. striolata* eine Superspezies. Ungefähr elf Unterarten, in Europa *C. d. rufula*.
Größe, Gewicht: Körperlänge 16–17, davon Schwanzspieße 5–6 cm, Flügelspannweite 32–34 cm, Flügellänge ♂ 11,4–12,3 cm, ♀ 11,1–12,5 cm; ♂ 19,5–28,7 g, ♀ 19,5–27,5 g.
Erkennungshinweise: Geschlechter gleich. Wie Rauchschwalbe mit langen Schwanzspießen, jedoch bis auf die schwarzen Unterschwanzdecken

gesamte Unterseite hellbeige. Bürzel und Nacken hell rostrot. Vorsicht: Bürzel kann aus der Ferne weiß wie bei der Mehlschwalbe wirken.

Stimme: Ruf „zwäit" oder djüit", weicher als Rauchschwalbe. Gesang leise schwätzend, kürzer als Rauchschwalbe.

Brutareal: Von Nordwestafrika lückig über die nördlichen Mittelmeerländer und in schmalem Band bis Mittelasien; weitere Unterarten Afrika südlich der Sahara, Indien, Ostasien.

Vorkommen in Mitteleuropa: Seltener Gast, neuerdings zunehmend und fast regelmäßig einzeln im Frühjahr.

Wanderungen: Zugvogel, überwintert südlich der Sahara, genaues Winterquartier nicht bekannt.

Lebensraum: Brütet in felsigen Schluchten, aber auch unter Brücken und an Gebäuden.

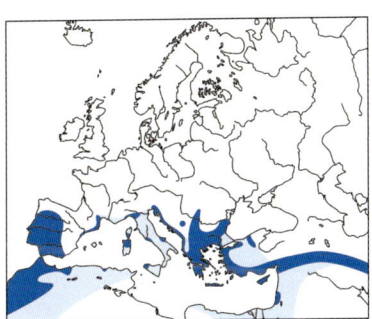

Nahrung: Fliegende Insekten.

Alter: Ältester Ringvogel 9 Jahre. Generationslänge < 3,3 Jahre.

Gefährdung: Nicht gefährdet.

Besonderes: Vermutlich durch Klimaänderung deutliche Ausbreitung in Iberien nach Nord und mittlerweile regelmäßig in Deutschland.

Felsenschwalbe (→ 442)

Ptyonoprogne [rupestris] rupestris (Scopoli 1769)

Taxonomie: Familie Schwalben – Hirundinidae. Wird auch in Gattung *Hirundo* gestellt. Bildet mit Steinschwalbe *P. fuligula* (Nordafrika bis Pakistan) und weiteren Formen eine Superspezies. Keine Unterarten.

Größe, Gewicht: Körperlänge 14,5 cm, Flügelspannweite 31–34,5 cm, Flügellänge 12,5–14,2 cm; 17,7–32 g.

Erkennungshinweise: Geschlechter gleich. Kräftig gebaute große Schwalbe, oberseits graubraun, unterseits grau nach hinten dunkler werdend. Am Schwanzende deutliche Reihe weißer Flecken. Durch fehlendes Halsband leicht von der kleineren Uferschwalbe zu unterscheiden.

Stimme: Rufe schnurrend „zrrr", „trt", entfernt an Mehlschwalbe erinnernd, Gesang im Flug kehlige, leise schwätzende und trillernde Elementfolgen.

Brutareal: Von Nordwestafrika über Mittelmeer- und Balkanländer mit Lücken bis in die Innere Mongolei und Südwest- und Nordost-China.

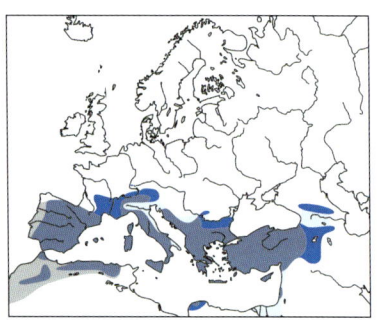

Vorkommen in Mitteleuropa: Seltener Brut- und Sommervogel in den Alpen und der Schweiz, sonst Ausnahmegast. **Wanderungen:** Kurzstreckenzieher, in Südeuropa Standvogel mit Streuungswanderungen. Winterquartier Mittelmeerraum und Nordafrika bis in die Sahara. **Lebensraum:** Brütet an windgeschützten Felswänden, neuerdings zunehmend auch an Bauten. Außerhalb der Brutzeit am Wasser oder in Ortschaften.

Nahrung: Insekten und Spinnen.

Brutbiologie: Geschlechtsreife im 1. Lebensjahr • Nest nach oben offene Schale (ähnlich Rauchschwalbe) an Felsen oder Bauten, oft in Nischen, aus Lehm, Schlamm, oft mit eingebauten Halmen • 2–5 Eier • Legebeginn Mitte Mai bis Juni, Zweitbruten bis Mitte Juli • Brutdauer 14–15 Tage • Überwiegend ♀ brütet • ♂ und ♀ füttern • Junge bleiben 24–28 Tage im Nest, werden dann noch bis 14 Tage gefüttert • 1(–2) Jahresbruten; Ersatzgelege.

Alter: Generationslänge < 3,3 Jahre.

Gefährdung: Gefährdung durch ungünstige Witterung am Rand des Verbreitungsgebiets.

Besonderes: Kommt oft bereits Anfang März aus dem Winterquartier zurück. Immer öfter brüten Felsenschwalben an Gebäuden.

Rauchschwalbe (→ 443)

Hirundo [rustica] rustica Linnaeus 1758

Taxonomie: Familie Schwalben – Hirundinidae. Bildet Superspezies mit mindestens vier Allospezies in Afrika, Südasien und Australien. Mindestens sechs Unterarten, in Europa *H. r. rustica*.

Größe, Gewicht: Körperlänge 17–19, davon Schwanzspieße 2–7 cm, Flügelspannweite 32–34,5 cm, Flügellänge ♂ 12,3–13,4 cm, ♀ 11,9–13 cm; ♂ 16,1–21,4 g, ♀ 16–23,7 g.

Erkennungshinweise: Geschlechter gleich. Leicht an den langen Schwanzspießen und den hellen Unterschwanzdecken von der ähnlichen Rötelschwalbe zu unterscheiden. Aus der Nähe rotbraunes Gesicht und blauschwarzes Brustband. Jungvögel mit kurzen Schwanzspießen.

Stimme: Häufigster Ruf ein- bis mehrsilbig „wid wid", Warnruf schrill „zi-witt" oder „biwist". Gesang melodisches Zwitschern von Sitzwarten, aber auch im Flug, das oft mit einem schnarrenden Trillern endet. Auch leise zwitschernder Chorgesang von Jungen und Weibchen.

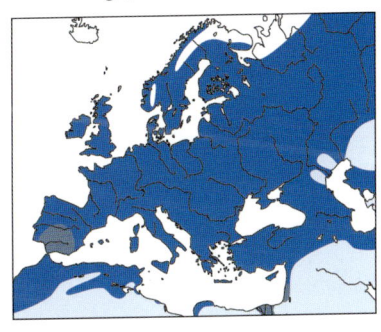

Brutareal: In Nordamerika von Südalaska bis Mexiko, in Eurasien vom nördlichen Atlantik (einschließlich nördliches Westafrika) bis an den Pazifik einschließlich Japan. Im Süden Europas im gesamten Mittelmeerraum, in Norwegen bis fast ans Nordkap.

Vorkommen in Mitteleuropa: Sehr häufiger, flächig verbreiteter Brut- und Sommervogel, sehr häufiger, mitunter massenhafter Durchzügler und Gast.

Wanderungen: Langstreckenzieher, Winterquartier in Afrika südlich der Sahara. Einzelne Winterbeobachtungen auch weiter nördlich.

Lebensraum: Brutvogel in ländlichen Siedlungen und Kleinstädten, nicht im Zentrum von Großstädten.

Nahrung: Fliegende Insekten.

Brutbiologie: Geschlechtsreife im 1. Lebensjahr • Nest heute meist im Inneren von Gebäuden, häufig aufgesetzt, aber auch angeklebt, aus lehmigen Erdklümpchen mit Speichel durchsetzt und eingewobenen Grashalmen, auch Kunstnester und alte Nester anderer Arten werden angenommen • 3–6 Eier • Legebeginn Ende April bis Ende Mai • Brutdauer 13–16 Tage • ♀ brütet • ♂ und ♀ füttern • Junge bleiben 20–24 Tage im Nest, werden dann noch bis 2 Wochen außerhalb gefüttert • 1–3 Jahresbruten; Ersatzgelege.

Alter: Ältester Ringvogel mind. 16 Jahre. Generationslänge < 3,3 Jahre.

Gefährdung: Art in Europa mit ungünstigem Erhaltungsstatus (SPEC 3), in D auf der Vorwarnliste zur Roten Liste. Gefährdung durch Intensivierung der Landwirtschaft und Aufgabe von Klein- und Nebenerwerbsbetrieben, Verlust von Brutmöglichkeiten und direkter Verfolgung und Habitatverlust im Winterquartier.

Besonderes: Nur in extrem milden Wintern gelingt es Rauchschwalben, in Mitteleuropa zu überwintern, so im Winter 1981/82 in der Schweiz.

	Jan.	Feb.	März	April	Mai	Juni	Juli	Aug.	Sep.	Okt.	Nov.	Dez.
Anwesenheit												
Durchzug									x			
									x			
Brutzeit				x								
				x								
postjuv. Mauser												
Teil- / Vollmauser												
Vollmauser												

Ohrenlerche (→ 444)

Eremophila [alpestris] alpestris (Linnaeus 1758)

Taxonomie: Familie Lerchen – Alaudidae. Bildet Superspezies mit Sahara-Ohrenlerche *E. bilopha*. Etwa 42 Unterarten, darunter *E. a. flava* im arktischen Eurasien.

Größe, Gewicht: Körperlänge 14–17 cm, Flügelspannweite 30–35 cm, Flügellänge ♂ 11–12,9 cm, ♀ 10,1–10,9 cm; ♂ 32,5–46 g, ♀ 26,5–44 g.

Erkennungshinweise: Geschlechter ähnlich. Männchen durch kräftigere Färbung und längere Federohren von Weibchen zu unterscheiden. Jugendkleid mit kräftig hell, dunkel gefleckter Oberseite und Brust.

Stimme: Rufe hell pfeifend „tieh" u. ä., auch „zirr" und im Flug gereiht. Gesang hoch und eilig zwitschernd mit melodischen Teilen von einer erhöhten Warte aus oder seltener im Singflug.

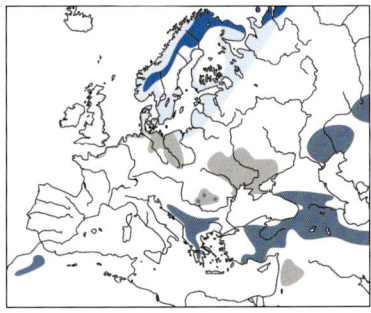

Brutareal: In vielen Unterarten in der nordischen Tundra zirkumpolar, weiter im Süden in Gebirgsländern, Hochsteppen und Halbwüsten in Nordamerika, Mittelamerika, Andenvorland Kolumbiens, Ost-, Mittel- und Westsibirien, Russland, Skandinavien, Hochgebirge Zentral- und Mittelasiens bis Anatolien, Inselvorkommen in Südosteuropa und Atlas.

Vorkommen in Mitteleuropa: Regelmäßiger Durchzügler und Überwinterer in geringer Zahl an den Küsten, seltener Gast im Binnenland. Am seltensten und unregelmäßigsten im Süden und Westen.

Wanderungen: Brutvögel Nordeuropas sind Zugvögel mit Winterquartier an den Küsten von Nord- und Ostsee und in ihrem Hinterland.

Lebensraum: Brutvogel auf dürftig bewachsenen Flächen auf steinigem oder felsigem Untergrund. Im Winter an Flachufern, auf Schlamm, am Spülsaum oder auf steinigen Flächen, Brachflächen oder auch an schneefreien Straßenrändern.

Nahrung: Im Sommer Insekten und andere Kleintiere, im Winter Sämereien.

Alter: Ältester Ringvogel 7 Jahre. Generationslänge < 3,3 Jahre.

Gefährdung: Ursachen für Bestandsrückgänge in Fennoskandien unklar, Bedrohung durch Überweidung durch Rentiere im Brutgebiet sowie Überweidung und Rückgang von Salzwiesen im Winterquartier entlang des Wattenmeers.

Kalanderlerche (→ 445)

Melanocorypha calandra (Linnaeus 1758)

Taxonomie: Familie Lerchen – Alaudidae. Drei Unterarten, in Europa *M. c. calandra*.

Größe, Gewicht: Körperlänge 18–19 cm, Flügelspannweite 34–42 cm, Flügellänge ♂ 12,6–14,1 cm, ♀ 11,3–12,2 cm; ♂ 54–73 g, ♀ 44–66 g.

Erkennungshinweise: Geschlechter gleich. Ähnlich Bergkalanderlerche. Kräftige Lerche mit großem Schnabel. Auffällige schwarze Flecken an den Brustseiten kennzeichnend. Im Flug durch schwärzliche Flügeluntersei-

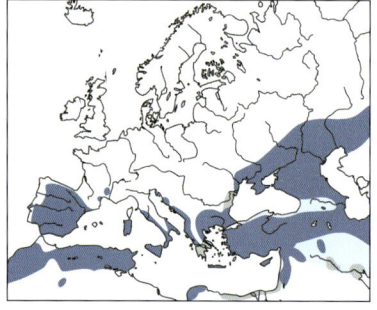

te, weiße Schwanzseiten und markanten weißen Flügelhinterrand von dieser zu unterscheiden.

Stimme: Rufe rau „trrrrlip" oder klirrend „klürrt", auch mehrsilbig, kräftiger als Feldlerche. Abwechslungsreicher Gesang mit schnarrenden und klirrenden Motiven, im Wechsel mit pfeifenden Elementen.

Brutareal: Von Nordwestafrika und Mittelmeerraum bis Mittelasien.

Vorkommen in Mitteleuropa: Ausnahmegast.

Wanderungen: Überwiegend Standvogel.

Lebensraum: Trockensteppen, Brach- und Ruderalflächen, extensiv bewirtschaftete Getreidefelder.

Nahrung: Im Sommer Insekten, im Winter Sämereien, im Frühjahr auch grüne Triebe.

Alter: Generationslänge < 3,3 Jahre.

Gefährdung: Nach der EU-Vogelschutzrichtlinie besonders geschützte Art (Anhang I), in Europa mit ungünstigem Erhaltungsstatus (SPEC 3). Gefährdet durch Intensivierung der Landwirtschaft.

Bergkalanderlerche (→ 446)

Melanocorypha bimaculata (Ménétries 1832)

Taxonomie: Familie Lerchen – Alaudidae. Keine Unterarten.

Größe, Gewicht: Körperlänge 16–17 cm, Flügelspannweite 33–41 cm, Flügellänge ♂ 11,8–12,8 cm, ♀ 11,0–11,9 cm; 47–62 g.

Erkennungshinweise: Geschlechter gleich. Sehr ähnlich Kalanderlerche und von dieser am leichtesten im Flug zu unterscheiden, da nie weißer Flügelhinterrand und graubraune, nicht schwärzliche Flügelunterseite. Im Stehen sehr kontrastreicher Kopf mit sehr kräftigem Schnabel. Schwanz relativ kurz.

Stimme: Gesang sehr ähnlich Kalanderlerche, aber etwas härter und tiefer klingend. Rufe ähnlich Kurzzehen- oder Feldlerche, klingen wie „prijip" oder „tschrüpp".

Brutareal: Brutvogel der Steppen und Halbwüsten Ostanatoliens bis Syrien, Israel und Iran, dazu Teile Zentralasiens bis in den Westen Chinas.

Vorkommen in Mitteleuropa: Extrem seltener Ausnahmegast, nur ein Nachweis in Süddeutschland.

Wanderungen: Zugvogel, wenige Überwinterer im Südteil des Brutareals; der Großteil zieht zum Überwintern nach Nordwestindien, Pakistan, sowie den Mittleren Osten und nach Nordostafrika.

Lebensraum: Steppen und Halbwüsten mit niedriger Buschvegetation.

Nahrung: Im Winterquartier hauptsächlich verschiedene Sämereien, im Frühling und Sommer grüne Pflanzentriebe und Insekten.

Brutbiologie: Nest am Boden, ein loser Napf aus Gras und Wurzeln • 3–6 Eier • Brutzeit Ende März bis August • Brutdauer 12–15 Tage • ♀ brütet • ♂ & ♀ füttern • Junge mit 15–16 Tagen flügge, verlassen das Nest aber bereits mit 9–12 Tagen • 1–2 Jahresbruten; Ersatzgelege.

Gefährdung: Nicht weltweit gefährdet.

Weißflügellerche (→ 447)

Melanocorypha leucoptera (Pallas 1811)

Taxonomie: Familie Lerchen – Alaudidae. Keine Unterarten.

Größe, Gewicht: Körperlänge 18 cm, Flügelspannweite 33–37 cm, Flügellänge ♂ 11,9–13,5 cm, ♀ 11,1–12,2 cm; ♂ 40–52 g, ♀ 36–49 g.

Erkennungshinweise: Im Flug durch charakteristisches, schwarz-weiß-braunes Flügelmuster unverwechselbar. Männchen mit rotbraunem Scheitel. Scheitel beim Weib-

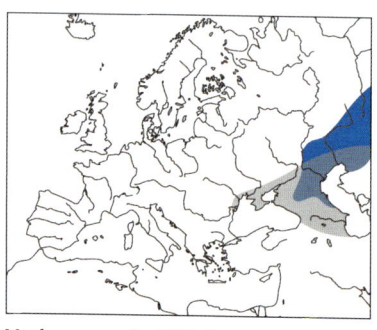

chen graubraun und gestrichelt.

Stimme: Gesang ähnlich Feldlerche, aber mit mehreren Pausen und langsamer. Flugruf rau
„tscherie", aber auch ähnlich
Feldlerche „tser-li".

Brutareal: Steppen der Zentralpaläarktis von Nord-
west-China bis zur Unteren
Wolga.

Vorkommen in Mitteleuropa: Ausnahmegast.

Wanderungen: Kurzstreckenzieher, der im Süden seines Brutgebietes
und südlich anschließend vom Schwarzen Meer bis Pakistan überwintert.

Lebensraum: Brutvogel niedriger Gras- und Wermutsteppe. Im Durchzug und Winter auch auf Brach- und Kulturland.

Nahrung: Im Sommer vorwiegend Insekten, im Winter Sämereien.

Gefährdung: Art auf Europa konzentriert (SPEC E, Winter). Bedroht
durch Kultivierung von Steppengebieten.

Mohrenlerche (→ 448)
Melanocorypha yeltoniensis (J. R. Forster 1767)

Taxonomie: Familie Lerchen –
Alaudidae. Keine Unterarten.

Größe, Gewicht: Körperlänge
19–21 cm, Flügelspannweite
34–41 cm, Flügellänge ♂ 12,4–
14,4 cm, ♀ 11,1–12,7 cm; ♂ 40–
53 g, ♀ 37–48 g.

Erkennungshinweise: Starengroße Lerche mit hellem, kräftigem Schnabel. Männchen im
schwarzen Prachtkleid unverwechselbar. Weibchen braungrau und dunkel gefleckt. Erinnern an Bergkalanderlerche.

Stimme: Flugruf feldlerchenähnlich, Gesang trillernd, leiser als Kalanderlerche, Strophen kürzer als Feldlerche. Senkrechter Aufstieg zum Singflug.

Brutareal: Von der unteren Wolga bis Mittelasien.

Vorkommen in Mitteleuropa: Ausnahmegast.
Wanderungen: Streuungswanderungen und Invasionen.
Lebensraum: Baumlose, trockene Steppenlandschaften.
Nahrung: Sommer Insekten, Winter Sämereien.
Gefährdung: Starke Bestandsabnahmen in Russland.
Besonderes: Auffällige Balzflüge mit taubenartigem Gleiten und trudelnden Sturzflügen.

Kurzzehenlerche (→ 449)

Calandrella [cinerea] brachydactyla (Leisler 1814)

Taxonomie: Familie Lerchen – Alaudidae. Bildet Superspezies mit der Rotscheitellerche *C. cinerea* (Afrika) und der Tibetlerche *C. acutirostris* (Zentralasien). Sieben Unterarten, in Europa *C. c. brachydactyla*.
Größe, Gewicht: Körperlänge 13–14 cm, Flügelspannweite 25–30 cm, Flügellänge ♂ 92–102 mm, ♀ 87–94 mm; ♂ 19,5–24,4 g, ♀ 19,3–24,1 g.
Erkennungshinweise: Geschlechter gleich. Kleine Lerche mit weißlicher, ungezeichneter Unterseite. Manchmal mit Stummellerche zu verwechseln, Schnabel jedoch spitzer. Meist ein dunkler Fleck auf den Halsseiten und dadurch an die wesentlich größere Kalanderlerche erinnernd.
Stimme: Lockruf „zrrrp" oder „zrlit", auch spatzenähnliche Rufe. Gesang kurze stereotype Strophen im Singflug, die in der Klangfarbe teilweise an Braunkehlchen oder Dorngrasmücke erinnern.
Brutareal: Trockengebiete von Nordwestafrika und Iberien bis Zentralasien, nach Süden bis an den Rand der Sahara, in Europa vor allem im Mittelmeerraum.
Vorkommen in Mitteleuropa: Unregelmäßiger, jährlicher Gast zu beiden Zugzeiten.

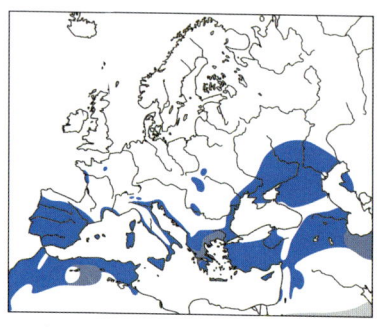

Wanderungen: Kurz- bis Mittelstreckenzieher, Überwinterungsgebiet Sahelzone, einzelne auch im Süden des Mittelmeerraums.

Lebensraum: Trockenflächen und Trockenrasen, Halbwüsten, im Kulturland Ödflächen.

Nahrung: Insekten, daneben Samen und grüne Pflanzenteile.

Alter: Ältester Ringvogel 8 Jahre. Generationslänge < 3,3 Jahre.

Gefährdung: Nach der EU-Vogelschutzrichtlinie besonders geschützte Art (Anhang I), in Europa mit ungünstigem Erhaltungsstatus (SPEC 3). Gefährdet durch intensive Landwirtschaft.

Besonderes: Die Kurzzehenlerche breitet sich nordwärts aus, die erste Brut in der Schweiz fand 1989 statt, in Süddeutschland gibt es erste Übersommerungen.

Stummellerche (→ 450)

Calandrella [rufescens] rufescens (Vieillot 1820)

Taxonomie: Familie Lerchen – Alaudidae. Bildet Superspezies mit Salzlerche *C. cheleensis* (Zentralasien), Uferlerche *C. raytal* (Iran bis Burma) und Somalilerche *C. somalica* (Nordost-Afrika). Sieben Unterarten, in Mitteleuropa *C. r. heinei*.

Größe, Gewicht: Körperlänge 13–14 cm, Flügelspannweite 24–32 cm, Flügellänge ♂ 91,5–102 mm, ♀ 82–98,5 mm; ♂ 22,2–28,5 g, ♀ 22–30 g.

Erkennungshinweise: Geschlechter gleich. Ähnelt der Kurzzehenlerche, ist aber grauer und gleichmäßiger gestrichelt als diese. Beste Kennzeichen dieser kleinen Lerche sind der kurze und stumpfe Schnabel und die meist deutlich gestrichelte Brust.

Stimme: Der Gesang ist schneller und länger als der der Kurzzehenlerche. Beim Aufsteigen einzelne Rufe die beschleunigt werden, dann

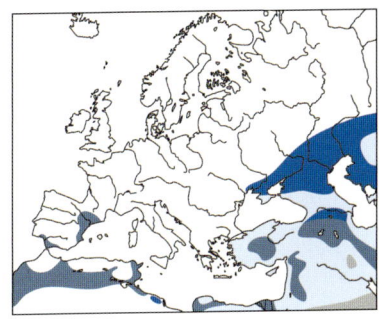

kontinuierlicher Gesang mit Imitationen und zum Schluss kurze Strophentypen. Rufe erinnern an Mehlschwalbe oder Schwanzmeise.

Brutareal: Von den Kanaren bis an den Westrand des zentralasiatischen Hochlandes, einschließlich Maghreb, Kleinasien, Vorderer Orient. Inselartig verbreitet in Trockengebieten Spaniens und Portugals.

Vorkommen in Mitteleuropa: Sehr seltener Ausnahemgast.

Wanderungen: Standvogel mit Zerstreuungswanderungen. Asiatische Vögel überwintern in Pakistan bis Bangladesch.

Lebensraum: Trockengebiete wie Steppen und Kultursteppe.

Nahrung: Im Sommer Insekten, weniger Sämereien. Im Winter hauptsächlich Samen.

Gefährdung: Art in Europa mit ungünstigem Erhaltungsstatus (SPEC 3). Gefährdung durch Intensivierung der Landwirtschaft, Nominatform auf den westlichen Kanarischen Inseln möglicherweise bereits ausgestorben.

Haubenlerche (→ 451)

Galerida cristata (Linnaeus 1758)

Taxonomie: Familie Lerchen – Alaudidae. Etwa 27 Unterarten, in Deutschland *G. c. cristata*.

Größe, Gewicht: Körperlänge 17 cm, Flügelspannweite 29–38 cm, Flügellänge ♂ 10,1–11,1 cm, ♀ 9,8–10,6 cm; ♂ 39,5–52,3 g, ♀ 40,5–46,7 g.

Erkennungshinweise: Geschlechter gleich. Etwas größer als Feldlerche und wesentlich kontrastärmer als diese. Lange spitze Haube auch in angelegtem Zustand gut zu erkennen.

Stimme: Ruf drei- bis viersilbig „tritrit-rieh". Leiser Gesang am Boden, lauter im Flug oder von erhöhter Warte mit tremolierendem Flöten und Imitationen anderer Vogellaute, langsamer als Feldlerche.

Brutareal: Von West- und Südwesteuropa bis Korea und an den Pazifik, in Afrika weitgehend ohne Sahara nach Süden bis Senegambien, Nigeria, Sudan und Nordkenia, Arabien, Nordostindien. Nordgrenze Dänemark, südliche Ostseeküste, Wolga.

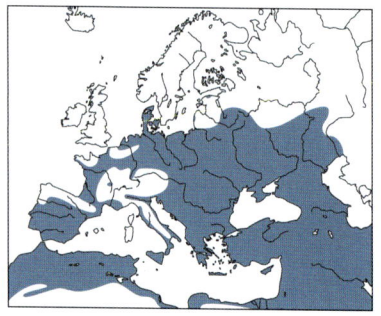

Vorkommen in Mitteleuropa: Im Tiefland lückig verbreiteter, spärlicher Brut- und Jahresvogel, sehr seltener Gastvogel.

Wanderungen: Überwiegend Standvogel.

Lebensraum: Trockenwarme, offene Flächen mit niedriger und lückiger Vegetation, vor allem auf Ruderal-, Brach-, Baulandflächen, Verkehrsanlagen wie Parkplätzen, Industrie- und kurzrasigen Sportflächen oder sandigen Äckern.

Nahrung: Im Sommer Insekten und grüne Pflanzenteile, kleine Regenwürmer, sonst Sämereien.

Brutbiologie: Geschlechtsreife im 1. Lebensjahr • Nest auf Boden oder auf Flachdächern, kleine Mulde mit losem Nestmaterial • 5–7 Eier • Legebeginn Ende März, April bis Anfang Mai • Brutdauer 12–13 Tage • ♀ brütet • ♂ und ♀ füttern • Junge bleiben 9–12 Tage im Nest, können nach 14–16 Tagen fliegend, werden bis 20. Tag gefüttert • 2 Jahresbruten; Ersatzgelege.

Alter: Ältester Ringvogel 6 Jahre. Generationslänge < 3,3 Jahre.

Gefährdung: Art in Europa mit ungünstigem Erhaltungsstatus (SPEC 3); Gefährdung durch Lebensraumverlust und Nahrungsmangel durch intensive Landwirtschaft, Biozideinsatz und Beseitigung und Versiegelung „ungepflegter" Offenlandflächen.

Besonderes: Noch in den 1970er Jahren war die Haubenlerche eine häufige Vogelart der Kleinstädte und Dörfer Deutschlands.

	Jan.	Feb.	März	April	Mai	Juni	Juli	Aug.	Sep.	Okt.	Nov.	Dez.
Anwesenheit												
Durchzug												
Brutzeit				X X								
postjuv. Mauser												
Teil- / Vollmauser												
Vollmauser												

Heidelerche (→ 452)
Lullula arborea (Linnaeus 1758)

Taxonomie: Familie Lerchen – Alaudidae. Zwei Unterarten, in Mitteleuropa *L. a. arborea.*

Größe, Gewicht: Körperlänge 15 cm, Flügelspannweite 27–30 cm, Flügellänge ♂ 93–104 mm, ♀ 89–98 mm; ♂ 26,7–32,7 g, ♀ 26,9–32,0 g.

Erkennungshinweise: Geschlechter gleich. Kleine, kurzschwänzige Lerche, die oft auf erhöhten Standorten wie Baumspitzen oder Stromleitungen sitzt. Hat auffallende Überaugenstreifen, die sich im Nacken treffen und ein weiß-schwarzweißes Abzeichen auf den Handschwingen.

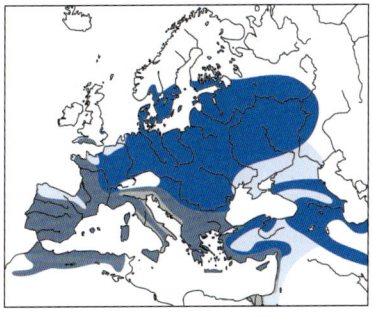

Stimme: Ruf zwei- bis dreisilbig „didlui"; Gesang aus wohlklingenden („melancholischen") Strophen wie „didididl..." oder „lülülülü...", Tonhöhe abfallend oder gleich bleibend.

Brutareal: Von Nordwestafrika und Westeuropa bis Zentralrussland, Nordwest-Iran und Turkmenien.

Vorkommen in Mitteleuropa: Lückig verbreiteter, spärlicher Brut- und Sommervogel, regelmäßiger Durchzügler und Gastvogel, selten im Winter.

Wanderungen: Kurzstreckenzieher, Hauptwinterquartier von Westfrankreich bis in den Mittelmeerraum.

Lebensraum: Brutvogel in halboffenen Landschaften möglichst mit sandigen Böden und vegetationsfreien Flächen, wie Kahlschlägen, Windwurfflächen, Heiden, Truppenübungsplätzen, lichte Wälder, Waldränder, Magerwiesen, Streuobstwiesen.

Nahrung: Im Sommer hauptsächlich Insekten, im Frühjahr Knospen und kleine Blätter.

Brutbiologie: Geschlechtsreife im 1. Lebensjahr • Nest am Boden gut versteckt, Muldenauskleidung mit nach innen feiner werdendem Pflanzenmaterial • 3–6 Eier • Legebeginn April/Mai • Brutdauer 12–15 Tage • ♀

brütet • ♂ und ♀ füttern • Junge bleiben 10–13 Tage im Nest, werden dann noch 2 Wochen geführt • 1 Jahresbrut; Ersatzgelege.
Alter: Generationslänge < 3,3 Jahre.
Gefährdung: Nach der EU-Vogelschutzrichtlinie besonders geschützte Art (Anhang I), auf Europa konzentriert und mit ungünstigem Erhaltungsstatus (SPEC 2). Gefährdet durch intensive Land- und Forstwirtschaft, Freizeitnutzung der Bruthabitate und direkte Verfolgung im Überwinterungsgebiet in SW-Europa.

	Jan.	Feb.	März	April	Mai	Juni	Juli	Aug.	Sep.	Okt.	Nov.	Dez.
Anwesenheit												
Durchzug												
Brutzeit				X / X								
postjuv. Mauser												
Teil- / Vollmauser												
Vollmauser												

Feldlerche (→ 453)

Alauda arvensis Linnaeus 1758

Taxonomie: Familie Lerchen – Alaudidae. Elf Unterarten, in Mittel- und Nordeuropa *A. a. arvensis.*
Größe, Gewicht: Körperlänge 18–19 cm, Flügelspannweite 30–36 cm, Flügellänge ♂ 10,6–12,1 cm, ♀ 9,8–11 cm; ♂ 33,5–52,4 g, ♀ 29,4–45,2 g.
Erkennungshinweise: Geschlechter gleich. Graubrauner, auf der Oberseite und an den Flanken kräftig gestrichelter Singvogel. Am Kopf manchmal eine kleine, stumpfe Haube sichtbar.
Stimme: Rufe weich „trie" oder gutturaler „trlie". Gesang im Flug mit einleitenden „trie"-Reihen, dann Aufsteigen zu lang anhaltendem, ununterbrochenem Gesang mit Trillern, Stakkatofolgen, Rollern, auch Pfiffen und Imitationen (z. B. Turmfalke). Bodengesang wesentlich kürzer.
Brutareal: Von Nordafrika und Westeuropa bis Ostsibirien und Japan, auch in Hochgebirgen Mittelasiens. Südgrenze in Nordwestafrika, im nördlichen Mittelmeer, Nordgrenze Nordnorwegen und südlich Kolahalbinsel. Eingeführt in Neuseeland und Teilen Australiens.
Vorkommen in Mitteleuropa: Sehr häufiger, flächig verbreiteter Brutvogel im Tiefland, teilweise auch in höheren Lagen der Mittelgebirge.

Gebietsweise dramatische Bestandseinbrüche. Sommervogel, sehr häufiger Durchzügler, in günstigen Gebieten auch regelmäßig Wintervorkommen.

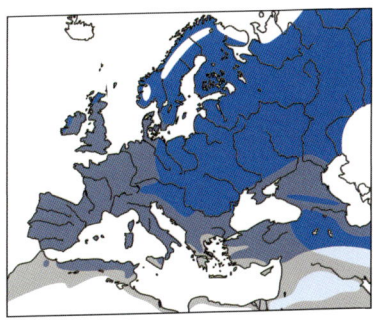

Wanderungen: Kurzstreckenzieher; Überwinterung in Süd- und Westeuropa und am Nordrand der Sahara, auch regelmäßig in Mitteleuropa.

Lebensraum: Brutvogel in offenem Gelände in niedriger, doch abwechslungsreich strukturierter Gras- und Krautschicht und Flächen mit karger Vegetation und offenen Stellen, z. B. Düngewiesen, Ackerland, extensives Weideland; geschlossen hohe Vegetation kann nicht besiedelt werden. Brutvorkommen stark abhängig von Verteilung, Intensität sowie Bearbeitungsformen und – terminen der landwirtschaftlichen Bodennutzung. Außerhalb der Brutzeit auf abgeernteten Feldern, Ruderalflächen, Ödland, im Winter auch am Rand von Siedlungen.

Nahrung: Im Sommer viele kleine Wirbellose, Jungennahrung vor allem Insekten. Im Winter mehr Vegetabilien, wie Sämereien, Keimlinge, zarte Blätter.

Brutbiologie: Geschlechtsreife im 1. Lebensjahr • Nest ist selbstgescharrte Bodenmulde, gut gedeckt in der Vegetation; Nestauskleidung mit feinem Pflanzenmaterial • 2–5 Eier • Legebeginn Ende März/Mitte April bis Mitte Juli • Brutdauer 11–12 Tage • ♀ brütet und wird vom ♂ gefüttert • ♂ und ♀ füttern • Junge bleiben 7–11 Tage im Nest, folgen den ad. hüpfend, mit 15–20 Tagen voll flugfähig, mit 25–30 Tagen unabhängig • 2 (–3) Jahresbruten; Ersatzgelege.

Alter: Ältester Ringvogel 10 Jahre, 1 Monat. Generationslänge < 3,3 Jahre.

Gefährdung: Art in Europa mit ungünstigem Erhaltungsstatus (SPEC 3); Rote Liste D 3 (gefährdet). Gefährdung durch sehr geringen Bruterfolg wegen großflächig intensiver Landwirtschaft und zunehmender Nestprädation.

Besonderes: Die Feldlerche singt als einziger Singvogel fast ausschließlich im Flug und singt im Extremfall bis zu 15 Minuten.

	Jan.	Feb.	März	April	Mai	Juni	Juli	Aug.	Sep.	Okt.	Nov.	Dez.
Anwesenheit												
Durchzug			x x						x x			
Brutzeit				x x								
postjuv. Mauser												
Teil- / Vollmauser												
Vollmauser												

Schwanzmeise (→ 454)

Aegithalos caudatus (Linnaeus 1758)

„weißköpfig"

„streifenköpfig"

Taxonomie: Familie Schwanzmeisen – Aegithalidae. Ca. 19 Unterarten in drei bis vier Gruppen, *A. c. caudatus* (Nordeuropa, Polen; Ukraine bis Ural), *A. c. europaeus* (Mitteleuropa).

Größe, Gewicht: Körperlänge 14 cm (davon Schwanz 9 cm), Flügelspannweite 16–19 cm, Flügellänge 62–66,5 mm; 6–9 g.

Erkennungshinweise: Geschlechter gleich. Unverkennbarer, sehr kleiner Singvogel mit ganz weißem oder gestreiftem Kopf, winzigem Schnabel und auffallend langem Schwanz.

Stimme: Hohe „zieh" oder „iiez", auch „zirrr", schnurrend „zerr" oder „pserrp". Gesang nicht häufig zu hören, schnelle Folge kratzender und kurz trillernder Laute.

Brutareal: Eurasien von der Atlantik– bis zur Pazifikküste einschließlich Japan; fehlt auf den Mittelmeerinseln.

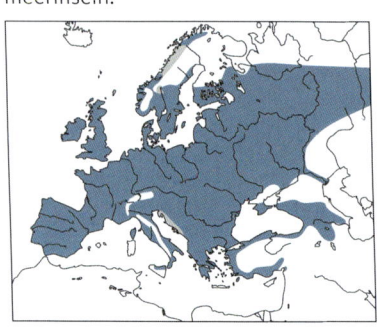

Vorkommen in Mitteleuropa: Flächig, aber meist in geringer Dichte verbreiteter, sehr häufiger Jahres- und Brutvogel, auch häufiger Gastvogel.

Wanderungen: Standvogel, Zerstreuungswanderungen.

Lebensraum: Lichte Laub- und Mischwälder, Gehölze, Parkanlagen und Gärten mit altem Baumbestand.

Nahrung: Kleine Insekten und Spinnen, mitunter Knospen; kommt an Futterstellen mit Fettfuttergemisch.

Brutbiologie: Geschlechtsreife im 1. Lebensjahr • Nest auf hohen Büschen und auf Bäumen, kunstvoller kugeliger bis eiförmiger, dickwandiger Bau mit seitlichem Eingang aus Moos, Grashalmen, mit Flechten verkleidet und mit Federn ausgepolstert • 8–12 Eier • Legebeginn Ende März, April und später • Brutdauer 12–16 Tage • ♂ und ♀ brüten • ♂ und ♀ füttern • Junge bleiben 14–18 Tage im Nest, werden dann noch mind. 2 Wochen gefüttert • 1 Jahresbrut; Ersatzgelege.

Alter: Ältester Ringvogel 10 Jahre, 9 Monate. Generationslänge < 3,3 Jahre.

Gefährdung: Bedrohung durch intensive Forstwirtschaft und Zurückdrängen von Weichhölzern.

Besonderes: Jungvögel verschiedener Bruten schließen sich im Frühsommer zu großen Trupps zusammen.

	Jan.	Feb.	März	April	Mai	Juni	Juli	Aug.	Sep.	Okt.	Nov.	Dez.
Anwesenheit												
Durchzug									x			
									x			
Brutzeit			x									
			x									
postjuv. Mauser												
Teil- / Vollmauser												
Vollmauser												

Zistensänger (→ 455)

Cisticola juncidis (Rafinesque 1810)

Taxonomie: Familie Halmsänger – Cisticolidae. Ca. 17 Unterarten, in Europa die Nominatform.

Größe, Gewicht: Körperlänge 10 cm, Flügelspannweite 12–14,5 cm, Flügellänge ♂ 47–55 mm, ♀ 44–50,5 mm; 7,2–11 g.

Erkennungshinweise: Geschlechter gleich. Kleiner, kurzschwänziger, kompakter Singvogel, der vor allem durch seinen Singflug auffällt.

Stimme: Gesang im wellenförmigen Singflug auf dessen Wellenspitze ein „tsip" zu hören ist. Dem Ende zu ein schneller werdendes „twet twet twet...". Warnruf hart „pit pit", am Nest weich „widd widd".

Brutareal: Gesamter Mittelmeerraum sowie an der Atlantikküste bis Nordfrankreich. Ferner im tropischen und subtropischen Afrika, in Süd-

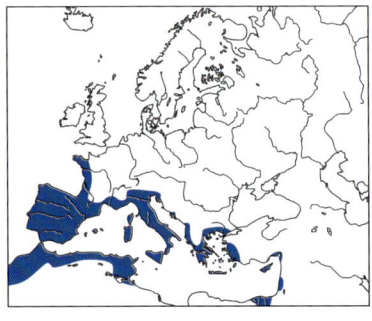

asien sowie in Teilen Australiens und Neuguineas.

Vorkommen in Mitteleuropa: Seltener Brutvogel an der südlichen Nordseeküste. Sonst sehr seltener Gastvogel, der auch bei uns vor allem durch seinen Gesang auffällt.

Wanderungen: Standvogel, jedoch mit temperaturabhängigen Dispersionswanderungen.

Lebensraum: Brutvogel auf nassen bis trockenen Böden mit mittelhohen bis hohen Gräsern, Seggen oder Binsen; zumeist in Feuchtgebieten. Auch Reisfelder.

Nahrung: Kleine Insekten und Spinnen, selten Sämereien.

Brutbiologie: Geschlechtsreife nach 1–2 Monaten, ♀ brüten teilweise schon in ihrem 1. Lebensjahr • ♂ baut mehrere Nester zur Auswahl in Gräsern • 4–6 Eier • Brutdauer 12–14 Tage • 2–3 Jahresbruten.

Alter: Ältester Ringvogel mindestens 4 Jahre, 4 Monate. Generationslänge < 3,3 Jahre.

Gefährdung: Nicht gefährdet.

Besonderes: Gelegentlich bauen auch Ausnahmegäste weitab des Brutareals und ohne Brutpartner ein Nest.

Seidensänger (→ 456)

Cettia cetti (Temminck 1820)

Taxonomie: Familie Buschsänger – Cettiidae. 2–3 Unterarten, in Europa *C. c. cetti*.

Größe, Gewicht: Körperlänge 13,5 cm, Flügelspannweite 15–19 cm, Flügellänge ♂ 57–94 mm, ♀ 51–56 mm; ♂ 10–15,5 g, ♀ 8,3–12,5 g.

Erkennungshinweise: Geschlechter gleich. Mittelgroßer Zweigsänger mit warmbrauner Oberseite und gräulicher Unterseite. Schnabel spitz und recht kurz, Schwanz wird oft angehoben.

Stimme: Explosive Gesangs-strophe mit verzögerter Ein-leitung, etwa „zit – ptischewit – schewit" und auch länger, zwischen den Strophen meist längere Pausen. Rufe kurz „ti", „tzett" oder „tschuk".

Brutareal: Nordwestafrika, Westeuropa (nördlich bis Sü-dengland), Südeuropa bis in den Westen Zentralasiens.

Vorkommen in Mitteleuropa: Seltener Brutvogel in Belgien, sonst seltener Sommergast, wiederholt singende ♂ und Brutverdacht.

Wanderungen: Standvogel und Streuungswanderungen.

Lebensraum: Dichte Vegeta-tion an Gräben und kleinen Fließgewässern, Verlandungs-zonen meist nicht weit vom Wasser entfernt.

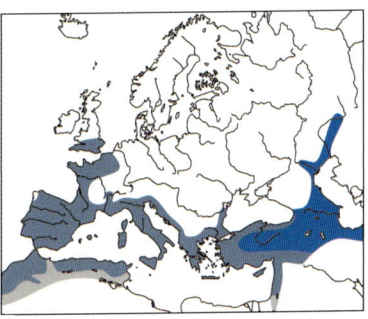

Nahrung: Kleine Gliederfüßer.

Brutbiologie: Geschlechtsreife im 1. Lebensjahr • Nest im Gestrüpp, meist nahe dem Boden, voluminöser Bau mit tiefem Napf • 3–5 Eier • Le-gebeginn Anfang Mai bis Juni • Brutdauer 16–17 Tage • ♀ brütet • ♀ füttert • Junge bleiben 14–16 Tage im Nest, werden dann noch 15–25 Tage betreut • 1–2 Jahresbruten; Ersatzgelege.

Alter: Ältester Vogel 7 Jahre, Generationslänge < 3,3 Jahre.

Gefährdung: Nicht gefährdet.

Besonderes: Extrem heimlicher Bewohner dichter Vegetation, der sich kaum einmal frei zeigt.

Schlagschwirl (→ 457)

Locustella fluviatilis (Wolf 1810)

Taxonomie: Familie Grassänger – Megaluridae. Keine Unterarten.

Größe, Gewicht: Körperlänge 13 cm, Flügelspannweite 19–22 cm, Flügel-länge ♂ 72–84 mm, ♀ 73–77 mm; ♂ 17,5–22,5 g, ♀ 18,5–20,5 g.

Erkennungshinweise: Geschlechter gleich. Relativ großer, dunkel grau-brauner Schwirl mit breitem, rundlichem Schwanz. Die dunklen Unter-

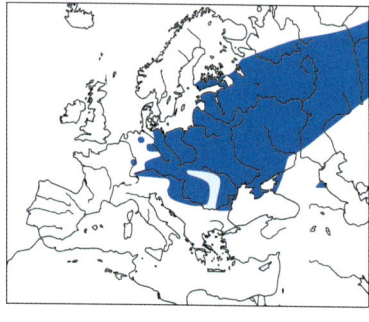

schwanzdecken tragen weißliche Spitzenflecken.

Stimme: Gesang rasch wetzend „dze-dze-dze…" in sehr langen Strophen.

Brutareal: Von Westsibirien bis nach Mitteleuropa, südlich bis ans Schwarze Meer.

Vorkommen in Mitteleuropa: Spärlicher bis häufiger Brut- und Sommervogel und regelmäßiger Durchzügler im Osten, im Westen als Brutvogel und Gast nur lokal.

Wanderungen: Langstreckenzieher, Winterquartier im Südteil Afrikas.

Lebensraum: Flächen mit dichter und hoher Krautschicht, wie Ufergebüsch, verkrautete Kahlschläge und Waldlichtungen, Krautbestände am Rande von Bruchwäldern und Sümpfen.

Nahrung: Insekten und andere Kleintiere.

Brutbiologie: Geschlechtsreife im 1. Lebensjahr • Nest am oder nahe über dem Boden in dichter Vegetation aus Halmen und Blättern • 4–6 Eier • Legebeginn Ende Mai bis Mitte Juni • Brutdauer 13–16 Tage • ♂ und ♀ brüten • ♂ und ♀ füttern • Junge bleiben 11–14 Tage im Nest, werden dann noch 4–5 Tage betreut • 1 Jahresbrut; Ersatzgelege.

Alter: Generationslänge < 3,3 Jahre.

Gefährdung: Art auf Europa konzentriert (SPEC E). Bedroht durch Entwässerung von Auwäldern und angrenzender Feuchtgebiete.

Besonderes: Erst in den 1950er Jahren hat der Schlagschwirl sein osteuropäisch-westasiatisches Brutgebiet nach Westen erweitert.

	Jan.	Feb.	März	April	Mai	Juni	Juli	Aug.	Sep.	Okt.	Nov.	Dez.
Anwesenheit												
Durchzug												
Brutzeit					x x							
postjuv. Mauser												
Teil- / Vollmauser												
Vollmauser												

Rohrschwirl (→ 458)
Locustella luscinioides (Savi 1824)

Taxonomie: Familie Grassänger – Megaluridae. Drei Unterarten, Europa *L. l. luscinioides.*

Größe, Gewicht: Körperlänge 14 cm, Flügelspannweite 18–21 cm, Flügellänge ♂ 65–73 mm, ♀ 63–70 mm; 12,6–20,2 g.

Erkennungshinweise: Geschlechter gleich. Spatzengroßer einfarbig rotbrauner Singvogel, unterseits etwas heller gefärbt, mit breitem keilförmigem Schwanz.

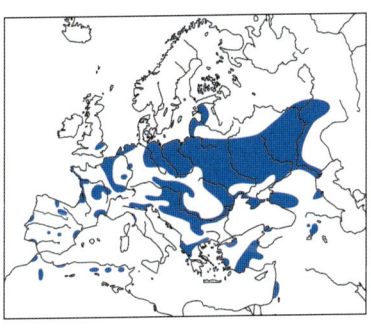

Stimme: Gesang nach leiser Einleitung ein lang anhaltendes Schwirren, tiefer und rascher als beim Feldschwirl.

Brutareal: Mit Lücken und Verbreitungsinseln von Westeuropa und Nordwestafrika bis Kaspigebiet und Ural.

Vorkommen in Mitteleuropa: Insgesamt spärlicher, im Süden und Westen nur lokal oder sehr lückig, im Nord- und Südosten fast flächig verbreiteter Brut- und Sommervogel; regelmäßiger, aber seltener Durchzügler.

Wanderungen: Langstreckenzieher, Hauptwinterquartier südlich der Sahara bis zum tropischen Regenwald, nur wenige in und am Nordrand der Sahara.

Lebensraum: Brutvogel im Wasser stehender Verlandungsvegetation mit vorjährigem Schilf, aber auch mit Schilf durchsetzte Großseggenriede.

Nahrung: Kleine Insekten.

Brutbiologie: Geschlechtsreife im 1. Lebensjahr • Nest in dichtem Pflanzengewirr, meist über Wasser, gut getarnt aus nass verarbeiteten Blättern, nicht in Traghalme eingeflochten • 4–6 Eier • Legebeginn Mai • Brutdauer 12–14 Tage • ♂ und ♀ brüten • ♂ und ♀ füttern • Junge bleiben 11–15 Tage im Nest, mit 22–23 Tagen selbstständig • 1–2 Jahresbruten; Ersatzgelege.

Alter: Ältester Ringvogel 8 Jahre, 2 Monate. Generationslänge < 3,3 Jahre.

Gefährdung: Art auf Europa konzentriert (SPEC E). Gefährdung durch Zerstörung von Feuchtgebieten.
Besonderes: Wie die Rohrdommel verharrt auch der Rohrschwirl bei Gefahr in einer Pfahlstellung.

	Jan.	Feb.	März	April	Mai	Juni	Juli	Aug.	Sep.	Okt.	Nov.	Dez.
Anwesenheit												
Durchzug								x x				
Brutzeit					x x							
postjuv. Mauser												
Teil- / Vollmauser												
Vollmauser												

Streifenschwirl (→ 459)

Locustella certhiola **(Pallas 1811)**

Taxonomie: Familie Grassänger – Megaluridae. Vier Unterarten, in Europa *L. c. rubescens* aus Nordsibirien nachgewiesen.
Größe, Gewicht: Körperlänge 13,5 cm, Flügelspannweite 16–19,5 cm, Flügellänge ♂ 59–72 mm, ♀ 61–68 mm; ♂ 14–20 g, ♀ 11–20 g.
Erkennungshinweise: Geschlechter gleich. Kleiner Singvogel, der wie ein Hybride aus Feldschirl und Schilfrohrsänger wirkt. Kennzeichen des hell rot-braunen Singvogels sind vor allem die gelbliche Unterseite, der auffällige helle Überaugenstreif und der gerundete Schwanz mit dunklen und weißen Spitzenflecken.

Stimme: Gesang für einen Schwirl untypisch. Auf ein abfallendes Rollen folgen sich beschleunigende „pik" oder „zek"- Rufe, die den Zwitscherteil einleiten. Die Rufe erinnern genau wie der Gesang etwas an Rohrsänger. Gesang zu allen Tageszeiten.
Brutareal: Vom Zusammenfluss des Irtysch und Ob ostwärts bis Ostsibirien. Im Süden verläuft die Grenze durch Ostkasachstan und Nordchina.
Vorkommen in Mitteleuropa: Ausnahmegast, in Deutschland ein Nachweis auf Helgoland.
Wanderungen: Langstreckenzieher, der hauptsächlich in Süd- und Südostasien überwintert.

Lebensraum: Brutvogel in dichten Gras- und Seggenfluren auf nassen Standorten bis in die Krummholzzone, vor allem in verbuschten Überschwemmungsgebieten von Flüssen.
Gefährdung: Nicht gefährdet.

Strichelschwirl (→460)

Locustella lanceolata (Temminck 1840)

Taxonomie: Familie Grassänger – Megaluridae. Zwei Unterarten, in Europa *lanceolata*.
Größe, Gewicht: Körperlänge 12–12,5 cm, Flügelspannweite 13–16,5 cm, Flügellänge ♂ 52–60 mm, ♀ 53–59 mm; ♂ 11–15 g, ♀ 10,8–14 g.
Erkennungshinweise: Geschlechter gleich. Kleiner Singvogel, der durch seinen kurzen Hals und Schwanz auffällt. Ähnlich gefärbt wie Feldschwirl, oberseits deutlich gestreift. Die Unterseite ist meist deutlich gestreift, kann aber auch nahezu ungezeichnet sein.
Stimme: Gesang sehr ähnlich dem des Feldschwirls, ist jedoch etwas kürzer, höher und langsamer. Ruft scharf „tek" oder „tick".

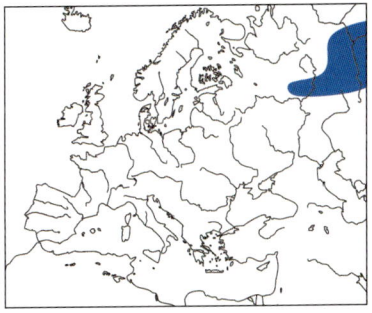

Brutareal: In einem breiter werdenden Keil vom europäischem Russland bis zur Pazifikküste und Nordjapan.
Vorkommen in Mitteleuropa: Ausnahmegast.
Wanderungen: Langstreckenzieher, der in Südostasien überwintert.
Lebensraum: Brutvogel in feuchtem Wiesengelände mit Büschen, Flussauen. Häufiger als Streifenschwirl auch in trockenerem Gelände. Wintergäste gerne in Reisfeldern.
Nahrung: Vor allem Insekten sowie Spinnen.
Gefährdung: Nicht gefährdet.
Besonderes: Weitet sein Brutareal nach Westen aus und wird inzwischen regelmäßig in Finnland festgestellt.

Feldschwirl (→ 461)

Locustella naevia (Boddaert 1783)

Taxonomie: Familie Grassänger – Maluridae. Vier Unterarten, in Europa *L. n. naevia*.

Größe, Gewicht: Körperlänge 12,5 cm, Flügelspannweite 15–19 cm, Flügellänge ♂ 61–68 mm, ♀ 61–65 mm; 10–20 g.

Erkennungshinweise: Geschlechter gleich. Kleiner, unscheinbar olivbrauner Singvogel. Auf der Oberseite deutliche Fleckung, unterseits schmutzig weiß. Der relativ lange Schwanz ist stufig gerundet.

Stimme: Rufe kurz „tschick" oder tzeck", Gesang heuschreckenähnliches Schwirren, etwa „tsirrrrrrrr...", das minutenlang dauern kann. Höher, langsamer und daher mehr klappernd als Rohrschwirl.

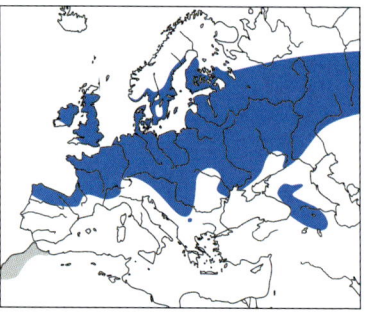

Brutareal: Mittlere Breiten von Westeuropa bis Jenissei und Südost-Altai, Südgrenze in Europa Nordspanien, Südfrankreich, Nordserbien, Nordküste des Schwarzen Meers, Nordgrenze Schottland, südliches Fennoskandien, Russland bis 52° Nord.

Vorkommen in Mitteleuropa: Fast flächig verbreiteter, häufiger Sommer- und Brutvogel, regelmäßiger Durchzügler und Rastvogel.

Wanderungen: Langstreckenzieher, Hauptwinterquartier tropisches Westafrika, für östliche Brutvögel Eurasiens Indien.

Lebensraum: Brutvogel in offenem Gelände mit höherer Krautschicht und Singwarten, feuchte und trockene Standorte, vor allem Großseggensümpfe, Pfeifengraswiesen, höchstens extensiv genutzte Feuchtwiesen, verkrautete Waldränder oder Kahlschläge. Nicht in reinen Schilfbeständen. Als Durchzügler einzeln überall in Büschen und Stauden, auch in Parks und Gärten.

Nahrung: Kleine Gliederfüßer.

Brutbiologie: Geschlechtsreife im 1. Lebensjahr • Nest aus dürren Gräsern, Seggen usw. mit feinerer Muldenauskleidung, am oder nahe am

Boden in Seggen- oder Grashorsten, zwischen Stauden und Kräutern • 5–6 Eier • Legebeginn Ende April/Mai, Spätbruten bis Anfang August • Brutdauer 12–15 Tage • meist brüten beide • ♂ und ♀ füttern • Junge bleiben 12–13 Tage im Nest, werden dann noch bis 22 Tage geführt • 1–2 Jahresbruten; Ersatzgelege.

Alter: Ältester Ringvogel 4 Jahre, 9 Monate. Generationslänge < 3,3 Jahre.

Gefährdung: Art auf Europa konzentriert (SPEC E); Gefährdung durch Entwässerung, intensive landwirtschaftliche Nutzung und Ausräumung von Kleinstrukturen in der offenen Landschaft.

Besonderes: Feldschwirle laufen und klettern geschickt durch dichten Bewuchs und erinnern dadurch etwas an Mäuse

	Jan.	Feb.	März	April	Mai	Juni	Juli	Aug.	Sep.	Okt.	Nov.	Dez.
Anwesenheit												
Durchzug				x / x								
Brutzeit				x / x								
postjuv. Mauser												
Teil- / Vollmauser												
Vollmauser												

Gelbspötter (→ 463)

Hippolais [icterina] icterina (Vieillot 1817)

Taxonomie: Familie Rohrsängerverwandte – Acrocephalidae. Bildet mit Orpheusspötter *H. polyglotta* eine Superspezies. Keine Unterarten.

Größe, Gewicht: Körperlänge 13,5 cm, Flügelspannweite 20,5–24 cm, Flügellänge 71–84 mm; 11,5–15,5 g.

Erkennungshinweise: Geschlechter gleich. Typischer Spötter, der durch seine leuchtend hellgelbe Unterseite am ehesten mit dem Orpheusspötter, im Herbst jedoch auch mit jungen Fitissen verwechselt werden kann. Der Gelbspötter hat jedoch ein helles Flügelfeld, wesentlich längere Handschwingen und blaugraue Beine.

Stimme: Ruf „dede hui", auch kurz „teck" und bei Erregung „tettettett...". Gesang laut, kontinuierlich vorgetragen mit Kontrasten zwischen kratzenden und nasal quälenden Lauten und auf- und absteigenden Pfeiftönen, lauter und weniger hastig als bei Orpheusspötter, Imitationen meist nur kurze

Rufe. Individuell große Ge-
sangsunterschiede.

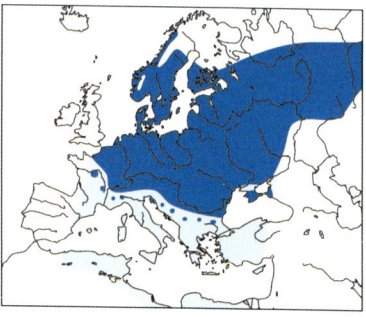

Brutareal: Von Nordostfrank-
reich, Schweiz und Südwest-
skandinavien bis Westsibirien
(Vorland des Altai), Südgrenze
Nordalpen und Balkan.

Vorkommen in Mitteleuropa:
Mäßig häufiger, meist flächig
verbreiteter Brut- und Sommervogel des Tieflandes, im
Südwesten regional fehlend, ebenso in den Alpen. Spärlicher, aber regelmäßiger Durchzügler und Gastvogel.

Wanderungen: Langstreckenzieher, Hauptwinterquartier Afrika südlich
der Sahara von den Tropen bis in die Subtropen der Südhalbkugel.

Lebensraum: Brutvogel in gebüschreichen, lockeren Baumbeständen,
vor allem in Bruch- und Auwäldern, Pappelanpflanzungen, Feldgehölzen, Parkanlagen und Gärten, Buschbeständen an Ortsrändern und um
Einzelgehöfte, vor allem, wenn Anlagen etwas verwildert sind. Auf dem
Durchzug in ähnlichen Strukturen.

Nahrung: Insekten und Spinnen, im Sommer auch Beeren.

Brutbiologie: Geschlechtsreife im 1. Lebensjahr • Nest in Laubbäumen
oder hohen Büschen, häufig in Astgabeln aufgehängt, aus Grashalmen
und Pflanzenfasern sorgfältig geflochtener Napf, Nestrand meist etwas
nach innen gebogen • 4–5 Eier • Legebeginn Mitte bis Ende Mai, Spätbruten bis Mitte Juli • Brutdauer 12–15 Tage • nur ♀ brütet • ♂ und ♀ füttern
• Junge bleiben 13–16 Tage im Nest, werden nach weiteren 8–12 Tagen
selbstständig • 1(–2) Jahresbruten; Ersatzgelege.

Alter: Ältester Ringvogel 10 Jahre, 10 Monate. Generationslänge < 3,3
Jahre.

Schutzstatus und Gefährdung: Art auf Europa konzentriert (SPEC E).
Gefährdung durch Ausräumung der Landschaft und übertriebene „Pflege"-maßnahmen.

Besonderes: Gelbspötter imitieren nicht nur Tierstimmen, sondern auch
technische Geräusche wie z. B. Handytöne.

	Jan.	Feb.	März	April	Mai	Juni	Juli	Aug.	Sep.	Okt.	Nov.	Dez.
Anwesenheit												
Durchzug								x				
Brutzeit					x							
postjuv. Mauser												
Teil- / Vollmauser												
Vollmauser												

Orpheusspötter (→ 464)

Hippolais [icterina] polyglotta (Vieillot 1817)

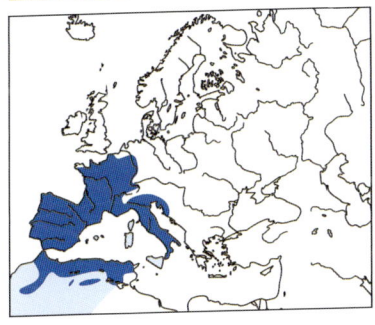

Taxonomie: Familie Rohrsängerverwandte – Acrocephalidae. Bildet Superspezies mit Gelbspötter *H. icterina*. Keine Unterarten.

Größe, Gewicht: Körperlänge 13 cm, Flügelspannweite 17,5–20 cm, Flügellänge ♂ 66–69 mm, ♀ 63–68 mm; ♂ 10,6–12,0 g, ♀ 10,1–14,4 g.

Erkennungshinweise: Geschlechter gleich. Typischer Spötter, der durch seine beigegelbe Unterseite am ehesten mit dem Gelbspötter verwechselt werden kann. Der Orpheusspötter hat jedoch kein helles Flügelfeld, wesentlich kürzere Handschwingen und bräunliche Beine.

Stimme: Erregungsrufe „trrr..“ oder „tetete...“, häufig „wäd“. Gesang weniger laut und auffällig als Gelbspötter, hastigerer Vortrag mit kurzen Pausen, Erregungsrufe eingeschaltet. Imitationen anderer Arten.

Brutareal: Nordafrika und Südwesteuropa bis Italien und Slowenien. Arealausweitungen im Südwesten Mitteleuropas.

Vorkommen in Mitteleuropa: Lokal verbreiteter, seltener Brut- und Sommervogel im Westen mit Ausbreitung und zunehmenden Nachweisen außerhalb der Brutgebiets.

Wanderungen: Langstreckenzieher, Winterquartier Westafrika südlich der Sahara bis zum Regenwald.

Lebensraum: Brutvogel in dichten Sträuchern und lückigen Gebüschkomplexen mit dichter Krautschicht. Sonnige und trockene Standorte bevorzugt.

Nahrung: Insekten und kleine Spinnen.

Brutbiologie: Geschlechtsreife im 1. Lebensjahr • Nest in Sträuchern, Bäumen, aber auch Stauden, gut versteckt an einen Ast angelehnt oder in einer Astgabel, sorgfältig geflochtener Napf • 4–5 Eier • Legebeginn Mitte Mai bis Juni • Brutdauer 12–14 Tage • Nur ♀ brütet • ♂ und ♀ füttern • Junge verlassen mit 11–13 Tagen das Nest, sind nach weiteren mind. 11 Tagen selbständig • 1 Jahresbrut; Ersatzgelege.

Alter: Ältester Ringvogel 8 Jahre 10 Monate. Generationslänge < 3,3 Jahre.

Gefährdung: Art auf Europa konzentriert (SPEC E). Nicht gefährdet.

Besonderes: Orpheusspötter besiedeln in Deutschland bevorzugt stark durch menschliche Aktivitäten beeinträchtigte Standorte wie aufgelassene Industriegebiete, Bahndämme, Autobahnböschungen und Kiesgruben.

Blassspötter (→ 465)

Hippolais [pallida] pallida (Hemprich & Ehrenberg 1833)

Taxonomie: Familie Rohrsängerverwandte – Acrocephalidae. Auch *Acrocephalus pallidus* oder *Iduna pallida*. Bildet Superspezies mit Isabellspötter *Hippolais opaca* (S-Iberien, NW-Afrika) und möglicherweise mit einer Form in der Sahara. Drei bis vier Unterarten, davon *eleinica* von SE-Mitteleuropa bis Kleinasien.

Größe, Gewicht: Körperlänge 12–13,5 cm, Flügelspannweite 18–21 cm, Flügellänge ♂ 63–71 mm; 7–15 g.

Erkennungshinweise: Geschlechter gleich. Erinnert im Aussehen an einen blassen Teichrohrsänger, hat aber nie einen rostgelblichen Bürzel und immer eine weißere Unterseite als dieser. Vom ähnlichen Steppenspötter im Freiland kaum zu unterscheiden.

Stimme: Rufe sperlingshaft kurz „tsr", gereiht auch „tset tset..." und hart „trerrr". Gesang rohrsängerähnliches Schwätzen, raue und harte Töne sowie rein flötende Töne aneinander gereiht, Motive

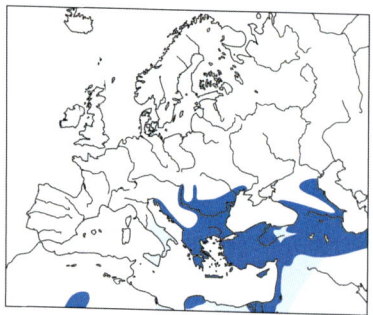

z. T. mehrfach wiederholt. Erinnert an Teichrohrsänger, doch schneller und monotoner.

Brutareal: Lückig vom südöstlichen Mitteleuropa und dem östlichen Mittelmeergebiet bis in den Süden Mitelasiens.

Vorkommen in Mitteleuropa: Ausnahmegast, v.a. im Osten.

Wanderungen: Langstreckenzieher im Norden des Areals; Hauptwinterquartier Ostafrika.

Lebensraum: Brutvogel in niedrigen Baum- und hohen Strauchbeständen mit dichtem Laubdach. Im Mittelmeerraum auch in Kiefernwäldern, Olivenhainen, Macchie, mitunter auch in Parks und Gärten.

Nahrung: Insekten, im Spätsommer auch Beeren.

Alter: Ältester Ringvogel 7 Jahre, 11 Monate. Generationslänge < 3,3 Jahre.

Gefährdung: Nicht gefährdet, bedroht durch landwirtschaftliche Intensivierung und durch Dürre in den Überwinterungsgebieten (Sahelzone).

Buschspötter (→ 466)

Hippolais [caligata] caligata (Lichtenstein 1823)

Taxonomie: Familie Rohrsängerverwandte – Acrocephalidae. Auch *Acrocephalus caligatus* oder *Iduna caligata*. Bildet Superspezies mit dem Steppenspötter *H. rama*. Keine Unterarten.

Größe, Gewicht: Körperlänge 11,5–12 cm, Flügelspannweite 18–21 cm, Flügellänge ♂ 58–65 mm, ♀ 56–62 mm; 7–11 g.

Erkennungshinweise: Geschlechter gleich. Kleinster Spötter, der an einen Laubsänger erinnert und den Schwanz oft aufwärts schlägt. Auffallend sind die hellen Außenkanten des Schwanzes und die braunrosa Beine mit dunklen Zehen.

Stimme: Rufe grasmückenartig scharf „tik..." oder „tett...", schmatzend oder ratternd gereiht. Wenig lauter Gesang mit rasch vorgetragenen Reihen rufähnlicher Elemente ohne Tempowechsel, auch wohltönenden Lauten, die an Gartengrasmücke erinnern. Insgesamt nasaler und schneller als Blassspötter.

Brutareal: Von Mittel- und Nordrussland bis Westchina und Nordwest-Mongolei. Einige unbeständige Vorkommen bis ins Baltikum und nach Finnland.
Vorkommen in Mitteleuropa: Ausnahmegast.
Wanderungen: Mittel- und Langstreckenzieher, Winterquartier Indien.

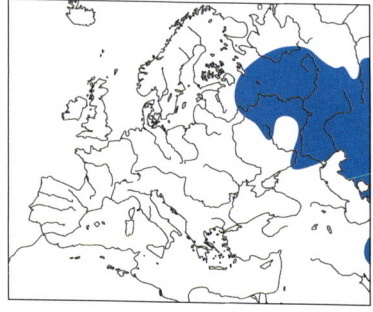

Lebensraum: Niedrige Büsche in Steppen und auch am Wasser oder auf feuchten Wiesen, Hochstaudenfluren und Waldränder mit Unterholz.
Nahrung: Hauptsächlich Insekten.
Gefährdung: Nicht gefährdet.

Steppenspötter (→ 466A)

Hippolais [caligata] rama (Sykes 1832)

Taxonomie: Familie Rohrsängerverwandte – Acrocephalidae. Bildet Superspezies mit Buschspötter H. caligata. Keine Unterarten.
Größe, Gewicht: Körperlänge 11,5–13 cm; 7–11 g.
Erkennungshinweise: Geschlechter gleich. Sehr ähnlich Buschspötter und von diesem am leichtesten akustisch zu trennen. Er ist etwas langschwänziger und unterseits heller, matter und auf der Oberseite grauer, ohne jegliche Olivtöne, als sein Verwandter gefärbt. Der Schnabel ist relativ lang und der Unterschnabel in der Regel hell.

Stimme: Gesang mit stark unterschiedlichen Teilen und wesentlich schneller als Buschsänger. Klingt hart und erinnert etwas an Sumpfrohrsänger.
Brutareal: In den Steppen und Halbwüsten Zentralasiens bis ins Wolgadelta brütend.

Vorkommen in Mitteleuropa: Ausnahmeerscheinung auf Helgoland und in den Niederlanden.
Wanderungen: Zugvogel, der in Indien überwintert.
Lebensraum: Verkrautete Halbwüsten und Steppen mit hohen Buschanteil.
Nahrung: Spinnen und Insekten.
Brutbiologie: Nest in Astgabel oder dichtem Unterwuchs • 4–6 Eier • Legebeginn April bis Juni • Brutdauer 12–14 Tage • Junge mit 12–14 Tagen flügge • 1 Jahresbrut; Ersatzgelege.
Gefährdung: Nicht weltweit gefährdet.

Mariskenrohrsänger (→ 466B)
Acrocephalus melanopogon (Temminck 1823)

Taxonomie: Familie Rohrsängerverwandte – Acrocephalidae. Früher in eigene Gattung *Lusciniola* gestellt und auch mit Gattungsnamen *Calamodus* geführt. 3 Unterarten, in Europa *A. m. melanopogon*.

Größe, Gewicht: Körperlänge 12–13 cm, Flügelspannweite 15–16,5 cm, Flügellänge ♂ 58–64 mm, ♀ 55–58,2 mm; ♂ 11,2–13 g, ♀ 10,2–14 g.

Erkennungshinweise: Geschlechter gleich. Ähnlich Schilfrohrsänger, jedoch eher rotbraune statt olivbraune Grundfärbung. Weißer Augenstreif wesentlich breiter als bei Schilfrohrsänger und Kehle weiß abgesetzt.

Stimme: Ruf schnarrend „trrr", auch kurz „tak". Gesang rhythmisch, ähnlich Teichrohrsänger, doch melodischer. Strophen werden häufig mit Silben auf „ü" eingeleitet. Wiederholung von Silben und Tempowechsel sind typisch.

Brutareal: In Verbreitungsinseln aufgespaltenes Areal im Mittelmeergebiet, nach Norden bis Ungarn und Österreich, nördliches Schwarzes Meer. Im Osten Arealinsel in Nordwest-Indien, Pakistan, Vorderasien und Südwest-Innerasien.

Vorkommen in Mitteleuropa: Lokal häufiger Brutvogel in der pannonischen Tiefebene, sonst im Süden seltener Durchzügler und Sommergast, einzelner Brutverdacht.

Wanderungen: Teilzieher, Kurzstreckenzieher; Überwinterung im Mittelmeerraum.

Lebensraum: Brutvogel in mehrjährigem Röhricht mit dichtem Unterwuchs; gegenüber Teichrohrsänger mit lichterer Vegetation > 2m, unten dichter; gegenüber Schilfrohrsänger Vegetation höher und mehr im Wasser; häufig in Mischbeständen von Schilf, Rohrkolben und Binsen.

Nahrung: Kleine Gliederfüßer (vor allem Insekten und deren Larven) vom Wasser und aus der Vegetation.

Brutbiologie: Geschlechtsreife im 1. Lebensjahr • Nest in dichter Vegetation, fast immer über dem Wasser, um einen Stängel geflochten, in die Vegetation gesteckt oder nur aufgesetzt; einzelne Traghalme eingeflochten, gebaut aus Rohrkolben- und Schilfstücken • 3–4 Eier • Legebeginn ab Anfang April • Brutdauer 13–15 Tage • ♂ und ♀ brüten • ♂ und ♀ füttern • Junge bleiben 12 Tage im Nest • 2 Jahresbruten; Ersatzgelege.

Alter: Ältester Ringvogel mind. 7 jährig. Generationslänge < 3,3 Jahre.

Gefährdung: Gefährdung durch Verluste von Verlandungszonen.

Seggenrohrsänger (→ 469)

Acrocephalus paludicola (Vieillot 1817)

Taxonomie: Familie Rohrsängerverwandte – Acrocephalidae. Keine Unterarten.

Größe, Gewicht: Körperlänge 13 cm, Flügelspannweite 16,5–19,5 cm, Flügellänge ♂ 58–66 mm, ♀ 58–63 mm; ♂ 10–14,5 g, ♀ 10–14 g.

Erkennungshinweise: Geschlechter gleich und dem Schilfrohrsänger ähnlich. Kleiner, oberseits stark gestreifter Rohrsänger. Auffallend heller und breiter Überaugenstreif, schmaler Scheitelstreif und heller Streif auf den Mantelseiten.

Stimme: Rufe kurz „tjeck" oder „tschapp"; Gesang einfach, besteht aus zwei Teilen, schnarrend „errrrr" oder „trrett..." und gepfiffenen „wiwiwi..." oder „djüdjüdjü...". Gelegentlich Singflug.

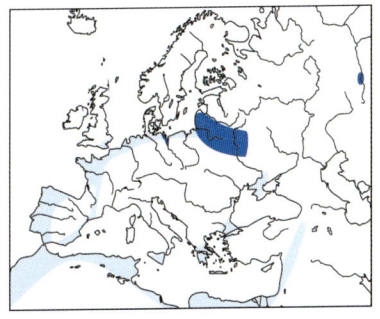

Brutareal: Von Polen bis Ukraine, isoliert in Westsibirien.
Vorkommen in Mitteleuropa: In Nordostpolen (und Weißrussland) befinden sich die wichtigsten Restbestände dieser bedrohten Art. Seltener Brutvogel in der ungarischen Hortobagy, sehr seltener Brut- und Sommervogel im äußersten Nordosten Deutschlands, sonst sehr seltener Durchzügler und meist nur Ausnahmeerscheinung.

Wanderungen: Langstreckenzieher, Winterquartier tropisches Westafrika.
Lebensraum: Seggenmoore und Seggenwiesen mit feuchtem bis nassem Untergrund, Salzwiesen, auch auf dem Durchzug in feuchten Standorten.
Nahrung: Kleine bis mittelgroße Gliederfüßer und Schnecken.
Brutbiologie: Geschlechtsreife im 1. Lebensjahr • Nest in der Vegetation über nassem bis feuchtem Untergrund, nicht an Pflanzenstängeln aufgehängt, sondern aufgesetzt, Napf aus Seggenblättern • 4–6 Eier • Legebeginn Mitte Mai bis Juni • Brutdauer 12–14 Tage • ♀ brütet • ♀ füttert • Junge bleiben 14–16 Tage im Nest, sind mit 19–26 Tagen selbstständig • 1–2 Jahresbruten; Ersatzgelege.
Alter: Generationslänge < 3,3 Jahre.
Gefährdung: Nach der EU-Vogelschutzrichtlinie besonders geschützte Art (Anhang I), weltweit bedroht (SPEC 1); Durch Entwässerung und wasserbauliche Maßnahmen, Fragmentierung des Lebensraums und Aufgabe traditioneller Nutzung und daraus folgender Sukzession. Wahrscheinlich auch hohe Verluste im Winterquartier.
Besonderes: Die letzten Seggenrohrsänger in Deutschland bedürfen dringend aufwändiger Schutzbemühungen.

Schilfrohrsänger (→ 470)

Acrocephalus schoenobaenus (Linnaeus 1758)

Taxonomie: Familie Rohrsängerverwandte – Acrocephalidae. Keine Unterarten.
Größe, Gewicht: Körperlänge 13 cm, Flügelspannweite 17–21 cm, Flügellänge ♂ 60–72 mm, ♀ 59–70 mm; 8,5–21,5 g.
Erkennungshinweise: Geschlechter gleich. Mittelgroßer beigefarbener Rohrsänger mit deutlichem, hellem Überaugenstreif und oft angedeutetem hellem Scheitelstreif. Mantel unscharf dunkel gestrichelt.

Stimme: Ruf weich „dek" bis zu ratternden „tek"-Reihen, Gesang eilig und nicht rhythmisch gegliedert, raue kratzende Laute häufig, seltener reine Pfeiftöne, auffallende Lautstärkeunterschiede; Singflug oder Wartengesang.

Brutareal: Nordwesteuropa bis Mittelsibirien, nach Süden bis Südosteuropa, Anatolien und Kaukasus.

Vorkommen in Mitteleuropa: Lückig verbreiteter, spärlicher, im Norden auch häufiger Brut- und Sommervogel, fehlt großenteils im Westen. Regelmäßiger Durchzügler in allen Gebieten.

Wanderungen: Langstreckenzieher, Winterquartier Afrika von Sahelzone bis Südafrika.

Lebensraum: Brutvogel der landseitigen, nicht im Wasser stehenden Vegetation von Verlandungszonen wie Seggen, hohe Gräser, Brennnesseln und einzelne Weidenbüsche.

Nahrung: Insekten und kleine Spinnentiere.

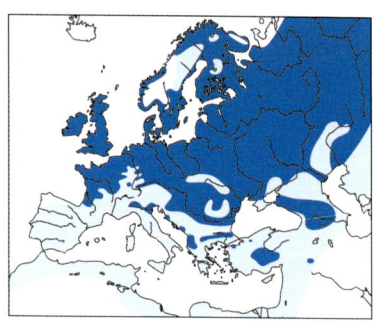

Brutbiologie: Geschlechtsreife im 1. Lebensjahr • Nest meist niedrig in der Vegetation, oft mit Stängeln verwoben, aber nicht an senkrechten Halmen aufgehängt, aus Pflanzenmaterial • 4–6 Eier • Legebeginn (April) Mai bis Anfang Juni • Brutdauer 12–14 Tage • ♀ brütet • ♂ und ♀ füttern • Junge bleiben 11–14 Tage im Nest, sind mit 17–19 Tagen flugfähig und mit 25–30 Tagen selbstständig • 1 (–2) Jahresbruten; Ersatzgelege.

Alter: Ältester Ringvogel mindestens 6 Jahre. Generationslänge < 3,3 Jahre.

Schutzstatus und Gefährdung: Art auf Europa konzentriert (SPEC E). Gefährdet durch intensive Landwirtschaft, Entwässerungen, Eutrophierung und zunehmend hohe Verluste auf dem Zug und im Winterquartier.

Besonderes: Der Brutbestand des Schilfrohrsängers scheint momentan durch die Überlebensrate im afrikanischen Winterquartier reguliert zu werden.

	Jan.	Feb.	März	April	Mai	Juni	Juli	Aug.	Sep.	Okt.	Nov.	Dez.
Anwesenheit												
Durchzug				x				x				
Brutzeit				x								
postjuv. Mauser												
Teil- / Vollmauser												
Vollmauser												

Feldrohrsänger (→ 471)

Acrocephalus [agricola] agricola (Jerdon 1845)

Taxonomie: Familie Rohrsängerverwandte – Acrocephalidae. Bildet mit mind. zwei östlichen Rohrsängern eine Superspezies. Zwei Unterarten, westliche von Südosteuropa bis zur Wolga *A. a. septima*.

Größe, Gewicht: Körperlänge 13 cm, Flügelspannweite 15–17,5 cm, Flügellänge ♂ 56–62 mm, ♀ 54–60 mm; ♂ 7,5–12,5 g, ♀ 9,0–13,3 g.

Erkennungshinweise: Geschlechter gleich. Ähnelt durch rostbraunen Bürzel dem Teichrohrsänger, jedoch oberseits heller braun und mit längerem Schwanz. Vom sehr ähnlichen Buschrohrsänger, der ebenfalls einen markanten Überaugenstreif hat, auch durch die sehr kurzen Handschwingen zu unterscheiden.

Stimme: Rufe kurz „täck" und hart „trrr". Kontinuierlicher und nicht in Strophen gegliederter Gesang ähnelt dem des Sumpfrohrsängers, ebenfalls mit vielen Imitationen, doch leiser. Unterscheidung von Sumpfrohrsänger nicht leicht, weniger raue Elemente, meist frei sitzend vorgetragen (nicht wie Teich- und Sumpfrohrsänger meist in Deckung).

Brutareal: Von Nord-

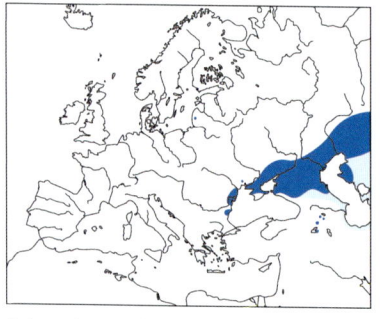

westküste des Schwarzen Meers nach Osten über das Kaspigebiet nach Nordost-Kasachstan mit Ausläufern bis Nordwest-Mongolei und Nordwest-China und nach Süden bis Nordost-Iran sowie in den Norden Pakistans. Westlichste neu entdeckte Vorkommen im Donaudelta.

Vorkommen in Mitteleuropa: Sehr seltener Gast, zunehmend als Fängling nachgewiesen.

Wanderungen: Zugvogel, Hauptwintergebiete Iran und Indien.

Lebensraum: Brutvogel im Schilfröhricht, mehr an der Landseite; Durchzügler auch in Staudenfluren.

Nahrung: Kleine Insekten und Spinnentiere.

Gefährdung: Nicht gefährdet.

Teichrohrsänger (→ 472)

Acrocephalus [scirpaceus] scirpaceus (Hermann 1804)

Taxonomie: Familie Rohrsängerverwandte – Acrocephalidae. Bildet Superspezies mit *A. baeticatus*. Drei Unterarten, davon *A. s. scirpaceus* und *A. s. fuscus* in Europa.

Größe, Gewicht: Körperlänge 13 cm, Flügelspannweite 17–21 cm, Flügellänge ♂ 63–71 mm, ♀ 61–68 mm; 9–20,5 g.

Erkennungshinweise: Geschlechter gleich. Ähnelt dem Sumpfrohrsänger, aber am Gesang leicht unterscheidbar. Im Gegensatz zu diesem Oberseite warm braun und Bürzel rot-braun gefärbt.

Stimme: Schwätzender Gesang, in dem sich die rauen Töne 2- bis 3-mal wiederholen, durch Imitationen und Pfeiflaute unterbrochen.

Ruf kurz und fast schnalzend.
Brutareal: West- und Zentralpaläarktis und räumlich
getrennt in stark aufgesplitter-
ten Teilen Vorder-, Mittel- und
Zentralasiens.
Vorkommen in Mitteleuropa:
Punktuell verbreiteter und häufiger Brut- und Sommervogel;
regelmäßiger und sehr häufiger
Durchzügler und Rastvogel.

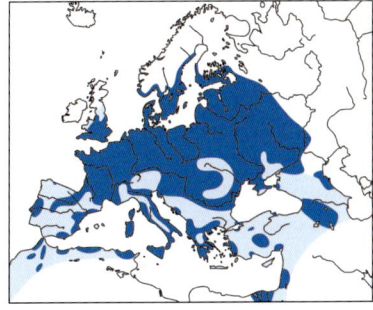

Höhengrenze in Mittelgebirgen bei 500–700 m, im Alpenvorland max.
930 m ü. NN.
Wanderungen: Langstreckenzieher mit Hauptwinterquartier in West-
und Zentralafrika.
Lebensraum: Röhrichtbestände, zumeist Altschilfbestände, auch in Mi-
schung mit Rohrkolben, seltener Rapsfelder oder Brennnesseln. Auf dem
Zug im Schilf, aber auch in Gebüsch fernab vom Wasser, gelegentlich
Gärten.
Nahrung: Ausschließlich tierisch, vor allem kleine Gliederfüßer und
Schnecken. Beutetiere meist < 10 mm. Vor allem fliegende Insekten, die
im Sprung erbeutet werden.
Brutbiologie: Monogame Saisonehe • Nest meist in Schilfbeständen,
zwischen mehrere Schilfhalme gehängt • 3–5 Eier • Brutdauer 10–13 Tage
• beide brüten und füttern, ♀ hudert bis 7 Tage • Nestlingszeit 9–13 Tage,
Junge werden außerhalb noch 10–14 Tage gefüttert • 1–2 Jahresbruten;
Ersatzgelege, bis zu 5 Brutversuche eines ♀ belegt.
Alter: Ältester Ringvogel 9 Jahre. Generationslänge < 3,3 Jahre.
Gefährdung: Art auf Europa konzentriert (SPEC E). Bedroht durch Ent-
wässerung, Ausräumung der Landschaft und Schilfrückgang.
Besonderes: Bei Erregung singen auch die Weibchen.

	Jan.	Feb.	März	April	Mai	Juni	Juli	Aug.	Sep.	Okt.	Nov.	Dez.
Anwesenheit												
Durchzug												
Brutzeit												
postjuv. Mauser												
Teil- / Vollmauser												
Vollmauser												

Buschrohrsänger (→ 473)

Acrocephalus dumetorum Blyth 1849

Taxonomie: Familie Rohrsängerverwandte – Acrocephalidae. Keine Unterarten.

Größe, Gewicht: Körperlänge 13 cm, Flügelspannweite 17–19 cm, Flügellänge ♂ 58–66 mm, ♀ 56–66 mm; 9–17 g.

Erkennungshinweise: Geschlechter gleich. Sehr schwer von Sumpf- und Teichrohrsänger zu unterscheiden. Der deutlichere Überaugenstreif reicht bis hinter das Auge, kontrastlose Schirmfedern und dunkle Beine sind geringe Unterschiede.

Stimme: Rufe ähnlich wie andere Rohrsänger „tzeck", Warnruf rau „trrrr". Gesang langsamer als Sumpfrohrsänger, mit mehr Pausen, oft Wiederholungen. Große individuelle Vielfalt. Reihen absteigender, reiner Pfeiftöne

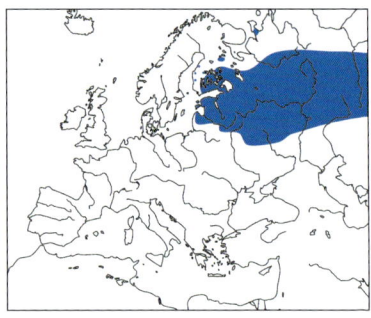

wechseln mit kurzen, geräuschhaften Lauten ab. Imitiert andere Vogelstimmen, Repertoire kleiner als bei Sumpfrohrsänger.

Brutareal: Vom Baltikum und von Südfinnland bis Westseite Baikalsee, nach Süden bis Altai und Nordost-Iran.

Vorkommen in Mitteleuropa: Ausnahmegast, meist singende Männchen.

Wanderungen: Langstreckenzieher, Winterquartier Indien, Sri Lanka, im Norden bis Nepal.

Lebensraum: Nicht ans Wasser gebunden, ähnlich Sumpfrohrsänger halboffene mit Gebüsch bestandene Wiesen mit üppiger Krautschicht; Singwarten auf Einzelbüschen.

Nahrung: Insekten und Spinnen.

Schutzstatus und Gefährdung: Nicht gefährdet.

Besonderes: In den Niederlanden 1998 ein Männchen mit Sumpfrohrsänger-Weibchen verpaart und erfolgreich brütend.

Sumpfrohrsänger (→ 474)
Acrocephalus palustris (Bechstein 1798)

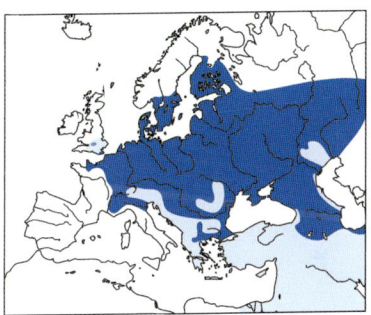

Taxonomie: Familie Rohrsängerverwandte – Acrocephalidae. Keine Unterarten.

Größe, Gewicht: Körperlänge 13 cm, Flügelspannweite 18–21 cm, Flügellänge ♂ 66–74 mm, ♀ 65–73 mm; 9–23,5 g.

Erkennungshinweise: Geschlechter gleich. Ähnelt dem Teichrohrsänger, aber am Gesang leicht unterscheidbar. Im Gegensatz zu diesem Oberseite grau-braun und Bürzel nur etwas heller und nicht rot-braun gefärbt. Meist deutliche weiße Spitzen der Handschwingen.

Stimme: Gesang besteht weitgehend aus Imitationen. Einzelne Elemente oft in Serien. Rufe kaum von denen des Teichrohrsängers unterscheidbar.

Brutareal: Verbreiteter Brutvogel der Westpaläarktis bis nach Nordkasachstan und Westsibirien.

Vorkommen in Mitteleuropa: Verbreiteter und häufiger Brutvogel, Durchzügler und Rastvogel.

Wanderungen: Langstreckenzieher. Winterquartiere im Westen und Süden Afrikas.

Lebensraum: Brutvogel offener oder locker mit Büschen bestandener Flächen mit Hochstaudenbeständen wie Brachen, Ödland, Gräben und Randstreifen bestanden mit Brennnessel, Mädesüß, Wasserdost, Weidenröschen, Knöterich, Rainfarn, Beifuß , manchmal auch Raps. Oft in heterogenen Mischbeständen.

Nahrung: Kleine Gliederfüßer wie Fliegen, Schmetterlingsraupen, Spinnen, Blattläuse, Dipteren sowie kleine Schnecken. Nahrungsaufnahme in Vegetation, kaum vom Boden.

Brutbiologie: Geschlechtsreife im 1. Lebensjahr; monogam, Paarzusammenhalt endet mit ausfliegen der Jungen • Nest wird an hochstielige

Stauden gehängt, besonders Brennnessel • meist 5 Eier, Brutbeginn mit vorletztem Ei • Brutdauer 12–14 Tage • beide brüten, ♀ nachts • ♀ hudert, anfänglich füttert ♂ alleine, später beide • Nestlingsdauer meist 10–12 Tage, Jungvögel ab 16 Tagen flugfähig • 1 Jahresbrut, Zweitbrut möglich. Ersatzgelege bei Gelege-, seltener Jungenverlust.

Alter: Ältester Ringvogel 9 Jahre. Generationslänge < 3,3 Jahre.

Gefährdung: Art auf Europa konzentriert (SPEC E). Gefährdet durch Ausräumung der Landschaft und intensive Landnutzung.

Besonderes: Exzellenter Stimmenimitator, bis jetzt wurden 212 imitierte Arten, darunter 113 aus dem afrikanischen Durchzugs- und Überwinterungsgebiet bekannt.

	Jan.	Feb.	März	April	Mai	Juni	Juli	Aug.	Sep.	Okt.	Nov.	Dez.
Anwesenheit												
Durchzug					x x			x x				
Brutzeit					x x							
postjuv. Mauser												
Teil- / Vollmauser												
Vollmauser												

Drosselrohrsänger (→ 475)

Acrocephalus [arundinaceus] arundinaceus (Linnaeus 1758)

Taxonomie: Familie Rohrsängerverwandte – Acrocephalidae. Bildet Superspezies mit Stentorrohrsänger *A. stentoreus* und einigen weiteren Taxa. Zwei Unterarten, in Europa Nominatform.

Größe, Gewicht: Körperlänge 19–20 cm, Flügelspannweite 25–29 cm, Flügellänge ♂ 97–101 mm, ♀ 92–101 mm; ♂ 30,7–39,7 g, ♀ 27,4–37,9 g.

Erkennungshinweise: Geschlechter gleich. Größter europäischer Rohrsänger mit großem, kräftigem Schnabel. Breiter, heller Überaugenstreif und schwach gerundeter Schwanz. Singende Männchen meist frei sichtbar auf Schilfspitzen.

Stimme: Ruf rau knarrend „trrt", Gesang laut, rhythmisch und mit übergangslosen großen Tonhöhen und Lautstärkeunterschieden, etwa „trr trr trr karre karre karre kriit kriit kriit…", Strophen relativ kurz.

Brutareal: Von Westeuropa und Nordwestafrika bis Nordostchina und Nordjapan in mittleren Breiten und der Mediterran- und Steppenzone.

Vorkommen in Mitteleuropa: Spärlicher Brut- und Sommervogel im Tiefland, vor allem im Osten und Süden, im Westen großflächig fehlend. Starke Bestandsabnahme. Regelmäßiger, aber wenig häufiger Durchzügler.

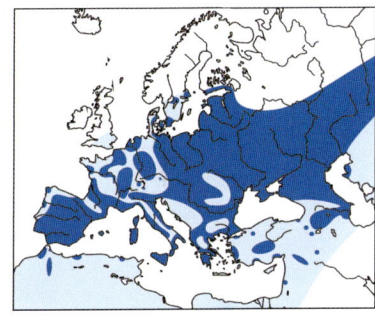

Wanderungen: Langstreckenzieher, Hauptwinterquartier Afrika von der südlichen Sahelzone bis Ostafrika und der Norden Südafrikas (ausgenommen tropischer Regenwald).

Lebensraum: Hohes und kräftiges Schilfröhricht, ans Wasser gebunden. Auf dem Zug auch in Gebüsch, mitunter auch weitab vom Wasser.

Nahrung: Gliederfüßer und andere Wirbellose.

Brutbiologie: Geschlechtsreife im 1. Lebensjahr • Nest fast nur im Schilf an kräftigen Halmen verankerter, dickwandiger, tiefer Napf aus Fasern, Pflanzenwolle, alten Schilfblättern u. a. Pflanzenmaterial • 4–6 Eier • Legebeginn ab Mitte, meist gegen Ende Mai • Brutdauer 13–15 Tage • nur ♀ brütet • ♂ und ♀ füttern • Junge bleiben 10–15 Tage im Nest, werden dann noch mind. 2 Wochen gefüttert • 1 (–2) Jahresbruten; Ersatzgelege.

Alter: Ältester Ringvogel über 10 Jahre. Generationslänge < 3,3 Jahre.

Gefährdung: Gefährdet durch Entwässerungen und Uferverbauungen, Schilfrückgang, Eutrophierung und Dürre in der Sahelzone.

Besonderes: Kann ein ♂ ein zweites ♀ anlocken, bekommt dieses weniger Unterstützung bei der Jungenaufzucht.

	Jan.	Feb.	März	April	Mai	Juni	Juli	Aug.	Sep.	Okt.	Nov.	Dez.
Anwesenheit												
Durchzug												
Brutzeit												
postjuv. Mauser												
Teil- / Vollmauser												
Vollmauser												

Waldlaubsänger (→ 478)

Phylloscopus sibilatrix (Bechstein 1793)

Taxonomie: Familie Laubsänger – Phylloscopidae. Keine Unterarten.

Größe, Gewicht: Körperlänge 12 cm, Flügelspannweite 19,5–24 cm, Flügellänge ♂ 70–80 mm, ♀ 70–72 mm; ♂ 8,5–12,5 g, ♀ 8,6–11,4 g.

Erkennungshinweise: Geschlechter gleich. Oberseite kräftig grün. Durch schneeweißen Bauch, gelbe Kehle und gelben Überaugenstreif unverwechselbar.

Stimme: Der typische Gesang besteht aus spitzen, metallisch klingenden Tönen, die mit einem pulsierendem Triller enden. Bei Störungen ein gedämpft flötendes „tüh". Der Lockruf ist ein scharfes „zip".

Brutareal: Laubwaldgürtel der Westpaläarktis von Großbritannien bis Westsibirien.

Vorkommen in Mitteleuropa: Verbreiteter und häufiger Brut- und Sommervogel sowie regelmäßiger, häufiger Durchzügler und Gastvogel vom Tiefland bis etwa 1300 m ü. NN.

Wanderungen: Langstreckenzieher mit Hauptwinterquartieren im äquatorialen Regenwald und der Feuchtsavanne Afrikas.

Lebensraum: Buchen- und Eichenwälder, auch Mischwälder und nach Osten zunehmend Kiefernwälder. Geschlossen, aber nicht zu dicht und mit eher spärlicher Krautschicht.

Nahrung: Insekten und Spinnentiere, die im Kronenbereich aufgenommen werden; im Herbst gelegentlich Beeren.

Brutbiologie: Geschlechtsreife im 1. Lebensjahr • Nest am Boden, oft in Vertiefungen, in dürrem Laub, unter altem Gras oder zwischen Baumwurzeln, backofenförmig mit Seiteneingang aus alten Grasblättern und Halmen oft durch Material aus der direkten Umgebung gut getarnt •

5–8≈Eier • Legebeginn Anfang/Mitte Mai bis Juni • Brutdauer 12–13 Tage • ♀ brütet • ♂ und ♀ füttern • Junge bleiben 12–13 Tage im Nest, werden dann noch einige Tage gefüttert, Familien halten mitunter bis 4 Wochen zusammen • 1 Jahresbrut; Ersatzgelege.

Alter: Ältester Ringvogel 10 Jahre, 2 Monate. Generationslänge < 3,3 Jahre.

Gefährdung: Art auf Europa konzentriert und mit ungünstigem Erhaltungsstatus (SPEC 2). Gefährdet durch Nadelholzanbau, geschlossene Wälder und hohe Nestprädation.

Besonderes: Obwohl Waldlaubsänger überwiegend im Kronenbereich singen und Nahrung suchen, brüten sie am Boden.

	Jan.	Feb.	März	April	Mai	Juni	Juli	Aug.	Sep.	Okt.	Nov.	Dez.
Anwesenheit												
Durchzug												
Brutzeit												
postjuv. Mauser												
Teil- / Vollmauser												
Vollmauser												

Berglaubsänger (→ 479)

Phylloscopus [bonelli] bonelli (Vieillot 1819)

Taxonomie: Familie Laubsänger – Phylloscopidae. Bildet mit Balkanlaubsänger *P. orientalis* eine Superspezies. Keine Unterarten.

Größe, Gewicht: Körperlänge 11,5 cm, Flügelspannweite 16–18,5 cm, Flügellänge ♂ 63–68 mm, ♀ 57–64 mm; 6–12 g.

Erkennungshinweise: Geschlechter gleich. Fitisgroßer Laubsänger mit komplett weißer Unterseite. Oberseite braungrau, im Gegensatz zum Balkanlaubsänger oft grünlich angehaucht. Bürzel gelb und Handschwingen und Steuerfedern gelbgrün gesäumt. Kopf mit hellem Zügel und undeutlichem Überaugenstreif. Beine dunkelbraun.

Stimme: Rufe näselnd, nach oben gezogen „düid" oder „hoeid" (erinnert an Grünling), ab Hochsommer kurz „(i)sst". Gesang kurzer klappernder Triller, langsamer, aber oft sehr ähnlich Waldlaubsänger (jedoch ohne Einleitung).

Brutareal: Nordwestafrika, Iberische Halbinsel, mittleres und südliches Frankreich, Alpen und Apennin.

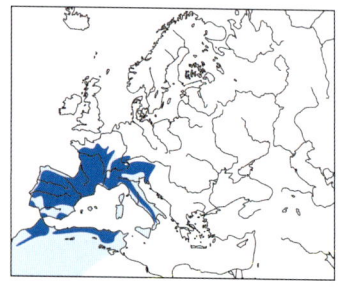

Vorkommen in Mitteleuropa: Spärlicher Brutvogel, nur im Süden (Schwäbische Alb, Schwarzwald, in Alpen teilweise häufig und verbreitet). Sonst nur gelegentlich Brutnachweise und sehr seltener Gast. Sommervogel.

Wanderungen: Langstreckenzieher, Hauptwinterquartier südliche Sahelzone, nach Osten bis Tschadbecken.

Lebensraum: Brutvogel in lichten Nadel-, Misch- und Laubwäldern vor allem an (sonnigen) Hängen von Mittelgebirgen und in unteren bis mittleren Stufen der Hochgebirge. Im Voralpenland auch in Moorgehölzen.

Nahrung: Insekten und Spinnen.

Brutbiologie: Geschlechtsreife im 1. Lebensjahr • Nest am Boden in hohem Gras mit überhängenden Halmen, backofenförmig mit Seiteneingang; Nestmulde mit Grashalmen ausgekleidet • 3–7 Eier • Legebeginn Anfang/Mitte Mai bis Juli • Brutdauer 12–13 Tage • ♀ brütet • ♂ und ♀ füttern • Junge bleiben 12–13 Tage im Nest, werden dann noch einige Tage gefüttert • 1 Jahresbrut; Ersatzgelege selten.

Alter: Generationslänge < 3,3 Jahre.

Gefährdung: Art auf Europa konzentriert und mit ungünstigem Erhaltungsstatus (SPEC 2). Auch in Baden-Württemberg stark rückläufig, insbesondere durch Verlust, Eutrophierung und Sukzession von Steppenheiden und Mooren (Voralpenland) sowie Zerstörung sonnenexponierter halboffener, strukturreicher Waldränder aufgrund intensiver Landwirtschaft, Störungen durch intensive Freizeitnutzung (Klettern etc.) und Trockenheit im Überwinterungsgebiet.

Besonderes: Sehr kleines Verbreitungsgebiet.

Balkanlaubsänger (→ 480)

Phylloscopus [bonelli] orientalis (C. L. Brehm 1855)

Taxonomie: Familie Laubsänger – Phylloscopidae. Bildet Superspezies mit Berglaubsänger P. bonelli. Keine Unterarten.

Größe, Gewicht: Körperlänge 11,5 cm, Flügelspannweite 17–20 cm, Flügellänge ♂ 6,5–7,3 cm, ♀ 6,2–6,7 cm; 8–12 g.

Erkennungshinweise: Geschlechter gleich. Sehr ähnlich Berglaubsänger, jedoch geringfügig größer und längere Handschwingen. Oberseits etwas grauer gefärbt, die Achselfedern und Unterflügeldecken aber blasser.

Stimme: Gesang schneller als bei Berglaubsänger und an den Triller im Gesang der Blaumeise erinnernd. Der harte Ruf „tschip" erinnert an einen jungen Haussperling.

Brutareal: Es erstreckt sich vom Balkan bis in die Türkei und nach Nordisrael, wobei das Dinarische Gebirge das Verbreitungsgebiet von dem des Berglaubsängers trennt.

Vorkommen in Mitteleuropa: Ausnahmegast.

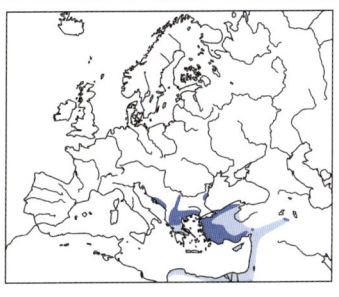

Wanderungen: Zugvogel, der in Nordostafrika vom Sudan bis nach Äthiopien überwintert.

Lebensraum: Hauptsächlich werden, mit dichtem Unterwuchs bestandene, waldreiche Hänge von der Küste bis zu 1800 m ü. NN besiedelt.

Nahrung: Reiner Insektenfresser, der seine Nahrung vor allem im Kronenbereich, aber auch auf Außenästen absammelt.

Brutbiologie: Nest in dichter Vegetation am Boden, kugelförmiger Bau aus Gras, Blättern, Moos und Haaren • 4–6 Eier • Brutzeit April bis August • Brutdauer und Nestlingsdauer wohl ähnlich Berglaubsänger.

Gefährdung: Bestand in Europa konzentriert und in ungünstigem Erhaltungszustand.

Besonderes: Wurde bis Anfang dieses Jahrhunderts als östliche Unterart des Berglaubsängers angesehen und erst im Zuge neuerer Forschungen als eigene Art beschrieben.

Dunkellaubsänger (→ 481)

Phylloscopus [fuscatus] fuscatus **(Blyth 1842)**

Taxonomie: Familie Laubsänger – Phylloscopidae. Bildet Superspezies mit *P. fuligiventer* im Himalaja. Drei Unterarten, Nominatform in Sibirien.

Größe, Gewicht: Körperlänge 11 cm, Flügelspannweite 14,5–20 cm, Flügellänge ♂ 58–65 mm, ♀ 54–60 mm; 6–11 g.

Erkennungshinweise: Geschlechter gleich. Düster wirkender, graubrauner Laubsänger ohne Gelb im Gefieder. Markanter, langer Überaugenstreif, durch dunklen Augenstreif betont.

Stimme: Ruf schnalzend „tek" oder „tschek". Gesang stereotyp mit 3–5 wiederholten Elementen wie „tia-tia-tia.." oder ähnliche Tannenmeise „wize wize wize...", aber auch kurze variable Strophen, mit leisen „drr" eingeleitet.

Brutareal: Sibirien vom Pazifik nach Westen bis etwa Ob und in der Hochgebirgszone von Südwestchina bis Ostnepal.

Vorkommen in Mitteleuropa: Sehr seltener Gast, an der Küste einzeln so gut wie alljährlich, sonst Ausnahmegast.

Wanderungen: Zugvogel, Hauptwinterquartier Südasien.

Lebensraum: Brutvogel in dichter Strauch- und Krautschicht nahe am Boden, bevorzugt an feuchten Stellen, aber auch oberhalb der Waldgrenze im Hochgebirge.

Nahrung: Kleine Insekten.

Gefährdung: Nicht gefährdet.

Besonderes: Männchen besetzen bereits im Herbst vor dem Wegzug ins Winterquartier Reviere, die sie nach der Rückkehr im Frühjahr besetzen wollen.

Bartlaubsänger (→ 482)

Phylloscopus [schwarzi] schwarzi (Radde 1863)

Taxonomie: Familie Laubsänger – Phylloscopidae. Bildet Superspezies mit Davidlaubsänger *P. armandii* (China). Keine Unterarten.

Größe, Gewicht: Körperlänge 12,5 cm, Flügelspannweite 15,5–20,5 cm, Flügellänge ♂ 60–66 mm, ♀ 54–64 mm; ♂ 9–17 g, ♀ 8–13 g.

Erkennungshinweise: Geschlechter gleich. Kräftig gebauter Laubsänger mit auffallend hellen Beinen, meisenartig kräftigem Schnabel und beigebrauner Unterseite. Wie Dunkellaubsänger mit einem breiten, jedoch helleren Überaugenstreif, der auch vor dem Auge breit ist.

Stimme: Rufe leise schnalzend „tschrepp", weich „wit". Gesang auffallend laute, relativ kurze Klapperstrophen oder Triller.

Brutareal: Taiga von Sachalin nach Westen bis Mittelsibirien an den oberen Ob.

Vorkommen in Mitteleuropa: Ausnahmegast bis sehr seltener Gast im Norden (Okt).

Wanderungen: Zugvogel mit Winterquartier in Südostasien von China bis Myanmar.

Lebensraum: Brutvogel in lichten Wäldern mit Kraut- und Strauchschicht, auch an der Baumgrenze in Bergen.

Nahrung: Insekten und Spinnen.

Gefährdung: Keine Gefährdung erkennbar.

Besonderes: Zunahme der Beobachtungen in Europa wohl aufgrund besserer Kenntnis, in Mitteleuropa fast ausschließlich im Nordseebereich; neigt zu Einflügen (z. B. 1999).

Fitis (→ 483)

Phylloscopus trochilus (Linnaeus 1758)

Taxonomie: Familie Laubsänger – Phylloscopidae. Drei Unterarten, in Mitteleuropa *P. t. trochilus*, als Duchzügler kommt auch *P. t. acredula* (Linnaeus 1758) aus Nordskandinavien und Osteuropa in Mitteleuropa vor.

Größe, Gewicht: Körperlänge 10,5–11,5 cm, Flügelspannweite 16,5–22 cm, Flügellänge ♂ 65,5–71 mm, ♀ 60–67 mm; 6,5–11,8 g.

Erkennungshinweise: Geschlechter gleich. Am leichtesten mit dem Zilpzalp zu verwechseln. Oberseits graugrüner Laubsänger mit zartgelber Brust und schmutzig weißem Bauch. Deutlich weißer oder gelblicher Überaugenstreif, lange Handschwingen und helle Beine. Im Jugendkleid gesamte Unterseite zartgelb.

Stimme: Ruf weich flötend „hüid", sehr ähnlich Zilpzalp, aber in der Regel weicher und manchmal eher zwei-

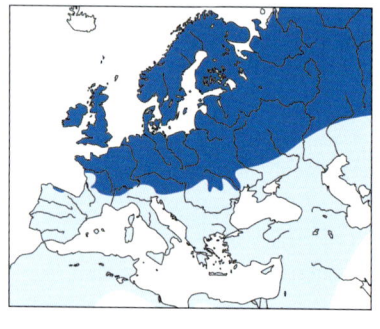

silbig, zweiter Teil nach oben gezogen. Gesang abfallende weiche Flötenstrophe, im Aufbau, aber nicht im Klang an Buchfinken erinnernd.

Brutareal: Von Westeuropa bis Ostsibirien. In Europa Südgrenze südliches Zentralfrankreich und Nordalpen, Nordungarn, Nordukraine und Südural, nach Norden bis einschließlich Nordkap.

Vorkommen in Mitteleuropa: Flächig verbreiteter, sehr häufiger Sommer- und Brutvogel, sehr häufiger Durchzügler und Rastvogel. Unterart acredula wohl wenig häufiger, aber regelmäßiger Durchzügler.

Wanderungen: Langstreckenzieher, Winterquartier in Afrika von Feuchtsavannen nördlich des Äquators bis in die Dornsavanne Südafrikas.

Lebensraum: Lichte und aufgelockerte Waldbestände mit gut ausgebildeter Strauch- und Krautschicht, auch in kleinen Baum- und Buschinseln, Feldgehölzen und vor allem auch in Weidengebüsch am Wasser. Kaum in Gärten und Parks, hier aber auf dem Durchzug.

Nahrung: Kleine Insekten und Spinnen.

Brutbiologie: Geschlechtsreife im 1. Lebensjahr • Backofenförmiges Nest mit Überdachung und seitlichem Eingang aus Laub, Gras und Moos, nach innen mit feinem Gras, auf oder nahe am Boden, gut versteckt • 4–8 Eier • Legebeginn Ende März, Anfang April, Spätbruten bis Mitte August • Brutdauer 12–14 Tage • nur ♀ brütet • ♂ und ♀ füttern • Junge bleiben 12–14 Tage im Nest, werden dann noch 2–3 Wochen betreut • 1 Jahresbrut; Ersatzgelege.

Alter: Ältester Ringvogel 10 Jahre, 3 Monate. Generationslänge < 3,3 Jahre.

Gefährdung: Bestandsrückgänge durch forstwirtschaftliche Veränderungen und zunehmende Sukzession. Hohe Verluste auf dem Zug und im Winterquartier.

Besonderes: Als einzige europäische Vogelart mausert er jährlich zweimal das komplette Großgefieder.

	Jan.	Feb.	März	April	Mai	Juni	Juli	Aug.	Sep.	Okt.	Nov.	Dez.
Anwesenheit												
Durchzug			x x					x x				
Brutzeit				x x								
postjuv. Mauser												
Teil- / Vollmauser												
Vollmauser												

Zilpzalp (→484)
Phylloscopus [collybita] collybita (Vieillot 1817)

Taxonomie: Familie Laubsänger – Phylloscopidae. Bildet Superspezies mit Iberienzilpzalp *P. ibericus*, Kanarenzilpzalp *P. canariensis* und Bergzilpzalp *P. sindianus*. Sechs Unterarten, die Nominatform brütet in Mitteleuropa, *abietinus* aus Nord- und Osteuropa kommt als Durchzügler vor, Taigazilpzalp P.c. *tristis* in Sibirien.

Größe, Gewicht: Körperlänge 10–11 cm, Flügelspannweite 15–21 cm, Flügellänge ♂ 57–63 mm, ♀ 55,5–62 mm; 7–10 g.

Erkennungshinweise: Geschlechter gleich. Weniger lebhaft mit gelben und grünen Tönen gefärbt als Iberienzilpzalp und kürzere Flügel als dieser. Der Taigazilpzalp jedoch ohne Grün- bzw. Gelbtöne. Beinfärbung sehr variabel, meist jedoch dunkelbraun bzw. schwarz, was ihn von den meisten anderen Laubsängern unterscheidet.

Stimme: Gesang einfache taktfeste Folge von klaren Tönen „Zilp zalp zilp zalp zilp zalp...". Ruft einsilbig weich „hüid". Taigazilpzalp singt meist sehr verschieden, schneller und variabler als Zipzalp, Ruf pfeifend, auf einer Tonhöhe bleibend „swiie".

Brutareal: Boreale und gemäßigte Zone von Westeuropa (Britische Inseln, Zentralfrankreich) nach Osten bis Westsibirien, sowie in Waldinseln der mediterranen und subtropischen Gebiete der Südwest-Paläarktis.

Vorkommen in Mitteleuropa: Verbreiteter, sehr häufiger Brut- und Sommervogel vom Tiefland bis etwa 1500 m ü.NN, darüber seltener bis 1800 m ü.NN in den Alpen. Sehr häufiger Durchzügler, als Überwinterer in kleiner, aber wachsender Zahl in milderen Lagen. Taigazilpzalp ist Ausnahmegast.

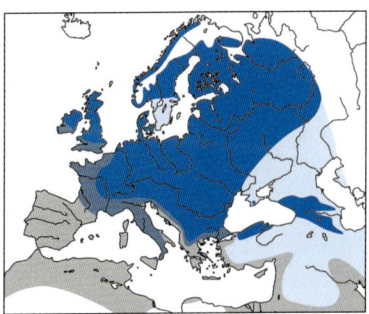

Wanderungen: Kurz- und Mittelstreckenzieher, Nordeuropäer und tristis Langstreckenzieher. Winterquartiere um Mittelmeer und Persischen Golf, Oasen der Sahara und Trockensavanne südlich der Sahara bis ins Bergland Ost-Afrikas.

Lebensraum: Brütet in unterholzreichen Laub-, Misch- und Nadelwäldern oder Jungwüchsen mit zumindest stellenweise gut entwickelter Krautschicht. Geringer Raumbedarf, daher auch in kleineren Baum- und Strauchgruppen und Gärten mit geeigneten Strukturen.

Nahrung: Kleine Insekten und ihre Entwicklungsstadien, im Frühjahr auch Nektar und Pollen, auch Beeren und Früchte, besonders auf dem Durchzug und im Winterquartier.

Brutbiologie: Geschlechtsreife im 1. Lebensjahr • Nest als kugeliger Bau niedrig über dem Boden in Krautschicht • 4–6 Eier • Legebeginn ab Mitte April • Brutdauer 14–15 Tage ab (vor-)letztem Ei • nur ♀ brüten • ♀ hudert und füttert, ♂ füttert ab ca. 7. Tag • Nestlingsdauer 14–15 Tage • 2 Jahresbruten.

Alter: Ältester Ringvogel mindestens 8 Jahre. Generationslänge < 3,3 Jahre.

Gefährdung: Nicht gefährdet.

Besonderes: Vermutlich aufgrund der Klimaänderung steigt beim Zilpzalp die Tendenz zur Überwinterung.

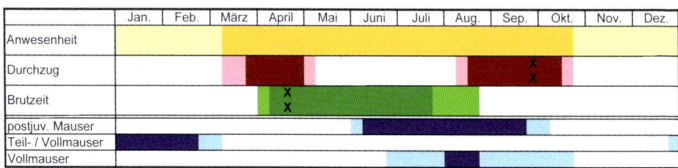

	Jan.	Feb.	März	April	Mai	Juni	Juli	Aug.	Sep.	Okt.	Nov.	Dez.
Anwesenheit												
Durchzug										x		
										x		
Brutzeit				x								
				x								
postjuv. Mauser												
Teil- / Vollmauser												
Vollmauser												

Iberienzilpzalp (→ 485)

Phylloscopus [collybita] ibericus Ticehurst 1937

Taxonomie: Familie Laubsänger – Phylloscopidae. Bildet Superspezies mit Zilpzalp *P. collybita*, Kanarenzilpzalp *P. canariensis* und Bergzilpzalp *P. sindianus*. Zwei Unterarten.

Größe, Gewicht: Körperlänge 10–11 cm, Flügelspannweite 15–21 cm, Flügellänge ♂ 59–64 mm, ♀ 54–59 mm; 7–8,3 g.

Erkennungshinweise: Geschlechter gleich. Im Gegensatz zum Zilpzalp lebhafter gelb und olivgrün gefärbt und längere Flügel. Wichtigstes Unterscheidungsmerkmal ist die Stimme.

Stimme: Ruf deutlich abfallend „zieh" oder „piü". Gesang aus drei Elementen wie „djep djep djep djep swüid swüid tettettet...", Schlussteil kann an Fitis erinnern.

Brutareal: Von Nordwestafrika über die Iberische Halbinsel bis Südwestfrankreich.

Vorkommen in Mitteleuropa: Ausnahmegast, einzelne singende ♂ im Mai und Juni.

Wanderungen: Teilzieher und Zugvogel, wohl auch Standvogel in einigen Gebieten. Überwinterungsgebiete noch wenig bekannt.

Lebensraum: Wie Zilpzalp in Laub- und Mischwäldern und Gehölzgruppen mit viel Unterwuchs.

Nahrung: Kleine Insekten

Schutzstatus und Gefährdung: Art auf Europa konzentriert (SPEC E).

Besonderes: Die Art steht in Südwest-Frankreich und Nordspanien über eine schmale Hybridzone genetisch mit dem Zilpzalp in Kontakt.

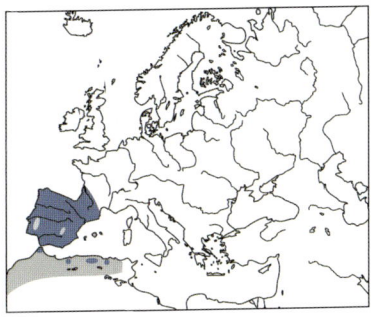

Goldhähnchen-Laubsänger (→ 487)

Phylloscopus [proregulus] proregulus (Pallas 1811)

Taxonomie: Familie Laubsänger – Phylloscopidae. Bildet mit den drei asiatischen Taxa *P. chloronotus*, *P. kansuensis* und *P. forresti* eine Superspezies. Keine Unterarten.

Größe, Gewicht: Körperlänge 9 cm, Flügelspannweite 12–16,5 cm, Flügellänge ♂ 50–57 mm, ♀ 47–52 mm; 5–7 g.

Erkennungshinweise: Geschlechter gleich. Sehr kleiner Laubsänger mit markantem

Kopfmuster und großem gelben Bürzelfleck, der dem ähnlichen Gelbbrauen-Laubsänger fehlt.

Stimme: Ruf hoch, fein und etwas nasal „djuii" oder „siüt", auch mehr metallisch „tsched-tsched" (erinnert an Birkenzeisig). Gesang laut und abwechslungsreich, auch mit Teilen, die an Zaunkönig oder Grünling erinnern.

Brutareal: Zentral- und Ostasien vom Hindukusch bis Südwestchina und davon getrennt von Sachalin über Mandschurei bis an den Ob.

Vorkommen in Mitteleuropa: Sehr seltener, aber an der Küste fast regelmäßiger Gastvogel im Herbst; im Binnenland Ausnahmegast.

Wanderungen: Je nach Population Kurz- und Langstreckenzieher. Offenbar bei besonderen Witterungsbedingungen eruptionsartige Westwanderungen.

Lebensraum: Brutvogel in Nadelwäldern, vor allem im Bergland.

Nahrung: Kleine Insekten und Spinnen.

Gefährdung: Nicht gefährdet.

Besonderes: Der Goldhähnchen-Laubsänger ist Symbol der Deutschen Seltenheitenkommision.

Gelbbrauen-Laubsänger (→ 488)
Phylloscopus [inornatus] inornatus (Blyth 1842)

Taxonomie: Familie Laubsänger – Phylloscopidae. Bildet Superspezies mit Tienschan-Laubsänger *P. humei*. Keine Unterarten.

Größe, Gewicht: Körperlänge 10 cm, Flügelspannweite 14,5–20 cm, Flügellänge ♂ 55–60 mm, ♀ 51–57 mm; ♂ 5,5–9 g, ♀ 5,5–7 g.

Erkennungshinweise: Geschlechter gleich. Am leichtesten mit dem Tienschan-Laubsänger zu verwechseln. Gelbbrauen-Laubsänger sind jedoch oberseits etwas grüner gefärbt und haben dunkleren Schnabel und Beine. Durch einen manchmal vorkommenden Scheitelstreifen ist die Art mit dem Goldhähnchen-Laubsänger zu verwechseln, der jedoch immer einen gelben Bürzelfleck hat.

Stimme: Ruf hoch und dünn ein- bis zweisilbig „tsuii" (erinnert etwas an Tannenmeise). Gesang hoch und fein in relativ kurzen Strophen, etwa „zie ziewiest zieh", erinnert an Goldhähnchen.

Brutareal: In der Taiga von Jakutien und Ussuriland sich stark verschmälernd nach Westen bis an den Ob und den Nordural.

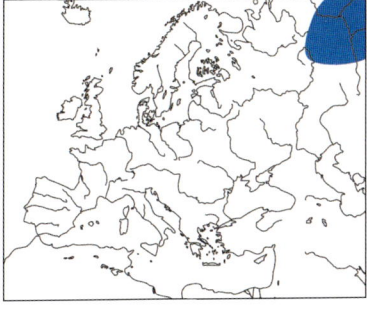

Vorkommen in Mitteleuropa: Seltener, aber an der Küste heute regelmäßiger Gast im Herbst, auch im Binnenland zunehmend.

Wanderungen: Langstreckenzieher, Hauptwinterquartier Subtropen und Tropen Südostasiens, nach Westen bis Nordostindien. Erreicht als häufigster sibirischer Gast Ost- und Nordsee alljährlich im Herbst.

Lebensraum: Brutvogel in lichten Wäldern mit Sträuchern. Durchzügler in Auwäldern und anderen Gehölzen, auch in Gärten und Parkanlagen.

Nahrung: Kleine Insekten.

Gefährdung: Nicht gefährdet.

Besonderes: Gelbbrauen-Laubsänger treten an den Küsten Westeuropas so regelmäßig auf, dass man von einem regulären Durchzug in geringer Zahl ausgehen kann.

Tienschanlaubsänger (→ 489)

Phylloscopus [inornatus] humei (W.E. Brooks 1878)

Taxonomie: Familie Laubsänger – Phylloscopidae. Bildet Superspezies mit Gelbbrauen-Laubsänger *P. inornatus*. Zwei Unterarten, *P. h. humei* als Ausnahmegast in Europa.

Größe, Gewicht: Körperlänge 10 cm, Flügelspannweite 16–20 cm, Flügellänge ♂ 55–62 mm, ♀ 50,5–59 mm; ♂ 5,5–8,8 g, ♀ 5–8 g.

Erkennungshinweise: Geschlechter gleich. Am leichtes-

ten mit dem Gelbbrauenlaubsänger zu verwechseln. Tienschanlaubsänger sind jedoch oberseits graugrün gefärbt, haben dunklere Beine, und der Schnabel ist ganz dunkel.

Stimme: Bestes Unterscheidungsmerkmal zum Gelbbrauenlaubsänger. Gesang ist ein gedehnter, rauer Summton, der etwas abfällt und an einen langen Rotdrosselruf erinnert. Ruf ein energischer Pfiff wie „dswuiit" klingend, oder abfallend „Tsliü".

Brutareal: In Asien von Nordwestindien, Nordpakistan und Nordafghanistan bis in die Mongolei.

Vorkommen in Mitteleuropa: Sehr seltener Gastvogel. Nachweise hauptsächlich an der Küste.

Wanderungen: Zugvogel mit Winterquartier in Nord- und Zentralindien, Nordpakistan, Afghanistan bis Iran, vereinzelt weiter westlich.

Lebensraum: Brutvogel lichter Bergwälder bis zur Waldgrenze und in die Krummholzzone.

Nahrung: Vor allem kleine bis sehr kleine Insekten, daneben Spinnen und kleine Schnecken.

Gefährdung: Nicht gefährdet.

Wanderlaubsänger (→ 490)
Phylloscopus [borealis] borealis (J. H. Blasius 1858)

Taxonomie: Familie Laubsänger – Phylloscopidae. Bildet Superspezies mit *P. xanthodryas* aus Japan. Zwei Unterarten, in Europa die Nominatform.

Größe, Gewicht: Körperlänge 10,5–11,5 cm, Flügelspannweite 16,5–22 cm, Flügellänge ♂ 63–72 mm, ♀ 59–65 mm; 6–15 g.

Erkennungshinweise: Geschlechter gleich. Fitisgroßer Laubsänger mit graugrüner Oberseite, grauweißer Unterseite und langem, schmalen Überaugenstreif. Flügel relativ lang und mitunter zwei Flügelbinden.

Stimme: Der Gesang, eine klappernde Schwirrstrophe, erinnert manchmal an Zaunammer oder Klappergrasmücke. Zweisilbiger Ruf „dsit dsit" an Wasseramsel erinnernd.

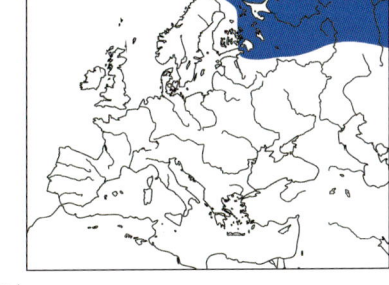

Brutareal: Von Fennoskandien ostwärts bis Tschuktschen-Halbinsel und Japan sowie Westhälfte Alaskas.

Vorkommen in Mitteleuropa: Sehr seltener Gastvogel im Herbst.

Wanderungen: Langstreckenzieher. Überwintert in den ostasiatischen Tropen. Zugweg skandinavischer Vögel ins Winterquartier damit ca. 13.000 km.

Lebensraum: Auen mit Erlengebüsch oder Birken-, Weiden- und Pappelbestände in der Subarktis.

Nahrung: Kleine Insekten und andere kleine Wirbellose.

Alter: Generationslänge < 3,3 Jahre.

Gefährdung: Nicht gefährdet.

Grünlaubsänger (→ 491)

Phyllosocopus [trochiloides] trochiloides (Sundevall 1837)

Taxonomie: Familie Laubsänger – Phylloscopidae. Bildet Superspezies mit Wacholderlaubsänger *P. nitidus* und Middendorff-Laubsänger *P. plumbeitarsus*. Vier Unterarten, in Mitteleuropa *P. t. viridanus*.

Größe, Gewicht: Körperlänge 10 cm, Flügelspannweite 15–21 cm, Flügellänge ♂ 57–67 mm, ♀ 55–64 mm; 6–8,5 g.

Erkennungshinweise: Geschlechter gleich. Ähnlich Wanderlaubsänger, jedoch wesentlich kürzere Handschwingen. Der dunkle Zügelstreif reicht nicht bis zur Schnabelbasis, der helle Überaugenstreif jedoch schon. Beim Wanderlaubsänger ist dies umgekehrt.

Stimme: Ruf „tsi-e" oder „zilep", zweisilbig, ähnlich Bachstelze, bei Erregung „psi". Gesang rasche Folge komplizierter Elemente mit schnellem Tonhöhenwechsel, erinnert an Baumpieper oder Tannenmeise, dann

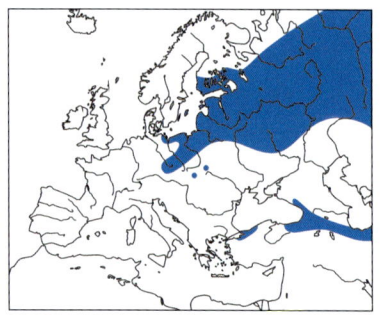

folgt klapperndes Schnarren (z. B. Zaunkönig) und am Ende weicher Triller (Kanarienvogel, Grünling, aber feiner). Variabel, Kurzstrophen erinnern an Tannenmeise.

Brutareal: Von der Ostsee (Polen, Baltikum) bis Ostsibirien und davon getrennt Bergwälder zentralasiatischer Gebirge.

Vorkommen in Mitteleuropa: Sehr seltener und zerstreuter Brutvogel im Osten, sonst gelegentlich lokal einzelner Sommer- und Brutvogel vor allem im Norden, wohl regelmäßig seltener Durchzügler und Gastvogel.

Wanderungen: Langstreckenzieher, Hauptwinterquartier Indien.

Lebensraum: Brutvogel in Nadel-, Misch- und Laubwald, auch in Parks in dichten Baumbeständen.

Nahrung: Kleine Insekten.

Alter: Generationslänge < 3,3 Jahre.

Gefährdung:

Besonderes: Der Grünlaubsänger ist neuer Brutvogel in Deutschland.

Wacholderlaubsänger (→ 492)
Phylloscopus [trochiloides] nitidus (Blyth 1843)

Taxonomie: Familie Laubsänger – Phylloscopidae. Bildet Superspezies mit Grünlaubsänger *P. trochiloides* und Middendorff- Laubsänger *P. plumbeitarsus*. Keine Unterarten.

Größe, Gewicht: Körperlänge 10–11 cm, Flügelspannweite 16–19,5 cm, Flügellänge ♂ 60–68 mm, ♀ 55–65 mm; ♂ 7–9 g, ♀ 6,5 g.

Erkennungshinweise: Geschlechter gleich. Im Gefieder dem Grünlaubsänger ähnlich, jedoch größer und kräftigerer Schnabel und Körperbau. Ein sehr gutes Kennzeichen ist der schmale Überaugenstreif, der anders als der Zügel-

streif nicht bis zum Schnabel reicht. Mitunter ist eine zweite Flügelbinde vorhanden.

Stimme: Gesang harte, schnelle, schwirrende Lautfolge die an Zaunammergesang erinnert. Ruf kurz und scharf „dzrt" sehr kennzeichnend und bestes Unterscheidungsmerkmal zum Grünlaubsänger.

Brutareal: Eurasien von Tschuktschen-Halbinsel bis Fennoskandien und Westhälfte Alaskas.

Vorkommen in Mitteleuropa: Bisher nur ein Nachweis auf Helgoland.

Wanderungen: Zugvogel. Hauptüberwinterungsquartiere in Indien und Sri Lanka.

Lebensraum: Im Kaukasus Waldrandbereiche und Lichtungen von den Vorbergen bis auf 3000 m ü. NN, auch Weiden und Feldgehölze. Besonders im Kronenbereich von Birken und Espen.

Nahrung: Kleine Gliederfüßer, die vom Baumkronenbereich bis zum Boden sowie im Flug aufgenommen werden.

Gefährdung: Nicht gefährdet.

Middendorff-Laubsänger (→ 493)

Phylloscopus [trochiloides] plumbeitarsus Swinhoe 1861

Taxonomie: Familie Laubsänger – Phylloscopidae. Bildet Superspezies mit Grünlaubsänger P. trochiloides. Keine Unterarten.

Größe, Gewicht: Körperlänge 10 cm, Flügellänge 5,3–6,4 cm; 10–11 g.

Erkennungshinweise: Geschlechter gleich. Dem Grünlaubsänger recht ähnlich. Typischer Laubsänger mit zwei breiten und deshalb deutlichen Flügelbinden. Oberseite deut-

lich grün und Unterseite hell weißlich. Gesamter Unterschnabel gelblich.

Stimme: Singt ähnlich Grünlaubsänger, jedoch etwas tiefer und länger, insgesamt weicher wirkend. Rufe deutlich zwei- oder auch dreisilbig „tsi-z'li".

Brutareal: Taiga Ostsibiriens bis zur Pazifikküste. Im Süden bis in die Mongolei und Nordostchina reichend.

Vorkommen in Mitteleuropa: Extrem seltene Ausnahmeerscheinung.

Wanderungen: Zugvogel, der auf dem indischen Subkontinent überwintert.

Lebensraum: Stehende Binnengewässer mit breiter Verlandungszone.

Nahrung: Kleine Insekten und Spinnen.

Brutbiologie: Kaum bekannt • 5–6 Eier • Brutzeit Mai bis Juli/August • Keine Angaben über Brut- und Nestlingsdauer.

Gefährdung: Nicht weltweit gefährdet.

Kronenlaubsänger (→494)

Phylloscopus [coronatus] coronatus
(Temminck & Schlegel 1847)

Taxonomie: Familie Laubsänger – Phylloscopidae. Bildet Superspezies mit *P. ijimae* (Japan). Keine Unterarten.

Größe, Gewicht: Körperlänge 11 cm, Flügellänge ♂ 60–68 mm, ♀ 57–62 mm; 8,7–10,9 g.

Erkennungshinweise: Geschlechter gleich. Erinnert sehr an Wanderlaubsänger, ist aber schlanker und hat eine gelbgrünere Oberseite als dieser. Durch den hellen Scheitelstreif besteht Verwechslungsgefahr mit dem Goldhähnchen-Laubsänger. Dieser ist jedoch kleiner und hat immer zwei deutliche Flügelbinden.

Stimme: Ruf ziemlich hart „tju", auch durchdringend „swiii-iit". Gesang melodisch beginnend, gegen Ende geräuschhaft schwirrend und rau, wie „tewiju tewiju tewiju tswi tswi zuii", auch Kurzformen.

Brutareal: Ostsibirien, Japan, Südwestchina.

Vorkommen in Mitteleuropa: Extrem seltener Ausnahmegast.

Wanderungen: Zugvogel, Winterquartier Südostasien nach Westen bis Bangladesh.

Lebensraum: Misch- und Laubwälder, Gehölze.

Nahrung: Kleine Insekten.

Gefährdung: Nicht akut gefährdet.

Bartmeise (→ 495)

Panurus biarmicus (Linnaeus 1758)

Taxonomie: Familie Bartmeisen – Panuridae. Zwei Unterarten, Nominatform in W- und SW-Europa, *russicus* in Mitteleuropa, Südosteuropa bis China.

Größe, Gewicht: Körperlänge 12–13 cm (davon Schwanz 7 cm), Flügelspannweite 16–18 cm, Flügellänge ♂ 57–65 mm, ♀ 57–61 mm; ♂ 14–18 g, ♀ 14–19.

Erkennungshinweise: Unverwechselbare langschwänzige Art, die etwas an Schwanzmeise erinnert. Männchen mit auffallend blaugrauem Kopf und langem schwarzen Bart. Weibchen mit braunem Kopf, Scheitel und Rücken manchmal schwarz gestreift. Jungvögel mit schwarzem Rücken und schwarzen statt weißen Schwanzkanten.

Stimme: Häufigster Ruf etwas platzend „tschin tschin" oder „teng teng". Gesang unauffällig, leise dreisilbige Strophe etwa „tschin dschik tschrä", fast das ganze Jahr über zu hören.

Brutareal: Stark aufgesplittet von Westeuropa bis Ostasien in der gemäßigten und der Steppenzone.

Vorkommen in Mitteleuropa: Seltener bis spärlicher Brutvogel im Norden, sehr selten im Süden; viele Vorkommen unstet. Als Gast- und Invasionsvogel überall möglich, auch im Winter.

Wanderungen: Standvogel und Teilzieher, auch Evasions- und Invasionsvogel.

Lebensraum: Schilfvogel an Binnengewässern, Lagunen und Meeresbuchten. Braucht zur Brut großflächige Schilfbestände.

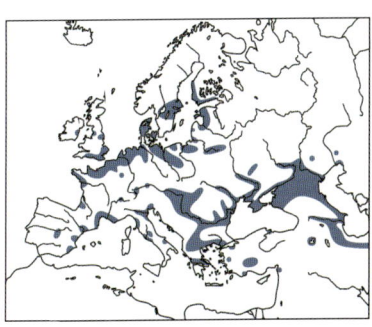

Nahrung: Im Frühjahr und Sommer Insekten, im Winter hauptsächlich Samen, vor allem von Rohrkolben und Schilf.

Brutbiologie: Geschlechtsreife etwa nach 7 Monaten • Nest dickwandiger Napf in dichter Vegetation meist niedrig über Wasser oder Boden • 4–6 Eier • Legebeginn Ende März, Anfang April, Hauptzeit Mai , letzte Gelege Juli • Brutdauer 10–13 Tage • ♀ und ♂ brüten • ♂ und ♀ füttern • Junge bleiben 11–13 Tage im Nest, werden nach einer Woche selbstständig, bleiben aber oft länger beisammen • 2–3 Jahresbruten; Ersatzgelege, Schachtelbruten.

Alter: Ältester Ringvogel 6 Jahre, 5 Monate. Generationslänge < 3,3 Jahre.

Gefährdung: Gefährdet durch großflächige Schilfmahd, Schilfrückgang oder Sukzession und Zerstörung oder Zerstückelung der Schilfgebiete durch Trockenlegung, Überbauung und Erschließung.

Besonderes: Trotz ihrer äußeren Ähnlichkeit nicht näher mit den Meisen verwandt, zu denen sie lange gestellt wurde; aktuell sind die Verwandtschaftsbeziehungen noch unsicher, möglicherweise in der Nähe der Papageimeisen Paradoxornis, welche zu den Timalien gehören, die in großer Arten- und Formenvielfalt im tropischen Asien und Afrika vertreten sind.

	Jan.	Feb.	März	April	Mai	Juni	Juli	Aug.	Sep.	Okt.	Nov.	Dez.
Anwesenheit												
Durchzug												
Brutzeit				x x								
postjuv. Mauser												
Teil- / Vollmauser												
Vollmauser												

Mönchsgrasmücke (→ 496)

Sylvia atricapilla (Linnaeus 1758)

Taxonomie: Familie Grasmücken – Sylviidae. Fünf Unterarten, *S. a. atricapilla* Europa nördlich des Mittelmeergebiets.

Größe, Gewicht: Körperlänge 13 cm, Flügelspannweite 20–23 cm, Flügellänge ♂ 73,5–82 mm, ♀ 76–81 mm; 14,5–21 g.

Erkennungshinweise: Graubrauner Singvogel. Männchen an schwarzer, Weibchen an brauner Kappe leicht zu erkennen.

Stimme: Häufigster Ruf schmatzend und hart ange-

schlagen „tek" oder „tak".
Nasale Standortrufe Jungen
„idat", auch von ad zu hören.
Gesang mit leise schwätzen-
dem Vorgesang und einem aus
lauten Flötentönen bestehen-
den „Überschlag", im Vergleich
zur Gartengrasmücke mehr
flötend, lauter und kürzer,
manchmal auch leiernd „dile
dile dile…".

Brutareal: Von ostatlantischen
Inseln und Nordwestafrika und
Westeuropa bis Westsibirien,
im Süden bis Kaspisches Meer,
Elbursgebirge, Nordanatolien,
Sizilien, Sardinien, im Norden
bis Schottland, Nordnorwegen, Mittelfinnland.
Vorkommen in Mitteleuropa:
Sehr häufiger, flächig verbreiteter Sommer- und Brutvogel,
häufigste Grasmücke, Durchzügler und Gastvogel; zunehmend auch einzelner Wintergast.

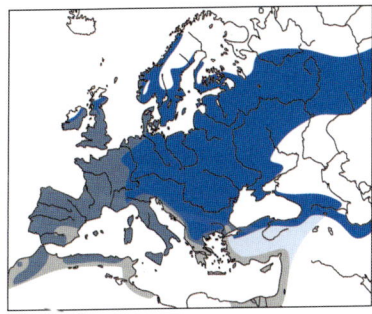

Wanderungen: Brutvögel Mitteleuropas Kurz- und Mittel-
streckenzieher, überwintern von den Britischen Inseln bis Nordwestaf-
rika.
Lebensraum: Brutvogel im Gebüsch von Laub- und Mischwäldern, Gehölzen und Hecken, auch in Parks und Gärten, sowie in Nadelwäldern mit
Laubunterwuchs. Vielseitigste Grasmücke.
Nahrung: Insekten, Spinnen, im Sommer Beeren und Früchte, im Früh-
jahr am Mittelmeer auch Nektar und Staubblätter.
Brutbiologie: Geschlechtsreife im 1. Lebensjahr • Nest in Bäumen und
Büschen aus Grashalmen, Stängeln und Wurzeln locker gebaut • 3–6 Eier
• Legebeginn Ende April bis Mitte Mai • Brutdauer 10–16 Tage • ♂ und
♀ brüten • ♂ und ♀ füttern • Junge bleiben 10–14 Tage im Nest, werden
dann noch 2–3 Wochen von Eltern betreut • 1 Jahresbrut; Ersatzgelege.
Alter: Ältester Ringvogel 11 Jahre, 4 Monate. Generationslänge < 3,3 Jahre.
Gefährdung: Art auf Europa konzentriert. Nicht gefährdet.

Besonderes: In den 1980iger Jahren entdeckten Mönchsgrasmücken die Britischen Inseln als Überwinterungsgebiet und ziehen seitdem vermehrt nach Nordwest.

	Jan.	Feb.	März	April	Mai	Juni	Juli	Aug.	Sep.	Okt.	Nov.	Dez.
Anwesenheit												
Durchzug				x x					x x			
Brutzeit				x x								
postjuv. Mauser												
Teil- / Vollmauser												
Vollmauser												

Gartengrasmücke (→ 497)

Sylvia borin (Boddaert 1783)

Taxonomie: Familie Grasmücken – Sylviidae. Zwei Unterarten, in Europa *S. b. borin.*

Größe, Gewicht: Körperlänge 14 cm, Flügelspannweite 20–24,5 cm, Flügellänge ♂ 74–82 mm, ♀ 76–81 mm; ♂ 15–21 g, ♀ 17–23 g.

Erkennungshinweise: Geschlechter gleich. Kräftig gebaute, graubraune Grasmücke mit dickem, stumpfem Schnabel.

Stimme: Warnruf rhythmisch „tschäck-tschäck…" oder „dscherrt". Leiser Werbe- und lauter Vollgesang, letzterer aus schnell sprudelnder Folge unterschiedlich hoher Töne, dazwischen auch geräuschhafte, kratzende Laute; Klangfarbe etwas guttural („orgelnd"), voller als Dorngrasmücke, nicht so flötend wie Mönchsgrasmücke.

Brutareal: Westeuropa (Nordportugal und nördliches Spanien) bis oberer Jenissei. Südgrenze Nordrand Mittelmeerraum und südliche Schwarzmeerküste, Nordgrenze Schottland, Nord-Fennoskandien.

Vorkommen in Mitteleuropa: Flächig verbreiteter, sehr häufiger Sommer- und Brutvogel, regelmäßiger und häufiger Durchzügler.

Wanderungen: Langstreckenzieher, Winterquartier Afrika südlich Sahara bis Namibia und Kapprovinz.

Lebensraum: Brutvogel in gebüschreichem, offenem Gelände und kleinen Gehölzen mit dichter Strauch- und Staudenschicht, in Wäldern vor allem an Rändern und Lichtungen, in Ufergehölzen, Auwäldern, Parkanlagen und gebüschreichen Gärten. Auf dem Durchzug in Gebüsch.

Nahrung: Kleine Insekten, Spinnen. Im Sommer und Herbst auch Beeren und Früchte.

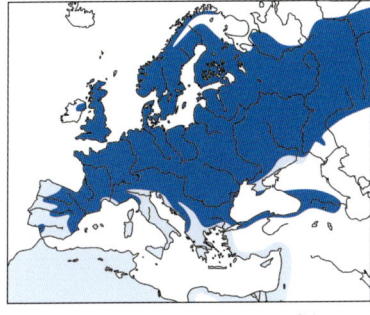

Brutbiologie: Geschlechtsreife im 1. Lebensjahr • Nest in Bäumen, Büschen und Stauden, nach oben gut versteckt, relativ großer und locker wirkender Bau aus Grashalmen, Napf aus feinerem Material; insgesamt sperriger als bei Mönchsgrasmücke • 4–5 Eier • Legebeginn Mitte Mai bis Anfang Juni, spätestens Mitte bis Ende Juli • Brutdauer 11–15 Tage • ♀ brütet mehr als ♂ • ♂ und ♀ füttern • Junge bleiben 9–14 Tage im Nest, werden dann noch bis 14 Tage betreut • 1 Jahresbrut; Ersatzgelege.

Alter: Ältester Ringvogel 14 Jahre, 2 Monate. Generationslänge < 3,3 Jahre.

Gefährdung: Art auf Europa konzentriert (SPEC E).

Besonderes: Auf dem Wegzug flog ein Vogel in 24 Stunden mindestens 583 Kilometer.

	Jan.	Feb.	März	April	Mai	Juni	Juli	Aug.	Sep.	Okt.	Nov.	Dez.
Anwesenheit												
Durchzug												
Brutzeit					x x							
postjuv. Mauser												
Teil- / Vollmauser												
Vollmauser												

Sperbergrasmücke (→ 498)

Sylvia nisoria (Bechstein 1795)

Taxonomie: Familie Grasmücken – Sylviidae. Zwei Unterarten, in Europa *S. n. nisoria*.

Größe, Gewicht: Körperlänge 15,5 cm, Flügelspannweite 23–27 cm, Flügellänge ♂ 83–93 mm, ♀ 80–91 mm; ♂ 20,4–28 g, ♀ 19,8–32 g.

Erkennungshinweise: Geschlechter sehr ähnlich. Unverwechselbare, kräftig gebaute und langschwänzige Grasmücke mit gelber Iris. Oberseite bleigrau und Unterseite wie Sperber (Name) gebändert.

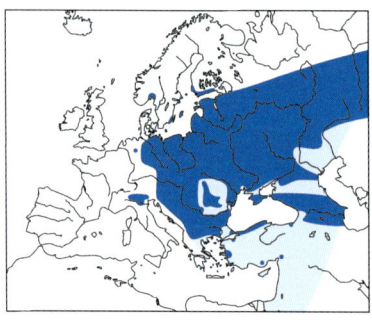

Stimme: Erregungs- und Lockruf ein sehr typisches ratterndes „trrrr`t`t". Gesang ähnlich der Gartengrasmücke, jedoch rauer und härter. Große Verwechslungsgefahr auch mit singenden Dorngrasmücken.

Brutareal: Vom Osten Skandinaviens und Mitteleuropas bis zum östlich Ural und Mongolischen Altai.

Vorkommen in Mitteleuropa: Regional häufiger, verbreiteter und regelmäßiger Brutvogel im Osten, im Westen sehr selten bis fehlend (westl. Verbreitungsgrenze).

Wanderungen: Langstreckenzieher, der in Ostafrika überwintert.

Lebensraum: Extensiv genutztes Grünland mit Hecken und Gebüsch, in Heiden und aufgelichteten Wäldern, besonders an warmen Standorten. Brütet in reich strukturierten Kleingehölzen mit dornigen oder stacheligen Pflanzen in der unteren Schicht.

Nahrung: Insekten und andere Wirbellose, ab Frühsommer auch Beeren und weiche Früchte.

Alter: Ältester Ringvogel 12 Jahre. Generationslänge < 3,3 Jahre.

Brutbiologie: Geschlechtsreife noch im 1. Lebensjahr • ♂ bauen mehrere Nester in stacheligen oder dornigen Sträuchern zur Auswahl • meist 4–5 Eier • Brutdauer 12–13 Tage • beide brüten • ♀ füttert erst alleine, später auch ♂ • Junge fliegen nach 10–11 Tagen aus und werden weitere 17–20 Tage geführt • 1 Jahresbrut, Ersatzgelege bei Gelegeverlust bis 5. Bebrütungstag.

Gefährdung: Nach der EU-Vogelschutzrichtlinie besonders geschützte Art (Anhang I), auf Europa konzentriert (SPEC E). Gefährdung durch Ausräumung der Landschaft und intensive Landwirtschaft.

Besonderes: Brütet auffallend oft in enger Nachbarschaft zu Neuntöter.

Orpheusgrasmücke (→ 499)
Sylvia [hortensis] hortensis (J. F. Gmelin 1789)

Taxonomie: Familie Grasmücken – Sylviidae. Bildet mit der
Nachtigallengrasmücke (Östliche Orpheusgrasmücke) *S.
crassirostris* eine Superspezies.
Keine Unterarten.

Größe, Gewicht: Körperlänge 15 cm, Flügelspannwei-
te 20–25 cm, Flügellänge ♂
77–86 mm, ♀ 74–82 mm, 17,8–
25,7 g.
Erkennungshinweise: Geschlechter ähnlich. Kräftig
gebaute Grasmücke mit dun-
kelgrauem Kopf und grauschwarzen Ohrdecken, relativ langem Schwanz
und auffällig heller Iris. Jugendkleid erinnert an Klappergrasmücke.
Nachtigallengrasmücke sehr ähnlich und meist diffus gefleckten Unterschwanzdecken.
Stimme: Lockruf schnalzend „tep", bei Erregung gereiht „tettettett". Gesang drosselähnlich, da tiefe Tonlage und Wiederholung von Motiven.
Gesang der Nachtigallgrasmücke sehr verschieden, mit klarer ausgear-
beiteten Motiven und teilweise an Nachtigall erinnernd.
Brutareal: Westliches Nordafrika, Portugal, Spanien, Südfrankreich, Ita-
lien. Nachtigallgrasmücke im östlichen Mittelmeerraum und Kleinasien.
Vorkommen in Mitteleuropa: Ausnahmegast, crassirostris bisher in Mit-
teleuropa nicht sicher nachgewiesen, aufgrund der Nähe der Brutgebiete
aber zu erwarten.
Wanderungen: Langstreckenzieher, Winterquartier südlich der Sahara.
Lebensraum: Kleingehölze mit Büschen, breite und doppelte Hecken,
dichte Buschgruppen mit Bäumen im Kulturland oder auf Waldinseln.
Nahrung: Insekten und andere Wirbellose, ab Frühsommer Beeren und
weiche Früchte.
Alter: Ältester Ringvogel 12 Jahre; Generationslänge < 3,3 Jahre.
Gefährdung: Art in Europa mit ungünstigem Erhaltungsstatus (SPEC 3).
Gefährdung durch Aufgabe traditioneller Landnutzung und Intensivie-
rung der Landwirtschaft.

Klappergrasmücke (→502)

Sylvia [curruca] curruca (Linnaeus 1758)

Taxonomie: Familie Grasmücken – Sylviidae. Bildet mit drei innerasiatischen Arten eine Superspezies. Zwei Unterarten, in Europa *S. c. curruca*.

Größe, Gewicht: Körperlänge 12,5–13,5 cm, Flügelspannweite 16,5–20 cm, Flügellänge 60–67 mm; 9,8–13,9 g.

Erkennungshinweise: Geschlechter gleich. Kleinere, aber kräftig gebaute Grasmücke mit graubrauner Oberseite und grauem Oberkopf.

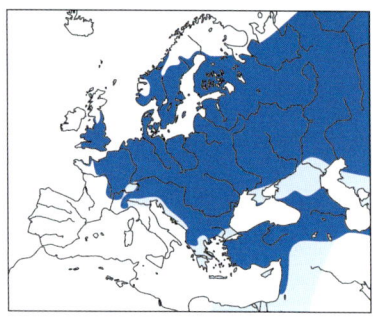

Stimme: Ruf hart schmatzend „tack", bei Erregung gereiht „tettettett". Gesang aus leise schwatzender Vorstrophe und kurzer lauter Klapperstrophe.

Brutareal: Superspezies von Großbritannien und Norwegen bis Ostsibirien und Zentralgobi.

Vorkommen in Mitteleuropa: Flächig verbreiteter, aber lokal meist nicht häufiger Sommer- und Brutvogel, regelmäßiger Durchzügler und Gastvogel.

Wanderungen: Langstreckenzieher, Hauptwinterquartier östliches Afrika.

Lebensraum: Offene bis halboffene Flächen mit dichten Büschen oder vom Boden an dichten Bäumen, wie Jungschonungen von Nadelwäldern, dichte Hecken in der Kulturlandschaft, Feldgehölze, oft in der Nähe menschlicher Siedlungen, in Parks, Friedhöfen und Gärten.

Nahrung: Kleine Insekten und deren Larven, im Herbst auch Beeren.

Brutbiologie: Geschlechtsreife im 1. Lebensjahr • Nest in niedrigen Sträuchern und kleinen Koniferen, locker gebaut aus dürren Stängeln und Halmen • 3–7 Eier • Legebeginn Anfang Mai bis Juni • Brutdauer 11–15 Tage • ♂ und ♀ brüten • ♂ und ♀ füttern • Junge bleiben 11–13 Tage im Nest, werden dann noch mind. 3 Wochen betreut • 1 Jahresbrut; Ersatzgelege.

Alter: Ältester Ringvogel 6 Jahre, 11 Monate. Generationslänge < 3,3 Jahre.

Gefährdung: Gefährdung neben Habitatverlusten durch Ausräumung der Landschaft insbesondere durch hohe Verluste auf dem Zug und im Winterquartier (Desertifikation durch Überweidung, Brennholznutzung und Dürren).

Besonderes: Das höchste Nest Mitteleuropas wurde in der Schweiz bei 2380 m ü. NN gefunden.

	Jan.	Feb.	März	April	Mai	Juni	Juli	Aug.	Sep.	Okt.	Nov.	Dez.
Anwesenheit												
Durchzug									x			
									x			
Brutzeit				x								
				x								
postjuv. Mauser												
Teil- / Vollmauser												
Vollmauser												

Wüstengrasmücke (→ 503)

Sylvia [nana] nana (Hemprich & Ehrenberg 1833)

Taxonomie: Familie Grasmücken – Sylviidae. Bildet Superspezies mit der Saharagrasmücke *S. deserti*. Keine Unterarten.

Größe, Gewicht: Körperlänge 11,5 cm, Flügelspannweite 14,5–18 cm, Flügellänge ♂ 56–62 mm, ♀ 54–59 mm; ♂ 7–10,5 g, ♀ 7–9 g.

Erkennungshinweise: Geschlechter gleich. Kleine sandfarbene Grasmücke. Durch grauweißen Augenring etwas

an Brillengrasmücke erinnernd, jedoch Iris gelb. Schwanz kräftig rostrot.

Stimme: Eiliger Gesang mit klaren Pfeiftönen, hohen Trillern und typischen Rufen mit schnarrenden Tönen beginnend. Ruf dünn und trocken klirrend „drrr" oder „tschrr-rrr".

Brutareal: Wüsten und Trockengebiete Asiens von der Wolga bis in die Gobi.

Vorkommen in Mitteleuropa: Extrem seltener Ausnahmegast.

Wanderungen: Zugvogel mit Winterquartieren von Nordost-Afrika und Ägypten bis Nordwest-Indien. Saharagrasmücke dagegen Standvogel.

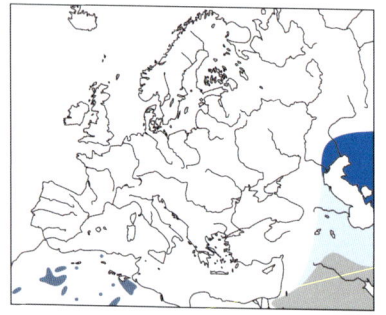

Lebensraum: Brutvogel in Sand- und Steinwüsten oder Halbwüsten mit niedrigem Gebüsch oder dürftiger Krautschicht. Auf dem Durchzug auch in Tamariskengebüsch. Saharagrasmücke brütet auch in dürftig bewachsenen Flugsanddünen.

Nahrung: Kleine Insekten und Spinnen, auch Beeren.

Gefährdung: Nicht gefährdet.

Besonderes: Huscht oft mäuseartig durch die niedrige Vegetation.

Saharagrasmücke (→503A)

Sylvia [nana] deserti (Loche 1858)

Taxonomie: Familie Grasmücken – Sylviidae. Bildet Superspezies mit Wüstengrasmücke S. nana. Keine Unterarten.

Größe, Gewicht: Körperlänge 35–43 cm, Flügelspannweite 53–62 cm, Flügellänge ♂ 14,3–15,3 cm, ♀ 14–14,8 cm; 340–375 g.

Erkennungshinweise: Geschlechter gleich. Kleine Grasmücke mit auffälliger heller beiger Oberseite ohne Grautöne. Unterseite nach der Mauser rahmfarben, später nahezu weiß. Im Gegensatz zur Wüstengrasmücke im Schwanz fast gänzlich ohne schwarze Abzeichen.

Stimme: Gesang nicht so stereotyp wie der der Wüstengrasmücke. Beginnt oft mit „drrr", setzt sich mit einem Triller fort und endet mit ansteigenden Flöten. Erinnernd im Ton an Mönchsgrasmücke, im Gesangsaufbau jedoch an die Dorngrasmücke. Rufe: weich und absterbend „drrr" aber auch zeternd „tscher'r'r'r".

Brutareal: Nordrand der Sahara in Marokko und Algerien.

Vorkommen in Mitteleuropa: Extrem seltener Ausnahmegast, einmal in den Niederlanden.

Wanderungen: Standvogel.
Lebensraum: Kies- und Sandwüste mit geringer Vegetation.
Nahrung: Zarte Spinnen und Insekten, sowie in geringen Maße Beeren.
Brutbiologie: Wenig bekannt • 2–5 Eier • Legebeginn Januar bis März •
Brutdauer und Nestlingszeit unbekannt.
Gefährdung: Nicht weltweit gefährdet.

Dorngrasmücke (→504)

Sylvia communis Latham 1787

Taxonomie: Familie Grasmücken – Sylviidae. Vier Unterarten, in Europa Nominatform.
Größe, Gewicht: Körperlänge 148 cm, Flügelspannweite 18,5–23 cm, Flügellänge ♂ 68–77 mm, ♀ 68–75 mm; ♂ 11,9–16,6 g, ♀ 12,5–19,4 g.
Erkennungshinweise: Kräftig gebaute, relativ große, langschwänzige Grasmücke. Männchen mit grauem Kopf und rotbrauner Iris, Weibchen bräunlicher Kopf und graubraune Iris. Schirmfedern und Armschwingen kräftig rostbraun gesäumt, deshalb Flügel deutlich zweifarbig.

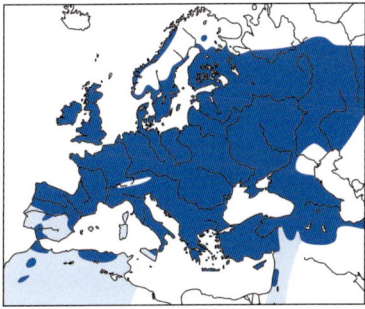

Stimme: Rufe „tek" oder „trrt" ähnlich anderen Grasmücken. Artspezifisch ist ein gedehnt, nasal nach oben gezogenes „woid woid...". Leise schwätzender Vorgesang und lauter, relativ kurzer Vollgesang (oft allein zu hören) mit kurzen, relativ geräuschhaften Elementen. Hastig und rau ist typisch, Strophen oft konstant.
Brutareal: Von Nordwestafrika und Westeuropa nach Osten bis in die Nordmongolei, Südgrenze Inseln des östlichen Mittelmeers, Türkei, Nordost-Iran, Kasachstan; Nordgrenze Schottland, Nordnorwegen, Mittelfinnland und Asien bei 61° Nord.

Vorkommen in Mitteleuropa: Flächig verbreiteter, sehr häufiger Brut- und Sommervogel, fehlt in höheren Gebirgslagen. Regelmäßiger und häufiger Durchzügler und Gastvogel.

Wanderungen: Langstreckenzieher, Winterquartier in Afrika ab Südrand Sahara.

Lebensraum: Brutvogel offener bis halboffener Landschaften mit mindesten kleinen Komplexen von Dornsträuchern, Hochstauden, Einzelbüschen oder lockeren Hecken.

Nahrung: Kleine Insekten, weniger Beeren als Garten- und Mönchsgrasmücke.

Brutbiologie: Geschlechtsreife im 1. Lebensjahr • Nest niedrig in Büschen und Stauden, locker gebaut aus Stängeln und Halmen • 3–6 Eier • Legebeginn ab Anfang Mai, spätestens Juli • Brutdauer 10–15 Tage • ♀ brütet mehr als ♂ • ♂ und ♀ füttern • Junge bleiben 10–14 Tage im Nest, werden dann noch bis 3 Wochen betreut • 1 (–2) Jahresbruten; Ersatzgelege.

Alter: Ältester Ringvogel 8 Jahre, 8 Monate. Generationslänge < 3,3 Jahre.

Gefährdung: Dramatischer Bestandseinbruch durch Dürrejahre in Überwinterungsgebieten (Sahelzone). Im Brutgebiet bedroht durch intensive Landwirtschaft und Ausräumung der Landschaft.

	Jan.	Feb.	März	April	Mai	Juni	Juli	Aug.	Sep.	Okt.	Nov.	Dez.
Anwesenheit												
Durchzug				x x					x x			
Brutzeit					x x							
postjuv. Mauser												
Teil- / Vollmauser												
Vollmauser												

Brillengrasmücke (→ 505)

Sylvia conspicillata Temminck 1820

Taxonomie: Familie Grasmücken – Sylviidae. Zwei Unterarten, Nominatform Mittelmeergebiet, *S. c. orbitalis* auf atlantischen Inseln.

Größe, Gewicht: Körperlänge 12,5 cm, Flügelspannweite 13,5–17 cm, Flügellänge 51–61 mm; 7,8–13,1 g.

Erkennungshinweise: Ähnlich Dorngrasmücke, jedoch

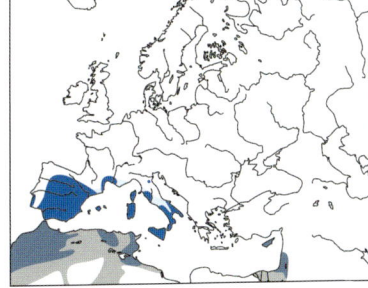

kleiner, schlanker und kürzerer Handflügel. Kopf bei Männchen mittelgrau mit auffallend weißem Augenring und schwarzem Zügel. Weibchen durch spitze, dunkle Zentren der Schirmfedern von Dorn- und Weißbartgrasmücke zu unterscheiden.

Stimme: Rufe zeternd „zerrr" oder „trrrtrrr...", rasch plaudernder Reviergesang mit einleitenden Pfeiftönen von Warte oder im Singflug.

Brutareal: Nordafrika und westliches Mittelmeer nach Osten bis Italien sowie Madeira, Kapverden und Kanaren. Davon getrennt kleines Areal auf Zypern und in Vorderasien.

Vorkommen in Mitteleuropa: Ausnahmegast.

Wanderungen: Im Mittelmeerraum Kurzstreckenzieher, überwintert in der Sahara und angrenzenden Ländern Afrikas.

Lebensraum: Niedrige, lückenhafte Strauchvegetation, auch in Wüsten und Halbwüsten, in Küstenniederungen, Quellerflächen.

Nahrung: Kleine Insekten und Spinnen, auch Beeren.

Gefährdung: Keine Gefährdung zu erkennen, europäische Bestände stabil.

Provencegrasmücke (→ 506)

Sylvia undata (Boddaert 1783)

Taxonomie: Familie Grasmücken – Sylviidae. 3 Unterarten, *S. u. undata* in Portugal, Spanien und Südfrankreich, *dartfordiensis* in Westfrankreich und England.

Größe, Gewicht: Körperlänge 12,5 cm, Flügelspannweite 13–18,5 cm, Flügellänge 51–57 mm; 7,8–10,5 g.

Erkennungshinweise: Sehr ähnlich Sardengrasmücke, jedoch mit dunkler Unterseite

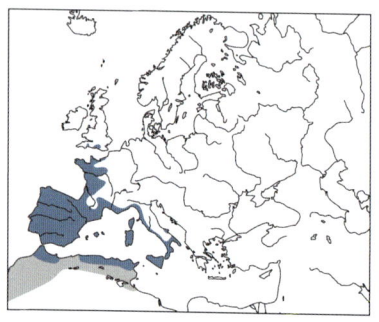

und matter Fußfarbe. Kehle und Unterschwanzdecken beim Männchen weiß gesprenkelt.

Stimme: Ruf rau „dsch" oder „tschörr". Gesang plötzlich beginnende, hastige Strophe ohne reine Flötentöne von Singwarte oder im Singflug, Strophe kürzer als Dorngrasmücke.

Brutareal: Nordwestafrika über Iberien und Westfrankreich nach Südengland und über die Südküste Frankreichs bis Italien und Sizilien.

Vorkommen in Mitteleuropa: Ausnahmegast.

Wanderungen: Teilzieher, auch am Nordrand der Verbreitung regelmäßig überwinternd.

Lebensraum: In hoher Heide, in lichten Baumbeständen, auch Frühstadien von Koniferenpflanzungen mit Kraut- und Strauchschicht.

Nahrung: Insekten, im Herbst auch Beeren.

Alter: Generationslänge < 3,3 Jahre.

Gefährdung: Nach der EU-Vogelschutzrichtlinie besonders geschützte Art (Anhang I), auf Europa konzentriert und mit ungünstigem Erhaltungsstatus (SPEC 2). Gefährdet durch Intensivierung der Landnutzung.

Sardengrasmücke (→507)

Sylvia [sarda] sarda Temminck 1820

Taxonomie: Familie Grasmücken – Sylviidae. Bildet Superspezies mit Balearengrasmücke S. balearica. Keine Unterarten.

Größe, Gewicht: Körperlänge 12 cm, Flügelspannweite 13–17,5 cm, Flügellänge ♂ 5,3–5,9 cm, ♀ 5,1–5,6 cm; 9–12 g.

Erkennungshinweise: Sehr ähnlich Provence- und Balearengrasmücke und von diesen im Jugendkleid sehr schwer zu unterscheiden. Geschlechter nahezu gleich; Männchen oft kräftiger gefärbt, meist mit dunkelgrauer bis schwarzer Stirn- und Zügelregion. Ober- und Unterseite nahezu gleich grau gefärbt. Wie Provencegrasmücke auffälliger roter Augenring, Kehle jedoch auch bei Männchen hell und orange Beine.

Stimme: Gesang ein kurzes zwitscherndes Schwirren, das trillernd endet. Erinnert an Ton und Tempo an Schwarzkehlchen oder an Brillengrasmücke. Warnruf ein hartes „tek" oder gedämptes „tschreck".

Brutareal: Kleines Brutareal auf Korsika, Sardinien und einigen weiteren kleinen Mittelmeerinseln.

Vorkommen in Mitteleuropa: Extrem seltener Ausnahmegast, einmal in Belgien.

Wanderungen: Teilzieher, der um Überwintern nur bis ins nordwestliche Afrika zieht.

Lebensraum: Deckungsreiche Garrigue und sehr niederwüchsiges Buschwerk mit grasbewachsenen Bereichen, oft in Hanglagen.

Nahrung: Spinnen, Insekten und gelegentlich Beeren.

Brutbiologie: Nest in dichter, niedriger Buschvegetation, ein tiefer Napf aus Gras und Blättern • 3–5 Eier • Brutsaison März bis Juli • Brutdauer 12–15 Tage • ♂ & ♀ brüten und füttern • Junge mit 12–13 Tagen flügge.

Schutzstatus und Gefährdung: Nicht gefährdet, in Europa endemisch.

Samtkopf-Grasmücke (→508)
Sylvia melanocephala (J. F. Gmelin 1789)

Taxonomie: Familie Grasmücken – Sylviidae. 3 Unterarten, in Europa *S. m. melanocephala*.

Größe, Gewicht: Körperlänge 13,5 cm, Flügelspannweite 15–18 cm, Flügellänge ♂ 56–64 mm, ♀ 56–64 mm; ♂ 9,8–16,5 g, ♀ 7,5–15,5 g.

Erkennungshinweise: Sehr großköpfige, kompakt wirkende Grasmücke. Graues Männchen mit schwarzer Kapuze und auffallendem rotem Augenring. Weibchen braun mit grauem Kopf und gelblichem Augenring.

Stimme: Ruf ratternd „trra-trra-trra" oder „tret-tret-tret". Schwätzender Gesang, auch im Singflug.

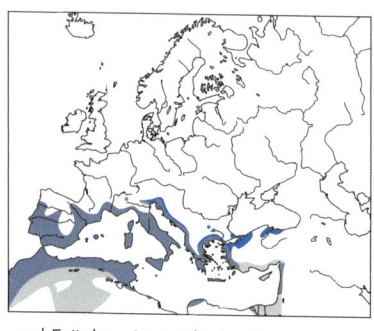

Brutareal: Kapverden, Kanaren, Atlantikküste Nordafrikas, Mittelmeergebiet.
Vorkommen in Mitteleuropa: Ausnahmegast.
Wanderungen: Teilzieher, Standvogel.
Lebensraum: Dichte Strauchvegetation warmer Gebiete.
Nahrung: Insekten, im Sommer und Herbst auch Beeren und Früchte, im Frühjahr Nektar.
Alter: Ältester Ringvogel 7 Jahre, 6 Monate. Generationslänge ‹ 3,3 Jahre.
Gefährdung: Art auf Europa konzentriert (SPEC E). Nicht gefährdet.
Besonderes: Hat erst 1994 Zypern als Brutvogel besiedelt, wo sie sich auf Kosten der endemischen Schuppengrasmücke *Sylvia melanothorax* schnell ausbreitet.

Weißbart-Grasmücke (→ 509)
Sylvia cantillans (Pallas 1764)

Taxonomie: Familie Grasmücken – Sylviidae. Vier Unterarten, davon drei sehr deutlich differenziert und möglicherweise Allospezies, in Deutschland *S. c. cantillans* aus SW-Europa und *S. c. albistriata* aus Südosteuropa nachgewiesen, in Mitteleuropa zudem auch *S. c. moltonii* (Inseln im westlichen Mittelmeer).
Größe, Gewicht: Körperlänge 12 cm, Flügelspannweite 15–19 cm, Flügellänge ♂ 58–67 mm, ♀ 57–65 mm; 7,3–18,9 g.
Erkennungshinweise: Männchen im Prachtkleid durch ziegelrote Kehle und Brust und weißen Bartstreif unverwechselbar. Weibchen wesentlich blasser gefärbt, aber ebenfalls sehr kontrastreich.
Stimme: Gesang, oft im Singflug vorgetragen, mit relativ langen Strophen mit eingestreuten trockenen Lauten, in denen tiefe Laute oder

flötende Töne fehlen. Rufe ein hartes „ta" oder „tek", die auch gereiht werden können.

Brutareal: Nordafrika und Mittelmeerländer.

Vorkommen in Mitteleuropa: Nahezu alljährlich nachgewiesener Gastvogel fast ausschließlich im Frühjahr.

Wanderungen: Zugvogel. Hauptwintergebiet Sahelzone, auch Saharaoasen.

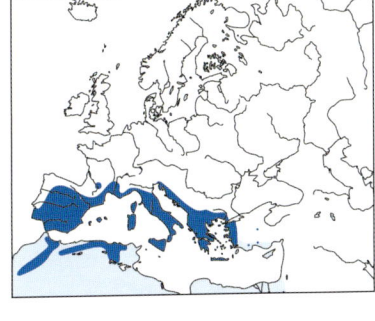

Lebensraum: Brutvogel in Macchie oder Garrigue und Stein-, Kork- und Flaumeichenwäldern, aber auch in weniger ariden Gebüschhabitaten.

Nahrung: Insekten, im Sommer und Herbst auch Früchte.

Alter: Generationslänge < 3,3 Jahre.

Gefährdung: Art auf Europa konzentriert (SPEC E). Nicht gefährdet.

Kleiber (→ 510)

Sitta [europaea] europaea Linnaeus 1758

Taxonomie: Familie Kleiber – Sittidae. Bildet Superspezies mit mind. zwei asiatischen Arten. Etwa 17 Unterarten, darunter *S. e. caesia* in Mitteleuropa, östlich angrenzend *S. e. europaea*.

Größe, Gewicht: Körperlänge 14 cm, Flügelspannweite 22,5–27 cm, Flügellänge ♂ 86–90 mm, ♀ 84–86 mm; ♂ 21,8–24,5 g, ♀ 20,0–23,7 g.

Erkennungshinweise: Geschlechter gleich. Durch typische Gestalt mit blaugrauer Oberseite und bräunlicher Unterseite unverwechselbar.

Stimme: Ruf meisenähnlich „sit", bei Erregung laut „träck träck träck" oder „twett twett...". Gesang mehrfach wiederholte laute Pfeifelemente oder Trillerstrophen wie „wiwiwiwi...".

Brutareal: Von Westeuropa bis Ostasien in der borealen, gemäßigten und mediterranen Zone.

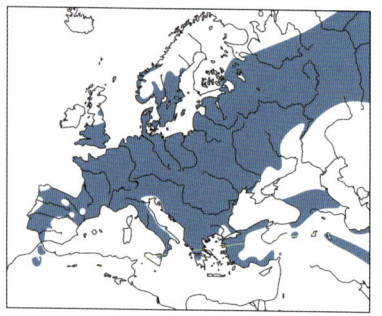

Vorkommen in Mitteleuropa: In Wäldern flächig verbreiteter, sehr häufiger Brut- und Jahresvogel.
Wanderungen: Standvogel mit Streuungswanderungen.
Lebensraum: Ältere Laub- und Mischwälder, Parkanlagen, Friedhöfe, Feldgehölze, Alleen und Gärten; kommt auch in Innenstädte und an Futterstellen.
Nahrung: Frühjahr und Sommer hauptsächlich Insekten und Spinnen, sonst Samen.

Brutbiologie: Geschlechtsreife im 1. Lebensjahr • Nest in Baumhöhlen, Mauerlöchern oder Nistkästen, scharfe Kanten in der Höhle und am Eingang (Verengung) werden mit feuchter Erde oder Lehm verklebt; eingetragenes Nestmaterial Holzstücke, Baumrinde, eigentliches Nest meist aus feiner Kiefernrinde • 5–9 Eier • Legebeginn Ende März/Anfang April bis Ende Mai • Brutdauer 15–18 Tage • ♀ brütet • ♂ und ♀ füttern • Junge bleiben 20–28 Tage im Nest, sind dann voll flugfähig, bleiben noch 10–14 Tage bei den Eltern • 1 Jahresbrut; Ersatzgelege.

Alter: Ältester Ringvogel 9 Jahre, 4 Monate. Generationslänge < 3,3 Jahre.
Gefährdung: Nicht gefährdet.
Besonderes: Einziger Singvogel, der kopfüber an Stämmen klettern kann.

	Jan.	Feb.	März	April	Mai	Juni	Juli	Aug.	Sep.	Okt.	Nov.	Dez.
Anwesenheit												
Durchzug												
Brutzeit				x	x							
postjuv. Mauser												
Teil- / Vollmauser												
Vollmauser												

Mauerläufer (→ 511)

Tichodroma muraria (Linnaeus 1766)

Taxonomie: Familie Mauerläufer – Tichodromidae. 2 Unterarten, in Europa *T. m. muraria*.
Größe, Gewicht: Körperlänge 16,5 cm, Flügelspannweite 27–32 cm, Flügellänge ♂ 95–104 mm, ♀ 94–101 mm; 15–19,6 g.

Erkennungshinweise: Unverwechselbarer felsgrauer Singvogel mit markanter Flügel-
färbung und langem Schnabel.
Männchen im Prachtkleid mit
schwarzer Kehle und insgesamt dunkler als Weibchen.
Trotz ständigem Flügelzucken
schwer zu entdecken.

♂ PK

Stimme: Gesang ansteigende
reine Pfeiftöne, die in einem
längeren Pfiff enden. Beide
Geschlechter singen das ganze Jahr über. Rufe nicht weit
zu hören.

Brutareal: Hochgebirge von
der Iberischen Halbinsel bis
Mongolei und Westchina.

Vorkommen in Mitteleuropa: Seltener Brutvogel in den Alpen, lokaler
Gastvogel vor allem im Süden außerhalb der Brutzeit; Jahresvogel.

Wanderungen: Ausweichbewegungen im Winter bis zu
mehreren 100 km.

Lebensraum: Brutvogel in
Felsgebieten. Nahrungssuche
mitunter auch an Gebäuden.

Nahrung: Insekten und Spinnen.

Brutbiologie: Geschlechtsreife im 1. Lebensjahr • Nest
in Felshöhle oder -spalte aus
Moos, Flechten und anderen

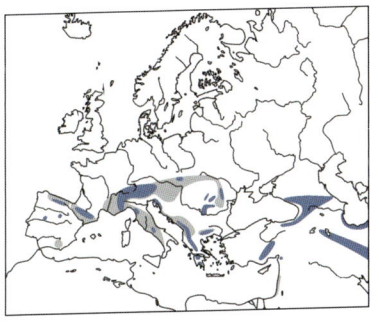

Pflanzenmaterialien • 3–5 Eier • Legebeginn Ende April bis Juni • Brutdauer 18–20 Tage • ♀ brütet und wird vom ♂ gefüttert • ♂ und ♀ füttern •
Junge bleiben 28–30 Tage im Nest, werden dann noch 5–6 Tage gefüttert
• 1 Jahresbrut; Ersatzgelege selten.

Alter: Generationslänge < 3,3 Jahre.

Gefährdung: Bedrohung durch enorme Zunahme des Alpentourismus,
insbesondere des Klettersports.

Besonderes: Der Mauerläufer konnte in Europa schon auf 4500 m ü. NN
nachgewiesen werden.

Gartenbaumläufer (→ 512)
Certhia brachydactyla C.L. Brehm 1820

Taxonomie: Familie Baumläufer – Certhiidae. Sechs Unterarten, *C. b. brachydactyla* in Nordost- und Ostdeutschland, *C. b. megarhyncha* in Nordwestdeutschland.

Größe, Gewicht: Körperlänge 12,5 cm, Flügelspannweite 17–20,5 cm, Flügellänge ♂ 60–70 mm, ♀ 58–67 mm; ♂ 8–11 g, ♀ 7–10 g.

Erkennungshinweise: Geschlechter gleich. Sehr leicht mit dem Waldbaumläufer zu verwechseln. Von diesem jedoch durch schmutzig-weiße Unterseite und längeren Schnabel zu unterscheiden. Ein sehr gutes Bestimmungsmerkmal ist der sichtbare Flügelstreif in den Handschwingen, der beim Gartenbaumläufer gleichmäßig gestuft ist.

Stimme: Ruf laut „tüt" oder „tüt", Flugruf kurz „tit" wie Waldbaumläufer, Kontaktruf ähnlich Waldbaumläufer, aber tiefer „srii". Gesang kürzer und lauter als Waldbaumläufer „tüt-tüt-titeroi-sri".

Brutareal: Nordwestafrika, West-, Mittel- und Südosteuropa, Türkei. Nordgrenze Ärmelkanal, Süd-Dänemark, nach Osten bis Weißrussland.

Vorkommen in Mitteleuropa: Flächig verbreiteter, sehr häufiger Jahres- und Brutvogel, fehlt in höheren Bergwäldern.

Wanderungen: Standvogel, Streuungswanderungen.

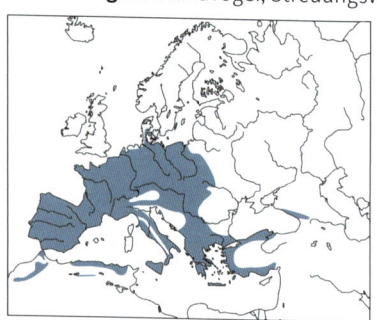

Lebensraum: Brutvogel in Laub- und Mischwäldern des Tieflandes, auch in kleineren Gehölzen; Parkanlagen, Alleen und Gärten, auch mitten in Städten.

Nahrung: Kleininsekten, kleine Spinnen; an Futterstellen auch Fettfuttergemisch.

Brutbiologie: Geschlechtsreife im 1. Lebensjahr • Nest in

Ritzen und Nischen alter Bäume, hinter abgesprungener Rinde, in Holzstößen und Reisighaufen, auch in Spechthöhlen und Nistkästen mit seitlichem Schlitz aus Reisern, Fasern, Halmen und Gespinst, Mulde meist mit kleinen Federn ausgekleidet • 5–6 Eier • Legebeginn Ende März, April bis Juni • Brutdauer 13–15 Tage • ♀ brütet • ♂ und ♀ füttern • Junge bleiben 16–18 Tage im Nest, werden dann noch mehrere Tage gefüttert • 1–2 Jahresbruten; Ersatzgelege.

Alter: Ältester Ringvogel über 6 Jahre. Generationslänge < 3,3 Jahre.

Gefährdung: Art auf Europa konzentriert (SPEC E).

Besonderes: Bei Frost suchen oft mehrere Individuen gemeinsame Schlafplätze auf. Dort werden immer wieder die Plätze gewechselt, sodass jeder Vogel immer wieder einmal in der Mitte ist und sich aufwärmen kann.

	Jan.	Feb.	März	April	Mai	Juni	Juli	Aug.	Sep.	Okt.	Nov.	Dez.
Anwesenheit												
Durchzug												
Brutzeit				x								
postjuv. Mauser												
Teil- / Vollmauser												
Vollmauser												

Waldbaumläufer (→ 513)

Certhia familiaris Linnaeus 1758

Taxonomie: Familie Baumläufer – Certhiidae. 13 Unterarten, in Mitteleuropa *C. f. macrodactyla* (von der Oder bis Westeuropa) und *C. f. familiaris* (östlich der Oder).

Größe, Gewicht: Körperlänge 12,5 cm, Flügelspannweite 17,5–21 cm, Flügellänge ♂ 60–70 mm, ♀ 58,5–67 mm; ♂ 7,6–10 g, ♀ 7,1–10 g.

Erkennungshinweise: Geschlechter gleich. Sehr leicht mit dem Gartenbaumläufer zu verwechseln. Von diesem jedoch durch reinweiße Unterseite, deutlichen Überaugenstreif und kürzeren Schnabel zu unterscheiden. Ein sehr gutes Bestimmungsmerkmal sind die hellen Spitzenflecke der Handschwingen.

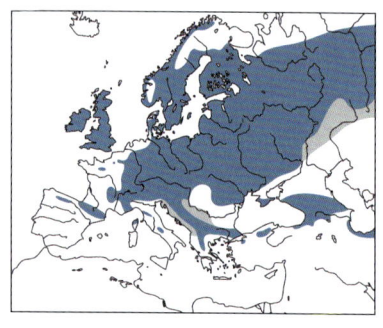

Stimme: Gesang länger und leiser als bei Gartenbaumläufer. Beginnt schneller werdend und dann wieder abfallend und endet mit blaumeisenähnlichem Triller. Ruf fein und hoch rollend „srrri".

Brutareal: Boreale und gemäßigte Zone sowie Gebirgsregionen der Paläarktis von Irland und Zentralfrankreich nach Osten bis einschließlich Japan.

Vorkommen in Mitteleuropa: Verbreiteter, häufiger Brut- und Jahresvogel. Durchzügler und Wintergäste aus Nord- und Nordosteuropa regional häufig.

Wanderungen: Brutvögel Mitteleuropas sind Standvögel, Nord- und Osteuropäische Vögel wandern nach Westen.

Lebensraum: Geschlossene Waldgebiete mit Altholzbeständen mit zumeist größeren Nadelholzanteilen. Vor allem in montanen und subalpinen Wäldern. Auch in Parks.

Nahrung: Kleine Insekten und Spinnen, die zumeist an Baumrinden gesucht werden. An Winterfütterungen Weichfutter.

Brutbiologie: Geschlechtsreife meist im 1. Lebensjahr • Nest in Ritzen und Nischen alter Bäume, hinter abgesprungener Rinde, in Reisighaufen, hinter Fensterläden und in Brennholzstößen, auch in Baumhöhlen und Nistkästen mit seitlichem Schlitz aus Reisern, Fasern, Halmen und Gespinst, Mulde meist mit kleinen Federn ausgekleidet • 5–6 Eier • Legebeginn Ende März, April bis Juni • Brutdauer 14–16 Tage • ♀ brütet • ♂ und ♀ füttern • Junge bleiben 16–19 Tage im Nest, werden dann noch mehrere Tage gefüttert • 1–2 Jahresbruten; Ersatzgelege.

Alter: Ältester Ringvogel 8 Jahre, 1 Monat. Generationslänge < 3,3 Jahre.

Gefährdung: Nicht gefährdet.

Besonderes: Bei Frost suchen, wie auch beim Gartenbaumläufer, oft mehrere Individuen gemeinsame Schlafplätze auf. Dort werden immer wieder die Plätze gewechselt, sodass jeder Vogel immer wieder einmal in der Mitte ist und sich aufwärmen kann.

	Jan.	Feb.	März	April	Mai	Juni	Juli	Aug.	Sep.	Okt.	Nov.	Dez.
Anwesenheit												
Durchzug												
Brutzeit				X								
				X								
postjuv. Mauser												
Teil- / Vollmauser												
Vollmauser												

Zaunkönig (→514)

Troglodytes troglodytes (Linnaeus 1758)

Taxonomie: Familie Zaunkönige – Troglodytidae. Ca. 38–41 beschriebene Unterarten, davon ca. 28 in der Paläarktis (mit vielen Inselformen), in Deutschland nur die Nominatform.

Größe, Gewicht: Körperlänge 9–10 cm, Flügelspannweite 13–17 cm, Flügellänge ♂ 45–53 mm, ♀ 44–53 mm; ♂ 8,3–11,8 g, ♀ 7–12 g.

Erkennungshinweise: Geschlechter gleich. Kleiner brauner Singvogel, der vor allem bei Aufregung oft mit gestelztem Schwanz zu beobachten ist. Unverwechselbar.

Stimme: Gesang mit kurzer, meist leiser Einleitung, einem schmetternd trillernden Mittelteil, der sich, unterbrochen durch leise Zwischenstücke, mehrmals wiederholen kann und mit einem Roller am Ende. Häufigster Ruf „zerr" oder „zrrr" meist vom Männchen vor und während der Brutzeit geäußert.

Brutareal: Nordwestafrika und Westeuropa bis Norwegen und Finnland. Nach Süden bis in den Mittelmeerraum und Nordiran, nach Osten bis Japan.

Vorkommen in Mitteleuropa: Verbreiteter und häufiger Brut- und Jahresvogel, in Hochlagen Sommer- und Zugvogel.

Wanderungen: Teilzieher, der vor allem die nördlichsten Brutgebiete und die Hochgebirgslagen im Winter verlässt.

Lebensraum: Mit Gebüsch bestandene Landschaften und unterholzreiche Wälder, gerne an Kleinstrukturen wie Wurzeltellern, Reisighaufen, liegendem Totholz. Feuchte Flächen bevorzugt. Im Winter oft in Schilfröhricht.

Nahrung: Vielseitiges Spektrum kleiner Gliederfüßer und Entwicklungsstadien wie

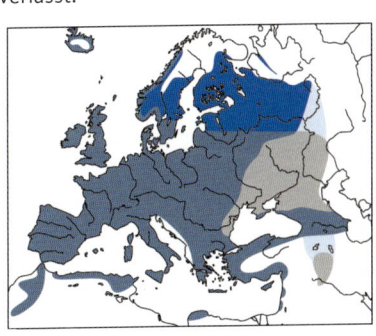

Schnaken, Schmetterlinge, Weberknechte, Spinnen usw. Im Winter selten Sämereien.

Brutbiologie: Geschlechtsreife im 1. Lebensjahr • mehrere Nester zur Auswahl, oval geschlossen gebaut • meist 5–7 Eier • Legebeginn ab Ende März • Brutdauer 13–16 Tage • ♀ brütet allein • ♂ und ♀ füttern • Junge fliegen nach 14–17 Tagen aus • meist 2 Jahresbruten.

Alter: Höchstalter frei lebender Vögel mindestens 7 Jahre. Generationslänge < 3,3 Jahre.

Gefährdung und Schutz: Nach der EU-Vogelschutzrichtlinie besonders geschützte Art (Anhang I) (Unterart *fridarensis*). Nicht gefährdet.

Besonderes: Zwar nicht ganz der kleinste heimische Vogel (Winter- und Sommergoldhähnchen sind noch kleiner), hat aber relativ zur Körpergröße die lauteste Stimme.

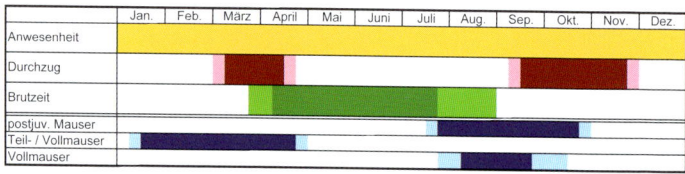

	Jan.	Feb.	März	April	Mai	Juni	Juli	Aug.	Sep.	Okt.	Nov.	Dez.
Anwesenheit												
Durchzug												
Brutzeit												
postjuv. Mauser												
Teil- / Vollmauser												
Vollmauser												

Rosenstar (→ 515)

Sturnus roseus (Linnaeus 1758)

Taxonomie: Familie Stare – Sturnidae. Auch in Gattung *Pastor* gestellt. Keine Unterarten.

PK

Größe, Gewicht: Körperlänge 21,5 cm, Flügelspannweite 37–40 cm, Flügellänge ♂ 12,1–13,6 cm, ♀ 11,8–13,2 cm; ♂ 59–89 g, ♀ 69–77 g.

Erkennungshinweise: Geschlechter ähnlich. Altvögel durch schwarz-rosa Gefieder und auffallenden Schopf unverwechselbar. Ein heller Schnabel und ein deutlicher Kontrast der dunklen Flügel zum hellen Körpergefieder kennzeichnet das Jugendkleid.

Stimme: Rufe „tschrep" oder „tschä tgschä...", auch durchdringender „switt...". Schwätzender Gesang, hastiger vorgetragen als beim Star, keine Imitationen bekannt.

Brutareal: Lückig von Ostanatolien bis Südwestsibirien und Nordwestmongolei. Nach Westen Grenze unstet und oft invasionsartig verschoben bis Bulgarien, Ostungarn oder Westanatolien.

Vorkommen in Mitteleuropa: Unregelmäßiger Brutvogel in Invasionsjahren in Ungarn. Sonst seltener Gast, mitunter größere Einflüge im Sommerhalbjahr.

Wanderungen: Zugvogel, Hauptwintergebiet Indien, mitunter auch Arabische Halbinsel.

Lebensraum: Warm trockene Gebiete mit wenig Vegetation,

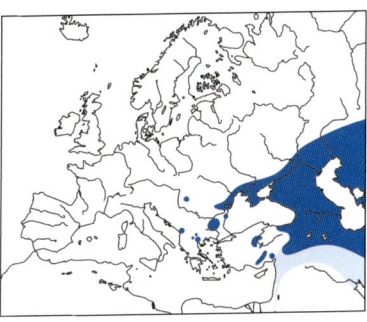

Steppen oder Felshänge, Flussdurchbrüche, auch Steinbrüche, Mauern. Auf Nahrungssuche im Sommer auch in Städten und Obstplantagen.

Nahrung: Insekten, bodenbewohnende Wirbellose, insbesondere Heuschrecken, ab Sommer Obst und Beeren.

Alter: Generationslänge < 3,3 Jahre.

Gefährdung: Gefährdung durch Intensivierung der Landwirtschaft.

Besonderes: Rosenstare sind ausgesprochen gesellig, sie sind fast immer in Schwärmen anzutreffen und brüten in großen Kolonien mit oft mehreren tausend Brutpaaren.

Star (→ 516)

Sturnus [vulgaris] vulgaris Linnaeus 1758

Taxonomie: Familie Stare – Sturnidae. Bildet Superspezies mit dem Einfarbstar S. unicolor. 12–13 Unterarten, davon sechs in Europa, in Deutschland die Nominatform.

Größe, Gewicht: Körperlänge 21,5 cm, Flügelspannweite 37–42 cm, Flügellänge ♂ 12,6–13,6 cm, ♀ 12,2–13,3 cm; ♂ 68–107 g, ♀ 64–101 g.

Erkennungshinweise: Geschlechter nahezu gleich. Mittelgroßer Singvogel mit gelbem Schnabel und kurzem Schwanz. Gefieder im Schlichtkleid stark gefleckt, im Prachtkleid schwarz mit metallischem Glanz.

Stimme: Gesang mit lauten, lang gezogenen Pfeiftönen und leise knackenden, knirschenden und klirrenden Lauten. Eine Vielzahl von Imitationen von anderen Vogelarten sowie anderer Geräusche werden in den Gesang eingebaut. Insgesamt reiches Stimmenrepertoire.

Brutareal: Gemäßigte und boreale Zone der Westpaläarktis, Zentral- und Südostasiens. Eingebürgert in Neuseeland, Australien, Nordamerika und Südwestafrika.

Vorkommen in Mitteleuropa: Sehr häufiger Brut- und Sommervogel, Durchzügler und Gastvogel. In Niederungsgebieten auch im Winter.

Wanderungen: In Europa Standvogel, Teilzieher und Kurzstreckenzieher, der Nord- und Osteuropa weitgehend verlässt und im Süden und Westen seines Brutareals sowie von Nordafrika bis China und Indien überwintert. In riesigen Schwärmen an Schlafplätzen.

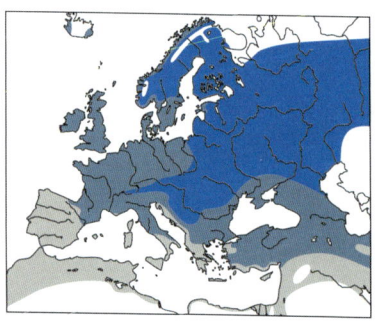

Lebensraum: Brütet in Gebieten mit Angebot an Brutplätzen (Höhlenbrüter) und offenen Flächen (Wiesen) zur Nahrungssuche. Daher große Vielfalt an Lebensräumen. Durch Nistkästen häufig auch in Ortschaften.

Nahrung: Vielseitig und jahreszeitlich wechselnd. Am Boden aufgenommene Wirbellose wie Insekten und deren Larven, z. B. Käfer, Heuschrecken, Grillen, Schnakenlarven, Regenwürmer, kleine Schnecken. Im Sommer und Herbst Obst und Beeren mit Massenauftreten in Obst- und Weinbaugebieten. Im Winter Abfälle auf Deponien, Mist- und Komposthaufen und zunehmend Winterfütterungen.

Brutbiologie: Vielfältige Verpaarungsmuster von Saisonehe, Umverpaarung und Brutplatzwechsel innerhalb der Brutsaison, Polygynie, Fremdkopulationen bekannt • Nest in Spechthöhlen, Faulhöhlen oder Nistkästen, mit Pflanzenmaterial ausgekleidet; in lockeren bis dichten Kolonien • meist 4–6 Eier • Legebeginn teils schon ab Ende Februar • Brutdauer 12–13 Tage • ♀ brütet überwiegend • beide füttern • Junge fliegen mit 18–21 Tagen aus und sind schon 4 Tage später selbstständig • 1–2 Jahresbruten.

Alter: Ältester Ringvogel 22 Jahre, 11 Monate. Generationslänge < 3,3 Jahre.
Gefährdung: Art in Europa mit ungünstigem Erhaltungsstatus (SPEC 3). Gefährdet durch direkte Verfolgung (z. T. mit Kontaktgiften und Dynamit) und intensive Landwirtschaft.
Besonderes: Ein Fußballspiel in England musste abgebrochen werden, da ein singender Star die Schiedsrichterpfeife imitierte.

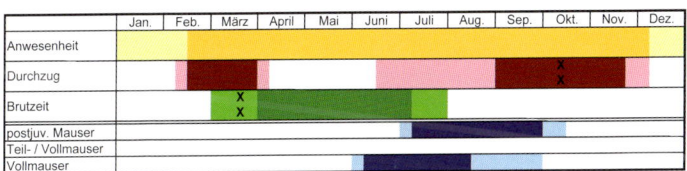

	Jan.	Feb.	März	April	Mai	Juni	Juli	Aug.	Sep.	Okt.	Nov.	Dez.
Anwesenheit												
Durchzug									x			
									x			
Brutzeit			x									
			x									
postjuv. Mauser												
Teil- / Vollmauser												
Vollmauser												

Mongolenstar (→ 516A)

Sturnus sturninus (Pallas 1776)

Taxonomie: Familie Stare – Sturnidae. Keine Unterarten.
Größe, Gewicht: Körperlänge 16–19 cm; ca. 100 g.
Erkennungshinweise: Männchen und Weibchen ähnlich gefärbt., Männchen jedoch viel kontrastreicher und insgesamt kräftiger. Auffallend der graue Kopf mit dunklen Nackenfleck, sowie eine breite und eine schmalen Flügelbinde und ein hellbrauner Bürzelfleck.
Stimme: Gesang nicht so kratzend, aber melodischer als beim Star, sehr abwechslungsreich und reichhaltig. Ruft beim Abflug weich „skwerch“.
Brutareal: Von der Ostmongolei nach Osten bis zum Mittleren Amur, in Ussuriland, der südlichen und zentralen Mandschurei, Nordchina und Nordkorea.

Vorkommen in Mitteleuropa: Extrem seltener Ausnahmegast, ein als Wildvogel anerkannter Nachweis in den Niederlanden.

Wanderungen: Zugvogel, der in Burma, Malaysia und von Singapur über Sumatra, Java, Nordlaos bis Hainan überwintert. Russische Brutvögel verlassen das Brutgebiet meist nach dem Flüggewerden der Jungen, spätestens Ende Juli.

Lebensraum: Sehr vielseitig. Brutvogel in Baumsteppe, Mischwald, an Waldrändern, Dörfern oder Randlagen von Städten. Bevorzugt werden Habitate an Waldrändern oder kleine Baumgruppen oft im Kulturland.

Nahrung: Insekten und deren Entwicklungsstadien, Wirbellose sowie Beeren und Früchte.

Brutbiologie: Nest in Baumhöhlen und Gebäuden, aus Grass und Blättern, manchmal mit Federn • 3–7 Eier • Brutzeit Mai bis Juni • keine Angaben zu Brutdauer und Nestlingszeit.

Gefährdung: Nicht weltweit gefährdet.

Besonderes: Die meisten Mongolenstare, die auf den Andamanen und Nikobaren überwintern, sind immature Vögel.

Katzenvogel (→ 519)

Dumetella carolinensis (Linnaeus 1766)

Taxonomie: Familie Spottdrosseln – Mimidae. Keine Unterarten.

Größe, Gewicht: Körperlänge 21–24 cm, Flügelspannweite 24–26 cm, Flügellänge ♂ 88–96 mm, ♀ 86–92 mm; 23–45 g.

Erkennungshinweise: Geschlechter gleich. Starengroß mit einfarbig aschgrauem Gefieder, rostbraunen Unterschwanzdecken und markantem schwarzen Scheitel.

Stimme: Ruf knurrendes Miauen „miju", bei Alarm gereit „trät-tät-tät-tät". Abwechslungsreicher Gesang mit melodischen und geräuschhaften Elementen; auch mit Imitationen.
Brutareal: Nordamerika bis Golf von Mexiko.
Vorkommen in Mitteleuropa: Ausnahmegast; nur zwei alte Nachweise.
Wanderungen: Zugvogel.
Lebensraum: Dichter Unterwuchs in Wäldern, dichte Buschvegetation, oft an schattigen Plätzen.
Nahrung: Gliederfüßer, Beeren und fleischige Früchte.
Gefährdung: Nicht gefährdet.

Spottdrossel (→ 520)

Mimus [polyglottos] polyglottos (Linnaeus 1758)

Taxonomie: Familie Spottdrosseln – Mimidae. Bildet Superspezies mit *M. gilvus und M. magnirostris* in Mittel- und Südamerika. 3 Unterarten, in Europa nur *polyglottos* nachgewiesen.
Größe, Gewicht: Körperlänge 22–28 cm, Flügelspannweite 31–36 cm, Flügellänge ♂ 11,1–11,3 cm, ♀ 10,3–10,8 cm; 36–56 g.
Erkennungshinweise: Geschlechter gleich. Langschwänziger, oberseits grauer, etwas an Raubwürger erinnernder Vogel. Im Flug auffälliger großer weißer Fleck auf den Schwingen und zwei Flügelbinden auf den Armschwingen.
Stimme: Gesang laut und vielfältig, mit einer Vielzahl von Imitationen anderer Vogelstimmen und verschiedensten Geräuschen. Ruft laut „tscheck".
Brutareal: Vom Süden Kanadas über die USA bis nach Mexiko und in die Karibik.
Vorkommen in Mitteleuropa: Extrem seltener Ausnahmegast, ein Nachweis in den Niederlanden.
Wanderungen: Standvogel und Teilzieher. Nordöstliche Brutvögel ziehen entlang der Küste nach Süden.
Lebensraum: Halbwüstenartige Landschaften, offene und halboffene Habitate, aber auch Parks und Gärten.
Nahrung: Wirbellose, Früchte und Sämereien.

Brutbiologie: Normalerweise Monogam, aber auch Bigamie und Polyandrie nachgewiesen • Nest ein offener Napf aus ZWeigen, mit Gras ausgekleidet • 2–6 Eier • Brutzeit März bis August • Brutdauer 12–13 Tage • ♀ brütet • ♂ & ♀ füttern • Junge mit 10–15 Tagen flügge, werden noch 3 Wochen gefüttert • 2–3 Jahresbruten.
Gefährdung: Nicht weltweit gefährdet.
Besonderes: Schreckt durch Spreizen der Flügel und Zeigen des Flügelfeldes Beutetiere auf.

Wasseramsel (→522)

Cinclus cinclus (Linnaeus 1758)

Taxonomie: Familie Wasseramseln – Cinclidae. 14 Unterarten, in Mitteleuropa *C. c. aquaticus*, in Nordeuropa *C. c. cinclus*.
Größe, Gewicht: Körperlänge 18 cm, Flügelspannweite 25,5–30 cm, Flügellänge ♂ 90–101 mm, ♀ 79,9–91,9 mm; ♂ 56–76 g, ♀ 47–68 g.
Erkennungshinweise: Geschlechter gleich. Dunkelbrauner Vogel mit weißer Kehle. Durch plumpe Gestalt mit kurzem Schwanz und kräftigen Beinen unverwechselbar.

ad.

Stimme: Gesang eine langsame Folge zwitschernder, quirlender Töne, von beiden Geschlechtern vorgetragen. Ruf ein kurzes, raues „zitt".
Brutareal: Lückenhaft in Teilen Nordafrikas und Eurasiens bis Westchina verbreitet.
Vorkommen in Mitteleuropa: Regelmäßiger Brutvogel der Mittelgebirgs- und Gebirgsregionen. Fehlt als Brutvogel im Tiefland, stellenweise überwintern hier nordeuropäische Vögel der Unterart *cinclus*.
Wanderungen: Standvogel, in Nordeuropa Teilzieher.
Lebensraum: An raschfließenden, permanent wasserführenden, höchstens mäßig verunreinigten Gewässern mit hohem Sauerstoffgehalt. Naturnahe Strukturen wie Steine im Bachbett als Ansitzwarte wichtig. Brütet aber bei ausreichendem Nahrungsangebot auch an stärker ausgebauten Fließgewässern, auch in Städten. Außerhalb der Brutzeit auch an Seen und Küsten.

Nahrung: Wasserlebende Kleintiere wie Würmer, Gliederfüßer, Weichtiere, kleine Fische und Amphibien. Besondere Bedeutung haben Larven und Nymphen von Köcher-, Eintags- und Steinfliegen, Bachflohkrebse, Wasserkäfer, kleine Schnecken, Strudelwürmer. Bei Hochwasser werden im Uferbereich auch Landformen erbeutet.

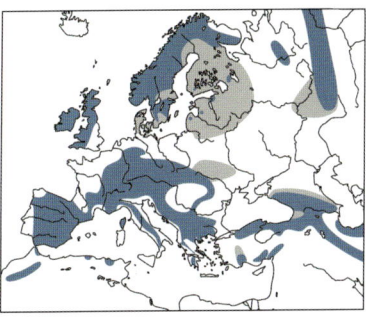

Brutbiologie: Geschlechtsreife im 1. Lebensjahr • Nest umfangreiche feste Mooskugel (mind. 20 cm Durchmesser) mit eingearbeitetem Napf aus Grasrispen, Auspolsterung aus dürren, oft feuchten Blättern; Standort meist am oder hinter stark strömendem Wasser, auf möglichst solider Unterlage und häufig von oben gedeckt • 4–6 Eier • Legebeginn frühestens Februar, meist März, Frischgelege bis Ende Juni • Brutdauer 16–17 Tage • nur ♀ brütet und wird vom ♂ gefüttert • ♂ und ♀ füttern • Junge bleiben 20–24 Tage im Nest, werden dann noch max. 2 Wochen betreut • 1–2 (3) Jahresbruten; Ersatzgelege.

Alter: Ältester Ringvogel 10 Jahre, 7 Monate. Generationslänge < 3,3 Jahre.

Gefährdung: Bedroht durch wasserbauliche Maßnahmen und Verlust von Brutplätzen an Bauwerken am Wasser.

Besonderes: Einzige europäische Singvogelart, die gut schwimmen und tauchen kann.

	Jan.	Feb.	März	April	Mai	Juni	Juli	Aug.	Sep.	Okt.	Nov.	Dez.
Anwesenheit												
Durchzug												
Brutzeit			x x									
postjuv. Mauser												
Teil- / Vollmauser												
Vollmauser												

Steinrötel (→ 523)

Monticola saxatilis (Linnaeus 1766)

Taxonomie: Familie Drosseln – Turdidae. Keine Unterarten.

Größe, Gewicht: Körperlänge 16–19 cm, Flügelspannweite 33–37 cm, Flügellänge ♂ 11,5–11,9 cm, ♀ 11,1–12,9 cm; ♂ 44–65,8 g, ♀ 42,2–65 g.

♂

K1

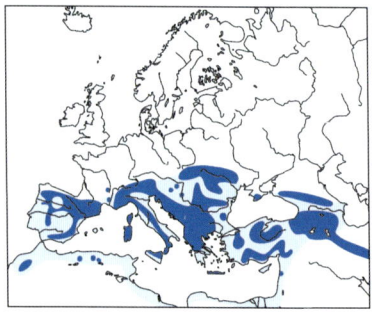

Erkennungshinweise: Männchen durch graublauen Kopf, hellen Rückenfleck und rostroter Unterseite nicht zu verwechseln, jedoch im Brutgebiet oft erstaunlich unauffällig. Weibchen, Jungvögel und Männchen im Schlichtkleid bräunlich mit dichter dunkler Bänderung auf der Unterseite. Oberseite durch helle Federsäume fleckig erscheinend.

Stimme: Gesang von einer Warte oder in hohem Singflug. Besteht aus weichen, variablen Strophen mit flötenden, gepresst zwitschernden Tönen. Ruft laut und weich flötend „djü" und angehängt leiser „dschack".

Brutareal: Gebirgsregionen mit Trockenhängen von Nordwestafrika über Südeuropa und Kleinasien über die Gebirge Mittel- und Innerasiens bis östlich des Baikalsees.

Vorkommen in Mitteleuropa: Seltener Brutvogel in den (Süd-)Alpen und Karpaten. In Deutschland im frühen 20. Jh. als Brutvogel verschwunden. Erst seit 2000 wieder regelmäßiger Brutvogel mit Einzelpaaren. Sonst Ausnahmegast.

Wanderungen: Zugvogel, z. T. Langstreckenzieher, der in Savannen in Afrika überwintert.

Lebensraum: Sonnenexponierte Fels- und Geröllhänge mit hohen Anteilen kurzrasiger Vegetation.

Nahrung: Bodenlebende Insekten und andere Wirbellose, auch kleine Eidechsen, Beeren und andere fleischige Früchte.

Brutbiologie: Partnertreue wegen hoher Brutplatztreue • Bodennest in Nische oder Felsspalte • meist 4–5 Eier • Brutdauer 13–15 Tage • ♀ brütet und hudert • ♀ füttert erst alleine und wird durch ♂ versorgt, später füttern beide • Junge fliegen nach 13–16 Tagen aus. Werden dann noch 3–4 Wochen geführt • 1 Jahresbruten, Ersatzgelege.

Alter: In Gefangenschaft Höchstalter > 18 Jahre. Generationslänge < 3,3 Jahre.

Gefährdung: Art in Europa mit ungünstigem Erhaltungsstatus (SPEC 3); Gefährdung durch Aufgabe traditioneller Almnutzung, Alpentourismus und Habitatverlust in den Winterquartieren.

Blaumerle (→ 524)

Monticola [solitarius] solitarius (Linnaeus 1758)

Taxonomie: Familie Schnäpperverwandte – Muscicapidae. Bildet Superspezies mit *M. philippensis*. 4 Unterarten, in Europa *solitarius*.

Größe, Gewicht: Körperlänge 20–23 cm, Flügelspannweite 33–37 cm, Flügellänge ♂ 11,8–13,3 cm, ♀ 11,8–12,8 cm; 37–70 g.

Erkennungshinweise: Fast amselgroßer Singvogel mit auffällig langem Schnabel. Männchen durch dunkel graublaues Gefieder mit fast schwarzen Flügeln unverwechselbar. Weibchen oberseits wie auch der Schwanz dunkelbraun, gesamte Unterseite hellbraun gebändert.

Stimme: Der an Amsel oder Misteldrossel erinnernde Gesang wird von einer Warte oder im Singflug vorgetragen und besteht aus relativ kurzen, flötenden Strophen die oft wiederholt werden.

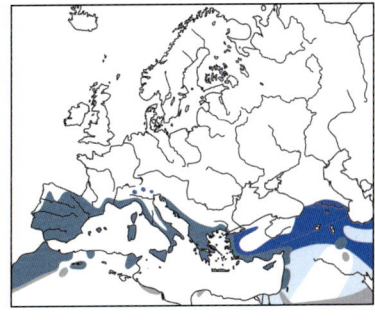

Brutareal: In vier Unterarten Brutvogel fast im gesamten Mittelmeergebiet bis in die zentralasiatischen Gebirge und über den Himalaya bis nach China, Korea und Japan brütend.

Vorkommen in Mitteleuropa: Lokaler und seltener Brutvogel in der Südschweiz, sonst Ausnahmegast im Norden bis Helgoland.

Wanderungen: In der Westpaläarktis hauptsächlich Teil- und Kurzstreckenzieher mit Zerstreuungs- und Höhenwanderungen. Winterquartiere liegen hauptsächlich in Nordafrika und auf der Arabischen Halbinsel.

Lebensraum: Trockene, warme Bereiche mit vielen senkrechten Strukturen wie Felsen, Steinbrüche, alte Gemäuer von der Küste bis ins Gebirge.

Nahrung: Hauptsächlich Insekten und Spinnentiere, jedoch auch Regenwürmer oder kleine Reptilien. Im Herbst werden auch Beeren und Früchte nicht verschmäht.

Brutbiologie: Geschlechtsreife im 1. Lebensjahr • Nest in Höhlen und Feldspalten, locker gebauter Napf mit Moos- oder Zweigunterlage • 4–5 Eier • Legebeginn Ende April bis Mitte Juni • Brutdauer 12–15 Tage • ♀ brütet • ♂ & ♀ füttern • Junge mit 15–16 Tagen flügge • 1-2 Jahresbruten; Ersatzgelege.

Alter: In Gefangenschaft bis 24 J.; Generationslänge < 3,3 Jahre.

Gefährdung: In Europa mit ungünstigem Erhaltungszustand.

Besonderes: Bei der Blaumerle singen auch die Weibchen und die Blaumerle ist der Nationalvogel Maltas.

Grauwangendrossel (→ 526)

Catharus [fuscescens] minimus (Lafresnaye 1848)

Taxonomie: Familie Drosseln – Turdidae. Bildet Superspezies mit Wilsondrossel *C. fuscescens* und *C. bicknelli*. Keine Unterarten.

Größe, Gewicht: Körperlänge 17–18,5 cm, Flügelspannweite 28,5–32 cm, Flügellänge ♂ 99–109 mm, ♀ 97–107,5 mm; 26–50 g.

Erkennungshinweise: Geschlechter gleich. Sehr ähnlich Zwergdrossel, am besten durch grauweiße Grundfärbung an Kehle und Kopfseiten und am Fehlen eines deutlichen Überaugenstreifens von dieser zu unterscheiden.

Stimme: Ruf tschilpend, herabgezogen „piiör", „wii-ä", nasaler als Wilsondrossel. Gesang wenig variabel und kürzer als bei den übrigen Catharus-Arten.

Brutareal: Nördliches Nordamerika.
Vorkommen in Mitteleuropa: Ausnahmegast, bisher einmal auf Helgoland und in Baden-Württemberg.
Wanderungen: Zugvogel, überwintert in Mittel- und Südamerika.
Lebensraum: Brutvogel im borealen Nadelwald und in der Kampfzone des Waldes. Auf dem Zug auch in Städten.
Nahrung: Insekten und Kleintiere, im Herbst Beeren und Früchte.
Gefährdung: Nicht gefährdet.

Zwergdrossel (→527)
Catharus ustulatus (Pallas 1811)

Taxonomie: Familie Drosseln – Turdidae. 7–10 Unterarten, in Europa wahrscheinlich nur *faxoni*.
Größe, Gewicht: Körperlänge 17–19 cm, Flügelspannweite 28–31,5 cm, Flügellänge ♂ 98,5–105 mm, ♀ 94,5–101 mm; 24–43 g.
Erkennungshinweise: Geschlechter gleich. Erinnert an Singdrossel, jedoch Fleckung der Unterseite kleiner und nur auf Kehle und Brust. Typisches

Unterflügelmuster der „Nachtigalldrosseln" der Gattung *Catharus*.
Stimme: Gesang eine Reihe ansteigender klarer Flötentöne mit danach wellenförmigem Verlauf, gehen in ein hohes, quickendes Zwitschern über. Ruft pfeifend „wit" oder hart „ziit", Flugruf scharf piepend „quiip".
Brutareal: Etwa 700 km breiter Gürtel durch die südliche Taigazone in Alaska und Yukon in Quebec und Neufundland. Nach Süden bis Kalifornien und Neu Mexiko.
Vorkommen in Mitteleuropa: Ausnahmegast.
Wanderungen: Langstreckenzieher, Hauptwintergebiet von Golfküste USA bis Brasilien.
Lebensraum: Brutvogel in Nadelwäldern der Taiga Nordamerikas.
Nahrung: Insekten und andere Kleintiere, im Herbst und Winter hauptsächlich Beeren und Früchte.
Gefährdung: Nicht gefährdet.

Einsiedlerdrossel (→528)

Catharus guttatus (Pallas 1811)

Taxonomie: Familie Familie Drosseln – Turdidae. Sieben bis neun Unterarten, in Europa vermutlich nur *C. g. faxoni* nachgewiesen.

Größe, Gewicht: Körperlänge 16–18 cm, Flügelspannweite 25–28,5 cm, Flügellänge ♂ 89–99 mm, ♀ 86–97 mm; 18–37 g.

Erkennungshinweise: Geschlechter gleich. Spatzengroße Drossel, die den rotbraunen Schwanz oft stelzt. Oberseite graubraun, Brust mit wenigen aber großen Flecken. Von hinten leicht mit Nachtigall zu verwechseln.

Stimme: Ruf weich und tief „tschak", auch wiederholt; ferner langezogen „wieh". Gesang aus mehreren Phrasenfolgen unterschiedlicher Tonhöhe, die gegen Ende jeweils „wehmütig" verklingen.

Brutareal: Nordamerika.

Vorkommen in Mitteleuropa: Ausnahmegast, nur 4 Nachweise aus Deutschland aus dem 19. Jh.

Wanderungen: Zugvogel, Winterquartier südliches Nordamerika und Mittelamerika.

Lebensraum: Nadel- und Mischwälder; im Winter auch in Parks.

Nahrung: Frühjahr und Sommer Insekten und andere Wirbellose, Spätsommer bis Winter Beeren und Früchte.

Gefährdung: Nicht akut gefährdet.

Schieferdrossel (→529)

Zoothera sibirica (Pallas 1776)

Taxonomie: Familie Drosseln – Turdidae. 2 Unterarten.

Größe, Gewicht: Körperlänge 20–23 cm, Flügelspannweite 34–36 cm, Flügellänge ♂ 11,6–12,7 cm, ♀ 11,6–12,3 cm; 60–90 g.

Erkennungshinweise: Kleinere unverwechselbare Drossel. Das Männchen im Alterskleid überwiegend schieferfarben mit auffallend weißem Überaugenstreif. Weibchen vor allem durch die braun quer gefleckte Unterseite und markanter Gesichtszeichnung gekennzeichnet.

Stimme: Rufe „zit", rau „tsc-häk" oder schnarrend „trrrss".
Brutareal: Von Jenissej und Altai bis Japan und Sachalin.
Vorkommen in Mitteleuropa: Ausnahmegast.
Wanderungen: Langstrecken-zieher, Winterquartier Südasi-en.
Lebensraum: Dichte Wälder und Buschbestände.
Nahrung: Brutzeit hauptsäch-lich Regenwürmer, sonst In-sekten, auch Beeren.
Gefährdung: Nicht gefährdet.

Erddrossel (→530)

Zoothera [dauma] aurea (Holandre 1825)

Taxonomie: Familie Drosseln – Turdidae. Mehrere nah verwandte Taxa sind wohl als Allos-pezies einer Superspe-zies einzustufen. Keine Unterarten.
Größe, Gewicht: Kör-perlänge 27 cm, Flügel-spannweite 44–47,5 cm, Flügellänge ♂ 17–

17,6 cm, ♀ 16,4–17,2 cm; ♂ 116–135 g, ♀ 105–150 g.
Erkennungshinweise: Geschlechter gleich. Große Drossel mit sehr kräf-tigem Schnabel. Durch die halbmondförmige Fleckung unverwechselbar. Im Flug typische schwarzweiße Bänderung der Flügelunterseite.
Stimme: Sehr still, Flugruf durchdringendes „zie". Gesang aus Pfeifstro-phen, die leise anfangen und wieder ausklingen.
Brutareal: Superspezies Indonesien, Südost-Asien bis Nordost-Pakistan, Sri Lanka und Südwest-Indien, Taiwan, Japan, Korea, ferner Ostsibirien bis Ural.
Vorkommen in Mitteleuropa: Ausnahmegast, doch von der Küste bis an den Alpenrand nachgewiesen.

Wanderungen: Langstreckenzieher im Norden, Teilzieher oder Standvogel im Süden.
Lebensraum: Nadel- und Laubwälder mit dichtem Unterholz.
Nahrung: Regenwürmer, Insekten, auch Beeren und Früchte.
Gefährdung: Keine Gefährdung zu erkennen.
Besonderes: Erddrosseln leben sehr versteckt im Unterholz.

Wanderdrossel (→ 531)

Turdus migratorius Linnaeus 1766

Taxonomie: Familie Drosseln – Turdidae. Sieben Unterarten, in Europa nur *T. m. migratorius* nachgewiesen.
Größe, Gewicht: Körperlänge 23–28 cm, Flügelspannweite 35–39,5 cm, Flügellänge ♂ 13–13,8 cm, ♀ 12,1–13,1 cm; ♂ 70–91 g, ♀ 72–94 g.
Erkennungshinweise: Geschlechter nahezu gleich. Durch größtenteils rostrote Unterseite, dunkelgraue Oberseite und schwarzen Kopf mit auffälligen weißen Augenmarkierungen unverwechselbar.
Stimme: Gesang hastig und gepresst aus langsamen Flötentönen vorgetragen, jedoch einförmiger als Amsel und Singdrossel. Ruf amselartig „tjock tjock tjock".

Brutareal: Nordamerika von polarer Baumgrenze bis Rand der Subtropen und Berge Mexikos bis Mittelamerika.
Vorkommen in Mitteleuropa: Ausnahmegast.
Wanderungen: Zugvogel, im Süden der Verbreitung Standvogel. Überwinterungsquartiere im Süden der USA bis Mittelamerika.
Lebensraum: Brutvogel in Wäldern, aber ähnlich Amsel in weiten Teilen verstädtert.
Nahrung: Verschiedene Kleintiere und Früchte, ähnlich Amsel.
Gefährdung: Nicht gefährdet.
Besonderes: Letzter deutscher Nachweis aus dem Jahr 1913, also vor über 100 Jahren.

Einfarbdrossel (→ 532)

Turdus unicolor Tickell 1833

Taxonomie: Familie Drosseln – Turdidae. Keine Unterarten.
Größe, Gewicht: Körperlänge 21–25 cm, Flügellänge ♂ 11,4–13 cm, ♀ 11,1–13,2 cm; 57–75 g.
Erkennungshinweise: Adulte Männchen blass blaugrau mit weißlichem Bauch und Bürzel, Schnabel wie bei Weibchen gelb. Dieses bräunlich mit heller Kehle. Junge Männchen und Weibchen mit Bartstreif und Stricheln an der Oberbrust.
Stimme: Rufe bei Beunruhigung amselartig „tschuk tschuk…". Gesang melodisch, durch Wiederholungen an Singdrossel erinnernd, doch lange nicht so abwechslungsreich.
Brutareal: Himalaja von Afghanistan bis Nepal.
Vorkommen in Mitteleuropa: Ausnahmegast. 1932 auf Helgoland ein Vogel, offenbar kein Gefangenschaftsflüchtling.
Wanderungen: Kurzstreckenzieher, Hauptwinterquartier Nordindien.
Lebensraum: Laubwälder im Hochgebirge, aber auch in Obstanlagen und Gärten.
Nahrung: Insekten, Regenwürmer, Schnecken, Beeren und Fruchtfleisch größerer Früchte.
Gefährdung: Keine Gefährdung bekannt.

Amsel (→ 533)

Turdus [merula] merula Linnaeus 1758

Taxonomie: Familie Drosseln – Turdidae. Bildet Superspezies mit *T. maximus* im Himalayagebiet und *T. simillimus* in Indien/Sri Lanka. Etwa neun Unterarten, drei in Europa, in Mitteleuropa die Nominatform.
Größe, Gewicht: Körperlänge 24–25 cm, Flügelspannweite 34–39 cm, Flügellänge ♂ 12,6–13,7 cm, ♀ 12,4–13,4 cm; 70–148 g.
Erkennungshinweise: Diesjährige Männchen mit schwarzbraunem, Adulte mit orangegelbem Schnabel. Im Gegensatz zum Star hüpfende Fortbewegung und langer Schwanz.
Stimme: Rufe „srieh", bei Erregung „tak" (oft in schneller Folge), weicher „djück" oder „djuk", zeternde Lautfolgen und hoch „tix tix". Jungamseln

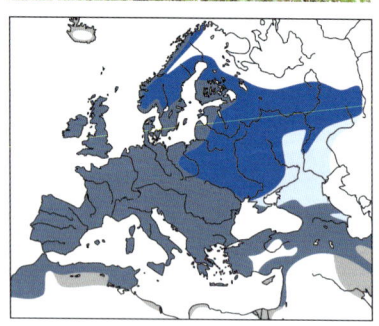

durchdringend „dschröt" oder „dschrit". Gesang aus melodischen Flötenstrophen, einzelne Elemente werden nicht wie bei der Singdrossel wiederholt; große Variabilität, auch Nachahmung menschlicher Pfiffe.

Brutareal: Europa, Vorder- und Zentralasien, Teile Ostasiens. Eingeführt in Südaustralien und Neuseeland.

Vorkommen in Mitteleuropa: Sehr häufiger, flächig verbreiteter Brutvogel, häufigster Brutvogel Deutschlands. Jahresvogel und Teilzieher.

Wanderungen: Standvogel und Teilzieher nach West- und Südeuropa, selten bis Nordafrika Durchzug nördlicher Populationen März/April und Oktober/November.

Lebensraum: Wald-, Park- und Gartenvogel, auch mitten in Großstädten und in kleinen Gehölzen.

Nahrung: Kleintiere, im Frühjahr und Sommer vor allem Regenwürmer, Gliederfüßer, Schnecken. Von Spätsommer bis Herbst oft vorwiegend Früchte, im Winter auch an Futterstellen (Haferflocken, Obst, Küchenabfälle; Sämereien werden kaum verdaut).

Brutbiologie: Geschlechtsreife im 1. Lebensjahr • Nest tiefer Napf aus Halmen, innen mit feuchter Erde und feinem Pflanzenmaterial ausgekleidet, meist niedrig in Büschen, jungen Bäumen, Hecken, Holzhaufen, auf fester Unterlage an Häusern usw. • 4–5 Eier • Legebeginn März – Ende Juni, in Städten auch früher oder später• Brutdauer 11–16 Tage • ♀ brütet allein • ♂ und ♀ füttern • Junge bleiben 12–19 Tage im

Nest, werden dann noch außerhalb des Nestes gefüttert, mit 18 Tagen flugfähig, mit 15–31 Tagen selbstständig • 2 (–3) Jahresbruten, ausnahmsweise mehr; Ersatzgelege.

Alter: Älteste Ringvögel mehrfach über 15 Jahre; Generationslänge < 3,3 Jahre.

Gefährdung: Art auf Europa konzentriert (SPEC E) (über 10% des globalen Bestands in Deutschland). Bedroht durch Verluste durch Prädation und Nestprädation (in Siedlungen insbesondere Katzen), übertriebene Ordnungsliebe in den Ortschaften, Biozideinsatz und direkte Verfolgung in Überwinterungsgebieten.

Besonderes: „Stadtamseln" sind Standvögel und „Waldamseln" Zugvögel. In Großstädten auch Bruten im Mittwinter.

	Jan.	Feb.	März	April	Mai	Juni	Juli	Aug.	Sep.	Okt.	Nov.	Dez.
Anwesenheit												
Durchzug									x	x		
Brutzeit			x x									
postjuv. Mauser												
Teil- / Vollmauser												
Vollmauser												

Ringdrossel (→534)

Turdus torquatus Linnaeus 1758

Taxonomie: Familie Drosseln – Turdidae. Drei Unterarten, darunter *T. t. torquatus* in Nordeuropa, *T. t. alpestris* in den Gebirgen Mittel- und Südeuropas.

Erkennungshinweise: Amselgroße dunkle Drossel mit vor allem beim Männchen auffallendem weißem Brustring. Immer helle Flügelsäume, die der ähnlichen Amsel fehlen. Nordische Unterart *torquatus* unterseits fast reinschwarz im

Gegensatz zur mittel- und südeuropäischen Rasse *alpestris*, die unterseits stark hell geschuppt ist. Jungvögel und Immature mit angedeutetem Halsband.

Stimme: Rufe „zrrp", „tschier" o. ä. Warnruf hart „tak-tak-tak". Gesang weithin hörbar, Wiederholungen einfacher, kurzer flötender Strophen mit geräuschhaften Bestandteilen, dazwischen Pausen, etwa „drüi – drüi güb güb – tschrik...".

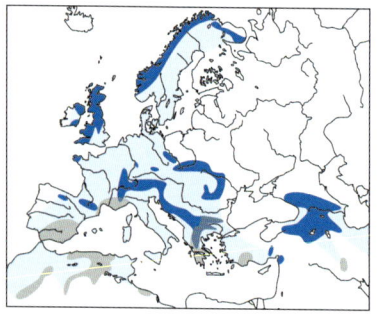

Brutareal: Westeuropa bis Vorderasien, Unterart alpestris im Süden in Hochlagen.
Vorkommen in Mitteleuropa: Unterart *alpestris* Brut- und Sommervogel der Alpen und einiger höherer Mittelgebirge. Unterart *torquatus* regelmäßiger Durchzügler, vor allem im Norden.
Wanderungen: Kurz- und Mittelstreckenzieher, Hauptwinterquartier Nordwestafrika und einige Gebiete Südeuropas.

Lebensraum: Brutvogel in nadelholzreichen Bergwäldern und an der Waldgrenze in der Krummholzstufe. Vor der Brutzeit oft auf kurzrasigen Talwiesen und schneefreien Stellen. Durchzügler in halboffenen Landschaften mit Büschen, Hecken oder lockerem Baumbestand.

Nahrung: Regenwürmer, Insekten, Beeren und Früchte.

Brutbiologie: Geschlechtsreife im 1. Lebensjahr • Nest meist in Nadelbäumen und -büschen, Mulde mit einer Schicht feuchter Erde und verrottendem Pflanzenmaterial ausgekleidet, darauf dürre Gräser, relativ umfangreicher Bau • 3–6 Eier • Legebeginn Mai/Juni • Brutdauer 12–14 Tage • ♀ brütet meist allein • ♂ und ♀ füttern • Junge bleiben 12–13 Tage im Nest, werden dann noch mind. 14 Tage gefüttert • 1–2 Jahresbruten; Ersatzgelege.

Alter: Ältester Ringvogel 9 Jahre, 1 Monat. Generationslänge < 3,3 Jahre.

Gefährdung: Art auf Europa konzentriert (SPEC E). In Mittelgebirgen gefährdet durch Freizeitbetrieb und Aufforstung.

Weißbrauendrossel (→ 535)

Turdus [obscurus] obscurus J. F. Gmelin 1789

Taxonomie: Familie Drosseln – Turdidae. Keine Unterarten.
Größe, Gewicht: Körperlänge 21–23 cm, Flügelspannweite 36–38 cm, Flügellänge ♂ 12–13 cm, ♀ 12–12,5 cm; ♂ 61–117 g, ♀ 50–110 g.
Erkennungshinweise: Geschlechter gleich. Kleinere Drossel mit olivbraunem Mantel, ausgedehnten orangen Flanken und grauem Kopf. Besonders auffallend ist der weiße Überaugenstreif, der dunkle Zügel und der kleine, weiße Streif darunter.

Stimme: Gesang kurze zweiteilige Flötenstrophe mit unterschiedlicher Betonung der zweiten Silbe. Ruft ähnlich Rotdrossel scharf „srihh" oder „zieh".

Brutareal: Boreale und Tundrenzone Sibiriens vom Ochotskischen Meer bis Mittelsibirien. Nach Süden bis Russischen Altai, Baikalgebiet und Nordostmongolei bis Sachalin.

Vorkommen in Mitteleuropa: Sehr seltener Gast.

Wanderungen: Zugvogel. Winterquartiere in Süd- und Südostasien.

Lebensraum: Brutvogel dichter Nadelholz- und Mischwaldbestände, gerne in der Nähe von Wasser. Auch auf dem Zug bevorzugt in dichtem Gebüsch.

Nahrung: Offenbar wie andere Drosseln, zur Brutzeit hauptsächlich animalisch, im Herbst auch Beeren und Steinfrüchte.

Gefährdung: Nicht gefährdet.

Fahldrossel (→ 536)

Turdus [pallidus] pallidus J. G. Gmelin 1789

Taxonomie: Familie Drosseln – Turdidae. Bildet Superspezies mit 2 weiteren ostasiatischen Taxa. Keine Unterarten.

Größe, Gewicht: Körperlänge 22–23 cm, Flügellänge ♂ 12,3–13,4 cm, ♀ 11,7–13,1 cm; 79 g.

Erkennungshinweise: Mittelgroße, braune Drossel mit weißem Bauch und Unterschwanzdecken. Kopf und Kehle beim Männchen graubraun, beim Weibchen Kopfseiten

und Kehle hell mit schwarzen Stricheln, schwacher schmaler Überaugenstreif.

Stimme: Rufe scharf „tak tak" oder „tschack tschack", auch dünn „tsiii", Warnlaute ähnlich Amsel. Gesang aus einfachen, weit tragenden Pfiffen wie „tüvi tülii tülii tüvie" oder kürzeren Lauten.

Brutareal: Amur- und Ussuriland bis Mandschurei.
Vorkommen in Mitteleuropa: Zweimal auf Helgoland gefangen, möglicherweise Gefangenschaftsflüchtlinge.
Wanderungen: Zugvogel, überwintert in Südchina, Südkorea, Japan und Taiwan.
Lebensraum: Brütet in dichten Nadelwäldern, auf dem Zug auch in offenerem Land, auch in Gärten.
Nahrung: Wirbellose, auch Beeren und Sämereien.
Gefährdung: Keine Gefährdung bekannt.

Rotkehldrossel (→ 537)
Turdus [ruficollis] ruficollis Pallas 1776

Taxonomie: Familie Drosseln – Turdidae. Bildet mit der Schwarzkehldrossel *T. atrogularis* eine Superspezies. Keine Unterarten.
Größe, Gewicht: Körperlänge 24–27 cm, Flügelspannweite 37–40 cm, Flügellänge ♂ 13,5–14,6 cm, ♀ 13,2–14,2 cm; ♂ 76–90 g, ♀ 85–94 g.
Erkennungshinweise: Kleiner als Amsel. Männchen durch rotbraune Oberbrust, Kehle, ebensolchem Gesicht und weißer Unterseite unverwechselbar. Bei Weibchen und Immaturen Überaugenstreif blassrot, Kehle und blassrote Oberbrust schwarz gestrichelt. Im Flug Unterflügeldecken rötlich, ähnlich Rotdrossel.
Stimme: Flugruf dünn „zii", rotdrosselartig „zieh", bei Erregung Schäckern. Gesang einfach, Wiederholungen mit schäckernden Bestandteilen; deutlich anders als Schwarzkehldrossel.
Brutareal: Mittelsibirien bis Nordmongolei und Mandschurei.
Vorkommen in Mitteleuropa: Ausnahmegast, deutlich seltener als Schwarzkehldrossel.
Wanderungen: Zugvogel, Hauptwinterquartier Nordrand Südasiens (Nepal, Tibet, Bangladesh, nach Westen bis Nordpakistan).
Lebensraum: Bergwälder, Durchzügler und Wintergäste auch im Kulturland.
Nahrung: Regenwürmer, Insekten, Beeren und Steinfrüchte.
Gefährdung: Nicht gefährdet.

Schwarzkehldrossel (→ 538)

Turdus [ruficollis] atrogularis (Jarocki 1819)

Taxonomie: Familie Turdidae – Drosseln. Bildet Superspezies mit Rotkehldrossel *T. ruficollis*. Keine Unterarten.

Größe, Gewicht: Körperlänge 24–27 cm, Flügelspannweite 37–40 cm, Flügellänge ♂ 13,3–14,3 cm, ♀ 12,9–13,7 cm; ♂ 84–102 g, ♀ 80–97 g.

Erkennungshinweise: Männchen im Prachtkleid durch schwarz im Gesicht, an Kehle und Brust unverwechselbar. Unterseite beim Männchen weiß und beim Weibchen mit dunkler Bruststrichelung.

Stimme: Flugruf dünn „ziii", sonst „zi" und kehliges Schäckern. Reviergesang mit Pausen, jeweils etwa 4 raue Pfeiflaute auf- und absteigend.

Brutareal: Taiga West- und Mittelsibiriens, nach Westen bis Westural, Nordwestmongolei und westliches China.

Vorkommen in Mitteleuropa: Sehr seltener Gast, vor allem im Winterhalbjahr.

Wanderungen: Zugvogel; Hauptwinterquartier südlich des Himalaja, Afghanistan und Iran.

Lebensraum: Aufgelockerte Wälder, Waldlichtungen; außerhalb der Brutzeit auch in Gärten.

Nahrung: Regenwürmer, Insekten, Spätsommer und Herbst Beeren und Steinfrüchte.

Gefährdung: Nicht gefährdet.

Rostschwanzdrossel (→ 539)

Turdus [naumanni] naumanni Temminck 1820

Taxonomie: Familie Drosseln – Turdidae. Bildet Superspezies mit der Rostflügeldrossel *T. eunomus*. Keine Unterarten.

Größe, Gewicht: Körperlänge 23–25 cm, Flügelspannweite 36–39 cm, Flügellänge ♂ 12,5–13,8 cm, ♀ 12,1–13,4 cm; ♂ 69–94 g, ♀ 63–89 g.

Erkennungshinweise: Geschlechter ähnlich. Knapp amselgroß, Schwanz und Bürzel rostbraun, ebenso Mantel und Flügel oft rötlich braun. Flan-

ken und Brust braunorange gefleckt. Markanter, rostoranger bis gelblicher Augenstreif.

Stimme: Wie Rostflügeldrossel.

Brutareal: Südteil Mittel- und Ostsibiriens vom Jenissej bis ans Ochotskische Meer.

Vorkommen in Mitteleuropa: Ausnahmegast.

Wanderungen: Zugvogel, Hauptwintergebiet Korea bis Zentralchina und Taiwan.

Lebensraum: Wie Rostflügeldrossel.

Nahrung: Wie Rostflügeldrossel.

Gefährdung: Nicht gefährdet.

Rostflügeldrossel (→540)

Turdus [naumanii] eunomus Temminck 1831

Taxonomie: Familie Drosseln – Turdidae. Bildet Superspezies mit der Rostschwanzdrossel *T. naumanni*. Keine Unterarten.

Größe, Gewicht: Körperlänge 23–25 cm, Flügelspannweite 36–39 cm, Flügellänge ♂ 12,4–13,3 cm, ♀ 12,1–13,6 cm; 55–106 g.

Erkennungshinweise: Geschlechter ähnlich. Knapp amselgroß, markantes Kopfmuster und charakteristische weiße Unterseite mit schwarzen Flecken und im Prachtkleid breitem Brustband. Flügel ausgedehnt rostrot.

Stimme: Beim Abflug „spirr" oder ähnlich Rotdrossel „srrii…i". Bei Erregung „täcktäck…". Gesang ist eine Folge einfacher Pfeiftöne mit vielen Wiederholungen, dazwischen auch Zwitschern.

1. W

Brutareal: Nördlicher als *T. naumanni* von Zentralsibirien bis etwa Anadyr; am Pazifik nach Süden bis Kamtschatka.

Vorkommen in Mitteleuropa: Ausnahmegast.

Wanderungen: Zugvogel, Hauptwintergebiet Südchina, Südjapan und Gebiete Südasiens.

Lebensraum: Lichte Wälder, Waldränder, auf dem Durchzug auch im offenen Land.

Nahrung: Zur Brutzeit hauptsächlich tierisch, sonst auch Beeren und kleine Steinfrüchte.

Gefährdung: Nicht gefährdet.

Besonderes: Bei der Landung wird der Schwanz fast senkrecht aufgerichtet.

Wacholderdrossel (→ 541)

Turdus pilaris **Linnaeus 1758**

Taxonomie: Familie Drosseln – Turdidae. Keine Unterarten.

Größe, Gewicht: Körperlänge 25,5 cm, Flügelspannweite 39–42 cm, Flügellänge ♂ 14–15,6 cm, ♀ 13,8–15 cm; ♂ 80–120 g, ♀ 76–128 g.

Erkennungshinweise: Geschlechter gleich. Große, langschwänzige und kräftig gebaute Drossel. Durch grauen Nacken, Rücken und Bürzel unverwechselbar.

Stimme: Gesang ein krächzendes, zwitscherndes Schwätzen. Häufigster Ruf ist das charakteristische Schäckern.

Brutareal: Ursprünglich Taiga Mittel- und Westsibiriens. Durch Arealausdehnung nach Westen bis Fennoskandien und in Mitteleuropa bis Ostfrankreich verbreitet, nach Osten bis zum Oberlauf des Amur.

Vorkommen in Mitteleuropa: Verbreiteter und häufiger Brut-, Sommer- und Jahresvogel in allen Landesteilen. Sehr häufiger Durchzügler und Wintergast.

Wanderungen: Kurzstreckenzieher mit Winterquartieren im gesamten Europa, Kleinasien und bis Nordafrika. Zugentfernung je nach Strenge des Winters und Beerenangebot.

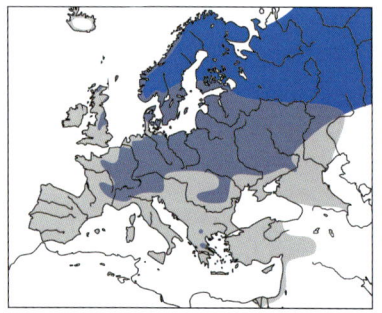

Lebensraum: Brutvogel in halboffenen Landschaften mit reichen Nahrungsgründen (Grünland mit hoher Regenwurmdichte) in der Nähe. Brut in Gebüsch- oder Baumgruppen und an Waldrändern, oft in Kolonien.

Nahrung: Neben Regenwürmern andere Wirbellose wie Insekten (z. B. Heuschrecken, Käfer), Schnecken und Spinnen, ab Sommer in zunehmendem Maße Beeren und andere Früchte, die im Winter die Hauptnahrung stellen.

Brutbiologie: Geschlechtsreife im 1. Kalenderjahr • Nest tiefer Napf mit Erde ausgestrichen und mit Gras gepolstert in Laub- und Nadelbäumen oder hohen Sträuchern, oft auffallend exponiert, meist in Stammgabelungen oder auf starken Ästen am Stamm • 5–6 Eier • Legebeginn März–Ende Juni • Brutdauer 10–13 Tage, nur ♀ brütet • ♂ und ♀ füttern • Junge bleiben 12–16 Tage im Nest, werden dann noch außerhalb des Nestes gefüttert, mit 18 Tagen flugfähig, mit 30 Tagen selbständig, werden aber manchmal noch länger geführt und gefüttert • 1–2 Jahresbruten; Ersatzgelege.

Alter: Ältester Ringvogel 18 Jahre, 7 Monate. Generationslänge < 3,3 Jahre.

Gefährdung: Art auf Europa konzentriert (SPEC E, Winter). Bedroht durch intensive Landwirtschaft und durch direkte Verfolgung in Südeuropa.

Besonderes: Gelegentlich werden Krähen oder Greifvögel in der Nähe der Brutkolonien so mit Kot attackiert und verschmutzt, dass sie nicht mehr fliegen können.

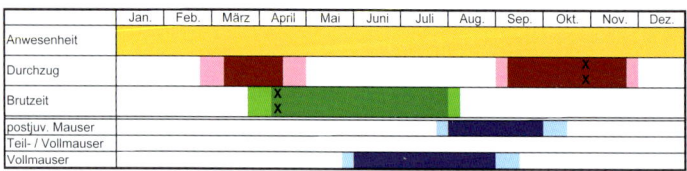

	Jan.	Feb.	März	April	Mai	Juni	Juli	Aug.	Sep.	Okt.	Nov.	Dez.
Anwesenheit												
Durchzug											X	
Brutzeit			X									
postjuv. Mauser												
Teil- / Vollmauser												
Vollmauser												

Rotdrossel (→ 542)

Turdus iliacus Linnaeus 1766

Taxonomie: Familie Drosseln – Turdidae. Zwei Unterarten, *T. i. iliacus* im nördlichen Eurasien, *T. i. coburni* auf Island und den Färöerinseln.

Größe, Gewicht: Körperlänge 21 cm, Flügelspannweite 33–34,5 cm, Flügellänge ♂ 11,1–12,1 cm, ♀ 10,8–12 cm; ♂ 49,0–65,5 g, ♀ 54,6–68 g.

Erkennungshinweise: Geschlechter gleich. Knapp singdrosselgroß und durch weißen Überaugenstreif und rostrote Flanken und Unterflügeldecken unverwechselbar.

Stimme: Flugruf leicht abfallend „zieh", Warnruf weich „güg" (erinnert an Specht), auch schnarrend „terrrt". Gesang mit flötendem Motiven, etwas abfallend, an das sich schnarrendes Zwitschern anschließt. Auch Massengesang von rastenden Trupps.

Brutareal: Von Skandinavien bis Ostsibirien.

Vorkommen in Mitteleuropa: Brutvogel in Nordostpolen. Sonst regelmäßiger und häufiger Durchzügler, nur in milden Gebieten auch Überwinterer. Gelegentlich auch Sommerbeobachtungen und einzelne Brutnachweise.

Wanderungen: Kurz- und Mittelstreckenzieher, Überwinterung in West- und Südeuropa.

Lebensraum: Brutvogel in Laub- und Mischwäldern, aber auch in Parks und Gärten.

Nahrung: Sommerhalbjahr Regenwürmer, Insekten u. a. Wirbellose. Ab Hochsommer Beeren, Früchte.

Brutbiologie: Geschlechtsreife im 1. Lebensjahr • Nest außen mit Pflanzenhalmen, Mittelschicht feuchte Erde oder Lehm, innen feine Gräser usw., auf Bäumen, in Büschen, aber

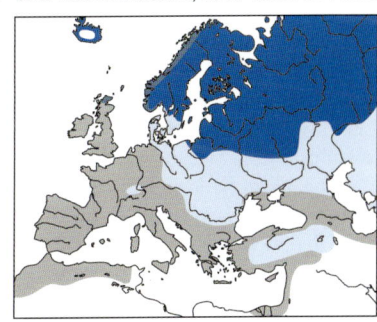

auch an anderen Standorten • 4–6 Eier • Legebeginn Mitte April bis Juni • Brutdauer 10–13 Tage • ♀ brütet allein • ♂ und ♀ füttern • Junge bleiben 8–13 Tage im Nest, dann noch 2–3 Wochen im Familienverband • 1–2 Jahresbruten; Ersatzgelege.

Alter: Ältester Ringvogel 18 Jahre, 10 Monate. Generationslänge < 3,3 Jahre.

Gefährdung: Art auf Europa konzentriert (SPEC E, Winter). Nicht gefährdet.

Besonderes: Die Rotdrossel brütet gelegentlich in Deutschland, zuletzt bestand 1997 Brutverdacht.

Singdrossel (→ 543)

Turdus philomelos **C. L. Brehm 1831**

Taxonomie: Familie Drosseln – Turdidae. Vier Unterarten, davon drei in Europa, insgesamt wenig differenziert.

Größe, Gewicht: Körperlänge 23 cm, Flügelspannweite 33–36 cm, Flügellänge ♂ 11,8–12,7 cm, ♀ 11,6–12,4 cm; 60,3–74,4 g.

Erkennungshinweise: Geschlechter gleich. Kleine, kurzschwänzige Drossel mit brauner Oberseite und stark gefleckter heller Unterseite.

Stimme: Im Flug fein „zipp" oder „zit". Warnruf schnell gereiht „tix-tix-

tix-tix...". Sehr abwechslungsreicher, lauter Gesang mit 2- bis 4-maligen Motivwiederholungen.

Brutareal: West- und Zentralpaläarktis, im Osten bis Baikalsee. Davon isoliert Nordanatolien, Transkaukasien und Nordiran. Eingeführt in Australien und Neuseeland.

Vorkommen in Mitteleuropa: Häufiger, flächig verbreiteter Brut- und Jahresvogel. Überwinterung in wintermilden Regionen.

Wanderungen: Standvogel und Kurzstreckenzieher. Nord- und osteuropäische Vögel ziehen auch lange Strecken.

Lebensraum: Nadel- und Laubwälder vom Tiefland bis in die Hochlagen, auch in Parks. Seltener in Städten. Im Winter auch in offenem Gelände.

Nahrung: Regenwürmer, Insekten, Nackt- und Gehäuseschnecken. Im Sommer, Herbst und Winter auch Beeren und Früchte.

Brutbiologie: Geschlechtsreife im 1. Lebensjahr • ♂ hohe Reviertreue • Nest bevorzugt in Nadelbäumen • meist 4–6 Eier • Legebeginn ab Mitte März • Brutdauer 12–14 Tage • ♀ brütet allein, Schlupf synchron • beide füttern • Junge fliegen nach 13–14Tagen aus und werden noch 2 Wochen gefüttert • 2 Jahresbruten, Drittbruten gelegentlich.

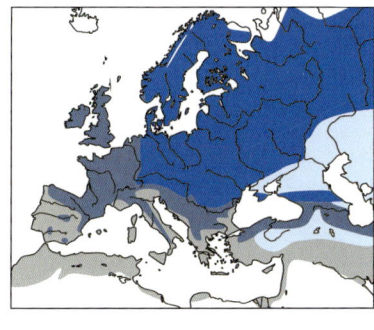

Alter: Ältester Ringvogel 17 Jahre, 5 Monate. Generationslänge < 3,3 Jahre.
Gefährdung: Art auf Europa konzentriert (SPEC E). Nicht gefährdet. In Südeuropa und Mittelmeerländern große Verluste durch Jagd.
Besonderes: Singdrosseln öffnen Gehäuseschnecken durch Aufschlagen auf Steinen. Dadurch entstehen sogenannte Drosselschmieden.

	Jan.	Feb.	März	April	Mai	Juni	Juli	Aug.	Sep.	Okt.	Nov.	Dez.
Anwesenheit												
Durchzug										x x		
Brutzeit				x x								
postjuv. Mauser												
Teil- / Vollmauser												
Vollmauser												

Misteldrossel (→544)

Turdus viscivorus **Linnaeus 1758**

Taxonomie: Familie Drosseln – Turdidae. Drei Unterarten, in Mitteleuropa *T. v. viscivorus*.
Größe, Gewicht: Körperlänge 27 cm, Flügelspannweite 42–47,5 cm, Flügellänge ♂ 14,6–16,3 cm, ♀ 14,3–16 cm; 99–120 g.
Erkennungshinweise: Geschlechter gleich. Erinnert etwas an Singdrossel, ist jedoch größer und unterseits wesentlich stärker gefleckt als diese.

Stimme: Ruf bei Erregung hartes Schnärren „trrr". Gesang aus kurzen Strophen mit je 6–8 Flötentönen geringer Tonhöhenunterschiede, zwischen den Strophen Pausen. Ähn-

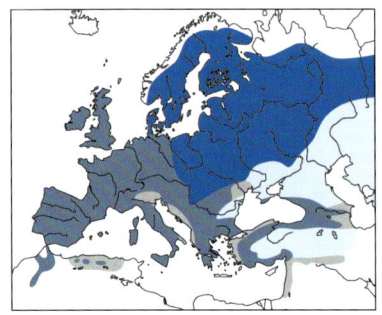

lichkeit mit unvollständigem Amselgesang.

Brutareal: Von Westeuropa und Nordwestafrika in schmalem Bogen bis zu den zentralasiatischen Gebirgen und Ostsibirien, nach Süden bis Himalaya, Nordrand Iran, Kaukasus und Gebirgen an der Südküste Anatoliens.

Vorkommen in Mitteleuropa: Mit kleineren Lücken flächig verbreiteter, sehr häufiger Brut- und Sommervogel oder auch Jahresvogel, häufiger Durchzügler und Rastvogel, in manchen Gebieten auch im Winter.

Wanderungen: Teilzieher und Kurzstreckenzieher, in milden Gebieten auch Standvogel mit Streuungswanderungen. Zunehmende Neigung im Westen zu überwintern.

Lebensraum: Hochstämmige Nadel- und Mischwälder sowie an Waldrändern, im Westen auch in großen Parks und Siedlungen, auch in Gehölzen. Auf dem Zug oft auf Grünflächen mit Bäumen in der Nähe.

Nahrung: Im Sommerhalbjahr Regenwürmer, Insekten; ab Spätsommer Beeren und Früchte.

Brutbiologie: Geschlechtsreife wohl im 1. Lebensjahr • Nest auf Bäumen, meist Nadelbäumen, oft ein stabiler Napf aus nasser Erde, ausgekleidet und mit Moosen und Flechten behangen • 4 Eier • Legebeginn Ende März bis Ende April • Brutdauer 13–15 Tage • ♀ brütet, ♂ füttert und löst auch ab • ♂ und ♀ füttern • Junge bleiben 12–15 Tage im Nest, werden dann noch bis 15 Tage gefüttert • 1–2 Jahresbruten; Ersatzgelege.

Alter: Ältester Ringvogel 21 Jahre, 3 Monate. Generationslänge < 3,3 Jahre.

Gefährdung: Art auf Europa konzentriert. Bedrohung durch großflächigen Grünlandumbruch und Fehlen ergiebiger Beerennahrung über Winter.

Besonderes: Die Misteldrossel trägt durch ihre Vorliebe für die klebrigen Beeren der Mistel stark zu deren Verbreitung bei. Im Winter vertreibt sie auch interspezifische Nahrungskonkurrenten, wie z. B. Seidenschwänze, ausdauernd von „ihren" Mistelbäumen.

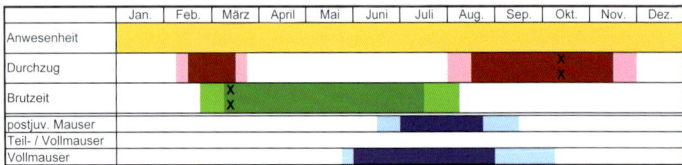

Grauschnäpper (→ 546)
Musicapa striata (Pallas 1764)

Taxonomie: Familie Schnäpperverwandte – Muscicapidae.
Sieben Unterarten, in Kontinentaleuropa *M. s. striata*.

Größe, Gewicht: Körperlänge 14,5 cm, Flügelspannweite 23,5–25,5 cm, Flügellänge
♂ 81–93 mm, ♀ 82–94 mm;
♂ 12,9–17,1 g, ♀ 12,7–20 g.

Erkennungshinweise: Geschlechter gleich. Graubrauner, kohlmeisengroßer Singvogel mit kräftigem Schnabel.
Jungvögel oberseits hell gefleckt.

Stimme: Ruf gedehnt und rau
„zit", „zist" oder „zrrt". Gesang
unauffällige kurze Folge von
hohen, rauen Lauten wie „zizi-
sri-zrü-tsr...".

Brutareal: Von Südwest- und
Westeuropa sowie dem westlichen Nordafrika bis Baikalsee und Nordmongolei; fehlt
im größten Teil Anatoliens,
Brutvogel auf Zypern und in Israel.

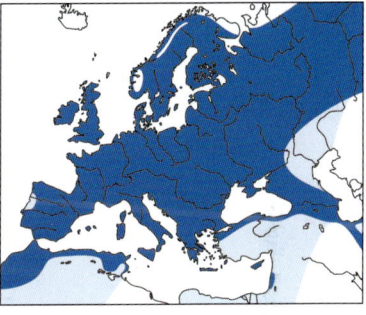

Vorkommen in Mitteleuropa: Flächig verbreiteter, häufiger Brut- und
Sommervogel, sehr häufiger Durchzügler.

Wanderungen: Langstreckenzieher, Hauptwinterquartier Afrika südlich
der Sahara bis Südafrika.

Lebensraum: Brutvogel in lichten Laub-, Misch- und Nadelwäldern, vor
allem an Rändern und Lichtungen sowie in halboffenen und offenen
Landschaften mit Gehölzen. Heute größtenteils in Kulturland, vor allem
in menschlichen Siedlungen des ländlichen Raumes und in Villen- und
Vorstadtvierteln. Auf dem Durchzug in ähnlichen Biotopen.

Nahrung: Hauptsächlich fliegende Insekten, im Sommer und Herbst
auch Beeren.

Brutbiologie: Geschlechtsreife im 1. Lebensjahr • Nest meist in Nischen,
Halbhöhlen oder auf festen Unterlagen, auch Freibruten, in Siedlungen

Neststand sehr variabel, napfförmig aus altem Pflanzenmaterial, Innen-auspolsterung weicher (Haare, feine Halme, auch Moos) • 3–5 Eier • Legebeginn Mitte bis Ende Mai, Spätbruten bis Ende Juli • Brutdauer 11–16 Tage • nur ♀ brütet • ♂ und ♀ füttern • Junge bleiben 12–16 Tage im Nest, werden dann noch etwa 2 Wochen gefüttert und sind mit 32–34 Tagen selbstständig • 1–2 Jahresbruten; Ersatzgelege.

Alter: Ältester Ringvogel 11 Jahre, 5 Monate. Generationslänge < 3,3 Jahre.

Gefährdung: Art in Europa mit ungünstigem Erhaltungsstatus (SPEC 3). Gefährdung durch Ausräumung der offenen Landschaft und intensive Forstwirtschaft.

Besonderes: Der Grauschnäpper kommt erst im Mai im Brutgebiet an und verlässt es bereits im August/September wieder.

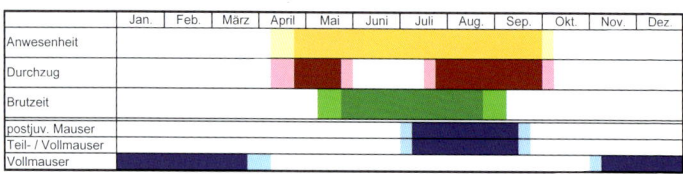

	Jan.	Feb.	März	April	Mai	Juni	Juli	Aug.	Sep.	Okt.	Nov.	Dez.
Anwesenheit												
Durchzug												
Brutzeit												
postjuv. Mauser												
Teil- / Vollmauser												
Vollmauser												

Trauerschnäpper (→549)

Ficedula [hypoleuca] hypoleuca (Pallas 1764)

Taxonomie: Familie Schnäpperverwandte – Muscicapidae. Bildet Superspezies mit Halsbandschnäpper *F. albicollis*, Halbringschnäpper *F. semitorquata* und Atlasschnäpper *F. speculigera*. Drei Unterarten, zwei in Europa.

Größe, Gewicht: Körperlänge 13 cm, Flügelspannweite 21,5–24 cm, Flügellänge ♂ 78,5–85 mm, ♀ 77–83,5 mm; ♂ 11–13,4 g, ♀ 11–13,9 g.

Erkennungshinweise: Kräftig gebauter Singvogel mit schwarzweißem bzw. braunweißem Gefieder und auffallendem weißen Flügelfleck.

Stimme: Der rhythmische, laute Gesang besteht aus einer Strophe mit Wiederholungen und plötzlichem Takt- und Tonhöhenwechsel. Häufig sind kurze metallische „witt"-Rufe.

Brutareal: Boreale und gemäßigte Zone, inselartig in der mediterranen Zone der Westpaläarktis bis an den Jenissej.

Vorkommen in Mitteleuropa: Verbreiteter und häufiger Brut- und Sommervogel sowie regelmäßiger und häufiger Durchzügler zu beiden Zugzeiten. In den Alpen Brutvogel bis 1520 m ü. NN.

♂ grau

Wanderungen: Langstreckenzieher. Hauptwinterquartiere im tropischen Afrika.

Lebensraum: Brutvogel lichter, alter und unterholzarmer Laub- und Mischwälder. Ausreichendes Bruthöhlenangebot entscheidend. Dann (zumeist durch Nistkästen) auch reine Nadelwälder, Parks, Friedhöfe und Gärten.

Nahrung: Vor allem fliegende Insekten, aber auch Raupen, Heuschrecken und Käfer.

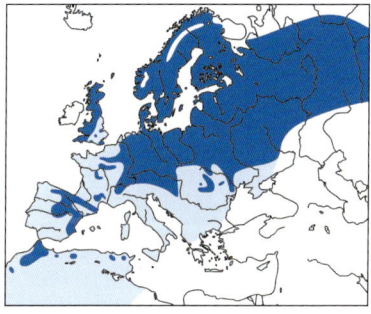

Brutbiologie: Monogame Saisonehe, aber regelmäßig Bigynie • Nest in Baumhöhlen oder Nistkästen, auch an Gebäuden • meist 6–7 Eier • Brutdauer 12–17 Tage ab (vor-) letztem Ei • ♀ brütet allein und hudert, wird vom ♂ versorgt • beide Partner füttern • Nestlingszeit 13–17 Tage • 1 Jahresbrut, selten Zweitbrut; Ersatzgelege, auch bei Verlust der Nestlinge.

Alter: Ältester Ringvogel 11 Jahre. Generationslänge < 3,3 Jahre.

Gefährdung: Art auf Europa konzentriert (SPEC E). Gefährdet durch intensive Waldwirtschaft (Verlust von Höhlen und Biozideinsatz), wahrscheinlich hohe Verluste im Winterquartier.

Besonderes: Hat sich in den letzten Jahrzehnten zum Kulturfolger entwickelt und brütet jetzt auch in Parks und Gärten.

	Jan.	Feb.	März	April	Mai	Juni	Juli	Aug.	Sep.	Okt.	Nov.	Dez.
Anwesenheit												
Durchzug												
Brutzeit												
postjuv. Mauser												
Teil- / Vollmauser												
Vollmauser												

Halsbandschnäpper (→550)

Ficedula [hypoleuca] albicollis (Temminck 1815)

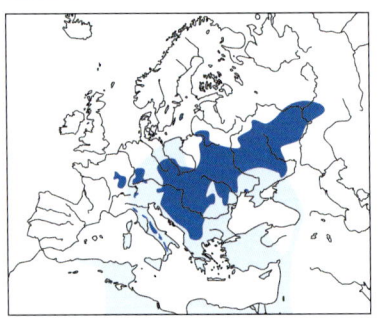

Taxonomie: Familie Schnäpperverwandte – Muscicapidae. Bildet mit Trauerschnäpper *F. hypoleuca*, Halbringschnäpper *F. semitorquata* und Atlasschnäpper *F. speculigera* eine Superspezies. Keine Unterarten.

Größe, Gewicht: Körperlänge 13 cm, Flügelspannweite 22,5–24,5 cm, Flügellänge ♂ 79–85 mm, ♀ 76–83 mm; ♂ 10,7–15 g, ♀ 11–17 g.

Erkennungshinweise: Dem Trauerschnäpper sehr ähnlich und Jungvögel und Weibchen diesem zum Verwechseln ähnlich. Männchen oberseits tiefschwarz mit breitem weißem Halsband. Weibchen mit größerem, weißem Flügelfleck und oberseits heller graubraun als Trauerschnäpper.

Stimme: Ruf hoch und weithin hörbar „sieb" oder „fiit". Gesang dünner und langsamer als Trauerschnäpper, Einleitung hohe „fiit"-Reihen, dann Elemente in unterschiedlicher Tonhöhe wie „trü-zittur-zit" oder ähnlich, klingt manchmal ausgesprochen gepresst.

Brutareal: Lückig von Ostfrankreich bis an die mittlere Wolga und von Südschweden bis nach Italien und Nordgriechenland.

Vorkommen in Mitteleuropa: Spärlicher bis mäßig häufiger Brut- und Sommervogel, regional zerstreut im Süden und Osten. Als Durchzügler unauffällig und offenbar selten.

Wanderungen: Langstreckenzieher, Hauptwinterquartier im tropischen Afrika, Grenzen nicht genau bekannt, von West- bis Ostafrika, auch in Südwestafrika.

Lebensraum: Brutvogel in Laubwäldern, vor allem Buchen- und Eichenbestände mit Totholz, auch in Auwäldern, Parkanlagen, Obstkulturen und Feldgehölzen, bevorzugt in warmen Lagen.

Nahrung: Fliegende Insekten, Nestlingsnahrung vor allem Schmetterlingsraupen.

Brutbiologie: Geschlechtsreife im 1. Lebensjahr • Nest in Baumhöhlen oder Nistkästen aus Halmen, Moos und Flechten • 4–7 Eier • Legebeginn Ende April bis Anfang Juni • Brutdauer 12–15 Tage • nur ♀ brütet • ♂ und ♀ füttern • Junge bleiben 15–19 Tage im Nest, werden dann noch 10–14 Tage geführt • 1 Jahresbrut; Ersatzgelege.

Alter: Ältester Ringvogel 8 Jahre. Generationslänge < 3,3 Jahre.

Gefährdung: Nach der EU-Vogelschutzrichtlinie besonders geschützte Art (Anhang I), auf Europa konzentriert (SPEC E); Gefährdung durch intensive Forstwirtschaft und Obstplantagen sowie Lebensraumverluste, besonders in Auwäldern und Streuobstwiesen.

	Jan.	Feb.	März	April	Mai	Juni	Juli	Aug.	Sep.	Okt.	Nov.	Dez.
Anwesenheit												
Durchzug												
Brutzeit				x	x							
postjuv. Mauser												
Teil- / Vollmauser												
Vollmauser												

Halbringschnäpper (→551)

Ficedula [hypoleuca] semitorquata (J. F. Gmelin 1789)

Taxonomie: Familie Schnäpperverwandte – Muscicapidae. Bildet Superspezies mit Trauer- *F. hypoleuca*, Halsband- *F. albicollis* und Atlasschnäpper *F. speculigera*. Keine Unterarten.

Größe, Gewicht: Körperlänge 13 cm; 8–17 g.

Erkennungshinweise: Männchen dem Trauerschnäpper –Männchen sehr ähnlich, aber meist längere weiße Halsseiten. Immer mit einer weißen Flügelbinde, die durch die

mittleren Armdecken gebildet wird. Diese Binde verschmilzt manchmal mit dem großen weißen Flügelfeld. Weibchen sehr ähnlich dem des Halsbandschnäppers und oft im Freiland von diesem nicht unterscheidbar. Flügelbinde der kleinen Armdecken meist vorhanden. Im Schwanz sehr viel weiß.

Stimme: Gesang hell und ähnlich Trauerschnäpper mit rhythmischen Wiederholungen und auf einer Höhe bleibend. Ruft hell „tüüp" aber auch etwas ansteigend „tüihp".

Brutareal: Brutvogel von Bulgarien und Griechenland bis nach Russland und Armenien sowie im Iran. Lokal auch in der Türkei. und im Iran.

Vorkommen in Mitteleuropa: Ausnahmegast in der Schweiz und Österreich.

Wanderungen: Zugvogel, der in Ostafrika überwintert.

Lebensraum: Alte Misch- und Laubwälder, vorzugsweise in bergigen Lagen bis zu 2000 m ü. NN. Manchmal auch in Gärten und Parkanlagen, sofern sie einen alten Baumbestand haben.

Nahrung: Fast ausschließlich fliegende Insekten wie Schmetterlinge, kleine Käfer oder Zweiflügler. Im Herbst auch Früchte und Beeren.

Brutbiologie: Nest in Baumhöhlen oder Nistkästen • 4–7 Eier • Brutzeit Mitte April bis Mitte Juli • Brutdauer 13–14 Tage • ♀ brütet • ♂ & ♀ füttern • Junge mit 14–17 Tagen flügge • 1 Jahresbrut.

Gefährdung: Auf der Vorwarnliste.

Zwergschnäpper (→ 552)

Ficedula [parva] parva (Bechstein 1792)

♂ ad.

Taxonomie: Familie Schnäpperverwandte – Muscicapidae. Bildet Superspezies mit Taigaschnäpper *F. albicilla*. Monotypisch.

Größe, Gewicht: Körperlänge 11,5 cm, Flügelspannweite 18,5–21 cm, Flügellänge ♂ 65–72 mm, ♀ 64–66 mm; ♂ 8,4–10,6 g, ♀ 8,7–10,1 g.

Erkennungshinweise: Erinnert auf den ersten Blick an ein Rotkehlchen, ist jedoch kleiner und kurzschwänziger. Adulte Männchen mit orangeroter Kehle und bleigrauem Kopf. Vorjährige Männchen wie Weibchen, Männchen im zweiten Sommer mit kleinem orangeroten Fleck und Kopf noch braun. Der Schwanz wird oft gestelzt, sodass das auffällige schwarzweiße Muster zu sehen ist.

Stimme: Dreiteiliger Gesang, zuerst eine Serie kurzer Elemente „tzri" oder „tvü" der Mittelteil besteht aus absinkenden zweisilbigen Elementen wie „dliü-tvi..." und zum Schluss eine absinkende Phase aus wohlklingenden „dlü-dlü". Bei Erregung zaunkönigartiges „zrtt".

Brutareal: Die Superspezies besiedelt die boreale und gemäßigte Zone und einige Bergregionen vom östlichen Mitteleuropa bis Ostsibirien und Kamtschatka.

Vorkommen in Mitteleuropa: Regelmäßiger, verbreiteter Brutvogel im Osten und am Nordrand der Alpen, sonst nur vereinzelt und unregelmäßig durch die Lage an der westlichen Verbreitungsgrenze der Art. Vom Tiefland bis ca. 1500 m ü. NN in den Alpen.

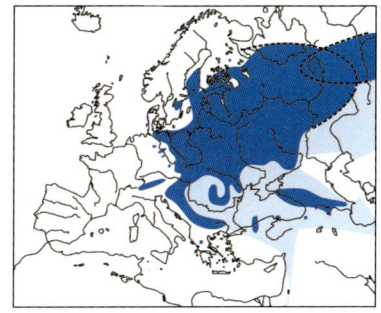

Wanderungen: Langstreckenzieher. Hauptwinterquartiere europäischer Brutvögel in Pakistan und Indien.

Lebensraum: Brutvogel in totholzreichen Laub- und Mischwäldern mit hoher, geschlossener Kronenschicht über lichtem, hohem Stammraum. In Mitteleuropa meist sehr alte Buchenbestände. Im Bergwald oft in steilen oder schluchtartig eingeschnittenen Hangwäldern mit Bergahorn. Gebietsweise in großen Parks, in Nord- und Osteuropa auch in Nadelwäldern.

Nahrung: Fliegende Insekten, aber auch abgelesene Larven, im Spätsommer und Herbst auch kleine Beeren.

Brutbiologie: Geschlechtsreife im ersten Jahr, hellkehlige ♂ brüten aber selten • Nest aus Moos in Baumhöhlen, Halbhöhlen und Astgabeln • meist 5–6 Eier • Legebeginn in Mitteleuropa meist ab Ende Mai • Brutdauer 13–15 Tage • ♀ brütet allein und hudert noch 5 Tage • beide Partner füttern • Junge fliegen nach 13–14 Tagen aus • 1 Jahresbrut; Ersatzgelege möglich.

Alter: Höchstalter unbekannt. Generationslänge < 3,3 Jahre.

Schutz: Nach der EU-Vogelschutzrichtlinie besonders geschützte Art (Anhang I). Gefährdet durch intensive Forstwirtschaft (Verlust von Althölzern und Totholz).

Besonderes: Einer der wenigen Singvögel Mitteleuropas, bei dem die Männchen erst im dritten Jahr das komplette Prachtkleid anlegen.

Rotkehlchen (→ 553)

Erithacus [rubecula] rubecula (Linnaeus 1758)

ad.

Taxonomie: Familie Schnäpperverwandte – Muscicapidae. Bildet mit Kanarenrotkehlchen *E. superbus* wahrscheinlich eine Superspezies. Etwa acht Unterarten, in Kontinentaleuropa *E. r. rubecula*.
Größe, Gewicht: Körperlänge 14 cm, Flügelspannweite 20–22 cm, Flügellänge ♂ 71–77 mm, ♀ 69–75 mm; 10–20 g.
Erkennungshinweise: Geschlechter gleich. Adulte durch Orangerot an Gesicht, Kehle und Brust und durch pummelige Figur unverwechselbar. Im Jugendkleid gesamtes Gefieder grob gefleckt.

Stimme: Bei Erregung typisches Schnickern oder Tixen, kurz „dib" oder „siip". Gesang lange, variable Strophen mit Tonhöhenunterschieden und raschen, „perlenden" Tonfolgen, meist leise beginnend und dann lauter werdend.

Brutareal: Von ostatlantischen Inseln, Nordwestafrika und Westeuropa bis Westsibirien und über den Polarkreis in den Norden Skandinaviens, nach Süden bis ins südliche Mittelmeer.

Vorkommen in Mitteleuropa: Flächig verbreiteter, sehr häufiger Brut-, in weiten Teilen Jahres-, sonst Sommervogel. Häufiger Durchzügler und Gastvogel.

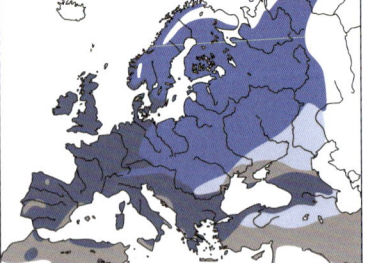

Wanderungen: Teilzieher, höhere und nördliche Arealteile werden geräumt; die Nordgrenze des Winterquartiers liegt regelmäßig in Mitteleuropa, die Südgrenze an der Sahara.
Lebensraum: Wälder, Hecken, Gebüsch, Parks und Gärten und Plätze mit dichtem Buschwerk oder Unterholz.

Nahrung: Kleintiere, vor allem Gliederfüßer, kleine Würmer und Schnecken. Im Spätsommer und Herbst Beeren und weiche Früchte. An Futterstellen auch Haferflocken.

Brutbiologie: Geschlechtsreife im 1. Lebensjahr • Nest am Boden oder in Bodennähe, gut versteckt, oft in Höhlungen, unter Wurzeln, an Abbrüchen, in Menschennähe auch in Nistkästen und an ungewöhnlichen Standorten; aus Moos, trockenen Halmen und Stängeln, mit feinerem Material ausgepolstert • 4–6 Eier • Legebeginn Anfang April bis Mai und noch später • Brutdauer 12–15 Tage • ♀ brütet • ♂ und ♀ füttern • Junge bleiben 13–15 Tage im Nest, werden dann noch 10–20 Tage betreut • 2 Jahresbruten; Ersatzgelege.
Alter: Ältester Ringvogel 17 Jahre, 3 Monate. Generationslänge < 3,3 Jahre.
Gefährdung: Art auf Europa konzentriert (SPEC E). Nicht gefährdet.
Besonderes: Weibchen singen wie Männchen, jedoch weniger und kürzere Strophen.

	Jan.	Feb.	März	April	Mai	Juni	Juli	Aug.	Sep.	Okt.	Nov.	Dez.
Anwesenheit												
Durchzug									x x			
Brutzeit			x x									
postjuv. Mauser												
Teil- / Vollmauser												
Vollmauser												

Blauschwanz (→554)

Tarsiger cyanurus (Pallas 1773)

Taxonomie: Familie Schnäpperverwandte – Muscicapidae. Auch in Gattung *Luscinia* gestellt. Zwei Unterarten, Nominatform von Nordosteuropa bis Japan und *T. c. rufilatus* Afghanistan bis S Zentralchina.
Größe, Gewicht: Körperlänge 13–15 cm, Flügelspannweite 21–24,5 cm, Flügellänge ♂ 77–84 mm, ♀ 73–79 mm; ♂ 12,2–16,5 g, ♀ 12–17,8 g.
Erkennungshinweise: Durch den blauen Schwanz, der oft abwärts geschlagen wird, unverwechselbar. Männchen im Prachtkleid gesamte Oberseite blau, weißliche Unterseite und orange Flanken. Männchen im Schlichtkleid an den blaue Schultern vom Weibchen zu unterscheiden.

Stimme: Ruft „tick tick" ähnlich Rotkehlchen, Warnruf „fjuit" oder „huid" und zirpend „tschrr". Gesang kurze Strophe mit auf und absteigendem Triller.

Brutareal: Zwei Populationen, im Süden in Hochlagen von Afghanistan über Tibet nach Südchina, im Norden von Japan bis Petschora und ei-

nige kleine Vorkommen weiter westlich bis Finnland, Südgrenze fällt etwa mit der des borealen Nadelwaldgürtels zusammen.

Vorkommen in Mitteleuropa: Ausnahmegast.

Wanderungen: Langstreckenzieher, Winterquartier im südlichen Asien.

Lebensraum: Brutvogel in dichten Wäldern mit Unterholz, hält sich meist nahe dem Boden auf.

1. W

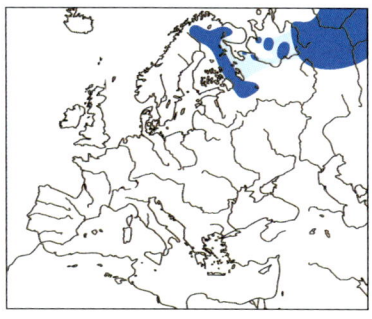

Nahrung: Kleine Wirbellose, Beeren und kleine fleischige Früchte.

Gefährdung: Nicht akut gefährdet.

Besonderes: Wegzugrichtung der westlichen Brutvögel zunächst nach Ost bis Südost, ab Jenissej-Becken nach Süd.

Sprosser (→ 555)

Luscinia [luscinia] luscinia (Linnaeus 1758)

Taxonomie: Familie Schnäpperverwandte – Muscicapidae. Bildet Superspezies mit Nachtigall *L. megarhynchos* mit schmaler Hybridzone quer durch Europa. Keine Unterarten.

Größe, Gewicht: Körperlänge 16–17 cm, Flügelspannweite 24–26,5 cm, Flügellänge ♂ 85–98 mm, ♀ 81–91 mm; 18–35 g.

Erkennungshinweise: Geschlechter gleich. Sehr ähnlich der Nachtigall und von dieser am besten durch den Gesang zu unterscheiden. Sprosser oberseits stumpf graubraun und Schwanz nur mit rötlichem Ton. Kehle mit angedeutetem Kinnstreif und Brust meist diffus gefleckt.

Stimme: Gesang ähnlich Nachtigall, kraftvoller, aber nicht so schmachtend, am Ende eine schnelle, tiefe Serie von „tschuck-tschuck…"-Lauten. Warnruf scharf, nicht ansteigend oder hart rollend.

Brutareal: Nördlicher verbreitet als Nachtigall. Von Schweden, Dänemark und Norddeutschland bis zum Altai und Westsibirien. Im Süden bis ungefähr 50° Nord.

Vorkommen in Mitteleuropa: Verbreiteter und häufiger Brut- und Sommervogel im Nordosten. Im Westen und Süden seltener Durchzügler und Gastvogel.

Wanderungen: Langstreckenzieher mit Hauptwinterquartieren in Ostafrika südlich des Äquators.

Lebensraum: Nasse Laubholzvegetation im Tiefland mit einem Mosaik am Boden von fehlender Krautschicht einerseits (Nahrungssuche) und üppiger Krautschicht.

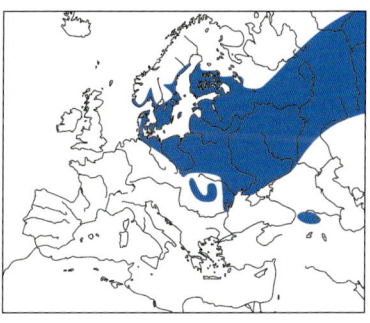

Nahrung: Kleine Gliederfüßer, Nestlingsnahrung wenig chitinisierte Formen wie z. B. Raupen. Nahrungssuche am Boden.

Brutbiologie: Geschlechtsreife im 1. Lebensjahr • Nest am Boden am Stammfuß von Sträuchern und jungen Bäumen • 4–6 Eier • Legebeginn meist ab Mitte/Ende Mai • Brutdauer 13–14 Tage • ♀ brütet, hudert noch 5 Tage • beide füttern • Nestlingszeit 9–11 Tage • 1 Jahresbrut, Ersatzgelege.

Alter: Ältester Ringvogel knapp 10 Jahre; Generationslänge ‹ 3,3 Jahre.

Gefährdung: Art auf Europa konzentriert (SPEC E). Gefährdet durch Zerstörung und Entwässerung von Auebereichen.

Besonderes: Mischsänger in Überschneidungsgebieten mit der Nachtigall vorkommend.

Nachtigall (→ 556)

Luscinia [luscinia] megarhynchos E.L. Brehm 1831

Taxonomie: Familie Schnäpperverwandte – Muscicapidae. Bildet mit dem Sproser *L. luscinia* eine Superspezies. Drei Unterarten, in Europa *L. l. megarhynchos*.

Größe, Gewicht: Körperlänge 16–17 cm, Flügelspannweite 23–26 cm, Flügellänge ♂ 86–94 mm, ♀ 82–91 mm; ♂ 24,7–32,1 g, ♀ 21,4–26,3 g.

Erkennungshinweise: Geschlechter gleich. Große Verwechslungsmöglichkeit mit dem Sprosser. Dieser aber oberseits stumpf graubrau statt warmbraun und unterseits meist grau gewölkt.

Stimme: Warnruf deutlich ansteigend „huit", tief knarrend „trrk" oder „karr". Kräftiger, lauter Gesang mit einer Einleitung hoher kurzer Rufe, melodisch auf- und absteigenden Lautfiguren, rhythmischen Wiederholungen wie „tschuk tschuk..." („Schlagen") und Crescendo von Pfeifstrophen („Schluchzen"). Gesang in der Dämmerung und nachts, untertags oft nur Bruchstücke zu hören. Singt auch auf dem Zug.

Brutareal: Nordafrika, Südeuropa, nach Norden bis Süd-Großbritannien und Nord-Mitteleuropa, nach Osten über Vorder- und Mittelasien bis in die Mongolei. Insgesamt südlicher als Sprosser.

Vorkommen in Mitteleuropa: Flächig verbreiteter Brut- und Sommervogel, lokal häufig, nur in Süddeutschland lückig. Durchzügler und Gastvogel.

Wanderungen: Langstreckenzieher, Winterquartier Afrika südlich der Trockensavanne bis an den Rand des tropischen Regenwaldes.

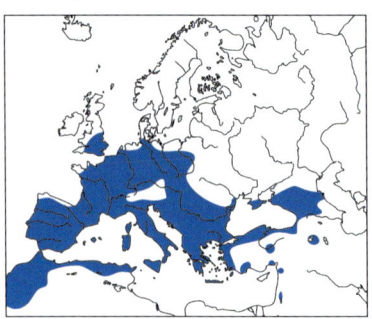

Lebensraum: Brutvogel in der Strauchschicht von Laubwäldern, vor allem in der Nähe von Bach- und Flussläufen, auch in Hecken und Büschen im Kulturland, in verwilderten Gärten und Parks, vorzugsweise in milderen Tieflandgebieten.

Nahrung: Wirbellose Kleintiere, im Spätsommer und Herbst auch Beeren und Früchte.

Brutbiologie: Geschlechtsreife im 1. Lebensjahr • Nest in dichter Kraut-schicht nahe Gebüsch, meist in Bodennähe, tiefer, locker gebauter Napf aus Laub, Stängeln, Grashalmen • 4–6 Eier • Legebeginn Mai • Brutdau-er 13–14 Tage • ♀ brütet • ♂ füttert hauptsächlich • Junge verlassen mit 10–11 Tagen das Nest, werden erst etwa 4 Tage später flügge und noch 2–3 Wochen geführt • 1 Jahresbrut; Ersatzgelege.

Alter: Ältester Ringvogel 9 Jahre, 9 Monate. Generationslänge < 3,3 Jahre.

Gefährdung: Art auf Europa konzentriert. Gefährdung durch Intensivie-rung der Forstwirtschaft und Entwässerungen.

	Jan.	Feb.	März	April	Mai	Juni	Juli	Aug.	Sep.	Okt.	Nov.	Dez.
Anwesenheit												
Durchzug												
Brutzeit					x							
					x							
postjuv. Mauser												
Teil- / Vollmauser												
Vollmauser												

Rubinkehlchen (→ 557)

Luscinia [calliope] calliope (Pallas 1776)

Taxonomie: Familie Schnäpperverwandte – Muscicapidae. Bildet Super-spezies mit Bergrubinkehlchen *L. pectoralis*. Keine Unterarten.

Größe, Gewicht: Körper-länge 14–16 cm, Flügel-spannweite 22,5–26 cm, Flügellänge ♂ 70–81 mm, ♀ 65–75 mm; ♂ 20–26 g, ♀ 21–25 g.

Erkennungshinweise: Geschlechter ähnlich und unverwechselbar. Männchen durch scharf abgegrenzte, leuchtend rot gefärbte Kehle vom Weibchen zu unterschei-den.

Stimme: Ruf langgezoge-ner, ein- bis mehrsilbiger Pfiff, auch scharf „tjäck tjäck...". Gesang melodisch und variabel, oft laut vorgetragen.

Brutareal: Südsibirien vom Altai bis Sachalin, Mandschurei, Korea, Japan und Nordchina.

Vorkommen in Mitteleuropa: Ausnahmegast, bisher je einmal auf Helgoland und in den Niederlanden.

Wanderungen: Langstreckenzieher, Hauptwinterquartier Südostasien.

Lebensraum: Brutvogel lichter Wälder und dichter Buschvegetation.

Nahrung: Insekten u. a. Kleintiere, ab Spätsommer auch Beeren.

Gefährdung: Nicht gefährdet.

Schwirrnachtigall (→ 557A)

Luscinia sibilans (Swinhoe 1863)

Taxonomie: Familie Schnäpperverwandte – Muscicapidae. Keine Unterarten.

Größe: Körperlänge 13–14 cm.

Erkennungshinweise: Geschlechter gleich. Oberseite olivgraubraun und Kehle und Brust auffällig gewellt. Kurzer rostroter Schwanz.

Stimme: Gesang aus verschiedenen lauten stufenförmigen Trillern. Beginnt mit hoher Tonlage und endet tiefer. Erinnert an Pferdewiehern. Warnruf ein polterndes „chok-chok".

Brutareal: Nordostasien bis in die Mongolei.

Vorkommen in Mitteleuropa: Extrem seltene Ausnahmeerscheinung, ein Nachweis in Polen.

Wanderungen: Zugvogel, der in Südostasien, hauptsächlich Südchina, überwintert.

Lebensraum: Unterholzreiche Taigawälder bis in 1200 m ü. NN, im Winter auch in Gärten, Parks und Buschland.

Nahrung: Spinnen sowie Insekten und deren Entwicklungsstadien.

Brutbiologie: Nest ein Napf aus alten Blättern, Moos, Gras und Kiefernnadeln, meist niedrig im Baumhöhlung oder auf Baumstumpf • 5–6 Eier • Brut- und Nestlingsdauer unbekannt.

Gefährdung: Nicht weltweit gefährdet.

Besonderes: Die Schwirrnachtigall lebt extrem versteckt und ist trotz sehr auffälligen Gesangs kaum zu sehen.

Blaukehlchen (→ 558)

Luscinia svecica (Linnaeus 1758)

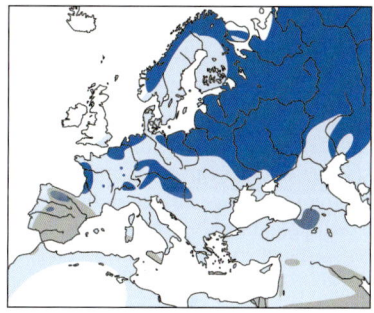

Taxonomie: Familie Schnäpperverwandte – Muscicapidae. Etwa neun Unterarten, davon Nominatform von Nordeuropa über Nordsibirien bis Alaska sowie mitteleuropäische Hochgebirge, *L.s.cyanecula* in Mitteleuropa.

Größe, Gewicht: Unterart *cyanecula* Körperlänge 13–15 cm, Flügelspannweite 20–22,5 cm, Flügellänge ♂ 72–80 mm, ♀ 69–74 mm; ♂ 17–22,5 g, ♀ 16–24 g. Unterart *svecica* Körperlänge 14 cm, Flügelspannweite 20–22,5 cm, Flügellänge ♂ 73–82 mm, ♀ 72–78 mm; ♂ 15,7–19,9 g, ♀ 13,5–20,7 g.

Erkennungshinweise: Unverwechselbarer Singvogel. Männchen mit blauer Kehle, darunter ein schwarzweißes und ein rostbraunes Band. Im Blau ein weißer (Mitteleuropa, cyanecula) oder roter (Nordeuropa, svecica) Fleck. Weibchen mit rahmfarbener Kehle und darunter ein breites, meist fleckiges, dunkles Band.

Stimme: Rufe bei Erregung hart „klack" und gereiht „djüp djüp…". Gesang meist zögernd, dann beschleunigt mit „dip dip dip…" eingeleitet, dann Vielzahl von schnurrenden und anderen geräuschhaften, aber auch rein klingenden Lauten. Geräusch- und Vogelstimmenimitationen. Oft Singflüge, singt auch nachts.

Brutareal: Weißsternige Blaukehlchen cyanecula von Mittelrussland südlich der Taiga bis Mitteleuropa; Rotsternige Blaukehlchen svecica von Nord- Fennoskandien und Nordrussland bis an die Westküste Alaskas sowie einzelne kleine Vorkommen in den Alpen.

Vorkommen in Mitteleuropa: Weißsterniges Blaukehlchen lückig verbreiteter Brutvogel mit Schwerpunkten im Norden und Süden, Sommervogel. Rotsternige Unterart vereinzelt und sehr lokaler Brutvogel, sonst sehr seltener Durchzügler in allen Teilen.

Wanderungen: Weißsternige Blaukehlchen Mittel- und Langstreckenzieher, Winterquartier südlich der Sahara vor allem in Westafrika, auch Mittelmeergebiet und Nordafrika. Rotsternige Blaukehlchen Langstreckenzieher, überwintern in Indien, Ost- bis Westafrika.

Lebensraum: Weißsternige Blaukehlchen Brutvogel an nassen bis feuchten Standorten in Verlandungsbereichen, Mooren, Flussauen, Altwässern, heute auch an Baggerseen, Schilfgräben und sogar auf Ackerflächen (Raps, Getreide). Auf dem Durchzug auch auf Äckern, Ödländern, in Büschen von Gärten und Parks. Rotsternige Blaukehlchen Brutvogel in dichtem Gestrüpp, Zwergsträuchern, Hochmooren; in den Alpen auch in Latschen und an Blockhängen.

Nahrung: Insekten, im Herbst auch Beeren und Früchte.

Brutbiologie (Weißsterniges Blaukehlchen): Geschlechtsreife im 1. Lebensjahr • Nest auf oder unmittelbar über dem Boden in Vegetation, tiefer Napf aus dürrem Pflanzenmaterial • 5–6 Eier • Legebeginn ab Mitte/Ende April, Zweitgelege Juni • Brutdauer 12–14 Tage • ♀ brütet hauptsächlich • ♂ und ♀ füttern • Junge bleiben 13–14 Tage im Nest, werden erst Tage später voll flugfähig • 1–2 Jahresbruten; Ersatzgelege.

Alter: Älteste Ringvögel über 11 Jahre Generationslänge < 3,3 Jahre.

Gefährdung: Nach der EU-Vogelschutzrichtlinie besonders geschützte Art (Anhang I). In Deutschland ab den 1970er Jahren Bestandserholung mit deutlichem Trend zur Besiedelung von Grabensystemen intensiv genutzter Grünländer und von Rapsfeldern.

Besonderes: Die Vorkommen in den Alpen und Karpaten haben wie die nordischen Brutvögel einen roten Fleck. Es ist unklar, ob es sich dabei um Eiszeitrelikte, Wieder- oder Neuansiedlungen handelt.

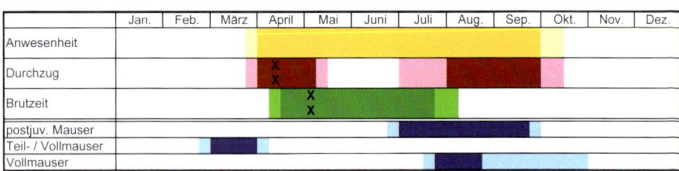

	Jan.	Feb.	März	April	Mai	Juni	Juli	Aug.	Sep.	Okt.	Nov.	Dez.
Anwesenheit												
Durchzug				x x								
Brutzeit				x x								
postjuv. Mauser												
Teil- / Vollmauser												
Vollmauser												

Weißkehlsänger (→ 560)

Irania gutturalis (Guérin-Méneville 1843)

Taxonomie: Familie Schnäpperverwandte – Muscicapidae.
Keine Unterarten.

Größe, Gewicht: Körperlänge
15–17 cm, Flügelspannweite
27–30 cm, Flügellänge ♂ 9,2–
10,1 cm, ♀ 9,1–9,9 cm; 16–27 g.

Erkennungshinweise: Erinnert in der Gestalt an Blaukehlchen. Männchen durch bleifar-
bene Oberseite und orange
Brust, schwarzen Kopfseiten
sowie dem namensgebenden,
weißen Kehlstreif sehr auffällig
und unverwechselbar. Weib-

chen unterseits hell mit beigegrau gewölkter Brust und orangen Flanken.
Heller, deutlicher Augenring.

Stimme: Gesang erinnert etwas an Neuntöter. Sehr schnell
zwitschernd, durchmischt mit
knarrenden lauten und spitzen Pfeiftönen. Bei Störung
schnalzend „tjeck" rufend und
mit rasselnden „tschürr" war-
nend. Auch ähnlich Bachstelze
zweisilbig „tchi-litt" rufend.

Brutareal: Brutvogel der
Hochländer von der Südhälfte
Anatoliens und Arabiens bis

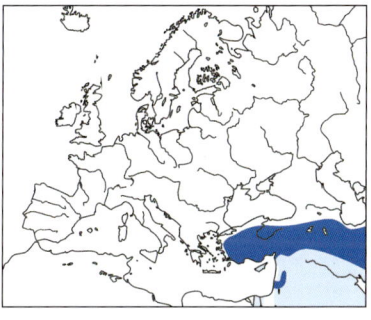

in den Norden und Osten Irans. Davon getrennt in den Gebirgen Zentralasiens vom Hindukusch bis in den Südwesten des Tienschan.

Vorkommen in Mitteleuropa: Ausnahmegast.

Wanderungen: Langstreckenzieher, der in einem kleinen Gebiet in Süd-
kenias und Nordtansanias überwintert.

Lebensraum: Locker und dicht verbuschte Täler und erodierte Lagen, sowie spärlich bewachsene Hänge bis zur Baumgrenze. Daneben auch in
aufgegebenen Weinbergen oder terrassierten, alten Obstanlagen.

Nahrung: Hauptsächlich Insektenfresser, im Herbst auch Früchte und
Beeren.

Brutbiologie: Nest niedrig in Baumhöhlung, dichtem Gebüsch oder an Baumstümpfen; ein flacher Napf aus Zweigen und Halmen, mit Federn und Haaren ausgekleidet • 4–6 Eier • Legebeginn Mai bis Juni • Brutdauer 13 Tage • Junge mit 13–15 Tagen flügge, verlassen Nest aber schon mit 9–10 Tagen • 1 Jahresbrut.
Gefährdung: Nicht weltweit gefährdet.

Heckensänger (→561)

Cercotrichas galactotes (Temminck 1820)

Taxonomie: Familie Schnäpperverwandte – Muscicapidae. Fünf Unterarten, in Mitteleuropa vermutlich *C. g. galactotes*, *C. g. syriacus* und *C. g. familiaris*.

Größe, Gewicht: Körperlänge 15 cm, Flügelspannweite 22–27 cm, Flügellänge ♂ 84–92 mm, ♀ 82–89 mm; ♂ 20–24 g, ♀ 20–28 g.

Erkennungshinweise: Geschlechter gleich. Kräftig gebauter Singvogel mit überwiegend braunem Gefieder. Der lange rotbraune Schwanz wird häufig gestelzt und dabei gespreizt, wobei die weißen Spitzen der äußeren Schwanzfedern auffallen.

Stimme: Ruf hart „teck teck", auch weich „pfüi" (ähnlich Gimpel). Lauter Gesang aus kurzen, wiederholten Strophen, mit Trillern und gedehnten flötenden Teilen, oft im Singflug mit ausgebreiteten Flügeln vorgetragen.

Brutareal: Nordafrika, südliche Iberische Halbinsel, von Balkanhalbinsel

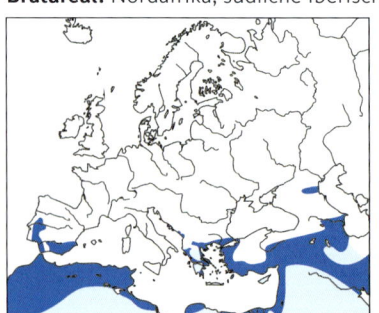

über Anatolien bis Pakistan.

Vorkommen in Mitteleuropa: Ausnahmegast.

Wanderungen: Langstreckenzieher, Hauptwinterquartier Afrika südlich der Sahara.

Lebensraum: Brutvogel in offenen Baum- und Buschbeständen in trockenen bis wüstenhaften Gebieten, in Opuntienreihen im Kulturland.

Nahrung: Größere Insekten, Spinnen.
Alter: Ältester Ringvogel 7 Jahre. Generationslänge < 3,3 Jahre.
Gefährdung: Art in Europa mit ungünstigem Erhaltungsstatus (SPEC 3). Gefährdet durch intensive Landwirtschaft.

Hausrotschwanz (→ 562)

Phoenicurus ochruros (S. G. Gmelin 1774)

Taxonomie: Familie Schnäpperverwandte – Muscicapidae. Fünf Unterarten, die sich zwei Gruppen zuordnen lassen, Vögel mit grauem und Vögel mit orangerotem Bauch. In Mitteleuropa *P. o. gibraltariensis.*
Größe, Gewicht: Körperlänge 14–15 cm, Flügelspannweite 23–27 cm, Flügellänge ♂ 85–91 mm, ♀ 79–86 mm; 12–22 g.
Erkennungshinweise: Kleiner, überwiegend schwarzer (Männchen) bzw. grauer (Weibchen) Singvogel, der durch ständiges Schwanzzittern auffällt.

Stimme: Ruf oft fast tonlos „ihd" mit nachfolgendem „tk tk", letzteres auch allein in Reihen bei Erregung. Gesang etwas stotternd und gepresst, Einleitung etwa „jirr-tititi..´", dann nach kurzer Pause kratzender und geräuschhafter Mittelteil und anschließend kleiner Schlusstriller, zusammen „krrchz –tütititi".

Brutareal: Von Nordwestafrika und Westeuropa bis Westchina. In Europa nach Norden nur bis Südostengland, südlichstes Skandinavien, Baltikum und Mittelrussland.

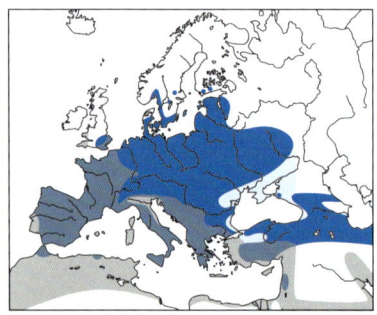

Vorkommen in Mitteleuropa: Flächig verbreiteter, sehr häufiger Brut- und Sommervogel, häufiger Durchzügler und Gastvogel, in milden Gebieten auch einzelne im Winter.

Wanderungen: Kurz- und Mittelstreckenzieher mit spätem Wegzug (daher oft auch noch Dezemberdaten). Hauptwinterquartier Westeuropa und Mittelmeerländer. In milden Tiefländern jetzt wohl auch regelmäßig einzelne Überwinterer.

Lebensraum: Ursprünglich Felsbewohner und als solcher noch in den Alpen oder in Steinbrüchen usw., heute Brutvogel an Stein-, Holz- und Stahlbauten und daher an Gebäuden und Industrieanlagen verschiedenster Art, auch im Zentrum von Großstädten. Durchzügler an offenen, oft mehr oder minder vegetationslosen Flächen.

Nahrung: Spinnentiere und Insekten, im Spätsommer und Herbst auch Beeren.

Brutbiologie: Geschlechtsreife im 1. Lebensjahr • Nest in Nischen, Halbhöhlen, auf Simsen in Felsen oder Mauern, auf Stahlträgern und auch in geschlossenen Räumen aus Halmen; alte Nester oder Nester von anderen Arten werden genutzt • 4–6 Eier • Legebeginn Mitte April bis Mai, Spätbruten bis Juli • Brutdauer 12–17 Tage • ♀ brütet • ♂ und ♀ füttern • Junge bleiben 15–17 Tage im Nest, werden nach dem Ausfliegen noch bis 10 Tage gefüttert • 2 Jahresbruten; Ersatzgelege.

Alter: Ältester Ringvogel 10 Jahre, 1 Monat. Generationslänge < 3,3 Jahre.

Gefährdung: Nicht bedroht.

Besonderes: Viele Männchen haben im ersten Sommer ein sogenanntes Hemmungskleid und sind dann Weibchen zum Verwechseln ähnlich, besetzen aber auch nur suboptimale Biotope.

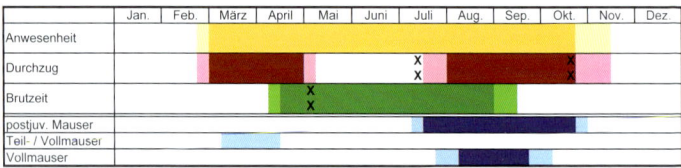

Gartenrotschwanz (→ 563)

Phoenicurus phoenicurus (Linnaeus 1758)

Taxonomie: Familie Schnäpperverwandte – Muscicapidae. Zwei Unterarten, in Europa *P. p. phoenicurus*.

Größe, Gewicht: Körperlänge 14 cm, Flügelspannweite 20,5–25 cm, Flügellänge ♂ 78–85 mm, ♀ 75–82 mm; ♂ 18–19 g, ♀ 16–17 g.

Erkennungshinweise: Männchen unverwechselbar. Weibchen können in schlechtem Licht Hausrotschwänzen ähneln, sind jedoch immer bräunlich und nie grau.

Stimme: Ruf fitisähnlich „huid", häufig auch kombiniert zu „füid-tek-tek". Gesang eingeleitet mit „hüit" und dann Stakkato „dedede" oder ähnlich mit anschließendem sehr variablen dritten Teil, in dem auch Imitationen anderer Vogelstimmen enthalten sein können.

Brutareal: Von Westeuropa bis Mittelsibirien. Im Süden bis in die nördlichen Mittelmeerländer (nicht mehr auf den großen Inseln); Verbreitungsinseln in Marokko und im südöstlichen Anatolien.

Vorkommen in Mitteleuropa: Flächig verbreiteter, häufiger Sommer- und Brutvogel, regelmäßiger und teilweise häufiger Durchzügler und Gastvogel.

Wanderungen: Langstreckenzieher, Hauptwinterquartier Savannen West- und Zentralafrikas.

Lebensraum: Brutvogel in lichten Altholzbeständen, älteren Obstgärten, Parkanlagen, Friedhöfen, Kleingärten, Durchzügler auch auf Feldern, Wiesen und Äckern.

Nahrung: Insekten und Spinnen, auch Beeren und Früchte.

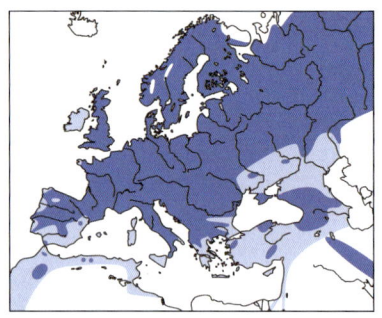

Brutbiologie: Geschlechtsreife im 1. Lebensjahr • Nest in Höhlen und Nischen, selten auch frei, bevorzugt in Höhlen mit größerem Eingang, wie Baumhöhlen, hinter abstehender Rinde, in Mauerlöchern, Felsspalten, im Kulturland in Nistkästen. Unterbau aus losem Material, Napfwände besser verarbeitet, Mulde mit feinerem Material ausgepolstert • 5–7 Eier • Legebeginn Ende April bis Ende Mai, Spätbruten Anfang bis Mitte Juli • Brutdauer 12–14 Tage • ♀ brütet • ♂ und ♀ füttern • Junge bleiben 13–15 Tage im Nest, werden mitunter noch einige Tage länger gefüttert • 1 Jahresbrut; Ersatzgelege.

Alter: Ältester Ringvogel 9 Jahre, 5 Monate. Generationslänge < 3,3 Jahre.

Gefährdung: Art auf Europa konzentriert und mit ungünstigem Erhaltungsstatus (SPEC 2). Gefährdung durch Verlust von Brutplätzen durch intensive Nutzung der Kulturlandschaft. Hohe Verluste auf dem Zug und im Winterquartier.

Besonderes: Bei der Balz zeigt das Männchen dem Weibchen mit gefächertem Schwanz potentielle Brutplätze.

	Jan.	Feb.	März	April	Mai	Juni	Juli	Aug.	Sep.	Okt.	Nov.	Dez.
Anwesenheit												
Durchzug								x	x			
Brutzeit				x x								
postjuv. Mauser												
Teil- / Vollmauser												
Vollmauser												

Braunkehlchen (→564)

Saxicola [rubetra] rubetra (Linnaeus 1758)

Taxonomie: Familie Schnäpperverwandte – Muscicapidae. Bildet Superspezies mit dem Wüstenbraunkehlchen *S. macrorhyncha* (Pakistan, Nordindien). Keine Unterarten.

Größe, Gewicht: Körperlänge 12–14 cm, Flügelspannweite 21–24 cm, Flügellänge ♂ 73–80 mm, ♀ 68–77 mm; ♂ 14,5–17g, ♀ 15,4–20,3 g.

K1

Erkennungshinweise: Kleiner, kurzschwänziger Wiesenvogel, der oft knickst und mit dem Schwanz wippt. Vor allem Weibchen ähnlich Schwarzkehlchen, jedoch immer mit deutlich hellem Überaugenstreif. Männchen mit intensiv rotbrauner Kehle und Brust.

Stimme: Ruf gimpelähnlich „djü", oft kürzer „djit". Gesang kurze Strophen mit gepresst klingenden und flötenden Elementen, auch Imitation anderer Vogelstimmen.

Brutareal: Westeuropa bis Zentralasien, fehlt in vielen Gebieten Südeuropas.

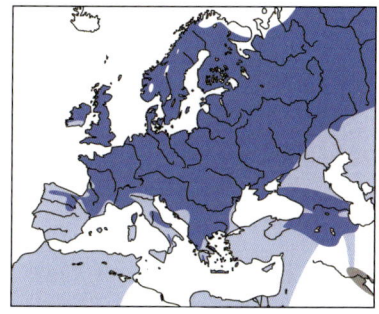

Vorkommen in Mitteleuropa: Regelmäßiger, aber zunehmend lückig verbreiteter Brut- und Sommervogel.

Wanderungen: Langstreckenzieher, Hauptwinterquartier Savannenländer südlich Sahara.

Lebensraum: Brütet in Extensivgrünland, Hochstaudenfluren und Brachen mit vielfältiger Kraut- oder Zwergstrauchschicht und einer ausreichenden Zahl von Sitzwarten wie Zäunen, Pfählen, Einzelbüschen, Schilfhalmen oder vorjährigen Stauden. Auf dem Durchzug auch auf Äckern.

Nahrung: Insekten und Spinnentiere, im Herbst auch Beeren.

Brutbiologie: Geschlechtsreife im 1. Lebensjahr • Nest am oder knapp über dem Boden, gut getarnt in der Vegetation, aus feinen Halmen und tiefer Mulde • 5–7 Eier • Legebeginn ab Mai, mitunter später • Brutdauer 11–15 Tage • ♀ brütet • ♂ und ♀ füttern • Junge bleiben 11–15 Tage im Nest • 1 Jahresbrut; Ersatzgelege bei frühem Verlust.

Alter: Höchstalter 8 Jahre. Generationslänge < 3,3 Jahre.

Gefährdung: Art auf Europa konzentriert (SPEC E); Bedroht durch Intensivierung der Landwirtschaft, Grünlandumbruch, Ausräumung der Landschaft (insbesondere Verlust von Kleinstrukturen) und Flächenverbrauch.

Besonderes: Bei Überflug eines Greifvogels versucht sich das Braunkehlchen unsichtbar zu machen und nimmt eine Pfahlstellung ein.

	Jan.	Feb.	März	April	Mai	Juni	Juli	Aug.	Sep.	Okt.	Nov.	Dez.
Anwesenheit												
Durchzug				x					x			
Brutzeit					x							
postjuv. Mauser												
Teil- / Vollmauser												
Vollmauser												

Schwarzkehlchen (→565)

Saxicola [torquatus] rubicola (Linnaeus 1766)

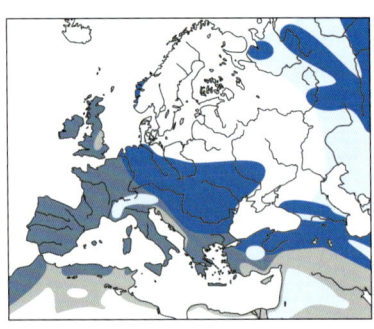

Taxonomie: Familie Schnäpperverwandte – Muscicapidae. Bildet Superspezies mit Pallasschwarzkehlchen *S. maurus* und Kaspischwarzkehlchen *S. variegatus*, zum Komplex gehören aber noch weitere Allospezies. 2 Unterarten *S. r. rubicola* (Kontinentaleuropa, Nordwestafrika) und *S. r. hibernans* (Britische Inseln).

Größe, Gewicht: Körperlänge 12,5 cm, Flügelspannweite 18–21 cm, Flügellänge ♂ 64–70 mm, ♀ 63–69 mm; ♂ 14–21 g, ♀ 15–21 g.

Erkennungshinweise: Sehr ähnlich dem seltenen Pallasschwarzkehlchen, aber immer mit gemustertem, nicht weißem Bürzel. Weißer Halsseitenfleck reicht beim Männchen nur bis auf die Kopfseiten. Unterseite rostbraun-orange. Weibchen immer mit dunkler Kehle.

Stimme: Ruf „fid-track-track", einzeln oder gereiht; Gesang kurze Strophen mit pfeifenden und gequetscht klingenden Elementen, ähnlich Braunkehlchen oder Heckenbraunelle.

Brutareal: West- und Mitteleuropa, Nordwestafrika.

Vorkommen in Mitteleuropa: Lückig verbreiteter, häufiger Brut- und Sommervogel im Süden und Westen, fehlt weitgehend im Osten, regelmäßiger Durchzügler; Überwinterung nur ausnahmsweise.

Wanderungen: Teil- und Kurzstreckenzieher, Überwinterung Westeuropa, Mittelmeerraum und Naher Osten.

Lebensraum: Brutvogel in offenem, trockenem Gelände, auch an feuchten Stellen in Mooren, auf extensiv oder nicht bewirtschafteten Flächen.

Nahrung: Insekten und Spinnen.

Brutbiologie: Geschlechtsreife im 1. Lebensjahr • Nest am oder wenig über dem Boden, nach oben meist abgeschirmt, Napf aus trockenem Gras, Moos oder Wurzeln, mit feinerem Material ausgekleidet • 4–6 Eier • Legebeginn April bis Mai • Brutdauer 12–14 Tage • ♀ brütet • ♂ und ♀ füttern • Junge bleiben 14–16 Tage im Nest, werden dann noch einige Tage betreut • 2 (–3) Jahresbruten; Ersatzgelege.

Alter: Ältester Ringvogel 8 Jahre 10 Monate. Generationslänge < 3,3 Jahre.

Schutzstatus und Gefährdung: Gefährdet durch intensive Landwirtschaft und Ausräumung der Landschaft.

Besonderes: In Brutgebieten, in denen Schwarz- und Braunkehlchen gemeinsam vorkommen, besiedelt das Schwarzkehlchen Bereiche mit Brachen und mehr Büschen.

	Jan.	Feb.	März	April	Mai	Juni	Juli	Aug.	Sep.	Okt.	Nov.	Dez.
Anwesenheit												
Durchzug			x						x	x		
Brutzeit				x	x							
postjuv. Mauser												
Teil- / Vollmauser												
Vollmauser												

Pallasschwarzkehlchen (→ 566)

Saxicola [torquatus] maurus (Pallas 1773)

Taxonomie: Familie Schnäpperverwandte – Muscicapidae. Früher *S. maura*. Bildet Superspezies mit Schwarzkehlchen *S. rubicola* und Kaspischwarzkehlchen *S. variegatus*; zum Komplex gehören aber noch weitere Allospezies. Vier Unterarten, in Europa als Gast meist *S. m. maurus*.

Größe, Gewicht: Körperlänge 12–13 cm, Flügelspannweite 19–22 cm, Flügellänge ♂ 66–74 mm, ♀ 64–72 mm; 12–17,5 g.

Erkennungshinweise: Verwechslungsgefahr mit Schwarzkehlchen, aber immer mit ungemusterten hellen Bürzel. Weißer Halsseitenfleck reicht beim Männchen weit in den Nacken, auf der Brust wenig orange. Weibchen immer mit heller Kehle.

Brutareal: Von Nord- und Ostrussland bis an den Pazifik.

Vorkommen in Mitteleuropa: Ausnahmegast bis sehr seltener Gast, vor allem im Norden.

Wanderungen: Mittel- und Langstreckenzieher, Winterquartiere bis Nordostafrika, Arabische Halbinsel, Südostasien.

Lebensraum: Offenes, trockenes Gelände mit nicht zu dichter Vegetation, aber höheren Warten.

Nahrung: Insekten und andere kleine Wirbellose.

Gefährdung: Nicht gefährdet.

Saharasteinschmätzer (→567)

Oenanthe leucopyga (C. L. Brehm 1855)

♂ ad.

Taxonomie: Familie Schnäpperverwandte – Muscicapidae. 2 gering differenzierte Unterarten, leucopyga in Nordafrika, ernesti im Nahen Osten.

Größe, Gewicht: Körperlänge 17 cm, Flügelspannweite 26–32 cm, Flügellänge 9,5–11,5 cm; 23–39 g.

Erkennungshinweise: Geschlechter gleich. Individuen im ersten Winter und Sommer leicht mit Trauersteinschmätzer zu verwechseln, jedoch Saharasteinschmätzer ohne charakteristisches, schwarzes T des Trauersteinschätzers auf dem Schwanz. Altvögel glänzend schwarzes Gefieder mit weißem Scheitel.

Stimme: Gesang von Warten oder im Flug vorgetragen. Er enthält relativ kurze, melodiöse Strophen mit klangvollen Rollern und Pfeiftönen, aber auch viele geräuschvolle und kratzende Laute. Ruft häufig „tschäk" oder „grak". Jedes Männchen verfügt über verschiedene Strophentypen und in Konfliktsituationen können auch Weibchen singen.

Brutareal: Von der Südwestsahara Marokkos bis Jordanien und Südisrael. Das Areal auf der Arabischen Halbinsel ist aufgesplittert.

Vorkommen in Mitteleuropa: Ausnahmeerscheinung, zwei Nachweise in Deutschland.
Wanderungen: Überwiegend Standvogel, eventuell führen manche Populationen Kurzstreckenzüge im Winter durch.
Lebensraum: Extrem trockene und karge Wüstengebiete bis 3000 m ü. NN. Häufig an Erd- oder Felsbänken von Wadis.
Nahrung: Hauptsächlich werden Insekten erbeutet. Kleine Eidechsen und Sämereien werden ebenfalls gefressen.
Brutbiologie: Bodennest ein loser Napf aus Gras, mit weichem Material ausgepolstert • 3–5 Eier • Brutdauer 14–15 Tage • Junge mit 14–16 Tagen flügge • 1-2 Jahresbruten; Ersatzgelege,
Gefährdung: Nicht weltweit gefährdet.
Besonderes: Bei besonders günstigen Bedingungen legt das ♀ bereits ein zweites Gelege, während die erste Brut noch im Nest ist und überlässt dem ♂ die Fütterung der ersten Brut.

Isabellsteinschmätzer (→569)

Oenanthe isabellina (Temminck 1829)

Taxonomie: Familie Schnäpperverwandte – Muscicapidae. Keine Unterarten.
Größe, Gewicht: Körperlänge 16–17 cm, Flügelspannweite 27–31 cm, Flügellänge ♂ 94–106 mm, ♀ 93–100 mm; ♂ 26–34 g, ♀ 22–38 g.
Erkennungshinweise: Geschlechter gleich. Vor allem im Herbst leicht mit Jungen bzw. Weibchen des Steinschmätzers zu verwechseln. Wichtigstes Bestimmungsmerkmal

ist die schwarze Alula und die, vor allem im Flug auffallende, breitere schwarze Schwanzendbinde.
Stimme: Ruf hart „tk" oder pfeifend „wiu". Vielfältiger, langer Gesang aus kratzenden und peifenden Elementen mit Imitationen, im Schauflug oder von höherer Warte aus vorgetragen.
Brutareal: Von Ägäis, Schwarzmeergebiet und Anatolien bis China südlich der Linie Baikal – Nordkasachstan und Ural.
Vorkommen in Mitteleuropa: Ausnahmegast.

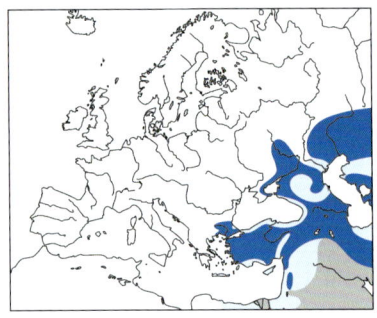

Wanderungen: Zugvogel, meist Langstreckenzieher, Hauptwinterquartier Afrika südlich und östlich der Sahara, Arabien, Iran, Indien.

Lebensraum: Brutvogel in Halbwüsten und Trockensteppen auf ebenen oder flach geneigten Flächen mit niedriger oder schütterer Vegetation, nicht in reinen Felsgebieten.

Nahrung: Gliederfüßer.

Alter: Generationslänge < 3,3 Jahre.

Schutzstatus und Gefährdung: Nicht gefährdet.

Besonderes: Hält sich im Brutgebiet gerne an Kolonien bodengrabender Kleinsäuger, hautsächlich Ziesel, in deren Höhlen er auch brütet.

Steinschmätzer (→570)

Oenanthe [oenanthe] oenanthe (Linnaeus 1758)

Taxonomie: Familie Schnäpperverwandte – Muscicapidae. Bildet Superspezies mit *O. seebohmi* aus Nordwestafrika. Zwei Unterarten, *O. o. oenanthe* in Eurasien, *O. o. leucorhoa* in Canada, Grönland und Island.

Größe, Gewicht: Körperlänge 14,5–15,5 cm, Flügelspannweite 26–32 cm, Flügellänge 91–102 mm, 87–96 mm; 22–30 g, 21–27 g.

Erkennungshinweise: Typisch in allen Kleidern ist der weiße Schwanz mit schwarzen, auf dem Kopf stehendem T-Abzeichen. Männchen mit schwarzen Flügeln und schwarzer Maske. Weibchen sehr ähnlich Isabellsteinschmätzer, jedoch schwarze Schwanzendbinde schmaler und Flügel wesentlich heller.

Stimme: Gesang eine schnelle hart zwitschernde und knirschend Strophe, sehr variabel und mitunter andere Vogelstimmen imitierend. Ruf ein hartes „tschack" oder ein raues pfeifendes „hiit".

Brutareal: Fast die gesamte Paläarktis sowie Nord- und Nordwest-Nearktis.

Vorkommen in Mitteleuropa: Weit verbreitet, aber im Kulturland spärlich und unbeständig.

Wanderungen: Langstreckenzieher, der in Afrika von der Sahara südwärts überwintert.

Lebensraum: Besiedelt offenes Gelände mit karger oder kurzrasiger Vegetation von Küstendünen bis Plateaulagen der Hochgebirge. Wichtig sind Höhlungen oder Nischen in

Felsen, Geröll, Steinmauern oder künstlich Strukturen als Neststandort. In Mitteleuropa zumeist in vom Menschen gestalteten Habitaten wie Kies- und Sandgruben, Steinbrüchen, Bergbaufolgelandschaften, abgetorften Mooren, nicht bereinigten Weingärten, Truppenübungsplätzen. Auf dem Durchzug häufig auf frisch gepflügten Äckern.

Nahrung: Insekten und ihre Larven sowie andere Gliederfüßer, Würmer und kleine Schnecken. Im Sommer und Herbst auch Beeren.

Brutbiologie: Geschlechtsreife im 1. Lebensjahr • Nest in Höhlungen und Spalten am Boden oder an Felsen, Mauern Wurzelstöcken oder technischen Bauten •

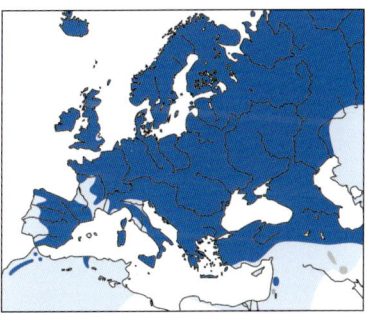

meist 4–6 Eier • Brutdauer 13–14 Tage • brütet, im Bergland ab 1. Ei, im Tiefland ab dem letzten Ei • füttert zunächst alleine, übergibt und füttert später mit • Junge fliegen nach 13–15 Tagen aus • 1–2 Jahresbruten, Ersatzgelege häufig.

Alter: Ältester Ringvogel 9 Jahre, 7 Monate. Generationslänge < 3,3 Jahre.

Gefährdung: Art in Europa mit ungünstigem Erhaltungsstatus (SPEC 3); Gefährdung durch intensive Landwirtschaft, Ausräumung und Eutrophierung der Landschaft, Torfabbau und fehlende Dynamik in Sandflächen.

Besonderes: Auch die Brutvögel Nordamerikas ziehen über Grönland, Island und England in ihre afrikanischen Überwinterungsgebiete.

	Jan.	Feb.	März	April	Mai	Juni	Juli	Aug.	Sep.	Okt.	Nov.	Dez.
Anwesenheit												
Durchzug				x	x				x	x		
Brutzeit				x	x							
postjuv. Mauser												
Teil- / Vollmauser												
Vollmauser												

Wüstensteinschmätzer (→571)

Oenanthe deserti (Temminck 1825)

♀

♂

Taxonomie: Familie Schnäpperverwandte – Muscicapidae. Vier Unterarten, Irrgäste in Europa betreffen mindestens drei Unterarten.

Größe, Gewicht: Körperlänge 14–15 cm, Flügelspannweite 24,5–29 cm, Flügellänge ♂ 87–98 mm, ♀ 84–95 mm; ♂ 17–23 g, ♀ 18–22 g.

Erkennungshinweise: Typischer Steinschmätzer mit fast ganz schwarzem Schwanz. Männchen mit schwarzer Kehle und Weibchen mit rostbraunen Ohrdecken.

Stimme: Monotoner, leiser Gesang mit klagenden Pfeiftönen, die von mehrsilbigen kurzen Trillern unterbrochen sind und in der Tonhöhe abfallen. Warnruf geräuschvoll „tschuktschrr".

Brutareal: Hochgebirge und Halbwüsten Nordafrikas und Asiens mit Lücken von Westsahara bis China.

Vorkommen in Mitteleuropa: Sehr seltener Gastvogel.

Wanderungen: Afrikanische Brutvögel sind Kurzstreckenzieher, Brutvögel Zentralasiens sind Teilzieher, die Hochgebirgspopulationen ziehen bis Ost-Afrika.

Lebensraum: Brutvogel in wüstenhaftem Gelände mit spärlichster Vegetation sowie Salzpflanzenfluren mit größeren Blößen.
Nahrung: Insekten wie Ameisen und Käfer; seltener Spinnen, Würmer sowie kleine Eidechsen und Sämereien.
Alter: Generationslänge < 3,3 Jahre.
Gefährdung: Nicht gefährdet.

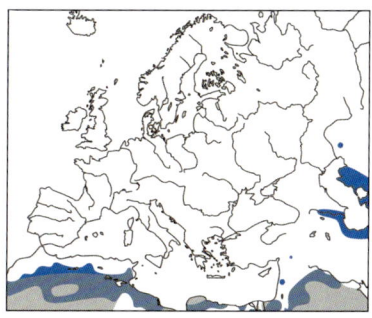

Maurensteinschmätzer (→ 572)

Oenanthe [hispanica] hispanica **(Linnaeus 1758)**

Taxonomie: Familie Schnäpperverwandte – Muscicapidae. Bildet Superspezies mit dem Balkansteinschmätzer *O. melanoleuca*, Nonnensteinschmätzer *O. pleschanka* und Zypernsteinschmätzer *O. cypriaca*. Keine Unterarten.
Größe, Gewicht: Körperlänge 14,5 cm, Flügelspannweite 25–27 cm, Flügellänge ♂ 89–96 mm, ♀ 86–90 mm; ♂ 13,7–20,1 g.
Erkennungshinweise: Sehr ähnlich Balkansteinschmätzer. Beide Geschlechter oberseits wärmer und intensiver braun gefärbt als dieser. Wie bei der Schwesterart gibt es eine weiß- und eine schwarzkehlige Variante.

Stimme: Rufe „dsed" oder „zek" und hoch „jiw". Gesang heller und klirrender als Steinschmätzer mit Imitationen anderer Vögel. Wie Balkansteinschmätzer.
Brutareal: Nordafrika nach Osten bis Libyen, von Ostportugal über Südfrankreich bis Italien und Kroatien.
Vorkommen in Mitteleuropa: Ausnahmegast.

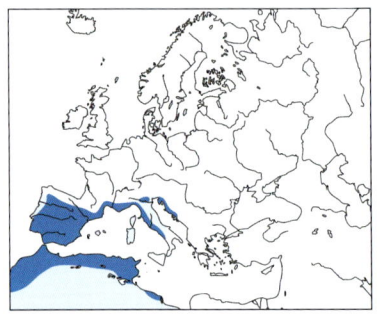

Wanderungen: Langstreckenzieher, überwintert in Afrika südlich der Sahara.
Lebensraum: Offene trockene Flächen mit niedriger Vegetation, wie Macchie, Kultursteppe, Brachland, Obstgärten.
Nahrung: Insekten und Spinnen.
Alter: Ältester Ringvogel 4 Jahre, 11 Monate. Generationslänge < 3,3 Jahre.
Gefährdung: Art auf Europa konzentriert und mit ungünstigem Erhaltungsstatus (SPEC 2). Gefährdung durch Veränderungen der Landnutzung.

Balkansteinschmätzer (→573)

Oenanthe [hispanica] melanoleuca (Güldenstädt 1775)

Taxonomie: Familie Schnäpperverwandte – Muscicapidae. Bildet Superspezies mit dem Maurensteinschmätzer *O. hispanica*. Keine Unterarten.
Größe, Gewicht: Körperlänge 14,5 cm, Flügelspannweite 25–27 cm, Flügellänge ♂ 86–96 mm, ♀ 85–90 mm; 13–20 g.
Erkennungshinweise: Typischer Steinschmätzer, von dem es wie beim Maurensteinschmätzer eine weiß- und eine schwarzkehlige Variante gibt. Beide Geschlechter sind auf der Oberseite nicht so intensiv braun gefärbt wie beim Maurensteinschmätzer.
Stimme: Rufe kurz „dsed" oder „jiw zeck zeck", Warnruf kratzend „chärr". Gesang heller und klirrender als Steinschmätzer mit schwatzenden und auch volltönenden Bestandteilen. Imitationen anderer Vogelarten kommen vor.
Brutareal: Von Südostitalien über Balkanhalbinsel, Türkei ohne Schwarzmeerküste bis Nordiran und nach Süden bis Irak. Auch im Kaspigebiet und auf der Krim.

Vorkommen in Mitteleuropa:
Ausnahmegast.

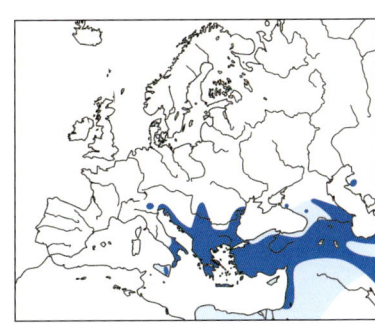

Wanderungen: Langstreckenzieher mit Winterquartier südlich der Sahara.

Lebensraum: Brutvogel auf
offenen Flächen mit niedriger
Vegetation und kahlen Stellen,
auch im Hochgebirge.

Nahrung: Insekten und andere
kleine Gliederfüßer.

Alter: Generationslänge < 3,3 Jahre.

Gefährdung: Art auf Europa konzentriert und mit ungünstigem Erhaltungsstatus (SPEC 2), aber keine langfristigen Veränderungen erkennbar,
SPEC 2-Status bezieht sich auf den „Mittelmeer-Steinschmätzer" und
trifft wohl nur für den Maurensteinschmätzer zu.

Besonderes: Früher mit dem Maurensteinschmätzer als eine Art betrachtet,
aber näher mit dem Nonnensteinschmätzer verwandt, da er in Gebieten mit
sekundärem Kontakt mit diesem stark hybridisiert.

Nonnensteinschmätzer (→574)

Oenanthe [hispanica] pleschanka (Lepechin 1770)

Taxonomie: Familie Schnäpperverwandte – Muscicapidae.
Bildet Superspezies mit Maurensteinschmätzer *O. hispanica*, Balkansteinschmätzer *O. melanoleuca* und Zypernsteinschmätzer
O. cypriaca. Keine Unterarten.

Größe, Gewicht: Körperlänge
14,5–16 cm, Flügelspannweite 25,5–27,5 cm, Flügellänge
♂ 87–101 mm, ♀ 86–98 mm;
♂ 16–22 g, ♀ 18–22 g.

Erkennungshinweise: Mantel,
Flügel und Kehle beim Männchen übergangslos schwarz. Selten eine hellkehlige Variante, die dann dem Balkansteinschmätzer sehr ähnlich ist. Weibchen dieser Art sehr ähnlich, aber vor allem oberseits kalt graubraun gefärbt.

Stimme: Bei Erregung schmatzend „tcktck" oder „chät chät"-Gesang,
schwätzendes Trillern mit Pfeifelementen und gepressten Lauten.

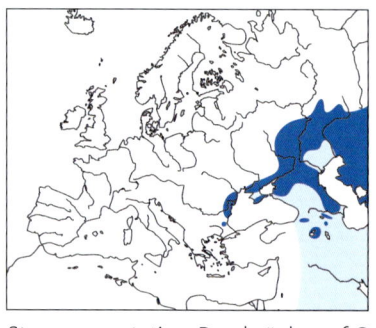

Brutareal: Von der westlichen Schwarzmeerküste bis Nordostchina.

Vorkommen in Mitteleuropa: Ausnahmegast.

Wanderungen: Langstreckenzieher, Winterquartier der gesamten Population Südwest-Arabien und Ostafrika.

Lebensraum: Brutvogel an offenen Trockenhängen mit Steppenvegetation, Durchzügler auf Grasland.

Nahrung: Insekten, Spinnentiere.

Alter: Generationslänge ‹ 3,3 Jahre.

Gefährdung: Nach der EU-Vogelschutzrichtlinie besonders geschützte Art (Anhang I). Nicht gefährdet, Zunahme in SO-Europa.

Besonderes: Hybridisiert häufig mit dem Balkansteinschmätzer.

Alpenbraunelle (→575)

Prunella collaris (Scopoli 1769)

Taxonomie: Familie Braunellen – Prunellidae. Neun Unterarten, davon zwei in Europa.

Größe, Gewicht: Körperlänge 18 cm, Flügelspannweite 30–32,5 cm, Flügellänge 10,5–11,3 cm; ♂ 39–47,5 g, ♀ 36– ca. 40 g.

Erkennungshinweise: Geschlechter gleich, Flugweise erinnert an kleine Drossel, die Figur jedoch an eine Lerche. Leicht an rotbrauner Flanke und weißen Spitzenflecken der Flügeldecken zu erkennen.

Stimme: Verschiedene Rufe, z. B. gereiht „dschürr" oder „trri-trri", schilpender Flugruf. Gesang mit harten Trillern am Boden, von erhöhten Warten oder im Singflug. ♀ singen ebenfalls, aber leiser.

Brutareal: Gebirge von Nordwestafrika, Südwest- und Mitteleuropa bis Ostasien.

Vorkommen in Mitteleuropa: Seltener Brutvogel, nur in den Alpen und lückig im Karpaten-

bogen, Bestandstrends großräumig und langfristig nicht
erkennbar. Jahres-, in Brutgebieten meist nur Sommervogel, sonst seltener Gast.
Wanderungen: Teilzieher,
weicht im Winter ins Tiefland
aus, einige scheinen weiter zu
ziehen. Am Brutplatz ab März.
Lebensraum: Brutvogel auf
Flächen mit lückigem Gras
oder Polsterpflanzen sowie mehr oder minder stark geneigtem Felsgelän-
de vor allem in der alpinen Stufe. Lokal auch unterhalb der Baumgrenze.
In den Alpen zwischen 1500 und 2300 m ü. NN, im Bayerischen Wald 1100
bis 1450 m ü. NN. Im Winter oft in Tälern und im Alpenvorland an Häusern.
Nahrung: Im Sommer hauptsächlich Gliederfüßer (meist Insekten), im
Winter vor allem Samen; auch Beeren im Sommer und Herbst.
Brutbiologie: Geschlechtsreife wohl im 1. Lebensjahr • Nest ziemlich um-
fangreich aus Moos und Halmen, mit Federn ausgekleidet, in Spalte oder
Vertiefung, in einer Felswand, unter Steinen, an Hütten und Mauern •
3–5 Eier • Legebeginn (Mitte Mai) Mitte Juni bis Ende Juli • Brutdauer
13–15 Tage, ♀ brütet • ♂ und ♀ füttern • Junge mit 15–16 Tagen flügge, Be-
treuung noch 2–3 Wochen; Nest wird mitunter schon nach 10–13 Tagen
verlassen • 1–2 Jahresbruten; Ersatzgelege.
Alter: Höchstalter von Ringvögeln mehrfach über 7 und 8 Jahre; Generationslänge < 3,3 Jahre.
Gefährdung: Gefährdet durch Zerstörung oder anhaltende Störung der
Brutplätze durch Bergtourismus und Freizeitsport.
Besonderes: Vielseitiges Fortpflanzungssystem mit Helfern, Polygynie,
Polyandrie und Polygynandrie; häufig kleine Brutgruppen von 5–9 Ind.

Heckenbraunelle (→ 576)

Prunella [modularis] modularis (Linnaeus 1758)

Taxonomie: Familie Braunellen – Prunellidae. Bildet Superspezies mit
zwei asiatischen Taxa. Acht sehr ähnliche Unterarten, in Mitteleuropa
P. m. modularis.
Größe, Gewicht: Körperlänge 14,5 cm, Flügelspannweite 19–21 cm, Flügellänge ♂ 69–74 mm, ♀ 66–71 mm; ♂ 15–25 g, ♀ 18–27 g.
Erkennungshinweise: Geschlechter gleich. Rotkehlchengroßer Insektenfresser mit braunem, schwarz gestreiftem Gefieder. Kopf bis auf Scheitel und Ohrdecken bleigrau.

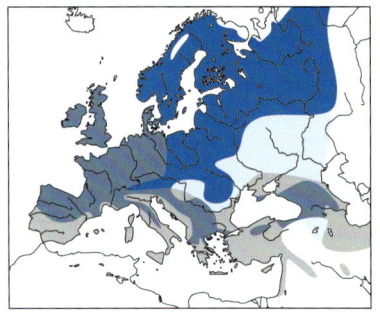

Stimme: Ruf außerhalb der Brutzeit scharf „dsiit", sonst leise „dididi". Gesang hoch, kurz und schnell plaudernd in relativ kurzen Strophen.

Brutareal: Von Irland und dem Nordwesten der Iberischen Halbinsel bis zum Ural, vom Nordkap bis Zentralspanien, Südfrankreich, Mittelitalien und Nordgriechenland; auch Südostküste des Schwarzen Meeres.

Vorkommen in Mitteleuropa: Flächig verbreiteter, sehr häufiger Brut- und Sommervogel, in wintermilden Gebieten auch Jahresvogel. Häufiger Durchzügler und Gastvogel.

Wanderungen: Kurzstrecken- und Teilzieher, Überwinterung von Mitteleuropa bis Mittelmeergebiet.

Lebensraum: Dickichte in Nadel- und Laubgehölzen mit freien Flächen, Gebüsch und Baumgruppen mit dichtem Unterholz, in Hecken und Gebüsch in Gärten, Parkanlagen, im Gebirge bis in die Krummholzzone.

Nahrung: Im Sommer überwiegend Kleintiere, sonst pflanzlich (kleine Samen).

Brutbiologie: Geschlechtsreife im 1. Lebensjahr • Nest in dichtem Gebüsch, oft unter 1 m Bodenhöhe, relativ groß aus Ästchen, tiefer Napf aus Moos • 4–6 Eier • Legebeginn Anfang/Mitte April bis Mitte Juli • Brutdauer 11–13 Tage • ♀ brütet • ♂ und ♀ füttern • Junge bleiben 12–13 Tage im Nest, werden dann noch mehrere Tage gefüttert • 2 Jahresbruten; Ersatzgelege.

Alter: Ältester Ringvogel mind. 11 Jahre. Generationslänge < 3,3 Jahre.

Gefährdung: Art auf Europa konzentriert (SPEC E). Nicht gefährdet.

Besonderes: Wie ein ausgeprägter Körnerfresser hat die Heckenbraunelle einen Kropf.

	Jan.	Feb.	März	April	Mai	Juni	Juli	Aug.	Sep.	Okt.	Nov.	Dez.
Anwesenheit												
Durchzug									x x			
Brutzeit				x x								
postjuv. Mauser												
Teil- / Vollmauser												
Vollmauser												

Bergbraunelle (→ 577)

Prunella montanella (Pallas 1776)

Taxonomie: Familie Braunellen – Prunellidae. 2 Unterarten, in Europa *montanella*.

Größe, Gewicht: Körperlänge 14,5 cm, Flügelspannweite 21–22,5 cm, Flügellänge 6,5–7,8 cm; 17–20 g.

Erkennungshinweise: Geschlechter gleich. Die ungestrichelte, braungelbe Kehle, der schwarzbraune Scheitel und der besonders hinter dem Auge breite, ockergelbe Überaugenstreif sind die charakteristischen Merkmale. Die Oberseite ist warmrotbraun gefärbt und dunkler braun gestreift.

Stimme: Gesang, mit harten „r"-Lauten ist dem der Heckenbraunelle sehr ähnlich und wird von höheren Warten vorgetragen. Ruft auch ähnlich Heckenbraunelle hart „dididi".

Brutareal: Gebirge Nordsibiriens vom nördlichsten Ural nach Osten bis zur Tschuktschen Halbinsel. Weitere isolierte Vorkommen befinden sich südlich am Baikalsee zwischen Lena und Amur oder am Jenissej.

Vorkommen in Mitteleuropa: Ausnahmegast mit nur 4 Nachweisen bis 2015 im östlichen Mitteleuropa.

Wanderungen: Zugvogel, die Überwinterungsgebiete liegen in Korea, Japan und süd- und Mittelchina.

Lebensraum: Lichte Wälder mit dichtem Unterholz werden ebenso besiedelt wie nahezu baumlose oder dicht mit Gebüsch bestandene Hänge und Erlen- und Weidengebüsche an Fluss- und Bachufern.

Nahrung: Hauptsächlich kleine Wirbellose wie Ameisen, Raupen oder Spinnen, aber auch Schnecken und kleine Würmer. Zusätzlich auch kleine Sämereien.

Brutbiologie: Nest niedrig im Gebüsch, ein kompakter Napf • 4–6 Eier • Brutzeit Juni bis August • ♀ brütet • 1–2 Jahresbruten; Ersatzgelege.

Gefährdung: Nicht weltweit gefährdet.

Besonderes: Ein unvorhersehbarer Einflug von Bergbraunellen fand im Oktober und November 2016 in Europa statt. Mit 229 Nachweisen meist in Nordeuropa, aber auch 24 in Mitteleuropa, haben sich die Feststellungen in nur einem Herbst vervielfacht.

Schwarzkehlbraunelle (→ 578)

Prunella atrogularis (J.F. Brandt 1844)

Taxonomie: Familie Braunellen – Prunellidae. 2 Unterarten.

Größe, Gewicht: Körperlänge 15 cm, Flügelspannweite 21–22,5 cm, Flügellänge ♂ 72–76 mm, ♀ 70–74 mm; 17–20 g.

Erkennungshinweise: Geschlechter gleich. Der Stein- und Bergbraunelle ähnlich. Scheitel braunschwarz und breiter, beiger Überaugenstreif.

Schwarze Kehle im Prachtkleid, im Herbst jedoch durch helle Federränder nicht so deutlich.

Stimme: Hoch „tsierie-tsie", Gesang ähnlich Heckenbraunelle.

Brutareal: Nordsibirien und Gebirge Zentralasiens.

Vorkommen in Mitteleuropa: Ausnahmegast, bisher nur zwei Nachweise.

Wanderungen: Zugvogel

Lebensraum: Hochgebirge, buschreiches Bergland.

Gefährdung: Nicht gefährdet.

Steinsperling (→579)

Petronia petronia (Linnaeus 1766)

fl. juv.

Taxonomie: Familie Sperlinge – Passeridae. Sieben Unterarten, in Südeuropa *petronia*.

Größe, Gewicht: Körperlänge 14 cm, Flügelspannweite 28–32 cm, Flügellänge ♂ 94–98 mm, ♀ 95–100 mm; 32,2–37,2 g.

Erkennungshinweise: Geschlechter gleich. Großer, kompakter Sperling mit langem, dickem Schnabel. Breiter heller Überaugenstreifen und Scheitelstreifen besonders auffallend. Kleiner gelber Kehlfleck bei eingezogenem Hals meist nicht sichtbar. Im Flug helle Spitzenflecken der äußeren Steuerfedern meist gut sichtbar.

Stimme: Kennzeichnend ein lang gezogener, lauter Ruf der wiederholt und variiert auch als Gesang genutzt wird. Aufgeregt ein hartes und rollendes „tiitür'r'r'r".

Brutareal: Gemäßigte, mediterrane Steppen- und Wüstenzone und Gebirge der Südpaläarktis. Von Nordwestafrika bis Westchina.

Vorkommen in Mitteleuropa:
In Mitteleuropa ausgestorben (in Deutschland seit 1944). In ganz Europa außerhalb der Brutgebiete sehr seltener Ausnahmegast.

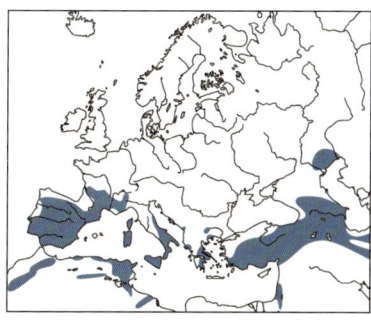

Wanderungen: Standvogel und Teilzieher. Besonders hoch gelegene Brutgebiete werden im Winter verlassen. Überwinterungen südlich des Brutgebietes im Irak und Iran.

Lebensraum: Brütet in warmen, oft trockenen Gebieten. Baumbestandenes Kulturland, aride Steppen oder Felsgebiete, auch Steinbrüche, Ruinen oder Siedlungen.

Nahrung: Sämereien, vor allem von Gräsern und Getreide. Zur Jungenaufzucht kleine Wirbellose wie Raupen und Heuschrecken. Im Herbst auch Beeren.

Brutbiologie: Geschlechtsreife im 1. Lebensjahr • Nest in Höhlen und Halbhöhlen von Gebäuden und Ruinen, an Fels oder in Bäumen • meist 4–6 Eier • Brutdauer 11–14 Tage • ♀ brütet • beide füttern • Junge fliegen nach 17–21 Tagen aus • 1–2 Jahresbruten.
Alter: Ältester Ringvogel 13 Jahre, 1 Monat. Generationslänge < 3,3 Jahre.
Gefährdung: Gefährdet durch Atlantisierung des Klimas und direkte Verfolgung.

Schneesperling (→ 580)
Montifringilla [nivalis] nivalis (Linnaeus 1766)

Taxonomie: Familie Sperlinge – Passeridae. Bildet Superspezies mit *M. henrici* und *M. adamsi* in Zentralasien. Mehrere Unterarten, in Europa *M. n. nivalis*.

Größe, Gewicht: Körperlänge 17 cm, Flügelspannweite 34–38 cm, Flügellänge ♂ 12,1–12,8 cm, ♀ 11,4–12 cm; ♂ 35–39 g, ♀ 36–41,5 g.

Erkennungshinweise: Geschlechter nahezu gleich. Weiße Unterseite, schwarze Kehle, grauer Kopf und brauner Mantel sind im Prachtkleid die Kennzeichen dieser unverkennbaren Art. Im Schlichtkleid Schnabel gelblich statt schwarz sowie schwarze Kehlfedern mit hellen Spitzen. Wie Schneeammer im Flug mit großem weißem Flügelfeld, jedoch mittlere Steuerfedern und Bürzel schwarz.

Stimme: Rufe „tsi" oder „zij" und quäkend, ähnlich Bergfink. Gesang Aneinanderreihung sperlingsähnlicher Laute, auch im schwebenden Singflug vorgetragen.

Brutareal: Alpine und subalpine Stufe der Paläarktis, in trockenen Gebieten Asiens auch tiefer. Areal inselartig aufgesplittert.

Vorkommen in Mitteleuropa: Brut- und Jahresvogel der Hochalpen. Sonst Ausnahmeerscheinung.

Wanderungen: Standvogel, meist Wanderungen über kleinere Entfernung in den Alpen, aber Zug in die Pyrenäen nachgewiesen.

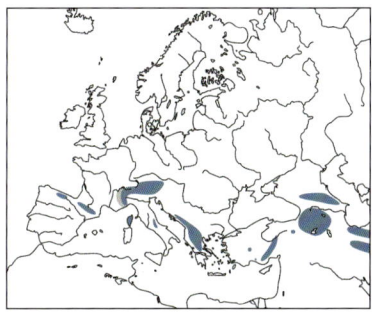

Lebensraum: Über der Baumgrenze auf Matten und im Fels, nur ausnahmsweise tiefer.

Nahrung: Kleine Gliederfüßer auf dem Boden, im Winter Sämereien.

Brutbiologie: Geschlechtsreife im 1. Lebensjahr • Nest in Felswänden, Steinhaufen und Bauten, umfangreicher Bau aus Halmen, Flechten, innen mit Federn ausgekleidet • 3–5 Eier. • Legebeginn Mitte Mai, Juni • Brutdauer 13–15 Tage • ♀ brütet • ♂ und ♀ füttern • Junge bleiben 20–21 Tage im Nest, werden dann bald selbstständig • 1 Jahresbrut; Ersatzgelege.

Alter: Ältester Ringvogel 11 Jahre. Generationslänge < 3,3 Jahre.

Gefährdung: Gefährdet durch Klimaerwärmung und Rückgang der Gletscher.

Besonderes: Der Schneesperling bleibt auch im Winter meist in der alpinen Stufe. Auf der Nahrungssuche besucht er mittlerweile auch hochgelegene Gaststätten und Gipfelstationen.

Feldsperling (→581)

Passer montanus (Linnaeus 1758)

Taxonomie: Familie Sperlinge – Passeridae. Neun Unterarten, in Europa nur *P. m. montanus*.

Größe, Gewicht: Körperlänge 14 cm, Flügelspannweite 20–22 cm, Flügellänge ♂ 67–76 mm, ♀ 66–74 mm; ♂ 19–29 g, ♀ 19,5–27 g.

Erkennungshinweise: Geschlechter gleich. Kleiner als Haussperling und von diesem durch kastanienbraunen Scheitel und schwarzen Wangenfleck leicht zu unterscheiden.

Stimme: Rufe hoch einsilbig „tschip", höher als Haussperling. Im Abflug hart „tek-tek-tek…"; auch hell „zwit", gedämpft „dschäd". Reichhaltiges Rufrepertoire.

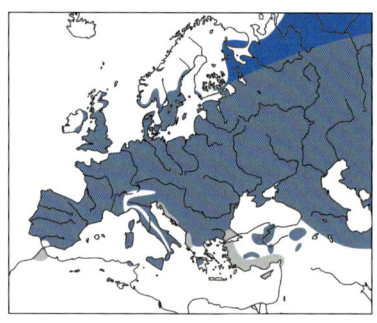

Brutareal: Von Westeuropa bis einschließlich Sachalin und Japan, in Europa südlich bis Nordküste Mittelmeer und Sizilien, nördlich bis südliches Skandinavien und in Russland z. T. bis ans Eismeer.

Vorkommen in Mitteleuropa: Flächig verbreiteter, sehr häufiger Brut- und Jahresvogel, auch Durchzügler und Wintergast.

Wanderungen: Standvogel, Streuungswanderungen. Im Norden des europäischen Areals wohl auch größere Strecken ziehend.

Lebensraum: Landwirtschaftlich genutztes Umland von Siedlungen bis in Waldrandgebiete sowie Vorstädte und Dörfer. Übernimmt in Städten in Ostasien die Rolle des Haussperlings.

Nahrung: Sämereien, vor allem von Gras (Getreidekörner) und zahlreichen Kräutern. Vor der Brutzeit und Nestlingsnahrung vor allem kleine Insekten und andere Gliederfüßer.

Brutbiologie: Geschlechtsreife im 1. Lebensjahr • Nest meist in Höhlen, Baumhöhlen und Kopfweiden, auch in Nistkästen und Mauerlöchern, in Bauten von Mehlschwalben und Röhren von Uferschwalben; freistehende Nester kugelförmig mit seitlichem Eingang, in Höhlen oft nur Napfnest aus trockenem Stroh, Gras und alten Blättern • 3–7 Eier • Legebeginn Ende März, Anfang April, Spätgelege bis Anfang August • Brutdauer 11–14 Tage • ♀ brütet meist mehr als ♂ • ♂ und ♀ füttern • Junge bleiben 16–18 Tage im Nest, sind bald danach selbstständig • 2–3 Jahresbruten; Ersatzgelege.

Alter: Ältester Ringvogel 13 Jahre, 1 Monat. Generationslänge unter 3 Jahre.

Gefährdung: Art in Europa mit ungünstigem Erhaltungszustand (SPEC 3). Gefährdung durch Intensivierung der Landwirtschaft und Verlust von Brutplätzen.

Besonderes: Feldsperlinge besetzen auch zur Brutzeit kein Revier. Ihnen reicht eine Höhle, aus der sie unter Umständen schwächere Vorbewohner hinauswerfen.

	Jan.	Feb.	März	April	Mai	Juni	Juli	Aug.	Sep.	Okt.	Nov.	Dez.
Anwesenheit												
Durchzug												
Brutzeit			X X									
postjuv. Mauser												
Teil- / Vollmauser												
Vollmauser												

Italiensperling (→582)

Passer [domesticus] italiae (Vieillot 1817)

Taxonomie: Familie Sperlinge – Passeridae. Bildet Superspezies mit Weiden- *P. hispaniolensis* und Haussperling *P. domesticus*. Keine Unterarten.
Größe, Gewicht: Körperlänge 14–16 cm, Flügellänge 7,2–8,1 cm; 23–30 g.
Erkennungshinweise: Sehr ähnlich Haussperling und Weibchen im Freiland nur sehr schwer von diesem zu unterscheiden. Männchen sind vor allem durch braunen Scheitel, sehr schmalen, kleinen Überaugenstreif und nahezu ungestrichelte Flanken gekennzeichnet.
Stimme: Sehr ähnlich Haussperling.
Brutareal: Nord- und Mittelitalien, Südostfrankreich, Korsika sowie Südschweiz und Tirol.
Vorkommen in Mitteleuropa: Lokaler Brutvogel im Wallis, Engadin und Kärnten. Ausnahmegast nördlich des Alpenhautkammes, nur 1 Nachweis in der Schweiz.
Wanderungen: Überwiegend Standvogel mit weiten Streuungswanderungen von Jungvögeln.

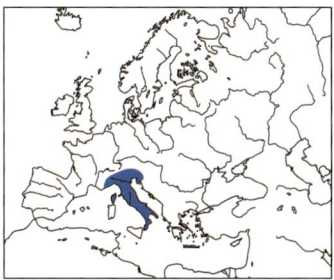

Lebensraum: Wie Haussperling eng an den Menschen angeschlossen.
Nahrung: Hauptsächlich Sämereien mit einem sehr hohen Anteil an Getreide aber auch Haushaltsabfälle und Essensreste. Jungvögel werden

nahezu ausschließlich mit Insekten und anderen Wirbellosen gefüttert.

Brutbiologie: Sehr ähnlich dem Haussperling, Brutzeit aber wohl etwas kürzer • 2–8 Eier • Brutdauer 11–15 Tage • ♂ & ♀ brüten und füttern • Junge mit 11–17 Tagen flügge • 1–4 Jahresbruten; Ersatzgelege.

Alter: In Gefangenschaft angeblich bis zu 20 Jahre.

Gefährdung: Nicht gefährdet.

Besonderes: Der Italiensperling hat eine bewegte taxonomische Vergangenheit. Er hybridisiert mit dem Haussperling im Norden und mit dem Weidensperling im Süden und wurde mal als Unterart der einen oder der anderen Art, oder als stabilisierter Hybrid zwischen beiden angesehen.

Haussperling (→ 583)

Passer [domesticus] domesticus (Linnaeus 1758)

Taxonomie: Familie Sperlinge – Passeridae. Bildet mit dem Weidensperling *P. hispaniolensis* eine Superspezies. Etwa 11 Unterarten, in Europa *P. d. domesticus*.

Größe, Gewicht: Körperlänge 14–15 cm, Flügelspannweite 21–25,5 cm, Flügellänge ♂ 72–83,5 mm, ♀ 71–82 mm; ♂ 24,5–38 g, ♀ 24,3–35,7 g.

Erkennungshinweise: Kräftig gebauter Singvogel mit relativ großem Kopf. Männchen durch schwarzen Kehl- und Brustlatz und grauem Scheitel unverwechselbar. Weibchen und Jungvögel kaum zu unterscheiden und schmutzig wirkend.

Stimme: Schilpende Rufe wie „tschuip", auch durchdringend bei Erregung „tschet tschet...". Gesang ist rhythmisches Tschilpen wie „tschilp..." oder „tschirrep...".

Brutareal: Von Europa und Nordafrika bis in den Fernen Osten, eingeführt in Nordamerika, Südamerika, Ostaustralien, Neuseeland.

Vorkommen in Mitteleuropa: Flächig verbreiteter, sehr häufiger Jahres- und Brutvogel.

Wanderungen: Standvogel mit Streuungswanderungen.

Lebensraum: Brutvogel in Städten und Dörfern, auch an Einzelhäusern in der Nähe von Siedlungen.

Nahrung: Hauptsächlich Sämereien, daneben auch Insekten im Sommer; Nestlingsnahrung Insekten.

Brutbiologie: Geschlechtsreife im 1. Lebensjahr • Nest in Nischen, Höhlungen, Spalten, unter Überdachungen, auch freistehend auf Bäumen und Leitungsmasten, kugelförmiger Bau aus Stroh, trockenem Gras mit seitlichem Eingang oder nur Ausfüllung einer Höhlung, oft in kleinen Kolonien • 4–6 Eier • Legebeginn

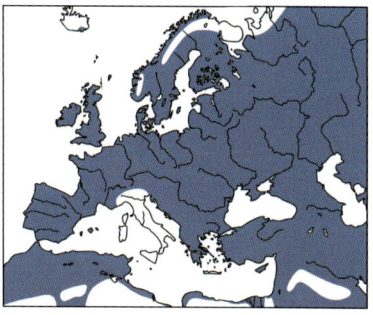

Mitte März/Ende April bis Herbst • Brutdauer 10–14 Tage • ♂ und ♀ brüten • ♂ und ♀ füttern • Junge bleiben 14–16 Tage im Nest, werden dann noch max. 14 Tage gefüttert • 2–3 Jahresbruten; Ersatzgelege.

Alter: Ältester Ringvogel 19 Jahre, 9 Monate. Generationslänge < 3,3 Jahre.

Gefährdung: Art in Europa mit ungünstigem Erhaltungsstatus (SPEC 3). Durch Verlust von Nistmöglichkeiten und Rückgang der Nahrung im Siedlungsraum (sowohl Arthropoden für die Jungvögel als auch Körner im Winter). Ursachen liegen im Wesentlichen in intensiver und hocheffektiver Landwirtschaft, Ausräumung und penibler Pflege des Siedlungsraums und Rückgang von Kleintierzucht und Nebenerwerbslandwirtschaft.

Besonderes: Obwohl er einer unserer häufigsten Singvögel ist, besucht er Winterfütterungen relativ selten und unstet. Vogel des Jahres 2002.

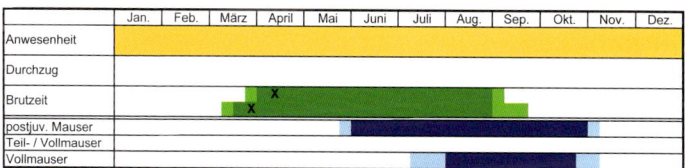

	Jan.	Feb.	März	April	Mai	Juni	Juli	Aug.	Sep.	Okt.	Nov.	Dez.
Anwesenheit												
Durchzug												
Brutzeit				X								
postjuv. Mauser												
Teil- / Vollmauser												
Vollmauser												

Weidensperling (→ 584)

Passer [domesticus] hispaniolensis (Temminck 1820)

Taxonomie: Familie Sperlinge – Passeridae. Bildet Superspezies mit Italien- *P. italiae* und Haussperling *P. domesticus*. 2 Unterarten, in Europa *hispaniolensis*.

Größe, Gewicht: Körperlänge 15 cm, Flügelspannweite 23–26 cm, Flügellänge 7,1–8,2 cm; 25–38 g.

Erkennungshinweise: Durch kräftige schwarze Flankenfleckung, rotbraunen Scheitel, tiefschwarze Kehle und Augenstreif, weiße Wangen

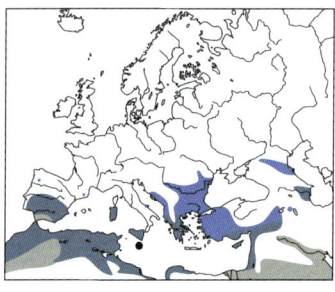

und Überaugenstreif sind die Männchen leicht zu bestimmen. Jungvögel und Weibchen sind von denen des Haus- und Italiensperlings im Freiland fast nicht zu unterscheiden.

Stimme: Trotz etwas höheren und metallischerem Klang sehr ähnlich dem Haussperling.

Brutareal: Von den Kapverden, Kanaren und Madeira über das Mittelmeergebiet bis in die Türkei und Israel sowie in weiterer Unterart entlang der Westküste des Kaspischen Meeres nach Osten durch Kasachstan bis zur Chinesischer Grenze.

Vorkommen in Mitteleuropa: Ausnahmegast in den Niederlanden.

Wanderungen: Sehr verschieden. Die Populationen der atlantischen Inseln sind Standvögel. Die der Iberischen Halbinsel sind Kurzstreckenzieher, die nach der Brutzeit Mausergebiete aufsuchen und danach teilweise zum Überwintern bis nach Nordafrika ziehen. Die Weidensperlinge sind Nomaden, die auch zwischen den Erst- und Folgebruten die Brutplätze wechseln. Die Brutvögel des Balkans ziehen in Überwinterungsgebiete zwischen Libyen und dem Sinai.

Lebensraum: Halbwüsten und Steppengebiete mit lokalen Vorkommen im Gebirge. Oft in der Nähe von Verlandungsgebieten, Fließ- und Stillgewässern mit einzelnen Bäumen oder kleinen Wäldchen oder Plantagen. Oft auch weit abseits von menschlichen Siedlungen und nicht selten Untermieter in Großvogelnestern.

Nahrung: Sämereien aller Art, ebenso Abfälle. Zur Jungenaufzucht werden ausschließlich Insekten und deren Entwicklungsstadien genutzt.

Brutbiologie: Brütet in Kolonien • Nest eine locker gewebte Kugel aus Gras meist in Bäumen • 2–6 Eier • Brutzeit meist von März bis August • Brutdauer 11–14 Tage • ♂ & ♀ brüten und füttern • Junge mit 11–15 Tagen flügge • 2–4 Jahresbruten; Ersatzgelege.

Alter: Ältester Ringvogel 11 Jahre, 3 Monate; Generationslänge < 3,3 Jahre.

Gefährdung: Nicht weltweit gefährdet.

Gebirgsstelze (→ 585)

Motacilla cinerea Tunstall 1771

Taxonomie: Familie Stelzenverwandte – Motacillidae.
Fünf Unterarten, in Europa *M.
c. cinerea.*

Größe, Gewicht: Körperlänge
18–19 cm, Flügelspannwei-
te 25–27 cm, Flügellänge ♂
78–92 mm, ♀ 77–84 mm; 14,5–
22 g.

Erkennungshinweise: Unverwechselbar. Geschlechter ähnlich und Männchen an schwarzer Kehle und kräftig gelber
Unterseite vom Weibchen zu
unterscheiden.

Stimme: Ruf schärfer und höher als Bachstelze „zississ",
Warnruf am Brutplatz wie
„sieb-zickzick". Gesang von
Warte oder im Flug vorgetragen aus einfachen, wiederholten Elementen wie „tsiep tsiep
tsiep" oder „tsit tsit tsee" u. ä.

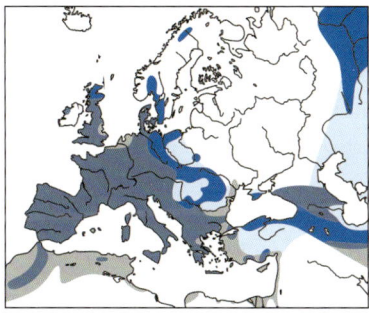

Brutareal: Von Irland und der
Atlantikküste Europas und
Nordwestafrika bis Korea und
Japan, in Tiefebenen Ost- und Nordeuropas aber größtenteils fehlend.

Vorkommen in Mitteleuropa: Häufiger, im Süden flächig und im Norden
und Osten teilweise lückig verbreiteter Brutvogel, Sommer- und Jahresvogel, regelmäßiger Durchzügler und mancherorts auch Überwinterer.

Wanderungen: In milden Lagen Standvogel mit Streuungswanderungen,
nach Osten und in höheren Lagen zunehmend Zugvogel mit Winterquartier in West- und Südeuropa sowie Nordafrika.

Lebensraum: Ans Wasser gebunden, vor allem bewaldete, schattenrei-
che und schnell fließende Gewässer mit Wildflusscharakter, auch kleine
Bäche. Im Kulturland auch an Wehren und Kanälen, selbst mitten in Städten. Kurzfristig fernab vom Wasser.

Nahrung: In und am Wasser lebende Insekten und deren Larven, auch
Flohkrebse und kleine Mollusken.

Brutbiologie: Geschlechtsreife im 1. Lebensjahr • Nest meist unmittelbar am Wasser in Löchern, Spalten, Nischen, Uferabbrüchen, auch an Kunstbauten und in Nistkästen, Unterbau aus Moos, Halmen, Laub; Napf aus feinerem Material, meist nach oben geschlossen • 4–6 Eier • Legebeginn ab Mitte März, April, Anfang Mai • Brutdauer 11–14 Tage • ♀ und ♂ brüten • ♂ und ♀ füttern • Junge bleiben 12–14 Tage im Nest, werden dann noch bis 3 Wochen betreut • 2 Jahresbruten; Ersatzgelege.

Alter: Ältester Ringvogel mind. 8 Jahre. Generationslänge < 3,3 Jahre.

Gefährdung: Gefährdung durch wasserbauliche Maßnahmen und Verbauung von Brutplätzen an Brücken, Wehren usw.

	Jan.	Feb.	März	April	Mai	Juni	Juli	Aug.	Sep.	Okt.	Nov.	Dez.
Anwesenheit												
Durchzug									X X			
Brutzeit			X X									
postjuv. Mauser												
Teil- / Vollmauser												
Vollmauser												

Bachstelze (→ 586)

Motacilla [alba] alba Linnaeus 1758

Taxonomie: Familie Stelzenverwandte – Motacillidae. Bildet mit acht anderen wohl als Semispezies einzustufenden Taxa eine Superspezies. Keine Unterarten, Hybridisation mit Trauerbachstelze *M. [alba] yarellii* kommt vor.

Größe, Gewicht: Körperlänge 18 cm, Flügelspannweite 25–30 cm, Flügellänge ♂ 87–97 mm, ♀ 83–92 mm; 14–22 g.

Erkennungshinweise: Durch die schlanke Figur, den langen Schwanz und das schwarzweiße Gefieder ist der spatzengroße Vogel unverwechselbar. Beim Männchen ist der Rücken hellgrau die schwarze Kapuze hebt sich stark ab, während er beim Weibchen schmutziggrau ist und in die Kapuze übergeht.

Stimme: Rufe „zick" oder weicher „zlip", auch zweisilbig „zississ" u. ä., weicher angeschlagen als bei Gebirgsstelze. Gedehnte zweisilbige Rufe wie „tsiwui" oder „dschewitz" auf exponierten Warten haben revieranzeigende Funktion. Nicht laute, zwitschernde Strophen bilden den Gesang, aus dem auch Rufe herauszuhören sind.

Brutareal: Superspezies von Nordafrika bis Nordwesteuropa nach Osten bis zur Pazifikküste. Semispezies alba von Ural und Wolga bis Atlantik einschließlich Mittelmeerinseln und Anatolien.

Vorkommen in Mitteleuropa:
Sehr häufiger, flächig verbreiteter Brutvogel. Sommervogel, in Tieflandgebieten in kleiner Zahl oder einzeln zunehmend auch im Winter.

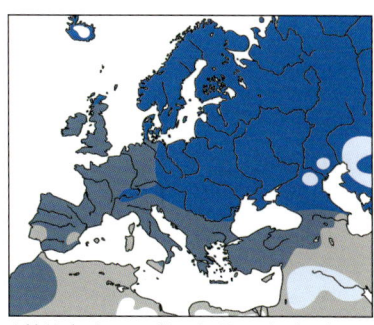

Wanderungen: Mittel- und Kurzstreckenzieher nach Südwesteuropa und Nordafrika, einzeln auch bis südlich der Sahara.

Lebensraum: Offene und halboffene Landschaften, vor allem in Wassernähe, aber heute vor allem auch in Agrarlandschaften und dörflichen Siedlungen, Industrieanlagen und Großstädten mit Rasen- und Ödflächen. Außerhalb der Brutzeit vor allem an Flachufern von Gewässern. Gemeinschaftliche Schlafplätze in Röhricht und Gebüsch, aber auch in Bäumen und höheren Sträuchern an verkehrsreichen Plätzen.

inkl. Verbreitungsgebiet der Trauerbachstelze

Nahrung: Vor allem Mücken und Fliegen sowie andere kleine geflügelte Insekten und Kleintiere bis einschließlich winzige Fischchen.

Brutbiologie: Geschlechtsreife im 1. Lebensjahr • Nest vor allem in Halbhöhlen und Nischen, oft nahe am Boden an natürlichen Standorten, aber auch hoch an menschlichen Bauten in Mauerlücken, unter Dachziegeln usw. und auf technischen Konstruktionen • 5–6 Eier • Legebeginn Ende März, Anfang April, Spätbruten bis Mitte August • Brutdauer 11–16 Tage • ♀ brütet mehr als ♂ • ♂ und ♀ füttern • Junge bleiben 13–14 Tage im Nest, werden dann noch bis 7 Tage gefüttert • 2 (–3) Jahresbruten; Ersatzgelege.

Alter: Höchstalter im Freiland mind. 10 Jahre, 9 Monate. Generationslänge < 3,3 Jahre.

Gefährdung: Keine akute Gefährdung erkennbar, lokale Abnahmen infolge von Änderungen von Landnutzung oder Bautätigkeit. Verluste durch Verfolgung in Winterquartieren oder während des Zuges.

Besonderes: Kopf- und Kehlzeichnung haben wichtige Funktionen in Paar- und Revierverhalten (z. B. Drohen gegenüber Rivalen); entsprechend belaufen sich auch die Differenzierungen der Semispezies vor allem auf die Kopfzeichnung, so dass sich innerhalb der ansonsten sehr ähnlichen Arten der Superspezies die richtigen Partner aus der gleichen Semispezies finden.

	Jan.	Feb.	März	April	Mai	Juni	Juli	Aug.	Sep.	Okt.	Nov.	Dez.
Anwesenheit												
Durchzug										x x		
Brutzeit				x x								
postjuv. Mauser												
Teil- / Vollmauser												
Vollmauser												

Trauerbachstelze (→ 587)

Motacilla [alba] yarrellii Gould 1837

Taxonomie: Familie Stelzenverwandte – Motacillidae. Bildet mit acht anderen wohl als Semispezies einzustufenden Taxa eine Superspezies. Keine Unterarten.

Größe, Gewicht: Körperlänge 18 cm, Flügelspannweite 25–30 cm, Flügellänge ♂ 90–94 mm; ♀ 87–92 mm; 14–22 g.

Erkennungshinweise: Ähnelt der Bachstelze, jedoch ist die Oberseite beim Männchen schwarz glänzend, während sie beim Weibchen dunkelgrau gefärbt ist.

Stimme: Gesang wenig kunstvoll. Kontinuierlich zwitschernde, oft mit Rufen durchmischte Strophen. Flug- und Kontaktrufe sehr vielfältig und manchmal an Gebirgsstelze erinnernd.

Brutareal: Britische Inseln sowie lokaler Brutvogel der Küsten Nordwesteuropas, vor allem Hollands.

Vorkommen in Mitteleuropa: Seltener Durchzügler an Nordseeküste, hier auch sehr selten, auch in Mischpaaren mit *alba* brütend. Ausnahmsweise Überwinterungen. Seltener Gast im Binnenland.

Lebensraum: Wie Bachstelze.

Nahrung: Ähnlich Bachstelze.

Alter: Ältester Ringvogel 10 Jahre, 1 Monat.

Gefährdung: Art auf Europa konzentriert (SPEC E). Nicht gefährdet.

Zitronenstelze (→ 588)

Motacilla citreola (Pallas 1776)

Taxonomie: Familie Stelzenverwandte – Motacillidae. Zwei Unterarten: *citreola* (Osteuropa bis Sibirien) und *calcarata* (Gebirge Mittelasiens).

Größe, Gewicht: Körperlänge 17 cm, Flügelspannweite 24–27 cm, Flügellänge ♂ 80,8–90,5 mm, ♀ 75,9–85 mm; ♂ 19,1–22,8 g, ♀ 16,8–22,6 g.

Erkennungshinweise: Ähnelt in der Figur am ehesten einer Schafstelze. Männchen durch gelben Kopf unverwechselbar. Weibchen und Jungvögel am sichersten durch helle Ohrumrandung und durch die zwei breiten Flügelbinden von anderen Stelzen zu unterscheiden.

Stimme: Gesang eine rasch schwätzende Folge einfacher Töne. Flugruf rauer und kürzer als nordwesteuropäische Schafstelzenformen und mehr an Bachstelze erinnernd, manchmal auch zweisilbig „siit" oder tsripp".

Brutareal: Feuchtgebiete der mittleren Paläarktis mit verschiedenen Verbreitungsschwerpunkten. Nächste Brutplätze zur Zeit in Ostpolen.

Vorkommen in Mitteleuropa: Seltener Brutvogel in Nordostpolen, mittlerweile zunehmend, auch Einzelbruten weiter westlich. Seltener, un

♀

♂

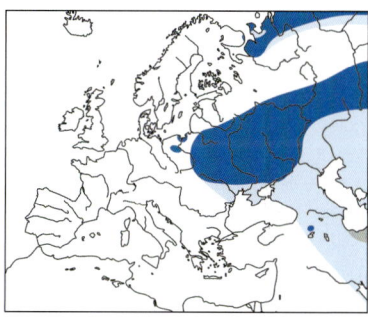

regelmäßiger Gastvogel zu beiden Zugzeiten in fast allen Regionen.
Wanderungen: Zugvogel mit Hauptwinterquartieren von Südostasien bis Pakistan, neuerdings auch weiter westlich Winterdaten.
Lebensraum: Brutvogel in nasseren Habitaten als Schafstelze wie überschwemmte und versumpfte Niederungen und Seeufer.
Nahrung: Aquatische Insektenlarven von z. B. Libellen und Wasserkäfern sowie andere Insekten, auch Wasserflöhe und Würmer.
Brutbiologie: Geschlechtsreife im 1. Jahr • Bodennest in lichtem Altschilf, in Seggenbülten oder Uferhöhlungen • 4–6 Eier • Brutdauer 11–13 Tage • beide Partner brüten • beide füttern • Junge fliegen nach 10–13 Tagen aus • 1–2 Jahresbruten; Ersatzgelege.
Alter: Höchstalter unbekannt. Generationslänge < 3,3 Jahre.
Gefährdung: Nicht gefährdet.
Besonderes: Die Zitronenstelze breitet ihr Brutgebiet derzeit nach Westen aus.

Wiesenschafstelze (→590)

Motacilla [flava] flava Linnaeus 1758

Taxonomie: Familie Stelzenverwandte – Motacillidae. Eine der etwa 7 europäischen Semispezies der Superspezies „Schafstelze" *Motacilla [flava]*, die vielfach als Unterarten eingestuft werden. Keine Unterarten.
Größe, Gewicht: Körperlänge 17 cm, Flügelspannweite 23–27 cm, Flügellänge ♂ 74–87 mm, ♀ 71–85 mm; ♂ 13–20 g, ♀ 12,3–20 g.
Erkennungshinweise: Erinnert etwas an Gebirgsstelze, jedoch Schwanz deutlich kürzer. Männchen mit grauem Kopf und meist deutlichem wei-

ßen Überaugenstreif und gelber Kehle. Weibchen viel blasser gefärbt.
Stimme: Gesang besteht aus zwei bis drei rufähnlichen Silben, wobei die letzte meist betont wird. Ruf ein dünnes „psit" oder etwas voller klingend „tslie".
Brutareal: Mitteleuropa sowie Südeng-

land und Südskandinavien. Nach Osten bis zur Wolga und Kama.

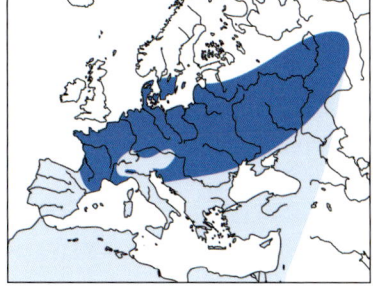

Vorkommen in Mitteleuropa: Verbreiteter Brutvogel im Tiefland. In geringeren Dichten in Mittelgebirgslagen und sehr spärlich im Voralpenland. Als Durchzügler häufig in allen Landesteilen.

Wanderungen: Langstreckenzieher mit Hauptwinterquartieren in Afrika südlich der Sahara.

Lebensraum: Ursprüngliche Habitate nasse oder wechselnasse Wiesen, Seggenfluren und Verlandungsgesellschaften; in der Kulturlandschaft Viehweiden, extensiv bewirtschaftete Streu- und Mähwiesen, und in zunehmendem Maße Hackfrucht-, Raps- und Getreideäcker, Klee- und Futterpflanzenschläge und andere Kulturen. Böden wenigstens teilweise nass, wechselnass oder feucht und vegetationsfrei. Im Winterquartier auf offenen, feuchten Flächen oder nahen Gewässern.

Nahrung: Kleine, hauptsächlich fliegende Insekten, je nach Angebot aber auch Insektenlarven, Käfer, Heuschrecken, Schmetterlingsraupen, vereinzelt Spinnen, kleine Schnecken und Würmer. Pflanzenteile nur ausnahmsweise.

Brutbiologie: Geschlechtsreife im 1. Lebensjahr • Tiefes napfförmiges Nest aus Halmen, Grasblättern, Stängeln und Moos am Boden meist in kleiner Bodenvertiefung angelegt • 5–6 Eier • Legebeginn Mai • Brutdauer 12–13 Tage • ♀ brütet meist allein • ♂ und ♀ füttern • Junge bleiben 11–12 Tage im Nest, sind mit 14–16 Tagen flugfähig, werden noch maximal 3 Wochen betreut • 1–2 Jahresbruten; Ersatzgelege.

Alter: Ältester Ringvogel 8 Jahre, 11 Monate. Generationslänge < 3,3 Jahre.

Gefährdung: Bedroht durch Entwässerungen, Ausräumung der Landschaft und intensive Landwirtschaft.

Besonderes: Wiesenschafstelzen hybridisieren sehr ausgeprägt mit den geographisch angrenzenden Schafstelzenformen wie Gelbkopf-, Aschköpfig-, Thunberg- und Maskenschafstelze. Die dabei entstehenden Färbungstypen sind oft kaum sicher zuzuordnen und können weiteren Semispezies der Schafstelzengruppe extrem ähnlich sehen.

Gelbkopf-Schafstelze (→ 591)

Motacilla [flava] flavissima Blyth 1834

Taxonomie: Familie Stelzenverwandte – Motacillidae. Eine der etwa 7 europäischen Semispezies der Superspezies „Schafstelze" *Motacilla flava*, die vielfach auch als Unterarten eingestuft werden. Keine Unterarten.
Größe: Körperlänge 17 cm, Flügelspannweite 23–27 cm, Flügellänge ♂ 72–87 mm, ♀ 75–81 mm.

Erkennungshinweise: Geschlechter ähnlich, aber Männchen kräftiger gelb gefärbt als Weibchen. Oberseits komplett gelbgrün, unterseits ganz gelb gefärbt ohne markantes Gesichtsmuster.
Stimme: Wie Wiesenschafstelze
Brutareal: Großbritannien und Nordwestfrankreich mit kleinen Populationen an der Nordseeküste Mitteleuropas.
Vorkommen in Mitteleuropa: Vereinzelter Brut- und Sommervogel an der Nordseeküste; regelmäßiger Durchzügler im Küstengebiet, seltener Gast im Binnenland.

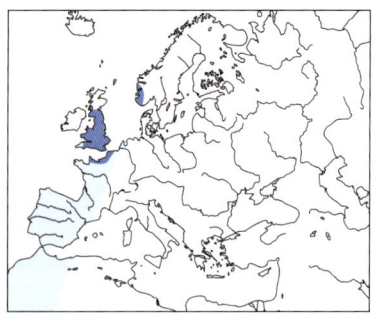

Wanderungen: Langstreckenzieher, überwintert in Westafrika von Gambia bis Liberia.
Lebensraum: Kurzrasige Wiesen, feucht oder trocken, auch Äcker.
Nahrung: Kleine Insekten.
Brutbiologie: Geschlechtsreife im 1. Lebensjahr • Tiefes napfförmiges Nest aus Halmen, Grasblättern, Stängeln und Moos am Boden meist in kleiner Vertiefung angelegt • 5–6 Eier • Legebeginn Mai • Brutdauer 12–13 Tage • ♀ brütet meist allein • ♂ und ♀ füttern • Junge bleiben 11–12 Tage im Nest, sind mit 14–16 Tagen flugfähig, werden noch maximal 3 Wochen betreut • 1–2 Jahresbruten;
Gefährdung: Art auf Europa konzentriert und mit ungünstigem Erhaltungsstatus (SPEC 2). Gefährdung durch intensive Landwirtschaft.

Thunbergschafstelze (→592)

Motacilla [flava] thunbergi Billberg 1828

Taxonomie: Familie Stelzenverwandte – Motacillidae.
Eine der etwa 7 europäischen
Semispezies der Superspezies
„Schafstelze" *Motacilla [flava]*,
die vielfach als Unterarten
eingestuft werden. Keine Unterarten.

Größe, Gewicht: Körperlänge 17 cm, Flügelspannwei-
te 23–27 cm, Flügellänge ♂
75–87 mm, ♀ 73,5–83 mm; ♂
16,5–23 g, ♀ 14,5–19 g.

Erkennungshinweise: Männchen im Prachtkleid mit grauem Kopf und
Nacken. Wangen etwas dunkler und oft schmaler weißer Wangenstreif.
Weibchen unscheinbar gefärbt.

Stimme: Gesang normalerweise aus zwei Silben, die dem Ruf „psit" sehr
ähneln. Die letzte Silbe wird meist etwas betont.

Brutareal: Nördlich der Wiesenschafstelze in Fennoskandien und Ruß-
land.

Vorkommen in Mitteleuropa:
Regelmäßiger Durchzügler
und Gastvogel.

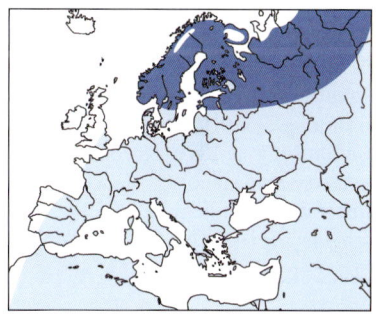

Wanderungen: Langstreckenzieher mit Winterquartier im
tropischen Afrika.

Lebensraum: Kurzrasige
feuchte Flächen mit Sitzwartenangebot wie Seggenfluren
und Verlandungszonen. Im
Kulturland Viehweiden und extensiv bewirtschaftete Streu-
und Mähwiesen.

Nahrung: Kleine, hauptsächlich fliegende Insekten sowie Larven, Käfer,
Heuschrecken, weniger Spinnen, kleine Schnecken und Würmer. Pflanzennahrung nur ausnahmsweise.

Alter: Ältester Ringvogel von *flava* 8 Jahre 11 Monate. Generationslänge
< 3,3 Jahre.

Gefährdung: Nicht gefährdet.

Aschkopf-Schafstelze (→594)

Motacilla [flava] cinereocapilla Savi 1831

Taxonomie: Familie Stelzenverwandte – Motacillidae. Eine der etwa 7 europäischen Semispezies der Superspezies „Schafstelze" *Motacilla [flava]*, die vielfach als Unterarten eingestuft werden. Keine Unterarten.
Größe: Körperlänge 17 cm, Flügelspannweite 23–27 cm, Flügellänge ♂ 79–87 mm, ♀ 77–82 mm.
Erkennungshinweise: Männchen mit gelber Unterseite und weißer Kehle. Durch dunklere Ohrregion von anderen Schafstelzen zu unterscheiden. Weibchen ähnelt der Wiesenschafstelze.
Stimme: Ruf rauer als Wiesenschafstelze. Einfacher Gesang von Warte oder im Singflug wie aneinander gereihte „sri sri..." und zwitschern.
Brutareal: Italien bis Südfrankreich und Slowenien. Nächste Brutplätze von Deutschland aus in der Schweiz.
Vorkommen in Mitteleuropa: Vereinzelter Brutvogel im Wallis und Tessin, sonst einzelne Mischpaare mit Wiesenschafstelze gelegentlich im Süden. Sommervogel, seltener Gast im Süden, sonst Ausnahmeerscheinung. Mit Vögeln, die einer Mischform mit anderen Semispezies (z. B. *flava, iberiae*) gleichen, ist zu rechnen.
Wanderungen: Langstreckenzieher, überwintert in Afrika südlich der Sahara. April bis Ende September.
Lebensraum: kurzrasige Wiesen, feucht oder trocken, auch Äcker.
Nahrung: Kleine Insekten.
Gefährdung: Nicht gefährdet, die Bestände in den Hauptverbreitungsgebieten sind stabil.
Besonderes: Anders als die Wiesenschafstelze, die eine Reihe unterschiedlicher Lebensräume besiedelt (u. a. Viehweiden), keine „Viehstelze".

Maskenschafstelze (→595)

Motacilla [flava] feldegg Michahelles 1830

Taxonomie: Familie Stelzenverwandte – Motacillidae. Eine der etwa 7 europäischen Semispezies der Superspezies „Schafstelze" *Motacilla* [flava], die vielfach auch als Unterarten eingestuft werden. Keine Unterarten.
Größe: Körperlänge 17 cm, Flügelspannweite 23–27 cm, Flügellänge ♂ 79–87 mm, ♀ 77–82 mm.

Erkennungshinweise: Männchen durch tiefschwarzen Kopf und Nacken, grünlichen Rücken und gelbe Unterseite gekennzeichnet. Weibchen ähnlich, jedoch insgesamt grauer.

Stimme: Ähnlich Wiesenschafstelze, doch mit rauerem Flugruf.

Brutareal: Russland, Kleinasien und Südosteuropa, nach Westen bis Italien, nach Norden bis ins südliche und östliche Mitteleuropa.

Vorkommen in Mitteleuropa: Seltener bis regelmäßiger Gast, im Norden sehr selten. Ausnahmsweise in Mischformen im Süden Brutvogel; Sommervogel.

Wanderungen: Langstreckenzieher, Überwinterung im tropischen Afrika.

Lebensraum: Ebene, kurzrasige Flächen.

Nahrung: Insekten.

Gefährdung: Bedrohung durch Intensivierung der Landwirtschaft.

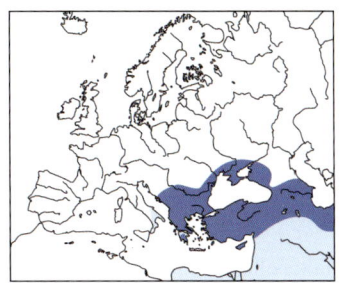

Spornpieper (→596)

Anthus [richardi] richardi Vieillot 1818

Taxonomie: Familie Stelzenverwandte – Motacillidae. Bildet Superspezies in Australasien mit *A. rufulus, A. novaeseelandiae, A. australis* und *A. cinnamomeus*. Zwei Unterarten.

Größe, Gewicht: Körperlänge 18 cm, Flügelspannweite 29–33 cm, Flügellänge ♂ 9,4–10,4 cm, ♀ 9–10 cm; ♂ 30–37 g, ♀ 28–33 g.

Erkennungshinweise: Geschlechter gleich. Großer Pieper, dem Steppenpieper und dem jungen Brachpieper zum Verwechseln ähnlich. Kopf und Schnabel drosselartig, durch lange Beine hochbeinig. Beim Stehen auf Erhöhung fällt die sehr lange Hinterkralle auf.

Stimme: Beim Auffliegen und auf dem Zug ist ein lautes explosionsartiges „pschie" oder „pschriep" zu hören, dass die Artdiagnose erleichtert. Gesang im Wellenflug eine Reihe einfacher, rauer Töne.

Brutareal: Die Steppengebiete von der Inneren Mongolei nach Norden, im Westen bis Ostkasachstan und in den Südosten Westsibiriens. Nach Osten bis zum Pazifik.

Vorkommen in Mitteleuropa: Seltener Gastvogel, im Herbst einzeln auf dem Durchzug an den Küsten, zunehmend auch im Binnenland festgestellt.

Wanderungen: Langstreckenzieher. Winterquartiere von Südchina bis Sri Lanka, Indien, Pakistan und Iran. In kleiner Zahl regelmäßig durch Europa westwärts bis an den Atlantik.

Lebensraum: Steppengebiete.

Nahrung: Insekten, außerhalb der Brutzeit auch Würmer und andere Bodentiere sowie Sämereien.

Gefährdung: Nicht gefährdet.

Besonderes: Überwintert regelmäßig in sehr geringer Zahl im Mittelmeerraum, wobei ausgewählte Gebiete jährlich besetzt werden.

Steppenpieper (→597)

Anthus godlewskii (Taczanowski 1876)

Taxonomie: Familie Stelzenverwandte – Motacillidae. Keine Unterarten.

Größe, Gewicht: Körperlänge 17 cm, Flügelspannweite 28–30 cm, Flügellänge ♂ 89–98 mm, ♀ 84–94 mm; ♂ 22–26 g, ♀ 22–28 g.

Erkennungshinweise: Geschlechter gleich. Dem Spornpieper sehr ähnlich, jedoch nicht so groß und der Schnabel zierlicher und kürzer. Vom

jungen Brachpieper durch stärker gestreiften Mantel und nicht so kontrastreiches Kopfmuster zu unterscheiden.

Stimme: Ähnlich Spornpieper, erinnert durch reiner klingenden Ruf etwas an Schafstelze: Gesang etwas an Brachpieper erinnernd.

Brutareal: Steppen und Hochsteppen Zentralasiens, vom südlichen Baikalgebiet bis in die Mandschurei und Innere Mongolei.

Vorkommen in Mitteleuropa: Seltener Ausnahmegast.

Wanderungen: Zugvogel, der in Indien überwintert.

Gefährdung: Nicht gefährdet.

Brachpieper (→598)

Anthus campestris (Linnaeus 1758)

Taxonomie: Familie Stelzenverwandte – Motacillidae. Keine Unterarten.

Größe, Gewicht: Körperlänge 16,5 cm, Flügelspannweite
25–28 cm, Flügellänge ♂ 85–
102 mm, ♀ 83–92 mm; ♂ 13–
23 g, ♀ 14–23 g.

Erkennungshinweise: Geschlechter gleich. Großer,
langschwänziger Pieper, der
durch seine fahle Färbung nur
mit dem Langschnabelpieper
zu verwechseln ist. Im Jugendkleid kräftiger gefärbt als im
Prachtkleid, jedoch immer mit
dunklem Zügel. Erinnert in
diesem Kleid etwas an Spornpieper, dieser aber mit drossel-
artigem Kopf und wärmeren
Farben.

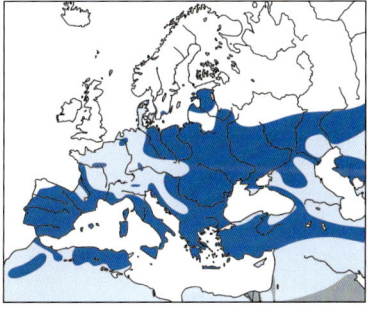

Stimme: Rufe ähnlich Haussperling im Flug „ schirrp" o. ä.,
am Brutplatz „srrilui" oder
„srrrli" als „Rufgesang" im wellenförmigen Flug. Gesang mit
monotonen zwei- oder dreisilbigen Elementen wie „zirlüi", „zirri" oder
„zilie" u. ä.

Brutareal: Von Nordwestafrika über West- und Südeuropa über Anatolien
bis Mittelsibirien und Innere Mongolei, nach Norden bis Dänemark, Südschweden, Baltikum und Mittelrussland.

Vorkommen in Mitteleuropa: Seltener, lückig verbreiteter Brutvogel vor
allem im Osten, sonst nur lokal; Sommervogel. Sehr seltener Durchzügler
in allen Teilen.

Wanderungen: Langstreckenzieher, Winterquartier von der Sahelzone
über Äthiopien bis Indien. Einzelne Winterbeobachtungen auch weiter
nördlich.

Lebensraum: Offene, trockene und warme Flächen mit lückiger Vegetation oder vegetationslosen Anteilen, höherem Gras zur Nestanlage

und sehr locker stehenden Bäumen, z. B. Sand- und Kiesflächen, Ödflächen, Kahlschläge in Kiefernforsten, Truppenübungsplätze, Kiesgruben, Abraumflächen. In Südeuropa Steppenflächen. Durchzügler auf Feldern, Ruderal- und Schotterflächen.

Nahrung: Wirbellose Kleintiere.

Brutbiologie: Geschlechtsreife im 1. Lebensjahr • Nest aus trockenen Halmen und Gräsern am Boden gut versteckt und durch Vegetation nach oben getarnt • 4–5 Eier • Legebeginn Anfang/Mitte Mai bis Anfang Juni • Brutdauer 12–13Tage • ♀ brütet • beide füttern, ♂ meist weniger • Junge bleiben 12–15 Tage im Nest, Gefieder erst mit 20–30 Tagen voll ausgewachsen, Fütterungen mind. bis 25 Tage • 1(–2) Jahresbruten; Ersatzgelege.

Alter: Ältester Ringvogel nach 4 Jahre. Generationslänge < 3,3 Jahre.

Gefährdung: Nach der EU-Vogelschutzrichtlinie besonders geschützte Art (Anhang I), in Europa mit ungünstigem Erhaltungsstatus (SPEC 3); Dramatische Rückgänge durch Sukzession und Eutrophierung, Zerstörung von Heiden und Mooren, Intensivierung der Landwirtschaft, industriellen Torfabbau, Übererschließung für Freizeitnutzung und Aufgabe von Truppenübungsplätzen.

Besonderes: Zum Territorialverhalten gehört auch die Demonstration des beim Männchen leuchtend gelben Rachens (beim Weibchen rosagrau). Dieses optische Signal führt oft zu Revierkämpfen und Verfolgungsjagden, dient aber anscheinend auch zur Erkennung der Geschlechter.

	Jan.	Feb.	März	April	Mai	Juni	Juli	Aug.	Sep.	Okt.	Nov.	Dez.
Anwesenheit												
Durchzug								x x				
Brutzeit					x x							
postjuv. Mauser												
Teil- / Vollmauser												
Vollmauser												

Petschorapieper (→ 599)

Anthus gustavi Swinhoe 1863

Taxonomie: Familie Stelzenverwandte – Motacillidae. Zwei Unterarten, in Europa die Nominatform.

Größe, Gewicht: Körperlänge 14,5 cm, Flügelspannweite 23–25 cm, Flügellänge ♂ 8,1–8,6 mm, ♀ 7,7–8,2 mm; 20–26 g.

Erkennungshinweise: Geschlechter gleich. Erinnert durch kontrastreiches Gefieder und zwei weißlichen Längsstreifen auf dem Mantel an jungen Rotkehlpieper. Im Gegensatz zu diesem sind die Handschwingen deutlich zu sehen, während sie beim Rotkehlpieper von den Schirmfedern verdeckt sind. Auffallend sind auch die zwei weißen Flügelbinden und der Kontrast von weißem Bauch und der beiger Brust.

Stimme: Gesang besteht aus zwei deutlich getrennten Teilen. Auf den langanhaltenden Triller folgt ein kehliger Doppelschlag. Alarmruf hart und geräuschhaft „dzepp" oder „pwitt".

Brutareal: Sibirien von der Beringstraße nach Westen bis an die Petschora, und isoliert in Ussurien und auf den Kommandeurinseln.

Vorkommen in Mitteleuropa: Extrem seltener Ausnahmegast an der polnischen Ostseeküste und auf Helgoland.

Wanderungen: Zugvogel, das Haupt-Überwinterungsgebiet liegt auf den Sundainseln.

Lebensraum: Sumpfige Strauchtundra mit Binsen und Einzelbüschen sowie Moore mit schütterem Nadelwald oder Weidengebüsch.

Nahrung: Insekten, Spinnen und andere Kleintiere.

Brutbiologie: Napfförmiges Nest aus Gras am Boden oder in Grasbulte • 4–5 Eier • Brutzeit Ende Juni bis Juli • Brutdauer 12–13 Tage • ♂ und ♀ füttern • Junge werden 12–14 Tage gefüttert • 1 Jahresbrut.

Gefährdung: Nicht weltweit gefährdet.

Besonderes: Singt bis zu 30–60 Minuten ausdauernd im Kreisflug. Lässt sich schwer aufjagen, sondern läuft bei Störung durch die Bodenvegetation davon.

Baumpieper (→ 600)

Anthus trivialis (Linnaeus 1758)

Taxonomie: Familie Stelzenverwandte – Motacillidae. Zwei Unterarten, in Europa die Nominatform.

Größe, Gewicht: Körperlänge 15 cm, Flügelspannweite 25–27 cm, Flügellänge ♂ 84–96 mm, ♀ 82–91 mm; ♂ 18–26 g, ♀ 19–29 g.

Erkennungshinweise: Geschlechter gleich. Verwechslung mit Wiesenpieper, von diesem am leichtesten durch die Stimme zu unterscheiden.

Stimme: Ruf etwas unrein klingend „psrieh", deutlich anders als Wie-

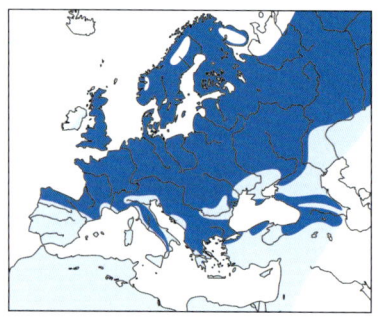

senpieper. Gesang meist im absteigenden Singflug mit einleitenden „zi zi zi..." (bei zunehmender Lautstärke schmetternd) und dann herabgezogene pfeifende Elemente wie „wiswiswis...", anschließend oft Roller und abschließend laute „zia zija zija...". Aufbau und Klangfarbe trotz vieler Varianten sehr charakteristisch.

Brutareal: Von Westeuropa (Norwegen bis Nordspanien) bis Mittelsibirien.

Vorkommen in Mitteleuropa: Häufiger, flächig verbreiteter Brutvogel, doch stark abnehmend. Sommervogel.

Wanderungen: Langstreckenzieher, überwintert in den Savannen West- und Ostafrikas.

Lebensraum: Offenes bis halboffenes Gelände mit Bäumen und Sträuchern als Singwarten sowie gut entwickelter Krautschicht wie Waldlichtungen, Waldränder, Kahlschläge, Aufforstungen, Gehölze, große Parks, Heide- und Moorflächen mit Bäumen.

Nahrung: Kleine Insekten, auch Vegetabilien.

Brutbiologie: Geschlechtsreife im 1. Lebensjahr • Napfförmiges Nest am Boden mit Sichtschutz nach oben • 3–6 Eier • Legebeginn Ende April bis Mitte Juni • Brutdauer 12–14 Tage • ♀ brütet allein • ♂ und ♀ füttern • Junge bleiben 10–12 Tage im Nest, sind mit 18–19 Tagen flugfähig, Alte betreuen sie noch länger • 1–2 Jahresbruten; Ersatzgelege.

Alter: Ältester Ringvogel über 8 Jahre, 9 Monate. Generationslänge < 3,3 Jahre.

Gefährdung: In Deutschland seit 1970er Jahren regional starke Rückgänge von bis über 80 % und teilweise lokales Erlöschen. Gefährdet durch intensive Land- und Forstwirtschaft (Verlust extensiv genutzter Offen- und Halboffenlandschaften): Aufgabe von Streuwiesen, Trockenlegung, Flurbereinigung, Aufforstung von Heiden und Mooren, daneben Biozideinsatz, Eutrophierung, Sukzession und hohe Verluste auf dem Zug durch direkte Bejagung und Dürre in den Überwinterungsgebieten.

Besonderes: Während der Brutperiode gegenüber Artgenossen aggressiv, nach der Brut in kleinen, locker zusammenhaltenden Gruppen, Jungvögel bilden sommerliche Schlafgemeinschaften auf dem Boden.

	Jan.	Feb.	März	April	Mai	Juni	Juli	Aug.	Sep.	Okt.	Nov.	Dez.
Anwesenheit												
Durchzug								X				
								X				
Brutzeit				X								
				X								
postjuv. Mauser												
Teil- / Vollmauser												
Vollmauser												

Waldpieper (→ 601)

Anthus hodgsoni Richmond 1907

Taxonomie: Familie Stelzenverwandte – Motacillidae. Zwei Unterarten, in Europa *A. h. yunnanensis* aus Nordsibirien.

Größe, Gewicht: Körperlänge 14,5 cm, Flügelspannweite 24–27 cm, Flügellänge ♂ 80–90 mm, ♀ 79–86 mm; ♂ 19,4–24,6 g, ♀ 17–26,3 g.

Erkennungshinweise: Geschlechter gleich. Erinnert etwas an den Baumpieper, jedoch ist der Mantel schwach gestreift und leicht olivgrün. Der Überaugenstreif ist weiß und in der Ohrregion befindet sich ein kleiner weißer und ein schwarzer Fleck.

Stimme: Der weiche und helle Gesang durchgehend schnell, nicht wie beim Baumpieper von Zeit zu Zeit im Tempo nachlassend. Ruf in der Klangfarbe zwischen Baum- und Rotkehlpieper scharf und rau „psit".

Brutareal: Waldgebiete vom Himalaja bis Korea, China und Japan und im Osten der Taigazone von Japan und der asiatischen Pazifikküste bis an den Jenissej, Ural und Petschora. Zusätzlich ein kleines Vorkommen im europäischen Russland.

Vorkommen in Mitteleuropa: Sehr seltener, vielleicht aber regelmäßiger Durchzügler in kleiner Zahl an den Küsten.

Wanderungen: Zugvogel mit Winterquartieren in Süd- und Südostasien.
Lebensraum: Brutvogel in Wäldern bis an die Waldgrenze, oberhalb in der Strauchzone sowie der Gebirgstundra. Europäische Rasthabitate sind trockene, kurzrasige Ödländer und Brachen sowie Strandspülsäume.
Nahrung: Insekten, im Winter auch Sämereien.
Gefährdung: Nicht gefährdet.

Rotkehlpieper (→602)
Anthus cervinus (Pallas 1811)

Taxonomie: Familie Stelzenverwandte – Motacillidae. Zwei Unterarten, davon *A. c. rufogularis* von Nordeuropa bis zur Taimyr-Halbinsel.
Größe, Gewicht: Körperlänge 15 cm, Flügelspannweite 25–27 cm, Flügellänge ♂ 82–92 mm, ♀ 77–87 mm; ♂ 17–24 g, ♀ 17–24 g.
Erkennungshinweise: Geschlechter gleich. Adulte mit ziegelroter Vorderbrust, ebenso Kehle, Stirn und Überaugenstreif und deshalb unverwechselbar. Im Jugendkleid weiße Kehle, kräftig gestreifte Oberseite und weißen Längsflecken auf dem Mantel. Bürzel immer gestrichelt und wichtiges Bestimmungsmerkmal.
Stimme: Ruf hart angeschlagen „tsieeh...", erinnert an Baumpieper; Fluggesang mit Einleitung „zia zia..." ähnlich Baumpieper, dann trillernde und ratternde sowie Pfeifelemente.
Brutareal: In der Arktis und Subarktis von Skandinavien bis zur Tschuktschen-Halbinsel und an die Westküste Alaskas.

Vorkommen in Mitteleuropa: Seltener, aber regelmäßiger Durchzügler zu beiden Zugzeiten, bisher offenbar auch oft übersehen.

Wanderungen: Langstreckenzieher, Hauptwinterquartier Südasien und Afrika bis Sahelzone und etwas südlicher.
Lebensraum: Brutvogel in sumpfigen Niederungen, Rastvögel auf kurzrasigen Flächen, auf Schlammflächen und feuchten Ödflächen.
Nahrung: Kleine Gliederfüßer, im Winter auch Sämereien.
Alter: Ältester Ringvogel 4 Jahre, 6 Monate. Generationslänge < 3,3 Jahre.
Gefährdung: Nicht gefährdet.
Besonderes: Rotkehlpieper können zweistimmig singen, wobei die beiden Hälften der Syrinx asymmetrisch und unabhängig voneinander bewegt werden.

Wiesenpieper (→603)

Anthus pratensis (Linnaeus 1758)

Taxonomie: Familie Stelzenverwandte – Motacillidae. Keine Unterarten.
Größe, Gewicht: Körperlänge 14,5 cm, Flügelspannweite 22–25 cm, Flügellänge ♂ 78–86 mm, ♀ 73–81 mm; ♂ (Monatsdurchschnitt) 17,8–18,9 g, ♀ (Monatsdurchschnitt) 17,3–18,7 g.

Erkennungshinweise: Geschlechter gleich. Wird leicht mit Baumpieper verwechselt und von diesem am besten durch die Stimme unterschieden. Kopfzeichnung meist weniger ausgeprägt und mit kräftigerer Flankenstrichelung.
Stimme: Gesang eine Serie schnell wiederholter feiner Töne mit 3–4 maligem Phrasenwechsel, mit konstantem Aufbau und ohne die typische gedehnte Endphase des Baumpiepers. Flugruf ein kurzes hartes „ist ist" sowie Alarmruf „srieh".

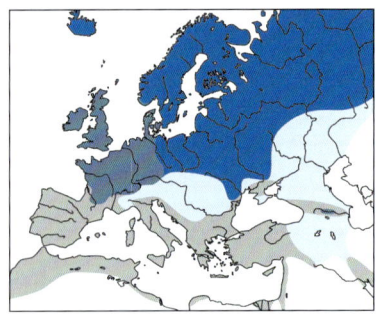

Brutareal: Von Ostgrönland über Island, Mittel- und Nordeuropa bis zum Ob.
Vorkommen in Mitteleuropa: Verbreiteter und häufiger Brut- und Sommervogel, südlich der Mittelgebirge eher inselartig verbreitet. In Mittelgebirgen bis ca. 1200 m ü. NN. Zunehmende Überwinterungszahlen, besonders im Nordwesten. Als Durchzügler sehr häufig.

Wanderungen: Kurz- und Mittelstreckenzieher mit Hauptwinterquartieren in den Mittelmeerländern, Iberischer Halbinsel, Nordafrika, Vorderasien bis Nordrand des Indischen Ozeans. In milden Bereichen Mittel- und Westeuropas überschneiden sich Brut- und Überwinterungsgebiete.

Lebensraum: Meist feuchte, offene Flächen mit Sitzwartenangebot (Weidezäune, höhere Stauden oder Sträucher) und einer Bodenvegetation, die ausreichend Deckung bietet, dabei aber die Fortbewegung am Boden zulässt. Tundren, Moore, Heiden, küstennahe Dünen, Salzwiesen, Feuchtwiesen und feuchte Weideflächen, Wiesentäler in Mittelgebirgen.

Nahrung: Kleine Gliederfüßer, vor allem Insekten und ihre Larven, Spinnentiere, im Winterhalbjahr auch Würmer, Schnecken und Sämereien.

Brutbiologie: Geschlechtsreife im 1. Lebensjahr • Napfförmiges Nest am Boden mit Sichtschutz nach mind. einer Seite und meist auch nach oben • 4–6 Eier • Legebeginn Anfang/Mitte April bis Ende Juni/Anfang August • Brutdauer 13 Tage • ♀ brütet allein • ♂ und ♀ füttern • Junge bleiben 10–14 Tage im Nest, sind mit ca. 20 Tagen flugfähig, werden noch max. 40 Tage betreut, aber nach 9 Tagen nur noch ausnahmsweise gefüttert • 1–2 (3) Jahresbruten; Ersatzgelege.

Alter: Ältester Ringvogel > 8 Jahre. Generationslänge < 3,3 Jahre.

Gefährdung: Art auf Europa konzentriert (SPEC E); Gefährdet durch Entwässerungen, Grünlandumbruch und Intensivierung der Landwirtschaft.

	Jan.	Feb.	März	April	Mai	Juni	Juli	Aug.	Sep.	Okt.	Nov.	Dez.
Anwesenheit												
Durchzug			X X							X X		
Brutzeit				X X								
postjuv. Mauser												
Teil- / Vollmauser												
Vollmauser												

Pazifikpieper (→ 604)

Anthus rubescens (Tunstall 1771)

Taxonomie: Familie Stelzenverwandte – Motacillidae. Drei
Unterarten, in Mitteleuropa *A.
r. rubescens* aus Nordamerika
nachgewiesen.

Größe, Gewicht: Körperlänge
16–17 cm, Flügelspannweite
21,5–26 cm, Flügellänge ♂
84,5–89,5 mm, ♀ 82–84,5 mm;
Mittel ca. 21 g.

Erkennungshinweise: Geschlechter gleich. Sehr ähnlich
Bergpieper und von diesem
durch die geringere Größe und
helleren Zügel zu unterschei-

den. Erinnert durch schwachen Schnabel etwas an Wiesenpieper, ist jedoch oberseits wesentlich weniger gestreift.

Stimme: Rufe dünner und weniger schrill als beim Bergpieper, schärfer,
höher und etwas länger als beim Wiesenpieper. Flugrufe stelzenähnlich
immer zweisilbig „zi-dit". Gesang ähnlich Bergpieper.

Brutareal: Baikalsee bis Sachalin und Aleuten bis Alaska, Kanada, Westgrönland und USA bis an die Grenze Mexikos.

Vorkommen in Mitteleuropa: Ausnahmegast auf Helgoland.

Wanderungen: Zugvogel, der in Nordamerika schon im Brutgebiet überwintert, aber auch bis in die Südstaaten und Mittelamerika zieht.

Lebensraum: Brutbiotop alpiner oder kurzer Rasen, im Winter auch
Schlickflächen, Sanddünen, kurzrasige Feuchtwiesen, Äcker und Ufer von
Binnengewässern.

Nahrung: Kleine Gliederfüßer.

Gefährdung: Nicht gefährdet.

Bergpieper (→ 605)

Anthus [spinoletta] spinoletta Linnaeus 1758

Taxonomie: Familie Stelzenverwandte – Motacillidae. Bildet Superspezies mit Strandpieper *A. petrosus*. Drei Unterarten, Nominatform in Europa, *A. s. coutellii* Kleinasien bis Nordiran, *A. s. blakistoni* Afghanistan bis
Zentralchina.

Größe, Gewicht: Körperlänge 17–17,5 cm, Flügelspannweite 24–29 cm, Flügellänge ♂ 86–97 mm, ♀ 82–90 mm; 19–27 g.

Erkennungshinweise: Geschlechter gleich. Im Prachtkleid hat dieser verhältnismäßig kräftige Pieper eine fast ungezeichnete hellrosafarbene Unterseite, der Kopf ist aschgrau mit weißem Überaugenstreif und der Mantel braun und nahezu ohne Strichelung. Im Schlichtkleid Verwechslung mit Strandpieper möglich, aber von diesem durch die weiße, gestrichelte Unterseite, die graubraune Oberseite und den kontrastreichen Kopf zu unterscheiden.

Stimme: Flugruf ähnlich Wiesenpieper, aber rauer mit durchklingendem „r" wie „hirss", nicht immer sicher zu unterscheiden. Warnrufe im Brutgebiet schärfer als Wiesenpieper „sit". Fluggesang mit zunächst metronomhaftem „tschri-tschri…", dann Tempowechsel; anschließend gedehnte Schnarrlaute und reintoniges, gedämpftes „füi-füi". Wartengesang kürzer.

Brutareal: Hochlagen Europas von Spanien über Alpen, Sardinien, Korsika, Italien und Balkan bis Türkei, Kaukasus, Iran, Kasachstan und Baikalgebiet sowie von NE Afghanistan bis Transbaikalien und Zentralchina. In Mittel- und Osteuropa auch auf höheren Mittelgebirgen.

Vorkommen in Mitteleuropa: Spärlicher Brutvogel, nur in Hochlagen im Süden. Außerhalb der Brutzeit regelmäßiger und häufiger Gast bis in den Norden, auch in geringer Zahl an der Küste. Jahresvogel, in Hochlagen der Gebirge Sommervogel.

Wanderungen: Kurzstreckenzieher; Überwinterer im Tiefland Mitteleuropas und in Teilen Südeuropas.

Lebensraum: Brutplatz auf alpinen Grasflächen bis zur Vegetationsgrenze, unterhalb der Baumgrenze auf kurzrasigen offenen Flächen. Außerhalb der Brutzeit auf nassen

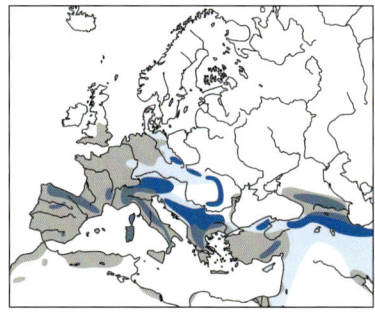

Wiesen, Ackerflächen und Schlammflächen sowie an Ufern und auf Schotterbänken von Seen und Flüssen.

Nahrung: Wirbellose Kleintiere, vor allem im Winter wohl auch Sämereien.

Brutbiologie: Geschlechtsreife wohl im 1. Lebensjahr • Dickwandiges Bodennest aus Grashalmen meist sehr gut nach oben geschützt, oft in Nischen, an Abbrüchen, auch in Felsspalten • 3–6 Eier • Legebeginn meist erst Mitte Mai, schneebedingt auch Juni • Brutdauer 13–15 Tage • ♀ brütet allein, kann vom ♂ gefüttert werden • ♂ und ♀ füttern, anfangs nur ♀ • Junge bleiben 12–15 Tage im Nest, werden dann noch bis 2 Wochen betreut • 1– (selten) 2 Jahresbruten; Ersatzgelege.

Alter: Ältester Ringvogel über 9 Jahre. Generationslänge < 3,3 Jahre.

Gefährdung: Gefährdung durch Nutzungsaufgabe (Sukzession), Intensivierung (Viehtritt), Eutrophierung (Zuwachsen der kurzrasigen Flächen) und Übererschließung (Störungen) der Bruthabitate.

Besonderes: Mitteleuropäische Populationen wandern zum Überwintern vielfach in nördlicher Richtung (bis nach England).

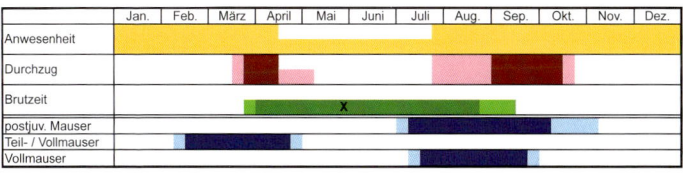

	Jan.	Feb.	März	April	Mai	Juni	Juli	Aug.	Sep.	Okt.	Nov.	Dez.
Anwesenheit												
Durchzug												
Brutzeit												
postjuv. Mauser												
Teil- / Vollmauser												
Vollmauser												

Strandpieper (→ 606)

Anthus [spinoletta] petrosus (Montagu 1798)

Taxonomie: Familie Stelzenverwandte – Motacillidae. Bildet Superspezies mit Bergpieper *A. spinoletta*. Vier Unterarten, darunter *A. p. petrosus* in Großbritannien und *A. p. littoralis* in Fennoskandien.

Größe, Gewicht: Körperlänge 16,5–17 cm, Flügelspannweite 22,5–28 cm, Flügellänge ♂ 88–96 mm, ♀ 82–87,5 mm; ♂ 21,5–32,5 g, ♀ 20,8–23,3 g.
Erkennungshinweise: Geschlechter gleich. Sehr ähnlich Bergpieper, jedoch äußere Steuerfedern hellgrau statt weiß und Beine sehr dunkel. Vor allem im Schlichtkleid ist das Gefieder sehr düster mit undeutlicher Musterung.

Stimme: Gesang volltönender und lauter als bei Wiesenpieper. Ruf gedehnter und wesentlich weniger explosiv als bei Wiesenpieper oft mehrfach wiederholt.
Brutareal: Küsten des Weißen Meeres, Irlands, Großbritanniens, Fennoskandiens und auf Kattegatinseln Dänemarks.

Vorkommen in Mitteleuropa: Regelmäßiger Gastvogel und Überwinterer an den Küsten. Im Binnenland selten und nur ausnahmsweise im Süden.

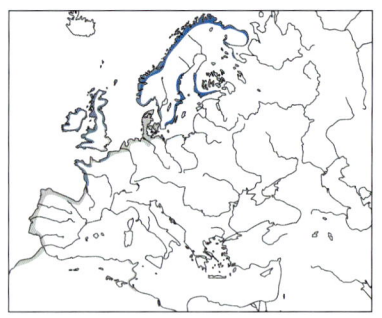

Wanderungen: Zugvogel, im Südwesten und Großbritannien Standvogel. Überwintert an europäischer Atlantik-, Nord- und Ostseeküste.
Lebensraum: Brutvogel an felsigen Küsten. Außerhalb der Brutzeit an Küsten, bevorzugt auf Salzwiesen, an Prielrändern und Spülsäumen. Im Binnenland an Flussufern.
Nahrung: Strandschnecken und Zuckmückenlarven sowie Tangfliegen und Asseln sind nachgewiesen.
Alter: Ältester Ringvogel 9 Jahre, 10 Monate. Generationslänge < 3,3 Jahre.
Gefährdung: Nicht gefährdet.
Besonderes: Früher mit dem Bergpieper als Wasserpieper zu einer Art zusammengefasst.

Buchfink (→607)

Fringilla coelebs Linnaeus 1758

Taxonomie: Familie Finken – Fringillidae. 18 Unterarten, Nominatform in Kontinentaleuropa bis Mittelmeer und Kleinasien, mehrere Inselformen in Europa.

Größe, Gewicht: Körperlänge 14,5 cm, Flügelspannweite 24,5–28,5 cm, Flügellänge ♂ 78–99 mm, ♀ 79–89 mm; ♂ 19,8–30,0 g, ♀ 20–40 g.

Erkennungshinweise: Spatzengroß mit zwei auffallenden hellen Flügelbinden. Männchen mit blaugrauem Nacken, Scheitel und Schultern. Weibchen unscheinbar graubraun.

Stimme: Rufe ein- oder mehrsilbig „pink" (oft ähnlich Kohlmeise). „Regenruf „wrüt" oder auch weicher „hüid", Flugruf kurz „djüb", Junge schilpen sperlingsartig. Gesang in schmetternden, lauten Strophen mit einer Reihe in der Tonhöhe abfallender Elemente und einem Schlussschnörkel wie etwa „zi zi zizizizii dzwizida". Manchmal wird noch ein kurzes „kit" angehängt.

Brutareal: Ganz Europa bis auf den hohen Norden Fennoskandiens, nach Süden bis Nordafrika, Nordiran und Kasachstan. Eingeführt in Neuseeland (häufig) und in Südafrika (dort nur lokal).

Vorkommen in Mitteleuropa: Flächendeckend verbreiteter,

♀

♂

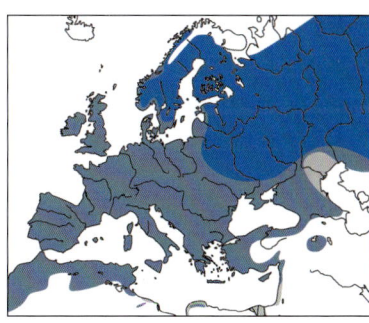

sehr häufiger Brutvogel (einer der häufigsten Brutvögel), Jahresvogel, aber auch häufiger Durchzügler und Wintergast.

Wanderungen: Zugvogel, Teilzieher und Standvogel, je nach Population. Auch deutsche Brutvögel können bis West- und Südeuropa ziehen.

Lebensraum: In Wäldern aller Art, auch in kleineren Baumgruppen, in Parks, Alleen und Gärten. Nahrungssuche vor allem am Boden, kommt auch an Futterstellen. Außerhalb der Brutzeit auch in Schwärmen, mit Bergfinken, Ammern oder Sperlingen vergesellschaftet.

Nahrung: Im Sommer größtenteils Insekten, außerhalb der Brutzeit eine Vielzahl von Sämereien.

Brutbiologie: Geschlechtsreife im 1. Lebensjahr • Halbkugeliges Nest in Astgabel oder auf Ast in Bäumen und hohen Büschen, auch in Kletterpflanzen an Gebäuden, aus Moos und Gras, außen mit Flechten oder Spinnweben getarnt • 3–6 Eier • Legebeginn ab Anfang April bis Ende Juni/Anfang Juli • Brutdauer 10–14 Tage • nur ♀ brütet • ♂ und ♀ füttern • Junge bleiben 12–15 Tage im Nest, können noch bis 20–35 Tage im Familienverband zusammen bleiben • 1–2 Jahresbruten; Ersatzgelege.

Alter: Ältester Ringvogel 17 Jahre, mehrfach über 15 Jahre. Generationslänge < 3,3 Jahre.

Gefährdung: Art auf Europa konzentriert (SPEC E), nicht gefährdet.

Besonderes: Der Buchfink ist für seine verschiedenen Ruftypen bekannt. Von Süd-Deutschland bis Jugoslawien wurden 89 verschiedene Dialekte registriert.

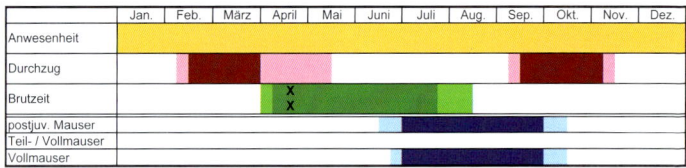

Bergfink (→ 608)

Fringilla montifringilla Linnaeus 1758

Taxonomie: Familie Finken – Fringillidae. Keine Unterarten.

Größe, Gewicht: Körperlänge 14 cm, Flügelspannweite 25-26 cm, Flügellänge ♂ 89–97 mm, ♀ 85–92 mm; ♂ 23–28 g, ♀ 22–27 g.

Erkennungshinweise: Spatzengroß und im Gegensatz zum Buchfink weißer Bürzel. Pracht- und Schlichtkleid beim Männchen sehr unterschiedlich. Im Prachtkleid Schnabel, Kopf und Mantel tiefschwarz, Kehle und Brust rostfarben, Bauch weiß. Im Schlichtkleid wirkt der schwarze Kopf und Mantel durch breite Federsäume scheckig und der Schnabel ist gelblich. Beim Weibchen sind Mantel, Scheitel und Nackenseite braun, Kopfseiten grau, Bauch weiß und Brust gelborange getönt. Wie beim Männchen hintere Flanken mit dunklen Flecken.

Stimme: Ruf nasal quäkend „dsäi" oder „dschä", Flugruf kurz „tjek" oder „jäg", härter als Buchfink. Gesang leise Folge von Einzelelementen, Ende lauter „dschrää" oder „dsää", ähnlich Grünfink, aber nicht abfallend.

Brutareal: Eurasien in der borealen Zone von Norwegen bis Kamtschatka.

Vorkommen in Mitteleuropa: Gelegentliche Brutversuche (auch Mischpaare mit Buchfink) und Übersommerungen. Sehr häufiger Wintergast.

Wanderungen: Zugvogel, Winterquartier reicht bis in den Mittelmeerraum.

Lebensraum: Brutvogel in lichten Nadel-, Laub- und Mischwäldern. Im Winter in Buchenwäldern (mitunter große Ansammlungen), auch in Parks und Gärten und Siedlungen, kommt an Futterstellen.

Nahrung: Im Sommer überwiegend Insekten, im Winterhalbjahr hauptsächlich Sämereien, zunächst meist Bucheckern.

♂ ÜK

♀

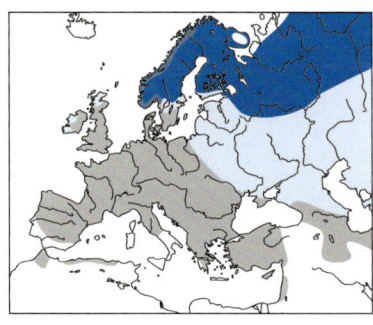

Brutbiologie: Geschlechtsreife im 1. Lebensjahr • Nest ähnlich Buchfink Napf mit dicken Wänden aus Gras, Halmen und Moos, mit Flechten und Rindenstückchen besetzt auf hohen Büschen und Bäumen • 5–7 Eier • Legebeginn Mitte Mai bis Mitte Juli • Brutdauer 11–14 Tage • ♀ brütet • ♂ und ♀ füttern • Junge bleiben 12–14 Tage im Nest • 1 Jahresbrut; Ersatzgelege.

Alter: Ältester Ringvogel 14 Jahre 8 Monate. Generationslänge < 3,3 Jahre.

Gefährdung: Keine Gefährdung erkennbar, Überwinterer erleiden jedoch aufgrund ihrer starken Konzentrationen z. T. sehr hohe lokale Verluste durch Straßenverkehr und direkte Verfolgung in Südeuropa.

Besonderes: In der Schweiz und in Süddeutschland wurden an Schlafplätzen schon Konzentrationen von bis zu 7 Millionen Vögeln geschätzt.

	Jan.	Feb.	März	April	Mai	Juni	Juli	Aug.	Sep.	Okt.	Nov.	Dez.
Anwesenheit												
Durchzug										x x		
Brutzeit												
postjuv. Mauser												
Teil- / Vollmauser												
Vollmauser												

Bluthänfling (→609)

Carduelis [cannabina] cannabina (Linnaeus 1758)

Taxonomie: Familie Finken – Fringillidae. Auch in Gattung *Acanthis* gestellt. Bildet Superspezies mit dem Jemenhänfling *C. yemensis* und vielleicht auch mit *C. johannis* in Somalia. Sieben Unterarten, Nominatform in Europa.

Größe, Gewicht: Körperlänge 13,5 cm, Flügelspannweite 21–25,5 cm, Flügellänge ♂ 79–86 mm, ♀ 78–83 mm; ♂ 19,1–25,7 g, ♀ 15,8–21,4 g.

Erkennungshinweise: Spatzengroßer Finkenvogel. Das Männchen durch rote Stirn und Brust, sonst grauem Kopf und braunem Mantel unverkennbar. Weibchen unscheinbar graubraun gefärbt. Durch die weißen Säume der Schwungfedern entsteht ein helles Flügelfenster.

Stimme: Rufe hart und im Stakkato „gegege" beim Abflug, sehr charakteristisch in Anschlag und Klangfarbe. Gesang beginnt mit sich beschleunigendem „gigigig...", gefolgt von einem rasch vorgetragenen Gemisch von kurzen Lauten ähnlich Flugruf und Trillern, dazwischen reine Töne und gedehnte Laute, von hoher Warte oder im Singflug vorgetragen.

Brutareal: Von der Westküste Europas nach Norden bis Süd-Fennoskandien, nach Osten bis Westsibirien und nach Süden bis Nordwest-Rand der Sahara, Mittelmeerinseln, Nordsyrien, Nordirak, Kasachstan.

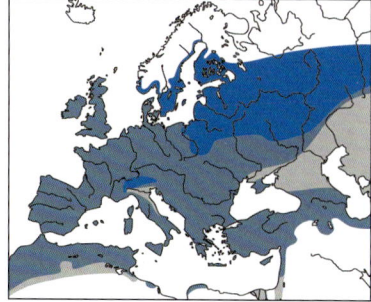

Vorkommen in Mitteleuropa: Flächig verbreiteter, sehr häufiger Brutvogel vor allem im Tiefland, doch neuerdings regional starker Rückgang. Sommervogel, in milden Tieflandgebieten auch Jahresvogel.

Wanderungen: Kurz- und Mittelstreckenzieher, im Westen Mitteleuropas auch Teilzieher. Winterquartiere vor allem West- und Südeuropa.

Lebensraum: Halboffene, mit Hecken, Sträuchern und jungen Koniferen bewachsene Flächen mit samentragender Krautschicht, z. B. heckenreiche Agrarlandschaften, Weinberge, Ruderalflächen, Gärten und Parkanlagen. Im Westen der Alpen auch im Zwergstrauchgürtel über der Waldgrenze.

Nahrung: Sämereien, selten kleine Wirbellose.

Brutbiologie: Geschlechtsreife im 1. Lebensjahr • Nest kompakter Bau aus kleinen Zweigen, Halmen, Moos, mit Haaren oder Federn ausgepolstert in dichten Büschen und Hecken • 4–6 Eier • Legebeginn April, hauptsächlich Mai, auch später • Brutdauer 10–14 Tage • ♀ brütet • ♂ und ♀ füttern aus dem Kropf • Junge bleiben 12–17 Tage im Nest • 1–2 Jahresbruten; Ersatzgelege.

Alter: Ältester Ringvogel 10 Jahre, 11 Monate. Generationslänge < 3,3 Jahre.

Gefährdung: Art auf Europa konzentriert und mit ungünstigem Erhaltungsstatus (SPEC 2); Gefährdet durch Intensivierung der Landwirtschaft und Ausräumen der Feldflur, Unkrautbekämpfung (auch in Gärten), Grünlandumbruch und Rückgang von Ödland- und Brachflächen.

Besonderes: Von allen Finkenvögeln am meisten von Ackerkräutern wie Sternmiere und Ackersenf abhängig. Im Hochgebirge werden die Nestlinge sogar mit vorjährigem Samen gefüttert.

	Jan.	Feb.	März	April	Mai	Juni	Juli	Aug.	Sep.	Okt.	Nov.	Dez.
Anwesenheit												
Durchzug			X X							X X		
Brutzeit				X X								
postjuv. Mauser												
Teil- / Vollmauser												
Vollmauser												

Berghänfling (→ 610)

Carduelis flavirostris (Linnaeus 1758)

Taxonomie: Familie Finken – Fringillidae. Auch der Gattung *Acanthis* zugeordnet. Elf Unterarten, Nominatform von Nordnorwegen bis Sibirien, Inselformen in Großbritannien, weitere Unterarten in Asien.

Größe, Gewicht: Körperlänge 14 cm, Flügelspannweite 22–24 cm, Flügellänge ♂ 76–82 mm, ♀ 72–80 mm; ♂ 13–21 g, ♀ 12–23 g.

Erkennungshinweise: Kleiner langschwänziger Fink mit kurzem Schnabel. Verwechslungsgefahr mit Birkenzeisig. Weibchen ohne Rot im Gefieder und weniger kontrastreich gefärbt als Männchen. Weißer Saum der Handschwingen bildet helles Flügelfeld.

Stimme: Rufe einsilbig „tjub" und nasal quäkend hochgezogen „wäo", „twäid" (englischer Name!). Gesang mit gequetschten Lauten und melodischen Zwitscherelementen ohne das „Gickern" des Bluthänflings. Im Spätwinter oft Gruppengesang.

Brutareal: Boreale und nördliche gemäßigte Zone Europas sowie Hochgebirge und Steppenzone Vorder- und Zentralasiens in Lücken bis Südwestchina.

Vorkommen in Mitteleuropa: Als Wintergast regelmäßig und häufig im Norden (einmal Brut auf Helgoland), vor allem Wattenmeer und Küstengebiete, im Süden sehr selten und meist nur ausnahmsweise.

Wanderungen: Zugvogel und Teilzieher, auch Standvogel; Hauptwintergebiete der Nominatform Küstengebiete von Nord- und Ostsee mit Hinterland.

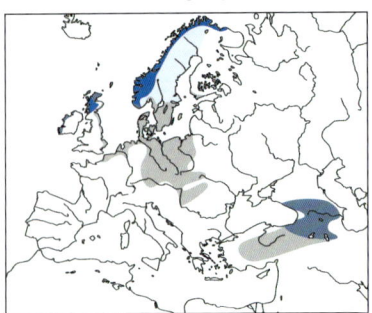

Lebensraum: Brutvogel in offener Tundra, Heideflächen und Hochgebirgsmatten oberhalb der Baumgrenze. Im Winter in Salzmarschen, auf kurzrasigen Flächen, Ruderalflächen, Ödländern, auch in Siedlungsgebieten.

Nahrung: Sämereien in großer Vielfalt.

Alter: Ältester Ringvogel über 7 Jahre. Generationslänge < 3,3 Jahre.

Gefährdung: Keine Gefährdung erkennbar, allerdings Rückgänge und Arealverluste auf den britischen Inseln.

Besonderes: Die Hochgebirgspopulationen Asiens führen vor allem Wanderungen von Hoch- in Tieflagen und umgekehrt durch.

Polarbirkenzeisig (→ 611)

Carduelis [flammea] hornemanni (Holböll 1843)

Taxonomie: Familie Finken – Fringillidae. Auch in Gattung *Acanthis* geführt. Bildet mit Birkenzeisigen *C. flammea* u. a. eine Superspezies. Zwei Unterarten, *C. h. hornemanni* in Ostkanada und Grönland. *C. h. exilipes zirkumpolar* in der Arktis.

Größe, Gewicht: Körperlänge 13–15 cm, Flügelspannweite 21–27,5 cm, Flügellänge ♂ 68–78 cm, ♀ 70–77 cm; ♂ 10,7–16,1 g, ♀ 10,4–14,8 g.

Erkennungshinweise: Geschlechter sehr ähnlich. Kleiner, hell graubrauner Finkenvogel mit kurzem Schnabel und immer ungestreiftem weißem bzw. rosafarbenem Bürzel. Männchen mit blassrosafarbener Brust und kräftig roter Stirn.

Stimme: Rufe sehr ähnlich Birkenzeisig , Flugrufe fast zweisilbig, Lockrufe etwa länger.

Brutareal: Zirkumpolar von Lappland bis Alaska und Nordkanada (*exilipes*); ferner Ellesmere und Baffin Island sowie Grönland (*hornemanni*).

Vorkommen in Mitteleuropa: Sehr seltener Gast, manchmal mit Birkenzeisiginvasionen, am ehesten in Küstennähe.

Wanderungen: Teilzieher mit Invasionen und Standvogel.

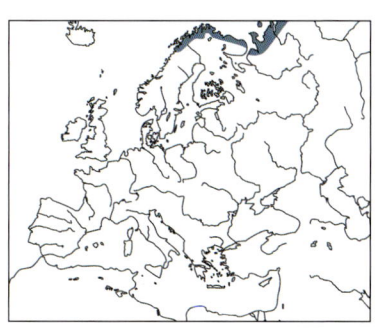

Lebensraum: Brutvogel der Strauchtundra, in Weidengebüsch, wohl auch in Birkenwäldern.
Nahrung: Kleine Samen, im Sommer auch kleine Wirbellose.
Alter: Generationslänge < 3,3 Jahre.
Gefährdung: Nicht gefährdet.

Birkenzeisig (→ 613)

Carduelis [flammea] flammea (Linnaeus 1758)

Taxonomie: Familie Finken – Fringillidae. Auch der Gattung *Acanthis* zugeordnet. Bildet mit dem Polarbirkenzeisig *C. hornemanni* eine Superspezies. Die *flammea*-Birkenzeisige sind entweder eine Art mit drei Unterarten, *C. f. flammea* aus Nordeuropa, *C. f. cabaret* (Britische Inseln, Südskandinavien und Mitteleuropa), *C. f. rostrata* (Grönland, Island) oder aber eine Superspezies mit Taigabirkenzeisig *C. [f.] flammea* (mit Unterart *rostrata*) und Alpenbirkenzeisig *C. [f.] cabaret* und Polarbirkenzeisig *C. [f.] hornemanni*.
Größe, Gewicht: Körperlänge 11,5–14,5 cm, Flügelspannweite 20–25 cm, Alpenbirkenzeisig Flügellänge ♂ 69–77 mm, ♀ 68–74 mm; 9–12 g; Taigabirkenzeisig Flügellänge ♂ 70–79 mm, ♀ 68–77 mm; 11–16 g.
Erkennungshinweise: Kleiner, kurzschnäbeliger Fink ähnlich Berghänfling. Von diesem aber durch Rot an der Stirn und fehlendes Rosa am Bürzel zu unterscheiden. Alpenbirkenzeisig insgesamt wesentlich brauner als Taigabirkenzeisig, vor allem auf Bürzel und Rücken. Männchen im Prachtkleid ausgedehnt rot auf Brust und Oberbauch.
Stimme: Flugrufe rasch im Stakkato „tsche tsche…" oder „dschäd dschäd…", *cabaret* höher und weicher. Gesang mit schnellem rauen Schwirren, etwa „tschrrrr…", das häufig auf einleitende

„dschäd dschäd…" folgt, auch mit herauf und herunter gezogenen gedehnten Elementen.

Brutareal: Zirkumpolar in der borealen und gemäßigten Zone, *cabaret* Nordwesteuropa und ursprünglich voneinander getrennte Vorkommen in Alpen, Karpaten und hohen Mittelgebirgen der Böhmischen Masse, heute auch in niedrigeren Mittelgebirgen bis ins Tiefland, *flammea* in Skandinavien und der Taigazone Russands.

Vorkommen in Mitteleuropa: Alpenbirkenzeisig *cabaret* spärlicher Brutvogel, lückig im Süden und meist nur lokal im Norden; ist in viele Tieflandgebiete neu eingewandert; Jahresvogel, gebietsweise nur Sommervogel. Taigabirkenzeisig *flammea* regelmäßiger Durchzügler und Wintergast im Norden, hier auch große Invasionen mit möglicherweise

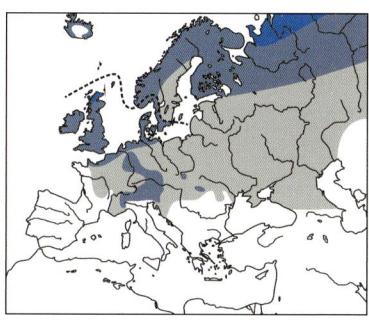

auch einzelnen Brutvorkommen; im Süden unregelmäßiger. *Rostrata* als Ausnahmegast nachgewiesen.

Wanderungen: Zugvogel, Teilzieher und Invasionsvogel, Streuungswanderungen, im Gebirge auch Höhenwanderungen.

Lebensraum: Brutvogel der obersten Bergwaldstufen und der Baumgrenze im Hochgebirge, vor allem lichte Baumbestände mit umgebenden Almböden und in der Krummholzzone. Auch Gehölze in Mooren und Heiden. Heute im Tiefland vor allem in Gärten, Parkanlagen und Friedhöfen eingewandert, auch an Waldrändern und in Obstanlagen. Außerhalb der Brutzeit in ähnlichen Biotopen, aber auch auf Ruderalflächen, an Alleen usw.

Nahrung: Vor allem Baumsamen (Koniferen, Birke, Pappel), im Frühjahr Insekten, Nektar und Pollen von Weidenblüten und im Sommer unreife Samen von Gräsern und Kräutern, auch kleinen Insekten und deren Larven.

Brutbiologie: Geschlechtsreife im 1. Lebensjahr • Napfnest auf Bäumen, in Siedlungen vor allem Birken und Koniferen aus Stängeln, Blättern und Gras, mit weicherem Material ausgepolstert • 4–6 Eier • Legebeginn Ende April/Anfang Mai bis Juni, letzte Gelege bis August • Brutdauer 10–13 Tage • ♀ brütet und wird vom ♂ gefüttert • ♂ und ♀ füttern • Junge bleiben 11–14 Tage im Nest, werden noch bis zwei Wochen von den Eltern geführt • 2 Jahresbruten; Ersatzgelege häufig.

Alter: Älteste Ringvögel über 9 und über 8 Jahre. Generationslänge < 3,3 Jahre.

Gefährdung: Keine Gefährdung zu erkennen, seit 1980er Jahren jedoch stagnierende und teilweise rückläufige Bestände, in Nachbarländern z. T. großräumig. Mögliche Ursachen sind Verbauung, sterile Gärten, Forstwirtschaft und Waldsterben, in Belgien auch Vogelfang.

Besonderes: Bezeichnung „Alpenbirkenzeisig" für *cabaret* ist irreführend, da auch die Vögel der britischen Inseln zu dieser Form gehören; die Arealausweitung nach Norden ging nicht nur von Alpenpopulation aus. Die Brutansiedlungen auf Nordseeinseln gehen von Großbritannien aus.

		Jan.	Feb.	März	April	Mai	Juni	Juli	Aug.	Sep.	Okt.	Nov.	Dez.
Anwesenheit	*flammea*												
	cabaret												
Durchzug	*flammea*												
	cabaret									x			
Brutzeit	*flammea*				X								
	cabaret				X								
postjuv. Mauser													
Teil- / Vollmauser													
Vollmauser													

Grünfink (→ 614)

Carduelis chloris (Linnaeus 1758)

Taxonomie: Familie Finken – Fringillidae. Vorübergehend auch in eine Gattung *Chloris* gestellt. Zehn Unterarten, in Mitteleuropa *C. c. chloris*.

Größe, Gewicht: Körperlänge 15 cm, Flügelspannweite 24,5–27,5 cm, Flügellänge ♂ 86–93 mm, ♀ 83–90 mm; ♂ 23–37 g, ♀ 24–37 g.

Erkennungshinweise: Spatzengroßer, olivgrüner Fink mit gelbem Flügelfeld und Schwanzkanten. Weibchen matter gefärbt und gestrichelt, Jungvögel mit hellgrauer Unterseite.

Stimme: Ruf „gjik" oder „gük", „djüit", im Abflug klingelnd „gigigi.." , auch nasal „dju" oder nach oben gezogen „dschwüied", aggressiv „tssr" oder „tschrrr". Gesang besteht aus raschen Folgen von klingelnden Elementen, dazwischen gedehnte „tschui" oder etwas gequetschte „schwöinsch" eingeschoben, mitunter im fledermausähnlichen Gaukelflug vorgetragen.

Brutareal: Von den West-küsten Europas nach Osten bis zum Ural, nach Süden bis einschließlich Nordwestafrika und gesamte nördliche Mittelmeerregion einschließlich fast aller Inseln.

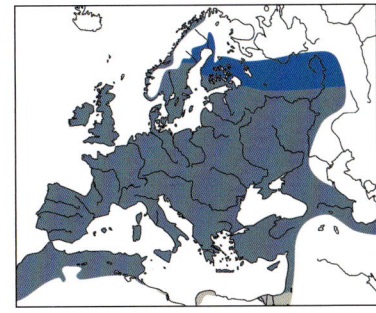

Vorkommen in Mitteleuropa: Flächig verbreiteter, sehr häufiger Brut- und Jahresvogel, auch häufiger Durchzügler und Wintergast nördlich brütender Vögel.

Wanderungen: Zugvogel, Teilzieher und Standvogel mit Streuungswanderungen über kurze Entfernungen, Hauptübewinterungsgebiete sind die meisten Teile des Brutareals, in Mitteleuropa hauptsächlich Nichtzieher, vor allem Stadtpopulationen.

Lebensraum: Brutvogel in halboffenen, parkähnlichen Landschaften mit Baumgruppen, lockeren Baumbeständen und Gebüsch sowie freien Flächen. Häufig in allen Formen menschlicher Siedlungen bis in die Großstadtzentren, sofern nur einige Bäume vorhanden sind. Im Winter regelmäßig an Futterstellen.

Nahrung: Blatt- und Blütenknospen, Samenanlagen und Fruchtknoten, halbreife und reife Sämereien von Gräsern, Kräutern und Bäumen, weiche Früchte. Nestlingsnahrung anfänglich aus kleinen Insekten, später aufgeweichten Sämereien.

Brutbiologie: Geschlechtsreife im 1. Lebensjahr • Nest gut gedeckter Napf in Bäumen, Sträuchern oder Rankenpflanzen an Mauern und Baumstämmen aus trockenen Reisern oder Gras, nach innen feineres Material, Mulde mit Haaren, Halmen und Federn ausgekleidet • 3–7 Eier • Legebeginn Anfang März bis Anfang Mai, Spätbruten bis Mitte August • Brutdauer 12–14 Tage • Nur ♀ brütet und wird vom ♂ gefüttert • ♂ und ♀ füttern • Junge bleiben 14–18 Tage im Nest, werden dann noch bis 14 Tage geführt • 2 Jahresbruten; Ersatzgelege.

Alter: Ältester Ringvogel 12 Jahre, 7 Monate. Generationslänge < 3,3 Jahre.

Gefährdung: Art auf Europa konzentriert (SPEC E).

Besonderes: Einer der häufigsten Besucher am Futterhaus und hier sehr dominant und oft streitend.

	Jan.	Feb.	März	April	Mai	Juni	Juli	Aug.	Sep.	Okt.	Nov.	Dez.
Anwesenheit												
Durchzug										x x		
Brutzeit			x x									
postjuv. Mauser												
Teil- / Vollmauser												
Vollmauser												

Erlenzeisig (→615)

Carduelis spinus (Linnaeus 1758)

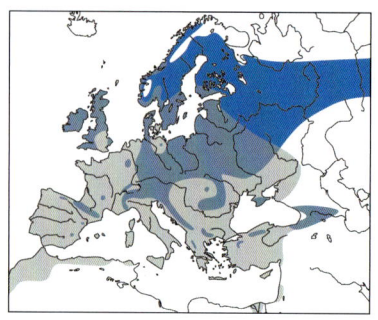

Taxonomie: Familie Finken – Fringillidae. Keine Unterarten.
Größe, Gewicht: Körperlänge 12 cm, Flügelspannweite 20–23 cm, Flügellänge ♂ 74–78 mm, ♀ 69–74 mm; ♂ 12–15,5 g, ♀ 13–16 g.
Erkennungshinweise: Zierlicher, kleiner Finkenvogel mit spitzem Schnabel und kurzem Schwanz. Männchen nur im Prachtkleid mit schwarzem Scheitel und Kinn. Weibchen graugrün.
Stimme: Ruf etwas klagend „deä" oder „zäi", im Flug oder abfliegend „tet", einzeln oder gereiht. Gesang schnell schwätzend, in der Mitte oft schmetternd und mit nasalem hochgezogenen Ende („Knätschen"), oft Gruppengesang.
Brutareal: Brutvogel der nordischen Nadelwälder und Gebirgswälder in Ostsibirien und davon getrennt Russland bis Irland und mit größeren Verbreitungslücken bis Pyrenäen, Apennin, Balkanhalbinsel, Nordanatolien und Kaukasus.
Vorkommen in Mitteleuropa: Lückig verbreiteter, häufiger Brutvogel, sehr häufiger Durchzügler und Wintergast.
Wanderungen: Mittelstreckenzieher und abhängig vom Nahrungsangebot nomadische Wanderungen und auch

Invasionsvogel. Winterquartier Mittel- und Westeuropa, ganzer Mittel-meerraum und Nordafrika.

Lebensraum: Brutvogel lichter Nadelwälder im Bergland und Gebirge, bei größeren Fichtenbeständen auch in Gärten; außerhalb der Brutzeit an Laubbäumen, vor allem Erlen, Birken, Weiden in Gärten, Parks, Moo-ren und am Wasser.

Nahrung: Vor allem Sämereien von Bäumen (z. B. Fichte, Birke, Erle) und Stauden (Mädesüß, Disteln, Ampfer), im Frühjahr Knospen und frische Triebe, im Sommer auch kleine Insekten.

Brutbiologie: Geschlechtsreife im 1. Lebensjahr • Nest auf Bäumen, meist Nadelbäumen, gut versteckt in Zweigen, kompakter Bau aus klei-nen Reisern, Moos, Flechten, tiefe Mulde fein ausgepolstert • 4–5 Eier • Legebeginn abhängig von der Fichtenmast ab Februar, März bis Juni • Brutdauer 11–14 Tage • nur ♀ brütet, wird vom ♂ gefüttert • ♂ und ♀ füt-tern • Junge bleiben 13–15 Tage im Nest, werden dann noch mind. 3 Wo-chen gefüttert • 1–2 Jahresbruten; Ersatzgelege.

Alter: Ältester Ringvogel 13 Jahre, 6 Monate. Generationslänge < 3,3 Jah-re.

Gefährdung: Art auf Europa konzentriert (SPEC E). Nicht gefährdet.

Besonderes: Erlenzeisige haben eine starke Tendenz zu nomadischen Wanderungen, die sie oft über weite Strecken führen. Durch Brutnoma-dismus können sie auch die unregelmäßigen Mastjahre der Fichte (häufig die Hauptnahrung zur Brutzeit) nutzen.

	Jan.	Feb.	März	April	Mai	Juni	Juli	Aug.	Sep.	Okt.	Nov.	Dez.
Anwesenheit												
Durchzug										X X		
Brutzeit			X X									
postjuv. Mauser												
Teil- / Vollmauser												
Vollmauser												

Stieglitz (→ 616)

Carduelis [carduelis] carduelis (Linnaeus 1758)

Taxonomie: Familie Finken – Fringillidae. Bildet Superspezies mit zent-ralasiatischem *C. caniceps*. Mindestens 10 Unterarten, davon fünf in Eu-ropa.

Größe, Gewicht: Körperlänge 12 cm, Flügelspannweite 21–22,5 cm, Flü-gellänge ♂ 78–85 mm, ♀ 73–80,5 mm; ♂ 13–19,5 g, ♀ 13,1–16 g.

Erkennungshinweise: Geschlechter nahezu gleich. Durch rotes Gesicht, sonst schwarz-weißen Kopf und gelben, sehr breiten Flügelstreif, unver-wechselbar. Kopf bei Jungvögeln fein grau-weiß gestrichelt.

ad.

Stimme: Ruft wie der deutsche Name dreisilbig „stigeLÍTT". Gesang ähnlich Erlenzeisig mit schnellen Trillern, zwitschernden Sequenzen und miauenden Lauten. **Brutareal:** Boreale, gemäßigte, mediterrane und Steppenzone der West- und Zentralpaläarktis. Eingeführt in Australien, Neuseeland, Tasmanien, Argentinien und Bermuda.

Vorkommen in Mitteleuropa: Häufiger und verbreiteter Brut- und Jahresvogel in allen Landesteilen.

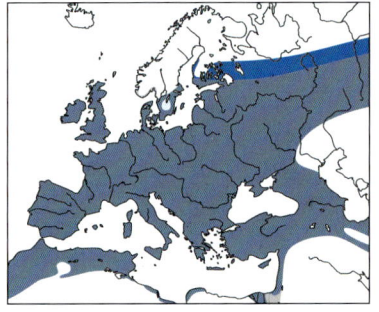

Wanderungen: Kurzstreckenzieher, Teilzieher und Standvogel. Winterflüchter. Ausharrend in tieferen, wintermilden Regionen. Überwintert im Süden des Verbreitungsgebietes und im Nahen Osten. **Lebensraum:** In vielen offenen und halb offenen Landschaften mit abwechslungsreichen Strukturen wie lockeren Baumbeständen und offenen Nahrungsflächen mit samentragenden Kraut- und Staudenpflanzen zur Nahrungsaufnahme. Auch in Städten.

Nahrung: Fast ausschließlich pflanzlich, auch Nestlinge werden mit milchreifen Sämereien aus dem Kropf gefüttert. Je nach Jahreszeit Samen von Bäumen, vor allem aber Korbblütler (z. B. Huflattich, Löwenzahn, Disteln, Kratzdisteln, Flocken- und Sonnenblumen) und viele andere Kraut- und Staudenpflanzen. Tierische Nahrung Blattläuse. Im Winter auch an Vogelfütterungen.

Brutbiologie: Monogame Saisonehe, aber Fremdkopulationen nicht selten • Nest im äußeren Bereich von Zweigen in einzeln stehenden Bäumen oder Büschen • meist 4–6 Eier • Brutdauer 9–14 Tage • ♀ brütet, wird vom ♂ versorgt, Schlupf asynchron in 2–3 Tagen • ♀ hudert ca. 8 Tage, beide füttern • Junge fliegen nach 13–18 Tagen aus und werden noch 2–3 Wochen geführt, danach in Jungvogelverbänden • 2 (–3) Jahresbruten, Ersatzgelege. **Alter**: Ältester Ringvogel mindestens 12 Jahre, Generationslänge < 3,3 Jahre.

Gefährdung: Bedroht durch Intensivierung der Landwirtschaft.

Besonderes: Ein sehr beliebter Käfigvogel, der sich auch mit Kanarienvögeln und anderen Finken kreuzen lässt.

	Jan.	Feb.	März	April	Mai	Juni	Juli	Aug.	Sep.	Okt.	Nov.	Dez.
Anwesenheit												
Durchzug									x			
									x			
Brutzeit				x								
				x								
postjuv. Mauser												
Teil- / Vollmauser												
Vollmauser												

Zitronenzeisig (→ 617)

Carduelis [citrinella] citrinella (Pallas 1764)

Taxonomie: Familie Finken – Fringillidae. Bildet Superspezies mit dem Korsenzeisig *C. corsicanus*. Monotypisch.

Größe, Gewicht: Körperlänge 12 cm, Flügelspannweite 22,5–24,5 cm, Flügellänge ♂ 76–84 mm, ♀ 72–80 mm; ♂ 12,5–15 g, ♀ 12,5–14,5 g.

Erkennungshinweise: Geschlechter nahezu gleich und Weibchen vom Männchen durch mattere Zeichnung und leicht gestreiften Mantel zu unterscheiden.

Stimme: Zwitschernder Gesang aus kurzen Strophen, der vor allem zu Beginn an Stieglitz, manchmal auch an Girlitz erinnert. Oft im Singflug vorgetragen. Rufe sehr charakteristisch und einzeln oder in lockerer Folge vorgetragen. „Die di di" oder oft einfach „diet".

Brutareal: Europäischer Endemit und nur in kleinen Verbreitungsinseln in der subalpinen und der montanen Stufe Spaniens, Frankreichs, der Schweiz und Deutschlands zu finden.

Vorkommen in Mitteleuropa: Wenig häufiger Brut- und Sommervogel im Schwarzwald und den Vogesen oberhalb 900 m ü. NN und den Alpen oberhalb etwa 1250 m ü. NN bis an die Baumgrenze. Außerhalb des kleinen Brutareals seltener Durchzügler und Gastvogel, aber unauffällig. Im Schwarzwald Verlust tiefer gelegener Areale durch Habitatverlust.

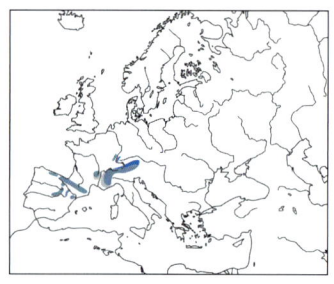

Wanderungen: Kurzstreckenzieher mit Winterquartier im südwestlichen Frankreich.

Lebensraum: Brutvogel der Übergangszone von montanen und subalpinen, lichten Nadelwäldern zu extensiven Wiesen oder Weiden mit Einzelbäumen, Almböden oder Moorflächen, selten sogar zu Ortsrandlagen. Nach der Brutzeit oft oberhalb der Waldgrenze in Krummholz und Matten.

Nahrung: Breites Spektrum Sämereien von Gräsern bis Hochstauden und Koniferen, im Sommer bevorzugt milchreife Sämereien; im Sommer auch Insekten; Nestlingsnahrung Samenbrei aus dem Kropf.

Brutbiologie: Geschlechtsreife im 1. Lebensjahr, monogame Saisonehe • Ankunft am Brutort ab Februar/März • Neststandort meist im Kronenbereich von Fichten • 2–5 Eier • Brutdauer 12–15 Tage • ♀ brütet alleine • beide Partner füttern • Junge fliegen nach 17–18 Tagen aus • 1–2 Jahresbruten, wobei die Erstbrut oft in tieferen Lagen stattfindet als die Zweitbrut.

Alter: Ältester Ringvogel mindestens 5 Jahre. Generationslänge < 3,3 Jahre.

Gefährdung: Art auf Europa konzentriert (SPEC E). Gefährdung durch Aufgabe traditioneller Weidewirtschaft, Aufforstungen, Intensivierung der Almnutzung und Störungen durch Freizeitnutzung.

Besonderes: Bei der Auswahl für die Arten des Anhangs I der europäischen Vogelschutzrichtlinie vergessen.

Girlitz (→ 619)

Serinus serinus (Linnaeus 1766)

Taxonomie: Familie Finken – Fringillidae. Keine Unterarten.

Größe, Gewicht: Körperlänge 11,5 cm, Flügelspannweite 20–23 cm, Flügellänge ♂ 70–74 mm, ♀ 66,5–72 mm; ♂ 10,8–12,8 g, ♀ 10,5–12,5 g.

Erkennungshinweise: Geschlechter ähnlich. Am ehesten mit Zeisig im Schlicht- oder Jugendkleid zu verwechseln, aber Schnabel kurz und dick. Männchen kräftiger gefärbt als Weibchen.

Stimme: Ruf im Flug kurz trillernd „trri" oder zweisilbig „girlit". Gesang sehr schnelles, hohes und geräuschhaftes Zwitschern mit rascher Folge der Elemente, im Singflug mit langsamen Flügelschlag oder von Warte aus vorgetragen.

Brutareal: Von Nordafrika und Israel/Südanatolien nach Norden bis Südengland, Südschweden und Südfinnland, nach Osten bis ins westliche Russland.

♂

Vorkommen in Mitteleuropa: Flächig verbreiteter, teilweise häufiger Sommer- und Brutvogel, im äußersten Nordwesten regional fehlend oder selten. Regelmäßiger Durchzügler, Neigung zur Überwinterung an günstigen Stellen.

Wanderungen: Kurzstreckenzieher, Teilzieher, Hauptwinterquartier Mittelmeerländer und Westeuropa. Einzelne Winterausharrer in Mitteleuropa.

Lebensraum: Brutvogel in halboffener Landschaft mit lockerem Baumbestand, Gebüschgruppen und freien Flächen mit niedriger Vegetation, vielfach in der Nähe oder in menschlichen Siedlungen, z. B. in Parks, Gärten, Alleen mit verstreut stehenden Nadelbäumen, auch in Einzelbäumen von Obstgärten und Weinbergen.

Nahrung: Kleine Sämereien von Kräutern und Stauden, auch Knospen und Kätzchen von Sträuchern und Bäumen.

Brutbiologie: Geschlechtsreife im 1. Lebensjahr • Nest auf Bäumen, in Sträuchern oder Rankenpflanzen, häufig auf Nadelbäumen, kleiner Bau aus Gras, Bast, Moos • 3–6 Eier • Legebeginn Ende April bis Ende Mai, Spätbruten Anfang bis Mitte Juli • Brutdauer 12–14 Tage • ♀ brütet und wird vom ♂ gefüttert • ♂ und ♀ füttern • Junge bleiben 14–16 Tage im Nest, werden dann noch etwa 9 Tage gefüttert • 2 Jahresbruten; Ersatzgelege.

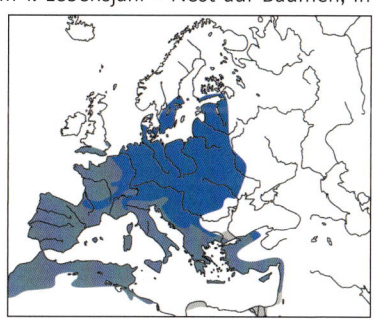

Alter: Älteste Ringvögel mind. 9 Jahre. Generationslänge < 3,3 Jahre.

Gefährdung: Art auf Europa konzentriert (SPEC E). Gefährdung durch Intensivierung der Landnutzung und Verlust von Kleinstrukturen mit Nahrungspflanzen.

	Jan.	Feb.	März	April	Mai	Juni	Juli	Aug.	Sep.	Okt.	Nov.	Dez.
Anwesenheit												
Durchzug			x x							x x		
Brutzeit				x x								
postjuv. Mauser												
Teil- / Vollmauser												
Vollmauser												

Karmingimpel (→ 620)

Caropodacus erythrinus (Pallas 1770)

♀

♂ ad.

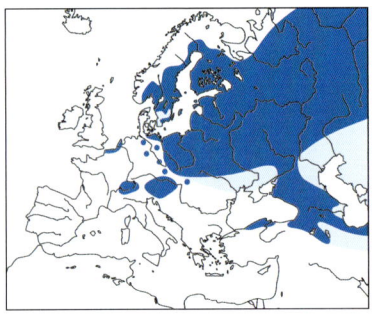

Taxonomie: Familie Finken – Fringillidae. Fünf Unterarten, in Mitteleuropa Nominatform.

Größe, Gewicht: Körperlänge 14,5–15 cm, Flügelspannweite 24–26,5 cm, Flügellänge ♂ 82–88 mm, ♀ 80–85 mm; ♂ 19,5–26,6 g, ♀ 19,8–30,5 g.

Erkennungshinweise: Adulte Männchen mit kräftigem Rot an Kopf, Brust und Bürzel. Weibchen, Jungvögel und Männchen im 2. Kalenderjahr braungrau. Am ehesten mit Grünling zu verwechseln, jedoch zwei Flügelbinden, die diesem fehlen.

Stimme: Unauffällige kurze Rufe; Gesang aus auffälligen Pfeifstrophen und großen Höhenunterschieden. Wie „zi-tü-wi-ti-jü" oder ähnlich.

Brutareal: Von Mitteleuropa über Eurasien bis Kamtschatka und Pazifikküste in der borealen, gemäßigten, mediterranen und Steppenzone.

Vorkommen in Mitteleuropa: Spärlicher Sommer- und Brutvogel, vor allem im Osten, in Polen teilweise häufig, im Westen oft nur lokal, oft erst seit neuester Zeit, da Ausbreitung nach Westen seit den 1970er Jahren; vielfach aber auch nur Übersommerer und nichtbrütende Reviervögel.

Wanderungen: Langstreckenzieher mit Hauptwinterquartier Nord- und Zentralindien bis Südchina. Zugwege mitteleuropäischer Brutvögel kaum bekannt.

Lebensraum: Halboffene Landschaften mit lichten Baumbeständen oder reichhaltiger Busch- und Krautschicht, wie Buschgruppen in Hochmooren und Verlandungszonen, Auwälder, lichte Laubwälder, im Osten auch vielfach in Stadtparks.

Nahrung: Vegetabilisch, Sämereien und Knospen von Büschen und Laubbäumen; tierische Nahrung nur in geringem Anteil.

Brutbiologie: Geschlechtsreife im 1. Lebensjahr, junge ♂ bleiben aber oft unverpaart • Nest meist niedrig in Büschen, auch in jungen Koniferen, relativ locker aus dürren Reisern und Halmen, mit feinerem Material ausgepolstert • 4–6 Eier • Legebeginn Ende Mai bis Ende Juni • Brutdauer 11–14 Tage • ♀ brütet • ♂ und ♀ füttern • Junge bleiben 12–15 Tage im Nest • 1 Jahresbrut; Ersatzgelege.

Alter: Ältester Ringvogel > 9 Jahre. Generationslänge < 3,3 Jahre.

Gefährdung: Empfindlich gegenüber Störungen im Nestbereich.

Besonderes: Weitstreckenzieher asiatischen Ursprungs, dessen Überwinterungsgebiete in Indien und im Iran liegen. Nach zwei Ausbreitungswellen im 20. Jahrhundert gibt es seit Beginn der 1990er Jahre am westlichsten Rand der Verbreitung wieder Bestandsrückgänge.

	Jan.	Feb.	März	April	Mai	Juni	Juli	Aug.	Sep.	Okt.	Nov.	Dez.
Anwesenheit												
Durchzug												
Brutzeit					x	x						
postjuv. Mauser												
Teil- / Vollmauser												
Vollmauser												

Rosengimpel (→ 621)

Carpodacus roseus (Pallas 1776)

Taxonomie: Familie Finken – Fringillidae. 2 Unterarten, in Europa *roseus*.

Größe, Gewicht: Körperlänge 16–17,5 cm; 21–35 g.

Erkennungshinweise: Beim Männchen im Prachtkleid Kopf, Nacken und nahezu die gesamte Unterseite dunkelrosa. Scheitel und Kehle mit weißen Spitzen, auf den Flügeln zwei auffallende, rosaweiße Flügelbinden, Mantel stark gestreift. Weibchen ähnlich Karmingimpel jedoch rosafarben getöntes Gefieder, vor allem auf Stirn, Rücken und Bürzel, oft auch an Kehle und Brust. Jungvögel wie Weibchen, aber ohne die Rosatönung und deshalb Karmingimpel am ähnlichsten. Schwanz wirkt auffallend lang.

Stimme: Der relativ leise Gesang, eine Reihe aus auf- und absteigenden Pfeiftönen, wird von erhöhten Warten vorgetragen. Der Ruf ist ein gedämpfter kurzer Pfeiflaut „fee" oder ein metallisches „tsuiii".

Brutareal: Mittelsibirien, vom Becken des Jenissei und dem südöstlichen Altaigebirge nordostwärts durch das Lena-Becken und ostwärts zur Kolyma bis an die Küste des Ochotskischen Meeres. Im Süden wird das Sanjan- und Chentii- Gebirge erreicht und nach Nordwesten die nördliche Amurregion und Sachalin.

Vorkommen in Mitteleuropa: Extrem seltener Ausnahmegast, ein Nachweis in Ungarn.

Wanderungen: Zug- und Strichvogel. Die nördlichen und zentralen Populationen ziehen zum Überwintern nach Ussuriland, ins nördliche China, in die Mandschurei und in die südöstliche Mongolei.

Lebensraum: Unterholzreiche Taigawälder bis in Höhen von 3000 m ü. NN, aber auch alpine Matten sowie dichte Gebüsche auf kargen Berghängen. Im Winter meist in Laubwäldern und flussbegleitenden Gebüschen, selten auch in der Kulturlandschaft.

Nahrung: Vegetarier, der sich von allerlei Sämereien, Beeren und Trieben und Knospen ernährt.

Brutbiologie: Nest ein großer, tiefer Napf aus feinem Pflanzenmaterial, meist dicht am Stamm eines Nadelbaums • 4–5 Eier • Brutzeit bis Mai bis August • Brutdauer 14–15 Tage • ♀ brütet, wird vom ♂ gefüttert • ♂ & ♀ füttern • Junge mit ca. 15 Tagen flügge • 1–2 Jahresbruten; Ersatzgelege.

Gefährdung: Nicht weltweit gefährdet.

Hakengimpel (→ 622)

Pinicola enucelator (Linnaeus 1758)

Taxonomie: Familie Finken – Fringillidae. Zehn Unterarten, in Nordeuropa *P. e. enucleator*.

Größe, Gewicht: Körperlänge 18,5 cm, Flügelspannweite 30,5–35 cm, Flügellänge ♂ 10,6–11,5 cm, ♀ 10,6–11,4 cm; ♂ 47–60 g , ♀ 47–60 g.

Erkennungshinweise: Starengroßer Fink mit langem Schwanz und rundem kräftigem Schnabel. Beide Geschlechter mit deutlicher weißer

Flügelbinde und Schirmfeder-rändern. Männchen kräftig ro-torange, Weibchen und erstes Winterkleid matt gelborange.

Stimme: Hoch, hell flötend „tui-thü-tiu", auch kurz „büt büt". Gesang laut flötende, auf- und absteigende Elemente, mit eingestreuten gequetsch-ten Tönen, sehr variabel.

Brutareal: Im Norden der nördlichen Nadelwaldzone von Skandinavien bis Ostsibiri-en und Nordjapan, ferner Alas-ka, arktisches Kanada bis Neu-fundland und Labrador und in den Rocky Mountains südlich in den Westen der USA.

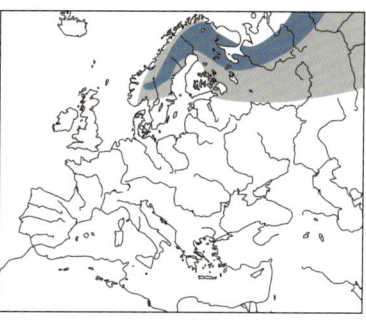

Vorkommen in Mitteleuropa: Im 19. Jh. mehrfach Invasionen im Norden, nach 1900 selte-ner, heute Ausnahmegast; nur im Winterhalbjahr.

Wanderungen: Im Norden des Areals Zugvogel, sonst Teilzieher und Standvogel, in größeren Abständen auch Evasionswanderungen.

Lebensraum: Lichte Nadel- und Mischwälder, auch nahe der Baumgren-ze und vor allem an Flussläufen.

Nahrung: Sämereien, Knospen und Beeren.

Alter: Generationslänge < 3,3 Jahre.

Gefährdung: Nicht gefährdet, aber in Finnland Bestandsrückgang.

Kiefernkreuzschnabel (→ 623)

Loxia pytyopsittacus Borkhausen 1793

Taxonomie: Familie Finken – Fringillidae. Keine Unterarten.

Größe, Gewicht: Körperlänge 17,5 cm, Flügelspannweite 30,5–33 cm, Flügellänge ♂ 10–10,8 mm, ♀ 9,8–10,4 cm; ♂ 47–58,2 g, ♀ 44–58 g.

Erkennungshinweise: Ähnlich Fichtenkreuzschnabel, von diesem vor allem durch den wesentlich größeren Kopf und kräftigeren Schnabel zu unterscheiden. Adulte Männchen mit rotem, Weibchen und immature Vögel mit grüngelbem Gefieder.

Stimme: Flugrufe sehr ähnlich, geringfügig tiefer und härter als Fichten-kreuzschnabel; Gesang ähnlich Fichtenkreuzschnabel.

Brutareal: Boreale Zone von Norwegen bis Westsibirien; Arealrand schwankend, mitunter auch Bruten außerhalb.

Vorkommen in Mitteleuropa: Im Norden seltener, unregelmäßiger

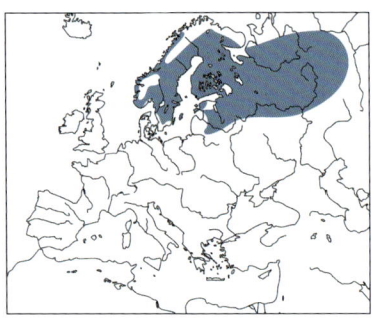

Gastvogel im Winterhalbjahr; ausnahmsweise Bruten im 19. Jahrhundert. Ohne Fang oder Tonaufnahmen schwer nachzuweisen.

Wanderungen: Nomadisch innerhalb des Brutareals, von Zeit zu Zeit Kurzstreckenzug bis Nordwesteuropa.

Lebensraum: Brütet in Nadel-wäldern; vor allem in Kiefern-wäldern.

Nahrung: Koniferensamen, Zusatznahrung Beeren und Sämereien.

Alter: Generationslänge < 3,3 Jahre.

Gefährdung: Art auf Europa konzentriert (SPEC E). Gefährdung durch zunehmende forstwirtschaftliche Nutzung.

Fichtenkreuzschnabel (→624)

Loxia curvirostra Linnaeus 1758

Taxonomie: Familie Finken – Fringillidae. Zahlreiche Unterarten, *L. c. curvirostra* von West- und Mitteleuropa bis China.

Größe, Gewicht: Körperlänge 16,5 cm, Flügelspannweite 27–30,5 cm, Flügellänge ♂ 97–103 mm, ♀ 95–100 mm; ♂ 29–51,2 g, ♀ 33–58 g.

Erkennungshinweise: Ähnlich Kiefernkreuzschnabel, von diesem vor allem durch den wesentlich kleineren Kopf und schwächeren Schnabel zu unterscheiden. Adulte Männchen mit rotem, Weibchen mit grüngelbem Gefieder. Jungvögel bräunlich und kräftig gestreift.

Stimme: Rufe hart und gereiht „gip gip gip...", auch weicher und gedämpfter „göp...". Gesang mit harten Elementen, die gegeneinander abgesetzt sind, so dass der Vortrag rhythmisch oder auch stotternd wirken kann wie „ zjit zjit zäri zis di-didä-döng kip kip kip...", also auch Flugrufe herauszuhören, manchmal klingelnd wie Grünfink.

Brutareal: Von der Iberischen Halbinsel bis Mongolei und Westchina vor allem in Gebirgen und Bergländern.

Vorkommen in Mitteleuropa: Lückig verbreiteter, häufiger Brut- und Jahresvogel, im Norden gebietsweise fehlend oder sehr selten. Auch mehr oder minder regelmäßiger Durchzügler und Wintergast, oft jahrelang fehlend.

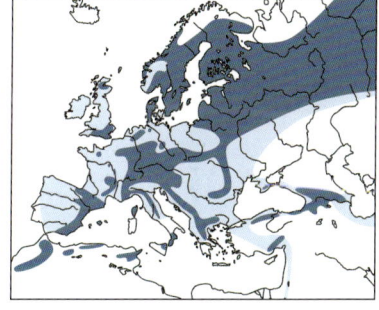

Wanderungen: Teilzieher und Streuungswanderungen bei Nahrungsmangel, nomadisierende Brutvögel, daher an vielen Orten nicht regelmäßig anzutreffen.

Lebensraum: Brutvogel in Nadelwäldern bis zur Baumgrenze, bevorzugt in Fichtenwäldern, aber auch in Mischwäldern, Kiefern- und Lärchenbeständen und in größeren Parks mit Nadelbäumen.

Nahrung: Koniferensamen, überwiegend Fichte, aber auch Samen anderer Nadel- und Laubbäume, auch von Kräutern. Ferner frische Triebe, Blatt- und Blütenknospen, Insekten (auch als Nestlingsnahrung). Ölhaltige Samennahrung führt offenbar zu Trinkbedürfnis (im Winter Schneefressen) und Aufnahme von anorganischen Salzen.

Brutbiologie: Geschlechtsreife im 1. Lebensjahr • Nest meist relativ hoch auf Nadelbäumen, gut versteckt, Unterbau aus Koniferenzweigen, Mulde aus Moos, Flechten, Halmen mit dicker Auskleidung (Haaren, Federn,

Holzmulm, Bast) • 3–4 Eier • Legebeginn am häufigsten Januar–Mai, aber auch das ganze Jahr über, je nach Nahrungsangebot • Brutdauer 13–16 Tage • ♀ brütet und wird vom ♂ gefüttert • ♂ und ♀ füttern • Junge bleiben 16–25 Tage im Nest, werden dann noch mehrere Wochen betreut • 0–2 Jahresbruten; Ersatzgelege.

Alter: Ältester Ringvögel über 7 Jahre. Generationslänge < 3,3 Jahre.

Gefährdung: Nicht gefährdet, Bedrohung durch immissionsbedingte Waldschäden.

Besonderes: Brutplätze könne hunderte, sogar tausende von Kilometern vom Geburtsort entfernt sein. Oft brüten Fichtenkreuzschnäbel mitten im Winter, wenn die Fichten fruchten.

	Jan.	Feb.	März	April	Mai	Juni	Juli	Aug.	Sep.	Okt.	Nov.	Dez.
Anwesenheit												
Durchzug												
Brutzeit												
postjuv. Mauser												
Teil- / Vollmauser												
Vollmauser												

Bindenkreuzschnabel (→ 625)

Loxia [leucoptera] bifasciata (C.L.Brehm 1827)

♂ ÜK

Taxonomie: Familie Finken – Fringillidae. Bildet mit *L. leucoptera* (Nordamerika) und mit *L. megapla* (Hispaniola) eine Superspezies. Keine Unterarten.

Größe, Gewicht: Körperlänge 15 cm, Flügelspannweite 26–29 cm, Flügellänge ♂ 90–95 mm, ♀ 86–88 mm; ♂ 30–38 g, ♀ 29–33 g.

Erkennungshinweise: Durch die zwei breiten Flügelbinden unverwechselbar, jedoch können auch Fichtenkreuzschnäbel Flügelbinden haben, die aber immer schmaler sind und zu den Schirmfedern hin nicht breiter werden. Männchen im Alterskleid rot, Weibchen grün. Das Jugendkleid grünbraun. Ober- und Unterseite stark gestrichelt.

Stimme: Rufe weicher als Fichtenkreuzschnabel „geb geb..." oder „glib glib...", auch ähnlich Birkenzeisig „tschet tschet...". In Gesang (auch in

Rufen) auch auffallend nasal gedehnt „eeeet", sonst Stakkato- und klappernde Phrasen.

Brutareal: Von Nordostfinnland bis Ostsibirien, nach Süden bis Mongolei, Baikalgebiet und Nordchina.

Vorkommen in Mitteleuropa: Seltener Invasionsgast, im Süden nur Ausnahmeerscheinung. Einmal Brut im Norden Deutschlands.

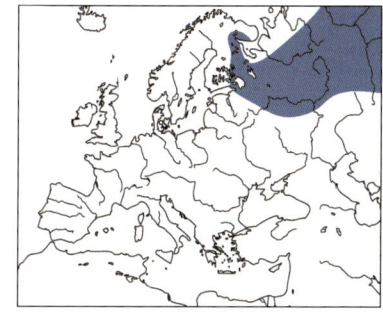

Wanderungen: Teilzieher und Kurzstreckenzieher mit Evasionen, die auch Deutschland erreichen können.

Lebensraum: Brutvogel in Nadelwäldern.

Nahrung: Koniferensamen, aber auch andere Sämereien, im Sommer wohl auch Insekten.

Gefährdung: Keine Gefährdung zu erkennen.

Besonderes: Übersommerungen, Revier- und Brutverhalten sind häufig in Verbindung mit großen Invasionen zu sehen.

Gimpel (→626)

Pyrrhula [pyrrhula] pyrrhula (Linnaeus 1758)

Taxonomie: Familie Finken – Fringillidae. Bildet mit dem Azorengimpel *P. murina* sowie mit *P. cineracea* und *P. griseiventris* (Zentralsien, Fernost) eine Superspezies. Sieben Unterarten, in Mitteleuropa *P. p. europaeus* als Brutvogel und als Wintergast aus Nord- und Osteuropa *P. p. pyrrhula*.

Größe, Gewicht: Körperlänge 14,5–16,5 cm, Flügelspannweite 22–29 cm, Flügellänge ♂ 79–95 mm, ♀ 79–95 mm; ♂ 22–38 g, ♀ 22–34 g.

Erkennungshinweise: Durch etwas rundliche Figur und hellrote (Männchen) bzw. graubraune (Weibchen) Unterseite unverwechselbar. Jungvögel

lange Zeit ohne die schwarze Kopfplatte.

Stimme: Ruf weich, abfallend „diü", weit zu hören; als Stimmfühlung leise „bit bit…". Gesang meist aus locker gereihten sanften Elementen, manchmal etwas guttural oder wie Triller, durch Pausen voneinander abgesetzt.

Brutareal: Von Westeuropa (Britische Insel) bis Kamtschatka und Japan, in Europa Südgrenze Nordspanien, Südfrankreich, Apennin und nördliche Balkanhalbinsel, nach Norden bis nach Nordnorwegen und südliche Kolahalbinsel.

Vorkommen in Mitteleuropa: Häufiger, flächig verbreiteter Brut- und Jahresvogel, nur an wenigen Stellen des Tieflandes lückig verbreitet. Regelmäßiger und häufiger Durchzügler und Wintergast.

Wanderungen: ♂ überwiegend Standvögel, diesjährige eher Kurz- und Mittelstreckenzieher. Hauptwinterquartier deckt sich in Europa weitgehend mit dem Brutareal.

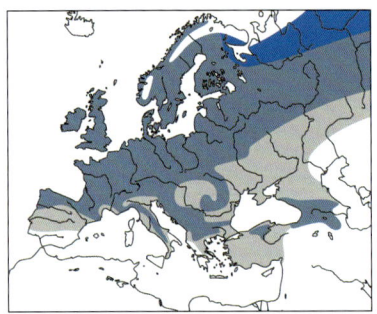

Lebensraum: Brutvogel in Nadel- und Mischwäldern, vor allem mit dichten Busch- und Jungholzbeständen (z.B. Fichten bis Stangenholzstadium), aber auch in Gehölzen, Friedhöfen, Parkanlagen und Gärten, selbst mitten in Großstädten. Kommt auch an Futterstellen.

Nahrung: Vegetabilisch: Knospen von Bäumen, Sämereien von Kräutern und Bäumen, Beeren und andere Früchte; Nestlinge werden mit Raupen und Spinnen, aber auch mit aufgeweichten Sämereien gefüttert.

Brutbiologie: Geschlechtsreife im 1. Lebensjahr • Nest meist in jungen Koniferen, aber auch in Laubhölzern sehr gut versteckt, plattformartiger Unterbau aus Reisern, darauf eigentliches Nest aus kleinen Wurzeln geflochten, Mulde mit dürrem Gras oder Haaren ausgekleidet • 4–6 Eier • Brutdauer 13–14 Tage • ♀ brütet und wird vom ♂ gefüttert • ♂ und ♀ füttern • Junge bleiben 15–18 Tage im Nest, werden dann 15–20 Tage später selbstständig • 2 Jahresbruten; Ersatzgelege.

Alter: Ältester Ringvogel 17 Jahre, 6 Monate. Generationslänge < 3,3 Jahre.
Gefährdung: Keine Gefährdung.
Besonderes: In Gefangenschaft groß gezogene Gimpel sind in der Lage vorgepfiffene Laute ohne Fehler nachzupfeifen.

	Jan.	Feb.	März	April	Mai	Juni	Juli	Aug.	Sep.	Okt.	Nov.	Dez.
Anwesenheit												
Durchzug												
Brutzeit			x x									
postjuv. Mauser												
Teil- / Vollmauser												
Vollmauser												

Wüstengimpel (→ 627)

Bucanetes githagineus (M.H.K. Lichtenstein 1823)

Taxonomie: Familie Finken – Fringillidae. Auch *Rhodopechys githaginea*. Vier Unterarten, in Europa *B. g. zedlitzi*.
Größe, Gewicht: Körperlänge 12,5 cm, Flügelspannweite 25–28 cm, Flügellänge ♂ 87–93 mm, ♀ 84–89 mm; ♂ 19–22,3 g, ♀ 19–22 g.
Erkennungshinweise: Finkenvogel mit langen Flügeln, dickem Kopf und kurzem, sehr dickem Schnabel. Weibchen schlicht blass gefärbt und Rosatöne durch Beige oder Braungrau ersetzt. Männchen vor allem durch grauen Kopf und roten Schnabel unverkennbar.
Stimme: Gesang aus nasalen lang gezogenen Lauten, lautes, geradliniges, metallisches Surren, der oft aus zwei verschiedenen Tonhöhen besteht und an eine hohe trötende

Kindertrompete erinnert. Ruf nasal kurz und unrein „wää-d", aber relativ weit hörbar.

Brutareal: Halbwüsten und Wüsten der Südpaläarktis von Nordafrika bis Nordwestindien. In Südspanien einziges europäisches Vorkommen.

Vorkommen in Mitteleuropa: Extrem seltener Ausnahmegast.

Wanderungen: Kurzstreckenzieher mit nomadischen Wanderungen dem Nahrungsangebot folgend. Brutvögel Mittelasiens sind Mittelstreckenzieher nach Südost bis West-Indien.

Lebensraum: Brutvogel in steinigen Wüsten- und Halbwüstengebieten mit minimalem Pflanzenbewuchs und kargen Abhängen mit Rissen und Höhlungen.

Nahrung: Sämereien und andere Teile niedrigwüchsiger Pflanzen, auch Insekten.

Gefährdung: Nach der EU-Vogelschutzrichtlinie besonders geschützte Art (Anhang I). Bestandsrückgänge durch Intensivierung der Landnutzung auf den Kanaren.

Besonderes: Durch ausgeprägte Wüstenbildung in Teilen Südspaniens konnte der Wüstengimpel in neuer Zeit Europa besiedeln.

Kernbeißer (→ 628)

Coccothraustes coccothraustes (Linnaeus 1758)

Taxonomie: Familie Finken – Fringillidae. Sechs Unterarten, in Europa *C. c. coccothraustes*.

Größe, Gewicht: Körperlänge 18 cm, Flügelspannweite 29–33 cm, Flügellänge ♂ 99–111 mm, ♀ 97–108 mm; ♂ 46–72 g, ♀ 50–65 g.

Erkennungshinweise: Geschlechter gleich. Knapp starengroß, durch den gewaltigen Schnabel, die metallisch glänzenden Flügelfedern unverkennbar. Jugendkleid graugelb und Bauch dunkel gefleckt.

Stimme: Rufe scharf „zicks" oder durchdringend „zieht", auch zweisilbig. Gesang aus Ruffolgen mit Klicks und Pfeiflauten, mit Pausen aneinander gereiht.

Brutareal: Von Westeuropa und Nordwestafrika bis Japan in der borealen, gemäßigten und mediterranen Zone. In Südeuropa z. T. sehr lückenhaft und in großen Gebieten fehlend.

Vorkommen in Mitteleuropa: Flächig verbreiteter, sehr häufiger Brut- und Jahresvogel, regional jedoch mitunter spärlich und unregelmäßig.

Wanderungen: Standvogel mit oft relativ weiten Streu- ungswanderungen.

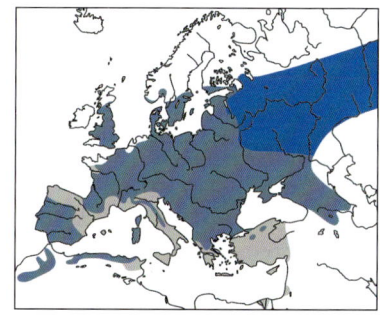

Lebensraum: Lichter Laub- und Mischwald mit Unter- wuchs oder an Waldrändern, auch in Parks und größeren Gärten. Kommt auch an Fut- terstellen.

Nahrung: Früchte und hart- schalige Samen, auch von Steinobst. Im Frühjahr Knos- pen, frische Triebe und junge Blätter Hauptnahrung, Zusatznahrung In- sektenlarven.

Brutbiologie: Geschlechtsreife im 1. Lebensjahr • Nest meist ziemlich hoch auf Laubbäumen auf Astquirlen oder Astgabeln, relativ groß, sehr locker gebaut aus Ästchen als Unterlage, darauf feinere Halme • 4–6 Eier • Legebeginn April bis Ende Mai • Brutdauer 11–13 Tage • ♀ brütet, wird vom ♂ gefüttert • ♂ und ♀ füttern • Junge bleiben 11–13 Tage im Nest, sind wenige Tage später voll flugfähig • 1 Jahresbrut; Ersatzgelege.

Alter: Ältester Ringvogel 12 Jahre, 7 Monate. Generationslänge < 3,3 Jahre.

Gefährdung: Bedrohung durch Rückgang von beerentragenden Laubhöl- zern und direkte Verfolgung im Winterquartier.

Besonderes: Mit seinem extrem kräftigen Schnabel ist der Kernbeißer fähig, Pflaumen- und Kirschkerne zu knacken.

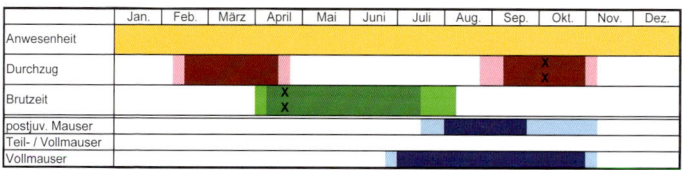

Spornammer (→629)

Calcarius lapponicus (Linnaeus 1758)

Taxonomie: Familie Ammernverwandte – Emberizidae. Fünf Unterarten, *C. l. lapponicus* in Europa.

Größe, Gewicht: Körperlänge 15–16 cm, Flügelspannweite 25,5–28 cm, Flügellänge ♂ 93–99 mm, ♀ 85–92 mm; ♂ 18,7–27,3 g, ♀ 20,7–24 g.

697

Erkennungshinweise: Vor allem Männchen im Brutkleid durch schwarz an Oberkopf, Kehle und Brust sowie rotbraunen Nacken und weißen Überaugen- und Bartstreif leicht zu bestimmen. Weibchen wesentlich matter gefärbt und schwarze Partien des Männchens mit Weiß durchsetzt. Im Schlichtkleid ähnlich Weibchen, jedoch dunkle Partien noch heller und mehr Brauntöne.

Stimme: Ruf kennzeichnend „prrr-rrt", auch ähnlich Schneeammer „tjüb". Gesang klingelnd mit konstanten Strophen und an- und absteigendem Schlusselement.

Brutareal: Zirkumpolar in nördlichen Tundrenzonen sowie z. T. in borealer Zone von Norwegen bis Kamtschatka. Ferner in Nordamerika.

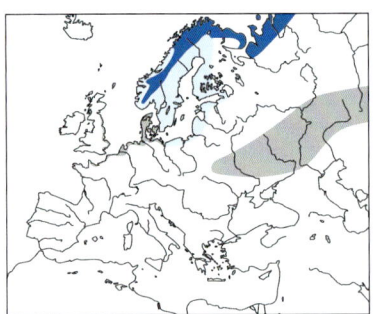

Vorkommen in Mitteleuropa: Regelmäßiger Durchzügler und Wintergast im Küstenbereich, im Binnenland nur in sehr kleine Zahl.

Wanderungen: Zugvogel. Europäisches Hauptüberwinterungsgebiet in der Südukraine. Geringere Zahlen an den Küsten von Nord- und Ostsee sowie am Atlantik.

Lebensraum: Brütet auf kargen Flächen mit geringer Vegetation in der Tundra und hochgelegenen Fjällgebieten. Im Winter auf kurzrasigen bis fast vegetationsfreien Flächen, an der Küste zumeist im Deichvorland (Salzmarschen).

Nahrung: Sämereien von Gräsern und niederwüchsigen Kräutern, im Sommer Insekten.

Alter: Ältester Ringvogel › 6 Jahre. Generationslänge ‹ 3,3 Jahre.

Gefährdung: Nicht gefährdet.

Schneeammer (→ 630)

Calcarius [nivalis] nivalis (Linnaeus 1758)

Taxonomie: Familie Ammern-verwandte – Emberizidae. Auch in Gattung *Plectrophenax* gestellt. Bildet Superspezies mit Beringschneeammer *C. hyperboreus*. 4 Unterarten, *C. n. nivalis* in Nordeuropa.

Größe, Gewicht: Körperlänge 16–17 cm, Flügelspannweite 32–38 cm, Flügellänge ♂ 10,4–11,8 cm, ♀ 10–10,7 cm; ♂ 18,7–27,3 g, ♀ 20,7–24 g.

Erkennungshinweise: Im Flug durch großes, weißes Flügel-

feld und im Prachtkleid unverwechselbar. Beim Männchen Kopf und Unterseite schneeweiß, Mantel schwarz. Weibchen Kopf und Brust weiß mit brauner Zeichnung. Mantel braun gefleckt. Im Schlichtkleid beide Geschlechter nahezu gleich gefärbt. Helle rostfarbene Farbtöne an Brust und Kopf, der Mantel, gelbbraun mit dunklen Strichen.

Stimme: Sanft klingelnd "dirrirritt", pfeifend „piü", scharf „tsrrr"; Gesang kurze Strophe mit Tonhöhenwechsel, etwa „dirtrie-ditrii pitriie-pitriie-ditrie"

Brutareal: Zirkumpolar in der Arktis, in Europa bis Südnorwegen.

Vorkommen in Mitteleuropa: Regelmäßiger Durchzügler und Wintergast in Küstennähe, im Binnenland selten und im Süden auch unregelmäßig, jedoch regelmäßiger und häufiger als Spornammer.

Wanderungen: Langstreckenzieher, Kurzstreckenzieher, Teilzieher, Winterquartier von Island und Küsten Süd- und Westskandinaviens bis Ost- und Nordsee und Nordwestfrankreich, Ausläufer unregelmäßig bis an den Nordalpenrand.

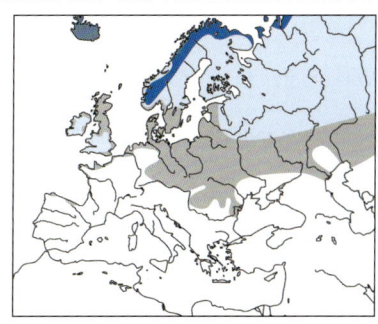

Lebensraum: Brutvogel in Tundra und Fjällflächen, im Winter auf spärlich bewachsenen Flächen und Ödland, auch am Ufer von Binnengewässern.

Nahrung: Sämereien, Insekten am Boden.

Alter: Ältester Ringvogel 10 Jahre. Generationslänge < 3,3 Jahre.

Gefährdung: Nicht gefährdet, in Skandinavien aber teilweise zurückgehende Bestände.

Besonderes: Die Schneeammer ist der Landvogel mit der nördlichsten Verbreitung.

Indigoammer (→ 621)

Passerina [cyanea] cyanea (Linnaeus 1766)

Taxonomie: Familie Ammern – Emberizidae. Bildet Superspezies mit Lazuliammer *P amoena*. Keine Unterarten.

Größe, Gewicht: Körperlänge 13–14,5 cm, Flügelspannweite 19,5–21,5 cm, Flügellänge 6,5–7,2 cm; 11–18 g.

Erkennungshinweise: Männchen im Prachtkleid durch namensgebendes indigoblaues Gefieder und dunklen Zügel nicht zu verwechseln. Im Schlichtkleid wird das Blau durch zimtbraune Federsäume verdeckt. Weibchen und Jungvögel im ersten Winter unscheinbar. Unterseite graubraun mit diffuser Fleckung, Oberseite rötlich graubraun. Zwei hellbraune Flügelbinden. Steuerfedern und manchmal auch Handschwingen graugrün angehaucht.

Stimme: Gesang hoch und kurz. Auf gleicher Tonhöhe wechseln sich trillernde und zwitschernde Elemente ab, zum Ende leicht abfallend. Einsilbig laut „pwit" rufend, unter Umständen auch zwei- oder mehrsilbig.

Brutareal: Nordamerikanischer Brutvogel in Südostkanada, der Osthälfte der USA und Neumexiko.

Vorkommen in Mitteleuropa: Ausnahmegast, Gefangenschaftsflüchtlinge schwer auszuschließen.

Wanderungen: Zugvogel, der im Mittelamerika und der Karibik überwintert.

Lebensraum: Offene Nadel-, Laub- und Mischwälder, sowie Gebüschstreifen an Fließgewässern, Straßen oder Bahndämmen.

Nahrung: Sucht am Boden nach Spinnen, Insekten, Samen und Beeren.

Brutbiologie: Nest in dichter Vegetation in Wassernähe, Plattform aus Pflanzenmaterial, kaum Dunen • einige ♂ polygyn • 3–4 Eier • Legebeginn Mitte Mai bis August • Brutdauer 11–14 Tage • ♀ brütet • ♂ kann füttern helfen • häufiger Wirt des Braunkopf-Kuhstärlings *Molothrus ater*.

Gefährdung: Nicht weltweit gefährdet.

Besonderes: In den USA wird der Gesang lautmalerisch mit „fire fire where where here here" umschrieben.

Goldammer (→ 633)

Emberiza [citrinella] citrinella Linnaeus 1758

Taxonomie: Familie Ammern – Emberizidae. Bildet Superspezies mit der Fichtenammer *E. leucocephalos*. Drei Unterarten, in West- und Mitteleuropa *E. c.citrinella*.

Größe, Gewicht: Körperlänge 16–16,5 cm, Flügelspannweite 23–29,5 cm, Flügellänge ♂ 84–95 mm, ♀ 81–90 mm; ♂ 26–36,5 g, ♀ 25–37,3 g.

Erkennungshinweise: Wie die nahe verwandte Fichtenammer mit rotbraunem Bürzel und gestrichelter Unterseite. Männchen mit leuchtend gelbem Kopf und kräftig gelber Unterseite. Weibchen viel matter gefärbt.

Stimme: Ruf im Abflug „z(ü)rrrl" oder scharf „zick", auch feiner „dsih". Gesang mit einer lauter werdenden Reihe kurzer Elemente auf gleicher Tonhöhe und ein oder zwei abschließenden langen Tönen wie „zizizizizizi-zii-düh".

Brutareal: Von Westeuropa bis Mittelsibirien in der borealen und gemäßigten Zone; der Mittelmeerraum wird nur noch am Nordrand erreicht, nach Norden bis ins nördliche Fennoskandien.

Vorkommen in Mitteleuropa: Flächig verbreiteter, sehr häufiger Jahres- und Brutvogel, regelmäßiger und häufiger Durchzügler und Wintergast.

Wanderungen: Kurzstreckenzieher, Teilzieher und überwiegend Standvogel mit Streuungswanderungen; im Winter oft Konzentration an günstigen Stellen und Abwandern von höheren Lagen.

Lebensraum: Brutvogel in offenen und halboffenen, abwechslungsreichen Landschaften mit Büschen, Hecken und Gehölzen und vielen Randlinien, z. B. entlang von Hecken, Feldgehölzen, Waldrändern und

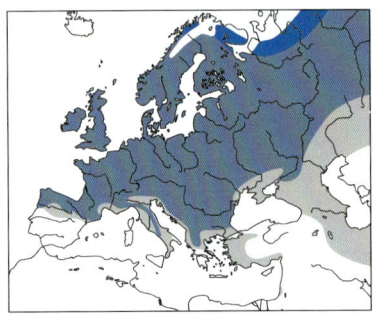

dörflichen Siedlungen. Im Winter auf Äckern und auf Ruderalflächen in oder am Rand von Siedlungen.

Nahrung: Sämereien, im Sommer auch viele Insekten und Spinnen.

Brutbiologie: Geschlechtsreife im 1. Lebensjahr • Nest am Boden in Vegetation versteckt oder niedrig in Büschen, aus trockenen Grashalmen, Blättern. Mulde mit feinerem Material ausgekleidet • 3–5 Eier • Legebeginn Mitte/Ende April bis Anfang Mai, Spätbruten bis Mitte August • Brutdauer 12–14 Tage • ♀ brütet, wird vom ♂ gefüttert • ♂ und ♀ füttern • Junge bleiben 11–13 Tage im Nest, sind etwa 8–14 Tage danach selbstständig • 2 Jahresbruten; Ersatzgelege.

Alter: Ältester Ringvogel 13 Jahre. Generationslänge < 3,3 Jahre.

Gefährdung: Art auf Europa konzentriert (SPEC E). Gebietsweise starke Abnahme durch Intensivierung der Landwirtschaft.

	Jan.	Feb.	März	April	Mai	Juni	Juli	Aug.	Sep.	Okt.	Nov.	Dez.
Anwesenheit												
Durchzug												
Brutzeit				X	X							
postjuv. Mauser												
Teil- / Vollmauser												
Vollmauser												

Fichtenammer (→ 634)

Emberiza leucocephalos S. G. Gmelin 1771

Taxonomie: Familie Ammernverwandte – Emberizidae. Bildet Superspezies mit der Goldammer *E. citrinella*. Zwei Unterarten, *E. l. leucocephalos* vom Ural bis Pazifik.

Größe, Gewicht: Körperlänge 16,5 cm, Flügelspannweite 25–30 cm, Flügellänge ♂ 88–100 mm, ♀ 83–92 mm; ♂ 26,0–33,5 g, ♀ 84–95 g.

Erkennungshinweise: Wie die nahe verwandte Goldammer mit rotbraunem Bürzel und gestrichelter Unterseite. Männ-

♂

chen mit brauner Kehle und breitem braunem Augenstreif. Weißer Scheitel und schwarz eingerahmter weißer Wangenfleck. Weibchen sehr ähnlich Goldammer, aber nie mit Gelb- oder Grüntönen.

Stimme: Rufe wie Goldammer, Gesang ähnlich Goldammer, aber mitunter ohne den langgezogenen Strophenschluss.

Brutareal: Östlich an Goldammer anschließend von Westsibirien bis an die Pazifikküste. Nordgrenze Polarkreis, Südgrenze Mandschurei und Mongolei. Kommt in Westsibirien auch neben der Goldammer vor.

Vorkommen in Mitteleuropa: Ausnahmegast im Frühjahr und Herbst.

Wanderungen: Mittel- und Langstreckenzieher, Winterquartier China bis Iran.

Lebensraum: Brutvogel in lichten Nadel- und Mischwäl-

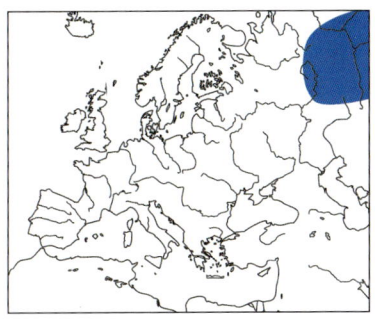

dern, auch in offenen Landschaften mit einzelnen Büschen.

Nahrung: Brutzeit Insekten, sonst Sämereien und Pflanzenteile.

Gefährdung: Nicht gefährdet.

Besonderes: Wo sie mit der Goldammer zusammentrifft, kommt es immer wieder zu Hybridisation.

Zaunammer (→ 635)

Emberiza cirlus (Linnaeus 1766)

Taxonomie: Familie Ammernverwandte – Emberizidae. Monotypisch.

Größe, Gewicht: Körperlänge 15,5 cm, Flügelspannweite 22–25,5 cm, Flügellänge ♂ 74–85 mm, ♀ 73–79 mm; ♂ 24–28,2 g, ♀ 24,5–27 g.

Erkennungshinweise: Ähnelt auf den ersten Blick der Goldammer. Die Weibchen sind vor allem durch die markante Kopfzeichnung und den

olivbraunen Bürzel von dieser zu unterscheiden. Männchen durch breiten schwarzen Augenstreif, schwarze Kehle und breites olivgraues Brustband unverwechselbar.

Stimme: Gesang eine Reihe kurzer klappernder Elemente, dem der Klappergrasmücke ähnlich, jedoch mehr schwirrend und meist auf einer Tonhöhe bleibend. Ruf kurzes, durchdringendes „zip" oder „dsib", sehr dünn und manchmal laut bzw. kaum hörbar. Ähnelt Singdrossel, jedoch weicher und oft gereiht vorgetragen.

Brutareal: Gemäßigte und mediterrane Zone der Südwest-Paläarktis.

Vorkommen in Mitteleuropa: Sehr lokal verbreiteter, seltener Brut- und Jahresvogel, auch als Durchzügler und Wintergast sehr lokal und selten. Regelmäßiger Brutvogel nur noch im äußersten Südwesten.

Wanderungen: Standvogel und Teilzieher. Zugverhalten vermutlich individuell von Jahr zu Jahr unterschiedlich. Winterplätze im und unweit des Brutareals.

Lebensraum: In Mitteleuropa an trockenwarmen, meist steilen südexponierten Hängen mit halboffener Vegetation, in Kulturland gerne Mix aus Weinbau-, Streuobst-, Wiesen-, Acker- und Kleingartengelände; sehr lichter Wald an Trockenhängen.

Nahrung: Vor allem Sämereien, im Sommer und Nestlingsnahrung hauptsächlich Insekten und ihre Larven.

Brutbiologie: Geschlechtsreife im 1. Lebensjahr • Nest am Boden an Böschungen und Mauern • 2–5 Eier • Legebeginn meist ab Ende April • Brutdauer 12–13 Tage • ♀ brütet • ♀ füttert erst alleine, später auch ♂ • Junge fliegen nach 10–14 Tagen aus • 2 (–3) Jahresbruten; Ersatzgelege häufig.

Alter: Ältester Ringvogel > 8 Jahre. Generationslänge < 3,3 Jahre.
Gefährdung: Art auf Europa konzentriert (SPEC E); Gefährdung durch Ausräumung der Landschaft, Intensivierung der Rebflächen und Sukzession durch Aufgabe traditioneller Nutzung.

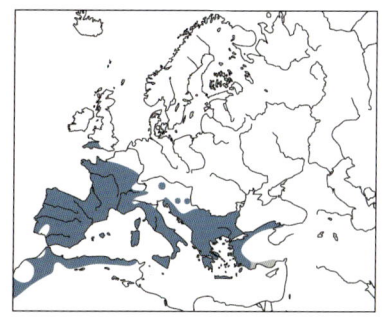

Zippammer (→ 636)

Emberiza [cia] cia (Linnaeus 1766)

Taxonomie: Familie Ammernverwandte – Emberizidae. Bildet Superspezies mit *E. godlewskii*. Fünf Unterarten, in Mitteleuropa die Nominatform.
Namen: „Ammer" ist in verschiedenen Formen schon spät althochdeutsch nachweisbar, ob der Name mit Hammer zusammenhängt, ist fraglich. *Emberiza* = als deutsches mundartliches Wort für Ammer ins Italienische gekommen, Linnaeus hat es von Ulisse Aldrovandi (1527–1605) übernommen; *cia* = lautmalerischer (Ruf!), älterer italienischer Name der Zippammer. Engl. Rock Bunting.
Größe, Gewicht: Körperlänge 16 cm, Flügelspannweite 21,5–27 cm, Flügellänge ♂ 76–87 mm, ♀ 74–83 mm; ♂ 21–29 g, ♀ 20–27 g.
Erkennungshinweise: Geschlechter ähnlich. Vor allem das Männchen durch seine markante Kopfzeichnung unverwechselbar. Weibchen matter gefärbt und mit gräulichen kleinen Deckfedern.
Stimme: Gesang rasch vorgetragene hohe Strophen meist mit „zip" beginnend und einem hellen Auf und Ab, das an Heckenbraunelle erinnert. Ruf kurz „zip" und noch höher als Zaunammer. Bei

Störung auch gedehnt „ziii".

Brutareal: Mediterrane, gemäßigte und Steppenzone sowie in Gebirgsregionen der Paläarktis von Nordwestafrika bis Südwestsibirien sowie über Afghanistan bis zum Tien Schan und Altai.

Vorkommen in Mitteleuropa: Regional verbreiteter Brut-, Sommer- oder Jahresvogel in Süddeutschland, insbesondere in Weinbaugebieten und warmen Lagen der Alpen. Abseits der Brutgebiete seltener Durchzügler.

Wanderungen: Teilzieher und Standvogel. Überwinterung im Brutareal und südlich davon im Mittelmeerraum.

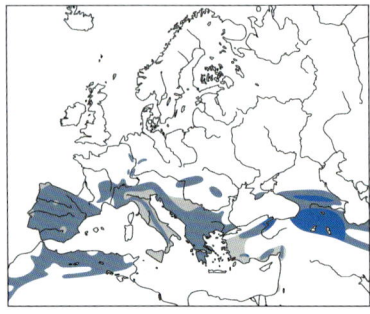

Lebensraum: Brutvogel trockener und warmer (Steil-) Hänge. Felsiges oder mit Lockersteinen bedecktes extensives Kulturland, lichte Waldränder, Ginsterheiden, auch extensive Weinberge.

Nahrung: Sämereien und (Nestlinge ausschließlich) Wirbellose, besonders Insekten.

Brutbiologie: Geschlechtsreife im 1. Lebensjahr • Nest niedrig in der Krautschicht, in bis 1,8 m Höhe in niedrigen Bäumen, am Boden oder in Felsspalten, Mauernischen etc. • 2–5 Eier • Legebeginn ab Mitte April • Brutdauer 12–15 Tage • ♀ brütet ab letztem Ei • beide Partner füttern • Junge verlassen nach 10–13 Tagen noch flugunfähig das Nest • 2 (–3) Jahresbruten; Ersatzgelege.

Alter: Ältester Ringvogel 8 Jahre. Generationslänge < 3,3 Jahre.

Gefährdung: Art in Europa mit ungünstigem Erhaltungsstatus (SPEC 3); Gefährdet durch Aufgabe traditioneller Nutzung in Steillagen, Intensivweinbau, Eutrophierung und Störungen durch Freizeitnutzung.

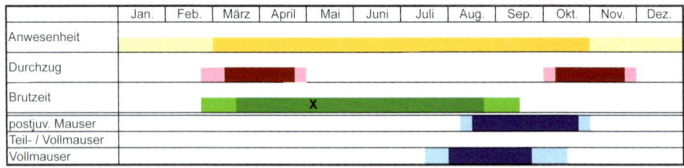

	Jan.	Feb.	März	April	Mai	Juni	Juli	Aug.	Sep.	Okt.	Nov.	Dez.
Anwesenheit												
Durchzug												
Brutzeit												
postjuv. Mauser												
Teil- / Vollmauser												
Vollmauser												

Türkenammer (→ 637)

Emberiza cineracea C.L. Brehm 1855

Taxonomie: Familie Ammernverwandte – Emberizidae. Zwei Unterarten.

Größe, Gewicht: Körperlänge 16–17 cm, Flügelspannweite 25–29 cm, Flügellänge ♂ 86–96 mm, ♀ 84–90 mm; ♂ 21,1–29,7 g, ♀ 23,5–24,8 g.

Erkennungshinweise: Recht große, langschwänzige und schlanke Ammer mit fahlem Gefieder. Sehr ähnlich jungen Braunkopf- und

Kappenammern. Männchen mit gräulich gelbem Kopf und gelber Kehle, Weibchen graubraun.

Stimme: Gesang, eine schnelle kurze einfache Strophe mit scharfen Tönen und etwas ungleichmäßigem Tempo ähnelt dem des Ortolans. Rufe scharf energisch „tschrip" oder voll klingend „tschülp".

Brutareal: Das kleine Verbreitungsgebiet erstreckt sich über die Ägäischen Inseln Lesbos, Chios und Sykros, einen schmalen Küstenstreifen in der Westtürkei sowie der Südosttürkei und dem Iran.

Vorkommen in Mitteleuropa: Irrgast mit bisher einem Nachweis auf Helgoland.

Wanderungen: Zugvogel, der im Sudan, Eritrea, Saudi-Arabien und Jemen überwintert.

Lebensraum: Brütet in buschbestandenen Hanglagen. Wenig untersucht.

Nahrung: Sämereien und zur Brutzeit Gliederfüßer.

Gefährdung: Nach der EU-Vogelschutzrichtlinie besonders geschützte Art (Anhang I), weltweit bedroht (SPEC 1). Leichter Bestandsrückgang.

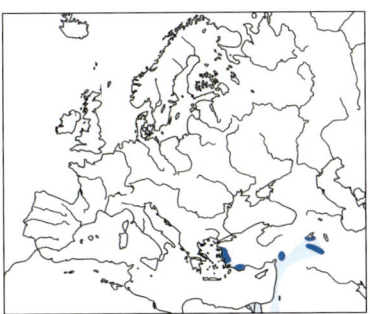

Ortolan (→ 638)

Emberiza [hortulana] hortulana Linnaeus 1758

Taxonomie: Familie Ammernverwandte – Emberizidae. Bildet Superspezies mit Grauortolan *E. caesia* und Steinortolan *E. buchanani*. Keine Unterarten.

Größe, Gewicht: Körperlänge 16–17 cm, Flügelspannweite 23–29 cm, Flügellänge ♂ 81–96 mm, ♀ 82–93 mm; ♂ 20,8–27,8 g, ♀ 19,9–26,7 g.

Erkennungshinweise: Geschlechter ähnlich. Durch gelbe Kehle und Augenring unverwechselbar. Weibchen vom Männchen durch mattere Färbung und gestrichelte Brust zu unterscheiden.

Stimme: Häufigster Ruf „psie", auch kurz „bit" auf dem Durchzug. Gesang kurze Strophen aus 3–5 gleich hohen Lauten, denen sich ein tieferer Laut anschließt, wie „tji tji tji tji tji rü".

Brutareal: Mit Lücken und Einengungen vom nördlichen Spanien bis Westsibirien: Südgrenze in Europa nördliches Mittelmeer, Nordgrenze

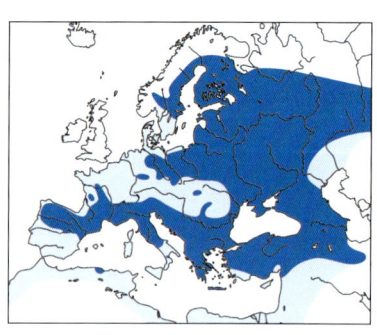

Norddeutschland, Südnorwegen und mittleres Finnland.

Vorkommen in Mitteleuropa: Spärlicher Brut- und Sommervogel, nur regional verbreitet im Nordosten, im Westen und Süden nur noch kleine Verbreitungsinseln. Seltener Durchzügler.

Wanderungen: Langstreckenzieher, Hauptwintergebiete Sahelzone sowie Gebirge und Hochländer West- und Zentralafrikas südlich der Sahelzone.

Lebensraum: Trockene, milde Standorte, eben und weithin offene Landschaften mit sandigen Böden, in Ebene, vor allem landwirtschaftliche Nutzflächen mit Bäumen und Sträuchern, auch Obstkulturen.

Nahrung: Im Sommer vor allem Insekten, aber auch viele Sämereien.

Brutbiologie: Geschlechtsreife im 1. Lebensjahr • Nest am Boden oder niedrig in krautiger Vegetation, grober Außenbau, Innenauspolsterung mit feinen Halmen • 3–6 Eier • Legebeginn Anfang bis Ende Mai • Brutdauer 11–13 Tage • ♀ brütet • ♂ und ♀ füttern • Junge verlassen mit 8–10 Tagen das Nest, sind mit 14 Tagen flugfähig • 1 Jahresbrut; Ersatzgelege.

Alter: Ältester Ringvogel über 8 Jahre. Generationslänge < 3,3 Jahre.

Gefährdung: Nach der EU-Vogelschutzrichtlinie besonders geschützte Art (Anhang I), auf Europa konzentriert und mit ungünstigem Erhaltungsstatus (SPEC 2); Gefährdung durch Intensivierung der Landwirtschaft und massive Verluste durch Fang in Frankreich.

Besonderes: Gebratene Ortolane werden in französischen Gourmetrestaurants immer noch illegal zu sehr hohen Preisen angeboten. Einzige mitteleuropäische Ammernart, die Weitstreckenzieher ist.

	Jan.	Feb.	März	April	Mai	Juni	Juli	Aug.	Sep.	Okt.	Nov.	Dez.
Anwesenheit												
Durchzug									x x			
Brutzeit					x x							
postjuv. Mauser												
Teil- / Vollmauser												
Vollmauser												

Grauortolan (→639)

Emberiza [hortulana] caesia Cretzschmar 1826

Taxonomie: Familie Ammernverwandte – Emberizidae. Bildet Superspezies mit Ortolan *E. hortulana* und Steinortolan *E. buchanani*. Keine Unterarten.

Größe, Gewicht: Körperlänge 16 cm, Flügelspannweite 23–26,5 cm, Flügellänge ♂ 79–88 mm, ♀ 77–83 mm; ♂ 19,8–24 g, ♀ 18,5–22 g.

Erkennungshinweise: Sehr ähnlich wie Ortolan, aber Kopf und Brust blaugrau (nicht graugrün) und Kehle und Bartstreif rostrot statt gelb. Weibchen

709

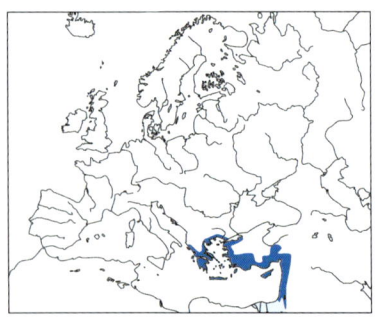

mit warmbraunem statt matt erdbraunem Bürzel.

Stimme: Ruf kurz „tsip" oder „djüb", immer einsilbig. Gesang aus reintonigen Elementen gleicher Höhe wie „düdü-dü-düi", einfacher als bei Ortolan und weniger klangvoll.
Brutareal: Südliche Balkanhalbinsel, West- und Südanatolien, Zypern und Ostrand Mittelmeer.

Vorkommen in Mitteleuropa: Ausnahmegast.
Wanderungen: Zugvogel, Hauptwinterquartier Sudan und südliche Arabische Halbinsel.
Lebensraum: Meist unweit des Meeres auf felsigen Hügeln mit spärlicher Vegetation.
Nahrung: Sämereien und kleine Gliederfüßer.
Gefährdung: Art auf Europa konzentriert (SPEC E).

Steinortolan (→639A)
Emberiza [hortulana] buchanani Blyth 1845

Taxonomie: Familie Ammern – Emberizidae. Bildet Superspezies mit Ortolan *E. hortulana*, Grauortolan *E. caesia* und Türkenammer *E. cineracea*. 3 Unterarten.
Größe, Gewicht: Körperlänge 16 cm; 17–26 g.
Erkennungshinweise: Ähnelt blassem Grauortolan oder Ortolan. Männchen durch bleigrauen Kopf und Schulterdecken sowie fehlenden Brustband gekennzeichnet. Weibchen sind wie matte

Männchen gefärbt. Brust, Mantel und Scheitel fein gestrichelt. Bei Jungvögeln im ersten Winter ist der graubraune Bürzel ohne jegliche Strichelung.

Stimme: Gesang erinnert etwas an Türkenammer. Eine kurze, einfache schnelle Serie kratzender Töne, oft auf der drittletzten Silbe betont. Ruft kräftig „tschüpp" und scharf und höher „zrip". Der Flugruf ist ein einfaches „tsip", das auch zweifach zu hören ist.

Brutareal: Lückig in der felsigen und bergigen Regionen von der Südost- und Osttürkei über Aserbaidschan, Kasachstan bis in den Gobialtai der Südwestmongolei vorkommend.

Vorkommen in Mitteleuropa: Extrem seltener Ausnahmegast, Nachweise auf Helgoland und in den Niederlanden.

Wanderungen: Zugvogel, der in felsigem Gelände Nordwest-Indiens überwintert.

Lebensraum: Kahle, nur mit einzelnen Büschen bewachsene Berghänge, Felscanyons sowie Hochplateaus meist nicht unter 2000 m ü. NN

Nahrung: Hauptsächlich verschiedene Sämereien, zur Aufzucht der Jungvögel werden Insekten und deren Entwicklungsstadien genutzt.

Brutbiologie: Nest am Boden, eine mit Gras ausgepolsterte, gut versteckte Mulde • 3–6 Eier • Legebeginn Ende April bis Anfang Juli • ♀ brütet • ♂ & ♀ füttern.

Gefährdung: Nicht weltweit gefährdet.

Besonderes: Im Bruthabitat meist wenig scheu.

Zwergammer (→ 640)

Emberiza pusilla (Pallas 1776)

Taxonomie: Familie Ammernverwandte – Emberizidae. Monotypisch.

Größe, Gewicht: Körperlänge 13–14 cm, Flügelspannweite 20–22,5 cm, Flügellänge ♂ 69–76 mm, ♀ 67–70 mm; ♂ 13,8–19,3 g, ♀ 12,9–18,4 g.

Erkennungshinweise: Geschlechter gleich. Der Rohrammer im Schlichtkleid sehr ähnlich und durch deutlich schmaleren Augenring, weißliche Flügelbinden und dünne,

SK

kontrastreiche Flankenfärbung von dieser zu unterscheiden. Hinter den Ohrdecken meist charakteristischer heller Fleck. Wangen- und Augenstreif nicht bis zum Schnabel reichend.

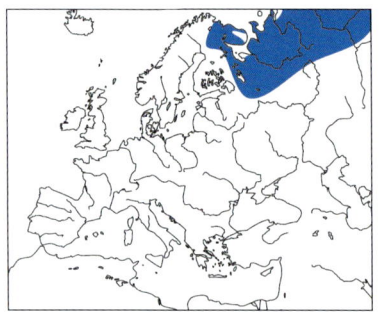

Stimme: Sehr variabler Gesang aus wohlklingenden kurzen Strophen, oft mit gleichförmigen Elementen beginnend. Gesangsstruktur ähnlich anderen Ammernarten wie Ortolan und Rohrammer. Ruf einfaches scharfes „tzip" oder „tsik", wesentlich kürzer und härter als bei der Rohrammer.

Brutareal: Boreale Zone der Paläarktis von Nord-Fennoskandien bis Nordost-Sibirien.

Vorkommen in Mitteleuropa: Im Bereich der Nordsee jährlicher Gastvogel, im Binnenland sehr seltener und unregelmäßiger Gastvogel. Vereinzelt Winternachweise.

Wanderungen: Langstreckenzieher mit Hauptwinterquartier in Südasien von Nordostindien und Nepal bis Südchina.

Lebensraum: Brutvogel lichter Laubbestände, z. B. in Flussauen, in Birkenwäldern sowie in der Strauchtundra. Auf dem Zug und im Winter meist auf spärlich bewachsenen oder kurzrasigen Flächen wie Ödländern, Stränden und Ruderalflächen.

Nahrung: Sämereien, im Sommer auch Insekten.

Gefährdung: Global nicht gefährdet, aber starke Abnahme in Nordskandinavien.

Gelbbrauenammer (→ 641)
Emberiza chrysophrys Pallas 1776

Taxonomie: Familie Ammern – Emberizidae. 5 Unterarten, in Europa die Nominatform.

Größe, Gewicht: Körperlänge 16–18,5 cm, Flügelspannweite 23–25,5 cm, Flügellänge ♂ 7,8–8,6 cm, ♀ 7,3–8,0 cm; 19–39 g.

Erkennungshinweise: Geschlechter ähnlich. Großköpfige Ammer mit großem, kräftigem Schnabel. Im Prachtkleid Männchen durch schwarzbraunen Scheitel durch schmalen, weißen Scheitelstreif und breiten, gelben Überaugenstreif gekennzeichnet. Weibchen und Jungvögel im ersten Winter Überaugenstreif gelbweißlich und Wangen bräunlich. Brust und Flanken in allen Kleidern mehr oder weniger kräftig gestrichelt.

Stimme: Gesang beginnt langsam, oft mit einem langgezogenen, flötenden Ton, der Schluss aus drei bis fünf Elementen ist variabel und erinnert an die Tristramammer. Warnt mit einem scharfen „zitt".

Brutareal: Mittel- und Südostsibirien westlich Baikalsees bis zur mittleren Lena.

Vorkommen in Mitteleuropa: Extrem seltener Ausnahmegast, je einmal in den Niederlanden und Belgien.

Wanderungen: Zugvogel, dessen hauptsächliches Überwinterungsgebiet in Südostchina liegt.

Lebensraum: Mischwälder mit hohem Anteil an jungen Koniferen, hauptsächlich an großen Flüssen, aber auch an den Nebenflüssen. Bevorzugt werden Ränder von jungen Wäldern.

Nahrung: Hauptsächlich Sämereien, zur Jungenaufzucht Insekten und deren Entwicklungsstadien.

Brutbiologie: Nest meist niedrig in Nadelbäumen, aus trockenem Gras, wirkt unordentlich mit überstehenden Halmen • 3–5 Eier • Brutzeit Mitte Juni bis Juli • Brutdauer 11–12 Tage.

Gefährdung: Nicht weltweit gefährdet.

Waldammer (→ 642)

Emberiza rustica Pallas 1776

Taxonomie: Familie Ammernverwandte – Emberizidae. Zwei Unterarten, *E. r. rustica* in Europa.

Größe, Gewicht: Körperlänge 14,5–15,5 cm, Flügelspannweite 21–25 cm, Flügellänge ♂ 78–83 mm, ♀ 73–81 mm; ♂ 17,7–24,3 g, ♀ 18–22,9 g.

Erkennungshinweise: Männchen im Prachtkleid durch markante Brust- und Kopfzeichnung unverwechselbar. Im Winterkleid ähnlich Rohrammer, aber durch weißen Ohrfleck, rotbraunen Nacken und

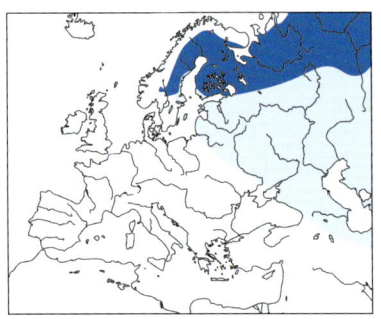

Bürzel von dieser zu unterscheiden.
Stimme: Gesang beginnt mit
relativ konstanten, flötenden
Elementen, während der Mit-
tel- und Schlussteil stark variiert. Strophen weniger hoch
als bei Zippammer. Die kurzen
„tik tik"-Rufe sind etwas höher
als beim Rotkehlchen.
Brutareal: Boreale Zone der
Paläarktis von Schweden und Norwegen bis Ostsibirien und Kamtschatka.
Vorkommen in Mitteleuropa: Seltener Gastvogel an den Küsten, sehr
selten im Binnenland.
Wanderungen: Langstreckenzieher mit Hauptüberwinterungsquartieren in China, Korea und Japan.
Lebensraum: Brutvogel in Nadel- und Birkenmischwäldern auf feuchtem
und moorigem Grund.
Nahrung: Körner- und Samenfresser, der im Sommer offenbar weniger
als andere Ammern auch Insekten frisst.
Gefährdung: Nicht gefährdet.

Weidenammer (→ 643)

Emberiza aureola **Pallas 1773**

K2

Taxonomie: Familie Ammernverwandte – Emberizidae.
Zwei Unterarten, in Europa *E.
a. aureola*.
Größe, Gewicht: Körperlänge
14–15 cm, Flügelspannwei-
te 21,5–24 cm, Flügellänge
♂ 74–81 mm, ♀ 68–78 mm;
♂ 19,5–24 g, ♀ 17–23 g.
Erkennungshinweise: Männchen sehr auffällig gefärbt und
durch schwarzes Gesicht, kräftig gelbe Unterseite mit breiter
schwarzer Flankenstrichelung
und breite weiße Flügelbinde

gekennzeichnet. Weibchen unscheinbar und durch markante Kennzeichnung mit schmalem, hellem Scheitelstreif gekennzeichnet.

Stimme: Der Gesang aus rhythmischen, wohlklingenden, meist abfallenden Strophen erinnert etwas an Ortolan. Rufe klingen ähnlich Zwergammer und werden manchmal mit denen des Grauschnäppers verwechselt.

Brutareal: Gemäßigte und boreale Zone der Paläarktis von Finnland bis Pazifikküste.

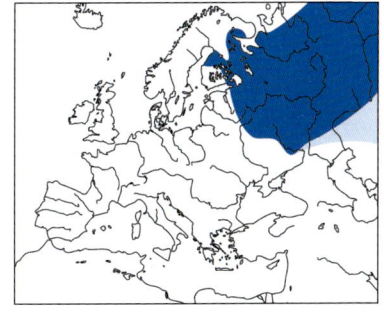

Vorkommen in Mitteleuropa: Seltener und unregelmäßiger Gastvogel.

Wanderungen: Langstreckenzieher mit Winterquartieren in tropischen Tiefländern Südostasiens.

Lebensraum: Brutvogel in lichten Baum- und Gebüschgruppen auf zumeist sehr feuchtem Untergrund in Flusstälern und Überschwemmungsflächen. Auch auf dem Zug gerne in der Nähe von Wasser.

Nahrung: Sämereien, meist von Gräsern. Auch anderes Pflanzenmaterial und kleine Wirbellose.

Alter: Ältester Ringvogel 6 Jahre, 11 Monate. Generationslänge < 3,3 Jahre.

Gefährdung: Weltweit bedrohte Art (SPEC 1). Massive Verluste durch Fang im Winterquartier.

Besonderes: Werden auf dem Durchzug und im Winterquartier in China als „Reisvögel" massenhaft gefangen und verspeist.

Rötelammer (→ 644)

Emberiza rutila Pallas 1776

Taxonomie: Familie Ammern – Emberizidae. Keine Unterarten.

Größe, Gewicht: Körperlänge 14–15 cm, Flügelspannweite 21–23,5 cm, Flügellänge 6,9–7,7 cm; 12–19 g.

Erkennungshinweise: Männchen im Prachtkleid durch leuchtend kastanienbraune Oberseite, Kopf und Brust, sowie gelbe Unterseite unverwechselbar. Weibchen ähnelt der Weidenammer, aber durch geringere Größe, helle Kehle und deutlichen Bartstreif, sowie ungestreiften, rotbraunen Bürzel von dieser zu unterscheiden. Im Flug ist der braune Schwanz ohne jegliches Weiß auffallend.

Stimme: Der Gesang ist relativ laut und kurz und besteht aus einer melodische Strophe aus schnell wechselnden Elementen. Der Ruf ist ein

kurzes, scharfes „zit",
daneben ist ein rotkehl-
chenartiges Ticksen zu
hören.
Brutareal: Erstreckt sich
vom Süden Mittel- bis
Ostsibiriens bis in den
Norden der Mongolei
und der nordwestlichen
Madschurei.
Vorkommen in Mittel-
europa: Ausnahmegast,
Trennung von Wildvö-
geln und Gefangen-
schaftsflüchtlingen schwierig.

Wanderungen: Zugvogel, der in Südostasien, hauptsächlich in Nord-
west-Thailand und Ostburma überwintert.
Lebensraum: Nadel- und Mischwälder mit einer üppigen Kraut- und
Strauchschicht.
Nahrung: Sämereien, die Jungvögel werden mit Insekten und deren Ent-
wicklungsstadien gefüttert.
Brutbiologie: Wenig bekannt • Nest unter Büschen am Boden, aus Gras
und dünnen Wurzeln • ca. 4 Eier • Legebeginn Juni.
Gefährdung: Nicht weltweit gefährdet.

Kappenammer (→ 645)

Emberiza [melanocephala] melanocephala J.F. **Brandt 1841**

Taxonomie: Familie Ammern
– Emberizidae. Bildet mit
der Braunkopfammmer *E.
bruniceps* eine Superspezies.
Keine Unterarten.
Größe, Gewicht: Körperlänge 16–17 cm, Flügelspann-
weite 26–30 cm, Flügellänge
♂ 94–101 mm, ♀ 86–94 mm;
♂ 25–35 g, ♀ 23–32 g.
Erkennungshinweise:
Männchen durch schwarze
Kapuze, gelbe Unterseite
und rotbraune Oberseite ge-

kennzeichnet. Weibchen von der Braunkopfammer im Freiland kaum zu unterscheiden. Bestes Unterscheidungsmerkmal ist der Bürzel, der nie einen Grünstich hat.

Stimme: Kurze Rufe „pit" oder „tschöp", auch gereiht. Gesang kurze, nicht ganz rein klingende Strophen, die im Aufbau an Dorngrasmücke erinnern.

Brutareal: Von Italien bis ans Kaspische Meer. Nach Norden in Rumänien bis an die Donaumündung. Schwerpunkt Kleinasien.

Vorkommen in Mitteleuropa: Ausnahmeerscheinung.

Wanderungen: Langstreckenzieher, Hauptüberwinterungsgebiet West- und Zentralindien.

Lebensraum: Trockene, warme, offene Landschaften mit einzelnen Dornbüschen in steppenartigen Ebenen oder an Berghängen, auch in halboffenem Kulturland.

Nahrung: Im Sommer hauptsächlich Insekten, sonst Samen und Pflanzenmaterial.

Gefährdung: Nicht gefährdet.

Besonderes: Die Kappenammer ist eine der wenigen europäischen Vogelarten, deren Winterquartier in Indien liegt.

Braunkopfammer (→ 646)

Emberiza [melanocephala] melanocephala J. F. Brandt 1841

Taxonomie: Familie Ammern – Emberizidae. Bildet mit der Kappenammer *E. melanocephala* eine Superspezies. Keine Unterarten.

Größe, Gewicht: Körperlänge 16 cm, Flügelspannweite 24,5–28 cm, Flügellänge ♂ 84–92 mm, ♀ 81–88 mm; ♂ 23–34 g, ♀ 18–28,5 g.

Erkennungshinweise: Spatzengroß. Männchen Kopf und Brust

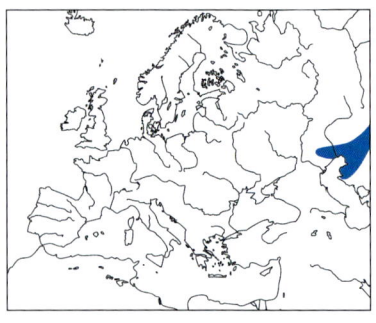

rotbraun, Mantel gelbgrün mit dunklen Stricheln, sonst leuchtend gelb. Weibchen wie viele Ammern unscheinbar und schwer bestimmbar. Kopf graubraun, Unterseite und Bürzel blassgelb, Mantel schmutzig braun und zart gestrichelt.

Stimme: Rufe ähnlich Haussperling „tlip". Gesang kurze Strophe mit rufähnlichen Elementen eingeleitet, dann geräuschhafte Motive.

Brutareal: Vom Kaspigebiet bis Nordwest-Sinkiang und nach Süden bis Afghanistan und Nordpakistan.

Vorkommen in Mitteleuropa: Ausnahmegast, doch Verdacht auf entkommene Käfigvögel.

Wanderungen: Zugvogel, Hauptwintergebiet Indien.

Lebensraum: Steppen- und Halbwüstengebiete mit spärlicher Vegetation, auch in Kulturlandflächen.

Nahrung: Samen, zur Brutzeit Gliederfüßer.

Gefährdung: Nicht gefährdet.

Besonderes: Sehr beliebter Käfigvogel, z. B. 1977–1988 Einfuhr von 48.000 Individuen aus Indien nach Belgien.

Maskenammer (→647)

Emberiza spodocephala Pallas 1776

Taxonomie: Familie Ammern – Emberizidae. Drei Unterarten in Ostasien.

Größe, Gewicht: Körperlänge 13,5–15 cm, Flügelspannweite 20–23 cm, Flügellänge ♂ 70–75 mm, ♀ 66–75 mm; ♂ 16,7–20,5 g , ♀ 17,5–21,3 g.

Erkennungshinweise: Männchen im Prachtkleid durch schwärzliches Gesicht und graue Kopf- und Brustpartie gekennzeichnet. Weibchen und Männchen im Schlichtkleid mit olivfarbenem Kopf, gelbem Augenstreif und halbmondförmigem Fleck unter den Ohrdecken.

Stimme: Rufe hoch, kurz „tik-tik" oder „zik" ähnlich Rotkehlchen, aber etwas höher. Gesang kurze Strophe aus schnell geflöteten Elementen in rasch wechselnder Tonhöhe.

Brutareal: Boreale Zone der Paläarktis von Schweden und Norwegen bis Ostsibirien und Kamtschatka.

Vorkommen in Mitteleuropa: Ausnahmegast, nur wenige Nachweise.

Wanderungen: Zugvogel, Hauptüberwinterungsgebiet Südjapan und Südchina.

Lebensraum: Mit dichtem Gras bestandene und verbuschte Verlandungszonen sowie feuchte Koniferenwälder der ostpalärktischen Taiga.

Nahrung: Sämereien verschiedener Art, zur Brutzeit auch Wirbellose.

Gefährdung: Nicht gefährdet.

Besonderes: Wird häufig als Käfigvogel importiert.

Rohrammer (→ 648)

Emberiza schoeniclus (Linnaeus 1758)

Taxonomie: Familie Ammernverwandte – Emberizidae. Etwa 15–18 Unterarten, in Mitteleuropa *E. s. schoeniclus*.

Größe, Gewicht: Körperlänge 15–16,5 cm, Flügelspannweite 21–28 cm, Flügellänge ♂ 76–82 mm, ♀ 70–78 mm; ♂ 16,5–21,5 g, ♀ 15,5–21,6 g.

Erkennungshinweise: Spatzengroße, braun gestreifte Ammer. Männchen im Prachtkleid mit kennzeichnendem schwarzem Kopf und Latz. Weibchen mit braunem Kopf und schwarzweißem Bartstreif. Im Schlichtkleid Geschlechter sehr ähnlich und Kehllatz bei Männchen nur angedeutet.

Stimme: Häufigster Ruf gedehnt „zieh", gedämpft „psä" o. ä. und aggressiv „tschrrp". Gesang schilpende Strophe, mitunter etwas stotternd, etwa „zait tit tai zis-siss-tai zier zississ", unterschiedliche Strophentypen.

Brutareal: Von Küsten Westeuropas bis Kamtschatka, Sachalin und Nordjapan. Fehlt in Teilen des Mittelmeerraums.
Vorkommen in Mitteleuropa: Fast flächig verbreiteter Brut- und Sommervogel, auch Jahresvogel und gebietsweise häufiger Durchzügler.
Wanderungen: Zugvogel, Teilzieher; Winterquartier in Mittel-, West- und Südeuropa.
Lebensraum: Vegetation der Verlandungszone, mehr in den landseitigen Abschnitten von Schilf, Großseggen- und Krautbeständen. In reinen Schilfbeständen müssen Büsche als Singwarten vorhanden sein.
Nahrung: Im Sommer Kleintiere, sonst Sämereien.
Brutbiologie: Geschlechtsreife im 1. Lebensjahr • Nest in krautiger Vegetation, Außenbau aus Blättern und Halmen, Innenausbau aus feinerem Material • 4–5 Eier • Legebeginn Ende April bis Mitte Mai • Brutdauer 12–15 Tage • ♀ brütet • ♂ und ♀ füttern • Junge bleiben 10–12 Tage im Nest, sind mit 16 Tagen flugfähig, Familienauflösung maximal 20 Tage nach dem Ausfliegen • 2 Jahresbruten; Ersatzgelege.

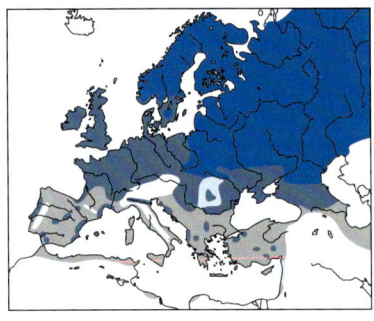

Alter: Ältester Ringvogel 11 Jahre, 3 Monate. Generationslänge < 3,3 Jahre.
Gefährdung: Nicht gefährdet. Bedrohung durch Ausräumung der Landschaft und Intensivierung der Landnutzung.
Besonderes: Männchen und Altvögel überwintern z. T. in Mitteleuropa, während Weibchen und Einjährige weiter nach Süden wandern.

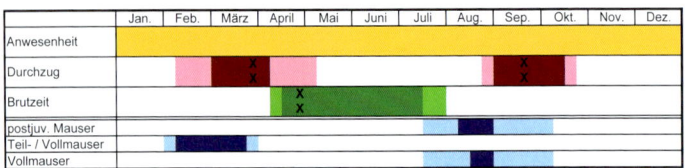

	Jan.	Feb.	März	April	Mai	Juni	Juli	Aug.	Sep.	Okt.	Nov.	Dez.
Anwesenheit												
Durchzug			x x						x x			
Brutzeit				x x								
postjuv. Mauser												
Teil- / Vollmauser												
Vollmauser												

Grauammer (→ 649)

Emberiza calandra Linnaeus 1758

Taxonomie: Familie Ammernverwandte – Emberizidae. Früher in Gattung *Miliaria* gestellt. Drei Unterarten, in Europa *E. c. calandra*.

Größe, Gewicht: Körperlänge 18 cm, Flügelspannweite 26–32 cm, Flügellänge ♂ 96–106 mm, ♀ 87–95 mm; ♂ 48–61,5 g, ♀ 41,5–55,5 g.

Erkennungshinweise: Geschlechter gleich. Sehr große Ammer mit kräftigem Körperbau und Schnabel. Durch das graubraune Gefieder erinnert sie etwas an eine Lerche.

Stimme: Ruf kurz „zick". Gesang mit sich beschleunigenden Elementen und abschließendem Klirren wie „zick-zick-zick-zick schnirrrps".

Brutareal: Von Westeuropa und Nordwestafrika bis Kirgistan und Kasachstan; Südgrenze Nordrand der Sahara, Israel, Nordirak und Nordiran, Nordgrenze Schottland, Südschweden, Baltikum, in Westrussland weiter zurückweichend.

Vorkommen in Mitteleuropa: Häufiger Brut-, Sommer- und Jahresvogel im Tiefland, im Westen teilweise nur lokal und mit größeren Verbreitungslücken; seltener Durchzügler und Wintergast.

Wanderungen: Kurzstrecken- und Teilzieher, Standvogel mit Streuungswanderungen und Winterfluchtbewegungen. Überwintert in großen Teilen des Brutareals.

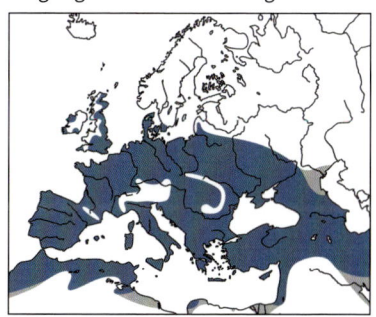

Lebensraum: Brutvogel in offenen, ebenen Landschaften von feuchten Wiesen bis trockenen Böden mit einzelnen Büschen, Bäumen oder Masten als Singwarten, vor allem in extensiv bewirtschaftetem Grünland, Ackerland oder auf Ruderalflächen. Fehlt in Waldnähe und in intensiv bewirtschaftetem Grünland mit mehrmaligem Grasschnitt. Im Winter auch in Siedlungsnähe.

Nahrung: Sämereien von Wildkräutern und Getreide, im Sommer teilweise Insekten, die auch als hauptsächliche Nestlingsnahrung dienen.

Brutbiologie: Geschlechtsreife im 1. Lebensjahr • Nest sehr gut in der Vegetation versteckt, meist auf dem Boden, aus vorjährigen Grashalmen mit Innenausbau aus feinerem Material • 4–5 Eier • Legebeginn Mai bis Mitte Juli • Brutdauer 12–13 Tage • ♀ brütet • ♀ füttert mehr als ♂ • Junge bleiben 9–12 Tage im Nest, werden dann noch 14 Tage betreut • 1–2 Jahresbruten; Ersatzgelege.

Alter: Ältester Ringvogel 10 Jahre, 5 Monate. Generationslänge < 3,3 Jahre.

Gefährdung: Art auf Europa konzentriert und mit ungünstigem Erhaltungsstatus (SPEC 2); Gefährdung durch intensive Landwirtschaft.

Besonderes: Die kräftige Sprenkelung der Brust leuchtet im UV-Bereich intensiv.

	Jan.	Feb.	März	April	Mai	Juni	Juli	Aug.	Sep.	Okt.	Nov.	Dez.
Anwesenheit												
Durchzug												
Brutzeit					x x							
postjuv. Mauser												
Teil- / Vollmauser												
Vollmauser												

Fuchsammer (→650)

Zonotrichia [iliaca] iliaca (Merrem 1786)

Taxonomie: Familie Ammern – Emberizidae. Bildet Superspezies mit *Z. unalaschenis*, *Z. schistacea* und *Z. megarhyncha*. 2 gering differenzierte Unterarten.

Größe, Gewicht: Körperlänge 17–19 cm, Flügelspannweite 26–28 cm, Flügellänge ♂ 8,7–9,2 cm, ♀ 8,1–8,9 cm; 27–49 g.

Erkennungshinweise: Geschlechter gleich. Nördliche und östliche Populationen oberseits rostbraun und unterseits rostbraun gestreift. Westliche Population oberseits dunkel- oder graubraun ohne Rottöne und mit deutlich kräftigerem Schnabel.

Stimme: Der Gesang ist eine Reihe auf- und absteigender, flötender Töne mit eingestreuten Trillern. Ein langes „stsst" ist häufig zu hören.
Brutareal: Nadelwaldgürtel entlang der Rocky Mountains und der Pazifischen Küstengebirge von Alaska bis Südkalifornien, sowie in Kanada nach Osten bis Neufundland und Nordlabrador.
Vorkommen in Mitteleuropa: Ausnahmegast, zwei Nachweise an der deutschen Nordsee eventuell „schiffsassistiert".
Wanderungen: In Amerika Zugvogel, überwintert in südlichen und zentralen Gebieten der USA.
Lebensraum: Mischwälder, Dickichte und Gebüsche in Niederungsgebieten und Bergregionen gemäßigter Zonen.
Nahrung: Spinnen, Insekten und andere Wirbellose sowie Knospen und Sämereien, die am Boden aufgelesen werden.
Brutbiologie: Nest am Boden aus trockenem Gras, Zweigen und Moos • 2–4 Eier • Brutzeit April bis Anfang Juli • Brutdauer 12–14 Tage • ♀ brütet • Junge mit 10–11 Tagen flügge.
Alter: Ältester Ringvogel 9 Jahre, 9 Monate.
Gefährdung: Nicht weltweit gefährdet.
Besonderes: Fuchsammer haben zwei optisch deutlich unterscheidbare Populationen.

Weißkehlammer (→ 651)

Zonotrichia albicollis (J. F. Gmelin 1789)

Taxonomie: Familie Ammern – Emberizidae. Keine Unterarten.
Größe, Gewicht: Körperlänge 15,5–18 cm, Flügelspannweite 22–25 cm, Flügellänge ♂ 7,4–8,0 cm, ♀ 7,0–7,5 cm; 23–31 g.
Erkennungshinweise: Geschlechter gleich. Kennzeichnend ist der namensgebende weiße Kehlfleck. Kopf auffällig und ähnlich einer Zippammer gefärbt, jedoch mit gelblichen Überaugenstreif. Unterseite grau und auf der Oberseite braun gestreift.
Stimme: Der Gesang, meist von einer erhöhten Singwarte vorgetragen, besteht aus einer unverkennbaren Serie von heiteren Pfiffen: Zwei kurze Pfiffe werden von einem

ad.

oder mehreren längeren Dreifachpfiffen gefolgt. Der Ruf ist ein hartes „chink". Im Flug ist ein weiches, langgezogenes „tseet" zu hören.

Brutareal: Südliches und zentrales Kanada und der Nordosten der USA.

Vorkommen in Mitteleuropa: Sehr seltener Ausnahmegast in den Niederlanden, seltener Gefangenschaftsflüchtling.

Wanderungen: Kurz- und Mittelstreckenzieher, der in den östlichen und südlichen USA, sowie im nördlichen Mexiko überwintert.

Lebensraum: Offene Misch- und Nadelwälder werden ebenso besiedelt wie Gebüsche und Dickichte. Im Winter auch in Parks und Gärten.

Nahrung: Insekten und andere Wirbellose sowie Sämereien, die am Boden aufgelesen werden.

Brutbiologie: Nest meist am Boden, manchmal in kleinen Büschen, aus trockenem Gras, Zweigen, Rinde und/ oder Moos • meist 4–5 Eier • Brutzeit Ende Mai bis Anfang August • Brutdauer 11–14 Tage • ♀ brütet • ♂ & ♀ füttern • Junge mit 8–9 Tagen flügge • 1–2 Jahresbruten.

Alter: Ältester Ringvogel 9 Jahre, 8 Monate.

Gefährdung: Nicht weltweit gefährdet.

Dachsammer (→ 652)

Zonotrichia leucophrys **(J. R. Forster 1772)**

ad.

Taxonomie: Familie Ammern – Emberizidae. 5 Unterarten, in Europa die Nominatform.

Größe, Gewicht: Körperlänge 16–18,5 cm, Flügelspannweite 23–25,5 cm, Flügellänge ♂ 7,8–8,6 cm, ♀ 7,3–8,0 cm; 19–39 g.

Erkennungshinweise: Geschlechter gleich. Relativ große und langschwänzige Ammer, die unter Umständen mit der Weißkehlammer verwechselt werden kann. Sie hat jedoch nie Gelb im markanten weißen Überaugenstreif. Weiße Kehle bei der Dachsammer nicht scharf abgesetzt und graue statt braune Oberseite.

Stimme: Gesang variable Folge klarer Pfeiftöne, wobei die letzten Elemente getrillert werden. Ruft ähnlich Grauschnäpper, manchmal auch gedehnt „tssiep".

Brutareal: Subarktis von Westalaska bis Nord-Labrador und Neufundland, entlang der Pazifikküste bis in die Mitte Kaliforniens, und durch die Rocky Mountains bis Arizona und Neumexiko.

Vorkommen in Mitteleuropa: Extrem seltener Ausnahmegast in den Niederlanden, seltener Gefangenschaftsflüchtling.

Wanderungen: Teilzieher mit großen Unterschieden in den einzelnen Populationen. Vögel der kalifornischen Küste weitgehend Standvögel. Nördlichere Populationen überwintern an der Küste von Kalifornien. Brutvögel der Tundra und Taiga Kanadas sind Langstreckenzieher, die in der südlichen USA bis nach Mexiko und in der Karibik überwintern.

Lebensraum: Mit Bäumen und Gebüschen bewachsenes Offenland sowie Waldränder.

Nahrung: Dachsammern suchen am Boden nach Spinnen, Insekten und Sämereien. Gelegentlich werden nach kurzen Flügen Insekten aus der Luft gefangen.

Brutbiologie: Nest in kleinen Büschen, im Norden am Boden aus trockenem Gras, Zweigen, Blättern oder Moos • 3–7 Eier • Brutzeit April bis Juli • Brutdauer 11–13 Tage • ♀ brütet • ♂ & ♀ füttern • Junge mit 8–10 Tagen flügge • im Norden 1 Jahresbrut.

Alter: Ältester Ringvogel 13 Jahre, 4 Monate.

Gefährdung: Nicht weltweit gefährdet.

Singammer (→ 652A)

Zonotrichia melodia (A. Wilson 1810)

Taxonomie: Familie Ammern – Emberizidae. Komplexe geographische Variation, 25 Unterarten.

Größe, Gewicht: Körperlänge 12–17 cm; 12–53 g.

Erkennungshinweise: Geschlechter gleich. Langschwänzige Ammer mit grauem Scheitel- und Wangenstreif sowie grauer Kehle. Scheitelseitenstreif braun. Unterseits kräftig gestreift, meist auf der Unterbrust zu dunklem Fleck zusammenschmelzend.

Stimme: Melodiöser ruhiger Gesang mit einigen scharfen Noten beginnend, gefolgt von einem langen Triller. Flugruf ein hohes, dünnes „seet".

Brutareal: Brutvogel der Aleuten, des südlichen Kanadas sowie dem südöstlichen und südlichen mittleren Westen der USA.

Vorkommen in Mitteleuropa: Extrem seltener Ausnahmegast, je ein Nachweis auf Amrum und in der Schweiz.

Wanderungen: Die nördlichen Unterarten sind Zugvögel, die zur Überwinterung in südliche Gebiete der USA und bis Mexiko ziehen.

Lebensraum: Dickichte und Gebüsche meist in Wassernähe, sowie Waldränder, reich gegliederte Kulturlandschaften und größere Gärten, aber auch in steppen- und wüstenartigen Gebieten.

Nahrung: Insekten und Sämereien, die am Boden aufgelesen werden. In Salzmarschen werden zusätzlich kleine Krustentiere gefressen.

Brutbiologie: Nest in kleinen Büschen oder am Boden, sauber gebaut aus trockenem Gras, Blättern und Rinde • 3–5 Eier • Brutzeit variiert geographisch von März bis Juli • Brutdauer 12–15 Tage • ♀ brütet • ♂ & ♀ füttern • Junge mit ca. 10 Tagen flügge • Sehr häufiger Wirt des Braunkopf-Kuhstährlings *Molothrus ater*.

Gefährdung: Nicht weltweit gefährdet.

Besonderes: Junge Singammern hören zum Lernen des Gesanges bevorzugt dem Wechselgesang zweier erwachsener Männchen zu.

Winterammer (→ 653)

Junco hyemalis (Linnaeus 1758)

ad.

Taxonomie: Familie Ammern – Embrizidae. Im formenreichen Komplex sind wahrscheinlich mehrere Semispezies ausgebildet.

Größe, Gewicht: Körperlänge 13,5–15 cm, Flügelspannweite 23–25 cm, Flügellänge ♂ 7,8–8,3 cm, ♀ 7,0–8,0 cm; 14–27 g.

Erkennungshinweise: Geschlechter ähnlich. Finkenartige Erscheinung mit rosa Schnabel. Männchen oberseits rußig grau, ebenso Kopf und Brust, Bauch weiß. Äußere Schwanzfedern auffällig weiß. Weibchen oberseits bräunlich und insgesamt etwas matter und düsterer gefärbt.

Stimme: Gesang der meisten Unterarten ein kurzer Triller und durchschnittlich etwas kürzer als Schwirrammer. Ruft hart „tick" beim Auffliegen auch gereiht.

Brutareal: Weite Teile Nordamerikas bis nach Nordmexiko.

Vorkommen in Mitteleuropa: Extrem seltener Ausnahmegast in den Niederlanden und Polen.

Wanderungen: Die nördlichen Populationen sind Zugvögel, die zum Teil im Norden der USA, aber auch bis in den Süden Nordamerikas ziehen.

Lebensraum: Nadel- und Mischwälder, Dickichte sowie Parks und Gärten.

Nahrung: Insekten und Sämereien, die hüpfend auf dem Boden gesucht werden.

Brutbiologie: Nest bevorzugt in Höhlungen am Boden • 3–5 Eier • Brutzeit April bis August • Brutdauer 12–13 Tage • ♀ brütet • ♂ & ♀ füttern • Junge mit 9–12 Tagen flügge • 1–2 Jahresbruten; Ersatzgelege.

Gefährdung: Nicht weltweit gefährdet.

Besonderes: Zuckt bei der Nahrungssuche am Boden oft mit dem Schwanz.

Meisenwaldsänger (→ 656)

Parula [americana] americana (Linnaeus 1758)

Taxonomie: Familie Waldsänger – Parulidae. Bildet Superspezies mit tropischem Elfenwaldsänger *P. pitiayumi*. Keine Unterarten.

Größe, Gewicht: Körperlänge 10,5–11,5 cm, Flügelspannweite 17,5–18 cm, Flügellänge ♂ 54–65 mm, ♀ 51–61 mm; 7,1–10,2 g.

Erkennungshinweise: Geschlechter sehr ähnlich und Männchen nur durch intensivere Färbung und schwarzes Brustband vom Weibchen zu unterscheiden. In Europa unverwechselbar und manchmal

ad.

an Goldhähnchen erinnernd. Verwechslungsmöglichkeit besteht mit dem in Europa noch nicht nachgewiesenen Elfenwaldsänger, der jedoch u. a. keine weißen Augenklammern hat.

Stimme: Ruf scharf „tschip", Gesang metallisch klingender, ansteigender Triller.

Brutareal: Osten Nordamerikas.

Vorkommen in Mitteleuropa: Ausnahmegast, bisher 1 Nachweis.

Wanderungen: Zugvogel, überwintert in Mittelamerika und in der Karibik.
Gefährdung: Nicht gefährdet.

Kronwaldsänger (→ 657)
Dendroica [coronata] coronata (Linnaeus 1766)

Taxonomie: Familie Waldsänger – Parulidae. Bildet Superspezies mit *D. auduboni* und *D. goldmani*. 2 Unterarten, in Europa *coronata* zu erwarten.
Größe, Gewicht: Körperlänge 12,5–15 cm, Flügelspannweite 21–23,5 cm, Flügellänge ♂ 6,8–7,8 cm, ♀ 6,3–7,5 cm; 10–17 g.
Erkennungshinweise: Männchen im Prachtkleid mit namensgebenden gelben Fleck auf dem Kopf, gelben Flanken und dunkelgrauer Oberseite.
Östliche Form mit weißer, westliche Form mit gelber Kehle und Bürzel. Deutlicher weißer Augenring. Männchen im Schlichtkleid mit braunem, dunkelgestreiftem Mantel und ebensolchem Scheitel. Weibchen sehr ähnlich aber ohne gelben Scheitelfleck.
Stimme: Gesang klar und trillernd. Ruf ein lautes metallisches „zie", „tschick" oder „prrr".
Brutareal: Nordamerika von Alaska bis Ostkanada, nach Süden bis zu den Großen Seen, den Neuengland Staaten und über die Appalachen bis West-Virginia. Im Westen entlang der Gebirge bis Guatemala.
Vorkommen in Mitteleuropa: Extrem seltener Ausnahmegast, bisher einmal in den Niederlanden.
Wanderungen: Mittel- und Weitstreckenzieher, der im Süden der USA, in Mittelamerika oder der Karibik überwintert.
Lebensraum: Ränder von Misch- und Nadelwäldern, aber auch offene Waldgebiete.
Nahrung: Überwiegend Insekten, im Winterquartier auch Beeren und Früchte.
Brutbiologie: Nest ein sperriger Napf aus Zweigen, Gras und Moos, meist in 3-8m Höhe in Nadelbäumen • 3–5 Eier • Brutzeit Mai bis August • Brutdauer 12–13 • Junge mit 10–14 Tagen flügge • 1–2 Jahresbruten • Nester häufig vom Braunkopf-Kuhstärlingen *Molothrus ater* parasitiert.
Gefährdung: Nicht weltweit gefährdet.

Grünwaldsänger (→ 658)

Dendroica [virens] virens (J.F.Gmelin 1789)

Taxonomie: Familie Waldsänger – Parulidae. Bildet
Superspezies mit Townsend-
waldsänger *D. townsendi* und
Einsiedelwaldsänger *D. occi-
dentalis.*

Größe, Gewicht: Körperlänge 11,5–13,5 cm, Flügellänge
♂ 61–66 mm, ♀ 58–63 mm;
7,7–11,3 g.

Erkennungshinweise: Geschlechter ähnlich. Männchen
vom Weibchen durch schwarze
Kehle zu unterscheiden.

Stimme: Ruf hoch und dünn „ziet", Gesang kurz schwirrend „zi-zi-di-dü-
di" (erinnert an den Schluss der Goldammerstrophe).

Brutareal: Nördliches Nordamerika.

Vorkommen in Mitteleuropa: Ein Nachweis: Männchen, 1858 auf Helgoland erlegt.

Wanderungen: Zugvogel, Winterquartier Golf von Mexiko und Karibik.

Gefährdung: Nicht gefährdet.

Drosselwaldsänger (→ 658A)

Seiurus [noveboracensis] noveboracensis (J. F. Gmelin 1789)

Taxonomie: Familie Waldsänger – Parulidae. Bildet Superspezies mit Stelzenwaldsänger
S. motacilla. Keine Unterarten.

Größe, Gewicht: Körperlänge
15 cm; 14–24 g.

Erkennungshinweise: Geschlechter gleich. Dem Pieperwaldsänger ähnlich, jedoch
Schwanz kürzer und Schnabel
dunkel und kräftiger als bei
diesem. Langer, markanter
Überaugenstreif und Oberseite kräftig olivgrün.

Stimme: Gesang ein lautes, eindringliches, klares Gezirpe. Ruft laut und hart „spwik".

Brutareal: Alaska, Kanada und der Norden der USA.

Vorkommen in Mitteleuropa: Extrem seltener Ausnahmegast, ein Nachweis in den Niederlanden.

Wanderungen: Zugvogel der in Mittelamerika und den westindischen Inseln überwintert.

Lebensraum: Wälder mit klaren Fließgewässern.

Nahrung: Überwiegend werden Insekten, kleine Weich- und Krebstiere gefressen, gelegentlich auch kleine Fische und Sämereien.

Brutbiologie: Nest niedrig zwischen Wurzel oder in Stammhöhlungen • 3–6 Eier • Brutsaison Mai bis August • Brutdauer 12 Tage • Junge mit 9 Tagen flügge.

Gefährdung: Nicht weltweit gefährdet.

Besonderes: Wippt häufig wie Bachstelze und stärker an Wasser gebunden als Pieperwaldsänger.

Baltimoretrupial (→ 659)

Icterus [galbula] galbula (Linnaeus 1758)

Taxonomie: Familie Stärlinge – Icteridae. Bildet Superspezies mit Gelbstirntrupial I. bullocki. Keine Unterarten.

Größe, Gewicht: Körperlänge 17–20 cm, Flügelspannweite 28–32 cm, Flügellänge 8,8–11,0 cm; 28–40 g.

Erkennungshinweise: Starengroßer langschwänziger Singvogel mit langem, spitzem Schnabel. Männchen im Prachtkleid mit schwarzem Kopf, Rücken und schwarzer Kehle. Bürzel und Unterseite orange. Weibchen und Männchen im Schlichtkleid auf der Unterseite lebhaft gelb, Mantel olivbraun mit dunkler Fleckung (junge Männchen) oder einheitlich grauer Färbung (Weibchen).

Stimme: Selten zu hören, Geräusche durch Schlagen des Schnabels auf die Brust.

Brutareal: Brutvogel der Neaktis von Zentralkanada über den Mittleren Westen bis in den Süden und Osten der USA.

Vorkommen in Mitteleuropa: Extrem seltener Ausnahemgast.

Wanderungen: Weitstreckenzieher, dessen überwiegende Überwinterungsgebiete vom Norden Venezuelas und Kolumbiens bis in den Norden Mexikos und über Florida bis auf die westindischen Inseln reichen.

Lebensraum: Bevorzugt werden lichte Wälder in vielfältigen Landschaften.

Nahrung: Insekten und ihre Entwicklungsstadien, daneben auch Samen, Beeren und kleinen Früchte. Nascht zeitweise auch Nektar.

Brutbiologie: Nest eine gewebte Tasche, meist sehr hoch in den Bäumen • 3–7 Eier • Legebeginn Mai bis Juni • Brutdauer 12 Tage • ♀ brütet • ♂ & ♀ füttern • Junge mit 12–14 Tagen flügge.

Gefährdung: Nicht weltweit gefährdet.

Besonderes: Wappenvogel des US-Bundesstaates Maryland.

Gelbkopfstärling (→ 660)

Xanthocephalus xanthocephalus (Bonaparte 1826)

Taxonomie: Familie Stärlinge – Icteridae. Keine Unterarten.

Größe, Gewicht: Körperlänge ♂ 26,5 cm, ♀ 21,5 cm; ♂ im Durchschnitt 97 g, ♀ im Durchschnitt 59 g.

Erkennungshinweise: Kopf, Hals und oberer Brustbereich bei Männchen im Prachtkleid leuchtend gelb, Bauch, Flügel und Schwanz schwarz, ebenso der Zügel. Weißer Flügelfleck. Weibchen kontrastärmer und blasser gefärbt. Körper, Scheitel und Ohrdecken braun, obere Brust gelblich.

Stimme: Gesang extrem rau, unmusikalische klappernde Elemente in unterschiedlicher Tonhöhe und jammernde, zitternde Töne, die an eine Kettensäge erinnern. Warnruf des Männchens ist ein raues lautes Rasseln der des Weibchens ein lautes kreischendes Schnattern.

Brutareal: Weite Teile des nordamerikanischen Kontinents von British Columbia bis zum Südwesten Ontarios, Richtung Süden durch die westlichen und mittleren Bundesstaaten der USA bis nach Kalifornien sowie im Osten bis zu den Großen Seen.

Vorkommen in Mitteleuropa: Extrem seltene Ausnahmeerscheinung, je einmal in den Niederlanden und Deutschland.

Wanderungen: Zugvogel, die Hauptüberwinterungsgebiete liegen in Westtexas und Nordmexiko. Einzelne Vögel ziehen auf die karibischen Inseln.

Lebensraum: Feuchtgebiete mit lockerem Baumbestand, sowie baumbestande Ufer von Fließ- und Stillgewässern. Im Winterquartier bis 2500 m ü. NN.

Nahrung: Insekten und Samen, Jungvögel werden, soweit möglich, mit Insekten versorgt.

Brutbiologie: Polygyn, bis zu 8 Weibchen im Harem • Brütet halbkolonial • Nest in Röhrichten • 2–5 Eier • Brutsaison Mai bis Juni • Brutdauer 12–13 Tage • ♀ brütet • ♂ & ♀ füttern • Junge mit 9–14 Tagen flügge.

Gefährdung: Nicht weltweit gefährdet.

Besonderes: Beide Geschlechter singen bei diesem Koloniebrüter. Aufgrund des schwarzen Zügels wird er auch Brillenstärling genannt.

Glossar

Erklärung verwendeter Fachbegriffe, Abkürzungen und Sonderzeichen

♂: Männchen

♀: Weibchen

1. W: Vogel im ersten Winterkleid. Dieses wird meist durch eine Teilmauser angelegt und enthält sowohl juvenile Federn als auch frisch gemauserte Federn.

Ad., adult: Geschlechtsreifer Vogel. Bei Singvögeln ganz überwiegend nach knapp einem Jahr. Bei Großvögeln meist erst nach mehreren Jahren.

Ästling: Bezeichnung für junge Greifvögel und Eulen, die das Nest bereits verlassen haben, aber noch nicht flugfähig sind.

Allospezies: Nah verwandte, räumlich getrennt lebende (→) Taxa, deren Differenzierung reproduktive Isolation vermuten lässt, zwischen denen aber erheblicher Genfluss im Fall des Kontaktes nicht auszuschließen ist. Jede Allospezies ist definitionsgemäß Mitglied einer (→) Superspezies.

Asynchrones Schlüpfen: Junge schlüpfen nicht gleichzeitig aus den Eiern eines Geleges, sondern mit einem bis mehrere Tage Abstand. Resultiert aus einem Brutbeginn schon mit Ablage der ersten Eier.

Avifauna: Vogelwelt (Gesamtheit aller Vogelarten) eines Gebietes.

Biandrie: Ein Weibchen ist mit zwei Männchen verpaart.

Bigynie: Ein Männchen ist mit zwei Weibchen verpaart.

Bodenbrüter: Vögel, die ihr Nest auf oder dicht über dem Boden anlegen.

Brutdauer: Zahl der Tage vom Brutbeginn bis zum Schlüpfen der Jungen. Sie kann auf die Bebrütung eines Eies oder auf die des Geleges bezogen werden.

Dismigration: Ungerichtete Zerstreuungswanderung der Jungvögel im ersten Kalenderjahr, die meist zu einer weiten Verteilung der Vögel in der Landschaft führt.

Endemit, endemisch: Beschränkung des Vorkommens einer Art auf ein eng umgrenztes Verbreitungsgebiet, in dem sie ausschließlich vorkommt.

Ersatzgelege: Erneuter Brutversuch nach Verlust eines Geleges oder der Jungen einer Brut innerhalb einer Saison.

Eutroph: Nährstoffreich. Eutrophierung eines Lebensraumes führt zur Veränderung der Artenzusammensetzung und höherer Produktion pflanzlicher Biomasse.

Evasion: Massenweise Abwanderung aus den Brutgebieten.

Flügge: Voll befiederter, voll flugfähiger und in der Regel ausgewachsener Jungvogel. Bei manchen Nestflüchtern wie Hühnervögeln können die Jungen schon fliegen, bevor sie voll befiedert sind.

Fremdkopulation: Begattung außerhalb des eigentlichen Paares.

Generationslänge: Die Generationslänge wird als das durchschnittliche Alter der Eltern definiert und gilt als ein wichtiges Maß, um die Zeitspanne zu bestimmen, innerhalb welcher Veränderungen der Populationsgröße relevant für eine Beurteilung werden.

Großgefieder: Umfasst die Hand- und Armschwingen sowie die Steuerfedern.

Heimzug: Wanderung von Ruhegebiet (Winterquartier) zurück in das Brutgebiet.

Höhlenbrüter: Vögel, die in Baum-, Fels- oder Mauerhöhlungen brüten. Häufig nehmen diese Arten auch Nistkästen an.

Hudern: Wärmen der Jungvögel durch den Altvogel.

Hybrid: Individuum, das aus einer Paarung von Individuen verschiedener Arten hervorgegangen ist.

Invasion: Unregelmäßige, nur bedingt voraussagbare Wanderungen von Vogelarten in andere Regionen, in denen sie dann massenweise auftreten können.

immat., Immatur: Vögel, die nicht mehr das Jugendkleid, aber noch nicht das Alters- oder Adultkleid tragen. Bei Vögeln, die erst nach Abschluss des ersten Lebensjahres geschlechtsreif werden, sind die Kleider immaturer Vögel oft deutlich von den Adultkleidern zu unterscheiden.

Jahresvogel: Arten, die das ganze Jahr über in einem Gebiet anzutreffen sind, entweder als Standvogel oder weil Sommerpopulationen im Winterhalbjahr durch Zuwanderer aus anderen Brutgebieten abgelöst werden.

Jugendkleid: Erstes vollständiges Federkleid, nach dem Dunenkleid angelegt.

Juv., juvenil: Jungvogel im ersten vollen Federkleid, das die Dunen ersetzt hat.

K1: Vogel im ersten Kalenderjahr, d.h. vom Schlupf bis 31.12. seines Schlupfjahres.

K2: Vogel im zweiten Kalenderjahr, d.h. vom 1.1. bis 31.12. des Jahres nach dem Schlüpfen.

Kleingefieder: Vor allem die Körper- und Flügeldecken sowie Dunen und alle anderen Federtypen außer dem (→) Großgefieder.

Limikole: Ordnung Regenpfeiferartige, auch Watvögel genannt.

Mauser: Gefiederwechsel.

Metapopulation: Gesamtheit von Teilpopulationen oder lokalen Populationen einer Art, die durch unbesiedelbare Flächen voneinander getrennt sind, aber durch gelegentlichen Genaustausch in Verbindung stehen.

Mischsänger: Individuen, die den Gesang der eigenen Art mit dem Gesang einer nahe verwandten Art vermischt oder nebeneinander wiedergeben.

Mittelstreckenzieher: Zugvögel, die weiter als die Kurzstreckenzieher ziehen, aber die Sahara nicht überwinden. Zuweilen auch für sibirische Zugvögel verwendet, die in Europa überwintern.

Monogamie: Verpaarung mit einem Partner (im Gegensatz zu Polygamie), entweder lebenslang (Partnertreue) oder saisonal (dann oft in Zusammenhang mit Brutortstreue).

Monotypisch: Bezeichnet Arten und höhere Kategorien des Systems, die nicht in Untereinheiten gegliedert sind (z. B. Arten ohne unterschiedliche Unterarten).

Nachgelege: (→) Ersatzgelege.

Nestflüchter: Vögel, deren Junge in einem fortgeschrittenen Entwicklungszustand schlüpfen, so dass sie nach kurzer Zeit den Altvögeln außerhalb des Nests laufend oder schwimmend folgen können. Typische Nestflüchter sind Enten, Hühner, Watvögel.

Nesthocker: Vögel, deren Junge in einem relativ frühen Entwicklungszustand schlüpfen und die daher noch intensive Betreuung im Nest benötigen, z. B. (→) hudern und füttern.

Nestlingszeit: Zeit in Tagen vom Schlupf aus dem Ei bis zum Verlassen des Nests.

Paläarktis: Faunenunterregion der nördlichen Erdhälfte in der Alten Welt. Sie umfasst Afrika bis zum Südrand der Sahara, die gesamte eurasiatische Landmasse mit Arabien, ohne Südasien.

PK, Prachtkleid: Meist zur Brutzeit getragenes, voll ausgefärbtes Alterskleid.

Polyandrie: Ein Weibchen ist mit mehreren Männchen verpaart, entweder nacheinander oder gleichzeitig.

Polygamie: Verpaarung mit mehr als einem Partner des anderen Geschlechts während eines Brutzyklus.

Polygynie: Ein Männchen ist mit mehreren Weibchen verpaart, z. B. bei vielen Hühnervögeln.

Population: Gesamtheit der Individuen einer Art, die ein bestimmtes Areal besiedeln und damit geographisch mehr oder weniger von anderen Gruppen derselben Art getrennt sind. Unter den Individuen einer Population herrscht freier Genaustausch. Populationen derselben Art (und deren Mitglieder) sind untereinander uneingeschränkt fortpflanzungsfähig.

Pullus, (Mz.) pull.: Küken im Dunenkleid.

Rote Liste (RL): Artenverzeichnis, in dem die im Bestand erloschenen und mehr oder minder gefährdeten Arten in einem meist politisch abgegrenzten Gebiet aufgeführt sind, z. B. RL Deutschland, RL der Bundesländer.

Ruf: Meist einfach strukturierte vokale Lautäußerung, die in bestimmten Situationen geäußert wird, z. B. Flugrufe.

Schachtelbrut: Überlappung zweier aufeinanderfolgender Bruten eines Paares. Wenn z. B. die Jungvögel der ersten Brut noch gefüttert oder geführt werden und die Eier der zweiten Brut schon gelegt oder bebrütet werden.

Schirmfedern: Die inneren, oft durch abweichende Färbung hervorgehobenen Armschwingen, die besonders starkem Abrieb ausgesetzt sind.

Schleifenzug: Wegzug und Heimzug verlaufen auf unterschiedlichen Wegen.

Semispezies: (→) Taxa, zwischen denen die Reproduktion stark eingeschränkt, aber noch fruchtbar ist, z. B. zwischen Raben- und Nebelkrähe. Zwischen den Verbreitungsgebieten besteht eine schmale, stabile Zone, in der sich die Arten beschränkt miteinander verpaaren. Jede Semispezies ist Mitglied einer (→) Superspezies.

SK, Schlichtkleid: Auch als Ruhekleid bezeichnet. Gegenstück zum (→) Prachtkleid. Meist nach Ende der Brutzeit durch die Postnuptialmauser angelegt. Es ist meist weniger auffällig als das Prachtkleid.

Sommervogel: Verbringt im Gegensatz zum Jahresvogel nur das Sommerhalbjahr in einem bestimmten Brutgebiet.

SPEC-Kategorien: Schutzkategorien von BirdLife International für alle in Europa auftretenden Vogelarten nach dem europäischen Anteil an der globalen Population und deren europäischen Erhaltungszustand. Arten in SPEC1 sind auf Europa konzentriert (> 60 %) und von globaler Schutzrelevanz, SPEC2-Arten sind auf Europa konzentriert und weisen einen ungünstigen Erhaltungszustand auf, SPEC3-Arten sind zwar nicht auf Europa konzentriert, aber gefährdet, SPEC-E-Arten (ehemals SPEC4) sind ungefährdet, aber mit Verbreitungsschwerpunkt in Europa.

Sukzession: Zeitliche Abfolge verschiedener pflanzlicher und/oder tierischer Organismengemeinschaften. Primäre Sukzession als erstmalige Besiedlung von sich neu bildenden Flächen (Flusskiesbänke) und sekundäre Sukzession als Wiederbesiedlung nach stärkeren Eingriffen (Kahlschlag, Brand, Flächenumbruch) von außen.

Superspezies: Gruppe von mindestens zwei sehr nah miteinander verwandten Arten, die entweder geographisch getrennt sind ($\rightarrow$ Allospezies) oder über schmale Hybridzonen noch untereinander in beschränktem Genaustausch stehen ($\rightarrow$ Semispezies). Die Angehörigen einer Superspezies sind von anderen Arten vollständig reproduktiv isoliert.

Taxon, (Mz.) Taxa: Eine Gruppe von Lebewesen mit gemeinsamen Merkmalen. Welchen Rang diese Gruppe zugewiesen bekommt, bestimmt die ($\rightarrow$) Taxonomie. Taxa können also Unterarten, Arten, Gattungen oder Familien sein.

Taxonomie: Arbeitsmittel in der Systematik, zur Beschreibung, Benennung und Klassifikation von Organismen. Mündet in der Unterscheidung von ($\rightarrow$) Taxa unterschiedlicher Ranghöhe.

ÜK, Übergangskleid: Kleid, das Merkmale zweier verschiedener Kleider gleichzeitig aufweist, z. B. während der ($\rightarrow$) Mauser vom Pracht- ins ($\rightarrow$) Schlichtkleid.

Wegzug: Abwanderung aus dem Brutgebiet in Ruheziele (Überwinterungsgebiete).

Zweitbrut: Brutversuch nach einer mehr oder weniger abgeschlossenen, erfolgreichen ersten Brut in einer Brutsaison. War die erste Brut nicht erfolgreich, so spricht man von Nach- oder Ersatzbrut.

Weiterführende Literatur (Auswahl)

Bairlein, F., J. Dierschke, V. Dierschke, V. Salewski, O. Geiter, K. Hüppop, U. Köppen & W. Fiedler (2014): Atlas des Vogelzugs. Ringfunde deutscher Brut- und Gastvögel. AULA, Wiebelsheim.

Bauer, H.-G., E. Bezzel & W. Fiedler (2005): Das Kompendium der Vögel Mitteleuropas. 2. Aufl., 3 Bände. AULA, Wiebelsheim.

Bergmann, H.-H., H.-W. Helb & S. Baumann (2008): Die Stimmen der Vögel Europas. AULA, Wiebelsheim.

Bergmann, H.-H., W. Engländer, S. Baumann & H.-W. Helb (2016): Die Stimmen der Vögel Europas auf DVD. Version 2.1. AULA, Wiebelsheim.

Bezzel, E. (1995): BLV-Handbuch Vögel. BLV, München.

Del Hoyo, J., A. Elliot, D. Christie & J. Sargatal (Hrsg.) (1992-2013): Handbook of the Birds of the World. Bände 1-17. Lynx Edicions, Barcelona.

Deutsche Avifaunistische Kommission (2015): Seltene Vögel in Deutschland 2014. Dachverband Deutscher Avifaunisten, Münster.

Gedeon, K., C. Grüneberg, A. Mitschke, C. Sudfeldt, W. Eikhorst, S. Fischer, M. Flade, S. Frick, I. Geiersberger, B. Koop, M. Kramer, T. Krüger, N. Roth, T. Ryslavy, S. Stübing, S. R. Sudmann, R. Steffens, F. Vökler & K. Witt (2014): Atlas Deutscher Brutvogelarten. Stiftung Vogelmonitoring Deutschland und Dachverband Deutscher Avifaunisten, Münster.

Fiedler, W. (2015): Die Vögel Mitteleuropas sicher bestimmen. Schlüssel zur Art-, Alters- und Geschlechtsbestimmung und Bildatlas mit Schnellzugang. 2 Bände. Quelle & Meyer, Wiebelsheim.

Fünfstück, H.-J., A. Ebert & I. Weiss (2010): Taschenlexikon der Vögel Deutschlands. Quelle & Meyer, Wiebelsheim.

Harrison, C. & P. Castell (2004): Jungvögel, Eier und Nester der Vögel Europas, Nordafrikas und des Mittleren Ostens. 2. Aufl. AULA, Wiebelsheim.

Jonsson, L. (1992): Die Vögel Europas und des Mittelmeerraumes. Franckh-Kosmos, Stuttgart.

Maumary, L., L. Valloton & P. Knaus (2007): Die Vögel der Schweiz. Schweizerische Vogelwarte, Sempach und Nos Oiseaux, Montmollin.

Mebs, T. & W. Scherzinger (2008): Die Eulen Europas. 2. Aufl., Franckh-Kosmos, Stuttgart.

Mebs, T. & D. Schmidt (2005): Die Greifvögel Europas, Nordafrikas und Vorderasiens. Franckh-Kosmos, Stuttgart.

Svensson, L., P. J. Grant, K. Mullarney & D. Zetterström (2000): Vögel Europas, Nordafrikas und Vorderasiens. Franckh-Kosmos, Stuttgart.

Wahl, J., R. Dröschmeister, B. Gerlach, C. Grüneberg, T. Langgemach, S. Trautmann & C. Sudfeldt (2015): Vögel in Deutschland 2014. DDA, BfN, LAG VSW, Münster.

Register

Bildquellennachweis

Die angefügten Buchstaben bezeichnen die Position auf der Seite (o = oben, m = Mitte, u = unten, li = links, r = rechts usw.)

Achtermann, S.: 541

Bachmeier, G.: 139, 453, 501, 522, 622 u, 719

Batty, C.: 226

Bergmann, H.-H.: 292 o

Bock, C.: 118 u, 122, 238 o

Derer, F.: 354

Dierschke, J.: 329, 353, 653, 689

Drissner, K.: 277, 281, 323 o, 723

Ebert, A.: 36, 55, 85 u, 131, 132, 135, 140, 142 u, 144, 146 u, 151, 158 o, 158 u, 171 o, 178 u, 203 u, 222, 231, 234, 254, 308, 334 m, 337 o, 360, 364, 379, 392, 400 o, 401, 405, 409, 417, 420, 430, 431, 433, 434, 436, 484, 490, 530, 561, 562, 563, 565, 587, 604, 616, 632, 638 o, 657, 716 u

Ertel, R.: 63 o, 66 u, 67, 71, 102 o, 183, 245 o, 255, 262 u, 268, 295, 327, 386, 416, 439, 441, 446

Ferdinand, J.: 27, 32, 46, 54, 127, 212, 236, 238 u, 262 o, 285, 290, 317 u, 343, 384, 403, 404, 425, 440 o, 440 u, 445, 508, 512, 519, 545, 574 u, 607, 608, 612, 635, 700, 703, 712, 729 o, 729 u, 731

Flieger, B.: 454

Franz, D.: 385

Franz, K.: 342, 350, 560, 724, 725

Fricke, M.: 387, 580

Fünfstück, H.-J.: 11, 13, 14, 15, 16, 24, 26, 31, 33, 35, 37, 39, 40 o, 41, 43, 44, 48, 51, 53, 56, 57, 58 o, 58 u, 60, 61 o, 61 u, 74, 75 o, 76, 78 o, 81, 82, 85 o, 86, 87, 88, 90, 91, 95, 97, 100, 101, 105, 106, 108, 110 u, 111, 113, 115, 120 u, 126 o, 128, 129, 137, 138, 142 o, 143, 145, 146 o, 149 o, 149 u, 150, 152 o, 152 u, 154, 155, 157, 159, 162, 164, 165, 166 o, 166 u, 167, 169 o, 169 u, 170, 171 u, 173 o, 173 u, 174 o, 174 u, 175, 176, 178 o, 179, 184, 185, 186, 189, 192 o, 192 u, 193, 199, 205 o, 207 o, 207 u, 208, 209, 214, 215, 218, 227, 228, 229, 233, 241, 242, 243, 247, 249 u, 252, 256, 257, 259 o, 263, 264, 267, 270, 274, 275, 279, 283, 284, 286, 287, 289, 294 u, 296, 302, 304 u, 307 o, 307 u, 310 u, 330 o, 330 u, 333, 336, 337 u, 347, 356, 357, 358, 371, 372, 373, 374, 377 o, 380, 381, 383, 389 o, 389 u, 394, 397, 406, 411 o, 418, 421, 422, 424, 426, 432, 437, 443, 444, 447, 448, 449, 451, 455, 457, 458 o, 458 u, 459, 461, 463 o, 463 u, 464, 466, 467, 469, 470, 473, 475, 476, 479, 480, 482, 483, 486, 487, 491, 492, 494, 495 o, 495 u, 496, 502, 504 o, 506, 507, 509, 517, 523, 527, 531, 533, 534 o, 535, 537, 539 o, 541, 547, 548, 549, 552, 554, 555, 557, 559, 565, 569, 570, 572 o, 572 u, 574 o, 576, 578 o, 578 u, 579, 586 o, 586 u, 590, 593, 595, 597, 599, 600, 603, 605, 609, 611, 613, 615, 617 o, 617 u, 619 o, 622 o, 623, 624, 628 o, 629, 630, 631, 634, 636, 637, 638 u, 640, 641, 642, 644, 646, 650, 660, 662 u, 666 u, 669 o, 669 u, 671 o, 671 u, 676, 678, 680 o, 680 u, 682, 683, 685, 686 o, 686 u, 691, 693, 694, 695, 696, 699, 701, 703 u, 709, 710, 713, 717, 721, 727, 730

Glader, H.: 22

Gottschling, M.: 112, 118 o, 126 u, 313, 326 u, 334 u, 382, 592 u, 652, 722

Grimm, M.: 18, 117, 210 u, 411 u

Halkjaer, L.: 690 li

Halley, A.: 398

Hansen, J. S.: 583 o

Hoyer, E.: 320

Jordi, A.: 520

Krätzel, K.: 585

Kriegs, J.O.: 206 u, 376

Krogh, O.: 116

Kusche, H.: 65, 312 o, 316, 319 o, 319 u, 321, 323 u, 325, 361, 362

Lange, S.: 120 o

Langenberg, T.:47, 92, 107, 163, 363, 395 o, 395 u, 450, 510, 515, 534 u, 542, 546, 571, 583 u, 589 o, 589 u, 592 o, 619 u, 654, 659, 661, 665, 688, 702, 716 o

Lanz, U.: 196

Lüdemann, H.: 213

Malling, K.: 516

Martin, R.: 110 o, 210 o

Moning, C.: 10, 19 u, 20, 23, 28, 45, 770 79, 83, 103, 130, 161, 177, 181 o, 181 u, 188, 221, 237, 245 u, 249 o, 251, 260, 276, 278, 288 o, 292 u, 303, 338, 340, 349, 351, 388, 414, 472, 528, 539 u, 540, 550, 553, 596, 602, 610, 620, 625, 626, 662 o, 666 o, 674, 705, 707, 711, 720, 726, 728

Nielsen, C.H.: 690 re

Nüssen, O.: 121

Olofson, S.: 291

Pederson, K.: 581

Pederson, S. B.: 582

Pfützke, S.: 29li, 59, 66 o, 72 o, 72 u, 78 u, 98, 102 u, 114, 124, 224, 253, 299, 306, 310 u, 328, 332, 355, 365, 369, 429, 591, 649 o, 656

Putze, M.: 206 o

Rautenberg, T.: 544

Römhild, M.: 272, 391, 427, 518, 567

Runólfsson, Ó.: 123

Sacher, T.: 19 o, 160, 194, 246, 326 o, 668

Schaef, M.: 99, 136, 235, 339, 584

Schmaljohann, H.: 64, 301, 317 o, 334 o, 511

Schneider, J.: 125, 190 o, 190 u, 195, 197, 198, 200, 201, 202, 220, 225, 239, 269, 297 o, 304 o, 305, 310 o, 314 o, 314 u, 315 o, 315 u, 341 o, 352, 366 o, 366 u, 367 o, 377 u, 400 u, 412, 415, 498, 505, 526, 655 o, 675, 704 o, 714

Schols, R.: 266

Solheim, R.: 692

Stegmann, T.: 9, 575

Volmer, B.: 182

Weiß, I.: 29 re , 30, 40 u, 42, 52, 63 u, 69 o, 69 u, 70, 75 u, 80, 93, 134, 147, 203 o, 205 u, 216, 232, 240, 244, 250, 259 u, 273, 288 u, 294 o, 297 u, 324, 334, 344, 346 o, 346 u, 348, 367 u, 370, 408, 460, 489, 497, 499, 504 u, 513, 524, 558, 601, 627, 628 u, 645, 648, 649 u, 655 u, 663, 672, 698, 708

Weixler, K.: 331

wiki Moebius1: 96

wikipedia cc: 282

Die Autoren

Hans-Joachim Fünfstück, Jahrgang 1956. Seit 1981 Mitarbeiter an der staatlichen Vogelschutzwarte/Landesamt für Umwelt in Bayern. Begeisterter Naturfotograf mit Schwerpunkt Vogelfotografie. Als ständiger Mitarbeiter ist er seit 1999 im Redaktionsteam der Zeitschrift Der Falke tätig. Vorstand der Kreisgruppe Garmisch-Partenkirchen und Mitglied im Landesvorstand vom Landesbund für Vogelschutz in Bayern (LBV).
Mitglied im Beirat der Ornithologischen Gesellschaft in Bayern und in der Deutschen Seltenheitenkommission. Als Reiseleiter und privat studierte er die Vogelwelt auf vielen Reisen, die ihn bis jetzt auf sechs Kontinente führten.

Ingo Weiß, Jahrgang 1974, hat sein Biologiestudium mit einer Diplomarbeit über den Dunkellaubsänger abgeschlossen. Seither ist er als freiberuflicher Ornithologe tätig. Schwerpunkte seiner bisherigen Arbeit waren planmäßige Zugvogelerfassungen sowie Wiesenbrüter in den oberbayerischen Voralpenmooren und die Leitung ornithologischer Reisen. Mitglied der Avifaunistischen Kommission Baden-Württembergs. Die
Faszination für die Natur und besonders für die Vogelwelt begleitet ihn seit seiner frühen Jugend. Neben seiner beruflichen Tätigkeit ist er begeisterter Feldornithologe, von der Küste bis zu den Hochalpen, sowie auf zahlreichen Reisen.

Die Vögel Mitteleuropas sicher bestimmen!

Der Schlüsselband ermöglicht die systematische und unmittelbare Bestimmung aller 660 Arten, und zwar nach Alter und Geschlecht! Der Atlasband stellt 647 Arten auf über 1750 brillanten Fotos vor und beinhaltet zusätzlich einen Schnellzugang in Form eines vereinfachten, nach äußeren, bei der Beobachtung erkennbaren Merkmalen aufgebauten Bestimmungsschlüssels! Unterschiedliche Kleider werden sowohl bei den Schlüsseln als auch im Fototeil berücksichtigt. Die enge Verzahnung der Bestimmungswege erlaubt an jeder beliebigen Stelle einen Wechsel zwischen den Schlüsseln und dem nach Familien aufgebauten Bildteil. Damit erfüllen diese, in Art und Konzeption einmaligen Bücher höchste professionelle Ansprüche, führen aber auch Anfänger problemlos an die richtige Arterkennung heran.

Wolfgang Fiedler:

Die Vögel Mitteleuropas sicher bestimmen

Schlüssel zur Art-, Alters- und Geschlechtsbestimmung
528 Seiten, über 300 Abb., 12 x 19 cm.
ISBN 978-3-494-01646-7
Best.-Nr.: 494-01646   **€ 24,95**

Bildatlas mit Schnellzugang
856 Seiten, über 1750 farb. Abb., 12 x 19 cm.
ISBN 978-3-494-01647-4
Best.-Nr.: 494-01647   **€ 29,95**

Die Vögel Mitteleuropas sicher bestimmen – Beide Bände im Set
ISBN 978-3-494-01593-4
Best.-Nr.: 494-01593   **€ 49,95**

Preisstand 2018 · Änderungen vorbehalten.

Quelle & Meyer Verlag GmbH & Co.
Industriepark 3 · 56291 Wiebelsheim
vertrieb@quelle-meyer.de · www.quelle-meyer.de
Tel.: 0 67 66 / 903-140 · Fax 0 67 66 / 903-320